U0158422

国家社会科学基金重大招标项目结项成果
首席专家　卜宪群

中国历史研究院学术出版资助项目

地图学史

（第三卷第二分册·下）

欧洲文艺复兴时期的地图学史

［美］戴维·伍德沃德　主编
孙靖国　译　　卜宪群　审译

中国社会科学出版社

目　录

（下）

不列颠群岛

斯堪的纳维亚

东—中欧

俄罗斯

不列颠群岛

第五十四章　英格兰的地图绘制：约 1470—1650 年[*]

彼得·巴伯（Peter Barber）
审读人：张　炜

1525 年之前英格兰的遗产

世界地图

关于 15 世纪后期的英格兰是否存在现代意义上的制图业，没有什么明显的证据，比如市民对地图的普遍熟悉和应用，在管理和商业交易中广泛使用地图，地图的本地印刷生产，以及一个活跃的市场。[①] 尽管在英格兰印刷的第一幅地图——1481 年出版的威廉·卡克斯顿（William Caxton）的《世界之镜》（*Myrrour of the Worlde*）中的一幅 T-O 地图插图——出现得比较早，但除了卡克斯顿这本书的 1489 年重印本中的一幅插图之外，在这几十年间，并没有更进一步的地图涌现。[②]

然而，英格兰并不是那种没有地图或制图活动的国度。在 13 世纪，盎格鲁—法兰西的制图师就已经制作了很多华丽的世界地图，现存最突出的是 13 世纪末的《赫里福德地图》

---

* 本章所使用的缩写包括：*English Map-Making* 代表 Sarah Tyacke, ed. , *English Map-Making*, 1500 – 1650: *Historical Essays*（London: British Library, 1983）; *HKW* 代表 Howard Montagu Colvin et al. , *The History of the King's Works*, 6 vols.（London: Her Majesty's Stationery Office, 1963 – 1982）; *LMP* 代表 R. A. Skelton and P. D. A. Harvey, eds. , *Local Maps and Plans from Medieval England*（Oxford: Clarendon Press, 1986）; *Mapmaker's Art* 代表 Edward Lyman, *The Mapmaker's Art: Essays on the History of Maps*（London: Batchworth Press, 1953）; *Monarchs, Ministers, and Maps* 代表 David Buisseret, ed. , Monarchs, *Ministers, and Maps: The Emergence of Cartography as a Tool of Government in Early Modern Europe*（Chicago: University of Chicago Press, 1992）; *Rural Images* 代表 David Buisseret, ed. , *Rural Images: Estate Maps in the Old and New Worlds*（Chicago: University of Chicago Press, 1996）; *Tales from the Map Room* 代表 Peter Barber and Christopher Board, eds. , *Tales from the Map Room: Fact and Fiction about Maps and Their Makers*（London: BBC Books, 1993）; 以及 TNA 代表 The National Archives of the UK, Kew（formerly the Public Record Office）.

① Catherine Delano-Smith 和 R. J. P. Kain 对这一概念提出了挑战：*English Maps: A History*（London: British Library, 1999）, 28 – 29，他们认为："当然，到 14 世纪末，最晚到 15 世纪初，地图的实际应用已经广泛地扩散到社会中"，但是，关于其应用的任何描述或书面证据的现存地图过于稀少，导致这种说法存在问题。哈维（Harvey）所说的"在 1500 年的英格兰，很少有人了解和使用地图"（P. D. A. Harvey, *Maps in Tudor England* [London: Public Record Office and the British Library, 1993], 7），然而，它取决于对地图的过分严格的定义，以及将按照比例绘制和使用传统符号作为真正地图的倾向。

② Tony Campbell, *The Earliest Printed Maps*, 1472 – 1500（London: British Library, 1987）, 98 – 99. 这些地图只是部分印刷，地理信息被插入绘本中。

(*Hereford map*)。[③] 尽管在1300年之后，富有创造力的推动已经松懈，传统的世界地图继续被绘制为图书的插图，特别是雷纳夫·希格登（Ranulf Higden）的《编年史》（*Polychronicon*）的某些副本。[④] 正如埃斯雷克（Aslake），尤其是伊夫舍姆（Evesham）地图所证明的，大型世界地图也因教化和表现的目的，以及作为奉献的辅助手段，而在15世纪早期乃至可能更远的时代进行绘制，尽管15世纪晚期的例子还没有为大众所知。[⑤] 早在16世纪40年代，亨利八世就拥有了"羊皮纸世界地图"，在"与时间一样永恒的最尊贵国王的宫廷侍从……消失的房间"中，[⑥] 表明这样的地图继续以中世纪的样式，并作为标志性的背景，进入16世纪中叶，当国王在其发展过程中出现在公众面前之时，便唤起了知识、权力和神圣的权利。[⑦]

1590

据记载，另一幅《世界地图》（*mappamundi*）存于汉普顿（Hampton）宫的长画廊中。这间画廊从国王的私人房间通往皇家礼拜堂。从1547—1549年国王物品清单中所描述可知，所有其他的画作都挂在画廊中，无一例外地反映着宗教题材，这表明"圆形世界地图"（rownde mappaemundi）[⑧] 被放置于此，是为国王和他的侍从在去礼拜堂的路上提供宗教教育和熏陶，或至少表面上看是如此。[⑨] 更大型的传统世界地图总是在适当的位置上，载入《圣经》（尤其是那些来自《旧约》的）故事的素材和插图，[⑩] 这样它们会很好地安放到形象的图画中。亨利八世的世界地图之一，被放置在世俗与宗教之间的过渡位置，可能反映了一种

---

③ Scott D. Westrem, *The Hereford Map: A Transcription and Translation of the Legends with Commentary* (Turnhout: Brepols, 2001); Naomi Reed Kline, *Maps of Medieval Thought: The Hereford Paradigm* (Woodbridge, Suffolk: Boydell Press, 2001); and P. D. A. Harvey, *Mappa Mundi: The Hereford World Map*, rev. ed. (Hereford: Hereford Cathedral, 2002)。文献很多而且在不断增加。

④ 大英图书馆有一个粗略绘制的素描图一样的传统世界地图的例子，最晚1466年绘制（Harleian MS. 3673, fol. 84）[收入：戴维·伍德沃德："中世纪的世界地图"（*Mappaemundi*），见《地图学史》第一卷，pp. 286-370，尤其是352]。希格登（Higden）的许多印刷版本并没有包含地图。

⑤ 本卷中的图2.8；Peter Barber and Michelle P. Brown, "The Aslake World Map," *Imago Mundi* 44 (1992): 24-44; Peter Barber, "The Evesham World Map: A Late Medieval English View of God and the World," *Imago Mundi* 47 (1995): 13-33；以及Delano-Smith and Kain, *English Maps*, 22，关于在牛津大学新学院图书馆购买的一幅世界地图（*mappamundi*），考虑到5英镑的总金额在1462年来说是一大笔钱，那可能不一定是一幅地图。

⑥ BL, Harley MS. 1419, fol. 414v.

⑦ 请参阅*HKW*中的下列文章：Howard Montagu Colvin, "Henry Ⅲ, 1216-1272," 1: 93-159, esp. 1: 127, idem, "Westminster Palace," 1: 491-552, esp. 1: 497, 504-505, and R. Allen Brown and Howard Montagu Colvin, "The Royal Castles, 1066-1485," 2: 554-894, esp. 2: 859 and 861; Juergen Schulz, "Jacopo de' Barbari's View of Venice: Map Making, City Views, and Moralized Geography before the Year 1500," *Art Bulletin* 60 (1978): 425-474, esp. 448 and 453; Paul Binski, *The Painted Chamber at Westminster* (London: Society of Anti-quaries, 1986), 43-44; Woodward, "Medieval Mappaemundi," 339; Peter Barber, "Visual Encyclopaedias: The Hereford and Other Mappae Mundi," *Map Collector* 48 (1989): 2-8, esp. 4-5; idem, "Evesham World Map," 21 and 29（对中等尺寸的世界地图［mappaemundi］的讨论）；以及Marcia A. Kupfer, "Medieval World Maps: Embedded Images, Interpretive Frames," *Word & Image* 10 (1994): 262-288, esp. 267-268, 271, and 276-280.

⑧ BL, Harley MS. 1419, fol. 246。

⑨ 现在人们普遍认为，由于其百科全书式的性质，《世界地图》（*mappaemundi*）可能是许多非教会的空间教育辅助材料（例如，Kupfer, "Medieval World Maps," 264-265 and 270-271，以及Schulz, "View of Venice," 446-447 and 452-454）。

⑩ Woodward, "Medieval *Mappaemundi*," 326, 328, and 330，总结了大量与这一主题有关的现代文献。

标准的中世纪做法，现代学者因为对早期资料中的这类位置信息相对缺乏，而浑然不觉。[11] 从15世纪后期开始，很有可能，在某些更具国际化的英格兰家庭，包括那些不怎么富裕的家庭，这些绘本的世界地图（到16世纪40年代晚期，这个术语日益被用来区分中世纪世界地图和近代的“全世界地图”）[12] 被单幅或多幅的印本地图补充或替代，如克里斯托弗·哥伦布的第二个儿子费迪南德（Ferdinand）的旅行过程中所得到的那些。这些地图将不同的阐述等级的文明世界（oikumene）的传统表现方法与不同圣徒的描述结合在一起，这些圣徒可能与特定的圣地相关，比如孔波斯泰拉的圣地亚哥（Santiago de Compostella）。[13] 在15世纪后期，在有影响力的勃艮第宫廷，传统的世界地图似乎仍然被认为是合适的王室的礼物，正如现在里昂的绘本插图所展示的那样。[14] 考虑到两者之间的密切联系，很有可能英格兰王室中也是如此。[15]

不列颠地图

与中世纪世界地图并列，很明显，与高夫地图（Gough map）相关的英格兰地图可能有相当数量保存了下来，因为一些缩小尺寸的绘本和印本案例还有待于发现。[16] 人们普遍认为

---

⑪ Kupfer, “Medieval World Maps,” 272 – 273 and 275 – 276, 回顾了《世界地图》在教堂和修道院建筑群内的位置的现存实物证据，但她也有洞察力地注意到（p. 276）“在教堂和世界之间的边界的外立面是展示《世界地图》上的遥远奇迹的首选地点……还有旋涡纹，借此，陆地世界被象征性地同化了”。考虑到过去多次声称《世界地图》被用作祭坛的装饰品，值得注意的是，在亨利的宫殿中，没有任何一间小礼拜堂的目录中列出《世界地图》或地图。对于这些断言的令人信服的反驳，请参阅 Marcia A. Kupfer, “The Lost *Mappamundi* at Chalivoy-Milon,” *Speculum* 66 (1991): 540 – 571, and idem, “Medieval World Maps,” 273 and 275 – 276。例如，对于这些断言，请参阅 Anna-Dorothee von den Brincken, “Mappa mundi und Chronographia: Studien zur *Imago Mundi* des abendländischen Mittelalters,” *Deutsches Archiv für die Erforschung des Mittelalters* 24 (1968): 118 – 186, esp. 128。

⑫ 请参阅 Peter Barber, “Cartography, Topography and History Paintings,” in *The Inventories of Henry* Ⅷ (London: Society of Antiquaries, forthcoming), and idem, “The Maps, Town-Views and Historical Prints in the Columbus Inventory,” in *The Print Collection of Ferdinand Columbus* (1488 – 1539), 2 vols., ed. Mark McDonald (London: British Museum Press, 2004), 1: 246 – 262。

⑬ 请参阅 Barber, “Maps, Town Views,” 1: 231 and 2: 317 (no. 2803)。

⑭ Bibothèque Municipale de Lyon, MS. du palais, 32.

⑮ Gordon Kipling, *The Triumph of Honour: Burgundian Origins of the Elizabethan Renaissance* (The Hague: For the Sir Thomas Browne Institute by Leiden University Press, 1977)。对于一个传统的——如果是装饰不寻常的——由科尔贝洪（Corbechon）所制作的《世界地图》的例子来说，这幅地图是在一幅佛兰德（在这种语境下，也就是勃艮第）的绘本中，可能是由英格兰的爱德华四世委托制作的，请参阅 BL, Royal MS. 15. E. Ⅲ, fol. 67v (illustrated in Peter Barber, “The Manuscript Legacy: Maps in the Department of Manuscripts,” *Map Collector* 28 [1984]: 18 – 24, esp. 20)。

⑯ 关于现在收藏在牛津的鲍德林图书馆的高夫地图，请参阅 Edward John Samuel Parsons, *The Map of Great Britain circa A. D.* 1360, *Known as the Gough Map: An Introduction to the Facsimile* (Oxford: Oxford University Press for the Bodleian Library and the Royal Geographical Society, 1958); Brian Paul Hindle, “The Towns and Roads of the Gough Map (c. 1360),” *Manchester Geographer* 1 (1980): 35 – 49; P. D. A. Harvey, *Medieval Maps* (London: British Library, 1991), 73 – 78; Delano-Smith and Kain, English Maps, 47 – 48; Daniel Birkholz, *The King's Two Maps: Cartography and Culture in Thirteenth-Century England* (New York: Routledge, 2004); and idem, “A Monarchy of the Whole Island,” in *The Map Book*, ed. Peter Barber (London: Weidenfeld & Nicholson, 2005), 64 – 65. Examples of survivors are the early fifteenth-century “Totius Britanniae tabula chorographica” (BL, Harleian MS. 1808, fol. 9v); “Angliae figura . . . ,” the Cottonian map of Britain (BL, Cotton Aug. I. i. 9); Sebastian Münster's *Anglia* Ⅱ. *Nova tabvula of* 1540; and George Lily's *Britanniae Insulae . . . Nova descriptio of 1546.* 在 G. R. Crone, *Early Maps of the British Isles, A. D. 1000 – A. D. 1579* (London: Royal Geographical Society, 1961), 19 and 22 – 25 (nos. 8, 12, 13, and 14) 中，对其进行了重制和讨论。

高夫地图的原型绘制于1290年前后，其最初是用于管理（很可能是为税务评估和提高税收）目的，最初绘制出的一些版本结合了对某些地区更详细的描绘（至于高夫地图，则是林肯郡和约克郡南部的地区），[17] 并简化了对国内其他地区的路线的表现（图54.1中可以找到

1591

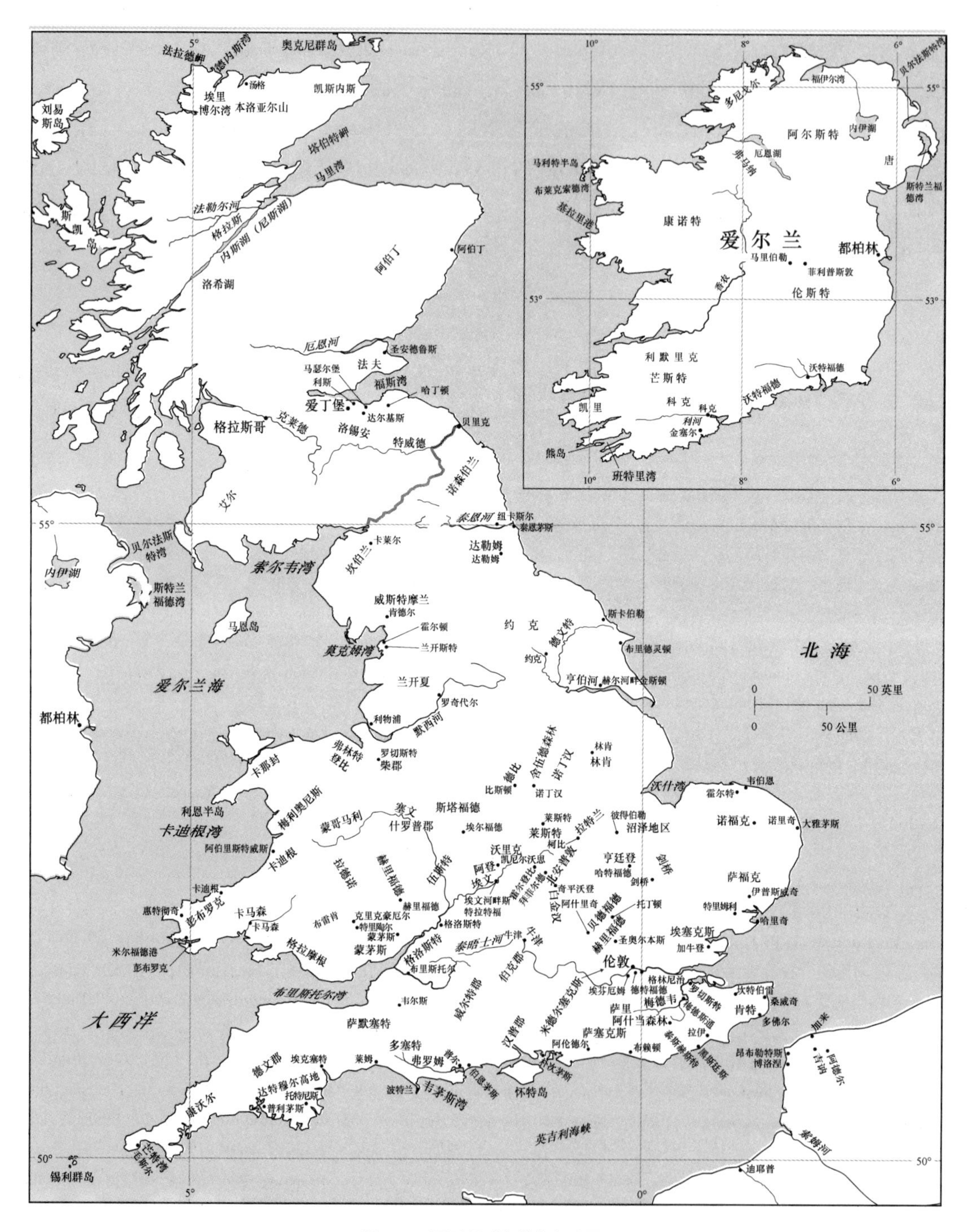

图54.1 不列颠群岛的参考地图

[17] G. R. Crone, Eila M. J. Campbell, and R. A. Skelton, "Landmarks in British Cartography," *Geographical Journal* 128 (1962): 406 – 430, esp. 407, and Delano-Smith and Kain, English Maps, 48.

不列颠群岛部分的参考地图，第54—59章）。到15世纪晚期，以及进入16世纪，现存的地图是否仍然被用于行政管理的目的，还未可知，但它们仍然被复制。[18] 看起来，16世纪30年代，约翰·利兰（John Leland）在牛津的默顿（Merton）学院所咨询过的区域地图[19]来源于高夫类型地图的残片，到这一时期，很显然，图像中的宽线已经相当出名，使得它们被认为是英格兰表示法的标志性特点。

路线地图

15世纪晚期，受过教育的英格兰人民对路线地图并不陌生，但没有证据表明它们被用作旅行中的实用工具，对他们来说，文字的指南和旅程是常态。相反，路线地图似乎提供了精神和历史纪念方面的功能，并提供了一个框架，使得世界地图和区域地图可以借此构建。[20] 到1470年，马修·帕里斯（Matthew Paris）的13世纪中叶从伦敦到耶路撒冷的路线行程及其大不列颠和巴勒斯坦的地图可能已经被遗忘了［如果它们真的在圣奥尔本斯（St. Albans）和宫廷的圈子里广为人知的话］。然而，欧洲范围内的朝圣和商业路线是在赫里福德世界地图中，和在很多其他现在确已亡佚的世界地图中找到的。与此类似，高夫及相关地图是围绕着行程构建的，包括爱德华一世视察英格兰南部海岸和入侵苏格兰所采取的路线。后者也反映在与约翰·哈丁（John Hardyng）15世纪中叶编年史版本配套的苏格兰地图的地名和图像的选择上。

城市图像

中世纪英格兰有描绘城市的传统，其形式多是附在宗教或历史文献中的耶路撒冷、罗马、君士坦丁堡或新耶路撒冷的边缘装饰。这些图像通常是理想化和泛化的，但其建筑往往是明显的北欧风格，有时，这些图像掩盖了对英格兰城镇如伦敦、约克或林肯的一些可辨识的描述。[21] 早在13世纪中叶，马修·帕里斯就把罗马、耶路撒冷、阿克里、里昂和伦敦的可辨识的平面图和鸟瞰图，都纳入自己《大编年史》（*Chronica maiora*）中所附的从伦敦到

---

⑱ 除了阐释塞巴斯蒂安·明斯特尔著作的地图、历里和科顿的地图（见下文）之外，Daniel Birkholz［in "The Gough Map Revisited：Thirteenth Century Perspectives on Thomas Butler's Map of England ca. 1554，" in *Actas-Proceedings-Comptes-Rendus：19th International Conference on the History of Cartography，Madrid，1 – 6 June 2001*，CD-ROM（Madrid：Ministerio de Defensa，2002）］引发了人们对16世纪中期绘本地图的关注，这些地图现在收藏在纽约的皮尔庞特·摩根图书馆（the Pierpont Morgan Library），仍然是用高夫的传统方法绘制。

⑲ Peter Barber，"The British Isles，" in *The Mercator Atlas of Europe：Facsimile of the Maps by Gerardus Mercator Contained in the Atlas of Europe，circa 1570 – 1572*，ed. Marcel Watelet（Pleasant Hill，Ore.：Walking Tree Press，1998），43 – 77，esp. 43 and 45.

⑳ 对此与这一段的剩余部分，请参阅 P. D. A. Harvey，"Local and Regional Cartography in Medieval Europe，" in *HC* 1：464 – 501，esp. 495 – 496；Harvey，*Medieval Maps*，8，32，71，73，81 and 87；G. R. Crone，"New Light on the Hereford Map，" *Geographical Journal* 131（1965）：447 – 462；Parsons，*Map of Great Britain*，introduction；Hindle，"Towns and Roads"；and Delano-Smith and Kain，*English Maps*，32，46，143 – 145，and 148 – 152。我还收到了 Daniel Connolly 关于帕里斯的行程记的私人交流。附以约1450年和1470/1480年文本的校订的哈丁地图的范例，发现于大英图书馆（Lansdowne MS. 204）和牛津大学的鲍德林图书馆（MS. Arch. Seld. B. 10）。

㉑ John H. Harvey，"Symbolic Plans of a City，Early 15th Century，" in LMP，342 – 343.

耶路撒冷的路线行程中。[22] 在相同的年代，这些英格兰世界地图，比如索利［Sawley，也被称作“美因茨的亨利”（Henry of Mainz）］和赫里福德地图上偶尔有逼真的城镇景观图或平面图，尤其是附有位于塞纳河中的西岱岛的巴黎，以及赫里福德世界地图中位于山丘上的林肯。[23] 1320 年前后，一些可辨识的景观图，包括英格兰城镇的若干倾斜的或鸟瞰景观图被插入蒙茅斯的杰弗里（Geoffrey of Monmouth）的《不列颠诸王史》（*History of the kings of Britain*）的 13 世纪晚期抄本的图缘中。[24] 许多埃克塞特（Exeter）、伦敦及其附近地区和达勒姆（Durham）的单体建筑、地块或小型建筑群的平面图，大体上是粗略地制作，以单幅或在 15 世纪的卷帙中保存下来。[25]

1593 可以说，更大的意义是分别于 15 世纪 60 年代中叶和 1480 年所绘制的韦尔斯（Wells）和布里斯托尔的倾斜景观图，前者由托马斯·昌德勒（Thomas Chaundler）制作，作为其为威克姆的威廉（William of Wykeham）善行进行描绘的插图；后者则由罗伯特·里卡特（Robert Ricart）绘制，用来作为其布里斯托尔历史的插图，他曾任当地的市政委员。[26] 两者在风格上都具有高度的选择性和画面感，都展示出了城墙和城门。但从精神上来看，这些景观图属于不同的世界。韦尔斯的平面图侧重于交会，展示了主教的宫殿，着重表现教堂，而非城镇。与此相反，布里斯托尔的平面图则反映了其作为贸易中心，由商人所主导的英格兰第三大城市的地位，那些商人甚至利用来自地中海地区的波特兰航海图，以寻找新的渔场，派遣船队横跨大西洋。[27] 布里斯托尔平面图略掉了城堡、众多教堂和埃文河（Avon）与弗罗姆河（Frome），重点表现了汇集在市场交会处的四条主要街道，显示出最突出的建筑、民用设施和教会（图 54.2）。

---

[22] Delano-Smith and Kain, *English Maps*, 181 - 182. 事实上，除了更著名的从北方审视的伦敦的鸟瞰景观图之外，还有一个版本的行程图（BL, Cotton MS. Nero D. i, fol. 183v, illustrated in Delano-Smith and Kain, *English Maps*, 150），包含了一幅以北方为上的伦敦的平面示意图，显示了其大门和伦敦桥。

[23] Cambridge, Corpus Christi College, MS. 66 p. 2; Hereford Cathedral.

[24] Delano-Smith and Kain, *English Maps*, 22, 181 and 251 n. 42, discussing BL, Royal MS. 13. A. iii.

[25] H. S. A. Fox, "Exeter, Devonshire circa 1420," 163 - 169; M. G. Snape, "Durham 1439 circa 1447," 189 - 194; Philip E. Jones, "Deptford, Kent and Surrey; Lambeth, Surrey; London, 1470 - 1478," 251 - 262; H. S. A. Fox, "Exeter, Devonshire, 1499," 329 - 336, all in LMP; and Delano-Smith and Kain, *English Maps*, 26. 这些通常都是为了阐明法律纠纷而创制的，请参阅下文。如有例外的话，请参阅 Thomas Chaundler's memorial bird's-eye view of New College Oxford from the early 1460s（New College, Oxford, MS C. 288 on deposit in the Bodleian Library and illustrated in Delano-Smith and Kain, *English Maps*, 32）。

[26] Delano-Smith and Kain, *English Maps*, 183 - 184, 涉及保存在鲍德林图书馆的 New College, Oxford, MS. C. 288; Elizabeth Ralph, "Bristol, circa 1480," in LMP, 309 - 316。哈丁的编年史所附的苏格兰城镇和城堡的当时代描绘是象征性的，因为这个时候大部分的城市描绘似乎都是这个样子的。

[27] 笔者要将这一发现归为 W. L. D.（William）Ravenhill，并向 Mary Ravenhill 和 Roger Kain 表达我的感谢，因为他们允许我阅读 Ravenhill 教授为发表论文的打字稿，这篇关于 1470—1640 年的英国城市地图绘制的论文本来是为这一卷而撰写的。关于 15 世纪的布里斯托尔，请参阅 James Alexander Williamson, *The Cabot Voyages and Bristol Discovery under Henry VII*（Cambridge: Published for the Hakluyt Society at Cambridge University Press, 1962）, and Kenneth R. Andrews, *Trade, Plunder and Settlement: Maritime Enterprise and the Genesis of the British Empire, 1480 - 1630*（Cambridge: Cambridge University Press, 1984）, 41 - 50。里卡特平面图很可能受到了与布里斯托尔关系密切的意大利模本的影响（P. D. A. Harvey, "Influences and Traditions," in, 33 - 39, esp. 38）。

图 54.2　罗伯特·里卡特：《布里斯托尔平面图》，约 1480 年

原图尺寸：15×12 厘米。由 Bristol Record Office（04720 fol. 5v）提供照片。

文字调查

在地方层面上，对土地的文字描述最晚从 13 世纪晚期开始就已经成为常态。[28] 1276 年

㉘　下面的段落是根据已故的威廉·拉文希尔（William Ravenhill）教授的资料来撰写的，这些资料来自并主要用他的用词，感谢他的遗孀玛丽允许我使用它们。

的法令“庄园估价测量”（Extenta Manerii）中，提出了一项庄园调查或“范围”的标准格式，从13世纪晚期的副本中可以看出，这是一项指南。[29] 它列出了其认为需要问及的重要问题和需要记录的基本事实。这些问题的结果——地籍册，通常会记录一个领主的土地范围，经常会附有地界、津贴和收入，及其佃户的义务和服役的长长的列表。这些信息通常是通过当地证人的口头证言进行收集，并包括诸如所领土地面积等项目，通常有其种植、轮作、所需种子的数量和不同种类作物的产量等细节。这些数据可能添加了草场、牧场、花园、磨坊和林地的面积与价值；通常会附有领地中佃户的详细信息，他们的土地所有权，以及租金和服役的数额。对这一信息，测量师［从意为“监督员”（supervisor）的单词而来］，通常是领主的土地管理人，会对土地的未来管理提出自己的观点或“意见”。

尽管这些调查中有关于土地的可量化数据，但没有一项调查是为了绘制土地地图而对土地进行测量的。这些测量是通过估算或传统方法而得到的，但它们也可以来自地块的实际测量，往往是由15世纪被称作“测量者”的人所收集的。对他们所带来的精度的证明，可以在英国出版的最早的测量手册——于1523年首次出版的约翰·菲茨赫伯特（John Fitzherbert）的《测量手册》（*Boke of Surueying*）中找到。[30] 尽管它只是略微涉及实际土地测量的主题，而且明显更关心庄园的法律和租约，但考虑到数学上的改进并没有那么重要，菲茨赫伯特的手册强烈地反对了那些从遥远的点“审视”的人。他强调领主需要对其土地拥有“完美的知识”，并警告说：“如果一个人看到一块围场或牧场，他可能无法越过围篱并继续前进，但他必须或骑马或走过去，并看到每块地块……以了解其面积为多少英亩。”使用其他方式的人，在他看来，是“冒险者，而不是调查员”。很明显，菲茨赫伯特第一个提出，只有通过对他的土地的详细了解，一个领主才可以把他的收入最大化，而他的“荣耀和声望”则依赖于其收入。[31]

1594

各地的草绘地图

一些测量师预先实践了菲茨赫伯特的建议，在从纯粹的书面调查向附有补充地图的调查转变的早期阶段，可能从一系列有趣的以不同比例尺绘制的地图中发现。[32] 阿彻（Archer）家族陆续收购了位于坦沃思（Tanworth）教区的一批小型不动产，这些地产位于沃里克郡（Warwickshire）的阿登（Arden）森林的中心地带。这些草图组成了这一地产的书面调查的一部分，由约翰·阿彻（John Archer）编辑，他于1472—1519年拥有家族的财产。与此区

---

[29] 请参阅 P. D. A. Harvey, *Manorial Records*（London: British Records Association, 1984）, 15–24; idem, “Surveying in Medieval England,” and “Medieval Local Maps and the History of Cartography,” both in LMP, 11–19 and 20–32, esp. 12–21; and H. C. Darby, “The Agrarian Contribution to Surveying in England,” *Geographical Journal* 82（1933）: 529–535, esp. 530。

[30] John Fitzherbert, Here Begynneth a Ryght Frutefull Mater and Hath to Name the Boke of Surueyinge and Improueme［n］tes（London: R. Pynson, 1523）较晚的版本出现于1528年、1533年、1535年（?）、1539年、1546年、1567年和1587年。

[31] Fitzherbert, *Here Begynneth a Ryght Frutefull Mater*, chap. 19, and Andrew McRae, *God Speed the Plough: The Representation of Agrarian England*, 1500–1660（Cambridge: Cambridge University Press, 1996）, 172–173.

[32] 发现位于埃文河畔斯特拉特福（Stratford-on-Avon）的出生地图书馆（Birthplace Library）中，是阿彻藏品的一部分；请参阅 Brian K. Roberts, “An Early Tudor Sketch Map,” Historical Studies 1（1968）: 33–38。

域的地图进行比较，表明这种表示法往往是示意性的，尽管就方向而言，一般关系是正确的，但基本上不存在固定的比例和形状的表示。毫无疑问，书面调查的目的是促进产业的管理。阿彻采取了关键的精神步骤，用一幅插图澄清了书面调查及其对每一块土地邻接部分的丰富陈述，此图以更加明确而现实的方式发挥了相同的作用。[33]

然而，在1520年之前，英格兰地区的地方地图绘制比单独的庄园调查研究所显示的要多得多。哈维已经证明，在整个中世纪，在地块——尤其是沃什湾和沼泽地附近，地图制作活动和地图意识都超过其他地方。[34] 这一活动可能与人口较多和相对繁荣的地区有关。一方面，资源（主要是耕地）面临的压力更大。另一方面，更多的修道院和缮写室培养了更高的读写能力。[35] 毋庸置疑，在1500年之前，英格兰所绘制的地图中，有1/3是由土地纠纷所引起的，这是最大的单一原因。[36] 在大多数情况下，地图是非正式的草图。它们似乎被认为是对争议问题的私人说明的备忘录——其一，可以追溯到16世纪早期，很明显与约克郡德文特河（Derwent）上游地区的水权有关，也许是由一位布里德灵顿（Bridlington）的托马斯·尼古拉斯（Thomas Nicholas）所绘制，实际上是画在一名律师的笔记本中，而这个笔记本本来是专门用来书写法律文本的。[37] 到1500年，我们开始发现被纳入法律文件中的解释财产纠纷的平面图，尽管这一背景暗示出其为大陆而非英国的法律先例。[38] 然而，最早记录的关于斯塔福德郡（Staffordshire）的埃尔福德（Elford）的一块草地所有权的地图实例，实际上是于1508年在法庭上制作的。[39]

极少数地图提供了实际的行政职能，诸如图释权利（例如狩猎权）或水道［例如在伦敦的城墙外供应卡尔特修道院（Charterhouse）的输水管道路线］。[40] 这些草图很少和建筑平面图相似，例如1390年为温彻斯特（Winchester）学院规划新厨房时使用的草图。[41] 另外，有时会为比如教堂等一些更小的区域制图以体现短暂的背景，比如在宗教仪式中以及神秘剧

1595

---

[33] 哈维认为，罗伯特·马维（Robert Mawe）在埃塞克斯的戴德姆（Dedham）地区的实地草绘地图显示，在某些情况下，草绘地图是在编写书面调查的过程中绘制的（*Maps in Tudor England*, 83 and 85）。然而，直到此时（1573年8月）——现存最早的用比例尺绘制的地产地图出现的两年之内——马维地图的复杂，他与托马斯·塞克福德（Thomas Seckford）和克里斯托弗·萨克斯顿（Christopher Saxton）都有联系（请参阅下文），这使得我们要从这些地图中得出这一世纪早期的实践的结论，是有问题的。

[34] Harvey, "Influences and Traditions," 33 – 34 and map on 1; idem, "Local and Regional Cartography," 484; and Delano-Smith and Kain, English Maps, 28 – 29。另请参阅 Edward Lynam, "Maps of the Fenland," in The Victoria History of the County of Huntingdon, 3 vols., ed. William Page et al.（London: St. Catherine's Press, 1926 – 1936）, 3: 291 – 306.

[35] Rose Mitchell and David Crook, "The Pinchbeck Fen Map: A Fifteenth-Century Map of the Lincolnshire Fenland," *Imago Mundi* 51（1999）: 40 – 50, esp. 40. Harvey, "Influences and Traditions," 34，显著地观察到沼泽地区域与尼德兰非常相似，在尼德兰，地方地图的制作也很早地得到了发展，

[36] P. D. A. Harvey, "Local Maps in Medieval England: When, Why, and How," in *LMP*, 3 – 10, esp. 7.

[37] BL, Add. MS. 62534, fol. 180, and Harvey, *Maps in Tudor England*, 103.

[38] 埃克塞特的市议员 John Atwyll 和朗塞斯顿（Launceton）的修道院院长之间的公证文件（收藏于埃克塞特市档案馆，ED/M/933），由下列论著进行描述和讨论：Mary R. Ravenhill and Margery M. Rowe, eds., Devon Maps and Map-Makers: Manuscript Maps before 1840, 2 vols.（Exeter: Devon and Cornwall Record Society, 2002）, 1: 35 and 176; H. S. A. Fox, "Exeter, Devonshire, 1499," in LMP, 329 – 336; and Harvey, Maps in Tudor England, 103 – 104。

[39] Harvey, Maps in Tudor England, 29 and 107。关于专门为法庭委托制作的地图的第一份记录下来的范例，请参阅图54.3。

[40] M. D. Knowles, "Clerkenwell and Islington, Middlesex, Mid-15th Century," in LMP, 221 – 228.

[41] John H. Harvey, "Winchester, Hampshire, Circa 1390," in LMP, 141 – 146, esp. 144, and Delano-Smith and Kain, English Maps, 28 – 29 and 33.

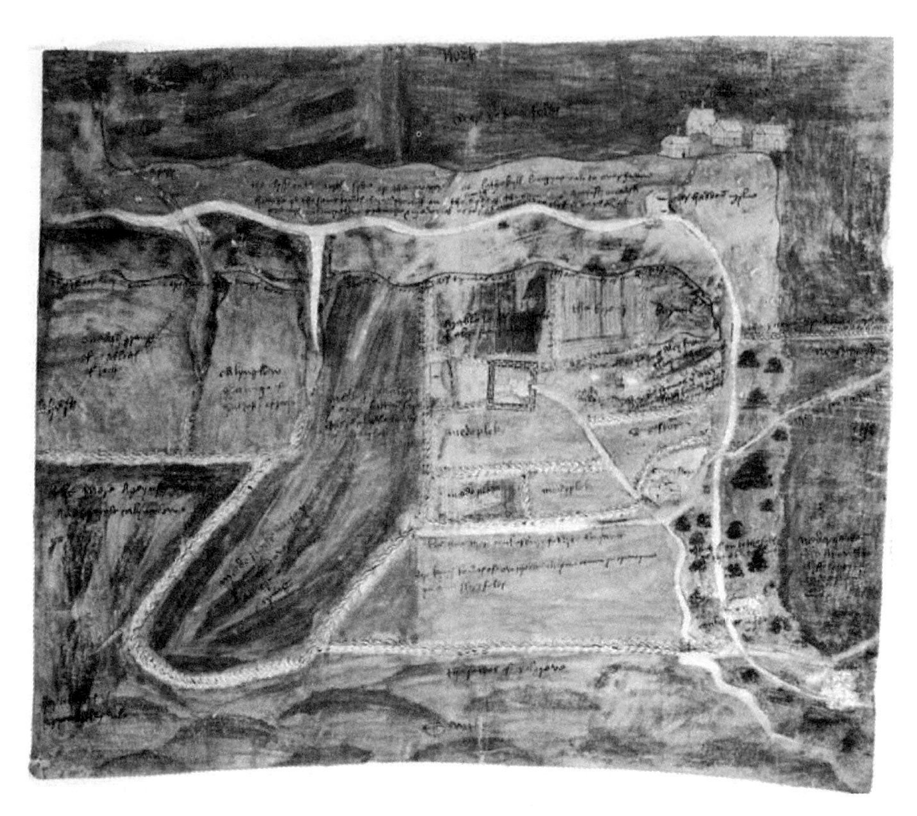

图 54.3 贝克韦尔（Bakewell）的牧师：哈登（Haddon）地图，1528 年

原图尺寸：58×67 厘米。由 TNA（MPC 1/59）提供照片。

和类似戏剧中绘制的位置和动作。[42] 尽管外表通常很不起眼，但一些现存的地图和平面图更加宏大，似乎具有纪念性的功能，就像它们通常被发现在房地产契据册的文本中一样。[43]

最近的研究表明，这些地方的主要是法律用途的平面图可能比以前认为的更为普遍。它们很可能在资料室打捆的包袱中，等待人们发现，保存率相对较低，这与其非正式性有关，导致一旦相关纠纷解决之后，绝大多数平面图就被丢弃了。[44] 在 15 世纪和 16 世纪初的某些地方，这些平面图可能有助于在那些书记员和律师中，保持地图意识闪烁的火焰，这些人构成了都铎社会和行政管理的基石。这些平面图可能已经为更为复杂的地图绘制要求做了准

---

[42] K. D. Hartzell, "Diagrams for Liturgical Ceremonies, Late 14th Century," and David Mills, "Diagrams for Staging Plays, Early or Mid-15th Century," in LMP, 339 - 341 and 344 - 345. Delano-Smith and Kain, English Maps, 22 - 23 (BL, Add. MS. 57534, fol. 62v：一份 14 世纪晚期或 15 世纪早期的英文平面图，显示了神职人员在复活节守夜期间的位置)。

[43] Harvey, "Local and Regional Cartography," 490 - 493; idem, Maps in Tudor England, 14 - 15; and Felix Hull, "Isle of Thanet, Kent, Late 14th Century×1414," in LMP, 119 - 126. 尽管米切尔和克鲁克坚持（"Pinchbeck Fen Map", 44）平奇贝克（Pinchbeck）沼泽地图的纯粹实用性，但其极高的完成度也表明它在意向和展示方面是纪念性的。它的风格，尤其是使用红色背景来突出值得注意的教堂，让人想起了 14 世纪中期来自亨廷顿郡（Huntingdonshire）的拉姆齐（Ramsey）修道院的较大的希格登地图（BL, Royal MS. 14. C. IX, fols. 1v - 2），可能反映了沼泽地区展示地图的一个特点。

[44] Harvey, "Local and Regional Cartography," 498 - 499, appendix 20. 2，从 1987 年开始，给出了一份 1500 年以前英格兰制作的地方平面图的完整清单。15 世纪中期的平齐贝克沼泽地图现在应该被添加进去（关于这一点，请参阅 Mitchell and Crook, "Pinchbeck Fen Map," 40 - 50）。

备，其于16世纪40年代早期由法院提出，并促进了地产绘图的演进。[45] 尽管如此，这些粗糙的地图和它们的创作者可能过于谦虚，以至于无法让那些他们偶尔会接触到的引领潮流的精英成员认识到在政府和日常生活中使用地图和平面图的实际好处。

1525年之前的外国影响

尽管这些本土地图绘制传统在很大程度上一直延续到15世纪后期，但它们似乎并不普遍、多产或特别兴盛，而且对于金雀花王朝（Plantagenet）晚期和都铎王朝（Tudor）早期的英格兰执政精英们而言，其对地图的兴趣似乎主要为欧洲大陆的发展所刺激，尽管并非完全是这样。[46] 中世纪的富豪、他们身边的知识分子、王室秘书、城市商人以及律师们，对来自勃艮第和尼德兰，来自德意志和意大利的文化潮流做出了回应。例如，1530年前后，从托马斯·埃利奥特（Thomas Elyot）爵士在写作时引用托勒密来看，他对托勒密《地理学指南》的德意志或意大利印刷版本很熟悉，这些版本从1475年开始出现，可以肯定，许多其他对此感兴趣的很富有的人，以及修道院和新兴的大学图书馆，拥有早期的《地理学指南》印刷或手稿副本。[47]

意大利

在其他制图领域，外国的影响可以清楚地显示出来。至少14世纪60年代开始，[48] 波特兰海图在英格兰就为人所知，到15世纪末，一些外国出生的制图师就在为英格兰客户制作波特兰海图和地图集。很有可能，安德烈亚·比安科（Andrea Bianco）的1448年海图是在其旅行过程中，在伦敦偶然制作而成，[49] 但费迪南德·哥伦布（Ferdinand Columbus）的父亲的传记却表明在15世纪90年代晚期，他的叔叔巴塞洛缪（Bartholomew）被迫在伦敦通过绘制海图谋生，他不仅为国王亨利七世（实际上，哥伦布引用了1498年/1499年2月制作的海图的版式），也为其他客户制图。[50] 其中，有可能是伦敦和布里斯托尔的商人。在这些年里，后者雇用了约翰·卡伯特（John Cabot）和塞巴斯蒂安·卡伯特（Sebastian Cabot），据说，约翰·卡伯特已经说服国王为他1498年到纽芬兰和新斯科舍的航行提供一艘船，“通过合理的地图和其他阐释”。[51] 其他意大利制图师也在很早的时期，时断时续地在英格兰非常活跃。据说，1521—1522年，费

1596

---

[45] 本多尔展示了到16世纪晚期，法律地图是如何按比例尺绘制并打算为法庭制作，以及后来为土地管理的目的而使用的（A. Sarah Bendall, “Enquire ‘When the Same Platte Was Made and by Whome and to What Intent’: Sixteenth-Century Maps of Romney Marsh,” Imago Mundi 47 [1995]: 34–48, esp. 42–43）。关于乡村地图的绘制，见第1637—1648页。

[46] 关于普遍的讨论，请参阅 J. R. Hale, The Civilization of Europe in the Renaissance (London: HarperCollins, 1993)。

[47] Thomas Elyot, The Book Named the Governor [1531], ed. S. E. Lehmberg (London: Dent, 1962), 35, and Harvey, Maps in Tudor England, 7.

[48] Barber and Brown, “Aslake World Map,” 33–34.

[49] Tony Campbell, “Portolan Charts from the Late Thirteenth Century to 1500,” in HC 1: 371–463, esp. 374.

[50] Ferdinand Columbus, The Life of the Admiral Christopher Columbus by His Son Ferdinand, 2d ed., trans. and anno. Benjamin Keen (New Brunswick, N. J.: Rutgers University Press, 1992), 36–37.

[51] Williamson, Cabot Voyages, 220.

迪南德·哥伦布在他唯一一次造访英格兰时，买下了一幅于1497年刻成铜版的伦敦地图，[52] 其设计灵感很可能来自意大利。尽管不知道这一地图的实例，但从后来地图的装饰来看，其可能是复制的衍生品。[53] 它更像是佛罗伦萨的弗朗西斯科·罗塞利（Francesco Rosselli）景观图，现存的《卡泰纳》（*Catena*）景观图由其而来，[54] 表现从城墙外的一个高点俯瞰上游的伦敦（在这个例子中，是塔东边的一个虚拟的点）。

勃艮第

作为一个榜样，勃艮第宫廷同等重要。从15世纪初开始，其仪式和庆典活动为欧洲其他地方的宫廷提供了一个模式。勃艮第—佛兰德的影响力表达了其自身，尤其是通过其宫廷庆典中的包含地图式图像的大型彩色招幌。表现出威尔士亲王的形象，在宇宙中心的王位中端坐，被用于庆祝阿拉贡的凯瑟琳（Catherine of Aragon）于1501年进入伦敦的盛会中。现存的一则1514年创作一幅巨大的布洛涅画像的费用的记录——这座城市是亨利八世新近想要获得的——可能与另一组宫廷庆典有关，但其他记录没有保存下来。[55]

在英格兰印刷的，可能由费迪南德·哥伦布于1522年在英格兰获得的八图幅木刻版英格兰地图的装饰，在这一背景下也非常重要，因为它很可能来源于在一场宫廷庆典上第一次看到的画布上的图案。它也代表了英格兰最早记录的一份多图幅地图的实例，大概是由一名在英格兰短暂居留的德意志印刷工制作的。[56] 这幅地图几乎可以肯定包含有对英格兰和苏格兰一部分的高夫式的描述，充满了爱国主义的象征性，不但包含了天使和圣乔治（St. George）以及巨龙所构成的王室纹章，还包含了对"皇帝"的描述——它很可能指代亨利七世或（更可能）亨利八世——在威尔士海岸外的一艘船上，戴着一个闭合的皇冠。[57] 这与都铎王朝早期庆典的强烈的爱国主义主题相符，这一主题也反映在造币的图案上，通过16世纪30年代的宗教改革议会所通过的立法的措辞达到高潮，这一立法标志着与罗马教廷的决裂。

佛兰德与德意志

从15世纪的前二十五年开始，经常从鸟瞰的角度来审视的逼真的景观和城市风貌，作为佛兰德艺术家的绘画和微观绘画的背景，可能同样影响着引导英格兰宫廷内外的潮流先锋走向其世界的准地图景观。1460年前后，由一名不明身份的佛兰德艺术家创作的绘画作品，

---

[52] Campbell, Earliest Printed Maps, 214.

[53] Peter Barber, "A Glimpse of the Earliest Map-View of London?", *l. London Topographical Record 27* (*1995*): 91 – 102.

[54] 关于这些佛罗伦萨地图的最近的讨论，请参阅 Werner Kreuer and H. -T. Schulze Altcappenburg, Fiorenza, veduta della Catena: Die große Ansicht von Florenz (Berlin: Wasmuth, 1998)。

[55] 感谢东苏塞克斯郡的档案管理员 Christopher Wittick，因为他发现了这一信息，在 TNA, E 86/236, p. 398。

[56] Barber, "Maps, Town-Views," 1: 255 and 2: 574 (no. 3182)。从哥伦布清单的描述来看，这幅地图很有可能为塞巴斯蒂安·明斯特尔的1540年的英格兰第二版地图提供了一个模板（关于此，请参阅 Crone, Early Maps of the British Isles, 23 – 24 [no. 13], and Rodney W. Shirley, *Early Printed Maps of the British Isles*, 1477 – 1650, rev. ed. [East Grinstead: Antique Atlas, 1991], 16 – 17)。

[57] 然而，戴维·斯塔基（David Starkey）（私人通信）认为这些图像可能与查理五世于1522年造访英格兰有关，对此，请参阅 Sydney Anglo, Spectacle, Pageantry, and Early Tudor Policy (Oxford: Clarendon Press, 1969), 163, 170 – 206, and esp. 196 – 197。

在传统上据说是为肯特的杰克绘制肖像——后者是斯丘达莫尔（Scudamore）家族的神秘导师——用背景微微凸起的透视点，描绘了斯丘达莫尔家族的位置——赫里福德郡的肯特彻奇（Kentchurch）宫廷。[58] 在 1480 年前后，当罗伯特·里卡特绘制其布里斯托尔鸟瞰图之时，伦敦的一幅详细斜视景观图显示了伦敦桥以及诸如海关大楼和圣保罗大教堂等主要建筑物，奥尔良公爵查理的缩影出现在背景中的塔中，塔上装饰着由爱德华四世委托这位公爵在布鲁日制作的诗歌的副本。[59]

新式地图绘制的渗透，1500—1525 年

在 16 世纪的头些年，来自欧洲大陆的新式地图绘制形式对英格兰宫廷的影响急剧增加。在某种程度上，这反映了几代人的变化。而老一辈的人，比如红衣主教托马斯·沃尔西（Thomas Wolsey），他熟悉托勒密的《地理学指南》、《世界地图》（*mappae mundi*）和波特兰海图；年轻的一辈——托马斯·克伦威尔（Thomas Cromwell）、托马斯·克兰默（Thomas Cranmer）和亨利八世本人——成长于新式印本地图出版的时代，如修改后的“近代”托勒密地图、埃哈德·埃茨劳布和乔治·埃林格（Georg Erlinger）的德意志路线地图，第一批大规模印刷的战争地图以及新闻中出现的国家与省份的地图。[60] 阿尔贝蒂的测算比例和精确度的理论也很可能已经从欧洲大陆，尤其是德意志，来到一些英格兰学者的书桌上。[61]

1597

一些英格兰人比其他人更容易受到这些影响。在年轻的时候，托马斯·莫尔（Thomas More）曾在意大利当过雇佣兵，他会看到绘本和印刷的地区地图，以及战争和围城的印本平面图和地图，这些都是在 15 世纪 90 年代早期在德意志愈加流传的。[62] 像托马斯·莫尔这样的人文主义者，虽然其年龄稍微大一些，但他也会早早就对最新的制图实践很熟悉，因为他们的欧洲范围的通信圈子包括像维利巴尔德·皮克海默（Willibald Pirckheimer）这样的学

---

[58] John Harris, *The Artist and the Country House: From the Fifteenth Century to the Present Day*, exhibition catalog (London: Sotheby's Institute, 1995), 25, and John Cornforth, "Kentchurch Court, Herefordshire—Ⅱ," Country Life 140 (22 December 1966): 1688 - 1691, esp. 1688.

[59] BL, Royal MS. 16. F. Ⅱ, fol. 73.

[60] J. R. Hale, *Artists and Warfare in the Renaissance* (New Haven: Yale University Press, 1990)，包含了许多这样的图像式地图的副本，包括最早显示的福尔诺沃（Fornovo）战役（1494 年）。现存最早的纪念作战平面图（与鸟瞰图相反）显示了帕维亚（Pavia）战役（1525 年）（一例：BL, Maps cc. 5. a. 257），但可能更早的地图现在已经亡佚。关于印刷的区域地图，请参阅 Barber, "Maps, Town-Views," 256 - 258, and Roberto Almagià, *Monumenta Italiae cartographica* (Florence: Istituto Geografico Militare, 1929), 117, pl. XIX［现存最早的 1515 年伦巴第（Lombardy）平面图］，以及西格诺特（Signot）意大利地图，于 1515 年第一次印刷，根据一幅 1495—1498 年的手绘原本，这幅地图通过几幅例子保存下来，请参阅图 48. 14 和 David Buisseret, "Monarchs, Ministers, and Maps in France before the Accession of Louis XIV," in *Monarchs, Ministers, and Maps*, 99 - 123, esp. 101 - 102。

[61] 由莱昂·巴蒂斯塔·阿尔贝蒂于 15 世纪 40 年代著作的三角测量理论，在杰玛·弗里修斯于 1533 年将其推广之前很久，在欧洲知识分子圈子里已经知名［请参阅 John A. Pinto, "Origins and Development of the Ichnographic City Plan," *Journal of the Society of Architectural Historians* 35 (1976): 35 - 50 and esp. 37 - 38］。

[62] G. R. Elton, *England under the Tudors* (1955; London: Methuen, 1963), 127; David Woodward, *Maps as Prints in the Italian Renaissance: Makers, Distributors & Consumers* (London: British Library, 1996), 76; Peter Barber, "England Ⅰ: Pageantry, Defense, and Government: Maps at Court to 1550," in *Monarchs, Ministers, and Maps*, 26 - 56, esp. 28; and Campbell, *Earliest Printed Maps*, 218. 它揭示出一个现存最早的与英格兰地产契约相关联的平面图的例子，它可以追溯到 1534 年，并且是按比例而不是比例尺来绘制，与克伦威尔在伦敦的一处房产有关。(Draper's Company, London, deed AV 183, illustrated and discussed in Harvey, *Maps in Tudor England*, 104.)

者，他们积极参与了创建“新”的地图和地图集。[63] 此外，莫尔和克伦威尔的法律背景意味着他们可能偶尔会看到草绘地图，用来澄清问题。

王室宫廷对外国地图学影响持非常开放的态度，不仅通过像慕尼黑出生的数学家和仪器制作师尼古劳斯·克拉策(Nicolaus Kratzer，他在1519年被任命为宫廷天文学家和钟表制造师)[64]、一系列来访的著名人文主义者——最早的是肇端于德西迪里厄斯·伊拉斯谟（Desiderius Erasmus，从1499年开始反复来访)[65] 和巴尔达萨雷·卡斯蒂廖内（Baldassare Castiglione，1503年)[66]，他们与年轻的亨利八世会面，还因为国王亨利本人就是很接纳最新地图绘制的杰出范例。例如，1528年，吉罗拉莫·达瓦拉扎诺（Girolamo da Verrazzano）赠送他一幅巨大的世界地图，展示了吉罗拉莫的兄弟乔瓦尼（Giovanni）实际上或声称的对美洲的发现。[67] 从1598 亨利八世去世后，在1542年编撰的目录中，我们了解到，亨利也收到了最新区域和城市地图绘制的很多范例，有绘本和印本壁挂地图、球仪或画布（挂毯的一种廉价替代品），他将这些地图展示在其宫殿，尤其是他在白厅最重要的宫殿的画廊中。[68]

到16世纪20年代早期，很可能来自意大利和德意志的新式印本地图的复制品开始在英格兰广泛流传，远远超越了宫廷的圈子，就像它们已经在西欧大部分其他地区所做的那

---

[63] J. B. Trapp and Hubertus Schulte Herbrüggen, “The King's Good Servant”: Sir Thomas More, 1477/8 - 1535, exhibition catalog（London: National Portrait Gallery, 1977), 43（no. 58)。皮克海默拥有尼古劳斯·库萨努斯的中欧地图的样本，仍然带有他的手绘藏书票，请参阅本卷图42.4（Campbell, *Earliest Printed Maps*, 35 - 55)。没有证据表明莫尔（More）为自己制作了任何地图，尽管他是尼古劳斯·克拉策的朋友和赞助人，并为其《乌托邦》（*Utopia*）的第一版（Louvain: Dirk Martens, 1516）撰写了前言，这本书附有一幅关于该岛屿的画得很粗略的地图，在第三版中，安布罗斯·霍尔拜因（Ambrose Holbein）制作了更加精美的重雕版，1518年由弗罗本（Froben）于巴塞尔出版。他可能被说服插入这些地图，这违背了他自己的最初判断；文字中对岛屿的测量有意地违反了数学规则和地图表达的可能性（Gillian Hill, *Cartographical Curiosities* [London: British Museum, 1978], 21, and Barber, “England I,” 29)。

[64] John David North, “Nicolaus Kratzer—The King's Astronomer,” in *Science and History: Studies in Honour of Edward Rosen*（Wrocław: Ossolineum, 1978), 205 - 234; Willem Hackmann, “Nicolaus Kratzer: The King's Astrono mer and Renaissance Instrument-Maker,” in *Henry Ⅷ: A European Court in England*, ed. David Starkey（London: Collins and Brown in association with National Maritime Museum, Greenwich, 1991), 70 - 73; Barber, “England I,” 29; and Trapp and Herbrüggen, *Sir Thomas More*, 95 - 96（no. 187)。16世纪20年代早期，他将托勒密的《地理学指南》作为其在牛津大学讲授的科目之一。

[65] Neville Williams, “The Tudors: Three Contrasts in Personality,” in *The Courts of Europe: Politics, Patronage and Royalty*, 1400 - 1800, ed. A. G. Dickens（London: Thames and Hudson, 1977), 147 - 167, esp. 153, and Margaret Mann Philips, *Erasmus and the Northern Renaissance*（London: English Universities Press, 1949), 40 - 41.

[66] 卡斯蒂廖内以曼托瓦（Mantua）大使的身份来到英格兰，并建议将绘制地图作为一项适合在《朝臣之书》（Il Cortegiano）中的年轻贵族的活动。16世纪20年代末，查理五世向他展示了可能是由迪奥戈·里贝多制作的1525年大型平面地球图，它仍然以他的名字命名，现在保存在摩德纳（Modena）的埃斯特图书馆（the Biblioteca Estense）里。请参阅图30.25和*Planisfero Castiglioni: Carta del navegare universalissima et diligentissima*, 1525, ed. Ernesto Milano与Annalisa Battini（Modena: Il Bulino, 2002)。

[67] 关于在亨利的1547年清单中提到过的地图（BL, Harley MS. 1419, fol. 133v)，同样被老理查德·哈克卢特提到过（*Divers Voyages Touching the Discouerie of America, and the Ilands Adiacent vnto the Same* ... [London: T. Woodcocke, 1582], dedication, 2r)，请参阅Barber, “Cartography, Topography”，和Lawrence C. Wroth, *The Voyages of Giovanni da Verrazzano*, 1524 - 1528（New Haven: Published for the Pierpont Morgan Library by Yale University Press, 1970), 162 and 168，以及Marcel Destombes, “Nautical Charts Attributed to Verrazano（1525 - 1528),” *Imago Mundi* 11（1954): 57 - 66。

[68] Barber, “England I”, 43 - 44，而且在Barber, “Cartography, Topography,” and Maria Hayward, *The* 1542 *Inventory of Whitehall: The Palace and Its Keeper*（London: Illuminata for the Society of Antiquaries, 2004), ii and nos. 841 - 853, 855, 857, 858, 860, 2358, 2359, 3699, and 3670中，非常详细。

样。[69] 它们对观念肯定产生了根本性的影响。要想看到仿佛是一个国家令人震惊的逼真的现代图像的东西，就会激起与看到一个公元2世纪说希腊语的埃及人所理解的图像非常不同的情感。它很有可能把读者的想法转换成了可以放置这些地图的实际用途。[70] 早在1519年，托马斯·莫尔的姐夫约翰·拉斯泰尔（John Rastell）——他是一名印刷商和律师——对地理、地图和探险发现特别感兴趣，他创办了一出娱乐节目“四元素的新插曲和表演者”（New Interlude and Mery of the iiij elementes）——在节目中，角色在舞台上展示地图和仪器，作为一种王室教育的流行手段，以及鼓励他们在海外航行和探索中使用。[71] 新的，而且显然更逼真的印刷地图似乎也鼓励一种欲望，制造现代英格兰的形象，以取代被在像高夫地图、波特兰海图以及托勒密的“旧”图等被认为过时的图像，即使这种欲望唯一保存下来的清晰表达仅在尼古劳斯·克拉策给阿尔布雷希特·丢勒的书信中得以发现。[72]

变化，1526—1550年

开端：地图应用于宫廷和国家，1526—1533年

1531年，托马斯·埃利奥特爵士——红衣主教托马斯·沃尔西主持的枢密院的前大臣，也是莫尔圈子的一名成员——写了一篇关于“绘画”主题的文章，他的这一术语中包括了今天语境中的地图。在他的《统治者之书》（*Boke Named the Gouernour*）中——此书将通过许多版本，成为一本非常有影响力的教育经典——他不仅重复长期被认可的有关地图在圣经、历史和地理教育方面的视觉辅助的价值的格言，而且强调其作为成熟统治者方面的辅助价值。除了对于需要将敌人营地形象化的将军的实用价值［来自罗马理论家维盖提乌斯（Vegetius）的概念，[73] 成为诸如马基雅弗利和巴尔达萨雷·卡斯蒂廖内等16世纪人文主义者著作中司空见惯的内容］，他写道，地图可以适用“其他严肃研究和商业的管理”。它们可以作为规划工具［“其中，通过经常修改和纠正，（统治者）最终应使其工作完美达到其目的，既不发生任何悔改，也不利用其被他人欺骗的金钱”］，作为一种说服的手段“被称作事物的恩典，被完美地表达，更好地劝导和激发旁观者——比书写或口头声明更能让读者和倾听者感受到”。对地图作为一种优雅的宣传形式以及其规划功能的强调非常重要，因为许多保存至今的最早的为宫廷使用而制作的，它们结合了这两种角色——而粗略的草图在大

---

[69] 这种物品的暂时使用往往是没有记录的，但是在1538年，在土耳其海战最激烈的时候，法国大使发现亨利八世在其房间里有一张大概是印着“黎凡特舰队的位置”的地图。

[70] Hale, *Civilization of Europe*, 15 -27.

[71] 印证于Barber, “England” I, 30。另请参阅E. G. R. Taylor, *Mathematical Practitioners of Tudor & Stuart England* (Cambridge: Cambridge University Press, 1954), 13 and 312, and Helen Wallis, “Some New Light on Early Maps of North America, 1490 -1560,” in *Land-und Seekarten im Mittelalter und in der frühen Neuzeit*, ed. C. Koeman (Munich: Kraus International, 1980), 91 -121, esp. 99。

[72] Kratzer to Dürer, 24 October 1524, in Albrecht Dürer, *Schriften und Briefe*, 2d ed., ed. Ernst Ullman (Leipzig: Reclam, 1973), 142 -143.

[73] *Epitome rei militaris*, bk. 3, sec. 6; translated as *Vegetius: Epitome of Military Science*, 2d ed., trans. N. P. Milner (Liverpool: Liverpool University Press, 1996), 71。在此翻译中，使用了“旅程”这个词，也许想起了波伊廷格（Peutinger）地图，尽管这种语言让人想起一幅地图，显示了身体上的放松。关于维盖提乌斯的普及，请参阅ydney Anglo, “Vegetius's ‘De Re Militari’: The Triumph of Mediocrity,” *Antiquaries' Journal* 82 (2002): 247 -267。

多数情况下都亡佚了。[74] 最重要的是，埃利奥特指出“在巡视自己的领土时，［统治者］应该用图形表示其领土，凭借这种智慧，他应该如何运用其学习和财富，如何保卫其领地的安全，都会浮现在他眼前，至于他眼中随时关注的，商品和荣耀，确定性和软弱性，进步和妨碍，其理亦然”。[75] 枢密院中有几位办事员，在都铎王朝和斯图亚特王朝早期的英格兰，他1599 们在普及地图和鼓励其实际运用方面扮演了重要的角色，埃利奥特在其中居首。

到埃利奥特的书出版的时候，英格兰的行政管理人员已经开始使用他推荐的地图了。直到16世纪20年代中期，政府几乎没有什么出于行政管理的目的而使用地图的迹象，[76] 但在1526年，一份关于爱尔兰的官方报告提到了一份附带的“地图”，以确认其书面陈述，[77] 而且，一幅可能附带一份官方来源的简单地图，从那一时期保存下来，首先集中在该岛东南部的一个小区域，或者说是爱尔兰的佩尔（Pale），在那里，英格兰行使着有效的影响。[78] 1527年，为庆祝法国和英格兰在格林威治缔结和约而举行的庆典活动中，包括了一幅详细的近代世界地图，由克拉策、（小）汉斯·霍尔拜因（Hans Holbein）和约翰·拉斯泰尔绘制，以其主要区域命名，以及由霍尔拜因和温琴佐·沃尔佩（Vincenzo Volpe）绘制的一幅“大型……特万（Tirwan）图绘”，最终源自1513年泰鲁阿讷（Thérouanne）围城

---

[74] 一个例外是 BL，Cotton MS. Aug. I. ii. 29（请参阅图58.1），一幅无标题的须得海草图，作为无标题的展示地图上对同一区域的描绘的来源（现在是 Cotton Aug. I. ii. 64）。关于这两幅平面图，请参阅 Alwyn A. Ruddock，“The Earliest Original English Seaman's Rutter and Pilot's Chart，” *Journal of the Institute of Navigation* 14（1961）：409－431，与 Peter Barber，“Henry Ⅷ and Mapmaking，” in *Henry Ⅷ：A European Court in England*，ed. David Starkey（London：Collins and Brown in association with National Maritime Museum，Greenwich，1991），145－154，esp. 149。

[75] 关于这一段中的引文，请参阅 Elyot，*Book Named the Governor*，23－24，26，and 35－36。

[76] 这些例外情况包括现在已经亡佚的“地图”（Carde）或受委托制作的加斯科涅（Gascony）和吉耶讷（Guienne）的地图，这是由塞巴斯蒂安·卡伯特于1512年5月26日以26先令的价格委托的［Williamson，*Cabot Voyages*，281，referring to Henry Ⅷ's household accounts（BL，Add. MS. 21481，fol. 92）］，一幅匿名的无标题的从法弗舍姆（Faversham）到马盖特（Margate）段的泰晤士河河口地图（BL，Cotton Roll xiii. 12）可能——尽管并不确定——可以追溯到1514年，这是出自防御的意图（Barber，“England I，” 27－28；Sarah Tyacke and John Huddy，*Christopher Saxton and Tudor Map-Making*［London：British Library Reference Division，1980］，11－23；and Harvey，*Maps in Tudor England*，43－44 and 47）。有点不太令人信服的是，有人认为在三一学院成立的时候，是用来培训领航员和改进内部导航的，在当时，它可能有导航方面的意图（Delano-Smith and Kain，*English Maps*，154）。第三个例子可能已经是布洛涅及其周边乡村地区的平面图，也是可以追溯到1514年春天，绘制于几块布帛上，并根据加来委托进行的某种调查（前面注释55引用 TNA，E 86/236，p. 398 中提及），但参考文献都不清楚，更有可能是指为一次盛会所制作的大型地图——景观图。然而，这些似乎都是孤立的实例，而在布鲁尔（Brewer）等人陈列的对现存官方通信的一项调查：《亨利八世的信件和文件……》（*Letters and Papers . . . of Henry Ⅷ*），没有提及任何地图或图版，直到16世纪30年代，即使在国家的书面描述的文本中，或者关于城市的占领方面，比如图尔奈（Tournai），1530年之后，那里制作了地图（请参阅 Barber，“England I，” 46 n. 15）。我非常感谢约翰·安德鲁斯（John Andrews），根据他对这一时期爱尔兰地图的研究，他很赞同这一观点。

[77] “就像地图可能出现”在大英图书馆中，Lansdowne MS. 159，fol. 9（布鲁尔等人引用了这句话，*Letters and Papers . . . of Henry Ⅷ*，vol. 4，pt. 3，1077）。在这份报告之前不久立即放置——也可能是同一时期——的一份书面的“爱尔兰图”（Descriptio Hibernie）的作者，试图用“这是由不同种类的岛屿地图证明的”这句话证实他对爱尔兰的文字描述的真实性（BL，Lansdowne MS. 159，fol. 3；for a later copy：BL，Add. MS. 4767，fol. 68）。从上下文来看，这句话似乎指的是波特兰海图。然而，第一条引文显示了为政府制作的中等大小的手稿地图，类似于大英图书馆中科顿收藏的那些地图。我很感激约翰·安德鲁斯的这些引用。

[78] 匿名的批注有“爱尔兰”的地图（BL，Cotton MS. Aug. I. ii. 21），对其讨论见 J. H. Andrews，*Shapes of Ireland：Maps and Their Makers*，1564－1839（Dublin：Geography Publications，1997），11，24，and 12。

时所制作的地图。[79]

1530年12月，国王以3英镑10先令的价格，委托温琴佐·沃尔佩制作一幅具有重要战略意义的拉伊（Rye）和黑斯廷斯（Hastings）的港口地图。[80] 一幅无人署名的特伦特河（Trent）及其支流的大型地图，显示了桥梁、磨坊以及附近的市镇和城堡，附有相关磨坊的所有权的说明，可能已经委托进行，也许是为了在法庭上的陈述，参见1531—1532年议会的会议上通过的“关于下水道委员会的总法案”。这一法案旨在纠正忽视水道的情况，并通过任命从“郡内诚实合法的人”中选拔出来的专员，来确认那些负有责任的教区或土地所有者，以确保修复毁坏的桥梁。[81] 1532年，多佛尔（Dover）公司向沃尔佩支付了22个先令，以制作一幅彩色的平面图，作为建设一个内部港口提议的图解，展示给国王亨利八世。这幅地图保存下来，是一个长系列的第一幅，这一系列试图挽救多佛尔港，以免因看似无法阻止的砾石堆积而遭宣布无法使用。[82]

这些迹象表明，在16世纪20年代后期，人们日益意识到地图的实用价值，这似乎是全国性，甚至是国际性的。1527年，一位居住在塞维利亚的布里斯托尔商人罗伯特·索恩（Robert Thorne）绘制了一幅世界地图，很逼真地模拟了西班牙绘本原型，此原型源自卡萨·德拉孔特拉塔西翁（Casa de laContratación）的《真实图像》（*padrón real*），用来为他写给亨利八世派到查理五世的大使的信做插图，敦促英国人应从香料群岛的贸易中获利，“向北航行，越过北极，向下到赤道”。[83] 在一个狭小的层面上，1528年2月14日，兰开斯特（Lancaster）公爵领地的会议厅命令贝克韦尔（Bakewell）的牧师和其他两人用图形表示，“乘坐马车或绘制池塘和边界”，通过德比郡的上哈登（Over Haddon）的土地，以阐明公共草场权利的争议，并呈送给会议厅，“经由一位由你进行过良好教育的此类人去申报同一块土地”。结果，制作了一幅覆盖了大约8平方英里的彩色地图，用文字表达注明了方向，但是没有绘制出统一的比例尺（图54.3）。它用透视的方法显示了房屋和磨坊，以砖层设计和

1600

[79] Anglo, *Spectacle Pageantry*, 211 - 224, quotation on 215; Barber, “England I,” 30; and David Starkey, ed., *Henry VIII: A European Court in England* (London: Collins and Brown in association with National Maritime Museum, Greenwich, 1991), 54 - 73。我曾在“England I”中，以及“Cartography, Topography”中更加详细地论证过泰罗阿讷（Thérouanne）的平面图可能更加直接来自丢勒对马克西米利安和亨利八世在泰罗阿讷的马克西米利安凯旋门会面的阐释［zilvia Bodnár, ed., Dürer und seine Zeitgenossen: Riesen Holzschnitte hervorragender Künstler der Triumph Kaiser Maximilians I (Budapest: Szépmu''vészeti Múzeum, 2005), 75］以及现在保存在汉普顿宫的同一场景的绘画（reproduced in “England I,” pl. 1）；这幅世界地图很可能与1532年的明斯特尔—霍尔拜因地图很相似［Rodney W. Shirley, *The Mapping of the World: Early Printed World Maps*, 1472 - 1700, 4th ed. (Riverside, Conn.: Early World, 2001), 74 - 75 (no. 67)］。

[80] Hale, “Defence of the Realm,” 381; Martin Biddle, Howard Montagu Colvin, and John Newenham Summerson, “The Defences in Detail,” in *HKW*, 4: 415 - 606, esp. 418; Brewer et al., *Letters and Papers ... of Henry VIII*, 5: 752; and Bendall, “Romney Marsh,” 37.

[81] BL, Cotton MS. Aug. I. i. 65, and Eamon Duffy, *The Voices of Morebath: Reformation and Rebellion in an English Village* (New Haven: Yale University Press, 2001), 52 - 53. 关于这一重要但在技术上和风格上保守的地图细节的其他理论和描述，请参阅Harvey, *Maps in Tudor England*, 11, and Delano-Smith and Kain, *English Maps*, 49 and 51。

[82] Martin Biddle and John Newenham Summerson, “Dover Harbour,” in *HKW*, 4: 729 - 768, esp. 731 - 732. 有关这幅和后续的多佛尔地图的绘制和讨论，请参阅更广泛的William Minet, “Some Unpublished Plans of Dover Harbour,” *Archaeologia* 72 (1922): 185 - 224, 和Alec Macdonald, “Plans of Dover Harbour in the Sixteenth Century,” *Archaeologia Cantiana* 49 (1937): 108 - 126。

[83] Andrews, *Trade, Plunder and Settlement*, 169 - 170。据称，它是最早由英国人绘制的现代世界地图，但只有通过哈克卢特在集群a和b之间的《各类航行》中所出版的印刷版本才为人所知。

田野边界的方式表达石灰石疤痕，而且这是最早被认定为专门为法庭而委托制造的地图。[84]

1601

地图转向到中心舞台，1533—1550 年

来自宫廷的推动力：国防、解散修道院以及海岸线的地图绘制，1533—1539 年

然而，这种对地图绘制实际应用的日益增长的意识，与对宫廷内外地图新类型的熟稔，以及在巨大外部威胁时期，对于亨利八世和托马斯·克伦威尔解散修道院得到财产方面的实用意义，三者结合到一起，另外使得地图的创作与使用逐渐演变成一种虚拟的革命。1533 年和 1538—1539 年的这两个时段是特别危险的。弗朗索瓦一世和查理五世似乎是真正的危险，在教皇的祝福下，他们二人将化解分歧，联合起来入侵英格兰。1533 年，有一个调查国家边界的呼吁，但是也许因为缺乏可用的经费，几乎没做什么事，而且没有制作几幅地图。[85] 五年后的另一个不同的故事，是在修道院解散的过程中，亨利到那时还没有想到通过增收法庭（Court of Augmentations）来处理财产。[86] 1539 年 2 月，在克伦威尔的煽动下，国王委任特定的"英格兰每个临近海洋的郡的成熟和值得信赖的专业人士……去沿着海岸检查，看有没有可能发生的入侵危险，确认已经说过的危险，以及相关的防御工事的最佳建议"。[87]

1539 年春天，这一命令导致了 19 世纪之前最广泛的由政府资助的地图勘测。到 1547 年为止，最终花费的总额是 376500 英镑[88]——远远超过了亨利在他众多宫殿上大肆花费的数额。尽管其中大部分都是用来修建防御工事（也得益于之前修道院的铅和石头），但大量的资金显然用在了地图绘制上。在一次重大入侵恐慌的激烈气氛中，区域地图被迅速绘制出来，以指示需要建立或改进防御工事的地方。1539 年 4 月，在最初的要求进行一次调查的命令公布仅仅三个月之后，克伦威尔就可以列出 28 个"需要建造防御工事"的地点的清单。[89] 这一清单导致在接下来的十年内大规模绘制防御工事平面图。这是第一次，由国家创立了一个庞大的地图绘制机构，这与埃利奥特的建议是一致的，而且在遍及世界各地的现代工业社会中，这一特性已经变得越来越熟悉。

---

[84] E. M. Yates, "Map of Over Haddon and Meadowplace, near Bakewell, Derbyshire, c. 1528," *Agricultural History Review* 12（1964）：121 – 124. TNA, MPC 59（map）; DL 1202, 12102, 1801, 319, 318Li. 我很感谢已故的 William Ravenhill 教授提供的这些信息。几个月后，在 1528 年和 1529 年之交，约翰·阿萨尔（John Hasard），随后是温切斯特学院的会计员，他绘制了一张关于伯克郡肖·哈奇（Shaw Hatch）庄园的图像地图，可能也是为了法庭制作，以展示关于木材权利的争论。这张地图是 *Christie* 的 1986 年 11 月 21 日纽约拍卖目录中以彩色的方式展示的，第 135 页，以及约翰·H. 哈维的讨论，"A Map of Shaw, Berkshire, England, of *ca*. 1528 – 1529," *Huntia* 3（1979）：151 – 160。

[85] Hale, "Defence of the Realm," 367. 一幅日期为 1533 年的泰晤士河的地图，标有水深，在诺森伯兰郡的阿尔尼克城堡展出，为诺森伯兰公爵所有，可能在这方面受委托。

[86] Hale, "Defence of the Realm," 375.

[87] "Remembraunces" of Thomas Cromwell, 可能是 1539 年 2 月初（BL, Cotton MS. Titus B. i, fols. 473 – 474, summarized in Brewer et al., *Letters and Papers ... of Henry VIII*, vol. 14, pt. 1, 153）；并请参阅"England Ⅰ," 50 n. 65。

[88] Hale, "Defence of the Realm, 374.

[89] Hale, "Defence of the Realm," 370.

新式地图绘制：布洛涅、苏格兰、行政和新教，1539—1550年

新式地图的压力与委托一直持续到了16世纪40年代中期，此时亨利从防御转到向外征服。约翰·罗杰斯（John Rogers）和理查德·李（Richard Lee）是国王最喜欢的制图师，他们负责起草复杂的地图和平面图，以便国王可以对布洛涅附近的昂布勒特斯（Ambleteuse）港口的备选设防提案进行评估，以及在营地条约（1546年）的谈判期间评估与法国在同一地区的分界线。[90] 外国的制图师，诸如法国人让·罗茨（Jean Rotz）、尼古拉·德尼古拉和高地苏格兰人约翰·埃尔德（John Elder），他们被带到英格兰（至于法国人，则数量众多），来绘制英格兰和法国的港口地图，以及到当时为止几乎完全未知的苏格兰地区的地图，即使是制图师罗茨，他们的专长是在其他领域或类型的地图绘制。[91] 在同一时期，亨利似乎已经试图通过从前线寄来的平面图来进行远程监督，像1543年兰德雷西（Landrecy）等围城的过程。[92]

从1542年起，"粗暴求婚"[93] 开启了对苏格兰持续的入侵，企图确保苏格兰女王——"婴儿玛丽"与年轻的威尔士亲王（后来的爱德华六世）的婚约，但最终没有成功。[94] 苏格兰战役标志着地图在当时军事环境中最广泛的应用，在英格兰的侵略军中，有诸如理查德·李（Richard Lee）、托马斯·佩蒂（Thomas Petyt）和约翰·埃尔德等专业的制图师。[95] 亨利八世、赫特福德伯爵（后来的护国公萨默塞特公爵）和他的同僚指挥官委托制作了苏格兰的总图，还有一些更详细的地图，像石匠大师亨利·布洛克（Henry Bullock）1552年关于英格兰和苏格兰之间边界的争议土地的地图，以及许多城堡和苏格兰低地地区的要塞平面图。[96] 不同战役的战场素描图，尤其是1547年9月英格兰军队在平齐谷（Pinkie Cleugh）

1602

---

[90] BL, Cotton MSS. Aug. I. ii. 8, 68, 73, 75, 77. 后面地图上的红线显示了对英国有利的边界，甚至可能是亨利本人添加上去的［Lonnie Royce Shelby, *John Rogers: Tudor Military Engineer*（Oxford: Clarendon Press, 1967）, 99－101］。关于昂布勒特斯（Ambleteuse），请参阅 Howard Montagu Colvin, "The King's Works in France," in *HKW*, 3: 335－393, esp. 388－389 and pls. 42－45, and Hale, "Defence of the Realm," 391－392。

[91] Jean Rotz, *The Maps and Text of the Boke of Idrography Presented by Jean Rotz to Henry Ⅷ*, ed. Helen Wallis（Oxford: Oxford University Press for the Roxburghe Club, 1981）, 9－16; D. G. Moir, "A History of Scottish Maps," in *The Early Maps of Scotland to* 1850, 3d rev. and enl. ed., 2 vols.（Edinburgh: Royal Scottish Geographical Society, 1973－1983）, 1: 1－156, esp. 12－13; Barber, "England Ⅰ," 35; and idem, "British Isles," 46－47。关于可能是罗茨绘制的一幅英吉利海峡地图，请参阅 BL, Cotton MS. Aug. I. i. 65, 66，部分复制于 Barber, "England Ⅰ," 36, and Marcus Merriman, *The Rough Wooings: Mary Queen of Scots*, 1542－1551（East Linton: Tuckwell, 2000）, 44 and 154－155。

[92] BL, Cotton MSS. Aug. I. i. 49 and I. i. 50：两幅佚名的平面草图，似乎本来是封缄在信件中的"Defence of the Realm," 388。

[93] 请参阅最新的 Merriman, *Rough Wooings*。

[94] 爱德华六世的日记揭示了一种学童般的对防御工事和对接下来在欧洲各地的武功的热情［例如，请参阅 W. K. Jordan, ed., *The Chronicle and Political Papers of King Edward Ⅵ*（London: Allen and Unwin, 1966）, 140－141; Barber, "England I," 42; and Hale, "Defence of the Realm," 398］，还有，像他的父亲一样，他似乎能够绘制防御工事的地图（请参阅 Biddle, Colvin, and Summerson, "Defences in Detail," 513, for Portsmouth fortifications "devised" by him in 1552; BL, Cotton MS. Aug. I. ii. 15 seems to have been drawn to elucidate the situation there for his visit）。

[95] D. R. Ransome, "The Early Tudors," in *HKW*, 3: 1－53, esp. 13, and Barber, "British Isles," 46.

[96] Hale, "Defence of the Realm," 397. Marcus Merriman and John Newenham Summerson, "The Scottish Border," in *HKW*, 4: 607－726, esp. 698, 701, 704, 710, 712, 714, 718, and 724－725; Marcus Merriman, "The Platte of Castlemilk, 1547," *Transactions of the Dumfriesshire and Galloway Natural History and Antiquarian Society* 44（1967）: 175－181, esp. 175－178; idem, "Italian Military Engineers in Britain in the 1540s," in *English Map-Making*, 57－67, and pls. 20 and 28－30; and Barber, "England I," 40－41, 54 n. 121. 这些地图现在大部分收藏在位于拉特兰的比弗（Belvoir）城堡的拉特兰公爵的藏品中。布洛克的地图（TNA, MPF 257）复制于 Harvey, *Maps in Tudor England*, 48。

［马瑟尔堡（Musselburgh）］的决定性胜利（图 54.4），似乎是第一次以德意志和意大利的时尚作为基础制作与使用，既有单张铜版新闻地图——可能是由别名为兰布雷西茨的托马斯·杰明努斯（Thomas Geminus alias Lambrechts）刻版并印刷；也有苏格兰战役的宣传叙述——威廉·帕滕（William Patten）的《挺进苏格兰》（*Expedition into Scotland*）（1548 年）。[97] 护国公萨默塞特公爵对地图在心理方面的应用也很擅长。1548 年，在接见法国大使的房间里，他很突出地展示了英格兰在苏格兰的哈丁顿（Haddington）的令人印象深刻的新要塞的现在已经亡佚的地图。[98] 在同一时期，定期在法国和苏格兰之间往来的军事工程师们制作了关于加来行军的详细地图，展示了壁垒、堤坝、防御线、磨坊和边界要塞。[99] 法国人最终从 1547 年之前的所有工作中获益。那些之前在英格兰服务的法国制图师，如罗茨和尼古拉·德尼古拉，在亨利八世去世后，他们带着地图和平面图的副本叛逃回法国。[100] 早在 1548 年 3 月，英格兰驻巴黎大使就警告说，通过"图画"，法国人"可能让他们的人轻易进入苏格兰"。[101] 最终，这些平面图被用作对 1527 年格林威治庆典的一种例行的报复。它们似乎为对苏格兰城镇和要塞保持鸟瞰审视图的横幅提供了依据，它们穿越鲁昂的街道，耀武扬威地列队游行，以庆祝亨利二世征服布洛涅之后，于 1550 年隆重而扬扬得意地进入这座城市。[102] 在这一点上，由于国内的叛乱和国家破产的威胁，英格兰政府对地图绘制的直接投资步履蹒跚。[103]

1603

---

[97] 平齐谷或马瑟尔堡的佚名图像式新闻地图，其中只有一例为人所知，似乎是英国现存最早的铜版印刷地图。它似乎是基于一系列的绘画作品的汇编［现在在 Bodleian Library，Oxford（Bod. MS. Eng. Misc. C. 13）］。由一位为萨默塞特效劳的约翰·拉姆齐（John Ramsay），展示了战斗的不同阶段（见下文）。印本上的日耳曼式的英文表明，它是由出生在尼德兰或德意志的人雕刻而成的，比如杰明努斯或雷纳·沃尔夫。这些图画是由查尔斯·奥曼（Charles Oman）爵士在 19 世纪 90 年代发现的，他在"The Battle of Pinkie，Sept. 10，1547，" *Archaeological Journal* 90（1933）：1–25 中讨论并说明了这一点，并附有这一印本的一份平板印刷的"摹写件"（细节上有略微的不同）。这份"摹写件"很可能是从原版的唯一现存的副本中复制而来的，它是为了配合 the Bannatyne Club，David Constable's edition of John Berteville，*Recit de l'expedition en Ecosse l'an M. D. XLVI. et de la battayle de Muscleburgh*（Edinburgh：Bannatyne Club，1825）出版的第 10 版而绘制的。辛德没有发现这幅印本，大概是因为当时没有任何原本被曝光。拉姆塞的绘图和 William Patten's *The Expedicion into Scotla*［*n*］*de of the Most Woorthely Fortunate Prince Edwarde*，*Duke of Somerset*（London：Richard Grafton，1548）的木刻版插画都附在 Hale，*Artists and Warfare*，264–265 中。这些绘图仅附在 Sally Mapstone，*Scots and Their Books in the Middle Ages and the Renaissance*，exhibition catalog（Oxford：Bodleian Library，1996），29–30。帕滕（Patten）作品的木刻本被附在 Delano-Smith and Kain，*English Maps*，53，在 Merriman，*Rough Wooings*，7–9 and 278 中，得以插录和讨论。我很感激 Ashley Baynton Williams 将印刷品发给我让我注意，以及 Nick Millea 提供了相关研究的帮助。

[98] Merriman，*Rough Wooing*，35，尽管他错误地暗示了这是一个三维的模型。另请参阅 Barber，"England Ⅰ，" 40。

[99] Colvin，"King's Works in France，" 357–358，363，and 369–372，and Hale，"Defence of the Realm，" 378–379 and 392–393.

[100] Rotz，*Boke of Idrography*，13–16，和 Barber，"England I，" 41. BL，Add. Charter 12366，是一份尼古拉的收据，他被认为是一名地理学家，他于 1547 年 10 月 11 日在英格兰的工作而收到 225 里弗。非常感谢 David Buisseret 提供这一参考资料。

[101] *Calendar of State Papers*，*Foreign Series*，*of the Reign of Edward* Ⅵ，1547–1553，ed. William B. Turnbull（London：Longman，Green，Longman，and Roberts，1861），15.

[102] Roy C. Strong，*Art and Power*：*Renaissance Festivals*，1450–1650（Woodbridge：Boydell，1984），47，以及 Merriman，*Rough Wooing*，25–39. On pp. 35–36，Merriman 制作了木刻版再现了游行队伍，其展示了新收复的布洛涅周边要塞的模型，以及游行队列中的描绘苏格兰要塞的横幅。

[103] Peter Barber，"England Ⅱ：Monarchs，Ministers，and Maps，1550–1625，" in *Monarchs*，*Ministers*，*and Maps*，57–98，esp. 57–58.

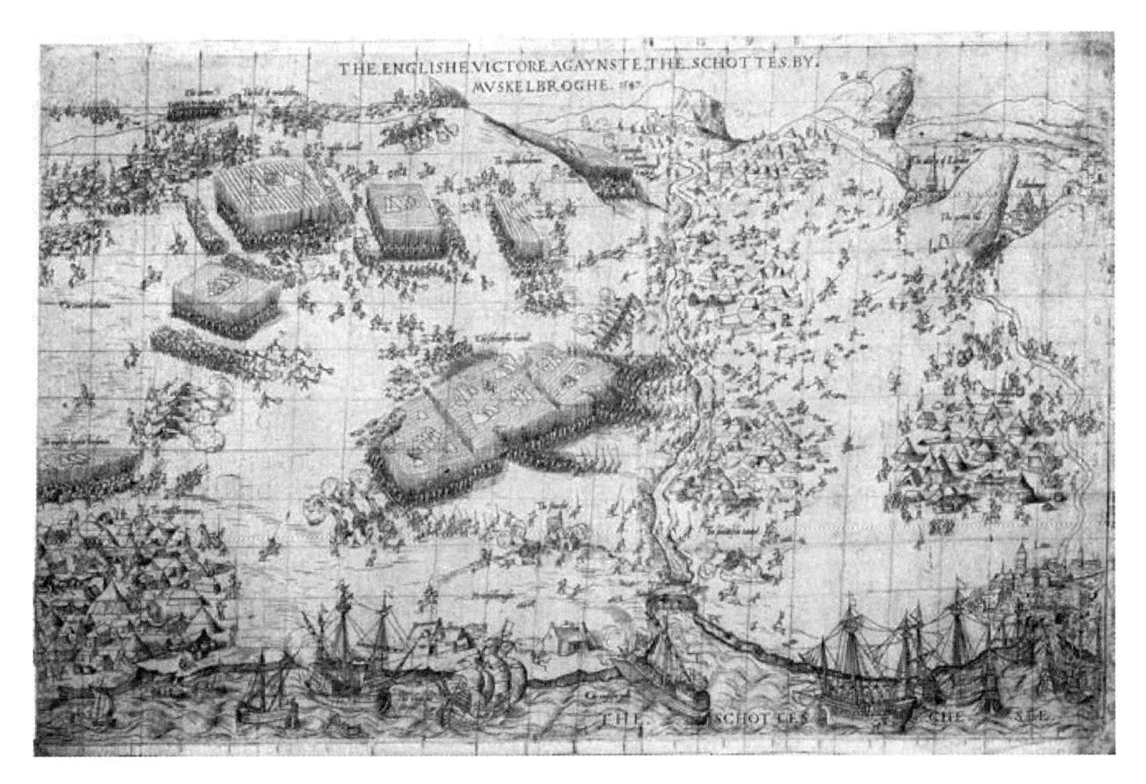

图54.4　托马斯·杰明努斯（?）：马瑟尔堡/平齐谷

原图尺寸：31.5×50.5厘米。由BL提供照片。

然而，到那时候，"新式"地图绘制进入了受教育的英格兰人的生活和文化的主流。16世纪40年代，地图开始在国内行政管理方面扮演一个更加突出的角色。1541年，英格兰主要城镇的市长们受命制作地图，或小型的详细平面图，显示传统自由和圣所的范围，以推进废除法案的行为。从萨瑟克（Southwark）、诺里奇（Norwich）和约克（York）处保存下来的平面图，尽管没有一例是特别复杂的地图，但它们在英格兰行政管理和城市地图绘制方面都是一个里程碑。[104] 地图也开始用在城市规划方面，还有一幅1541年的有比例尺的地图，显示了一项提议的定居计划的布局，围绕一个位于加来周边地区排干的沼泽地带修筑了防御工事的教堂。[105]

然而，在一方面，16世纪中叶标志着一个地图制作章节的结束。毫无疑问，在爱德华六世动荡的岁月里，传统的世界地图（*mappaemundi*）以任何形式成为形象的惊人敌视和盲

---

[104] TNA, MPC 64 (Southwark); TNA, MPI 221 (Norwich); TNA, MPB 49, 51 (York), 讨论见 Harvey, *Maps in Tudor England*, 68 –69, 附有对诺里奇平面图细节的复制件; Barber, "England I," 37; Martha Carlin, "Four Plans of Southwark in the Time of Stow," *London Topographical Record* 26 (1990): 15 –56, and esp. 35 –50; Peter Barber, "Liberties and Immunities," in *Tales from the Map Room*, 132 –133 (Southwark); Sarah Tyacke, "Introduction," in *English Map-Making*, 13 –19, esp. 16 (Norwich); and Harvey, "Symbolic Plans of a City," 343 (York)。

[105] BL, Cotton MS. Aug. I. ii. 69, illustrated in Harvey, *Maps in Tudor England*, 36. See also Hale, "Defence of the Realm," 376.

图 54.5 佚名：坎特伯雷（Canterbury）地图的细部

原图尺寸：66×91 厘米；细部：约 17.1×12.9 厘米。由 BL（Cotton MS. Aug. Ii. 53）提供照片。

目崇拜的牺牲品。[106] 当圣坛被剥去的时候，亨利八世在他时日结束之时所珍视的古老《世界地图》似乎被截断了，如果它们全部保留下来，会被填充黏合重新使用。这并非偶然，一幅伟大的 13 世纪后期世界地图保存下来的残片，源自赫特福德郡阿什里奇（Ashridge）的博诺姆斯（Bonhommes）学院，来自增收法庭（Court of Augmentations，由亨利八世建立的政府部门，用以解决被解散的修道院的管理）记录的一个捆包，现在以康沃尔公国（Cornwall）世界地图而为人所知。[107]

在日益信仰新教的英格兰，虔诚通过地图以地图学的方式诠释了自身对福音书的描述的真实性。[108] 圣地的地图以单幅和《圣经》中的插图的方式而制成。已知最早的地图是制图师

1604

[106] Duffy, *Voices of Morebath*, 118 – 151.

[107] Graham Haslam, "The Duchy of Cornwall Map Fragment," in *Géographie du monde au MoyenÂge et à la Renaisssance*, ed. Monique Pelletier (Paris: éditions du C. T. H. S., 1989), 33 – 44.

[108] 关于全部讨论，请参阅 Catherine Delano-Smith and Elizabeth Morley Ingram, *Maps in Bibles*, 1500 – 1600: *An Illustrated Catalogue* (Geneva: Librairie Droz, 1991)。值得注意的是，正如沃姆斯所指出的那样（请参阅第 57 章，特别是 p. 1697），在天主教女王玛丽的统治下，没有圣经地图在英格兰出版，但是在 1558—1600 年，在伦敦印刷了 60 多本，反映了女王伊丽莎白治下英格兰新教的复兴。

和牧师约翰·拉德（John Rudd）在1534年绘制的，是一幅现在已经亡佚的圣地地图，[109] 1535年，霍尔拜因似乎已经绘制了一幅巴勒斯坦的木刻版地图，显示了《圣经》的《出埃及记》。[110] 尽管大多数16世纪印刷的圣地地图被发现于海外印刷的圣经中，但有一幅圣保罗旅程的木刻版地图于1549年，出现在雷纳·沃尔夫的《新约圣经》中，[111] 1572年，理查德·贾格（Richard Jugge）委托定制了伦敦塔里的皇家铸币厂的仪器和模具铣床，委托汉弗莱·科尔（Humfrey Cole）制作一幅铜版地图，附在主教圣经的第二版中。长久以来，人们都认为这是英格兰人在英格兰出版的最早的独立印刷的原始地图。[112]

地图：国王和首批比例尺地图的出现

1539—1547年，亨利巨大的军事预算中有一半花在巩固英格兰和威尔士的海岸，但几乎同时也为亨利在欧洲大陆的最后的立足点——加来占领区和16世纪40年代短暂占据的布洛涅进行了防御。其余的都被投入英格兰和苏格兰的边界上（在下一个统治时期，这一平衡将被逆转）。[113] 这一焦点反映到地图绘制的地理分布上。[114] 这些地图包括区域地图绘制，其中很多绘制于1539年，如加来周围的海岸、埃塞克斯（Essex）和萨福克（Suffolk）海岸、泰晤士河河口、北肯特郡、伯恩茅斯（Bournemouth）和莱姆（Lyme）之间的多塞特（Dorset）海岸、从埃克塞特到陆地尽头的全部英格兰西南海岸，以及康沃尔和萨默塞特的北部海岸。[115] 考虑到早期的近代国家和政府文献的保存率较低，很有可能，现有的材料虽然令人

---

[109] David Marcombe, "John Rudd, a Forgotten Tudor Mapmaker?" *Map Collector* 64 (1993): 34 - 37, and idem, "Rudd, John," in *The Dictionary of National Biography*: *Missing Persons*, ed. C. S. Nicholls (Oxford: Oxford University Press, 1993), 573 - 574. 然而，马尔孔布（Marcombe）错误地认为此地图为科弗代尔圣经（Coverdale Bible）中的地图。

[110] 《圣经》由詹姆斯·尼科尔森（James Nicholson）在萨瑟克出版，但是在海外印刷的。Delano-Smith and Ingram, *Maps in Bibles*, 144, and Elizabeth Morley Ingram, "The Map of the Holy Land in the Coverdale Bible: A Map by Holbein?" *Map Collector* 64 (1993): 26 - 31.

[111] 复制于Catherine Delano-Smith, "Map Ownership in Sixteenth-Century Cambridge: The Evidence of Probate Inventories", *Imago Mundi* 47 (1995): 67 - 93, esp. 75。

[112] Peter Barber, "Mapmaking in Humphrey Cole's England," and "Humphrey Cole's Map of Palestine," both in *Humphrey Cole*: *Mint*, *Measurement*, *and Maps in Elizabethan England*, ed. Silke Ackermann (London: British Museum, 1998), 11 - 13 and 97 - 100; Delano-Smith and Ingram, *Maps in Bibles*, 60 - 61, 69, 149 (E. 1572); and Arthur Mayger Hind, *Engraving in England in the Sixteenth & Seventeenth Centuries*: *A Descriptive Catalogue with Introductions*, 3 vols. (Cambridge: Cambridge University Press, 1952 - 1964), 1: 79 - 80. 亚当斯/詹金斯在弗罗茨瓦夫制作的1562年俄罗斯地图的副本（关于其更全面的讨论和更精确的日期，请参阅下文）现在已经被认为是最早的（图57.6）。

[113] Hale, "Defence of the Realm," 374 - 375.

[114] 这包括16世纪30年代和40年代由罗伯特·科顿爵士所收集的大约100幅地图，现在收藏在大英图书馆中；在旧皇家图书馆的地图集中的地图，也在大英图书馆中；赫特福德郡的哈特菲尔德庄园中的塞西尔文件中有几张地图和平面图；TNA的一些地图，以及其他地方分散的单幅地图。

[115] BL, Cotton MSS. Aug. I. i. 8 (anonymous, "The coste of England uppon Severne," that is, the north coast of Somerset); I. i. 31, 33 (anonymous, untitled map of Dorset coast from Poole to Lyme); I. i. 35, 36, 38, 39 (anonymous, untitled chart of the southwest coast of England); I. i. 53 (Richard Cavendish, untitled chart of southern Suffolk, Essex, north Kent, and the mouth of Thames); I. i. 57 (Richard Cavendish, untitled chart of Essex and Suffolk coasts); I. ii. 70 (anonymous, untitled chart of Calais and environs); BL, Royal MS. 18. D. Ⅲ, fols. 9v - 10 (anonymous, untitled chart of Poole Harbour, Dorset). 关于这一列表，尽管属于爱德华六世的统治，但应该是添加到Cotton MS. Aug. I. ii. 71（加来边界的无标题海图可能是由Thomas Pettyt于1550年前后绘制的）。

印象深刻，但它占原来总数的很小比例。

为回应亨利和托马斯·克伦威尔的禁令所制作的地图和素描草图，最初是当地制作的。斯图尔特（Stuart）在普利茅斯关于几次“市镇和港口地图”的地方记录中发现了这些于1538/1539年绘制出来的记载，但现在都没有明显保存下来。[116] 同样的事情无疑在其他地方也发生了，在这个过程中，可能绘制出一部广泛的英格兰城镇平面图的汇编，但只有其中的一些幽灵现在保存下来。很明显，从表现了广大的不同区域——诸如萨福克和北萨默塞特的海岸——的现存地图，[117] 和其他作品的编纂证据之间的风格相似性来看，在宫廷中，训练有素的绘图员，他们被王室雇用，负责一系列艺术和行政管理的工作，重新绘制并整理成展示地图，其中有很多来自各郡的粗略与概略性的材料。

位于伦敦的英国国家档案馆（TNA）拥有1546年由某位约翰·科利尔（John Collier）提供的记录，他在格林威治工作，为国王制作他根据法国原件复制（并推测有增补）的地图，很多1539—1540年的区域地图可能是从各郡以同样方式上报上来的地图拼在一起。[118] 1605 至少三份高度完成的平面图显示了克利夫斯的安妮（Anne of Cleves）1539年到英格兰的计划行程、1514年袭击布赖顿（Brighton）（图版64），以及邻近多塞特（Dorset）的普尔（Poole）的一处要塞，由安东尼·安东尼（Anthony Anthony）——位于伦敦塔的军械办公室的一位办事员（也是啤酒酿造师、炮手和编年史撰写者）绘制，他更出名的是以其命名的卷轴，制作于1546年，描绘了亨利八世的海军的军舰。[119] 这些已经完成的展示地图，其中有几份是协作的产物。例如，多佛尔港的一份平面图中，船只似乎是另一批次，是在地图的主要部分完成后，添加上去的。[120]

最早的地图和平面图主要是图画式和自然风格的，尽管比例尺不确定，而且利用了一些非自然的特征，比如粉色的海洋。例如，它们属于在15世纪60年代以后的斯海尔德河（Scheldt）的平面图中被发现的佛兰德风格，有时，就像在英格兰西南海

---

[116] Elisabeth Stuart, *Lost Landscapes of Plymouth: Maps, Charts and Plans to* 1800 (Stroud, Gloucestershire: Alan Sutton in association with Map Collector Publications, 1991), 77.

[117] Cotton MSS. Aug. I. i. 8 (anonymous, "The coste of England upon Severne", that is, the north coast of somerset), I. i. 58 (untitled chavt of suffolk coast from Orwell Haven to Gorlestor).

[118] 我非常感谢TNA的玛格丽特·康登（Margaret Condon），感谢她提醒我注意约翰·科利尔的叙述，并感谢罗斯·米切尔（Rose Mitchell）为我提供了参考（TNA, E 314/82）。唯一现存的地图草稿和最后的展示地图似乎是1539年约翰·伯勒和理查德·库奇［Richard Couch（e）］所绘制的须得海的草图（BL, Cotton MS. Aug. I. ii. 29; fig. 58. 1）和展示地图，显示了克利夫斯提出的海上之旅的建议，对此，请参阅p. 1598，第74条注释。然而，正如理查德·卡文迪什所做的那样，最初的制图师是一个熟练的绘图员，他们似乎也绘制了完成的演示地图（例如，请参阅L, Cotton MSS. Aug. I. i. 53, I. i. 57）。

[119] Ann Payne, "An Artistic Survey," in *The Anthony Roll of Henry Ⅷ's Navy: Pepys Library* 2991 *and British Library Additional MS* 22047 *with Related Documents*, ed. C. S. Knighton and D. M. Loades (Aldershot: Ashgate for the Navy Records Society in association with the British Library and Magdalene College, Cambridge, 2000), 20–27, esp. 21, 以及安东尼·安东尼，作者认为他可能不是科内利斯·安东尼松的兄弟，这一假设已经很广泛，另请参阅C. S. Knighton, "The Manuscript and Its Compiler," in *Anthony Roll*, 3–11, esp. 3–4。靠近普尔的堡垒的平面图是BL, Cotton MS. I. i. 29。昂布勒斯特1546年平面图上的船只（BL Cotton MS. Aug. I. ii. 8）和整幅平面图可能也似乎是由安东尼·安东尼绘制。安东尼的父亲是尼德兰人，安东尼本人也被认为是尼德兰人，这是很重要的。和理查德·李一样，他也与加来的总督莱尔子爵有过接触。和理查德·卡文迪什一样，他的职业生涯始于一个炮手。

[120] BL, Cotton MS. Aug. I. i. 22, 23; Payne, "Artistic Survey," 20.

岸的"长景观图"一样，它们用肯宁（kenning）进行测量，这是一种尼德兰的测量单位。[121] 它们故意夸大易受攻击地区，比如海滩的大小，而那些相对坚固的地区，比如悬崖，则相对减损。而具有战略重要性的人造标志，如灯塔和教堂塔楼（经常被用作灯塔），以及军队征税和战马饮水食料的停留点，则表示得很大，而其他重要性较低的建筑则相对较小。而那些平坦的地区，比如埃塞克斯和萨福克，几乎向任何一个方向的入侵开放，在这些地区，人们努力地描述更远的内陆城镇，比如伊普斯维奇（Ipswich），这将提供第一重坚固防线。[122] 这些地图中最早的一批几乎立刻被标注出来，以显示应该建造新的堡垒之处，并对建筑工程的进展进行评论，也可能当时没标注上，后来又添加上了。

这批地图预示了乔治·雷恩斯福德（George Rainsford）于1556年在他为菲利普二世绘制的"英格兰的肖像"（Ritratto d' inghilterra）中写的文句。雷恩斯福德写到，由于16世纪30年代和40年代的作品，英格兰人"不害怕外国势力，因为那些船只可以登陆的地方都修筑了要塞，并戒备森严，而那些没有防守的地方则是由高而强的悬崖所保护"。此外，这个王国之所以强大，是因为它对意想不到的攻击进行了预备——意即灯塔和召集制——"所以，在危险的时候，整个国家都可以迅速地拿起武器。"[123]

同样这批地图还包括了一些军事上不太重要的城镇和港口的装饰性俯视景观图和小型平面景观图，可以肯定这些是源自地方上的绅士所提供的地图。通过这种方式，我们可以看到像坎特伯雷（Canterbury）这样的城镇的布局和主要建筑，以及桑威奇（Sandwich）和罗切斯特（Rochester）、伊普斯维奇（Ipswich）和哈里奇（Harwich）、莱姆和毛斯尔（Mousehole），还有埃克塞特和普利茅斯，这些城镇的大部分以前从未绘制过地图。此外，绘制了个别城镇和特别容易遭到攻击的小区域的展示地图，比如布赖顿，法国人于1514年在那里登陆和抢掠，还有斯卡伯勒（Scarborough）、赫尔（Hull）以及芒特（Mount）湾。[124]

个别防御工事的平面图同那些与它们并肩绘制的基本上是图像式的沿海调查是截然不同的。它们作为不同城镇的展示地图留存下来，比如赫尔、贝里克（Berwick）、加来、多佛尔、布洛涅、纽卡斯尔（Newcastle）和朴茨茅斯，以及像泰恩茅斯（Tynemouth）、卡莱尔

[121] 斯海尔德河的平面图复制于Harvey："Local and Regional Cartography," 488 - 489；"长景观图"即BL Cotton MS. Aug. I. i. 35，36，38，39。

[122] 我很感谢马修·钱皮恩（Matthew Champion）的这一观点。

[123] Peter Samuel Donaldson，"George Rainsford's 'Ritratto d' ingliterra,'" *Camden Miscellany*, 4th ser.，22（1979）：49 - 111，esp. 104 - 105；也被引用于Hale，"Defence of the Realm," 395。

[124] BL，Cotton MSS. Aug. I. i. 54（包括坎特伯雷、伊普斯维奇、罗切斯特和桑威奇的装饰性鸟瞰图）、I. i. 18（布赖顿的佚名无标题图像式地图）、I. i. 34（芒特湾的佚名无标题海图）、I. ii. 1（斯卡伯勒的佚名无标题地图）、I. i. 83（赫尔的佚名无标题地图）。这些地图中的几幅在Harvey，*Maps in Tudor England*，40，46 - 47，50，and 68中被作为插图并得以讨论。另请参阅Peter Barber，"Preparing against Invasion," in *Tales from the Map Room*，110 - 111（Brighton）；K. J. Allison，"Kingston upon Hull，East Riding of Yorkshire," in *LMP*，353 - 354；and Peter Barber，"A Revolution in Mapmaking," in *The Map Book*，ed. Peter Barber（London：Weidenfeld & Nicholson，2005），100 - 101。

堡（Carlisle Castle）、加来占领区的圭吉斯和昂布勒特斯（靠近布洛涅）等不同要塞。[125]

1606 新近获得了专业的制图技术的亨利，对这些平面图给予了非常密切的关注，甚至自己也提出了一些要塞的设计（尽管实际画出的图看起来在大多数情况下都委托给其他人，但似乎也并非全部）。[126] 正如谢尔比（Shelby）在他关于最活跃的制图师和军事工程师之一约翰·罗杰斯（John Rogers）的传记中所展示的，亨利多次起草了地图，要求看到拟议作品的地图，并在任何工作进行之前和在工作进行中，就对他们进行了评论。[127] 这种严密的监督和亨利对精确性的要求迫使工程师们尽其最大努力去满足他们主人的要求。虽然传统的立面图和图像化的地图仍继续绘制，但拥有统一的比例尺的地图和平面图仍相对早熟地出现了，描绘出了拟议中的要塞、对港口的改建、要素附近的地形，以及诸如加来和布洛涅之间土地等争议地区。[128] 16世纪40年代中期，第一幅英格兰城镇——1545年朴茨茅斯平面图、[129] 赫尔王室庄园的一幅等距景观图、[130] 多佛尔港口的比例尺地图，[131] 以及应用了描述预期的等高线

---

[125] BL, Cotton MSS. Aug. I. i. 22, 23（Richard Lee［?］, "The Haven of Dover"）; I. i. 26（anonymous, untitled plan of Dover and harbor）; I. i. 59［John Rogers, "Ambletw"（Ambleteuse）］; I. ii. 8［anonymous（Anthony Anthony?）, "Haven Etewe"（Ambleteuse）］; I. ii. 68（John Rogers, untitled plan of fortifications for Ambleteuse）; I. ii. 73［John Rogers, "Haven Etue"（Ambleteuse）］; I. i. 81（anonymous, untitled plan of Portsmouth）; I. ii. 7（Gian Tommaso Scala［?］, untitled plan of Tynemouth Abbey and castle）; I. ii. 12（anonymous, untitled plan of Guines castle）; I. ii. 23（anonymous, "The towne and castle of Guynes"）; I. ii. 51（anonymous, plan of fortifications of Guines）; I. ii. 52（anonymous, "The Plot of Gvins," that is, the fortifications of Guines）; Aug. I supp. 2（anonymous, untitled plan of Guines castle）; Aug. I supp. 14（John Rogers, untitled plan of Guines castle）; I. i. 11（anonymous, "the castel of Carliell"）; Aug. I supps. 8 and 9（two fragments of an untitled plan of the fortifications of Carlisle by Stephan von Haschenperg）; I. ii. 57（Thomas Petyt［?］, untitled plan of Calais and its harbor）; Aug. I. i. 84（John Rogers, endorsed "A new plat made by the same Rogers of the king his hyghnis mannor of Hulle, the xxvth of June"）; Aug. I. ii. 11, 13（John Rogers, two untitled plans of King's mannor house in Hull）; Aug. I supp. 1（John Rogers, untitled plan of King's manor house at Hull）; Aug. I supp. 3（John Rogers, untitled plan of harbor works at Hull）; Aug. I supp. 4（John Rogers, untitled plan of castle and blockhouses at Hull）; Aug. I supp. 20（John Rogers, untitled survey of Hull area）; Hatfield House, CPM. I. 65（anonymous, plan endorsed "Plott of Tynmouth and Newcastle"）; Aug. I. ii. 53（John Rogers, endorsed "of Boullen wt a devyes of a campe for the wynnyng of the frenshe fortyfycacon foranenst bullen"）; Aug. I. ii. 75（John Rogers［?］, "Country of Guynes and Bolenois"）; Aug. I. ii. 77（John Rogers, "Boleine with the French Fortresse and the Country towards Hardilo"）; Aug. I. ii. 82（anonymous, untitled map of country around Boulogne）; Aug. I supp. 5（John Rogers［?］, untitled map of Boulogne）; and Aug. I supp. 6（anonymous, untitled fortifications near Boulogne）.

[126] Hale, "Defence of the Realm," 375–377. 他的货物清单显示亨利拥有所有的设备，诸如标尺和两脚规，这些对于地图绘制和其研究中使用地图都是必备的（Barber, "England I," 44–45）。1544年4月，赫尔福德伯爵（即后来的护国公萨默塞特公爵）承诺他会"在坦普塔伦（Temptallen）［坦塔伦（Tentallon）城堡，东洛锡安（Lothian）］完成国王亲手写下的装置"（Brewer et al., *Letters and Papers ... of Henry Ⅷ*, vol. 14, pt. 1, 432, quoted in Hale, "Defence of the Realm," 391）。

[127] Shelby, *John Rogers*, 24–27, 36–37, 46–48, 54–55, 59–60, 76–77 and 86–87.

[128] 约翰·罗杰斯或理查德·李制作的圭吉斯平面图，其年代可确定至1540年，或者更可能是1541年（BL, Cotton MS. Aug. I supp. 14），被认为是英国最早按比例尺绘制的地形地图（"The Inshe conteynyth L fotte"）（Harvey, *Maps in Tudor England*, 36; Shelby, *John Rogers*, 5–23 and pl. 1; and *HKW*, 3: 402, no. 10）。另请参阅 Marcus Merriman, "Italian Military Engineers," 60。

[129] P. D. A. Harvey, "The Portsmouth Map of 1545 and the Introduction of Scale Maps into England," in *Hampshire Studies*, ed. John Webb, Nigel Yates, and Sarah E. Peacock（Portsmouth: Portsmouth City Records Office, 1981）, 33–49.

[130] BL, Cotton MS. Aug. I. i. 84（plan）and I. ii. 13（view）, reproduced in Harvey, *Maps in Tudor England*, 100, and Shelby, *John Rogers*, pls. 12 and 13.

[131] BL, Cotton MS. Aug. I. i. 26。在这幅平面图——以及泰晤士河河口的另一幅平面图（Cotton MS. Aug. I. i. 53）——的引言中，同样可以看到通常与波特兰海图联系起来的恒向线和隐藏的罗盘点圈的实验的冲动。

和晕渲法的布洛涅附近乡村地区（这一地区是亨利于1544年9月征服下来的）比例尺地图都已制成。[132] 这些在质量上和概念上都是欧洲其他地方能找到的最好的［朴茨茅斯的平面图实际上早于奥古斯丁·希尔施福格尔（Augustin Hirschvogel）在几年前制作的维也纳平面图的原始绘画版本］。 1607

它们似乎是由出身低微的英格兰人起草的，他们没有接受过正式的专业工程或地图绘制训练。但是，他们大概熟悉了阿尔贝蒂的原则和三角测量的基础知识，并由诸如杰玛·弗里修斯（1533年）等中间人传播，并由德意志数学家和法国制图师在宫廷中为他们用英语进行汇总。像理查德·李和约翰·罗杰斯这样的石匠已经非常熟悉测量出来的建筑平面图和调查，或者像萨福克的乡绅理查德·卡文迪什（Richard Cavendish）（环游航海家托马斯·卡文迪什的父亲及一位枪炮专家）这样的管理人员可能有一定形式的数学训练。他们也可能看到按比例绘制的德意志印刷地图。[133] 他们从亨利雇用来的意大利工程师，如比如乔瓦尼·迪罗塞蒂（Giovanni di Rosetti）或吉安·托马索·斯卡拉（Gian Tommaso Scala）（尽管他们拥有关于最新的意大利国防理念的理论知识，并大加吹嘘，但他们现存的作品远非令人印象深刻）那里学到了什么，却是未经证实的。[134] 相反，他们有一位苛刻的主人，对地图充满热情，对其潜力有很高的眼光，他无情地驱使其仆从以满足自己的需要，并准备好慷慨地奖励他们[135]——如果他们成功的话——理查德·李于1537年与王室的疏属联姻，并于1544年受封为爵士，并被任命为监护与继承法庭的接管人。

遗　产

这些亨利时期的地图对于英格兰未来的地图学的重要性再怎样强调也不过分。一旦迫在眉睫的危险过去，它们就继续成为白厅宫殿墙壁上的装饰。这可能是1539/1540年英格兰西南海岸“长景观图”的案例，远比科顿（Cotton）收藏中的同类要暗沉得多。此外，它们被安排在

---

[132] BL，Cotton MS. Aug. I. ii. 77，由约翰·罗杰斯绘制。罗杰斯制作的相同区域、相同时期（1546年）的比例尺平面图（Cotton MS. Aug. I. ii. 75）使用了其他技术来描绘自然地形，再次展示了当时的实验水平。这些平面图复制于 Tyacke and Huddy，*Saxton and Tudor Map-Making*，12－13，and Shelby，*John Rogers*，pls. 14 and 20。

[133] Shelby，*John Rogers*，131－135，147－148，and 152－157，and Merriman，“Italian Military Engineers，”60－61. 关于1500年以后德意志在绘制按比例尺制作的平面图方面的发展，请参阅 Pinto，“Ichnographic City Plan，”47－48，他指出维也纳第一幅平面图的制作者是 Bonifacc Wohlmuet，他与艺术家奥古斯汀·希尔施福格尔一起工作，就像李和罗杰斯一样，是一位训练有素的石匠。W. L. D. Ravenhill，“Mapping a United Kingdom，”*History Today* 35（October 1985）：27－33，esp. 28，指出让·罗泽于1542年献给亨利八世的 *Boke of Idrography* 包括了最早用英语解释三角测量的作品之一。

[134] 较之 Merriman，“Italian Military Engineers，”57－67，他没有考虑宫廷中和在诸如克拉策这样德意志南方人的领域中的影响，英格兰工程师看到的现代意大利作品在法国的影响（关于这一点，请参阅 Hale，“Defence of the Realm，”385－392），遑论德意志军事工程师和制图师在意大利北部的影响，将关于修建防御工事的理论知识与地图绘制技巧相结合。正如哈维写道：“保存下来的可以与这些意大利工程师联系起来的地图几乎都是与以前一样的图片，经常制作得很古雅，而且既不遵循透视法，也不采用比例尺。只有由乔瓦尼·迪罗塞蒂绘制的两幅显示了位于皮卡第的阿德尔（Ardres）和位于安格斯（Angus）的布劳顿岩（Broughton Craig）的防御工事，似乎是按比例尺绘制于1547年。”“到了那个时候，英格兰工程师对按一个统一的比例绘制平面图已经非常熟悉了。”（Harvey，*Maps in Tudor England*，28－29）

[135] Shelby，*John Rogers*，134. 关于托马斯·克伦威尔迎娶理查德·格伦维尔（Richard Grenville）爵士——他是加来的高级元帅，是加来的总督、爱德华四世的私生子莱尔勋爵（Lord Lisle）的姻亲——的女儿的证据，请参阅 *The Lisle Letters：An Abridgement*，ed. Muriel St. Clare Byrne（London：Secker and Warburg，1983），295 and 297。Adrian Henry Wardle Robinson，*Marine Cartography in Britain：A History of the Sea Chart to* 1855（Leicester：Leicester University Press，1962），145－151，给出了李·卡文迪什·罗杰斯和其他几位亨利的工程师的简短传记。

白厅宫殿的霍尔拜因（Holbein）门二楼小图书馆的书架上，与立体模型（比如，“放在木盒子里的用泥土制成的”多佛尔[136]）放在一起。这个图书馆是亨利和他的继任者们与其大臣们商讨事务之处，根据16世纪40年代亨利八世的物品清单，那里也是记录地图和模型之处。[137] 尽管数量不断减少，但在那里，它们依然作为一种资源存在，直到大约内战时最终被打散。[138]

同样重要的，是亨利对他的侍臣和大臣的热情的影响。在他统治的末期，巨头们，诸如未来的萨默塞特和诺森伯兰（Northumberland）公爵；富有的侍臣，如第二任拉特兰（Rutland）伯爵亨利·曼纳斯（Henry Manners）与安东尼·布朗（Anthony Browne）爵士；大臣们，如威廉·帕吉特（William Paget）爵士［后来博德瑟特（Beaudesert）的帕吉特男爵］——他后来是玛丽女王的首席秘书，他们同样对地图作为国防、行政管理、宣传和学习方面工具的潜力都非常熟稔。毫无疑问，地方上的上流人士也开始这样做了。[139]

1608

整合，1550—1611年：概观

地图意识的范围和局限性

到了16世纪50年代，新的对地图实用性的认识和对其的熟悉在受教育的阶层中蔓延开来。那些希望迅速成名的富裕年轻人，尤其是父母与宫廷有联系的人，身边围绕着越来越多的各种类型的地图和球仪。[140] 对于他们中的很多人来说，制作和使用地图来分析问题、制订计划，以及展示和传播拥有空间维度的想法，几乎成为一种本能。在16世纪的发展过程中，识字逐渐普及，廉价印刷文本的应用也日益推广。所以，可以理解地图的人口数量和潜在的地图市场也在增长。它开始包含绅士、商人、数量众多的自耕农以及一些城市工匠。但是，增长的速率是不均匀的。不同的群体之间，不同的郡之间，识字能力的水平有着巨大的差异，而妇女和穷人大多还是文盲。[141]

1550年以后，富裕的英格兰国民可以很容易地获得佛兰德、意大利、法国和德意志的单幅地图、配有地图插页的外国印刷书籍，或者1570年以后，亚伯拉罕·奥特柳斯经常重印的地图

---

[136] BL，Harley MS. 1419，fol. 134。在1500年之后，这种地形模型在欧洲变得越来越普遍，但这似乎是最早的英格兰的例子（David Buisseret，“Modeling Cities in Early Modern Europe，” in *Envisioning the City：Six Studies in Urban Cartography*，ed. David Buisseret［Chicago：University of Chicago Press，1998］，125–143，esp. 125–127）。

[137] Conyers Read，*Mr. Secretary Walsingham and the Policy of Queen Elizabeth*，3 vols.（Oxford：Clarendon Press，1925），1：431，and Barber“England I，”43–44.

[138] 在圣詹姆斯宫和白厅可以看到的由萨克森–魏玛（Saxe-Weimar）公爵于1613年制作的图片和其他艺术作品，包括了来自亨利藏品的几件，以及让人想起在1542年、1547年和1549年清单中提及的地图和景观图，比如一幅大型的安特卫普景观图、“英格兰的几座城堡和宫殿的素描草图”、“一幅用钢笔画在羊皮纸上的全世界海图”，以及“画在一个大桌子上的彩色巴勒斯坦图”［William Brenchley Rye，*England as Seen by Foreigners in the Days of Elizabeth & James the First*（London：John Russell Smith，1865），159–167］。

[139] 请参阅Barber，“England I，”39–40；Shelby，*John Rogers*，69，76–77，95–96，100–101；Hale，“Defence of the Realm，”365–401；和Merriman and Summerson，“Scottish Border，”607–726。安东尼·布朗爵士显示出他对自己在苏赛克斯的豪华别墅考德雷公园的壁画和木版画最感兴趣。请参阅W. H. St. John Hope，*Cowdray and Easebourne Priory in the County of Sussex*（London：Country Life，1919）。

[140] Barber，“England Ⅱ，”68–69.

[141] Joyce A. Youings，*Sixteenth-Century England*（Harmondworth：Penguin，1984），120–121，194，196，344，and 371. 她指出，除了贵族和绅士之外，即使在富裕的自耕农当中，识字率最高也不超过40%。另请参阅Rosemary O'Day，“An Educated Society，” in *The Oxford Illustrated History of Tudor & Stuart Britain*，ed. John Morrill（Oxford：Oxford University Press，1996），119–138，esp. 119–121。

集，和1572年以后开始出现的乔治·布朗（Georg Braun）与弗兰斯·霍亨贝赫的城市书籍。[142] 实际上，正如沃姆斯（Worms）所指出的那样，奥特柳斯、布朗和霍亨贝赫的地图的相对实用性——以及它们的视觉吸引力——可能有助于地图意识超越宫廷、地方政府和大学范围的传播。他还指出，在奥特柳斯的地图集出现之后不久，英格兰对地图的使用，诸如《为理解海图和地图的地理学确定信念与必需法则》（*Gertaine Briefe and Necessarie Rules of Geographie, Seruing for the Vunderstanding of the Chartes and Mappes*）等都出现了。[143] 到了1600年，地图、地图集、球仪和海图都已经成为富人和中产阶级日常生活中的一个组成部分：它是如此常见，以至于莎士比亚或多恩（Donne）可以理直气壮地在他们的戏剧或者诗歌中根据地图阐发寓言，而不用担心被误解。[144]

然而，有些群体或个人，即使是跻身于文化群体，他们在没有地图或海图的情况下也能很好地管理，而且，如果假设到了1550年或者甚至是1603年，人们普遍认识到地图的实用优势，这可就错了。然后，和现在一样，有些人缺乏对欣赏和使用地图必需的视觉感知。很有可能，伊丽莎白一世就属于此列。[145] 也有证据表明，1560年以前，许多水手仍然没有认识到海图相对于使用铅垂线这一类传统导航方式的优势。在接下来的几十年中，这种情况逐渐发生了改变，部分原因是受教育程度的影响。尤其有影响力的，是理查德·伊登（Richard Eden）的《航海技艺》（*The Arte of Nauigation*）（1561年）、马丁·科尔斯特（Martín Cortés）《地球航海技艺简述》（*Breue compendio de la sphera y de la arte de navigar*）（1551）的译本，后者于1558年献给斯蒂芬·伯勒（Stephen Borough），当其造访西印度交易所之时（玛丽与菲利普二世联姻的一个容易被忽视的好处），以及威廉·伯恩（William Bourne）的《统治大海》（*A Regiment for the Sea*）（1576年）。[146] 毫无疑问，英格兰远洋航行船只上越来

---

[142] Colin Clair, "Christopher Plantin's Trade-Connexions with England and Scotland," *Library*, 5th ser., 14 (1959): 28–45, esp. 29–32; E. G. R. Taylor, *Tudor Geography*, 1485–1583 (London: Methuen, 1930), 99; Abraham Ortelius, *Abrahami Ortelii* (*geographi antverpiensis*) *et virorvm ervditorvm ad evndem et ad Jacobvm Colivm Ortelianvm ... Epistvlae* ... (1524–1628), ed. Jan Hendrik Hessels, Ecclesiae Londino-Batavae Archivum, vol. 1 (1887; reprinted Osnabrück: Otto Zeller, 1969), 103–104 (letter 43; Nicholas Reynolds to Ortelius ca. 1563: now the BL, Add. MS. 63650 Q); Jan Denucé, *Oud-Nederlandsche kaartmakers in betrekking met Plantijn*, 2 vols. (Antwerp: De Nederlandsche Boekhandel, 1912–1913; reprinted Amsterdam: Meridian, 1964), 1: 4–5 and 21; 以及最近的（尽管其只与分幅地图相关）（although it relates only to sheet maps）Delano-Smith, "Map Ownership."。

[143] 请参阅本卷第57章，作者D. P.，可能是戴维·鲍威尔（David Powell），他是亨利·西德尼爵士的家庭牧师，是这一时代最卓越的制图师之一。

[144] Victor Morgan, "The Literary Image of Globes and Maps in Early Modern England," in *English Map-Making*, 46–56. 沃姆斯已经质疑地图的使用渗透到多大范围的广泛社会中，但据莎士比亚揣测，即使是对贫穷的戏剧观众来说，他的形象也是可以理解的。

[145] Peter Barber, "Was Elizabeth I Interested in Maps—And Did It Matter?" *Transactions of the Royal Historical Society*, 6th ser., 14 (2004): 185–198.

[146] 请参阅M. J. Rodríguez-Salgado, *Armada*, 1588–1988: *An International Exhibition to Commemmorate the Spanish Armada* (London: Penguin Books in association with the National Maritime Museum, 1988), 209–210, 附有参考文献，以及Lesley B. Cormack, *Charting an Empire: Geography at the English Universities*, 1580–1620 (Chicago: University of Chicago Press, 1997), 91–105。伯恩仍然在抱怨英格兰水手对于外国制作的海图的依赖。伊登的作品在1572—1630年出现了9个版本。关于原著和译作的持久影响，请参阅David Watkin Waters, *The Art of Navigation in England in Elizabethan and Early Stuart Times* (London: Hollis and Carter, 1958), 39–71, 100–113, 130, 148–151, 215–216, and 315–319。在对保卫伊丽莎白的提议中，在其《伊丽莎白女王学院》（*Queene Elizabethes Achademy*）（1570年）中，沃尔特·罗利的同母异父兄弟汉弗莱·吉尔伯特爵士提供了"讲授如何绘制地图、海图并用肉眼制作任何东西的构图的一位［教员］"［J. R. Hale, "The Military Education of the Officer Class in Early Modern Europe," in *Cultural Aspects of the Italian Renaissance*, ed. Cecil H. Clough (New York: A. F. Zambelli, 1976), 440–461, esp. 442, 我非常感谢David Buisseret提供了这一参考文献；以及Cormack, *Charting an Empire*, 22］。尽管吉尔伯特的提议没有成为现实，但他的想法代表了他的圈子的特点。

1609 越多地雇用外国出生的使用海图的领航员，这也为英格兰的船员提供了一个榜样。[147]

然而，即使是约翰·诺登（John Norden）在他《勘测师的对话》（*The Surveior's Dialogue*）（1607 年）中诚实的自耕农口中，也不知道地图和比例尺的基本概念，这可能是源于生活，并展示了在伊丽莎白统治末期地图意识的局限性。进入下一个君主统治时期的文本重新印刷，表明这种无知和怀疑在接下来的几十年内仍在继续。沃姆斯也质疑彼得·范登克雷和约翰·比尔（John Bill）的小型地图集是如何被用于旅行的。甚至是在查理一世的统治下，即使是那些受过教育的人，也不一定要在日常生活中广泛使用地图。沃姆斯指出，刘易斯·罗伯茨（Lewes Roberts）在《商人的商业地图》（*The Merchants Mappe of Commerce*）（1638 年）中所采纳的传教语气表明很多商人不使用地图，生意依然做得很好，尽管罗伯特认为地图是"令人愉快的、有利可图与必需的"。[148]

地图维度的意识并不能必然保证地图的出现。拉斐尔·霍林斯赫德（Raphael Holinshed）打算要用女王的印刷商雷纳·沃尔夫的地图来做其 16 世纪 70 年代出版的《编年史》（*Chronicles*）的附图，而且威廉·卡姆登（William Camden）意欲用地图作为其《不列颠尼亚》（*Britannia*）的插图，但最终霍林斯赫德的书并没有地图，只有在 1607 年，《不列颠尼亚》中有诸郡地图，由萨克斯顿（Saxton）和诺登之后的威廉·基普（William Kip）和威廉·霍尔（William Hole）提供。[149] 如果没有这些限制条件，事实仍然是，到 1600 年，大多数接受过良好教育的英格兰人都熟悉地图，而且很多人对角度测量的概念有所了解，有时甚至对实现它所需要的技术有理论知识。[150]

地图类型

本多尔（Bendall）对地方地图制图师和他们所绘制的地图类型进行了详细分析，这份分析是在他对大不列颠的地方制图师编制修订词典的大量工作过程中进行的，揭示了 1550 年之后所绘制的地图类型的变化。在此之前，超过 60% 的确定的少数几个指定的地方地图制图师从事为要塞、港口制作平面图，或从事为如营造部或军械委员会等政府部门进行军事勘查工作。在 1550—1603 年，尽管指定的军事制图师的绝对数量有所增加，但要塞和港口平面图的比例却降到了 30%。[151]

---

[147] Delano-Smith and Kain, *English Maps*, 153 - 156; Waters, *Art of Navigation*, 82, 89 - 90, 113, 120 - 121, 151, 496, and 535 - 536; Andrews, *Trade, Plunder and Settlement*, 106 - 107, 138 - 139, and 167; and Helen Wallis, "The Cartography of Drake's Voyage," in *Sir Francis Drake and the Famous Voyage*, 1577 - 1580: *Essays Commemorating the Quadricentennial of Drake's Circumnavigation of the Earth*, ed. Norman J. W. Thrower (Berkelely: University of California Press, 1984), 121 - 163, esp. 131.

[148] Lewes Roberts, *The Merchants Mappe of Commerce* (London, 1638), in the Epistle (n. p.).

[149] R. A. Skelton, *Saxton's Survey of England and Wales*: *With a Facsimile of Saxton's Wall-Map of* 1583 (Amsterdam: Nico Israel, 1974), 8, 10, 12, and 16, and idem, comp., *County Atlases of the British Isles*, 1579 - 1850: *A Bibliography* (Folkestone: Dawson, 1978), 25 - 28.

[150] Cormack, *Charting an Empire*, 117 - 128.

[151] A. Sarah Bendall, *Dictionary of Land Surveyors and Local Map-Makers of Great Britain and Ireland*, 1530 - 1850, 2d ed., 2 vols., originally comp. Francis W. Steer and ed. Peter Eden (London: British Library, 1997), 1: 59 - 65. 下列是基于她给出的《词典》（*Dictionary*）中所包括的测量员的背景、家族、赞助人、主要职业、地图类型等。匿名制图师的工作往往是私人性质的，采用草图形式，写在笔记本上，如果将他们排除在外，可能会导致 1550 年之前的官方制图师的比例有些夸张。

相比之下，私人的大比例尺地方地图绘制的比例显著上升。即使是在1550年之前，尽管是在少量样本的技术上，这些努力仍占整个地图绘制活动的25%。至少，它提醒我们，从16世纪开始，所有权（在当时法律纠纷的背景下）是英格兰地图绘制的核心。1550年之后，这一数字大幅度上升到40%。从事绘制种植园地图的制图师所占百分比反映了政府、公司和私人对爱尔兰的关注程度。这一比例从1550年之前的没有，上升到伊丽莎白一世统治下的6%。[152]

本多尔对亨利八世统治时期的城市地图绘制给出了惊人的高达25%的比例，但其样本很小，而且城市地图绘制在很大程度上是防御平面图和港口改建的附带衍生品，正如多佛尔、贝里克、加来、卡莱尔和朴茨茅斯地图的重复绘制一样。虽然在伊丽莎白一世统治时期，这一比例下降到15%，但实际上它代表了一个高很多的总数，而且其背景主要是民用的——地图绘制是否由行政管理、市民自豪感、复古主义，抑或是三者共同推动的。

1550年以后，正如沃姆斯和拉博斯基（Luborsky）及英格拉姆（Ingram）所证明的那样，在英格兰印刷的有地图做插图的书籍越来越多。[153] 直到16世纪70年代，这些插图有时可以在卷首插画中找到，尽管此后铜版雕刻开始占据主导地位。这些早期例子的大部分似乎都伴随着圣经或技术手册，比如威廉·卡宁厄姆（William Cuningham）的《宇宙之镜》（*Cosmographical Glasse*），尽管从16世纪80年代开始，它们似乎日益被发现展示了旅行或新闻报道。相当多的这些地图就其地理内容而言并非原创的。[154] 理查德·哈克卢特（Richard Hakluyt）的《接触美洲大陆探险的各类航行》（*Divers Voyages Touching the Discouerie of America*）（1582年）中，甚至还附有罗伯特·索恩的1527年世界地图。

1610

1550年以后，在英格兰出版了几幅壁挂地图。虽然创作的数量比现存的小部分要多，但其数字可能并不大。杰明努斯（Geminus）的西班牙地图，从可能是1555年第二版的一份单一副本可知，在地理内容上没有显示出任何的原创性，是1553年耶罗尼米斯·科克（Hieronymus Cock）出版的一幅地图的一个很接近的副本。[155] 同样，木刻版的所谓的阿加斯（Agas）伦敦地图，最初于1562年出版，但是仅仅从17世纪早期的叙述中可知，是从大约1557—1559年的所谓铜版伦敦地图中复制而来，后者出版于尼德兰，也可能是在那里雕刻的。[156] 相比之下，安东尼·詹金森（Anthony Jenkinson）/克莱门特·亚当斯（Clement Adams）的1562年俄国地图，其中只有一份保存下来，而萨克斯顿的1583年英格兰和威尔士壁挂地图则是原创的地图作品，显示出一部分英格兰制图师和印刷商的精神独立和自信心在

---

[152] J. H. Andrews, *Plantation Acres: An Historical Study of the Irish Land Surveyor and His Maps* (Belfast: Ulster Historical Foundation, 1985).

[153] 请参阅本卷第57章，和Ruth Samson Luborsky and Elizabeth Morley Ingram, *A Guide to English Illustrated Books, 1536-1603*, 2 vols. (Tempe, Ariz.: Medieval and Renaissance Text and Studies, 1998)。

[154] 例如，汉弗莱·科尔的迦南地图是奥特柳斯1570年相同地区地图的一份非常接近的副本，最终摘自蒂勒曼·施特拉（Tilemann Stella）的地图，尽管其装饰性特征不尽相同（Barber, "Cole's Map of Palestine," 97-100）。

[155] Günter Schilder, *Monumenta cartographica Neerlandica* (Alphen aan den Rijn: Canaletto, 1986-), 2: 94-98; Robert W. Karrow, *Mapmakers of the Sixteenth Century and Their Maps: Bio-Bibliographies of the Cartographers of Abraham Ortelius, 1570* (Chicago: For the Newberry Library by Speculum Orbis Press, 1993), 252; and Hind, *Engraving in England*, 1: 56-57. 这幅地图现在收藏于BNF, Rés. Ge B 2112。

[156] James L. Howgego, *Printed Maps of London, circa 1553-1850*, 2d ed. (Folkestone: Dawson, 1978), 10-11. 另请参阅图54.16和关于绘制城镇地图的部分，pp. 1648—1657。

缓慢增强，他们得到一定程度的官方支持和技术手段来进行这样野心勃勃的项目。[157]

在伊丽莎白统治的最后几年之前，有一个地图绘制领域一直是没有活力的，那就是海图。1547 年 4 月，葡萄牙侨民、海图制图师迪奥戈·奥梅姆（Diogo Homem）能够幸运地因绘制一套地图集而得到 100 金达科特，“并获得尊重……因为在英格兰这个国家此类海图的稀缺性和价格，所以很缺乏，也很需要能制作海图或地图的受过教育的专业人士”。[158] 那些欣赏海图的价值的商人和其他英格兰人很大程度上依赖外国绘制的海图，或者是像奥梅姆或葡萄牙领航员西芒·费尔南德斯（Simão Fernandes）这样的侨民的作品，尽管有时候是有问题的。[159] 1590 年以后，情况有所改善。伦敦塔东边，沿着泰晤士河的码头区的海图绘制，是斯图亚特王朝早期英格兰的活跃地图制作活动的少数几个区域之一，即使这些产品严重依赖尼德兰作品的内容和外观。[160]

赞助人

王室

1611 当我们转向支持地图绘制的问题时，根据本多尔提供的数据，在亨利八世去世后，似乎有一个巨大的变化，王室对地图绘制的直接支持程度从 65% 下降到仅仅 16%，反映了王室在日益富裕和多元化社会中，越来越难以保持其收入和影响力。事实上，更进一步的数字显示出总体制图活动的百分比超过了 100%，这表明政府雇用的几位制图师被计算了两次，因为他们也为私人和企业的赞助人做了大量的工作，这些数字是通过对详细的案例进行研究而得出的。[161]

然而，这些单纯的数据掩盖了王权和政府的持续重要性，至少在伊丽莎白统治时期是如此。虽然不再像亨利八世统治时期那样活跃——或者说那样富裕，但在 1550 年以后，王室

---

[157] 关于位于弗罗茨瓦夫的 Biblioteka Uniwersytecka 中收藏的俄罗斯地图，请参阅图 57.6 和塞缪尔·H. 巴伦（Samuel H. Baron）：“The Lost Jenkinson Map of Russia（1562）Recovered, Redated and Retitled,” *Terrae Incognitae* 25（1993）：53 – 65，他认为（63 – 65）这幅地图的绘制者可能是克莱门特·亚当斯，1549 年卡伯特已经亡佚的世界地图的雕刻师，也是 1550 年一幅已经亡佚的英格兰—苏格兰边界地图的雕刻师，根据詹金森所提供的书面信息进行工作。巴伦还认为保存下来的例子可能是 1564 年稍后的另一个版本，结合了詹金森的第二次探险的成果。Krystyna Szykula 在其“Mapa Rosji Jenkinsona（1562）—koljne Podsumowanie Wyinków Baden′,” *Czasopsmo Geograficzne* 71（2000）：67 – 97，esp. 96 – 97 的英文总结中，将弗罗茨瓦夫例子的日期推进到 1567—1568 年。我很感谢 Krystyna Szykula 给我提供了论文的副本。另请参阅 Karrow，*Mapmakers of the Sixteenth Century*，318，and Krystyna Szykula，“The Newly-Found Jenkinson's Map of 1562，” in 13th International Conference on the History of Cartography ... Abstracts（Amsterdam，1989），38 – 39 and 109 – 111；Hind，*Engraving in England*，1：99；Valerie G. Scott，“Map of Russia Revealed at Conference，” *Map Collector* 48（1989）：38 – 39；and “The Jenkinson Map，” *Map Collector* 52（1990）：29，关于萨克斯顿的英格兰与威尔士壁挂地图，请参阅 pp. 1627—1631。

[158] Armando Cortesão and A. Teixeira da Mota，*Portugaliae monumenta cartographica*，6 vols.（Lisbon，1960；reprinted with an introduction and supplement by Alfredo Pinheiro Marques，Lisbon：Imprensa Nacional-Casa de Moeda，1987），2：5；Waters，*Art of Navigation*，84 n. 1；and Peter Barber，commentary to *The Queen Mary Atlas*，by Diogo Homem（London：Folio Society，2005），31 – 36.

[159] 费尔南德斯是 1584—1588 年罗阿诺克航行的领航员，与约翰·迪伊也有联系，关于他，请参阅 David B. Quinn，*England and the Discovery of America*，1481 – 1620 ...（London：Alfred A. Knopf，1974），246 – 263。关于伯利勋爵拥有的附有海图的一卷尼德兰手稿航海指南，请参阅 Hatfield House，CPM supp. 17，mentioned in R. A. Skelton and John Newenham Summerson，*A Description of Maps and Architectural Drawings in the Collection Made by William Cecil，First Baron Burghley，Now at Hatfield House*（Oxford：Roxburghe Club，1971），69（no. 123）；reproduced and discussed in Rodríguez-Salgado，*Armada*，208。

[160] 请参阅本卷第 58 章。

[161] 例如，Bendall，“Romney Marsh”，37 – 38，显示了 1585—1591 年，皇家军事工程师 Federigo Genebelli 也受雇于拉伊（Rye）的地方当局，制作排水地图。

继续（经常与当地政府合作）委托绘制地图，包括英格兰的要塞和修筑了防御工事的港口，如多佛尔、贝里克、朴茨茅斯和普利茅斯，以及暴露的河口，特别是泰晤士河、塞文河（Severn）和亨伯河（Humber）。王室将与此相类似，有时甚至更多的注意力，投放到具有重要战略意义的海外地区，比如诺曼底、布列塔尼（Britanny）和尼德兰，在这些地区，英格兰的军事力量在紧张时期非常活跃，尤其是在 16 世纪 60 年代、80 年代和 90 年代。西班牙和西属美洲的港口也受到时断时续的关注。最重要的是，爱尔兰贯穿了整个统治时期。本土出生的工程师，如理查德·李爵士（1576 年就去世了）、罗兰·约翰逊（Rowland Johnson）、理查德·柏培杰（Richard Popinjay）、保罗·艾夫斯［Paul Ives（Ivy）］、罗伯特·亚当斯、西蒙·巴兹尔（Simon Basil）和理查德·巴特利特（Richard Bartlett），他们——主要是在统治时期的第一个十年——与若干外国工程师——如意大利人乔瓦尼·波尔蒂纳里（Giovanni Portinari）、阿查杰戈·阿尔卡诺（Archangelo Arcano）、雅各布·阿肯西奥（Jacopo Aconcio）和可能是佛兰德人的罗伯特·利斯（Robert Lythe），以及 1585—1602 年唯一的外国人费德里科·杰内贝利（Federico Genebelli）——相比，特征非常明显。[162]

在王室工程师中，罗伯特·亚当斯，与其父亲克莱门特·亚当斯一样，与达德利（Dudley）家族有联系，[163] 这是尤其值得注意的。他短暂地担任过女王作品的勘测员，并绘制了像弗卢辛这样曾短暂处于英格兰管理之下（1585 年）的尼德兰“警戒”城镇的宝石一样的平面景观图，[164] 以及显示了沿着泰晤士河的防御工事和 1588 年 8 月伊丽莎白一世沿着该河前进的地图。[165] 他还制作了之后由奥古斯丁·赖瑟（Augustine Ryther）雕刻铜版的无敌舰

---

[162] John Newenham Summerson, “The Defence of the Realm under Elizabeth Ⅰ,” in *HKW*, 4: 402 - 414, esp. 409 - 414, 关于每个工程师的简单生平，以及同卷中不同要塞和港口的讨论；Barber, “England Ⅱ,” esp. 57 - 62; J. H. Andrews, “The Irish Surveys of Robert Lythe,” *Imago Mundi* 19 (1965): 22 - 31; idem, “Geography and Government in Elizabethan Ireland,” in *Irish Geographical Studies in Honour of E. Estyn Evans*, ed. Nicholas Stephens and Robin E. Glasscock (Belfast: Queen's University of Belfast, 1970), 178 - 191; idem, “The Irish Maps of Lord Carew: An Exhibition in the Library of Trinity College, Dublin,” unpublished typescript, n. d. [1983], Department of Manuscripts, Trinity College, Dublin; idem, *Shapes of Ireland*, 57 - 117; chapter 55 in this volume; Gerard Anthony Hayes-McCoy, ed., *Ulster and Other Irish Maps, c. 1600* (Dublin: Stationery Office for the Irish Manuscripts Commission, 1964); Rolf Loeber, “Biographical Dictionary of Engineers in Ireland, 1600 - 1730,” *Irish Sword, The Journal of the Military History Society of Ireland* 13 (1977 - 1979): 30 - 44, 106 - 122, 230 - 255, 283 - 314, esp. 240 - 241 (Ives); Delano-Smith and Kain, *English Maps*, 155 - 156, citing Hatfield House, CPM. Ⅱ. 37a (Robert Norman, untitled chart of the Thames estuary, 1580), and Hatfield House, CPM. Ⅱ. 33 (anonymous, untitled map of Portsmouth and adjoining country, ca. 1587); BL, Cotton MS. Aug. I. i. 44 (Richard Poulter, untitled chart of east coast of England, 1584); and see Skelton and Summerson, *Description of Maps*, esp. nos. 43, 44, 49, 51, and 52。关于阐释插图和良好的说明文字，请参阅 Rodríguez-Salgado, *Armada*, 69 (anonymous, Berwick, ca. 1570: BL Cotton MS. Aug. I. ii. 14); 147 (anonymous, untitled chart of Medway and mouth of Thames, ca. 1567 - 1585: BL Cotton MS. Aug. I. i. 52); 148 (Edmund Yorke, untitled map of coastal defenses, Weybourne, Norfolk, 1588: Hatfield House CPM. Ⅱ. 56); 148 (Edmund Yorke, untitled map of Great Yarmouth and neighborhood, 1588: Hatfield House CPM. I. 37); 171 (Richard Poulter, “The discripcions of Saint Sebastians in biskye June 1585”: Cotton MS. Augustus I. i. 16); 255 (Federigo Gianibelli, untitled map of Plymouth and Plymouth Sound, 1602: BL, Cotton MS. Aug. I. i. 40); 255 (anonymous, untitled map of Portland and Weymouth Bay, ca. 1590 - 1600: Cotton MS. Aug. I. i. 32); 256 (anonymous, untitled chart of Medway and mouth of the Thames, ca. 1580: Hatfield House CPM. Ⅱ. 47)。

[163] 关于其与罗伯特·达德利的联系，请参阅 Simon Adams, ed., *Household Accounts and Disbursement Books of Robert Dudley, Earl of Leicester*, 1558 - 1561, 1584 - 1586 (Cambridge: Cambridge University Press for the Royal Historical Society, 1995), 435, 456, and 461。

[164] Hatfield House CPM. Ⅱ. 43 (reproduced in Rodríguez-Salgado, *Armada*, 118, and Skelton and Summerson, *Description of Maps*, 65), and BL, Cotton MS. Aug. I. ii. 105。关于亚当斯，请参阅 John Newenham Summerson, “The Works from 1547 to 1660,” in *HKW*, 3: 55 - 168, esp. 94 - 96, and Summerson, “Defence of the Realm under Elizabeth,” 412 - 413。

[165] 在 BL 的国王的地形收藏（K Top. 6. 17）中，有一个鲜为人知但并不那么复杂的版本，可能属于伊丽莎白一世，因为这一收藏中的许多地图都可以追溯到早期不列颠君主的私人图书馆。

队官方纪念地图,[166] 以及其他鲜为人知的地图，用以诠释随后发生的战争（图版65）。他所雇用的西蒙·巴兹尔也没有那么熟练。[167]

16世纪后期，与地图学其他领域有联系的制图师被纳入王室服务体系中，这视情况而定。水道测量师威廉·伯勒（William Borough）制作了加的斯（Cádiz）地图以纪念1587年德雷克（Drake）对西班牙在大西洋的主要港口的攻击,[168] 又绘制了在接下来的十年中再次面临入侵威胁的时候通往肯特和萨塞克斯海岸以及泰晤士河的海图。[169] 拉尔夫·特雷斯韦尔（Ralph Treswell），他与地产和财产的平面图的绘制关联更加紧密，他在1594年英格兰战役的时候绘制了一幅布列塔尼地图，以支持亨利四世,[170] 也可以使用古文物。应威尔士总督彭布罗克伯爵的要求，亨利斯的乔治·欧文（George Owen of Henllys）于1595年为女王绘制了一幅详细的米尔福德港（Milford Haven）平面图。[171] 威廉·兰巴德于1585年提供了自己的肯特灯塔地图（图54.6），这幅地图之后在其《肯特郡勘测》（*Perambulation of Kent*）（1596年）一书的第二版中发表，作为该书的插图。[172] 很多人并不认为自己首先是绘图师，比如威尔士士兵沃尔特·摩根·沃尔夫（Walter Morgan Woulphe），他于16世纪70年代和整个80年代在尼德兰服役;[173] 另一位士兵，约翰·托马斯（John Thomas），他于16世纪90年代在爱尔兰服役;[174] 东盎格鲁乡绅埃德蒙·约克（Edmund Yorke）爵士；甚至指挥官约翰·诺里斯（John Norris）爵士和汉弗莱·吉尔伯特（Humphrey Gilbert）爵士，也做出了贡献。[175] 他们也并不都缺乏技术知识，即使不能总是应用：在一幅表现诺福克（Norfolk）的韦伯恩（Weybourne）的海岸防御的约克（Yorke）地图中，有一条注释悲哀地写道："理性会是一种恐慌。但时间不允许……1588年5月1日很疯狂。"[176]

在其他地图绘制领域，比如水道测量和国家与郡域的地图绘制，王室都通过提供专利

---

[166] 复制于 Rodríguez-Salgado, *Armada*, 243 - 248。

[167] 1590年前后的巴兹尔的奥斯滕德（Ostende）地图（Hatfield House CPM. Ⅱ. 46）复制于 Rodríguez-Salgado, *Armada*, 131。

[168] TNA, MPF 318, illustrated and discussed in Rodríguez-Salgado, *Armada*, 106 - 107.

[169] BL, Cotton MS. Aug. I. i. 17, reproduced in Rodríguez-Salgado, Armada, 209.

[170] BL, Cotton MS. Aug. I. ii. 58.

[171] B. G. Charles, George Owen of Henllys: A Welsh Elizabethan (Aberystwyth: National Library of Wales Press, 1973), 154 - 158. 1595年11月1日彭布罗克给欧文的信中很好地展示了中央政府的期望和16世纪90年代行政管理者的制图复杂性："我祈祷你要非常小心地使你的比例尺完美，这样我才可以知道不了解的地方之间的真实距离，否则要么无效，要么会使我们的努力徒劳无功。首先，要测量出港湾入口的真实宽度。其次，从一个地方到另一个地方修建防御工事的距离。再次，每一个防御工事的地方都可能让人烦恼。不要忘记注意，在多少地方你会认为防御工事是必要的。"（乔治·欧文, 154）

[172] 请参阅 Rodríguez-Salgado, Armada, 148, and Barber, "England Ⅱ," 74。

[173] 他的作品包括在尼德兰的战役（1572—1574年）的叙述，插入了（剽窃的）地图（All Souls' College Oxford, MS. 129），以及弗卢辛和贝亨奥普佐姆（Bergen-op-Zoom），1588年（BL, Cotton MSS. Aug. I. ii. 107, 115）；请参阅 Barber, "England Ⅱ," 95 n. 152, and Anna E. C. Simoni, "Walter Morgan Wolff: An Elizabethan Soldier and His Maps," Quaerendo 26 (1996): 58 - 76。

[174] 例如，恩尼斯基林（Enniskillen）城堡（"Eneskillin Castell"）突袭的图像式平面图，1593年，BL Cotton MS. Aug. I. ii. 39（复制于 Harvey, Maps in Tudor England, 63）。

[175] Barber, "England Ⅱ," 60 - 61.

[176] Hatfield House, CPM. Ⅱ. 56; Skelton and Summerson, Description of Maps, 52 (no. 54); and reproduced Rodríguez-Salgado, Armada, 148 - 149.

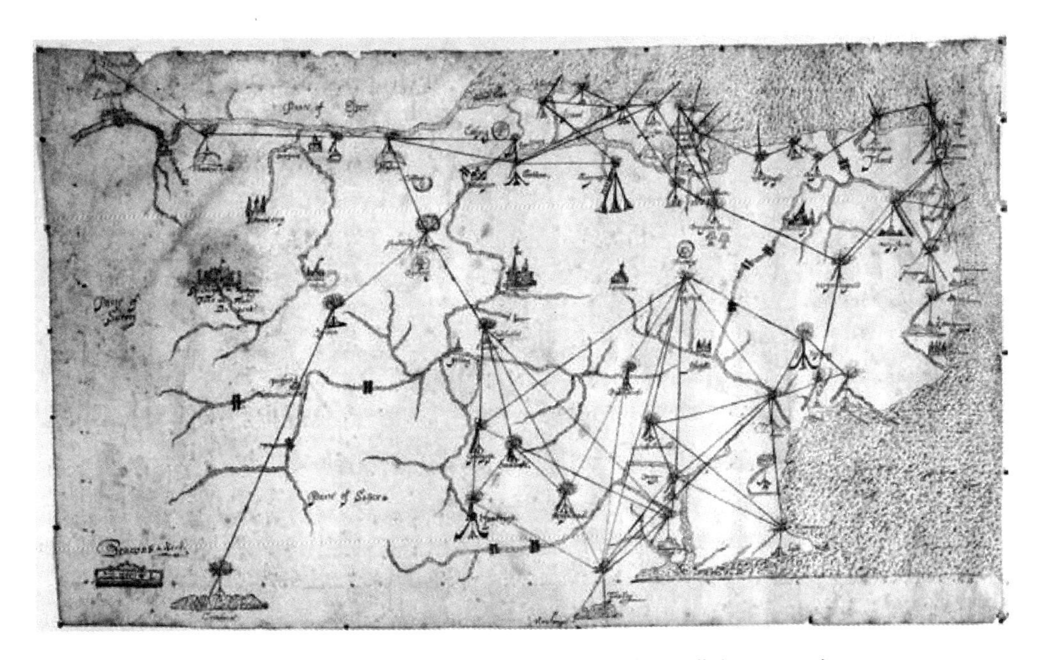

图 54.6　威廉·兰巴德（William Lambarde）：肯特灯塔地图，1585 年

原图尺寸：32.3×54.5 厘米。由 BL（Add MS. 62935）提供照片。

权、执照和奖励，给予了间接的支持，尽管成本中的大部分都似乎是由侍臣、官员或行政官以半自己掏钱的方式承担的。[177]　1613

大臣、侍臣、行政官员和绅士

然而，王权最重要的贡献是其通过以身作则，持续不断地促使国家地图业前进，并施加压力，使其接触到的那些人去绘制地图。由于伯利勋爵威廉·塞西尔（William Cecil）的重要性和其现存档案的范围，自从斯凯尔顿（Skelton）和萨默森（Summerson）关于他的地图和建筑平面图的开创性目录出现以来，一直有一种趋势，认为就是他推动政府越来越多地使用地图。[178] 毫无疑问，他确实扮演了重要角色。无论他担任监护法庭大法官（1561—1598 年）、首席秘书（1550—1553 年，1558—1571 年）之职，或从 1572 年开始担任财务大臣直到其于 1598 年去世，他的下属都意识到他会希望得到地图，来用空间元素阐明问题。在他经手过的地图上，有着大量的注释，揭示出他力图从中提取的那类信息，是苏格兰边界上的武装和可能背叛的巨头，是在更多定居地区适当地推广和平的对王室的忠诚，是部队的调动，是外国围攻的过程，或者是爱尔兰要塞的适当位置。他自己也绘制了几份草图。[179] 此外，以半官方和私人的身份，他对地图绘制的赞助数额相当可观：本多尔估计，伊丽莎白一世统治时期，在指定的制图师绘制的英格兰地方地图中，有 2% 是受他委托绘制的。[180]

[177] Barber, "England Ⅱ," 62－66，请参阅下文中更完整的讨论。

[178] Skelton and Summerson, Description of Maps.

[179] Barber, "England Ⅱ," 68－77; Andrews, "Geography and Government"; and Barber, "Was Elizabeth I Interested in Maps?" 191－192, 195, and 197.

[180] Bendall, Dictionary, 1: 65.

然而，其他的国家领导人在这方面也发挥了重要作用。达德利家族——约翰，他先后受封为莱尔（Lisle）子爵、沃里克（Warwick）伯爵，最终升为诺森伯兰公爵，他的父亲是亨利七世手下被人讨厌的大臣，1551—1553年，担任爱德华六世的高级参谋；约翰的儿子罗伯特——莱斯特伯爵；后者的私生子也叫罗伯特·达德利，也是一名从业者——他们在塞西尔前后都对地图感兴趣。[181] 此外，伯利特有其同侪，诸如弗朗西斯·沃尔辛厄姆（Francis Walsingham）爵士，他于1573—1590年担任伊丽莎白的间谍组织的首脑和首席秘书；克里斯托弗·哈顿（Christopher Hatton）爵士，从1587年到其去世的1592年担任大法官之职；查尔斯·霍华德（Charles Howard）是埃芬厄姆（Effingham）的霍华德勋爵，后来成为诺丁汉（Nottingham）的首位伯爵、海军大臣，他似乎一直就具有地图学的意识，并依靠地图来有效地履行职责。[182] 在伊丽莎白统治末期，她最喜欢的沃尔特·罗利（Walter Ralegh）爵士热衷于使用地图，无论是在16世纪80年代的罗阿诺克（Roanoke）殖民地，还是16世纪90年代的圭亚那（Guiana），抑或是他在爱尔兰的莫吉利（Mogeely）和因奇昆（Inchiquin）的地产，他都自己绘制地图。[183]

在这些宠臣和大臣之下，是第二等级的人物，如亨利·西德尼（Henry Sidney）爵士，他是诺森伯兰公爵的女婿、莱斯特（Leicester）伯爵的姻亲，他的职业生涯，无论是于16世纪50年代和60年代早期与莫斯科公司有联系，还是作为爱尔兰的总督，以及从1565年到其去世，绝大部分时间担任威尔士边区的总督，都以赞助地图绘制活动而著称，诸如詹金森和亚当斯的原创印刷版俄国地图（1562年及以后）和罗伯特·利斯的伦斯特（Leinster）

1614

[181] Barber, "England Ⅱ," 66-67 and 74. 莱斯特伯爵对地图绘制的兴趣和复杂程度，可以从他在凯尼尔沃思（Kenilworth）的货物清单和他在伦敦的家——莱斯特宅邸里面列出的地图、海图和球仪中判断出来。其中包括奥特柳斯和萨克斯顿的地图，以及一幅登比郡（Denbighshire）的地图，几乎可以确定是由汉弗莱·卢伊德绘制的，还有海图、海事地图集，以及瓦赫纳的《航海之镜》。他还拥有海峡群岛的要塞的绘本平面图。相应的清单的列举和讨论见 Simon Adams, "The Papers of Robert Dudley, Earl of Leicester Ⅲ: The Countess of Leicester's Collection," Archives 22, no. 94 (1996): 1-26。另请参阅 Adams, Household Accounts, 256 and 259; William Herle to Leicester, 1582 (BL Cotton MS. Galba C. Ⅶ, fol. 256); William Burde to Leicester, 6 September 1583 (Oxford, Bodleian Library, Tanner MSS. 79, fol. 207)。我对西蒙·亚当斯（Simon Adams）致以最大的谢意，他给了我这些参考文献，并提供给我清单和信函的抄本。威廉·卡宁厄姆将其 *Cosmographical Glasse*, *Conteinyng the Pleasant Principles of Cosmographie*, *Geographie*, *Hydrographie or Nauigation* (London: Ioan Daij, 1559) 献给莱斯特，并称赞了他对科学的兴趣。

[182] Barber, "England Ⅱ," 65 and 68.

[183] Barber, "England Ⅱ," 88 n. 36. 1598年的莫吉利地图，现在收藏在爱尔兰国家图书馆（National Library of Ireland），其作者被认为是约翰·怀特（John White），他的工作是根据由弗朗西斯·乔布森（Francis Jobson）或托马斯·哈里奥特（Thomas Harriot）进行的调查，复制于 J. H. Andrews, Irish Maps (Dublin: Eason, 1978), 10 (no. 12)，对其讨论见 W. A. Wallace, John White, Thomas Harriot and Walter Raleigh in Ireland (London: Historical Association, 1985)，认为其作者是怀特和哈里奥特。华莱士（Wallace）还讨论了1589年由托马斯·哈里奥特绘制的因奇昆地图，此图现在收藏在伦敦的国家航海博物馆（National Maritime Museum）。关于罗阿诺克地图，请参阅 John White, America, 1585: The Complete Drawings of John White, ed. P. H. Hulton (London: British Museum Publications, 1984), 10-11 and 20。关于罗利绘制的地图，请参阅 BL, Add. MS. 17940A (fig. 59.8, Guiana) and Add. MS. 57555（这是一本普通的书，包含地中海东部海岸的草绘地图，是一部地名志的插图，这部地名志的编写与其世界历史的写作相关）。另一幅1595—1596年前后的圭亚那地图，与罗利地图有关，曾经一度由他所有，后来到了"巫师"诺森伯兰伯爵手中，1990年在伦敦的苏富比拍卖行售出（lot 219）。据说罗利还拥有1543年由 João da Castro 撰写的航海日志，现在收藏在 BL (Cotton MS. Tiberius D. ix) [Cortesão and Teixeira da Mota, Portugaliae monumenta cartographica, 1: 137-144, pls. 66-68, and see João de Castro, Le routier de Don Joam de Castro, trans. Albert Kemmerer (Paris: P. Geuthner, 1936)]。

与芒斯特（Munster）勘测（1568—1571年）。[184] 还有乔治·卡鲁（George Carew），他曾任克洛普顿（Clopton）的卡鲁男爵和托特尼斯（Totnes）伯爵（1626年）、外交官、芒斯特总督、根西（Guernsey）总督，以及军械总管，他热衷于收集爱尔兰的地图，其中有些最终在《镇抚于爱尔兰》（*Pacata Hiberniae*）（1633年）中出版。[185] 女王在英格兰各郡的代表也发挥了作用。1587年，萨塞克斯的副郡长，托马斯·帕尔默（Thomas Palmer）爵士和沃尔特·科弗特（Walter Covert），委托伦敦的尼古拉斯·雷诺兹（Nicholas Reynolds）——据推测是詹金森和亚当斯的莫斯科公国地图（1562年），以及萨克斯顿的赫特福德郡地图的铜雕师——调查了该郡的海岸线。[186] 这些海图的意图不仅是为了预测入侵，也是为了预测叛乱：除了展示海岸线，它们还指出了居住在海岸附近的著名天主教家族的家，比如弗尔地方（Firle Place）的盖奇（Gage）家族。

此外，还有更低的级别，是侍臣和行政人员，例如约翰·布莱格拉夫（John Blagrave）的赞助人弗朗西斯·诺利斯（Francis Knollys）爵士——他是王室总管和伊丽莎白一世的私人顾问，[187] 以及枢密院的一大群办事员。从托马斯·埃利奥特爵士开始，这些人包括安东尼·阿什利，他应克里斯托弗·哈顿的需求将瓦赫纳的《航海之镜》翻译成英文 *The Mariners Mirrour*（1588），还有威廉·瓦德（William Waad），他为诺登的《不列颠之镜》（*Speculum Britanniae*）（1593）的米德尔塞克斯卷提供了资金。[188] 正如我们所看到的那样，在政府边缘工作的律师［例如：在监护法庭或其他法庭上，像托马斯·赛克福德和威廉·科德尔（William Cordell）爵士，主簿官员］是制图师的积极赞助人。[189] 这些人集体为政府、地方和中央制定了基调。

在宫廷之外的大臣、侍臣和王室代表们并不仅仅是充当了赞助人和楷模。延续了亨利八世最后几年的模式，他们也迫使省级管理者采取了绘制地图的运作模式。有越来越多的人认为，无论什么时候，只要手边有与宫廷相关的空间方面的问题——无论是对大臣需求的答复，还是请求支持——都应以地图的方式表达或说明。[190] 1552年，市长和市民向枢密院提议改建多佛尔港口或二十年后改建大雅茅斯（Yarmouth）港口，这些提议都附有地图。[191] 来自诺曼底和布列

---

[184] Barber, "England Ⅱ," 67 – 68; Andrews, *Shapes of Ireland*, 61 and 67; and idem, "Lythe."

[185] Andrews, *Irish Maps*. 另请参阅 Skelton and Summerson, *Description of Maps*, 9, 10, 17 – 18, and 20。卡鲁的爱尔兰地图现在被分开，分别收藏在 Trinity College, Dublin, Lambeth Palace Library 和 National Maritime Museum in London，在那里它们被收入17世纪晚期行政长官和军械总管达特茅斯（Dartmouth）勋爵的地图收藏中。

[186] BL, Add. MS. 57494，讨论见 Helen Wallis, *Raleigh & Roanoke: The First English Colony in America*, 1584 – 1590, exhibition catalog (Raleigh: North Carolina Department of Cultural Resources, 1985), 93。一份18世纪的副本发现于 BL, King's Topographical Collection, 42. 10a。

[187] Bendall, *Dictionary*, 1: 25 – 26.

[188] Barber, "England Ⅱ," 64 – 66; Edward Lynam, "English Maps and Mapmakers of the Sixteenth Century," in *Mapmaker's Art*, 55 – 78, esp. 68; and Rodríguez-Salgado, *Armada*, 209.

[189] Bendall, *Dictionary*, 1: 23, and A. Sarah Bendall, "Pride of Ownership," in *Tales from the Map Room*, 94 – 95.

[190] Victor Morgan, "The Cartographic Image of 'The Country' in Early Modern England," *Transactions of the Royal Historical Society*, 5th ser., 29 (1979): 129 – 154, esp. 140 – 141.

[191] BL, Add. MS. 69824 (Dover) 绘有插图，但没有附上涉及枢密院的同时代注释，见 Barber, "England Ⅱ," 60; BL, Cotton MS. Aug. I. i. 74 (Great Yarmouth), illustrated in Tyacke and Huddy, *Saxton and Tudor Map-Making*, fig. 16.

塔尼、爱尔兰或尼德兰的快件，描绘了16世纪80年代和90年代战役的过程；[192] 有关罗姆尼（Romney）沼泽排水的建议；[193] 由监护法庭管理的未成年人的地产或像阿伦德尔（Arundel）伯爵等叛徒被没收的地产，[194] 这些都附有地图。主教的领地，则是由王室在主教们的间隔时间中进行管理——可能是伊丽莎白特别喜欢的一种筹资策略——也简单地绘成了地图。[195]

这也并非全部。伯利和沃尔辛厄姆、西德尼和哈顿将他们的地图倾向带到了自己的私人生活中。就像其他主要的商人和乡村绅士，甚至女王本人一样，他们在吉尔伯特和弗罗比歇、德雷克和罗利所领导的探索与掠夺的航程中投入了巨额的金钱。他们与大贸易公司密切合作，而且，作为股东，在两种情况下，他们期望鼓吹者通过海图表达其航海的理念，并以类似的方式随时了解工作的进展，不管是托马斯·哈里奥特和约翰·怀特的弗吉尼亚地图，还是威廉·佩特（William Pet）和查尔斯·杰克曼（Charles Jackman）或威廉·伯勒的北方冻土地图。[196] 从16世纪80年代开始，他们还将地图作为地产管理的工具使用。[197]

1615

来自中心的这些压力和地方榜样的力量逐渐不能不让人们意识到地图在大部分士绅家族中的实际效用，这些家族的成员担任治安法官，这个国家主要通过他们进行治理。这种认识引导他们委托别人，或在自己的私人领域进行地图绘制。从宫廷精英到大学和乡村的士绅，地图绘制传播的过程有时可以通过师傅—学徒的关系进行说明。1589年以后，托马斯·克拉克（Thomas Clerke）——曾经是伯利家的成员，也是其管家彼得·肯普（Peter Kempe）的学生——为牛津的万灵学院绘制地图。在那里，他培训了托马斯·兰登（Thomas Langdon），后者自己培训了一系列地方制图师，他们为上流社会所制作的地图，如今已经遍布英格兰各地的

---

[192] Barber, "England Ⅱ," 60－61, 74, and 76. 关于从国外战役传送来的素描地图的例子，请参阅BL, Cotton MS. Aug. I. ii. 92 (siege of Nijmegen, 1586); Cotton MS. Aug. I. ii. 90 (siege of Rouen, 1591); and Cotton MS. Caligula E. ix. f. 276 (Brest, 1594)。

[193] Bendall, "Romney Marsh," 38－39.

[194] 例如，BL, Royal MS. 18. D. Ⅲ, fols. 42－43［克兰（Clun）、奥斯沃斯特里（Oswestry）、珀斯洛（Purslow）的前菲查伦（Fitzalan）领地的地图，在1584年没收阿伦德尔（Arundel）伯爵的地图之后绘制的］，以及BL, Cotton MS. Aug. I. i. 82 and Hatfield House［林肯郡（Lincolnshire）的韦恩弗利特（Wainfleet）的土地，由小型的监护法庭管理，约1580年］。另请参阅Skelton and Summerson, *Description of Maps*, 54－55 (no. 60)。

[195] 例如，如果毁坏了，请看七块沼泽领地的精细地图（现在收藏于BL, Add. MS. 71126），它可能是由王室通过伯利勋爵于1582年委托绘制的，在它管理与接收伊利（Ely）主教辖区的赋税的某个时候。请参阅Valentine Bolam and Jayne Thorpe, "The Charles Lynn Marshland Map," in *Old Fenland Maps: Exhibition Catalogue (with Biographical Sketches of the Cartographers)* [(Tring, Hertfordshire, Eng.): (Map Collector Publications), 1993], unpaginated (30－36)。

[196] Andrews, Trade, Plunder and Settlement, 109－110, 143－144, 145, 169, 205, 244 and 285; Read, Mr. Secretary Walsingham, 3: 370－410; and Skelton and Summerson, Description of Maps, 35. For the maps, see P. H. Hulton and David B. Quinn, The American Drawings of John White, 1577－1590, 2vols. (London: Trustees of the British Museum, 1964), vol. 2; R. A. Skelton, Explorers' Maps: Chapters in the Cartographic Record of Geographical Discovery (1958; reprinted with revisions, London: Spring, 1970), 105－109. 迪伊对佩特和杰克曼的指示在BL收藏的伯利文件中（Lansdowne MS. 122 art. 5），迪伊的东北通道地图，作为指示的配图，在伯利勋爵的奥特柳斯地图集中，现在还在北安普敦郡的伯利宅邸的后代手中（关于这一点，请参阅Skelton and Summerson, Description of Maps, 19, 69－70, no. 124），关于一部缩编版，Susan Doran, ed., Elizabeth I: The Exhibition at the National Maritime Museum (London: Chato and Windus in association with the National Maritime Museum, 2003), 159 (no. 172)。

[197] 请参阅关于乡村地图绘制的部分，第1637—1648页。

档案馆。[198]

法人团体

1550 年之后，法人团体和私人取代了王室，成为制图师的主要直接赞助人。法人团体的形式多种多样。最引人注目的可能是城市、主要市镇和港口的市长和市医院。这幅有吸引力的，但却匿名的图像化地图显示了 1585 年前后，大雅茅斯地区的市镇和防御工事，很可能是由地方艺术家绘制的，也可能从一幅曾经装饰其市政厅的画作复制而来。[199] 贸易公司也可以证明是地图绘制的积极赞助者。16 世纪 40 年代，莫斯科公司对塞巴斯蒂安・卡伯特的赞助，以及之后二十年对大法官、詹金森、斯蒂芬・伯勒以及威廉・伯勒的赞助——在王室的推动下非常频繁——预见到了荷兰东印度公司的大规模地图绘制活动和赞助。法人赞助者还包括领航公会，他们几次委托了对泰晤士河河口的勘测活动，甚至还有汉萨同盟的商人，这些人似乎是铜版伦敦地图的赞助者，这幅地图可能是在 1557—1559 年制作的。[200] 其他法人机构还有伦敦城同业公会，他们尤其参与了阿尔斯特（Ulster）种植园和它们在英格兰的大片地产的地图绘制工作；法人土地所有者，如牛津和剑桥的学院；还有医院，比如伦敦的基督医院、圣托马斯医院和圣巴塞罗缪（St. Bartholomew）医院等。[201] 它们的赞助并不仅仅局限于地图：比如，斯蒂芬・伯勒说服了莫斯科公司来资助理查德伊登对德梅迪纳（de Medina）的《航海技艺》（*Arte de Navigar*）的翻译。[202]

从业者

外国人、贵族和士绅

本多尔已经证明，在亨利八世去世后，指定的地方制图师的人数继续增加，从 1550 年的 20 人左右增加到 1600 年的约 100 人。这个数字低估了这一时期英格兰的地图和活跃的制图师的总数目。它不包括众多的匿名地方制图师，尤其是那些出于法律目的绘制地图和制作草图的人；本土出生的海图制图师，正如泰亚克（Tyacke）曾证明的那样，从 16 世纪 90 年代开始活跃起来，尤其是伦敦塔以东的码头地区；或者是众多好奇的、虔诚的，以及数学上或者历史上倾向于所有文化群体的人，他们付出时间绘制自己的世界地图，超出了不列颠群岛的范围，有单幅地图，也有在文本中作为插图。这个数字还忽略了那些为出版书籍地图在铜版或木板上镂刻的雕刻师，沃姆斯讨论过。尽管如此，对于所有的注意事项，本多尔的数据至少提供了一个关于制图师的初步分　1616

[198] Peter Eden, "Three Elizabethan Estate Surveyors: Peter Kempe, Thomas Clerke, and Thomas Langdon", in English Map-Making, 68 – 84.

[199] BL, Cotton MS. Aug. I. i. 74, illustrated in Tyacke and Huddy, Saxton and Tudor Map-Making, fig. 16, Harvey, Maps in Tudor England, 76.

[200] 这在本章后面将会更详细地讨论。

[201] 关于牛津和剑桥的学院，请参阅 A. Sarah Bendall, Maps, Land and Society: A History, with a Carto-Bibliography of Cambridgeshire Estate Maps, c. 1600 – 1836 (Cambridge: Cambridge University Press, 1992); David H. Fletcher, The Emergence of Estate Maps: Christ Church, Oxford, 1600 to 1840 (Oxford: Clarendon, 1995); and John Schofield, ed., The London Surveys of Ralph Treswell (London: London Topographical Society, 1987)。Judith Etherton, "New Evidence— Ralph Treswell's Association with St Bartholomew's Hospital," London Topographical Record 27 (1995): 103 – 117，给出了测量师与其赞助人之间的正在进行的关系的良好印象。请参阅 Martin Devereux, Stacey Gee, and Matthew Payne, Lords of All They Survey: Estate Maps at Guildhall Library, exhibition catalog (London: Guildhall Library Publications, 2004)。

[202] Andrews, Trade, Plunder and Settlement, 29.

析的基础。[203]

在1550年之前，人数极少的制图师的很大一部分为出生于外国的人（21%）和军事工程师（25%），这也暗示了我们，本土出生的制图师主要是石匠或枪手（约20%）。指定的制图师中，有不少于14%属于亨利八世统治时期下的贵族，6%在伊丽莎白一世时期，3%是在斯图亚特王朝早期，实际数目可能略有增加。考虑到1603年之前有头衔的贵族规模很小，这些数字表明贵族制作地图的比例很高。在16世纪后期，由士绅出身的制图师的数目有所增加，其在1546年之前的数字可以忽略不计，在伊丽莎白时期骤增至7%，然后其比例在1603—1625年又跌落到2%（尽管可能数量上并非如此）。这些百分比在很大程度上可能是由于这些群体的高识字率，以及他们对时兴的教科书中绘图和制图的建议的接受程度；[204] 他们受到王权的压力来提供地图；在大学中，人们对数学、描述性的地理学以及地方文献的兴趣越来越浓厚，他们中的一些人参与其中，尽管通常比较短暂；[205] 以及，1570年以后，地图越来越成为地产管理中的一个要素。[206]

人文主义者、数学家和仪器制造师

与欧洲其他地区的发展相同步，从16世纪40年代后期开始，一群有影响力的年轻人文主义者开始打造其作为制图师的成就，他们都接受过良好的教育，人脉良好，与国外有联系，彼此之间互通声气，而且都深受新柏拉图主义的影响。他们充满激情，共同的爱国情怀在古文物研究和语言学的追求中表现出来，并希望在实用的背景下应用欧几里得几何学和数学，包括通过地图为国家服务。1547年之前，有相当数量的制图师（占总数的18%）是作家和学者。在伊丽莎白一世时期，则是占9%，这些分类构成比军事工程师占制图师总数（5%）的比例更高，尽管实际上这些群体之间的界限是可渗透的。一些作家和学者，比如托马斯和伦纳德·迪格斯（Leonard Digges），他们也是训练有素的工程师、数学家，而且，属于士绅阶层。尽管如此，如果将作家、数学家和校长归为一类，伊丽莎白一世时期制作地图的知识阶层的总比例起码会翻倍。

在人文主义者制图师中，有一个突出的群体，是那些像佛兰德的奥特柳斯一样的人，他们将文献学及古文物研究与新柏拉图主义对数学的兴趣结合起来。威尔士人汉弗莱·卢伊德（Humphrey Lhuyd），藏书丰富的阿伦德尔家族伯爵的成员，还有年轻的牛津伯爵的家庭教师劳伦斯·诺埃尔（Laurence Nowell），他们都分别试图通过绘制威尔士和英格兰的具有几

---

[203] 这是来自本多尔：《词典》，1：11－17。接下来的段落的结论来自对本多尔所提供的更详细的信息的分析，《*Dictionary*》，1：59－65。请参阅本卷第57章和第58章。

[204] Youings, Sixteenth-Century England, 112, 119, 324, and 344. 和埃利奥特的《统治者之书》的持续流行一样，托马斯·霍比（Thomas Hoby）爵士的卡斯蒂廖内《朝臣之书》英文译本，于1561年首次印刷，强调了“描绘乡村、台地、河流、桥梁、城堡、牧场、要塞和此类其他事物”的能力，尽管当时在实际上“将一项手艺看作最高贵和最有价值的”［Baldassare Castiglione, *The Book of the Courtier*, trans. Thomas Hoby（London: D. Nutt, 1900）, 91－92］。关于Henry Peacham, *The Compleat Gentleman: Fashioning Him Absolute in the Most Necessary & Commendable Qualities Concerning Minde or Bodie That May Be Required in a Noble Gentleman*（London: Francis Constable, 1622）的影响，请参阅Karen Hearn, *Nathaniel Bacon: Artist, Gentleman and Gardener, exhibition catalog*（London: Tate Publishing, 2005）, 14－15。

[205] Cormack, *Charting an Empire.*

[206] Bendall, *Dictionary*, 1: 19 and 29，请参阅本章后面部分。

何学精确度的地图——图上有威尔士和盎格鲁—萨克逊的地名——来展示他们不同民族的古老。[207] 在17世纪中，沃尔特·罗利爵士在撰写《世界历史》（*History of the World*）时，通过用希腊文书写地名，来寻求提高其在他使用的札记书中的古典时代素描地图的可靠程度。[208] 同一年，另一位威尔士人士，亨利斯的乔治·欧文（约1552—1613年）绘制了一幅关于他的家乡彭布罗克郡（Pembrokeshire）的详尽的地图，附在其1603年著作《彭布罗克郡记》（*Account of Penbrokeshire*）（图54.7）中，在他的朋友威廉·卡姆登的《不列颠尼亚》的影响下，一个研究对源自蒙茅斯的杰弗里和吉拉尔德斯·坎布伦西斯（Giraldus Cambrensis）的传统叙述采取了批评的态度，很急切地强调自己国家的古老以及持续的富饶和重要。[209] 1617

与这些人文主义制图师并肩而行的是数学家和仪器制造师，他们像是一道缝隙跑过那一时代。托马斯·杰明努斯、爱德华六世的家庭教师（也是伯利的姐夫）约翰·奇克（John Cheke）爵士、伦纳德（Leonard）和托马斯·迪格斯（Thomas Digges）、威廉·卡宁厄姆、汉弗莱·科尔，他的学生奥古斯汀·赖瑟、威廉·伯恩、托马斯·哈利奥特、拉尔夫·阿加斯（Ralph Agas）、爱德华·沃尔索普（Edward Worsop）、托马斯·胡德（Thomas Hood）、爱德华·赖特、埃默里·莫利纽克斯、查尔斯·惠特韦尔（Charles Whitwell），以及最重要的约翰·迪伊（John Dee）都能够将他们的手转向仪器制作或地图绘制[210]（尽管没有明确的例 1618

---

[207] Frederick John North, "The Map of Wales," *Archaeologia Cambrensis* 90（1935）：1－69, esp. 47－54 and 65－68；Iolo Roberts and Menai Roberts, "De Mona Druidum Insula," in *Abraham Ortelius and the First Atlas*：*Essays Commemorating the Quadricentennial of His Death*, 1598－1998, ed. M. P. R. van den Broecke, Peter van der Krogt, and Peter H. Meurer（'t Goy-Houten：HES, 1998）, 347－361；Carl T. Berkhout, "Laurence Nowell（1530－ca. 1570）," in *Medieval Scholarship*：*Biographical Studies on the Formation of a Discipline*, 3 vols., ed. Helen Damico et al.（New York：Garland Publishing, 1995－1998）, 2：3－17；Peter Barber, "A Tudor Mystery：Laurence Nowell's Map of England and Ireland," *Map Collector* 22（1983）：16－21；and Barber, "British Isles," 68. 卢伊德的威尔士地图，上面有威尔士语、拉丁语和英语的地名，由奥特柳斯于卢伊德去世5年后的1573年出版（他可能还制作了一幅类似的英格兰和威尔士地图，上面有历史地名，这幅图从未出版过），然而诺埃尔的地图占据了几处空缺，还保留在绘本状态，在BL的科顿手稿中（Cotton MS. Domitian XVIII）。然而，1568年，诺埃尔的密友、人文主义学者、诺埃尔文件的继承人威廉·拉姆巴德（William Lambarde）绘制了一幅印本英格兰地图，包括了盎格鲁—萨克逊字符的地名，用作自己"Apxaiovoμia, *sive depriscisanglorum legibus*, *libri*, *sermone Anglico*..."（London：Joannis Daij, 1568）的插图：这幅地图似乎是现存最早的在英格兰雕刻的英格兰地图（Shirley, *Early Printed Maps of the British Isles*, 41）。非常感谢劳伦斯·沃姆斯，让我注意到这一点。另请参阅Karrow, *Mapmakers of the Sixteenth Century*, 344－348。

[208] BL, Add. MS. 57555.

[209] Charles, *George Owen*, 155－159. 乔治·欧文的文章，附有《彭布罗克图》（*Description of Penbrokeshire*）的文字，后者最后只是于1897年出版，现在收藏于阿伯里斯特威斯（Aberystwyth）的威尔士国家图书馆中。欧文还提倡在农业中使用科学方法，并且是最早对地质学感兴趣的作家之一。

[210] Taylor, *Mathematical Practitioners of Tudor & Stuart England*；*the relevant biographies in Biographical Dictionary of Mathematicians*, 4 vols.（New York：Scribner, 1991）；Silke Ackermann, ed., Humphrey Cole：Mint, Measurement, and Maps in Elizabethan England（London：British Museum, 1998）；Gerard L'Estrange Turner, *Elizabethan Instrument Makers*：*The Origins of the London Trade in Precision Instrument Making*（Oxford：Oxford University Press, 2000）, 3－43；idem, "Mathematical Instrument-Making in London in the Sixteenth Century", in English Map-Making, 93－106；Stephen Andrew Johnston, "Mathematical Practitioners and Instruments in Elizabethan England", *Annals of Science* 48（1991）：319－344, esp. 330－341；Barber, "England Ⅰ," 42；and Barber, "England Ⅱ," 58－63, 67－68, 70, and 79. 另请参阅本卷第57章。出生在英格兰北部的制图师和仪器制造师的巨大影响是惊人的，在相互影响方面来说可能是巨大的：劳伦斯·诺埃尔来自兰开夏郡的罗奇代尔（Rochdale），而约翰·埃德尔的赞助人——伦诺克斯（Lennox）伯爵和伯爵夫人，则是住在约克郡，那里是拉德、萨克斯顿、科尔的故乡，赖瑟的故乡也可能在那里。

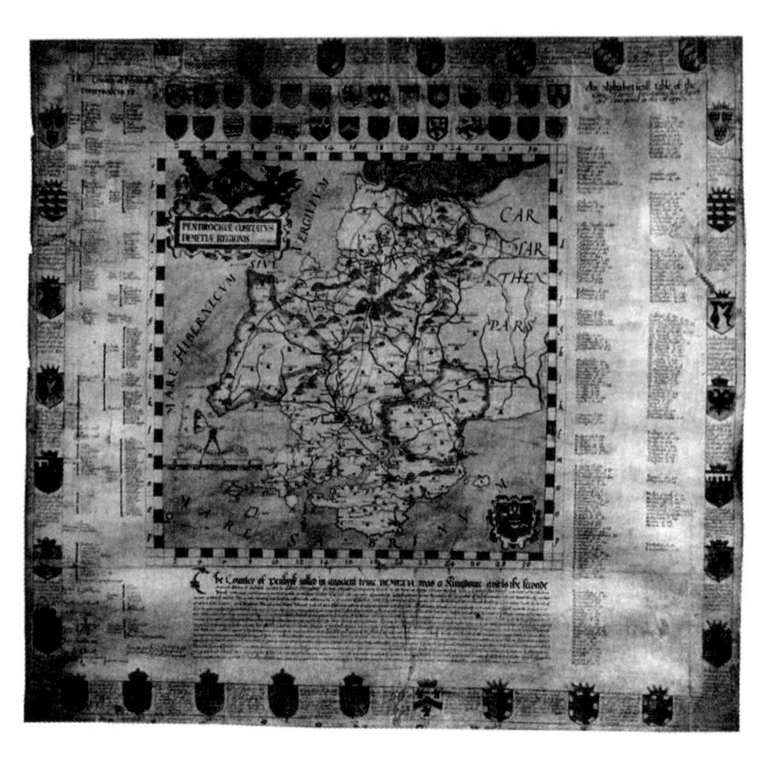

图 54.7 乔治·欧文：彭布罗克郡地图

原图尺寸：61×65 厘米。Llyfrgell Genedlaethol Cymru /The National Library of Wales，Aberystwyth（PZ 3681）许可使用。

子，比如保存至今的托马斯·迪格斯地图）。数学家的作品，无论是地方的、殖民地的，还是世界地图的形式，都是已经完成的，很容易与欧洲大陆所做的最佳作品相比较。例如，爱德华·赖特的 1599 年世界地图，是最早的那批使用墨卡托投影的地图中的一幅，而且他在其《航海的某些错误》（*Certaine Errors of Navigation*）一书中，给出了这一投影最早的书面解释。[211] 正如迪伊和沃尔辛厄姆日记中所透露的，这些人得到了国家领导人的信任，经常与他们会面，将他们的作品献给领导人。[212]

但是，尽管如此，以及他们关于采纳自己的想法给国家带来的实际益处的激烈争论，无论是对于相对复杂的测量方法或仪器，还是——1558 年斯蒂芬·伯勒提出，1563 年约翰·迪伊再次提出——为建立一个英格兰的相当于“西印度皇家交易所”的机构，[213] 总体来说，

[211] Shirley, *Mapping of the World*, 238－239（no. 221），and see Hind, *Engraving in England*, 1：27－28.

[212] Barber, “England Ⅱ，” 68；BL，Harley MS. 6035；关于迪伊的生平，请参阅 *The Diaries of John Dee*, ed. Edward Fenton（Charlbury, Oxfordshire：Day Books, 1998），3－4，10（entries for 28 and 30 November；1 December 1577；28 October 1578；17 September；3 and 10 October 1580），and passim, and William H. Sherman, *John Dee*：*The Politics of Reading and Writing in the English Renaissance*（Amherst：University of Massachusetts Press, 1995），7，17，40－41，118，130，155，174，182，and 192。

[213] Barber, “England Ⅱ，” 65；K. Zandvliet, *Mapping for Money*：*Maps*, *Plans*, *and Topographic Paintings and Their Role in Dutch Overseas Expansion*, *During the 16th and 17th Centuries*（Amsterdam：Batavian Lion International，1998），26－32；1564 年 1 月，伊丽莎白甚至为伯勒起草了一份委任状，委任他为“这一英格兰黄金王国的首席领航员”；请参阅 Rodriguez-Salgado, *Armada*, 210。

人们得到的印象是，理论家得到了仁慈的屈尊纡贵。[214] 从哈特菲尔德宫（Hatifield House）的书架的内容来看，他们的传单和建议似乎主要移交给图书馆，而不是在书房付诸行动。[215] 伯利收到了迪伊不断提出的建议，有着真诚但态度不明朗的兴趣，但只有在极少数情况下，这些建议完全符合官方政策。[216] 在 16 世纪 90 年代，还有一个类似的故事，当时伯利收到了拉尔夫·阿加斯关于土地测量的小册子和建议。[217] 然而，当很多场合，大臣们要求数学家们进行测绘或提供地图、平面图和关于专业议题的书面建议时，他们非常乐意提供帮助，这与伯利的格言相符合："智慧的实践部分是最好的"。[218]

在 16 世纪 80 年代后期和 90 年代，数学家开始了自己的工作。这种变化有四个主要原因。部分原因是他们的赞助人包括像沃尔特·罗利爵士；"巫师伯爵"亨利·珀西（Henry Percy），诺森伯兰的第九任伯爵；以及商人威廉·桑德森（William Sanderson），他将复杂的科学知识与巨额的个人财富结合起来，对女王及其幕僚产生了真正的影响。[219] 这让数学家有机会展示他们的一些技能，就像托马斯·哈利奥特发挥艺术家约翰·怀特（John White）的才能，以高度熟练的技术制作了 16 世纪 80 年代早期的第一个弗吉尼亚殖民地的地图，以及在接下来的二十年中，爱德华·赖特和埃默里·莫利纽克斯通过他们的地图和球仪也是如此。第二个因素是与西班牙的战争的临近和爆发，提高了对工程和航海技能，以及冲突地区的精确地图与海图的需求。在某种程度上，这种需求松开了政府钱袋上的绳子。同样重要的是在从 16 世纪 70 年代到 90 年代，很多技术熟练和理性的有求知欲的来自安特卫普的雕刻师和制图师在英格兰，之后他们迁徙到尼德兰北部，尤其是阿姆斯特丹；其中最引人注目的是约道库斯·洪迪厄斯、彼得·范登克雷、威廉·基普，以及比较短暂停留的特奥多尔·德布里。[220] 最后，偶然地，鉴于正如沃姆斯所表明的，佛兰德雕刻师的迁入是英格兰第一批铸铜工场的肇端，减少了英格兰制图师和雕刻师对进口的依赖，并可能降低了铜价，随后在英格兰出现了第一批滚动印刷机。

1619

---

[214] 请参阅乡村地图绘制部分，第 1637—1648 页。

[215] Skelton and Summerson, *Description of Maps*, 21, 26, and 34。伯勒的工作文件［似乎大部分留在他的办公室里，或者在落入他的秘书迈克尔·希克斯（Michael Hicks）手中之后，现在收藏于大英图书馆（Lansdowne MSS. 1 - 122）］和他图书馆中的参考书之间存在巨大差异，后者在沃特菲尔德的宅邸中，缩小点范围的话，是在伯利宅邸中，这座住宅由伯利的长子，第一任埃克塞特伯爵所继承。

[216] Sherman, *John Dee*, 138, 154 - 157, 183, and 200, and B. W. Beckingsale, *Burghley: Tudor Statesman*, 1520 - 1598 (London: Macmillan, 1967), 214 and 257 - 260.

[217] Skelton and Summerson, *Description of Maps*, 21 and 30 - 31.

[218] Beckingsale, *Burghley*, 257 - 260, quotation on 257.

[219] 例如，请参阅伊丽莎白对罗利的弗吉尼亚探险所进行的默许支持（Andrews, Trade, Plunder and Settlement, 202 - 203）；关于桑德森，请参阅 Wallis, "Cartography of Drake's Voyage," 153, and William Sanderson, *An Answer to a Scurrilous Pamphlet* (London: For the author, 1656), sig. A3v。桑德森娶了罗利的侄女，也为诺登的汉普郡和苏赛克斯地图于 1595—1596 年出版而付钱［Frank Kitchen, "John Norden (ca. 1547 - 1625): Estate Surveyor, Topographer, County Mapmaker and Devotional Writer," *Imago Mundi* 49 (1997): 43 - 61, esp. 48］。

[220] Edward Lynam, "Flemish Map Engravers in England in the Sixteenth Century," in *Mapmaker's Art*, 91 - 100, esp. 95 - 96 and 98，尽管现在已经过时了。请参阅本卷第 57 章。在约道库斯·洪迪厄斯在其"基督教骑士"世界地图（1598 年前后出版于阿姆斯特丹）向数学家罗伯特·布鲁尔（Robert Brewer）、亨利·布里格斯（Henry Briggs）和爱德华·赖特（Edward Wright）的献词中，将科学家和雕刻师之间的联系阐发得最为明确［Shirley, *Mapping of the World*, 218 - 219 (no. 198)］。另请参阅 Hind, *Engraving in England*, 1: 27 - 28, and Peter Barber, "The Christian Knight, the Most Christian King and the Rulers of Darkness," *Map Collector* 52 (1990): 8 - 13。

接下来，正如同样是沃姆斯所表明的那样，在相对制作精良的地图和景观地图的出版领域，在公认的相当低的基础上，出现了突然而持续的增长。这些地图通常由外国的雕刻师，比如洪迪厄斯来雕刻，但也有越来越多的英格兰人（最著名的是奥古斯汀·赖瑟和本杰明·赖特）在如罗伯特·利斯、约翰·诺登和巴普蒂斯塔·博阿齐奥等制图师的基础上进行雕刻。[221] 也许最具戏剧性的结果——除了可能是1588年《航海之镜》（*The Mariners Mirrir*）的出版，其中的地图可能是由佛兰德雕刻师在伦敦雕刻而成之外——是埃默里·莫利纽克斯于1591—1592年绘制的现存第一批在英格兰生产的球仪。根据洪迪厄斯，这些地球仪由威廉·桑德森资助，在爱德华·赖特作品的基础上绘制，并由约道库斯·洪迪厄斯刻版，受到了女王本人的公开祝福，它们的直径为52厘米，是到当时为止在任何地方所制造的最大的地球仪和天球仪。[222] 看起来英格兰会成为国际地图学舞台上的主要角色。

然而，即使是在这段时间里，由英格兰人或像巴普蒂斯塔·博阿齐奥等在英格兰服务的外国人所制作，作为其他英格兰人图书插图的地图，继续在国外出版。有时候，正如在沃尔特·比格斯（Walter Bigges）对弗朗西斯·德雷克（Francis Drake）1585年的西印度群岛航行的描述（1588年在莱顿出版，附有博阿齐奥所绘制的鸟瞰景观图），原因似乎主要是政治的：1585—1588年间，伊丽莎白通过允许在英格兰出版，拒绝进一步激化与菲利普二世已经很紧张的关系。然而，在其他情况下，这个原因似乎一部分是知识上的，另一部分是政治和商业上的，正如由1590年特奥多尔·德布里的哈利奥特的《弗吉尼亚简要真实报告》（*Briefe and True Report ... of Virginia*）（在法兰克福出版），其中配上了约翰·怀特的地图和绘画。这一出版物构成了布里的《亚美利加》（*America*）系列的一部分，以及他刚刚从英格兰抵达法兰克福的中心地带，这里覆盖了整个西部欧洲和中部欧洲的商业路线的网络，保证了更大的销售量，从而更有效地针对菲利普二世展开宣传，后者当时已经公开与英格兰作战。[223]

---

[221] 关于诺登，他的《不列颠之镜》各卷的不完整的系列出现在这十年中，以及史密斯，他的郡域地图也在这一世纪之交出版，请参阅下文。关于利斯，他的地图测绘形成了洪迪厄斯的罕见的《描绘》（Descriptio）的来源，请参阅 Jodocus Hondius, Hyberniae novissima descriptio, 1592, intro. J. H. Andrews（Belfast: Linen Hall Library, 1983）；关于博阿齐奥（Boazio），他的地图测绘覆盖了德雷克和埃塞克斯的航行，以及爱尔兰和英格兰北部海岸，请参阅 Lynam, "English Maps and Mapmakers," 75 - 78; *Sir Francis Drake: An Exhibition to Commemorate Francis Drake's Voyage Around the World, 1577 - 1580*（London: British Museums Publications for the British Library, 1977）, 108 - 109; and Andrews, *Shapes of Ireland*, 57 - 88。

[222] 正如沃姆斯所展示的那样，英格兰的球仪制造业是在更早的时候记录下来的，但这些记录没有保存下来。关于莫利纽克斯球仪，请参阅 Helen Wallis, "The First English Globe: A Recent Discovery," *Geographical Journal* 117（1951）: 275 - 290; idem, "Further Light on the Molyneux Globes," *Geographical Journal* 121（1955）: 304 - 311; R. M. Fisher, "William Crashawe and the Middle Temple Globes, 1605 - 1615," *Geographical Journal* 140（1974）: 105 - 112, esp. 106; *Sir Francis Drake*, 80 - 81; Wallis, "Cartography of Drake's Voyage," 151 - 155; Anna Maria Crino and Helen Wallis, "New Researches on the Molyneux Globes," *Der Globusfreund* 35 - 37（1987）: 11 - 18; Hind, *Engraving in England*, 1: 29; 以及本卷图57.11。

[223] Walter Bigges, *Expeditio Francisci Draki Eqvitis Angli in Indias Occidentales*（Leiden: Apud F. Raphelengium, 1588），请参阅 *Sir Francis Drake*, 107 - 111。关于德布里，请参阅 Hind, *Engraving in England*, 1: 124 - 137; White, *Complete Drawings*, 17 - 19; Lynam "Flemish Map Engravers," 98; 另请参阅 Philip D. Burden, *The Mapping of North America: A List of Printed Maps*, 1510 - 1670（Rickmansworth, Herts.: Raleigh Publications, 1996）, 81 - 83 and 97 - 99。更普遍的背景，请参阅 Wallis, "Cartography of Drake's Voyage," 133 - 141。

正如沃姆斯所表明的那样，16 世纪 90 年代后期和 17 世纪头几年，英格兰成为欧洲地图业中心的希望逐渐破灭。铸铜工场也关闭了。随着尼德兰战争的潮头在 1591 年之后转向新兴的尼德兰共和国那边，尼德兰的商业开始在全球范围蔓延，带来了财富，并唤醒了自信，约道库斯·洪迪厄斯和本杰明·赖特被吸引到阿姆斯特丹，接着是 1596—1597 年的埃默里·莫利纽克斯。他的球仪的第二版就是于 1603 年在阿姆斯特丹出版的。[224] 1604 年，在与西班牙签订了和约之后，天主教的欧洲为英格兰地图学的一些种子，比如莱斯特伯爵的私生子罗伯特·达德利（Robert Dudley）和雕刻师本杰明·赖特，提供了工作机会和庇护。达德利和赖特最终分别作为《海洋的秘密》（*Arcano del mare*）的作者和乔瓦尼·安东尼奥·马吉尼的意大利官方地图的雕刻师，在意大利创出了自己的名声。 1620

图绘国家，1550—1611 年

从开端到 1573 年

绘制英格兰和威尔士的近代地图的愿望，是爱国主义最早的地图形式表达之一。1524 年，首先由尼古劳斯·克拉策在给阿尔布雷克特·丢勒（Albrecht Durer）的一封信中阐述出来，其最初的推动力是科学的，而非好古的。凭借其经纬度网格以及采用了多尼斯（Donis）式投影，1534—1546 年前后的英格兰、威尔士和爱尔兰的科顿地图，可能展示在亨利八世的一座宫殿中（非常可能是根据其命名的汉普顿宫），[225] 是克拉策想要创建的那种新的托勒密式地图。它包含了更精确的海岸线，尤其是苏格兰比在旧式托勒密式地图上所看到的要更精确，有一块文本板块，对这些岛屿进行了详细的测量，并包含了许多在高夫地图上找不到的地名，而它正是基于高夫地图所绘制。[226]

在 1535—1543 年，古文物学家约翰·利兰造访英格兰和威尔士，为亨利八世服务，他所写的《旅程》（*Itineraries*）无可争议地为他赢得"英格兰地形之父"的称号。[227] 在他的小册子《新年礼物》（*The New Year's Gift*）（1546 年）中，他向亨利八世承诺，在一年时间内，他会"得到英格兰世界和帝国……一张银质方桌的 4/7"，尽管他补充说自己不会绘图（他

---

[224] Wallis, "Cartography of Drake's Voyage," 155。关于普遍的图景，请参阅 Geoffrey Parker, *The Dutch Revolt*, rev. ed.（Harmondsworth：Penguin，1985），230 – 231，250 – 251，and Jonathan Irvine Israel, The Dutch Republic：Its Rise, Greatness, and Fall，1477 – 1806（Oxford：Clarendon Press，1995），241 – 253 and 307 – 312。

[225] 提到汉普顿宫，这是一种极其典雅的制图术，许多在科顿收藏中所使用的地图和国家文件的官方出处（关于这一点，请参阅 Barber，"England Ⅱ，" 73 and 83）都表明这幅地图最初是打算在宫廷中展示的。它的不褪色状态很可能是由于在框架上安装了一块小的帘布，这样在不用参考的时候，它可以免受光线的照射。清单中的亨利的许多小型绘画和地图被记录为有这样的帘罩布；请参阅 David Starkey，ed.，*The Inventory of King Henry Ⅷ：Society of Antiquaries MS* 129 *and British Library MS Harley* 1419（London：Harvey Miller for the Society of Antiquaries of London，1998 – ）。

[226] BL，Cotton MS. Aug. I. i. 9，着色重制于 Barber，"British Isles，" 50，and Harvey，*Maps in Tudor England*，10。另请参阅 Crone，*Early Maps of the British Isles*，8 – 9，22 – 23，and pl. 12，and Tyacke and Huddy，*Saxton and Tudor Map-Making*，7 – 8。对地图精确性的渴望要大于完成，经度值尤其不精确。

[227] 请参阅 John Leland，*The Itinerary of John Leland in or about the Years 1535 – 1543*，5 vols.，ed. Lucy Toulmin Smith（London：Centaur Press，1964）。

保存下来的地图作品仅限于素描草图)，[228] 但他想要的是做“您的书写领域的……这样的文字描述，对于雕刻师或画家来说，想要通过完美的范例来创作一个相似的例子，那是无法企及的”。[229] 这一提议一无所获，不久以后，利兰就陷入了精神错乱。然而，他的丰富的论著到1557年为威廉·塞西尔所得到，并提供给学者们，诸如出生于海尔德兰的雷纳·沃尔夫，他是女王的印刷商。沃尔夫对地图绘制的兴趣至少可以追溯到16世纪30年代，在其去世的1573年，他参与了英格兰“各省”地图的绘制与委托制作（图54.8）。[230]

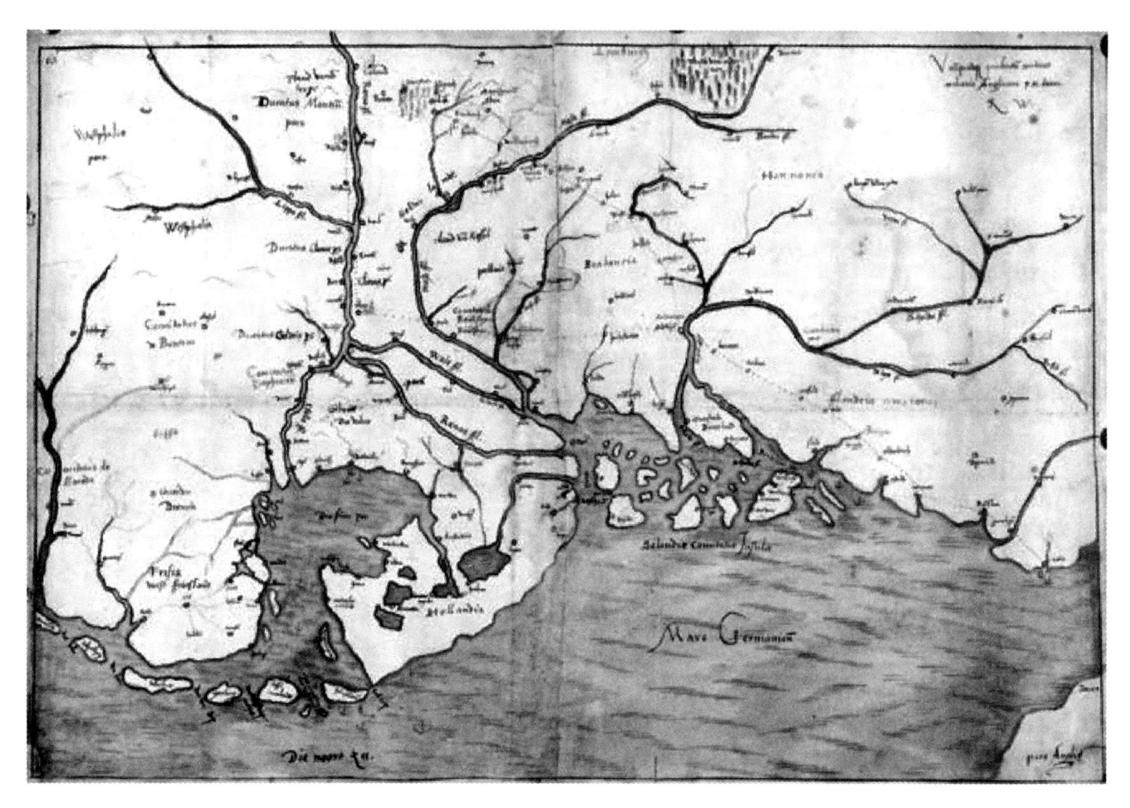

图54.8 雷纳·沃尔夫（?）：《克利夫斯的安妮的加来之行》，1539年

此绘本地图显示了克利夫斯的安妮于1539年从克利夫斯到加来的行程，至少几乎可以肯定是由沃尔夫获得、进行注释和首字母签名。

原图尺寸：51×76厘米。由BL（Cotton MS. Aug. I. ii. 63）提供照片。

1546年的同一个月，利兰提出了不列颠精确地图的前景，乔治·历里的大不列颠和爱尔兰的单幅地图在罗马出版。不列颠群岛的第一幅“近代”印刷地图是同样的复古主义和

---

[228] Leland, *Itinerary*, 1: xli and 4: 183 – 185; Barber, “British Isles,” 45; and Frederick John North, *Humphrey Lhuyd's Maps of England and Wales* (Cardiff: National Library of Wales and the Press Board of the University of Wales, 1937), 53.

[229] Leland, *Itinerary*, 1: xxxvii-xliii, esp. xli.

[230] 史密斯在 Leland, Itinerary, 1: xiv-v and xvii-xviii. Peter H. Meurer, “Op het spoor van de kaart der Nederlanden van Jan van Hoirne,” *Caert Thresoor* 21 (2001): 33 – 40，关于其更普遍的地图绘制成就，请参阅 Edward Lynam, “An Atlas of England and Wales: The Maps of Christopher Saxton, Engraved 1574 – 1579,” in *Mapmaker's Art*, 79 – 90, esp. 80，尽管他推测萨克斯顿最初是为沃尔夫工作的，这是不正确的；Skelton, *Saxton's Survey*, 10 and 16。请参阅本卷第57章。

爱国主义的产物。[231] 历里是红衣主教雷金纳德·波尔（Reginald Pole）主教府的成员，后者是一位人文主义学者，也是亨利八世的表弟，曾在罗马避难，在1534年以后，成为反对亨利宗教改革的主要人物。历里曾经属于托马斯·莫尔的圈子，而且他的父亲威廉是伦敦圣保罗学校的首位高级教师，也是一位主要的人文主义者和拉丁语文学家，是莫尔最亲密的朋友之一。[232] 这幅地图是为了配合保罗·焦维奥（Paolo Giovio）的《不列颠、苏格兰、爱尔兰和奥克尼群岛的描述》（*Descriptio Britanniae*, *Scotiae*, *Hiberniae et Orchadum*）（罗马，1548年），历里本人则为其添加了一篇包括杰出英格兰人传记的跋文。这幅地图非常有影响力，比如，为梵蒂冈的第三门廊中的不列颠群岛的形式提供了一个模板，[233] 在实际上，这是一幅流亡者所绘的地图，其中包括的英格兰信息和海岸形状，到了16世纪40年代，就已经过时了。[234] 1621

这幅地图由托马斯·杰明努斯于1555年在伦敦重印，使用了最初的版片，在前一年，历里跟随红衣主教保罗回到伦敦，后者现在是他表亲玛丽女王的坎特伯雷大主教。[235] 然而，几乎可以肯定的是，当历里和他的赞助人看到发生在他们不在英格兰那段时间所产生的紧锣密鼓的地图制作活动的成果时，就已经意识到这幅地图的缺点了。[236] 1542年、1547年和1549年的亨利八世财产清单，都提到了几幅英格兰地图，其中一些可能海岸线轮廓得到改进，尤其是卡迪根（Cardigan）湾和莫克姆（Morecambe）湾地区。[237] 亨利去世之后，他的私人图书馆的藏书遭到了侍臣和大臣的盗窃。约翰·达德利——沃里克伯爵，他后来成为诺森 1622 伯兰公爵和阿伦德尔伯爵——得到了相对准确的苏格兰港口和要塞的平面图，以及很可能也

---

[231] Edward Lynam, *The Map of the British Isles of 1546* (Jenkintown, Pa.: George H. Beans Library, 1934); Crone, *Early Maps of the British Isles*, 24 - 25; Shirley, Early Printed Maps of the British Isles, 20 - 22; Tyacke and Huddy, *Saxton and Tudor Map-Making*, 7; and Barber, "British Isles," 45 - 47 and 52 - 53.

[232] Trapp and Herbruggen, *Sir Thomas More*, 27 (no. 15), and 135 (no. 269).

[233] Almagiá, *Monumenta cartographica Vaticana*, 4: 7 - 8. Illustrated in BL, Maps 188. i. 2 (5)（附有一封由R. A. Skelton于1953年6月20日寄给Roberto Almagià的信的副本），请参阅Juergen Schulz, "Maps as Metaphors: Mural Map Cycles of the Italian Renaissance," in *Art and Cartography: Six Historical Essays*, ed. David Woodward (Chicago: University of Chicago Press, 1987), 97 - 122, esp. 103 - 104。

[234] 相比之下，苏格兰的轮廓则更为现代。有人认为，这些都是得自苏格兰的牧师和世俗之人，比如约翰·埃尔德，他在16世纪30年代晚期在罗马（Tyacke and Huddy, *Saxton and Tudor Map-Making*, 7 - 8）。

[235] Shirley, *Early Printed Maps of the British Isles*, 28, and Karrow, *Mapmakers of the Sixteenth Century*, 253。唯一已知的例子现在收藏于BNF（Res. Ge C 5177）。

[236] 发生的大量地图绘制行为可以从这样一个事实来判断：尽管可能有相当大的损失率，在1537—1547年这十年间可能超过了1/3，或者在250幅地图中有100幅，这250幅地图包括现存一个最大的都铎官方或政府绘本地图的收藏，即罗伯特·科顿爵士的奥古斯都系列手稿收藏，现收藏于大英图书馆，其时间跨度从1450年前后到1630年。

[237] 关于清单，请参阅Hayward, 1542 *Inventory*, and Starkey, *Inventory*。另请参阅Brewer et al., *Letters and Papers ... of Henry Ⅷ*, vol. 14, pt. 1, 151 - 153，关于1539年早期为绘制威尔士北部和南部海岸地图的佣金。很明显，在一幅现在已经亡佚的地图上，对亨利八世的父亲亨利·都铎在1485年在卡迪根湾附近的米尔福德（Milford）港登陆的地点做了特别的关注，这幅地图可能是对这一区域进行的"勘测"的一部分，是由托马斯·克伦威尔受费勒斯（Ferrers）勋爵委托制作的。米尔福德港随后被列于克伦威尔的1539年3—4月的"回忆录"中，作为"修建了防御工事"的地方之一（Hale, "Defence of the Realm," 370, and Biddle, Colvin, and Summerson, "Defences in Detail," 482），这可很可能会催生出更多的现在已经亡佚的地图。现存的可能由伯利勋爵于16世纪70年代委托绘制的兰开夏郡绘本地图的两例，在细节方面不同，其中一幅在TNA（MPF 123），另一幅则在大英图书馆（Royal MS. 18. D. Ⅲ, fols. 82v - 83），对莫克姆湾（Morecambe Bay）的沙滩的强调，显示出政府对这一区域的持续关注。

得到了他们委托制作的其他地图。[238] 很有可能，据称萨默塞特的兄弟托马斯·西摩（Thomas Seymour）爵士于1549年使用过的详细的英格兰地图可能也出自这一图书馆，这幅地图用来显示托马斯·沙林顿（Thomas Sharington）爵士“他是如何强大，他可以有多少人，他的土地有多么广袤，在他的布朗厄姆（Bromham）和霍尔特（Holt）[在威尔特郡（Wiltshire）]的宅邸间的土地都处于何处……他是如何做朋友们的仲裁者，以及护国主沃里克勋爵的土地处于何处”，这些可能也出自亨利的图书馆。[239] 亨利的地图和海图当然可以对汉弗莱·卢伊德有用——后者从1553年开始受雇于阿伦德尔伯爵家——也对劳伦斯·诺埃尔有用。可以假定，16世纪60年代早期，他们绘制自己的改进的不列颠群岛地图时，这些材料被他们所使用，并在需要时根据其自己的研究所增补。[240]

毫无疑问，对历里地图的不满导致政府转向支持重新系统性地对菲利普和玛丽统治下的英格兰与威尔士进行地图绘制。1561年，伊丽莎白一世要求达勒姆大教堂的主持牧师和教士会允许其一位牧师约翰·拉德得到两年的带薪休假，“用自己的眼光去看，思考我们……王国的部分”以完善他已经付出一段时间和“一些代价”来制作的“我们王国的地图”。[241] 至少从1534年开始，拉德就一直在绘制地图，当时他把一幅新的托勒密式的圣地地图给了罗兰·李（Roland Lee）——切斯特（Chester）的当选主教，以此为手段，巴结托马斯·克伦威尔的一位合作者，帮助他从单独监禁中解脱出来。从1540年以来，他一直就是亨利八世的王室牧师（议事室的办事员），因此，他很有可能进入了王室图书馆。尽管文献证据依然难以捉摸，但似乎很有可能，1561年之前拉德进行的地图绘制与王室有某种联系。很有可能，他于1554年、1557年和1558年在约克郡生活，是在接受了菲利普和玛丽治下的天主教之后，[242] 这可能是与这项工作有关的奖励。

对在1564年安特卫普出版的墨卡托的多张不列颠群岛壁挂地图的内容进行仔细研究，进一步证明了16世纪50年代中期，官方对英格兰、威尔士和爱尔兰地区地图绘制的鼓励。由亨利八世从修道院的收缴品中所制造的对主教区的遗漏，如格洛斯特（Gloucester）、牛津（Oxford）和威斯敏斯特（Westminster）；包含一些甚至是无足轻重的宫殿，比如埃塞克斯的科珀德（Copped）大厅，它对玛丽女王来说都具有重要意义；而且有影响的证据表明，尤其是在苏格兰的特殊的地图绘制中，菲利普二世的英格兰首席宣传家约翰·埃尔德的工作和兴趣使得很难

---

[238] Barber, “British Isles,” 47 and 63。关于更加普遍的盗窃行为，请参阅 Hayward, 1542 *Inventory*, and James P. Carley, ed., *The Libraries of King Henry VIII* (London: British Library in association with the British Academy, 2000), lxxiv-vi, lxxviii-ix, 32; and Elizabeth Goldring, “An Important Early Picture Collection: The Earl of Pembroke's 1561/62 Inventory and the Provenance of Holbein's ‘Christina of Denmark,’” *Burlington Magazine* 144 (2002): 157–160.

[239] TNA, SP 10/6 no. 13, calendered in *Calendar of State Papers: Domestic Series of the Reign of Edward VI*, 1547–1553, ed. C. S. Knighton (London: Her Majesty's Stationery Office, 1992), 87–88.

[240] Barber, “Tudor Mystery,” 20–21; idem, “British Isles,” 46; and Karrow, *Mapmakers of the Sixteenth Century*, 344–348.

[241] 约翰·拉德的旅行申请，1561年，达勒姆牧师会记录（Priors Kitchen）Register B, fol. 135，讨论与复制于 David Marcombe, “Saxton's Apprenticeship: John Rudd, a Yorkshire Cartographer,” *Yorkshire Archaeological Journal* 50 (1978): 171–175, and Tyacke and Huddy, *Saxton and Tudor Map-Making*, 6–7。可能是到了1561年，他认为自己的调查已经足够先进，只需再要两年时间的工作。下面句了中关于拉德的细节是摘自 Marcombe, “Saxton's Apprenticeship”; idem, “Rudd, John”; and idem, “Forgotten Tudor Mapmaker?”。

[242] Marcombe, “Saxton's Apprenticeship,” 172.

避免这样的结论：墨卡托的作品很大程度上来自埃尔德和拉德的调查活动。这一调查是1554年以后奉王室之命进行的，特别充分考虑到王室的感受，而且充分利用了最新的官方地图绘制成果。然而，这项调查最后并未完成，可能是因为埃尔德带着他的材料于1556年离开去了法国，他的同事或接替者约翰·拉德并不能完成这项工作。[243] 这一工作有助于解释为什么没有1556年在爱尔兰修建的菲利普镇（Philipstown）和玛丽伯勒（Maryborough）的大尺寸镇区的墨卡托地图。[244]

从1558年开始，由威廉·塞西尔领导的新政府，在资源的允许下，做出了认真的努力，完成了这项工作。然而，重点已经转变了。自此以后，全国性的调查就不再局限于一幅单张的地图了。它将包括女王王国的总图，包括爱尔兰在内，还附有更详细的分省地图，尽管一段时间内塞西尔（1572年成为伯利勋爵）似乎一直未能确定这些是否会成为郡或者更大的政府单位。正如我们所见，在雷纳·沃尔夫去世的1573年，他参与了某种形式的英格兰地方地图的绘制工作，劳伦斯·诺埃尔在1563年6月他写给塞西尔的信中，也提到了他打算绘制英格兰各省的地图。[245]

1623

从诺埃尔的信中，可以清楚地看到，塞西尔制作女王王国的新地图的愿望是众所周知的，并且已经有几位制图师在争夺塞西尔的支持。这无疑是小型地图或者是英格兰、威尔士和爱尔兰的“总体描述”的背景，诺埃尔一定在稍后不久就把这些提供给了塞西尔。尽管不久有一些人对克莱因（Klein）的主题表达了怀疑，这幅地图似乎包含了一张塞西尔的肖像，他不耐烦地坐在一个沙漏上，而且，也可能有诺埃尔以及不确定归属的人的肖像。[246]

目前还不清楚塞西尔为什么没有利用诺埃尔的报价。答案可能部分在于他认识到地图并不包括任何真正的新东西，尽管对于后来的读者来说似乎是极其新颖的，因为那个时代其他保存下来的地图非常缺乏。[247] 他可能也预料到了诺埃尔学术和性格很不稳定的问题，这使得他于1567年离开英国，进行了一次似乎相当不负责任的、无指导的欧洲之旅。[248] 然而，另一个问题可能是经费上的。到16世纪50年代，王权面临着越来越多的财政问题，并且再也

---

[243] Barber, “British Isles,” 55 – 71, and Andrews, *Shapes of Ireland*, 26 – 56, esp. 44 – 45.

[244] 244. Andrews, *Shapes of Ireland*, 44 – 45.

[245] Skelton, *Saxton's Survey*, 15 – 16, 拉丁原文的翻译（BL, Lansdowne MS. 6 art. 54），以及Tyacke and Huddy, *Saxton and Tudor Map-Making*, 10；信件原本复制于Barber, “Tudor Mystery,” 19。

[246] BL, Add. MS. 62540，请参阅Barber, “Tudor Mystery,” 16 – 21，附有地图的复制品，以及Bernhard Klein, *Maps and the Writing of Space in Early Modern England and Ireland*（Houndmills, Eng.：Palgrave, 2001），97 – 99，114 – 117（他对于讲述这幅地图上所显示的英格兰对爱尔兰的认识有很浓厚的兴趣）。然后，将非常个人化的描绘和现存的塞西尔的肖像之间进行比较，可能会使其身份毫无争议，在诺埃尔的信中，他自己提到了塞西尔的异议，并暗示他的不耐烦，这两者在地图的图像上都进行了暗示。

[247] 例如，在之前，似乎没有提到有一幅日期为1553年9月1日的巴蒂斯塔·阿格内塞（Battista Agnese）的地图集（Museo Correr, Venice, Port. 1），在玛丽到达后不到两个月，玛丽的来临理所应当地给英格兰带来一队特殊的维也纳使团，包含了对不列颠群岛的全新但微型的描绘，其中包括有丽茵半岛（Llyn Peninsula）和卡迪根湾，这在之前被视为诺埃尔的创新，10年后，被认为是墨卡托的地图。海图被复制于Battista Agnese, *Atlante Nautico di Battista Agnese 1553*, ed. Giandomenico Romanelli and Marica Milanesi（Venice：Marsilio, 1990），pl. Ⅷ。编辑者错误地声称（第8页）这一描绘是从历里地图复制而来。它更有可能是取自由亨利八世委托为其宫殿而绘制的地图中的一幅，可能是16世纪40和50年代的许多其他绘本地图的代表，但这些地图现在已经亡佚了。

[248] Berkhout, “Laurence Nowell,” 8, and Retha M. Warnicke, “Note on a Court of Requests Case of 1571,” English Language Notes 11（1974）：250 – 256.

不能够达到1535年以后亨利八世对地图绘制进行资助的规模。1561年以后，拉德从达勒姆大教堂那里获得了一份间接补贴，而且可能早些时候，他和埃尔德也获得了来自私人的财政支持，可能——考虑到埃尔德对红衣主教波尔的崇拜、[249] 拉德的牧师身份，以及历里在红衣主教波尔家的地位——来自坎特伯雷大主教区的税收。诺埃尔一直没有得到这种支持，直到监护法庭支持他，作为年轻的牛津伯爵的家庭教师，他一直间接地为监护法庭工作。

萨克斯顿的调查，1573—1583年

内容

1573—1578年间英格兰和威尔士的地图绘制、1579年地图集以及1583年的壁挂地图，赋予了克里斯托弗·萨克斯顿在英语世界中的神话般的地位，他被誉为“英格兰地图学之父”。[250] 在如此短暂的时间内，他能够以一种无可挑剔的科学方式对如此广阔的区域进行调查，这是一个奇迹。[251] 从英格兰图书制作和出版的发展史角度来讲，这部地图集被评价为是极其特殊的。[252] 它被誉为第一部英格兰各郡的地图集，而且确实是“世界范围内制作出的第一部国家地图集”。[253]

尽管萨克斯顿的成就是划时代的——在英格兰语境和英格兰书籍历史中的地图集的地位中是非常例外的，但其作品和在同时代欧洲的环境背后的现实却掩盖了传统形象中隐含的英雄主义假设。正如我们所看到的那样，它远不仅仅是同类作品中的第一部首创，还可将其前身回溯到数十年前。萨克斯顿的地图并没有完全依赖其调查技能，而是几乎确定地在很大程度上是从现有的绘本地图，还有很可能根据文字调查进行编辑。这套地图集远不是在16世纪70年代早期，伯利勋爵和托马斯·赛克福德之间精心策划的战略成果，在萨克斯顿工作的过程中，几乎每一个阶段的信息传递方式都被打上了即兴创作和前后矛盾的印记。这套地图集不能被认为是最早的印本全国性调查，一份荣耀应该可能取决于所采用的标准，赋予雅各布·范德芬特的尼德兰北部诸省壁挂地图（1536—1547年）、沃尔夫冈·洛齐乌什的图书尺寸的奥地利诸公国调查（1561年），或者如果同时出版或以统一的格式出版，则是菲利普·阿庇安的巴伐利亚公国的比例尺为1∶144000的印本调查（1568年）的印记。[254] 在16世纪70年代，萨克斯顿也没有独自承担这

1624

[249] Barber, “British Isles,” 70.

[250] Tyacke and Huddy, Saxton and Tudor Map-Making, 5; Ifor M. Evans and Heather Lawrence, *Christopher Saxton: Elizabethan Map-Maker* (Wakefield, Eng.: Wakefield Historical Publications and the Holland Press, 1979), xiii; Christopher Saxton, *Christopher Saxton's 16th Century Maps: The Counties of England and Wales*, intro. W. L. D. Ravenhill (Shrewsbury: Chatsworth Library, 1992), 25–26; Lynam, “Atlas of England and Wales,” 89–90; and idem, “English Maps and Mapmakers,” 63.

[251] Skelton, *Saxton's Survey*, 9, and Ravenhill in *Saxton's 16th Century Maps*, 16–17 and 20–21.

[252] 请参阅本卷第57章。

[253] Lynam, “English Maps and Mapmakers,” 63, and Skelton, *County Atlases*, 7–16.

[254] 请参阅本卷第42—45章关于德意志和佛兰德/尼德兰地图绘制部分。考虑到亨利·西德尼爵士显赫的政治地位和他作为地图绘制革新者的角色（请参阅第1613—1614页），应该注意到这方面的联系，阿庇安调查的一份副本包括在他的图书馆目录中（“11r04 Appiana Tabula Bauaria”）。我非常感谢Dr. Germaine Warkentin，提醒我注意这份参考文献。

样一个课题。几位伊丽莎白一世的重要统治者委托制作了他们领地的相对详细的绘本调查。当萨克斯顿绘制地图时，佩德罗·德埃斯基韦尔（Pedro de Esquivel）及其继任者们在对西班牙进行测绘，而马尔科·安东尼奥·帕西（Marco Antonio Pasi）则对费拉拉的埃斯特（Este）家族的领地进行调查。[255]

甚至可以说，萨克斯顿的地图集也根本不应该被称作一部“郡域地图集”。在萨克斯顿的地图上，依然反映出英格兰背景下构成“省级”地图的持续的不确定性。[256] 据推测，在伯利的坚持下，或与他达成一致，在所有地图上，确实都描绘了各郡的边界，这是最重要的司法、税收和防御组织的单位。[257] 此外，没有一幅地图显示的范围小于一个郡。然而，在英格兰和威尔士的52个郡中，只有25个得到了专门的处理，不到总数的一半，其余都被联合放置在三个或更多的看似随意的组合中，这些组合与任何可识别的法律或行政实体都不相符。六幅在萨克斯顿工作的时期传播的地图，也显示了各郡的内部划分，而早期的一些地图则列出了各个郡的教区和集镇的数量。[258] 然而，大部分地图都缺乏这种类型的信息，尽管它最终被认为是重要的，可以包含在为1590年及以后的地图集版本所制作的表格中。当然，萨克斯顿、赛克福德和伯利的目标是以任何方式（尽管总是显示郡界，但从来不少于一个郡），创建相对详细的全国性调查，以1577年7月22日的特许权的话来说，为女王和她的臣民最好地提供了“快乐和商品”。

如果在单独的区域地图上的信息呈现方式缺乏一致性，那么从一开始就确定了它们标准化的实物形态。它们都占据了一块统一大小的铜版，唯一例外的是约克郡这个特大的郡，需要配两块印版。尽管这些地图似乎是单独使用的，但其意图似乎始终是要制作一部地图集。在这方面，很明显，1570年首次出版的奥特柳斯的《寰宇概观》，就是其中的榜样，这一点对同时代的人来说是显而易见的。在威廉·哈里森（William Harrison）的《不列颠群岛图》（*Description of the Islands of Bretayne*）[在1577年拉斐尔·霍林斯赫德（Raphael Holinshed）的《编年史》（*Chronicles*）的第一卷中]中，他写道：“长久以来”，萨克斯顿的工作将是“遵循奥特柳斯在其他国家进行操作的方式在几个郡推行”。[259]

支持与结构：英格兰和威尔士的地图绘制，1573—1579年

人们一般认为，贯穿了萨克斯顿对英格兰和威尔士进行地图绘制工作的赞助人是托马

---

[255] Geoffrey Parker, “Maps and Ministers: The Spanish Habsburgs,” in *Monarchs, Ministers, and Maps*, 124 - 152, esp. 130 - 134 (revised version, “Philip Ⅱ, Maps and Power,” in *Empire, War and Faith in Early Modern Europe, by Geoffrey Parker* (London: Allen Lane, 2002), 96 - 121, esp. 103 - 107); Laura Federzoni, “La carta degli Stati Estensi di Marco Antonio Pasi,” in *Alla scoperta del mondo: L' arte della cartografia da Tolomeo a Mercatore*, ed. Francesco Sicilia (Modena: Il Bulino, 2002), 241 - 285; 以及更为普遍的, Peter Barber, “Maps and Monarchs in Europe, 1500 - 1800,” in *Royal and Republican Sovereignty in Early Modern Europe: Essays in Memory of Ragnhild Hatton*, ed. Robert Oresko, G. C. Gibbs, and H. M. Scott (New York: Cambridge University Press, 1997), 75 - 124, esp. 83 - 87.

[256] “郡域地图集的理念……很明显没有完成贯彻到萨克斯顿地图中”（Tyacke and Huddy, Saxton and Tudor Map-Making, 32）。

[257] Morgan, “Cartographic Image,” 137 - 138 and 143 - 144，尽管他认为这一理念是出自萨克斯顿。

[258] Tyacke and Huddy, *Saxton and Tudor Map-Making*, 30.

[259] Skelton, Saxton's Survey, 10 and 16。请参阅 Morgan, “Cartographic Image,” 143。

斯·赛克福德。[260] 实际上，萨克斯顿大约在1573年7月28日受到他的委托后，全国性调查的资金似乎在很长一段时间内都不确定。[261] 赛克福德的纹章确实出现在所有地图上，但是最早的那幅地图的日期按照当时推行的儒略历是1574年，那么要迟至1575年3月，或者是在赛克福德开始工作的20个月以后，才进行刻版。据推测，可能是约翰·拉德把萨克斯顿介绍给伯利——可能是在雷纳·沃尔夫去世后，他的一套投影的省级地图可能是更好的选择。似乎萨克斯顿最初自己掏腰包支付费用，尽管伯利可能及时地承诺拿出王室授予的土地和办公的补贴来抵销他的一些开支。1574年3月，授予萨克斯顿萨福克土地的特许证的措辞，和1575年1月，授予地方长官、收款员和收税官从伦敦和米德尔塞克斯的圣约翰修道院之前所拥有的土地收入的措辞，都明确说明，萨克斯顿本人凭其工作而获得奖励。萨福克补贴1625 实际上提到了由萨克斯顿在其调查工作过程中所产生的“巨额费用和开支”。[262] 并没有提到赛克福德。事实上，在与萨克斯顿的英格兰和威尔士的地图绘制相关的很稀少的现存同时代文献中，托马斯·赛克福德只是在1576年3月才第一次被提及。[263] 然而，从那时候起，如果萨克斯顿被提到，那就只是赛克福德的仆人，而赛克福德因为在资助萨克斯顿的工作方面因为承担了“巨大的成本开支和费用”而受到赞扬。[264] 事实上，萨克斯顿的名字只是从1577年授予他版权时才被加到地图上。[265] 一旦地图集于1579年出版，萨克斯顿终于获得了进一步的个人奖励，同时，因其“对这一王国的几个郡都进行了完美的地理描述”而授予其家族纹章的增加，以对其进行“永久的赞许”。[266]

这些地图自身可能暗示了事件的过程。尽管萨克斯顿最早的地图[267]是表现富饶沿海的诺福克郡，女王偶尔会造访此处，[268] 但此图很独特地使用了1∶235000的比例尺（图54.9），[269] 1626 而下一幅表现了牛津郡（Oxfordshire）、白金汉郡（Buckinghamshire）和伯克郡（Berkshire）的地图则是用了1:263000的比例尺。虽然肯特、萨里、萨塞克斯和米德尔塞克斯（包括伦敦）的地图的日期为1575年（图版66），但很可能在第二幅地图之后仅仅几个月就已刻版。

---

[260] “有一件事无可争议”，他被托马斯·塞克福德选中来绘制英格兰各郡的地图（Evans and Lawrence，Christopher Saxton，7）；关于传统观点，请参阅 Morgan，“Cartographic Image，” 136－138 and 140－141. Tyacke and Huddy，*Saxton and Tudor Map-Making*，24，然而，对此不那么武断。

[261] Evans and Lawrence，*Christopher Saxton*，7，and Skelton，Saxton's Survey，8 and 16.

[262] Evans and Lawrence，*Christopher Saxton*，67（quotation），147 and 163，and Skelton，*Saxton's Survey*，16。关于此类作为收入来源的津贴的价值的总体讨论，请参阅 Kitchen，“John Norden，” 56。

[263] Evans and Lawrence，*Christopher Saxton*，6 and 163.

[264] 这段引文引自1577年7月20日萨克斯顿的特许状（Evans and Lawrence，*Christopher Saxton*，147－148），请参阅 Tyacke and Huddy，*Saxton and Tudor Map-Making*，24－25 and 33；Evans and Lawrence，*Christopher Saxton*，16－17；and Skelton，Saxton's Survey，16。

[265] Skelton，*County Atlases*，14；Evans and Lawrence，*Christopher Saxton*，14 and 147－148；and Tyacke and Huddy，*Saxton and Tudor Map-Making*，35.

[266] Evans and Lawrence，*Christopher Saxton*，164.

[267] 关于萨克斯顿地图的年代和进展，请参阅 Evans and Lawrence，*Christopher Saxton*，9－19，尽管关于萨福克和肯特的顺序方面，我和他们的看法不同。

[268] Howard Montagu Colvin，“Elizabeth's Progresses，” 文章对宫廷历史学会进行了总结（但他没有强调诺福克），见 *Court Historian* 5（May 2000），90，关于1578年伊丽莎白在诺福克的进展而绘制的一幅官方绘本路线地图的复制品（TNA，SP 12/125，fol. 98），请参阅 Delano-Smith and Kain，*English Maps*，144。

[269] 考虑到缺乏一致性，比例尺做了四舍五入，取自 Evans and Lawrence，*Christopher Saxton*，38－39。

萨克斯顿很可能在1574年的春天和初夏就对其进行了调查和研究。因为比例尺是1∶314000，萨克斯顿可能不得不省略某些信息，而精美的装饰也无法减轻给人过度拥挤的印象。[270] 考虑到所描绘地区的战略重要性和易受攻击（这一点在地图的装饰中被提及，而且鉴于都铎王朝连续几任政府所广为人知的先见之明，更多的空间是必要的），这样的比例尺实在令人惊讶。[271] 萨克斯顿可能被雕版和制作的成本打败了。在1573年——即1574年4月之前，没有完成诺福克地图的雕版工作——这无疑说明他在承担这些成本之前犹豫了。[272]

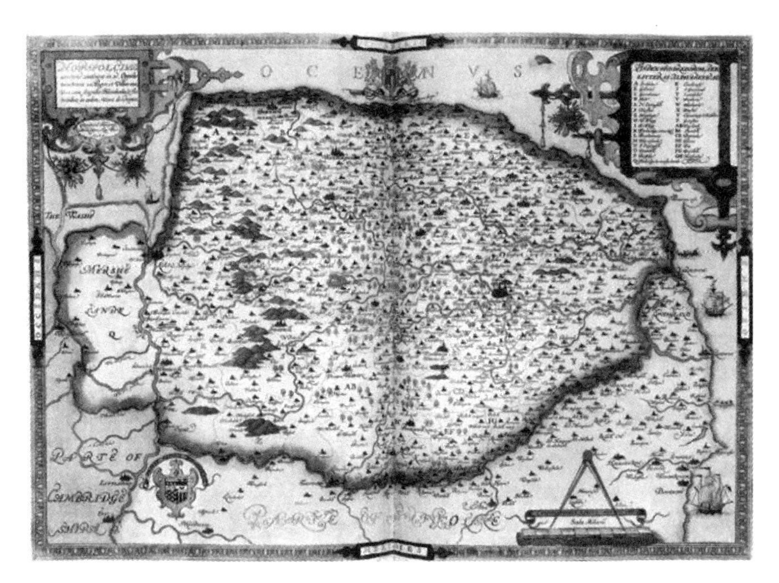

图54.9　克里斯托弗·萨克斯顿：诺福克地图，1574年

原图尺寸：约34.2×48.5厘米。由BL（Maps C.7.c.2，no.17）提供照片。

伯利总是首先关注地图上所包含相关信息的数量，而不是其几何精度。例如，直到1591年，他向在法国的英格兰军队指挥官约翰·诺里斯爵士表示，他非常乐意接受布里尼的"一些特殊的描述，特别是你们曾经驻扎或行军经过的所有其他城镇的沿岸地区，尽管这些描述可能并没有经过完美的测量"。[273] 从数学角度来说，尽管萨克斯顿最早的三幅地图之间在尺寸上的差别并不显著，但伯利可以感觉到如果不是根本没有地图的话，他会面对越

[270] 很有可能，萨克斯顿参考了现在已经亡佚的"肯特地图"（Carde of Kent），这幅地图在威廉·拉姆巴德写于1570年的肯特调查中提到，后者似乎包括了比萨克斯顿地图更多的地名（Tyacke and Huddy, *Saxton and Tudor Map-Making*, 29–30）。其精心制作的装饰，在萨克斯顿的地图上是空前的，似乎是设计用来把人们的注意力从地图内容那里吸引走。斯凯尔顿为地图的覆盖范围而辩护，声称其"覆盖了通向伦敦的易攻难守之处"（*Saxton's Survey*, 10），这缺乏可信度，因为一幅英格兰或大不列颠的总图已经有了很多例子（尤其是1564年的墨卡托地图和奥特柳斯根据它制作的缩编本）可以做得更好。

[271] 这一区域很明显是1791年之后的不成熟的全国地形测量所进行的第一批地图测绘的地区。地图上的托寓表现了火星，表现了法国或西班牙，迷人的维纳斯或伊丽莎白一世拿着橄榄枝。

[272] 从1564年墨卡托地图上复制而来的校样版本上，相对不精确的对海岸线的描绘表明，萨克斯顿最开始也在试图节约测量的费用。在后来的版本上，轮廓线有了改进。

[273] Burghley to Norris, 27 July 1591, TNA, SP 78/125, fol. 101，引自 R. B. Wernham, ed., *List and Analysis of State Papers, Foreign Series: Elizabeth I*（London: Her Majesty's Stationery Office, 1964–），3：269。另请参阅 Andrews, "Geography and Government," 181; Andrews, *Irish Maps*, 6–7; and Skelton and Summerson, *Description of Maps*, 26。

来越多的甚至更加拥挤和信息量更少的地图，正如萨克斯顿试图缩减的那样小尺寸，需要采取行动。1574 年秋天，伯利可能将托马斯·赛克福德称作“值得信赖的人”。两人从 16 世纪 40 年代早期在格雷（Grey）律师学院的学生岁月时就已相识，在 16 世纪 60 年代的时候，赛克福德作为一名枢密院的勤勉又可靠的办事员，已经赢得了“信誉和信任”。[274]

土地是 1575 年 1 月授予的，当时首批地图可能已经雕刻，并且校稿在付梓之后就已经送到了伯利的手中，[275] 土地的授予代表了已经与萨克斯顿结算完毕，之后主要的财政负担转移到了赛克福德那里。最初的诺福克和牛津郡、白金汉郡以及伯克郡的两幅地图校稿的令人尴尬的设计状态，可能也反映了这些变化。这两块印版只留出一套纹章的空间，可能是因为萨克斯顿在委托雕刻师时，假定只有一个赞助人需要致敬。一位新的捐款人——赛克福德意外参与进来，导致了其纹章匆匆更易，但是没有一句座右铭，可为一证。[276] 只是在最后一种情况下，王室的纹章也以某种令人尴尬的方式加上，以承认王室的持续参与。赛克福德的家乡萨福克 1575 年（但是可能是在 1574 年晚些时候进行的调查，当时正在解决逃离活动），所以对赛克福德的添加致以崇高的敬意，同时也对女王表示了尊重，她提供给萨克斯顿的便利与赛克福德的资金一样重要。[277] 这幅地图的比例尺与诺福克地图相同，细节也很类似，但是给王室纹章留下了足够的空间。

只有在资金重建和普遍重新评估的这个时候，才能就英格兰和威尔士的分配这样一个棘手的问题作出最终的决定。理想状况下，每张地图都应该覆盖大致相同的地区，但如果每幅地图都用于单独的一个郡，由于它们之间在尺寸上的巨大差异，所以这是不可能的。决定每块印版所覆盖的标准地区的决定性因素很可能是需要尽可能地显示国家的海岸线，以达到进行防御的目的。通过逐郡地进行海岸线的地图绘制工作，除了那些很明显太小无法独自安置的单个郡以外，都可以实现最好的定义，因为没有一个比郡更小的可以形成单独地图的地理单元。

1627

接下来，这一刻在一个平均尺寸的铜版上的平均大小的沿海各郡（除了约克郡以外，其尺寸使其成为一个特例）的规模，将为全国其他地方的地图设定标准，即使在这一选择中，也会在同一幅地图上描绘几个郡。[278] 不幸的是，由于现存的英格兰和威尔士地图上可能没有详细显示出郡界，伯利和萨克斯顿可能不知道每个郡之间的确切关系。他们并不知道，直到他们抱怨像德文（Devon）、康沃尔、诺森伯兰以及兰开夏（Lancashire）这些规模更

---

[274] Morgan, “Cartographic Image,” 140 n. 28，引用了 *Acts of the Privy Council of England*: *Vol. Ⅶ*, *A. D. 1558 – 1570* (London: Her Majesty's Stationery Office, 1893), 175 and passim, and Tyacke and Huddy, *Saxton and Tudor Map-Making*, 25.

[275] 这些地图最终被捆束在一起，组合成一部带有绘本地图的地图集，供伯利使用。这部地图集后来进入王室手中，就是现在大英图书馆中的 Royal MS 18. D. Ⅲ（关于此地图集中的萨克斯顿地图的分析，请参阅 Evans and Lawrence, *Christopher Saxton*, 15 – 19 [table 1]；关于同一卷帙中绘本地图的讨论，请参阅 Skelton and Summerson, *Description of Maps*, passim）。

[276] Lynam, “Atlas of England and Wales,” 81, and Skelton, County Atlases, 8 – 9.

[277] Evans and Lawrence, *Christopher Saxton*, 12，尽管我的解释和他们略有不同。关于这些便利，请参阅 Tyacke and Huddy, *Saxton and Tudor Map-Making*, 24 and 32; Evans and Lawrence, *Christopher Saxton*, 11 and 147; and Skelton, *Saxton's Survey*, 16。

[278] 这似乎是迄今为止都无法解释的问题的答案（Tyacke and Huddy, *Saxton and Tudor Map-Making*, 31; Skelton, *Saxton's Survey*, 8; and Ravenhill in *Saxton's 16th Century Maps*, 7）：为什么某些郡被单独描绘，而另一些则是成群描绘，一旦考虑到财政和时间方面的迫切情况（在英格兰和威尔士的东南）。

大、具有重要战略意义的沿海郡，要用比其他那些比较不重要、更小的郡更小的规模来进行描绘，这就已经太晚了。相反，一些更小的内陆郡所显示的规模要比一些更大的单幅沿海郡还大。尽管如此，正如埃文斯（Evans）和劳伦斯（Lawrence）所指出的那样，即使是在1574年以后出版的地图上，比例尺的变化是明显的，也并不是很大。[279]

与更早的作者已经评论过的萨克斯顿的前辈的地图相比，这个基本原理可以解释沿海描绘的质量有所提高，[280] 以及为什么英格兰总共17或18个沿海郡中的14或15个［取决于格罗斯特郡（Gloucestershire）的状态］拥有自己的地图。相比之下，总共22或23个内陆郡中有15个是成组进行描绘的。也许不可避免的是，这种表示方法的差异导致人们抱怨说，那些其规模之大足以成为单独地图的郡的居民受到了当局的不公平待遇。1594年亨利斯的乔治·欧文撰文抱怨说，萨克斯顿单独描绘了其家乡彭布罗克，其比例尺比相邻地区略大，这些地区共同绘在同一幅地图上，这给了宫廷的管理者对于彭布罗克的人口水平一个不准确的印象。这种扭曲导致了不公正，比如国外服役的军队的征兵，卡马森（Carmarthen）只需要出100人，而彭布罗克则不得不增加到150人。[281]

一旦资金得到了保证，萨克斯顿就继续覆盖所有剩余的南部沿海诸郡，从汉普郡（Hampshire）到康沃尔，然后转向埃塞克斯，这是东部海岸剩下的最大的郡，面临着最大的海上入侵的危险。然后，他似乎绘制了东中部各郡地图，包括诸如林肯（Lincoln）这样的沿海郡，之后转向达勒姆（Durham）和与苏格兰交界的最北端各郡，在那里，国家安全也是政府关心的一个主要问题。[282] 直到这时，萨克斯顿才处理了剩下的、更安全的英格兰内陆各郡，之后在1576—1578年完成了威尔士各郡。[283] 后者的大部分被安排到一起，但不是按照某种行政设置来分组，比如1543年建立的威尔士大法庭的巡回法庭。尽管地图的比例尺相当大，但在那些远离海岸线的地区，地名相对较少，即使它们成组出现。毫无疑问，部分原因是自然地形、人口的缺少以及（几乎可以肯定的）内部的早期地图，这些萨克斯顿可以在伦敦咨询，但时间的压力可能是另一个因素。如果花费超过绘制威尔士地图的最低费用，那么就会减少萨克斯顿从他的劳动中所获得利润的时间，这些利润是根据1577年6月22日授予他的10年印刷特许权而来。赛克福德和伯利很可能给萨克斯顿施加了压力，以完成调查，即使是以无法消弭矛盾为代价，比如不同的郡界线和定居点的选择，在不同地图上

[279] Evans and Lawrence, *Christopher Saxton*, 38 – 39 (table 4).

[280] Evans and Lawrence, *Christopher Saxton*, 41; Skelton, *Saxton's Survey*, 11; and Ravenhill in *Saxton's 16th Century Maps*, 22 – 23.

[281] Charles, *George Owen*, 151 – 152; Morgan, "Cartographic Image," 138; and Tyacke and Huddy, *Saxton and Tudor Map-Making*, 31 – 32.

[282] Skelton, *Saxton's Survey*, 8，评论认为，萨克斯顿对各个郡进行调查的顺序可能是取决于“政治或军事上的紧急情况”。

[283] Evans and Lawrence, *Christopher Saxton*, 9 – 14 and 18 – 19。明确萨克斯顿调查的确切顺序，是极其困难的，几乎唯一现存的证据是印本地图上的日期，在某些情况下可能远远晚于调查的日期（例如，威尔士地图全部标注日期为1577年和1578年，甚至尽管萨克斯顿是在1576年7月为完成其工作而通过威尔士的），印本地图可能也不是按照调查的相同顺序出现的。不过，对那些易攻难守的地区，尤其是南部和东部沿海地区和与苏格兰的边界地区进行地图绘制最为关心，这一点非常明显，也反映在萨克斯顿地图的伯利副本的注释中，以及在伯利–萨克斯顿地图集中与这些地区相关的绘本地图的数量上（Royal MS. 18. D. Ⅲ.）。另请参阅 Ravenhill in *Saxton's 16th Century Maps*, 13。

显示了相同的地区。[284]

1579 年和 1583 年的英格兰与威尔士地图

在 1578 年完成了全国性的调查之后，接着又为 1579 年出版的地图集绘制了一幅英格兰和威尔士地图。很大程度上基于只能被缩减到普通规模的郡域地图，英格兰和威尔士的地图的最初状态是没有经纬度网格的。

1628

四年以后，萨克斯顿出版了 20 图幅的英格兰和威尔士壁挂地图。[285] 就其风格背景来说，雕版者被认为是奥古斯汀·赖瑟。从一开始，这幅地图就有一个详细的经纬度网格，可能反映出一个严酷的事实，即这种信息已经广泛存在，而且其缺失不太可能是对入侵者的障碍。它复制了郡域地图上地名的 80%—90%，就此一点而言，直到 18 世纪，才被后来的壁挂地图所超越。这幅壁挂地图标志了海岸线描绘的进一步发展，尤其是在英格兰东北和威尔士南部。这一进展可能主要由于地图集和单幅地图的购买者的反馈，这些购买者居住在这些地区。然而，康沃尔半岛依然存在着偏差。壁挂地图的特殊脆弱性意味着在第一种状态下，从仅有的两个保存下来的有记录的例子中，无法得出其最初印版尺寸的结论：其中一个，在其组装形式下，被主要贵族的纹章环绕，其年代可追溯到 16 世纪后期；另一个，可以追溯到 17 世纪中叶，以单幅地图形态存在。[286]

除了作为身份象征以外，地图以一个普通比例尺覆盖了女王所统治的大陆领土，毫无疑问，在危急的时期，促进了区域防御计划，以防备无敌舰队以及与西班牙的公开敌对状态。出于这一原因，它被复制了很多份。通过这种方式，它对不列颠的地图绘制产生了持久的影响，尤其是通过墨卡托《地图集》中英格兰和威尔士的区域地图以及最初于 1644 年出版的所谓舵手地图（此地图在 1824 年还在进行广告宣传）。[287]

地图绘制技术和资料来源

早在 20 世纪 30 年代，就有人认为萨克斯顿在其调查中可能使用了杰玛·弗里修斯的一种三角测量法，而且更晚一些，他使用了灯塔系统和负责维护它们的专业地理知识，作为其三角测量的基础。[288] 当然，这是 1576 年 7 月 10 日由枢密院发给治安法官和其他威尔士的市政官员的信中的措辞的含义。[289]

---

[284] Tyacke and Huddy, *Saxton and Tudor Map-Making*, 31.

[285] Skelton, *Saxton's Survey*, 10 – 12, and Tyacke and Huddy, *Saxton and Tudor Map-Making*, 39 – 43。似乎是英格兰北部的部分地区的一个试验性的铜版，现为大英图书馆所有（Maps 177. j. 2 with a recent impression, BL Maps CC. 2. e. 4）。它与已经出版的版本之间的明确关系还有待彻底分析，但其尺寸表明，完整的地图应该有 12 图幅，而非 20 图幅。

[286] Shirley, *Early Printed Maps of the British Isles*, 60 – 61. Birmingham Public Libraries, 493213；BL, Maps C. 7. d. 7.

[287] Skelton, *Saxton's Survey*, 14 – 15 and 21 – 22, and Tyacke and Huddy, *Saxton and Tudor Map-Making*, 41.

[288] Ravenhill in *Saxton's 16th Century Maps*, 20 – 26；W. L. D. Ravenhill, "Christopher Saxton's Surveying: An Enigma," in *English Map-Making*, 112 – 119；and Gordon Manley, "Saxton's Survey of Northern England," *Geographical Journal* 83 (1934): 308 – 316. Evans and Lawrence, *Christopher Saxton*, 42 – 44，态度并不明朗，但 Morgan（"Cartographic Image," 135）于 1978 年假设它是这样的。

[289] Tyacke and Huddy, *Saxton and Tudor Map-Making*, 32 and 62；Skelton, *Saxton's Survey*, 16；and Evans and Lawrence, *Christopher Saxton*, 147.

然而，看起来萨克斯顿的大部分时间——当然是指在冬天——都耗费在验证、纠正和整合信息上，这些信息已经通过文字和地图形式提供给他。[290] 这些信息使他能够在一个相对较短的时间内覆盖更多的土地。除了从亨利八世时期以来，在白厅内还可以看到一份给人深刻印象的绘本地图之外，萨克斯顿还可能得以接触到那些年来送到枢密院的越来越多的众多绘本地图。[291] 到1570年，这些地图包括一些详细的绘本区域地图，如达勒姆和约克郡南部等地区，这些地区的地图绘制与对入侵的恐惧或内部动乱有关，比如1569年北部诸伯爵的叛乱。[292]

此外，萨克斯顿几乎肯定可以接触到古文物学家的地图绘制，比如劳伦斯·诺埃尔（当时由诺埃尔的朋友，肯特的古文物学家托马斯·兰巴德掌握）和雷纳·沃尔夫。印本地图，比如佚名的“肯特地图”和墨卡托的1564年壁挂地图，可能偶尔也会拿来参考，尽管对于后者，萨克斯顿很可能可以接触到埃尔德和拉德原始调查的一部分。[293] 萨克斯顿似乎也读过约翰·利兰的一些著作。这些材料，尤其是利兰的，对于萨克斯顿来说是无价的。[294] 他们在不太具有重要战略意义的内陆地区填写了信息，在政府的笔下，这些地区的地图绘制较少，但零零碎碎的种类较多。有时，赛克福德个人的知识和人际关系也发挥了作用。因此，举例来说，萨克斯顿特别详细的比例尺为1∶203000的什罗普郡（Shropshire）地图可能在很大程度上归于利兰的威尔士之行的彻底而系统的描述，和萨克斯顿自己的调查，但是，赛克福德在拉洛德（Ludlow）拥有一座房子，这可能很重要。从传统符号而言，萨克斯顿似乎受到菲利普·阿庇安在1568年的《巴伐利亚志》（*Chorographia Bavariae*）中所使用的符号的影响。[295]

1629

雕版

萨克斯顿从1583年开始绘制的绘本地方地图极其简单，[296] 说明他为雕版绘制的地图是

---

[290] Evans and Lawrence, *Christopher Saxton*, 40 - 41 and 44，然而，得出的结论是，“几乎可以肯定的是，郡域地图在很大程度上来自实地观察，尽管现有的来源信息必须按一定程度进行咨询。”莱纳姆（Lynam）觉得，“这可能被认为是［萨克斯顿］拥有早期地图……来获得帮助的必然结果”（“Atlas of England and Wales,” 82）。

[291] 请参阅 Bendall, “Romney Marsh,” 37 and 44, and p. 1611。

[292] Tyacke and Huddy, *Saxton and Tudor Map-Making*, 28 - 29。达勒姆主教辖区的地图（Royal MS. 18. D. Ⅲ, fols. 69v - 70），被认为作者是约翰·拉德，这一意见甚至是基于古文字学理由的，是由萨克斯顿在做拉德的“仆人”的期间绘制的（Marcombe, “Forgotten Tudor Mapmaker?” 36）。

[293] 293. Skelton, *Saxton's Survey*, 10 - 11, and North, “Map of Wales,” 63 - 64.

[294] 莱纳姆（“Atlas of England and Wales,” 82）认为萨克斯顿“一定经常参考利兰的‘行程’”，尽管曼利（Manley）（“Saxton's Survey of Northern England,” 308 - 316）在早些时候曾在内容的基础上得出结论，至少就相关的北部地区地图而言，萨克斯顿不大可能利用利兰的论文。他们很容易就能得到，而且John Stow（e），William Harrison, and William Camden会请教他们（请参阅 Smith in Leland, Itinerary, 1：xvii-xix）。萨克斯顿还可能接触到现在已经亡佚的亨利·西德尼爵士委托制作的威尔士边界地区的地图（请参阅 Barber, “England Ⅱ,” 67 - 68, and Skelton, *Saxton's Survey*, 24 n. 48）。

[295] Tyacke and Huddy, *Saxton and Tudor Map-Making*, 28, and Ravenhill in *Saxton's 16th Century Maps*, 18。然而，与阿庇安不同，萨克斯顿的地图没有一幅包含了他传统符号的图例。

[296] 例如，请参阅 Evans and Lawrence, *Christopher Saxton*, 92 and 103, and Tyacke and Huddy, *Saxton and Tudor Map-Making*, 49 - 51。The appendix by M. W. Beresford to P. D. A. Harvey, “Estate Surveyors and the Spread of the Scale-Map in England, 1550 - 1580,” Landscape History 15 (1993)：37 - 49, esp. 49，提供了萨克斯顿完成了封闭之前的对约克郡东区（East Riding Yorkshire）的柯比·安德德尔（Kirby Underdale）的调查的证据（尽管可能已经写就），发生于1583年，比Evans and Lawrence, *Christopher Saxton*, 79 - 80中提到的首次地图测绘早几年。

没有装饰的。印本地图上的纹章和题记大概是由赛克福德与伯利，很可能还有女王本人协商后制定的。据说，她对地图集的卷头插图中的第一次样张中对其长袍的不真实描述表示了反感，这导致了他们在第二次样张中用了更自然的肖像。[297] 从纹章和环绕不同地图的装饰的差别很大的外观来看，详细的设计只能留待另外的雕刻师，他们充分使用印刷的样本来做装饰。雕刻师主要是来自佛兰德和德意志西北部的流亡者，比如雷米吉乌斯·霍亨贝赫（Remigius Hogenberg，弗朗斯·霍亨贝赫的兄弟，后者曾在那些年很密切地参与《世界城市图》的项目）、扬·吕特林格（Jan Rutlinger）、科内利斯·德霍赫（Cornelis de Hooghe）和莱纳尔特·特尔沃尔特（Lenaert Terwoort）——并不奇怪，这些地图在风格上和北欧其他地区绘制的地图非常相似。[298] 几乎可以肯定，这些地图是在英格兰印刷的。[299] 在外国雕刻师之外，还有三名英格兰人：奥古斯汀·赖瑟，他负责英格兰地图和四幅郡域地图（他可能在1576年以后担任过某种编辑角色）、尼古拉斯·雷诺兹（Nicholas Reynolds）（他可能曾与奥特柳斯通信，雕刻过詹金斯/亚当斯的1562年莫斯科公国地图），以及弗朗西斯·斯加特（Francis Scatter），后面两人分别负责一幅地图。[300] 这样，萨克斯顿的地图集显示出，在地图学上——正如在许多其他文化领域中一样——伊丽莎白时代的英格兰已经牢牢地成为欧洲文化主流的一部分。

目的

很明显，即使是其绘制地图所伴随的所有不确定性和临时性，萨克斯顿的地图集依然一直旨在成为主要的国防工具。这一目标不但表现在沿海描绘的精确度的提高上，还表现在桥梁和田园位置的指示上，那里的水、鹿和草对于集合军队及其马匹的食物补给至关重要。[301]

为地图设想的另一个主要任务是对行政管理的援助，尽管这一方面并没有像对于国防那样充分发展起来。通过显示内部分区、枚举教区和集镇的数量，以及更一致地通过表现田园和显示贵族宅邸（但没有显示所有者的姓名），在一些地图上进行了间歇性的尝试，以提高其有助于政府管理的价值。所有这些信息都可以帮助管理人员评估税收、促进集合人员，并说明当地的问题。伯利勋爵于1574/1575年开始购买萨克斯顿校样地图的副本，从那时起，他就对其进行了广泛的注释，强调了面对入侵的薄弱之处，以及可以担任治安法官的士绅家庭的位置。[302]

1630

---

[297] Tyacke and Huddy, *Saxton and Tudor Map-Making*, 36, and Ravenhill in *Saxton's 16th Century Maps*, 15.

[298] Delano-Smith and Kain, *English Maps*, 71; Tyacke and Huddy, *Saxton and Tudor Map-Making*, 35 – 36; Evans and Lawrence, *Christopher Saxton*, 35 – 36; and Ravenhill in *Saxton's 16th Century Maps*, 19 – 20。很有可能，汉弗莱·科尔将其主教《圣经》中的1572年迦南地图献给了伯利，作为其使财政大臣注意到他是适合制作期待中的英格兰省域地图的雕刻师的一种方式。这可能有助于解释地图上的详细的生平注释："由金匠汉弗莱·科尔给出，他是一位出生于北方的英格兰人，在塔里做与铸币相关的工作"（Barber, "Humphrey Cole's England," 11 – 13, and "Cole's Map of Palestine," 100）。

[299] Skelton, *County Atlases*, 7.

[300] Skelton, *County Atlases*, 12 and 132; Tyacke and Huddy, *Saxton and Tudor Map-Making*, 30 and 36; and Evans and Lawrence, *Christopher Saxton*, 15 – 17 and 39.

[301] Skelton, *Saxton's Survey*, 8.

[302] Morgan, "Cartographic Image," 138 – 139; Barber, "England Ⅱ," 74 – 75; and Skelton and Summerson, *Description of Maps*, 5, 20, 22 – 23, and 26 – 27.

与此同时，这套地图集很明显也是承担了满足更广泛的教育目的。根据亨利·皮查姆（Henry Peacham）于1622年所述及，英格兰的地理一直是伯利所挂怀诸事之一，而且“如果任何人到议事厅请求旅行许可，他会首先检查其对英格兰的了解，如果他发现其对英格兰并无了解，就会要求其留在家中，并首先核查其国籍”。[303] 1577年的特许明确地表明，萨克斯顿的地图是“真实与令人愉快……并且是有益的”。亨利斯的乔治·欧文提供证据表明，当他写到这些地图被“［所有贵族和绅士］为他们更好地显示这一领域所涉及的本国的所有郡的数量、状态、形式和特殊地方，而每天阅读”，这一最终目标就达成了。[304]

萨克斯顿的地图集作为加强与女王本人有明确联系的爱国自豪感的手段，同样非常重要，通过可能是由雷米吉乌斯·霍亨贝赫雕版的卷头插画，[305] 显示她被地理科学的寓言与和平、正义等美德环绕。女王和国家的结合首先由每幅地图最终版本上装饰的纹章进行象征。尽管赫尔格森（Helgerson）认为萨克斯顿地图上的王室纹章与地图覆盖地区的尺寸相比，相对不太明显，这就给了读者一个印象，土地比君主更重要，从而反映了后来导致内战的分歧，[306] 毫无疑问，在当时，这种图像的目的是试图将女王与其王国的所有部分都联系在一起。[307] 其他图像，其中赛克福德的纹章等级低于女王的，萨克斯顿的名字低于二者的，清楚地反映和支持了都铎社会的保守的等级图景，与社会流动的现实不符，而这一现实体现在许多雄心勃勃的“新进”家族成功地向上攀登。1583年的壁挂地图，其上有巨大的王室纹章和从罗马时代以来的英格兰历史，其意图也是要在危急时刻引起对女王的爱国主义忠诚。当女王在白厅的私人画廊或伯利勋爵在伦敦附近的西奥博尔德（Theobalds）展示这些地图时，似乎准确地用到了这一目的上。[308]

出版和有意的读者

虽然16世纪70年代晚期和80年代早期暗淡的国际环境使得为政府制作可靠的地图显得非常重要，但也对出版地图集究竟有没有意义提出了质疑。这将有助于解释在16世纪90年代之前有关出版的证据的混乱与不完整。[309] 在现存的地图集中，至少1581年之前制作的那些似乎

---

[303] Peacham, *Compleat Gentleman*, 51.

[304] Charles, *George Owen*, 151，在一条引自他的1602/1603年彭布罗克郡书面描述中。1577年特许权见 Evans and Lawrence, *Christopher Saxon*, 147 - 148。

[305] Evans and Lawrence, *Christopher Saxton*, 20。此外，在许多书名页的讨论中，请参阅 Roy C. Strong, *Gloriana*: *The Portraits of Queen Elizabeth*, *I*（New York: Thames and Hudson, 1987), 98 - 99。

[306] Richard Helgerson, *Forms of Nationhood*: *The Elizabethan Writing of England*（Chicago: University of Chicago Press, 1992), 108 - 114.

[307] J. B. Harley, "Meaning and Ambiguity in Tudor Cartography," in *English Map-Making*, 22 - 45, esp. 36 - 37; Barber, "England Ⅱ," 78; and Klein, *Writing of Space*, 101 - 102.

[308] Tyacke and Huddy, *Saxton and Tudor Map-Making*, 36（Privy Gallery, Whitehall）and Frederick, duke of Wurttemberg（Theobalds）quoted in Rye, *England as Seen by Foreigners*, 45。这幅地图陈列在赛奥巴兹宫（Theobalds）的一个大厅里。似乎另一个房间，曾被布置为女王的卧室，里面装饰着假树，在其之间带有各郡的描绘（pp. 44 and 213）。请参阅 Malcolm Airs, "'Pomp or Glory': The Influence of Theobalds," in *Patronage*, *Culture and Power*: *The Early Cecils*, ed. J. Pauline Croft（New Haven: Yale University Press, 2002), 2 - 19, esp. 11 - 12。

[309] Skelton, *County Atlases*, 8, and Evans and Lawrence, *Christopher Saxton*, 20 - 30, esp. 29 - 30.

更加类似“假地图集”（atlases factice）：并没有按照需求正规印刷和组装。它们没有标准的排序规则，也有几部缺失了卷首插画，还包括了郡域地图早期的、未修订的状态的证据。[310]

1585年晚期的一封信，且在萨克斯顿1577年特许的十年有效期内，显示出当时已经有出版的尝试，但它引发了一种反应，可能抑制了地图集的进一步大规模印刷。这封信的日期是1585年12月，可能是由伊丽莎白驻巴黎的全权公使爱德华·斯塔福德（Edward Stafford）爵士寄给弗朗西斯·沃尔辛厄姆爵士，提到“有一部彩色的地图册，包括每一个省份和郡的详细说明，标价是5镑（据说）。这部书制作非常严谨，用了很多手段和图”，并补充说，英格兰的天主教流亡者希望得到一份副本“通过它来了解这些郡天主教徒的居住区域，这样如果天主教徒入侵的话，就可以给他们提供帮助”。[311] 菲利普二世本人最终也获得了这部地图集的一个副本。[312]

因此，可能是由于国家安全的原因，这部地图的印刷和销售最初都受到限制。这并不是史无前例的。德芬特（Deventer）的尼德兰诸省地图也因为这些原因被限制印刷。[313] 因此，单幅地图和地图集的价格会非常高：足以确保主要是有钱的大地主才能得到它们，而这些人是伯利管理国家所依靠的，而对于那些可能无法获得足够地图的人，萨克斯顿的作品——就像他在欧洲大陆的同侪佩德罗·德埃斯基韦尔（Pedro de Esquivel）在西班牙一样——依然停留在绘本状态，并在特定的基础上进行摹绘。[314] 在1580—1590年期间，在现存的已出版的私人和官方通信中，几乎没有提到萨克斯顿的地图集，这就支持了这一假设。[315] 尽管如此，当局仍然允许这部地图集以某种形式出版，这一事实可以看作分散的权力结构的一种反

1631

---

[310] Skelton, *County Atlases*, 6 – 8; Tyacke and Huddy, *Saxton and Tudor Map-Making*, 36; and Ravenhill in *Saxton's 16th Century Maps*, 14 – 15.

[311] “Secret Advertisement” to Walsingham, Paris, 1 December 1585. BL, Harley MS. 288, fol. 163v.

[312] Cesareo Fernandez Duro, “Noticia breve de las cartas y planos existentes en la biblioteca particular de S. M. el Rey,” *Boletin de la Sociedad Geografica de Madrid* 26 (1889): 361 – 396 and 27 (1890): 102 – 165; 复制于 *Acta Cartographica* 5 (1969): 100 – 199, esp. 164。我要为这部参考文献对 Geoffrey Parker 表示最诚挚的谢意。

[313] Schilder, *Monumenta cartographica Neerlandica*, 1: 76.

[314] 早在1579/1580年，兰开斯特公爵购买了这部地图集的一份副本，“为女王的官员更好地指示”[Robert Somerville, History of the Duchy of Lancaster, 1265 – 1603 (London: Chancellor and Council of the Duchy of Lancaster, 1953), 330, 也引用于 Morgan, “Cartographic Image,” 137 – 138 n. 23]。如果在1585年的信件中所引用的这部地图集的5英镑的价格与实际的数额相近的话，就足以排斥掉所有想要购买的人，除了那些最富裕和最有决断的人。1610年，诺森伯兰伯爵亨利·珀西能够购买两份奥特柳斯的《寰宇概观》的副本，收入他巨量的地图和地图集收藏，其中包括一份萨克斯顿地图，售价仅仅1英镑（G. R. Batho, “The Library of the ‘Wizard’ Earl: Henry Percy, ninth Earl of Northumberland [1564 – 1632],” *Library*, 5th ser., 15 [1960]: 246 – 261）。当然，到了那时，奥特柳斯的地图集已经变得相对普遍，但在弗罗比舍1578年的伟大航海之前，可以提供给他的地图中，只有一幅“非常大的航海地图”售价5英镑。墨卡托的巨大的1569年世界地图售价1英镑6先令8便士，特韦的《宇宙学》售价2英镑4便士，3种不明的印本地图6先令8便士，6种绘本海图6先令8便士。雷科德的《知识的堡垒》（*Castle of Knowledge*）和卡宁厄姆的《宇宙之镜》加起来售价10先令，理查德·伊登的译本中的佩德罗·德梅迪纳的 *Regiment of the Sea* 售价3先令4便士（James McDermott, “Humphrey Cole and the Frobisher Voyages,” in *Humphrey Cole: Mint, Measurement, and Maps in Elizabethan England*, ed. Silke Ackermann [London: British Museum, 1998], 15 – 19, esp. 16 – 17, 引用了 TNA, Exchequer, King's Remembrancer E164/85）。斯凯尔顿基于一个可能是错误的结论，即认为那些年的生产率是不变的，于是他估计地图集的最初售价可能是15先令（County Atlases, 8）。

[315] Skelton, *County Atlases*, 8, 但是与哈维的评论相比较：他似乎是把1590年前后的印刷率都放在一起：“当然，它们是大量制作的，而且找到了一个良好的市场；保存到今天的副本数量相对巨大，是充分的证据”（Estate Surveyors, 44）。这些安全方面的考虑也可以解释4年的延后，这令斯凯尔顿非常困惑，在斯凯尔顿1583年壁挂地图的绘制方面（Skelton, *Saxton's Survey*, 12）：尤其是当它显示纬度和经度的时候。

映，同时，与其他大多数欧洲国家相比，这也是对伊丽莎白时代英国的基本统一和稳定的一种致敬。

在与西班牙爆发战争后，伯利勋爵和他的同事可能发觉，地图和地图集的传播及其爱国主义信息，其优势比敏感信息会泄露给英格兰的敌人（无论如何，这一点可能已经发生了）的风险要大得多。从介绍性的文本页的证据来看，这部地图集大多数现存副本的日期似乎都在 1590 年或者更晚。[316] 看起来，萨克斯顿的特许到期之后，副本出现得越来越多，而且价格更低。可能是由奥古斯汀·赖瑟印刷并出版的，有时会附上彼得鲁乔·乌巴尔迪尼（Petruccio Ubaldini）对西班牙无敌舰队战败的叙述，配上由赖瑟根据罗伯特·亚当斯原图所雕版的地图，作为对与西班牙战争的巨大的最终胜利的庆祝。[317]

萨克斯顿之后，1576—1611 年

对单独郡域的调查

对于包括伯利在内的同时代人来说，在欣赏萨克斯顿的作品时，认为其并未完成，是不足为奇的。正如我们所见到的，英格兰东南部被低估了，大部分地图没有符合官方的需要，正如几年之后罗伯特·比尔（Robert Beale）所概述的，他是枢密院的一位办事员，也是弗朗西斯·沃尔辛厄姆爵士的秘书。在 1592 年的一篇冗长的论文中，比尔认为，一位"顾问和首席秘书"应该拥有"一部英格兰地图书，其中专门注释了郡下的各种区划，贵族、士绅和其他人居住在其中的各处"。[318] 在萨克斯顿的 34 幅郡域地图中，只有 6 幅显示了内部的划分，没有一幅按照所有者的阶级明确认定房屋，尽管这可以部分地推断出来。因此，其他的制图师可以自由地在这一领域改善萨克斯顿的工作，而萨克斯顿本人可能是因为觉得自己没有更多的贡献，并希望能从富有的私人客户那里获得更好的报酬，在 1583 年以后，他完全专注于地方地图的绘制上。[319]

在某些情况之下，萨克斯顿的修订仅限于个别的郡。因为容易受到入侵，肯特在 16 世纪期间比其他任何一个郡都受到了更多的地图绘制方面的关注。几乎在承认萨克斯顿前一年努力的局限性的情况下，可能是由威廉·兰巴德于 1576 年，绘制了肯特的地图，可能利用了一幅现在已经亡佚的 1570 年前后的大比例尺地图，作为其所著《肯特勘察》（*Perambulation of Kent*）的配图，此书是这一英格兰郡最早印刷的历史著作。[320] 1596 年，兰巴德的门徒菲利普·西蒙森（Philip Symonson）重新绘制了地图，他是罗切斯特大桥的主管，在其晚年，担任了罗切斯特的市长，这幅地图是伊丽莎白统治时期在英格兰绘制的最复杂的地图之一。正如兰巴德在其 1596 年《肯特勘察》的第二版中写的那样，"不仅城市和小邑，还有富裕的人的山丘和房屋，都被更加真实地呈现；而且海岸、河流、小溪、沟渠和小河都被非常精确地……描绘，比迄今为止在此地或我们国家的其他任何地方（我所知道的）所描绘

1632

[316] Skelton, *County Atlases*, 7 - 13.

[317] Tyacke and Huddy, *Saxton and Tudor Map-Making*, 39.

[318] 摘录于 Read, *Mr. Secretary Walsingham*, 1: 428 - 429.

[319] Evans and Lawrence, *Christopher Saxton*, 74 - 137, and Tyacke and Huddy, *Saxton and Tudor Map-Making*, 46 - 52.

[320] Tyacke and Huddy, *Saxton and Tudor Map-Making*, 29 - 30 and 33.

的还要精确”。[321] 肯特并不是唯一一个接受特殊制图处理的郡。1602 年，亨利斯的乔治·欧文制作了彭布罗克郡的绘本地图，该地图纠正了萨克斯顿的几处错误，指示了贵族家族的宅邸，包含了大量的统计信息，并对萨克斯顿的一些海岸线进行了改进，即使在这个过程中出现了新的错误。[322]

约翰·诺登

第一个尝试全面提升萨克斯顿作品的人是测量师、古文物学家和宗教作家约翰·诺登（John Norden）。[323] 从 1590 年前后，他不断努力以获得政府支持他绘制一系列小型郡域指南，包括按字母顺序排列的地名，每个地名都有当时和古代的注释，可以通过一个附加的小型但详细的郡域地图的网格进行定位。这些构成了整个国家的《不列颠之镜》（*Speculum Britanniae*）。[324] 尽管诺登最终成功覆盖的大多数郡也是萨克斯顿特别对待的主题，但诺登的地图具有萨克斯顿地图中没有发现的深度信息。这些信息包括我们从比尔的论文和伯利的萨克斯顿地图的样张上的注释知道的一些内容，对于政府管理来说是特别重要的。例如，地图总是显示女王的宫殿的位置（在宫廷还在各处巡回驻扎的时代这是非常重要的信息）、士绅的宅邸（附有他们的名字），以及各郡内部的分区。重要的道路（可能是从德意志地图模仿来的创新）通常也会显示，宣读、展示和执行政府公告和法令的地方，召集人员、安装诸如教堂和小教堂等信标的地方也是如此。[325] 偶尔，诺登也指出了所描绘地区的经济资源，例如康沃尔郡的铜矿和米德尔塞克斯的铜厂，这也是摹绘德意志地图的一个特征，诸如菲利普·阿庇安的巴伐利亚调查。当王室纹章被添加到地图图像上，诺登希望这幅累积的图像能引起女王及其大臣的注意。

诺登试图通过向关系良好的人提交他的郡域调查的手稿副本，以试图赢得政府对其探险的支持。除了伯利和女王本身收到了大部分的手稿之外，这一群人还包括伯利的竞争对手——尤

---

[321] 引用 R. A. Gardiner, “Philip Symonson’s ‘New Description of Kent,’ 1596,” *Geographical Journal* 135 (1969): 136 – 138, esp. 136。

[322] Charles, *George Owen*, 155 – 158 and pl. 7。这幅地图的另一个版本提供了彭布罗克郡地图的模型，出现于卡姆登的《不列颠尼亚》的 1607 年版本中（Charles, *George Owen*, 158 – 159）。

[323] 关于他，请参阅 Frank Kitchen, “Cosmo-choro-poly-grapher: An Analytical Account of the Life and Work of John Norden, 1547? – 1625” (Ph. D. thesis, University of Sussex, 1992), and Kitchen, “John Norden,” 43 – 60. Paula Henderson, “Maps of Cranborn Manor in the Seventeenth Century,” *Architectural History* 44 (2001): 358 – 364，提供了关于 1605—1610 年间，诺登与首任索尔兹伯里（Salisbury）伯爵罗伯特·塞西尔之间关系的更多信息，确认了另一幅地图也是他绘制的。我非常感谢 Robert Laurie 提供了这份参考文献。

[324] Kitchen, “John Norden,” 44 – 51, and John Norden, *John Norden’s Manuscript Maps of Cornwall and Its Nine Hundreds*, ed. and intro. W. L. D. Ravenhill (Exeter: University of Exeter Press, 1972), 11 – 23。第一卷（1591 年）描绘了伯利在北安普敦郡的家乡，并将此书献给他。现在收藏在 BNF, Collection Gaignieres, Manuscrits Anglais [series 58], no. 706, 18 世纪早期，由 Francois-Roger de Gaignieres 从伯利的后代埃克赛特伯爵手中获得。它从未印刷过。

[325] Delano-Smith and Kain, *English Maps*, 72 – 74; Duffy, *Voices of Morebath*，阐明了牧师与中央政府的地方代表在世俗和宗教事务中所起到的重要作用，尤其是在更加偏远的地区。实际上，在像伦敦附近的海格特（Highgate）这样的聚落中，普通小教堂与教区教堂可能没什么区别，它们并不享有教区的地位。在伦敦的巴尼特（Barnet）附近的建于 1494 年的蒙肯·哈德利（Monken Hardley）教堂的塔楼的角楼上，其灯塔仍然存在［Bridget Cherry and Nikolaus Pevsner, *London 4: North* (London: Penguin, 1998), 184］。

其是命运多舛的埃塞克斯伯爵和他孀居的姨母——沃里克伯爵夫人。[326] 然而，正如诺登一再抱怨的，他的工作没有获得伯利的经济支持，只是获得了政府少量的直接支持：一项印刷特许（1592年）和允许他参考地方档案的许可（1594年）（这一项需求在萨克斯顿的许可中明显缺乏），以及在知识渊博的当地人的陪同下登上教堂塔楼和山丘。[327] 威廉·瓦德，就像埃利奥特和阿什利，是枢密院的一位办事员，资助了米德尔塞克斯卷的出版（图54.10）。然而，与萨克斯顿不同的是，诺登没有从女王那里得到土地或职务，以酬答自己的辛劳。1594年7月的许可甚至包括王室请求地方官员或他们的朋友给予诺登“一些自愿的善举或贡献”——这反映了从16

1633

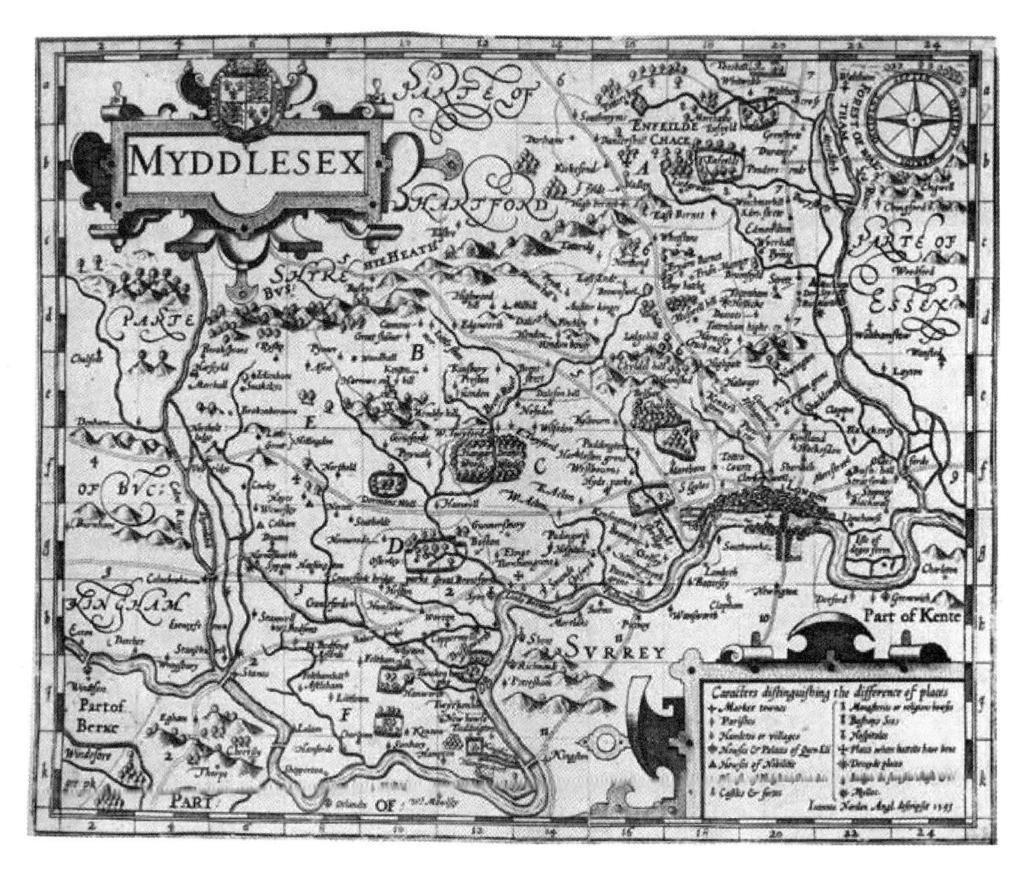

图54.10　约翰·诺登：《米德尔塞克斯》（*MYDDLESEX*），1593年

在图57.1上显示了这幅地图的细部。

原图尺寸：约17.7×21.8厘米。John Norden, *Specvlvm Britanniae: The First Parte* ...（London, 1593）, between pp. 8－9。由BL［T.799（2）］提供照片。

---

[326] Kitchen, “John Norden,” 44－51, and Ravenhill in *Norden's Manuscript Maps*, 15。1594年，他向埃塞克斯伯爵递交了一份他的埃塞克斯卷的绘本调查报告（现在收藏于BL, Add. MS. 33769）；1595年，女王收到了一份手稿的文字概要和地图（BL, Add. 31853），1597年，收到了一份特别印刷的赫特福德郡的描述（BL, G. 3685）。同年，诺登呈递了这份调查的手稿副本给伯利勋爵（现在收藏在Lambeth Palace Library MS. 521）。赫特福德郡卷帙的另一份手稿副本则是于1598年递交给沃里克公爵夫人［收入Heather Lawrence, “Permission to Survey,” *Map Collector* 19（1982）：16－20, esp. 18］。大概来看，这是在伯利去世之后，试图获得官方的支持。请参阅Barber, “England Ⅱ,” 89 n. 49。

[327] Ravenhill in *Norden's Manuscript Maps*, 14－16；Lawrence, “Permission to Survey,” 18－19，委婉地指出了1594年1月和7月的经过的显著差别。

世纪30年代的黄金岁月以来王室财政资源的持续衰弱。[328]

诺登试图以两种主要方式来适应中央支持的这种衰弱。首先，正如基钦（Kitchen）所阐明的那样，他试图通过私人调查的利润和出售其宗教小册子来为自己的工作提供资金支持。[329] 其次，他试图通过在地图和文本中插入古文物和地方信息来吸引当地的销售（有意思的是，尽管这对他本身来说是有利的）。这样，郡域地图显示了已毁坏的城堡、倾颓的村庄、著名战役的地点，并标注其名称，并且首次在少数地图上绘制了主要城镇或郡城的小型平面图。[330]

《不列颠之镜》关于米德尔塞克斯和赫特福德郡的两卷分别于1593年和1598年出版，而1595—1596年间，诺登似乎已经出版了汉普郡、萨塞克斯，也许还有肯特郡的单独的调查地图。除了北安普敦郡（Northamptonshire）地图之外，这些和他所有其他郡域地图都为卡姆登《不列颠尼亚》1607年版和约翰·斯皮德1611年《寰宇概观》中的同题材地图提供了主要来源。[331] 人们普遍认为，伯利的去世和诺登与埃塞克斯伯爵过于密切的联系，以及清教徒的观点，导致这一计划在1599年停顿下来，当时罗伯特·塞西尔拒绝更新他的许可。[332] 然而，塞西尔也可能是被这样一个动机所驱使，即将王室对调查和地图制作的赞助集中在一个王室明显需要的领域，即王室地产的调查上。[333] 在拒绝接受他的郡域调查许可的一年之内，诺登被任命为英格兰南部的皇家树林和森林的测量师，这不是一个巧合。[334] 1604年诺登提交给詹姆士一世的在1597—1601年测量的手稿“康沃尔的地形和历史描述”的地图和文本，代表了一种尝试，在新的君主统治下，去重启《不列颠之镜》，这一尝试很快就被证明是徒劳的。[335] 得到作为王室土地测量师的生计保证后，看起来诺登已经做好这个项目失败的准备，因为它没有得到新国王的积极回应。

1634

威廉·史密斯

此外，到16世纪90年代晚期，替代的郡域地图制图师登场了。威廉·史密斯是一名先驱者，显然也是诺登的一个熟人，[336] 他接过了郡域地图绘制的火炬。史密斯从至少1568年

---

[328] 1600年，诺登确实从伊丽莎白那里以及在詹姆士一世统治时期获得了国王的南方森林的调查员的职位，以及后来的康沃尔公国高级调查员的职位，是真正的职务，当然不是过去的服务的回报。请参阅 Kitchen，“John Norden,” 52 - 55。1603年之后，诺登从国王那里获得了慷慨的固定数额的金钱，但这是对他在王室地产所做的调查工作的回报，这对王室来说有直接的重要意义，不像他较早的乡村调查（Kitchen，“John Norden,” 55 - 56）。

[329] Kitchen，“John Norden,” 50 - 51.

[330] 请参阅第1656—1657页。

[331] Kitchen “John Norden,” 60.

[332] Kitchen，“John Norden,” 50 - 51，and Ravenhill in *Norden's Manuscript Maps*，18 - 21.

[333] Richard Helgerson，“Nation or Estate? Ideological Conflict in the Early Modern Mapping of England,” *Cartographica* 30，no. 1（1993）：68 - 74，and Klein，*Writing of Space*，144 - 148，尽管他们争论说，主要是由于意识形态的原因，国家地图绘制对于政府来说是不可接受的，这一观点并不令人信服。

[334] 334. Kitchen，“John Norden,” 51.

[335] 335. Kitchen，“John Norden,” 51，and Ravenhill in *Norden's Manuscript Maps*，18 - 21。关于分别收藏在大英图书馆和剑桥三一学院的文字和地图的出处，请参阅 Ravenhill，3 - 10。

[336] 他们之间的关系是从他在编绘自己的地图时，使用过诺登的埃塞克斯和北安普敦郡地图而推理出来的，这些地图还保留在绘本状态。

开始就对地图学感兴趣，这也是他现存最早的城镇平面图的日期。1572—1573年，他将奥特柳斯的德文版的文本翻译成英文。[337] 在1578—1584年间，他居住在德意志南部的印刷和地图制作主要中心纽伦堡。[338] 作为金鹅旅馆［现在在温克勒街（Winklerstrasse）］的房东，他住在附近，而且可能有机会接触到各赞助家庭的人文主义图书馆，尤其是威利巴尔德·皮克海默家的，重点是强大的地理、数学和地图绘制。史密斯还认识制图师保罗·普芬津（Paul Pfinzing）。[339] 据推测，他是通过这些渠道获得了一些想法，比如通用标志的优势，以及显示道路的需要，他可能已经将这些想法传递给了诺登，并且自己实践。他对纽伦堡的描绘，最初是写于16世纪80年代早期——混合了各种景观图、城镇平面图、区域地图和一份关于城市历史、宪法和经济的赞美描述文本[340]——其模式可能已经为诺登提供了《不列颠之镜》的模板。当他回到英格兰，并编辑大量的英格兰城镇的平面图和景观图（后来数量更多）的时候，史密斯绘制了一份柴郡（Cheshire）的绘本郡域地图，作为其1585年写成的该郡历史的附图，1598年，他绘制了一份郡域地图，以放大1567年兰开夏的纹章学考察的副本。[341] 在16世纪90年代晚期，他似乎有了出版郡域地图集的想法。史密斯可能得到了政府间接的支持：1597年他被任命为纹章院的红龙纹章属官。[342] 1602—1603年，有12幅郡域地图由约道库斯·洪迪厄斯在阿姆斯特丹雕版，之后可能是在英格兰印刷，并可能由汉斯·沃特尼尔（Hans Woutneel）出售。随后，在这个世纪的剩余时间内，图版在伦敦从印刷商传递给印刷商。这些地图本身并没有提及制图师，导致它们的绘制者被早期的地图目录学家称作"佚名制图师"。然而，柴郡和兰开夏地图与史密斯绘本地图的相似性，与1958年偶然在荷兰发现的四幅出自史密斯之手的赫特福德郡、伍斯特（Worcester）、沃里克郡以及柴郡地图的良好草稿，显示出他们为雕刻师所制作的方式的清晰的证据，使得斯凯尔顿确认他们的绘制者是威廉·史密斯（图54.11）。[343] 除了兰开夏和柴郡地图之外，史密斯的郡域地图并不是基于最新的调查，而是从诺登和萨克斯顿的地图进行复制，并增加了相同的类型——

1635

[337] Sotheby's, map sale, London 11 July 1986, lot 359。它与1606年出版的奥特柳斯的英文译本完全不同。

[338] 请参阅最新的 Hermann Maue et al., *Quasi Centrum Europae: Europa kauft in Nurnberg*, 1400 - 1800 (Nuremberg: Verlag des Germanischen Nationalmuseums, 2002), esp. 272 - 389。

[339] 他在自己的《纽伦堡城市图》(*Description of the Cittie of Noremberg*) 中提到了普芬津。感谢 David Paisey，他给我提供了皮克海默图书馆的信息，这是于1636年在纽伦堡由阿伦德尔伯爵获得，在此之后流散严重，除了那些现在收藏在大英图书馆里的绘本。皮克海默家族的宅第，像是史密斯的旅馆，是在温克勒街。

[340] William Roach, "William Smith: 'A Description of the Cittie of Noremberg' (Beschreibung der Reichsstadt Nurnberg), 1594", *Mitteilungen des Vereins fur die Geschichte der Stadt Nurnberg* 48 (1958): 194 - 245 (Stadtbibliothek Nor. H. 1142)。最近在1954年，纽伦堡的作者得到了它。现在已知两份1594年的其他副本，一份在 Lambeth Palace Library (MS. 508)，另外一份献给伯利勋爵的，现在收藏于大英图书馆（Add. MS. 78167）。另请参阅 Delano-Smith and Kain, *English Maps*, 186 - 187。

[341] BL, Harley MS. 6159 (Lancashire); BL, Harley MS. 1046, fol. 132 (also, dated 1588, Bodleian Library, Oxford, Rawlinson MS. B. 282) (Cheshire); and Skelton, *County Atlases*, 20.

[342] W. H. Godfrey and Anthony Richard Wagner, *The College of Arms*, *Queen Victoria Street* (London: London Survey Committee, 1963), 220 - 221.

[343] R. A. Skelton, "Four English County Maps, 1602 - 1603," *British Museum Quarterly* 22 (1960): 47 - 50; Skelton, *County Atlases*, 19 - 22; and Delano-Smith and Kain, *English Maps*, 72 and 75。大英图书馆现在拥有一整套的12幅印本郡域地图的1602/1603年版本，以及全部四幅为雕刻师草绘的精美的绘本［BL, Maps C. 2. cc. 2 (2 - 4, 9 - 15, 19 - 24), the manuscript maps being 12 - 15］。

数百个基本标志的表格，偶尔还有道路和女王及贵族的宅邸——这些也都在诺登的地图上找到，而且，在某些情况下，比如莱斯特郡地图，还增添了许多新的地名，由当地的信息来源人提供。

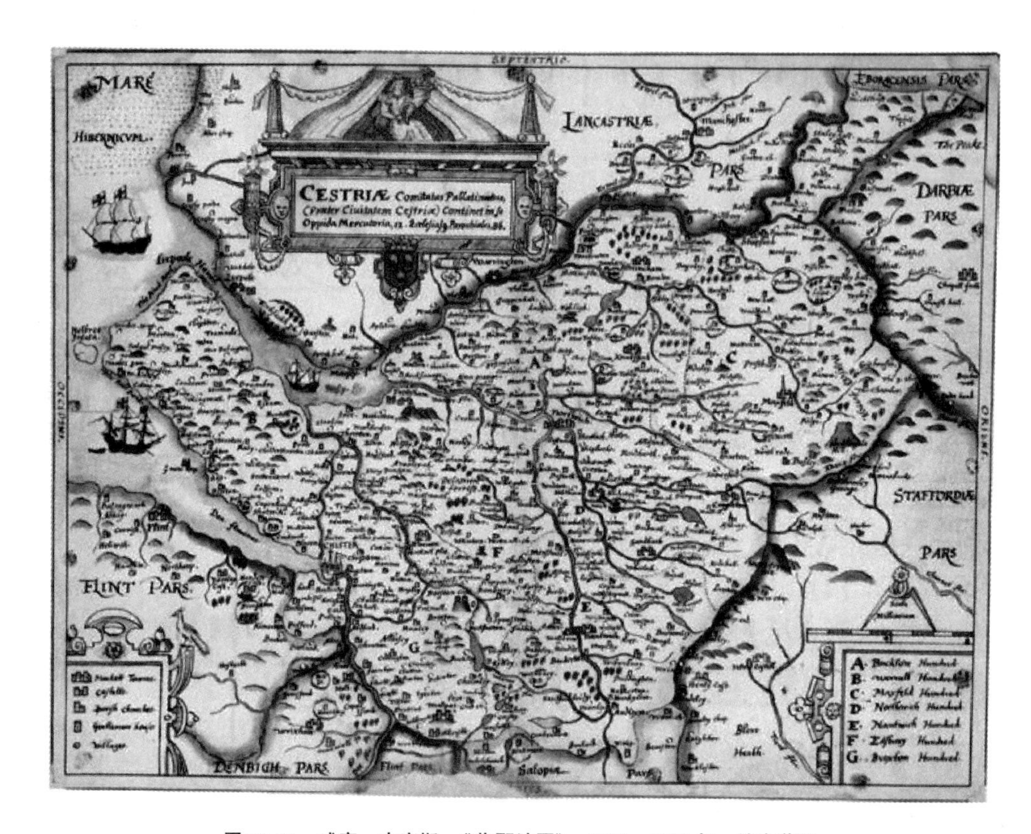

图 54.11　威廉·史密斯：《柴郡地图》，1602—1603 年，绘本草图

原图尺寸：约 37.6×49 厘米。由 BL [Maps C. 2. cc. 2 (12)] 提供照片。

约翰·斯皮德

威廉·史密斯规划的郡域地图集并没有超过 12 幅地图，也许是因为时间不够、热情减退以及进入了约翰·斯皮德的领域。斯皮德是一个相对谦逊的柴郡人，像史密斯一样，也是商人泰勒（Taylor）的伦敦公司的成员。从 16 世纪 80 年代晚期以来一直参与地图工作。他最早的印刷地图，是一幅迦南的壁挂地图，出版于 1595 年。[344] 和脾气暴躁的史密斯不同，[345] 斯皮德凭借其作品脱颖而出，其写作热情不减，但也是一位令人愉快、和蔼可亲、有责任心

1636

[344] A. Sarah Bendall, "Draft Town Maps for John Speed's *Theatre of the Empire of Great Britaine*," *Imago Mundi* 54 (2002): 30 – 45, esp. 39。另请参阅 A. Sarah Bendall, "Speed, John (1551/2 – 1629)," in *Oxford Dictionary of National Biography*, 60 vols. (Oxford: Oxford University Press, 2004), 51: 771 – 772，以及三部分传记，见 Ashley Baynton-Williams, "John Speed," MapForum. com, Vol. 1, nos. 2 – 4 [1999] <www. mapforum. com>。

[345] "Smith, William," in *The Dictionary of National Biography: From the Earliest Times to* 1900, 22 vols. [1885 – 1901; reprinted London: Oxford University Press, 1973], 18: 550 – 551, esp. 550，提及他的"不可爱"和"尖刻腔调"。另请参阅 David Kathman, "Smith, William (c. 1550 – 1618)," in *Oxford Dictionary of National Biography*, 60 vols. (Oxford: Oxford University Press, 2004), 51: 358 – 359。

以及谦逊的学者。可能正是出于这样的原因，他能够依靠几位有影响力的支持者。这些人不仅包括威廉·卡姆登、罗伯特·科顿爵士以及威廉·史密斯本人等古文物研究家，而且，从1598年开始，还有学者型的侍臣和王室大臣富尔克·格雷维尔（Fulke Greville）［后来的第一任布鲁克（Brooke）男爵］。虽然科顿给了斯皮德得以接触他当时正在建设的大量手稿、地图和钱币等藏品的便利，[346] 但格雷维尔给他在海关谋得了一个闲职，在格雷维尔家乡沃里克郡的斯皮德地图上，斯皮德写道，这件事，让他“从手工贸易的日常工作中解脱出来……给了他可以表达自己思想倾向的自由”。

大约从1596年开始工作，他的第一幅试验性的柴郡郡域地图，是在萨克斯顿和史密斯的作品的基础上，由威廉·罗杰斯（William Rogers）于1603年进行雕版的。[347] 据推测，由于格雷维尔的辅助，斯皮德得到了官方的许可，这与16世纪90年代授予诺登的那些是很类似的，让他得以接触官方记录。像萨克斯顿一样，他获得了土地的授权和官方职位，作为对其工作的奖励。[348] 1606—1608年，他的研究和调查工作的强度达到了顶峰[349]（多年以来，约道库斯·洪迪厄斯一直是该项目的股东），[350] 开始雕刻这些地图，这项任务于1610年完成。[351] 1637 同样是在1608年4月，伦敦的一位书商乔治·亨布尔（George Humble），获得了一份王室的特许权，有权印刷和出版即将出版的地图集，为期二十一年。[352]

斯皮德的地图出现在《大不列颠帝国概观》（*Theatre of the Empire of Great Britaine*）（1611年）中，这是首部出版的整个不列颠群岛的地图集，它非常有意识地对奥特柳斯进行模仿，甚至其标题也是脱胎自奥特柳斯的《寰宇概观》。这套地图集包含67幅地图：一幅大不列颠和爱尔兰联合王国的最新地图；一幅盎格鲁—萨克逊七国时代地图；英格兰、威尔士、苏格兰和爱尔兰地图各一幅；英格兰44郡地图，每一幅都是首次单独描绘（图54.12），包括马恩岛和怀特岛等岛屿以及海峡群岛；威尔士的13个郡；以及爱尔兰的4个行省。[353] 看起来，在斯皮德于阿姆斯特丹传递给他的草图地图和市镇平面图以及纹章学、历史学和古文物信息的基础上，洪迪厄斯负责了地图的整体设计。它们反映了从16世纪90年代中期以来洪迪厄斯开创的“绘制地图图像”潮流。[354]

---

[346] 请参阅最近的 Colin G. C. Tite, *The Manuscript Library of Sir Robert Cotton*（London: British Library, 1994）, and Skelton, *County Atlases*, 32。

[347] Skelton, *County Atlases*, 35, 41。保存下来的唯一一例，来自加德纳收藏，现在在剑桥大学图书馆。劳伦斯·沃姆斯指出，罗杰斯并没有像人们反复讲述的那样是在1604年之后不久就去世了，而是在1619年之后，所以在之后斯皮德没有成功地聘用他，肯定还有别的原因。

[348] Lawrence, “Permission to Survey”, 引用了1607年的一份沃里克的黑书中通行证的副本。使财政大臣（chancellor of the exchequer）成为资助人，这似乎已经压过了王室的贫穷，这在16世纪90年代对诺登很不利。

[349] Bendall, “Draft Town Maps,” 40 – 41.

[350] Skelton, *County Atlases*, 33 – 34.

[351] Skelton, *County Atlases*, 34 – 35.

[352] Skelton, *County Atlases*, 36.

[353] Skelton, *County Atlases*, 30 – 44 and 210 – 212。关于这些地图的复制，请参阅 Alasdair Hawkyard 的标题在某种程度上有误导性的 *The Counties of Britain: A Tudor Atlas by John Speed*（London: Pavilion in association with British Library, 1988）。

[354] Günter Schilder, “Jodocus Hondius, Creator of the Decorative Map Border,” *Map Collector* 32（1985）: 40 – 43, and idem, *Monumenta cartographica Neerlandica*, 6: 56 – 57.

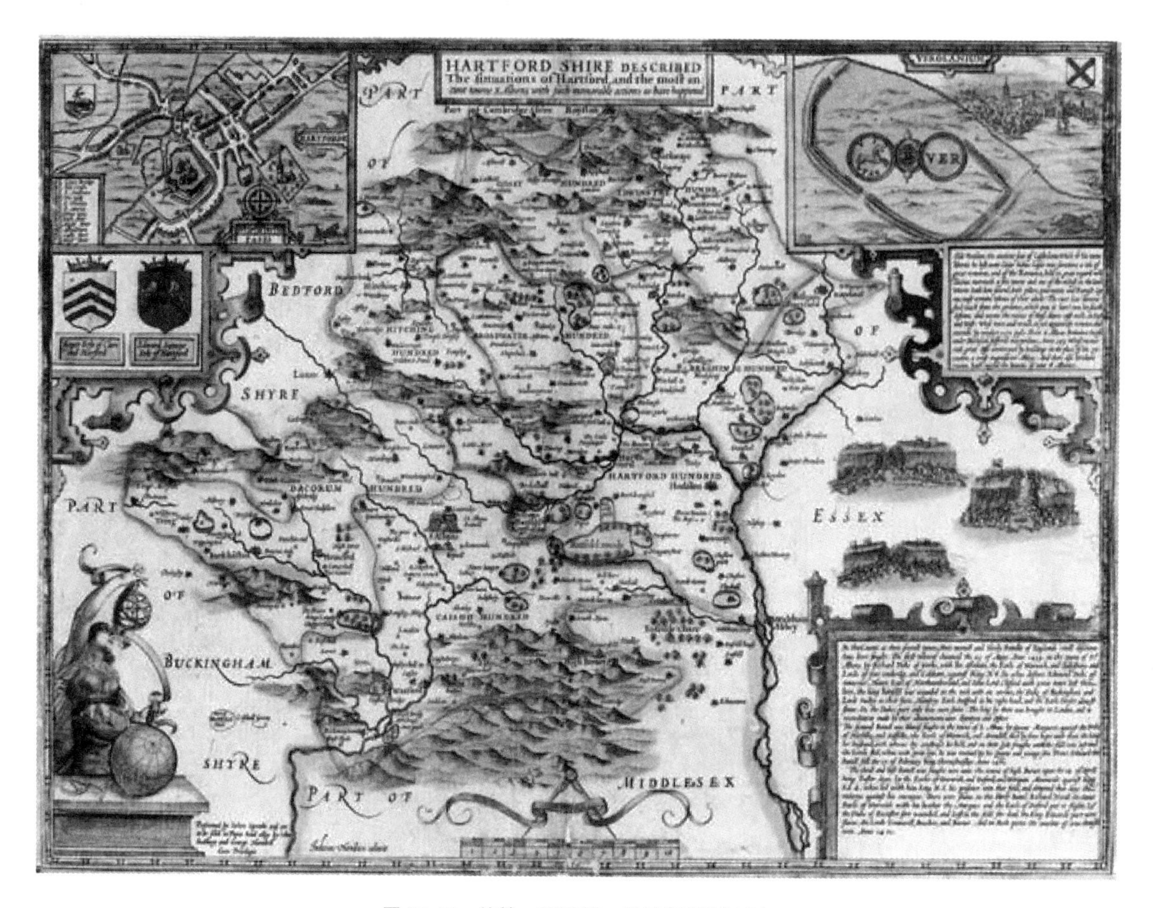

图 54.12 约翰·斯皮德：赫特福德郡地图

原图尺寸：约 38.4×51.3 厘米。由 BL［Maps 177. e. 2 (12)］提供照片。

最新的研究显示了斯皮德对于经常引用的话和自嘲中，过分地谦虚，他自贬地声称自己“把镰刀插入其他人的喉咙中”。尽管他从萨克斯顿、诺登、史密斯、西蒙森，以及其他人那里借用，是很清楚的——并且承认——多年来这些内容持续地被修订。在他们出版的形式中，郡域地图包括众多的修订，并增添大量地图、古文物信息和许多城镇平面图，这些都是他单独负责的，而且他最初的绘本草图最近在牛津的默顿学院被发现。[55]

《寰宇概观》给人的整体印象是民族自豪感。然而，郡域的形象与萨克斯顿地图给人的印象迥然不同。没有普遍突出的王室纹章，而是赛克福德谦虚的纹章和萨克斯顿的名字，每个郡的古文物和古代钱币、那些曾在该郡获得贵族头衔的历史人物的纹章、该郡的现行纹章、对该郡和较大城镇的描述、该郡的特殊之处，以及发生在其辖境内的战役的描述，将王室的纹章淹没在其下。尽管斯皮德本人似乎是一名坚定的保王党人，因为在他早期的大不列颠“入侵”地图的装饰上，有詹姆斯一世和丹麦的安妮的肖像演示，[56] 但地图对地方的美化装饰效果是以国家为代价的。萨克斯顿的地图反映了王室和国家之间的联系，斯皮德则似乎

[55] Bendall, “Draft Town Maps,” 35, and A. Sarah Bendall, “Author's Postscript,” *Imago Mundi* 57 (2005): 54.

[56] Günter Schilder and Helen Wallis, “Speed Military Maps Discovered,” *Map Collector* 48 (1989): 22–26; Shirley, *Early Printed Maps of the British Isles*, 96–98, 103–104 and 106–107; and figure 54.21.

预测了1620—1650年间的分裂，对国家进行详述，但对王权关注很少。[357]

萨克斯顿对地图绘制的持久影响是巨大的，尤其是对斯皮德。尽管在17世纪期间对一些郡进行了重新调查，但是大多数没有进行。直到18世纪早期，萨克斯顿的图版才被复制、更新，其外观更现代化，而没有进行任何新的调查。[358] 18世纪晚期的大比例尺的国家调查在很多情况下才取代了萨克斯顿和斯皮德的地图，但是直到19世纪的全国地形测量地图的到来，它们才最终被宣布过时。

绘制乡村地图，1550—1611年

各式各样的地方地图

对都铎时期地方地图和平面图的讨论在过去往往倾向于根据地图的类型和目的来进行组织，（例如）它首先是法律性的：澄清有争议的边界或权利；行政性的：促进和记录诸如圈地和排水方案等改进措施；或"通用目的"：通过最大化租金收入、收回被蚕食或被他人偷偷吞并的土地，以及最有效率地利用土地，来管理私人土地拥有者地产。[359] 然而，到1600年，将所有这些不同类型的地图绘制统一起来，顾客期望地图可以比传统的书面描述更好地满足其不同类型的目标，而且，根据统一的比例尺绘制，补充或合并得自文字资料的地图，比一幅绘制成可变的比例尺的地图会更好地实现这些目标。 1638

正如从1570年前后可以被证实的，当我们可以给许多地方地图附上具体的名称时，同样的人制作这些不同类型的地图，就像同一类人穿上了不同的衣服——治安法官、圈地委员、大学校长、医院或公司的管理者，或者私人土地所有者——委托并保留其档案中的地图。的确，正如我们所看到的那样，在一个语境中绘制出的地图有时会被重新使用，以服务于各种其他功能。因此，将它们视作一个群体似乎是合理的，因为它们的不同目的和创造的机会，经常会反映在建筑和外观的根本差异上。

比例尺地图向乡村的扩展

土地价值、诉讼和地图绘制

有人认为：地产地图测绘的增长主要是经济从封建到资本主义的转变的反映与表征。土地管理的模式脱离了敬畏上帝的、家长式的（事实上，是利他主义的）庄园领主的概念，这种概念在一个以权利与义务的复杂平衡为中心，依据固定的产品来衡量的土地所有制中行事。在这种古老的模式下，领主的充分"所有权"的程度几乎不可能用图形来描绘，其主动管理相对来说并无干系。新兴的模式强调了现代意义上的土地绝对所有权，以及贪婪的地

---

[357] Klein, *Writing of Space*, 105 – 110, and esp. 107 – 108，以及更普遍的，Helgerson, *Forms of Nationhood*, 105 – 147.

[358] Tyacke and Huddy, *Saxton and Tudor Map-Making*, 37 – 38 and 42 – 43；Skelton, *Saxton's Survey*, 12 – 13 and 20 – 22；and Evans and Lawrence, *Christopher Saxton*, 45 – 65。然而，18世纪末，这些图版最后被抽出，是出于古物方面的原因［D. Hodson, comp., *County Atlases of the British Isles Published after* 1703：*A Bibliography*（Tewin：Tewin Press, 1984 – ），1：141 – 150, esp. 149 – 150］。

[359] 例如，请参阅 Harvey, *Maps in Tudor England*, 42 – 65, 78 – 93, and 102 – 113。

主为其个人利益所进行的有效管理，例如，越来越多的圈占以前开放的土地，并逐渐形成大的地产。[360]

英格兰经济日益资本主义的结构确实对改变对土地管理的态度产生了相当大的影响。16世纪中叶，英格兰首次创造了一个生机勃勃的土地市场（在王室迅速出售之后，他们的新所有者转售了以前属于修道院的大部分土地），[361] 并经历了价格大幅上涨以及人口增长对土地的压力增加。每亩土地本身变得更有价值，并且作为一种必须通过积极管理私有土地而充分利用的资源，例如通过封闭以前开放的土地和荒地，[362] 或通过增加租金和入境罚款租赁土地。王室、许多较小的土地所有者和法人团体（特别是几所牛津和剑桥的学院）、伦敦的医院，以及（尽管看起来程度要小得多）英格兰教会[363]逐渐认识到他们需要详细了解自己的产业，了解他们在通货膨胀时期所取得的收益的最大化、他们所依赖的未来。[364] 意识到这些因素以及需要应对变化的环境，反映在越来越多的案例中，一个负责维护和扩大土地所有者权利并使其收入最大化的法律培训专家是在特设基础工作的。这些专家取代了老式的永久性庄园“测量师”，（原先）他们保守地监督了庄园的顺利运行。[365]

这些改变并不会自动导致对地图的调适。即使父权主义和贪婪的新型土地所有者的刻板印象确实存在于同时代小册子作者的思想之外，到16世纪30年代，改变的过程已经进行了几个世纪，在地图绘制方面没有产生任何后果。[366] 从解散和16世纪40代和50年代首次出售修道院

---

[360] 最新的成果有 McRae, *God Speed the Plough*, esp. 169 – 197；Delano-Smith and Kain, *English Maps*, 116 – 118；and Klein, *Writing of Space*, 42 – 45。

[361] Joyce A. Youings, *The Dissolution of the Monasteries* (London: Allen and Unwin, 1971), 117 – 131，他推测到1558年，前修道院土地的3/4已经被转售了。

[362] 达比撰写于1933年，尤其强调这是一个诱发因素（“Agrarian Contribution”）。

[363] P. D. A. Harvey, “English Estate Maps: Their Early History and Their Use as Historical Evidence,” in *Rural Images*, 27 – 61, esp. 41。附有书面调查报告的比例尺地图的最早例证之一是由伊斯雷尔·阿迈斯为圣保罗大教堂的院长和分院绘制的（survey of Belchamp St. Paul, Essex, by Israel Amyce, 1576, Guildhall Library, London, MS. 25517/1, fol. 100; illustrated in Harvey, *Maps in Tudor England*, 86）。然而，当时的院长亚历山大·诺埃尔，很可能比大多数神职人员更了解地图的价值。他不仅曾是威斯敏斯特学校的前任校长，而且是一位学者、古物爱好者，也是劳伦斯·诺埃尔的同祖堂兄弟。A. Stuart Mason, “A Measure of Essex Cartography,” in *Essex, “Full of Profitable Thinges”: Essays Presented to Sir John Ruggles-Brise as a Tribute to His Life of Service to the People and County of Essex*, ed. Kenneth James Neale (London: Leopard's Head Press, 1996), 253 – 268, esp. 257。

[364] 可能是因为伊丽莎白一世保守主义的增长，以及大臣们因为现实的松散状况而变得更注重地图，王室从1600年以后才开始意识到这些现实。请参阅 Barber, “England Ⅱ,” 79 – 82；idem, “Was Elizabeth I Interested in Maps?” 194 – 198；Heather Lawrence, “John Norden and His Colleagues: Surveyors of Crown Lands,” *Cartographic Journal* 22 (1985): 54 – 56；McRae, *God Speed the Plough*, 174 – 175；and R. W. Hoyle, “‘Shearing the Hog’: The Reform of the Estates, *c.* 1598 – 1640,” in *The Estates of the English Crown*, 1558 – 1640, ed. R. W. Hoyle (Cambridge: Cambridge University Press, 1992), 204 – 262, esp. 211。然而，霍伊尔（Hoyle）指出“没有试图绘制一幅王室地产的总的地图调查”，因为成本的理由，对那些在绘制地图方面最有效的目标进行绘制地图被禁止：也就是说，恢复已经丧失的土地，比如在德文郡的埃塞克特城堡周围的土地（关于此，请参阅 W. L. D. Ravenhill, “Maps for the Landlord,” in *Tales from the Map Room*, 96 – 97），以及森林或林地的圈围，为此而绘制的平面图现在几乎全部亡佚了，尽管理查德·班克（Richard Banke）的舍伍德（Sherwood）森林地图（见下）保存下来，以及位于米德尔塞克斯的肯武德（Kenwood）的一幅平面图（TNA, MPF 293）可能保存了下来。

[365] McRae, *God Speed the Plough*, 176 – 177.

[366] Harvey, “Surveying in Medieval England,” 12 – 16，证明了土地所有权和土地所有者心态上的变化，以及由此而产生的对特别精确的书面调查的需求（涉及书面“范围”的演变），从1180年以来一直在进行。

土地时，没有“地产地图”或绘制成统一比例尺的地产地图，当地图意识增强，圈地运动猖獗时，两边的小册子作者的辩论已经很忙碌，并且制作比例尺地图所需的知识和技术也是可用的。旧式的书面调查仍然可以用于新的目的，并且有许多调查人员对他们感到满意。1577年的瓦伦丁·利（Valentine Leigh）仍然假设——就像理查德·贝恩斯在1537年所做的那样——他们所倡导的改进测量技术的最终结果将是文字房产调查。[367] 事实上，约在1616年前后，约翰·诺登显然真诚地认为，地产平面图是没有必要的，除了私有土地和改良的荒地之外。[368]

然而，更高的土地价值导致诉讼增加，而后者确实催生了地图方面的后果。[369] 从16世纪50年代开始，专门处理遗产问题的财政法院在1544年从增收法院接手后，越来越坚持要制作地图（原先并没有比例尺），以说明争议事项。在这样做的时候，它遵循了兰开斯特公爵已经确定的趋势。[370] 这种做法只能迫使一些其他保守的土地所有者熟悉地图和平面图的效用，尽管在当地情况下，没有一致的比例，而且在当地范围内主要以图形为主。这是通过粗略的墨绘平面图来证明的，大约在1550年前后，涉及北安普敦郡的拜菲尔德（Byfield）和奇平沃登（Chipping Warden）的道路权利纠纷（图54.13），其中载有一张图画，大概是表现受害者（其地图所示的立场），这是理查德·索顿斯托尔（Richard Saltonstall）爵士在当年7月18日于北安普顿的巡回审判中持有的一份副本。[371] 其他人似乎受到这些法律地图示例的影响，委托制作他们自己的平面图来说明任期问题。其中之一是位于多塞特郡北部的庄园地图，可能是1569—1574年，它试图传达被测量的现实的外观，尽管它并

---

[367] Harvey，“English Estate Maps，” 30。利讨论了仅仅在军事背景下以统一的比例尺绘制的地图的制作。关于理查德本尼兹，请参阅他的 *This Boke Sheweth the Maner of Measurynge of All Maner of Lande*，*as well of Woodlande*，*as of Lande in the Felde*，*and Comptynge the True Nombre of Acres of the Same*：*Newlye Inuented and Compyled by Syr Rycharde Benese*（Southwark：James Nicolson，1537）。

[368] Lawrence，“John Norden，” 54－55。关于诺登的地产调查，另请参阅 John Norden，*John Norden's Survey of Barley Hertfordshire*，1593－1603，ed. Jack C. Wilkerson（Cambridge：Cambridge Antiquarian Records Society，1974），and Orford Ness：*A Selection of Maps*（Cambridge：W. Heffer and Sons，1966）。

[369] 下面的段落是基于 Eden，“Three Elizabethan Estate Surveyors，” 77。另请参阅 Bendall，*Dictionary*，1：22－23，and A. Sarah Bendall，“Interpreting Maps of the Rural Landscape：An Example from Late Sixteenth-Century Buckinghamshire，” *Rural History* 4（1993）：107－121。

[370] 尽管有些地图是概略的，画得很粗略，但很多都是图像式的，而且画得非常精细，大概是为了给法庭留下深刻印象。这种地图——它们都是将争议地区用比周边更大的比例尺描绘出来——的例子包括以下（有些可能是为原告之一绘制的地图，或者是处于记录目的而委托制作的地图）：兰开夏公国：兰开夏郡法尔德地区（Fylde）南部的布莱克浦（Blackpool），1531—1533年（TNA，MR 1；DL 1/8P3，3/22/L1 and L2），关于此图，请参阅 E. M. Yates，“Blackpool，A. D. 1533，” *Geographical Journal* 127（1961）：83－85；德比郡阿什本（Ashbourne）周边的地产，约1547年（TNA，MPC 35；DL 3/49Ci），关于此图，请参阅 E. M. Yates，“Map of Ashbourne，Derbyshire，” *Geographical Journal* 126（1960）：479－481；康沃尔公国：博德明（Bodmin）附近的共用土地侵占的插图，约1566年（Duchy of Cornwall Record Office，Arundell Papers ARB 202/1－17 and 203/1－10）。非常感谢已故的威廉·拉文希尔教授提供这些参考文献。关于一幅大约1553年的地图，它可能是为一位准备一场法庭案件的原告绘制的，请参阅 W. L. D. Ravenhill，“The Plottes of Morden Mylles，Cuttell（Cotehele），” *Devon and Cornwall Notes and Queries* 35（1984）：165－174 and 182－183（referring to Cornwall Record Office，DD ME2369）。还有很多其他的例子，时间跨度从1508—1581年，越来越多地向采用统一的比例尺发展，有几例得以阐释，见 *Harvey*，*Maps in Tudor England*，105－115，以及更普遍的，idem，“Estate Surveyors，” 40。彼得·伊登表示，关于法庭使用的平面图的绘制，越来越坚持应该与其他法庭上的实践改革联系起来，这些改革发生在伊丽莎白统治时期，比如用书面提交的证据取代口头证据（Three Elizabethan Estate Surveyors，77）。

[371] 在 Harvey，*Maps in Tudor England*，105 and 107 中，也进行了阐释与讨论。

不是真正的比例尺。[372] 因此，它乍看起来非常像即将出现的地产地图。早在1567年，这种法律背景就为绘制这幅地图提供了背景，可能是第一幅按统一比例尺绘制的地图。这张地图是为了在埃塞克斯郡的卡纽当（Canewdon）的沼泽地纠纷的法庭上展示而制作的。[373]

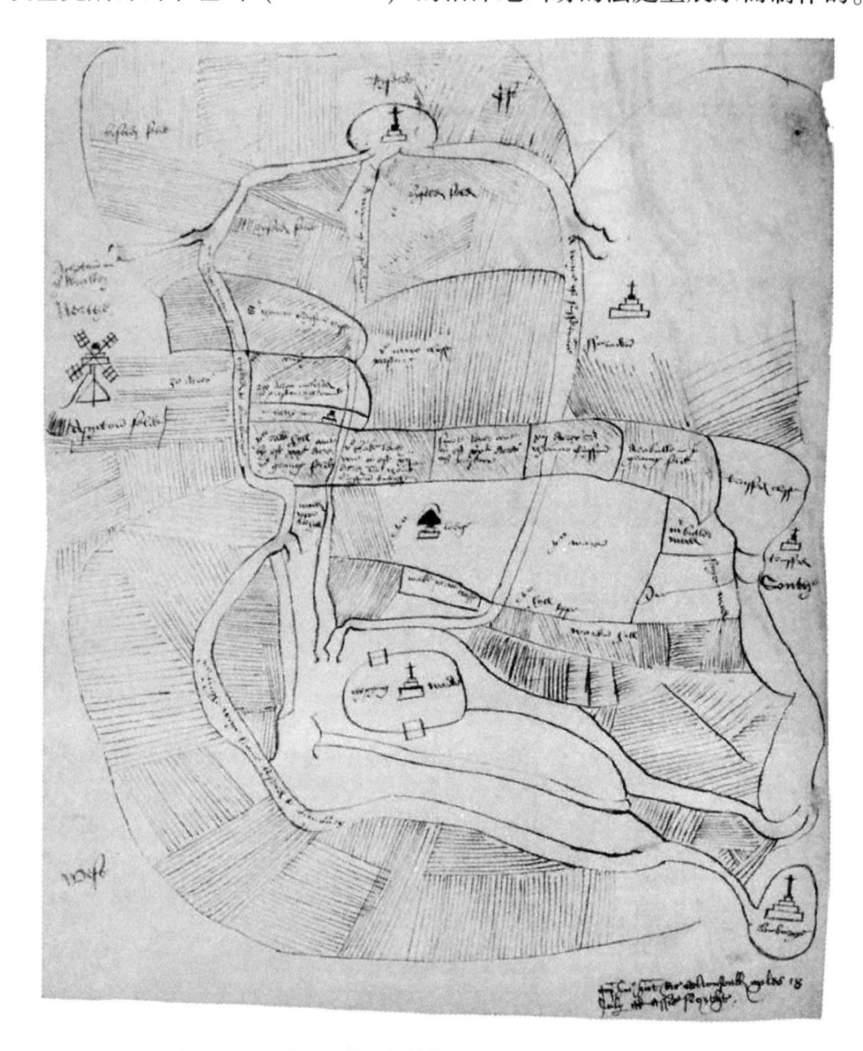

图54.13 佚名：拜菲尔德和奇平沃登地图，约1550年

右下方："Copia huius habuit Ricardus Saltonstall Miles 18 July ad assisas Northt"。

原图尺寸：约33.2×27.8厘米。由BL（Add. MS. 63748）提供照片。

---

[372] BL，Add. MS. 52522。在从圣詹姆斯宫的王室图书馆转移到白厅中的查理二世套间的约1660种地图的 Royal MS. appendix 86，fols. 94－96，和作为1688年4月转移到海军部或下令留给达特茅斯勋爵的王室地图的目录中的"现在留在……达特茅斯勋爵手中的陛下的草图和地图"的"第二捆"的项目24中，都列出了这幅地图（Bodley MS. Rawl. A. 17，fols. 17－20）。关于这幅地图的背景，请参阅 P. D. A. Harvey，"An Elizabethan Map of Manors in North Dorset，" *British Museum Quarterly* 29（1965）：82－84。一处细部被画成彩色，见 Tyacke and Huddy，*Saxton and Tudor Map-Making*，fig. 77。

[373] "Plan of Northwicke now in variance，" TNA，MPI 627，在 Mason，"Measure of Essex Cartograpy，" 253 中提及。房屋和谷仓的地图的图像式描绘是没有比例尺的，这是次要的。大概4年之前，1563年前后，为在法庭上显示理查德·萨克维尔（Richard Sackville）和爱德华·盖奇（Edward Gage）爵士关于位于萨塞克斯的阿什当森林（Ashdown Forest）之间的争议，绘制了一幅地图（TNA［PRO］，MPF 144，mentioned in Harvey，"Estate Surveyors，" 40）。它是用统一的比例尺绘制的，只是其覆盖面积为25英里，以及其随后更小的比例尺，将其从这里讨论的地图的范畴中剔除掉了。然而，就有关的用统一比例尺绘制的地产地图的演变而言，它的存在是一个重要的风向标。

1641

其他因素

正如我们所看到的，从最晚16世纪30年代早期开始的教科书，诸如《统治者之书》，已经提到了地图绘制是一个绅士的成就，和作为规划工作的地图的作用。这必然影响到连续几代学生，他们后来成为地图的主顾或从业者。与此相关的是，在人类努力的大多数领域，尤其是地图和海图制作领域中，算术可能具有非常巨大的使用价值，这一概念日益流行，科学仪器能够实现的数学精度可以有助于建立地理真相。[374] 欧几里得几何学和科学测量所带来的日益高涨的声望，由商人亨利·比林斯利（Henry Billingsley）爵士将欧几里得的《几何原本》翻译成英文并发表后，这一声望达到了新的高度，[375] 书中的著名引言赞扬了约翰·迪伊于1570年所绘制的地图的优点。[376] 然而，自1533年以来的出版物（并多次再版）之后，当杰玛·弗里修斯首次将对如何进行三角测量的解释印行于世之后，就有了在同一标准下的许多更专业的作品，包括理查德·本尼兹（Richard Benese）［讲述各类土地测量方式之书（*This Boke Sheweth the Manner of Measurynge of All Maner of Lande*）］，1537年、威廉·卡宁厄姆（《宇宙之镜》，1559年，第一部英文的三角测量的完整印刷品）、罗伯特·雷科德（Robert Recorde）［从1557年之后制作的4本书，尤其是《通向知识之路》*Pathway to Knowledge*，1560年］，伦纳德·迪格斯《构造学》（*Tectonicon*，1556年），还有与托马斯·迪格斯合著的《几何学练习》（*Pantometria*，1571）。继早期的作品之后，是威廉·伯恩的《旅行者宝藏之书》（*A Booke Called the Treasure for Travellers*）、西普里安·卢卡（Cyprian Lucar）的《卢克索乐斯论文》（*A Treatise Called Lucarsolace*）、诺登的《测量师的对话》（*The Surveior's Dialogue*）（1607年；增补第二版，1610年），以及阿龙·拉思伯恩（Aaron Rathborne）的《四本书中的测量师》（*The Surveior in Four Bookes*）（1616年）。

在同一时期，科学仪器（尤其是测绘板和经纬仪以及它们的很多变体）的可用性使得人们可以制作出小区域的高度精确比例尺地图。[377] 测绘板是专门用于户外地图绘制的，而更精确的经纬仪是由迪格斯在其《构造学》中推广（并经受考验）的，它使人们可以根据在野外收集到的角度测量结果，在家里的舒适环境中草拟平面图。然而，三角测量的理论和仪器[378]已经可以应用了几十年后，才首次制作出按比例绘制的地方地图，而且并不能单独解释它们的外观。

比例尺地图绘制向乡村蔓延的另一个重要的影响因素是潜在的主顾的优先体验，尽管是在不同的情况下。正如我们已经看到的，侍臣中包括了相当多的业余制图师，他们对于16

---

[374] Klein, *Writing of Space*, 50; Bendall, *Maps*, *Land and Society*, 141 - 143; and J. A. Bennett, "Geometry and Surveying in Early-Seventeenth-Century England," *Annals of Science* 48 (1991): 345 - 354, esp. 334 - 337, 关于托马斯·胡德于1588—1592年在格雷沙姆学院担任第一位数学讲师的岁月。

[375] Cormack, *Charting an Empire*, 82, 指出比林斯利的主要职业是一名商人，这再次阐明了数学理论家和企业家之间的亲密关系，有时甚至是共生关系，这在伊丽莎白统治时期的英格兰是司空见惯的事。

[376] 请参阅本卷第638页。

[377] Darby, "Agrarian Contribution," 529 - 535; Harvey, "Estate Surveyors," 40 - 42; Turner, "Mathematical Instrument-Making," 97; Bendall, *Maps*, *Land and Society*, 131 - 134; and Morgan, "Cartographic Image," 134 - 135.

[378] 早在1512年，瓦尔德泽米勒就绘出了经纬仪，命名为"Polymetrum"，而且在1570年之前，就已经为一些英国的知识分子所熟稔（Turner, "Mathematical Instrument-Making," 97）。

世纪40年代以来比例尺地图在防御工事的规划和战略地区的地图绘制等范围内的使用非常熟悉。[379] 非常重要的是，一些最早的土地所有者委托绘制自己地产的比例尺地图，他们来自受过良好教育的饱经世故的宫廷圈子——诸如克里斯托弗·哈顿爵士、伯利勋爵本人，[380] 或者级别较低的威廉·科德尔爵士，他是玛丽和伊丽莎白统治时期的一名书卷大师。那些在宫廷以外的人可能并没有直接体验过比例尺地图作为行政规划工具的好处，但是在1570年以后，他们可能会在军事地图绘制的范围内，在伦纳德和托马斯·迪格斯的《几何学练习》和威廉·伯恩的《旅行者的宝藏》中读到这些。[381]

对于统一比例尺的价值的进一步认识，将来自对奥特柳斯《寰宇概观》1570年以后的各种版本中的地图的思考。萨克斯顿郡域地图的影响更加成问题。[382] 在萨克斯顿开始工作之前，他绘制了第一幅统一比例尺的地方地图。然而，他的地图似乎很快就在士绅圈子中广为人知，到1660年，天文学家伊曼纽尔·霍尔顿（Imanuel Halton）通过利用萨克斯顿郡域地图中的设计元素来装饰自己的坎伯兰（Cumberland）庄园的地图，从而展示了它们的影响力。[383]

1642

从为宫廷绘制的地图到地产地图

到16世纪70年代，宫廷越来越多地需要地方地图和平面图。企业机构——医院、大学，以及类似的——用伊登的话来说似乎是“成为首批提高防御能力的……普鲁登斯（Prudence）指出，最好全面地预先规划房地产，而不是等到紧急情况被迫仓促采取行动”。[384] 这种预防性和防御性的地图制作方式为接下来的几十年树立了一个榜样。马斯特瑞斯认为，出生于考文垂的测量师理查德·班克斯在1609年对王室的舍伍德森林进行了详细的测量和绘图（图54.14），其中一个无意的附带后果是通过增加罚款产生的收入来弥补成本，这是为

---

[379] Harvey, “Estate Surveyors,” 39 - 40.

[380] 请参阅第1613—1614页。

[381] Harvey, “English Estate Maps,” 30 - 31。第一部出版的小册子里面提到了地产测量范畴内的地图测绘，Edward Worsop's *A Discoverie of Sundrie Errours and Faults Daily Committed by Landemeaters, Ignorant of Arithmeticke and Geometrie* (London: Gregorie Seton, 1582)，以及，非常显著地，献给了伯利勋爵（请参阅 Harvey, “Estate Surveyors,” 42），在第一部“地产”地图制作后的某个时候问世，甚至尽管它和后来沿着与阿加斯（1596年）、诺登（1607年）和拉思伯恩（1616年）相同的线，毫无疑问对后来的赞助人和测量员产生了强烈的影响。

[382] 关于它们在这一方面的重要性的明显争论，请参阅 Harvey, “English Estate Maps,” 29，在项目中详细得多，“Estate Surveyors,” 44 - 45：“要不是16世纪70年代的萨克斯顿的郡域地图，16世纪80年代就不会有地产地图了”，指出了紧随萨克斯顿的郡域地图（诺福克和萨福克）问世之后，第一批地产地图的出现，土地就位于那里。土地所有者委托制作这些地图，恰恰是那些乡绅，伯利似乎试图使他们成为萨克斯顿地图的主要购买者。罗伯特·马维，他于1573年8月正在戴勒姆制作自己地产的草图，尽管在撰写一份书面调查报告的时候，知道了赛克福德和萨克斯顿（p. 40）。这些地图中的一幅（TNA, MPC 77, fol. 4）收入 Harvey, *Maps in Tudor England*, 85。不过，至少有一些更加老练的乡绅似乎入手了更多的奥特柳斯的产品：在17世纪20年代，诺福克的乡绅和业余艺术家纳撒尼尔·培根（Nathaniel Bacon）爵士选择将自己的肖像描绘在一部打开的奥特柳斯地图集，而不是一套英国郡域地图集之前；请参阅本卷图版23，以及 Hearn, *Nathaniel Bacon*, 17 - 18。

[383] “Thistlethwaite County of Cumberland belonging to Imanuel Halton gent,” BL, Add. MS. 78700.

[384] Eden, “Three Elizabethan Estate Surveyors,” 77.

了恐吓邻近的地主，通过自我保护的方式来绘制其地产的地图。[38] 毫无疑问，这样的例子可能会倍增。

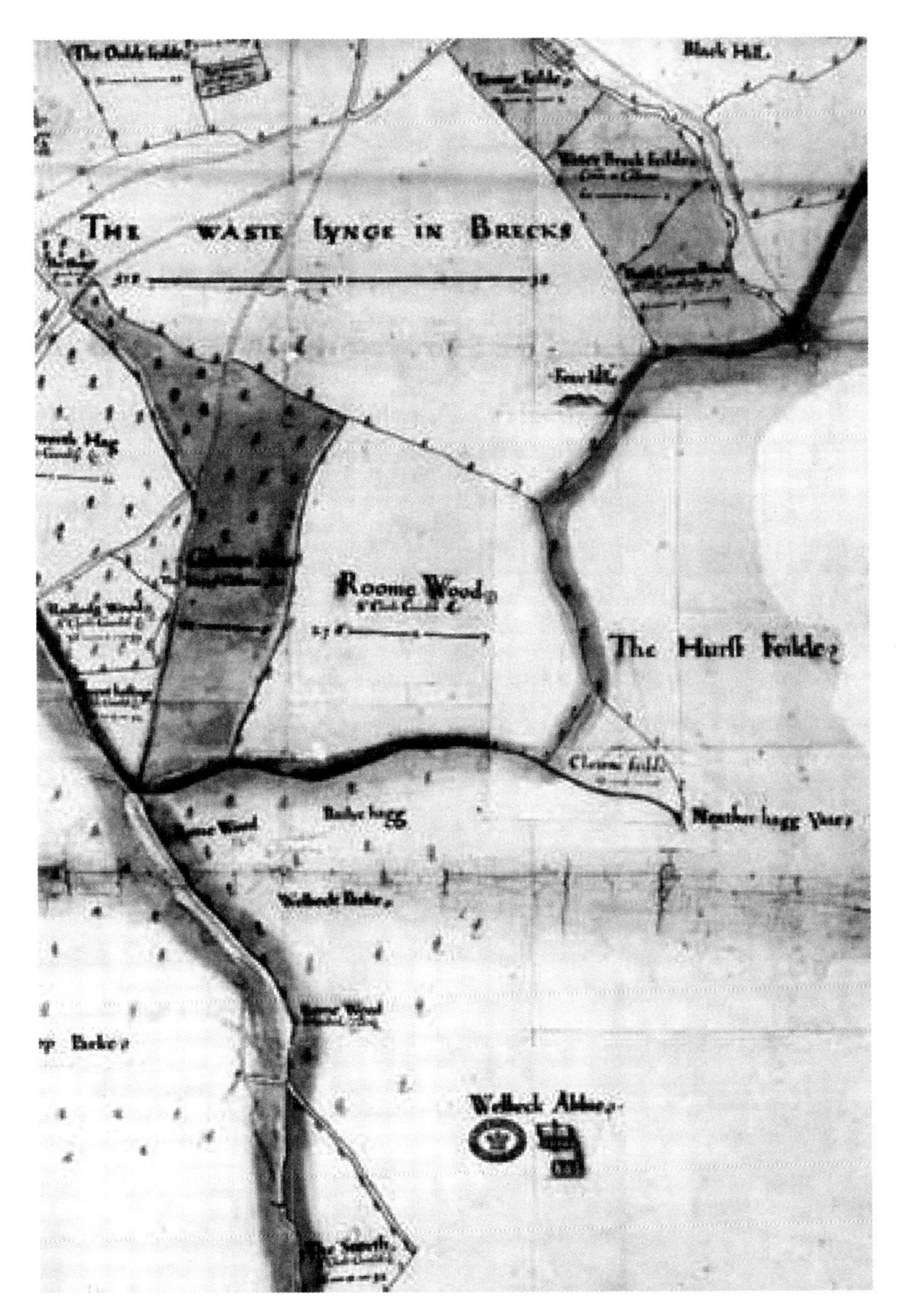

图 54.14　理查德·班克斯（RICHARD BANKES）：舍伍德森林地图细部，1609 年

底部的这一细部显示了维尔贝克修道院（Welbeck Abbey）和周围的土地。

完整原图尺寸：116.8×81.3 厘米；此细部的尺寸：约 69.6×48.4 厘米。由 TNA（MR 1/429/1）提供照片。

---

[38] Stephanos Mastoris, "A Newly-Discovered Perambulation Map of Sherwood Forest in the Early Seventeenth-Century," *Transactions of the Thoroton Society of Nottinghamshire* 102 (1998): 79 - 92, esp. 83.

并非完全独立于这些因素，到16世纪70年代中期，一些土地所有者可能受到与他们通信或接触过的理论家和测量师的鼓励，他们显然也认为绘制成统一比例尺的测绘调查作为他们地产的书面调查的补充，可能特别有益。特别重要的是，正如与伯利有通信往来的拉尔夫·阿加斯在1596年所指出的那样，绘制成统一比例尺的测绘调查可以清楚地展现位置信息（例如关于地界，这是出名的用词语难以表达的），特别是可以用精确度展示边界。一方面，比例尺地图可以帮助土地所有者决定未来的变化，例如围栏的线路。另一方面，通过书面调查或房地产契约是不可能实现的，尽管土地名称发生了变化，以及树木等旧地标消失了，但多年以后，仍然可以准确地追踪到边界。[386]

拉尔夫·阿加斯可能是最早的理论家—实践者，他将他转换到制作比例尺地图的想法追溯到16世纪70年代。有一天，当他按照迪格斯在《几何学练习》中的建议，使用经纬仪来进行书面调查时，突然想到“通过测绘板驱使边界的时代已经来到，这将在一个宽阔的范围内通过对无限的部分进行循环划分，固定住障碍”。[387] 几年之内，他曾说服至少一位诺福克的赞助人委托他绘制一幅这样的地图。到了1587年，这种类型的测绘已经变得如此普遍，至少在统治精英阶层中，以至于伯利批评牛津大学万灵学院的校长没有委托进行地图测绘对一块土地进行财产评估，就把它租出去了。[388] 到1600年，地产地图正以稳定的趋势被制造，尽管还不可能量化，甚至保存下来的地图分散在私人住宅、家庭和机构档案馆、图书馆和郡档案室。尽管如此，早期地方地图的实例经常出现在拍卖会上，到17世纪中叶，一些土地测量师［如乔治·金（George King）或贾尔斯·伯顿（Giles Burton）］正在绘制足够数量的地产比例尺地图，以证实印刷的正确形状和邮票的制造，以供经常使用的符号或装饰。[389]

1643

少数现象

然而，尽管比例尺地图有很多优点，但它们的制作成本很高。[390] 而且，即使在16世纪后半叶，对比例尺语言的理解似乎也不是很普遍，即使是在识字阶层中也是如此。[391] 所以，大多数土地所有者仍然不相信或仅仅不知道新做法的优点。到1673年，只有10%的剑桥土地所有者已经委托制作他们的地产地图，[392] 而他们委托进行的调查往往是以传统的、书面的

---

[386] Harvey, *Maps in Tudor England*, 91; idem, "Estate Surveyors," 43; idem, "English Estate Maps," 43; and McRae, *God Speed the Plough*, 194 – 195.

[387] Ralph Agas, *A Preparative to Platting of Landes and Tenements for Surueigh* (London: Thomas Scarlet, 1596), 16, 被引用于 Harvey, "Estate Surveyors," 43, 也就是说，在现代英语中，在一幅地图（"plat"）上如何引人注目（例如，作为证据）地画出一条边界，可能是在未来，因为一道树篱的走向可以画成一条头发的宽度，其精度已经被测量到一个360°的圆的度数。

[388] Eden, "Three Elizabethan Estate Surveyors," 71.

[389] London Metropolitan Archives, MP3/79, 请参阅 Bendall, Maps, *Land and Society*, 177 (for George King, 1613); 关于伯顿，请参阅 BL, Maps MT 6 b. 1 (30), Edward Lynam, "The Character of England in Maps" 对其进行了讨论，见 Mapmaker's Art, 1 – 35, esp. 15, and Harvey, "English Estate Maps," 36 – 37。

[390] 1616年前后，诺登估计一项测绘调查的成本大约是书面调查的两倍。请参阅 Lawrence, "John Norden," 54 – 55。

[391] Harvey, "Estate Surveyors," 44.

[392] A. Sarah Bendall, "Estate Maps of an English County: Cambridgeshire, 1600 – 1836", in *Rural Images*, 63 – 90, esp. 70.

类型而完成。1580年以后的几十年里，所制作的地方地图虽然被很好地复制，但并没有按照一致的比例尺绘制。在绝对精确度不是关键因素的情况下，它们似乎完满地达到了目标。此类地图说明了在达特穆尔（Dartmoor）附近道路驾车的权利争议或在林肯郡请求圈地，分别绘制于1609年和1629年。[393] 直到19世纪，很多更粗糙的草图都是为地产管理的目的而绘制的。[394]

从业者和他们的实践

到了16世纪末期，对于诸如拉尔夫·阿加斯和约翰·诺登这样的作家来说，地图绘制是测量师工作的一个重要组成部分（根据阿加斯的观点，甚至是最重要的部分），和他的法律技能与农业知识一样重要，这已经成了一种公理。[395] 在17世纪中叶，威廉·利伯恩（William Leybourn）书写土地测量师的职责时，在其著作《完美测量师》（*The Compleat Surveyor*）中，他不再将任何篇幅用于法律事务，他认为土地测量只与数学相关。[396]

到1640年，地方制图师来自各种阶级和职业。他们包括有科学头脑的贵族，如外号为"巫师"的诺森伯兰第九代伯爵；士绅阶层成员，如尼古拉斯爵士和他的儿子斯蒂基（Stiffkey）的纳撒尼尔·培根（Nathaniel Bacon）；接受过大学教育的乡村绅士，如伊斯雷尔·阿迈斯（Israel Amyce）、托马斯·兰登、约翰·布莱格拉夫，以及该世纪后期的威廉·福勒（William Fowler）；像阿加斯这样的神职人员；校长或自封的"数学教授"，比如威廉·西尼尔（William Senior），从1609年开始，他是卡文迪什家族的测量师；像哈宁菲尔德（Hanningfield）的沃克（Walker）家族这样的木匠；以及像拉尔夫·特雷斯韦尔这样的职业画家，他们更接近未来的机械师，而不是博学的测量师，后者在早期的测量手册中占有重要地位。[397] 其中的几个人，包括萨克斯顿、西蒙森和诺登（郡域地图和汇编地图）、阿加斯（城镇地图）、特雷斯韦尔（布里坦尼区域地图绘制）和理查德·诺伍德（Richard Norwood）（百慕大殖民地地图绘制）等人，他们也积极参与其他制图领域，他们作为土地测量师的实践，无疑受到了他们在这些更广泛领域经验的不同程度的影响。 1644

[393] Devon Record Office, 189M/add 3/Maps, 对其讨论见 Audrey M. Erskine, J. B. Harley, and W. L. D. Ravenhill, "A Map of 'the Way to Deartmoore Forest, the Comen of Devonshire,' Made circa 1609," *Devon and Cornwall Notes and Queries* 33 (1974 - 1977): 229 - 236。感谢已故的威廉·拉文西尔教授给我提供这一参考文献；Lincolnshire Archives Office, Misc. Dep. 264/2, illustrated and discussed in *The Common Chronicle: An Exhbition of Archive Treasures from the County Record Offices of England and Wales* (London: Victoria and Albert Museum, 1983), 14 - 15。

[394] 来自奥尔索普（Althorp）的斯潘塞（Spencer）家族的地产地图，现在在BL, Add MSS. 78108 - 78155，很好地阐明了这一点。

[395] Eden, "Three Elizabethan Estate Surveyors," 77 - 78; Harvey, *Maps in Tudor England*, 93; Harvey, "Estate Surveyors," 39; and Agas, *Preparative* (ca. 1596)，引用于McRae, *God Speed the Plough*, 177。

[396] Bennett, "Geometry and Surveying," 352。1616年，拉思伯恩仍然将他论著的第四部：*The Surveyor*，投入法律事务中。

[397] Bendall, *Maps, Land and Society*, 114 - 119（尽管覆盖了更广的时期）；Eden, "Three Elizabethan Estate Surveyors"; "Treswell, Ralph," in *The Dictionary of National Biography: Missing Persons*, ed. C. S. Nicholls (Oxford: Oxford University Press, 1993), 681; Bendall, *Dictionary*, 1: 19, 24 - 27，以及第2卷中相关的字典条目；A. C. Edwards and Kenneth Charles Newton, *The Walkers of Hanningfield: Surveyors and Mapmakers Extraordinary* (London: Buckland Publications, 1984); A. D. M. Phillips, "The Seventeenth-Century Maps and Surveys of William Fowler," *Cartographic Journal* 17 (1980): 100 - 110, esp. 101。看起来，17世纪初期最著名的英国业余艺术家，后来的纳撒尼尔·培根爵士已经继承了他祖父尼古拉斯爵士的艺术技巧，后者早在1575年就绘制了自己地产的地图。

本多尔已经确定测量师从测量文本、学徒和在学校中学习技巧。[398] 然而，本内特（Bennett）的研究表明，这些论文，尤其是那些提倡使用复杂的科学仪器，并谴责使用测量板的论文，对实际测量实践影响有限。[399] 1609 年，一位经验丰富的实际测量师和行政官罗伯特·约翰逊（Robert Johnson）爵士观察到："尽管印刷书［可能是诺登的《测量师的对话》，1607 年］中有值得指示的地方，不应该被排斥以及完美的测量师进行使用，但似乎在特殊的诸郡中，在（在王室的土地上）36 个测量师或更多之中，没有一个人曾经努力完善他对他的工作的理解。"[400] 尽管到了 1640 年，大多数测量师都对几何图形有了基本的认识，并使用了测绘板、一种简单的经纬仪，以及测周器，[401] 但有些人仍然依赖于链条和指南针，直到进入 19 世纪，少数人甚至完全避免了角度测量。[402] 如果经纬仪能够获得诸如迪格斯和阿加斯等知识分子的青睐，并且测绘板只能依靠诺登和卢卡的支持，那么测绘板似乎更常用，因为它更容易操作，尽管它不可靠，而且容易受元素的影响。[403]

1580 年以后，从印刷机中喷涌而出的数量众多的测量手册，部分地证明了土地测量师数量的突然增长和他们之间的就业竞争。这场竞争是如此激烈，以至于包括阿加斯在内的一些人将印刷的广告钉在伦敦金融城的标杆上。[404] 这些传单充满了对诈骗者的批评。后者在阿龙·拉思伯恩的有影响力的书《四本书中的测量师》的书名页中进行了阐释，其中使用经纬仪的测量师被显示践踏了一个愚人和一个表示假测量师的半人半羊的古罗马农牧神。[405] 这种对竞争对手的挖苦有时可能不仅仅是作者出售书籍的策略。即使像托马斯·兰登这样博学和非常有名望的测量师，他也不愿在精细的，尽管标准化的、全神贯注的地图下，掩盖着草率的测量。[406] 然而，公平地说，对于像兰登这样的人（他可能使用的是测量板而不是经纬

---

[398] Bendall, *Maps, Land and Society*, 119 – 129, and idem, "Estate Maps," 69 – 70.

[399] Bennett, "Geometry and Surveying", 347 – 348.

[400] BL, Add. MS. 38444, fol. 96. 引自 Lawrence, "John Norden," 55。

[401] Bennett, "Geometry and Surveying," 348 – 354, and Bendall, *Maps, Land and Society*, 131 – 134.

[402] Bendall, *Maps, Land and Society*, 130.

[403] "桌子穿过她的轻盈，收缩到枯萎，蹒跚摇晃，并不确定……这些点、线和其他观察对象再次经常被水弄得污渍斑斑、模糊不清，正如它们在这方面的用图是被清理走一样：与其他同时一样，因为惧怕风暴而被匆忙放弃……在现场和恶劣的天气下工作，也不可能对一个点、线、角度或者测量进行比较，进行操作，在一个光线充足的房子里，在一个平稳的平面上和光滑的桌子上构建框架"［可能用经纬仪制作］。Agas, *Preparative*（1596），4 – 5。感谢威廉·拉文希尔教授提供这一引证。另请参阅 Harvey, "Estate Surveyors," 41 – 42。

[404] McRae, *God Speed the Plough*, 177，引用了约翰·诺登的《测量师的对话》，14，又例举了阿加斯的约 1596 年印本图幅（now BL, Lansdowne MS. 165, fol. 95）。

[405] Bendall, *Maps, Land and Society*, 132. Klein, *Writing of Space*, 46 – 49，给出了一个略微不同的解释。Bennett, "Geometry and Surveying," 348 – 350。如果在平坦的地形上，"手工操作是一种优秀的工具"，书名页下方的小插图批评了无知的实践者对平板仪的滥用，而不是仪器本身，这一点拉思伯恩勉强地接受了（引用于 Bennett, "Geometry and Surveying," 351）。正是沃尔索普的 1582 年小册子的标题给出了理论家的总体基调，但另请参阅 1592 年阿格斯给伯利的信，他抱怨"在现在这个时候，大量的土地测量员，其测量所使用的设备多种多样，彼此各不相同……因为每天都有无数的错误，而且这种测量方面的罕有的优秀技巧几乎完全被人瞧不起"（BL, Lansdowne MS. 73, item 29），而且，在伦敦，"他看到一个使用平板仪的人（他可能是一名水管工，跟一名画家学习［可能是拉尔夫·特雷斯韦尔，他本来是一名画家 - 染色工］，在用 4 个站点所取的不到一英亩半的平整沼泽地面上，他使用起码两个杆，所以觉得短"（*Preparative*, B2）。感谢威廉·拉文希尔所提供的引证。另请参阅 Morgan, "Cartographic Image," 135。

[406] C. M. Woolgar, "Some Draft Estate Maps of the Early Seventeenth Century," *Cartographic Journal* 22（1985）：136 – 143, esp. 142。这些地图显示了牛津大学的基督圣体学院（Corpus Christi College）在林肯郡的地产的庄园［C. C. C. Archives Dg 1/1（drafts）；Da 5/2（engrossed）］：这两个例子都被复制于 Tyacke, *English Map-Making*, pls. 41 and 42。

仪）而言，[407] 工作压力和每年相对较短的野外工作时间，都必然会使这种捷径不可避免。

保存下来的地方地图表明，从相当早的时候开始，测量师在给他们的作品上色时，就有着相同的广泛的惯例。[408] 威廉·福尔京哈姆（William Folkingham）在他的《封建图》（*Fevdigraphie*）（1610年）中主张应使用颜色来区分属于不同土地所有者或租户的土地，因为它们确实适用于各种土地用途。“适宜种玉米的土地可以用一种苍白的稻草色，这种稻草色是由黄赭石和白色的铅，或者粉色和铜绿色复合而成的。”他认为，草地最好呈现为浅绿色，牧草则呈现更深的绿色。应该区分荒地和沼泽，用“黄色和靛蓝”制成的更深的绿色和“更阴郁的绿色”来表现树木。福尔京哈姆认为仅绘制“地块的边缘”是令人满意的。在标题“可能仅限于科特（Coate）与克雷（Crest）和曼特尔（Mantell）等领主”下，[409] 拉思伯恩敦促他的读者“按照适当的比例，表达你的房屋、建筑物、树林、河流、水、道路以及所有其他值得注意的东西；不要把你的房屋和树木放在任何地方，因为这里的顶部和那里的底部应该像通常习惯的那样向上看。”[410] 这就促成了最终产品的整洁、均匀性和可能的美观；然而，它让测量师自由地选择和构建他和他的赞助人所希望的内容——如果有必要的话，与卑鄙的现实相比，在乱蓬蓬的农田和污秽不堪的农舍中，而且忽视了地形的起伏，这些地形总是被描绘成扁平的。

1645

地产地图的各个方面

地产的地图和地产地图

第一批地方地图的绘制始终保持一致的比例尺，而且并不是为法庭而绘制，这些地图在16世纪70年代中期制作，最早的例子是拉尔夫·阿加斯和乔治·桑普森（George Sampson）一幅1575年的平面图，展示了诺福克的西莱克瑟姆（West Lexham）。[411] 在过去，当讨论这些地图时，它们被归入“地产地图”一词之下。哈维已将地产地图定义为“一份土地财产的平面图，其绘制并非针对某个特定场合，也不是为某个明确定义的目的，而是作为一般性参考”。[412] 这个定义过于简单化了。更仔细的分析揭示出：许多早期的绘制成一致的比例尺的地产的大比例尺地图，是被委托服务于各种截然不同的特定目的。在1582年以后，由萨克斯顿绘制的大比例尺地图中，大约1/3不是哈维意义上的地产地图，而是与特定的边界争议以及土地或水权有关，而不是土地管理。[413] 其他的“地产地图”不是用于一般性用途，而

[407] Woolgar, “Draft Estate Maps,” 137.

[408] 以下的句子出自威廉·拉文希尔。

[409] W. Folkingham, *Fevdigraphia*: *The Synopsis or Epitome of Svrveying Methodized* (London: Printed for Richard Moore, 1610), 56-58。这似乎与在那些表现土地所使用地图上的公认做法相呼应。1597年萨福克郡的奇尔顿（Clton）［靠近位于长梅尔福德（Long Melford）的科德尔（Long Melford）庄园］的一张佚名地图（BL, Add. MS. 70953）的着色似乎大致上遵循了这些原则。

[410] Aaron Rathborne, *The Surveyor* (London: W. Stansby for W. Burre, 1616), 174-175.

[411] Holkham Hall Estate records 87a［photograph BL 188. n. 1 (10)］。同样是那几个月，另一位诺福克的乡绅：尼古拉斯·培根爵士，他也是一位领地持有人，是伦纳德迪格斯和托马斯·迪格斯的赞助人，而且，实际上，《几何学练习》（*Pantometria*）是献给他的，他正在绘制一幅自己在斯蒂基的地产的地图，考虑到他的背景和偏好，这幅地图很可能是用一种统一的比例尺绘制的（Bendall, *Dictionary*, 1: 19）。

[412] Harvey, “English Estate Maps,” 27.

[413] Evans and Lawrence, *Christopher Saxton*, 79-137；彼得·伊登评论萨克斯顿地产地图的环境：“法庭似乎从未远离”（“Three Elizabethan Estate Surveyors,” 77）。

是专门用来为其所有者去世后分割地产的决定提供依据，如伊斯雷尔·阿迈斯绘制的埃蒙德·蒂雷尔（Edmund Tirrell）的位于埃塞克斯的土地的平面图。[414] 由特雷斯韦尔在16世纪80年代制作的，克里斯托弗·哈顿爵士在北安普敦郡的霍尔登比（Holdenby）和柯比（Kirby）的土地的平面图似乎主要是规划工具，然后记录圈地以创建一个田园，[415] 比例尺测绘是农业圈地范围内一种特别有价值的工具。[416] 到16世纪末，比例尺地图也被用于排水系统，无论是在沼泽（Fens）还是在罗姆尼沼泽（Romney Marsh）。[417] 正如伯利勋爵重复使用呈送给他的用于其他目的的地图，所以，委托制作用于法律纠纷的地图似乎经常被保留下来，在以后反复使用，作为行政的、一般的参考资料，即"地产"地图。本多尔展示了在罗姆尼沼泽地区，16世纪90年代早期由牛津大学万灵学院的托马斯·克拉克（Thomas Clerke）为在法庭上捍卫自己的权利而委托制作的地图和平面图，随后作为地产地图被复制和重新使用（图54.15）。[418]

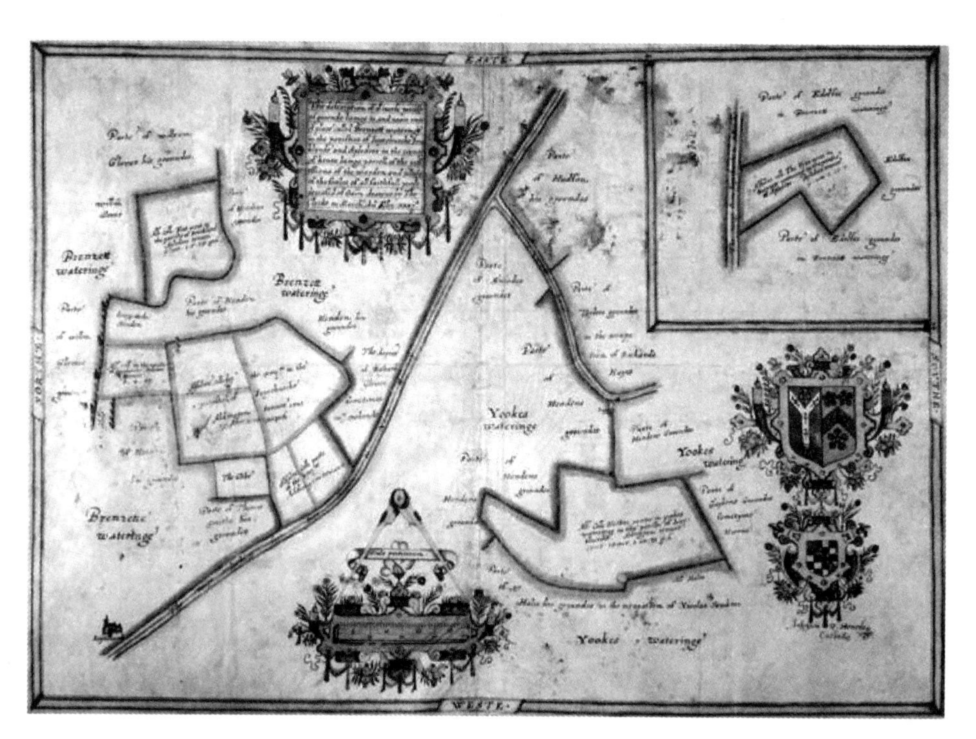

图54.15 托马斯·克拉克：《艾维彻奇（IVYCHURCH）地图》，由托马斯·兰登复制

原图尺寸：46×64厘米。牛津大学万灵学院的学监和研究员提供照片（Hov. Map. Ⅲ, no. 12）。

---

[414] BL, Harley MS. 6697. 有一幅地图作为插图收入 Harvey, *Maps in Tudor England*, 86－87。

[415] Northamptonshire Record Office, Finch Hatton, MS. 272, fols. 5 and 6, and Harvey, "English Estate Maps," 52－53。这些地图复制并讨论于 Harvey, *Maps in Tudor England*, 89－91, 和 Barber, "England Ⅱ," 82。

[416] 早在1933年，在一篇有创造性的文章中，对此进行了强调：Darby, "Agrarian Contribution," 529－535。

[417] 一篇关于沼泽排水地图方面庞大而且日益增长的文献的引介，请参阅 Peter Eden, "Land Surveyors in Norfolk, 1550－1850," *Norfolk Archaeology* 35 (1973): 474－482 and 36 (1975): 119－148; Edward Lynam, "Early Maps of the Fen District," *Geographical Journal* 84 (1934): 420－423; idem, "Maps of the Fenland," 291－306; and Bolam and Thorpe, "Charles Lynn Marshland Map" (now BL, Add. MS. 71126)。另请参阅 Bendall, "Romney Marsh"。

[418] Bendall, "Romney Marsh," 42－43。另请参阅 Eden, "Three Elizabethan Estate Surveyors," 70－71, and M. W. Beresford, *History on the Ground: Six Studies in Maps and Landscapes* [1957; Gloucester: Sutton, 1984], 116－123。

即使该地图似乎符合所有“一般参考”标准，并且可能随着时间推移而被如此使用，它很可能是在特定情况下出于特定目的绘制的，这些特定目的会对其外观和内容产生重大影响。正如本多尔所观察到的，因为解释性的书面文件经常与地图分离，所以这种资料经常会丢失，但是如果单纯地根据其内容来推断没有任何地图或评估一幅地图是错误的。[419] 本多尔对剑桥郡地产地图的分析显示，许多地图是为特定情况被委托绘制的，例如出售或购买地产；出租或续租；一位新的，有活力的业主或大学校长抑或一位未成年人搬进来，他的监护人需要熟悉这些土地；在土地改良计划之前或之后的短暂时间内；或在发生关于边界的争端时。[420]

1646

地产地图与克里克豪厄尔和特里陶尔地图集

即使地图的目的似乎第一眼看上去很明显符合哈维的定义——也就是说，描绘土地的范围和土地利用，并区分地产的租赁，作为一般参考——但现实可能会有点不同。布雷克诺克郡（Breconshire）的克里克豪厄尔（Crickhowell）和特里陶尔（Tretower）的第三任伯爵威廉的地产地图集，于1587年由罗伯特·约翰逊进行了测量，可以作为一个例证。[421] 罗伯特·约翰逊是一位测量师，他后来在下议院代表蒙茅斯郡（Monmouthshire），并获得了骑士爵位，他密切参与詹姆斯一世统治时期王室地产的重新测量。[422] 在外观上，这套地图集似乎是一部典型的地产地图集，据说这是这类地图集中已知最早的。这项调查似乎不是由于特定事件而引起的（尽管可能是这样）。在这方面，它符合哈维的定义。这46幅地图非常漂亮，但最终还是功能齐全的（图版67）。就像为君主或枢密院的眼睛所制作的国防地图和港口地图一样，它们的装饰性和典雅性都没有导致功能的丧失。

在按照传统方式进行的调查中，有一份关于边界的书面记录和租户名字的长长的名单，以及他们的租赁日期和性质、他们各自持有的土地数量（在田地和圈地方面也是如此，单位为英亩），以及支付租金和税捐（包括实物税）的日期。这一文献还区分了根据地产文件租用的英亩数和约翰逊评估的租户实际占用的英亩数。[423] 这些信息是必要的和传统的，既根据档案资料的证据以及年长居民在庄园法院上宣读的誓词，也根据实地测量结果。

1647

尽管与其他一些早期的地产地图一样，这些地图对文本进行了补充和放大，但它们可能是出于疏忽大意，或者是为了提高清晰度或者消除难看的地方，忽略了文中提到的某些建筑

---

[419] Bendall, “Estate Maps,” 80.

[420] Bendall, Maps, Land and Society, 159 – 177, and Bendall, “Estate Maps,” 70.

[421] “这是Robert Johnson Gent所进行的对Chrughoel和Tretowre的高贵调查。对盖尔特尔的最高贵的命令的伍斯特骑士的最高贵的威廉伯爵的审判员兼督察。这是女王伊丽莎白在位的第29年，也就是纪元1587年，10月1日”。National Library of Wales，Badminton 3。

[422] P. W. Hasler, *The House of Commons, 1558 – 1603*, 3 vols.（London: For the History of Parliament Trust by Her Majesty's Stationery Office, 1981），2：380 – 381.

[423] 尽管差异可能存在于所列出的英亩的性质（也就是说，是法定的还是当地的），这反映了拉尔夫·阿加斯的说法，他可能是最激昂的早期地产地图测绘的鼓吹者，大约在1596年，他写道：测量员的职责是“绘制［土地］……随即，检索并搞清有关的所有衰退的、隐匿的以及隐藏的地块，使其符合它们的证据，无论年代多么久远；尽管有瑕疵、被湮没、被抹杀，而且非常糟糕；除了租赁、传统、自由、特许权等方面的振作与复兴之外”（BL, Lansdowne MS. 165, fol. 95，引用于Darby，“Agrarian Contribution,” 531 – 532，请参阅McRae, *God Speed the Plough*, 177）。

物或农业区划。[424] 它们执行统一的比例尺，1 英寸代表 4 链（chain）——这似乎在这些早期地方地图上很受欢迎，甚至可能是标准比例尺[425]——除了整个特里陶尔领地的整体索引图外，展示了村庄、教堂和城堡。在图上，地产和各处田地及草地的界限都得到了特别细致的显示，以及标注了名字的相邻的土地所有者。各种大小的建筑物都得到表现，其中更重要的那些显然是被个性化表示了。颜色和符号与文本相关，用于区分租户。[426] 这些地图可以很好地服务于它们的主要目的：确定特定租户领有的土地，以及他们为从伯爵手中重新获得土地所应支付的租金和罚款或（经常）支付的税赋，随着时间的推移，和/或确保未来租赁土地的商业水平的经济回报。地图集容易受到多种更多用途的影响，但是，在这种情况下，除了将林地与空旷地带区分之外，土地利用不是其中之一。[427] 所以，即使是这种早熟但典型的地产地图集，也证明了经过更仔细的检查，在一个主要方面不能满足哈维关于地图的标准。

书面调查、附属文本和独立地图

图形和文字之间的平衡从一开始就有很大的可变性。[428] 在没有地图的情况下，文字调查继续撰写出来。例如拉尔夫·阿加斯绘制的几幅地产地图似乎只是对文字调查或地籍册的补充，在地图上，文字被控制在绝对最低限度，甚至在与书面调查相关的符号范围内，被用来代表租户的名字，如在克里克豪厄尔和特里陶尔地图集中。相反，特别关注的是地图可以特别有效地传达边界和物理特征。

在其他情况下，这种平衡更加均等，但是地图上有田地名称、面积以及租户和邻居的名字，仍然有文字的地籍册，当然它只是以一种不同的方式简单地列出地图上的书面信息。与此同时，我们可以找到一幅单独的地图，就像阿加斯的托丁顿（Toddington）地图一样，在其上有时会充盈着文字。[429] 但在其他情况下，文字几乎完全从地图上消失，也没有文字的地籍册，并且可能只是为了展示。[430] 到了 1650 年，所有这些类型的地产调查并存于世。

---

[424] 关于在马克·皮尔斯（Mark Pierse）的杰出的拉克斯顿（Laxton）地图（请参阅图版 69）的环境下的其他例子，J. V. Beckett，*A History of Laxton*：*England's Last Open-Field Village*（Oxford：B. Blackwell，1989），62，以及关于托马斯·克莱（Thomas Clay）的大布克姆（Great Bookham）、萨里（Surrey）的地图中对无地劳动者的茅舍的遗漏，请参阅 John H. Harvey，"Thomas Clay's Plan of the Manor of Great Bookham，1614 –1617，" *Proceedings of the Leatherhead & District Local History Society* 2（1957 –1966）：281 –283，esp. 282。

[425] Bendall，Maps，*Land and Society*，39 – 40。根据 Felix Hull，"Aspects of Local Cartography in Kent and Essex，1585 –1700，" in *An Essex Tribute*：*Essays Presented to Frederick G. Emmison as a Tribute to His Life and Work for Essex History and Archives*，ed. Kenneth James Neale（London：Leopard's Head Press，1987），241 –252，esp. 242，17 世纪埃塞克斯地图的标准比例尺也是每英寸 4 链。在英格兰地图集概念的演变过程中，标准比例尺的采用是非常重要的。

[426] 我很感激凯瑟琳·德拉诺 – 史密斯（Catherine Delano-Smith）指出，这些符号的形式很可能是由为识别的目的而在各个佃户的牛和羊身上标记的独特标记衍生而来的。

[427] 我特别感谢威尔士国家图书馆（National Library of Wales）的罗伯特·戴维斯（Robert Davies），他为我对地图集中的地图的比例尺进行了双重检查。

[428] 关于下一段，请参阅 Harvey，"English Estate Maps，" 37 –40。

[429] 请参阅图 54.22。

[430] 例如，请参阅 "The Mannour of Coulthorpe with ye Demesne of Lundhouse belonging to Richard Walmesley Esqre"［今北约克郡的卡乌索普（Cowthorpe）］的匿名平面图，年代可确定为 1663—1664 年（BL，Add. MS. 78905），几乎完全没有文字，没有任何租界、边界和土地利用的信息，但有一幅非常好的乡村景观图以及——最显著地——理查德·沃姆斯利（Richard Walmesley）及其妻子玛丽·尼·弗罗蒙（Mary née Fromond）。

草稿和完成的地图

正如哈维所说，这些大比例尺地方地图的外观和形式有很大的差别，在某种程度上也反映了它们不同的目的。[431] 有很多制作精美的地产地图集，如克里克豪厄尔和特里陶尔地图集。在萨福克郡的朗梅尔福德（Long Melford），有多张地产或庄园地图，例如伊斯雷尔·阿迈斯的1580年威廉·科德尔爵士在朗梅尔福德的地产的8图幅地图。[432] 大多数地图都是画在单张纸上，表现一块地产或庄园，或者在地产分散的地方下，根据租户或所有者分别对田地进行着色。到17世纪中叶，分散的土地经常无视地理现实而聚集在一张纸上，有意或无意地给人一种单一的、大的、隐含着的地产管理良好的印象。它们很好地说明了哈维的观察，即"这类地图……告诉我们，一定不是土地所有者如何经营自己的地产，而是他如何看待自己的地产"。[433]

1648

像拉尔夫·阿加斯，约翰·诺登，埃塞克斯的沃克家族的各个成员，以及塞缪尔·皮尔斯（Samuel Pierse）和他的儿子马克等制图师，他们专门从事高度图像化地图的绘制，尽管这些地图不损害数学的完整性，但他们大胆地使用色彩和包括对特别的房屋或不同季节的活动进行描述。相比之下，像克里斯托弗·萨克斯顿或拉尔夫·特雷斯韦尔这样的其他制图师，则绘制了极其简单的地产地图，这些地图通过前面所述及的大胆的色彩和几乎所有的装饰，使得线条的清晰度达到了最高程度。[434]

用精美的颜色和熟练的笔触在羊皮纸上制作这些已完成的地图，被在便宜的纸张的制作了更加朴素初级的地图所领先。这些草稿似乎通常是由制图师与完成的地图一起交给赞助人的。[435] 据推测，它们保留下来作为参考，可能会对专门版本的面积形成挑战，但在某些情况下，它们可也能被委托家庭的管家用于日常管理。尽管他们并不总是把所有书面信息都包含在漂亮的版本中，但在格式上却有些笨拙，有时由尺寸不规则的单页拼在一起，并且缺少已完成地图的往往信息量大的修饰，[436] 许多可能已经被使用，并且注明到了销毁的地步。他们有时被精美版本所取代，特别是如果它们不是太大的话，就会被所有者从其图书馆降级到其代理人的办公室里，然后自己加以注释，以反映已改变的现实。[437] 这种做法可以解释为什么

---

[431] Harvey, "English Estate Maps," 36.

[432] Bendall, "Pride of Ownership," 94 –95.

[433] Harvey, "English Estate Maps," 59。关于普遍现象，请参阅 Hill，*Cartographical Curiosities*，关于特别的例子，请参阅 Giles Burton, "An exact survey of certayne lands & tenements lyeing in the pa［r］ish of Northiam,"，显示了1632年萨塞克斯的感恩者弗鲁尔（Thankful Frewen）的土地［BL, Maps M. T. 6b. 1（30）］。

[434] 关于这些测量员，请参阅相关文档，见 Bendall，Dictionary，vol. 2，and Edwards and Newton，Walkers of Hanningfield。特雷斯韦尔的城市内容平面图有时更加图像化：请参阅 Schofield，*London Surveys*，56，144，pls. 1 and 2，and fig. 52。

[435] Woolgar, "Draft Estate Maps," 讨论了一组有趣的来自牛津大学基督圣体学院的档案，从它们所揭示的有关于测量技术和地图绘制信息的观点来看，没有猜测它们后来会被用于何种用途。

[436] Woolgar, "Draft Estate Maps," 140.

[437] 20世纪早期，斯潘塞家族，大概把他们现有的做法珍若拱璧，也就是把明显是18世纪地产地图的草稿与完成度更高的地产地图用巨大的灯芯绒装订在一起，可能是用于地产办公室（BL, Add. MS. 78155 * 是一个保存至今的例子，附有照片，显示了它最初的内容）。到19世纪，本多尔记录下（"英格兰一个郡的地产地图"）是如何制作出亚历山大·沃特福德（Alexander Ⅱ Watford）的剑桥的女王学院的地产地图集的两部副本的，一部品相好的羊皮纸例子是为其主人制作的，而"一部劣质纸张副本（原本是草稿?）是为财务主管制作的"。另请参阅 Harvey, "English Estate Maps," 43 and 58 –59。

早期草稿的保存率较低，当然许多草稿地图仍然存在于档案中，等待被后人发现。

绘制城镇地图，1550—1611年[438]

大陆的灵感

如果说地产地图的绘制对于英格兰及其殖民地来说具有特殊的特征，甚至可能是独一无二的，[439] 这是英格兰社会大土地所有者权力日益增长以及国内相对安定的结果，都铎王朝和斯图亚特王朝早期的英格兰的城市地图的绘制则很大程度上是对外来影响的模仿。这种模拟可能是德意志、瑞士和意大利的城市和城市国家在政治和社会方面巨大的重要性的结果，与之相比，除了伦敦以外的其他几个英国城市相对渺小，尽管他们对地方来说非常重要，是公民爱国主义的焦点和社会生活以及贸易和工业的中心。

英格兰城市地图一些最早为人所知的制作者或赞助人与德语世界的直接联系是惊人的。根据威廉·哈里森在1577年所写，雷纳·沃尔夫在1573年去世时，一直在绘制一系列英国主教驻地的城镇平面图，他本人也是德意志人，来自斯特拉斯堡。[440] 医生威廉·卡宁厄姆绘制了最早的标有日期的印本英格兰城镇平面图：诺里奇（1558年）和古文物学家约翰·胡克（John Hooker）则是1587年埃克赛特斜瞰景观图的负责人，他们分别毕业于海德堡大学和科隆大学。[441] 有强有力的旁证表明，是居住在伦敦的德国汉萨商人委托制作了1557—1559年间的伦敦铜版地图（图54.16），其中只有三块原图版目前是已知的。[442] 此外，英国都铎王

1649

---

[438] 这一部分在很大程度上要归功于已故的威廉·拉文希尔的打字稿中所提供的信息，我再次向他的遗孀玛丽和他的遗嘱执行人罗杰·凯恩表示感谢，因为他们允许我使用它，尽管结构和论点是我的，除非另有说明。

[439] David Buisseret, "The Estate Map in the Old World," in *Rural Images*, 5 – 26；关于与欧洲其他地方发现的城堡地图测绘之间的比较，请参阅 R. J. P. Kain and Elizabeth Baigent, *The Cadastral Map in the Service of the State: A History of Property Mapping* (Chicago: University of Chicago Press, 1992)。

[440] R. A. Skelton, "Tudor Town Plans in John Speed's *Theatre*," *Archaeological Journal* 108 (1951): 109 – 120, esp. 116; "Speed, John," in *The Dictionary of National Biography: From the Earliest Times to 1900*, 22 vols. (1885 – 1901; reprinted London: Oxford University Press, 1973), 18: 726 – 728; and Bendall, "Speed, John"。尼古拉斯·雷诺兹在一封写给奥特柳斯的信中提到了沃尔夫，也提到了一幅1562—1563年间的铜版伦敦地图［Ortelius, *Epistvlae*, 103 – 104 (letter 43) and 897 – 898, ca. 1573, now BL, Add. MS. 63650 Q］，可能是在这一联系之下。

[441] Taylor, *Mathematical Practitioners of Tudor & Stuart England*, 172。根据泰勒的说法，卡宁厄姆在1557年才毕业的，所以当他开始自己的《宇宙之镜》（这本书于1559年底出版）的时候，德意志的影响是非常新鲜的。然而，对马修·钱皮恩的未发表的研究表明，卡宁汉姆（也拼写作 Kennyngham）是在1559年才在海德堡大学获得了医学博士学位，而不是在1557年，也就是在他的书出版前的几个月，这说明实际上他可能在德意志的时候就已经在一直研究这个计划了。非常感谢钱皮恩先生，他非常慷慨地把这一重要的新的生平信息提供给我，当时他做的研究还未发表。关于最新发表的1558年地图的讨论，请参阅 Raymond Frostick, *The Printed Plans of Norwich, 1558 – 1840* (Norwich: Raymond Frostick, 2002), 1 – 4；关于埃克赛特的平面图，请参阅 W. L. D. Ravenhill and Margery Rowe, "A Decorated Screen Map of Exeter Based on John Hooker's Map of 1587," in *Tudor and Stuart Devon: The Common Estate and Government*, ed. Todd Gray, Margery M. Rowe, and Audrey M. Erskine (Exeter: University of Exeter Press, 1992), 1 – 12, esp. 2。16世纪40年代，胡克在斯特拉斯堡和德意志地图绘制最活跃的中心之一阿尔萨斯的某个地方住了一段时间。他与霍林斯赫德的《编年史》的修订有关，这使他与威廉·哈里森建立了联系，而且通过哈里森，他可能曾看到过沃尔夫的城镇平面图。正如拉文希尔所说的那样，1575年，在萨克斯顿绘制德文郡的地图之时，作为市镇财务官的胡克肯定与萨克斯顿接触过。

[442] Peter Barber, "The Copperplate Map in Context," in *Tudor London: A Map and a View*, ed. Ann Saunders and John Schofield (London: London Topographical Society, 2001): 21 – 26.

朝城市地图制图师中最多产和最富有影响力的人之一威廉·史密斯，早在 16 世纪 70 年代末和 80 年代初，在纽伦堡度过了八年的酒馆管理员岁月，并确实绘制了这座城市的地图，尽管他最早的城市调查是在 1568 年的布里斯托尔，之后才在德意志逗留。[443]　1650

图 54.16　伦敦佚名铜版地图的铜版

约 1557—1559 年。图幅 3 的铜版，原图在德绍（Dessau），显示了圣保罗附近（图像颠倒）。伦敦博物馆提供照片。Anhaltische Gemaldegalerie Dessau 和伦敦博物馆提供特许使用。

德意志—尼德兰的影响从最终描绘的外观中看，是显而易见的。无论是据说威廉·史密斯倾向的那种类型的侧视图，[444] 还是斜瞰（或鸟瞰）视图，抑或平面视图，其原型都在之前出现在北欧大陆上。除了 1545 年的朴茨茅斯平面图之外，意大利式的平面城市规划图对于都铎王朝和斯图亚特王朝早期的英格兰来说，看起来几乎是不为人知的。[445] 在这样的背景下，1558 年卡宁厄姆的诺里奇平面图具有特别的启发意义。

它意在说明托勒密的"地图编制术"，或地方地图绘制的概念，同时展示通过使用三角测量可以实现的内容：在尼德兰已经很流行的理论。诺里奇的图像也是德意志—尼德兰式理

---

[443] Delano-Smith and Kain, English Maps, 182, and David Smith, "The Enduring Image of Early British Townscapes," *Cartographic Journal* 28 (1991): 163 - 175, esp. 163 - 164.

[444] Skelton, "Tudor Town Plans," 119.

[445] 各种类型的城市描述术语的定义一直是很多国际讨论的主题。例如，请参阅 W. L. D. Ravenhill, "Compass Points: Bird's-eye View and Bird's-flight View", *Map Collector* 35 (1986): 36 - 37; Helen M. Wallis and Arthur H. Robinson, eds., *Cartographical Innovations: An International Handbook of Mapping Terms to 1900* (Tring, Herts: Map Collector Publications in association with the International Cartographic Association, 1987), 41 - 43 and 52 - 55; Smith, "Enduring Image," 163 - 164; and Lucia Nuti, "The Perspective Plan in the Sixteenth Century: The Invention of a Representational Language," *Art Bulletin* 76 (1994): 105 - 128。

念传递到英格兰环境里的一个例子。与铜版相反，木刻板的方法带有德意志的特质。诺里奇图像的页面上的布局与1521年奥格斯堡的约尔格·塞尔德（Jörg Seld）/汉斯·维德茨（Hans Weiditz）地图非常相似，这幅地图是阿尔卑斯山以北地区已知最早绘制的平面景观图。[446] 虽然几乎是早期城镇景观图和平面图中的司空见惯的对象，但前景中人物的布局和姿态，似乎是在模仿1552年汉斯·洛滕萨克（Hans Lautensack）的从东俯视纽伦堡的景观图中的内容[447]（尽管对测绘板和日晷的描述似乎是卡宁厄姆一直以来的想法），而平面图上方云中的位置和墨丘利的姿态似乎很大程度上归功于科内利斯·安东尼松在其1544年的阿姆斯特丹平面图中对海神的描绘。[448] 正如斯凯尔顿所指出的那样，斯皮德选择"步"作为他所测绘的城镇平面图的测量单位也很重要。在英格兰很少使用"步"这一长度单位，它更通常与尼德兰联系在一起，在尼德兰，德芬特已经使用这一单位进行一些城市测绘。[449]

即使在扣除掉16世纪和17世纪初的大多数"英格兰"铜版地图掌握在外国人手中这一事实之后，我们还是可以在为英格兰的平面景观图选择雕刻师方面看到更多大陆影响力的证据。伦敦的铜版地图上是由一位佛兰德雕刻师刻版，无论他是一位安特卫普的佚名雕刻师，还是如同有人认为的那样，是在伦敦工作的托马斯·杰明努斯、[450] 彼得·穆泽（Peter Muser），有人猜测他是德意志人，与奥古斯汀·赖瑟合作雕刻了哈蒙德（Hamond）九图幅的1592年剑桥地图。克里斯托弗·施维策（Christopher Schwytzer），可能来自苏黎世，不仅雕刻了约翰·诺登的奇切斯特的小型平面图——这幅图出现在《不列颠之镜》（1595年）中相关一卷的他的萨塞克斯地图的角落中，而且还雕刻了马修·帕特森（Matthew Patteson）的达勒姆的透视图。[451] 最后，是弗兰斯·霍亨贝赫的兄弟雷米吉乌斯·霍亨贝赫，他雕刻了约翰·胡克的埃克塞特的斜视图。虽然胡克和萨克斯顿的德文郡地图的雕刻师霍亨贝赫最初的接触，是通过克里斯托弗·萨克斯顿、雷米吉乌斯的关系，他是《寰宇概观》的主要创作者之一，在英格兰有相当大的名气，很有可能也已经成为雷米吉乌斯选择的一个因素。

伯恩和霍亨贝赫的作品为约翰·诺登和约翰·斯皮德创作的城市图像提供了灵感——如果不是由威廉·史密斯创作的话，并鼓励威廉·哈里森于1577年和1591年提议创作英格兰版本。然而，也正是因为史密斯、诺登、斯皮德和其他英格兰城市平面图绘制者（如理查德莱恩、拉尔夫·阿加斯和约翰·哈蒙德）的工作，也为伯恩和霍亨贝赫提供了一些英格兰

---

[446] 除了现在收藏于奥格斯堡，以及在 Schulz，"View of Venice，" 468 – 470 中复制和讨论过的著名的着色例子之外，大英图书馆有一份无色的例子［Maps *30415（6）］，复制于 *Segni e sogni della terra*：*Il desegno del mondo dal mito di Atlante alla geografia delle reti*，exhibition catalog（Novara：De Agostini，2001），78（no. 41），以及于 Barber，"Maps，Town-Views，" 1：256 and 2：507 – 509（figs. 445 and 446）。

[447] 复制于 James Elliot，*The City in Maps*：*Urban Mapping to 1900*（London：British Library，1987），28 – 29。

[448] 在德巴尔巴里（de Barbari）的1500年威尼斯平面景观图中同时描绘出了水星和海王星，这一点非常值得注意。这三幅平面景观图都复制于 Elliot，*City in Maps*，18，22 – 23，and 40 – 41。

[449] Skelton，"Tudor Town Plans，" 116.

[450] 最近，约翰·本奈尔（John Bennell）于2002年5月，在位于伦敦的历史研究所的一次伦敦历史研讨会上发表了一篇论文，其中提出了杰明努斯。关于另一种意见，安特卫普，请参阅 Barber，"Copperplate Map，" and particularly 20，26。

[451] Hind，*Engraving in England*，1：150（Muser，whom Hind thought came from the Netherlands），228 – 230（Schwytzer）；Skelton，"Tudor Town Plans，" 113；关于达勒姆，请参阅 Phyllis Mary Benedikz，*Durham Topographical Prints up to 1800*：*An Annotated Bibliography*（Durham：University Library，1968）。

城市平面图的材料，当然弗兰斯·霍亨贝赫自己也创作了许多英格兰城镇的景观图。[452]　1651

官方城市平面图

1550 年以后，英格兰地图学家制作了越来越多的英格兰和国外的城镇平面图。虽然这种区分在某些情况下是模糊的，但也可以区分出两个广义的群体：官方和行政的平面图，通常是绘本，和那些纪念性的、宣传的，或文物性质的，用来阐释或展示，有时是印本。然而，不管是为了什么目的，几乎所有的产品都制作精美。

拉尔夫·阿加斯与他的许多同时代人明显不同步，在他 1596 年的《准备》（*Preparative*）中，他主张不仅要使用经纬仪而不是测绘板来进行城市勘测，[453] 而且这种平面图的主要目标是行政管理，或者，用他的话说，“如果你没有规划街道和小巷，以此作为铺设道路的合理依据，那么兴建一座城市、自治市镇和城镇是没有意义的”。[454] 然而，那些关心国家行政管理的人确实分享了他的观点，并继续委托绘制城市平面图。那些具有重要战略意义的城市，如朴茨茅斯（理查德·波平杰的故乡）、普利茅斯、卡莱尔以及贝里克，在整个伊丽莎白的统治期间继续得以描绘，它们的港口和防御工事得到改善，以满足不断变化的需求和威胁。[455] 希望得到政府支持的地方当局也认为，如果配上地图和平面图，他们对枢密院的请求会更好。有些图，如 16 世纪 80 年代和 16 世纪 90 年代以来保存下来的多佛尔平面图（最终解决了鹅卵石阻塞港口的问题），都是基于最新的勘测。[456] 其他的作品，如现在保存在大英图书馆的大雅茅斯的 16 世纪中期或晚期的栩栩如生的描绘，可能是从早期的原作中复制过来的。[457]

殖民政策导致了爱尔兰城镇平面图的绘制（尽管城堡继续成为詹姆斯一世统治时期的主要关注的焦点），[458] 并且创造了约翰·怀特对罗阿诺克的英格兰定居点附近的波梅奥伊厄斯（Pomeoioc）和塞克顿（Secoton）的印第安人村庄的斜瞰景观图，罗阿诺克在流产的首

---

[452] Smith，“Enduring Image，”在最新绘制了这些图像及其创作者和复制者之间的复杂关系。关于乔治·布朗和弗兰斯·霍亨贝赫二人的图像之间的来源，另请参阅 R. A. Skelton's “Introduction” to the facsimile of their *Civitates orbis terrarum*，“*The Towns of the World*，” *1572 - 1618*，3 vols.（Cleveland：World，1966），1：Ⅶ-ⅩⅩⅢ。

[453] 本多尔（“Draft Town Maps，”32 and 35）无意中在牛津的默顿学院的城市平面图的卷帙中发现了强有力的证据，证明都铎或斯图尔特王朝最多产的城镇平面图创作者——斯皮德，使用了平板仪和链。

[454] 引用于 Skelton，“Tudor Town Plans，”115。

[455] 一般来说，请参阅 *HKW* 的第 4 卷和 Skelton and Summerson，*Description of Maps*。关于 Portsmouth，请参阅 D. Hodson，comp.，*Maps of Portsmouth before* 1800：*A Catalogue*（Portsmouth：City of Portsmouth，1978）. BL，Cotton MS. Aug. I. ii. 117（约 1584 年），可能由 Popinjay 制作，也讨论于 Tyacke and Huddy，*Saxton and Tudor Map-Making*，57；关于大约 1563 年的卡莱尔（Carlisle）（BL，Cotton MS. Aug. I. i. 13），请参阅 Harvey，*Maps in Tudor England*，72；关于普利茅斯，请参阅 Stuart，*Lost Landscapes*；关于贝里克（Cotton MS. Augustus I. ii. 14 of ca. 1570），请参阅 Rodriguez-Salgado，*Armada*，69。

[456] Biddle and Summerson，“Dover Harbour，”4：759 - 764，尤其引用了 BL，Cotton Aug. I. i. 46，收入 Robinson，*Marine Cartography in Britain*，pl. 9。

[457] BL，Cotton MS. Aug. I. i. 74，复制于 Tyacke and Huddy，*Saxton and Tudor Map-Making*，fig. 16，and Harvey，*Maps in Tudor England*，18 - 21。

[458] 请参阅本卷第 55 章，而且更广泛地，Andrews，Plantation Acres，and Hayes-McCoy，*Ulster and Other Irish Maps*；关于 1600 年之后的时期，请参阅科顿收藏中的大量防御工事平面图。

个弗吉尼亚殖民地，位于现在的北卡罗来纳州。[459]

外交政策的紧急情况也导致了法国和尼德兰的城镇平面图的绘制，无论是英格兰军队围困的城镇（如鲁昂和格罗宁根），还是尼德兰北部的“警戒城镇”，如弗卢兴。这些都是尼德兰北方各省领导人向伊丽莎白交出的，他们承诺偿还伊丽莎白在与西班牙的斗争中给予他们的贷款和其他援助。围城地图往往是很简单的，甚至是粗糙的，因为它们的唯一目的是传达最新的信息（尽管伯利将它们保留下来，作为城市未来使用的平面图）。[460] 警戒城镇的平面图是为了引诱和通知，正如罗伯特·亚当斯的1585年弗卢兴的精美平面图的如同珠宝般的绘制所阐明的。[461] 巴普蒂斯塔·博阿齐奥的斜瞰景观图也同样如此，这两幅景观图都是用手工绘制并刻成文字记载的插图，同年，中美洲西班牙城镇（如圣地亚哥和圣多明各）平面图也被弗朗西斯·德雷克掠夺走。[462]

1550年以后，个人和企业机构也开始为了行政目的而委托绘制城镇地图。1574年由理查德·莱恩雕刻的剑桥平面图的原型（可能是）由副校长安德鲁·佩内（Andrew Perne）送给了伯利勋爵，说明了这种优势，尤其是在防止黑死病暴发方面，这将取决于提议的卡姆（Cam）河分流和国王沟渠的冲刷（图54.17）。[463] 众多的城镇和乡村，从相当大的地方，如

1652

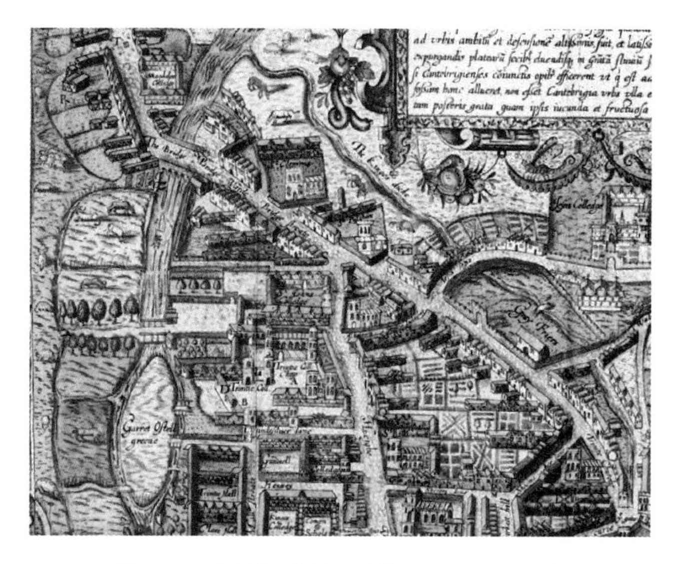

图54.17 理查德·莱恩：《剑桥平面图》，1574年

《剑桥镇》（*Oppidvm Cantebrigiœ*）的细部；全图如图57.7所示。该平面图出现在约翰·盖厄斯（John Caius）的《从罗马学院开始的剑桥史》（*Historiœ Cantebrigiensis Academiœ ab vrbe condita*）中。

整幅原图的尺寸：43 ×30厘米。由BL提供照片［C. 24. a. 27（3）］。

---

[459] 这些景观图现在收藏于 Department of Prints and Drawings，British Museum，复制于 White，Complete Drawings，62 and 66。由特奥多尔·德布里在其托马斯·哈里奥特的《弗吉尼亚简要真实报告》的1591年版本中雕刻，这些景观图成为之后两个世纪中欧洲地图上表现美洲原住民乡村的标准图标。

[460] 例如，BL Cotton MSS. Aug. I. ii. 87，89，90，91（Rouen 1541－1542，主要由 Edmund Yorke 制作）和 BL Cotton MS. Aug. I. ii. 93；Cotton MS. Galba D. X.，fols. 189 and 190（Groningen，1594）。

[461] 还有 Hatfield House，CPM. Ⅱ. 43，复制于 Skelton and Summerson，Description of Maps，65（no. 104）and pl. 17；Barber，“England Ⅱ，”69；以及 Rodriguez-Salgado，Armada，118。

[462] BL，Egerton MS. 2579；Walter Bigges，A Summarie and True Discourse of Sir Frances Drakes West Indian Voyage（London：R. Field，1589）；and Sir Francis Drake，108－111.

[463] Delano-Smith and Kain，*English Maps*，201，and Harvey，*Maps in Tudor England*，16.

切尔姆斯福德（Chelmsford）——由约翰·沃克于1591年绘制（图54.18），到贝德福德郡（Bedfordshire）托丁顿这样的小村庄——在十年前由拉尔夫·阿加斯绘制，都出现在房地产地图上，有时还包含所有权的信息和任期的性质。很可能受到他们从16世纪70年代中期开始委托绘制其农村地产的平面图以及规模庞大的建筑平面图的启发，诸如伦敦圣巴塞洛缪和基督医院等企业机构，以及伦敦制衣公司开始委托拉尔夫·特雷斯韦尔绘制他们在城市内所拥有的一组房产和街道的详细平面图，他当时正深入参与市政事务。这些平面图在评估新租约签订后的租金发放，规划发展以及在发生争议时保护其合法权利（图54.19）。[464]

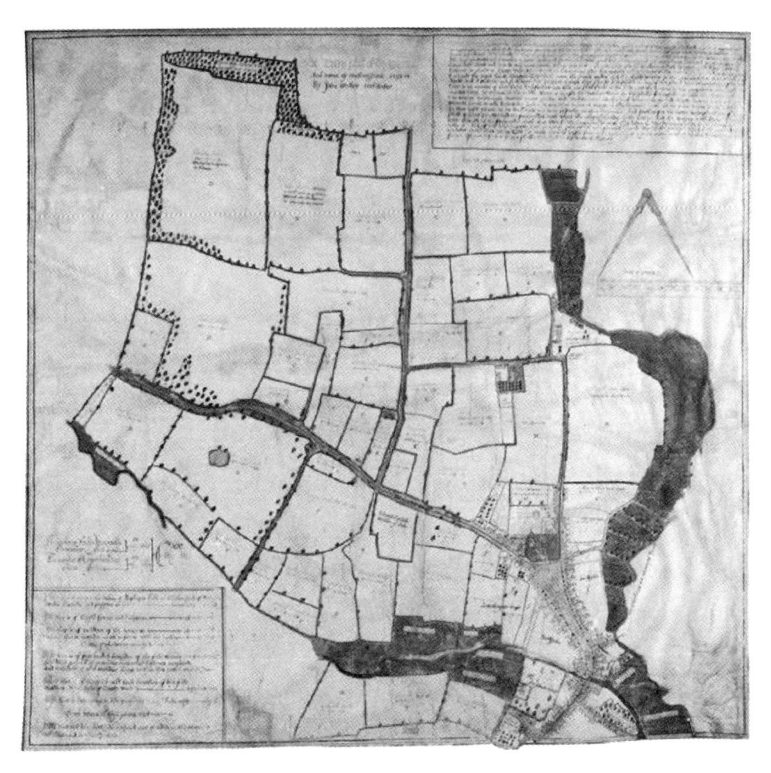

图54.18　约翰·沃克：《切尔姆斯福德地图》，1591年

原图尺寸：约66×71.1厘米。埃塞克斯切尔姆斯福德档案室提供照片（D / DM P1）。

公民自豪感的表达

1653

在现在的主要是行政地图组成的收藏中，可以找到几幅都铎时代城镇平面图或斜瞰景观图的原图，比如伯利—萨克斯顿地图集中的什鲁斯伯里（Shrewsbury）的景观图，可能因公

---

[464] Schofield, *London Surveys*; Etherton, "Treswell's Association with St Bartholomew's Hospital," 103 - 117; and Peter Barber, "A City for Merchants," in *Tales from the Map Room*, 134 - 135。考虑到海图制图师马丁·卢埃林（Martin Llewellyn）本人在地图绘制方面的经验，这一点很容易推测到：当1599年他被聘用为圣巴塞罗缪医院的管理人时，他的地图绘制技巧可能曾经是一个考虑因素。在他的职业生涯的晚期，他确实参与了为医院复制地图的工作。请参阅 Tony Campbell, "Atlas Pioneer," Geographical Magazine 48, no. 3 (1975): 162 - 167, esp. 167。

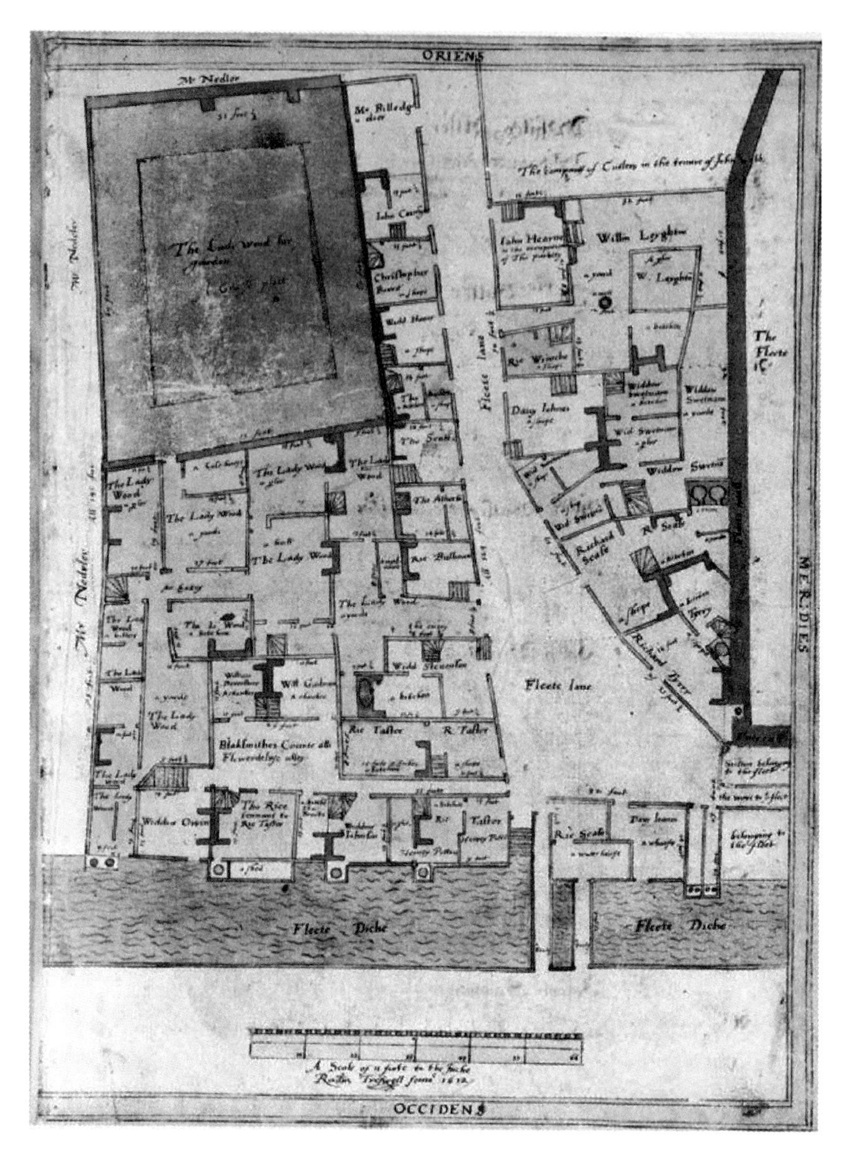

图 54.19 拉尔夫·特雷斯韦尔：《伦敦物业平面图，舰队港 16－21》，1612 年

原始尺寸：49.4×37 厘米。伦敦制衣公司提供照片（Clothworks' Company Plan Book，fol. 47）。

民爱国主义和古文物主义的原因而被委托绘制。[465] 特纳（Turner）指出，在 16 世纪末的挂毯地图中发现的中部地区的几个小城镇的小插图，是建立在直接观察的基础上的，并可能源自其他当地委托绘制的地图和景观图，这些地图和景观图从未以印本形式出现，其绘制是为了当地的消费和欣赏。[466] 1596 年 7 月，由克里斯托弗·萨克斯顿通过约翰·迪伊的斡旋而制作的曼彻斯特地图（现在已亡佚），似乎由于相似的原因，由亨利·萨维尔

1655

[465] 在 Harvey, *Maps in Tudor England*, 76 提出了这一点。什鲁斯伯里（Shrewsbury）的景观图（BL, Royal MS. 18. D. Ⅲ, fols. 89v－90）复制于第 70—71 页。关于另一例，请参阅大雅茅斯平面图，第 1651 页，注释 457。

[466] Hilary L. Turner, "'This Work thus Wrought with Curious Hand and Rare Invented Arte': The Warwickshire Sheldon Tapestry Map," *Warwickshire History* 12 (2002): 32－44。非常感谢希拉里·特纳（Hilary Turner）的好意，她允许我读她当时尚未出版的文章的打字稿。

(Henry Savile) 爵士委托制作了。萨维尔是一位著名的古文物学家，他对数学有着浓厚的兴趣，也许是约翰·斯皮德城镇平面图的许多原作的接收人之一，这些平面图现在都保存在默顿学院。[467] 现在我将转向这些并非为行政管理而绘制，而是往往没有实用性目的的其他平面图。

1558年，威廉·卡宁厄姆对诺维奇的描述被誉为英格兰城镇的第一幅准确的印本图像，在这种情况下，它是一幅平面景观图。[468] 然而，在伴随这一观点的文字中，卡宁厄姆写道："地方志更倾向于描述品质和形象方面，然后才是在任何细节方面的巨大和量化"，[469] 如果数学精确性是他的唯一目标，这是一个奇怪的表述。事实上，钱皮恩在最近指出，图像中描绘的几座建筑物在1558年便已不复存在，此图确实可能是从更早的也许是16世纪30年代的城市平面图中复制而来，这些平面图现在已经亡佚，[470] 其与斯皮德后来在他的南安普敦郡和格洛斯特郡（Gloucester）的平面图上绘出的已不复存在的城墙的方式相同。[471] 在这两种情况下，其意图可能是要超越现有的现实，以表达对该城镇的潜在"品质"的感觉，在诺里奇的案例中，通过对在城市上方的商业之神墨丘利的描述，并且在精神层面上，通过指出宗教烈士因其信仰"被烧毁"的地方，使这种感觉得到进一步增强。

在1558—1612年期间制作的大多数其他印本城镇平面图中都可以找到类似的公民自豪感和古物主义精神。最近的研究表明，伦敦的大型铜版地图受到隶属于菲利普和玛丽宫廷的人文主义者的影响，特别是乔治·历里，旨在创造一个以海运羊毛贸易为基础的讨人喜欢的财富与王室的资本形象，[472] 而不是与商人的权力扯到一起。因此，尽管描绘的是制衣公司的大厅，却没有标注其名称（取而代之的，则是标出先前被压制了一代的修道院基金会和教堂的名称），而皇家游船则被描绘在地图的中心位置上。[473] 这个重点在大型木刻板平面图的图例中被改变，转向以城市的古文物为基础的公民自豪感，这一木刻板平面图就是在铜版地图中衍生出的16世纪60年代创作的所谓阿加斯地图。

尽管其起源于功利主义，但莱恩的剑桥地图的最终形式，阐释了约翰·盖厄斯的《从罗马学院开始的剑桥史》，这一文本认为剑桥大学的成立早于牛津大学。这幅着色漂亮而且昂贵的平面图，精确而优雅，它所描绘的大学之美强调了卡宁厄姆所称的城镇的"品质和

---

[467] Evans and Lawrence, *Christopher Saxton*, 100。萨克斯顿的其他（保存下来的）迪斯伯里（Dewsbury）城镇平面图，似乎是在法律背景下创作的（pp. 111 112，绘制于 Tyacke and Huddy, *Saxton and Tudor Map-Making*, 50）。另请参阅 Bendall, "Draft Town Maps," 41 - 42。

[468] Elliot, *City in Maps*, 40 - 41, and Harvey, *Maps in Tudor England*, 73 - 74.

[469] Cuningham, *Cosmographical Glasse* (1559), 7, 引用自 Skelton, "Tudor Town Plans," 118。这些话特别提到了托勒密坚持认为"地图绘制术"是图画的而不是数学的（这是为了描绘更大的区域而保留下来的），但是"质量和图形"这些词在16世纪的英格兰有着更为广泛的文化内涵。

[470] 感谢马修·钱皮恩，他分享了自己关于卡宁厄姆及其诺维奇地图的未发表研究（University of East Anglia, 2002）。2003年，他在伦敦的沃伯格研究所的地图和社会系列讲座中发表了关于同一主题的一篇论文。

[471] Delano-Smith and Kain, *English Maps*, 192, and Skelton, "Tudor Town Plans," 115。即使卡宁厄姆简单地复制了大约1545年的整幅现在已经亡佚的诺维奇的亨利平面图，知道它已经过时了（正如马修·钱皮恩也曾暗示过一样），但这种解释依然有效。

[472] 北到腾特菲尔德（The tenterfields）（在那里晾晒着新布），南到泰晤士河，都以大得离谱的比例尺表现出来。

[473] Barber, "Copperplate Map," 20 - 23.

形象”。[474] 当然，牛津也可以尽善尽美，四年后，拉尔夫·阿加斯创作了一幅牛津地图（1578 年），比例尺为 40 英寸代表 1 英里（约 1∶1569），十年后，由奥古斯丁·赖瑟刻板并出版为八图幅。[475] 在此之后的四年中，剑桥回报以约翰·哈蒙德的 1592 年 9 图幅平面图，并由赖瑟在彼得·穆瑟的协助下再次刻板，这次的比例尺是 60 英寸代表 1 英里（约 1∶1056）。[476] 这两份平面图的文字都强调了他们高超的数学精确性，这使得拉文希尔（Ravenh-
1656 ill）声称“有了这两张地图……包含着第三维的城镇肖像达到了其完美的最高境界……使用一种技术……即使在我们自己的时代，似乎也没有超越”。[477]

约翰·胡克的埃克塞特地图（1587 年），其中原始绘本和证明的例子以及两个略作修改的更进一步的版本保存到现在，在一个重要的方面是不同的，它是一个斜瞰图，因此被描绘为一个不同的比例尺，而不是一幅平面图（图 54.20）。然而，它的目的与其他印本的伊丽莎白时代的城镇平面图的目的相同，就像它的古文物学家创作者胡克将会这样做。这幅图像获得的标志性地位很快被强调，在后来作为日期不确定的画屏的中心而重新使用。[478]

威廉·史密斯、约翰·诺登和约翰·斯皮德的微型平面图

虽然比例尺较小，但威廉·史密斯、约翰·诺登以及最后的约翰·斯皮德的小型城镇景观图和城镇平面图应该在相同的古物文化背景下看待。诺登的《不列颠之镜》各卷和斯皮德的《大不列颠帝国概观》的历史本质，其意图是作为他的《大不列颠史》（*History of Great Britaine*）的配图，[479] 以及两位作者呼吁地方爱国主义的方式，都是不言而喻的。但史密斯的《英格兰的特别描述，及某些主要城市与城镇的肖像》（*Particuler Description of England with the Portraitures of Certaine of the Cheiffest Citties & Townes*），包含 15 个市镇的景观图或平面
1657 图，以及切斯特的平面图（可以在他对其家乡柴郡的描述中找到），尽管表面上并未带有太多

---

[474] 图 54.17 和图 57.7；Harley，“Meaning and Ambiguity，” 29 – 30 and pl. 7；Harvey，*Maps in Tudor England*，16；Delano-Smith and Kain，*English Maps*，191；and Tony Campbell，*Early Maps*（New York：Abbeville，1981），75（color）。据记载，这幅地图的铜版售价为 30 先令，而莱恩则以 12 先令的价格进行了雕刻，又花了两先令用于给地图着色。Lynam，“English Maps and Mapmakers，” 59。

[475] 只有收藏在牛津大学塞尔登图书馆的一个例子保存了下来。请参阅 Ralph Agas et al.，*Old Plans of Oxford*（Oxford，1899），and Nicholas Millea，*Street Mapping：An A-Z of Urban Cartography*（Oxford：Bodleian Library，2003），30 – 31。1587 年，阿加斯绘制了一幅邓尼奇（Dunwich）的城镇平面图，这幅地图（像这座城镇的大部分地图一样）现在已经亡佚（Bendall，“Draft Town Maps，” 30）。

[476] 只有收藏在牛津大学塞尔登图书馆里的一例保存了下来。请参阅 John Willis Clark，*Old Plans of Cambridge*，*1574 – 1798*（Cambridge：Bowes and Bowes，1921），21 – 130，map no. 3，and Millea，*Street Mapping*，*4 – 5*。德拉诺 – 史密斯（Delano-Smith）最近（尽管是试验性地）认为这幅地图可能是约翰·拉德的儿子埃德蒙德的作品。请参阅 Delano-Smith and Kain，*English Maps*，191，and Catherine Delano-Smith，“Son of Rudd：Edmund，another Tudor Mapmaker?” *Map Collector* 64（1993）：38。米列亚（Millea）认为阿加斯曾参与进来。

[477] 拉文希尔：未发表的手稿。然而，戴维·史密斯（David Smith）进行了平面调查，尽管确认了剑桥地图惊人的准确性，揭示了在牛津地图上 12%—17% 之间的错误率［David Smith，“The Earliest Printed Maps of British Towns，” *Bulletin of the Society of Cartographers* 27，pt. 2（1993）：25 – 45，esp. 34］。

[478] Kenneth M. Constable，“Early Printed Plans of Exeter，1587 – 1724，” *Report and Transactions of the Devonshire Association for the Advancement of Science*，*Literature and Art* 64（1932）：455 – 473，and Ravenhill and Rowe，“Decorated Screen，” 1 – 12 and pl. 1.

[479] 例如，偶尔地，人们可以发现副本被装订在一起，就像在华丽的着色的例子中，这一例一度由埃里克·加德纳（Eric Gardiner）所有，现在借给了大英图书馆（Maps Loan 1742）。

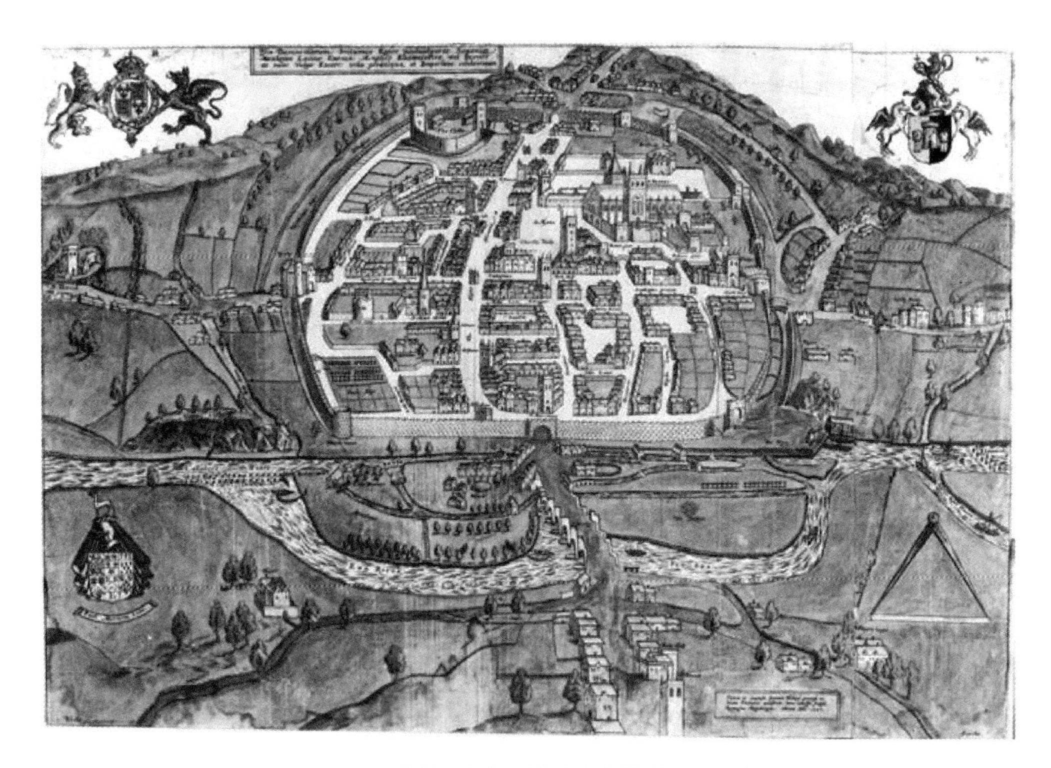

图54.20　约翰·胡克：《埃克赛特地图》，1587年

这是地图的A版本（B版本在私人手中；C版本在埃克塞特市议会）。原图尺寸：约35×50.8厘米。由BL提供照片（地图C.5.a.3）。

的历史意义，但仍呼吁当地的爱国主义并在此过程中引用历史。此外，史密斯的纽伦堡侧视景观图和平面图也出现在一部作品中，这部作品认为，德意志自由城市的历史成功，使其成为英格兰城镇一个合适的典范。[480]

考虑到这样的背景，三位作者都选择了更具情感色彩的图画式平面景观图（而且，在史密斯的案例中还包括了城市侧面图或全景图），而不是更干瘪的，看似更实用的平面图作为视觉传达信息的媒介，这一点不奇怪。史密斯和斯皮德（我们没有关于诺登的城镇调查的信息）似乎很快就完成了工作，通常在每个城镇耗费不超过一天的时间，尽管在较大的城镇多花了一点时间：史密斯在布里斯托尔花了两天时间，而斯皮德在曼彻斯特待了三天。[481]

---

[480] 史密斯包含城镇平面图的著作，是他著名的"英格兰的特别描述……"，日期为1588年，但包含1568年的平面图，增加到1603年［BL，Sloane MS. 2596；一份摹写版本，有亨利·B. 惠特利（Henry B. Wheatley）和埃德蒙·W. 阿什比（Edmund W. Ashbee）的引介，出现在1588年威廉·史密斯《英格兰的特别描述》中，附有一些主要城镇和贵族及主教的纹章（Hertford：S. Austin and Sons，1879），由私人订阅出版］；他的1594年的纽伦堡城市图（请参阅注释340），他的"纽伦堡市民W. 史密斯收集并记下的切斯特郡封君的描述"（Description of the Covntie Pallatine of Chester Collected and sett downe by W. Smith Citizen of Noremberge）（1585年）（Oxford，Bodleian Library，MS. Rawl. B 282）。为关于纽伦堡的卷帙做伏笔，这包括一幅地方（郡）地图、一幅全境图、一幅侧面图以及一幅城镇斜视景观图，在这种情况下，不但是切斯特，而且还有霍尔顿和比斯顿（Beeston）的景观图。切斯特的平面图和侧面图也可以在史密斯的"柴郡之旅"（Visitaition of Cheshire）（BL，Harley 1046，fols. 171 and 172）中找到；Smith，"Enduring Image，" 163－164；Elliot，*City in Maps*，39 and 43－44（尽管其分析应该被谨慎对待）；以及Harvey，*Maps in Tudor England*，75 and 77。

[481] Bendall，"Draft Town Maps，" 41；Skelton，"Tudor Town Plans，" 115；and Lawrence，"Permission to Survey，" 20.

这个领域的第一人是史密斯，他的布里斯托尔平面景观图似乎是1568年的坎特伯雷，以及他后来的巴斯和切斯特的平面图。[482] 然而，在他的《总体描绘》（*General Description*）中的15份城市描绘中只有五幅是平面图，诺里奇和剑桥的平面图则是分别从卡宁厄姆和莱恩那里复制的。诺登打算创作一本英格兰城镇图像的书，但最后只有一份新的奇切斯特调查平面图（1595年）[483] 和伦敦及威斯敏斯特的衍生平面图，这幅图表现了他的《米德尔塞克斯地图》（1593年）。剩余的城镇景观图和平面图，包括北安普敦郡的海厄姆·费勒斯（Higham Ferrers）、彼得伯勒（Peterborough）和北安普敦，[484] 康沃尔郡的朗塞斯顿（Launceston）（1604年）[485] 和伯克郡的温莎（Windsor）（1607年）等村庄和小镇，仍停留在绘本状态。[486]

据说诺登的萨塞克斯地图上所附的奇切斯特平面图启发斯皮德产生了插图地图的想法，它们会在他的郡域地图上出现。[487] 在《大不列颠帝国概观》（1612）的郡域地图的角落，斯皮德最终创建了英格兰微缩版本的布朗和霍亨贝赫的城镇书，附有72个插图的城镇平面图。其中不少于54幅是建立在斯皮德自己调查的基础上。其他则来自布朗和霍亨贝赫、大比例尺印本市镇平面图、史密斯和诺登的平面图，以及罗伯特·科顿爵士收藏的爱丁堡和纽卡斯尔等城镇的绘本地图。[488]

圣像、徽章和装饰，1550—1611年

宫廷中的地图

到了16世纪最后1/3时间的时候，地图已经牢牢地嵌入了大多数接受过教育的英国人的身体和心理环境中。如果在15世纪40年代，地图是被用来作为壁画，画布，并伴随着各种绘画和奇迹——只有在宫廷和特定的一群侍臣和大臣们的家中，[489] 那么，二十年来，壁挂

---

[482] Smith, "Enduring Image," 173 n. 17，纠正了惠特利和阿什比。

[483] David J. Butler, *The Town Plans of Chichester*, *1595 - 1898* (Chichester: West Sussex County Council, 1972), 4 - 5。保存下来的唯一一例现在收藏在伦敦的皇家地理学会（Royal Geographical Society）。

[484] 海厄姆·费勒斯阐释了1591年《不列颠之镜》中关于北安普敦郡的卷帙，此卷帙现在收藏在BNF（收入Beresford, *History on the Ground*, pl. 13）；北安普敦郡和彼得伯勒郡可以在稍后的1610年的北安普敦郡卷很明显地发现，这一卷帙现在已经亡佚，有致克里斯托弗·哈顿爵士的献词（未引用的版本见Smith, "Enduring Image," 166）。诺登本人也承认，惠格姆·费勒斯的描述是基于一幅匿名的旧平面图（Lynam, "English Maps and Mapmakers," 67）。

[485] 在诺登《不列颠之镜》中的康沃尔卷中，关于此，请参阅*Norden*, *Norden's Manuscript Maps*。

[486] Survey of the Honour of Windsor, BL, Harley MS. 3749, fols. 5v - 6.

[487] Smith, "Enduring Image," 166。奇切斯特的图像比尼德兰地图上出现边界上的城市图像要早几年。Schilder, *Monumenta cartographica Neerlandica*, 1: 124 - 135 and 3: 154 - 160。

[488] 这一数字是基于本多尔将肯德尔（Kendal）、彼得伯勒和卡莱尔增补到根据带有斯皮德起草的33幅城镇平面图的卷帙（pressmark D. 3. 30），她是在牛津大学的默顿学院图书馆发现的。关于斯皮德城镇平面图的"原本"的数目的早期讨论，这一"原本"是由他定义的，指那些带有以步为单位的比例尺的地图，尽管本多尔的发现揭示了某些不一致之处——请参阅Skelton, "Tudor Town Plans"; Brian Paul Hindle, *Maps for Local History* (London: B. T. Batsford, 1988), 61 - 67; and Smith, "Enduring Image," 166。科顿所拥有的地图现在收藏在大英图书馆中。

[489] Barber, "England Ⅰ," 42 - 45.

1658

地图已经在商人和绅士的家园以及贵族的家中司空见惯。[490] 更便宜的木刻版地图，无论是多幅地图，如在1561年以后不久刻版的所谓的阿格斯伦敦地图，抑或单张缩小的大比例尺地图，都进入了社会等级进一步下降的家庭中。[491] 甚至有可能在17世纪早期的小酒馆里，都装饰着同样廉价的地图——尽管主要是在尼德兰共和国印刷——这可以在17世纪的尼德兰绘画中看到。

在这一时期，直到1625年查理一世登基为止，地图在宫廷显示君权方面继续发挥着重要作用。[492] 有说服力的证据表明，1540年之后，亨利八世试图模仿欧洲其他君主，他们长期以来都是用绘画的方式来纪念其成功的，[493] 他用一系列的壁画和嵌板画装饰了白厅的墙壁，其中包含对其胜利的地图式的鸟瞰式描绘。[494] 除了利用现有的绘画之外，例如在特劳恩（Terouanne）围城展示亨利和马克西米利安的会面，这可能是由皇帝马克西米利安一世提出的[495]——亨利也委托了制作表现其以前的成功的新画作，比如仍然存在的1520年的《金缕地》（*the Field of the Cloth of Gold*）（这也解释了为什么他那时候以一个中年男人的形象出现在那里，尽管他当时还年轻），最重要的是，在1544年7—9月间展示了围攻布洛涅的一系列过程。[496] 护国公保罗·萨默塞特可能也有类似的野心，约翰·拉姆齐（John Ramsay）绘制的表现1547年9月英格兰在苏格兰的平齐谷（马瑟尔堡）短暂胜利的一系列六幅图画，可

---

[490] 例如，请参阅 "Extracts from the Private Account Book of Sir William More, of Loseley, in Surrey, in the Time of Queen Mary and of Queen Elizabeth," Archaeologia 36（1855）：284－310，esp. 288－291；Barbara Winchester, *Tudor Family Portrait*（London：J. Cape，1955），111 and 114（关于"Cabota，他的地图"大概可能是1549年在伦敦雕刻的现在已经亡佚的世界地图的副本，抑或是1544年版本的副本，这一版本的两副凡例现在都还保存下来，请参阅图40.20）；Delano-Smith，"Map Ownership"；Delano-Smith and Kain，English Maps，242－243；and Goldring，"Picture Collection，"160（非常感谢希拉里·特纳，她提醒我对此进行关注）。

[491] Peter Barber，"Court and Country：English Cartographic Initiatives and Their Derivatives under Henry Ⅷ and Philip and Mary，" in *Actas—Proceedings—Comptes-Rendus：19th International Conference on the History of Cartography，Madrid，1－6 June 2001*，CD-ROM（Madrid：Ministerio de Defensa，2002），1－11；Howgego，*Printed Maps of London*，10－11 and 48－49；Stephen Powys Marks，"Dating the Copperplate Map and Its First Derivatives，" in *Tudor London：A Map and a View*，ed. Ann Saunders and John Schofield（London：London Topographical Society，2001），7－15，esp. 9－12.

[492] Rye，*England as Seen by Foreigners*，159－162 and 164，and Wallis，"Cartography of Drake's Voyage，"122－123 and 141，关于詹姆士一世统治时期王室宫殿的墙壁上挂着的地图。

[493] 这就是给出的印象。有些人，尤其是马克西米利安一世，一直是特别活跃的赞助人，而其他的人，诸如查理五世，就不是太积极，但是像查理五世的妹妹匈牙利王后和尼德兰的摄政王玛丽这样的代理人，都非常积极。

[494] 早在18世纪80年代，艾洛夫（Ayloffe）就正确地认为现在陈列于汉普顿宫廷的表现风景如画的田园风光的保存至今的画板可以"被认为是正确地将一幅图画式的地图称呼为一幅历史图画"［Joseph Ayloffe，"An Historical Description of an Ancient Painting in Windsor Castle，" *Archaeologia* 3（1786）：185－229，引用于 Sydney Anglo，"The Hampton Court Painting of the Field of Cloth of Gold Considered as an Historical Document，" *Antiquaries Journal* 46（1966）：287－307，esp. 287］。收入并讨论于 Starkey，*European Court in England*，50－51。

[495] 其复制及讨论，见 Barber，"England I，"47－48 n. 30 and pl. 1，and in Simon Thurley，"The Banqueting and Disguising Houses of 1527，" in *Henry Ⅷ：A European Court in England*，ed. David Starkey（London：Collins and Brown in association with National Maritime Museum，Greenwich，1991），64－69，esp. 68。

[496] 我们了解这些，是通过苏赛克斯的考德雷（Cowdray）公园中的相关壁画的雕刻，这是由塞缪尔·希罗尼莫斯·格里姆（Samuel Hieronymous Grimm）在其被1793年的火灾烧毁前不久制作的［复制并讨论于 Hope，*Cowdray and Easebourne*，50－53，pl. XV，and Christopher Lloyd and Simon Thurley，*Henry Ⅷ：Images of a Tudor King*（Oxford：Phaidon Press in association with the Historical Royal Palaces Agency，1990），44－45，54，56，78－79，and 120］，来自亨利八世1547—1549年的货物清单中所提及的地图（关于此，请参阅 Starkey，*Inventory*，no. 10773），以及来自 BL，Cotton MS. Aug. I. ii. 116，这些我已经确定是当时代的画作，显示了布格涅围城战的最后阶段，是从这些壁画中一幅的草稿中复制而来的。我简略地涉及了这些历史画作，见"England I，"29－30，41，47－48 n. 30，and pl. 1，以及 Thurley，"Banqueting and Disguising Houses，"68－69，但是我已经更充分地讨论过这些画作，并在"Cartography，Topography"中，对它们进行了不同的详细判断。

能已被用作进一步制作嵌板画和壁画的草稿，以纪念爱德华六世和萨默塞特本人的胜利。[497]

伊丽莎白一世没有被这种类似地图的绘画的胜利所吸引，但在其他方面，她最大限度地发挥了地图的宣传潜力。除了从其祖先那里继承的地图，例如吉罗拉莫·达韦拉扎诺和塞巴斯蒂安·卡伯特的地图之外，她还在白厅宫的密室画廊中审慎地使用了最近的地图。于是，她展示了世界地图，显示了德拉克的环球航行的情况，这是弗朗西斯爵士在他于1580年返回时提供给她的——但仅仅从大约1590年开始。到那时，与西班牙的战争爆发造成了一个无关痛痒的外交考虑，德雷德渗透进西班牙的殖民水域，以及其海盗活动，伤害了菲利普二世的感情。[498] 而一旦展出，地图就吸引了很多人的关注。菲利普的另一个敌人，法国的亨利四世获得了一份绘本副本，并委托制作印刷版本，并印有一幅来自希利亚德微型画的德雷克的肖像。当时还在英格兰的约道库斯·洪迪厄斯也在1590年前后出版了一个副本，其中包含了伊丽莎白的纹章和德雷克与卡文迪什的肖像，以便将她与对西班牙的无畏蔑视联系起来。1595年前后，他在阿姆斯特丹重新出版了这本书，并在侧面和印刷板上附有评论。此外，赫拉尔杜斯·墨卡托的孙子米夏埃尔·墨卡托于1589/1590年在伦敦，在私人发行的演示地图上，刻制了一枚银牌。[499]

1659

根据1613年一位访客的证词，在詹姆士一世的统治下，在私人画廊中展出了约翰·斯皮德的四图幅的大不列颠“入侵”地图［由雷诺·埃尔斯特拉克（Renold Elstracke）于1603/1604年雕刻铜版］（图54.21）的一幅精心绘制的范例，可能是一幅绘本。[500] 从许多方面来说，它代表着一种装饰性的地图，这种地图最初是从1590年以来在伦敦的佛兰德制图师的出版社发行的。[501] 其中最引人注目的特点是边框装饰，它往往传达明确无误的社会政治信息，而地图本身则通常是衍生的。《入侵》地图是一个特别好的例子。它的在角落里的非地图元素描绘了王国的地产（即君主、上议院的神职和世俗议员、作为律师的下议院议员）、威廉一世的王室家谱（以詹姆士一世和其王后的肖像告终），以及英格兰和爱尔兰迄今为止所遭受的战争和被侵略的威胁。逐渐地，这幅地图显示出，詹姆士通过英格兰和苏格兰议会中集结的土地的地产进行统治，将会结束此前曾经困扰大不列颠的政治分裂、战争和内乱。詹姆士一世和新的斯图亚特王朝，是英格兰和苏格兰早期君主的合法继承人，将为他们现在统一的联合王国带来和平、安全和政治稳定，而这些领域一直受到政治分歧，战争和社会冲突的困扰。这幅地图构成了宣传运动的一个元素，来推广由新国王亲自策划的联合王

---

[497] Bodleian Library, Bod. MS. Eng. Misc. C. 13。在格里姆的雕刻中，也纪念了考德雷的爱德华六世穿越伦敦的加冕游行的描绘，可能是这一系列的另一个部分。

[498] Wallis, “Cartography of Drake's Voyage,” 121 – 122 and 133 – 135.

[499] Wallis, “Cartography of Drake's Voyage,” 141 – 151。墨卡托的银色勋章是地图勋章在英国的唯一一例，它成了一种普遍的、强有力的宣传形式，在勋章上，在银币和铜币上，尤其是在低地国家北部反抗西班牙时期。

[500] Rye, *England as Seen by Foreigners*, 165。提示了“用钢笔绘制并着色的英格兰王国”，可能是由斯皮德于1600年制作的手绘版本。它可能还参考了由威廉·基普雕刻，由汉斯·沃特尼尔出版的一份盗版版本，1603年，沃特尼尔当时在伦敦工作：他的图像和斯皮德地图非常相似。Morgan, “Cartographic Image,” 142（尽管摩根并没有对这幅特殊地图进行鉴定）；Schilder and Wallis, “Speed Military Maps,” 22 – 26; and Shirley, Early Printed Maps of the British Isles, 96 – 98, 103 – 104, and 106 – 107。

[501] Schilder, “Jodocus Hondius,” 40 – 43。另请参阅 Schilder, *Monumenta cartographica Neerlandica*, 6: 56 – 57。席尔德记录下的最早一例是由洪迪厄斯绘制的一幅英格兰地图，当时他还在伦敦，图中包括伊丽莎白一世的肖像和一对贵族和资本家夫妇的肖像，上面附有商业和学术的寓言。［关于两个已知例子中的一例，请参阅 BL, Maps *1175 (21)］。

国的概念，并用文字、图片甚至是钱币本身将这一概念表达出来。难怪它会被安放在王宫的画廊内，为王室知识和权力以及英格兰帝国的命运添加上更深入的线索，被同一画廊中的旧地图所容纳。对于贵族，绅士和商人（斯图亚特王朝的统治最终依赖于它们的认同）来说，这幅地图也是足够便宜的，将其展示在他们的房间中。

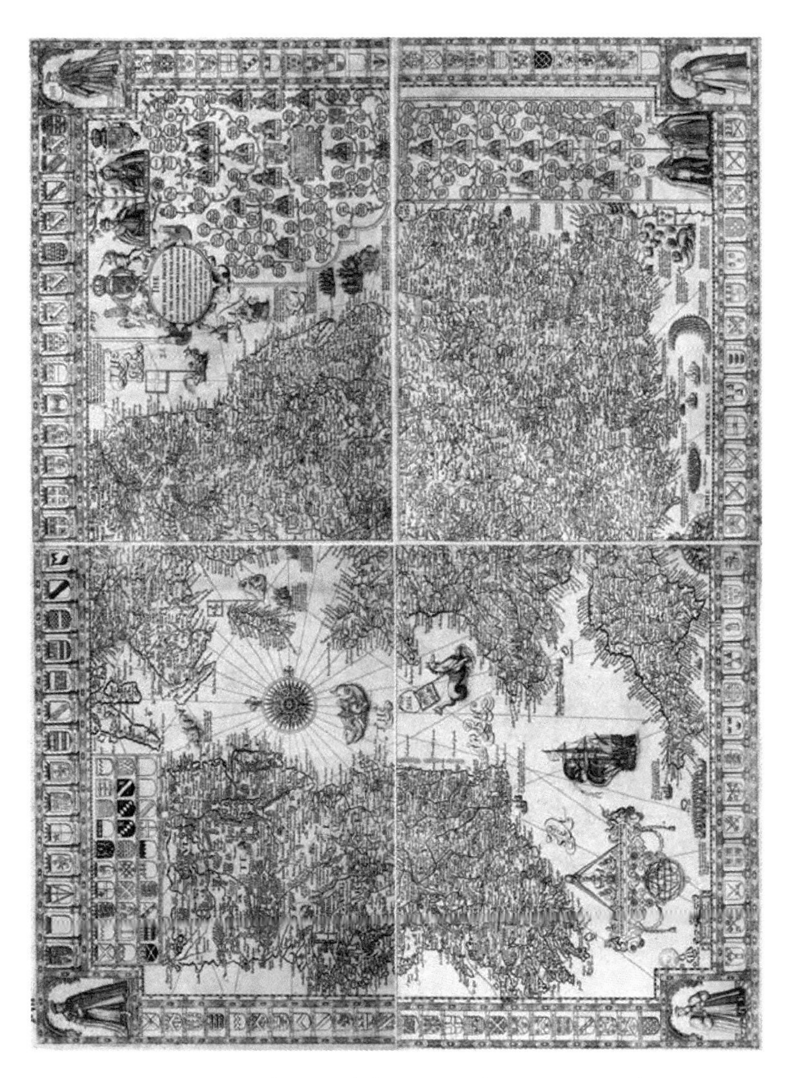

图 54.21　约翰·斯皮德的《入侵》地图，1603/1604 年

原图尺寸：80×106 厘米。BNF 提供照片（Rés. Ge. DD. 6056）。

国中的地图

挂毯地图

很少能够证明在画廊中所展出的地图和德雷克的实际宣传影响。然而，毫无疑问，此类的目标在证明委托制作展示地图所投入的大量支出方面发挥了重要作用。这些华美挂毯描绘了击败西班牙无敌舰队，人们不需要再寻找爱国理由，它们是在 16 世纪 90 年代早期由伊丽莎白的海军大臣——埃弗菲姆（Effingham）的霍华德勋爵向布鲁塞尔的弗朗西斯·斯皮尔林克斯（Francis Spierincx）委托制作的，并基于罗伯特·亚当斯的地图。挂毯从1595年开始装饰上议院的墙壁，直到1834年被大火烧毁。[502]

另一个例子是格洛斯特郡、伍斯特郡、牛津郡和沃里克郡的一组挂毯地图。这些作品大概是由拉尔夫·谢尔登（Ralph Sheldon）在1590年由他的叔叔威廉·谢尔登（William Sheldon）于1570年在斯陶尔河畔希普斯顿（Shipston on Stour）附近的挂毯工厂委托制作的（图版68）。挂毯是当时英格兰文化的典型代表。佛兰德因素对媒介和功能都有启发，[503] 他们的题材通常是英式的。显然受到萨克斯顿郡图的影响，尽管如此，它们仍然受到原始材料的影响——特别是在城镇景观方面——并且背叛了其他同时代人的影响力，如威廉·史密斯。他们的目的是要传达一种繁荣、丰饶的印象，并且通过威廉·卡姆登的《不列颠尼亚》来解释与谢尔顿家族有关各郡的古物。挂毯通过描绘其宅邸来纪念他们与王朝的联盟，突出他们的家庭、朋友和顾客的力量，特别是莱斯特伯爵罗伯特·达德利。[504] 特纳确实认为，除了罗伯特·达德利之外，所描绘的房屋都是天主教家族，这些家族拥有对王室的忠诚记录，挂毯和相关物品（例如他们在布雷莱斯的庄园的华丽地图），[505] 同时反映出家族的天主教信仰，也是拉尔夫·谢尔登在无敌舰队后几年忠于伊丽莎白一世的秘密宣言。[506]

1661

地产地图

通常来讲，地产地图主要用于展示，而不是为了上面讨论的无数实际目的。托勒密自己已经提请人们注意地志学的重要性，或者说，描绘一个地方，最好是用图画的方式，而不是地理学和宇宙学，这在16世纪下半叶发表的地理书籍中越来越强调。[507] 把自己的地产作为最小的地理单位的一个例子，并且认为它与群、行省和国家同样值得绘制地图（而事实上它已经成了主题的地理绘图），这并不是一种过分的延伸。

---

[502] Rodriguez-Salgado, *Armada*, 248－251。然而，它们的外观保存在由约翰·派因（John Pine）创制的精美雕刻中。

[503] 普遍认为，佛兰德的挂毯是欧洲最精美的，它们昂贵的价格和华丽的外观使其成为那个时代的豪华礼物，正如亨利八世的清单和他藏品中保存下来的少数挂毯证明了这一点。其中一些最著名的，比如马克西米利安的狩猎（现在收藏在卢浮宫）和帕维亚战役［那不勒斯的卡波堤蒙特博物馆（Capo di Monte Museum）］，都包含了地形意义上的逼真背景。由威廉·帕内马克（Willem Pannemaker）根据扬·科内里松·费尔梅延（Jan Cornelisz. Vermeyen）的草图［现在收藏在维也纳的艺术史博物馆（Kunsthistorisches Museum）］绘制的1535年查理五世的北非战役的12幅挂毯系列（现在收藏在马德里）中，有一幅西地中海的地图（请参阅本卷图版22）和另一幅突尼斯及其城郊地图［请参阅 Lisa Jardine, *Worldly Goods: A New History of the Renaissance* (London: Macmillan, 1996), 386－392, pl. 13，和其中引用的参考文献，以及最近的 *Der Kriegszug Kaiser Karls V. gegen Tunis: Kartons und Tapisserien*, ed. Wilfried Seipel (Vienna: Kunsthistorisches Museum, 2000)］。很有可能，威廉·塞尔登，甚至可能是拉尔夫·塞尔登已经看到了这些，当它们最初在1554年菲利普与玛丽在温莎城堡举办的婚礼中公开展示的时候：威廉的舅舅尼古拉·希思（Nicholas Heath）是玛丽的约克大主教和大法官（Turner, "Warwickshire Sheldon Tapestry Map"）。

[504] Hilary L. Turner, "The Sheldon Tapestry Maps belonging to the Bodleian Library," *Bodleian Library Record* 17 (2002): 293－311。关于塞尔登的挂毯，另请参阅 Morgan, "Cartographic Image," 152－153, and Delano-Smith and Kain, *English Maps*, 49－50。

[505] Hilary L. Turner, "An Early Map of Brailes: 'Fit Symbolographie'?" *Warwickshire History* 11 (2001): 182－193.

[506] 还有其他的17世纪地图挂毯，例如收藏于伦敦的维多利亚和艾伯特博物馆（Victoria and Albert Museum）的米德尔塞克斯的地图，于1632年由雷普顿的玛丽·艾尔（Mary Eyre of Rampton）委托那些被解雇的挂毯工制作的，现在收藏于诺丁汉市的服装和纺织博物馆（Museum of Costume and Textiles）（细部复制于 Delano-Smith and Kain, *English Maps*, 50），连同那些塞尔登的伍斯特郡（Worcestershire）和莱斯特郡（Leicestershire）的原本地图的复制品，表现出了可能已经制作出的几套挂毯地图。

[507] Cormack, *Charting an Empire*, esp. 163－202.

即使是对学生而言，日益熟悉的壁挂地图⑱也可以用于信息，但也用于展示，似乎鼓励创建比作为记录或作为规划工具所需要的更大、更精美装饰的地产地图。在拉尔夫·阿加斯的准备工作（1596年）中，他已经撰写了12—16图幅地图，“因为所有者会拥有它们。”⑲他的怪物是位于贝德福德郡的托丁顿的20图幅的1581年地产地图，接近4×3米，最初保存在卷轴上，以方便在切尼勋爵的宅第中展示（他似乎是制图学的重要支持者），这是一个很好的例子（图54.22）。这些宏伟的地产地图虽然是按照最先进的科学戒律构建的，并且包含许多有用的信息，但主要是为了社会和心理目的。增加了土地管理不需要的几项功能。几乎总是这些包括精心制作的水果、花朵和花饰的罗盘玫瑰、⑳金箔的使用，以及越来越多的赞助人的纹章武器。具有政治，社会和历史意义的建筑物，如城堡，其他地主家庭的房屋和教堂，也经常被准确地描绘出来，尽管有时它们显示为比委托地图的地主的宅邸更小。㉑威廉·利伯恩（William Leybourn）在《完美测量师》（1653）中指出，这些地块“得到了良好的呈现……将是庄园主人的一个整洁的装饰品，挂在他的书房或其他私人的地方，这样他就可以快乐地看到面前的他的土地，以及所有或每一个地方的数量，而不会费任何力气。”㉒到17世纪初，托马斯·伦道夫（Thomas Randolph）写道：

你聘请了几位艺术家来展示
对土地的测量，这样你就会知道
你有多少土地。㉓

然而，地图并不总是或仅仅是为了委托绘制它们的人的私人利益。威廉·科德尔爵士这样的自信的律师，㉔或者是像威廉·科德尔爵士这样的下一代的商人转变而来的土地所有者，偶尔像诺森白兰伯爵这样的旧贵族的一员，委托诸如伊斯雷尔·阿迈斯、马克和塞缪尔·皮尔斯、㉕摩西·格洛弗，或者埃塞克斯的汉宁菲尔德的沃克家族这样的技巧熟练的测量师—绘图师，㉖来绘制大型的地产地图，上面画有彩色的风景，太阳总是照耀，人口稠密，在皮尔斯地图的案例中，有着耕地和收获的微缩场景（图版69）。它们经常用赞助人的纹章进行装饰，包括四合一纹章、支架和舵（或者在适当的情况下，还有冠冕），用来召唤 1662

508 请参阅Delano-Smith, “Map Ownership,” 各处。

509 引用于Mason, “Measure of Essex Cartograpy,” 260，请参阅Harvey, “English Estate Maps,” 53－56。

510 感谢玛丽·拉文希尔（Mary Ravenhill）对罗盘玫瑰的许多讨论。

511 例如，伊斯雷尔·阿迈斯绘制的威廉·科德尔在萨福克郡的朗梅尔福德的地产的平面图。请参阅Bendall, “Pride of Ownership,” 94。

512 William Leybourn, *The Compleat Surveyor: Containing the Whole Art of Surveying of Land* (London: Printed by R. and W. Leybourn for E. Brewster and G. Sawbridge, 1653), 274－275，引用自Bendall, Maps, Land and Society, 178。关于诺登（以及卢卡和利伯恩）的“坐在他的椅子上，[看到]他所拥有的，它的位置和布局，以及每一个细节的使用者和所有者”，请参阅McRae, *God Speed the Plough*, 192－193，引用了John Norden's *Surveior's Dialogue*, 16。

513 “他欣赏着缪斯的无价内容”（第123—125页），见Thomas Randolph, *Poems with the Muses Looking-Glasse, and Amyntas* (Oxford, 1638), 5，引用于Bendall, *Maps, Land and Society*, 146。

514 Bendall, “Pride of Ownership”.

515 除了那些引用于Bendall, *Dictionary*, vol. 2（另请参阅1: 31－32）中的来源，请参阅Mary R. Ravenhill, “Sir William Courten and Mark Peirce's Map of Coullompton of 1633,” in *Devon Documents in Honour of Mrs Margery Rowe*, ed. Todd Gray (Tiverton: Devon and Cornwall Notes and Queries, 1996), xix-xxiii。

516 Edwards and Newton, *Walkers of Hanningfield*.

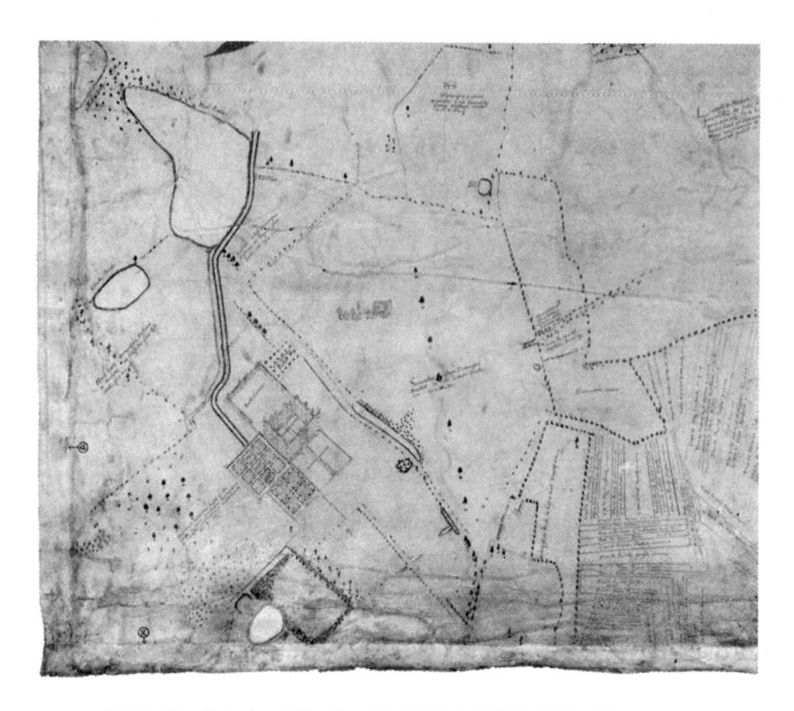

图 54.22 拉尔夫·阿加丝：托丁顿地产地图的细部，约 1581 年

完整原图尺寸：约 4×3 米；细部尺寸：约 54×63.7 厘米。由 BL (Add. MS. 38065 H) 提供照片。

他们的祖先、著名的联系、过去的历史和社会地位，而一架有讽喻意味的球仪、书籍甚或花朵，都可能会温和地提及他们所宣称的智力成就。[517]

这些地图被装帧成卷轴或画框，挂在他们的入口大厅、画廊、客厅，以及大房间里，靠近家庭肖像，旨在让参观者对委托绘制这些地图的人及其家庭的权力、品味和知识留下深刻印象。[518] 因此，这些地图会提高其所有者在社会中的地位，并且进一步支持他们作为受益者的社会等级体系。[519] 在这些地图中，土地所有者成为绝对的主人，他们的房屋最为显眼，而

1663

---

[517] Bendall, *Maps, Land and Society*, 177–184.

[518] 1613 年，科德尔在梅尔福德宅邸的继任者托马斯·萨维奇爵士委托马克·皮尔斯制作了一幅同样的萨福克郡地产的大型地图（Suffolk Record Office, Bury 2130/2）。诺森伯兰伯爵的艾尔沃思（Isleworth）小邑的一幅详细地图，其比例尺大约为 1：3168（或者，再一次，1 英寸为 4 链），“其中一位阁下和那位强有力的贵族和真正令人尊敬的诺森伯兰伯爵，我高贵的领主和主人阿尔杰农·珀西（Algernon Percy）的部分税收”，由“画家和建筑师”摩西·格洛弗（Moses Glover）于 1635 年，以德意志风景画的风格，以西翁以及其在中心的地产绘制，并用伯爵及其亲属和祖先的纹章和家谱来装饰，现在仍陈列在西翁的宅邸中。它收入西翁宅邸的指导手册：《诺森伯兰公爵的驻地》（A Seat of the Duke of Northumberland）（Derby：English Life Publications，1987），第 14—15 页，描述于 Lynam，“Character of England in Maps，”16–20。另一幅华丽的地产地图是为一位简朴的乡村绅士而绘制的，但用其纹章、一幅其宅邸景观图以及讽喻装饰和动物图像来装饰，是威廉·吉尔（William Gier）的 1612 年地图，显示了位于苏赛克斯的泰斯赫斯特（Ticehurst）教区的土地，对其讨论见 Hilda Marchant，“A Memento Mori or Vanitas Emblem on an Estate Map of 1612，”*Mapline* 44（1986）：1–4。另一幅由吉尔在 1614 年绘制的同一教区的哈默登（Hammerden）的平面图，包含了一幅地产的主人安东尼·阿普塞利（Anthony Apsely）的肖像及其纹章、领地之前主人的肖像和纹章，以及家畜的图像（East Sussex Record Office，SAS/CO/d3），收入并讨论于 *Common Chronicle*，14 and pl. 1。

[519] Klein，Writing of Space，55–60；Harley，“Meaning and Ambiguity，”37–38；and McRae，*God Speed the Plough*，190 and 192.

且经常被集中显示。事实上，王权在萨克斯顿地图上以皇家纹章的形式出现，但通常无处可见，而较小的土地所有者和佃农仅仅具名而已，和在中世纪世界地图上完全像边缘化的怪物和半人形的生物一样。

考虑到以贵族和士绅为代表的王权与国家权力之间的变化平衡，随着17世纪的进展，这些寡头势力表现中所蕴含的信息可能比隐含在那些古老的大师画作、雕塑、景观图以及极少的地图中的信息更符合政治和社会现实，后面的这些装饰着温莎、白厅或汉普顿宫廷等王室宫殿的大房间和画廊的墙壁。我们完全可以想象，被击败的查理一世的幼子们（其中有后来的詹姆士二世），他们于1648年被囚禁在西翁（Syon）宅邸中，当他们凝视着摩西·格洛弗通过地图对看守他们的诺森伯兰伯爵的领地和持久权力的赞美时，一定感受到了混杂的情绪。[520]

绘画，文学和次要艺术中的地图

地图和球仪也在肖像画方面起到了重要的辅助作用。他们被看作由小马库斯·格拉茨（Marcus Gheeraerts Younger）和科内利斯·科特尔（Cornelis Ketel）绘制的诸如弗朗西斯·德雷克和马丁·弗罗比舍这样的航海家和探险家的肖像画中的适当道具，[521] 在安东尼·凡戴克所绘的1639年阿伦德尔的伯爵和伯爵夫人肖像中也起到同样作用，在这幅肖像中，伯爵被画为指向一个大地球仪上的马达加斯加，那是一次最终失败的殖民探险的位置，这个地球仪可能是尼德兰人制作的。[522] 从图版23中可以看出，17世纪20年代，土地所有者和业余艺术家纳撒尼尔·培根爵士也选择在其自画像中把自己描绘在奥特柳斯的《日耳曼尼亚》地图前。但是，伊丽莎白一世本人在这方面尤其引人注目。尽管不像她的父亲、兄弟或首席大臣，她似乎对地图的行政潜力没有特别的喜爱，也没有意识到这一点，但她确实抓住了它们作为寓意符号方面的潜力。她（至少）一再默许被描绘在地图和球仪附近。也许最引人瞩目的写照，是由女王的近卫亨利·李爵士委托小马库斯·格拉茨绘制，并且可能纪念她为参加1592年的娱乐活动而前往牛津郡的迪奇利（Ditchley），将她描绘为站在一架地球仪中的英格兰地图上方，她统治这个国家，同时保护它免遭周围风暴的威胁（请参阅图版18）。[523]

---

[520] Oliver Millar, *The Age of Charles I: Painting in England, 1620 – 1649* (London: Tate Gallery Publications, 1972), 106 – 108.

[521] 分别收藏于位于伦敦的国家航海博物馆和鲍德林图书馆（收入并讨论于 Rodriguez-Salgado, Armada, 226 – 227 and 230）。

[522] 这幅画现存有几种版本，复制并讨论于 Oliver Millar, *Van Dyck in England, exhibition catalog* (London: National Portrait Gallery, 1982), 99。

[523] Frances Amelia Yates, *Astraea: The Imperial Theme in the Sixteenth Century* (1975; London: Ark Paperbacks, 1985), 104 – 106; Roy C. Strong, *The Cult of Elizabeth: Elizabethan Portraiture and Pagentry* (London: Thames and Hudson, 1977), 154（姑且将它定为1590年）; Morgan, "Cartographic Image," 152; Harley, "Meaning and Ambiguity," 33 and pl. 8［附有对斯特朗（Strong）较早分析的参考文献］; and Karen Hearn, *Marcus Gheeraerts Ⅱ: Elizabethan Artist* (London: Tate, 2002), 12 and 30 – 33。可能有人指出该图像与"避免危险"的无敌舰队奖章非常相似，在奖章上伊丽莎白被描绘成一棵跨越一座岛屿的月桂树，这座岛屿被狂暴的海洋所包围（Edward Hawkins, *Augustus W. Franks, and Herbert A. Grueber, Medallic Illustrations of the History of Great Britain and Ireland to the Death of George Ⅱ*, 2 vols. (London: British Museum, 1885), 1: 154 – 156）。

在肖像画上有一个不太显眼的镶嵌着宝石的浑天仪，暗指她对自然的掌控，这一浑天仪被画成一枚耳环。1583 年，小昆廷·马齐斯［Quentin Matsys (Massys)］绘制了一幅伊丽莎白的“筛子”肖像画，这幅画的最初版本现在收藏在锡耶纳，在这幅画中，一个球吸引了观众的注意力（图 54.23）。[524] 在一幅充满了寓意引用的图像中，我们看到了一个世界，这个世界被笼罩在黑暗之中，除了不列颠群岛之外，它与一艘大西洋上向西航行的船沐浴在光明中——这是最近由约翰·迪伊在其《关于完美航海技艺的普遍和罕有回忆》(*General and Rare Memorials Pertayning to the Perfecte Arte of Navigation*)（1577 年）书中所阐明的对英格兰的帝国天命的写照。在“无敌舰队”肖像画（已知有好几种版本）中，女王的手放在一架球仪上，但更具体地说，是在北美洲的上方，而她的手指则指向西属美洲。这一描绘似乎不仅仅表现出广义上的英格兰帝国的野心，而且也体现出它在美洲扩张的愿望，这一愿望与迪伊的想法和德雷克在这一地区的突袭相一致。[525]

1665

图 54.23 小昆廷·马丘斯：伊丽莎白一世的肖像，1583 年

原图尺寸：124×92 厘米。Pinacoteca Nazionale, Siena (inv. n. 454)。由 Soprintendenza al Patrimonio Storico, Artistico ed Etnoantropologico per le Province di Siena e Grosseto 许可重制。

---

[524] 这可能本来是一份外交礼物，首次被记录在梅迪奇的宫殿里。例如，讨论并复制于 Rodriguez-Salgado, *Armada*, 86 - 87；Yates, *Astraea*, 114 - 118（尽管由于这幅画的年代有错误，她的分析是有缺陷的）；以及 Strong, *Gloriana*, 100 - 107。

[525] Rodríguez-Salgado, *Armada*, 270 and 274；Strong, *Gloriana*, 131 - 134；and Barber, “England Ⅱ,” 96 n. 180.

早在16世纪40年代，人们对地图就已经足够熟悉，足以发现它们在物品装饰方面发挥着象征性的作用。因此，在一把猎刀上发现了对1544年围攻布洛涅的描绘，这把猎刀是在1966年由英国王室收藏的，该作品可能是迭戈·德凯斯（Diego de Caias）在次年为亨利八世制作的（图54.24）。[526] 到了1590年，可以在纸牌上发现根据萨克斯顿郡的地图而绘制的缩减图像，英国和威尔士总计有52个郡，使得这方面特别方便。[527] 虽然这可能是为了纸牌卡片玩家所设计的，但他们的制作从教育方面来看是合理的，卡片上还附有描述整个国家及其构成的文字。大约五年之后，萨克斯顿地图的缩减版出现在由约道库斯·洪迪厄斯的姐夫彼得·范登克雷在阿姆斯特丹雕刻的一组缩微地图中，克雷在16世纪90年代曾雕刻了诺登的《不列颠之镜》各卷的一部分。[528]

图54.24　迭戈·德凯斯：亨利八世的猎刀，约1545年

布洛涅之围的猎刀细部。

刀长：65.4厘米。由 Royal Collections © 2006，Her Majesty Queen Elizabeth Ⅱ. Royal Library，Windsor（RCIN 61316）提供照片。

---

[526] Claude Blair, "A Royal Swordsmith and Damascener: Diego de Caias," *Metropolitan Museum Journal* 3 (1970), 149 – 192, esp. 166 – 172; Simon Thurley, "The Sports of Kings," in *Henry Ⅷ: A European Court in England*, ed. David Starkey (London: Collins and Brown in association with National Maritime Museum, Greenwich, 1991), 163 – 171, esp. 164; *Treasures from the Royal Collection*, exhibition catalog [(London): Queen's Gallery, Buckingham Palace, 1988], 127 – 128; and Jane Roberts, ed., *Royal Treasures: A Golden Jubilee Celebration* (London: Royal Collections, 2002), 238 – 239.

[527] Hind, *Engraving in England*, 1: 182 – 186 and pls. 103 – 105; Morgan, "Cartographic Image," 150 – 151; and Skelton, *County Atlases*, 16 – 18.

[528] Hind, *Engraving in England*, 2: 330 – 331, and Skelton, *County Atlases*, 22 – 25.

在詹姆士一世时期的英格兰，地图绘制的复杂意识可能在威廉·霍尔的区域地图中，得到最奇怪的表现，霍尔雕刻了1607年版卡姆登的《不列颠尼亚》的装饰地图，此书以迈克尔·德雷顿（Michael Drayton）的《多福之国，或这一著名的大不列颠岛的大地、河流、山峦、森林和其他部分的地形描述》（*Poly-Olbion, or a Chorographicall Description of Tracts, Rivers, Mountaines, Forests, and Other Parts of This Renowned Isle of Great Britain ...*）（1612—1622年）的诗歌为开场白。这些对摘自萨克斯顿的河流和山丘的相对精确描绘，完全缺乏人类居住或活动的痕迹。其中充满了对自然特征历史的比喻性和寓言式的表现，从而可能构成了我之前提到过的古文物—爱国主义的地图绘制冲动的巅峰。[529]

目前还不能确定，德雷顿是否有意识地将他的诗歌及其所附的图像具有微妙的反君主制倾向，因为它们把最终的权威放在了土地本身而不是君主的身上，正如一些现代作家，特别是赫尔格森所主张的那样。然而，毫无疑问地，地图和诗歌可以这样解读，也许在当时就是这样做的。1584年的一份特许状将某些土地转给彭布罗克的古文物研究者——亨利斯的乔治·欧文，从这份特许状，可以看出同一现象的另一种，也许是更重要的表达。[530] 欧文一定认为这件事很重要，因为他让自己的堂兄弟——惠特彻奇的校长乔治·欧文·哈利来装饰这一特许状。一开始，在用狐狸、鸟、羊、野兔、猴子、鹿、松鼠、狗和花装饰的上缘之前，有一个装饰性的首字母。按照标准的惯例，它应该充满了对登基君主的描述。确实可以看到皇室纹章，但空间主要是由一幅欧文心爱的家乡彭布罗克的缩微地图所占据，这幅地图是从萨克斯顿的地图集中的地图复制而来。尽管欧文的忠诚（如果是关键的）主题是女王，但从概念上来讲，从那一特许状到由托马斯·西蒙在1649年设计的联邦大印玺并没有太大差距，在其上，马背上的君主的象征性描绘被一幅英格兰、威尔士和爱尔兰的地图所取代，这象征着其人民刚刚获得的主权。[531] 从主要是对君主公开露面的装饰性辅助，然后是有效行使王权的特殊工具，到我们所讨论的这一时期末期，英格兰的地图已经变成君主制垮台的象征，并成为每个人日常使用的东西。

1666

斯图亚特王朝早期的地图绘制，1612—1650年

在新世纪的前十二年中，英格兰的地图绘制冲动一定像以前一样强烈。尽管本多尔估算的地图制作支持度从伊丽莎白统治时期的16%下降到詹姆士一世统治时期的8%，但考虑到地方制图师数量以及花费在绘图上的金额的不断增加，这可能体现了财政意义上的支持水平。[532] 爱德华·赖特得到了詹姆士一世的长子威尔士亲王亨利的青睐，亨利也赞助其他数学

[529] 尤其请参阅 Helgerson, *Forms of Nationhood*, 117 - 122; Klein, *Writing of Space*, 150 - 162, esp. 156 - 158; and Skelton, *County Atlases*, 45 - 46。

[530] Aberystwyth, National Library of Wales, Bronwydd 1385，复制与讨论于 Charles, *George Owen*, 114 - 115 and pl. 1。

[531] Alfred Benjamin Wyon, *The Great Seals of England, from the Earliest Period to the Present Time ...* (London: E. Stock, 1887), 90 - 94 and pls. XXX and XXXI. Alan J. Nathanson, *Thomas Simon: His Life and Work*, 1618 - 1665 (London: Seaby, 1975), 19 - 20。1649年的大印玺很快就于1651年被一个更好的雕刻版本所取代。

[532] Bendall, *Dictionary*, 1: 59 - 65 (table 1).

家和制图师。[533] 朝臣、大臣，尤其是企业也继续资助制图师。诺森伯兰伯爵虽然大部分时间被监禁，但仍然忠诚于托马斯·哈里奥特，并赞助拉尔夫·特雷斯韦尔和他的儿子们。正如我们所看到的那样，像财政大臣福尔克·格雷维尔这样的位高权重之人，对地图很感兴趣，并以这种能力赞助了约翰·斯皮德的地图绘制。

伦敦市的同业公会和大贸易公司，其数量随着1600年东印度公司的成立而显著增加，作为地图和海图绘制赞助商，比以往更为积极，这些行为与阿尔斯特的种植业、在美洲和加勒比海地区的日益增长的殖民化以及与亚洲的贸易有关联。越来越多的乡绅委托绘制地产地图，而法院和行政管理部门的需求则催生了进一步的地图制作。正如沃姆斯所指出的，从16世纪70年代中期开始的另一个小幅增长的领域是偶尔出现的短期大开本报纸或新闻手册(corranto)。这些是为大众市场制作的，用粗略的地图插图说明了1627年英国试图解除对拉罗谢尔的包围，[534] 这是模仿尼德兰共和国菲斯海尔家族的技艺精湛的制作。

这些刺激反映了此类的成就，诸如约翰·诺登以温莎之荣誉所进行的调查（1607）、[535] 拉尔夫特·雷斯韦尔对诺森伯兰伯爵的地产（现在在苏赛克斯的佩特沃斯宅邸）的调查，以及“之前基督徒从未踏足的”詹姆斯河的地图，这幅地图由罗伯特·廷德尔送给威尔士亲王亨利。[536] 从1614—1615年的《诺森伯兰世界地图》中，[537] 在由诸如托马斯·拉文等测量师进行的阿尔斯特种植园的地图绘制中，[538] 可以看出亨利·赫德森和威廉·巴芬的北方航行的地图绘制、[539] 约翰·史密斯的弗吉尼亚和新英格兰殖民地的地图绘制，[540] 以及理查德·诺

---

[533] 请参阅 Roy C. Strong, *Henry, Prince of Wales and England's Lost Renaissance* (New York: Thames and Hudson, 1986), esp. 60-61, 215, 217-219, and 222, and T. A. Birrell, *English Monarchs and Their Books: From Henry Ⅶ to Charles Ⅱ* (London: British Library, 1987), 30-40。

[534] Anonymous, *A Relation Apertaining to the Iland of Ree ... with the Manner of the Siege Now Laid vnto It by the Duke of Buckingham ... Delineated by a Well Experienced Fortificator, and an Eye Witnesse* (London: Nathaniel Butter, 1627), BL Maps CC. 5a. 394。

[535] BL, Stowe MS. 3749（献给詹姆士一世），Royal Library, Windsor（献给威尔士亲王亨利的副本）；关于诺登对康沃尔公国的独立调查，另请参阅 BL, Add. MS. 6027。

[536] 理查德·廷德尔（R. Tindall）于1607年6月22日致威尔士亲王的信（BL, Harley MS. 7007, fol. 139）。尽管 BL, Cotton MS. Aug. I. ii. 46 在传统上被认为是由廷德尔上交的地图，但它的日期是1608年，似乎是一份整洁的副本，可能是在伦敦根据廷德尔的不那么漂亮的原本“绘本”复制而来的。请参阅 Wallis, Raleigh & Roanoke, 96; William Patterson Cumming, R. A. Skelton, and David B. Quinn, *The Discovery of North America* (London: Elek, 1971), 236-237; and Strong, Henry, Prince of Wales, 61。

[537] BL, Add. MS. 70640。这幅绘本地图，被认为托马斯·哈里奥特或爱德华·赖特的作品，与泰晤士海图绘制学校的一位成员合作联合工作，它曾经在佩特沃斯（Petworth）。很有可能，它是由诺森伯兰伯爵“巫师”委托制作的，当时他与罗利一起被关在塔里。

[538] 关于爱尔兰的地图绘制，请参阅本卷第55章。

[539] Andrews, *Trade, Plunder and Settlement*, 344-353.

[540] Andrews, *Trade, Plunder and Settlement*, 314-318, 关于由约翰·史密斯船长探险和描绘的弗吉尼亚地图（London: William Hole, 1612），请参阅图59.12和 Coolie Verner, *Smith's Virginia and Its Derivatives: A Carto-Bibliographical Study of the Diffusion of Geographical Knowledge* (London: Map Collectors' Circle, 1968)；关于新英格兰地图（1616年及其后），请参阅图59.13；J. B. Harley, *Maps and the Columbian Encounter: An Interpretive Guide to the Travelling Exhibition* (Milwaukee: Golda Meir Library, University of Wisconsin, 1990), 134-136; Burden, *Mapping of North America*, 202-205 and 226-229; and Barbara B. McCorkle, *New England in Early Printed Maps, 1513 to 1800: An Illustrated Cartobibliography* (Providence R. I.: John Carter Brown Library, 2001), 16。

1667 伍德对在百慕大1617年新建立的英国殖民地的成功调查。[541] 然而，最重要的是，在这些年中所出现的多图幅地图、对开页和微缩地图集和地图书插图中，可以看到这一点（本卷第57章讨论）。

然而，1612年以后，英格兰地图的制作步履蹒跚，在英格兰制作的印刷地图陷入涓滴，只有斯皮德的《世界最著名部分展望》（1627年）（雕刻于阿姆斯特丹，源于较旧的尼德兰地图）的地图是例外。尽管到了17世纪20年代，英格兰似乎正在赶上意大利地图出版的步伐，这些地图旨在为游客和居民寻找路线提供实用指南，[542] 但伦敦是唯一因其规模而值得如此对待的城镇。即使在那时，那幅平面图，或《乡下人到著名的伦敦市的指南……通过此图……他们应该应该知道到任何一条街道有多远》（*Guide for Country Men to the Famous Cittie of London ... by the Help of wich ... They Shall be Able to Know How Farr It Is to Any Street*）（1625年），是约翰·诺登的一幅地图（1593年）的修订版本，其本身最终来源于伦敦的铜版地图，该版地图由于非常不同的原因，在16世纪50年代得以委托绘制。[543]

在1612—1650年间，除了那些在17世纪40年代出版的偶尔在宽阔的地方显示并在附以内战战争纪念的平面图之外，没有进一步印刷出新的英格兰城镇平面图。[544] 1617年，阿龙·拉思伯恩试图赢得支持来创作一系列城镇平面图，但他的努力没有成功。[545] 正如史密斯所指出的那样，在17世纪的头几年，由约翰·斯皮德绘制的许多小城镇，直到19世纪中叶，才在军械测量局的主持下重新调查。[546] 相反，史密斯·斯皮德和其他伊丽莎白时代测量师的图像不断被重复使用。本多尔已经证明，在1600—1650年间，由知名制图师绘制的城市地图下降到只占地方地图总绘制数量的5%。[547]

沃尔姆斯解释了印本地图制作数量下降的原因，这是因为英格兰出版商和制图师无法摆脱对像洪迪厄斯和范登克雷这样的佛兰德雕刻师的依赖，以及尼德兰地图出版商的商业实力和组织。到19世纪30年代，尼德兰出版商能够满足英格兰的地图需求，并通过发布主要的陆地和海洋地图集的英文版本来支配地图市场。

然而，这些因素并不能解释在同一时期可观察到的政府绘本地图制作数量的下滑。这里的因素主要是个人的和政治方面的。威尔士亲王亨利和詹姆士一世的司库大臣索尔兹伯里伯爵罗伯特·塞西尔，于1612年过早地逝世。亨利的弟弟查理于1625年即位，他对地图毫无兴趣。事实上，在17世纪30年代后期，他向教皇的大使乔治·康恩（George Conn）赠送

---

[541] William Blathwayt, *The Blathwayt Atlas: A Collection of 48 Manuscript and Printed Maps of the 17th Century ... Brought Together ... By William Blaythwayt*, 2 vols., ed. Jeannette Dora Black (Providence, R. I.: Brown University Press, 1970–1975), vol. 2, Commentary, by Jeannette Dora Black, 149–153, and Edward Lynam, "Early Days in Bermuda and the Bahamas," in *Mapmaker's Art*, 117–136, esp. 118 and 120–121。图59.11是百慕大地图的一个之后的印刷版本。

[542] Thomas Frangenberg, "Chorographies of Florence: The Use of City Views and City Plans in the Sixteenth Century," *Imago Mundi* 46 (1994): 41–64，他把第一批为旅客所绘的单幅佛罗伦萨地图的出现日期确定到16世纪末。

[543] Howgego, *Printed Maps of London*, 5。第一次印刷的唯一一幅保存下来的副本现在收藏在温莎城堡的皇家图书馆中。

[544] 例如，理查德·克拉姆普（Richard Clampe）的纽瓦克（Newark）围攻平面图（1646年），这幅地图由彼得·斯滕特（Peter Stent）出版［BL, Maps *4670 (1)，在其中心有一幅纽瓦克的小平面图］。

[545] Delano-Smith and Kain, *English Maps*, 214.

[546] Smith, "Enduring Image," 172.

[547] Bendall, *Dictionary*, 1: 59–65 (table 1).

了一部精美的巴蒂斯塔·阿格内塞地图集，该图集已经送给亨利八世，可能是为了换取意大利的绘画作品。[548] 1612年以后的连续年份中，王室收藏和大臣们都缺乏索尔兹伯里那种调查王室地产的热情。然后，在17世纪30年代，查理一世不得不以低廉的价格处置大部分王室地产，以便在没有议会的多年统治期间保持偿还能力，使得他父亲委托进行的那类更深入的详细调查显得无关紧要。由于议会不愿意提供补给，而使得王室也被迫吝于投入，这也导致了17世纪20年代后期政府政策方面的一个逆转，而这一政策在都铎王朝统治下时期在地图绘制方面欣欣向荣：一个积极的、干预性的外交政策和国防的培育。

到17世纪的第二和第三个二十年，英格兰本国地图绘制方面，唯一可以称得上充满活力的分支是地方测量、殖民地地图和绘本地图绘制。地方地图绘制工作扩大到包括沼泽地的排水，为此，经常征聘外国专家，特别是科内利斯·费尔默伊登（Cornelis Vermuyden），以及私人土地所有者之间通过协议进行圈地。[549] 本德尔指出，从事地产和其他地方测绘调查的知名制图师的比例从1600年的40%增加到1650年的不低于68%，这一比例维持到19世纪中叶。从数值来看，这个百分比从1600年的约220名知名地方制图师增加到1650年的600名。[550] 在同一时期，参与绘制爱尔兰地图的知名制图师的比例估计已从所有知名制图师的6%增长到不低于11%。[551] 正如本卷第59章所讨论的那样，涉及北美殖民地测绘的测量人员的数量可能增加幅度与之类似。从16世纪90年代开始，正如本卷第58章所解释的那样，通过一系列将持续到18世纪的师徒关系，制图业已经扎根于伦敦塔东边码头区的泰晤士河畔。 1668

看起来存在这样的普遍情况，内战的爆发为地图绘制活动产生了一点点刺激。在托马斯·詹纳的鼓动下，1644年，文策斯劳斯·霍拉（Wenceslaus Hollar）重新刻印了萨克斯顿1583年的挂图，作为所谓军需官的地图，很明显，此图是用于帮助搜寻部队的宿营地。[552] 在同样的精神下，詹纳还受到雅各布·弗洛里斯·范朗伦（Jacob Floris van Langren）的影响，重新发行了微缩的郡域地图，有时还附有距离表，并进行修改以反映战争的进程。[553] 同样在这个时期，一位为查理一世效力的年轻尼德兰军事工程师伯纳德·德戈梅（Bernard de Gomme）在查理二世的统治时期，开创了自己的职业生涯，他绘制了一些城镇和港口防御工事

[548] 现在收藏于梵蒂冈，Biblioteca Apostolica Vaticana，Barb. Lat. 4357（old number XLVIII，125；Har. 36；Kr. 41 or 42）：一部1541/1542年的地图集，有10幅海图、磁偏角表格、浑仪，以及黄道带，上面还有致亨利八世的献词及其纹章。Roberto Almagià，*Monumenta cartographica Vaticana*，4 vols.（Vatican City：Biblioteca Apostolica Vaticana，1944－1955），1：68－69，and，more generally，in Ronald Lightbown，"Charles I and the Tradition of European Princely Collecting，" in *The Late King's Goods：Collections，Possessions and Patronage of Charles I in the Light of the Commonwealth Sale Inventories*，ed. Arthur MacGregor（London：A. McAlpnine in association with Oxford University Press，1989），53－72。

[549] 例如，关于这一行为的地图学衍生物，请参阅"沼泽地图"（1642年），这幅地图的作者被认为是科内利斯·费尔默伊登，在其 *A Discourse Touching the Drayning of the Great Fennes*（London：T. Fawcet，1642）中。

[550] Bendall，*Dictionary*，1：11－17.

[551] Bendall，*Dictionary*，1：59－65（table 1），and Andrews，Plantation Acres.

[552] Skelton，*Saxton's* Survey，14－15 and 21－22.

[553] *A Direction for the English Traviller ... 1643，and A Book of the Names of All the Hundreds Contained in the Shires of the Kingdom of England ...*（1644?），讨论于 Skelton，*County Atlases*，68－70。

的绘本平面图（图 54.25），尽管似乎没有产生任何作用。[554] 在英格兰，出版了粗糙的木刻宽边单页，并配以一些由霍拉制作的更加熟练的铜版蚀刻，以及更加重要的战斗和围攻战的平面图和鸟瞰图。[555] 尽管如此，到 1650 年，英格兰的地图出版无足轻重，绘本地图绘制主要局限于地方地图绘制和海图绘制。

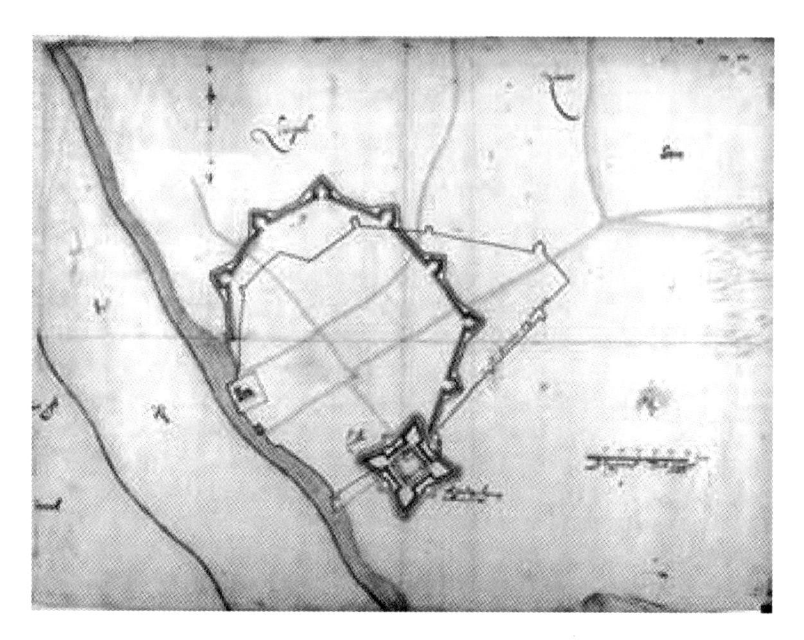

图 54.25 伯纳德·德戈梅：《利物浦要塞》，1644

一幅利物浦的平面图，根据一段铭文，它“开始但没有结束”。

原图尺寸：约 41 × 55.1 厘米。由 BL 提供照片（Add. MS. 5027A，fol. 69）。

结 论

可以说，英格兰在 1470—1650 年间经历了地图绘制方面一次虚假的黎明。虽然它具有相当杰出的中世纪制图遗产，但是在 16 世纪开始的几十年里，受到了外国，尤其是来自勃艮第和德意志南部的知识分子的影响，这已经唤醒了统治精英阶层，使他们意识到地图在文

[554] 例如，除了图 54.25 之外，还有 BL，Add. MS. 5415.59（plan of Reading 1647 - 1649），and Bodleian Library，MS. Top. Oxon. B. 167（plan of Oxford，1644，illustrated and discussed in Millea，Street Mapping，34 - 35）。戈梅与国王的侄子莱茵亲王鲁珀特（Rupert of the Rhine）保持着特殊的联系：C. V. Wedgwood，The King's War，1641 - 1647（London：Collins，Fontana，1958），406。

[555] 例如，*The Description of the Armies of Horse and Foot of His Majesties*，*and Sr Thomas Fairefax His Excellency*，*as They were Drawn into Severall Bodyes at the Battayle at Nasbye the Fowerteenth Day of June 1645. Streeter fecit*，in *Anglia rediviva*，by Jshua Sprigg（London：John Partridge，1647）；*A Description of the Seidge of Newarke upon Trent*，*with the Fortifications about the Towne as also the Forme of the Entrenchements*，*Forts*，*Redouts... Described by R. Clampe. Lowell fecit*（London，1646）［BL，Maps * 4670（1）］；*The Siege of Colchester by the Lord Fairfax*，*as It Was with the Line and Outworks*，*1648*［London：T. witham，（1650?）］；Wenceslaus Hollar，*A True Map and Description of Plymouth and the Fortifications Thereof*，*with the Workes and Approaches of the Enemy at the Last Siege. Ao. 1643*，in *A True Narration of the Most Observable Passages*，*in and at the Late Seige of Plymouth... 1643*（London：L. N. for F. Eglesfeild，1644）。

化、宫廷和行政方面的潜力。

当对英格兰海岸的入侵似乎迫在眉睫时，亨利八世对地图的实用价值的新发现，以及他能够获得巨额资金用于地图绘制（来自解散的修道院），这推动了英格兰地图制作在 16 世纪 30 年代和 40 年代时得到迅速发展。地图制作很快就达到了高度复杂的水平。在随后的几十年中，政府坚持要求接收地图来阐明行政和军事问题，这有助于传播对地图价值的认识，使其远远超出了宫廷的范围。在伊丽莎白一世统治时期，直接和间接的政府赞助确保了英格兰和威尔士首次得以详细描绘，尽管这一倡议的肇端可以追溯到亨利八世统治时期。与此同时，土地市场的演变和日益激烈的边界争端导致创建了第一批地方“地产”地图，以一致的比例尺来绘制。在 15 世纪 80 年代和 90 年代，英格兰短暂地成为欧洲地图贸易的中心之一。佛兰德难民镌刻并出版了许多地图，埃默里·莫利纽克斯和约道库斯·洪迪厄斯创制了一对杰出的大型球仪。地图在宫廷和民间都产生了重要的宣传作用。 1669

然而，地图绘制的冲动很快就停滞了。一旦尼德兰从长期的内部冲突中恢复过来，它就重新确立了商业霸权，而英格兰尚未成功挑战这一霸权。难民雕刻师迁徙到了尼德兰北部，在那里，他们继续主导着英格兰地图市场。不断增长的经济和政治弱点，及对英格兰没有任何主要的外来威胁，导致了王室和官方对地图绘制的赞助不断减少，尤其是在 1612 年以后。贵族和乡绅中的反对王权者，无论是个人还是企业机构，都对地产管理、殖民和商业的个人地图绘制进行赞助。到 1650 年，英国已经没有印本的地图贸易可言，在公共领域进行的绘本地图制作也微乎其微。

然而，自 1470 年以来，英格兰发生了根本性的变化。社会上大多数有文化、可以进行决策的团体都对地图的效用表示赞赏，其中有很多人，出于各种各样的教育、知识、爱国、古文物主义或行政目的，制作了地图或委托制作。地图、地图集和球仪的市场已经存在。然而，随着英格兰在 1689 年之后崛起成为经济和政治大国之后，其印刷地图贸易最终才会得以演进。

第五十五章　欧洲背景下的殖民地地图绘制：以都铎时期爱尔兰为例*

J. H. 安德鲁斯（J. H. Andrews）
审读人：张　炜

许多16世纪的欧洲大陆制图师发现，如果按据称是托勒密所做的那样，在一条单一的边界内把他们所谓的“不列颠群岛”封闭起来，是方便操作的。当同时代的英格兰人采用同样的形式时，他们更多的是倾向于遵守国际惯例，而不是表达他们自己的（不是非常强烈的）殖民野心。[①] 无可否认，在16世纪的爱尔兰地图上，历史学家可以辨识出很多处在本质上带有殖民性的性质和起源的东西，但都铎王朝时期的英格兰人更可能将爱尔兰本身看作一种单一体，这不是任何一种政治成见；如果他是一名制图师，他可能选择一张单独的图幅以对付其特性。它们肯定不像他熟悉的国内的那些参数。首先，没有现成的爱尔兰来源的资料，可以得到像14世纪英格兰的高夫地图得到的那种程度的尊重。[②] 对于在爱尔兰的盎格鲁—诺曼征服者来说，封建制度体系导致使用地图的官僚机构显得很多余；然后，封建制度让位给无政府状态，而无政府状态并不需要地图。与此同时，就本土的爱尔兰人而言，他们一直都是通过自己认识的方式和愿望去了解自己的家乡。在官场范围之外，整个中世纪，这两个社区都在没有地产地图的情况下管理着其农业，在没有海图的情况下管理其贸易。中世纪的爱尔兰是地图绘制的荒漠。[③]

在早期都铎王朝的统治下，爱尔兰地图发展的希望主要集中在都柏林及其周边地区的“老英格兰”居民，这一区域被称为“佩尔”（Pale）。佩尔的人对爱尔兰的历史和其地理的某些方面（尽管他们中的一些人想象它的形状像一个鸡蛋）有一点兴趣，[④] 但似乎没有可能从他们的贫乏等级中脱颖而出的托马斯·赛克福德、汉弗莱·勒伊德或约翰·诺登这样的人物。尽管这个国家很小，但事实仍然可以证实它远不是私人制图实体可以承担的。它的地形地貌和水文都复杂得令人沮丧。它的气候也不适合野外工作。那里的道路对旅行者来说很不

---

* 这一章所使用的缩写包括：TNA代表位于基尤（Kew）的英国国家档案馆（The National Archives of the VIC）。

① 都铎王朝的国王和女王是爱尔兰的领主，1541年以后，他们成为爱尔兰的国王和女王。通过设在都柏林的行政、司法和立法的代理机关，他们统治或者试图统治这个国家。

② 关于高夫地图对16世纪地图学的影响，请参阅 Sarah Tyacke and John Huddy, *Christopher Saxton and Tudor Map-Making*（London：British Library Reference Division，1980），7。

③ 这也似乎是 P. D. Harvey 的观点，见其 *The History of Topographical Maps*：*Symbols*，*Pictures and Surveys*（London：Thamcs and Hudson，1980），86。

④ Edmund Campion，*A Historie of Ireland Written in the Yeare 1571*，reprinted in *Ancient Irish Histories*：*The Works of Spencer*，*Campion*，*Hanmer*，*and Marleburrough*，2 vols.，ed. James Ware（Dublin：Hibernia Press，1809），1：1.

舒服，而北部和西部的大部分地区都没有城市设施。当地的语言对游客来说是无法理解的，许多说这门语言的人都处于反叛状态。在这种情况下，任何外国制图师都不应因使用二手信息而受到指责，无论这些二手信息如何糟糕。

最著名的二手资料来源是托勒密，尽管他的五十多个爱尔兰地名和其他注文对于16世纪所有读者，包括古典学者和爱尔兰人来说都不知所云，但仍然可以在一个小范围内进行勇敢的展示。[5] 在中世纪的官方人物中，传播最广的是吉拉尔德斯·坎布伦西斯，他曾与最早的盎格鲁—诺曼征服者一同前往爱尔兰。在吉拉尔德斯《爱尔兰地形》（*Topographia Hiberniae*）的大部分手稿中，都缺少地图，但他的一些文字地理陈述和错误表述可能是用图解形式表达出来的。[6] 最后，在中世纪晚期和中世纪之后，都出现了波特兰海图，这些海图总共呈现了另外大约150个爱尔兰港口和海港的名字，还有画得相当合理的海岸线，但留下了一片空白的内陆地区，没有任何迹象能表明其跟得上16世纪的发展。[7]

1671

政治背景

用可靠的信息覆盖爱尔兰的内部地区，需要一个近代国家的全部力量。能实现这种力量，是因为英格兰政治家放弃了封建式的权力下放。使其得以应用的，是将爱尔兰与外国政府区分开来的物质障碍和精神障碍，使其完全意识到自己对地理的无知，并渴望学习更多知识。关于爱尔兰的一个事实，那就是它的不团结，这一点是任何一名管理者都不需要别人提醒的。在佩尔这块收缩的东海岸飞地之外，有数十个地区首领或"长官"（无论其血统是盖尔的还是盎格鲁—诺曼的，都不再有多大的分别），他们彼此之间进行了有限但几乎是持续不断的战争，战争对象也包括英格兰当局。政府对这些领土利益的方针基本上是机会主义的，交替着不同的政策，没有尝试短期的一致性，也几乎没有长期的成功。一位爱尔兰领导人可能会因为保持沉默，而得到可以自主的回报。他也可能会被动地与国王建立某种新的封建关系。他也可能会被迫接受一个由英格兰式的治安官和郡城组成的新型地方政府模式。如果不首先部署军队、建立堡垒和驻扎军队，甚至试图通过迁入新的移民促进国家和人民英格

⑤ Goddard H. Orpen, "Ptolemy's Map of Ireland," *Journal of the Royal Society of Antiquaries of Ireland* 24 (1894): 115–128, and Eoin MacNeill, "Ireland According to Ptolemy and Other Non-Irish Authorities," *New Ireland Review* 26 (1906): 6–15。托勒密的地名几乎没有一个是可以在现代爱尔兰地理术语中辨认出来的。

⑥ 吉拉尔德斯"爱尔兰地形"的若干手稿包括一幅不列颠群岛地图［Giraldus Cambrensis, *Expugnatio Hibernica: The Conquest of Ireland*, ed. and trans. A. Brian Scott and F. X. Martin (Dublin: Royal Irish Academy, 1978), lv］。它缺乏内部细节，一位18世纪的人撰文描述道"吉拉尔德斯·坎布伦西斯把这两块污渍叫作英格兰和爱尔兰"［Gwyn Walters, "Richard Gough's Map Collecting for the British Topography, 1780," *Map Collector* 2 (1978): 26–29, esp. 27］。"爱尔兰地形"的手稿收藏在 the National Library of Ireland, Dublin (MS. 700)，包括一幅西欧地图，重制于 John J. O'Meara, trans., *The First Version of the Topography of Ireland by Giraldus Cambrensis* (Dundalk: Dundalgan Press, 1951)；这幅地图包括八个爱尔兰地名，它们只是吉拉尔德斯文字中提到的数字的残片。请参阅 Thomas O'Loughlin, "An Early Thirteenth-Century Map in Dublin: A Window into the World of Giraldus Cambrensis," *Imago Mundi* 51 (1999): 24–38。

⑦ Thomas Johnson Westropp, "Early Italian Maps of Ireland from 1300 to 1600, with Notes on Foreign Settlers and Trade", *Proceedings of the Royal Irish Academy* 30, sec. C (1912–13): 361–428, and Michael C. Andrews, "The Map of Ireland: A. D. 1300–1700", *Proceedings and Reports of the Belfast Natural History and Philosophical Society for the Session* 1922–1923 (1924): 9–33, esp. 16–23.

兰化的话，政策越激进，就越难得以实施。到 1600 年，在爱尔兰的真正的英格兰人比 1500 年多，而且大部分的国土都被划分为各郡。但许多英格兰人都是士兵，很多郡只是停留在纸面上，根本没有落实到现实中。在经历了百年的焦虑之后，最值得宣称的是爱尔兰成功地躲过了天主教欧洲的入侵，就像其大部分也躲开了欧洲大陆测量师的注意一样。只有在 17 世纪最初的时期，最后的一批本土城堡才被政府摇摇坠坠地控制住。

英格兰统治的代理人是都柏林的一个小官员阶层，由爱尔兰总督（lord deputy 或 lord lieutenant）统领，后来由芒斯特（Munster）和康诺特（Connaught）的下属机构协助。我们关于都铎时期爱尔兰地图绘制的很多证据都来自信息的流通、解释和相互指责，它们使得这些压力重重的公务员与伦敦的枢密院保持联系。现代人阅读他们的通信，会发现地图在评估政治和军事危险、规划外交举措、指挥军队和驻军地点调动、调节充公土地的没收和重新分配、解释防御工事和公共工程支出等方面，起到了重要的作用。但这并不意味着总是会委托绘制相关的地图，更不用说会提供地图了。在这一时期，统治阶级中涌现出善于绘制复杂地图的人的概率，继续依赖于个人的心理和经历，而且总会有一些管理者喜欢从文字描述或官方旅程叙述中获得地理知识。然而，随着经验的积累，尤其是在 1540 年之后，我们可能猜测，在拥有欧洲或新大陆直接经验的盎格鲁—爱尔兰人中，地图绘制意识普遍增强了。

地图和行政官员

从地图绘制角度来看，和政府其他部门一样，爱尔兰的诸位总督在 16 世纪的大部分时间里都过着勉强糊口的日子。这一结果在当时国家文献中得到了充分的体现。然而，即使是对那些没有地理学识的人来说，官方地图也常常被认为具有超越了他们所处时代环境的价值。于是，许多地图被从档案的主体中分离出来，形成单独的收藏，但这并不一定会提高它们保存的机会，有时也会剥夺未来历史学家的重要语境背景知识。[8] 从现存的地图和对地图的提及中，可以得出的总体印象是，爱尔兰一方，很少有总督主动绘制地图。他们在室内或户外都没有固定的地图制作人员。(1548 年首次任命的爱尔兰首席测量员的职能，几乎完全是询问式的)。[9] 他们也没有把自己地图的副本送到伦敦：大概总督和他的手下都满足于自己所获的都柏林口耳相传的“传闻”地理信息。

1672

英格兰的地图档案似乎也被忽视了，至少在爱尔兰方面是这样，直到威廉·塞西尔爵

---

⑧ 这一时期英格兰的爱尔兰地图的最佳入门指导仍是 Robert Dunlop，“Sixteenth-Century Maps of Ireland，” *English Historical Review* 20（1905）：309 - 337，它严格观察了其终止日期 1600 年。关于不同收藏的更详细研究，请参阅 p. 1672，notes 10 and 11。自从 Dunlop 撰写了保存在位于都柏林的爱尔兰国立图书馆的鲍尔比（Bowlby）地图（第 1682 页，注释 44）；以及位于伦敦的国立航海博物馆中的达特茅斯地图（第 1681 页，注释 38 和 41），这两部重要的收藏就公布于众了，而关于这些收藏的仅有的印本描述是 *Catalogue of Valuable Printed Books*，*Important Manuscript Maps*，*Autograph Letters*，*Historical Documents*，*Etc.... Which Will be Sold by Auction by Messrs. Sotheby and Co. on Monday*，*the 8th March*，1948，*and Two Following Days*（London：Sotheby，1948）。最明显的是缺少这一时期以来的爱尔兰地图的王室收藏，以及我们已知的在爱尔兰形成的收藏。

⑨ J. H. Andrews，*Plantation Acres*：*An Historical Study of the Irish Land Surveyor and His Maps*（Belfast：Ulster Historical Foundation，1985），19 - 21.

士（后来的伯利勋爵）开始其作为伊丽莎白女王最信任的顾问的长达40年的历程为止。塞西尔独自促成了许多爱尔兰地图。从他自己的陈述，从他的跨渠道的信件，以及从他亲自标注的地图中，可以得出其完整的地图哲学——如果哲学是描述一种态度的一个合适的词的话，任何现代历史学家都一定会发现这种态度是令人失望的实用主义的和未经考虑的。[10] 从广义来讲，一份为女王秘书所绘制的爱尔兰地图预计将显示出某些特定危机（通常是一场叛乱或王朝的争端）的地点，并由一位熟悉该地点的作者立即提供。正如塞西尔很快意识到的那样，这种对第一手知识的强调，几乎消除了即使是最著名的欧洲大陆地图出版商的全部产出。而更重要的，更令人遗憾的是，他坚持要求迅速取得结果，但这并不能保证下一幅地图会比上一幅更好。毫无疑问，正是因为这个原因，他经常选择通过核对每一个复发的动荡地区的新旧地图，来对冲他的赌注。本着同样的公正精神，他不愿超前地采用现代历史学家把“地图”看作一种通过编辑综合的媒介对连续的地理刺激作出反应的有机体的看法。塞西尔的收藏品是成品的原材料，他自己也并未做任何事情以将其完成；从乔治·卡鲁爵士汇集的另一套爱尔兰地图来判断，[11] 塞西尔绝不是政府地图用户中唯一的经验主义者。

爱尔兰地图的特性

在塞西尔和卡鲁的爱尔兰地图收藏中，大多数的制图师都是士兵或其他公共部门的雇员，当出现对地图的需求时，他们只是碰巧身在爱尔兰而已。他们的能力和经历千差万别。但要想绘制地图，几乎可以肯定的是，他们必须是具有“新英格兰”背景的人，他们在爱尔兰根本没有深厚的根基，也可能没有留在那里的愿望；所以，都铎时期的制图师者中没有一个公认的爱尔兰“学派”。对于这一时期的都柏林制图师来说，在地图上，他们可能对英格兰比对爱尔兰更熟悉。类似受亚伯拉罕·奥特柳斯和克里斯托弗·萨克斯顿启发的文字标注和符号一样的新奇文体，很快就跨越了爱尔兰海。都柏林特质很容易归因为模仿（而不是无知和业余并存）的唯一迹象是把以东为地图下方的习惯，这个方向一定让人自然地想到研究爱尔兰的英格兰人，以至于他们可能不需要一个范例。[12] 其

---

⑩ R. A. Skelton and John Newenham Summerson, *A Description of Maps and Architectural Drawings in the Collection Made by William Cecil, First Baron Burghley, Now at Hatfield House* (Oxford: Roxburghe Club, 1971), 25 - 28.

⑪ 乔治·卡鲁爵士于1588—1592年间担任爱尔兰的军械总长，又于1600—1603年间担任芒斯特的最高法院院长。我们知道他收藏了100余种爱尔兰以及爱尔兰局部地区的地图和地图集，但其中大部分都是直到其从全职工作退休后才得到的，而这时他的收藏兴趣已经从实际的事务转向到了史学。他所获得的一些藏本是从现有的资料库中获得的原图，有一些是专门为卡鲁自己复制的副本，一些与他于1611年和1625年短期受雇的爱尔兰事件的官方调查有关。如同塞西尔一般，卡鲁并没有认真地尝试用他的收藏作为新的综合地图的来源。请参阅 William O'sullivan, "George Carew's Irish Maps," *Long Room* (*Bulletin of the Friends of the Library, Trinity College, Dublin*) 26 - 27 (1983): 15 - 25, and J. H. Andrews, "The Irish Maps of Lord Carew: An Exhibition in the Library of Trinity College, Dublin," unpublished typescript, n. d. [1983], Department of Manuscripts, Trinity College, Dublin。

⑫ 在底部之东，英格兰进入爱尔兰的据点都柏林，是地图上离他最近的点。在1520—1605年这段时期的爱尔兰或爱尔兰局部的95种地图之中，有49种以西为上方，31种以北为上方，9种以南为上方，5种以东为上方，有1种以西南为上方。照此计算，不包括那些重复和接近的副本，比爱尔兰大的区域地图、港口平面图。省域地图的系列组合按一种地图计算。

他的特征更明显地与环境条件有关。几乎所有的爱尔兰官方地图都没有经纬度和其他在科学上的改进措施，这与塞西尔地图的反学院主义一致，而且操作中一贯的粗糙，暴露出心浮气躁的制图师需要匆忙完成的情况，以及长期缺乏良好的仪器和抄写员，这对于一个落后国家来说是不可避免的。

至于主题方面，爱尔兰的政治分裂和英格兰对此的回应，解释了展示整个国家的官方地图的相对稀缺，就像郡县化过程的表面实际反映出爱尔兰郡域地图的明显缺乏。⑬ 地理话语中最常见的单元是芒斯特、阿尔斯特、伦斯特和康诺特四省（按此顺序排列；参见表55.1），其中有许多本土传统的“国家”。最好的测量师指出：主要的战术特征，如丘陵、森林、河流、湖泊、沼泽，连同穿越这些障碍“通道”，（在其他地方，如伊丽莎白时代的英格兰，道路司空见惯，几乎不需要测绘地图），像石头城堡和教堂那样的防御建筑总是优先于民众那脆弱的茅草覆盖的小屋。爱尔兰人最关心的是领土区划和统治家族。后者尤其令摹绘爱尔兰地图的非爱尔兰人困惑，他们有时会创造出一些并不存在的城镇，他们认为用“奥尼尔”（O’Neill）和“莫根尼斯”（Magennis）这样的名称一定是用来标注这些城镇的。无论政府意图为何，但所描绘的风景却出奇地静态；一成不变的外观，加上地图上有缺陷的文字——这些都从来没有出版过，这使得许多英格兰裔爱尔兰制图师的作品即使在几十年的时间里也很难确定日期。再次概括英格兰人绘制的爱尔兰地图，似乎与上面提出的官方的怀疑和漫不经心的假设并不矛盾，尽管无可否认，是在朝着不同的方向前进。最近一些论者对“随着文明的进步，地图制作也在发展”这一理论提出了质疑。⑭ 在16世纪的爱尔兰，这一理论有一半是真实的：虽然文明没有进步，但地图绘制确实得到了发展，对于1500年的制图师来说，他肯定更喜欢1600年的地图。

1673

最早的官方地图

第一个阶段开始于1526年，最早使用地图的人是一位英格兰裔的爱尔兰管理者。这位官员抱怨说，与相邻的七个动荡的郡相比，英格兰统治的佩尔已经缩小到只有四个郡，“就像地图显示出的那样”。⑮上面所讨论的地图已不再能确认，但在科顿收藏中，有一幅未标注日期的草图，其上显示了大多数相同的郡，图上绘制了三条河流的流域及其相关城镇，全部在东部和东南部，几乎填满了被绘成蛋形的爱尔兰的全部区域（图55.1）。其精确度如此之低，似乎几乎是为了否定任何早期的盎格鲁—爱尔兰制图传统的存在，除非这一传统包括了在同一幅地图中大幅改变比例尺的习惯。

---

⑬ 都铎王朝统治下的爱尔兰的地方政府部门形成了一个网络状的系列，包括（由小及大）教区、男爵区、郡（shiresh 或 county）以及行省。爱尔兰诸省的地位由前诺曼王国时期下降了：其中只有两个在都铎统治时期拥有独立的政府机关——康诺特（从1569年之后）和芒斯特（从1571年之后）。

⑭ Michael J. Blakemore and J. B. Harley, *Concepts in the History of Cartography: A Review and Perspective*, Monograph 26, *Cartographica* 17, no. 4 (1980): 17–23.

⑮ 见 *Letters and Papers, Foreign and Domestic, of the Reign of Henry Ⅷ*, 2d ed., 21 vols. in 37, ed. J. S. Brewer et al. (Reprinted Vaduz: Kraus, 1965), 4: 1077。

图 55.1　16 世纪 20 年代或 30 年代的爱尔兰

显然，保存下来的最早的爱尔兰地图完全根据中世纪以后的资料来源绘制而成，所描绘的地缘政治局势仍然基本上是中世纪的，伦斯特和东芒斯特被认为几乎覆盖整个岛屿，国王的权力受到像基尔代尔伯爵这样的领土巨头的挑战。这里显示的是以北方为上方。

原图尺寸：约 70×48 厘米。由 BL（Cotton MS. Aug. I. ii. 21）提供照片。

表 55.1　　都铎王朝和斯图亚特王朝早期爱尔兰以及分地区的地图

	现存地图的数量				
绘制时间	芒斯特	阿尔斯特	伦斯特	康诺特	爱尔兰
1560 年以前	0	0	0	0	2
1560—1569	1	6	4	0	8
1570—1579	2	2	2	1	3

续表

现存地图的数量					
绘制时间	芒斯特	阿尔斯特	伦斯特	康诺特	爱尔兰
1580—1589	33	12	8	10	2
1590—1599	20	25	5	6	6
1600—1609	31	30	5	4	6

注：海图、国家和区域地图以及城镇、堡垒和战役的平面图都包括在内，但没有包括不列颠群岛或更大区域的地图。每种都包括一份印本地图，忽略掉那些由相同作者绘制的更大的地图，但没有添加任何信息的小比例尺缩减地图。同一个祖本的绘本，如果它们的内容不同，那么即使这种不同很轻微，也包括在内。日期不确定或真实性可疑的几幅地图都被省略了，因为所有的地图都与1609—1610年的阿尔斯特种植园有关。

和科顿地图的许多爱尔兰后继者一样，关于所有权，它也有很多要说，其上所显示的很多城堡被认为是属于半独立的基尔代尔（Kildare）伯爵。1534年，正是这个强大巨头的战败，给英格兰政府带来中世纪之后的第一次重大挑战。过了几年，总督进行了一次途经伦斯特、芒斯特和阿尔斯特东南地区的长途跋涉，努力建立一个新的政治平衡，就像大多数后来的总督一样，由越来越多的来自英格兰的官员辅助。在后者中，有一个新的军械大师——约翰·特拉弗斯（John Travers）。军械制作和地图绘制经常被联系到一起，而且可能并非意外，1540年，国王亨利八世在拜访特拉弗斯之后不久，就开始提及爱尔兰地图，[16] 尤其是在后者被认为在三年后绘出了一幅爱尔兰港口和海港的地图。[17] 特拉弗斯的作品似乎没有保存下来，但据推测，政府来之不易的知识已经把佩尔的图像缩小到更好的比例；它可能也使人们对香农河（Shannon）的形象开始变得熟悉，如果不是在学者中，而是在实际操作的人中，也不再认为将爱尔兰比作“鸡蛋”有多大价值。这些改进可以在一幅爱尔兰的绘本草图中发现，TNA认为其绘制于大约1558年，[18] 在另一幅现在已经亡佚的地图上，包括了赫拉尔杜斯·墨卡托1554年的欧洲，这幅地图在欧洲大陆的一些出版物中留下了痕迹。[19]

1675

在伊丽莎白一世女王即位前后，总督继续专注于巡视和发动战争，其在地图上的结果似乎隐含在1552年和1561年的两条独立的参考资料中，提及一组组相距甚远的地理特征（在每种情况下不同）据称都位于一条直线上。[20] 如果没有地图——比这一时期保存下来的任何地图都要好的地图，这种精确度将是不可能的；著名的爱尔兰地图是由最有地图意识的总督

---

⑯ 亨利八世于1540年9月26日致奥蒙德（Ormond）伯爵，收入 *Letters and Papers*，16：23；爱尔兰议事会于1540年3月14日致托马斯·克伦威尔，以及亨利八世于1540年9月26日致安东尼·圣莱杰爵士，均收入 *State Papers, Published under the Authority of His Majesty's Commission*：*King Henry the Eighth*，11 vols.（London，1830－1852），3：192 and 245。

⑰ 总督和议事会致亨利八世，1543年5月15日，收入 *State Papers*，3：458－459。

⑱ TNA，MPF 72. Dunlop，“Sixteenth-Century Maps，”310，错误地将这幅地图描绘为Sebastiano di Re在 *Britanniae insulae quae nunc Angliae et Scotiae regna continet cum Hibernia adiacente nova descriptio* 中的爱尔兰副本。

⑲ 取自这一资料的地图包括 *Hibernia Insula non longe a Brita*［*n*］*nia in oceano sita est*，作者被认为是Paolo Forlani（Venice：Bolognino Zaltieri，1566），以及一幅地图，复制于Roberto Almagia，*Monumenta cartographica Vaticana*，4 vols.（Vatican City：Biblioteca Apostolica Vaticana，1944－1955），vol. 4，pl. 1。

⑳ TNA，SP 61/4/13（Sir James Croft，1552），and BL，Cotton MS. Titus B. xii. 153（Earl of Sussex，1561）.

之一，萨塞克斯伯爵献给女王的。[21] 从政治上来说，萨塞克斯面临来自阿尔斯特的奥尼尔的新威胁，以及在其后，来自苏格兰西部的部落战士的威胁。从地图学的角度来讲，他的职权是一个与进步趋同的时代。迄今为止，爱尔兰内部的地图显得多种多样，每一幅地图似乎都是根据不同作者的游历、记忆和推测（从未非常广泛）而绘制的。在外国地图中，这种分歧一直持续到该世纪末。在离家更近的地方，一种家族的相似之处开始展现出来。

伊丽莎白时代早期的共识

展示新趋势的地图是劳伦斯·诺埃尔（1564 年前后）、[22] 赫拉尔杜斯·墨卡托（1564 年前后）、[23] 约翰·高赫（John Goghe）（1567 年前后）等人的作品。所有这些都给出了数百个名称，而之前的地图都是有几十个。在爱尔兰东南部，它们和比例尺为大约 1：1000000 的任何地图一样好，这一比例尺没有经过测量的调查，但可能希望达到。在其他地方，它们与事实有很大的差距，有几个常见的错误，就像厄恩湖（Lough Erne）和内伊湖（Lough Neagh）的形状一样，这些都太相似了，以至于无法忽视。墨卡托的地图——《英格兰、苏格兰和爱尔兰新图》（*Angliae Scotiae & Hibernie noua descriptio*）（杜伊斯堡，1564），据说来自一个英格兰的朋友，但包括许多外来的（和错误的）补充，而当时的英格兰人应该无法补充[24]——如果我们能根据诺埃尔进行判断，他只犯了一个相同的过于复杂的类型的编辑错误（图 55.2）。而高赫没有犯任何一个错误。他的地图在设计和工艺上都令人惊奇地成熟，打破了爱尔兰的所有规则。它有署名，标注了日期，并有经纬度数和比例尺，并很正式地用拉丁文题写标题，像是为国际读者所绘制的（图 55.3）。然而，它实际上没有组合方面的和抄写员的错误，它的地名尽管比墨卡托和诺艾尔的更少，其选择带有无过失的歧视。没有任何 16 世纪的爱尔兰地图是如此明显地从内部的知识中得到信息；当然，我们知道约翰·高赫当时在都柏林生活过，尽管没有其他的东西可以把他与地图绘制联系起来。[25]

高赫低调的职业生涯很难持续太长时间，但无论如何，起码他画了一幅其他的地图，尽

---

[21] TNA，SP 63/4/37（19 August 1561）.

[22] BL，Cotton MS. Domitian xviii. 101，103。请参阅 Peter Barber，"A Tudor Mystery：Laurence Nowell's Map of England and Ireland，" *Map Collector* 22（1983）：16 – 21，and Bernhard Klein，*Maps and the Writing of Space in Early Modern England and Ireland*（Houndmills，Eng.：Palgrave，2001），114 – 117。关于诺埃尔对爱尔兰地图学的贡献的更深入的推测意见，请参阅 J. H. Andrews and Rolf Loeber，"An Elizabethan Map of Leix and Offaly：Cartography，Topography and Architecture，" in *Offaly：History & Society*，ed. William Nolan and Timothy P. O' Neill（Dublin：Geography Publications，1998），243 – 285。

[23] Gerardus Mercator，*Angliae*，*Scotiae & Hibernie noua descriptio*（Duisburg，1564）. Walter Reinhard，*Zur Entwickelung des Kartenbildes der Britischen Inseln bis auf Merkators Karte vom Jahre* 1564（Zschopau：Druck von F. A. Raschke，1909）.

[24] 关于墨卡托与英格兰之间的联系，请参阅 E. G. R. Taylor，*Tudor Geography*，1485 – 1583（London：Methuen，1930），85 – 86；Gerardus Mercator，*Correspondance Mercatorienne*，ed. Maurice van Durme（Antwerp：De Nederlandsche Boekhandel，1959），35 – 36；R. A. Skelton，"Mercator and English Geography in the 16th Century，" in *Gerhard Mercator*，1512 – 1594：*Festschrift zum* 450. *Geburtstag*，Duisburger Forschungen 6（Duisburg-Ruhrort：Verlag fur Wirtschaft und Kultur W. Renckhoff，1962），158 – 170，esp. 167；and Peter Barber，"The British Isles，" in *The Mercator Atlas of Europe*：*Facsimile of the Maps by Gerardus Mercator Contained in the Atlas of Europe*，*circa* 1570 – 1572，ed. Marcel Watelet（Pleasant Hill，Ore.：Walking Tree Press，1998），43 – 77。墨卡托的爱尔兰地图中的虚构因素包括地名 Lampreston、Lough Antre 和 Pontoy，这些几乎没有出现在英格兰人所绘的地图上。

[25] Dunlop，"Sixteenth-Century Maps，" 311.

图 55.2 亚伯拉罕·奥特柳斯：爱尔兰，1573 年

根据赫拉尔杜斯·墨卡托的《英格兰、苏格兰和爱尔兰新图》（1564 年），贝尔法斯特湾和树林的附近地区的修正是从与劳伦斯·诺埃尔相关的地图复制而来。在罗伯特·莱斯之前的最有影响力的爱尔兰地图，尽管在很多地区都逊色于劳伦斯·诺埃尔和约翰·高赫。

原图尺寸：42×54.5 厘米。*Eryn*，*Hiberniae*，*Britannicae Insvlœ*，*in Theatrum orbis terrarum*，by Abraham Ortelius（Antwerp：Apud A. C. Diesth，1573），fol. 10。由 Geography and Map Division，Library of Congress，Washington，D. C 提供照片。

管很明显，与诺埃尔和墨卡托相比，他画的爱尔兰（地图）的模仿性更低，似乎是站在离某些常见原型稍远之处，没有其他作者可以来表现。我们对这一共同祖本的唯一一瞥来自萨塞克斯的妹夫，亨利·西德尼（Henry Sidney）爵士，他曾是西班牙政府的一名特使，于 1565 年成为爱尔兰的总督。尽管他没有取得什么成就，但西德尼是一个有力的征服和殖民的倡导者，他分享了塞西尔对地图的信念。[26] 特别是，他是第一个在现场测试地图的爱尔兰总督，并确保他杰出的英格兰通信人得到了自己的副本。这件事发生在 1566 年，当他从阿尔斯特中部的荒野出发时，他写下了“奥马（Omagh），在殿下的地图中，叫作托米厄（Thomye）城堡”，还有“我们在陛下的爱尔兰地图中提到的那座破旧的老城堡。”[27] 奥马和老城堡是由墨卡托命名的，而不是高赫，但西德尼依赖于墨卡托，是出于国家和专业的性质来考虑：更可能的是，女王的地图是第四个版本，后来消失了。

1676

事实上，对于西德尼想要推行的更强有力的政策来说，这些地图都不够好。上面引用的

---

[26] 西德尼的现代评定，见 Nicholas P. Canny，*The Elizabethan Conquest of Ireland*：*A Pattern Established*，1565 - 1576（Hassocks：Harvester Press，1976）。

[27] TNA，SP 63/19/43（12 November 1566）.

图 55.3　约翰·高赫：《西伯尼亚：离英格兰不远的岛屿，俗称爱尔兰》（*HIBERNIA：INSULA NON PROCUL AB ANGLIA VULGARE HIRLANDIA VOCATA*），1567 年

伊丽莎白时代早期的爱尔兰的地缘政治景观图是基于第一手的知识，而不是仪器调查。细节很稀疏，但选择得很好，特别地强调了实体特征和统治家族的名称。伯利勋爵的注释主要在东北部。“B. W.” 表示黑水城堡，此城堡修建于 1575 年，以控制通往仍未征服的阿尔斯特中心地带。

原图尺寸：40.6 × 53.3 厘米。由 TNA（MPF 1/68）提供照片。

第一个评论暗示了一些对命名法的不满；第二种意思是地图内容太过挑剔，不容易与经验相匹配。伦敦也有类似的保留意见，1567 年，枢密院承认，最近对阿尔斯特的一个地方决定是由“爱尔兰的地图”决定的，而不是“我们对这个地方有什么了解”。[28]这可能是在这场漫长的阿尔斯特危机中，高赫地图上唯一一份保存下来的当代版本，获得了一批外来的北方地名，其中许多都是塞西尔写的。一些这样的注释是对地图的致敬。不止一些，是时候让制图师再试一次了。

首次测绘

1677

新的开端几乎是由西德尼组织的。爱尔兰现在需要的不是另一个编撰者——无论他技艺如何精湛，而是有人“根据宇宙志的规则，熟练地通过测量来描绘国家”；[29] 不仅是为在阿

[28] TNA，SP 63/20/83（12 May 1568）.

[29] TNA，SP 63/24/29（？May 1567）.

尔斯特推进殖民化的领域，也是为了这个国家的其他部分，而最近西德尼设置不同省级行政单位的计划使其成为新闻。他的测量师是罗伯特·莱斯，1567 年 9 月—1571 年 11 月期间，他在爱尔兰度过了四年多的时间。[30] 与萨塞克斯的时代相比，这些年来都有很好的记录——这足以证明，莱斯的地图并没有全部保存下来。然而，在他的野外调查中，1∶500000 甚至更多的覆盖范围是可用的，其中大部分在中部和南部地区（图 55.4）。从基拉里（Killary）港到斯特兰福德湖（Strangford Lough）一线以北，他被森林、湖泊和沼泽，以及毫无疑问的当地居民的敌意所打败。关于这个无法进入的地区，莱斯采用了来自诺埃尔—墨卡托—高赫谱系的模型，可能西德尼就是为这类情况保留下来的。

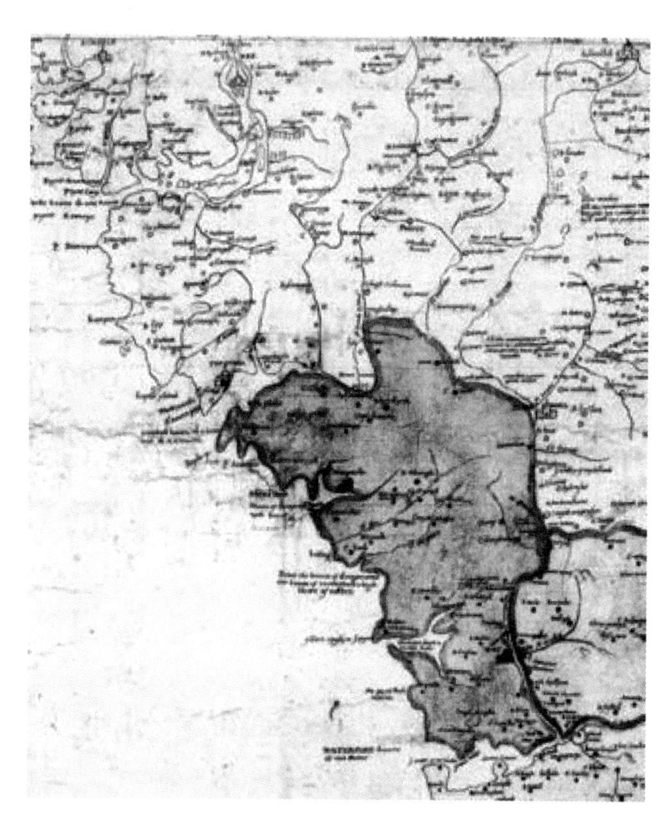

图 55.4 罗伯特·莱斯：爱尔兰中部和南部地图的细部，1571 年

整幅地图显示了已知的莱斯亲自调查过的地区，并且似乎掌握在他自己手中。着色的断续线条是郡界。直到 17 世纪中叶，这一区域才重新进行调查。

完整原图尺寸：81×112 厘米。由 Lord Egremont and the West Sussex Record Office，Chichester（PHA 9581）提供照片。

由于莱斯的爱尔兰地名的数量达到了几千个（伊丽莎白时代其他的测量员都没有达到 1678 四位数），他的到来一定是 16 世纪爱尔兰地图学史上最重要的事件。在西芒斯特的很多地方，他在一艘船上绘制了海岸线的地图，这必然是使用了仪器方法。在其他地方，他通常都有向导陪同，也许有时会从他们的大脑来挑选无法直接观察到的数据。[31] 整个事业表现出了

[30] J. H. Andrews, "The Irish Surveys of Robert Lythe," *Imago Mundi* 19 (1965): 22 - 31.

[31] J. H. Andrews, "Robert Lythe's Petitions, 1571," *Analecta Hibernica* 24 (1967): 232 - 241.

良好的判断力，将准确性进行调整，以适应时间和地点。只有偶尔在调查区域中，尤其是在康诺特的山脉和海洋中，莱斯才恢复到早期的草图的粗略水平。更经常的是，他与他的英格兰同侪克里斯托弗·萨克斯顿进行对比（允许不同的比例尺）。两人都选择了同样的地形主题——海岸、河流、丘陵、森林、定居点——除了在爱尔兰乡村，定居点的焦点是城堡，而不是教区教堂。莱斯进一步强调了爱尔兰对领土和姓氏的重视。他还介绍了自己的主题。其中一个是对伊丽莎白时代的海战的预期，是关于爱尔兰主要港口容量的一系列说明。其他的一些注释描述了它的经济基础设施，这是为新型殖民地企业家提供的服务，他们可能很快就会读到托马斯·史密斯爵士关于在唐郡（County Down）规划建设的种植园的小册子（有一幅区域地图作插图）。[32] 在所有这些当务之急的事务中，莱斯和西德尼都是一致的：主仆二人是在1571年前后差不多同时离开爱尔兰，这是恰当的，尽管很像是巧合。

绘制爱尔兰的地图让莱斯感到疲惫，但并不是永久不能胜任。众所周知，他在英格兰进行了实践，尽管他教给萨克斯顿如何制作国家地图的理论似乎没有追随者。他缺乏萨克斯顿将自己置于聚光灯下的天赋：经济和军事方面的考虑都使任何大比例尺的爱尔兰地图无法出版，可能要直到1585年之后，莱斯的地图才得以转录并最终印行于世，总是有众多的编辑错误，而且从不提及真正的作者。[33] 到那时，莱斯本人要么已经去世，要么就是退休了，或者只是不愿再看到爱尔兰的任何东西。西德尼在1575—1578年第二次担任总督期间，并没有提到他；或者，令人惊讶的是，一般没有提到爱尔兰地图。也许没有人会制作它们；事实上，莱斯的未完成的杰作所提出的主要问题是，盎格鲁—爱尔兰社会多久才能支持自己的制图师。麻烦的是，常驻制图员更喜欢安静的生活，而在西德尼离开后，最需要绘制地图的地区恰恰冲突和暴力不断，而这一偏见最好的象征是没有任何现存的英占佩尔地区的区域地图档案。尽管康诺特和芒斯特享受了一些短暂的和平时期，在这些时间里，一个行动快速的测量师有望能在下次爆发之前绘制一份值得信赖的地图，但骚乱的地区几乎席卷了佩尔以外的一切。

行省地图绘制：西部和南部

第一位想要在爱尔兰定居的制图师显然是约翰·布朗（John Browne）（1589年），1583年，他成为梅奥（Mayo）郡的治安官，并在同年绘制了他最早的地图。作为在现存记忆中唯一一位定居爱尔兰的英格兰人，布朗很早就在爱尔兰西北部引入了英格兰的郡域地图的概念，这是一种早熟的行为。当他在当地的反叛中被杀后，没有人试图继续效仿他。相反，布朗的侄子，也叫约翰·布朗，绘制了一份不那么详细的康诺特全境地图，1591年，将其送 1679

---

[32] BL, Harl. MS. 5938（129）。关于史密斯，请参阅 David B. Quinn, "Sir Thomas Smith（1513 – 1577）and the Beginnings of English Colonial Theory," *Proceedings of the American Philosophical Society* 89（1945）：543 – 560。

[33] J. H. Andrews, "An Elizabethan Surveyor and His Cartographic Progeny," *Imago Mundi* 26（1972）：主要基于莱斯的45种爱尔兰地图，包括约道库斯·洪迪厄斯（1591年和1592年）、彼得鲁斯·普兰齐乌斯（1592年）和赫拉尔杜斯·墨卡托（1595年）的地图。

到了行省总督那里。[34] 总督理查德·宾厄姆爵士是一位强硬的军事指挥官，他对自己的制图专业技术感到自豪，他写下了关于在测量给定大小的区域时必须“采用”的“站”的数量。[35] 布朗所绘制的康诺特看起来完全是现代的，当然也足够准确到需要很多的站点，但不幸的是，还没等后来的制图师有机会消化它，它就在卡鲁的收藏中消失了（图 55.5）。就像许多有能力的业余爱好者一样，布朗叔侄被摒弃在演进的洪流之外。

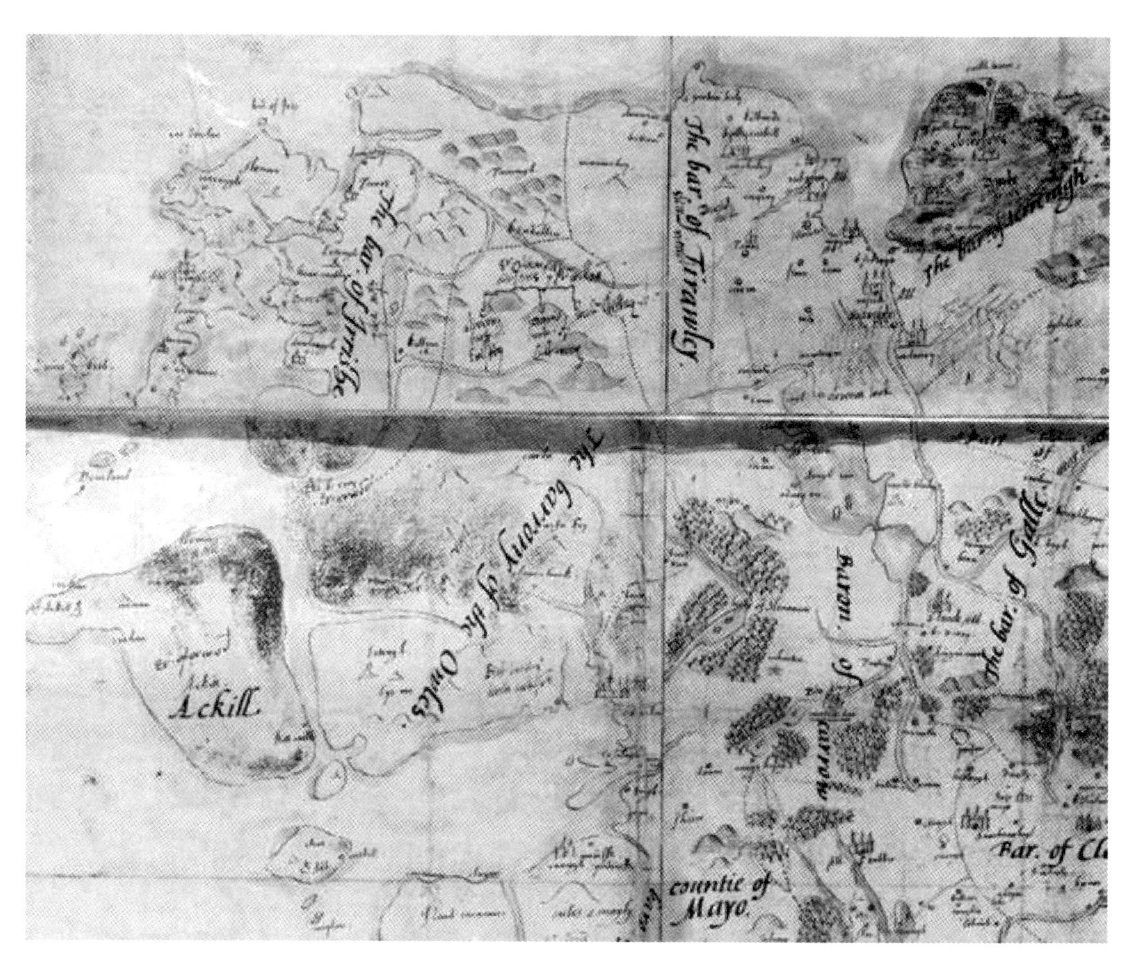

图 55.5 约翰·布朗：康诺特和托蒙德地图的细部，1591 年

这是 16 世纪最好的爱尔兰省域地图。用圆圈勾住的山丘被认为是三角观测点。伯利勋爵补充了一份谱系图。尽管这幅地图在描绘马利特、布莱克索德湾和其他许多特征方面十分精确，但它对后续的地图没有任何影响。

完整原图尺寸：99×76 厘米。由 The Board of Trinity College Dublin（MS. 1209/68）提供照片。

1680 弗朗西斯·乔布森做了更多的努力，确保他的地图能比布朗叔侄任何一人所绘制的地图

[34] Martin J. Blake, “A Map of Part of the County of Mayo in 1584: With Notes Thereon, and an Account of Its Author and His Descendants,” *Journal of the Galway Archaeological and Historical Society* 5 (1907 – 1908): 145 – 158, and J. H. Andrews, “Sir Richard Bingham and the Mapping of Western Ireland,” *Proceedings of the Royal Irish Academy* 103 (2003): 61 – 95.

[35] 理查德·宾厄姆爵士丁 1591—1592 年 5 月 6 日致伯利的信，见 *Calendar of the State Papers, Relating to Ireland, of the Reigns of Henry VIII., Edward VI., Mary, and Elizabeth*, 11 vols., ed. Hans Claude Hamilton, Ernest G. Atkinson, and Robert Pentland Mahaffy (London: Longman, Green, Longman, and Roberts, 1860 – 1912), 4: 469。

都能保存下来，而芒斯特的环境比康诺特更友好。1584 年，甚至连宾厄姆都没有梦想过在一项名为“康诺特构成”的省级税收评估中，对涉及的地产进行测量。两年后，在芒斯特的一场叛乱之后，乔布森和其他三名英格兰调查员试图在凯里（Kerry）、科克（Cork）、利默里克（Limerick）和沃特福德（Waterford）等郡被抄没入官的 50 万英亩土地上进行测量。[36] 尽管这些调查的殖民功能对于见证过他们的芒斯特人来说是显而易见的，但从概念上来说，他们与伊丽莎白时代英格兰流行的地产地图并没有什么不同。他们的“前沿”特征是一个远低于最优水平的人地比率。在这四名测量师中，只有乔布森坚持了全程。毫无疑问，他希望继续作为一名自由职业者，像萨克斯顿在其晚年一样，测量那种芒斯特定居点，旨在鼓励私人地产，但维持这样一个位置的殖民者太少，乔布森后来的大部分地图都是以莱斯和布朗的方式进行的政治—军事实践。

1681

乔布森最不寻常的特点，是他充满热情地在各种比例尺的层次上寻找地图绘制机会。一个早期的例子是利默里克郡的地图（图 55.6），其中绘出了抄没地块的分布，用他自己的话

图 55.6　弗朗西斯·乔布森：“利默里克郡大地图”，约 1587 年

在政府计划在芒斯特省的各个地区安置英格兰殖民者的背景下，土地被划分为不同类别。乔布森将分散的地方调查整合为一幅郡域地图，显示出其原创性，这是伊丽莎白时代爱尔兰的一种不同寻常的方式。

原图尺寸：58.4×62.5 厘米。由 TNA（MPF 97）提供照片。

---

[36] Michael MacCarthy-Morrogh, *The Munster Plantation: English Migration to Southern Ireland*, 1583 - 1641 (Oxford: Clarendon Press, 1986), 56 - 63. 500000 英亩是当时的估计。

说，“首先用1英寸代表40杆的比例尺［1：7920］测量并绘制，一直缩小，直到缩减到用半英寸代表320杆的这样一个小的比例尺［1：126720］……所有我做的是穿越了上述地方，以调查和测量女王陛下的土地”㊲——之后，同样的技术也应用在一幅甚至更小比例尺的芒斯特全境地图上。㊳ 他还热情地向潜在的赞助人展示了副本：没有人能通过“借用”唯一一份副本，来剥夺其子孙后代地图的继承权。其复杂的地图绘制面貌的其他特征更明显是爱尔兰式的，比如他那看似草率的风格，以及他对早期盎格鲁—爱尔兰地图学的明显无知。在后一方面，他和布朗家族很相似，只是他们在康诺特重新开始的时候没有损失任何东西，而在芒斯特，乔布斯只要向莱斯请教，就可以做得更好。

省域地图绘制：北方

在阿尔斯特的大部分地区，正如康诺特的大部分地区一样，没有任何值得查阅的地图，一直到1590年，新的总督把乔布森带到北方，以应对塞西尔提出的新需求。阿尔斯特的两个郡：多尼戈尔（Donegal）和弗马纳（Fermanagh），对陌生人来说仍然是不安全的，但乔布森现在已经绘制出了另外7个郡的地图，莱斯也对其进行了绘制，而且用了同样的风格，比例尺大约是1：240000。㊴ 但不久之后，几乎北爱尔兰所有地区都再次陷入了叛乱，而且一定是在一个更安全的地方，乔布森绘制了现存的最后一幅地图，以配合一项关于安抚阿尔斯特的提议，在8个堡垒中驻扎1.2万名士兵。㊵ 在1598年日益好战的氛围中，这样的数字并不荒谬。在爱尔兰，女王的军队正在迅速扩充，因此，英格兰制图师的人数和他们的制作数量也随之增加。他们大部分的时间都用在测量城堡和战场上面，当1601年，西班牙军队占领并控制金塞尔（Kinsale）之时，这一行为达到了高潮；尽管有一些新的区域草图（图55.7），但这些对以前的地图几乎没有什么补充，16世纪90年代的主要例外是人们终于承认，爱尔兰的厄恩湖不是一个湖泊，而是两个，由一条可以涉水渡过的河流分隔开。㊶

在都铎时代的最后一次爱尔兰大动荡中，地图制作反映了事态的发展进程。为镇压女王最坚定的敌人——蒂龙郡（Tyrone）的休·奥尼尔（Hugh O'Neill），发动了两场战役，最终平息了这一此危机。埃塞克斯（Essex）伯爵判断失误，举措不当，在第一幅爱尔兰单幅地图上有一个恰当的类比，这幅地图上有一位英格兰出版商，这是由巴普蒂斯塔·博阿齐奥在

1682

㊲ 引自旋涡纹中的一段铭文。乔布森使用了16.5英尺的英格兰法定杆，而不是21英尺杆，后者在1600年之后流行于爱尔兰。在这两套测量体系中，每一英里有320杆。

㊳ 这幅地图的不同版本有位于伦敦的国立航海博物馆（National Maritime Museum，London），MS. P. 49（18，19，20，22，and 27）；位于都柏林的三一学院（Trinity College，Dublin），MS. 1209（36 and 37）；以及位于都柏林的爱尔兰国立图书馆，16. B. 13。

㊴ Trinity College，Dublin，MS. 1209（15）.

㊵ TNA，MPF 312（2）.

㊶ John Thomas，map of Lough Erne，1594，National Maritime Museum，London，MS. P49（21）. 关于Thomas，请参阅J. H. Andrews，“Maps and Mapmakers，” in *The Shaping of Ireland*：*The Geographical Perspective*，ed. William Nolan（Cork：Mercier Press，1986），99－110，esp. 100－102。

图 55.7 迪尼什（Dinish）岛及周边地区、班特里（Bantry）湾、西科克（West Cock）

一幅典型的爱尔兰战役地图，显示了 1602 年 6 月，英格兰军队从熊岛向邓博伊的反抗军据点移动。此图以北方为右。在一幅战役地图上表现了通向城堡的西路。

原图尺寸：37.5 ×30 cm. 引自 Thomas Stafford, *Pacata Hibernia*, *Ireland Appeased and Reduced*: *or*, *An Historie of the Late Warres of Ireland* (London, 1633), map 11. 由 John J. Burns Library, Boston College 提供照片。

1599 年对利斯的调查制作的一份华丽但不必要的不合时宜的复制。[42] 接下来，在一名新任总督芒特乔伊（Mountjoy）勋爵的率领下，从佩尔、贝尔法斯特湾（Belfast Lough）以及福伊尔湾（Lough Foyle），对奥尼尔发动了三面合击。这三支军队都得到了一些地图方面的支持，包括在北方的一艘军舰，它的测量师把对多尼戈尔的海岸线的表现提升到了和阿尔斯特其他地方一样的标准。[43] 芒特乔伊在女王所有盎格鲁—爱尔兰制图师中最能干的理查德·巴特利特的陪同下，从佩尔逼近。巴特利特把风景艺术家和地形绘图师的技巧添加进 16 世纪 90 年

[42] J. H. Andrews, "Baptista Boazio's Map of Ireland," *Long Room* (*Bulletin of the Friends of the Library*, *Trinity College*, *Dublin*) 1 (1970): 29 – 36。在爱尔兰北部，博阿齐奥添加了一些利斯没有显示的细节，但是这些都没有被认为是进步。

[43] 查尔斯·普莱辛顿（Charles Plessington）于 1601 年 7 月 17 日致罗伯特·塞西尔爵士的信，见 *Calendar of the State Papers*, 10: 436 – 437; and Trinity College, Dublin, MS. 1209 (14)。

代的标准目录。他的堡垒平面图几乎像对堡垒本身一样详尽地显示了周边的乡村，[44] 在他的阿尔斯特及其边境地区的区域地图中，这种同样的现实主义精神被巧妙地调整到了较小的比例尺。[45] 这些地图其中的一幅描绘了总督军事行动轨迹的穿梭调查（图版70）；另一幅是1602年的全省地图，它可能是爱尔兰到此时为止最成功的由各类材料组成的汇编合集。巴特利特细致的手工作品传达出了一种终极感，就好像宣布这个国家最终被征服了一样。

1603年3月，在伊丽莎白女王死后仅仅6天，奥尼尔就投降了。

大不列颠帝国

现在，爱尔兰见证了一段前所未有的有目的的政府行动时期，这些行动包括地方政府的改革、众多的自治市镇的建立、芒斯特殖民地的复兴，以及一个雄心勃勃的新英格兰——苏格兰种植园计划。这些措施催生了小型的地图衍生品，但詹姆士一世的信心的一个标志，是在1603年之后似乎没有必要对爱尔兰进行新的调查：从现有资料来源进行汇编被认为是已经足够了，甚至这种努力更多地来自私营部门而非政府。劳伦斯·诺埃尔时代以来在宗主国英格兰被忽视的技艺的主要编撰者，是约翰·诺登于1608年和约翰·斯皮德于1610年。尽管诺登的地图是为国务大臣所绘制的，但它们没有从政府的资料来源中得到什么内容，它们的主要权威是博阿齐奥并不令人满意的《爱尔兰》（*Irelande*），而他们在1599年以后的改进，并不足以证明诺登那句著名的“把……许多不一致的点整合到一起”。[46] 诺登受困于选择的比例尺太小，而斯皮德通过给爱尔兰的每个省绘制一幅本省的大型地图，从而解决了这个问题。在中部地区和南部，斯皮德也遵循莱斯的工作，但与已经出版的任何其他版本相比，至少它是一个更完整、更真实的莱斯版本。在阿尔斯特中部和东部，他的模本是乔布森，而关于多尼戈尔的海岸，他使用了与巴特利特共同的来源。通过把结果制作成精装书出版，斯皮德将一幅新的爱尔兰图像铭刻在欧洲人的意识中（图55.8），这一图像直到17世纪的威廉·佩蒂（William Petty）爵士的轮廓成为当时的主流的时候，才被抹去。无论斯皮德对帝国和帝国建设的态度如何，他都没有理由认为爱尔兰应该与弗吉尼亚或百慕大相提并论。相反，他把它放在了不列颠群岛的第一部英国地图集中，其等级在苏格兰之上，尽管远低于英格兰和威尔士。[47]

作为长居伦敦的地理学家，诺登和斯皮德对爱尔兰的了解程度，都不足以绘制出最好的爱尔兰地图。他们的确知道的是——如果有的话就太好了——这是一种雕刻师和地图集的地图绘制，让每一种景观看起来都一样。为国王詹姆士一世（1630—1625年在位）制作一份

---

[44] National Library of Ireland, Dublin, MS. 2656，复制于 Gerard Anthony Hayes-McCoy, ed., *Ulster and Other Irish Maps*, *c.* 1600 (Dublin: Stationery Office for the Irish Manuscripts Commission, 1964), esp. pls. 1–12，被认为是巴特利特的作品。

[45] TNA, MPF 35–37，发表于一份摹写本中，其作者为 Ordnance Survey, *Maps of the Escheated Counties in Ireland*, 1609 (Southampton: Ordnance Survey Office, 1861)。

[46] TNA, MPF 117. 诺登的一幅绘本爱尔兰地图也在同一收藏之列，MPF 67；另一个，明显在日期上稍早，收藏在 Trinity College, Dublin, MS. 1209 (1)。请参阅 J. H. Andrews, “John Norden's Maps of Ireland”。

[47] John Speed, *The Theatre of the Empire of Great Britaine*: *Presenting an Exact Geography of the Kingdomes of England, Scotland, Ireland* ... (London: Iohn Sudbury and Georg Humble, 1611).

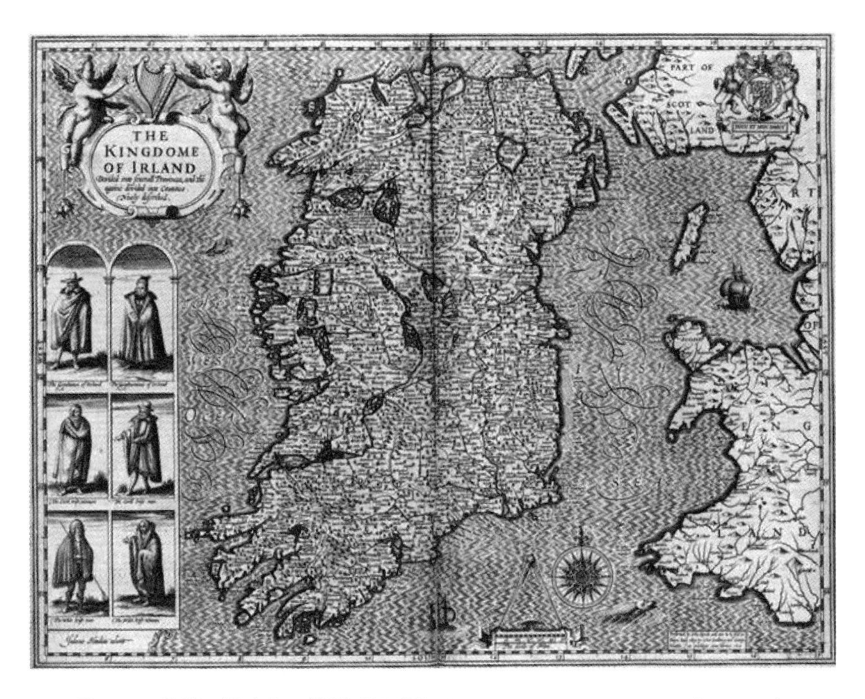

图 55.8 约翰·斯皮德：《爱尔兰王国》（*THE KINGDOM OF IRLAND*），1610 年

都铎王朝时期爱尔兰的最权威地图，在同一作者的四幅单独省份的地图中被放大，并在 17 世纪末威廉·佩蒂的调查（1655—1659 年）变得广为人知之前，这幅地图一直被后来的大多数制图师所复制。

原图尺寸：43 × 55.5 厘米。摘自 John Speed, *The Theatre of the Empire of Great Britaine*（London, 1611）. 由 Lessing J. Rosenwald Collection, Library of Congress, Washington, D. C. 提供照片。

真实的爱尔兰全境汇编的最佳人选是巴特莱特。但是巴特莱特已经不在了。在战争的最后阶段，他被多尼戈尔的居民斩首，"因为他们不想让别人发现自己的国家。"[48] 这是一次充满象征意义的死亡。在地图学方面，就像在其他领域一样，都铎王朝的终结应被视为一个重要的历史里程碑，但无论是士兵、政治家，还是制图师都没有解决爱尔兰的问题。

---

[48] 1609 年 8 月 28 日，约翰·戴维斯（John Davies）爵士致索尔兹伯里的信，见 *Calendar of the State Papers, Relating to Ireland, of the Reign of James I*, 5 vols., ed. Charles William Russell and John Patrick Prendergast（London: Longman, 1872 - 1880; reprinted Nendeln: Kraus, 1974）, 3: 280。

第五十六章　苏格兰王国：自信时代的地图绘制

杰弗里·斯通（Jeffrey Stone）
审读人：张　炜

文艺复兴时期，为了应对变化中的社会和政治环境，在苏格兰创造出了一种地图文化。在16世纪之前，苏格兰国内很少编撰本国地图，至于其他地方编撰的地图的数据也很典型地不足。对于中世纪的英格兰制图师雷纳夫·希格登来说，苏格兰是一个偏远的国家，可以大约地确定位置，但其地理却无法准确描述。[①] 马修·帕里斯的13世纪苏格兰地图中包含了几个标出地名的地方，很有可能是从曾到过那里的僧侣手中获得的，却将其放置在高度程式化的海岸轮廓中。[②] 即使是14世纪最详细的苏格兰原始描绘——高夫地图，其中也有一百多个地名很可能来源于英格兰军队的见闻，其轮廓有显著的缺陷，尤其是与英格兰的描绘相比。在约翰·哈丁讲述其赴苏格兰的政治使命的“编年史”中，收入了15世纪中期的绘本地图，这些地图因其用带飘舞的横幅表现城堡的美丽而著称，但其城堡与同时代的建筑几乎无相似之处，而且城堡如此之大，以至于没有画出几个。[③] 这些地图都显示了苏格兰的外观图景。在16世纪，外部描绘变得更加充分全面；到16世纪末，一个苏格兰人绘制的这个国家的人文景观的地图，可能比那个时代其他任何国家的地图都更加全面、更加详细。其他苏格兰人则追求达到他的成就。

从苏格兰国王詹姆士三世（James Ⅲ）于1468年结婚，到1603年苏格兰国王詹姆士六世（James Ⅵ）继承英格兰王位，成为英格兰国王詹姆士一世（James Ⅰ），这一时期标志着苏格兰作为一个独立王国的终结。在15世纪晚期和16世纪初期，尽管从欧洲标准来看相对贫困，贸易量也很少，但苏格兰还是有充足的剩余财富，使得贵族、教堂以及较大的城镇得以进行捐助，这些捐助之多，以至于一位杰出的历史学家可以说，在那个时代，“苏格兰文化和精神生活绝对丰富”。[④] 在其政治独立的极盛时期，苏格兰是一个外向型的坚定自信

---

① 约翰·戴维斯爵士于1609年8月28日致萨尔兹伯里（Salisbury）函，收入 *Calendar of the State Papers*, *Relating to Ireland*, *of the Reign of James I*, 5 vols., ed. Charles William Russell and John Patrick Prendergast（London：Longman, 1872－1880；reprinted Nendeln：Kraus, 1974），3：280。

② 对马修·帕里斯的13世纪绘本地图上对苏格兰的描绘进行的阐释和检验，参见 J. B. Mitchell，“I. The Matthew Paris Maps,” *Geographical Journal* 81（1933）：27－34。

③ 关于约翰·哈丁的苏格兰地图的若干版本的位置，参见 D. G. Moir et al., *The Early Maps of Scotland to* 1850, 3d rev. and enl. ed., 2 vols.（Edinburgh：Royal Scottish Geographical Society, 1973－1983），1：163。

④ Jenny Wormald, *Court*, *Kirk*, *and Community*: *Scotland*, 1470－1625（London：Edward Arnold, 1981），56.

的欧洲国家。来自创建于15世纪的三所大学的学者在主要的大陆学术中心有着卓越的声誉。与尼德兰的联系特别紧密，这一点在建筑上仍然清晰可辨。人们对欧洲最好的产品非常喜欢。苏格兰的诗人和学者向往更宽广的外部世界。尽管于1508年，在爱丁堡建立起一所出版机构，但苏格兰的作家们仍然继续把他们的作品寄到安特卫普和巴黎，在那里可以得到更广泛的传播。甚至苏格兰的硬币也受到同时代的欧洲的影响，比来自英格兰硬币的影响还大。[⑤] 因此，苏格兰在欧洲事务中发挥的作用，比人们对其自身的经济和军事地位所预期的还要大。在这样的环境下，表现苏格兰地图学复兴开端的地图，以及代表苏格兰新的和外向气氛的地图在欧洲的其他地方得以出版发行，也就不足为奇了。

宗教改革远远超过了一次精神信仰上的重塑的范畴。它是政治和社会变革的催化剂，包括提高识字率，以及逐渐建设一个新的、与众不同的教会体系。苏格兰地图绘制史上最显著的一个事件，在这种情况下发生在苏格兰，而不是欧洲其他地方，的确是宗教改革的一个产物，而且地图绘制是社会历史学家作为16世纪苏格兰社会文化成就证据引用的活动之一。[⑥] 这一事件就是蒂莫西·庞特（Timothy Pont）在16世纪最后20年所从事的对苏格兰的详细调查。庞特的父亲罗伯特·庞特（Robert Pont），是一位律师、教会的作者、教堂（Kirk）的牧师，并且在调查期间，他五次担任刚刚经历过宗教改革的教会总会的仲裁人。[⑦] 关于这些地图是如何制作，要达到何种目的，还有很多工作需要做。它们是所处环境的被动产物，还是积极求变的催化剂？对于地图的形制和内容，目前的解释仍是在一定程度上进行推测。

1685

苏格兰地图学的第一步

有两个名字与16世纪苏格兰的轮廓开始向可辨识的形式转变有关。他们证实了内部和外部汇编工作对国家地图文化最终出现的影响。第一个是乔治·历里（George Lily），他是一个流亡到意大利的英格兰人，1546年，他编撰了《不列颠岛……新图》（*Britanniae Insvlae ... nova descriptio*）。这幅地图的出处，以及它对苏格兰描绘的进步，在很大程度上是推测出来的，与历里在罗马的经历有关，而且，他可能利用了其他到过罗马的苏格兰人的知识，这幅地图出版于罗马。然而，历里似乎从赫克特·博伊斯（Hector Boece）的著作中吸取了一些地名，后者是阿伯丁大学的首任校长，他的苏格兰史被纳入后来的地方志中。[⑧]

一直以来，埃默里（Emery）认定：苏格兰有一种卓越的地方志传统，这种传统一直延续到整个16世纪及以后，与博伊斯、乔治·布坎南（George Buchanan）以及约翰·斯科特

⑤ Wormald, *Court, Kirk, and Community*, 67 and 150.

⑥ T. C. Smout, *A History of the Scottish People*, 1560 – 1830 (London: Collins, 1969), 184 – 198, and Wormald, *Court, Kirk, and Community*, 180.

⑦ 对“著名的改革派教士罗伯特·庞特”的更详细的描述，见 Caleb George Cash, “The First Topographical Survey of Scotland,” *Scottish Geographical Magazine* 17 (1901): 399 – 414, esp. 400 – 401。

⑧ 关于历里地图的苏格兰部分出处的更多信息，参见 D. G. Moir, “A History of Scottish Maps,” in *Early Maps of Scotland*, 1: 1 – 156, esp. 10 – 12。

[Sir John Scot (Scott)] 爵士这些名字联系在一起。[9] 威瑟斯(Withers)探寻了这一传统的起源，及其晚至16世纪从文艺复兴时期的欧洲大陆到不列颠，尤其是苏格兰的翻译。[10] 地方志的研究“强调了地方的历史和地理意义：对地产的调查……地方家族的谱系……对地方自然特征和人类生产的描述”。[11] 这样的研究被纳入更古老的编年史传统中，并通过强调历史延续性而呈现出一种政治维度上的意义。既然地方志的一个目的是识别并维持社会秩序及稳定，那么地图绘制就是合理的延展，即使在技术上更加困难。地图表现了一种有选择的当代记录，在这种记录中，有影响或者有权威的人和他们的驻所及周边地区可以引人注目地放置在地理环境中。通过把它们呈现为过去和现在的自然秩序的一部分，来巩固社会稳定。

第二位与16世纪苏格兰地图学的改革有关的人是苏格兰人亚历山大·林赛，他被描述为一名领航员和水道测量员，但是并没有切实的证据。他被认为与“一部独一无二的苏格兰航海手册”——《苏格兰海洋航海手册》(*A Rutter of the Scottish Seas*)(约1540年)有关，这部手册包含大概200个条目的航海信息。[12] 最初的苏格兰语版本现在已经不存，但有六种现存的版本，用英文和法文写成。这些版本中至少有4种是附有海图的，可能不是林赛本人的作品。

《苏格兰海洋航海手册》是从几种更早的来源中汇编而成的，为1540年詹姆士五世(James V)从利斯(Leith)到西部群岛的航海探险使用，这一探险的目的是防止1493年苏格兰议会剥夺了群岛的世袭领主制度之后可能导致的进一步叛乱。在《苏格兰海洋航海手册》中所包含的数据一向是详细研究的主题，学者们得出了这样的结论：“《苏格兰海洋航海手册》保持了高度的精确性”，而且它“对苏格兰的地图学产生了明显的影响……大约一个世纪以来，这一影响在一定程度上体现在对轮廓的改进方面，部分体现在提供了150个沿海和岛屿的地名方面”，[13] 例如，在罗伯特·达德利的海图与赫拉尔杜斯·墨卡托、劳伦斯·诺艾尔和亚伯拉罕·奥特柳斯的地图上。

对苏格兰的描绘向16世纪转变的第一步的探索，以及苏格兰地图绘制技能的实践，这些非常复杂，因为它们都发生在有影响力和才智的苏格兰人的流动性日益增强的时代。苏格兰人流动的典型范例是约翰·埃尔德，他出生于凯斯内斯(Caithness)，可能在1536年毕业于圣安德鲁斯(St. Andrews)，接受过牧师培训，在英格兰生活了大约20年，之后于1556年离开英格兰前往法国。[14] 众所周知，他曾到过罗马，大约1538年，他在罗马遇到了苏格兰同胞。众所周知，他还于1543年提供给亨利八世(Henry Ⅷ)一幅苏格兰地图，为其入

---

⑨ 请参阅 F. V. Emery, “The Geography of Robert Gordon, 1580 – 1661, and Sir Robert Sibbald, 1641 – 1722,” *Scottish Geographical Magazine* 74 (1958): 3 – 12。

⑩ Charles W. J. Withers, “Geography, Science and National Identity in Early Modern Britain: The Case of Scotland and the Work of Sir Robert Sibbald (1641 – 1722),” *Annals of Science* 53 (1996): 29 – 73.

⑪ Withers, “Geography, Science and National Identity,” 42.

⑫ A. B. Taylor, *Alexander Lindsay: A Rutter of the Scottish Seas*, *circa* 1540, ed. I. H. Adams and G. Fortune (Greenwich: National Maritime Museum, 1980), 29.

⑬ Taylor, *Alexander Lindsay*, 10, 26, and 40.

⑭ 圣安德鲁斯大学的记录中出现过的这位约翰·埃尔德是否是在其他记录中出现过的拥有同一名字的同一个人，现在还不可知。参见 Moir, “History of Scottish Maps,” 12 – 13。

侵苏格兰的计划服务。这幅地图似乎已经不存，但它可能是乔治·历里的一个资料来源。[15] 1686 另一种对苏格兰的描绘，显示着其来自当地的资料来源，并被显示从约翰·埃尔德的亡佚作品中获益颇大的，是赫拉尔杜斯·墨卡托的8图幅铜版地图《英格兰、苏格兰和爱尔兰新图》，于1564年出版。[16]

流亡的苏格兰人对第一幅只描绘苏格兰的印刷地图——由保罗·福拉尼（Paolo Forlani）于大约1566年在意大利雕版的《苏格兰》（*Scotia*）的影响同样是非常明显的。与可能是16世纪来源进行比较之后表明，它基于一幅雕版地图，而这幅雕版地图反过来又来源于历里的1546年地图。[17] 关于约翰·莱斯利（John Leslie，Lesley），我们了解得更多，他是罗斯（Ross）地区的主教、一位历史学家，曾任苏格兰女王玛丽（Mary）的教会顾问，也因此被放逐到罗马。莱斯利1578年的《苏格兰史》中所附地图可能是历里的1546年地图的另一个版本，但是他的也就是1578年制作的大比例尺地图的来源，则更加不确定。其印刷的情况非常不寻常，而且其本身备受争论。[18] 莱斯利对奥特柳斯的著名描绘［《苏格兰地图》（*Scotiae tabvla*），1573年］所进行的修改的来源，只能被认为是莱斯利的个人知识——这是一种看似合情合理的假设，因为他是一位前教会法教授、法官和枢密院的成员，然而这不过是一种推测。[19]

因此，向苏格兰人的地图意识发展的第一个尝试性的步骤，更多地由于外部事件而不是内部因素，而在苏格兰之外绘制其地图，尽管很大程度是由流动的或被流放的苏格兰人进行的，但其自身并不足以创建一种苏格兰的地图文化。对于以家族为基础的苏格兰人来说，这种地图的绘制除了强调苏格兰当前地图的不足之外，几乎没有什么别的作用。可是，到了16世纪末期，苏格兰不断发展的宗教和政治气候推动了这种变革，这种变革只能从内部产生。

苏格兰地图学的出现：蒂莫西·庞特的角色

苏格兰的地图制作之所以发展得如此缓慢，部分的原因似乎是因为除了偶尔绘制军事草图之外，苏格兰内部缺乏对地图的需求。最早的值得注意的城镇平面图，是由约翰·格迪（John Geddy）所绘制的圣安德鲁斯的小型平面图，直到1580年才开始编绘。[20] 最早有记录

---

⑮ 关于现存的文字描述，参见 John Elder，“A Proposal for Uniting Scotland with England, Addressed to King Henry Ⅷ.,”in *The Bannatyne Miscellany: Containing Original Papers and Tracts, Chiefly Relating to the History and Literature of Scotland*, 3 vols., ed. Sir Walter Scott, David Laing, and Thomas Thomson［1827–1855; reprinted New York: AMS, (1973)］, 1: 1–18。

⑯ Peter Barber, “The British Isles,” in *The Mercator Atlas of Europe: Facsimile of the Maps by Gerardus Mercator Contained in the Atlas of Europe, circa 1570–1572*, ed. Marcel Watelet (Pleasant Hill, Ore.: Walking Tree Press, 1998), 43–77。相关的引用，请参阅 idem, “Mapping Britain from Afar,” *Mercator's World* 3, no. 4 (1998): 20–27。

⑰ Michael C. Andrews, “Notes on the Earliest-Known Printed Map of Scotland,” *Scottish Geographical Magazine* 35 (1919): 43–46.

⑱ 一场关于幻想和地图学的鬼魂的辩论；参见 R. A. Skelton, “Bishop Leslie's Maps of Scotland, 1578,” *Imago Mundi* 7 (1950): 103–106。

⑲ Moir, “History of Scottish Maps,” 17–18.

⑳ “S. Andre sive Andreapolis Scotiae Universitas Metropolitana,” St. Andrews University; 参见 Moir et al., *Early Maps of Scotland*, 2: 279, and Robert N. Smart, “The Sixteenth Century Bird's Eye View Plan of St Andrews,” *St Andrews Preservation Trust Annual Report and Year Book* (1975): 8–12。

的苏格兰区域地图可以追溯到1559年，但它所表现的地域范围相对较小，几乎没有包含任何地方细节。[21] 然而，到了16世纪晚期，苏格兰缺乏地图绘制行为和绘制兴趣的局面发生了改变，这一时期，政府也处在转型的阶段。在詹姆士六世的政府中，专业化和效率都有明显的提高，所以，国家开始认为地图绘制是有用的。有证据表明，詹姆士六世愿意为地图绘制提供财政支持，这一行为增强了国家认同的构建，因而既强调了社会等级，也强化了君权的地位。[22] 实际上，苏格兰教会大会最终提供了比国家更多的直接帮助，它尝试让每一位长老都参加一个平行的地方志写作运动。在那个时候，大会本应该以那种方式参与进来，这并不令人惊讶，因为地方志和地图学可以提供潜在证据证明上帝在地球上的作品，于是支持了圣经真理的当代解读，这在苏格兰宗教改革中居于核心地位。[23] 这些是16世纪最后20年苏格兰地图学地位变革的演进情况。

到16世纪末，苏格兰是地图表现最全面的欧洲国家之一，这在很大程度上是由于一个人的工作。在16世纪的最后20年中，蒂莫西·庞特的大部分时间都用在穿越苏格兰大部分地区的游历上，他极其详细地绘制地图以及用其他方式记录其所见所闻。究竟是什么促使他承担如此危险而艰苦的任务，目前还不清楚。关于他的动机，目前也没有清楚的文献证据。他的父亲——罗伯特·庞特，“在苏格兰长老会教会政府的建立中起了很重要的作用”。[24] 1574年，作为位于爱丁堡（Edinburgh）的三一学院的教务长，他授予了蒂莫西一份教会土地的特许经营权，这一授权于1583年得到确认，在这一年，蒂莫西从位于圣安德鲁斯的圣伦纳德学院（St. Leonard's College）毕业。[25] 因此，在其调查期间，庞特从教会那里获得了一些财政上的支持，这表明他的工作对于在近期经历了改革的教会具有潜在的价值。

1687

近期的历史学研究已经证实：在16世纪和17世纪早期，苏格兰教会和政府采取了一系列引人瞩目的尝试，以将他们的势力扩展到边界和高地上去，而且，约翰·布劳的《新地图集》中庞特雕刻的12幅雕版地图覆盖到了边界，这可能并不是一种巧合。[26] 庞特详细地描绘了人们生活的区域，这可能对于外来当局，比如政府的征税有所帮助。关于庞特的动机，唯一的另一线索是在由金属管理局的负责人门穆尔（Menmuir）勋爵约翰·林赛（John

---

[21] 这幅地图是从贝里克（Berwick）到阿伯丁（Aberdeen）的东海岸低地。参见 Marcel Destombes，“La plus ancienne carte regionale de l'Ecosse（1559），” *Gazette des Beaux-Arts*，6th ser，78（1971）：305－306。

[22] 参见 Wormald，*Court*，*Kirk*，*and Community*，158，and D. G. Moir and R. A. Skelton，“New Light on the First Atlas of Scotland，” *Scottish Geographical Magazine* 84（1968）：149－159，esp. 151。

[23] 同样的方式，自然哲学在后来的启蒙运动中寻求包含自然界中的秩序、理性和规律性，这一自然哲学是在加尔文主义试图理解造物的设计和多样性的背景下建立的。参见 David Allan，*Virtue*，*Learning and the Scottish Enlightenment*：*Ideas of Scholarship in Early Modern History*（Edinburgh：Edinburgh University Press，1993），8. “许多学者目前还沿着这些思路思考，尽管还没有出版，” Dr. Grant G. Simpson，私人通信，1998年10月7日。

[24] Cash，“First Topographical Survey，” 400.

[25] 细节最初记录在 Timothy Pont，*Cuninghame*，*Topographized by Timothy Pont*，*A. M.*，1604－1608，*with Continuations and Illustrative Notices by the Late James Dobie of Crummock*，*F. S. A. Scot.*，ed. John Shedden Dobie（Glasgow：John Tweed，1876），xii。另参见 Moir，“History of Scottish Maps，” 38。

[26] 参见 Julian Goodare，*State and Society in Early Modern Scotland*（Oxford：Oxford University Press，1999），252－285；Julian Goodare and Michael Lynch，“The Scottish State and Its Borderlands，1567－1625，” in *The Reign of James VI*，ed. Julian Goodare and Michael Lynch（East Linton：Tuckwell Press，2000），186－207；and Michael Lynch，“The Age of Timothy Pont，” in *The Nation Survey' d*：*Essays on Late Sixteenth-Century Scotland as Depicted by Timothy Pont*，ed. Ian Campbell Cunningham（East Linton：Tuckwell Press，2001），27－34。

Lindsay）所建立的委员会，他授予了庞特在奥克尼（Orkney）和设得兰群岛调查矿产和金属的权力。[27] 然而，到1592年为止，庞特在当地的很多工作可能已经完成；发布这份文件可能是用来回应一个确定的记录，因此，我们对他最初的动机知之甚少。尽管在庞特绘制的一份现存的绘本地图上提到了威廉·卡姆登，[28] 但没有任何实际证据支持这样一个吸引人的假设：即庞特力图模仿克里斯托弗·萨克斯顿在英格兰和威尔士的工作。[29] 在《大不列颠帝国概观……》（1611年）中，约翰·斯皮德肯定参考了庞特的苏格兰章节，但这是在庞特完成其调查很久以后的事情了。我们确定拥有的，是他绘制地图的最可能的证据，即他亲手绘制的绘本地图。

在位于爱丁堡的苏格兰国家图书馆所藏的珍品中，有38图幅，其上有庞特所绘制的78幅地图。[30] 毫无疑问，它们只是庞特地图绘制作品的一部分。事实上，我们可以确定，庞特最好的作品很多都只以布劳雕版地图的形式保存下来，而不是原始的草稿绘本地图。然而，保存至今的文献是现存最好的一批绘本地图，这些绘本与布劳的《大地图集》中对任何一个国家的叙述直接相关。它们的重要性超越了苏格兰地图学史的范畴，它们是苏格兰国家图书馆主动协调的研究项目的主题。[31]

庞特的大多数现存地图是工作文件，而不是已完成的草稿，可供雕刻师制作副本（图56.1）。大多数时候，它们源自庞特工作的早期阶段，当时他在实地工作，或者在探索如何将这一领域的文件组合在一起，以便发表。根据这些地图，我们可以推断出在这一领域的一些地图绘制的流程，包括庞特可能实际在地面上走过的路线，[32] 以及他是如何把小区域地图进行拼合以绘制更大地图。[33] 不幸的是，除了地图本身所隐含的内容，我们对于他进行测量和记录信息的技术同样知之甚少。这些主要记录了位于河流和溪流构成的框架内的人类定居点，这样一种风格暗示了其绘制草图是通过肉眼目测而非仪器测量。[34] 我们也知道，可能除

---

[27] Ian A. G. Kinniburgh, "A Note on Timothy Pont's Survey of Scotland," *Scottish Studies* 12 (1968): 187 – 189, and Moir, "History of Scottish Maps," 38.

[28] "Historiam Malross: citat Camdenus" 这句习语是对庞特绘本中发现的同时代地形学家的唯一的参考文献。参见Jeffrey C. Stone, "Timothy Pont and the First Topographic Survey of Scotland c. 1583 – 1596: An Informative Contemporary Manuscript," *Scottish Geographical Magazine* 99 (1983): 161 – 168, esp. 163 – 164。

[29] 这一点得到了强调，见 B. R. S. Megaw, "The Date of Pont's Survey and Its Background," *Scottish Studies* 13 (1969): 71 – 74, and more tentatively suggested in Moir, "History of Scottish Maps," 38。

[30] 第一次发表于 Jeffrey C. Stone, *The Pont Manuscript Maps of Scotland: Sixteenth Century Origins of a Blaeu Atlas* (Tring: Map Collector Publications, 1989)，而且可以在庞特地图网站（www.nls.uk/pont）上找到。

[31] 庞特项目于1996年启动，是一项为期五年的计划，旨在推动和协调对庞特生平和工作的各个方面的研究。2001年，推出了一个名为"绘制王国的地图——蒂莫西·庞特的文艺复兴时期苏格兰的肖像"的巡回展览，这一项目以其巅峰而告终，庞特地图巡回展览的网站（www.nls.uk/pont），和出版物 *The Nation Survey'd: Essays on Late Sixteenth-Century Scotland as Depicted by Timothy Pont*, ed. Ian Campbell Cunningham (East Linton: Tuckwell Press, 2001)。另参见题为"Charting the Nation: Maps of Scotland and Associated Archives, 1550 – 1740"的更广大的地图方案，其网址为（www.chartingthenation.lib.ed.ac.uk）。

[32] 来自具有显著特征的透视画；参见 C. E. Morris, "The Profile of Ben Loyal from Pont's Map Entitled *Kyntail*," *Scottish Geographical Magazine* 102 (1986): 74 – 79。

[33] Peter R. Robinson, "Timothy Pont in Ewesdale and Eskdale," *Scottish Geographical Magazine* 110 (1994): 183 – 188.

[34] Jeffrey C. Stone, "Timothy Pont and the Mapping of Sixteenth-Century Scotland: Survey or Chorography?" *Survey Review* 35 (2000): 418 – 430.

1689 了一张地图之外，庞特终其一生都没有为自己的作品找到一个出版商，这意味着他没有得到任何有影响力的赞助，这本身就是研究其调查工作的起源与目的的一条线索。㉟

图 56.1 庞特绘本地图第 1 部分：德内斯（DURNESS）和汤格（TONGUE）

庞特现存的粗略草图的一个典型例子，它显示了对主要地理特征的方向和位置的调整，如法拉德岬（Faraid Head，"Faro head"）和埃里博尔湾（Loch Eriboll，"Loch Erebill"）。像本洛亚尔山（Ben Loyal，"Bin Layall"）这样著名的山脉的轮廓是可以辨认的，表明了庞特在现场方面的优势。描述性的注释出现在相关的位置上，并提及诸如良好的鲑鱼捕捞和安全的港口一类的情况。大多数定居点都是通过传统的符号进行定位的，这种符号以不同的精确矩形形状来表示。草图通常是相似的，用于表现显著的结构。

完整原图尺寸：29×28 厘米。由 Trustees of the National Library of Scotland，Edinburgh（Adv. MS. 70. 2. 9 Pont 1）提供照片。

我们知道庞特于 17 世纪早期死后关于他的地图发生了些什么，以及庞特的地图是如何成为布劳的《新地图集》（1654 年）第五卷的大部分的来源材料的，从导言到此卷。然而，从对与布劳的 47 幅苏格兰区域地图相关的绘本地图本身的研究，我们可以了解到更多。现在，人们意识到，很有可能，更多的庞特作品集合于 17 世纪 30 年代送到阿姆斯特丹，在那里，其中一部分得以雕刻成版。布劳随即把这些藏品的一部分送回苏格兰，以便让斯特拉洛赫的罗伯特·戈登（Robert Gordon of Straloch，他是一位拥有地方志编写而非调查和地图学经验的学者）进一步绘图，其中只包括一张在布劳的工作室里已经刻制的地图。所以，这些被送回苏格兰的地图

㉟ 约道库斯·洪迪厄斯雕刻了庞特的洛锡安（Lothian）和林里特科（Linlitquo）地图，可能是在庞特在世之时。参见 A. Skelton，comp.，*County Atlases of the British Isles*，1579－1850：*A Bibliography*（London：Map Collectors' Circle，1964－1970；reprinted Folkestone：Dawson，1978），99。

主要是比较早或者未完成的草图，难以释读，但需要完整的覆盖范围（图 56. 2）。

图 56. 2　庞特的绘本塔伯特岬（TARBAT NESS）和东罗斯（EASTER ROSS）地图

这是庞特更精细的绘图技巧的一个范例，此图有统一的传统符号，和用来表示未区分的定居点和城堡以及其他的大型建筑的整洁草图。教堂和磨坊也有特定的符号。这幅地图只覆盖了一块很小的区域，而且并未完成。它属于苏格兰北部较大的一部分地区，这超过了布劳最初的覆盖范围；因此它被重新划入苏格兰，以便纳入罗伯特 · 戈登（Robert Gordon）草绘的地图中。在文件上绘出了平行线，朝向罗盘玫瑰的方向，可能是为有助于摹写方便。

原图尺寸：14 × 22 厘米。由 Trustees of the National Library of Scotland，Edinburgh（Adv. MS. 70. 2. 10 Gordon 20）提供照片。

在布劳送回的地图中，还有庞特绘制的 6 幅地图，这些地图是戈登为布劳在阿姆斯特丹的雕刻师而编绘的最终草稿的资料。这 7 幅地图极大地提高了这一系列藏品的价值，使其在地图学史上具有重要意义，远远超过了苏格兰的范畴，因为它们是证明雕版程序如何影响已出版文献的内容和平面准确度的史料。它们提供了一个不同寻常的机会，将制图师有意的描绘与雕刻师对草图的解读进行比较。事实上，雕刻师对地图的地图学属性的潜在影响是非常重要的，这一点已经证明，但其所包含信息的数量和质量都有明显的减少（降低）。[36]　1690

庞特的草图与布劳的雕版之间的关系，例如布劳的尼西亚（*Nithia*）与现存的庞特绘本之

---

[36] 参见 Jeffrey C. Stone，"The Influence of Copper-Plate Engraving on Map Content and Accuracy：Preparation of the Seventeenth-Century Blaeu Atlas of Scotland，" *Cartographic Journal* 30（1993）：3 – 12。

间的比较，这是其唯一的来源。布劳删去了庞特已命名的40%的自然特征和已命名的10%的人文特征。在制作印版的过程中，出现了解释和转抄的错误，包括引入了难以置信的拼写。庞特在符号使用上退步的墨守成规是由布劳标准化的，后者在没有严格的一致性的情况下削减了分类的数目。这张雕版的地图是尼斯河谷的较差的同时代记录。[37] 17 世纪 30 年代，戈登对布劳于 1654 年出版的苏格兰地图方面的影响，可能比人们经常认为的要小得多，[38] 而雕版地图主要是对 16 世纪晚期的苏格兰的详细描绘。事实上，到那个时候，苏格兰肯定是世界上地图绘制得最好的国家之一，尽管直到下个世纪中叶，这些地图才广泛传播开。

地图制作是与创建苏格兰民族身份认同相关的几种地理实践之一。然而，在这方面，早期的传统是地方志，而不是地图学，而且在现存的许多庞特的手稿中，文字观察和地图是综合在一起的。庞特并没有如何打破地方志的传统，而是以特别壮观的方式添加了一些相关的地图绘制的技巧。详细的地图草图是一种耗费时间但意义重大的附加手段，其目的是实现凝聚区域认同和维持社会秩序的地方地理目标。它是一种精确的定位、评估和分类大量地点的方法。房屋或城堡草图图像的相似性强调了那些所有者被判断为有特别重要意义的人的建筑物。

对庞特作品的解读一部分有赖于他现存的绘本地图。苏格兰国家图书馆保存有一份被认为是庞特所制作的绘本地图，图上详细地描绘了苏格兰一个郡的部分地区的地形，回顾了历史、边界地区、地形、政府和战斗地点，之后是一份此郡包括超过 350 个地名的地名表。[39] 这一对艾尔郡一部分的描绘不大可能是独一无二的，而且在该国的其他部分也没有类似的记载。这很可能是庞特已完成的地方志文本的唯一确定的例子。庞特的绘本地图似乎在很早的时候就与他的文本记录分开了，所以，后者的佚名记录的出处遂不复清楚。实际上，在同样的来源和其他地方，也存在其他的佚名地形注释，它们可能出自庞特之手。[40] 尽管庞特遵循了地方志的传统，他还是增加了草图的使用，虽然他很多文本都已亡佚，我们依然可以将他的地图看作其主要的记录手段。尽管庞特的地图与教会和国家的需要密切相关，但在缺乏铜版雕刻技巧的情况下，他依然采取了一种在当时的苏格兰很难实施的一种格式，

尽管苏格兰 16 世纪的地图学变革在很大程度上是一个人的杰作，但地图学在苏格兰诞生的基础却更为广泛。教会为庞特提供了财政支持，在他去世（1611—1615 年间）之后，这一项目完成，最终受到公众的关注。查理一世（Charles Ⅰ）和苏格兰议会都采取了行动，以推动项目的完成，尽管他们的动机并没有被明确地记录下来。教会的大会采取了行动，试图填补地图和文字描述之间的鸿沟，大法官法庭的大法官约翰·斯科特爵士是主要的策动人。[41] 这项调查的完成和出版发表很显然是 17 世纪 40 年代整个国家关注的问题。

---

[37] 关于这一比较的更多的细节，请参阅 Stone，"Copper-Plate Engraving，" 4，and Jeffrey C. Stone，"An Evaluation of the 'Nidisdaile' Manuscript Map by Timothy Pont：Implications for the Role of the Gordons in the Preparation of the Blaeu Maps of Scotland，" *Scottish Geographical Magazine* 84（1968）：160 – 171。

[38] Jeffrey C. Stone，"Robert Gordon of Straloch：Cartographer or Chorographer?" *Northern Scotland* 4（1981）：7 – 22.

[39] Edinburgh，National Library of Scotland（Adv. MS. 33. 2. 27）；一份非常严谨的版本已经发表：Timothy Pont，*Topographical Account of the District of Cunningham*，*Ayrshire*，*Compiled about the Year* 1600，ed. John Fullarton（Glasgow，1858）。

[40] 参见 Walter Macfarlane，*Geographical Collections Relating to Scotland*，3 vols.（Edinburgh：Scottish History Society，1906 – 1908），2：xlv，最后又转录在（www. nls. uk /pont）上。

[41] David Stevenson，"Cartography and the Kirk：Aspects of the Making of the First Atlas of Scotland，" *Scottish Studies* 26（1982）：1 – 12.

在戈登于阿伯丁郡（Aberdeenshire）的工作中，也许可以找到一种有益于苏格兰景观描述和地图绘制的氛围的最佳证据。戈登出生在东北部低地地区的一个有头衔的家庭。他曾就读于阿伯丁的马歇尔学院（Marischal College），而且，与当时受过教育的苏格兰人的实践相一致，他在欧洲大陆完成了自己的学业——具体到他，则是在巴黎。据时人所称，他是一位数学家，[42] 他对天文学的兴趣可以从自己的天体观测仪得到验证，[43] 但是没有证据表明他进行了任何形式的地面测量。有人认为，庞特的遗著得以完成，主要——如果不是唯一因素的话——是因为戈登，他作为一名地图绘制员，与出版商合作非常密切。到了晚年，他才完成这项任务，而且他之前发表的作品从本质上来讲是古物研究性质的。当然，他着手绘制了许多直接取自庞特绘本地图的地图，包括庞特一些现在已经不存的作品（图 56.3）。然而，他关于庞特绘本地图的工作并不只是为了满足布劳的需要。戈登的大约 20 幅现存的绘本地图其形式和内容显示出他曾设想出版苏格兰部分地区的若干新地图，这些地图的比例尺与布劳雕版的地图并不相同（图 56.4）。[44] 戈登根据自己的日程计划，在自己儿子詹姆斯·戈登（James Gordon）的帮助下编制了地图。

1691

图 56.3　摘自布劳的《新地图集》中的《苏格兰》（*EXTIMA SCOTIÆ SEPTENTRIONALIS*）局部，1654 年

这幅地图比地图集中的其他 46 幅苏格兰区域地图中的大部分的比例尺都要小，由罗伯特·戈登编撰，其目的是覆盖苏格兰的一部分地区，而布劳的雕刻师们自己也无法覆盖庞特的绘本地图中的地区。那部分雕版地图的所有名称都与庞特的塔伯特岬绘本地图相一致，而这些名称都出现在该绘本地图上，这是戈登根据庞特的资料来源来编辑其草图的证据，但这些资料并非全部仍然存世。

完整原图尺寸：40 × 51 厘米。Joan Blaeu，*Theatrum orbis terrarum*，*sive*，*Atlas novus*，Vol. 5（Amsterdam，1654），fols. 36 – 37。由 Trustees of the National Library of Scotland，Edinburgh（Adv. MS. 15. 1. 1）提供照片。

---

[42] Sir Thomas Urquhart，*Tracts of the Learned and Celebrated Antiquarian*（Edinburgh，1774），125.

[43] 现在收藏在 the Royal Scottish Museum，Edinburgh. Alex R. Hutchieson，"Bequest to the Royal Scottish Museum—Astrolabe of Robert Gordon of Straloch，" *Mariner's Mirror* 34（1948）：122 – 123。

[44] Jeffrey C. Stone，"Robert Gordon and the Making of the First Atlas of Scotland，" *Northern Scotland* 18（1998）：15 – 29.

图 56.4 戈登绘本地图的第 53 部分：法夫郡（FYFE SHYRE）

由斯特拉洛赫的罗伯特·戈登的儿子詹姆斯·戈登于 1642 年编绘。这幅地图基于实地的原始作品，旨在改进庞特对法夫的描绘。其地名的密度远远大于庞特的雕版法夫地图（戈登额外标出了 400 多个地名），而且戈登对传统符号的应用甚至比庞特现存最好的绘本地图都更加一致。戈登父子并不满足于为了布劳的利益而摹绘庞特的作品，而是为了更好地描绘苏格兰的地图而制定了自己的日程表。

完整原图尺寸：42×53 厘米。由 Trustees of the National Library of Scotland，Edinburgh（Adv. MS. 70. 2. 10 Gordon 53）提供照片。

大约四十年后，罗伯特·西巴尔德（Robert Sibbald）爵士获得了庞特和戈登的绘本地图，这是为了一个野心勃勃却从未实现的地图集项目，这一项目旨在纠正布劳地图对苏格兰地区描绘的缺陷。《苏格兰地图集，或苏格兰的描绘：古代与现代》（*Scotish Atlas, or the Description of Scotland Ancient & Mordern*），不仅包括了苏格兰人民的历史、成就和习俗，还包括了对国家资源和管理的描述。地图集中还包含了 70 幅地图，其中很多都是新地图。[45] 这一项目源自罗伯特·戈登和他的儿子詹姆斯。因此，庞特并不是苏格兰唯一一位拥有地图

1692

[45] A. D. C. Simpson, "Sir Robert Sibbald—the Founder of the College," in *Proceedings of the Royal College of Physicians of Edinburgh Tercentenary Congress* 1981, ed. R. Passmore (Edinburgh: Royal College of Physicians of Edinburgh, 1982), 59–91, esp. 66.

绘制理想的人。到了 17 世纪，地图是一种公认的交流方式，其他苏格兰人也准备好投入时间和精力来绘制地图，描绘这个国家。

16 世纪，在苏格兰兴起了地图文化，其原因还在探索中。迄今为止的证据在很大程度上还是间接的，而且还需要进行大量的文献研究。显而易见的是，在 16 世纪，苏格兰作为一个逐渐统一、独立思想勃兴、不断开放的国家，并开始鼓励以家庭为基础的公民进行海图和地图的编绘工作。在宗教改革之后，教会和国家都发现了对苏格兰的陆地区域范围进行统一的地图绘制的价值。一个人以非凡的彻底性和毅力进行这项任务，尽管其任务的巅峰被推迟到 17 世纪中期。庞特的调查在其去世后公开发表，涉及了公共生活中的很多人，促进了苏格兰地图绘制的普遍意识的兴起，并赋予了西方地图学以独特的该时代文献收藏。

第五十七章 1640年前的伦敦地图销售*

劳伦斯·沃姆斯（Laurence Worms）
审读人：张 炜

尽管印刷术是在15世纪70年代由威廉·卡克斯顿引入英格兰的，但印刷地图和地图集的专门贸易的出现，是一个缓慢而停滞的过程。地图出版所要求的制作和印刷木板和铜版的技能与印刷出版书籍是完全不同的：印刷书籍和印刷地图并不是自动同步发展的。在这个阶段，人们对地图远不像书籍那么熟悉。它们的制造和销售初期的贸易受到的关注远远少于早期英格兰出版的其他方面，而这些已被证实的事实可能相对简单。① 伦敦的重要性自然会得到强调，因为除了少数例外，不列颠群岛的早期地图出版完全局限于那个城市。即使是在伦

* 作者感谢莎拉·泰亚克（Sarah Tyacke）、凯瑟琳·德拉诺–史密斯、阿什利·贝恩顿–威廉姆斯（Ashley Baynton-Williams）和玛格丽特·莱恩·福特（Margaret Lane Ford）对这部著作准备工作的帮助，准备了这项工作。

① 最好的总体调查，附有主要人物的传记细节，其完成者是 R. A. Skelton, comp., *County Atlases of the British Isles, 1579 – 1850: A Bibliography*（London: Carta Press, 1970; reprinted Folkestone, Eng.: Dawson, 1978），由他在其他地方各类著作进行支持，关于此，请参阅 Robert W. Karrow, comp., "Raleigh Ashlin Skelton (1906 – 1970): A Bibliography of Published Works," in *Maps: A Historical Survey of Their Study and Collecting*, by R. A. Skelton (Chicago: University of Chicago Press, 1972), 111 – 131。Catherine Delano-Smith and R. J. P. Kain, *English Maps: A History* (London: British Library, 1999)，添加了大量的想法和更新的材料。Laurence Worms, "Maps and Atlases," in *The Cambridge History of the Book in Britain* (Cambridge: Cambridge University Press, 1998 –), 4: 228 – 245，为本章提供了更广阔、更紧凑的指南，将叙述延伸到17世纪末期。从英国出版历史的标准著作中过滤出来很丰富的偶然信息：Edward Arber, ed., *A Transcript of the Registers of the Company of Stationers of London, 1554 – 1640 A. D.*, 5 vols. (London and Birmingham, 1875 – 1894)，其补充来自 W. W. Greg, ed., *A Companion to Arber: Being a Calendar of Documents in Edward Arber's "Transcript of the Registers of the Company of Stationers of London, 1554 – 1650"* (Oxford: Clarendon Press, 1967); E. Gordon Duff, *A Century of the English Book Trade: Short Notices of All Printers, Stationers, Book-Binders, and Others Connected with It from the Issue of the First Dated Book in* 1457 *to the Incorporation of the Company of Stationers in* 1557 (London: Bibliographical Society, 1905); Ronald Brunlees McKerrow, ed., *A Dictionary of Printers and Booksellers in England, Scotland and Ireland, and of Foreign Printers of English Books, 1557 – 1640* (London: Bibliographical Society, 1910); and Alfred W. Pollard and G. R. Redgrave, comps., *A Short-Title Catalogue of Books Printed in England, Scotland, & Ireland and of English Books Printed Abroad, 1475 – 1640*, 2d ed., rev. and enl., 3 vols. (London: Bibliographical Society, 1976 – 1991). Edward Lynam, *The Mapmaker's Art: Essays on the History of Maps* (London: Batchworth Press, 1953)，包含在其他地方没有的很多细节。Leona Rostenberg, *English Publishers in the Graphic Arts, 1599 – 1700: A Study of the Printsellers & Publishers of Engravings, Art & Architectural Manuals, Maps & Copy-Books* (New York: Burt Franklin, 1963) 保持着其引人羡慕的轻松和对材料的熟悉的价值。欣德（Hind）不朽的早期英国刊刻目录对地图进行了大量处理，顺便论证了在英格兰刊刻的早期历史中，它们是一个多么主要的因素：Arthur Mayger Hind, *Engraving in England in the Sixteenth & Seventeenth Centuries: A Descriptive Catalogue with Introductions*, 3 vols. (Cambridge: Cambridge University Press, 1952 – 1964)。

敦，也很少有地图在16世纪下半叶之前出版。② 到1640年，伦敦出版商大概出版了1000—1500百种。③ 然而，令人吃惊的是，这一比例在1590年之后才出现。新地图（或伦敦市场新地图）的产量在1602—1612年间达到峰值，几乎一半的总数量在这10年里首次出现。从那时起，已经发展缓慢的贸易似乎已经进入了显著的下降。到1640年，市场（甚至在不列颠群岛的地图领域）大部分已经被割让给了强大的尼德兰出版社。在最初的地图制作方面，伦敦又回到了相对不重要的位置。在一个贸易、繁荣和信心普遍增长的时期，为什么会出现这种情况，需要比以往更仔细地审视。

1694

进口和进口商

英格兰的地图制作存在技术问题——这些问题主要与纸张和铜版的供应相关（图57.1）——但是，进口材料的普遍应用，是英格兰地图贸易最初的踌躇不前和之后的疲沓不堪的更明显的因素。由于地图很少需要翻译，所以专门用英文制作的地图的需求并不迫切。印本地图和地图集的贸易在本质上始终属于国际贸易。在这一时期，英格兰贸易最重要的部分是海外印刷的地图和地图集的分布。图书馆、清单、目录、题字以及其他来源，都充分证明了此类地图是相对较早，而且分布很广泛。哈特曼·舍德尔（Hartmann Schedel）的1493年《纽伦堡编年史》，附有世界地图、北欧地图，以及其著名的城市景观图，甚至在1500年之前就可以放置在英格兰了。罗伯特·米努奇（Robert Minucci）是一位居住在英格兰的意大利藏书家，1498年，印刷商理查德·平森（Richard Pynson）送给他其中一部此类作品，这是伦敦书商经营进口地图材料最早的明确例子。④

平森和许多与他同时代的人一样，也是来自海外，而这正是这样一群非本土的书商，他们在国外的贸易中已经建立了一些联系，很自然地主导了进口贸易。在国外出生的书商，比如雷纳·沃尔夫，他的《新约》（1549年）是最早绘有地图插图的英语书籍之一，众所周知，他们

---

② 值得怀疑的是，在伦敦之外的地区，在任何情况下，地图的制作会否得到发展，但1586年的星室法庭法令突然地将这种可能性推向终结，这一法令禁止在伦敦以外的地方进行印刷（牛津和剑桥各只有一家出版社例外）。在法令中，特别地提到了“海图”的印刷。请参阅 Marjorie Plant, *The English Book Trade: An Economic History of the Making and Sale of Books*, 3d ed. (London: Allen and Unwin, 1974), 81。苏格兰是一个独立的实体，不在法令规定的范围之内，但地图印刷仍然仅限于几个例子（请参阅本卷第56章）。

③ 这包括大比例尺的壁挂地图、单独出版的单幅地图、用于地图集的地图、用作书籍插图的地图，以及用于新闻图书和宽版报纸的地图。其中大概有2/3是地图，尽管它们也经常单独出售，但组成了地图集系列的一部分——其余主要是书籍中的插图，主要是旅行图书，正如人们期望的那样，但也有大量的圣经地图。单独发行的个别地图保存下来的概率明显要少得多，但有90幅或更多保存了下来，或者至少我们知道曾经存在过。可能还会有更多。统计其整体的总数量需要相当的限定条件：其所包括的一些项目，例如书名页或肖像画（其中有一幅地图或球仪，组成其主要特征），其地位是有争议的。另外，由于包含了在约翰·斯皮德的郡域地图上所插入的城镇平面图（供分析之用），也使得总数有所夸大。然而，毫无疑问，有许多的地图，要么没有保存下来，要么就是我还没有发现。

④ Oxford, Pembroke College Library, U. 5. d。题写着“Robert Minutij Volaterrani Hunc librum habui dono a Magistro Pynson Impressore xx (?) Aprilis MccccLxxxxviii Londinj”。早在1483年，牛津的书商托马斯·亨特（Thomas Hunter）就进口了Pierre d'Ailly的*Imago mundi*的副本，书中包括有印刷的地球区域带的图表。请参阅 Christie, Manson and Woods International, Inc. 的销售目录：*The Helmut N. Friedlaender Library: Part 1, Monday, 23 April* 2001 (New York: Christie's, 2001), 52–55 (lot 11)。非常感谢玛格丽特·莱恩·福特和阿什利·贝恩顿–威廉姆斯，感谢他们提供给我关于这些和其他早期例证的信息。

是每年举办一次的法兰克福书展的常客，并为书籍进口到英格兰提供了天然的渠道。⑤

图57.1 约翰·诺登：《米德尔塞克斯》局部，1593年

在诺登的《不列颠之镜》所附的米德尔塞克斯地图上，明显地标出了由约翰·布罗德（John Brode）于1588年前后在"锡斯尔沃思"（Thistleworth）（Isleworth，艾尔沃思）建造的铜厂。萨默塞特郡人诺登在他的著作中注释道："the oar, or earth, wherof it [the copper] is contriued, is brought out of Sommerset shire from Mendip hils"（第41页）。对于伦敦的地图贸易（以及总体的图书贸易）来说，布罗德更为重要，其工厂距离伦敦只有几英里的距离，他是英格兰第一个生产用于雕版印刷的铜版或黄铜的制造商。1605年，他宣称自己是"英格兰第一个将铜和锌矿石［calamine］熔铸在一起，并使其完美，也就是反复用锤子将其制成图版的人"［M. B. 唐纳德（M. B. Donald）：《伊丽莎白时代的垄断：1565－1604年之间采矿和锻打公司的历史》（*Elizabethan Monopolies: The History of the Company of Mineral and Battery Works from 1565 to 1604*）（Edinburgh: Oliver and Boyd, 1961），194］。他的工厂在16世纪90年代运营的时间相对较短，与此同时，伦敦雕刻的地图数量显著增加。但作为一家企业，布罗德的工厂倒闭了，而在这段短暂的时期内，以伦敦为根据地的雕刻师则完全依赖于国外供应，瑞典成为17世纪的主要来源。很有可能，后来伦敦市场上的很多地图都是在海外雕版的，其中的主要因素是当地的铜版来源已不复存在。另一个问题是，在本地制造已经失败后的很长时间内，为了保护本地制造而实施的沉重的进口关税依然有效。布罗德指出，到1605年，伦敦的金属价格已经是其工厂运营时的两倍。对新兴的地图贸易来说，同样困难的是缺乏本地制造的印刷用纸。在地图上也显示出来的附近的奥斯特利（Osterley），托马斯·格雷欣（Thomas Gresham）爵士建立造纸厂的尝试甚至在诺登时代之前就失败了。事实上，几乎所有的印刷用纸都必须进口，更适合铜版印刷的更软和更重的纸张有时甚至来自遥远的意大利。

完整原图尺寸：17.7 × 21.8厘米；细部尺寸：约5 × 5厘米。John Norden, *Specvlvm Britanniae: The First Parte*…（London, 1593），pp. 8－9之间装订的地图。由BL［T. 799，(2)］提供照片。

⑤ 关于沃尔夫，请参阅Henry R. Plomer, *A Short History of English Printing*, 1476－1898（London: Kegan Paul, Trench, Trubner, 1900），103－109；Duff, *English Book Trade*, 171－172；and C. Sayle, "Reynold Wolfe," *Transactions of the Bibliographical Society* 13（1916）：171－192。

到16世纪中叶，可以确定那些与具体地图进口有关的特定贸易。保存至今的账簿表明，1558年，伦敦书商尼古拉斯·英格兰（Nicholas England）收到了安特卫普的克里斯托弗尔·普兰迪因的账单，用以支付其所寄来的43份地图。[⑥] 其后不久，普兰迪因给自己在伦敦的代理商让·德瑟兰斯（Jean Desserans）发送了大量的材料。有一封信保存至今，是由伦敦雕刻师尼古拉斯·雷诺兹寄给亚伯拉罕·奥特柳斯的，日期是16世纪60年代早期，涉及一笔交易，将一幅俄罗斯地图的25份副本寄到安特卫普（通过雷纳·沃尔夫付款），并把赫拉尔杜斯·墨卡托的大幅欧洲壁挂地图的副本寄到伦敦。[⑦]

在这一时期伦敦港口簿册中也有相关条目：乔治·毕晓普（George Bishop），他也许是第一位英格兰出生的在进口贸易中举足轻重的书商——收到了“一副附有地图，售价2英镑的卷轴”，由安特卫普的“海上骑士”于1568年8月上旬托运。[⑧] 这肯定是在普兰迪因的七月下旬账簿中的订购给他的地图卷轴——同批托运的包括墨卡托1564年不列颠群岛壁挂地图的副本。[⑨] 普兰迪因还向苏格兰的书商发送货物，似乎某种意义上复杂的系统已经牢固地建立了起来。即使并不总是完美地运行，但很难认为这些措施没有充分地推动发展中的英国市场。伦敦贸易与大陆制图师之间的紧密联系本身就似乎排除了这一可能性。[⑩]

汉斯·沃特尼尔从普兰迪因那里进货，在奥特柳斯的通信中经常提到他是一个几乎只从事雕版材料贸易的进口商。[⑪] 他是在伦敦出现的最早的印刷商（而非书商），后来他参与了一系列未完成的英格兰郡域地图的出版业务。尽管他专注于雕版的材料（他也可能是在英格兰出生的），但我们仍可以将他看作长期主导进口贸易的外国书商中的最后一位。到了世纪之交，贸易已经转到了更有实力的英国书商手中，约翰·诺顿（John Norton）和他之前的学徒约翰·比尔是主要人物。

1695

在一封于1596年写给奥特柳斯的信中，提到了他通过诺顿发到伦敦的地图，以及他的存货中至少有《寰宇概观》的7份副本，在当时，这是有史以来最昂贵的书籍。[⑫] 这一关系

---

⑥ Colin Clair, “Christopher Plantin's Trade-Connexions with England and Scotland,” *Library*, 5th ser., 14 (1959): 28 – 45, esp. 29.

⑦ BL, Add. MS. 63650 Q。文字出处见 Abraham Ortelius, *Abrahami Ortelii (geographi antverpiensis) et virorvm ervditorvm ad evndem et ad Jacobvm Colivm Ortelianvm . . . Epistvlae . . .* (1524 – 1628), ed. Jan Hendrik Hessels, Ecclesiae Londino-Batavae Archivum, vol. 1 (1887; reprinted Osnabruck: Otto Zeller, 1969), 103 – 104。这批货物包括我们所指的“topographiam Londinensem, aere insculptam”——可能即已经“亡佚”的伦敦地图（请参阅下文）。

⑧ Brian Dietz, ed., *The Port and Trade of Early Elizabethan London: Documents* (London: London Record Society, 1972), 114。经济背景可以通过参考迪茨（Dietz）对1559—1560年进口的分析进行测算：伦敦的进口总额是643320英镑，其中813英镑（0.13%）是用于“未装订的图书”，3304英镑（0.51%）是用于纸张，与之相比，2483英镑是进口“尼德兰奶酪”，1699英镑是进口网球，11852英镑用来进口胡椒，18237英镑则是进口糖（第152—155页）。这一参考文献我要感谢莎拉·泰亚克。

⑨ Jan Denuce, *Oud-Nederlandsche kaartmakers in betrekking met Plantijn*, 2 vols. (Antwerp: De Nederlandsche Boekhandel, 1912 – 1913; reprinted Amsterdam: Meridian, 1964), 1: 21.

⑩ 请参阅 Helen Wallis, “Intercourse with the Peaceful Muses,” in *Across the Narrow Seas: Studies in the History and Bibliography of Britain and the Low Countries Presented to Anna E. C. Simoni*, ed. Susan Roach (London: British Library, 1991), 31 – 54, and R. A. Skelton, “Les relations anglaises de Gerard Mercator,” *Bulletin de la Societe Royale de Geographie d'Anvers* 66 (1953): 3 – 10。

⑪ 请参阅 Robert A. Gerard, “Woutneel, de Passe and the Anglo-Netherlandish Print Trade,” *Print Quarterly* 13 (1996): 363 – 376. For references in the Ortelius correspondence see Ortelius, *Epistvlae*, 331 – 333, 345 – 347, 473 – 475, 512 – 514, 524 – 526, 696 – 697, and 759 – 760。

⑫ Ortelius, *Epistvlae*, 696 – 697。赫赛尔斯（Hessels）将诺顿解释为约翰·诺顿的堂兄弟博纳姆·诺顿（Bonham Norton）。这种解释是可能的，但在这一日期，尤其是考虑到约翰·诺顿后来出版了《寰宇概观》的英文版本，那么似乎更有可能是约翰·诺顿本人。

催生了诺顿和比尔的进口业务，不仅引入《寰宇概观》的个别副本，还进口了在安特卫普印刷地图的完整版本，用他们自己的英文版本出售。

这种利用外国作坊的方式在这一时期的后半部分反复出现，1640 年，书商威廉·卢格尔（William Lugger）发行了一份在阿姆斯特丹印刷的地图集：《海洋之镜》（*The Sea-Mirrour*），其修订就是仅仅加上了自己的伦敦版书名页。[13] 这种对进口和舶来的佛兰德与尼德兰工艺的依赖是不可避免的。尤其是阿姆斯特丹的出版商看到他们既可以很容易地为英格兰市场制作自己的英语地图集，也可以为伦敦的书商提供服务，而这正是他们之前所做的。1620—1640 年，在低地国家制作并出版了至少 13 部英文的海洋地图集。[14] 到当前为止，伦敦地图贸易处于明显下滑的时期，连一幅地图都没有制作出来。

在英格兰出版的地图

进口的盛行和此类枯燥的统计数字当然并不意味着英格兰没有生产任何实质或有价值的东西。他们也没有充分解释这种情况。在英格兰，绘制了许多精美且重要的地图，而且也有很多成功之处。值得注意的是，后来阿姆斯特丹鼎盛时期的两个主要人物：老约道库斯·洪迪厄斯和他的姻亲彼得·范登克雷，都在伦敦学会了手艺。但这是从预测后来的发展的角度而言——英格兰地图的制造在更早就开始了。

1696

就技术方面而言，英格兰的地图印刷遵循了人们熟悉的欧洲模式，它逐渐用通过凹版滚筒印刷机印制出的更加复杂的铜雕版地图取代了相对简单的木刻版印刷地图。这个记录可以说是从卡克斯顿本人肇端的。他将一部 1481 年出版的中世纪文本翻译为《世界之镜》（*Myrrour of the Worlde*），这是第一部用英文印刷的有插图的书籍，其中有两幅简单的木刻版 T-O 世界地图。实际上，地图上仅有的几个字并不是印刷出来的，而是根据传统，由卡克斯顿自己手写的。[15] 除了少数值得尊敬的例外，英格兰从未完全掌握木刻技术：卡克斯顿及其同时代的人都没制作出任何东西，可以和欧洲其他地方已经开始出现的地图和地图集相比。从卡克斯顿到 1547 年亨利八世去世的那段时期，除了几幅反映三分钟热度的书中的插图和现在已经亡佚的印刷地图的一些痕迹外，没什么值得注意的。[16] 在都铎时代早期，在英格兰

---

⑬ Willem Jansz. Blaeu, *The Sea-Mirrour Containing, a Briefe Instrvction in the Art of Navigation . . .*, trans. Richard Hynmers（London：William Lugger，1640）.

⑭ 这一数字来自萨拉·泰亚克。请参阅 C. Koeman, *Atlantes Neerlandici：Bibliography of Terrestrial, Maritime, and Celestial Atlases and Pilot Books Published in the Netherlands up to* 1880, 6 vols.（Amsterdam：Theatrum Orbis Terrarum，1967 – 1985），2：252 – 261。

⑮ Tony Campbell, *The Earliest Printed Maps*, 1472 – 1500（London：British Library，1987），98 – 99.

⑯ 关于 Campbell, *Earliest Printed Maps*, 214 中提到的已经亡佚的"日期为 1497 年的铜雕伦敦地图"，请参阅 Peter Barber, "A Glimpse of the Earliest Map-View of London?", *London Topographical Record* 27（1995）：91 – 102。约翰·拉斯特尔（John Rastell）在 *The Pastyme of People：The Cronycles of Dyuers Realmys and Most Specyally of the Realme of Englond . . .* [London：J. Rastell, 1530?] 中提到一幅"四开本世界地图"（Ai 封底），可能由其本人印刷——请参阅 Helen Wallis, "Some New Light on Early Maps of North America, 1490 – 1560," in *Land-und Seekarten im Mittelalter und in der fruhen Neuzeit*, ed. C. Koeman（Munich：Kraus International Publications，1980），91 – 121。拉斯特尔的 1538 年清单详细地逐条列出了 110 份"欧洲地图"，每份售价 1 便士 [R. J. Roberts, "John Rastell's Inventory of 1538," *Library*, 6th ser.，1（1979）：34 – 42，esp. 35]。还有一幅由约翰·巴格福德（John Bagford）以 5 先令的价格卖给塞缪尔·佩皮斯（Samuel Pepys）的英格兰地图，"由 Winkin de Woorde 雕刻的木刻版印制而成，这是一件非凡的珍品"[Philippa Glanville, *London in Maps*（London：The Connoisseur，1972），18]。巴格福德还描述了一部"带有英格兰海岸部分海图的年鉴，羊皮纸印刷，由 Wynken de Worde 制作于 1520 年"[E. G. R. Taylor, *Late Tudor and Early Stuart Geography*, 1583 – 1650（London：Methuen，1934），179]。

出版的唯一一幅现存地图是1533年在萨瑟克出版的科弗代尔圣经中出现的地图。尽管这本书有詹姆斯·尼科尔森的英文戳记，但几乎可以肯定它是在海外印刷的。[17]

直到16世纪中叶爱德华六世在位时期，地图才在国内的书籍生产中占据了一席之地。最早的是三份木刻版战斗平面图，作为理查德·格拉夫顿（Richard Grafton）在1548年出版的一本书中的插图（图57.2）。格拉夫顿在爱德华即位后就已经成为国王的印刷师，据悉他雇用了许多外国工人，其中包括一些被称为“雕刻师”的人——他们可能负责镂刻这些印版。[18] 格拉夫顿之后的例子是雷纳·沃尔夫，他在其1549年的《新约》中收入了两幅“地图”（cartes）（图57.3）。类似的地图出现在1552年和1553年为理查德·贾格而印刷的《新约》中，除了书籍中的插图，这一时期还有一条关于由塞巴斯蒂安·卡伯特绘制的目前已不存的世界地图的记载，这幅地图据报道是由剑桥学者克莱门特·亚当斯在1549年前后“雕刻”的。[19]

1553年7月，玛丽女王即位，这种书籍插图的新发展势头戛然而止。在她所统治的5年时间里，没有出版过此类地图，只有一个例外，而且还不确定。在爱德华六世的新教统治下兴旺发展的印刷商们发现现在自己已经失宠了。格拉夫顿的职位被解除，他的职业生涯再也没有恢复，而在他们之间的沃尔夫和贾格在玛丽统治时期只出版了几本书而已。然而，尽管书中没有地图，但玛丽的统治对两份重要的地图来说意义非常重要，其中一幅是不列颠群岛地图，另一幅是西班牙地图，这两幅地图都是由佛兰德外科医生托马斯·兰布里特（Thomas Lambrit）出版的，他的另一个名字托马斯·赫明努斯更加出名。[20] 赫明努斯是将铜版雕刻引入伦敦的关键人物，他制作了解剖板和图案书，以及这两幅地图，这是现存最早的壁挂地图和最早有伦敦戳记的铜版地图。这两幅地图的日期都是1555年，大概是为了纪念玛丽与西班牙的菲利普的婚姻。不列颠群岛的地图只是1546年由乔治·历里在罗马首次出

1697

---

⑰ 请参阅 Catherine Delano-Smith and Elizabeth Morley Ingram, *Maps in Bibles, 1500–1600: An Illustrated Catalogue* (Geneva: Librairie Droz, 1991), 26–27, 和 Elizabeth Morley Ingram, “The Map of the Holy Land in the Coverdale Bible: A Map by Holbein?” *Map Collector* 64 (1993): 26–31。首次印刷的确切地点仍不确定。从其使用了安东·韦恩萨姆·冯·沃姆斯（Anton Woensam von Worms）所设计的一些独特的首字母来看，它可能是1535年底在德意志的马尔堡（Marburg）[L. A. Sheppard, “The Printers of the Coverdale Bible, 1535,” *Library*, 4th ser., 16 (1935–1936): 280–289]。

⑱ Hind, *Engraving in England*, 1: 296, and Ernest James Worman, comp., *Alien Members of the Book-Trade during the Tudor Period: Being an Index to Those Whose Names Occur in the Returns of Aliens, Letters of Denization, and Other Documents Published by the Huguenot Society* (London: Bibliographical Society, 1906), 25.

⑲ 阿什利·贝恩顿－威廉姆斯最近发现了一幅看似同时代的铜版地图，显示了1547年英格兰在平克谷（马瑟尔堡）的胜利，迄今为止只通过一幅后来的副本而为人所知，可能会大大增加这一时期的记录（请参阅本卷图54.4）。关于卡伯特地图，请参阅 E. G. R. Taylor, *Tudor Geography*, 1485–1583 (London: Methuen, 1930), 17–18; Peter Barber, “England I: Pageantry, Defense, and Government: Maps at Court to 1550,” in *Monarchs, Ministers, and Maps: The Emergence of Cartography as a Tool of Government in Early Modern Europe*, ed. David Buisseret (Chicago: University of Chicago Press, 1992), 26–56, esp. 44; and Rodney W. Shirley, *The Mapping of the World: Early Printed World Maps*, 1472–1700, 4th ed. (Riverside, Conn.: Early World Press, 2001), XVI。

⑳ 这两幅地图都各仅有一例存世，保存在 BNF 中。请参阅 Rodney W. Shirley, *Early Printed Maps of the British Isles*, 1477–1650, rev. ed. (East Grinstead: Antique Atlas, 1991), 28; Hind, *Engraving in England*, 1: 56–58; and Robert W. Karrow, *Mapmakers of the Sixteenth Century and Their Maps: Bio-Bibliographies of the Cartographers of Abraham Ortelius*, 1570 (Chicago: For the Newberry Library by Speculum Orbis Press, 1993), 250–254。赫明努斯也是一名数学仪器制作师，最早为人所知在伦敦工作过，另外也宣称自己出版了 Leonard Digges, *A Boke Named Tectonicon* ...（一般认为日期为1556年，尽管几乎可以肯定要晚一些）——这是英国第一部现代测量的书籍。

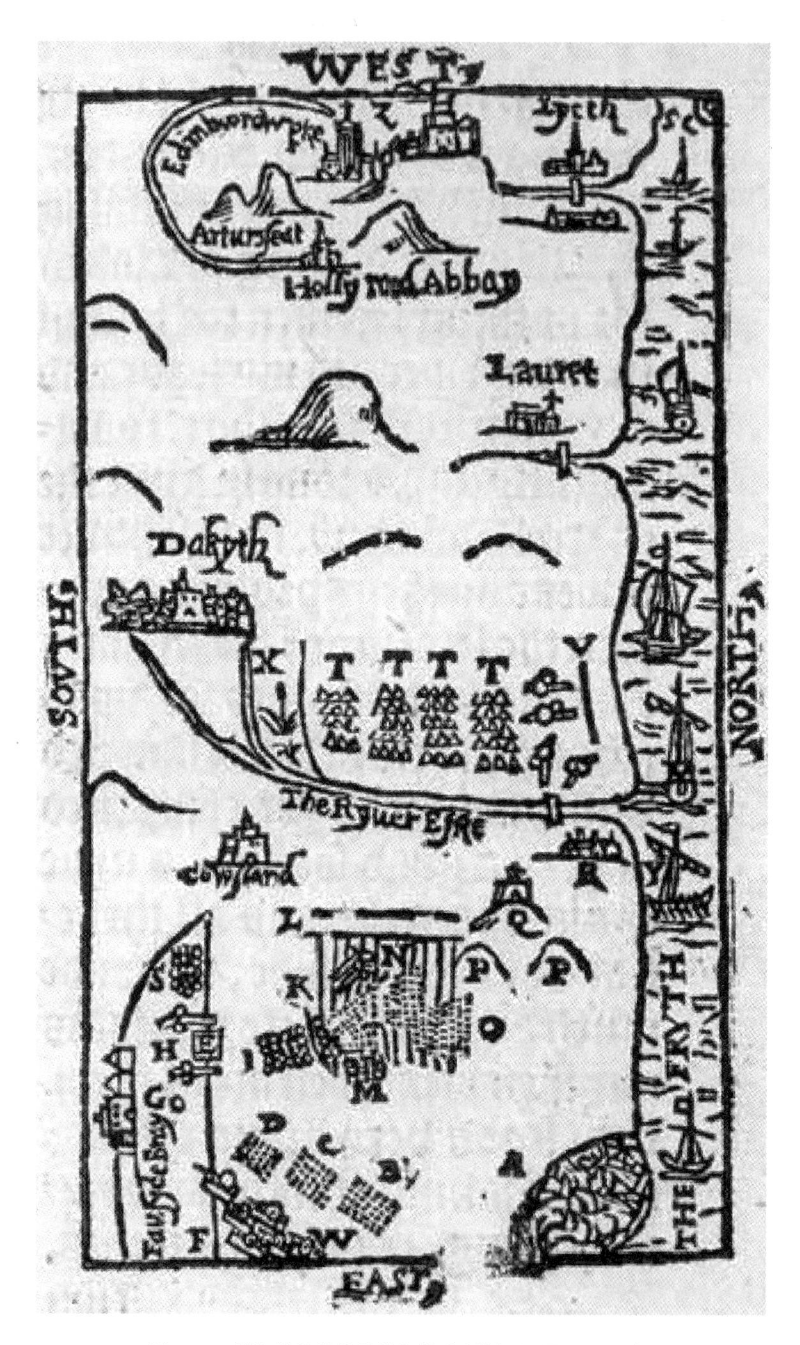

图 57.2 详细描绘苏格兰战争的木刻版平面图，1548 年

此图是这一苏格兰战争叙事所包括的三幅相似的木刻版地图之一。它们是现存的出现在英文印刷书籍中最早的真正插图地图。该范例显示了爱丁堡和达尔基斯（Dalkeith）以东的地形，以及马瑟尔堡（R）和福斯湾（Firth of Forth）的南部海岸。在对开页面上的字母键列出了较高位置上的英格兰枪支（H）、英格兰骑兵（I）、苏格兰人的营帐（T）和海岸外的英格兰帆船（Y）等细节。各种不同的地形符号也用于表示弓箭手，“a hackbutter a foot”、“a footman slayn”。地形特征包括“the lane and the. ii. turf walles”（L）和“the. ii. hillockes before the church”（PP）。

原图尺寸：约 11 ×6.5 厘米。William Patten, *The Expedicion into Scotla*［*n*］*de of the Most Woorthely Fortunate Prince Edwarde, Duke of Soomerset*（London：Richard Crafton，1548），opp G7 verso. 由 BL（C. 12. d. 10）提供照片。

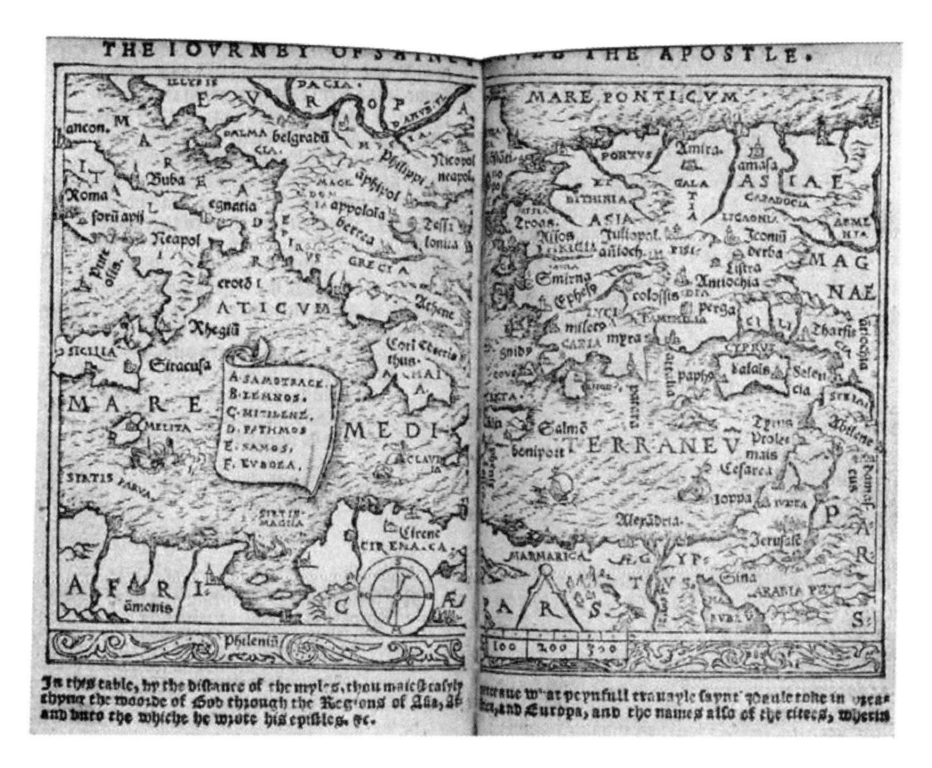

图 57.3 《使徒圣保罗的旅程》(*THE IOVRNEY OF SAINCT PAULE THE APOSTLE*),1549 年

沃尔夫版《新约》中的地中海东部地区的木刻版地图,也是英国最早用作书籍插图的地图之一。沃尔夫用一个有趣的早期请求来评价这一创新,呼吁人们接受地图:"无论如何,我认为,在困惑的、多变的和众多的地方,没有任何东西能如此有助于记忆,没有;但是表格或地图的使用和贸易是可以如此地有利可图"。

原图尺寸:约 12×15.5 厘米。*The New Testament: Diligently Translated by Myles Couerdale and Conferred with the Translacion Willyam Tyndale, with the Necessary Concordances Truly Alleged* (London: Reynolde Wolfe, 1549). 由 BL (C.36.a.3, Z7v-Z8r) 提供照片。

版的双图幅地图的翻版,但西班牙地图是一幅四图幅的精美地图,完全不可同日而语:尽管在某种程度上可以与 1553 年由希罗尼穆斯·科克在安特卫普出版的几乎完全相同的地图联系起来,但它是迄今为止最雄心勃勃的现存地图,尽管是在伦敦的一家工场里制作出来的。[21]

1558 年,玛丽去世,伊丽莎白一世即位,标志着新教的回归,而在玛丽的领导下处于蛰伏甚至受挫状态的出版趋势很快又重新出现了。贾格被任命为女王的印刷商,并在随后的几年里制作了 20 多种不同版本的配有地图的圣经。他还出版了马丁·科尔斯特的《航海技艺》的理查德·伊登译本(1561 年),其中包含了一幅小型木刻地图,通常认为它是最早的表现新大陆的英国地图。[22] 1559 年,在玛丽统治时期曾被关进监狱的印刷商约翰·戴(John

---

㉑ 关于科克的地图,请参阅 Günter Schilder, *Monumenta cartographica Neerlandica* (Alphen aan den Rijn: Canaletto, 1986-), 2: 94-98。

㉒ 伯登(Burden)指出,一幅木刻本美洲地图与伊登较早的 Peter Martyr (Pietro Martire d'Anghiera), *The Decades of the Newe World or West India...* (London: Rycharde Jug, 1555)的译本有关,可能制作于伦敦,因此应当优先考虑。Philip D. Burden, *The Mapping of North America: A List of Printed Maps, 1511-1670* (Rickmansworth: Raleigh Publications, 1996), 28-29 and 33。我很感谢菲利普·伯登提供了关于这一点的私人信息。

Day）出版了威廉·卡宁厄姆的《宇宙之镜，宇宙学、地理学、水文学及航海学令人愉快的原则》（*Cosmographical Glasse*, *Conteiying the Pleasant Principles of Cosmographie*, *Geographie*, *Hydrographie*, *or Nauigation*）。㉓ 这是第一部关于这些主题的英文著作，阐释了如何运用三角法进行测量。

在这些插图中，有木刻版的球仪和球体、小型的标本地图、英格兰主要城镇的网格图解示意图，以及卡宁厄姆的精美的诺里奇地图（图 57.4）。由戴随后出版的是威廉·兰巴德（William Lambarde）的《萨克逊法律汇编》（*Archaionomia*）（1568），包含了似乎是确实在英格兰雕版的现存最早的英格兰地图（图 57.5）。㉔

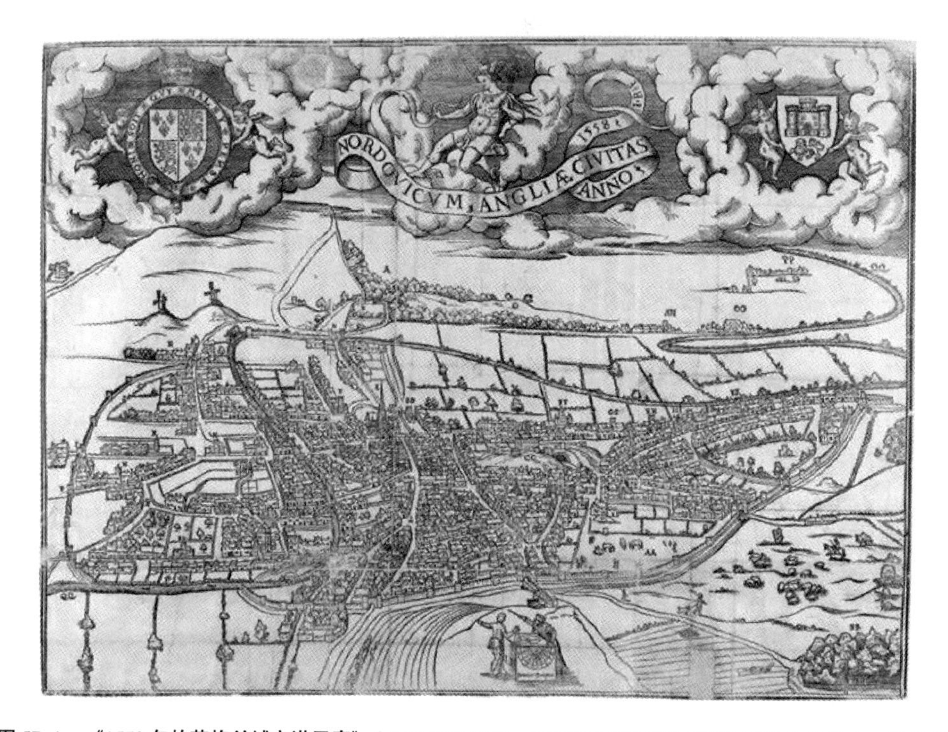

图 57.4 《1558 年的英格兰城市诺里奇》（*NORDOVICVM*, *ANGLIÆ CIVITAS ANNO* 1558 *I. B. F.*），**1559 年**

现存最早的印本英格兰城镇平面图，是为卡宁厄姆的《宇宙之镜》（*Cosmographical Glasse*）而制作的诺里奇木刻地图。如果标题后面的首字母"I. B."可以被认为是约翰·贝蒂斯（John Bettes）的首字母缩写，那么这幅地图也可以被视为最早的由一位知名的英格兰雕刻师所雕刻的——尽管在这幅地图的最早版本上的存在的首字母"JF"可能会让人产生怀疑［我很感谢雷蒙德·弗洛斯迪克（Raymond Frostick）关于这一点所提供的信息］。这幅地图本身提供了一份城市仍然与乡村环境和谐共处的静谧景象，但印在背面的凸版印刷则提供了 16 世纪中期生活的另一个方面。在越过城市的另一边，索普树林（Thorpe Wood）的边缘，有一个地方用字母 C 进行标记，告诉了我们："这是人们习惯焚烧的地方。"

原图尺寸：30×41 厘米。William Cuningham, *The Cosmographical Glasse*, *Conteinyng the Pleasant Principles of Cosmographie*, *Geographie*, *Hydrographie or Nauigation*（London: Ioan Daij, 1559）, folding map bound between fols. 8 – 9. 由 BL（G. 6583）提供照片。

㉓ 像早些时候的格拉夫顿一样，我们知道戴雇用了很多尼德兰工人［Andrew Pettegree, *Foreign Protestant Communities in Sixteenth-Century London*（Oxford: Clarendon Press, 1986）, 85 – 86, and Worman, Alien Members, 14 – 15］。关于戴本人，请参阅 C. L. Oastler, *John Day*, *the Elizabethan Printer*（Oxford: Oxford Bibliographical Society, 1975）。

㉔ Shirley, *Maps of the British Isles*, 41.

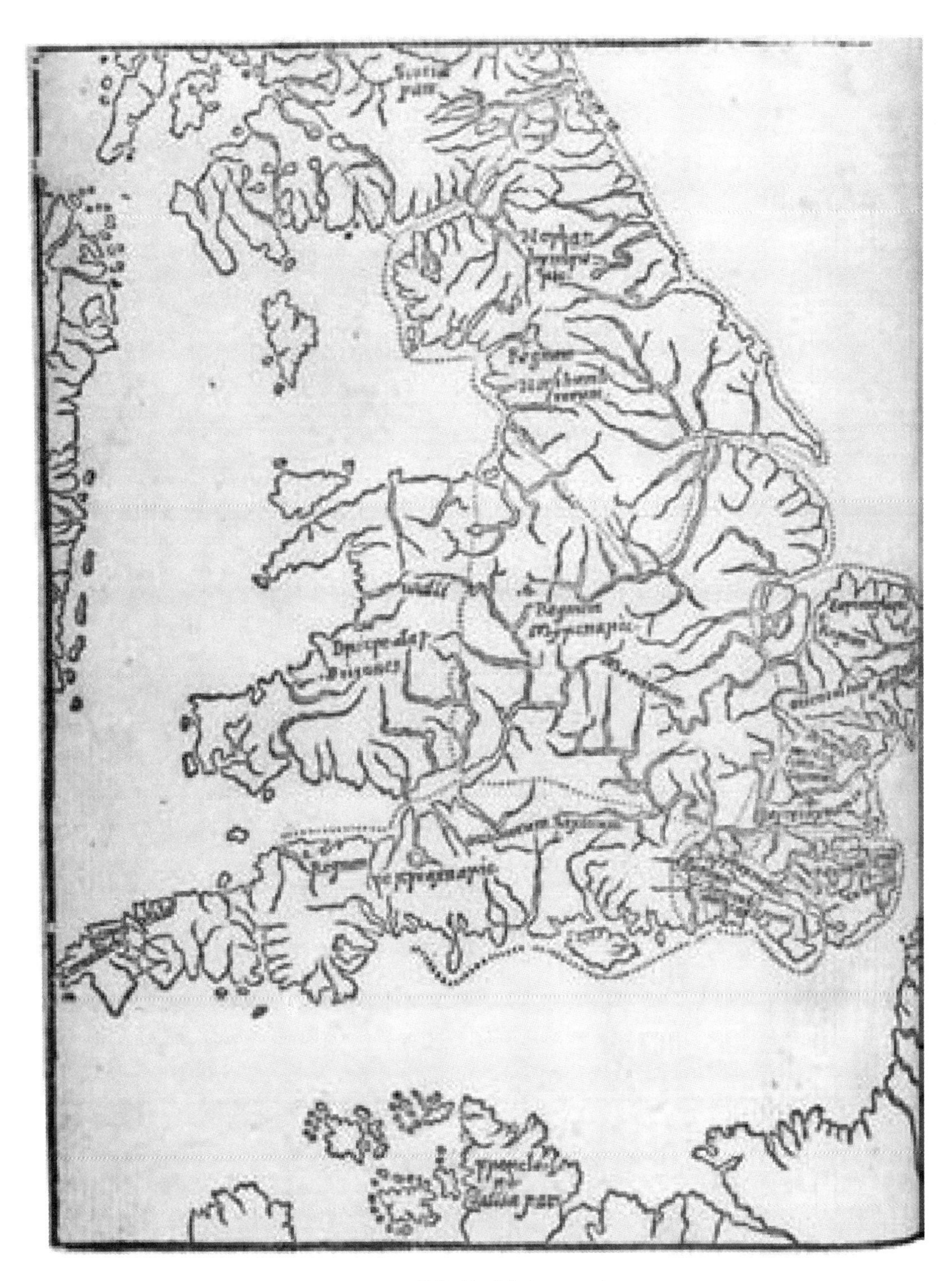

图57.5　英格兰与威尔士，1568年

一幅木刻版的盎格鲁-萨克逊的七国时代地图，用来作为古物学家威廉·兰巴德的《萨克逊法律汇编》的插图。这可能是英格兰最早刻版的国家地图，尽管提供的细节非常少，但很有趣的是，它整合了盎格鲁-萨克逊的文字书写。由戴和兰巴德所代表的此类好古主义对广泛使用地图的影响非常强有力。

原图尺寸：17×12.5厘米。William Lambarde，*Αρχαιονομια*，*sive depriscisanglorum legibus*，*libri*，*sermone Anglico*...（London：Joannis Daij，1568），opposite Ej. 由BL（C.108.c.32）提供照片。

此外，在伊丽莎白在位的早期，也出现了更多的单独印刷的壁挂地图。第一种日期为1560年前后，一般被称为“亡佚”的伦敦铜版地图，仅存三块原始铜印版（总共大概有15 1698 块）。尽管最近以来，学界的研究越来越倾向于认为这幅地图可能是在尼德兰制作的，但没有印刷地图的印记保存下来，所以其地位仍然不确定。[25] 关于伊丽莎白时代早期的第二幅壁挂地图，人们毫不犹豫地认为它是在伦敦制作的——因为这是由安东尼·詹金森于1562年制作的一幅华丽的四图幅俄罗斯地图，由尼古拉斯·雷诺兹送给安特卫普的奥特柳斯（图57.6）。[26] 1562—1563年，在伦敦出版同业公会大厅登记的印刷品清单中，1551年，加入英格兰国籍的法国宗教难民贾尔斯·戈代（Giles Godet）有一幅“伦敦图”（Carde of London）和一幅“英格兰和苏格兰地图”（mappe of Englonde and Skotlande）。[27] 这两幅地图都没有最终确认。如果第一幅是地图的话，那么它就可能是“亡佚”的伦敦地图。同样地，它也可能是《伦敦城市》（*Civitas Londinum*）地图，长期以来，它被错误地认为是拉尔夫·阿加斯制作的。[28] 这是一幅壁挂地图，虽然其保存下来的是稍后的而且有若干改动的版本，但 1699 它是一幅木刻版（几乎可以肯定是“亡佚”地图的一份副本），根据内部证据，可以确切追溯到那个时期。如果《英格兰和苏格兰地图》也是一幅木刻本，那么它就不是保存至今的地图了。[29] 其他木刻版地图继续越来越多地作为书籍插图出现，反映出科学和学术印刷的普 1700 遍发展。[30] 最早的英格兰印刷的世界地图出现在汉弗莱·吉尔伯特爵士的《卡塔尼亚新航路发现记》（*Discourse of a Discouerie for a New Passage to Cataia*）（1576年）一书中，此书由理查德·琼斯（Richard Jones）出版。[31] 亨利·宾纳曼（Henry Bynneman）出版了拉斐尔·霍林斯赫德的《英格兰、苏格兰和爱尔兰编年史》（*The Chronicles of England, Scotlande, and Irelande*）（1577年）（此书附有一幅引人瞩目的爱丁堡城市平面图），以及乔治·贝斯特（George Best）的《最新寻找中国航道探险信史》（*True Discourse of the Late Voyages of Discouerie, for the Finding of a Passage to Cathaya*）（1578年），其中有世界和北大西洋的地图。[32]

---

[25] 请参阅图54.16。关于此图的最近的工作，请参阅 Ann Saunders and John Schofield, eds., *Tudor London: A Map and a View* (London: London Topographical Society, 2001)。

[26] Karrow, *Mapmakers of the Sixteenth Century*, 318 (43/1), and Johannes Keuning, “Jenkinson's Map of Russia,” *Imago Mundi* 13 (1956): 172 – 175.

[27] Arber, *Transcript of the Registers*, 1: 90 – 91。关于这个和对阿尔伯（Arber）的大量其他参考文献，我要感谢阿什利·贝恩顿－威廉姆斯。这些地图还记录于 Taylor, *Tudor Geography*, 29 and 176。

[28] James L. Howgego, *Printed Maps of London circa* 1553 – 1850, 2d ed. (Folkestone: Dawson, 1978), 10 – 11。这一条目可能只是简单地引用了戈代的未标明日期的木刻版景观图，这个条目可能只是引用了戈代的未注明日期的木刻景观图，*The City of London, as It Was before the Burning of St. Pauls Steeple*。关于戈代在英—法印刷品贸易方面的重要性，请参阅 Tessa Watt, *Cheap Print and Popular Piety*, 1550 – 1640 (Cambridge: Cambridge University Press, 1991), 182 – 183。

[29] 这可能指的是乔治·历里的不列颠群岛地图，由赫明努斯重新发行于1555年。戈代和赫明努斯在黑衣修士区是邻居。戈代注册版权的时候，正当赫明努斯去世，这可能说明他得到了自己邻居库存的一部分：此事发生也伴随着两块解剖学的木刻版本：*Interiorvm corporis humani patium viva delineatio* and *Perutlis anatomes interiorum muliebris partium cognitio*，通常与赫明努斯的 *Compendiosa totius anatomie delineatio* (London: T. Gemini, 1559) 装订在一起，后来于1562—1563年收入在出版同业公会大厅的戈代手中。

[30] 请参阅 Ruth Samson Luborsky and Elizabeth Morley Ingram, *A Guide to English Illustrated Books*, 1536 – 1603, 2 vols. (Tempe, Ariz.: Medieval and Renaissance Text and Studies, 1998)。非常感谢作者在出版之前提供给我信息。

[31] Shirley, *Mapping of the World*, 158 – 160 (no. 136).

[32] 宾纳曼已经接管了雷纳·沃尔夫的各类库存和饰品。他被认为是第一位持续尝试印刷学术图书的伦敦书商。

图 57.6　安东尼·詹金森:《俄罗斯、莫斯科大公国和鞑靼新图》(*NOVA ABSOLVTAQVE RVSSIAE, MOSCOVIAE, & TARTARIAE*),1562 年

线条雕刻,着以当时的手彩。

安东尼·詹金森的 4 图幅俄罗斯地图唯一现存的副本,由克莱门特·亚当斯为出版而绘制,由尼古拉斯·雷诺兹在伦敦雕刻。尽管这幅地图的实例在 1988 年才被发现,但通过各种同时代的参考文献,人们早已知晓该幅地图的存在。在这样一个相对较早的时期,伦敦竟然有能力绘制出如此大型且令人印象深刻的地图,这一点引发了许多悬而未决的问题,尤其是尼古拉斯·雷诺兹这位多少有些神秘的人物的活动。从他写给奥特柳斯的信中,可以清楚地看到,他参与了地图的进口与出口,但他唯一已知的其他类型的雕版作品,是他于 1577 年为萨克斯顿雕刻的赫特福德郡地图。(图 62.3 显示了这一由奥特柳斯出版的版本)。

原图尺寸:81.7×101.7 厘米。由 Biblioteka Uniwersytecka, Wrocttaw 提供照片,并向 Krystyna Szykula 致谢。

甚至早在 1577 年理查德·贾格去世之前,克里斯托弗·巴克(Christopher Barker)就已经继为女王的印刷商,开始出版自己的长篇系列配有地图的《圣经》了。

木刻版地图在书籍中插图的地位已经开始被更详细的铜雕版所取代。图 57.7 展示了 1574 年的一个很好的早期示例,但是这样的地图绘制仍然是不寻常的。在这一有限的背景下,克里斯托弗·萨克斯顿在 1574—1579 年搜集的英格兰和威尔士的地图集才会被认为是一个重要的事件。[33] 这本书有 35 幅对开页铜版地图,比之前在不列颠群岛制作出的任何一

---

[33] 关于书目历史,请参阅 Skelton, *County Atlases*, 7-16。

图 57.7 《剑桥镇》(*OPPIDVM CANTEBRIGIÆ*)，1574 年

一幅剑桥地图，是由理查德·莱恩（Richard Lyne）为约翰·盖厄斯（John Caius）的《历史……》（Historiœ ...）而雕版的；铜版雕刻，并配上当时的手彩。莱恩的地图是英国最早的用于书籍插图的铜版雕印地图之一，而且尤其重要的是，一些印刷成本［由大主教马修·帕克（Matthew Parker）赞助］由此保留了下来。"用来雕刻的铜"花费了 12 先令，莱恩本人因"雕刻"而获得了 30 先令的酬劳，再因"编汇"而得到 2 先令。这本书的最后一页印有约翰·戴（John Day）的《这些爱》的一颗燃烧的心和地球的徽章，这些象征性的元素可能暗示其与英语中被称作"爱的家族"的国际组织之间的联系。

原图尺寸：43×30 厘米。John Caius，*Historiœ Cantebrigiensis Academiœ ab vrbe condita*（London：Inœdibus Iohannis Daij，1574）. 由 BL［C. 24. a. 27（3）］提供照片。

本都要大得多，也精致得多。几乎是白手起家，凭借第一部国家地图集，英格兰人已经走到了欧洲制图业的前沿。诚然，这一项目得到了官方的支持，而且主要是由尼德兰的工匠雕刻而成，但在组织和生产方面，它完全超过了任何之前所知的能力。萨克斯顿没有印刷或出版的背景，但这个项目与现有的图书贸易成员没有任何联系，人们推测一定是他自己负责监督生产和销售。这似乎很符合他被授予制造和销售的王室特许权的地位，他随后制作的20图幅英格兰和威尔士壁挂地图：《在大洋彼岸的不列颠群岛》（*Britannia Insvlarvm in oceano maxima a caio*）（完成于1583年），以及他更进一步的职业生涯的著名模式。[34] 第二部由英格兰出版的地图集堪与萨克斯顿相提并论，至少在生产方面：卢卡斯·杨松·瓦赫纳的航海海图的一个版本，最初发表的是1584年的尼德兰版，被认为“也许是水文出版史上最伟大的进步”。[35] 1588年，伦敦版以《航海之镜》（*The Mariners Mirrour*）之名出版，其中有45幅对开页的地图，用新印版印刷而成。这一项目再次得到了官方的大力支持，这些印版也更主要的是外国雕刻师的作品。与萨克斯顿的地图集一样，这部地图集再一次没有受到主流出版业的影响。

1588年西班牙无敌舰队的失败，长期以来被认为是英国历史的分水岭——反映在地图 1701 贸易中，这也是一个分水岭。在这一点上，伦敦常规出版商微不足道的产出，与国家资助的萨克斯顿和瓦赫纳地图集的巨大成功（当然有很大不同之处）开始融合。在这一点上，有连续性而非零星活动的证据。伦敦当地的铜片供应量也在短期内得到了供应（见图57.1），这也是关键所在。独立的制图师和雕刻师开始出现，人们可以向他们要求重要且有连续性的作品。仪器制造师和雕刻师奥古斯丁·赖瑟用11幅对开页地图：《西班牙远征英格兰实况地图》（*Expeditionis Hispanorum in Angliam vera descriptio*）（1590年）来庆祝战胜无敌舰队，阐明了英格兰海军行动的进展（图57.8）。[36] 这是英国第三部地图集，但也是第一部在没有政府支持下制作的地图集。早些时候，赖瑟曾雕刻了一些萨克斯顿的郡域地图和一些瓦赫纳的 1703 海图。因此，他完成了全部三本16世纪英格兰地图集，并给出了它们唯一的联系。一般认

---

[34] 我们知道一块铜版，带有似乎是《不列颠尼亚》的已经被废弃的较早版本的一部分，但对我们了解出版历史几无助益：请参阅 Tony Campbell，“A False Start on Christopher Saxton's Wall-Map of 1583?” *Map Collector* 8（1979）：27－29。有一幅印刷在于地图集有关的纸张上的单幅威尔士地图，其存在也强调了我们对萨克斯顿在这一时期的活动所知是如何之少：请参阅 D. Huw Owen，“Saxton's Proof Map of Wales，” *Map Collector* 38（1987）：24－25。关于萨克斯顿更广泛的职业生涯，请参阅 Ifor M. Evans and Heather Lawrence，*Christopher Saxton：Elizabethan Map-Maker*（Wakefield，Eng.：Wakefield Historical Publications and Holland Press，1979）。

[35] R. A. Skelton，“Bibliographical Note，” in *The Mariners Mirrour*，*London* 1588，by Lucas Jansz. Waghenaer（Amsterdam：Theatrum Orbis Terrarum，1966），Ⅴ-Ⅺ，esp. Ⅴ。另请参阅 David Watkin Waters，*The Art of Navigation in England in Elizabethan and Early Stuart Times*，2d ed.（Greenwich：National Maritime Museum，1978），168－175。

[36] 这幅地图是根据罗伯特·亚当斯的设计所雕刻的，附有 Petruccio Ubaldini 的一份叙述：*A Discovrse Concerninge the Spanishe Fleete Inuadinge Englande in the Year* 1588 ...（1590）。另请参阅 D. Schrire，*Adams' & Pine's Maps of the Spanish Armada*（London：Map Collectors' Circle，1963）。赖瑟可能是汉弗莱·科尔的学生——他们现存的经纬仪之间的相似性非常惊人。既然如此，从赫明努斯乃至墨卡托以降可能存在一条直接的传承线索——奥斯利（Osley）运用对其斜体字体的分析，画出一条从墨卡托经由赫明努斯到科尔的线索［A. S. Osley，*Mercator：A Monograph on the Lettering of Maps*，*etc. in the 16th Century Netherlands with a Facsimilie and Translation of His Treatise on the Italic Hand and a Translation of Ghim's* Vita Mercatoris（London：Faber and Faber，1969），91－99］。在英语语境中，赖瑟名副其实地站在了仪器制造行业的巅峰——在存在巨大区别的大师—学徒链条中，他的名字排在第一位。请参阅 Gerard L'Estrange Turner，“Mathematical Instrument-Making in London in the Sixteenth Century，” in *English Map-Making*，1500－1650：*Historical Essays*，ed. Sarah Tyacke（London：British Library，1983），93－106，esp. 99 and 102（pl. 49），and Joyce Brown，*Mathematical Instrument-Makers in the Grocers' Company*，1688－1800，*with Notes on Some Earlier Makers*（London：Science Museum，1979），58－61。

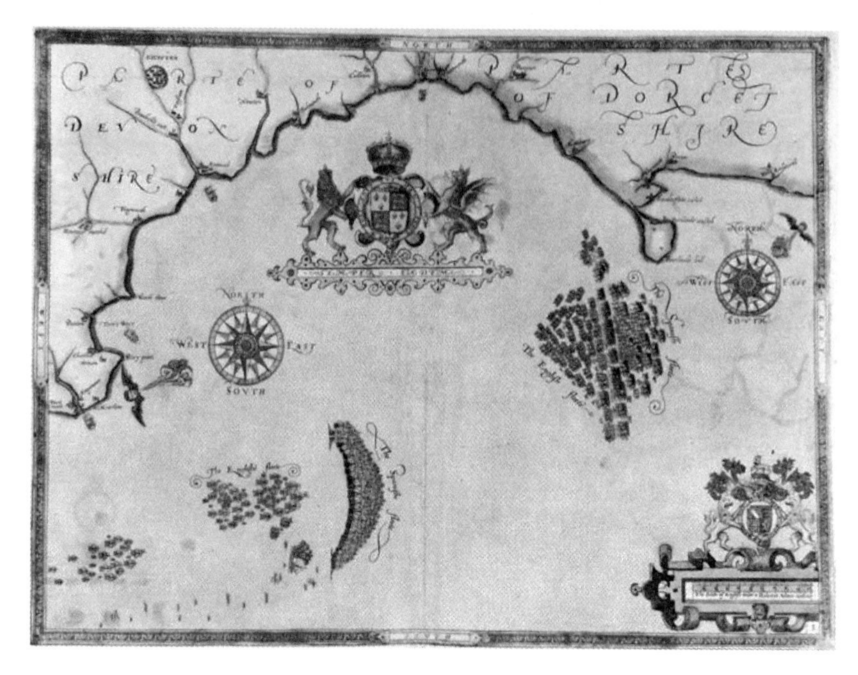

图 57.8 罗伯特·亚当斯，波特兰海岬（Portland Bill）接战，1590 年

用原色手彩线雕。这是罗伯特·亚当斯的一系列平面图之一，由奥古斯丁·赖瑟雕版，并以《西班牙远征英格兰实况地图》的地图集形式出版。英格兰的舰队袭击了无敌舰队的新月形编队，并在波特兰海岬外交战。赖瑟可能是汉弗莱·科尔的学生，是一位有天赋的雕版师，也是一位具有高度影响力的仪器制造师。

原图尺寸：37.5 × 49 厘米。Robert Adams, *Expeditionis Hispanorum in Angliam vera descriptio* [London: (Augustine Ryther), 1590], chart 5. 由 BL [Maps C. 7. c. 1 (2)] 提供照片。

为他还雕刻了萨克斯顿的 1583 年英格兰和威尔士壁挂地图。他雕刻了牛津地图（1588 年）和剑桥地图（1592 年）。1590 年，他雕刻了好奇的威廉·鲍斯（William Bowes）的一副地理扑克牌，上面有取自萨克斯顿的微型地图。㊲ 1590 年，他雕刻了平面球体图（图 57.9）来作为托马斯·胡德（Thomas Hood）《由两个半球组成的平面天球仪的应用》中的插图，并在 1592 年为胡德绘制了一张精美的北大西洋海图。㊳ 他似乎已经得到了萨克斯顿的图版，并重新发布了郡域地图，这些地图有时被发现与他的无敌舰队海图联系在一起。赖瑟的才华和重要性毋庸置疑，但他的职业生涯却走向了某个错误的方向。他可能背负了债务，但无论是这种情况，还是一种"仅仅出于恶意而非正当理由"，他于 1595 年被关押在舰队中——"这位可怜的绅士赖瑟先生"。㊴

老约道库斯·洪迪厄斯的职业生涯与赖瑟形成了鲜明的对比，虽然两人的开端在表面上

㊲ 这幅总图署名为"A. RYT. S"。请参阅 Sylvia Mann and David Kingsley, *Playing Cards Depicting Maps of the British Isles, and of the English and Welsh Counties* (London: Map Collectors' Circle, 1972), 4-5; Arthur Mayger Hind, "An Elizabethan Pack of Playing Cards," *British Museum Quarterly* 13 (1938-1939): 2-4; and Skelton, *County Atlases*, 16-18。

㊳ 沃特斯指出，这幅海图是"一个非常好的例子，说明了明显为航海和指导而设计的第一份印本英文平面海图一定是什么样的……这是一件精美的作品，作为一幅航海海图，它比《海洋之镜》（*The Mariners Mirrour*）中洪迪厄斯所雕刻的欧洲北—西部海岸部分要优越得多（Waters, *Art of Navigation*, 198-199）。

㊴ 引用于 Brown, *Mathematical Instrument-Makers*, 60。

图57.9 托马斯·胡德：《北方天空星座图》，1590年

线雕，施以手彩。由数学家托马斯·胡德绘制，并由奥古斯汀·赖瑟雕版制作的一对天体平面图之一。胡德对其使用进行了公开演讲，它们可以单独购买，也可以配以他的演讲文本——《由两个半球组成的平面天球仪的应用》(*The Vse of the Celestial Globe in Plano, Set Foorth in Two Hemispheres*) (London: Thobie Cooke, 1590)。对于实操的水手来说，它们代表了天球仪或平面星盘更便宜的替代品。它们是在英格兰绘制的最早的印本天球图，不仅强调了雕刻师赖瑟的天赋才华，也强调了他对新兴的伦敦地图贸易的巨大贡献。

原图尺寸：56 ×56 厘米。由 BL (Maps 184. h. 1) 提供照片。

类似，但他后来成为自己时代最成功的国际出版商之一。凭借家庭和贸易关系网络，他最终成为整个北欧地图贸易的枢纽——但这是就其之后在阿姆斯特丹的职业生涯而言，而这里的重点是他在英格兰度过的岁月。尽管早在1583年，在伦敦，最早可以确定是他的作品的，是他为1588年瓦赫纳的《海洋之镜》英文版所雕刻的海图。[40] 从那时起，一些重要的和有趣的地图迅速连续出现：1589年的微型世界地图[41]和1589—1590年的小型圆盘地图、[42] 单幅

[40] 洪迪厄斯出现在1583年教区的外邦人名单中，写作"Jost de Hondt"，是一名尼德兰"雕刻师"，居住在萨瑟克的信徒圣托马斯的教区中。请参阅 R. E. G. Kirk and Ernest F. Kirk, eds., *Returns of Aliens Dwelling in the City and Suburbs of London from the Reign of Henry VIII to that of James I*, 4 vols. (Aberdeen: Huguenot Society of London, 1900 - 1908), 2: 332。

[41] 本卷图3.29，以及 Shirley, *Mapping of the World*, 183 - 184 (no. 164)。

[42] 本卷图44.5，以及 Günter Schilder, "An Unrecorded Set of Thematic Maps by Hondius," *Map Collector* 59 (1992): 44 - 47。

世界地图和日期类似的单幅大洲地图——[43]1590 年的《英格兰图》地图（图 57.10）、[44] 一幅类似的 1591 年法国地图、[45] 一幅爱尔兰地图——《最新爱尔兰地图》（*Hyberniae novissima descriptio*）（1591 年），[46] 以及与英格兰和葡萄牙谱系表相配的地图（均为 1592 年）。[47] 同样制作于 1592 年的还有埃默里·莫利纽克斯的著名球仪，这是英格兰雕刻的第一批球仪，正

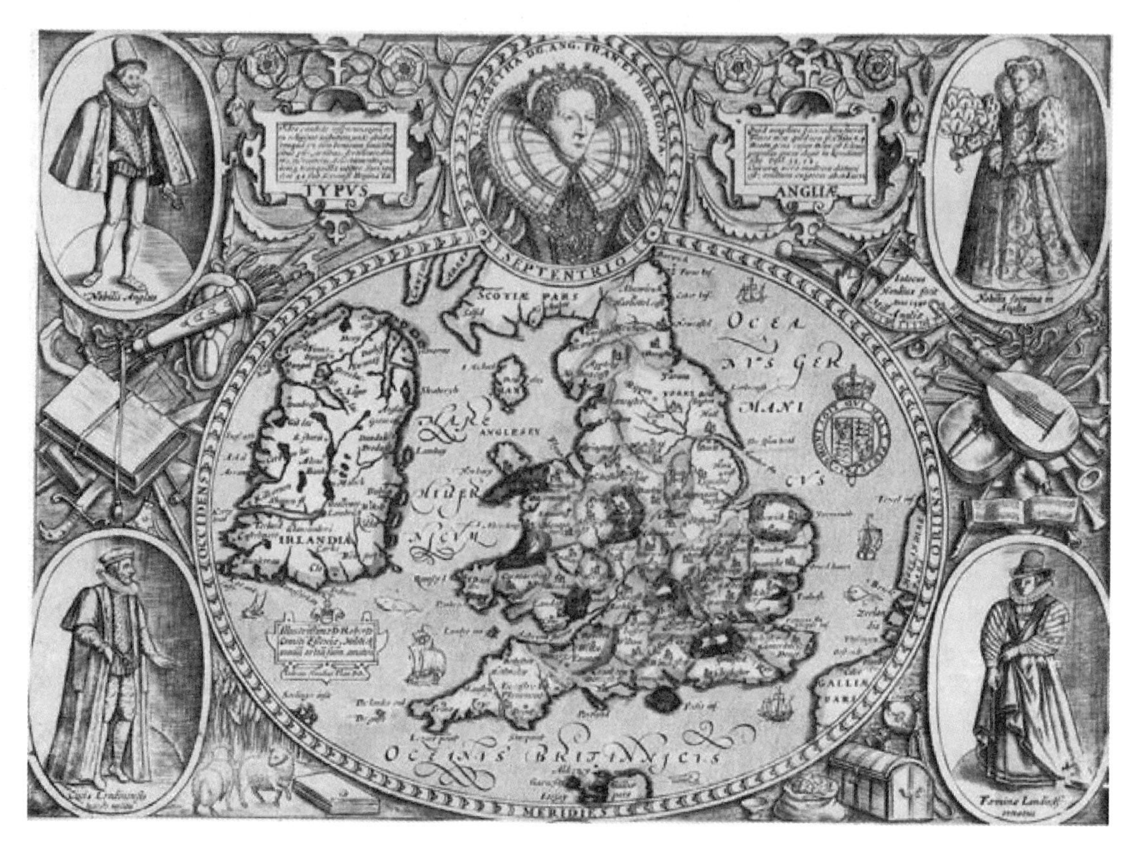

图 57.10 老约道库斯·洪迪厄斯：《英格兰图》（*TYPVS ANGLIÆ*），1590 年

这是一幅雕刻精美的地图，其精心制作的边框画有伊丽莎白一世的肖像，以及一位贵族、他的妻子和伦敦市民的形象画。其拉丁文的注记称颂这是一个秩序井然和繁荣昌盛的国家，在音乐和战争仪器的旁边，还有都铎王朝的玫瑰，以及财富和羊毛的象征。在英国，洪迪厄斯首先开发了装饰地图的风格。19 世纪晚期，威廉·巴伦支的船员在一个建立在新地岛的避难所中发现了《英格兰图》的一块残片，这一事实显示出此类地图的目的之一。这块残片是巴伦支在其 1593 年航行中所携带的一堆印刷品和地图的残迹，可能是为了与他想要见面的人进行以物易物或者交流所用。

原图尺寸：15.3 × 21.5 厘米。由 BL［ * Maps 1175（21.）］提供照片。

---

[43] 这些地图只有在带有 1602 年的巴黎戳记的版本中才为人所知，但美洲地图的日期是 1589 年，而且，尽管这一点存在争议，但可能这是它们最初雕刻的日期。请参阅 Hind，*Engraving in England*，1：27 – 28；Burden，*Mapping of North America*，174 – 176；and Shirley，*Mapping of the World*，247 – 249（no. 233）。

[44] Shirley，*Maps of the British Isles*，70.

[45] Günter Schilder，“Jodocus Hondius，Creator of the Decorative Map Border，” *Map Collector* 32（1985）：40 – 43.

[46] Hind，*Engraving in England*，1：206，and J. H. Andrews，*The “Hyberniae Novissima Descriptio” by Jodocus Hondius*（Belfast：Linen Hall Library，1983）.

[47] Shirley，*Maps of the British Isles*，72 – 73，and Tony Campbell，“Laying Bare the Secrets of the British Library's Map Collections，” *Map Collector* 62（1993）：38 – 40.

如洪迪厄斯后来指出的，它是世界上到此为止最大的一个（图 57.11）。[48] 这是塑造他职业生涯的一个关键时期，他在伦敦的贸易中保持了长久的联系，这使他在离开英格兰之后，在英格兰的地图制作中仍然继续发挥着重要的作用。

图 57.11　莫利纽克斯地球仪的细部，1592 年

虽然据伦敦报道，早在 1497 年，约翰·卡伯特就已经制作了一个展示其航行轨迹的地球仪，但目前保存下来的 1640 年以前在英格兰制造的唯一一架地球仪，是 1592 年由约道库斯·洪迪厄斯雕版，并由埃默里·莫利纽克斯制作并印刷的一对天球仪和地球仪。地球仪展示了英格兰在大西洋和太平洋的发现的细节，这在那个时期的任何其他描述中都是无与伦比的。莫利纽克斯是一位仪器制造师、数学家和军械制造师，他曾与德雷克一起航行，似乎很有可能是环球航行。关于他的更多的活动，几乎没有什么记录，尽管似乎可以肯定的是，他还制造了一对较小的球仪，而且托马斯·詹纳（Thomas Jenner）于 1623 年出版了一部标明其名字的雕版的“水手罗盘”。

原件直径：约 64 厘米。由 BL（Maps 8. bb. 10）提供照片。

[48] Helen Wallis, “‘Opera Mundi’: Emery Molyneux, Jodocus Hondius and the First English Globes,” in *Theatrum Orbis Librorum: Liber Amicorum Presented to Nico Israel on the Occasion of His Seventieth Birthday*, ed. Ton Croiset van Uchelen, Koert van der Horst, and Günter Schilder (Utrecht: HES, 1989), 94 – 104.

赖瑟的无敌舰队图版是由伦敦书商约翰·沃尔夫（John Wolfe）印刷的，1590 年，他拥有出版同业工会的文字和图版的版权。沃尔夫动荡的职业生涯、他与旧东家约翰·戴以及出版同业公会的冲突、入狱监禁、秘密出版社，以及伪造的戳记等，有时会掩盖他的其他成就。[49] 他的国际贸易范围非常广泛，是伦敦的"新闻出版之父"。[50] 此外，他还是第一位制作配有大量地图插图的伦敦书商。这些插图中有一些非常出名——最著名的是他的 1598 年的扬·惠更·范林索登《发现》（*Discours*）版本（图 57.12）。另一些则不太熟悉，但有一位伦敦书商定期委托制作地图，这种方式是以前从未有过的。[51]

这一时期，其他值得注意的贡献包括意大利的制图师巴普蒂斯塔·博阿齐奥单独出版的各类地图，其中有《英格兰舰队著名的西印度航程》（*The Famouse West Indian Voyadge Made by the Englishe Fleete*）（1589 年?），《著名的怀特岛的真实地图或草图》（*The True Description or Draffte of that Famous Ile of Wighte*）（1591 年）（图版 71），以及《辛勤真实收集的……爱尔兰》（*Irelande . . . Diligently and Truly Collected*）（1599 年）。[52] 测量师约翰·诺登在 16 世纪 90 年代打算改进萨克斯顿的郡域地图。[53] 尽管最初他得到了鼓励和一些时断时续的财务支持，但他的系列地图却日趋不振，有些甚至从未出版。[54] 尽管如此，从他出版的地图中可以看出，为什么同时代的人对他的评价如此之高：《伦敦》（*London*）、《米德尔塞克斯》（*Myddlesex*）和《威斯敏斯特》（*Westminster*）（都是 1593 年）、[55]《萨里》（*Surrey*）（1594 年）、[56]

1706

---

[49] 请参阅 Harry R. Hoppe, "John Wolfe, Printer and Publisher, 1579 – 1601," *Library*, 4th ser., 14 (1933 – 1934): 241 – 288; Clifford Chalmers Huffman, *Elizabethan Impressions: John Wolfe and His Press* (New York: AMS Press, 1988); and Denis B. Woodfield, *Surreptitious Printing in England*, 1550 – 1640 (New York: Bibliographical Society of America, 1973)。

[50] P. M. Handover, *Printing in London from* 1476 *to Modern Times: Competitive Practice and Technical Invention in the Trade of Book and Bible Printing, Periodical Production, Jobbing, etc.* (Cambridge: Harvard University Press, 1960), 103 – 109, quotation on 103。另请参阅 Matthias A. Shaaber, *Some Forerunners of the Newspaper in England*, 1476 – 1622 (Philadelphia: University of Pennsylvania Press, 1929), esp. 284 – 288。

[51] 例如，请参阅 John Eliot, *The Svrvay or Topographical Description of France: With a New Mappe . . .* (London: Iohn Wolfe, 1593); Cornelius Gerritsz., *An Addition to the Sea Journal of the Hollanders vnto Jaua* (1598); and Barent [Bernardt] Langenes, *The Description of a Voyage Made by Certaine Ships of Holland* (London: I. Wolfe, 1598)。沃尔夫的一些新闻书籍中也包含地图。

[52] 关于这些的首部，请参阅 Burden, *Mapping of North America*, 87 – 88。关于怀特岛的地图，请参阅 R. A. Skelton, "Two English Maps of the Sixteenth Century," *British Museum Quarterly* 21 (1957 – 1959): 1 – 2。关于爱尔兰地图，请参阅 J. H. Andrews, *Shapes of Ireland: Maps and Their Makers*, 1564 – 1839 (Dublin: Geography Publications, 1997), esp. 57 – 88。关于博阿齐奥的概述，请参阅 Lynam, *Mapmaker's Art*, 75 – 78。

[53] 请参阅 Frank Kitchen, "John Norden (c. 1547 – 1625): Estate Surveyor, Topographer, County Mapmaker and Devotional Writer," *Imago Mundi* 49 (1997): 43 – 61; Alfred W. Pollard, "The Unity of John Norden: Surveyor and Religious Writer," *Library*, 4th ser., 7 (1926 – 1927): 233 – 252; and Heather Lawrence, "John Norden and His Colleagues: Surveyors of Crown Lands," *Map Collector* 49 (1989): 25 – 28 [reprinted from *Cartographic Journal* 22 (1985): 54 – 56]。诺登的伦敦和伦敦桥的景观图，及其测量教科书："测量师的对话"（*The Surueyors Dialogue . . .*）（1607 年）也很值得注意。

[54] 1595 年呈送给女王的稿本卷帙（BL, Add. MS. 31, 853）中包含了"一封感伤的信函，其中描述了他的计划、工作、牺牲和失望"，Lynam, *Mapmaker's Art*, 70。

[55] 请参阅 John Norden, *Specvlvm Britanniae: The First Parte an Historicall, & Chorographicall Discription of Middlesex* (London, 1593)，分别在 26—27、14—15，和 42—43。请参阅 Henry B. Wheatley, "Notes upon Norden and His Map of London, 1593," *London Topographical Record* 2 (1903): 42 – 65。

[56] R. A. Skelton, "John Norden's Map of Surrey," *British Museum Quarterly* 16 (1951 – 1952): 61 – 62.

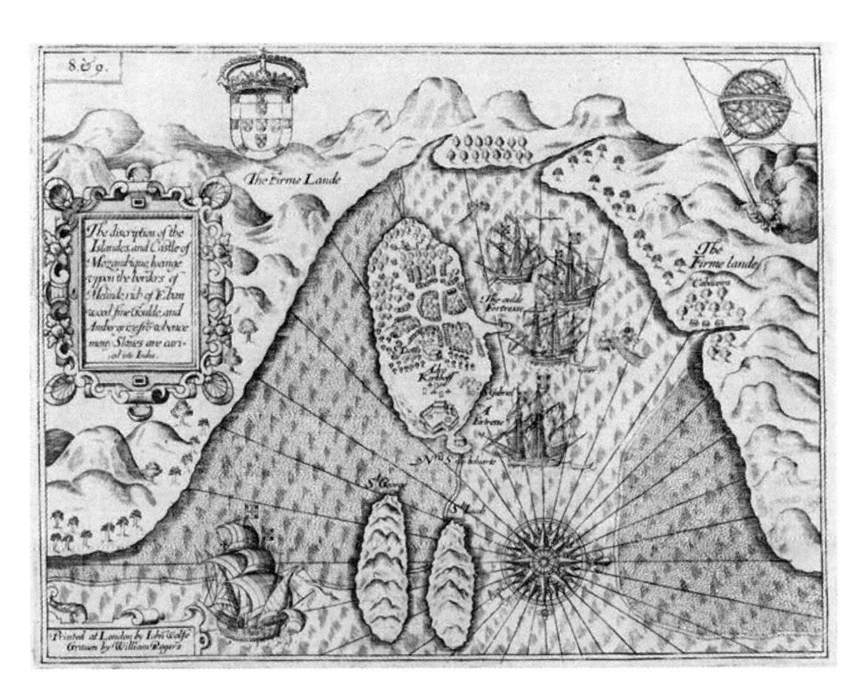

图57.12 《莫桑比克岛屿和城堡图》（*THE DISCRIPTION OF THE ISLANDES, AND CASTLE OF MOZAMBIQUE*），**1598年**

这是威廉·罗杰斯为林索登（Linschoten）的《航海航程》（*Discours*）（1598年）的约翰·沃尔夫版所雕版制作的地图之一。沃尔夫是伦敦出版商中，第一位经常使用地图作为书籍插图的人。他的动机是实用性的，在这种情况下非常清楚。理查德·哈克卢特建议他将尼德兰地图翻译过来，并在自己编辑图书时，他明确表示打算鼓励英格兰更进一步为贸易目的而进行的探险——“为了通过这些我们在国外所做的东西和我们实际需要的必需品的进口，而使这块土地得到更进一步的利益和商业”。

原图尺寸：18.6×24.6厘米。Jan Huygen van Linschoten, *His Discours of Voyages into ye East & West Indies* (London: Iohn Wolfe, 1598), map bound between pp. 8-9. 由BL（G.7008）提供照片。

《赫特福德郡》（*Hartfordshire*）（1598年）[57]和《萨塞克斯》（*Sussex*）（1595年）。但是，诺登的项目并不是唯一一个失败的，而且其他事业的失败也显示出发展中市场的不确定性，尤其是由先驱者、地形学家威廉·史密斯（William Smith）所制作的未完成的郡域系列（图57.13）。[58]

终奥特柳斯一生，居然没有尝试过出版英文版本的《寰宇概观》，考虑到他在英格兰所拥有的广泛个人联系，这实在令人惊讶的。最早出现的是两个17世纪早期的微型版本。其中一个是《奥特柳斯的缩编本：他的寰宇概观》（*An Epitome of Ortelivs: His Theatre of the World*）（1601年?），上面有约翰·诺顿的戳记；另一部则是由詹姆斯·肖出版，也许是经过修订的文本和图版的更好的作品，地图上已经画出了纬度和经度。肖和诺顿一样默默无闻。他的《亚伯拉罕·奥特柳斯：他的寰宇概观的缩编本》（*Abraham Ortelivs: His Epitome of the Theater of the Worlde*）（1603年）是唯一的成果。这些彼此竞争的作品出现在伊丽莎白

1707

[57] 请参阅 John Norden, *Speculi Britanniœ Pars: The Description of Hartfordshire* (1598), between 8-9。

[58] 请参阅 R. A. Skelton, "Four English County Maps, 1602-1603," *British Museum Quarterly* 22 (1960): 47-50。

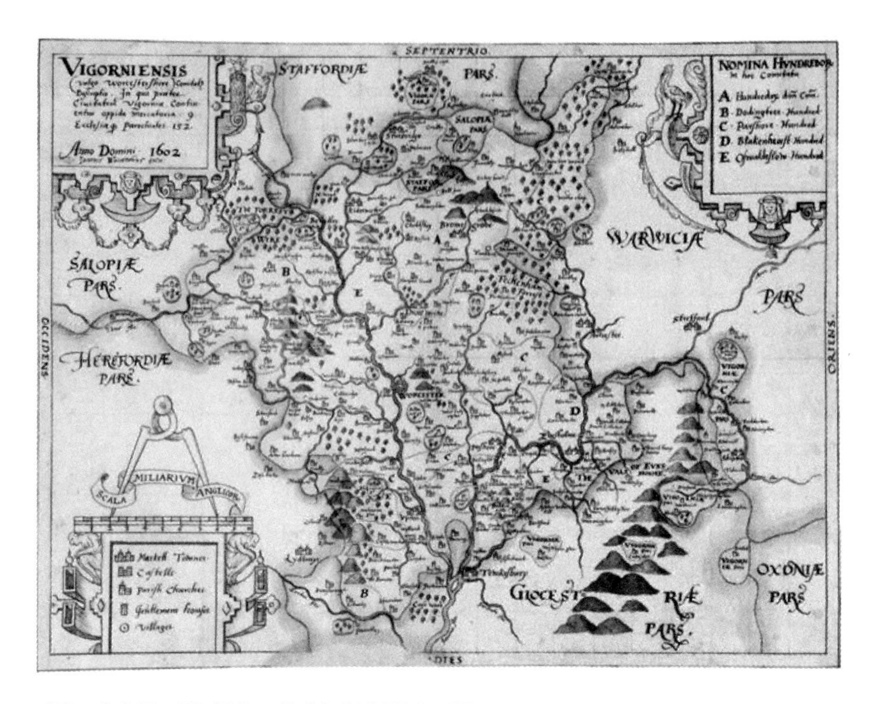

图 57.13 威廉·史密斯："伍斯特（俗称伍斯特郡）"附图［VIGORNIENSIS（VULGO WORCESTERSHIRE）COMITAT：DESCRIPTIO］，1602 年

威廉·史密斯制作的墨绘着色绘本地图。这是一个从未完成的郡域地图系列中的一幅，这个系列显然是打算由汉斯·沃特尼尔（Hans Woutneel）出版。这幅绘本地图清楚地显示出雕刻师（几乎可以肯定是老约道库斯·洪迪厄斯）在制作印版时所使用过的迹象：每个城镇或村庄符号的中心处的圆圈或虚线圆圈都仅仅用孔洞来表示。这幅绘本地图很可能是从背面直接打到图版上的。这幅地图保存下来的版本（此版本忽略了沃特尼尔的名字和日期）显示出其装饰特征的设计和布局是由专业的雕刻师通过其专业知识和判断能力来决定的。没有人尝试去反映或者甚至改编史密斯自己的设计。

原图尺寸：36.5×48.9 厘米。由 BL［Maps C. 2. cc. 2（15）］提供照片。

时代的末期，聚集了当时地图贸易中所固有的各种矛盾。他们似乎期待着，无论它们谁先谁后，"这两本小书都是最早在英格兰出版的世界地图集。"[59] 事实上，他们滞后了。奥特柳斯的地图在很大程度上已被取代，从保存下来的地图副本的数量来判断，这两部地图集都没有取得任何显著的成功。它们地图的数量远远超过了之前的伦敦出版的任何一部出版物，但它们都是"拿来主义"的作品，实际上是在安特卫普根据已经存在的图版上印刷的。

詹姆士一世（在苏格兰为詹姆士六世）的统治以光明和希望的面貌出现。在他统治的早期，英国市场上出售的地图比这一时期其他任何时候都要多。1603 年，沃特尼尔和约翰·斯皮德分别制作的由四图幅拼合而成的不列颠群岛壁挂地图都问世了，大概是想用一种

---

[59] R. A. Skelton, "The First English World Atlases," in *Kartengeschichte und Kartenbearbeitung: Festschrift zum 80. Geburtstag von Wilhelm Bonacker*, ed. Karl-Heinz Meine (Bad Godesburg: Kirschbaum, 1968), 77–81, esp. 80。另请参阅 R. A. Skelton, "Bibliographical Note," in *The Theatre of the Whole World, London*, 1606, by Abraham Ortelius (Amsterdam: Theatrum Orbis Terrarum, 1968), V-XVII。人们可以根据参考书目和其他内部证据中推测，未标明日期的，由 Henricus Swingenius 在安特卫普为其出版的诺登版本，实际上是更早的作品。

图形的方式来表达英格兰和苏格兰王室的联合。[60] 继其缩编版奥特利斯地图集之后，诺登出版了一本全尺寸的对开本版，与约翰·比尔联合出版。书名页的日期是 1606 年，尽管提到斯皮德的《大不列颠帝国概观》（1611 年）是“最近发布的”，这让人们对其出版的真实日期产生了怀疑。这些地图是根据尼德兰的原版印刷出来的，但在这种情况下，这些文字是在伦敦添上去的。这是一个雄心勃勃的项目，是奥特柳斯的众多版本中最广泛的一种，其中包括 166 块雕版，这是到此为止在英格兰出现的最大的凹版印版，而且是伦敦贸易所发行的最大一宗。[61] 和他早期的微型版本一样，这部地图集并没有多少保存下来，也从未重印。毫无疑问，威廉·卡姆登在 1607 年和 1610 年与乔治·毕晓普合作的《不列颠尼亚》(*Britannia*) 的配有地图版本更受欢迎，也许更贴近伦敦地图制作的背景。[62] 第一次出现了全套的开本地图（总共有 57 幅)，完全由常驻伦敦的雕刻师所制作。 1708

因为出版了约翰·斯皮德的地图，所以约翰·萨德伯里（John Sudbury）和他的外甥乔治·亨布尔在 16 世纪初建立的合作关系，在英格兰地图史上是众所周知的。[63] 合作伙伴在出版史上也具有更广泛的意义，因为他们不仅仅经营地图，还处理了大量的雕刻材料——肖像、图案、徽章书和书写教员。[64] 他们是伦敦最早的一批专业印刷商，其作品的广度可能为他们的生存能力和持续的成功提供了线索。人们很容易推测出，他们接管了沃尔夫的滚压印刷机：他们的地点是在沃尔夫曾经住过的波普头巷（Pope's Head Alley)，在他们的职业生涯早期，他们当然使用了他在伦敦的雕刻师。尽管如此，在斯皮德的郡域地图集的制作过程中，他们把所有或大部分的作品都送到了阿姆斯特丹，并在洪迪厄斯的工场中雕刻。最终完成的地图集于 1611—1612 年出版，标题是《大不列颠帝国概观》，它是英格兰那一时期最成功的地图出版项目。这些装饰华丽的地图，加上其主要城镇的平面图，立刻引起了公众长期的共鸣，通过这一地图集和许多随后的版本，就伦敦贸易而言，这些地图仍然是“17 世纪最富价值的地图财产”（图 57.14）。[65] 1709

在短时间内聚集起如此众多的大型项目，是在我们所审视的这段时期内伦敦地图制作的高潮。但值得注意的是，除了这些项目之外，几乎没有其他项目制作出来。在上一个朝代的最后几年里出现的独立出版的壁挂地图已经干涸了。16 世纪 90 年代的数学家们所发表的理论地图也不再出现。即使是约翰·沃尔夫发行的那种地图插图的旅行书籍也不再制作了。1612 年之后，市场上的新地图数量减少到只有涓涓细流。萨德伯里于 1618 年退休，但斯皮德《大不列颠帝国概观》的持久成功为他提供了一个平台，让他最终能够出版斯皮德的《世界最著名部分的景观》(*A Prospect of the Most Famous Parts of the World*)（1627 年)，这是世界上第一幅由英国人创作的世界总地图集。在阿姆斯特丹，又一次雕刻了这些图版。亨布 1710

---

[60] Shirley, *Maps of the British Isles*, 103 – 104 and 106 – 107; Edward Lynam, “Woutneel's Map of the British Isles, 1603,” *Geographical Journal* 82 (1933): 536 – 538; and Günter Schilder and Helen Wallis, “Speed Military Maps Discovered,” *Map Collector* 48 (1989): 22 – 26.

[61] Skelton, “First English World Atlases,” 78.

[62] Skelton, *County Atlases*, 25 – 29.

[63] Skelton, *County Atlases*, 242.

[64] 他们库存的范围和风格，在 Rostenberg, *Graphic Arts*, 7 – 16 中得到了很好的总结。

[65] Skelton, *County Atlases*, 30 – 44, quotation on 234, and R. A. Skelton, “Tudor Town Plans in John Speed's *Theatre*,” *Archaeological Journal* 108 (1951): 109 – 120.

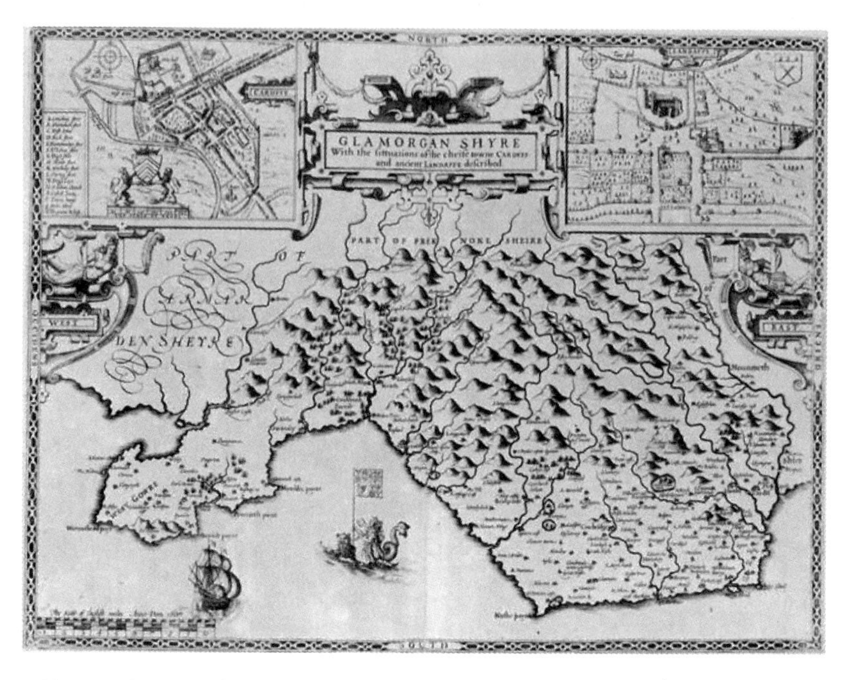

图 57.14 约翰·斯皮德：《格拉摩根郡：附有对主要城镇加的夫和古城兰达夫形势的描绘》（*GLAMORGAN SHYRE: WITH THE SITTUATIONS OF THE CHEIFE TOWNE CARDYFF AND ANCIENT LANDAFFE DESCRIBED*），1607 年

是 1607 年由老约道库斯·洪迪厄斯为斯皮德的《大不列颠帝国概观》所制作的雕版的修订版。在这种尚未完成的状态下，海洋没有被遮蔽住，而且相关人员［洪迪厄斯、斯皮德本人，以及其出版商约翰·萨德伯里（*John Sudbury*）和乔治·亨布尔（*George Humble*）］的名字也没有插进去。它表明了 1610 年最终出版之前日期改变的主要课题组合在一起所需要的时间和费用，而且这部地图集直到 1612 年才最终出版，这是在图版印刷开启几年之后，也是在亨布尔获得其王室的出版特许权四年之后。

原图尺寸：38 × 50.5 厘米。John Speed, *The Theatre of the Empire of Great Britaine: Presenting an Exact Geography of the Kingdomes of England, Scotland, Ireland* ... (London: Iohn Sudbury and Georg Humble, 1611), insert between 105 – 106. 由 BL［Maps C. 7. c. 5 (20)］提供照片。

尔还在低地国家拿到了由彼得·范登克雷雕刻的微缩郡域地图的图版，他对这些图版加以扩充，作为斯皮德地图的袖珍版本出版了。[66] 尽管在相对较新的印刷和肖像贸易中，亨布尔并非没有遇到竞争，但他的竞争对手似乎根本就没有经营过地图。后来，印刷商托马斯·詹纳（Thomas Jenner）变得声名显赫，但直到内战，他才大量经营地图（图 57.17 显示了一个例外）。威廉·韦布（William Web）在某一阶段拥有萨克斯顿郡域地图的图版，似乎直到 17 世纪 40 年代才出版。[67]

1711

就主流图书贸易而言，到此时为止，只有少数几家企业的业务涉及地图。书商亨利·费瑟斯通（Henry Fetherstone）在塞缪尔·珀切斯（Samuel Purchas）的《珀切斯朝圣之旅》

---

[66] *England Wales Scotland and Ireland Described and Abridged ... from a Farr Larger Voulume done by John Speed* [(London: G. Humble), 1627]。请参阅 Skelton, *County Atlases*, 22 – 25, 50 – 51, and 57 – 61。一份较早版本：*England, Wales, and Ireland: Their Severall Counties, Abridged from a Farr Larger, Vollume by J. Speed* (London: G. Humble)，其日期和内容并不确定。

[67] Skelton, *County Atlases*, 70 – 72.

（*Purchas His Pilgrimes*）（1625 年）中展示了洪迪厄斯的“地图和用铜和木板雕刻的印版”，一些是新雕刻的，但主要是由洪迪厄斯在阿姆斯特丹为他的《袖珍地图集》（*Atlas minor*）（1607 年）制作的二手印版。迈克尔·斯帕克出版了约翰·史密斯的《弗吉尼亚通史》（*Generall Historie of Virginia*）（1624 年）和卢克·福克斯（Luke Fox）的《西北福克斯》（*North-West Fox*）（1635 年），两部书中都有具有重大历史意义的地图。斯帕克还在 1635 年出版了一本更详细的“视平线”（eye-travell）的书，这是一部缩编了的墨卡托的地图集，它利用了现在的第三手的“袖珍地图集”，并引介了一些新的、格式更大的地图，它们中大部分是在伦敦雕刻的（图 57.15）。[68] 1626 年，约翰·比尔制作了卡姆登的《不列颠尼亚》的袖珍版本，并配以缩编的郡域地图，这显然是为了与亨布尔的袖珍版一争高下，但很明显没有获得与后者相同的成功。[69] 马修·西蒙斯（Matthew Simmons）在 1635 年出版了一本类似

1712

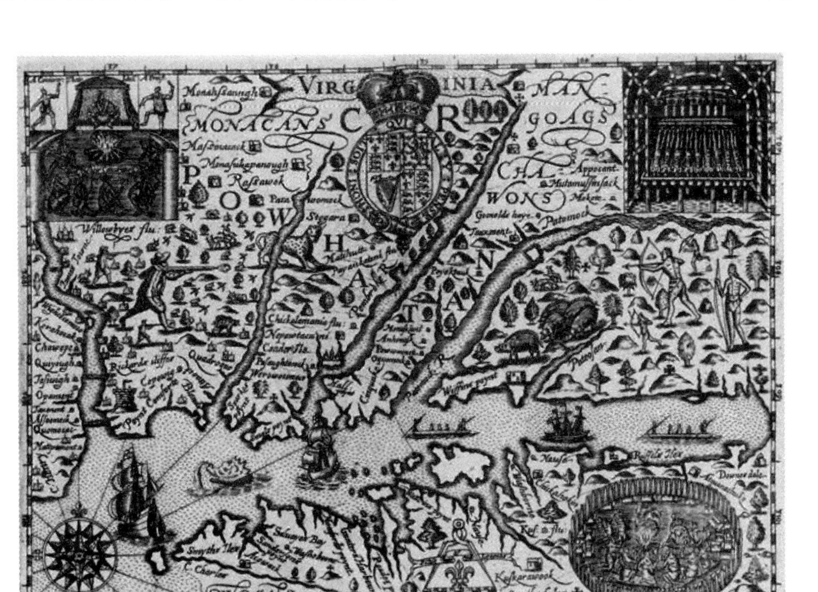

图 57.15 拉尔夫·霍尔，《弗吉尼亚》（*Virginia*），1636 年

由拉尔夫·霍尔雕版的 1636 年地图，是为墨卡托地图集的迈克尔·斯帕克和塞缪尔·卡特赖特（Samuel Cartwright）版本的后续出版插入所制作。斯帕克在地图集的最后一页断言，地图没有为最初出版的版本及时准备好的原因是“在那个国家［弗吉尼亚］有一份更精确的地图绘制，但其平台尚未出现”。尽管如此，霍尔的地图看起来似乎只不过是约翰·史密斯船长所绘制的更早地图的一份无关紧要的复制品，上面装饰着已经由特奥多尔·德布里出版的约翰·怀特的画作。霍尔以自己的名字命名了一个位于地图的中心位置的海岬（“Hall：poynt”），并制作了一幅烦冗的雕版，但这幅地图可能显示出他在这段时间后期缺乏雄心壮志。

原图尺寸：17 × 24 厘米. Gerardus Mercator, *Historia Mundi*; *or*, *Mercator's Atlas*, *Containing His Cosmographicall Description of the Fabricke and Figure of the World*, *trans.* Wye Saltonstall（London：T. Cotes for Michael Sparke and Samuel Cartwright, 1635）, opp. 904. 由 BL（Maps C. 3. b. 1）提供照片。

[68] Gerardus Mercator, *Historia Mundi*: *or Mercator's Atlas*, *Containing His Cosmographicall Description of the Fabricke and Figure of the World*, trans. Wye Saltonstall（London：T. Cotes for Michael Sparke and Samuel Cartwright, 1635）。这是英国第一部在标题中使用“地图集”这个词的出版物。

[69] *The Abridgment of Camden's Britan*［*n*］*ia with the Maps of the Seuerall Shires of England and Wales*［（London）：Iohn Bill, 1626］; Skelton, *County Atlases*, 53 – 55.

的袖珍书:《英格兰旅行指南》(*A Direction for the English Traviller*)。[70] 这本书的最终结果较比尔地图集要好得多,而且这些印版后来被詹纳接管,好多年以来一直在印刷。尽管如此,与已经在阿姆斯特丹制作的不列颠群岛的大型地图集相比,它仍然是一项相当微不足道的作品。书商托马斯·阿彻(Thomas Archer)和纳撒尼尔·纽伯里(Nathaniel Newbery),是亨布尔在波普头巷中的邻居,他们都是新闻书籍(corantos)的出版商,并制作了许多与新闻相关的地图,并不是所有的地图都能保存下来。[71] 但是,并没有出现地图和地图集制作方面的专家,而像萨德伯里和亨布尔那样的雕版印刷品和图像材料的出版商,也主要从事其他方面的工作。伦敦的地图交易已几乎成为一项边缘的活动。

雕刻师

人们一般习惯性地认为,缺乏熟练的雕刻师是制约地图贸易完全发展成熟的主要因素之一。斯凯尔顿提出了这一观点,无可否认,所有早期的英格兰世界地图集都是在国外雕刻的,并认为"因为缺乏本土雕刻师……在这一时期,英格兰对印刷地图的需求主要是由尼德兰的制图业来满足的"。[72] 这一观点在此时期的其他研究中得到了呼应,但也许需要更严格的检验。熟练的雕刻师是地图出版的基本条件,但是如果对实际在伦敦工作的地图雕刻师和他们工作的范围,尤其是工作量进行简要调查的话,其结论可能会有所不同。

至少从16世纪中叶开始,伦敦偶尔会生产出高质量的作品。赫明努斯和雷诺兹都是一流的雕刻师,理查德·莱恩(图57.7的雕刻师)也是如此,但他们只有很少几幅地图为世人所知。仪器制造商汉弗莱·科恩仅雕刻了一张地图,即做工精美的《迦南》(*Canaan*),"据称刻在一块银质的印版上",这是为贾格的1572年"主教圣经"而制作的。[73] 在为最早的英格兰地图集而雇用的各位雕刻师中,只有雷诺兹、赖瑟、洪迪厄斯和雷米吉乌斯·霍亨贝尔格因在英格兰的进一步的制图工作而广为人知,而霍亨贝赫的工作则仅限于约翰·胡克的埃克赛特地图(1587年)。查尔斯·惠特韦尔于1582年跟随赖瑟学徒,其为世所知的,仅是最近发现的小型银质球仪[74]和五幅地图,其中包括诺登的《萨塞克斯》(*Sussex*)(1594年)和菲利普·西蒙森的《肯特新图》(*A New Description of Kent*)(1596年)(图57.16)。1598年,罗伯特·贝基特(Robert Beckit)为范林索登的《发现》的沃尔夫版本雕刻了五幅精美的地图,但实际上除此之外并没有记录。克里斯托弗·舒伊策尔(Christopher Schwytzer)原本来自苏黎世,其作品只有两幅地图为人所知:一幅是诺登的《萨塞克斯》,另一幅

---

[70] *A Direction for the English Traviller* ... (London: Mathew Simons, 1635)。也可能有一个更早的版本,现在已经亡佚了。请参阅 Skelton, *County Atlases*, 20, 63–65, and 243。

[71] 阿彻新闻地图的两幅现存例子是 *A Thirde and Last Mape, Both of the Sedg of Breda by Spinola* ... [BL, Maps 150. e. 13 (50)] and *A Compendious Card or Map of the Two Armies Lying by the R* [*hine*] ... (Oxford, Corpus Christi College)。二者都是雕版地图,附有1624年在伦敦出版的活字印刷的解释文字。Richard Norwood, *A Plott or Mappe of Bermudas* ... (later utilized by Speed) 于1621年收入出版同业公会大厅的纽伯里手中(Arber, *Transcript of the Registers*, 4: 25 and 39)。

[72] Skelton, "First English World Atlases," 77.

[73] George Vertue 保存的一个传统(引用于 Hind, *Engraving in England*, 1: 80)。

[74] Elly Dekker and Gerard L'Estrange Turner, "An Unusual Elizabethan Silver Globe by Charles Whitwell," *Antiquaries Journal* 77 (1997): 393–401.

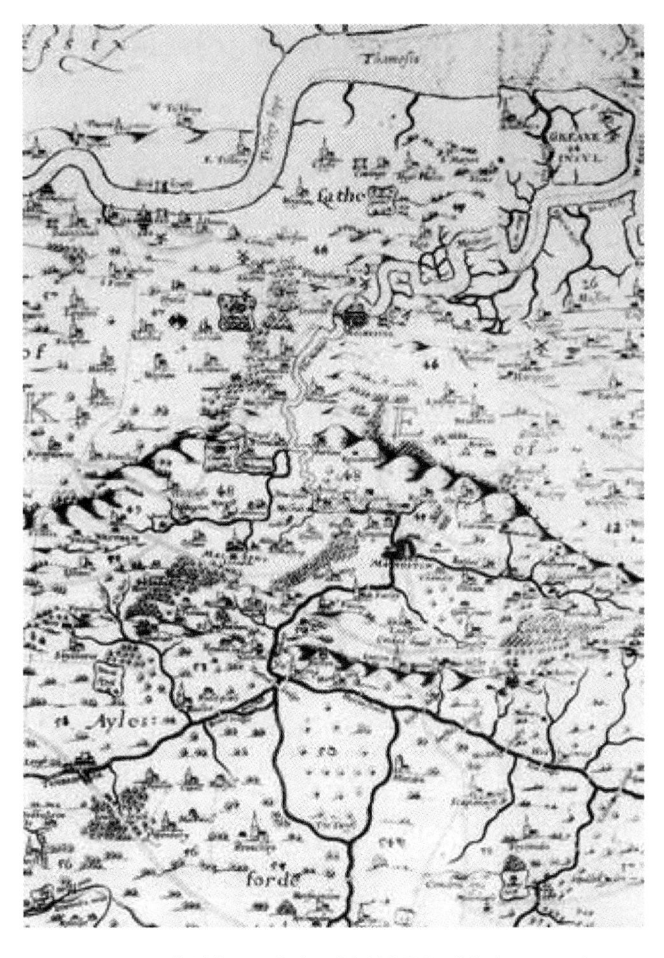

图 57.16　菲利普·西蒙森：《肯特新图》的细部，1596 年

摘自 16 世纪晚期的精美雕版肯特地图上的罗切斯特和梅德斯通（Maidstone）地区的细部，这幅地图的比例尺是萨克斯顿曾使用的两倍。这幅地图被认为是 18 世纪以前英格兰印制的技术最完善的郡域地图。西蒙森是罗切斯特桥地产的测量员，他把地形的外观描绘得非常细致——梅德韦河（Medway）的通航局限是通过改变水流的轮廓来呈现的。交通的表现并不仅仅是一个惯例方式，而是可以清晰地辨识出梅德斯通万圣教堂的高耸的尖顶。尽管是由查尔斯·惠特韦尔于 1596 年雕刻，但地图最初出版的情况并不为人所知。后来，这些印版连同当时一些其他地图的印版一起转到 17 世纪的印刷商彼得·斯滕特（Peter Stent）手中。

原图尺寸：53 × 80 厘米；细部尺寸：约 13.6×9.4 厘米。由 BL［Maps M. T. 6. f. 1（4）］提供照片

是达勒姆的小型地图，均制作于 1595 年。西奥多·德布里雕刻了瓦赫纳地图集中的 10 幅地图，不久，他就搬到了法兰克福。彼得·范登克雷跟随洪迪厄斯来到了荷兰。[75] 本杰明·赖特雕刻了一对天体图和地面图，显然是为了作约翰·布莱格拉夫（John Blagrave）的《通用星盘》（*Astrolabium vranicvm generale*）（1596 年）的插图，也迁移到了阿姆斯特丹，他在那

---

[75] 关于其在英国的有限工作，请参阅 Hind, *Engraving in England*, 1：203－209；Johannes Keuning, "Pieter van den Keere（Petrus Kaerius）, 1571－1646（?）" *Imago Mundi* 15（1960）：66－72。作为 1620—1621 年在阿姆斯特丹的英语新闻书籍（*corantos*）首个系列——实际上是首批英文报纸——的出版商，范登克雷宣称自己受到了进一步的关注。请参阅 Folke Dahl, "Amsterdam—Cradle of English Newspapers," *Library*, 5th ser., 4（1949－1950）：166－178, and R. A. Skelton, "Pieter van den Keere," *Library*, 5th ser., 5（1950－1951）：130－132。

里制作加布里埃尔·塔顿的加利福尼亚和太平洋地图（都在1600年）。[76] 后来，他搬到了博洛尼亚，为乔瓦尼·安东尼奥·马吉尼工作。

最多产的本土地图雕刻师是威廉·霍尔，他绘制了1607年版《不列颠尼亚》中的21幅地图、有开创性的约翰·史密斯地图《弗吉尼亚：探索与描绘》（*Virginia: Discouered and Discribed*）（1612年）、[77] 为沃尔特·罗利的《世界历史》（1614年）所绘制的地图、绘制在一套扑克牌上的一些微缩地图，[78] 以及基本可以确认的为迈克尔·德雷顿的《多福之国》（1612—1622年）所绘制的奇幻诗歌地图。[79] 威廉·基普堪与其产量相侔，他雕刻了诺登的《赫特福德郡》（1598年）、卡姆登的《不列颠尼亚》的诺顿和毕晓普的1607年版本中的34幅地图、沃特尼尔的不列颠群岛壁挂地图（1603年），以及爱德华·赖特的1610年双图幅世界地图。[80] 然而，对于一个几乎可以肯定早在1585年从乌得勒支来到英格兰的某人来说，这一列表并不代表一个非凡的数字。就像其他早期的雕刻师一样，基普貌似也从事类似的职业，也许是金匠这样更正式的职业，很有可能，他在金银板上雕刻装饰和纹章。[81] 几乎可以肯定，早期最有天赋的本土雕刻师威廉·罗杰斯也是如此。罗杰斯所制作的地图数量并不多，其中包括为约翰·沃尔夫绘制的地图（如图57.12）、为卡姆登的《不列颠尼亚》毕晓普版（1600年）绘制的地图，以及一份有意思的斯皮德的1604年柴郡地图的早期证据或样例。[82] 1596年，罗杰斯的学徒托马斯·科克森（Thomas Cockson）雕刻了加的斯的博阿齐奥地图，但（除了一些带有地图背景的肖像）似乎没有人要求他制作任何其他地图。[83] 出生于伦敦的雷诺·埃尔斯特拉克是一名专业的铜版雕刻师，以大约100幅单独的雕版印刷作品而闻名，但这些作品主要是肖像和插图。[84] 他所制作的地图不多，包括1598年为沃尔夫绘制三例、1599年博阿齐奥的《爱尔兰》（*Irelande*）、1603年前后斯皮德的不列颠群岛壁挂地图、设计为圣经插图的斯皮德1611年迦南地图、威廉·巴芬（William Baffin）《东印度地图》（*Description of East India*）（1619年；参见图59.9），以及《珀切斯的朝圣之旅》（1625

1713

---

[76] 本卷图版72；Hind, *Engraving in England*, 1: 216-217; and Burden, *Mapping of North America*, 162-165。

[77] 图59.12；地图单独出版，但总体看来是装订在一起的，配有John Smith, *A Map of Virginia, with a Description of the Covntrey*...（Oxford: J. Barnes, 1612）. Burden, *Mapping of North America*, 202-205, and Coolie Verner, *Smith's Virginia and Its Derivatives: A Carto-Bibliographical Study of the Diffusion of Geographical Knowledge* (London: Map Collectors' Circle, 1968)。非常感谢菲利普·伯登和约瑟夫·沃克（Joseph Walker）提供参考文献。

[78] Mann and Kingsley, *Playing Cards*, 5-16 and 30-31, and D. Hodson, *The Printed Maps of Hertfordshire*, 1577-1900 (London: Dawsons, 1974), 223.

[79] Skelton, *County Atlases*, 45-47 and 51-52, and Gilbert Cope, "The Puzzling Aspects of Drayton's Poly-Olbion," *Map Collector* 17 (1981): 16-20.

[80] 关于基普的工作，请参阅Hind, *Engraving in England*, 1: 210-211; Shirley, *Maps of the British Isles*, 103-104; and idem, *Mapping of the World*, 291-292 (no. 272)。

[81] Kirk and Kirk, *Returns of Aliens*, 3: 146, 160, 177, and 194，叙述了他的出生地、他居住了多久，并将基普分别描述为"珠宝匠"和"金匠"。另请参阅Antony Griffiths, *The Print in Stuart Britain*, 1603-1689 (London: British Museum, 1998), 41 and 44-45。

[82] Hind, *Engraving in England*, 1: 280, and Skelton, *County Atlases*, 35.

[83] Hind, *Engraving in England*, 1: 239-257。1584年，科克森做了罗杰斯的学徒（ondon, Library of the Worshipful Company of Goldsmiths, Apprentice Book 1: 57）。此信息与其他信息都来自金匠同业公会的记录，以及戴维·比斯利（David Beasley）及其金匠大厅的同事们的慷慨相助。

[84] Hind, *Engraving in England*, 2: 163-214, and Griffiths, *Print in Stuart Britain*, 45-53.

年）中的一些地图。

在这一时期的后半段，无论出于何种原因，很多工作都被发往国外，由在伦敦工作的雕刻师签名的地图数量确实非常少。西蒙·范德帕斯（Simon van de Passe）、罗伯特·沃恩（Robert Vaughan）、托马斯·塞西尔（Thomas Cecill）和沃恩的学徒拉尔夫·霍尔都了解这些雕刻精美的地图，但他们都没有被要求进行任何大规模的地图制作工作。即使到了1640年，人们也可以在伦敦雕刻的各种各样的地图作品——其中有100多张由英格兰出生的雕刻师雕刻而成的地图——但令人震惊的是，这些雕刻者中几乎都只制作了几幅地图。尽管认为熟练的工匠是多余的这样的想法很愚蠢，但似乎除了缺乏雕刻师之外，还有更为重要的问题。

1714

监管与控制

英格兰对出版业监管和控制的程度，有时会阻碍地图贸易的发展。尽管不总是完全有效的——而且在很大程度上，控制机制是由书商和印刷商在自己强大的贸易行会，即出版同业公会的庇护下管理的——但控制是严格而且非常广泛的。其主要目的是防止出版与散布那些被认为具有煽动性、颠覆性、反宗教性或其他不受欢迎的材料。[85] 还有一个附加的目的，是通过某种形式的版权保护，保护原始作品的创作者免遭剽窃，否则可能会破坏他们活动的经济基础。有时，通过授予专卖权的方式——允许将某类材料的全部出版权授予一个人——共同解决这些迥然不同的目的，但这种策略本身就产生了困难。此外，还有一些重大的限制，以限制贸易和允许个人进入贸易并在其中进行运作的方式。

审查制度

尽管地图具有先天的政治维度，其流通和内容经常受到官方的限制，但在这段时期，英格兰并没有对其进行监管。16世纪最广泛的两个项目——萨克斯顿和瓦赫纳的地图集，很大程度上都归功于政府的支持。在这两种情况下，即使是在西班牙很有可能入侵，甚至是迫在眉睫的时候，国家也不仅准备授权，而且积极鼓励出版主权领土和沿岸地区的详细地图。尽管偶尔也会发现一些战略性压制的例子，例如，在德雷克回来后的几年里，他的太平洋探索没有完全呈现在出版的地图上，但尽管如此，总体政策仍然是很宽松的。[86] 所有的印刷品都必须要有出版许可，但对于纯粹的地图材料来说，这似乎是一种形式。对地图的直接审查并不是一个因素，但是，许多其他可能会刊载地图的出版物丢失或被禁，影响了行业的发展。虽然不时地允许照录外国的新闻，但是在1641年以前，是禁止刊载国内新闻的报纸或

---

[85] 审查制度早在引进印刷术之前就已经存在了，但就印本图书而言，早在1530年就已经发布了一份针对14种指定标题的公告，由此可以推断出更早的许可安排。请参阅 Alfred W. Pollard, "The Regulation of the Book Trade in the Sixteenth Century," *Library*, 3d ser., 7 (1916): 18–43, and D. M. Loades, "The Theory and Practice of Censorship in Sixteenth-Century England," *Transactions of the Royal Historical Society*, 5th ser., 24 (1974): 141–157。

[86] 关于对德雷克发现的镇压，请参阅 Helen Wallis, "The Cartography of Drake's Voyage," in *Sir Francis Drake and the Famous Voyage, 1577–1580: Essays Commemorating the Quadricentennial of Drake's Circumnavigation of the Earth*, ed. Norman J. W. Thrower (Berkeley: University of California Press, 1984), 121–163, esp. 133–137。

期刊的。[87] 由于地图对新闻报道几乎是不可或缺的，所以不难想象，大量的地图从来没有被绘制出来，也从来就没有创造出一个显而易见的市场。

版权

地图特别容易受到剽窃的伤害，但尽管有时会被复制，但完全的盗版似乎并不是一个迫在眉睫的问题。拥有雕刻精美、造假高昂的印版，通常会为出版商提供他们实际需要的版权保护。[88] 即便如此，保护版权的正式机制还是确实存在的，制图师们当然也会利用它们。通常的方法是在出版同业公会登记或“输入”作品抑或“副本”的标题。从那时起，出版同业公会本身就有足够的空间来保护“复制”的“权利”，并有法律权力来仲裁、没收，甚至销毁用于印刷盗版的印刷机。[89] 虽然在 1598 年以后，必须成为出版同业公会的一员才能从这种安排中受益，但是地图和印刷商（他们很少是同业公会的成员）经常可以和更广泛行业的贸易伙伴达成某种友好的安排（图 57.17）。[90] 许多地图和配有地图插图的书都是这样的，但另一种获得保护的方法——萨克斯顿和其他人使用的一种方法——是寻求涵盖相关作品的王室特许权或专利。不像在出版同业公会登记的版权（通常被认为是永久的），这些王室特许权虽然授予声望，并得到更广泛的应用，但一般只在固定的时期内运行。1577 年，萨克斯顿被授予的特许权在 10 年后到期，这可能太过短暂，无法完全实现其目的。后来，1608 年授予阿龙・拉思伯恩的斯皮德郡域地图和 1618 年授予罗吉・伯吉斯（Roger Burges）的一系列破产的城市平面图的特许权，期限都是 21 年。[91] 后一个项目的失败说明了这个系统的弱点。这项专利被授予了足够的权利，使拉思伯恩能够收回他投入的时间和费用，但这些条款的使用如此宽泛，包括书籍、印本描述和地图，以至于其他所有人都被剥夺了描绘整个城市地形的权利。如果拉思伯恩兑现了他的承诺，这可能是可以原谅的，但事实上，在他整个特许权其间，根本没制作出任何印本的英格兰城镇平面图。该市场是关闭的。

1715

垄断

拉思伯恩的专利并不是完全一种垄断。他被赋予的权利并没有涵盖所有的城镇平面图，而仅仅是专利中提到的主要城镇的平面图。但是，垄断涉及整个出版行业。其中最早的一次是在 1544 年，格拉夫顿和他的合作伙伴爱德华・惠特彻奇（Edward Whitchurch）被授予了

---

[87] Plant, *English Book Trade*, 47.

[88] Skelton, *County Atlases*, 231.

[89] 文具公司的起源可以追溯到中世纪时期，1557 年，由王室特许该公司正式注册成立，并获得了相当特殊的权利。可能是出自一种玩世不恭的权衡，出版同业公会彻底垄断了印刷业（除非是获得了王室印刷专利的特殊许可），作为对出版业产出进行监管的回报。更多层次的许可安排通常也是有效的，但同业公会保持了搜查和扣押的权利、罚款的权力，甚至不经审判就囚禁的权力。此公司“就在全国范围内的印刷权力而言，它几乎就像是政府的一个执行机构”［Cyprian Blagden, *The Stationers' Company: A History*, 1403 – 1959 (Cambridge: Harvard University Press, 1960), 31］。另请参阅 C. J. Sisson, “The Laws of Elizabethan Copyright: The Stationers' View,” *Library*, 5th ser., 15 (1960): 8 – 20。

[90] 请参阅 Griffiths, *Print in Stuart Britain*, 15。

[91] Arnold Hunt, “Book Trade Patents, 1603 – 1640,” in *The Book Trade & Its Customers*, 1450 – 1900: *Historical Essays for Robin Myers*, ed. Arnold Hunt, Giles Mandelbrote, and Alison Shell (Winchester: St Paul's Bibliographies, 1997), 27 – 54, esp. 43 and 47.

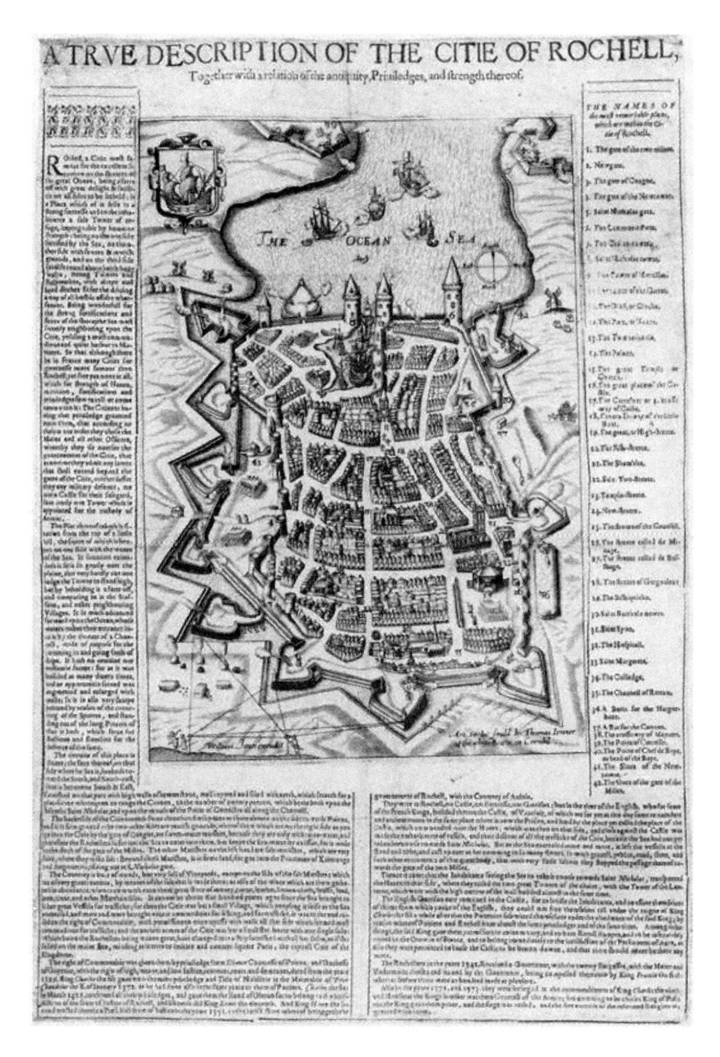

图 57.17　托马斯·詹纳（THOMAS JENNER）：**《罗谢尔城市真图》**（*A TRVE DESCRIPTION OF THE CITIE OF ROCHELL*），［1621 年］

一幅凸版宽边印刷的雕版地图。它是单独出版的英格兰新闻地图的一个罕见例子。这种类型的地图保存下来的数量非常稀少，以至于在梳理该时期的地图史时在很大程度上把它们忽略掉了。有时会用它来说明早期的新闻书刊（corantos），有时候，正如这一例所示，与周围的描述性凸版印刷分开出版，它们几乎肯定是在 16 世纪晚期开始出现的。现在的这个例子带有伦敦印刷商威廉·琼斯（William Jones）的戳记，于 1621 年 6 月 11 日在出版同业公会的大厅获得了版权，但附有另外的说明："由托马斯·詹纳在康希尔（Cornhil）的怀特·贝尔（White Beare）处销售"。詹纳可能是实际上的出版商，但不属于出版同业公会公司，他本来需要与公司内部类似琼斯这样的人达成协议，才能注册版权。

原图尺寸：50 × 34.4 厘米。由 BL［Maps 150. e. 13（51）］提供照片。

一项涵盖所有祈祷书的通用专利。在尖锐的宗教争论时期，它具有政治上的意义。1552 年授予的所有法律书籍的特许权可能也有类似的优点，比如 1580 年授予宾纳曼特许权以印刷"万种语言全典"（all Dictionaries in all tongues），这是一种必然要花费大量生产成本的书，以前在不列颠群岛从来没有尝试过。[92] 许多这样的拨款，其最初的目的是保护和鼓励企业，

[92] 引用于 Mark Eccles，"Bynneman's Books，"*Library*，5th ser.，12（1957）：81 - 92，esp. 81。

以及发展类似事业的雄心壮志，越来越多地累积到经济的各个领域。然而，他们常常会变成一种支持或增加收入的带有讽刺性的行为。专利和特许权的增加，最终使图书贸易陷入混乱，无疑损害了印刷质量，扼杀了创新。就地图而言，确切的后果更难以解释。1547 年，一项通常被称为“语法专利”的专利授给了雷纳·沃尔夫，这一专利主要是与希腊和拉丁语法有关——或多或少是对学校教科书供应的垄断。该专利还授予了在地图、海图和“其他类似的东西”方面尚未完全明确的权利。[93] 经过数次修改和拓展，这项专利最终于 1603 年移交给了约翰·诺顿，到那个时候，它可能已经被授予了“所有地图和海图”的制作权利。[94] 然而，这项专利是在这一时期受到专利保护的持有者的法律挑战，很难确定诺顿的特权到底有什么限制。但是除了约翰·斯皮德的地图（它们拥有自己的王室专利），除了诺顿参与的那些地图之外，很难辨别出其他在接下来的几年里绘制的地图。诺顿制作了《寰宇概观》和《不列颠尼亚》的版本，但在 1612 年他去世后，迅速继承专利的那些人似乎对地图不感兴趣。专利持有人在多大程度上阻止了其他人进入这一领域，目前尚不清楚。这种模糊的情况显然对于促进地图贸易没有多大作用，如果这还不够的话，那么将会有更糟的事情发生。1618 年，一个有些古怪的垄断机构寻求特权，它只覆盖纸张的一面上印刷的所有东西。翌年，这一非凡的专利被正式批准，为期 31 年。它遭到了业内人士的激烈反对，但同时，专利持有人托马斯·西姆科克（Thomas Symcock）和罗杰·伍德（Roger Wood）进行了有力的辩护，这两家公司实际上都是主要的受益者——受到王室青睐的马兰·德布瓦斯洛雷（Marin de Boisloré）所委派的。这些地图被包括在此“只有一面”的标题下，这一点在各种文件中都明确提到，随着案件愈演愈烈，直到 1631 年该专利最终被废止。[95] 无论是斯皮德还是亨布尔，都是 1621 年向下议院请愿的出版商之一。[96] 在其合法性尚且存疑期间，专利持有人可以扣押并非由自己印制的材料，销毁印刷机和图版，并没收进口的材料。毫无疑问，地图和海图的初期交易原本可能从授予敏锐的垄断权中获益，却是该体系的主要受害者。就目前所知，没有任何印刷地图是由后来的各种专利持有者所生产的。他们唯一的贡献似乎就是防止任何新一代的人进入这一行业。

1717

贸易自由

除了对印刷内容、印刷地点和印刷者的限制之外，还出现了对进入这一交易本身进行限制的其他法规。到 16 世纪末，对主要印刷商的数量进行了限制，进一步限制了每个印刷商

---

[93] 拉丁文原文见 Joseph Ames, *Typographical Antiquities: Being an Historical Account of Printing in England ...* (London, 1749), 224 – 225。

[94] 至少这是斯凯尔顿在《郡域地图集》中给出的解释，第 242 页。这一专利可能仅仅包含了用拉丁文和希腊文印刷的地图和海图——但即使同时代的人也并不清楚——请参阅 Nancy A. Mace, “The History of the Grammar Patent, 1547 – 1620,” *Papers of the Bibliographical Society of America* 87 (1993): 419 – 436。

[95] 请参阅 William Alexander Jackson, ed., *Records of the Court of the Stationers' Company*, 1602 *to* 1640 (London: Bibliographical Society, 1957), xvi-xxii, 有清晰的叙述; Greg, *Companion to Arber*, 59, 65 – 66, 102, 164 – 169, and 172 – 175, 涉及了不同的文件; and Hunt, “Book Trade Patents,” 34 – 35, 48, and 50 – 51。

[96] Greg, *Companion to Arber*, 168.

可能拥有的印刷机数量，学徒的人数也受到了限制。[97] 这对地图贸易有多少直接影响，是值得怀疑的。出版同业公会虽然通常会嫉妒他们对所有印刷品的极端垄断，但似乎并没有特别关注印刷品、地图和其他雕刻材料的制作。人们已经注意到，专业的印刷商甚至很少是同业公会的成员。[98] 在通常如此严格监管的环境下，为什么会这样，这应该是一个值得进一步研究的谜题。

与地图贸易关联更密切的，是外国手艺人把他们的技能带到伦敦时所遇到的困难。尽管1484年的一项法令规定外国的印刷商在英国可以自由地施展他们的手艺，但这一自由却被出版同业公会和市政当局“系统地攻击和破坏”了。[99] 外国工人逐渐变得越来越弱势，这限制了他们的贸易方式和工作地点。特别是在经济困难时期，人们很容易对陌生人产生反感情绪，甚至施加暴力。在1593年早期动荡的几个月里，有一份宣言贴在了尼德兰教堂处，威胁说，除非外国人在7月之前离开，否则“学徒将会增加到2336人，所有学徒和熟练工人都将与佛兰德人以及陌生人一起灭亡”。[100] 这似乎正是洪迪厄斯和范登克雷离开英格兰的时候。虽然在书中提到过了在伦敦工作过一段时间的来自海外的书商和雕刻师，但没有一个人看起来已经足够成熟，可以将任何类型的商业或传统留给下一代。英格兰印刷的总体质量仍然很差，正如普兰特（Plant）所总结的那样，“这一狭隘政策的结果并不是促进英格兰工业的发展，而是把一些最好的工作推到国外去”。[101] 这种技能和经验的丧失正发生在地图贸易中。

财政和赞助

生产地图和地图集必然是一项昂贵的业务。至少在这一时期的早期阶段，此类大型项目总是与官方补贴挂钩。赫明努斯享受着某种王室津贴。萨克斯顿也得到了来自国家的资助。尽管这种支持的第一阶段通常是授予特许权和垄断权，长期来看，这种特许权和垄断所带来的结果是如此不幸，但在短期内，并且当与明确的目标相联系时，它们并非没有成功。对于一个总是缺乏资金的政府来说，他们代表的是一种廉价、容易获得的、通常是善意的援助形式。毫无疑问，萨克斯顿对他的印刷特权和其他的土地和职位的奖励感到高兴。在他的调查中，官方的通行证使他能够获得当地的辅助，这也是实际的助力。毫无疑问，如果没有这种支持，地图集根本就不会问世，而瓦赫纳的海图的英文版也同样如此，这个项目是由枢密院

---

[97] 请参阅 Sheila Lambert, “The Printers and the Government, 1604 - 1637,” in *Aspects of Printing from* 1600, ed. Robin Myers and Michael Harris（Oxford：Oxford Polytechnic Press, 1987）, 1 - 29。

[98] 例如，萨德伯里和亨布尔都是皮革同业公会的成员，赖瑟和詹纳则是杂货商同业公会的成员。尽管在伦敦金融城进行交易，但又不属于一家同业公会的公司，这是非法的，但这些商会中任何一个的成员都可以得到出版同业公会权力的某些保护：该城市的古老风俗是一个自由人可以进行任何阶级的可商品化的货物的事务，这一风俗有相当大的法律效力。

[99] Loades, “Theory and Practice of Censorship,” 145.

[100] Charles Nicholl, *The Reckoning*: *The Murder of Christopher Marlowe*（London：Jonathan Cape, 1992）, 39 - 40.

[101] Plant, *English Book Trade*, 29.

自己提出的。在没有类似的赞助的情况下，瓦赫纳的地图集就没有在伦敦再版了。[102] 事实上，在这一时期，不列颠群岛上始终没有出版过任何其他的海洋地图集。

诺登和斯皮德也得到了与萨克斯顿类似的帮助，并获得了印刷特许权和通行证，而斯皮德同样也得到了土地和官方职位的奖励。[103] 赞助有时也会在更直接和更私人的层面上进行。约翰·戴和其他一些人受到了马修大主教的鼓励和大力支持（见图57.7）。克里斯托弗·巴克得到了弗朗西斯·沃尔辛厄姆爵士的支持，他用爵士的老虎头冠作为自己设备的标志，而克里斯托弗·哈顿爵士也给予了宾纳曼类似的赞助。除了这些公共和私人赞助的措施外，此项贸易的金融结构难以渗透。从现存的证据来推断，书商通常不是一个富裕的群体。[104] 宾纳曼提供了一个有趣的个案研究，因为他的库存和其他财产的完整清单在1583年被列出并估价，因为他无力偿还1000英镑的贷款——很可能是为了他在1580年的词典垄断权筹集资金。[105] 他的全部财产加起来不到800英镑，其中包括他所有的存货和各种各样的房屋租赁权，总的来说比贷款还少。为词典项目融资的成本显然是无法逾越的，类似的考虑也必然困扰着地图和地图集的制作商。一些人，像诺顿和亨布尔，他们都富裕起来，甚至成了富翁，但像赖瑟和肖这样的人却被遗忘了。这一时期充满了不确定性：范登克雷甚至在他回到阿姆斯特丹的时候，把"在不确定的时间"作为自己商店的招牌。[106] 有些出版物成功了，但许多其他出版物甚至没有完成。

营销与分销

我们对这一时期的进一步理解的一个特殊障碍，是缺乏对地图出版物如何营销和传播的确切认识。除了假设它们是通过现有书店出售之外，几乎没有什么具体的证据，尽管其基本的选择一定是在零售场所销售、通过每年的展销会零售，以及向其他零售商批发，或者把各种各样的活动结合起来。[107] 以订阅方式出版在当时几乎是闻所未闻的，而用分期付款的方式出版地图集，在18世纪取得了巨大的成功，这完全是一种在未来才会出现的出版技术。

广告和目录

最早的地图销售商的戳记，在地图的图面上给出了可能出售的地图的细节，这在1600

---

[102] 然而，这些图版再次被用于1605年洪迪厄斯在阿姆斯特丹出版的尼德兰版本（Koeman, *Atlantes Neerlandici*, 4: 501）。

[103] Peter Barber, "England Ⅱ: Monarchs, Ministers, and Maps, 1550 – 1625," in *Monarchs, Ministers, and Maps: The Emergence of Cartography as a Tool of Government in Early Modern Europe*, ed. David Buisseret (Chicago: University of Chicago Press, 1992), 57 – 98, esp. 82 – 83.

[104] 请参阅 Plant, *English Book Trade*, 216 – 222。

[105] 请参阅 Eccles, "Bynneman's Books"; John Barnard and Maureen Bell, "The Inventory of Henry Bynneman (1583): A Preliminary Survey," *Publishing History* 29 (1991): 5 – 46; Handover, *Printing in London*, 27 – 34; and Graham Pollard, "The English Market for Printed Books: The Sandars Lectures, 1959," *Publishing History* 4 (1978): 7 – 48, esp. 21 – 25。

[106] Koeman, *Atlantes Neerlandici*, 2: 217.

[107] 关于总体的讨论，请参阅 Pollard, "English Market," and A. S. G. Edwards and Carol M. Meale, "The Marketing of Printed Books in Late Medieval England," *Library*, 6th ser., 15 (1993): 95 – 124。

年之前就出现了，与伦敦商店的涌现紧密相关，就像萨德伯里和亨布尔的店铺，专门出售雕刻的材料。其他形式广告的切实证据几乎不存在。本·琼森（Ben Jonson）提到了书商们通过某种进退两难的海报形式来宣传他们的商品，大概是在街道上游行，以及张贴更广泛的记录的账单。[108] 后者很可能是把地图本身作为海报，或者是把精心雕刻的地图集的书名页拉出来，它们看起来很明显是用来展示的。这类海报广告唯一保存下来的例子似乎是伊弗雷姆·帕吉特（Ephraim Pagitt）在 1636 年的广告：它实际上并非地图的广告，而是将一幅地图用作一本书的宽幅广告（图 57.18）。1626 年，英格兰最早的一份报纸广告出现在托马斯·阿彻（Thomas Archer）的《不列颠信使报》（*Mercurius Britannicus*）中，但直到 17 世纪的下半叶，才有以这样方式做广告的地图的记载。[109] 到了 1640 年，足够可靠的运输商网络使得货物可以在全国范围内分销，但是，尽管欧洲其他地方都了解到印刷品目录，但英格兰现存最早的一例特征图，是一页简单的宽幅纸：《印版和图片目录》（*A Catalogue of Plates and Pictures*），由彼得·斯滕特（Peter Stent）发行，直到 1654 年才发布。[110]

买家和用户

在任何关于地图贸易的讨论中，都必须考虑到产品的潜在市场。和其他地方一样，不列颠群岛的政治家和朝臣们首先对地图作为政府工具的功能感兴趣。学者们也是最早的一批使用者，但如果对这种需求的程度做出过大的假设，那就错了。尽管保存下来的清单列出了不同的地图、地图集和地理书，但制图材料在典型的 16 世纪学术图书馆中仍然只占很小的一部分。[111] 在 16 世纪 70 年代，人们可以感觉到印本地图会进入一个更广阔的世界，超出了宫廷和大学的范围。解释性的教科书开始出现，如宾纳曼的《地理学的简要和必要规则，以了解海图和地图》（*Certaine Brief and Necessarie Rules of Geographie, Seruing for the Vnderstanding*

1720

[108] Henry Sampson, *A History of Advertising from the Earliest Times* (London: Chatto and Windus, 1874), 57.

[109] Graham Pollard and Albert Ehrman, *The Distribution of Books by Catalogue from the Invention of Printing to A. D. 1800: Based on Materials in the Broxbourne Library* (Cambridge: Roxburghe Club, 1965), 163 and 319。从 1668 年开始，报纸上的地图广告非常丰富：请参阅 Sarah Tyacke, *London Map-Sellers*, 1660 – 1720: *A Collection of Advertisements for Maps Placed in the* London Gazette, *1668 – 1719, with Biographical Notes on the Map-Sellers* (Tring: Map Collector Publications, 1978)。

[110] Pollard and Ehrman, *Distribution of Books*, 152; Alexander Globe, *Peter Stent: London Printseller, circa* 1642 – 1665, *Being a Catalogue Raisonne of His Engraved Prints and Books with an Historical and Bibliographical Introduction* (Vancouver: University of British Columbia Press, 1985), 171; and Griffiths, *Print in Stuart Britain*, 173。关于分配的方法，请参阅 Tessa Watt, "Publisher, Pedlar, Pot-Poet: The Changing Character of the Broadside Trade, 1550 – 1640," in *Spreading the Word: The Distribution Networks of Print*, 1550 – 1800, ed. Robin Myers and Michael Harris (Winchester: St Paul's Bibliographies, 1990), 61 – 81, esp. 71。

[111] 真正收藏丰富地图材料的图书馆是彼得学院（Peterhouse）的院长安德鲁·佩尔内的图书馆：他那间拥有 3000 册左右藏书的非凡的图书馆，藏书量可能是剑桥大学自身的 3 倍。在其生命的最后时刻，它拥有了墨卡托、瓦尔德泽米勒绘制的地图、萨克斯顿的"英格兰大地图"（great mappe of England）、"弗朗西斯·德雷克爵士旅程之图"（a table of the viage of Sir Francis Drake）、"雕刻成鸢尾花形状的一幅总图"和"雕刻成鹰的形状的一幅总图"，以及地图集和"附带一个皮包的墨卡托地球仪"。请参阅 E. S. Leedham-Green, *Books in Cambridge Inventories: Book-Lists from Vice-Chancellor's Court Probate Inventories in the Tudor and Stuart Periods*, 2 vols. (Cambridge: Cambridge University Press, 1986), 1: 422 and 458, and Catherine Delano-Smith, "Map Ownership in Sixteenth-Century Cambridge: The Evidence of Probate Inventories," *Imago Mundi* 47 (1995): 67 – 93。感谢伊丽莎白.S. 利德哈姆 – 格林（Elisabeth S. Leedham-Green）告知佩尔内的图书馆可能获得爱德华·赖特和其他英国数学家的信息。

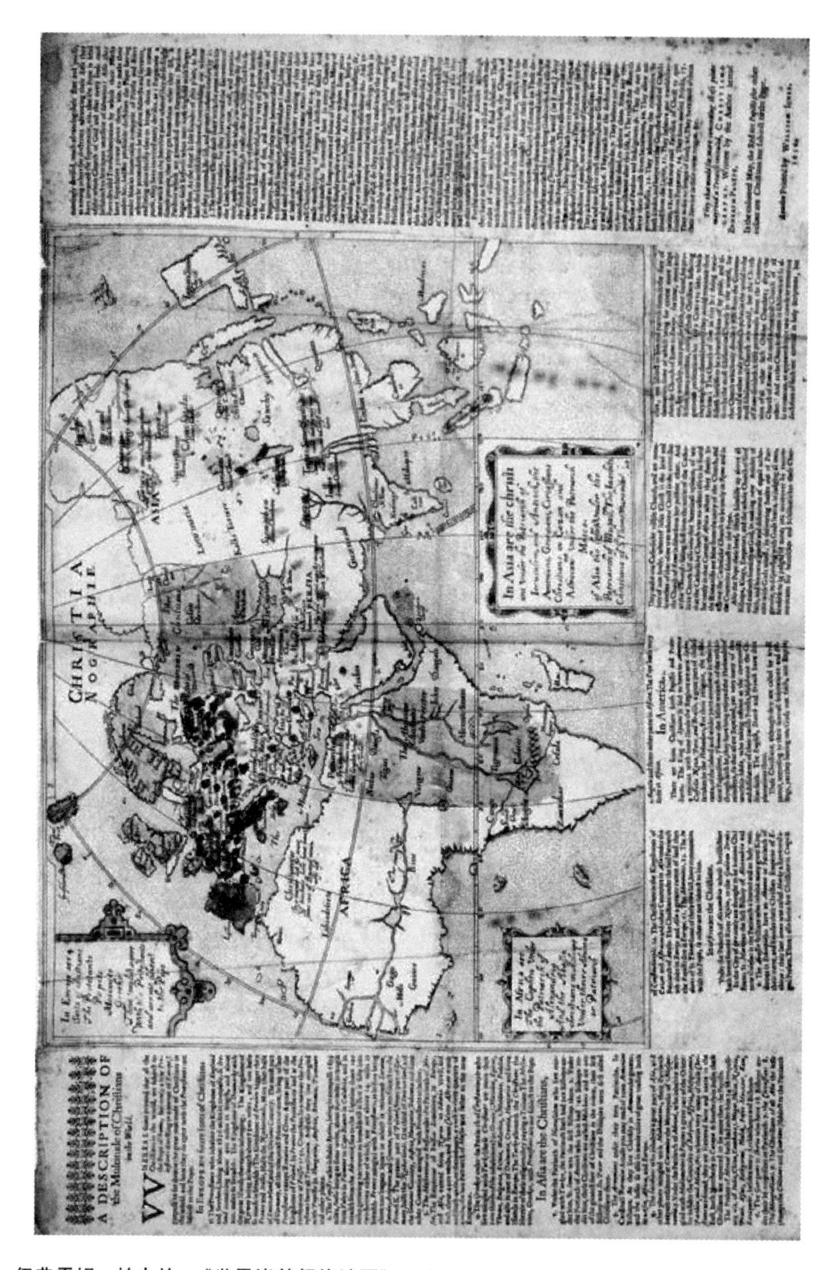

图 57.18 伊弗雷姆·帕吉特：《世界诸基督徒地图》（*DESCRIPTION OF THE MULTITUDE OF CHRISTIANS IN THE WORLD*），1636 年

一幅由威廉·琼斯印刷的双对开宽幅纸页，带有一幅雕版的世界地图以及周围的活版印刷。这幅地图构成了或多或少是由伊弗雷姆·帕吉特的《基督徒地图，或那些众多的不受教皇管辖的各种各样的基督徒的描绘》（*Chirstiangraphie, or the Description of the Multitude and Sundry Sorts of Christians not Subject to the Pope*）（1636 年）的第二版的商业广告。其图说的一部分写道："想要更多地了解这些观点的人，可以去阅读一篇题目为《基督徒地图》的论著。作者为伊弗雷姆·帕吉特"。"在这幅彩色地图上，红色的是罗马天主教徒，其他颜色的是不受教皇管辖的基督徒。"使用这种方式的地图一幅都没有保留下来，直到 17 世纪下半叶之前，也没有这些地图的任何广告为人所知。

原图尺寸：44 × 65 厘米。由 Bodleian Library，University of Oxford（Broxb. 95. 75）提供照片。

of Chartes and Mappes)(1573年)。[112] 萨克斯顿和斯皮德在拥有土地的乡绅中尤其流行，但当时人们还感觉不出印刷地图可以派多大用场——比如旅行指南和商业工具。有一些人试图用范登克雷、比尔和西蒙斯所制作的袖珍地图集来解决旅行者的需求，但很难对这些没有道路的微型地图的实际价值感到乐观。在商业领域，很难找到日常使用地图的证据。即使在这一时期的末期，东印度公司的一名主管刘易斯·罗伯茨在一篇他尖锐地称作《商人的贸易地图》的经济论文中，向其商人伙伴发出了悲伤的呼吁，要他们开始更经常地使用地图。他的语气清楚地表明，制图师和地图商还没有突破进入市场，这个时候后来变得利润丰厚。[113] 如果没有这一突破，那么就几乎没有足够的买家来支撑完全专业化的地图贸易。哈维表示，"制图技术在英国都铎时代的发展是远超其市场的，当需求出现时，就可以随时投入使用"。[114] 几乎可以肯定的是，其复制能力和销售能力也是如此。

通过对确实已经出现的材料进行简要分析，很容易判断出此类买家所关注的问题。其地理覆盖几乎没有什么出人意料之处，不列颠群岛、世界和圣地的地图都是最受欢迎的，这反映出人们对容易理解的文化和宗教方面的关注点。总体来看，将近40%是不列颠群岛的国家、区域或城镇地图（与其他地方相比，对爱尔兰，尤其是苏格兰的表现明显要少得多）。欧洲其他国家也很好地覆盖到了，尤其值得注意的是，首批在国外出版的地图集（如奥特柳斯和墨卡托等人的）的伦敦版本中添加的地图往往不是最新和远途探险的内容，而只是那些已经相当出名的欧洲地区的更好、更近期的地图。对尼德兰的表现牢固地占据了全部地图的5%，但是尽管尼德兰和佛兰德对地图生产的重大影响，似乎也没有特别的偏好：几乎是法兰西及其区域地图数量（总数在100种以上）的两倍，意大利和欧洲的德语地区则紧随其后。北欧与波罗的海的贸易关系也得到了回应，尤其是在瓦赫纳的海图中。更广阔的世界的范围是均匀分布的，大约有50幅独立的地图分别覆盖了非洲和美洲以及它们的区域，尽管美洲地图所占的比例高得多，表现了原始的作品，反映出英格兰与北美的联系在早期就已经很牢固了。如果不是大量的圣经地图，对亚洲的表现就会大大减少。

结　论

在1640年以前，伦敦的地图贸易并未牢固地建立起来，这一点是不言而喻的。技术水平已经熟练，并已经制作了一些精美的单幅地图和一些完整的地图集，但在此之后，企业却陷于失败，这是出于在这里所列出的某些或全部原因，从而导致企业无法进入完全专业化的阶段。尼德兰出版商的实力则形成鲜明对比，这可以从他们成功地制作出专门针对英国市场

---

[112] 这部书的撰写者是"D. P."，可能是戴维·鲍威尔的缩写，他是亨利·西德尼爵士的家庭牧师。它的出现几乎肯定与1570年奥特柳斯《寰宇概观》的实用性相关。

[113] 即便是在海上，人们依然对使用海图和其他印刷的辅助工具有令人惊讶的抵触，卢克·福克斯，"根据他自己的叙述，尽管有大量的钱来为其西北航行购置图书，但他什么都没买，他宣称，首先，在海上没有余暇读书，其次，在紧急时刻，最重要的事不是急急忙忙打开一本'马车夫'寻找答案，而是要行动"（Taylor, *Late Tudor and Early Stuart Geography*, 83）。公平地说，我们应该补充说，在福克斯的传奇式的北极航行中，他并没有损失"一个男人、一个男孩、一个灵魂，也没有丢掉任何一种解决方式"；C. H. Coote, rev. Elizabeth Baigent, "Fox, Luke (1586 - 1635)," in *Oxford Dictionary of National Biography*, 60 vols. (Oxford: Oxford University Press, 2004), 20: 668 - 669。

[114] P. D. A. Harvey, *Maps in Tudor England* (London: Public Record Office and the British Library, 1993), 15.

的英语版地图集看出来。仅在 17 世纪 30 年代，尼德兰就生产了至少 9 种英语海洋地图集和 1721 5 种英文版本的墨卡托通用世界地图集。[115] 在像印刷一样受到严格控制的贸易中，如果没有试图阻止或控制进口，那将是令人惊讶的，因为进口最终会压垮伦敦的贸易。事实上，在整个时期内，几乎都有以一种或多种形式来针对进口印刷品的禁令和限制，但是，除了明显的煽动性材料外，很难看到有多少证据证明有强力推行这些规定的意愿，或者哪怕是执行的能力。[116] 1635 年，当斯帕克推出他的缩减形式的"墨卡托"地图时，他设法起用了自己的版权，并禁止了从阿姆斯特丹进口与之竞争的英文版的墨卡托地图集。完全诡异的是，他的查抄复制品的诉状很快就被撤销了。[117] 然而，尽管市场上存在着这些明显的竞争迹象，但需求依然不像人们预期的那样强劲，因为地图还没有突破一般的商业用途。从一开始，地图贸易就过分依赖尼德兰人和佛兰德人的助力。无论问题出在哪里，都无力挣脱，这种现象意味着新兴的贸易最终会走向崩溃。老实说，这种将贸易与超越了其组成部分的力量和传统组合起来的故事，更应该被看作完全不同而且碎片化散落的单独贡献的集合。如果这一贸易在 1640 年陷于衰微，那么在内战时期情况会继续恶化。而王室复辟之后，它实际上又要重新开始。

[115] 这一计算要归功于萨拉·泰亚克。

[116] 赛克斯顿的 1577 年特许权和拉思伯恩以及伯吉斯的 1618 年专利中都包含了专门对地图的进口限制。有争议的 1619 年布瓦斯洛雷专利权在理论上将在三十一年内排除进口所有单独印刷的地图。

[117] R. A. Skelton, "Bibliographical Note," in Atlas; or, a Geographicke Description of the World, Amsterdam, 1636, by Gerardus Mercator, 2 vols. (Amsterdam: Theatrum Orbis Terrarum, 1968), 1: V-XXVII, esp. XV-XX; and Greg, Companion to Arber, 93, 106, 312, and 314-318.

第五十八章　英格兰的海图绘制及其内容，1500—1660 年

萨拉·泰亚克（Sarah Tyacke）
审计人：张　炜

引　言

在这一时期，海图绘制的引入是英格兰航海职业化的一部分，但海图制作并没有不可避免地出现。水手们不信任它们，他们不愿使用任何形式的海图，这种状况一直持续到 16 世纪 80 年代。在 16 世纪 30 年代之前，英格兰人，甚至苏格兰人、爱尔兰人或威尔士人似乎都没有进行过任何形式的制图活动。[①] 然而，在那个时候，开始制作沿海的景观图和与保卫国家有关的平面图，同时，意大利和其他国家的土地调查也都被引入英格兰。[②] 这种国内制作的缺乏并不意味着英格兰人不知道海图和其他的导航辅助工具，但是它们和西班牙的海图制图师们是在 15 世纪和 16 世纪的前半期被引进的。例如至少在宫廷社交圈中，是知晓地中海的波特兰海图和西班牙、葡萄牙、意大利和迪耶普等地制图师的海图的。后来在伦敦泰晤士河上成长起来的海图贸易，以及不列颠群岛的其他地方，都是这一欧洲传统文化的一部分，既展示了外国的影响力，也反映了国内的创新。

---

* 感谢凯瑟琳·德拉诺－史密斯、弗朗西斯·赫伯特（Francis Herbert）、托尼·坎贝尔（Tony Campbell）、安德鲁·库克（Andrew Cook）和彼得·巴伯（Peter Barber）的帮助，他们对这篇文章进行了友好的评论，并提供了参考和更正。脚注中也提到了其他的致谢。本章所使用的缩写包括：*Purchas Handbook* 代表 Loren Pennington，ed.，*The Purchas Handbook*：*Studies of the Life*，*Times and Writings of Samuel Purchas*，1577－1626，2 vols.（London：Hakluyt Society，1997）；IOR 代表 India Office Records；TNA 代表 The National Archives of the UK，Kew。

① 我用"英格兰人"（English）这个词，是因为在 1603 年，当苏格兰国王詹姆士六世以詹姆士一世的身份登上英格兰王位之前，任何现代意义上的英国人（British）并不存在。无论如何，从 1550 年开始，英格兰人的观点可能会更准确地描述为伦敦的观点。在伊丽莎白时代晚期的英格兰，正是伦敦成了海图贸易的中心。关于它的讨论，请参阅 David Armitage，"Making the Empire British：Scotland in the Atlantic World，1542－1707，" *Past and Present*，no. 155（1997）：34－63，and Nicholas P. Canny，"The Origins of Empire：An Introduction，" in *The Oxford History of the British Empire*，ed. William Roger Louis，vol. 1，*The Origins of Empire*：*British Overseas Enterprise to the Close of the Seventeenth Century*，ed. Nicholas P. Canny（Oxford：Oxford University Press，1998），1－33。

② 请参阅 P. D. A. Harvey，*Maps in Tudor England*（London：Public Record Office and the British Library，1993）；Peter Barber，"England I：Pageantry，Defense，and Government：Maps at Court to 1550，" in *Monarchs*，*Ministers*，*and Maps*：*The Emergence of Cartography as a Tool of Government in Early Modern Europe*，ed. David Buisseret（Chicago：University of Chicago Press，1992），26－56；and Marcus Merriman，"Italian Military Engineers in Britain in the 1540s，" in *English Map-Making*，*1500－1650*：*Historical Essays*，ed. Sarah Tyacke（London：British Library，1983），57－67。

从 16 世纪中叶开始，英格兰人开始定期航行到欧洲西北部的水域之外，这需要使用一些元素：数学导航、文字与带有插图的航海指南，以及海图。这种用法不是自然而然的。他们是被迫这样做的。对英格兰来说，1509 年之后的那段时期，它失去了在欧洲大陆的荣耀：1558 年失去了法国，尤其是加来，以及英格兰王国的衰落。罗杰（Rodger）戏剧性地描述了这一情况："萎缩的、后帝国时代的英格兰，处于由大国主导的欧洲边缘，面临着一个不确定的、脆弱的未来。"③ 因此，英格兰人不得不把海洋看作一种更广泛地执行外交、军事和商业政策的手段，而不仅仅是在沿海水域和纽芬兰的渔场航行。

16 世纪晚期与西班牙的战争进一步加强了这一趋势，17 世纪后期，对海洋和海岸线的了解是对尼德兰人进行贸易挑战的必要条件。在这个过渡时期，海图是航海家的另一种工具，他们继续使用自己的经验、书面笔记、航海图以及人类领航员，有时是用武力。在有些领域，领航员无法从国外获取最新的甚至基本的海图信息，所以他们必须自己制作海图。因此，到了 16 世纪 90 年代，许多船长和其他从业人员开始在伦敦制作和销售手绘海图。

在本章中，重点放在作为手工制品的海图上，而不是导航方法和仪器。④ 我们关注的是从 1500—17 世纪 60 年代期间英格兰人的海图制作，包括绘本和印本。重要的是要认识到，英国人不仅在英格兰使用了外国的海图绘制师，而且他们自己的海图贸易的风格和结构也源于其他欧洲地区的传统，有时甚至是内容。在这里描述的海图和它们的背景给我们提供了一幅英格兰世界观的图景，就像第一位收藏家和旅行编辑——理查德·哈克卢特（Richard Hakluyt）在散文中所做的那样。⑤

1723

海图的分类和其他海洋表现方法

因为我们处理的是"海图"的现代视角之前的一段时间，所以我不仅包括了那些在现代术语中被识别为导航图的项目，还包括那些与景观图或陆地地图有更多共同点的项目——例如，沿海侧面图和透视视图。这些类别可以统称为"海洋表示法"。它们展示了各种各样的海洋主题，如河口、海岸和港口，以及大片的海岸线和海洋。它们可能是粗略的草图，调

---

③ N. A. M. Rodger, *The Safeguard of the Sea: A Naval History of Britain*, 660 – 1649 (New York: W. W. Norton, 1998), 175.

④ 将地图看作文本——也就是说，不仅仅是地理上的手艺制品或图像，而是以一种与文字文本类似，但又不同的方式来进行解读和理解的对象——已经有许多作者持这种想法。在图书界，已故的 D. F. McKenzie 的 *Bibliography and the Sociology of Texts* (London: British Library, 1986)，试图用"文本"这个词不仅涵盖图书，而且还包括"以地图、印刷品和音乐的形式出现的言语的、视觉的和数字的数据"(p. 5)。布莱克莫尔（Blackmore）和哈利以及其他人一直在关注此类想法的发展：正如语言，（通过推理的海图和）地图的概念为地图学史提供了最为合适的"基础结构"，Michael J. Blakemore and J. B. Harley, *Concepts in the History of Cartography: A Review Perspective*, Monograph 26, *Cartographica* 17, no. 4 (1980), 87。我在这里使用的是一个意义非常广泛的术语，认识到地图语言是独特的，就像音乐和数字语言一样。与它们相同，它可以超越语言障碍：地图和海图是视觉性的、空间性的，而且可以同时传递信息，正如罗宾逊和佩特切尼克（Petchenik）在其开创性的作品中所观察到的：Arthur Howard Robinson and Barbara Bartz Petchenik, *The Nature of Maps: Essays toward Understanding Maps and Mapping* (Chicago: University of Chicago Press, 1976)。另请参阅 Sarah Tyacke, "Intersections or Disputed Territory," *Word & Image* 4 (1988): 571 – 579, and idem, "Describing Maps," in *The Book Encompassed: Studies in Twentieth-Century Bibliography*, ed. Peter Hobley Davison (Cambridge: Cambridge University Press, 1992), 130 – 141。出于显而易见的原因，历史学家经常使用同时代的海图来说明特定的航行，或用于探索与发现的作品。尽管有些人（诸如 David b. Quinn）已经把这些海图视为历史和地图文件，要求他们自己进行分析，而另一些人则满足于仅仅使用海图来做插图。请参阅本卷第 59 章。

⑤ 请参阅 David B. Quinn, ed., *The Hakluyt Handbook*, 2 vols. (London: Hakluyt Society, 1974)。

查粗图，或者是调查草图的清晰副本，抑或是某一特定海图的副本，也许是以某种方式进行了修正。这些类别的使用是为了说明这个时期的海图制作过程和海图的使用，而不是发展一种所有描述都必须符合的约束类型。[⑥]

如果我们要理解它们的重要性，我们还需要考虑海洋表现方式的来源是什么。它们可能是一项主要的调查，而对于水手或海图绘制师来说，对于以前的制图知识了解很少，甚至根本不了解。其他的来源可能是在海图制图师的工坊里已经进行的一些调查的汇编，或者仅仅是将另一个海图交付给海图绘制师，以获得一份副本。这些海洋表现法通常包括其他信息，例如来自当地居民或其他海员或旅行者的书面或口头证据。在某些情况下，可能包括历史或地理信息和推测，无论其可靠性如何。

海图在勘探和导航研究方面所起的作用

16 和 17 世纪，理查德·哈克卢特和他的后继者塞缪尔·珀切斯的著作发展了英格兰关于勘探的知识，在一系列数学工作者工作的基础上，航海事业也发展起来，他们的工作包括海图和他们著作的结构的讨论，有时还会提及具体的海图或地图插图。这类作品的例子包括马丁·科尔特斯的《航海技艺》（1561 年），以及在约翰·迪伊的《关于完美航海技艺的普遍和罕有回忆》（*General and Rare Memorials Pertayning to the Perfect Arte of Navigation*）（1577 年）中，在数学和水文学著作方面的尝试。[⑦] 在接下来的一个世纪里，人们尝试了一些海洋文献目录，尤其是塞缪尔·佩皮斯的未出版的《航海书目》（*Bibliotheca Nautica*），他的作品大量地参考了其书商——理查德·芒特（Richard Mount）的著作。其中包括自安东尼·阿什利翻译的《航海之镜》（1588 年）之后，直到 1695 年前后的其同时代地图集的一系列海洋地图集。[⑧]

在 18 世纪，出版了很多旅行的合集，其中包括 1704 年伦敦出版商昂沙姆·丘吉尔（Awnsham Churchill）和约翰·丘吉尔（John Churchill）出版的航海和旅行集，以及约翰·哈里斯（John Harris）于 1705 年出版的与其分庭抗礼的《航海和旅行文集》（*Navigantium atque itinerantium bibliotheca*），但都没有解决地图或海图在勘探历史中的作用。另一个主要的收藏是托马斯·阿斯特利（Thomas Astley）于 1745—1747 年出版的《新通用旅行合集》（*A New General Collection of Travels*），此书被认为是由制图师约翰·格林［John Green，别名布拉多克·米德（Braddock Mead）］编撰的。格林早先曾尝试在其《地图和地球仪的构造》（*Construction of Maps and Globes*）（1717 年）中对地图和地理进行评论，他在其中添加了一个附录，“其中考虑到了目前的地理状况。这是对地图、地理和旅行的书籍进行的及时

1724

⑥ 描述绘本地图和海图的方法各不相同，其中包括 D. Hodson, comp., *Maps of Portsmouth before* 1800: *A Catalogue* (Portsmouth: City of Portsmouth, 1978)。

⑦ 关于英格兰海洋书籍的完整目录，请参阅 Thomas Randolph Adams and David Watkin Waters, comps., *English Maritime Books Printed before* 1801: *Relating to Ships, Their Construction and Their Operation at Sea* (Greenwich: National Maritime Museum, 1995)。关于迪伊，请参阅 R. J. Roberts, "John Dee's Corrections to his 'Art of Navigation,'" *Book Collector* 24 (1975): 70 - 75。

⑧ 塞缪尔·佩皮斯开始着手制作航海书籍和地图册的参考书目，获得了芒特的支持和能力。"Bibliotheca Nautica" 是在 Pepys Library, Magdalene College, Cambridge (PL 2643)。请参阅 Robert Latham, ed., *Catalogue of the Pepys Library at Magdalene College, Cambridge*, vol. 4, *Music, Maps, and Calligraphy* (Cambridge: D. S. Brewer, 1989), xv 由萨拉·泰亚克所作的对地图部分的引介。

调查”。[⑨] 尽管这段时期的旅行叙述很丰富，但很少有关于编辑们对地图的态度，这些地图可以用来说明探险的历史。

20 世纪，英国哈克卢特学会发行的最重要地图的清单在 1946 年出版的百年纪念特刊上发表，但没有对它们对探索历史的贡献进行评估。[⑩] 然而，到了 20 世纪 70 年代，《哈克卢特手册》（*The Hakluyt Handbook*）和《珀切斯手册》（*The Purchas Handbook*）都包含了关于编辑用来阐明文本的地图的章节。人们认识到海图各自的特性以及它们在勘探领域的贡献，这是斯凯尔顿、沃利斯和他们的同时代人的工作成果。[⑪]

这并不意味着哈克卢特和珀切斯没有意识到探险者的地图和海图的重要性，毕竟，这些地图和海图对他们而言都是现代地图，而且是新发现的重要证据。但是后来的收藏家和编辑们通常把这些地图从 18 世纪和 19 世纪的历史收藏中删除，他们更喜欢说明性总图。甚至连哈克卢特和珀切斯他们自己的作品中也没有包含许多海图或地图。珀切斯只插入了六张地图原本。至少有些地图是因为保密原因被省略了。珀切斯的读者不得不对付着使用约道库斯·洪迪厄斯的地图，正如珀切斯所说的那样，“这些地图实在简陋而不清楚（也就是说，不太可能对外国人有任何实际帮助），但总比什么都没有要好”。[⑫]

在19 世纪，更多的普遍合集还在陆续出版，包括约翰·平克顿（John Pinkerton）在 1808—1814 年间出版的《世界各地最优秀、最有趣的航海和旅行总集》（*General Collection of the Best and Most Interesting Voyages and Travels in All Parts of the World*），这并不出乎人们意料，也遵循了早期的一般合集的形式。随着学术标准的提高，以及对世界各地区及其发现按时间顺序编撰历史的时代开始，概论汇编的类型逐渐消失了；詹姆斯·伯尼（James Burney）、约翰·巴罗（Sir John Barrow）爵士和休·默里（Hugh Murray）的历史是这个新时代的著名案例。[⑬]

在 19 世纪，航海和数学史上的两部重要著作都得以出版，它遵循了把海图作为更广泛的故事的一部分的早期传统，也就是，泰勒的《都铎和斯图亚特时期英格兰寻找避风港的技艺和数学实践》（*Haven-Finding Art* and *Mathematical Practitioners of Tudor and Stuart England*）。[⑭] 在这两部著作中，人们的生活和从事海图绘制工作的人的工作都被作为英国数学和

---

⑨ John Green, *Construction of Maps and Globes* (London: Printed for T. Horne, 1717)，引自书名页。格林是一位地理学家和制图师，他不仅批评了哈克卢特和珀切斯的编辑选择，还批评了丘吉尔和哈里斯的旅行系列。参见对格林－阿斯特利收藏的评估，见 G. R. Crone, “John Green: Notes on a Neglected Eighteenth Century Geographer and Cartographer,” *Imago Mundi* 6 (1949): 85 – 91。在 Carol Louise Urness 的“Purchas as Editor”中，可以发现许多有用的比较工作，见 *Purchas Handbook*, 1: 121 – 144。到了 18 世纪，哈克卢特和珀切斯的更早期的著作受到了批评，因为他们包含了如此丰富的导航信息，以至于另一位旅行记出版商 John Knox 认为它：“除了纯粹的领航员或在海上航行的人可以不带反感地阅读它们。”（引自 Urness, “Purchas,” 1: 122）通过它，我们可以推测哈克卢特和珀切斯在出版这些日志方面都有一个非常功利的目标，然而他们两人现在都可以被评判。

⑩ Edward Lynam, ed., *Richard Hakluyt & His Successors: A Volume Issued to Commemorate the Centenary of the Hakluyt Society* (London: Hakluyt Society, 1946), xxvii-xxxiv.

⑪ R. A. Skelton, “Hakluyt's Maps,” in *The Hakluyt Handbook*, 2 vols., ed. David B. Quinn (London: Hakluyt Society, 1974), 1: 48 – 73, and Helen Wallis, “Purchas's Maps,” in *Purchas Handbook*, 1: 145 – 166.

⑫ 引用于 Wallis, “Purchas's Maps,” 147。

⑬ 对旅行记的通用合集和后来的世界特定地区的编年体历史的发展进行的讨论，见 Loren Pennington, “Samuel Purchas: His Reputation and the Uses of His Works,” in *Purchas Handbook*, 1: 3 – 118, esp. 25, in *Purchas Handbook*, 1: 3 – 118, esp. 25。这是一份关于旅行写作史的有用且内容丰富的章节，尽管是以珀切斯为中心。

⑭ E. G. R. Taylor, *The Haven-Finding Art: A History of Navigation from Odysseus to Captain Cook* (London: Hollis and Carter, 1956 and 1958; new augmented ed., New York: American Elsevier, 1971), 以及项目, *The Mathematical Practitioners of Tudor & Stuart England* (Cambridge: Cambridge University Press, 1954)。另请参阅关于她的讣告和论著目录，见 *Transactions of the Institute of British Geographers* 45 (1968): 181 – 186。她的很多文章的信息和见解都还没有被取代。

航海科学发展的一部分进行了研究。与此同时，沃特斯（Waters）发表了《英格兰的航海技艺》（*Art of Navigation in England*），至今仍是该时期航海实践中最全面的描述，并描述了航海环境下的海图制作。[15] 最近，沃特斯覆盖了更广泛的时间跨度，并将海图绘制的兴起与商业历史联系起来。[16] 他还与亚当斯一起对泰勒的著作进行了更新和修正，并将结果整合到一个参考书目中，其中包括海洋地图集和航海指南。[17]

1725

从目录学和人工制品意义角度进行的海图研究

泰勒和沃特斯的方法可能会与斯凯尔顿及沃利斯的工作形成对比，后者把注意力集中在地图和海图上，将其作为人工制品加以描述，并主要在地图书目的意义上和它们的地理和历史背景下进行解释。[18] 第一部为不列颠群岛附近海域的早期英语海图提供独立历史和描述的著作是鲁滨逊（Robinson）的《不列颠海图学》（*Marine Cartography in Britain*）。[19] 随后，伊登和后来的本多尔，增加了我们对于这一时期海图制图师名字的了解。[20] 对于海外海图，自 20 世纪 60 年代以来的各种研究，尤其是史密斯、坎贝尔、豪斯（Howse）和桑德森（Sanderson）的研究，都极大地提高了我们对保存下来的海图的认识，但仍然不构成现存海图的完整列表。[21]

直到现在，还没有对现存的海图进行普查，这使得人们低估了英格兰人对绘制世界海图的贡献，尽管其数量很少，但仍具有创新性。因为其他国家的地图制作和影响力方面占据优势，使得英国的贡献被掩盖了。例如，科尔特桑和特谢拉·达莫塔的不朽的目录给我们提供了从 15 世纪晚期到 17 世纪晚期的葡萄牙海图直接和全面的图景。[22] 它的庞大规模和对世界

---

⑮ David Watkin Waters, *The Art of Navigation in England in Elizabethan and Early Stuart Times* (London: Hollis and Carter, 1958; 2d ed., Greenwich: National Maritime Museum, 1978), and idem, *The Rutters of the Sea: The Sailing Directions of Pierre Garcie: A Study of the First English and French Printed Sailing Directions* (New Haven: Yale University Press, 1967).

⑯ David Watkin Waters, "The English Pilot: English Sailing Directions and Charts and the Rise of English Shipping, 16th to 18th Centuries," *Journal of the Institute of Navigation* 42 (1989): 317 – 354.

⑰ Adams and Waters, *English Maritime Books*.

⑱ R. A. Skelton, *Maps: A Historical Survey of Their Study and Collecting* (Chicago: University of Chicago Press, 1972), and Terry Kay, "Helen M. Wallis: A Bibliography of Published Works," *Map Collector* 40 (1987): 30 – 38. 在一众关于专门地图、地图集和球仪的研究中，请参阅 Jean Rotz, *The Maps and Text of the Boke of Idrography Presented by Jean Rotz to Henry VIII*, ed. Helen Wallis (Oxford: Oxford University Press for the Roxburgh Club, 1981)，尤其是第 38—39 页，是由沃利斯所写，关于迪耶普学派的语境下的 *Boke*。

⑲ Adrian Henry Wardle Robinson, *Marine Cartography in Britain: A History of the Sea Chart to 1855* (Leicester: Leicester University Press, 1962).

⑳ A. Sarah Bendall, *Dictionary of Land Surveyors and Local Map-Makers of Great Britain and Ireland*, 1530 – 1850, 2d ed., 2 vols., originally comp. Francis W. Steer and ed. Peter Eden (London: British Library, 1997).

㉑ Thomas R. Smith, "Manuscript and Printed Sea Charts in Seventeenth-Century London: The Case of the Thames School," in *The Compleat Plattmaker: Essays on Chart, Map, and Globe Making in England in the Seventeenth and Eighteenth Centuries*, ed. Norman J. W. Thrower (Berkeley: University of California Press, 1978), 45 – 100; Tony Campbell, "The Drapers' Company and Its School of Seventeenth Century Chart-Makers," in *My Head is a Map: Essays & Memoirs in Honour of R. V. Tooley*, ed. Helen Wallis and Sarah Tyacke (London: Francis Edwards and Carta Press, 1973), 81 – 106; and Derek Howse and Michael W. B. Sanderson, *The Sea Chart: An Historical Survey Based on the Collections in the National Maritime Museum* (Newton Abbot: David and Charles, 1973).

㉒ Armando Cortesao and A. Teixeira da Mota, *Portugaliae monumenta cartographica*, 6 vols. (Lisbon, 1960; reprint, with an introduction and supplement by Alfredo Pinheiro Marques, Lisbon: Imprensa Nacional-Casa da Moeda, 1987).

的覆盖反映了葡萄牙帝国的范围；有大约1600张海图被制作成插图并进行了更为详细的描绘，这使得到1660年，保存下来的由英格兰人贡献的150幅左右海图和其他海洋表现方式，在数字上无关紧要。此外，很明显，英格兰人在泰晤士河畔建立了本土的绘本海图贸易，这归功于早期和当时代的欧洲大陆海图制图师。

几种传统的交织最终导致了尼德兰在印刷品生产中所占的霸权地位。16世纪和17世纪，英格兰印刷的海图数量稀少，而英格兰人则依赖于尼德兰人的海洋地图集的英文文本版本来印刷海图。[23] 塞缪尔·佩皮斯有些吃惊地提到，甚至在17世纪90年代："他（理查德·蒙特）告诉我，你们尼德兰有这样一个自己导航和沿岸航行图书的窗口，况且还有他们的《点亮的柱子》等等那些图书，这些图书通常通过这里发送或在这里销售，他们已经印刷了几种其他的航海图书，甚至是用英语，这些书他们卖给我们本国同胞，是从这里（大概是阿姆斯特丹）而来。"[24] 尼德兰在英格兰市场上占据统治地位的原因，在英格兰海图制作史及其背景（1500—1660年）下，将会变得显而易见。

早期（到1560年）

国内水域和西北欧洲的地图绘制和导航背景

当土地测量员开始使用新技术来描绘海洋防御时，英格兰水手也受到了新的航海观念的影响。1514年，亨利八世在泰晤士河的德特福（Deptford）建立了领港公会（Trinity House），以规范和促进航海和商业。哈克卢特认为，这是为了模仿西班牙人，他们在1508年任命阿梅里戈·韦斯普奇（Amerigo Vespucci）为塞维利亚的首任领航员，但这一假设受到怀疑。[25] 亨利授予了对泰恩河（Tyne）（1536年）和亨伯河（1541年）的类似特许权和权利。目前尚不清楚这些资助是否对引入海图制作有影响；很少有早期的沿海水域的海图能保存下来。然而，一些最具技巧的领航员是领港公会的成员，包括约翰·鲁特（John Rut），他是最早的寻找中国之航程的首领之一。[26]

领航员从年长的领航员那里，以及凭借自己的经验，获得了有关当地沿海水域的知识——深度、潮汐等；他们可能会将这些知识保密，以保住自己的工作。只有当水手们开始

---

[23] C. Koeman, *Atlantes Neerlandici: Bibliography of Terrestrial, Maritime, and Celestial Atlases and Pilot Books, Published in the Netherlands up to* 1880, 6 vols. (Amsterdam: Theatrum Orbis Terrarum, 1967 – 1985).

[24] 1695年5月14日，塞缪尔·佩皮斯记录了与理查德·芒特的一段交谈，在交谈中，他终于明白了尼德兰人对海洋地图集的垄断："Bibliotheca Nautica," Pepys Library, Magdalene College, Cambridge, 2643, fol. 83。

[25] Robinson, *Marine Cartography*, 25，认为"亨利八世为了提高航行安全，不仅鼓励绘制海图，而且还制定了计划来训练领航员，并在通行频繁的大洋航道和进港通道处设立海标。16世纪上半叶，在诸如赫尔河畔金斯顿（Kingston-upon-Hull）、纽卡斯尔、布里斯托尔和伦敦等港口，都出现了负责监管领航的组织"。关于位于德特福德的三一房屋公司的建立，请参阅 Alwyn A. Ruddock, "The Trinity House at Deptford in the Sixteenth Century," *English Historical Review* 65 (1950): 458 – 476。沃特斯的《航海技艺》描述了在伊丽莎白一世统治时期，领航公会权力的扩张，当时史蒂芬·伯勒在1564年要求担任王国首席领航员的请愿被接受，然后又被更改。斯蒂芬·伯勒在西班牙所看到的他所寻求的进步，将由"现有的行政管理机构"来推进（p. 106）。正是领航公会"直接关系到王室海军船长和领航员的航行能力"（p. 107）。

[26] James Alexander Williamson, *Maritime Enterprise, 1485 – 1558* (Oxford: Clarendon Press, 1913), and Samuel Purchas, *Hakluytus Posthumus; or, Purchas His Pilgrimes: Contayning a History of the World in Sea Voyages and Lande Travells by Englishmen and Others*, 20 vols. (Glasgow: James MacLehose, 1905 – 1907), 14: 304 – 305.

到更远的地方旅行时，才有必要做出更正式的记录来阐释这条路线。16 世纪 60 年代，在史蒂芬·伯勒（Stephen Borough）的影响下——他请求设立王国的首席领航员职位——领港公会的权力和职责则大大扩展，他们为船长、监狱长和水手们颁发证书。1604 年，詹姆士一世给了他们一个新的特许状，特别提到了“水手和领航员的狡诈、知识、科学”，作为其职责之一。[27] 然而，并没有提及海图。

因此，我们可以假设水手们有自己的口头和书面指南。例如，英格兰船长约翰·阿伯勒 [John à Borough（Aborough）] 在 1533 年被记录在案，因为他的英语航海手册是他自己编的。他曾参与纽卡斯尔的煤炭贸易，与英格兰的法国领地进行交易。[28] 1528 年，第一本木刻版航海指南，或者说“rutter”，在伦敦出版，这些都是为在沿海和北海水域和英吉利海峡的正常运行而写作。其名称“rutter”是“routier”的翻译，由法国领航员皮埃尔·加尔谢编写，他的作品于 20 年前首次在法国的鲁昂出版。加尔谢是维河畔圣吉勒（St. Gilles sur Vie）的一名船长，英格兰出版商和翻译罗伯特·科普兰（Robert Copland）解释说，原书是由“一位可信的（sad）、聪明的谨慎的伦敦城水手”带给他的，这位水手是在波尔多得到它的。[29] 航海手册覆盖了海岸（包括爱尔兰）的方位、距离和潮汐，从多佛海峡到直布罗陀海峡，其路线和距离只到黎凡特，但有通过水深测量的深度。

在 16 世纪 50 年代，大概是由于东海岸的科利尔贸易的增长，理查德·普鲁特（Richard Proude）加上了从贝里克向南的指南。这些指南是用 15 世纪的传统风格写成的，普鲁特将其编辑收入加尔谢的航海手册，但他没有得以记录。[30] 在印本航海手册被引介进入伦敦的同时，苏格兰领航员亚历山大·林赛为了纪念 1540 年夏天詹姆士五世沿着苏格兰海岸的海

---

[27] Waters, Art of Navigation, 112，引用了 J. Whormby, *An Account of the Corporation of Trinity House of Deptford Strond, and Sea Marks in General*（London, 1746; 1861 ed.）。

[28] Taylor, *Mathematical Practitioners*, 167.

[29] 引用于 E. G. R. Taylor, “French Cosmographers and Navigators in England and Scotland, 1542 – 1547,” *Scottish Geographical Magazine* 46（1930）: 15 – 21, esp. 17。另请参阅 Waters, *Rutters of the Sea*, 3 – 4, and W. A. R. Richardson, “Coastal Place-Name Enigmas on Early Charts and in Early Sailing Directions,” *Journal of the English Place-Name Society* 29（1996 – 1997）: 5 – 61。

[30] Taylor, *Mathematical Practitioners*, 311，她在其中也指出，虽然我还没有证实，但是指南的文本在手稿中是可用的；她引用了一份 1400 年前后的，但并没有给出参考文献。Waters, “English Sailing Directions,” 319，和 Taylor, “French Cosmographers,” 17，通过 1541 年以前的从贝里克向南的指南，标明了加尔谢航海手册的版本的日期，但 Adams and Waters, English Maritime Books, 77（entry 1145）标明了加尔谢航海指南的版本的日期，包括了一份由理查德·普鲁特制作的 1555 年前的“北方航海手册”。另请参阅 Waters, Rutters of the Sea, 4 – 5 and 13 – 14。

15 世纪晚期的抄写员 William Ebesham 被描述为威斯敏斯特的绅士（1475—1478 年），他为约翰·帕斯顿（John Paston）爵士复制了某些手稿，包括环绕英格兰和西班牙的圣塞巴斯蒂安号（San Sebastián）的航行指南。请参阅 A. I. Doyle, “The Work of a Late Fifteenth-Century English Scribe, William Ebesham,” *Bulletin of the John Rylands Library* 39（1957）: 298 – 325。另请参阅 James Gairdner, ed., *Sailing Directions for the Circumnavigation of England, and for a Voyage to the Straits of Gibraltar (from a 15th Century MS.)*（London: Hakluyt Society, 1889）。另一部航海手册类型的作品是世界地图（*Mappa Mundi*），或者被称作 *Compasse and Cyrcuet of the World* [London: R. Wyer,（ca. 1550）]; Adams and Waters, *English Maritime Books*, 177（entry 2405）。关于与不列颠群岛有关的意大利和西班牙的航海指南的叙述，请参阅 W. A. R. Richardson, “Northampton on the Welsh Coast? Some Fifteenth and Sixteenth-Century Sailing Directions,” *Archaeologia Cambrensis* 144（1995）: 204 – 223。我们讨论的航海手册是由 Bernardino Rizo 于 1490 年在威尼斯印刷的（Biblioteca Nazionale di San Marco, Venice），并由 A. Alvarez 于 1588 年印刷。唯一已知的印刷版本是在 Archivo General de Simancas，并由腓力二世（Philip Ⅱ）做了标注。一份手稿版本收藏在 BL, Add. MS. 17638。由于复制所导致的毁坏，理查德森对它们的用处表示怀疑。

上航行而制作了一份苏格兰水域的"航海手册"。看起来，英国海军上将莱尔子爵约翰·达德利获得了一份副本。1546 年，他前去法国，批准了与法国的和约，并会见了阿尔弗伊领主（Sieur d'Arfeuille）尼古拉·德尼古拉，后者是一名画家，他在 1552 年担任法国国王亨利二世的王室地理学家。1540 年，他被说服前往英格兰，并受雇为英格兰政府绘制所有英格兰港口的图画。1548 年 3 月 7 日，尼古拉斯·伍顿（Nicholas Wooton）医生向枢密院投诉说，"一位法国画家尼古拉（Nicolas）已经把所有的英格兰港口的平面图都带回了法国"，还有林赛航海手册的一份副本，是复制自达德利手中的一份。伍顿将其描述为"用苏格兰语手写的，包含了苏格兰国王詹姆士五世……周游其王国的航行路线……再加上那幅海洋地图，就变得很大"。[31]

1727

根据朱莉·斯努克（Julie Snook）的地图学，16 世纪中叶，潮汐表就像航海手册一样，在英格兰变得很普遍。这些都是由布列塔尼（Breton）的历书制作师们制作的，其中最著名的是让·特罗阿代克和孔凯的纪尧姆·布罗克森，孔凯是位于布列塔尼西北海岸的一个港口。保存下来的数字还包括一幅小型演示图（用来阐明潮汐表的海图），它覆盖了从直布罗陀海峡到波罗的海的格但斯克的欧洲海岸。[32] 1550 年前后，约翰·马歇尔（John Marshall）抄写了一份绘本版本，他将其交给了阿伦德尔的伯爵，证明了它们在英格兰的早期使用情况。[33] 1539 年，约翰·阿伯勒（图 58.1 和 58.2）绘制了现存最早的英国海图。伯勒和理查德·库奇在执行侦察任务的时候绘制了通向须得海的海峡的草图。这幅草图被纳入了北海南部、须得海和东英吉利海峡的海图中。[34]

英格兰的长途海图制作和早期使用

根据下面的史料，在 16 世纪中期之前，海图要么是没有使用，要么就是由法国人、威尼斯人和葡萄牙人提供的。即使是在远洋航行中，导航的性质也很简单。远洋导航包括纬度航行，或沿惯常登陆的纬度航行。例如，在从美洲东海岸到欧洲的航程中，首先在美洲东海岸的对面发现了爱尔兰西南海岸顶端的纬度，然后一直追踪到发现爱尔兰海角为止。同样的，大西洋的盛行风和洋流都是众所周知的，至少对于英格兰人可能雇用的葡萄牙领航员来说是这样的。使用十字测天仪来确定纬度，使用日志和航线来确定航速和船只覆盖的距离，

㉛ Taylor, "French Cosmographers," 15–16; A. B. Taylor, "Name Studies in Sixteenth Century Scottish Maps," *Imago Mundi* 19 (1965): 81–99; and idem, *Alexander Lindsay, a Rutter of the Scottish Seas, circa* 1540, *ed. I. H. Adams and G. Fortune* (Greenwich: National Maritime Museum, 1980). 印刷版本是 Nicolas de Nicolay, *La navigation dv Roy d' Escosse Iaqves Cinqviesme dv nom, avtovr de son royaume ...* (Paris: Chez Gilles Beys, 1583)。关于林赛航海手册的更多参考文献，请参阅 Barber, "England I," 51 n. 81。

㉜ Louis Dujardin-Troadec, *Les cartographes bretons du Conquet: La navigation en images, 1543–1650* (Brest: Imprimerie Commerciale et Administrative, 1966), esp. 49–52 and 67–72. 另请参阅 Derek Howse, "Brouscon's Tidal Almanac, 1546: A Brief Introduction to the Text and an Explanation of the Working of the Almanac," in *Sir Francis Drake's Nautical Almanack, 1546*, by Guillaume Brouscon (London: Nottingham Court Press, 1980), 此绘本的一份摹写本收藏在 Pepys Library, Magdalene College, Cambridge (PL1)。这份特别的绘本曾经属于弗朗西斯·德雷克。另请参阅 Derek Howse, "Some Early Tidal Diagrams," *Mariner's Mirrour* 79 (1993): 27–43。

㉝ BL, MS. Royal 17. Ⅱ.

㉞ BL, Aug. I. ii. 64; Alwyn A. Ruddock, "The Earliest Original English Seaman's Rutter and Pilot's Chart," Journal of the Institute of Navigation 14 (1961): 409–431; and Barber, "England I," 52 n. 102.

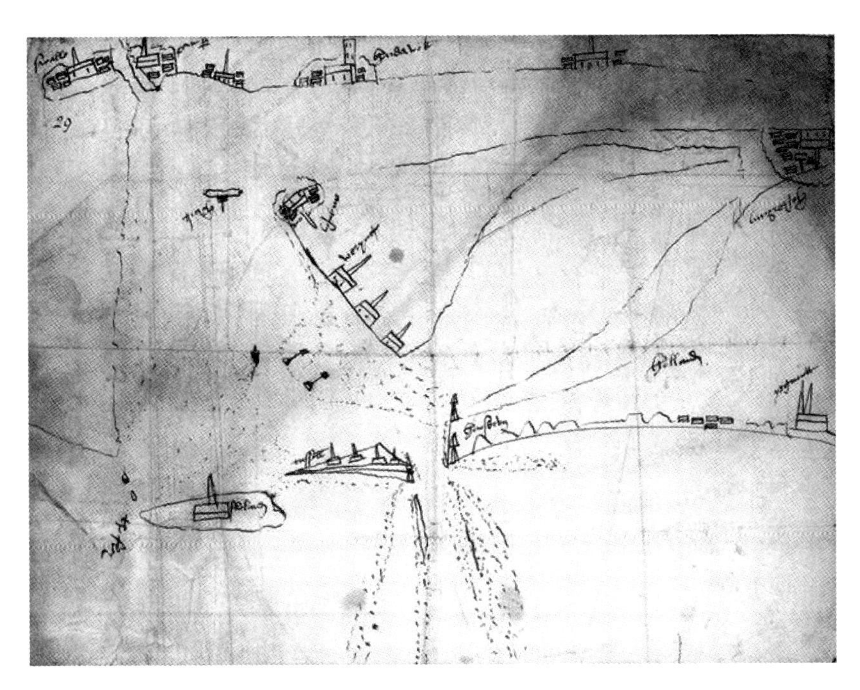

图 58.1　约翰·阿伯勒：《进入须得海航道的粗略草图》，1539年

这幅以东为上方的草图是由船长约翰·阿伯勒和理查德·库奇（Richard Couch）绘制的，表现其侦测航行，以确定如何更好地把克利夫斯的安妮迎接到英格兰嫁给亨利八世。从左上角开始，沿顺时针方向，按现代方式处理后的地名依次是兹沃勒（Zwolle）、坎彭（Kampen）、哈尔德韦克（Harderwijk）、阿姆斯特丹、荷兰、埃赫蒙德（Egmond）、赫伊斯代嫩（Huisduinen）、泰瑟尔岛（Texel）、弗利兰岛（Vlieland）、弗利斯特鲁姆［Vliestroom，"fley"指的是艾瑟尔湖（IJsselmeer）入口处的一个小岛］、于尔克（Urk）、恩克赫伊曾（Enkhuizen）和威宁根（Wieringen）。

原图尺寸：约 31.9 × 42.2 厘米。由 BL（Cotton MS. Aug. I. ii. 29）提供照片。

使用深海线发现离岸水深以遵循安全的深度线，了解罗盘，以及夜空群星的位置并借此确定航线，这些都是领航员的专业工具和技能。海图就是工具箱中的另一种此类仪器，但不一定被认为是成功导航的关键因素。当英格兰人开始制作海图，它们通常是路线或目的地的备忘录，抑或被用来确定一个特定的位置。

除了从布里斯托尔出发的大西洋西北航行和一些到非洲西部的几内亚的航行之外，英格兰的海上活动是有限的。[35] 然而，在 1550 年之前，一些海图在英格兰就已经为人所知了。现存最早在英格兰绘制的海图似乎是 1448 年由威尼斯人安德烈亚·比安科在伦敦港的时候

[35] 早期英格兰经略的事迹可见于 David B. Quinn、Alwyn A. Ruddock 和 Kenneth R. Andrews 的著作中。关于从布里斯托尔向西的航行，请参阅 Patrick McGrath，"Bristol and America，1480 – 1631，" in*The Westward Enterprise*：*English Activities in Ireland*，*the Atlantic*，*and America*，*1480 – 1650*，ed. Kenneth R. Andrews，Nicholas P. Canny，and P. E. H. Hair（Liverpool：Liverpool University Press，1978），81 – 102；David B. Quinn，ed.，*New American World*：*A Documentary History of North America to 16125* vols.（New York：Arno Press，1979），1：91；and T. F. Reddaway and Alwyn A. Ruddock，"The Accounts of John Balsall，Purser of the Trinity of Bristol，1480 – 1481，" *Camden Miscellany* 23（1969）：1 – 28。另请参阅 P. E. H. Hair and J. D. Alsop，*English Seamen and Traders in Guinea*，1553 – 1565：*The New Evidence of Their Wills*（Lewiston：Edwin Mellen Press，1992），5 – 7。

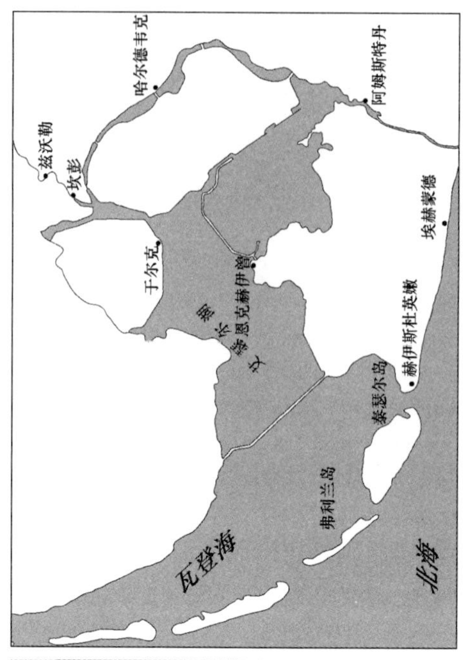

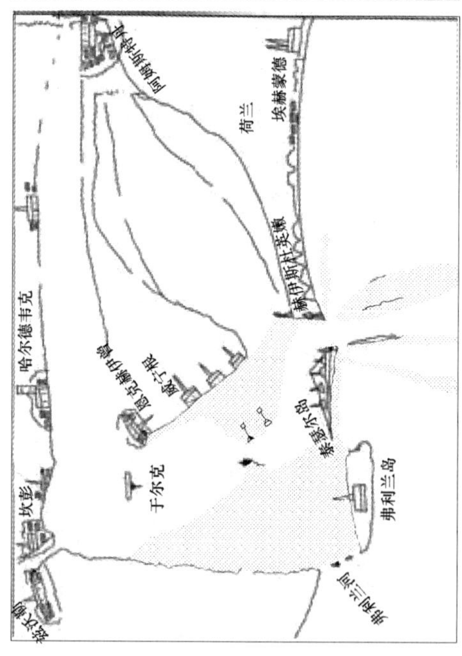

图 58.2 图 58.1 的参考地图

根据朱莉·斯努克（Julie Snook）的地图学

画的。[36] 人们普遍认为，他在里斯本有关于葡萄牙在非洲西部博哈多尔角（Cape Bojador）

㊱ 原本收藏于 Biblioteca Ambrosiana，Milan（Bod. F 260 Inf）。一份黑白的插图在 Yüsuf Kamäl（Youssouf Kamal），Monumenta cartographica Africae et Aegypti，5 vols.（Cairo，1926 – 1951），5：1492，reprinted in 6 vols.，ed. Fuat Segzin（Frankfurt：Institut für Geschichte der Arabisch-Islamischen Wissenschaften an der Johann Wolfgang Goethe-Universität，1987），6：312 – 313。签名文字为："Andrea biancho，venician comito di galia mi fexe a londra Mcccc. xxxxviij。"请参阅 Cortesão and Teixeira da Mota，Portugaliae monumenta cartographica，6：50 – 51。

的探索的一幅海图或信息。没有证据表明这是一名英格兰客户的海图。

另一则提到英格兰的具体海图的史料是在 1488 年，当时巴塞洛缪·哥伦布向亨利七世展示了世界地图。[37] 据哈克卢特说，巴塞洛缪曾被派去见亨利七世，说服他支持哥伦布兄弟前往西印度群岛的航行。哈克卢特描述道：巴塞洛缪“很有可能制作了海图和球仪”。[38] 第三幅被记录下来的海图是塞巴斯蒂安·卡伯特的，据说他展示了声称自己发现的西北航道。1566 年，汉弗莱·吉尔伯特爵士在英格兰白厅女王的私人画廊里发现了它。[39] 这些是 1500 年前英格兰制作或展示的海图仅有的参考资料。

1729

在 1500—1550 年间，很少有关于地图或海图制作的资料，一些 16 世纪 40 年代的实用海图和世界地图保存了下来。[40] 其中一片此类的海图残片现在是一本关于朴茨茅斯的民事法庭书的装帧，很可能在 1561 年某天被装订之前就已经画好了。[41] 它显示了通向海峡的西南通道。

亨利八世鼓励欧洲最好的技术人员为他工作，尤其是法国人。泰勒推测，至少一些保存

---

[37] 这幅海图或一幅被认为与其类似的海图现存于 BNF，Département des Cartes et Plans 中，最初是被描述于 Charles de La Roncière，La carte de Christophe Colomb（Paris：Les Éditions Historiques，ÉduoardChampion，1924）。从那个时候开始，关于它的作者的疑问就一直很激烈。尽管意大利学者并不接受它是由哥伦布所制作的（本卷第 175—176 页，注释 12），但 Marcel Destombes［“Une carte interessant les etudes colombiennes conservee a Modene，” in *Studi colombiani*，3 vols.（Genoa：S. A. G. A.，1952），2：479－487］仍继续讨论这个问题，最近有其他人赞同［例如 Monique Pelletier，“Peuton encore affirmer que la BN possede la carte de Christophe Colomb?” *Revue de la Bibliotheque Nationale* 45（1992）：22－25］。Quinn 提出了这样一种可能性，就是说当亨利七世对哥伦布为其制作的地图失去了兴趣之后，与其相关的地图就在 1488 年以后的某个时候到了巴黎。请参阅 David B. Quinn，*England and the Discovery of America*，1481－1620，*From the Bristol Voyages of the Fifteenth Century to the Pilgrim Settlement at Plymouth*：*The Exploration*，*Exploitation*，*and Trial-and-Error Colonization of North America by the English*（London：Alfred A. Knopf，1974），69－71，and idem，*New American World*，480. The most recent examination of the chart that supports Quinn's hypothesis is Helen Wallis，“Is the Paris Map the Long-Sought Chart of Christopher Columbus?” *Map Collector* 58（1992）：21－22。另请参阅 David B. Quinn，“Columbus and the North：England，Iceland，and Ireland，” in *European Approaches to North America*，1450－1640，by David B. Quinn（Aldershot：Ashgate，1998），18－40，esp. 27－35。

[38] 引用于 Richard Hakluyt，*The Principal Navigations Voyages Traffiques & Discoveries of the English Nation* . . . ，12 vols.（Glasgow：James MacLehose and Sons，1903－1905），7：137。

[39] Humphrey Gilbert，*A Discovrse of a Discouerie for a New Passage to Cataia*（London：Henry Middleton，1576），D. iii，但是写于 10 年之前。Richard Willes 在 *The History of Travayle in the West and East Indies*（London：Richard Iugge，1577），fols. 231b－232 中，提到了一份可能是纬度的“表格”，“我的好主人、你的父亲［贝德福德伯爵］所拥有的，于是去年您的荣誉的仆人也尝试着做了报道，他的地图和罗盘都证明了这一点”。引用于 James Alexander Williamson，*The Cabot Voyages and Bristol Discovery under Henry Ⅶ*（Cambridge：Published for the Hakluyt Society at Cambridge University Press，1962），278－279。哈克卢特记载道：卡伯特的“所有地图和论文都是他亲自绘制和写作的……由尊贵的主人威廉·沃辛顿（William Worthington）保管”，而他——哈克卢特希望将它们印刷出来，但他从来没有做，它们的命运无人知晓。Richard Hakluyt，*Divers Voyages Touching the Disouerie of America*，*and the Ilands Adiacent vnto the Same* . . .（London：T. Woodcocke，1582），opposite A3 verso. 关于科伯特海图的最新的参考文献是由塞缪尔·佩皮斯移交的一系列地图中给出的，这些地图于 1688 年 4 月 20 日收藏在海军部办公室中（Oxford，Bodleian Library，MS. Rawl. A. 171，17r-20v），引用于 Helen Wallis，*The Royal Map Collections of England*（Coimbra：Junta de Investigacoes Cientificas do Ultramar，1981），467。

[40] 例如，1512 年 5 月 1 日，塞巴斯蒂安·卡伯特在法国为亨利八世绘制了一幅“加斯科因和吉永的地图”，而得到了 26 先令 8 便士的酬劳。BL，Add. MS. 21481，fol. 92，引用于 Barber，“England I，” 27。Cabot left for Spain and did not return to England until 1548，卡伯特去了西班牙，直到 1548 年才回到英国，当时他参与了威洛比和财政大臣的航行计划，寻找 1553 年的东北航道。

[41] Portsmouth，City Records Office，Court Leet Book（1 December 1550－1 December 1561）（L2/1）.

下来的1544—1547年期间的英格兰海岸的地图和景观图一定是由亨利所雇用的法国人绘制的，尤其是1546年的尼古拉。[42] 其中一位是让·罗茨，他祖籍是苏格兰，但在迪耶普土生土长。罗茨似乎是一名水手，并被认为在1539年前往巴西。在他为亨利八世画的地图上，记录了帕尔芒捷（Parmentier）到远东的航行（1529年）。这些海图都是迪耶普学派的风格，而图集大概是在1534年编撰的。罗茨被亨利聘用为王室水道测量师，直到亨利于1547年去世，那时他似乎已经回到了法国。

在英国的收藏中，没有罗茨签署的平面图集，但我们知道他于1547年前往法国大使奥代·德塞尔夫（Odet de Selve）那里，并向他提供了港口的平面图，承诺如果他能在亨利八世死后（这意味着他的薪俸要被砍掉一半）被允许回到法国，就提供苏格兰和英格兰的地图。巴伯总结说，1542年前后的英格兰海峡地图可能是由罗茨绘制的。[43] 至于罗茨的地图集，它似乎并没有成为后来英格兰海图制作的主流，尽管它因在塞缪尔·佩皮斯的眼中是一件古董而为人所知。[44]

据德塞尔夫记载，有60名法国领航员和水手为亨利效劳。除了尼古拉和罗茨，我们还知道有迪耶普的让·里博，他在1547年的苏格兰战争中作战，后来又去了佛罗里达，还有翁弗勒尔（Honfleur）的领航员和宇宙学家罗兰·塞卡拉［Raulin Secalart（Raoullin le Taillois）］。德塞尔夫在他的作品中写到，他的手艺技巧精湛，并与著名的若昂·阿丰索有联系，阿丰索是一位在法国工作的葡萄牙制图师，他帮助德罗贝瓦尔、让-弗朗索瓦·德拉罗克去加拿大。亨利还雇用了让·马亚尔（Jean Maillard），他自称是一位书法家、宇宙学家和数学家。1543年前后，马亚尔为亨利效力，向他呈递了若昂·阿丰索的航海手册一部分的测量版本。马亚尔制作了一幅世界地图，以美化他的渲染图。[45]

1730

在16世纪40年代的伦敦，并不是只有法国人在绘制海图。1547年，葡萄牙航海图大师洛波·奥梅姆（Lopo Homem）的儿子迪奥戈·奥梅姆在伦敦居住。从1557—1576年，迪奥戈制作了11幅保存下来的海图和12部地图集，但他从16世纪40年代开始就一直在制作海图了。[46] 他离开伦敦后，于1568年在威尼斯记录见诸，在那里他似乎至少一直待到1576年。伦敦第一次提及迪奥戈是在1547年，当时他抵达伦敦，这是因为据说1544年他在里斯本杀死了安东尼奥·费尔南德斯（Antonio Fernandes），所以被驱逐出里斯本。根据迪奥戈向伦敦的高等海事法院的申请记录，他同意为一名叫作阿洛伊修斯·布兰库斯（Aloisius Blancus）的威尼斯人绘制一幅海图，由后者承担费用，但当他完成这幅海图——可能是地图集中的一幅世界海图或单幅形式——的时候，威尼斯人拒绝付款。档案也揭示了在英格兰

[42] Taylor, "French Cosmographers," 17-20. 泰勒的文章是下文关于法国海图制图师的文章的基础。关于在英格兰的法国人的参考文献，来自 Odet de Selve, *Correspondance de Odet de Selve, ambassadeur de France en Angleterre* (1546-1549) (Paris: Felix Alcan, 1888)。

[43] Barber, "England I," 36; BL, Cott. MS. Aug. I. ii. 65, 66.

[44] 引用于 Wallis, *Royal Map Collections*, 463。佩皮斯评论此地图集："仔细检查位于圣詹姆士的国王图书馆，尤其是其仆人约翰·罗茨呈给亨利八世的水文绘图。"这是他的"航海书目"项目的一部分（请参阅第1723页，注释8）。

[45] BL, Royal MS. 20. B. xii, facing fol. 5 是一幅以半球形式呈现的彩色世界地图。

[46] 请参阅 Cortesao and Teixeira da Mota, *Portugaliae monumenta cartographica*, 2: 3-10。关于迪奥戈在伦敦时期的参考文献，另请参阅 John W. Blake, "New Light on Diogo Homem, Portuguese Cartographer," *Mariner's Mirror* 28 (1942): 148-160。

普遍缺乏制图技能，因为迪奥戈这边的一位证人说这幅海图价值八十金币，“鉴于在英格兰王国范围内制作图像或地图的能力，以及这种图像的稀缺性和价格”。[47] 尽管为了特别的变化要留有一些余地，但这一评论似乎证实了地图绘制事务的真实情况。这张海图没有保存下来。

安德烈·奥梅姆（André Homem），也许是迪奥戈的堂兄弟，他也被驱逐出葡萄牙。1567年，他和另一个葡萄牙人安唐·路易斯（Antão Luís）在伦敦提出，要把“埃塞帕（Ethiopa，即西非）150里格的海岸”献给女王伊丽莎白一世，只要她派遣一支舰队，由他们率领，扶植他们成为这块土地的总督。[48] 这一不合理的提议没有被采纳，安德烈回到巴黎，在那里他重新为法国国王效力。直到1586年，在巴黎，哈克卢特在一封写给沃尔特·罗利爵士的信中提到了他。奥梅姆本应该绘制一幅1582年安东尼奥·德埃斯佩霍（Antonio de Espejo）的新墨西哥之旅的地图，但他并没有这样做。他写道：“你的地图本应对西班牙人安东尼奥·德埃斯佩霍的航行有帮助，这种情况没有预料到，迄今为止，被这一时代的宇宙学家的王子——葡萄牙的安德烈·奥梅姆推迟了。”[49]

16世纪，英格兰人继续使用外国的海图制图师。另一位为英格兰服务的葡萄牙领航员和海图制图师是西芒·费尔南德斯，他在1580年11月20日拜访了约翰·迪伊，在迪伊的房子里复制了一幅世界地图，并在中美洲和北美的大西洋海岸上展示了一些地名。[50] 1557年，意大利人巴蒂斯塔·泰斯塔·罗萨（Battista Testa Rossa）在伦敦绘制了一幅海图，[51] 爱尔兰裔意大利人埃德蒙·多兰（Edmond Doran）和他的儿子赫尔克里士（Hercules）于1585—1586年在伦敦工作。1592年，赫尔克里士搬到了马赛。[52] 无论什么国籍，最好的海图制图师都被作为技术绘图技能以及当然是地理知识的提供者而被人搜求。这种知识有时等同于西班牙、葡萄牙、法国、英格兰和低地国家的秘密，因为在英吉利海峡附近的国家，军事和商业的竞争都在增加。例如，在1603年与西班牙的不稳定的和平时期，英国政府通过

---

[47] 关于迪奥戈的高等海事法院的案例的证据（TNA，HCA 19 April 1547，no. 72）是“Ferdynande Gonsaluez，shypmaster，being lernyd in cosmographye” and the Corsican “Petur Poll，beyng experte in shypman's occupaycyion”。

[48] Cortesao and Teixeira da Mota，*Portugaliae monumenta cartographica*，2：67－69；提及了一封信，收藏在BL，Cotton MS. Nero B I，fol. 154。安德烈·奥梅姆避免了路易的命运，后者被葡萄牙人当作叛国者绞死了，但他尝试了在巴黎生活，随后在1567年被逮捕，当时他在毕尔巴鄂（Bilbao）登陆。他不知怎么就活了下来，并回到了巴黎。

[49] E. G. R. Taylor，ed.，*The Original Writings & Correspondence of the Two Richard Hakluyts*，2 vols.（London：Hakluyt Society，1935），2：355.

[50] 请参阅David B. Quinn，“Simao Fernandes，a Portuguese Pilot in the English Service，circa 1573－1588，” in *Actas*（Congresso International de Historia dos Descobrimentos），6 vols.（Lisbon：Comissao Executiva das Comemoracoes do V Centenario da Morte do Infante D. Henrique，1961），3：449－465。请参阅Cortesao and Teixeira da Mota，*Portugaliae monumenta cartographica*，2：129－131；原件是在BL，Cotton Roll. XIII. 48。海图上的文字注记为：“The cownterfet of Mr Fernando Simon his sea carte which he lent unto my master at Mortlake [generally considered to be John Dee] Ao 1580. Novemb. 20 The same Fernando Simon is a Portugale，and borne in Tercera beyng one of the iles called Azores。”

[51] Baptista Testa Rossa制作的海图收藏在伦敦的皇家地理学会，RGS Library：265. c. 16。我的注意力被地图策展人Fernando Simon吸引了。我们知道这张海图是1557年在伦敦制作的，因为所附的手稿文本的对开页1的反面包括了地点和日期：“de Londra lano 1557”。

[52] 关于1586年在伦敦的Dorans的作品，请参阅附录58.1。

所有可以获得西班牙活动情报的方法，获得了西班牙的海图。[53] 西班牙的情况也是如此。16世纪90年代，西班牙从一名英格兰天主教领航员那里获得了英吉利海峡海岸的海图。他被称为"N. 兰伯特"（N. Lamber），通过中间人——英格兰耶稣会流亡者罗伯特·帕森斯（Robert Parsons）为菲利普二世提供了海图，并为其效劳，期盼在1588年无敌舰队失败后，西班牙可能会对英格兰海岸发动袭击。同样地，一幅显示沃尔特·罗利在1618年在圭亚那的活动的英格兰海图被法国间谍发送到西班牙。[54] 因此，在英格兰缺少英格兰人的海图制作，显然与英格兰人在欧洲以外的航行次数太少，以及意大利、葡萄牙和法国的海图制图师在英格兰的统治地位有关。

1731

英格兰制作的海外海图及其保存率（1560—1660年）

英格兰海外海图绘制的起步相对较突然，始于16世纪60年代。在1560—1660年（见附录58.1）的保存下来的大约150种的英格兰海洋表现和绘本海图中，[55] 有一些与尼德兰、英格兰、法国和斯堪的纳维亚人最先探索的地区有关。在东北部和西北通道以及美洲部分地区，如新英格兰、圭亚那和亚马孙流域，英格兰海图绘制几乎完全是基于他们自己的调查。对于世界上其他地区来说，地图图景的演变更为复杂。举例来说，当葡萄牙人从西非或东印度群岛获得这些海图时，几乎没有什么意义。在东印度群岛，尼德兰人和英格兰人在葡萄牙和西班牙人的一个世纪后进入了这个地区，他们复制并修改了葡萄牙人和西班牙人的海图，当这个过程被证明是不够的时候，他们进行了新的调查。

海图的保存情况和覆盖范围

在1551—1570年期间，只有两种英格兰海洋表现保存下来，尽管其他的人也被同时代的人提及，尤其是数学家和地理学家约翰·迪伊。[56] 这两种描述都是威廉·伯勒创作的，并展示了从挪威到新地岛的海岸线；它们与通向中国的东北通道的探索有关。在接下来的10年里，有6幅海图保存了下来，反映了对北大西洋的探索、继续寻找东北通道的努力、进入波罗的海和白海的贸易航行，以及对英吉利海峡的航行危害的关注（图58.3）。在16世纪80年代，海图制作似乎已经蓄势待发——有28种表现保存了下来。这些反映了不断扩大的地理覆盖范围，而且与探险的联系比贸易更紧密，但是正如在这十年中所预期的那样，与西班牙的战争得到了着重的表现。有10幅西班牙水域的海岸草图和海图。英格兰艺术家约

---

[53] 16世纪晚期英格兰政府可用的其他海图绘制，不同于由在伦敦的外国从业人员所制作的那些海图，对其描述见Wallis, *Royal Map Collections*, and idem, *Material on Nautical Cartography in the British Library*, 1550 - 1650（Lisbon: Instituto de Investigacao Cientifica Tropical, 1984), 196，在其中她引用了由葡萄牙制图师Cipriano Sanches Vilavicencio制作的1596年大西洋海图（BL, Cotton Roll. XIII. 46）。

[54] W. A. R. Richardson, "An Elizabethan Pilot's Charts (1594): Spanish Intelligence Regarding the Coasts of England and Wales at the End of the XVIth Century," *Journal of Navigation* 53 (2000): 313 - 327. 圭亚那的海图收藏在西班牙的Archivo General de Simancas（M. P. y D., IV - 56），很可能是由加布里埃尔·塔顿在1617年前后绘制的。

[55] 这一节的分析是基于我未出版的1550—1660年海外海图和英格兰绘制的海洋表现的目录。毫无疑问，将会出现更多的海图或关于它们的参考资料，所以这里给出的数字仅仅是示意性的。

[56] John Dee, "Famous and Rare Discoveries," BL, Cotton MS. Vitellius CVII, fols. 68v, 70, 71v.

翰·怀特绘制的从佛罗里达角到切萨皮克湾（Chesapeake Bay）的美洲海岸海图就是这一时期的，以及与弗朗西斯·德雷克及托马斯·卡文迪什的1586—1588年与1591—1592年的探险有关的南大西洋和太平洋海图。在16世纪90年代，保存下来的海图数量仍然保持稳定，但在加勒比海和南美北部地区的覆盖范围更大，反映了英格兰在这些地区的私掠活动和探险行为。

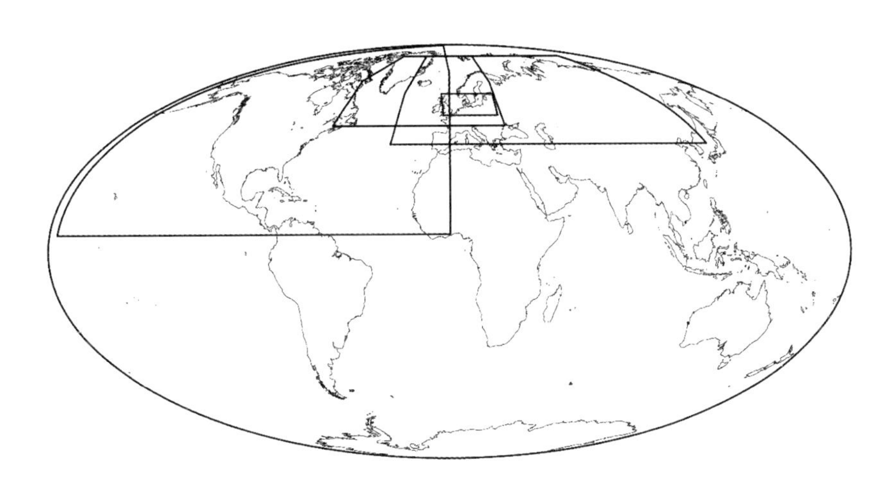

图 58.3　英格兰人所绘海图的覆盖范围，1560—1580 年

请注意保存下来的东北和西北航道海图绘制的优势。

根据朱莉·斯努克的地图学。

在世纪之交，葡萄牙海洋地图集的最早英格兰副本由17幅海图组成，这些海图显示了经由好望角和印度洋通向东印度群岛的路线，由马丁·卢埃林绘制，他后来担任了圣巴塞洛缪医院的管理员。从1600—1610年，人们对北极水域的兴趣重新涌现，这一次是围绕斯匹次卑尔根岛和格陵兰岛的探险。从1611—1620年，保存下来的海图的数量上升到18种，包括地中海和大西洋的一般海图，以及与圭亚那、亚马孙、斯匹次卑尔根岛、哈得孙湾和北极的探险相关的海图。这一时期最引人注目的作品是由制图师加布里埃尔·塔顿绘制的东印度群岛地图集（约1620年）。17世纪30年代有14幅海图保存下来。即使保存下来的海图数量很少，但到了17世纪30年代末，英国人已经绘制了已知世界上所有的海洋和海岸的海图：地中海北部和南大西洋、加勒比海地区、西欧，北欧和北极水域，以及在他们探索的范围内的西北和东北通道、太平洋、印度洋和南海。在绘本的覆盖范围内，英格兰人在他们所做的航行中已经自给自足（图58.4）。

大多数保存下来的表现法都是调查或复制海图的精致副本，并且很有可能被保存在各个企业的赞助人手中，然后在19世纪和20世纪被公共收藏所收购。船长本人在当时所绘制的沿海地貌的草图的数量非常可观。17世纪，越来越多的人把这些草稿交给海图制图师来制作专业的副本海图。

在这段时期内保存下来的海图的数量和覆盖范围的差距是很难解释的。部分原因肯定是在1600年之前制作的数量很少。我们可能会认为它们流传下来，但只是损坏了。这种损坏的原因可能是由于使用了二手的犊皮纸来进行装帧的做法，在装帧上已经找到了许多海图的　1732

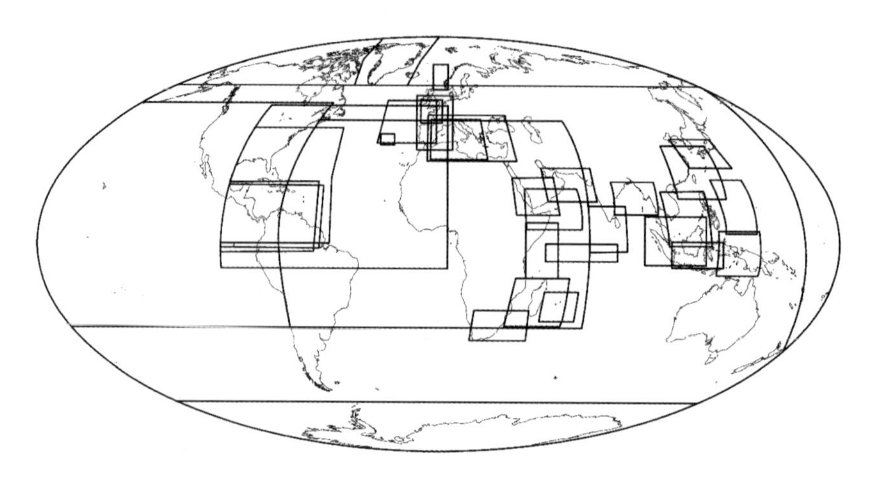

图 58.4 英格兰人所绘制海图的覆盖范围，1600—1620 年

请注意，到这一时期结束之时，世界上已知的海域几乎已经全部覆盖。尽管产量依然很有限，但相比之下，最早的英格兰海图绘制（1580 年之前）和 17 世纪的前几十年之间的差距是惊人的。

根据朱莉·斯努克的地图学。

残片。[57] 皮纸上过时的海图对于犊皮纸本身而言依然很有价值。

保存下来的合集类型也暗示着某些类型的海图比其他的更能留存下来。目前，大多数藏品都与王室或政府联系起来，这可能有利于记录那些对王权而言很重要的探险航行的海图，而不是那些供贸易公司用于商业航行的航海图。最好的合集是皇家收藏（现在大英图书馆中）、威廉·塞西尔爵士收藏，以及古物爱好者罗伯特·科顿爵士收购或复制的航海图，也收藏在大英图书馆中。[58] 后来在 17 世纪，那些支持冒险或进入政府工作的贵族成员的收藏中也包含海图，他们的记录中经常提及海图已不复存在。

即使是在这种贵族阶层的收藏中，现在已经亡佚的海图的佚失证据也表明曾经有更多的海图存在。例如，1625 年，就为查理一世的驻波斯大使登比（Denby）伯爵制作了 10 幅海图，这一数字还将大大增加，在附录 58.1 中，1620—1630 年间总共列出 25 幅（包括 17 幅海图的塔顿地图集）。海图中有 3 幅是由约翰·丹尼尔（John Daniel）绘制的，他是呢绒商公司（Drapers’ Company）的第一位海图制图师（见下文），在这一时期，人们只知道四幅有签名的海图。登比拥有的丹尼尔海图是泰晤士河口图，覆盖了诺福克、萨福克、埃塞克斯（Essex）和肯特的沿岸地区（1625 年），北大西洋（1626 年）和地中海（1625 年）。此外，还提到了另外一组 7 幅海图，上面写着“用比以前更糟的手写和设计，装订在纸板上”，覆

---

[57] 已经鉴定了如此使用的 5 块残片。Alfredo Pinheiro Marques 在讨论 15 世纪至 16 世纪初葡萄牙海图的稀缺性的时候，也相信将过时的海图用作装订的二手犊皮纸，这意味着很多海图都因这种做法而亡佚了，而保存下来的那些则是展示性的海图，也就是说，这些是供参考使用或是挂在墙上的装饰地图。请参阅 Marques in Cortesao and Teixeira da Mota, *Portugaliae monumenta cartographica*, 6: 45。如果属实的话，那么很有可能，在之后的时期，海图因为被用作装订的材料而导致亡佚的情况在英格兰延续着，一直到 17 世纪 30 年代［BL, IOR, MS. Journal of John Maestnells 1633—1637 就是用一幅海图的残片做的装帧（cat. no. 96）］。

[58] Wallis, *Royal Map Collections*, vcxli. 另请参阅，“England I,” and idem, “England Ⅱ: Monarchs, Ministers, and Maps, 1550 - 1625,” in *Monarchs, Ministers, and Maps: The Emergence of Cartography as a Tool of Government in Early Modern Europe*, ed. David Buisseret (Chicago: University of Chicago Press, 1992), 57 - 98。

盖了西北欧洲和地中海、北大西洋、通向远东地区的航线以及中国和日本。[59] 这些可能出自丹尼尔的学徒尼古拉斯·康博福德（Nicholas Comberford）之手。所有这些海图都存在于1851 年，可能还有待确认。　1733

另一种衡量有多少海图可用的方法是考虑一名制图师的输出可能是什么。第一个进行这一实践的可能是丹尼尔，他从 1612—1642 年间制作了海图。和塔顿一样，这可能是他生活的主要来源；在这些记录中，他被称为“制图师”（platmaker）或“海图制图师”（chart-maker），而不是从事其他行业的人。毫无疑问，他的一些海图是他学徒的作品，或者部分是，[60] 但是如果认为他和他们耗费 3 个星期制作一幅海图，[61] 然后他一年可以绘制 12—15 幅海图，这 28 年来意味着可能有 336 幅海图；但只有 14 幅保存了下来。这个粗略的计算引发了许多问题，但至少给了我们其产量的可能上限的一个视角。

其他的海图也通过被介绍给探索或私掠航行的支持者而保存下来。例如，在罗伯特·达德利爵士的收藏中现在尚保存有海图，他收集了当时的海图，编纂了他自己的海洋地图集——《海洋的奥秘》（*Arcano del mare*），于 1646 年出版。[62] 同样的，属于沃尔特·罗利爵士和他的助手诺森伯兰伯爵亨利·珀西的海图保存了下来。

这些特定的海图在质量和装饰方面是否比在船上绘制的更好，目前还不清楚。一些装饰过的海图保存下来，这似乎表明它们被用来记录海上的航行方式，以及一些可以被识别为在海上使用的钢笔和墨水海图。[63] 在保存于 TNA、IOR 以及大英图书馆的期刊中的不同等级的政府文件中的当时通信中，经常能发现后面的这些海图和沿海草图。最近发现的钢笔和墨水图表现的是 1600 年前后从设得兰群岛到挪威海岸的路线（图 58. 5）。　1734

唯一与贸易路线或国内水域航行专门相关联的早期海图（直到 1600 年），是威廉·伯勒绘制的波罗的海路线海图（1585 年）、另一幅波罗的海海图［属于 1588 年前后波罗的海

---

[59] 请参阅 Edward Bernard, *Catalogi librorum manuscriptorum Angliæ et Hiberniæ in unum collecti*, *cum indice alphabetico*, 2 vols。（Oxford: Fitz-Herb. Adams, 1697），bk. 2, pt. 1, 39. 带注释的版本收藏在 BL, Manuscripts Department，表明其中所列海图的两份是于 1851 年大英博物馆从伯爵手中购入的。它们是印度洋（1630 年）和爱尔兰、不列颠、法兰西、西班牙和巴巴里（Barbary）（1626 年）的海图（分别为 Add. MS. 18664. A and B），于 1697 年被描述为“书写、绘画和装饰得很好，绘在皮纸上，用木箱固定。出自伦敦附近的圣凯瑟琳（St. Katharine）的约翰·丹尼尔之手”。丹尼尔列出的其他三幅海图似乎没有记录在史密斯的“Manuscript and Printed Sea Charts”中。

[60] 请参阅 Campbell, “Drapers’ Company,” 93 - 94。

[61] Smith, “Manuscript and Printed Sea Charts,” 91 - 92.

[62] 达德利为《海洋的奥秘》所准备的绘本材料和更多的材料，有一些从来没有出版过，现在收藏在 Bayerische Staatsbibliothek, Munich。达德利自己海图收藏的一部分收藏在 Biblioteca Nazionale Centrale, Florence。《海洋的奥秘》的 3 卷手稿（前两卷的日期是 1610 年）被提及于 Philip Lee Philips, *A List of the Geographical Atlases in the Library of Congress*, 9 vols.（Washington, D. C.: Government Printing Office, 1909 - 1992），1: 206，收藏在佛罗伦萨的自然历史博物馆（Specola or Museo di Storia Naturale），但 Josef Franz Schutte 不可能在 1968 年发现它们。当戴维·伍德沃德于 1978 年再次询问时，自然历史博物馆的负责人 Maria Luisa Righini Bonelli 告诉他达德利的手稿实际上是在博物馆，正如菲利普报道的那样，但在第二次世界大战之前的某个时候就已经亡佚了。她已经寻找这些手稿好多年了，但一无所获［戴维·伍德沃德致约翰·戈斯（John Goss）的信，1978 年 4 月 13 日］；请参阅本卷图 31. 13 - 31. 15。另请参阅 Vaughan Thomas, *The Italian Biography of Sir Robert Dudley*, *Knt*...（Oxford: Baxter, 1861）；尤其是收藏在慕尼黑的地图，Edward Everett Hale, “Early Maps in Munich,” *Proceedings of the American Antiquarian Society*（1874）: 83 - 96; and Josef Franz Schutte, “Japanese Cartography at the Court of Florence: Robert Dudley’s Maps of Japan, 1606 - 1636,” *Imago Mundi* 23（1969）: 29 - 58。

[63] 例如，从设得兰群岛到挪威北部路线的海图（TNA, E 163/28/12）。

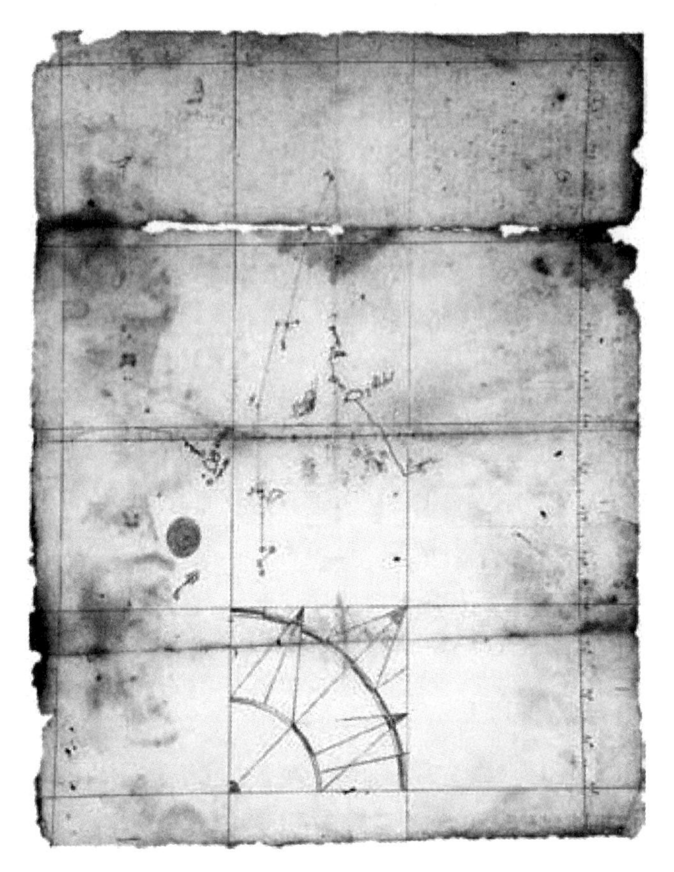

图 58.5 佚名：从设得兰群岛到挪威海岸的路线图，绘在方格纸上，附有用钢笔和墨水绘制的纬度比例尺，约 1600 年

原图尺寸：58 × 45 厘米。由 TNA [E 163/28/12 (2)] 提供照片。

商人托马斯·莱顿（Thomas Layton）的财产]、罗伯特·诺尔曼（Robert Norman）绘制的通往英吉利海峡的西南通道的海图（1581 年）、由理查德·波尔特（Richard Poulter）绘制的泰晤士河河口海图（1584 年）。以英吉利海峡和泰晤士河的海图而论，他们可能主要是为了防御和航行而制造的。对地中海地区来说，英格兰人已经在那里进行了多年的贸易，直到 1600 年才有了英格兰人制作的海图。同样，这种缺乏可能是英格兰人为了他们的航海而购买的海图（无论是意大利人的还是其他的）的自然结果。到 1621 年，有足够数量的英格兰船只将伦敦作为母港，这意味着制作海图可以成为一项可行的生意。[64]

在商业机构中，可以指望海洋表现和海图保存在记录中，但损失仍在继续。在 1666 年伦敦被大火烧毁之前，莫斯科公司的记录中可能已经包含了海图；[65] 如果我们假设东印度公司的海图资料库也流散了，那可能意味着更多的英格兰制作的海图亡佚了。我们也知道，英国东印度公司在 1600 年建立后，试图系统地进行复制。尽管当时的船长和其他高级船员在

---

[64] 请参阅 Waters, "English Pilot," 332 - 333。

[65] Thomas Stuart Willan, *The Early History of the Russia Company*, 1553 - 1603 (Manchester: Manchester University Press, 1956), v.

公司船舶上保留了自己的仪器和海图，而不是在回到公司之后把他们交给公司，但他们还是付出了努力。[66] 1614 年，数学家爱德华·赖特被任命为东印度公司的水道测量师。不幸的是，他于 1615 年去世，目前还不清楚是谁接手了这项任务（如果有人接手的话）。[67]

然而，1619 年，东印度公司账房的职员亚当·鲍恩（Adam Bowen）受雇根据公司存放的船舶日志绘制航海指南，并制作海图的精细副本。同年，“安”（Anne）号船的大副威廉·巴芬（William Baffin）因其在绘制波斯和红海海岸的某些海图（plots）中所付出的辛劳和“高超的技艺”而获得了报酬。亚当·鲍恩将要制作这些海图的副本，“以便在那些地方可以使用”。“从公司的会议记录可以发现，鲍恩从 1619 年开始受雇从事这一工作和其他职责，一直到 1626 年。”我们不清楚后来发生了什么，但我们知道，从 1621 年起，官方的责任就落在了财务主管的身上，领航员、船长和大副被命令将他们的航海日志交给公司。[68]

这些海图显然没有保存下来，它们既不在海军历史图书馆［现在在位于汤顿（Taunton）的海道测量局］的收藏中，也不在朴茨茅斯的海军部图书馆或海军历史分部（水文办公室）中，人们在这些地方指望可能会发现这些海图。查阅了 17 世纪上半叶在 IOR 中的所有期刊，我只找到了一些沿海草图和约翰·丹尼尔所绘制的 1637 年之前的海图残片，其表现范围是亚速尔群岛和非洲的西海岸，用作期刊的装订。然而对制作海图经常被提及。例如，1606 年，约翰·奈特着手探索格陵兰岛和美洲之间的通道。1606 年 6 月 26 日（星期四），“爱德华·戈雷尔（Edward Gorrell）和他的队友、他的兄弟，以及我们公司的另外 3 个人上了船……到一个离我们不到 1 英里的很大的岛上去，……他还随身带着一个等分仪和纸，来绘制大地的草稿”。[69] 他们再也没有音讯。

1735

东印度公司与泰晤士河畔的海图制作师之间的关系尚不清楚，尽管我们可能推测他们之间存在联系：当然，该公司的船长都提到了丹尼尔和塔顿的海图，但他们都没有被公司聘用。相反，他们为个别的船长，为贵族和其他企业的支持者，以及像登比这样的大使或其他政府部门的客户而工作。有时，船长和海图制图师之间的关系会被记录在海图上。例如，我们发现尼古拉斯·雷诺兹在 1599 年为拉特克利夫（Ratcliff）的马修·莫顿（Matthew Morton）船长制作了一份特殊的海图，加布里埃尔·塔顿在 1615 年为马修·莫顿船长制作了一份，而尼古拉斯·康博福德在 1626 年为约翰·吉宾斯（John Gibbins）工作（见附录 58.1）。

海图应用的同时代证据

在这里有必要区分沿海航行和远洋航行。对于前者来说，在 16 世纪中叶，海图不被认为是必要的；航海手册、沿海的地标、水深的记录和海底的描述，这些都是船长估算自己身在何处

---

[66] 请参阅本卷第 1767 页。

[67] 关于爱德华·赖特，请参阅 E. J. S. Parsons and W. F. Morris, “Edward Wright and His Work,” *Imago Mundi* 3 (1939): 61 –71。

[68] 东印度公司会议记录簿：1619 年 3 月 9 日会议记录，“给了亚当·鲍恩一笔津贴，因为他绘制了 13 幅不同的苏拉特（Surat）、贾斯克（Jask）以及东印度的其他部分的地图，并撰写了普林（Pring）船长的三部日志［很有可能是进行摹写］”（BL, IOR, B/6, p. 309）；1619 年 10 月 1 日，“安妮（Anne）号上的大副威廉巴芬（William Baffyn）得到了一份津贴，以酬劳他在绘制波斯和红海海岸的一些地图方面所付出的辛劳和高超的技艺……其中的一部分应该是由亚当·鲍恩所提取，以便在这些地区所使用”（BL, IOR, 316, p. 417）。

[69] Purchas, *Hakluytus Posthumus*, 14: 360.

以及要去向何方的方法。在不列颠群岛和法国海岸，一些16世纪前半叶的沿海海图、海岸侧面图和防御平面图保存了下来，这些都是由理查德·李这样的工程师所绘制的，但是显然没有比英吉利海峡沿岸地区更远的海图保存下来。[70] 后来，炮手和测量师威廉·伯恩在他1596年出版的《统治大海》（*A Regiment for the Sea*）中提出建议，概括了沿海水域的导航方式：他建议船长在进入英吉利海峡的西南通道时，一定要记住海底的声音和自然情况。这些知识确实是必要的，以避开阿申特岛（Ushant），或者尤其是危险的锡利群岛（Scilly Isles）："如果你是朝着锡利的海岸，你的水深勘测应该是在86或90英寻，你会通过牛脂层（放在测深锤底部凹陷处的动物油脂）发现石头海底，这样就是直接朝向锡利的海岸了（非常靠近或者将要搁浅）。"[71]

长途航行或远洋航行中，人们使用海图，但证据却很难得到：它们要么来自水手的遗嘱，要么来自保存下来的日志，尽管很少提及海图，但似乎表明它们是经常使用的。海图是船长个人收藏的航海仪器的一部分，通常会像人们想象的那样，保存在他的箱子里，和他的其他随身物品放在一起。海尔（Hair）和艾尔索普（Alsop）1553—1565年的第一次几内亚航行的最近工作阐明了这一点。在一些船员的遗嘱中出现了"图片"或"海上海图"的提示。似乎普通的海员们拥有航海海图，和船长、大副，以及船上的经纪人或商人一样。"月亮"号的船长托马斯·威尔福德（Thomas Wilford）在1554年4月立了他的遗嘱，记录了他"把自己的大图留给威廉·加德纳（William Gardner）。我把我的另一幅图留给水手长。我把我的长棍给他们其中的任何一人，我的哨子和项链留给我的妻子。"他还拥有一个"十字测天仪"（Balostella）和一面"星盘"（Estrolabye），他把它给了"家乡的学者"，还有一条"深沙绳"（用于测量水深），他给了水手长。[72] 后来，1562年的"报春花号"（Primros）上的水手长约翰·格雷比（John Grebby）提到了一幅"带罗盘的图"。[73] 1564年"施洗者约翰"（John the Baptist）号上的代理商威廉·拉特（William Rutter）也有一幅海图，理查德·哈克卢特记载了另一名于1555—1556年间向几内亚航行的代理商［威廉·托尔森（William Towerson）］也有一幅海图，这幅海图显然是一幅标准的葡萄牙制品，"朝向南方，我［托尔森］已经证实它非常真实"。[74] 30年后，将海图作为航海者个人工具的一部分的传统仍在继续。1591年，理查德·霍金斯（Richard Hawkins）出发航行前往西印度群岛，他花了两天时间，将自己位于普利茅斯的船只聚集在一起，他不得不给他的一名水手一笔钱，来购买海图，显而易见，这幅海图是这位不幸的人为了贷款的安全而放弃的。[75]

当时的人看待外国海图，并不总是不加分辨。1585年，威廉·伯勒警告说，"与葡萄牙或西班牙的航海地图捆绑在一起是很不明智的，这些海图是由这些国家的制图师制作的，这些人并不是亲身所历，但却通过信息和其他人的来源来做所有的事"。这一警告大概是在表

---

[70] Robinson, *Marine Cartography*, 15 – 33.

[71] William Bourne, *A Regiment for the Sea* . . . , ed. Thomas Hood (London: T. Este, 1596), 67.

[72] Hair and Alsop, *English Seamen*, 214 – 216, esp. 215.

[73] Hair and Alsop, *English Seamen*, 283.

[74] Hair and Alsop, *English Seamen*, 330; and Hakluyt, *Divers Voyages*, 101.

[75] Clement R. Markham, ed., *The Hawkins Voyages during the Reigns of Henry VIII, Queen Elizabeth, and James I* (London: Hakluyt Society, 1878), 108. 霍金斯对他的船员说："其他人则会感谢他们的主人，强迫我去赎回它们……另一个，他的地图和海事仪器。"

明，英格兰水手确实在使用葡萄牙人和西班牙人的海图，而不是自己制作。他主张，“应该用诸如此类的方法来描绘海洋地图，要能给出理由，并能观察到其中所包含的每一处细节，以及给出地点的纬度。”[76] 他在不列颠群岛的一幅海图和1580年前后的一幅东北通道海图（图58.6和58.7）上转写了一首诗，其中他对制作海图的最佳方式进行了倡导，这段话永垂史册。 1736

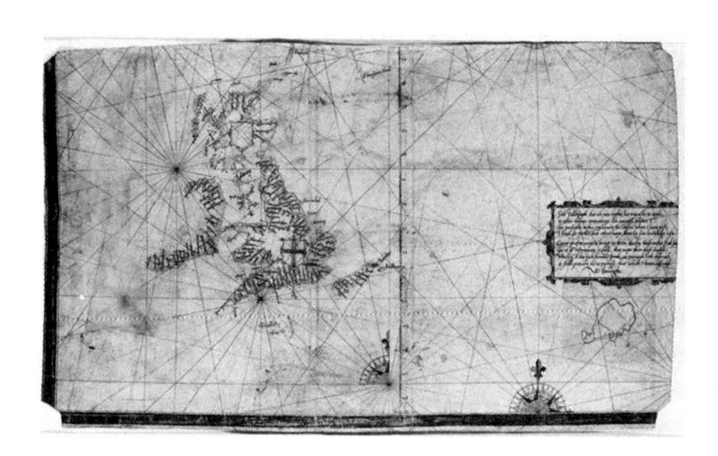

图58.6　威廉·伯勒：东北大西洋海图，约1580年

这块残片仅仅显示不列颠群岛，是可能覆盖了东北航道路线的更大范围海图的一部分。通过海图上的一段韵文，伯勒劝告他的水手同伴使用这幅依然很新的海图。

原图尺寸：30.9 × 51.6 厘米。由 Board of Trinity College Dublin（MS. 1209/23* recto）提供照片。

图58.7　用伯勒海图制作的书皮

请参阅图58.6。书脊上的字写道：“乔·坎帕尼斯（Jo Campanis）制作。E. 8. 2。”这幅作品被列入詹姆斯·厄谢尔（James Ussher）主教拥有的图书目录中，并于1661年为三一学院所购得。因此，伯勒的海图是一旦海图不再对其所有者有价值之后，就会将其犊皮纸切割下来用于书籍装帧的现存绝佳例证。从隐藏的圆圈的假设周长的范围来看，原图可能覆盖了俄罗斯沿海附近的大西洋和北冰洋水域。

由 Board of Trinity College Dublin（MS. 1209/23* verso）提供照片。

[76] William Borough, *A Discovrse of the Variation of the Cumpas, or Magneticall Needle ...* (London, 1585), Aiij.

西斯·图里（Sith Tullie）说，每个人都应该把自己的辛劳用在别人的商品上：他的忠告

完全符合我的想法，我经历过的海岸我已经提出，别人因此也会体味到一些知识。
大型的侧面图会把它带给他们，通过我们航行的海岸为此，
这样的仪器是最主要的，对他们非常有用
它必然会发挥出自己的作用，这些辛苦是值得的
它将让我去表达我所保留的内容

虽然不是特别恰当的押韵，但它足够简单便于人们理解：伯勒是说他讨论的海图是他直接观察的结果，如果水手和其他人发现它确实有用（于是大概会付钱给他来购买），他会制作一些其他的海图，表现更多的海岸。它也是使用海图的一个明确的宣传手段："为此［海图］这样的仪器是最主要的。"

1737

虽然显而易见，海图是在16世纪50年代被带到英格兰的船只上的，至少在去几内亚的航行上，1561年，理查德·伊登在马丁·科尔特斯的《航海技艺》的英文译本的序言中记录到，有"如此卓越的领航员，他们可以不带任何航海手册或者航海图，不但可以进行长距离和遥远的航行，还可以发现未知的土地"。[77] 伊登大概在这里指的是16世纪50年代东北通道的发现。在1574年出版的科尔特斯的书出版后的13年里，威廉·伯恩发现有必要提醒他的读者："长期航行的人，应该具备地图方面的知识。"[78] 在1596年的版本中，托马斯·胡德曾评述过，他"在这20年里就知道了，那些古代的船长会嘲笑和嘲弄那些自己配备了地图的人"。[79] 然而，到了16世纪90年代，使用海图的船长似乎不再是一种嘲弄的对象。托马斯·梅纳德（Thomas Maynarde）在1595年的最后一次驶向西印度群岛的航程中与德雷克一起航行，他断言，在尼加拉瓜海岸附近，"地图一定是我们最主要的指南，因为他［德雷克］正处于其知识最遥远的极限的那些部分"。[80] 显然，旧的传统很难消弭，而引入海图的过程更是缓慢，更不用说英格兰人制作的海图了。

然而，很明显，在那些英格兰人不是最初的到来者的海岸，使用西班牙人、葡萄牙人和可能是法国人的海图的做法仍在继续，直到至少17世纪的第二个十年。1587年，伯恩明确表示，在经由好望角前往东印度群岛的航线"没有显示真正的航程和距离的海图或水文地图"，"我认为没有任何英格兰人看到过关于东印度全境的真实海图或地图"。[81] 这句话是夸张的，弗朗西斯·德雷克爵士的环游世界的结果被发表在一幅通用的世界地图上，但从实际航行情况的角度来看，这一点是毫无疑问的，而且在相当长的一段时间之内依然如此——可能一直要到扬·许根·范林索登的《航海行程》的英文版（1598年）出版之后。葡萄牙海

[77] Martin Cortes, *The Arte of Nauigation . . .*, trans. Richard Eden (London: R. Jugge, 1561), CC. 1.

[78] William Bourne, *A Regiment for the Sea . . .* (London: Thomas Hacket, 1574), 7.

[79] Bourne, *Regiment* (1596), Bii. 他叙述道："在葡萄牙的里斯本、西班牙或者法国的其他地方，广泛地绘制地图（海图）。"(p. 44)

[80] 引用于 Kenneth R. Andrews, ed., *The Last Voyage of Drake& Hawkins* (Cambridge: Cambridge University Press, 1972), 99。

[81] William Bourne, *A Regiment for the Sea . . .* (London: Thomas East, 1587), 71 verso and 73 verso.

图的第一批英格兰副本是马丁·卢埃林在 1600 年前后制作的。

在 17 世纪的第二个二十年，“新年礼物”号上的代理商爱德华·多兹沃思（Edward Dodsworth）在一份于 1614—1615 年前往东印度群岛的航行的纪念册上记录了马达加斯加到大陆之间的通道，这一通道被葡萄牙人画错了：“在我们的图版上，葡萄牙人画的距离海岸 30 里格的沙洲。”当他航行通过马尔代夫时，又记录下：“我们发现了图上画的许多浅滩和岛屿大多数都是错的和不正确的，据我们推测，它们都是由葡萄牙人画成这样的，以便使得我们认为那些海域显得更加危险。”[82] 最终，就像尼德兰人一样，英格兰人做了自己的调查，然后雇了一些海图制图师来制作它们的副本。

英格兰海图制图师：1560—1660 年

从 16 世纪 50 年代到 16 世纪 90 年代，海图制作并不是一种它后来意义上的那种贸易。也没有足够数量的贸易和其他的航行来支撑任何专业人士进行全职工作。在这一时期的早期，制作海图的动力要么来自政府、在海外从事贸易的城市公司，要么就是两者兼而有之。然而，这些从业者是由水手、工程师、学者和艺术家组成的混合体：业余爱好者或受雇于绘制关于探险航行的画作的个人，这种实践一直持续到照相机出现。例如，剑桥大学三一学院的研究员托马斯·胡德，他是成衣商公会（Merchant Taylors Company）的成员，也是一位数学家和在伦敦执业的医师。他于 1588 年在伦敦举行了第一次数学讲座，在托马斯·史密斯爵士的赞助下，他后来成为东印度公司的总监。[83] 任何感兴趣的人都在海上进行写生创作：理查德·马多克斯（Richard Madox），他是牛津大学万灵学院的职员，也是 1582 年爱德华·芬顿（Edward Fenton）船长经由好望角前往东印度群岛的航程上的牧师，他做了一些素描调查。他没有接受过任何意义上的任何训练，但他已经非正式地获得了一些绘画方面的能力，而且掌握了一些海上测量和观察方面的技巧。 1738

最早的实践者

堪称为海图制作行业的开端，很可能是源于伯勒家族，尤其是威廉·伯勒的工作，他来自北德文郡（North Devon）的诺瑟姆（Northam）。威廉·伯勒保存下来的第一幅海图的绘制年代可以追溯到 1568 年，其最后一幅则绘制于 1587 年。伯勒曾先后担任过莫斯科公司的首席领航员、女王船只的财务主管（1582 年），以及领港公会的船长（1585 年）。他死于 1599 年，是一个相当富有的人；他遗赠给了领港公会一顿正餐，这是一种个人荣誉、财富

---

[82] William Foster, ed., *The Voyage of Nicholas Downton to the East Indies*, 1614 - 1615: *As Recorded in Contemporary Narratives and Letters* (London: Hakluyt Society, 1939), 73 - 74. 爱德华·多兹沃思与尼古拉斯·唐顿（Nicholas Downton）一起参加东印度公司前往东印度群岛的航行（1614—1615 年），很明显，他是唐顿的亲戚，也是舰队中的一员（第 123—124 页）。

[83] H. K. Higton, “Hood, Thomas (*bap.* 1556, *d.* 1620),” in *Oxford Dictionary of National Biography*, 60 vols. (Oxford: Oxford University Press, 2004), 27: 938 - 993.

和慷慨常见的体现。[84]

1539 年，一位较早的亲戚约翰·阿伯勒为亨利八世制作了最早的海图。约翰·阿伯勒精通航海，在黎凡特贸易中非常活跃。1533 年，他在海军部的最高法院的案例中记录为：除了其他的航海仪器和航海手册外，还拥有“两架西班牙罗盘（carakaka）和两架其他罗盘、一块天然磁石和流沙玻璃、一架十字测天仪（balestilha）和象限仪”、一幅海图，“用来表现黎凡特（地中海东部地区）全境和另一幅地图，加起来价值超过了 5 英镑”。正如泰勒所言，这些物品暗示出他已经掌握了航海的技艺，包括海图的使用，这是他在西班牙接受的训练。[85]

1553 年，威廉的哥哥史蒂芬和理查德·钱塞勒（Richard Chancellor）在第一次的航行中发现了东北航道。第一次航行必须依靠当地的挪威领航员，或者依赖于 1541 年的墨卡托地球仪。史蒂芬·伯勒回国之后，被邀请去参观塞维利亚（Seville）的西印度交易所，并观看了那里的航海训练。[86] 随后，史蒂芬的弟弟威廉加入了他的东北通道航行队伍。因此，英格兰海外海图绘制的起源很有可能来自为东北通道制作海图的需要，这是由伯勒家族，尤其是威廉完成的。

尽管伯勒家族在 16 世纪 50 年代的海图上记录了他们的航程，但是从那个时代之后，没有一幅保留下来。例如，史蒂芬·伯勒说，在挪威的西海岸之外，“我们沿着这条海岸或这片土地，它们沿着北－西北、北和偏西、西北偏北的方向延伸，这些都是在地图上所显示的那样”。[87] 约翰·迪伊还在他的《著名和罕见的发现》（*Famous and Rare Discoveries*）（约 1577 年）中记载道：“史蒂芬·伯勒先生在他返程的时候，向我展示了他在这些海域中的搜索和观察。”[88] 后来，迪伊提到了威廉·伯勒在 1572 年向他展示的另一幅海图，上面反映的是通向圣尼古拉斯（St. Nicholas）（现在的阿尔汉格尔斯克）的白海航线。威廉还提及了 1581 年的海图：“我们的航程，从此后向东驶向俄罗斯的圣尼古拉斯，然后驶向利沃尼亚的纳鲁厄（Narue）[波罗的海航线]，我们通常使用航行罗盘来描绘沿岸地带的海图，并考虑

---

[84] Robert C. D. Baldwin, “Borough, Stephen（1525－1584）,” in *Oxford Dictionary of National Biography*, 60 vols.（Oxford: Oxford University Press, 2004）, 6: 668－670, and Joyce A. Youings, “Three Devon-born Tudor Navigators,” in *The New Maritime History of Devon*, 2 vols., ed. Michael Duffy et al.（London: Conway Maritime Press in association with the University of Exeter, 1992－1994）, 1: 32－34. 威廉·伯勒的遗嘱收藏在 TNA，PROB11/92/229。由威廉·伯勒绘制，或者被认为是他绘制的海图或其他海洋画作有：从挪威到新地岛（约 1568 年），收藏在 BL，Lansd. 10，f. 133；挪威到新地岛（1568 年），收藏在 BL，MS. 18. D. Ⅲ，f. 124；北大西洋和不列颠群岛（1576 年）；哈特菲尔德（Hatfield）宅邸，收藏在 CPM. I. 69；不列颠群岛和西北欧洲海岸（原本表现了东北航道）（1580 年），收藏在都柏林的三一学院（Trinity College），MS. 1209. 23；北海和波罗的海（1580 年），收藏在伦敦的国家航海博物馆，N. 51－4/G－215；以及“加的斯（Cadiz、Cales）地图”（1587 年），收藏在 TNA，MPF 318。

[85] Taylor, *Mathematical Practitioners*, 167.

[86] Waters, *Art of Navigation*, 542，引用了哈克卢特在其 *Divers Voyages*（1582 年）中致菲利普·西德尼（Philip Sydney）的献词：“史蒂芬·博罗斯船长现在是女王海军的四位船长之一，他告诉我，玛丽女王时期，当他完成向北方对俄罗斯的探险回程之后不久，西班牙人得到情报，他是那次探险的船长，于是请他参与船长和领航员的培养和承认，给予他极大的荣誉，给他一副芬芳的手套，价值 5 或 6 达克特。”

[87] Hakluyt, *Principal Navigations*, 2: 323.

[88] John Dee, “Famous and Rare Discoveries,” BL, Cotton MS. Vitellius CVII, fol. 68v－71v.

到多种多样的位置。”[89] 他特别明确说明了自己向安东尼·詹金森提供了从瓦德豪斯（Wardhouse）到鄂毕河（Ob）的海岸线的信息，以获取其 1562 年地图，之后由亚伯拉罕·奥特柳斯在其 1570 年的《寰宇概观》中出版了（见图 57.6 和 62.3）。谈到地图时，他说自己曾经“画出了海岸的边界”，从瓦德豪斯到鄂毕河（图 58.8）。[90]

图 58.8　鄂毕河河口草图，1568 年

附有可能是由威廉·伯勒书写的地名，这是在其亲身观察和关于通向鄂毕河的道路的当地居民报告的基础上制作的。原图尺寸：约 8.6 × 21 厘米。由 BL（Lansdowne MS. 10. f. 133）提供照片。

威廉鼓励另一位仪器制造商和海图绘制师罗伯特·诺尔曼来进行关于罗盘的磁偏角的研究，我已经注意到他对别人的劝告，建议他们用海图来描述自己的航行。诺尔曼是一名船长，他在成衣商公会工作了 20 年，后来他在泰晤士河畔的拉特克利夫创业，担任罗盘制造师和海图制图师。他以其不同经度上的罗盘磁偏角的实验而闻名于世，1582 年，他在《新吸引力》（*Newe Attractiue*）一书中，将实验的结果发表出来。他为伯勒制作了磁偏角仪器供其使用，当他于 1583 年去世时，理查德·波尔特勒提到了他的去世会对海员带来巨大损失，波尔特勒于 1599 年继任了伯勒的领港公会的船长职务。[91] 只有两幅带有诺尔曼签名的海图保存了下来：一幅是 1580 年的泰晤士河河口图，另一幅是通往英吉利海峡的西南通道海图（图 58.9）。[92]

1739

除了伯勒家族和诺尔曼之外，其他人也在制作海图。例如萨福克的特里姆利（Trimloy）的军械大师理查德·卡文迪什，他还绘制了一幅泰晤士河口的海图，并绘制了一幅多佛尔港口的平面图。他是进行过周游世界的托马斯·卡文迪什的叔叔和小哈克卢特的岳父。他的侄女嫁给了罗伯特·达德利，后者于 1646 年编纂了《海洋的奥秘》。同样，除了作为女王大厦的测量员外，罗伯特·亚当斯还绘制了不列颠群岛的海图，并以他雕刻的西班牙无敌舰队的海图而闻名。艺术家巴普蒂斯塔·博阿齐奥和约翰·怀特也制作了海图，但他们的作品与诺尔曼、伯勒或胡德的作品之间并没有明显的关系。船长威廉·巴芬和詹姆斯·比尔

[89] William Borough, *A Discovrs of the Variation of the Cumpas* . . . , F. ij ver. , pt. 2 of Robert Norman, *The Newe Attractiue: Containing a Short Discourse of the Magnes or Lodestone* . . . (London: Ihon Kyngston, 1581).

[90] Borough, *Variation of the Cumpas* (1581), F. iij ver.

[91] Richard Poulter, *The Pathway to Perfect Sayling* (London: E. Allde for I. Tappe, 1605), Diii.

[92] Robert Norman, Thames estuary, 1580, Hatfield House, CPM. Ⅱ. 37a; Robert Norman, Azores to Beachy Head (southwestern approaches to the Channel), 1581, Burghley House, Stamford; and [Robert Norman?], Southwest coast of Ireland, ca. 1580 and before 1583, BL, Cotton Aug. I. ii. 27.

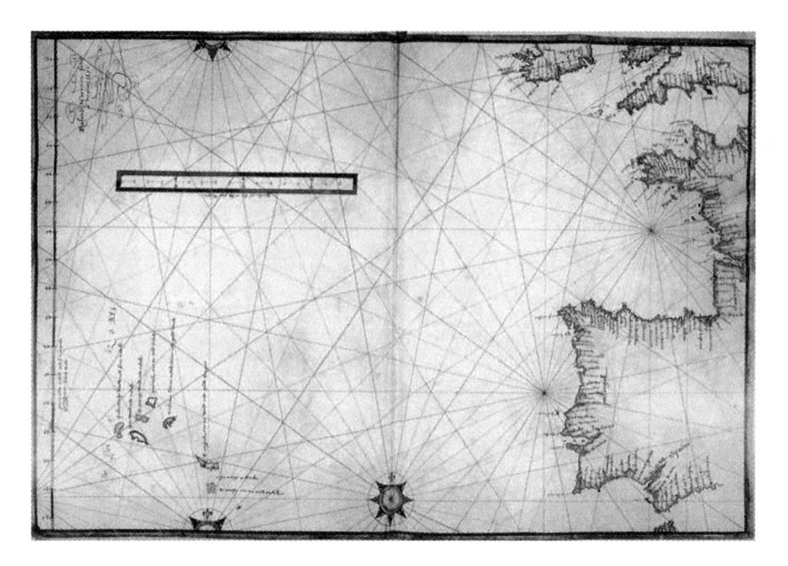

图 58.9 罗伯特·诺尔曼：亚述尔群岛到比奇角（BEACHY HEAD）的海图，1581 年

以北为上方。

原图尺寸：约 33.7 × 48.9 厘米。Burghley House Collection，Stamford，Lincolnshire 许可使用。

（James Beare）也绘制了海图，而反向高度测量仪的发明者约翰·戴维斯也是如此。他们可能彼此认识，因为这个世界很小，而且他们在伦敦的地理位置也很接近（图 58.10）。

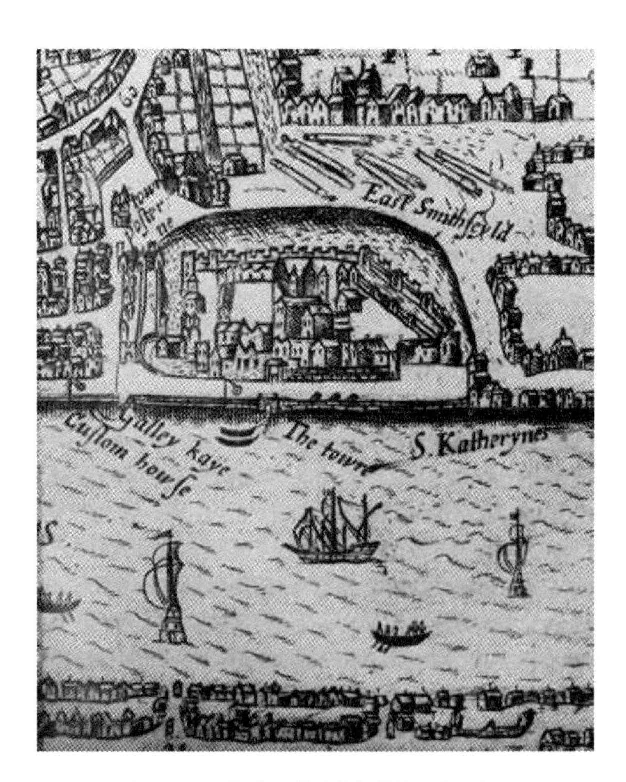

图 58.10 约翰·诺登的伦敦地图的细部

由彼得·斯滕特于 1653 年在伦敦出版。泰晤士河畔的伦敦塔周围地区是 16 世纪末和 17 世纪初的制图师工作的地方。

原图尺寸：约 22.8 × 24.1 厘米；细部尺寸：8.9 × 5.9 厘米。由 BL（Maps Crace Port. I. 33）提供照片。

到了 16 世纪 90 年代，托马斯·胡德在他位于阿布丘奇巷（Abchurch Lane）的房子里一直从事着数学仪器和海图的设计工作，并进行出售，包括在罗伯特·诺尔曼死后留下的罗盘。他有一个学徒，一位叫作弗朗西斯·库克（Francis Cooke）的仪器制造师，他在马克巷（Mark Lane）生活，并出售他师傅设计的十字测天仪。[93] 1592 年，胡德曾记录到，他“不得不与你的几位职业［水手］长时期在一起工作……制作海洋地图”。[94] 这句话至少表明了他与理查德·波尔特勒、威廉·伯勒以及他们同时代人相识，他也许是一名海图制作的教师，当然也可以是一名海图制图师。与此同时，居住在莱姆街（Limestreet）的剑桥凯斯学院（Caius College）数学家爱德华·赖特开始着手解释墨卡托投影，并再次被船长们所熟知。

1740

加布里埃尔·塔顿负责 7 幅保存下来的海图，以及一部由 17 幅 1600—1621 年间东印度群岛海岸海图组成的地图集（图 58. 11）。他的两张海图在尼德兰雕刻，被誉为著名的水文学家。[95] 迄今为止，在 17 世纪最初 20 年保存下来的作品中，他是最多产的，而且，很明显，阿姆斯特丹的海图出版商科内利斯·克拉松（Cornelis Claesz.）认为他的作品值得出版。[96]

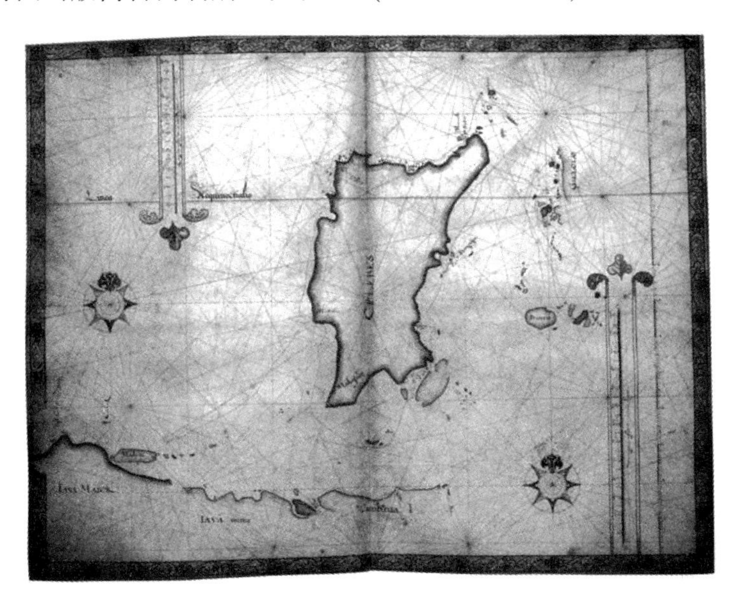

图 58. 11 加布里埃尔·塔顿的海图地图集中的西里伯斯岛（CELEBES），约 1619 年

摘自一部东印度群岛的 17 幅海图的地图集。

原图尺寸：47 × 63 厘米。由 Royal Naval Museum，Portsmouth（VA 32）提供照片。

[93] 我已经查阅了 1580—1640 年期间的服饰商公司（haberdashers）、呢绒商公司（drapers）、成衣商公司（merchant taylors）、纹章画师公司（painter stainers）、杂货商公司（grocers）、伦敦绸布商公司（mercers）和金饰商公司（goldsmiths）的记录，但没有进一步确认具有公司结构的其他海图制图师。

[94] Thomas Hood，*The Marriner's Guide*，supplement to *A Regiment for the Sea* . . . ，by William Bourne，ed. Thomas Hood（London：Thomas Est，1592），Aiii.

[95] 这幅海图的两个版本有很多个例，日期为 1600 年和 1616 年。这幅海图将塔顿称为著名的水文学家，是“Noua et rece Terraum et regnarum Californiae，nouae Hispaiae，Mexicanae，et Peruviae . . . delinatio a M. Tattonus celebrem sydrogeographo”，BL，Maps C. 2. a. 3（1），由 1600 年修改为 1616 年。另一份副本收藏于 John Carter Brown Library，Providence，R. I. ，而且其日期同样修改为 1616 年。

[96] 此处注释于 K. Zandvliet，*Mapping for Money*：*Maps*，*Plans and Topographic Paintings and Their Role in Dutch Overseas Expansion during the* 16*th and* 17*th Centuries*（Amsterdam：Batavian Lion International，1998），35，n. 19，其中引用了冈特·席尔德，认为他拥有塔顿和赖特为克拉松工作的证据。

他也似乎是早期的泰晤士河畔海图制图师和呢绒商公司之间的纽带。在他的全部职业生涯中，他都使用简单的罗盘玫瑰，就此而言，他的风格类似于罗伯特·诺尔曼。诺尔曼、塔顿和后来的丹尼尔也都在他们的一些海图上实施了一种独特的比例尺，在比例尺的两端都画有三叶草末端的叶子，这再次说明了诺尔曼对塔顿产生了直接或间接的影响，然后塔顿又影响了丹尼尔的风格。他们和其他的人都住在泰晤士河的河岸畔的各个教区：莱姆豪斯（Limehouse）、拉特克利夫、沙德韦尔（Shadwell）和沃平（Wapping），那里是造船业和海事社区的中心，如果我们假设他们彼此认识，应该是合乎情理的。塔顿住"在拉特克利夫西端的金色手枪标牌处"，而丹尼尔是呢绒商公司的第一任海图制图师，他住在圣凯瑟琳（St. Katherines）的铁门（Iron Gate），离伦敦塔的距离大概是一英里。[97]

呢绒商公司的海图制作师

呢绒商公司中，有一群制图师之间有直接的师徒关系。呢绒商公司的第一位制图师是约翰·丹尼尔，他于1590年从公司中解职出来，因此被允许从事罗盘制作和海图制作方面的实践。[98] 丹尼尔曾经当过詹姆斯·沃尔什（James Walsh）的学徒，沃尔什曾是一名水手，据记载，他住在伦敦塔区域的铁门塔，是一名罗盘制作师。丹尼尔自己的学徒包括尼古拉斯·康博福德，而他的学徒则是约翰·伯斯顿（John Burston）和安德鲁·韦尔奇（Andrew Welch）。这一学派的脉络，以保存下来的海图数量为代表，令人印象非常深刻。从1614年丹尼尔的第一张标出日期的地中海和南大西洋的海图，到1719年罗伯特·弗兰德（Robert Friend）的最后一张保存下来的海图，现存的海图超过550张。然而，大多数情况都是在17世纪后半叶，当此之时，英格兰的航运和贸易都有所增长。从1614—1660年，丹尼尔、康博福德和伯斯顿都负责了23张保存下来的海图。显而易见，丹尼尔被船长用来制作他们的调查，就像他的前辈塔顿一样。随着加布里埃尔·塔顿在1621年去世，呢绒商公司垄断了海图的制作，一直到1719年。

关于他们的工作实践，除了海图本身的证据之外，几乎无人所知，但是，在1655年，威廉·多宾斯（William Dobbyns）到尼古拉斯·康博福德位于沃平的破旧居所里拜访他，并留下了一个记录。[99] 有趣的是，康博福德为最便宜的海图报出的价格是25先令，他和他的儿子托马斯·康博福德（1655年从呢绒商公司中离职而出）会耗费三个星期的时间来制作一个海图，而且他们为一些有影响力的船长工作。他还在自己的房子出售已经制作好的海图。他关于船长的话证实了在1655年它是一种惯例，因为它已经是在一个世纪之前了，因为海图是船长的个人财产，因此海图制作师仍可以依靠一群客户来维生，他们为这些客户复制海图，或者根据客户自己的调查来绘制新的海图。

1663年，塞缪尔·佩皮斯还拜访了康博福德，后者的"精细而艰苦的工作"给他留下了深刻的印象。1665年2月18日，他从康博福德曾经的学徒约翰·伯斯顿那里订购了朴茨

[97] 伯勒住在莱姆豪斯，罗伯特·诺尔曼住在拉特克利夫，理查德·波尔特住在伦敦塔附近，尼古拉斯·雷诺兹和加布里埃尔·塔顿住在拉特克利夫，托马斯·胡德住在米诺里斯（Minories）。Smith, "Manuscript and Printed Sea Charts," 57。

[98] Smith, "Manuscript and Printed Sea Charts", 和 Campbell, "Drapers' Company", 是下一节的基础。

[99] Smith, "Manuscript and Printed Sea Charts," 91.

茅斯港口的一幅草图的三份副本，显而易见，这幅草图是由桑威奇（Sandwich）伯爵（或受桑威奇的命令）为查理二世、桑威奇和佩皮斯本人所绘制的。这张复制的海图在 3 月 12 日就已经制作好了，佩皮斯和桑威奇"仔细审视伯斯顿今天带给他的地图"。伯斯顿花了三个星期的时间来制作这三份副本。1666 年 5 月 14 日，佩皮斯的办公室里可能挂着这幅海图和其他海图，佩皮斯在他的日记中记录到，在把地图取下来，以避免伦敦的大火之后，"他清理了自己办公室里的壁柜……重新把我的地图挂了上去"。[100] 而史密斯的说法与之相反，他说佩皮斯"基本不关注他们的海图，自己的工作只限于抄写员"，[101] 很明显，他在办公室的墙上挂着伯斯顿制作的海图，而且他高度重视伯斯顿，正是因为他是一个可以根据原始草图绘制出精美海图的海图制图师。

加布里埃尔·塔顿和尼德兰的联系

史密斯评论道，泰晤士海图制作学派（即呢绒商公司）的历史完全可以"追溯，但确定 16 世纪 90 年代制作的更早期的泰晤士河海图的原型则比较困难"。[102] 他认为这一风格在托马斯·胡德、加布里埃尔·塔顿、尼古拉斯·雷诺兹和托马斯·卢波（Thomas Lupo）的海图中都得到了很好的发展。他承认了呢绒商公司的风格，尤其是塔顿的地中海（约 1600 年）的风格，以及后来的呢绒商公司的制图师制作的风格，但他错误地将胡德、雷诺兹和卢波等人纳入其中，因为在风格方面没有太令人信服的证据。

从表面上看，约翰·丹尼尔从他的师傅詹姆斯·沃尔什那里学到了手艺。沃尔什或许也制作过海图，但如果是这样的话，他的海图中就没有一幅被记录下来。因此，我们不知道他对丹尼尔的海图制作有什么影响。事实上，由于丹尼尔最早的海图活动是在 1612 年（见下文），大约是在他获得自由的 22 年之后，所以他的这位师傅似乎不太可能有任何影响。相反，他的前辈加布里埃尔·塔顿是一个更好的候选人。塔顿受雇担任托马斯·罗（Thomas Roe）爵士和沃尔特·罗利的船长一职。和丹尼尔一样，他也曾为新东印度公司船长工作，而且显然受到了北荷兰学派的荷兰绘本海图制图师的影响；而丹尼尔也遵循了这一风格。至少，丹尼尔和塔顿都受到了塔顿的海图从 1600 年开始引入英格兰的尼德兰风格的影响。

如何证明这种联系呢？从 1589—1622 年，北荷兰学派总共有 29 个实例保存下来。[103] 这一学派的早期代表似乎是科内利斯·杜松，他绘制了欧洲海岸、印度洋、东印度群岛和大西洋的海图。与此同时，扬·迪尔克松·里克曼斯、埃弗特·希贝尔松、约里斯·卡罗吕斯，以及扬松家族的哈尔门和马滕兄弟也都在从事这方面的工作。

通过比较特定的装饰元素的样式，如罗盘玫瑰和比例尺，可以看到一些元素的共同使

---

[100] Samuel Pepys, *The Diary of Samuel Pepys*, 10 vols., ed. Robert Latham and William Matthews (Berkeley: University of California Press, 1970 – 1983), diary entries for 18 February 1665 (6: 38), 12 March 1666 (6: 55), and 14 May 1666 (7: 124).

[101] Smith, "Manuscript and Printed Sea Charts," 93.

[102] Smith, "Manuscript and Printed Sea Charts," 96.

[103] Günter Schilder, "De Noordhollandse cartografenschool," in *Lucas Jansz. Waghenaer van Enckhuysen: De maritieme cartografie in de Nederlanden in de zestiende en het begin van de zeventiende eeuw* (Enkhuizen: Vereniging "Vrienden van het Zuiderzeemuseum," 1984), 47 – 72; the North Holland School is discussed in chapter 45 in this volume.

用，并显示出塔顿也共享了这些元素。1600—1621 年间的他的现存作品中，有三幅图展现了北荷兰学派的特点。这些是地中海（以前被认为是 1596 年，但现在看来更可能是 1600 年前后）、太平洋（1600 年）、大西洋（1602 年）的海图（见附录 58.1）。他后来的所有作品在风格上都要简单得多，也不能完全归咎于北荷兰学派的影响。塔顿的地中海地图上有四个罗盘玫瑰，其中最华丽的两个罗盘玫瑰展示了与科内利斯·杜松在其印度洋海图（1600 年），以及哈尔门和马滕·杨松的欧洲海图（约 1609 年）上相同的特征。罗盘玫瑰的特征是点状的，而刻度杆上则放满了水果和花朵。

从塔顿的 1600 年东印度群岛和太平洋海图上的特殊图形元素，可以使它与北荷兰学派更牢固地联系起来。它展示了一个骑在犰狳上的亚马孙人，代表着美洲（图版 72）。哈尔门和马滕·杨松在 1606 年和 1610 年的绘本世界地图（图 58.12）上，这种骑在“犰狳”上的亚马孙人的尼德兰图像也被描绘成美洲的象征。这幅图的原图是梅尔滕·德福斯（Maerten de Vos）在 1589 年绘制的，并由阿德里安·科莱尔特（Adriaen Collaert）进行雕刻刊印，标题为“亚美利加”（图 55.13）。[104]

图 58.12 来自哈尔门和马丁·扬松的世界海图的残片，1606 年

表现了如图版 72 所示的坐在犰狳背上的一位亚马孙战士形象。

原图尺寸：约 17.6 × 25.2 厘米。照片版权：National Maritime Museum，London（G201：1/16A）。

[104] 阿姆斯特丹国立博物馆（Rijksmuseum）的斯哈特博恩（Schatborn）博士联系了我。Darmstadt，Inv. nr. AE 441 中的画作是由德福斯绘制的，是为阿德里安·科莱尔特所制作的印刷本“亚美利加”所准备的。这一画作上所标的日期为 1589 年。同样的，在塔顿的太平洋地图（1602 年）上显示中国部分中的大汗的形象，也是从同样的科莱尔特系列“Gross Furst in der Moscow”中复制过来的。

图 58.13　由梅尔滕·德福斯绘制，1589 年

可能是北荷兰学派和加布里埃尔·塔顿使用犰狳背上的亚马孙战士作为美洲象征的资料来源。

照片版权：Rijksmuseum，Amsterdam（Darmstadt，inv nr AE 441）。

海图上的签名进一步证实了北荷兰学派对塔顿的影响。他（用荷兰语）写道："由我、来自伦敦的英格兰人加布里埃尔·塔顿。"我们可以假设，后者当时是在荷兰。关于他在哪里工作的唯一线索是英格兰雕刻师本杰明·赖特的作品所提供的，他当时在荷兰，雕刻了塔顿的一部分太平洋和大西洋的绘本地图，来制作一幅美洲地图和另一幅太平洋地图，他于 1600 年发行。[105] 1599—1602 年，赖特在荷兰，为巴伦特·兰赫内斯的《海图宝藏》做了一些粗活。根据塔顿的中美洲雕刻地图被描述为由"M Tattonus"绘制的，而太平洋的海图也有注记"G Tattonus Auct"。塔顿的地中海海图——仍然是北荷兰学派的风格——是在 1600 年前后由其绘制于伦敦。由于我们不知道塔顿是什么时候出生的，而他制作的第一幅有明确日期的海图是北荷兰学派的风格（这幅图就是他于 1600 年在荷兰绘制的太平洋地图），他似乎很可能在那里学习了技巧，将这种风格带回到了伦敦，在伦敦，丹尼尔和他的继任者对其进行了复制。

1743

海图的构造

史密斯描述了海图是如何绘制在犊皮纸上，然后通常安装在木质的铰链板上的，这些木板可以折叠起来，而犊皮纸的表面则是在木板之间受到保护。史密斯还讨论了实际的绘制方法，即在犊皮纸的中心用圆规的点画出一个圆，由此，罗盘的方向沿着罗盘的点辐射；这些线被称为斜航线。这一时期的海图也包括了等距的纬度和一条比例尺。它们通常不是按照墨卡托投影制作的，按照墨卡托投影，纬度线之间的距离会随赤道的距离的增加而增大（以

---

[105] 关于本杰明·赖特，请参阅 Arthur Mayger Hind，*Engraving in England in the Sixteenth & Seventeenth Centuries*：*A Descriptive Catalogue with Introductions*，3 vols.（Cambridge：Cambridge University Press，1952－1964），2：212－220。

便在图上给船只一个正确的方向)，但是是在平面投影上构建的。这种常见的投影只是将海图划分为在赤道上方或赤道以下均匀分布的纬度线。

这样横渡大洋的海图显然容易导致在大西洋两岸登陆出现错误，但是16世纪晚期的水手和17世纪中期的水手们都习惯了，而且似乎已经得到了许可。威廉·巴洛（William Barlow）在《航海家必备》（*Navigators Supply*）（1597年）中说，根据平面投影的海图是唯一与水手们一起使用的海图。在墨卡托的海图中，他说："这种地图的方式已经在印刷中出现了，至少在这三十年里是这样的，但它依然不过是一团云雾（就像现在一样），而在这种情况下，无知的神秘感也一直保持着它的隐蔽。"他进一步断言，"知识渊博的人"已经尽其所能来"羞辱"它。[106]

1744

爱德华·赖特在他的《航海的某些错误》（1599年）中，成功地解释了墨卡托海图的数学基础，但即便如此，他的工作似乎并没有像他和东印度公司所希望的那样对方兴未艾的海图制作交易产生影响。除了一幅可能是由约翰·丹尼尔制作的世界海图（1617年前后），它看起来像是根据墨卡托投影而制作的海图，还有一幅可能是由爱德华·赖特自己绘制的从亚速尔群岛到朴茨茅斯的海图（1595年前后），其他人都没有使用这种投影（参见附录58.1）。考虑到使用墨卡托投影的现存海图非常稀少，很有可能，最初的提议是由沃特斯提出的，"詹姆士一世统治时期（1603—1621年）的特许公司的航海家揭示了，他们使用的海图投影通常是在科学上准确的那些，而不是极地海图或墨卡托投影海图"，这一提议可能需要修改。[107]

如果考虑到当船长使用新的墨卡托海图时，他们本人的某种咒骂的观点，那就更是如此了。例如，沃尔特·佩顿（Walter Payton）在1615年记载道："丹尼尔（基于墨卡托投影的）地图已经证明埃塞俄比亚陆地、好望角（Cape Bona Speranza）与圣劳伦斯岛（马达加斯加）之间的70里格的纬度距离是错误的，正如画在塔顿的平面图中，显得的确非常明显。"[108] 1611年2月（新历1612年），安东尼·希彭（Anthony Hippon）离开了伦敦，1612年5月25日，基于《球仪》（*Globe*），他在班塔姆向公司抱怨丹尼尔的海图。"阁下应该理解它们是由约翰·丹尼尔在铁门（伦敦塔附近）附近的寓所制作的某些地图，在这些地图上，科摩林海角（Cape Comorin）和锡兰的西部地区的投影都是严重错误的，因为我敢于用我的生命发誓，法国的点就在（经度）6″10′距离之内。"他进一步阐述："我会建议阁下您，所有为您服务的此类水手都不要购买那些错误的地图。"显而易见，清晰的证据表明关于泰晤士河的海图都受到了批评，无论是墨卡托或者是平面图，这样公司的人都必须要修改这些海图。同样，塔顿、丹尼尔和公司之间的联系也是非常明显的，尽管这些海图制图师并不是由公司直接雇用。[109]

1616年，托马斯·邦纳（Thomas Bonner）在前往东印度群岛的航行中，对丹尼尔的海图（尽管它们可能没有根据墨卡托的投影）提出了类似的抱怨。当离开苏门答腊海岸时，

---

[106] William Barlow, *The Navigators Svpply: Conteining Many Things of Principall Importance Belonging to Nauigation, with the Description and Vse of Diuerse Instruments* ... (London: G. Bishop, 1597), k4.

[107] Waters, *Art of Navigation*, 294.

[108] Purchas, *Purchas His Pilgrimes*, 4: 291.

[109] 我很感谢安东尼·法林顿（Anthony Farrington），他提到了BL, IOR, 6/40/25 (1), 72-79。

他说："凭借我们由约翰·丹尼尔制作的地图，我们短了90里格：但用我们从加布里埃尔·塔顿的船上得到的一幅旧地图，则使得我们的船只登陆地点非常正确：我怀疑约翰·丹尼尔有没有更好的指导。"[110]

这些参考资料证明，丹尼尔是根据赖特或墨卡托的投影为公司的船长制作海图，因此我们可以推断出，他可能是由赖特亲自（还有其他人吗?）指导，后者受雇于东印度公司。然而，该公司的船长显然无法接受这些海图。1614年3月，公司的会议记录明确表示，该公司希望"把他（赖特）和他们的服务紧密地联系起来，以仔细精读将要返程的他们的人的日志，从而使他们获得双重的好处，也使得他们的人更仔细与精确地进行观察，并明智地获得收益，增长人们在这些领域的知识。也检验他们的水手并完善他们的地图"（这是我的重点）。目前还不清楚，他是否做过这些要求他做的事；1614年的法庭会议记录记载了总督和副手"让他因此记住"。从同一条目中，我们知道公司掌握有大量的日志和"情报书"在手中，并且牢记于心，雇用一些其他人来将它们复制于参考书中，至于赖特，他就是要将"日志和地图与葡萄牙人和其他人以前制作的此类产品进行比较，以区分故意或无知地写在其上"。[111]

1745

当赖特于1615年去世时，他根据墨卡托或赖特的投影改进的海图显然很少被使用，这不足为奇：他在1614年被任命后，几乎没有时间指导水手，而且许多人仍然持不信任的态度。理查德·诺伍德在《海员的实践》（*Seaman's Practice*）（1637年）一书中致读者的献词中写道："考虑到这个特殊的实验是30多年以前，由我们的同胞爱德华·赖特先生提出的，他要求了一些人来参加对它的试验，如果他能找到自己想要的此类推动和机遇，他自己就会这么做的，但他似乎没有，而自那时之后他就也不再有此类机会。"他又继续说，对航路的推算"仍然依赖平面或普通的海图，这使得任何平行等分的度数都等于赤道的度数"。墨卡托海图的构建与使用似乎导致了实践上的困难和错误理解。赖特曾经解释过数学原理，并提供了从赤道到北纬80度之间纬度的每一度每10分的正割线值的表格，但测量所经距离的图形难度依然存在。1659年，诺伍德依然在抱怨墨卡托海图的遗漏和匮乏，然后他解释了原因："你必须经常更改比例尺，因为这幅海图上的纬度的度数并不均等，而是向两极越来越大。"[112] 因此，需要计算南北的距离，而不是在比例尺上去读取，比例尺是由长度均等的单位构成的，这就使得事情变得更加复杂。

---

[110] Michael Strachan and Boies Penrose, eds., *The East India Company Journals of Captain William Keeling and Master Thomas Bonner*, 1615 - 1617 (Minneapolis: University of Minnesota Press, 1971), 207 - 208.

[111] 东印度公司董事法庭诉讼的会议记录，1613 - 1615 IOR: B/5, p.60。"来自代表莱特先生的唐顿船长的一封信。"被列入 *Calendar of State Papers*, *Colonial Series*, *East Indies*, *China and Japan*, 1513 - 1616, ed. W. N. Sainsbury (London: Longman, Green, Longman, and Roberts, 1862), 284 and 306。另请参阅 *The Lawes or Standing Orders of the East India Company* (1621; reprinted Farnborough, Eng.: Gregg International, 1968)。关于东印度公司，请参阅 K. N. Chaudhuri, "The East India Company and the Organisation of Its Shipping in the Early Seventeenth Century," *Mariner's Mirror* 39 (1963): 27 - 41；关于官方水文机构，请参阅 Andrew S. Cook, "Establishing the Sea Routes to India and China: Stages in the Development of Hydrographical Knowledge," in *Worlds of the East India Company*, ed. H. V. Bowen, Margarette Lincoln, and Nigel Rigby (London: Boydell Press, 2002), 119 - 136。

[112] Richard Norwood, *The Sea-Mans Practice*, *Contayning a Fvndamentall Probleme in Navigation*, *Experimentally Verified*: *Namely*, *Touching the Compasse of the Earth and Sea*, *and the Quantity of a Degree in our English Measures* (London: Printed for George Hurlock, 1637), b2 verso, 3, and 103 - 104.

在许多情况下，当远离赤道时，上浮的纬度值的实际问题完全可以避免。谈到平面航行，彼得·帕金斯说，“假如地球和海洋是一个平坦的平面，每一条平行线都等于赤道，然而通过把长途航行拆解成许多短途航行，这样就可以很好地在相同的一条子午线附近进行航行（意思是只在一条南北走向的子午线附近，稍微偏东或偏西，反之亦然）。他还声称，平面海图将“在最长的航行中起作用，这样，一个人在返回时，就可以取道逆着他曾经经行的斜航线（方向线）或其附近”。[113]

这些观点被普遍接受。科特尔（Cotter）将这种航行的方法描述为纬度航行，即向北或向南航行，直到到达目的地的纬度，然后再向东或向西航行，这取决于已知的盛行风和洋流。[114] 尽管这是一种粗略的过度简化的说法，但很容易看出是如何充分利用平面海图的，它将一纬度划分为通常小于 1/10 或 1/6 度的单位。无论使用什么海图，经度仍然是一个问题。

到了 17 世纪 30 年代，这种对使用墨卡托海图的抵制开始改变。1619 年，尼德兰的水道测量师和出版商威廉·扬松·布劳引介了墨卡托的大西洋海图。这些海图都是在犊皮纸上印出来的，比例尺很小，我们可以假设英格兰的船长和尼德兰船长一样可以使用这些海图。正如赖特所解释的那样，直到 17 世纪 30 年代，墨卡托的海图才开始对海洋的使用产生了影响。17 世纪 30 年代，查尔斯·索顿斯托尔（Charles Saltonstall）在西印度群岛的一次航行中，与尼德兰和英格兰的船长们打赌，一些人使用的平面海图是不正确的，无法准确进行计算。他赢了，得意扬扬地宣称，“你看到的那幅平面海图，显然是需要拐杖的，因为它的线都是跛脚的”。[115]

即使在 17 世纪末，也不是每个水手都被说服了。埃德蒙·哈利（Edmond Halley）仍试图劝说水手，墨卡托海图有很多优点：1696 年，他满怀绝望地写信给佩皮斯，抱怨他们固执地使用“普通的平面海图，好像地球是平的”和他们“依靠平面海图来进行估算，这方法实在太荒谬了”。[116]

英格兰印刷海图贸易的出现

尽管手工绘制的海图在 17 世纪的伦敦很常见，但 16 世纪 80 年代，英格兰人也开始从尼德兰人那里进口印刷海图。最早为英格兰市场而翻译为英文进口的尼德兰作品是 1584 年的《水手的安全保障》（*The Safeguard of Sailors*），它包括木刻版的海岸景观图。然而，最主要的创新是由安东尼·阿什利翻译的尼德兰地图集《航海之镜》（*Spieghel der zeevaerdt*）的英文译本，在英格兰印刷为《航海之镜》（*The Mariners Mirrour*），并于 1588 年发行，也就是西班牙无敌舰队进攻英格兰的那一年。其图版中有三块是由奥古斯丁·赖瑟在伦敦雕刻

---

[113] P. Perkins, *The Seaman's Tutor: Explaining Geometry, Cosmography and Trigonometry* ... (London, 1682), 78 and 135.

[114] Charles H. Cotter, "The Development of the Mariner's Chart," *International Hydrographic Review* 54, no. 1 (1977): 119 - 130, esp. 121.

[115] Charles Saltonstall, *The Navigator: Shewing and Explaining all the Chiefe Principles and Parts both Theoricke and Practicke* ... (London, 1636), 108.

[116] 埃德蒙·哈利致佩皮斯的信（1696 年 2 月 17 日），收入“papers of Mr Halley's & the learned Mr Grave's touching on the imperfect Attainments in the Art of Navigation &c.” Pepys Library, Magdalene College, Cambridge, MS. 2185, fol. 6. Copy in BL, Add. MS. 30221, fol. 85。

的，他也雕刻，似乎也发表了罗伯特·亚当斯（Robert Adams）在同年绘制的纪念（打败）无敌舰队的海图。1657 年，约瑟夫·莫克森（Joseph Moxon）用尼德兰的图版，在伦敦印刷了他的《欧洲海图集》（*Book of Sea-plats . . . Europe*），旨在成为大众中流行的作品。[117] 除了这三件作品外，英格兰人还依赖于在阿姆斯特丹印刷的尼德兰海图集，一直到 17 世纪 70 年代。因此，直到 17 世纪 70 年代，英格兰的海图绘制一直是一个完全手工绘制的职业，因为印刷的海图可以从阿姆斯特丹买到。 1746

因此，要想了解英格兰的真实海图资源，就必须记住这段时期进入英格兰的进口的海图集和海图，它们通过书商和船舶商出售。16 世纪 70 年代之后，在伦敦的佛兰德和后来的尼德兰书商从安特卫普的克里斯托弗·普兰迪因那里，17 世纪从阿姆斯特丹的布劳那里，都进口了图书。第一个专门销售英文海图的人是威廉·费希尔（William Fisher）。[118] 在 18 世纪早期，手工绘制的海图逐渐被雕刻的海图所取代，这一趋势在约翰·桑顿（John Thornton）的职业生涯中得到了充分的体现，他曾在呢绒商公司里做过伯斯顿的学徒。[119] 他把自己描述为一个地图制图师，在 1667—1701 年间，制作了 33 幅现存的绘本海图。1677 年之后，他与另一位地图和海图制图师约翰·塞勒一起出版了《英格兰领航员》，其中包含了地中海地区的海图。许多海图都来自他的工坊。此后，塞勒和费希尔继续编制并发行《英格兰领航员》一书，并于 1689 年发行了一份西印度群岛的作品。1703 年桑顿又为东印度群岛出版了另一部《英格兰领航员》。

结　论

就像尼德兰人一样，英格兰人在欧洲海图制作领域是后来者。尽管如此，他们还是绘制了世界的海岸线，从 1600 年开始，根据自己的经验，以及对西班牙人、葡萄牙人、法国人和尼德兰人所编撰的海图版本的修改，他们绘制出了世界的图形景观。其所绘制海图的数量和覆盖范围不仅根据发现的内容发生了变化，而且也根据政府和商业利益而调整，包括 17 世纪初的殖民利益。

在 1550 年之前，甚至即使是在远洋航行中，英格兰人都完全没有使用海图，或者是他们得到了国外的海图和领航员，尤其是来自葡萄牙的。然而，在 1550—1590 年期间，英格兰人很快学会了如何使用，然后根据他们在东北和西北通道以及大西洋和东印度群岛的航海经历，制作了海图。这些是带有等距纬度的平面海图。诺尔曼、伯勒和胡德以及其他一些人，从 16 世纪 70 年代到 16 世纪 90 年代，积极地教授政府和海事组织，提倡使用海图，他

---

[117] BL，Maps K. Mar. I. 41.

[118] Sarah Tyacke，*London Map-Sellers*，1660 – 1720：*A Collection of Advertisements for Maps Placed in the* London Gazette，*1668 – 1719*，*with Biographical Notes on the Map-Sellers*（Tring，Eng.：Map Collector Publications，1978），114.

[119] 关于桑顿的职业生涯，尤其请参阅 Andrew S. Cook，"More Manuscript Charts by John Thornton for the Oriental Navigation，" *Imago et Mensura Mundi*：*Atti del IX Congresso Internazionale di Storia della Cartografia*，3 vols.，ed. Carla Clivio Marzoli［Rome：Istituto della Enciclopedia Italiana，（1985）］，1：61 – 69；Coolie Verner，"Engraved Title Plates for the Folio Atlases of John Seller，" in *My Head is a Map*：*Essays & Memoirs in Honour of R. V. Tooley*，ed. Helen Wallis and Sarah Tyacke（London：Francis Edwards and Carta Press，1973），21 – 52，esp. 23 – 24；and Tyacke，*London Map-Sellers*，144。

们自己也制作了海图。

17 世纪初，塔顿开始按照北荷兰学派的风格制作海图。他把这一影响传递给了与他同时代的年轻的丹尼尔和他的学徒们，在泰晤士河畔创立了生意，以满足水手和其他人的需求。这个新生的团体至少从 1612 年（第一次提到丹尼尔的海图的时间）起就开始在呢绒商公司里崭露头角，而且成立了组织。像塔顿这样的呢绒商公司成员，显然是为东印度公司的造船师提供了设备，并制作了副本海图。他们的客户不仅有船长，还有支持航海的贵族，或者是那些需要装饰海图的政府使团。王室官员也有一些海图，这些海图是供他们自己欣赏和参考，即使完全可以使用的印本地图问世已经很久了。

与此同时，东印度公司也做出一些尝试，以与荷兰东印度公司类似的方法，教授船长们航海，购买海图、日志和航海日志，或制作副本。爱德华·赖特根据墨卡托投影的开创性著作《航海的某些错误》（1599 年），以及他自 1614 年起在东印度公司的工作，继续了这一努力。他可能指导了约翰·丹尼尔，1615 年，公司的船长提到了他的墨卡托海图。丹尼尔继续制作着北大西洋航线的平面海图，一直到 17 世纪 30 年代（图 58.14）。但随着赖特于 1615 年去世，必要的系统数学教学停止了。塔顿和呢绒商公司的海图制图师的平面海图继续为单独船长制作和使用，这暗示了公司搜集海图副本的尝试是零星的，尽管也收集了一些日志的副本。

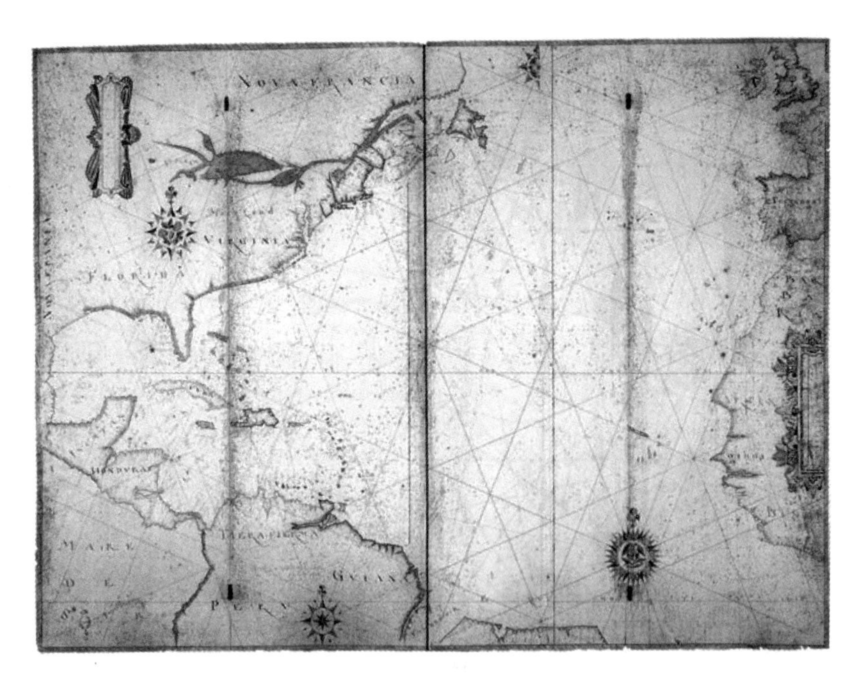

图 58.14 约翰·丹尼尔：北大西洋，1639 年

原图尺寸：71 × 96 厘米。Biblioteca Nazionale Centrale，Florence（Port. 13）. Ministero per i Beni e le Attivita Culturali della Repubblica Italiana 许可使用。

直到 17 世纪晚期，英格兰的海图绘制几乎完全是绘本形式。与尼德兰出版商的竞争几乎没有什么意义。因此，英格兰海图的读者人数比尼德兰海图要少；然而，读者中有政府、海事业界和大学。此外，到 17 世纪 30 年代，已经完成了对已知海上航线的记录，包括东印度群岛的海岸系列。然而，在没有出版的力量的情况下，绘本传统的普及或大众的影响是非常有限的。这些绘本的海图继续很好地制作，直到 18 世纪，当时印本的海图贸易从呢绒商公司海图的绘本，特别是约翰・桑顿的绘本中脱胎而出。

附录 58.1　**现存最早的英格兰海洋表现和海外的海图，约 1560—1660 年，按每十年排列**

1748

这一列表的时间范围是从现存英格兰制作的海图的最早十年——尽管在此之前伯勒家族就已经一直在制作海图了——到 1660 年前后，在这时候，大为增加的现存海图的数量，表现了呢绒商公司的英文绘本海图交易。这种绘本地图的产出一直持续到 18 世纪中期。在 17 世纪 70 年代期间，绘本海图制图师和摹绘员约翰・塞勒和约翰・桑顿开始制作雕版和印刷海图，英国的印刷海图贸易开启了。

表中也给出了海图的地理覆盖范围，如果有标题的话，则加上引号。我们认为的作者则用方括号括起来。方括号中的日期是图上没有的，而做出的近似的日期。有时，制图师会给出月份和年份——在这种情况下，新旧风格的年份可能会有所不同，表中给出了前者。资料来源中提到的增加的海图将大大增加了产量，而对其他海洋表现的充分探索，例如政府文件或其他 IOR 中的海岸草图或港口平面图，则还没有完成。

文本中也提到了较早期的英国制作的海图。不列颠群岛和沿岸水域的海图，也在与证据和参考相关的文本中得到提及，这些证据和参考是在第二手的描述中所给出的，尤其是 Adrian Henry Wardle Robinson, Marine Cartography in Britain: A History of the Sea Chart to 1855（Leicester: Leicester University Press, 1962）。

非常感谢 Richard L. Pflederer［参见他的 *Catalogue of the Portolan Charts and Atlases in the British Library* （（U. S. A.）: author, 2001）］和 Peter Barber，感谢他们对此附录的意见。尤其有价值的是对照 Tony Campbell 的 “Indexes to Material of Cartographic Interest in the Department of Manuscripts and to Manuscript Cartographic Items Elsewhere in the British Library” 进行的检查（November 1992），vol. 3，Chronological Index，711 –937［BL，MapsRefZ. 2.（1）］。我还要感谢 Rose Mitchell 为我检查了对收藏在 TNA 中的那些项目的引用，感谢 Roger Mason，他提供了 Bodleian Library 中 1660—1741 年间的海图的目录，以及对 “A Note of the Headlands of England . . .”（Steele 1012）中可能所附的不列颠水域海图的引用。最后，感谢 Andrew Cook，他建议并协助我编撰了这一附录和时间覆盖范围的最终标准版本。

项目	描述	收藏地
	1561—1570	
1	William Borough，Novaya Zemlia to the river Ob，sketch［ca. 1568］	BL，Lansdowne MS. 10，fol. 133
2	William Borough，Norway to Novaya Zemlia［ca. 1568］	BL，Royal MS. 18. D. Ⅲ，fol. 124
3	"Booke of the Sea carte"［1560s?］	BL，Add. MS. 37024，fols. 41 –48
	1. Scotland	
	2. East coast of England，Flanders，Holland	
	3. Cardigan Bay，Wales to the Channel，Normandy and Brittany	
	4. Ireland，the Irish Sea and western England	
	1571—1580	
4	William Borough，North Atlantic，1576	Hatfield House，CPM. I. 69
5	［Edward Fenton］，Warwick Foreland and the Queen's Foreland，Canada，1578	Cambridge，Magdalene College，Pepys Library，MS. 2133，fol. 16

续表

项目	描述	收藏地
6	Francis Fletcher (copyist John Conyers ca. 1677)	BL, Sloane MS. 61
	1. River Plate to beyond the Straits of Magellan; "River of Plate" to "Insula Elizabethae" 1577 - 1578 (Henderson Island, 55°36′S)	fol. 19r, and another version, fol. 35
	2. Elizabeth Island	fol. 39r
7	John Dee, North Atlantic, English Channel to west coast of America and the Bering Strait, map, 1580	BL, Cotton MS. Aug. I. i. 1
8	John Dee, Northern hemisphere, Arctic Ocean to China, "Deo optimo maximo favente, Anglorum ad Cathaicum per Scythicum Oceanum . . . 1580"	Stamford, Lincs., Burghley House
9	William Borough, British Isles, North Sea and Channel; a fragment of a larger chart probably covering the Norwegian coasts, the Arctic Ocean and possibly as far as the river Ob [ca. 1580]	Dublin, Trinity College, MS. 1209, no. 23 *
10	[Robert Norman?], Southwest coast of Ireland [ca. 1580 and before 1583] 1748	BL, Cotton MS. Aug. I. ii. 27
11	[Hugh Smith?], Vaygatz and Novaya Zemlia, sketch, 1580	BL, Cotton MS. Otho E. Ⅷ, fol. 78
	1581—1590	
12	Robert Norman, Azores to Beachy Head, 1581	Stamford, Lincs., Burghley House
13	T. S., Northern hemisphere, Arctic [ca. 1582]	Philadelphia, The Free Public Library
14	Richard Madox, Santa Catarina, Brazil, called the Bay of Good Comfort by Capt Edward Fenton, sketch [ca. 1582]	BL, Cotton MS. Titus B. Ⅷ, fol. 211
15	Richard Madox, Santa Catarina, Brazil; "Santa Catalina," sketch [ca. 1582]	BL, Cotton MS. Titus B. Ⅷ, fol. 211v
16	John White, Cape Florida to Chesapeake Bay [ca. 1585]	London, British Museum, Prints and Drawings, 1906 - 5 - 9 - 1 (20)
17	Richard Poulter, San Sebastian, "The discripcion of saint sebastians in biskye," 1585	BL, Cotton MS. Aug. I. i. 16
18	[Thomas Harriot], Albemarle Sound and Pamlico Sound, sketch [ca. 1585]	TNA, MPG 1/584
19	John White, Cape Lookout to Chesapeake Bay [ca. 1585]	London, British Museum, Prints and Drawings, 1906 - 5 - 9 - 1 (3)
20	[Baptista Boazio], Santiago, Cape Verde Islands, view [ca. 1585]	BL, Egerton MS. 2579
21	John White, Dominica, Virgin Islands, "The Risinge of the Ilande of Dominica," coastal profile [ca. 1585]	London, British Museum, Prints and Drawings, 1906 - 5 - 9 - 1 (36)
22	John White, St. Croix, Virgin Islands, "The Risinge of the Ilande of Santicruse," coastal profile [ca. 1585]	London, British Museum, Prints and Drawings, 1906 - 5 - 9 - 1 (36)
23	[William Borough?], East coast of England, North Sea to the Baltic Sea [ca. 1585]	London, National Maritime Museum, N. 51 - 4/G - 215: 1/5
24	[Christopher Carleill?], Bayonne and Vigo, Spain [1585]	TNA, MPF 1/13

1749

续表

项目	描述	收藏地
25	Edmond Doran, Mediterranean, and north European coasts from Denmark to the Canaries, 1586	New Haven, Conn., Yale University, Beinecke Library, Rare Book and Manuscript Department, Portolan chart 30
26	[William Borough?], Cadiz, Spain, sketch, 1587	TNA, MPF 1/132
27	Hercules Doran, Mediterranean Sea and Black Sea, 1586 [1587 new style]	Hatfield House, CPM. I. 68
28	[Anonymous], North Pole and Arctic [after 1586]	Florence, Biblioteca Nazionale Centrale, Port. 20
29	William Borough, Cadiz, Spain, harbor plan, 1587	TNA, MPF 1/318
30	[Baptista Boazio?], world map, "Vera descriptio expeditonis nauticae Francisci Draci ..." [after 1587]	New Haven, Yale Center for British Art, Paul Mellon Collection
31	[Anonymous or Thomas Layton?], Baltic, 1588	Private collection (Dr. Tomasz Niewodniczański)
32	[Thomas Hood?], Pacific, Magellan Strait, and West Indies, 1588	The Hague, Nationaal Archief, Leupe 733
33	Thomas Lupo, Mediterranean Sea and Black Sea [ca. 1588]	BL, Add. MS. 10041
34	R. B., Atlantic, Africa, and South America [after 1588]	Florence, Biblioteca Nazionale Centrale, Port. 30
35	James Beare, Santander, Spain [ca. 1589]	Washington, D. C., Library of Congress, George Legg Collection, 23
36	James Beare, La Coruna and El Ferrol, Spain [ca. 1589]	Washington, D. C., Library of Congress, George Legg Collection, 23
37	[Anonymous], Cape Prior to La Coruna, Spain [ca. 1589]	TNA, MPF 1/217 (1)
38	[Anonymous], Cape Prior and El Ferrol, Spain, harbor plan [1589]	TNA, MPF 1/217 (2)
39	[Anonymous], Ria de Betanzos, Coruna province, Spain [ca. 1589]	TNA, MPF 1/217 (3)
40	[Anonymous], Sanlucaro de Barrameda to Seville, Spain [ca. 1589]	TNA, MPF 1/217 (4)
41	[Anonymous], Kinsale, Ireland [ca. 1590]	TNA, MPF 1/314
42	42 [Richard Poulter?], River Gironde, Royan to Bordeaux, France [ca. 1590]	BL, Cotton MS. Aug. I. ii. 80
	1591—1600	
43	Thomas Hood, North Atlantic, West Indies, and South America, 1592	Munich, Bayerische Staatsbibliothek, Cod. Icon. 140, 84
44	Martin Frobisher, Crozon, Brest, Brittany, 1594	Hatfield House, CPM. 141/67
45	[Thomas Hood?], North Atlantic, east coast of North America, and South America, English Channel, and Bay of Biscay [ca. 1594]	BL, Add. MS. 17938B
46	[Edward Wright or Thomas Hood?], Azores to Portsmouth [ca. 1595]	Hatfield House, CPM. Ⅱ. 52
47	[Walter Ralegh?], coast of South America [ca. 1595]	BL, Add. MS. 17940A

1750

续表

项目	描述	收藏地
48	[Drake's artist], navigational journal of Drake's last voyage to West Indies, 1595 - 1596	BNF, MS. Anglais 51
49	Thomas Hood, English Channel, Irish Channel, and Bay of Biscay, 1596	London, National Maritime Museum, G. 224/1/2
50	[Anonymous], northern coast of South America [ca. 1596]	Private collection
51	Baptista Boazio, Azores, 1597	BL, Add. MS. 18109H
52	Nicholas Reynolds, coast of Ireland, 1598 [1599 new style]	Dublin, Trinity College, MS. 1209/6
53	Gabriel Tatton, Pacific [ca. 1600]	Florence, Biblioteca Nazionale Centrale, Port 33
54	Martin Llewellyn, atlas [ca. 1600]	Christchurch, Oxford (west table a. 3), now in the Bodleian Library
	1. East coast of Africa	
	2. East coast of Africa	
	3. East coast of Africa	
	4. Indian Ocean	
	5. Indian Ocean	
	6. Mecca to Red Sea	
	7. Persian Gulf	
	8. Arabia Felix to Bisnagar	
	9. Maldives? to Bisnagar	
	10. Narsinghgarh to Siam	
	11. Sumatra to Celebes	
	12. Siam to Mindanao	
	13. Quanci to Zima	
	14. Chinnae to Japan	
	15. Mindanao to Philippines	
	16. Sumatra to Timor	
	17. Comia to Nova Guinia	
55	Gabriel Tatton, Mediterranean Sea, Black Sea, and Aegean Sea [ca. 1600]	Chicago, Newberry Library, Ayer MS. map 22
56	[Anonymous], North Sea and Biscay [ca. 1600]	Hatfield House, CPM. I. 70
57	[Anonymous], North Sea and Norwegian coast [ca. 1600]	TNA, E 163/28/12 (2)
58	[Anonymous], Ulster [ca. 1600]	Dublin, Trinity College, MS. 1209/18
59	[Anonymous], rough pencil sketch of Isle of Margarita, W Indies, [ca. 1600 - 16?]	BL, Egerton MS., fols. 1v - 2v
60	John Hearne and William Finche, coastal views in their journal to Surat, 1606 - 1608	BL, IOR, L/MAR/A/V, fols. 4, 6v, 14, 17v, 21, 21v, 22v, 23
	1601—1610	
61	Gabriel Tatton, North Atlantic and coasts of North America [1602?]	Florence, Biblioteca Nazionale Centrale, Port. 21

1751

续表

项目	描述	收藏地
62	[James Hall], journal [1605]	BL, Royal MS. 17. A. XLVIII
	1. Greenland, Itivdleq Fijord, King Christian's Forde	fol. 7v
	2. Greenland, Cuningham's Forde	fol. 8v
	3. Brade Ranson's Forde	fol. 9v
	4. Coast of Greenland from Disko Bugt to Itivdleq Fijord	fol. 10v
63	Robert Tindall, Chesapeake Bay, James River and Prince Henry River, Virginia, 1608	BL, Cotton MS. Aug. I. ii. 46
64	[Anonymous], China, East Indies, and Japan, 1609	BL, Cotton MS. Aug. I. ii. 45
65	[Anonymous], Greenland to Novaya Zemlia [ca. 1610]	BL, Cotton MS. Aug. I. i. 10
66	Thomas Love, sketches and pen and ink drawings of coasts and of the island of "Moyella," and on the end boards a pen and inktracing of part of a Portuguese? chart of the Bay of Bengal, in his journal to the East Indies, 1610 - 1611	BL, IOR, L/MAR/A/ X fols. 11v, 12v, 14, 24, 24v, 29
	1611—1620	
67	John Saris, Journal, 1611 - 1613	BL, IOR, L/MAR/A/XIV
	1. Harbor plan	fols. 18 - 19
	2. Coastal views	fols. 24, 27, 30
68	[Robert Tindall?], North America [1611]	Archivo General de Simancas, M. P. y D., I - 1. Estado, leg. 2588 - 2525
69	Nicholas Reynolds, Mediterranean Sea [ca. 1612]	Florence, Biblioteca Nazionale Centrale, Port 11
70	[Robert Fotherby?], Spitsbergen [ca. 1613 or later]	Worcester, Mass, American Antiquarian Society
71	Gabriel Tatton, Guiana [ca. 1613]	BL, Add. MS. 34240N
72	Gabriel Tatton, Guiana Pars [ca. 1613], inset to 71	BL, Add. MS. 34240N
73	[John Daniel?], North Atlantic [ca. 1614?]	New York Public Library, Phelps Stokes c. 1606 -08 - C - 8
74	John Daniel, Mediterranean Sea and Black Sea [1614?]	BL, Maps *975 (4)
75	John Daniel, Atlantic, the Channel, Cape of Good Hope, Brazil, 1614	BL, Add. 5415 C. 1 [1615 new style]
76	Gabriel Tatton, Amazon River, 1615	Duke of Northumberland's collection, Alnwick, Northumberland
77	[Ralph Coppinghall?], sketches in a journal from Patani to Japan and thence to Bantam, 1615	BL, IOR, L/MAR/A/ XXIII, fols. 15 - 20v
78	William Baffin, Journal [ca. 1615]	BL, Add. MS. 12206
	1. Hudson's Bay	fols. 6 - 7
	2. Resolution Bay, west coast of Resolution Island	fol. 9
79	[after Gabriel Tatton], Guiana, 1617	Archivo General de Simancas, M. P. y D., VI - 56
80	[John Daniel?], world [after ca. 1617]	BL, Add. MS. 70640A

续表

项目	描述	收藏地
81	[Anonymous], North Atlantic east [after ca. 1620]	San Marino, Calif., Huntington Library, HM 2098
82	[John Daniel?], copy of James Beare, Santander, Spain [ca. 1620]	Washington, D. C., Library of Congress, Drake 50
83	[John Daniel?], copy of James Beare, La Coruna and El Ferrol, Spain [ca. 1620]	Washington, D. C., Library of Congress, Drake 50B
84	Robert Norton, Algiers and Mediterranean Sea, 1620	London, National Maritime Museum, G. 231: 13/3
	1621—1630	
85	Gabriel Tatton, atlas [before 1621]	Portsmouth, Admiralty Library, Va32
	1. Northwest Java, Sumatra, and Bangka	
	2. East Bangka and Lingga I	
	3. Lingga, Bintan, and Malaya	
	4. Malaya	
	5. Malaya	
	6. Malaya, Pattani, and Songkhla	
	7. Borneo and northeast	
	8. Poulo Condor and Camboiem	
	9. Vietnam	
	10. China and Macao	
	11. Mindoro and Calamian Islands	
	12. Mindanao	
	13. Java, Madura, Celebes, and Buru	
	14. Celebes and Helmehera	
	15. Northern coast of Celebes	
	16. Southwest coast of Celebes	
	17. Celebes and east coast of Bungai	
86	Andrew Symms, coastal views in a journal to the East Indies and back, 1622/3 18-23	BL, IOR, L/MAR/A/ XXXVII, fols. 14,
87	John Daniel, British Isles to North Africa, 1626	BL, Add. MS. 18664B
88	Nicholas Comberford, Mediterranean Sea, 1626	Dudley Barnes's collection
89	[David Davis], sketch of Bombay Bay in journal, 1626	BL, IOR, L/MAR/A/XLIV, fol. 14v
90	[David Davis], sketches and coastal views and a draught of the Bay of Oman and Strait of Hormuz in journal, 1626	BL, IOR, L/MAR/A/XLIV, fols. 17r, 17v, 018r, 18v, 19v-20r
91	[Nicholas Comberford?], Amazon River [after ca. 1626]	BNF, Pf. 166, Div. 1, piece 4
92	[John Wells?], Baffin Bay? [ca. 1627]	Cambridge, Magdalene College, Pepys Library, MS. 2820
93	John Daniel, Indian Ocean, Persia, and Java Maior, 1630	BL, Add. MS. 18664A

1752

续表

项目	描述	收藏地
94	John Daniel, Coast of China, East Indies, Japan and West Pacific [ca. 1620s]	BL, Add. MS. 5415. I. 1
	1631—1640	
95	[Thomas James or later copyist?], Atlantic and Hudson Bay, 1631	BL, Add. MS. 5415 G. 1
96	[John Daniel?], Northeast Atlantic covering Azores and west coast of Africa? [before 1637]	BL, IOR, L/MAR/A/LXI (binding for John Maestnell's journal 1633 - 1637)
97	John Daniel, Indian Ocean to Sumatra and Java, 1637	Florence, Biblioteca Nazionale Centrale, Port. 1
98	John Daniel, Europe, British Isles, Africa, and Brazil, 1637	Florence, Biblioteca Nazionale Centrale, Port. 8
99	John Daniel, East Indies, Korea, Japan, and New Guinea, 1637	Florence, Biblioteca Nazionale Centrale, Port. 12
100	John Daniel, Northern Europe, Greenland to the River Ob, 1637	Florence, Biblioteca Nazionale Centrale, Port. 14
101	John Burston, Mediterranean, 1638	London, National Maritime Museum, G. 230: 1/15
102	Nicholas Comberford, North Atlantic coasts, 1638	Lincoln, Lincoln Cathedral
103	John Daniel, Pacific, west coast of America, 1639	Florence, Biblioteca Nazionale Centrale, Port. 23
104	John Daniel, Pacific, China, Celebes, New Guinea, and California, 1639	Florence, Biblioteca Nazionale Centrale, Port. 24
105	John Daniel, Atlantic, east coast of America, west coast of Europe, 1639	Florence, Biblioteca Nazionale Centrale, Port. 13
	1641—1650	
106	John Burston, Mediterranean, 1640	BL, Add. MS. 19916
107	Nicholas Comberford, southwestern approaches (Biscay to the Channel), 1641	Lawrence, University of Kansas, Spencer Research Library, Summerfield MS. J 7: 2
108	John Daniel, Mediterranean, 1642	Mantua, Bibl. Governativa, MS. A. U. 6 n 136
109	John Daniel, Mediterranean, 1642	Dublin, Trinity College, MS. 1209/ 81
110	John Burston, Mediterranean, 1640s?	BL, Maps C 21. e 2
111	Nicholas Comberford, North Atlantic, Canada to British Isles, Gulf of Mexico and coast of Guinea, 1646	Florence, Biblioteca Nazionale Centrale, Port. 25
112	Nicholas Comberford, Mediterranean, 1647	New Haven, Conn., Yale University, Stirling Memorial Library, Map Room
113	Nicholas Comberford, South Atlantic, 1647	BL, Add. MS. 31320B
114	Nicholas Comberford, North Atlantic, 1650	London, National Maritime Museum, G. 213: 2/2
	1651—1660	
115	Nicholas Comberford, Indian Ocean [ca. 1650?]	BL, Add. MS. 5414. 11
116	Nicholas Comberford, Northern Europe, 1651	London, National Maritime Museum, G. 213: 3/1

1753

续表

项目	描述	收藏地
117	Nicholas Comberford, Mediterranean Sea, 1657	BL, Add. MS. 5415 C. 2
118	Nicholas Comberford, North Atlantic Ocean, 1657	BL, Add. MS. 5414. 13
119	Nicholas Comberford, Mediterranean Sea, 1657	Hanover, N. H., Dartmouth College, Baker Library
120	John Burston, Mediterranean Sea, 1658	London, National Maritime Museum, G. 230: 1/5
121	John Burston, Mediterranean Sea, 1659	London, National Maritime Museum, G. 230: 1/13
122	Nicholas Comberford, North America—Caribbean, 1659	Cambridge, Mass., Harvard University, Houghton Library, 51 – 308
123	John Burston, Azores Channel, 1660	Oxford, Bodleian Library, MS. Additional E. 10 1753

第五十九章　都铎王朝和斯图亚特王朝早期的殖民地地图绘制，约1480—约1640年

1754

罗伯特·C. D. 鲍德温（Robert C. D. Baldwin）
审读人：张　炜

引　言

在都铎王朝（1485—1603年）和早期斯图亚特（1603—1649年）王朝统治时期，地理地图对英格兰人的越洋冒险至关重要。这些冒险活动依赖于关于世界的性质和英格兰在其中的位置的积极讨论，并且反过来对此进行补充。绘制殖民地的地图，是为仍然是异质的英格兰人创造出一种特殊的身份，作为一个帝国主义国家，或者更恰当地说，作为一个原型是帝国主义的国家。与此同时，这种地图绘制活动导致在英格兰的政治和商业阶层中发展出一种地图意识。这一章并不是考察各种各样的航行和努力自身，而是考察了地理地图——包括绘本和印本——为英格兰海外活动提供支撑的方式。①

尽管有少数带有像约翰·斯皮德的1611年地图集《大不列颠帝国概观》这样标题的作品具有明显的意义，但这一早期阶段与18或19世纪的大英帝国（British Empire）没有什么相似之处。在这一时期，英格兰人使用了“帝国”的原始含义，即罗马帝国的“帝国主义”——也就是主权，或者是对统治的权力，而不是指一个领土扩张的政治实体。当苏格兰国王詹姆士六世（1587—1625年在位）于1603年登上英格兰王位，成为英格兰国王詹姆士一世，并将他的新复合君主制国家命名为“大不列颠”之时，“不列颠”的罗马概念重生，这让很多英格兰人感觉受到了侮辱；这是斯皮德在其地图集中提到的，也是唯一的实

---

* 本章所使用的缩写包括：*American Beginnings* 表示 Emerson W. Baker et al.，eds.，*American Beginnings：Exploration，Culture，and Cartography in the Land of Norumbega*（Lincoln：University of Nebraska Press，1994）；*Hakluyt Handbook* 表示 *The Hakluyt Handbook*，2 vols.，ed. David B. Quinn（London：Hakluyt Society，1974）；*Meta Incognita* 表示 T. H. B. Symons，ed.，*Meta Incognita：A Discourse of Discovery：Martin Frobisher's Arctic Expeditions*，1576 – 1578，2 vols.（Hull，Quebec：Canadian Museum of Civilization，1999）；*Origins of Empire* 表示 Nicholas P. Canny，ed.，*The Origins of Empire：British Overseas Enterprise to the Close of the Seventeenth Century*，vol. 1 of *The Oxford History of the British Empire*，ed. William Roger Lewis（Oxford：Oxford University Press，1998）；and TNA 表示位于基尤的英国国家档案馆（The National Archives of the UK，Kew）。

① 关于海洋地图绘制在殖民活动中的作用，另请参阅本卷第58章。

体。“不列颠”的共同感觉并不存在。② 因此，英格兰地图绘制者并没有通过在地图上展示詹姆士的“联合国旗”来表达对领土的要求；相反，他们继续使用王室的纹章（见图59.6、59.12、15.13）或英格兰的圣乔治十字（见图59.5）。

16世纪和17世纪初期，英格兰大部分的越洋航行和殖民活动都是由伦敦商人（以及很少比例的西部诸郡的港口）所生产的一小部分剩余财富所驱动的，这些剩余财富不再投资于国内和欧洲的贸易。有些活动的经费是由家族土地所产生的盈余所提供的，尤其是沃尔特·罗利爵士。越洋航行采取了两种形式。一方面，商人以小型财团或大型联合股份制、垄断性的王室特许公司的形式聚集起来，进行长距离贸易，为英格兰人因为欧洲贸易模式转移而无法实现的愿望提供舶来的商品，也为英格兰的主要出口商品——呢绒提供新的市场。另一方面，探险者和不那么保守的投机商在效仿西班牙殖民者的成功的同时，推出了宏大和公开的殖民计划，尽管他们也谴责了西班牙人对美洲本土人民的暴行。这两种努力都需要王室的政治支持和许可，以安抚投资者的情绪并且令对领土的野心合法化。尽管存在这种类似的依赖关系，同时代的英格兰人还是认为海外活动的两种途径是截然不同的：亚洲和非洲的贸易涉及的是早就在英格兰就可以买到的东西，因为被认为是对相对较旧的做法的扩展，但也为奴隶贸易增加了机会，而向西到美洲的探险，其对劫掠、土地、采矿以及贸易和推广宗教等方面的所有创新和机会，都构成了“海外事业”本身。③ 事实上，在授予贸易公司的垄断权和专利许可证之间存在显著的法律差异，根据欧洲法律，这些专利许可证允许英格兰人以王室的名义，在任何基督教君主的领土之外，进行任何形式的越洋探险，这一点至关重要。④

1755

英格兰两种形式的海外经略的实际兴趣，都随着经济状况和王室及其臣僚根据欧洲政治的情况而对此类探险进行支持和鼓励的意愿而起起落落。通常情况下，王室陷于财政窘境，并屡屡受到内部政治和宗教动荡的困扰，因此无法直接参与海外和殖民地的探险活动中。结果，英格兰人在海外的事业总是远不能像伊比利亚人、尼德兰人和法国人那样处理得井井有条，控制程度也相差很远。最终，正是1550年之后与信奉天主教的西班牙人之间的意识形态方面的争端，导致一些英格兰人倡导在宫廷和商业领域在美洲与西班牙人展开直接的竞争。

1603年之后，王室与西班牙人建立和平的政策导致北美和加勒比地区的殖民地和商业

② 关于早期“大英帝国”的特性，请参阅 *Origins of Empire*, esp. Nicholas P. Canny's “The Origins of Empire: An Introduction,” 1-33；另请参阅 David Armitage, *The Ideological Origins of the British Empire*（Cambridge: Cambridge University Press, 2000）。关于斯皮德的地图集，请参阅本卷第54章，关于其与在爱尔兰的被认为是“内部殖民运动”之间的联系，请参阅 Mark Netzloff, “Forgetting the Ulster Plantation: John Speed's *The Theatre of the Empire of Great Britain*（1611）和 the Colonial Archive,” *Journal of Medieval and Early Modern Studies* 31（2001）：313-348。

③ Canny, “Origins of Empire,” 19.

④ Patricia Seed, “Taking Possession and Reading Texts: Establishing the Authority of Overseas Empires,” *William and Mary Quarterly*, 3d ser., 49（1992）：183-209. 另请参阅 Robert C. D. Baldwin, “The Testing of a New Academic Trinity for the Northern Passages: The Rationale and Experience Behind English Investment in the Voyages of Frobisher, Jackman, Davis and Waymouth 1576-1605,” in *Voyages and Exploration in the North Atlantic from the Middle Ages to the XVIIth Century: Papers Presented at the 19th International Congress of Historical Sciences, Oslo 2000*, 2d ed., ed. Anna Agnarsdottir（Reykjavik: Institute of History—University of Iceland, University of Iceland Press, 2001）, 61-98, esp. 69-76。

冒险重新抬头，这超出了西班牙的利益，为英格兰在新大陆上第一次成功的殖民地建设提供了机会。然而，记住安德鲁斯（Andrews）的论点是有好处的，即在这段时期，对于英格兰人来说，实际的殖民统治的优先级总是比贸易和掠夺要低得多。⑤ 因此，在从1603年至查理一世去世的1649年这45年间，英格兰迁徙到新大陆的移民人数仅为4万人（新英格兰和弗吉尼亚、马里兰和西印度群岛的殖民地各占一半）。相比之下，在同一时期，约有10万苏格兰、英格兰和威尔士移民在爱尔兰定居，大约36万人迁入伦敦。⑥ 在新大陆，这样低的殖民水平对领土的影响极小，所以导致了所绘制的详细地图相对较少——每份专利特许证都意味着边界的划定通过具有法律约束力的文本描述，而非可延展的图像地图⑦——尤其是与同时代的西班牙和葡萄牙的殖民地绘图师相比。

尽管彼此之间存在差异，但这些各种不同的海外活动——商业的或殖民的，1603年之前的或之后的——都有赖于通过地理文本和地图图像与世界进行活跃的智力和观念方面的互动。这样的地理文本试图将英格兰人与西班牙人以及其他竞争对手在道德标准上相提并论。所有这些地理文本的核心是那些构想并塑造了英格兰殖民主义思想的地图，这些地图最终被用来将伊丽莎白时代的“纸帝国”转变为早期斯图亚特王朝时期的实体经济。⑧

都铎王朝早期的地图和促进海外事业的扩展

英格兰最早向西航行进入大西洋，是独立于王室之外的商业冒险行为。与汉萨同盟关于冰岛鳕鱼贸易的竞争，可能导致了布里斯托尔商人联盟的1480年和1481年的两次不成功的航行；他们的目标是在传说中的巴西岛上建立捕鱼业基地，这个岛远在爱尔兰的西部。可能是在14世纪90年代中期，又出发了另一次捕鱼的探险队，并可能是在纽芬兰登陆。在此之后不久，1496—1498年间，约翰·卡伯特三次率领船队从布里斯托尔出发，向西航行。卡伯特是一名富有探险精神的水手，1496年三月，他说服亨利七世同意了一项计划，通过建立一条更偏北、更短的路线，以通向印度群岛，对其进行征服和掠夺财富，这样来超越哥伦 1756

⑤ Kenneth R. Andrews, *Trade, Plunder and Settlement: Maritime Enterprise and the Genesis of the British Empire*, 1480 - 1630 (Cambridge: Cambridge University Press, 1984), 359.

⑥ Jane H. Ohlmeyer, "'Civilizinge of those Rude Partes': Colonization within Britain and Ireland, 1580s - 1640s," in *Origins of Empire*, 124 - 147, esp. 139 - 140, and Nicholas P. Canny, "English Migration into and across the Atlantic during the Seventeenth and Eighteenth Centuries," in *Europeans on the Move: Studies on European Migration*, 1500 - 1800, ed. Nicholas P. Canny (Oxford: Clarendon, 1994), 39 - 75, esp. 62 - 75. 360000的数字是整个17世纪迁入伦敦人口的40%，其估算见R. A. Houston, *The Population History of Britain and Ireland*, 1500 - 1750 (London: Houndsmills Macmillan Education, 1992), 32，对于简单的比较而言已经足够好了。

⑦ 最近对这一点进行讨论的是Christopher Tomlins, "The Legal Cartography of Colonization, the Legal Polyphony of Settlement: English Intrusions on the American Mainland in the Seventeenth Century," *Law and Social Inquiry* 26 (2001): 315 - 372。

⑧ 许多地图，尤其是由海外航行所制造的海洋图，都在关于欧洲人与新大陆相遇的基础著作中得到复制：John Logan Allen, ed., *North American Exploration*, 3 vols. (Lincoln: University of Nebraska Press, 1997), esp. vol. 1, *A New World Disclosed*; William Patterson Cumming, R. A. Skelton, and David B. Quinn, *The Discovery of North America* (New York: American Heritage Press, 1972); William Patterson Cumming et al., *The Exploration of North America*, 1630 - 1776 (New York: G. P. Putnam's Sons, 1974); and David B. Quinn, ed., *New American World: A Documentary History of North America to* 1612, 5 vols. (New York: Arno Press, 1979)。

布最初的成功。[9]

当卡伯特第一次航行成功，返航回国时——他成功的原因是到达了哥伦布原先所到达的那块土地的北部，这样就证明了明显存在着一条通往印度的可行的捷径——1497 年 12 月，他到威斯敏斯特，为亨利七世效力。根据米兰大使所说的，卡伯特“在地图上和他制作的一个实心的球体上描绘了世界，并显示了他所到过的地方”。这幅地图和地球仪并没有给宫廷留下深刻的印象，让他们觉得是航行的真实记录：卡伯特的叙述只能通过亲眼目睹其航行的英格兰人的描述来确认，他们和卡伯特一起从布里斯托尔启程，现在想回到这块新发现的土地上去进行捕鱼。然而，这些地图的确支持了卡伯特自己的主张，即航行并不困难，即使是远到“位于赤道地区的日本，所有的香料和珠宝都发源自那里”。确实，这些地图使得“所有的事情都变得如此简单”，以至于大使“不得不”相信卡伯特，而且国王也同意资助其装备和人员，以进行进一步的探险，如果他成功的话，将会“使伦敦成为比亚历山大里亚还要重要的香料市场”。[10] 也就是说，卡伯特的地图将世界概念化的方式，可能类似于那一时期保存下来的几幅地图——也许是胡安·德拉科萨（Juan de la Cosa）的绘本 1500 年世界地图（请参阅图 30.9），它提供了卡伯特的航行唯一的直接地图记录；约翰内斯·勒伊斯（Johannes Ruysch）的 1508 年世界地图（见图 42.7），以及其他地图，它们都将我们今天熟知的纽芬兰和布雷顿角描绘为亚洲最东北的地岬。[11] 卡伯特的地图论证足够有力，使得他不至于缺席自己在 1498 年的下一次航行：1501 年亨利向一个布里斯托尔—亚速尔联合财团授予了一项海外探险的特许权。[12]

在亨利八世的统治时期（1509—1547 年），王室对从布里斯托尔出发向西的经略的支持逐渐消失，尤其是 1516 年 6 月，这些经略活动的主要推动人约翰·卡伯特的儿子塞巴斯蒂安启程前去西班牙了。于是，罗伯特·索恩在他 1527 年写给英格兰驻西班牙大使红衣主教托马斯·沃尔西（1515—1529 年任大法官）的信中抱怨到，如果卡伯特的发现已经被开采了，那么“出产所有金子的西印度群岛的土地”早就为英格兰所拥有了；他的观点在很大

---

⑨ James Alexander Williamson, *The Cabot Voyages and Bristol Discovery under Henry Ⅶ*（Cambridge：Published for the Hakluyt Society at the University Press，1962），19 – 32（on the pre – 1496 voyages）and 45 – 115（on John Cabot）；David B. Quinn，*England and the Discovery of America*，1481 – 1620，*From the Bristol Voyages of the Fifteenth Century to the Pilgrim Settlement at Plymouth*：*The Exploration*，*Exploitation*，*and Trial-and-Error Colonization of North America by the English*（London：Alfred A. Knopf，1974），5 – 23；and Patrick McGrath，“Bristol and America，1480 – 1631，” in *TheWestward Enterprise*：*English Activities in Ireland*，*the Atlantic*，*and America*，1480 – 1650，ed. Kenneth R. Andrews，Nicholas P. Canny，and P. E. H. Hair（Liverpool：Liverpool University Press，1978），81 – 102. 另请参阅 Quinn，*New AmericanWorld*，1：91 – 102。

⑩ Raimondo de Raimondi de Soncino to the Duke of Milan，18 December 1497，in Williamson，*Cabot Voyages*，209 – 211，quotations on 209 – 210.

⑪ R. A. Skelton，“The Cartography of the Voyages，” in *The Cabot Voyages and Bristol Discovery under Henry Ⅶ*，by James Alexander Williamson（Cambridge：Published for the Hakluyt Society at the University Press，1962），295 – 325，esp. 301 and 304. 正如斯凯尔顿所观察到的那样，关于胡安·德拉科萨描绘在大西洋西边的海岸实际上是否为亚洲的极限，还存在这一些争议；在诸如约翰内斯·勒伊斯等人的地图中，这种联系就没那么不清晰了（p. 301 n. 3）。斯凯尔顿还考虑了一些机制，卡伯特的航海知识由此被传播到西班牙和意大利。关于勒伊斯地图，请参阅 Rodney W. Shirley，*The Mapping of the World*：*Early Printed World Maps*，1472 – 1700，4th ed.（Riverside，Conn.：Early World，2000），25 – 27（no. 25），and Quinn，*New American World*，vol. 1，figs. 26 and 27。

⑫ Letter Patent granted to Richard Warde，Thomas Asshehurst，John Thomas，Joao Fernandes，Francisco Fernandes，and Joao Gonsalves，19 March 1501，in Williamson，*Cabot Voyages*，236 – 247，and Quinn，*New American World*，1：103 – 120.

程度上来自一幅世界地图的证据——“正如出现的地图的样子”，但它并没有引起英格兰王室更多的关注。[13] 然而，在亨利统治的末期，让·罗茨向亨利呈递了两件作品，他的《航海地图册》，以及一本关于指南针的专著，成功地得到了王室的资助。罗茨的地图集显示，他对东方和南大西洋的商业机会很熟悉，人们认为，他是在1525—1535年间亲自进行探索的。[14]

在爱德华六世（1547—1553年）和玛丽一世（1553—1558年）的统治时期，这样的赞赏在枢密院中获得了新的跟随者。例如约翰·达德利（1543—1553年担任海军大臣）提议建立一个英格兰殖民地，来控制“秘鲁”（这里指的是南美洲）的矿产资源。[15] 除此之外，委员会还诱使塞巴斯蒂安·卡伯特于1547年回到英格兰，并委任他致力于建立一条通向亚洲的东北通道。卡伯特对探索西北航道有特殊的兴趣——为此，1549年，他请克莱门特·亚当斯雕刻了他现在已经亡佚的世界地图，以突出强调东北航道和“鳕鱼”，或者是“拉布拉多”（Labrador）的海岸[16]——尽管如此，他还是接受了东部贸易的工作。1553年，卡伯特在一家为时短暂的探索东北通道的中国公司的成立过程中发挥了作用；尽管该公司很快就倒闭了，但它与俄罗斯的联系推动了1555年的莫斯科公司的成立。[17] 在卡伯特于1557年去世之前，他还为公司提供了导航和制图技术方面的专业知识，并主张为公司的船长提供丰富的海图。除了其他的人，卡伯特还培训了史蒂芬·伯勒，后者将定期航行前往俄罗斯，1562年，他向伯利勋爵抱怨说，阻止英格兰水手在殖民地做更多事情的根本限制因素，是他们在航海和地图绘制上明显的无能。[18]

1757

伊丽莎白一世（1558—1603年在位）的“纸帝国”

莫斯科公司所制造的利润虽然仍然有限，但在16世纪60年代和70年代期间，它仍使

---

⑬ Robert Thorne's "A Declaration of the Indies," 1527, BL Cotton MS. Vitellus C. vii, fols. 329 – 345；这部作品保存在几部其他的手稿中，全部没有地图；请参阅 *Hakluyt Handbook*, 2: 338 – 339. Richard Hakluyt, *Divers Voyages Touching the Discouerie of America, and the Ilands Adiacent vnto the Same ...* (London: T. Woodcocke, 1582)，重印了这封信和这幅地图。另请参阅 R. A. Skelton, "Hakluyt's Maps," in *Hakluyt Handbook*, 1: 48 – 73, esp. 54 – 55 and 64 – 65, and Shirley, *Mapping of the World*, 169 – 170 (no. 147)。关于索恩和同时代的航行，请参阅 Quinn, *New American World*, 1: 159 – 215 (quotation on 188) and fig. 43。

⑭ 这两部作品保存为 BL, Royal MSS. 20. B. vii and 20. E. ix。另请参阅 Jean Rotz, *The Maps and Text of the Boke of Idrography Presented by Jean Rotz to Henry Ⅷ*, ed. Helen Wallis (Oxford: Oxford University Press for the Roxburghe Club, 1981)。

⑮ Quinn, *England and the Discovery of America*, 151 – 153; Joyce Lorimer, ed., *English and Irish Settlement on the River Amazon*, 1550 – 1646 (London: Hakluyt Society, 1989), 1 – 9; and Baldwin, "Testing of a New Academic Trinity," 64 – 65.

⑯ 请参阅 Peter Barber, "England I: Pageantry, Defense, and Government: Maps at Court to 1550," in *Monarchs, Ministers, and Maps: The Emergence of Cartography as a Tool of Government in Early Modern Europe*, ed. David Buisseret (Chicago: University of Chicago Press, 1992), 26 – 56, esp. 44 n. 157, and Roberto Almagià, *Commemorazione di Sebastiano Caboto nel Ⅳ centenario della morte* (Venice: Istituto Veneto di Scienze Lettere ed Arti, 1958), 58。

⑰ Quinn, *New American World*, 1: 218 – 228.

⑱ BL, Lansdowne MS. 116, fols. 3 – 10; Alison Sandman and Eric H. Ash, "Trading Expertise: Sebastian Cabot Between Spain and England," *Renaissance Quarterly* 57 (2004): 813 – 846; and Baldwin, "Testing of a New Academic Trinity," 73 – 74.

得人们一直保持着对从海外投资中获取财富的浓厚兴趣。[19] 尽管查尔斯·杰克曼和阿瑟·佩特（Arthur Pet）在1583年所遇到的困难已经证明了东北航道是没有可行性的，但其仍是人们努力的焦点。在南大西洋，英格兰水手变得日益咄咄逼人，他们开始私掠，并试图强行进入奴隶贸易。[20] 向北和西的方向，纽芬兰鳕鱼捕捞业的底层大宗贸易被来自德文的资本雄厚的商人所接管，并扩大了规模，这些商人重新唤醒了卡伯特和索恩的通向亚洲路线的设想，这条路线现在被塑造为西北通道。[21] 马丁·弗罗比歇能够获得足够的支持，得以在1576年开始航行以探索西北航道。他设想在北极能发现黄金，再加上与西班牙在宗教问题上的冲突急剧飙升，这些都将促使英格兰商人和冒险家们提出大量在海外进行经略的建议。

这些建议通常采用地理地图来使他们的目标形象化。像乔治·贝斯特在1578年写的那样，对早期的英格兰探险家，以及他自己的高度示意性世界地图（图59.1）进行赞扬：

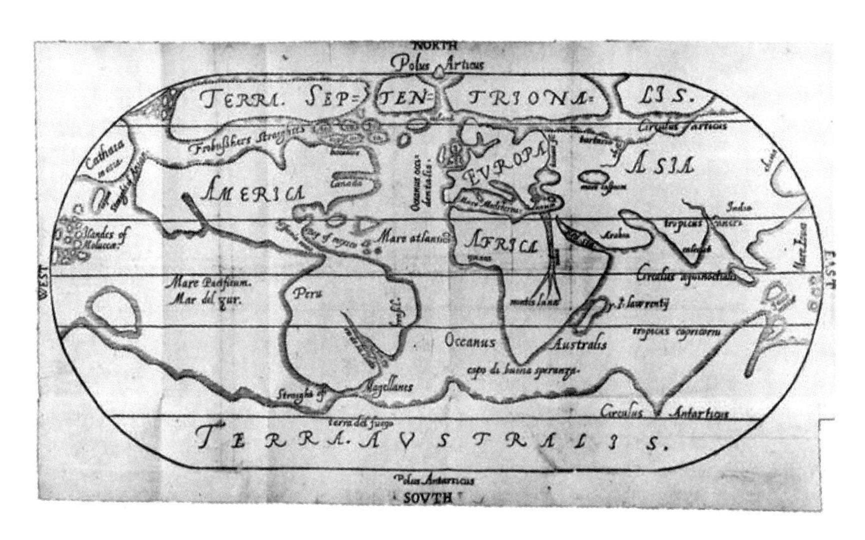

图59.1 乔治·贝斯特：赞美英格兰航海家的世界地图，1578年

原图尺寸：约21.2×39厘米。由BL（G.6527）提供照片。

> 通过这段叙述和地图，可以看出，在这个较晚的时代，看到人类的勇气和胆量，在这80年之内，世界的界限被极大地扩展了，现在我们所拥有的尘世空间是我们以前所拥有的两到三倍，因此现在人类可能不会再有争议地为建造房屋的空间，或者一个一两

[19] David B. Quinn and A. N. Ryan, *England's Sea Empire*, 1550－1642（London: George Allen and Unwin, 1983）, 19－45, and John C. Appleby, "War, Politics, and Colonization, 1558－1625," in *Origins of Empire*, 55－78, 勾勒了这一时期英格兰海外探险的政治与经济背景的轮廓。

[20] 关于相关的地图绘制，请参阅 Elizabeth Story Donno, ed., *An Elizabethan in 1582: The Diary of Richard Madox, Fellow of All Souls*（London: Hakluyt Society, 1976）, figs. 9, 18, and 19, and David B. Quinn, ed., *The Last Voyage of Thomas Cavendish*, 1591－1592: *The Autograph Manuscript of His Own Account of the Voyage*...（Chicago: University of Chicago Press, 1973）, 150－160。

[21] David B. Quinn, *Explorers and Colonies: America*, 1500－1625（London: Hambledon, 1990）, 397－414, esp. 398－403, and Quinn, *New American World*, 4: 81－127（on fishing）and 179－297（on the Northwest Passage）. 地图在塑造西北航道方面的作用最后已经由 John Logan Allen 进行了讨论，见其"The Indrawing Sea: Imagination and Experience in the Search for the Northwest Passage, 1497－1632," in *American Beginnings*, 7－35, and Richard I. Ruggles, "The Cartographic Lure of the Northwest Passage: Its Real and Imaginary Geography," in *Meta Incognita*, 1: 179－256。

英亩的小块草皮而互相争吵，当大国和整个世界向那些愿意首先允诺拥有、居住和耕种这些土地的人们提供土地，并伸出援手。[22]

世界地图提供了无限空间的视野，让英格兰人可以向其中进行拓展。他们建立了一个“纸帝国”。[23]

地图作为一种具有说服力的强有力工具，推动了英格兰人在海外探险方面的兴趣，这一作用尤其在两件事中可以看出这一点。1568年，十六岁的理查德·哈克卢特受到他的堂兄和一幅同名的世界地图（也许是亚伯拉罕·奥特柳斯的1564年心形地图）的启发，决定把地理学和宇宙学作为自己毕生研究的对象。[24] 早在1566年，汉弗莱·吉尔伯特爵士就曾写信给他的兄弟约翰，认为东北通道不具备可行性，并支持西北通道的便利；为了使他兄弟“更好地理解”，吉尔伯特附上了源自奥特柳斯1564年地图的“一幅通用地图”的“粗略草稿”。1576年，乔治·加斯科因（George Gascoigne）出版了这封信函和地图，以推动弗罗比舍的西北通道探险。吉尔伯特的地图有力地强化了他的论点，清晰地标注了他的文字中所确定的关键位置，并描绘了一条似乎被陆地挡住的东北通道，而北美只延伸到北纬50°，给水手留下了开阔的海洋（图59.2）。[25]

1758

弗罗比舍自己也是在约翰·迪伊的帮助下设计出西北航道的概念的。迪伊在伦敦的商人和威斯敏斯特的朝臣之间游走自如，为他们提供数学和哲学方面的建议。尤其是在卡伯特于1557年去世之后，他就曾为莫斯科公司提供地图绘制方面的建议。[26] 对于弗罗比舍及其在伦

㉒ George Best, *A True Discourse of the Late Voyages of Discoverie, for the Finding of a Passage to Cathaya, by the Northweast under the Conduct of Martin Frobisher Generall* (London: Henry Bynnyman, 1578), 13. Shirley 对他的无标题地图进行了描述，见其 *Mapping of the World*, 160 - 161 (no. 138)；另请参见 Baldwin, "Testing of a New Academic Trinity," 75 - 76。

㉓ William H. Sherman, "Putting the British Seas on the Map: John Dee's Imperial Cartography," *Cartographica* 35, nos. 3 - 4 (1998): 1 - 10, esp. 1，认为“大英帝国”在伊丽莎白统治时期仍然是一个“纸帝国”。

㉔ Richard Hakluyt, *The Principall Navigations, Voiages and Discoveries of the English Nation* (London: George Bishop and Ralph Newberrie, 1589), *2r; also "Epistle Dedicatory to Sir Francis Walsingham by Richard Hakluyt, 1589," in *The Original Writings & Correspondence of the Two Richard Hakluyts*, 2 vols., ed. E. G. R. Taylor (London: Printed for the Hakluyt Society, 1935), 2: 396 - 397. 另请参阅 Skelton, "Hakluyt's Maps," and David B. Quinn and Alison M. Quinn, "A Hakluyt Chronology," in *Hakluyt Handbook*, 1: 263 - 331, esp. 265。

㉕ 吉尔伯特的地图重印于 David B. Quinn, ed., *The Voyages and Colonising Enterprises of Sir Humphrey Gilbert*, 2 vols. (London: Hakluyt Society, 1940), 1: 129 - 164, esp. 135 (quotation) and opp. 164 (map)。另请参阅 Robert C. D. Baldwin, "Speculative Ambitions and the Reputations of Frobisher's Metallurgists," in *Meta Incognita*, 2: 401 - 476, esp. 404。Shirley 对这幅地图进行了描述，见其 *Mapping of the World*, 158 - 160 (no. 136)。See also Quinn, *New American World*, 3: 1 - 60。

㉖ William H. Sherman, *John Dee: The Politics of Reading and Writing in the English Renaissance* (Amherst: University of Massachusetts Press, 1995)，复原了迪伊职业生涯中更为务实的侧面；另请参阅 Ken MacMillan, "Introduction: Discourse on History, Geography, and Law," in *John Dee: The Limits of the British Empire*, by John Dee, ed. Ken MacMillan with Jennifer Abeles (Westport, Conn.: Praeger, 2004), 1 - 29。更为尤其的，请参阅 E. G. R. Taylor, "John Dee and the Map of North-East Asia," *Imago Mundi* 12 (1955): 103 - 106; Antoine De Smet, "John Dee et sa place dans l' histoire de la cartographie," in *My Head is a Map: Essays & Memoirs in Honour of R. V. Tooley*, ed. Helen Wallis and Sarah Tyacke (London: Francis Edwards and Carta Press, 1973), 107 - 113; and Sherman, "Putting the British Seas on the Map," 6 and 7 n. 26，讨论了迪伊的1580年前后的欧洲和亚洲北部海岸的地图，他绘制这些地图，可能与其绘制 Charles Jackman 和 Arthur Pet 的命运多舛的航行一起进行的，并作为其认为东北航道完全位于北纬70°以南的论文的插图。这幅地图由伯利勋爵保存在其亚伯拉罕·奥特柳斯的《寰宇概观》的副本中。另请参阅 Dee's "Mathematicall Praeface" to Euclid's *The Elements of Geometrie of the Most Auncient Philosopher Euclide of Megara*, trans. Henry Billingsley (London: Printed by Iohn Daye, 1570), sig. Aiij。

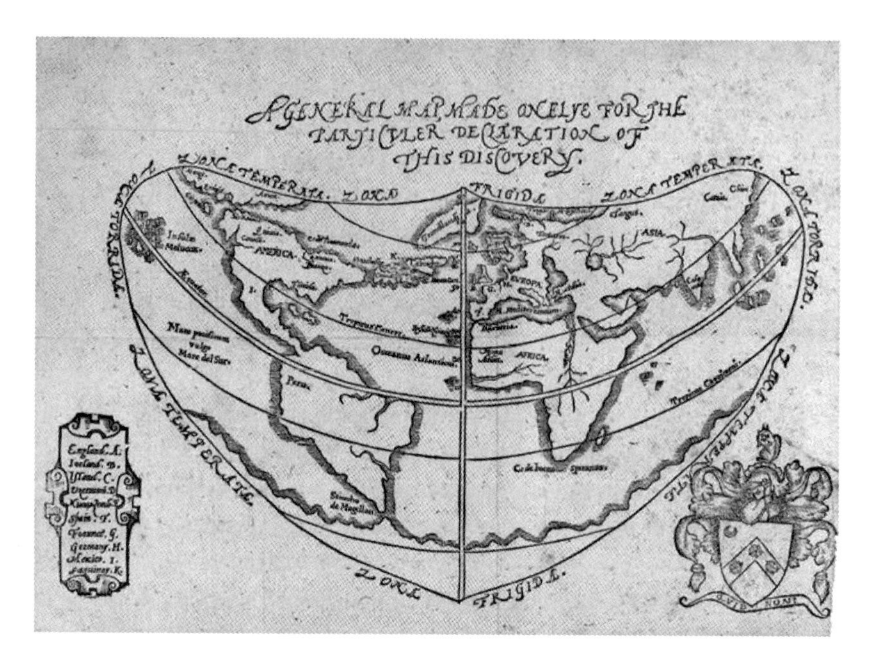

图59.2 汉弗莱·吉尔伯特以对西北航道进行概念化的世界地图，1576年

A General Map, *Made Onelye for the Particuler Declaration of this Discovery*, in *A Discovrse of a Discouerie for a New Passage to Cataia*, by Humphrey Gilbert (London: Henry Middleton, 1576).

原图尺寸：约20.2 × 27.8厘米。由BL (G.7108) 提供照片。

敦商人中的支持者，尤其是莫斯科公司的伦敦代理人迈克尔·洛克（Michael Lok）来说，迪伊绘制了各式各样的地图，例如安德烈·特韦1575年《通用宇宙学》中所描绘的北大西洋和美洲的地图，以确定西北通道的可行性。㉗ 与此同时，迪伊还发表了观点，即建立一个海洋帝国，以便与西班牙展开竞争，并从亚洲（而不是美洲）获取贵金属来进行资金支持，但是这部著作的发行量非常少。㉘ 1576年，弗罗比舍第一次航行去探索通向传说中的“契丹”（Cathy）的西北航道。在途中，他发现了一个地方，他认为是金矿，这里很快被命名为“梅塔·因科格尼塔”（Meta Incognita），也就是“未知界限”或“未知海岸”的意思。这一发现使得英格兰的能量——王室和商人之属——都聚集在北美洲，将其看作一种有待开发利用的资源，而不是需要绕过的障碍。

1759

迪伊和他的地图对于建构新的帝国视野起到了重要的辅助作用。1577和1578年，他多次给伊丽莎白一世和她的诸位大臣做了海外经略方面的演讲，在这个过程中，他创造了“不列颠帝国”这个词。从这个意义上来讲，“不列颠”的功能，不是一个统一的英格兰和苏格兰的身份，而是所谓的英语民族的前兆——尤其是神话中的航海家马多克（Madoc）王子——迪伊声称他发现了，甚至占领了北美洲的部分地区，从而确立了英格兰现在“收回”

㉗ André Thevet, *La cosmographie vniverselle*, 2 vols. (Paris: Chez Pierre L'Huillier, 1575). William H. Sherman, “John Dee's Role in Martin Frobisher's Northwest Enterprise,” in *Meta Incognita*, 1: 283–298. 弗罗比舍的1576年5月的补给账目包括获得：“安德烈·特韦制作的一本法语宇宙学的书”，以及“一部新的安德烈·特韦的英语世界地图和一部小型的法语书，”连同其他的地图和地球仪，TNA, E164/35/16。

㉘ John Dee, *The General and Rare Memorials Pertayning to the Perfect Art of Navigation* (London, 1577). 请参阅Sherman, *John Dee*, 152–171, and MacMillan, “Introduction,” 2。

这些领土的权力。在迪伊1580年前后绘制的地图中，他总结了对领土的这些主张（图59.3）；在地图的背面，他列举了具有法律判例的领土，包括弗罗比舍和弗朗西斯·德雷克爵士的航行（1577—1580年）。[29] 除了这些稀疏的地图，以及突出显示了乔治·贝斯特关于“大国和整个世界如何提供并扩展自己”的愿景之外，迪伊还提供了更为公开的具有符号式的地图。他为伊丽莎白女王的演讲记录表明，他曾在世界地图中添加进了女王的形象——将女王的不同部位与世界的不同地方联系起来——可能类似于比森特·德梅米耶（Vicente de Memije）的1761年地图上在西班牙帝国上叠加童贞女王的做法，象征着伊丽莎白对亚洲和美洲领土的主权。[30]

1760

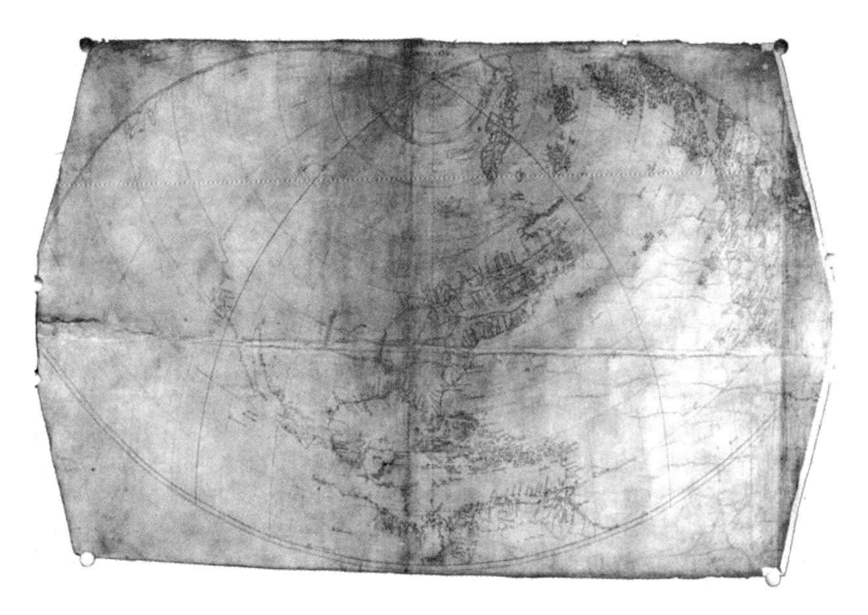

图59.3 约翰·迪伊：结合马丁·弗罗比舍发现的北大西洋地图，约1580年

原图尺寸：约63.2 × 104.3厘米。由BL（Cotton MS. Aug. I. i. 1）提供照片。

1577年和1578年，弗罗比舍两次率领舰队前往未知的梅塔·因科格尼塔，最后一次航行所率领的舰只是不少于15艘的船队，其目的是开采设想中的金矿。考虑到这些储存在梅塔·因科格尼塔的矿藏的潜在意义，枢密院限制传播弗罗比舍的航行所制作地图的做法，也是可以理解的。例如，1578年11月，枢密院指示他们的委员“取消”弗罗比舍航行的参与者“他们所制作的描绘地方的此类地图，禁止他们和其他人印刷这些国度的任何地图”。弗

---

[29] Sherman, “Putting the British Seas on the Map,” 4 – 5, and Ken MacMillan, “Sovereignty ‘More Plainly Described’: Early English Maps of North America, 1580 – 1625,” *Journal of British Studies* 42, no. 4 (2003): 413 – 447, esp. 419 – 423. 另请参阅 William Francis Ganong, *Crucial Maps in Early Cartography and Place-Nomenclature of the Atlantic Coast of Canada*, intro. Theodore E. Layng [(Toronto:) University of Toronto Press in cooperation with The Royal Society of Canada, 1964], 450, 首次发表于 the *Transactions of the Royal Society of Canada* between 1929 and 1937。

[30] BL, Add. MS. 59681, 发表于 in Dee, *Limits of the British Empire*, 34 – 120, esp. 41 (quotation); 请参阅 Sherman, “Putting the British Seas on the Map,” 4, and MacMillan, “Introduction,” 11。Memije 的地图还收入 Ricardo Padrón, *The Spacious Word: Cartography, Literature, and Empire in Early Modern Spain* (Chicago: University of Chicago Press, 2003), 233。Sherman 还画了著名的伊丽莎白站在英格兰之顶上的画像的类似版本；请参阅本卷中的图版18。

罗比舍航行的地图制作产品，如克里斯托弗·霍尔对威廉·伯勒的遥远的北大西洋的绘本海图的增补，仅限于枢密院及其指定的委员范围内。[31] 因此，贝斯特可能在其印本弗罗比舍航行叙述中包括了一幅“特别的地图”，仅在“允许的航行秘密”范围内描述了梅塔·因科格尼塔。[32] 并不是说枢密院成功地在地图方面保持了严格的控制：1579 年 2 月，西班牙大使所获得的海图和矿石样品到达了马德里，藏在一个特别设计的银杯中。[33] 在 1580 年之后，枢密院只是在试图混淆德雷克的环球探险和他对“新阿尔比恩”的主张方面略微更为成功一些。枢密院严重地干扰了哈克卢特的《英语民族主要导航、航行和发现》(*Principall Navigations*)（1589 年）中对德雷克航行的一段叙述的发行，要求它出现在特别印刷的页面上，并在目录和索引中都删除掉；哈克卢特收到关于 1593 年 1 月德雷克环绕世界航行的详细叙述，但直到 1628 年，它才得以连同一幅世界地图一起印刷。[34] 然而，我们应该记住，枢密院无法规定统一的地图绘制标准，或者，就此而论，这些地图绘制标准有时是由西班牙人、葡萄牙人以及（后来的）尼德兰人实现的。

1761

人们最终意识到弗罗比舍实际上并没有找到黄金，但这并没有阻止英格兰的雄心壮志。弗朗西斯·德雷克的环球航行——表面上的意图是发掘适合在南美洲进行殖民的地点——不仅催生了英格兰人与东印度群岛的第一次直接接触，也在西班牙属美洲进行了大肆的掠夺，从而刺激了英格兰人的野心。例如，迪伊在其于 1582 年前后为吉尔伯特绘制的一幅地图中，反映出吉尔伯特关于西北航道（而非东北航道）以及对北美洲的潜在矿产财富的持续痴迷；请注意，这幅地图包括两条路线：环绕或穿越北美洲的从大西洋到太平洋的路线（请参阅图 30.1）。[35] 吉尔伯特从伊丽莎白那里获得了在纽芬兰开拓殖民地的许可，作为回报，要缴纳他在那里找到的所有黄金和白银的 1/4，而吉尔伯特又给了迪伊一大片土地。吉尔伯特于

---

[31] *Acts of the Privy Council of England*: *Vol. X*, *A. D.* 1577 – 1578, ed. John Roche Dasent (London: For Her Majesty's Stationery Office, 1895), 10: 147 (19 January 1577) and 10: 366 (2 November 1578; quotation), and Baldwin, "Testing of a New Academic Trinity," 90 – 92. Hall's chart (Hatfield House, Cecil Papers M1/69) 复制于 R. A. Skelton and John Newenham Summerson, *A Description of the Maps and Architectural Drawings in the Collection Made by William Cecil*, *First Lord Burghley*, *Now at Hatfield House* (Oxford: Roxburghe Club, 1971), plate 6, and George Best, *The Three Voyages of Martin Frobisher*, 2 vols., ed. Vilhjalmur Stefansson (London: Argonaut, 1938), vol. 1, opp. Xcix。

[32] Best, *True Discourse*, title page. 关于贝斯特的区域地图，请参阅 Baldwin, "Testing a New Academic Trinity," 75 – 76。

[33] Baldwin, "Speculative Ambitions," 459, and Bernard Allaire and Donald Hogarth, "Martin Frobisher, the Spaniards and a Sixteenth Century Northern Spy," in *Meta Incognita*, 2: 575 – 588. *Calendar of State Papers of the Reign of Elizabeth*, *Foreign Series*, 1579 – 1580, ed. A. J. Butler (London: His Majesty's Stationery Office, 1904), nos. 336 and 550.

[34] Francis Drake, *The World Encompassed* (London: Printed for Nicholas Bourne, 1628). Generally, on the cartography associated with Drake, seeW. H. Kerr, "The Treatment of Drake's Circumnavigation in Hakluyt's 'Voyages,' 1589," *Papers of the Bibliographical Society of America* 34 (1940): 281 – 302; Quinn, *New AmericanWorld*, 1: 462 – 477; Norman J. W. Thrower, ed., *Sir Francis Drake and the Famous Voyage*, 1577 – 1580: *Essays Commemorating the Quadricentennial of Drake's Circumnavigation of the Earth* (Berkeley: University of California Press, 1984); David B. Quinn, *Sir Francis Drake as Seen by His Contemporaries* (Providence, R. I.: John Carter Brown Library, 1996); and J. B. Harley, "Silences and Secrecy: The Hidden Agenda of Cartography in Early Modern Europe," *Imago Mundi* 40 (1988): 57 – 76, esp. 61 – 62. R. Samuel Bawlf, *Sir Francis Drake's Secret Voyage to the Northwest Coast of America*, *AD* 1579 (Salt Spring Island, B. C.: Sir Francis Drake Publications, 2001) 巧妙的——如果说是有争议的话——提出了大量的文字和地图证据（还有一些未经证实的考古学的假定），暗示着在 1642 年之前，环球航行的殖民元素被枢密院成功地保密了。

[35] John Dee, "Humfray Gylbert Knight his charte," ca. 1582, figure 30. 1 in this volume. See William Patterson Cumming, *The Southeast in Early Maps*, 3d ed., rev. and enl. by Louis De Vorsey (Chapel Hill: University of North Carolina Press, 1998), 115 – 116; Ganong, *Crucial Maps*, 453 – 454; Quinn, *Voyages and Colonising Enterprises of Sir Humphrey Gilbert*, 1: 35 – 46; idem, *Explorers and Colonies*, 207 – 224; Sherman, "Putting the British Seas on the Map," 5 – 8; Allen, "Indrawing Sea," 26; and MacMillan, "Sovereignty 'More Plainly Described,'" 420 – 422, 一般而言，请参阅 Quinn, *New American World*, 3: 181 – 264 and fig. 90。

1583年去世之后，他的同母异父弟弟沃尔特·罗利爵士提出了大规模殖民行动的设想，并在1585—1586年和1587—1590年两次进行了尝试，以在罗阿诺克建立弗吉尼亚殖民地，这两次尝试都因为资金不足而失败了。[36]

像以前主要的殖民主义鼓吹者一样，罗利是一群志同道合的朝臣、商人和学者所组成的圈子的一员，他从这些人当中汲取建议和支持。[37] 其中最突出的是理查德·哈克卢特，由于他是伊丽莎白时期英国殖民运动的主要鼓吹者，所以受到了历史学家的高度重视。[38] 然而，哈克卢特更主要是在家里利用文字资料，而非利用航海的地图记录；斯凯尔顿观察到，哈克卢特的著作"令人惊奇的是，没有像与［他］同时代的一些英格兰人——诸如迪伊、罗利本人或伯利勋爵——那样习惯性地对地图进行集中而严格地进行校对的痕迹"。[39] 因此，对于他的1582年与美洲及其北部岛屿发现有关的文件集合《各种航行》来说，哈克卢特仅仅收入了两幅示意性地图，来排演北部航道的可能性：罗伯特·索恩的1527年的两条航道的地图和迈克尔·洛克的西北通道地图（图59.4）。[40] 另外，这两幅地图都夸张地强调穿越新大陆来开发东亚地区的财富，这些与哈克卢特倡导在北美大陆建立殖民地的主要意图针锋相对。罗利和伊丽莎白的首席秘书弗朗西斯·沃尔辛厄姆爵士随后委托哈克卢特撰写一篇"西方经略论述"，概述了在北美建立殖民地的"巨大必需性"以及他们将生产的"相当多的货物"；哈克卢特在1584年10月将此呈递给伊丽莎白。与迪伊先前的演讲不同，哈克卢特的演讲似乎没有充分利用地图。然而，这是哈克卢特的作品中唯一一部明确地从地图绘制证据中推理出来的作品。重要的是，进行这种推理的理由是西北航道的可行性，无论是沿海路还是河路抑或陆上航线。[41] 也就是说，新的殖民主义的定义强调在一块大陆上建立定居点

1762

㊱ 关于罗利，请参阅 David B. Quinn, *Raleigh and the British Empire*（London：Hodder and Stoughton for the English Universities Press，1947）；关于罗利在弗吉尼亚的经营，请参阅 David B. Quinn，ed.，*The Roanoke Voyages*，1584 – 1590：*Documents to Illustrate the English Voyages to North America under the Patent Granted to Walter Raleigh in* 1584，2 vols.（London：Hakluyt Society，1955）。

㊲ Shannon Miller, *Invested with Meaning*：*The Raleigh Circle in the New World*（Philadelphia：University of Pennsylvania Press，1990），47.

㊳ 关于哈克卢特的文献非常广泛：尤其请参阅 George Brunner Parks, *Richard Hakluyt and the English Voyages*，2d ed.，ed. James A. Williamson（New York：Frederick Ungar，1961）；*Hakluyt Handbook*；and Anthony Payne，"'Strange, Remote and Farre Distant Countreys'：The Travel Books of Richard Hakluyt，" in *Journeys through the Market*：*Travel*，*Travellers*，*and the Book Trade*，ed. Robin Myers and Michael Harris（Folkestone，Eng.：St. Paul's Bibliographies，1999），1 – 37。Richard Helgerson 对哈克卢特的著作进行了评论分析：*Forms of Nationhood*：*The Elizabethan Writing of England*（Chicago：University of Chicago Press，1992），149 – 191；Mary C. Fuller，*Voyages in Print*：*English Travel to America*，1576 – 1624（Cambridge：Cambridge University Press，1995），141 – 174；Pamela Neville-Sington，"'A Very Good Trumpet'：Richard Hakluyt and the Politics of Overseas Expansion，" in *Texts and Cultural Change in Early Modern England*，ed. Cedric C. Brown and Arthur F. Marotti（Basingstoke：Macmillan；New York：St. Martin's，1997），66 – 79；Armitage，*Ideological Origins*，70 – 99；and Tomlins，"Legal Cartography of Colonization，" 318 – 328。

㊴ Skelton，"Hakluyt's Maps，" 1：48.

㊵ 请参阅 Skelton，"Hakluyt's Maps，" 48，54 – 57，and 64 – 65，and Philip D. Burden，*The Mapping of North America*：*A List of Printed Maps*，1511 – 1670（Rickmansworth：Raleigh，1996），69 – 70（no. 55）。

㊶ 现存的一份稿本首次出版于1877年：Quinn and Quinn，"Hakluyt Chronology，" 1：284 – 286。一份摹写本和抄本可以发现于 Richard Hakluyt，*A Particuler Discourse Concerninge the Greate Necessitie and Manifolde Commodyties That Are Like to Growe to This Realme of Englande by the Westerne Discoueries Lately Attempted . . . Known As Discourse of Western Planting*［1584］，ed. David B. Quinn and Alison M. Quinn（London：Hakluyt Society，1993），80 – 87（cap. 17），进行了地图方面的推理。

（“planting”），其本身并在地理上是没有争议的；然而，它确实引起了若干政治、经济、法律和宗教问题，这些问题在哈克卢特的“论述”以及在其后来的航海集中都有所涉及。[42]

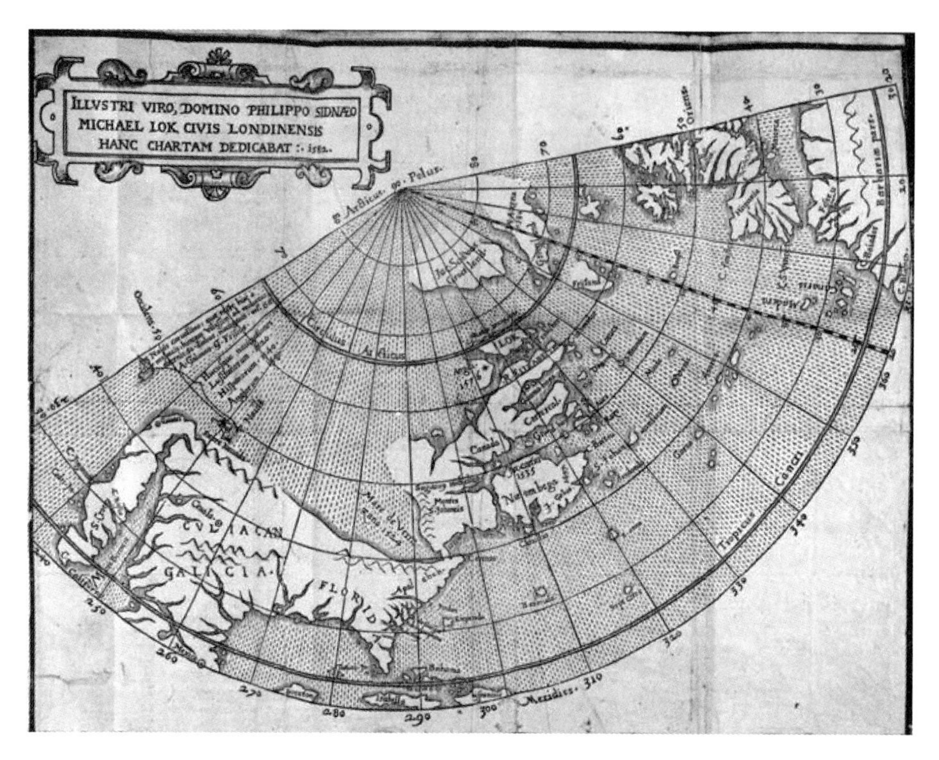

图 59.4 迈克尔·洛克：西北通道的地图，1582 年

Ilvstri viro, Domino Philippo Sidnœo ..., *in Divers Voyages Touching the Discouerie of America, and the Ilands Adiacent vnto the Same...*, by Richard Hakluyt (London: T. Woodcocke, 1582).

原图尺寸：约 28.9 × 37.4 厘米。由 BL（C. 21. b. 35）提供照片。

1763 在塑造和形成英格兰的殖民欲望和帝国战略方面，也就是说，在为发展中的殖民主义精神提供支撑方面，大区域地图继续扮演着重要的角色。例如，在巴普蒂斯塔·博阿齐奥于 1588 年绘制的德雷克针对西班牙的跨大西洋战略地图中就能看出这一角色，这幅地图还标出了 1585 年托马斯·哈里奥特（Thomas Harriot）和约翰·怀特（John White）从罗阿诺克殖民地返回的路线；这条路线被故意画错，以误导西班牙人（图 59.5）。[43] 从 1591 年埃默里·莫利纽克斯献给伊丽莎白的大型球仪上，也可以看出这一点。当时，球仪的赞助人——商人威廉·桑德森（William Sanderson）宣布，它将“一目了然地向女王展示，她可以凭借

---

[42] Armitage, *Ideological Origins*, 72 – 76, and Tomlins, “Legal Cartography of Colonization,” 318 – 328.

[43] 这幅地图出现于 Walter Bigges 的《*Expeditio Francisci Draki Equitis Angli in Indias Occidentales*》（Leiden: Apud F. Raphelengium, 1588）和 Bigges 的篇帙更长的 *A Summarie and True Discourse of Sir Frances Drakes West Indian Voyage* (London: R. Field, 1589) 中。另请参阅 Burden, *Mapping of North America*, 87 – 88 (no. 70); Cumming, *Southeast in Early Maps*, 122 – 123; Quinn, *New American World*, vol. 3, fig. 97; and Mary Frear Keeler, ed., *Sir Francis Drake's West Indian Voyage*, 1585 – 1586 (London: Hakluyt Society, 1981), 301 – 320。1588 年 8 月 8 日，胡格诺教徒 Francois de La Noue 写信给弗朗西斯·沃尔辛厄姆爵士，打败西班牙的方法是“取到印度群岛”。John Huxtable Elliott, *The Old World and the New*, 1492 – 1650 (London: Cambridge University Press, 1970), 93。

自己的海军部队控制多大的海域。这是一个非常值得了解的事实”，从这也能看出这一点；[44]从1599年，哈克卢特使用爱德华·赖特的根据墨卡托投影绘制的地图，来显示“这个世界迄今为止有多少已经被探险发现，并为我们所知”（图59.6），也能看出这一点。[45]然而，随着罗利的圈子开始追求殖民地定居点的建立，英格兰殖民地图绘制活动被重新配置，以强调、设想和促进特定的殖民活动的质量和环境。但无论如何，我们必须认识到，英格兰人在绘制和理解精确的殖民地领地地图时，他们依赖的主要是特许状和补助金许可上的“法律地图”，在1640年之前，区域的、殖民地的地图依然是一种推进的工具而非治理的工具。[46]

1765

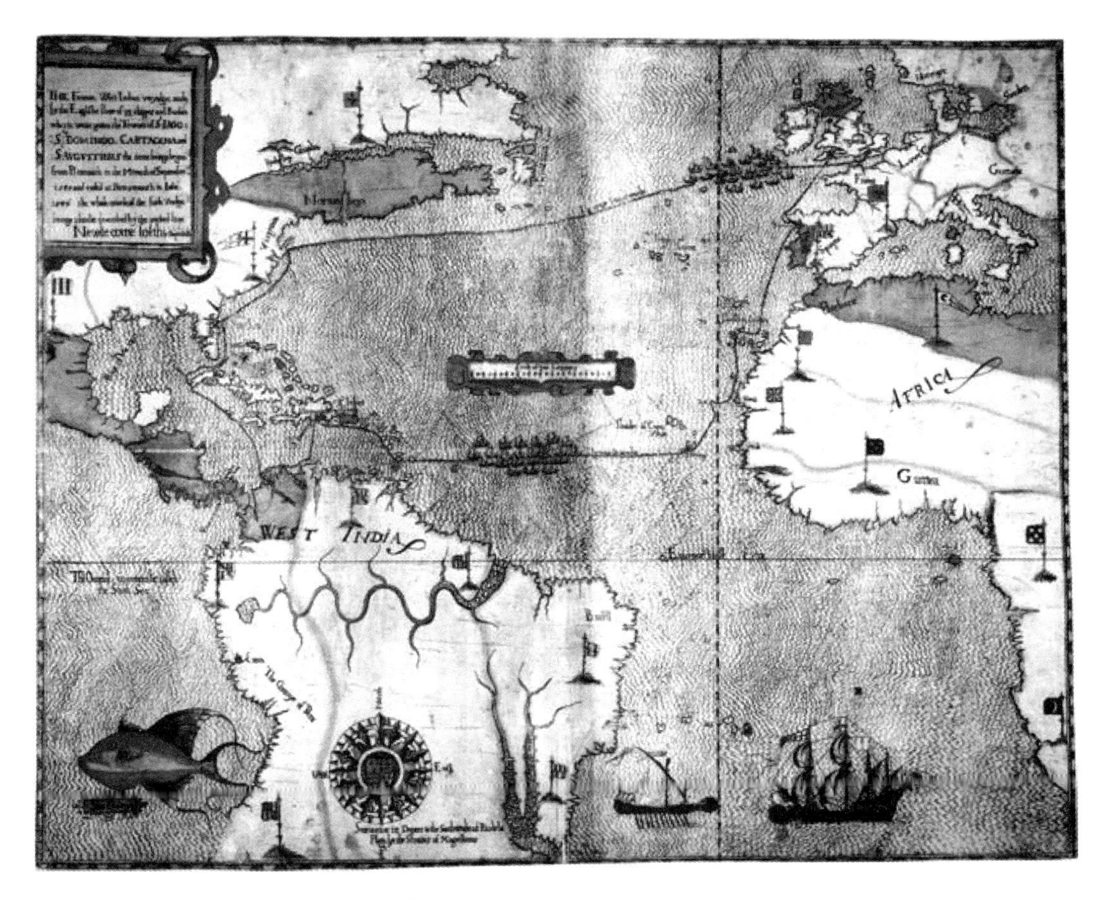

图59.5　巴普蒂斯塔·博阿齐奥：《西印度航行地图》，1588年

The Famous West Indian Voyadge Made by the Englishe Fleet of 23 Shippes and Barkes…，*in Expeditio Francisci Draki Eqvitis Angli in Indias Occidentales*，by Walter Bigges（Leiden：Apud F. Raphelengium，1588）.

由 Newberry Library，Chicago（Ayer 133 D7 B66.1589）提供照片。

㊹ Anna Maria Crino and Helen Wallis，“New Researches on the Molyneux Globes，” *Der Globusfreund* 35 – 37（1987）：11 – 18；see also Ruth A. McIntyre，“William Sanderson：Elizabethan Financier of Discovery，” *William and Mary Quarterly*，3d ser.，13（1956）：184 – 201.

㊺ 关于赖特的地图，请参阅 Cumming，*Southeast in Early Maps*，131；Shirley，*Mapping of the World*，238 – 239（no. 221）；Quinn，*New American World*，vol. 3，figs. 99 – 100；and Helen Wallis，“Edward Wright and the 1599 World Map，” in *Hakluyt Handbook*，1：62 – 63，69 – 73（fig. 5）。

㊻ Tomlins，“Legal Cartography of Colonization，” 326 – 328.

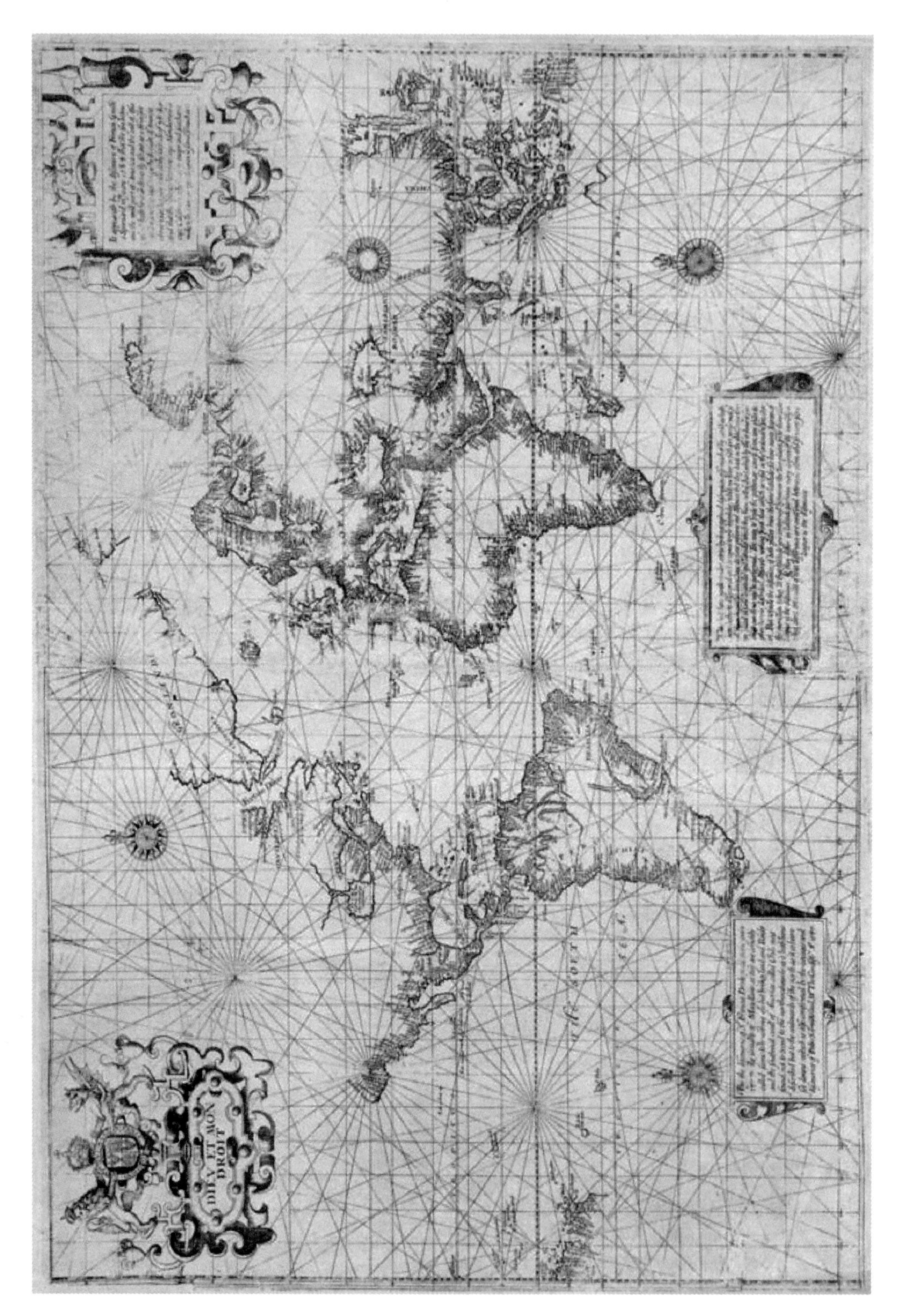

图 59.6 爱德华·赖特：《根据墨卡托投影的世界地图》，1599 年

［*A*］*True Hydrographical Description of so Much of the World as Hath Beene Discouered and Is Comne to Our Knowledge*, in *The Principal Navigations*, *Voiages*, *Traffiqves and Discoueries of the English Nation*, 3 vols., by Richard Hakluyt (London: G. Bishop, R. Newberie, and R. Barker, 1598 – 1600).

原图尺寸：约 42.8×62.7 厘米。由 BL［*Maps 920 (290)］提供照片。

罗利在弗吉尼亚州建立殖民地的第一次尝试，所根据的地理信息非常少，仅仅是1584年一次侦察航行的结果。[47] 殖民船队本身包括托马斯·哈里奥特和约翰·怀特，他们得到指示来绘制地图，并详细记录罗阿诺克的新殖民地的情况。[48] 在具有艺术天赋的怀特的操作下，哈里奥特在记录过程中追求几何精度的本能确保了卡罗来纳河岸精细的制图记录。这批地图只有三份绘本地图保存下来，其中两幅在大英博物馆（图59.7），另一幅在英国国家档案馆。[49] 怀特和哈里奥特的地图没有在伦敦出版，然而，因为枢密院仍然（当然是无意义地）试图限制地理知识落入西班牙人的手中：哈里奥特对殖民地的叙述很大程度上是为了促进第二次试图开拓殖民地弗吉尼亚而发表的，其中并无地图，而第二版中的地图仍然是没有提供信息。[50] 它们是在德意志印刷的，作为特奥多尔的《亚美利加》（1590年）的一部

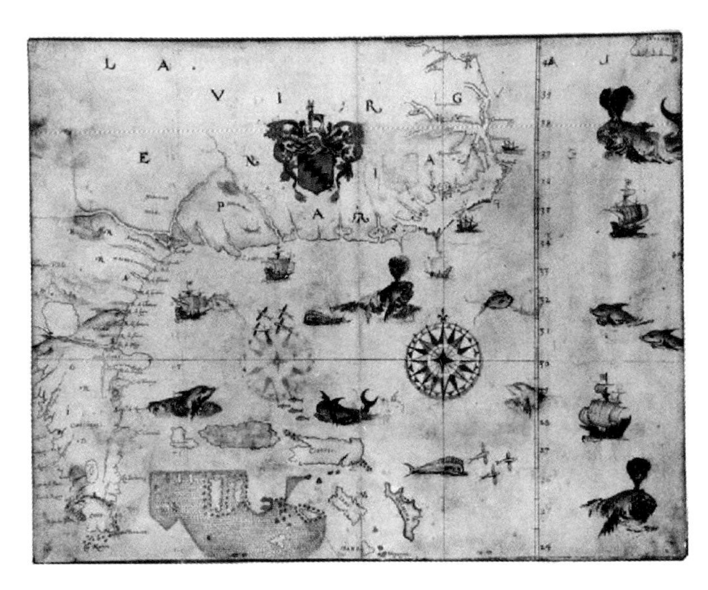

图59.7　约翰·怀特：绘本地图，1585年

用水彩和钢笔勾勒描绘切萨皮克湾（Chesapeake Bay）到佛罗里达角（Cape of Florida）。

原图尺寸：37 × 47.2厘米。照片版权：Trustees of the British Museum，London［1906 -5 -9 -1（2）］

---

[47] Quinn，*England and the Discovery of America*，283 -288，and Quinn，*New American World*，3：265 -339 and figs. 92 -96.

[48] Quinn，*Roanoke Voyages*；John William Shirley，*Thomas Harriot*：*A Biography*（Oxford：Clarendon，1983）；Robert C. D. Baldwin，*Cartography in Thomas Harriot's Circle*（Durham：Thomas Harriot Seminar，1996）；以及 Robert Fox，ed.，*Thomas Harriot*：*An Elizabethan Man of Science*（Ashgate：Aldershot，2000）中的文章，尤其是 David B. Quinn，"Thomas Harriot and the Problem of America，" 9 -27，and G. R. Batho，"Thomas Harriot and the Northumberland Household，" 28 -47。

[49] British Museum，Department of Prints and Drawings，1906 -5 -9 -1［2］and［3］；TNA，MPG 1/584. 这些复制于 Stefan Lorant，ed.，*The New World*：*The First Pictures of America*，*Made by John White and Jacques Le Moyne and Engraved by Theodore de Bry*，*with Contemporary Narratives of the Huguenot Settlement in Florida*，1562 -1565，*and the Virginia Colony*，1585 -1590（New York：Duell，Sloan and Pearce，1946），185 -187，和 P. H. Hulton and David B. Quinn，*The American Drawings of John White*，1577 -1590，2 vols.（London：Trustees of the British Museum，1964），esp. 1：52 -57 and 135 -137 and vol. 2，pls. 58 -59. 另请参阅 Cumming，*Southeast in Early Maps*，117 -121。

[50] Thomas Harriot，*A Briefe and True Report of the New Found Land of Virginia . . . at the Speciall Charge and Direction of the Honourable Sir Walter Raleigh Knight*（London，1588）。请参阅 David B. Quinn，"A List of Books Purchased for the Virginia Company，" *Virginia Magazine for History and Biography* 77（1969）：347 -360。

分，它们经常以这样的形式得以复制。[51]

16 世纪 90 年代，罗利增强了英格兰人长期以来试图切断财富从美洲到西班牙的海上流动形式，计划通过在南美洲北部建立帝国，以创建一个类似的财富流动，他认为这就是从家乡到传说中的黄金国。就像第一批弗吉尼亚殖民者一样，罗利在 1595 年启航的时候，几乎不具备任何地理信息，有的只是不断的西班牙的传闻；他从被捕获的特立尼达（Trinidad）总督安东尼奥·德贝里奥（Antonio de Berrío）那里收集到奥里诺科（Orinoco）河的信息。但是，就像哈里奥特为弗吉尼亚所做的事情一样，罗利在回国以后发表了一项关于在奥里诺科河上建立一个帝国的提案，提案中还附有一幅质量不高的印刷地图，以便让潜在的投资者可以看到这个国家的景观。[52] 雷利自己的圭亚那地图亡佚了——在 1618 年 8 月，当时他试图从伦敦塔中逃走，有四幅南美洲地图被抄没，这幅圭亚那地图也许就在其中[53]——尽管在一幅绘本的大型海图上可能还保存下来他航海的良好图像概括，这幅大型海图上的很多地名可能都出自罗利本人之手（图 59.8）。[54] 这幅地图的中心是传说中的帕里玛湖（Lake Parima），这是一块定期洪

1767

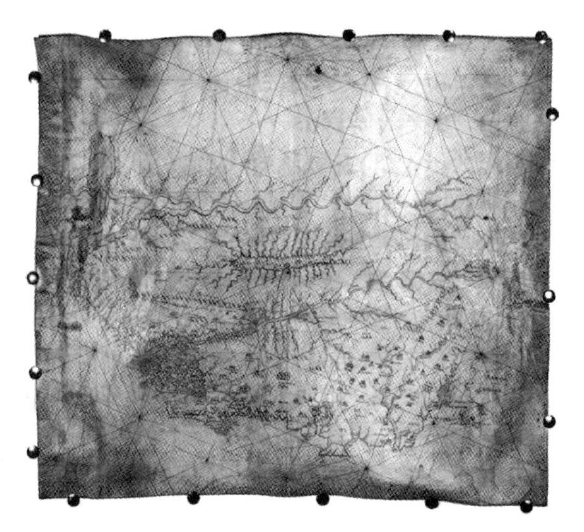

图 59.8 沃尔特·罗利爵士：圭亚那地图，约 1595 年

原图尺寸：约 68.2 × 78 厘米。由 BL（Add. MS. 17940A）提供照片。

---

[51] Thomas Harriot, *Admiranda narratio, fida tamen, de commodis et incolarvm ritibvs Virginiae*, part 1 of *America*, ed. Theodor de Bry（Frankfurt, 1590）, esp. pl. 2, "The Arrival of the Englishmen in Virginia." 另请参阅 Baldwin, *Harriot's Circle*, 11 and 20; Burden, *Mapping of North America*, 96 – 99（nos. 76 – 77）; and Cumming, *Southeast in Early Maps*, 123 – 125.

[52] Walter Ralegh, *The Discouerie of the Large, Rich, and Bevvtiful Empire of Guiana: With a Relation of the Great and Golden Citie of Manoa（which the Spanyards call El Dorado）*（London: Robert Robinson, 1596）. 请参阅 Walter Ralegh, *Sir Walter Ralegh's Discovery of Guiana*, ed. Joyce Lorimer（Burlington, Ver.: Ashgate, 2006）。另请参阅 Karen Ordahl Kupperman, "Raleigh's Dream of Empire," in *Raleigh and Quinn, The Explorer and His Boswell ...*, ed. H. G. Jones（Chapel Hill: North Caroliniana Society, Inc., and the North Carolina Collection, 1987）, 123 – 138。

[53] Skelton and Summerson, *Maps and Architectural Drawings*, 5, citing Walter Ralegh, *The Discovery of the Large, Rich, and Beautiful Empire of Guiana ...*, ed. Robert H. Schomburgk（London: Printed for the Hakluyt Society, 1848）, 228.

[54] R. A. Skelton, "Ralegh as Geographer," *Virginia Magazine of History and Biography* 71（1963）: 131 – 149, and Sarah Tyacke, "English Charting of the River Amazon, c. 1595 – c. 1630," *Imago Mundi* 32（1980）: 73 – 89, esp. 75 and 87 n. 18.

水泛滥的稀树草原，在1596年劳伦斯·基米斯（Lawrence Keymis）在埃塞奎博河（Essequibo）探险时，就已经报告给他了，并记录在一幅由威廉·道恩（William Downe）绘制的地图中，威廉·道恩是基米斯的航海师傅（图版73）。[55] 道恩的地图曾是罗利收藏的一部分，并幸免于遭受抄没之厄，因为哈里奥特已经将其藏在另一个囚犯——诺森伯兰伯爵的财产中了。罗利的地图收集的变迁表明，在伊丽莎白时代的末期，殖民地地图的战略价值得到了政府官员、商人和潜在的投资者的高度欣赏。[56]

斯图亚特王朝早期的殖民活动和地图绘制

1603年之后，詹姆士一世与西班牙之间和平的战略政策导致了伊丽莎白时代明显的军国主义殖民计划的结束：罗利1617—1618年的第二次远征圭亚那的行动可能遭致了失败。与西班牙的和约鼓励了长途贸易和殖民活动的扩张，这一点，得到了理查德·哈克卢特和他的继任者塞缪尔·珀切斯的工作所体现出的这种发展中的意识形态的支持。[57]

许多商业公司在1603年之后迅速扩张。其中最引人注目的是建于1600年的东印度公司。该公司试图控制其船长所制作的海图和导航信息，这就使得珀切斯抱怨被拒绝使用这些材料，但这些努力并不一定有效。[58] 公司的商人们还发现，地图和海图是非常有用的礼物，可以换取亚洲富豪的好感。[59] 最后，商人发现地图与种植园的鼓吹者在促进投资方面同样有效：威廉·巴芬的地图说明1613年托马斯·罗（Thomas Roe）爵士的使团前往莫卧儿王朝皇帝的路线，它基于几种叙述，生动地体现了公司内部发展与南亚的商务交易活动的一个新的方向，1623年以后，随着尼德兰人逐步将英格兰人排除出香料群岛，这一方向变得越来越重要；1619年，这幅地图作为独立地图出版，并被珀切斯反复使用，一直到18世纪初

---

[55] Edward J. Goodman, "The Search for the Mythical Lake Parima," *Terrae Incognitae* 7 (1976): 23 – 30. 泰亚克反驳了最初把这幅地图的作者归于斯凯尔顿的说法，见其 "English Charting of the River Amazon," 73 and 87 n. 19。

[56] Ralegh, *Empire of Guiana*, 229; Baldwin, *Harriot's Circle*, 28 – 32.

[57] 从历史图像学的角度来看，珀切斯被哈克卢特掩盖了，尽管他浓厚的新教观点损害了哈克卢特的声誉；请参阅 Armitage 的评论：*Ideological Origins*, 70 – 99, 以及 Loren Pennington, ed., *The Purchas Handbook: Studies of the Life, Times and Writings of Samuel Purchas*, 1577 – 1626, *with Bibliographies of His Books and of Works about Him*, 2 vols. (London: The Hakluyt Society, 1997), esp. Helen Wallis, "Purchas's Maps," 1: 145 – 166。

[58] Samuel Purchas, *Haklvytvs Posthumus*; *or*, *Pvrchas His Pilgrimes*, 4 vols. (London: F. Fetherston, 1625), 1: 700; Wallis, "Purchas's Maps," 1: 147; and Robert C. D. Baldwin, "The London Operations of the East India Company," *SALG* (*South Asia Library Group*) *Newsletter* 39 (1992): 5 – 11.

[59] 例如，William Foster, *England's Quest of Eastern Trade* (1933; New York: Barnes and Noble, 1966), 194 and 288 – 305，是关于1611年亨利·米德尔顿爵士在红海畔的穆哈的谈判。Anthony Farrington, ed., *The English Factory in Japan*, 1613 – 1623 (London: British Library, 1991), 2: 1289 – 1471, esp. 1363, 1372, 1383, 1417, 1436, 1441, and 1471, transcribed records from BL, Cotton Cart. Ⅲ. 13, XXⅥ, 28, fols. 20 – 33，详细叙述1615—1617年由公司到日本平户发售的交易库存，其中包括205份印本英文英格兰和威尔士诸郡的地图，很多是由斯皮德绘制的，也可能是萨克斯顿绘制，其中一幅是伦敦街道的，一些是约道库斯·洪迪厄斯的1584年"宽幅地图"，庆祝弗朗西斯·德雷克的环球航行，其中一份是关于"1988年的海战"的，也就是罗伯特·亚当斯的关于1588年击败西班牙无敌舰队的地图，更多的四幅是1587年和1596年的"加的斯航海"，以及分别展示了德雷克和托马斯·卡文迪什环球航行的1592年和1608年的埃默里·莫利纽克斯和约道库斯·洪迪厄斯的球仪。

期，它一直是英格兰人眼中的标准南亚图像（图 59.9）。[60]

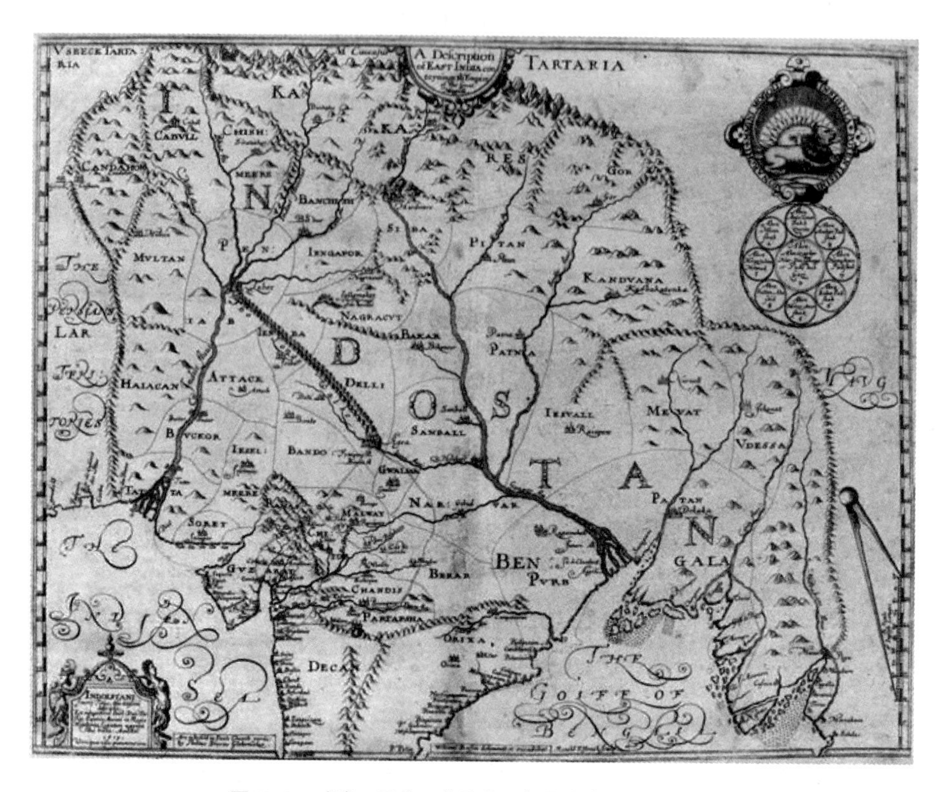

图 59.9 威廉·巴芬：莫卧儿王朝疆域地图，1619 年

由雷诺·艾尔斯特拉克（Renold Elstrack）雕版，托马斯·斯特恩（Thomas Sterne）于伦敦出版。

原图尺寸：约 38.6 × 48.5 厘米。由 BL（Maps K. Top. 115. 22）提供照片。

在向西的方向上，人们对西北航道的兴趣犹存。1612 年，一群伦敦商人和西北通道的发现者获得了皇家特许权，并向哈德逊海峡地区又进行了三次航行。巴芬在 1615 年的航行中整理了这些结果；在他的绘本上，位于哈德逊湾北部的三面旗帜代表了公司和英格兰王室。即便如此，该地区气候恶劣，缺乏明显的自然资源，以及巴芬"通过这种方式的所有权"，都使该地区的殖民潜力受到了破坏，因此即使珀切斯在他的旅程中包含了巴芬的日记，他也拒绝印刷地图。取而代之的是，珀切斯购买了一份由亨利·布里格斯（Henry Briggs）制作的更广阔的北美地图，布里格斯认为这一航线与哈德孙湾有关。随后，又派出了更多次的航行去探索海湾，试图证明，或驳斥布里格斯的主张。[61]

1768

以西方为方向的商业利益兴趣集中在捕鱼业上，其中一小部分是捕鲸，以及与美洲原住民之间进行的皮毛交易。一些英格兰人还与丹麦人一起参与了格陵兰和斯瓦尔巴群岛

[60] Susan Gole, *India within the Ganges* (New Delhi: Jayaprints, 1983), 58 – 59 and 118 – 119, andWallis, "Purchas's Maps," 148 and 154.

[61] 巴芬的海图是 BL, Add. MS. 12206, fol. 6; Purchas, *Pilgrimes*, 3: 848 (quotation); Wallis, "Purchas's Maps," 147 (on Baffin's voyages) and 160 – 161 and fig. 4 (the Briggs map)。另请参阅 Burden, *Mapping of North America*, 265 – 266 (no. 214), and more generally, David Watkin Waters, *The Art of Navigation in England in Elizabethan and Early Stuart Times*, 2nd ed. rev., 3 vols. (Greenwich: National Maritime Museum, 1978), 247 – 248, 317, 336, 394, 403 – 416, 480, 525 and 549。

(Svalbard) 的渔业开发活动。其结果使得对北美沿海地区地图的了解得到稳步的增长。[62] 与此同时，一些伦敦的商人和西部乡绅们试图重新实施在北美建立种植园的旧提议，并且就像以往一样，地图也占据了突出地位。到了1610年，他们的活动已经有了足够的根基，使得詹姆士能够对他们的所有人进行盘点。正如西班牙驻伦敦大使—— 阿隆索·德贝拉斯科 (Alonzo de Velasco) 所记录的，詹姆士公开下令派遣"一名调查师勘测这一省份"(弗吉尼亚州)；这名测量师可能就是塞缪尔·阿高尔 (Samuel Argall)，1610年7月和8月，他沿着北美海岸航行，1610年12月和1611年1月，他回到伦敦，呈递给詹姆士一幅地图，贝拉斯科将其一份副本寄给了西班牙的腓力三世。这幅西班牙的副本使这幅最终版本地图现在为人所知，它构成了由在新世界旅行的英格兰人、尼德兰人和法国人制造的海图和地图的复合体(图59.10)。[63]

1769

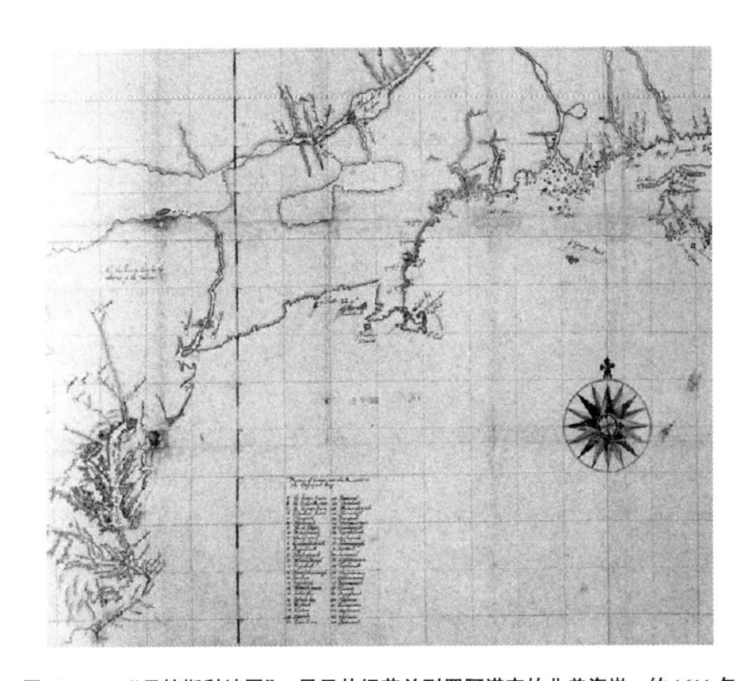

图59.10 "贝拉斯科地图"，显示从纽芬兰到罗阿诺克的北美海岸，约1611年

原图尺寸：80.2 × 110.8 厘米。由 Spain, Ministerio de Cultura, Archivo General de Simancas (MPD. 1, 1) 提供照片。

亚马孙和圭亚那

1770

即使在沃尔特·雷利对圭亚那和埃尔多拉多 (El Dorado) 进行探险失败之后，英格兰

---

[62] David B. Quinn and Alison M. Quinn, eds., *The English New England Voyages*, 1602 – 1608 (London: Haklyut Society, 1983), 3 – 4, on English in North America.

[63] Archivo General de Simancas, 2588, fol. 25 (贝拉斯科致腓力三世，1611年3月22日) 和相关的绘本地图。所有关于这幅重要地图的讨论都来自 Alexander Brown 最初的研究：*Genesis of the United States*, 2 vols. (Boston: Houghton, Mifflin, 1890), 1: 455 – 461。Cumming 随后对其进行了讨论：*Southeast in Early Maps*, 137 – 138。另请参阅 Philip L. Barbour, *The Jamestown Voyages under the First Charter*, 1606 – 1609, 2 vols. (London: For the Hakluyt Society by Cambridge University Press, 1969), 2: 336; Quinn and Quinn, *English New England Voyages*, 520 – 525; Quinn, *New American World*, vol. 5, fig. 140, 其细部重制于 vol. 3, figs. 108 (New England area) and 111 (Virginia)。

对南美洲的兴趣仍然不减。一些英格兰人对开发沙金很感兴趣，而另一些人则是对建立甘蔗种植园感兴趣。1610 年之后，托马斯·莫顿（Thomas Morton）爵士和他的同事们进行了多次探索性的航行，这些航行催生了一系列绘本海图，其中记录了大量的地理信息。例如，马修·莫顿（Matthew Morton）船长的发现，被纳入加布里埃尔·塔顿在 1615 年完成的亚马孙河流域的海图中。它记录了来自北亚马孙海峡的英格兰和爱尔兰探险家的信息，远至曼海诺（Manheno），在赤道和南纬 40°之间，搜索沙金和土地来种植糖。1620 年，亚马孙股份公司建立，使得伦敦的投资商可以承担种植、精炼和销售糖方面的高昂风险；在亚马孙公司控制的时代，约翰内斯·德拉埃特（Joannes de Laet）于 1625 年为其书《新世界》（*Nieuwve wereldt*）雕刻了 1615 年塔顿的亚马孙海图，并于 1633 年将其呈献给查理一世。[64] 这一呈献表明亚马孙商人需要培育王室的好感，以抵消王室对南美洲商业冒险摇摆不定的支持，因为它出于欧洲政治的考虑，试图安抚西班牙人；最终，南美洲的商业冒险活动被放弃了，从而支持在政治上不太敏感的北美洲和加勒比海地区的项目。

百慕大群岛和西印度群岛

1611 年，总督和伦敦金融城萨摩斯（Somers）群岛种植业公司认为，百慕大群岛，或者说是萨默斯勋爵群岛［更通俗地说，萨默群岛（Summer Isles）］，构成了一项吸引人的投资。为了证明这一观点，他们首先需要一份最初定居点的地图，同时也表明，它们针对潜在的西班牙或天主教威胁而进行了加固。理查德·诺伍德（Richard Norwood）在 1617 年完成了这样一幅百慕大的地图，显示每一处对“承办人”或伦敦的投资商有用的细节，每幅售价 12 英镑 10 先令。它于 1622 年在伦敦印刷，尽管没有任何印本保存下来；诺伍德地图后来的版本都出版在约翰·史密斯的宣传小册子《弗吉尼亚、新英格兰和萨默群岛通史》（*The Generall Historie of Virginia*，*New-England*，*and the Summer Isles*）（1624 年）（图 59.11）——大幅度缩小，并被该岛上的保护性堡垒的图像所包围——而在约翰·斯皮德的 1627 年世界地图集中则是完整尺寸。[65]

仅存的一份关于库拉索岛（Curaçao）的英文调查报告［这一调查可以追溯到普罗维登斯岛和亨利埃塔岛公司（Providence and Henrietta Island Company）的任期］，揭示了在 1634 年该岛被尼德兰人占领之前，就已经有最初的城镇和堡垒存在了。[66] 1634 年，这幅地图可能

---

[64] Joannes de Laet，*Nieuwve Wereldt*（Leiden，1625）. 关于加布里埃尔·塔顿的亚马孙河海图，请参阅 Lorimer，*English and Irish Settlement on the River Amazon*，48 –49；Tyacke，“English Charting of the River Amazon，” 73 and 76；and Baldwin，*Harriot's Circle*，28 –32。

[65] Richard Norwood，*The Journal of Richard Norwood*，*Surveyor of Bermuda*（New York：Scholars Facsimiles and Reprints for the Bermuda Historical Monuments Trust，1945），xxiii-xxxi，xxxvii-xl，and l-li；John Smith，*The Generall Historie of Virginia*，*New-England*，*and the Summer Isles*［London：I（ohn）D（awson）and I（ohn）H（aviland）for M. Sparkes，1624］，重印于 John Smith，*The Complete Works of Captain John Smith*（1580 –1631），3 vols.，ed. Philip L. Barbour（Chapel Hill：By the University of North Carolina Press for the Institute of Early American History and Culture，1986），2：3 –488；Richard Norwood，*Mappa Aestivarum Insularum / A Mapp of the Sommer Ilands*，由 Abraham Goos 雕刻于 *A Prospect of the Most Famous Parts of the World*，by John Speed［（London：G. Humble），1627］。另请参阅 Margaret Palmer，*The Mapping of Bermuda*：*A Bibliography of Printed Maps & Charts*，1548 –1970，3d ed.，rev.，ed. R. V. Tooley（London：Holland Press，1983），24 –25（Smith）and 25 –27（Speed）。

[66] “这是一幅科尔索（Currsaw）岛的地图，附有海港、城镇和城堡，另有一幅城镇和城堡图，其大小是绘在海洋地图上的城堡的 10 倍”，TNA，CO 700/West Indies no. 4。编目人给它标明的日期是 1700 年前后。公司古怪的、准殖民主义的职权，从其特许状中清晰可见，其文本收藏在 BL，Sloane MS. 793 and Add. MS. 10615。

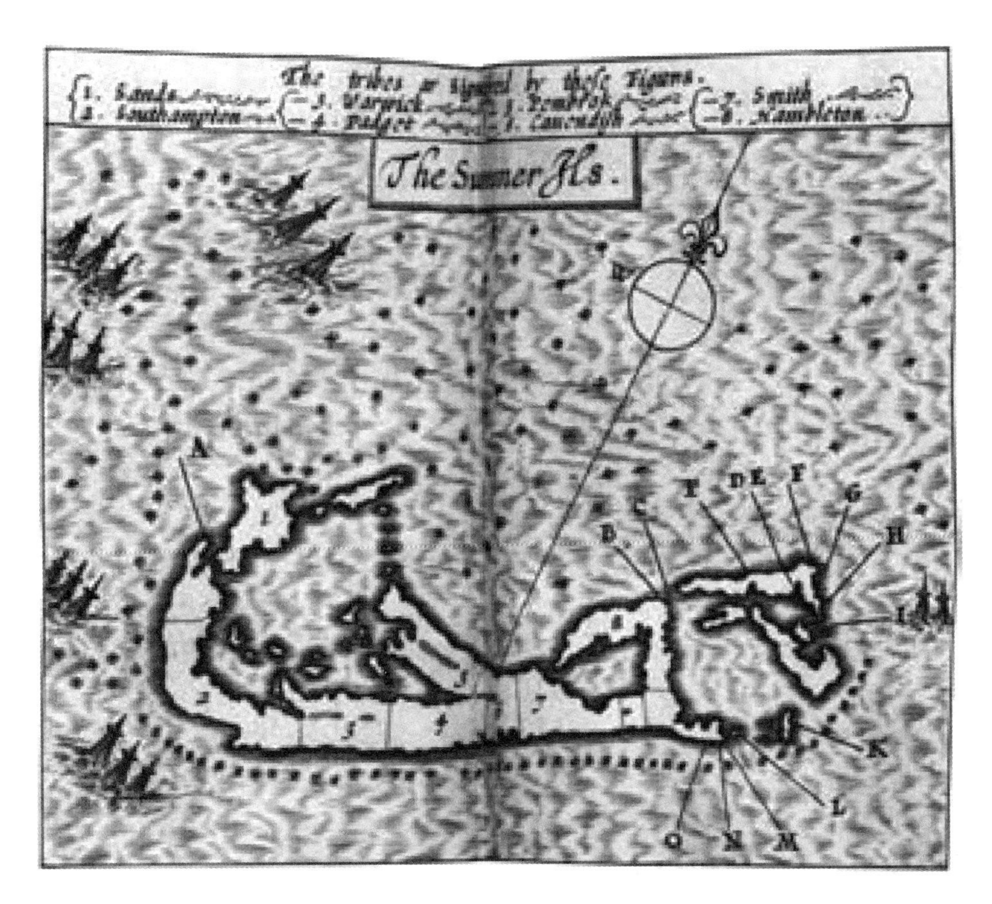

图59.11　理查德·诺伍德的百慕大土地授予地图的约翰·史密斯版本

Houghton Library，Harvard University许可使用。

被公司的德国部长运回伦敦，因此避免了1635年西班牙对托尔图加（Tortuga）的突袭和1637年的大鼠疫对早期地图记录的破坏。在西班牙的突袭行动之后，该公司从伦敦出发，根据1637年枢密院的殖民记录，“维护堡垒和其他防御设施”，而不将其移交给尼德兰人。[67] 1771 这一命令或许可以解释为什么地图得以幸存，因为其他企业，比如从1631—1641年在加勒比地区经营的罗德岛公司，都专注于对海上贸易进行掠夺，因此几乎不需要土地地图。普罗维登斯岛公司的业主们在很大程度上依靠尼古拉斯·康博福德绘制的伊斯帕尼奥拉岛（Hispaniola）（这里的农业情况远胜于其海港的探测）和小型的托尔图加岛（Tortuga）的海图，这些海图用来维持对伊比利亚船只的劫夺，这些船只从新西班牙和秘鲁运送金条回西班牙。[68]

---

[67] *Calendar of State Papers*，*Colonial*，1574－1660，ed. William Noel Sainsbury（London：Her Majesty's Stationery Office，1860），252.

[68] Nicholas Comberford，Hispaniola and Tortuga，1653，National Maritime Museum，London，Hydrographic Collection，G. 245. 8/2. 请参阅 William Young，*The History*，*Civil and Commercial*，*of the British Colonies in the West Indies*，3 vols.（London，1793－1801），1：333，and C. V. Wedgwood，*The King's Peace*，1637－1641（London：Collins，1955），130－132，319，and 349。

相反，农业定居点的发展并不能保证地图的制作和出版。在背风群岛（Leeward Islands）的案例中，农业在经济上比掠夺更重要，直到17世纪50年代，殖民地的地图才得以刊行于市，通过市场传递到潜在的定居者和投资者手中。这一延迟是因为最初并不缺乏定居者，所以没有必要为殖民地争取支持。在卡莱尔（Carlisle）伯爵作为首任“英属加勒比［也就是巴巴多斯（Barbados）和背风群岛］的所有人”的王室特许权时期，1627年之后，他非常成功地吸引了定居者到巴巴多斯，以至于1628年在圣基茨（St. Kitts）和尼维斯（Nevis），以及1632年之后在安提瓜（Antigua）和蒙特塞拉特（Montserrat），定居点建立得过多了。理查德·利根（Richard Ligon）在其对巴巴多斯岛的叙述中，曾打算在加勒比海地区推广甘蔗种植园，他用一幅地图展示了岛上的众多种植园，以及几位绅士们在种植园中骑马和打猎的小装饰插图，以表明其未来的潜力。[69]

弗吉尼亚

一些伦敦商人和西部诸郡的绅士和商人所组成的财团对利用北美大陆的经济潜力非常感兴趣，他们继续称其为弗吉尼亚。为了规范这些企业，1606年，詹姆士一世特许弗吉尼亚皇家委员会来监督他们的活动，为西部集团（也被称作普利茅斯公司）保留了北纬38°和45°之间的“北弗吉尼亚”，为伦敦商人保留了北纬34°和41°之间的“南弗吉尼亚”。这两家集团都试图在1607年（或许更早）建立永久的定居点——普利茅斯公司是在肯纳贝克（Kennebec）河口，伦敦公司是在切萨皮克湾（Chesapeake Bay）。北方的定居点勉强维持了一个冬天；在地图上，它被标记成一个单一的、乐观的定居点平面图，这个定居点被拟建在周围的土方工程和防御工事所包围；这幅平面图通过被西班牙大使偷偷摹绘的一份副本而保存了下来。[70] 詹姆斯敦（Jamestown）的南部定居点最终取得了成功，但它经历了犹豫之后，其开端也以不确定而著称。在英格兰，内部纠纷和北方定居点的失败导致了1609年新弗吉尼亚公司的成立，这是由伦敦商人组成的；原来被标记为南弗吉尼亚现在变成了弗吉尼亚本身。

在为位于切萨皮克湾的詹姆斯敦殖民地选择地点时，伦敦的商人们也在寻求建立和控制横跨整个大陆的一条路线，让他们可以方便地进入印度群岛。在这种努力下，他们显然受到了持续的信念的驱使，即北美的中部地区构成了一条相对狭窄的狭长地带，将大西洋与太平洋分隔开来。这一信念被铭记于约翰·迪伊的1580年前后的地图中（见图59.3），以及收在哈克卢特的《各种航行》（1582年）中的迈克尔·洛克的地图中（见图59.4）。它在

---

[69] Richard Ligon, *A Topographicall Description and Admeasurement of the Yland of Barbados in the West Indyaes with the Mrs. Names of the Seuerall Plantacons*, in *A Trve & Exact History of the Island of Barbados ...* (London: Printed for Humphrey Moseley, 1657)；一份单独的副本收藏在 the University of Pennsylvania Library, Philadelphia。另请参阅 Richard S. Dunn, *Sugar and Slaves: The Rise of the Planter Class in English West Indies*, 1624 – 1713 (Chapel Hill: For the Institute of Early American History and Culture for University of North Carolina Press, 1972), 29, 50, 52, 63 and 78, and James Alexander Williamson, *The Caribbee Islands and the Proprietary Patents* (Oxford: Oxford University Press; London: Humphrey Milford, 1926)。

[70] John Hunt, "The Draught of st Georges fort Erected by Captayne George Popham Esquier one the entry of the famous Riuer of Sagadahock in Virginia," 8 October 1607; Archivo General de Simancas, Estado Inglaterra, 2586, fol. 147. 请参阅 Quinn and Quinn, *English New England Voyages*, 84 – 85, 432, 441 – 443, and 515 – 519, and Quinn, *New American World*, 3: 425 – 465 and fig. 107。

1611年前后的韦拉斯科（Velasco）地图上得到了强烈的呼应，它描绘的是弗吉尼亚州的西部海岸而不是太遥远的内陆地区（见图59.10）。因此，1606年12月的第一次探险给定居者的指令是明确的：让他们定居在通航河流旁，最好是一条最倾向于“西北方向的河流，这样你就能最快地找到另一处海洋”；此外，定居者要确定这条河是起源于山脉还是湖泊，“如果它是从某一湖泊中流淌而出，那么就更容易找到通向其他海洋的通道，而且如果是从同一个湖泊流出就足够了，这样你就可以找到某个源泉，向东印度海域的相反方向流淌”。[71] 1772 因此，1607年和1608年，有几个队伍被派出去探索进入切萨皮克湾的河流。由于詹姆士和他的长子亨利·腓特烈（Henry Frederick）王子（他是殖民主义的狂热支持者）的好奇心，以及西班牙大使的间谍活动，这些调查所催生的素描地图中有三幅保存了下来。[72] 所有这些河流调查的结果在贝拉斯科的地图上都很明显。

从现代角度来看，弗吉尼亚殖民地的早期历史与约翰·史密斯的事迹密不可分。约翰·史密斯是一位军事冒险家，曾与带领第一批詹姆斯敦殖民者的绅士们发生过争吵。史密斯进行过很多次对河流的探险，在其中一次探险过程中，他与波瓦坦（Powhatan）和波卡洪特斯（Pocahontas）有过一次著名的遭遇。史密斯于1609年离开弗吉尼亚，并致力于宣传美洲殖民地的潜力，以及他自己的作用，因为在百慕大、弗吉尼亚和新英格兰，第一批移民所经历的严重困难使英格兰人大大受挫。他宣传的一个重要因素是他在1612年印刷的弗吉尼亚地图（图59.12）。关于这幅地图究竟是史密斯自己画的，还是纳撒尼尔·波尔（Nathaniel Powle）船长的作品，一直以来都存在争议，不过珀切斯确实认为这幅地图的作者是史密斯；切萨皮克湾的勾勒确实与贝拉斯科的地图有很多相似之处，所以巴伯认为它们都出自同一来源。无论如何，史密斯负责将地图印刷出来，连同描述殖民地本身的说明小册子，并将数百份副本分发给伦敦的宫廷、伦敦商人和西部诸郡的乡绅，这些人可能会对支持未来的殖民活

---

[71] “Instructions” [ca. November-December 1606], Library of Congress, Bland MS., pp. 14 – 18，重印于 Barbour, *Jamestown Voyages*, 1: 49 – 54, esp. 49 and 51；西班牙大使 Pedro de Zuniga 于1606年11月24日所做的一份报告中，反复地表达了这种情感，翻译与重印于 Barbour, *Jamestown Voyages*, 1: 71。

[72] Map 1: “The draught by Robarte Tindall,” 1608, BL, Cotton MS. Aug. I. ii. 46；重绘于 Barbour, *Jamestown Voyages*, 1: 105，重制于 Quinn, *New AmericanWorld*, vol. 5, fig. 136，着色于 John R. Hébert, “The Westward Vision: Seventeenth-Century Virginia,” in *Virginia in Maps: Four Centuries of Settlement, Growth, and Development*, ed. Richard W. Stephenson and Marianne M. McKee (Richmond, Va.: Library of Virginia, 2000), 2 – 45, esp. 13 and 28；另请参阅 Cumming, *Southeast in Early Maps*, 135 – 136。Tindall 之前于1607年6月向亨利王子呈交了一份詹姆士河的地图。Barbour, *Jamestown Voyages*, 1: 104 – 106. Map 2: Untitled map of John Smith's 1607 – 1608 explorations, perhaps by Smith himself, Archivo General de Simancas, M. P. D. Ⅳ – 66, ⅪⅩ – 163；经常以西班牙大使 Pedro de Zúñiga 命名，他将保存下来的副本送到西班牙。重制与讨论见 Barbour, *Jamestown Voyages*, 1: 238 – 240; Quinn, *New American World*, vol. 5, fig. 137; Hébert, “Westward Vision,” 12 – 13 and 33; and William Boelhower, “Mapping the Gift Path: Exchange and Rivalry in John Smith's *A True Relation*,” *American Literary History* 15, no. 4 (2003): 655 – 682，他认为这幅地图应该解读为由史密斯绘制为其 *A True Relation* 的配图。另请参阅 Cumming, *Southeast in Early Maps*, 136 – 137; Map 3: The “Kraus Virginia” sketch map, possibly by George Percy (governor 1609 – 1610), in the Harry Ransom Humanities Research Center, University of Texas at Austin；重制于 Quinn, *New American World*, vol. 5, fig. 138; and in G. Malcolm Lewis, “Maps, Mapmaking, and Map Use by Native North Americans,” in *HC* 2.3: 51 – 182, esp. 72。

动感兴趣。[73]

图 59.12 约翰·史密斯：弗吉尼亚地图，1612 年

Virginia: *Discouered and Discribed by Captayn John Smith*，威廉·霍尔（William Hole）雕版。

原图尺寸：约 33.3 × 41.4 厘米。由 BL（G.7120）提供照片。

史密斯的地图有两个特点，以吸引潜在的殖民地投资者。首先，在地图的顶端，向西，有似乎是假定的西部海洋的边缘，这是通往“契丹”及其财富的一条便捷通道。其次，史密斯公开宣称要从直接观察中了解他在说些什么。上面附有一个马耳他十字的环，根据地图上的一条注释，“已经被发现了”，而“通过联系进行了超越”。地图上的这一元素是用来阐释史密斯和其他英格兰人对原住民知识的依赖程度，[74] 但必须认识到，十字几乎涵盖了地图

---

[73] 这幅地图与 *A Map of Virginia*, *with a Description of the Covntrey* ...（Oxford: J. Barnes, 1612）共同出版。这部作品的评论版本见 Smith, *Complete Works*, 1: 119 – 190。关于这幅地图的主要讨论及其诸多版本和派生物，见 Coolie Verner, *Smith's* Virginia *and Its Derivatives*: *A Carto-Bibliographical Study of the Diffusion of Geographical Knowledge*（London: Map Collectors' Circle, 1968）。另请参阅 Burden, *Mapping of North America*, 202 – 205（no. 164）; Margaret Beck Pritchard, “A Selection of Maps from the Colonial Williamsburg Collection,” in *Degrees of Latitude*: *Mapping Colonial America*, by Margaret Beck Pritchard and Henry G. Taliaferro（New York: Henry N. Abrams, for the Colonial Williamsburg Foundation, 2002）, 54 – 311; and Hebert, “Westward Vision,” 10 – 14, 29 – 30, and 32. Verner, “Smith's *Virginia*,” 139 – 141，总结了由 Alexander Brown 提出的观点：“Queries: The Map of Virginia,” *Magazine of American History* 8（1882）: 576, and Worthington Chancey Ford, “Captain John Smith's Map of Virginia, 1612,” *Geographical Review* 14（1924）: 433 – 443；但是与 Barbour 比较，见 Smith, *Complete Works*, 1: 123, 142, and 190。关于史密斯传播其著作的方式，尤其请参阅其 *Advertisements for the Unexperienced Planters of New England*, *or Any Where*（London: Robert Milbourne, 1631），重印于 Smith, *Complete Works*, 3: 253 – 307。史密斯将地图和文字都纳入其《通史》中；重印于 Smith, *Complete Works*, 2: 3 – 488，附有两副较小型的地图，其中一幅是在雕版书名页上；关于这些地图，请参阅 Burden, *Mapping of North America*, 262 – 264（nos. 212 – 213），以及 Cumming, *Southeast in Early Maps*, 139 – 140。

[74] J. B. Harley, “New England Cartography and the Native Americans,” in *American Beginnings*, 287 – 313, esp. 290 – 291, and Lewis, “Maps, Mapmaking, and Map Use,” 70 – 71.

上几乎全部对地理特征和印第安人居住地的详细描绘；也就是说，即使史密斯记录下印第安人在英格兰人发现弗吉尼亚的过程中所扮演的角色，但他还是通过修辞手段把印第安人的贡献置于英格兰人进行直接观察之下。此外，还有两个小装饰，一个是波瓦坦，当时史密斯作为一个囚犯出现在他面前，另一个是“像巨人一样的”萨斯奎汉纳河（Susquehanna），是从特奥多尔·德布里雕刻的约翰·怀特的一幅画作中摘取出来的，他对史密斯说，他是亲身见到并体验到的这一景观。在史密斯的殖民宣传中，他总是小心翼翼地解释什么是肯定的，什么是吹嘘的，所以这张地图对于增强他对可信度的要求是有帮助的。这个巨大的土著形象也表达了这块土地对人类的支持，无论第一个英格兰移民的经历如何。总的来说，史密斯把弗吉尼亚描绘成一块肥沃的土地，在经历了大西洋两岸的严酷考验之后，它是一个宜人的避风港，尽管它面临着来自原住民的潜在敌意。[75]　1773

在弗吉尼亚的殖民最初是缓慢的，而且仅限于公共的定居点。然而，1614年，殖民地的烟草在伦敦首次出售，这引发了人们对建立长距离商业种植园的兴趣。因此，该公司的官员两次指示总督在1616年和1618年绘制详细的财产地图，但是没有进行调查，也没有制作任何地图。最终，1621年，该公司任命了一位测量员，他将进行必要的调查。从一开始，就打算让这一职位成为殖民地政府的相对低级的公务员，以便符合土地测量员的身份：该公司拒绝了理查德·诺伍德，显然是因为他要求工资太高，第一次任命的威廉·克莱本（William Claiborne）是一个年轻人，几乎没有测量师资历，直到1625年或1626年，他才成为殖民地的秘书，得到一个更有利可图的职位，并开始获得大量的财产。1624年，弗吉尼亚公司解散了殖民地，并将其重组为一个皇家的行省，并没有增加测量师的职权和工资。此外，尽管授权的规模很大（高达1万英亩），但定居者的密度很低，而且允许受资助人确定他们自己的份地的做法也意味着在殖民地早期，边界基本没什么争议。因此，几乎没有进行任何调查；事实上，“对地产的随意描述”，“常常会让人怀疑土地测量员是否还在这片土地上”。　1774
“这些种植园被划分成长方形，正面对着水道，所以只需要测量正面的尺寸和两侧的垂直于水的方向就可以了；最古老的原始调查平面图是1639年的。”只有在17世纪40年代，才引入了指南针，以帮助描绘出更复杂的形状；直到1642年，测量员才被要求提供他们所调查的每一块土地的平面图，这一要求似乎是由于边界纠纷的增加而产生的。总的来说，早期的土地调查是粗略的，这更多地取决于在景观中放置边界标记，而不是详细的地产调查和平面图。[76]

新英格兰和新苏格兰

约翰·史密斯在建立英国在新大陆的第二个成功的早期殖民地——“新英格兰”的过

---

[75] 尤其请参阅 Raymond M. Brod 有说服力的解释：“The Art of Persuasion: John Smith's *New England* and *Virginia* Maps,” *Historical Geography* 24, nos. 1-2 (1995): 91-106。

[76] Sarah S. Hughes, *Surveyors and Statesmen: Land Measuring in Colonial Virginia* (Richmond: Virginia Surveyors Foundation, Virginia Association of Surveyors, 1979), 8-11 (quotation on 11), 40-45, and 48; Edward T. Price, *Dividing the Land: Early American Beginnings of Our Private Property Mosaic* (Chicago: University of Chicago Press, 1995), 94-96; and Roger J. P. Kain and Elizabeth Baigent, *The Cadastral Map in the Service of the State: A History of Property Mapping* (Chicago: University of Chicago Press, 1992), 269.

程中起到了重要的作用。1614 年，他率领一支前往蒙希根岛（Monhegan Island）海域进行捕鱼作业的小型探险队，进行毛皮贸易，以及在被称作北弗吉尼亚或诺伦贝加（Norumbega）的区域进行金矿的勘探，(77) 后者位于圣劳伦斯河畔的英格兰和法国定居点之间的中间点，在此之后，他试图在一块对于欧洲人来说无人居住的土地上推动英格兰人的定居点建设。(78) 他又一次使用了印刷书籍和地图，他把这些书和地图分发给潜在的投资者和顾客。他的《新英格兰地图》（*Description of New England*）是在 1616 年后期印刷出来的，这幅地图可能是在 1617 年初问世（图 59.13）。(79) 在修辞上，史密斯把这个地区就作为英格兰所属了。

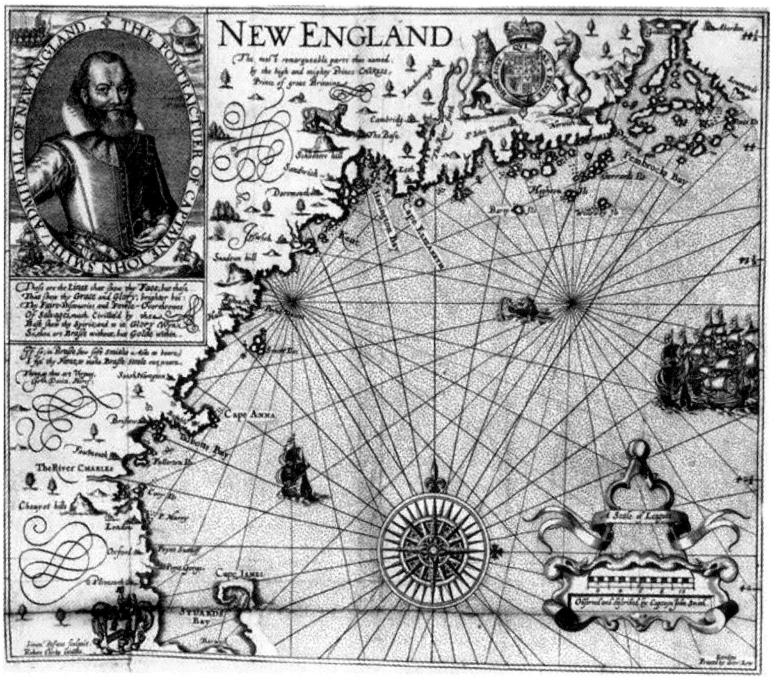

图 59.13 约翰·史密斯：新英格兰地图，1616/1617 年

New England the Most Remarqueable Parts Thus Named by the High and Mighty Prince Charles, *Prince of Great Britaine*，由西蒙·德帕斯（Simon de Passe）雕版。

由 Rare Books Division, New York Public Library, Astor, Lenox and Tilden Foundations（*KC 1616）提供照片。

(77) 关于在地图上创造出来的区域“Norumbega”，请参阅 Richard D' Abate, “On the Meaning of a Name: ‘Norumbega’ and the Representation of North America,” in *American Beginnings*, 61 - 88, and Kirsten A. Seaver, “Norumbega and *Harmonia Mundi* in Sixteenth-Century Cartography,” *Imago Mundi* 50 (1998): 34 - 58。

(78) 这是美国历史上的基本时刻，这一事迹被经常讲述，例如，见 Philip L. Barbour, *The Three Worlds of Captain John Smith* (Boston: Houghton Mifflin, 1964), 306 - 315 and 325 - 335, and J. A. Leo Lemay, *The American Dream of Captain John Smith* (Charlottesville: University Press of Virginia, 1991)。

(79) 这幅地图是与 Philip L. Barbour, *The Three Worlds of Captain John Smith* (Boston: Houghton Mifflin, 1964), 306 - 315 and 325 - 335, and J. A. Leo Lemay, *The American Dream of Captain John Smith* (Charlottesville: University Press of Virginia, 1991) 一起出版的；重印于 Smith, *Complete Works*, 1: 291 - 370。Joseph Sabin et al., *Bibliotheca Americana: A Dictionary of Books Relating to America, from Its Discovery to the Present Time*, 29 vols. (New York, 1868 - 1936), 20: 220 - 221, 223, 226 - 227, and 230 - 231，确认了这幅地图的 9 种版本，并将其置于史密斯的几部出版物的不同版本中；Burden, *Mapping of North America*, 227 (no. 187)，非常有用地总结了 Sabin 的结论。巴伯对此地图的后来印本进行了令人信服的讨论，见 Smith, *Complete Works*, 1: 322。

众所周知，为了赢得王室的青睐，他把一份绘本寄给了查理王子，也就是未来的查理一世，要求他把“野蛮的”阿本拿基（Abenaki）地名替换为“英文地名，这样后代就可以说，查理王子是他们的教父”。这种专横的行为被认为是欧洲人从北美景观中根除美洲原住民行为的缩影，通过把他们从景观中抹去——他们曾帮助欧洲人绘制地图——从而创造出一个完全欧洲化的景观。[80] 在英国殖民者与该地区的土著居民接触的过程中，大多数由王子推行的地名实际上并没有被保存下来。因此，史密斯的地图，就像所有假定的英国殖民地的印刷地图一样，试图将殖民地的愿望形象化，而不是为实际的定居提供实用的和工具性的帮助。

的确，史密斯的视野很有说服力。1621 年，它说服了西部诸郡的乡绅获得了詹姆士一世的新英格兰议会的特许状。委员会的 20 名成员最初想要瓜分他们的广大领土：1623 年，出现在国王面前，他们的秘书在地图上标出了对土地授予意义关键的地块。[81] 威廉·亚历山大爵士在他 1624 年新苏格兰地图上记录下抽签的结果（图 59.14）。1621 年，亚历山大从苏格兰国工詹姆上手里得到了这笔巨额的授予，现在他希望证明参加他受赠的殖民地的苏格兰

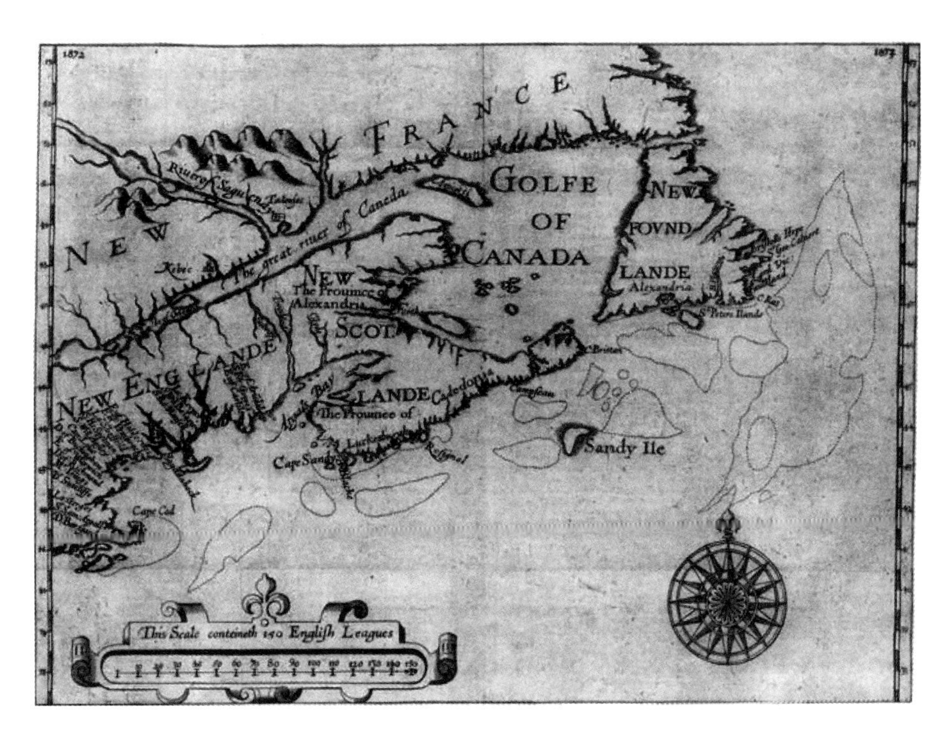

图 59.14　威廉·亚历山大：新苏格兰地图，1624 年

由 Rare Books Division，New York Public Library，Astor，Lenox and Tilden Foundations（*KC 1624）提供照片。

[80] Smith，*Description of New England*，致查尔斯亲王的献词，引用于 Barbour，*Three Worlds*，325 - 326。关于印第安地名的消灭，尤其请参阅 Harley，“New England Cartography，” 296 - 304。

[81] 所使用的地图没有具体说明；Smith，*Advertisements for the Unexperienced Planters*，22，in Smith，*Complete Works*，3：286，声称枢密院使用了“我的地图”，尽管 Jarvis M. Morse，“Captain John Smith，Marc Lescarbot，and the Division of Land by the Council for New England，in 1623，” *New England Quarterly* 8（1935）：399 - 404，以及巴伯随后在 Smith，*Complete Works*，3：222 n. 1 中，都暗示了另一幅地图，可能是 Marc Lescarbot 的 1609 年地图。

贵族也会得到类似的大块土地。[82] 与此同时，英格兰教会和国家严格的宗教和社会监管，使得宗教和社会持不同政见者显然把史密斯的新英格兰作为一个遥远的但他们可能逃去的，这个地方的英格兰色彩是明白无误的。在弗吉尼亚公司的资助下，1620年12月，第一个这样的团体被史密斯的地图和小册子明确地激发了；事实上，在地图上标注为“普利茅斯”（Plimouth）的地方，他们称自己的殖民地为（新）普利茅斯。[83] 1628年，由枢密院授予新英格兰一份特许权，建立了新英格兰公司，1629年，通过直接从王室获得的特许权，将其重组为新英格兰地区的马萨诸塞湾的总督和公司，开启了一段共同建立殖民地的时期，直到1640年长期国会开始，结束了查理一世的宗教政策，这一政策阻止了移民最直接的动机。

1775

可靠性和专业知识程度不一的各种各样的文献在英格兰印刷和发行，促进移民向新英格兰迁徙。1634年，威廉·伍德（William Wood）在伦敦出版《新英格兰展望》（*New Englands Prospect*），并于1635年和1639年再版。伍德在1633年回到英格兰之前，显然已经在新英格兰生活了四年。在他的第10章中，伍德提供了一份关于新殖民地和马萨诸塞湾附近的印第安村庄的文字地图；在书的前面，有一幅被称为《新英格兰的南部》（*The South Part of New-England*）（图59.15）的木刻地图。每一个印第安人的村庄都标有三个三角形，四周环绕着一种栅栏，标记着他们的大酋长（sachem 或 sagamore）的名字；那些没有栅栏的村庄在这场灾难性的1633年的天花瘟疫中似乎被遗弃了。相比之下，英格兰的殖民地则是标记为十字的圈子，这表明他们作为基督教的社区的正确性质。[84]

1776

就像弗吉尼亚殖民定居点一样，新英格兰也有很多无主之地（widowed land）——也就是原住民曾经使用过的土地——第一批殖民者迅速分散后，他们之间不必彼此竞争，也不用和剩下的土著人口争夺土地；他们也没有需要准确地划定第一批定居点的边界。小约翰·温思罗普（John Winthrop, Jr.）可能在1637年制作了一幅位于波士顿以北的农场的详细平面图，因为其父亲曾担任殖民地的创始总督，所以授予这一农场以回报其服务，但在英格兰语境下，这更多的是一幅“地产平面图”，其样式在后续的工作中没有得到复制。[85] 第一代英

---

[82] 威廉·亚历山大爵士的无标题新苏格兰地图，最初为其 *An Encouragement to Colonies*（London: Printed by William Stansby, 1624）而绘制，重印于 Edmund F. Slafter, *Sir William Alexander and American Colonization ...*（Boston: Prince Society, 1873），149–216（map opp. 216）。这幅地图还披露出 Purchas, *Pilgrimes*, 4: 1871–1875（“Noua Scotia. The Kings Patent to Sir William Alexander Knight, for the Plantation of New Scotland in America, and his proceedings therein; with a description of Mawooshen for better knowledge of those parts”）中的描绘。另请参阅 Wallis, “Purchas's Maps,” 161 and fig. 5。关于亚历山大在印刷地图方面的企图，请参阅其 *Encouragement to Colonies*, 31。

[83] William Bradford, *Of Plymouth Plantation*, 1620–1647, ed. Samuel Eliot Morison（New York: Alfred A. Knopf, 1952），61, 82, and 305, referred to information derived from both Smith's *Description of New England* and Smith's map.

[84] William Wood, *New England's Prospect*, ed. Alden T. Vaughan（Amherst: University of Massachusetts Press, 1977），3–6（on the elusive Wood），57–65, esp. 58（on the 1633 plague and its effects）. 关于这幅地图，请参阅 David Grayson Allen, “*Vacuum Domicilium*: The Social and Cultural Landscape of Seventeenth-Century New England,” in *New England Begins: The Seventeenth Century*, 3 vols., ed. Jonathan L. Fairbanks and Robert F. Trent（Boston: Museum of Fine Arts, 1982），1: 1–52, esp. 22–23（no. 12）；Peter Benes, *New England Prospect: A Loan Exhibition of Maps at The Currier Gallery of Art, Manchester, New Hampshire*（Boston: Boston University for the Dublin Seminar for New England Folklife, 1981），8（no. 5）；and Burden, *Mapping of North America*, 299–300（no. 239）。

[85] 这幅平面图收藏在 Winthrop Family Papers, image no. 3837, Massachusetts Historical Society；重制于 *Winthrop Papers*, 5 vols.（Boston: Massachusetts Historical Society, 1929–1947），vol. 4, opp. 416，讨论于 Allen，“*Vacuum Domicilium*,” 30–31（no. 19）。

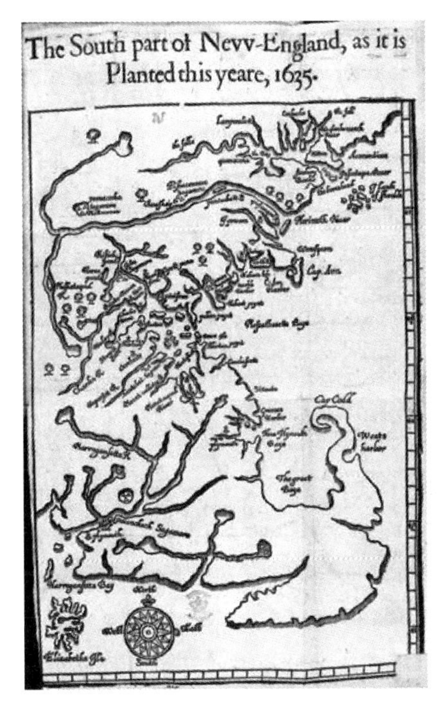

图59.15　威廉·伍德：新英格兰地图，1635年

New Englands Prospect: A True, Lively, and Experimentall Description of that Part of America, Commonly Called New England.. 中的 The South Part of New-England, as It Is Planted This Yeare，由威廉·伍德雕版（London: Tho. Cotes, for John Bellamie, 1635），opp. title page。

原图尺寸：约27.3×18.8厘米。由BL（C.33.c.3）提供照片。

国殖民者在新英格兰地区确立了不动产，他们用栅栏把小地块围起来，用大堆石头砌成的壕沟和界碑来确定城镇的边界，并没有经过测量调查或绘制平面图。事实上，现存的最古老的地产平面图，与其说是精确测量的结果，更不如说是草图，其日期只能追溯到1656年，而且直到1682年，才颁布法律，要求对新授予的土地进行调查和绘制地图。[86]

1777

新英格兰的经历又一次类似于弗吉尼亚，因为第一批殖民者面对着一个很大程度上不为人知的内部环境，而他们并不了解。对此的记录很少，因此大多数地图绘制过程是不确定的。然而，仅仅7年之后，总督约翰·温思罗普（John Winthrop）——他显示出了自己在地图绘制方面的天分[87]——得以在1636年或1637年把一份马萨诸塞湾及其周边定居点的绘本地图送到伦敦的罗伯特·里斯（Robert Ryece）手中；里斯要求提供有关清教徒定居点的信息，明确要求一份地图。尽管这幅地图可能不是温思罗普画的，但一些关于梅里马克（Mer-

[86] Allen, "*Vacuum Domicilium*," 6-8 and 31-32 (no. 20); Benes, *New England Prospect*, 36 (no. 33); and John D. Cushing, comp., *The Laws and Liberties of Massachusetts*, 1641-1691: *A Facsimile Edition*, *Containing Also Council Orders and Executive Proclamations*, 3 vols. (Wilmington, Del.: Scholarly Resources, 1976), 3: 579-582 (law of 11 October 1682).

[87] John Winthrop, Journal, 29 March-27 December 1630, in *Winthrop Papers*, 2: 239-281, esp. 260-261 (8 June 1630), and the miscellaneous entries at 277 and 281，包括一套缅因的海岬景观图；表现民居、堡垒和农场的理想化的平面图；以及一幅安妮角海岸的素描图。Samuel Eliot Morison 讨论了这两幅海洋图像："The Course of the Arbella from Cape Sable to Salem," in *Publications of the Colonial Society of Massachusetts*: *Volume XXVII. Transactions*, *1927-1930* (Boston: Colonial Society of Massachusetts, 1932), 285-306。

rimac）河上游的注释已经被确认为出自他的笔下。[88] 梅里马克和查尔斯（Charles）河的流路对殖民当局非常重要，因为马萨诸塞湾的 1629 年特许状将这些河流作为界定殖民地边界的参考点。1639 年，对梅里马克河进行了初步的调查，使用了当地的向导，并制作了一份绘本平面图。[89] 1635 年，英格兰殖民者向内陆扩散到康涅狄格河谷，这引发出了这样的问题：新定居点是否位于殖民地的范围之内；1638 年和 1642 年，波士顿政府分别派纳撒尼尔·伍德沃德和所罗门·萨弗里（Solomon Saffery）去确定殖民地南部边界的纬度，并在康涅狄格河（Connecticut River）处标出相同的纬度；他们发现新定居点确实超出马萨诸塞湾的界限。[90] 但是，正如对不动产的调查一样，在 1720 年之前，也不会有一致的边界调查。

1778

新斯科舍、纽芬兰，以及大浅滩渔业

英格兰商人们对整个都铎时期的海上捕鱼和捕鲸活动都很感兴趣。[91] 1570 年之后，提出了一些计划，在靠近渔场的沿海地区建立永久性的存在。在英格兰人与西班牙人竞争的背景下，这样的计划不可避免地会涉及一般性的区域地图。因此，汉弗莱·吉尔伯特爵士于 1583 年宣称拥有位于圣约翰（St. John）的纽芬兰捕鱼业，他在很大程度上依赖于约翰·迪伊的地图绘制。缅因（Maine）湾和大浅滩的离岸更远的捕鱼业对英格兰经济变得越来越重要，它们成为 17 世纪早期英格兰印刷地图上的显著特征，例如约翰·梅森（John Mason）的 1625 年纽芬兰地图和威廉·亚历山大（William Alexander）的 1624 年宣传地图（见图 59.14）；史密斯的新英格兰地图最终版本在 1635 年首次出版，其中描绘了游向大海的一大群鱼。[92] 在整个殖民时期，这些渔业将成为北美地图的主要特征。

然而，在纽芬兰的渔业中，威尔士和英格兰的水手们使用的是资金投入很少的小型船只。1779 和今天的渔民一样，他们似乎对与自己的渔业相关的实际航海知识秘不示人。此外，他们的定居点大多是季节性的，而且完全是靠晒干鱼获和支持近海捕鱼的任务来完成的；气候使农业变得困难。因此，只有一些早期的 17 世纪的地图才能保存下来，以展示特定的捕鱼地点；其中著名的是 1603—1607 年间萨米埃尔·德尚普兰的地图，其中描绘了法国人在芬迪湾（Bay of

---

[88] "Massachusetts in N. Englande," ca. 1633, BL, Add MS. 5415. g. 3. Mellen Chamberlain and William P. Upham, untitled contribution to *Proceedings of the Massachusetts Historical Society* 2d ser., 1 (1884): 211 - 216，使用这幅地图来反映温斯罗普的地图绘制倾向。关于这幅地图，请参阅 Allen, "*Vacuum Domicilium*," 23 - 25 (no. 13), and Benes, *New England Prospect*, xvi-xvii and 18 (no. 14)。另请参阅 1636 年 9 月 9 日 Robert Ryece [pseud. Lawrence Browne] 致约翰·温斯罗普的信，in *Winthrop Papers*, 3: 298 - 306, esp. 306。

[89] James Kimball, "The Exploration of the Merrimack River, 于 1638 年，根据马萨诸塞综合法庭的命令，附有一份相同的平面图," *Essex Institute Historical Collections* 14 (1877): 153 - 171。

[90] Harral Ayres, *The Great Trail of New England* (Boston: Meador, 1940), 25 - 29 and 347 - 363，仍然是关于伍德沃德和萨弗里最好的叙述，尽管由于他们坚持绘制了一幅殖民地南界的地图，所以依然有瑕疵，*New England Prospect*, 27 (no. 23)。

[91] Gillian T. Cell, *English Enterprise in Newfoundland*, 1577 - 1660 (Toronto: University of Toronto Press, 1969).

[92] 关于 17 世纪早期的捕鱼业，请参阅 Gillian T. Cell, ed., *Newfoundland Discovered: English Attempts at Colonisation*, 1610 - 1630 (London: Hakluyt Society, 1982)，以及 Cell, *English Enterprise*, 130 - 153。关于这些地图，请参阅 John Mason, *Insula olim vocata Noua: Terra. The Iland called of olde: Newfound land*, in *Cambrensium Caroleia*, by William Vaughan (London, 1625; 2d ed. 1630), and in William Vaughan's *The Golden Fleece* (London: For Francis Williams, 1626), described by Burden, *Mapping of North America*, 268 (no. 216), and by Kenneth A. Kershaw, *Early Printed Maps of Canada: Volume 1, 1540 - 1703* (Ancaster, Ont.: K. A. Kershaw, 1993), 86 - 87 (no. 87)。

Fundy）的定居点，1613年，这些地图被塞缪尔·阿高尔（Samuel Argall）废弃。[93]

马里兰

在纽芬兰建立永久殖民地的尝试中，有一个失败的尝试是乔治·卡尔弗特（George Calvert），他是第一任巴尔的摩（Baltimore）伯爵，他的计划是在那里建立一个爱尔兰天主教殖民地。但在1628年，他没能确保这块作为捕鱼基地的殖民地获得永久的海军保护，[94] 于是他把注意力转向了更靠南方的农业潜力更强的地方。1632年，查理一世授权巴尔的摩在从弗吉尼亚跨越切萨皮克湾的半岛建立一个天主教殖民地。首任伯爵的小儿子伦纳德，在1633—1634年率领一支探险队，开始了第一次探险活动，以在这一授予区域实施定居，将其命名为马里兰，并很快在伦敦出版了宣传小册子。就像新英格兰委员会的各种殖民地提案一样，该计划的目的是将马里兰划分为大块的"庄园"；这本小册子的目的是通过承诺将实际的移民船运送到殖民地，来吸引富人对每一个庄园进行投资。这本小册子的第二章描述了殖民地的实际情况，并以地图为开头，地图绘有非常显眼的王室和巴尔的摩的纹章，表明了这块土地欢迎人们到来，并可以划分为庄园（图59.16）。[95] 埃尔顿（Elton）认为这张地图

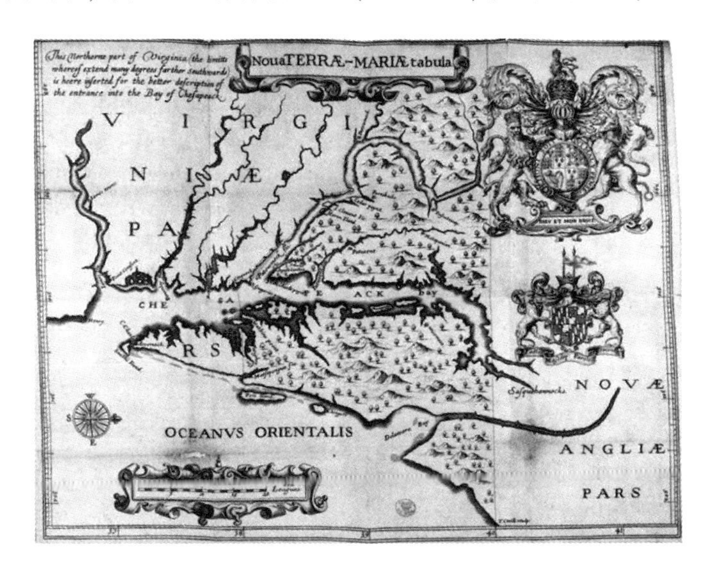

图59.16　马里兰的"巴尔的摩地图"，1635年

［杰罗姆·霍利（Jerome Hawley）和约翰·莱夫格（John Lewger）］，*Noua Terræ-Mariæ tabula*，由T. 塞西尔（T. Cecill）雕版，见*A Relation of Maryland; Together, with A Map of the Country, the Conditions of Plantation, His Majesties Charter to the Lord Baltemore*，翻译为英文，安德鲁·怀特（Andrew White）（London，1635），opp. 13。

原图尺寸：30.3 × 39.8厘米。由BL（278. c. 30）。

---

[93] 关于萨米埃尔·德尚普兰的地图，请参阅本卷第51章。

[94] Cell，*Newfoundland Discovered*，284 – 285.

[95] 请参阅Cumming，Skelton，and Quinn，*Discovery of North America*，262；Burden，*Mapping of North America*，301 – 302（no. 240）；and Edward C. Papenfuse and Joseph M. Coale，*The Maryland State Archives Atlas of Historical Maps of Maryland*，1608 – 1908，rev. ed.（Baltimore：Johns Hopkins University Press，2003）。Papenfuse and Coale，*The Hammond-Harwood House Atlas of Historical Maps of Maryland*，1608 – 1908（Baltimore：Johns Hopkins University Press，1982）的初版，7—10，认为这幅地图的作者是Hawley和Lewger。

“证明了对英格兰事物的积极满足”，或者至少是英格兰人和贵族东西的满足。但是，在1633年有17个大地主到达，到了1638年，只有4个留下来。在这样的情况下，由于地主相距遥远，而且土地非常多，在早期，几乎没有必要进行详细的土地调查。[96]

总 结

15世纪晚期到17世纪早期，英格兰海外探险很大程度上依赖于地图图像。船长在大西洋、印度、北极和太平洋海域使用既定的保存航海日志和绘制海图的航海习惯记录了他们的航行。商业公司和私人赞助这些航海旅行的人都试图限制这一敏感航海信息的传播。并不是说他们在这方面特别成功；当然，在伦敦的西班牙外交官能够获取并保存大量被认为是秘密或受限制的文件，包括地图。同时，正如本卷第五十八章中泰亚克所认为的，英格兰对海图的需求仍然很小，以至于没有经济上的刺激来提供在市场上出售雕刻和印刷海图的成本。直到17世纪后期，印刷海图，尤其是美洲水域海图的市场才发育起来。

英格兰人在百慕大、弗吉尼亚、新英格兰和马里兰的殖民地几乎没有建立在大陆的东部边缘，当时英格兰内战的动荡转移了人们对殖民活动的兴趣；因此，他们只是对他们宣称的领土进行了最基本的地图绘制，以支持移民定居和资源开采。

相比之下，事实证明，地理地图在允许伦敦的商人、贵族、朝臣和王室成员在概念化和理解殖民冒险的范围方面是至关重要的。世界、极地和半球地图都为英格兰在世界上的地位提供了概念，更特别的是，它描绘了它与世界上更丰富的部分的联系：所有的一切都是为了让英格兰人通过东北和西北通道来实现这些联系。一次又一次，水手被派往北部海域，他们常常是根据粗制滥造的地图而想象出来的愿景；当水手回到伦敦，其报告的真实性取决于其他的标记，如口头的目击叙述和矿物的测验报告，但殖民的愿景最终还是绘制了地图。1578年之后，随着一些英格兰人对北美地区的发展产生兴趣，而不是将其作为需要绕过的障碍，他们开始发行一套新的地理地图，其范围缩小了。世界和半球地图并不关注正在形成中的新兴殖民秩序的细节。相反，区域地图被用来概念化并促进每一块殖民地。事实上，它们成了关于英格兰殖民地的讨论的基石。1651年，前弗吉尼亚殖民者约翰·费拉尔（John Ferrar）在剑桥郡的乡下写作，因此表达了他对地图成为新殖民和空间秩序一部分的信息，当时，他说服了爱德华·威廉姆斯把他的弗吉尼亚地图添加到威廉姆斯的《弗吉尼亚概述》（*Virgo Triumphans*）中去。费拉尔在其书的也变空白处写道：“地图对这本书非常适合。因为所有的人都喜欢看这个国家，也喜欢听这个国家。”[97]

1780

---

[96] G. R. Elton, “Contentment and Discontent on the Eve of Colonization,” in *Early Maryland in a Wider World*, ed. David B. Quinn (Detroit: Wayne State University Press, 1982), 105－118; Papenfuse and Coale, *Maryland State Archives Atlas of Historical Maps*, 6, 关于当时马里兰地产的衰落。另请参阅 Mary Catherine Wilheit, “Colonial Surveyors in Southern Maryland” (Ph. D. diss., Texas A&M University, 2003)。

[97] Cumming, Skelton, and Quinn, *Discovery of North America*, 269. John Farrer, *A Mapp of Virginia Discouered to ye Falls*, in *Virgo Triumphans; or, Virginia Richly and Truly Valued*, by Edward Williams, 3d ed. (London: Printed by Thomas Harper, 1651), addenda 9. Ferrar's manuscript map (New York Public Library, I. N. Phelps Stokes Collection) and the printed version have been reproduced by Hebert, “Westward Vision,” 14－15 and 34, and Papenfuse and Coale, *Maryland State Archives Atlas of Historical Maps*, 12－13.

在使用绘本和印本的地理地图之间，存在着某种分歧。当谈到某一特定的探险受到限制的时候，就会绘制地图，并以绘本的方式进行使用，例如汉弗莱·吉尔伯特爵士在1566年写给他兄弟的信，或者是约翰·迪伊在1577年和1578年对伊丽莎白一世和她的部长们发表讲话。但是，当讨论延伸到更广泛的潜在投资者和赞助者的社区时，殖民项目的支持者们就大胆地进行了印刷。绘本和印本地图在那些具有地理学优势的圈子里共同起到作用，比如那些以吉尔伯特和雷利为中心的圈子。印刷允许更广泛的受众——比如那些与学术界没有太紧密联系的人——获得了可以了解世界的特权。但我们不应认为印刷业必然会引起广泛的宣传。迪伊的《关于完美航海技艺的普遍和罕见记忆》和约翰·史密斯个人散发的许多小册子的极少印记表明，我们不能认为印刷必然会引起广泛的宣传。当我们考虑在1650年后真正的公共话语发展之前典型的小型印本英文书籍的时候，我们就会得出结论，印刷地图的实际覆盖范围仍然相对较小。

尽管如此，印刷的地理地图对英国多个殖民地形象的形成做出了不可否认的贡献。几乎所有宣传品中的区域地图都突出地显示了王室的纹章，宣称每个殖民地的确是英格兰领土；如果是这样，就不包括组织它们的商业公司的纹章；例如，他们没有“宣告弗吉尼亚是弗吉尼亚公司的领土”。[98] 这条规则有两个例外。首先，宣传马里兰的1635年地图（见图59.16）包括了业主——巴尔的摩伯爵的纹章；这种容纳是可以理解的，因为伯爵们试图实现一个理想化的等级制度的贵族社会，所以需要将自己定位为英国王室的总督。其次，史密斯的新英格兰地图的第8版增加了新英格兰议会的华丽纹章；在国王发布了1629年的马萨诸塞湾特许状，实际上废除了该委员会的权威之后，这幅地图才在1631年被添加进去。[99] 在印刷的英语地图上使用英格兰地名强化了这样一种说法，即这些地图是英格兰领土，因此边缘化并排斥了美洲原住民。[100] 此外，这些印刷地图的消费使商人、地方士绅和朝臣们——这些上流社会群体在很大程度上被社会规则所区分——形成了一个单一的社区。因此，我们可以这样说，印刷地图促成了一种信念，即它跨越了几个社会隔阂，纳入一个共同的英格兰海外事业中。

换句话说，我们可以通过印刷的海外殖民地的地理地图来确定原始民族主义的英格兰特质，就像在英格兰及其诸郡的印本地理地图中发现的原始民族主义一样。[101] 曾经有过这样的案例，王室自身使用印刷审查制度来创建这样的图像，但这是值得怀疑的，尤其是当人们记得王室对殖民地进行地理表现的主要兴趣并不在于地图，而是在于用文字对特许状、专利和地产授予的领地地理轮廓进行描述。[102] 对殖民地经略的追求和随之而来的参与对英格兰的海外关系和领地的地理叙述，共同缔造了英格兰作为帝国主义国家的思想意识的萌芽。

---

[98] MacMillan, “Sovereignty ‘More Plainly Described,’” 447, and Burden, *Mapping of North America*, 387 - 388 (no. 303).

[99] Sabin et al., *Bibliotheca Americana*, 231. 还应该指出的是，史密斯在他的弗吉尼亚和新英格兰的印本地图上，都包括了他声称自己拥有的文章，这是一种象征着他渴望自我拓展的个人欲望的表示。

[100] Harley, “New England Cartography,” 296 - 304, and Cynthia J. Van Zandt, “Mapping and the European Search for Intercultural Alliances in the Colonial World,” *Early American Studies: An Interdisciplinary Journal* 1, no. 2 (2003): 72 - 99.

[101] Helgerson, *Forms of Nationhood*, 105 - 147.

[102] MacMillan, “Sovereignty ‘More Plainly Described,’” 426 - 431, and Tomlins, “Legal Cartography of Colonization,” 315 - 372.

斯堪的纳维亚

第六十章　斯堪的纳维亚文艺复兴时期的地图学*

威廉. R. 米德（William R. Mead）

背景

当斯堪的纳维亚地区的学者开始用地图表现这一地区的时候，该地区的国家——丹麦、芬兰、冰岛、挪威和瑞典在卡尔马（Kalmar）联盟（1389—1523 年）的共同君主体制下联合了起来。[1] 在这一联盟的框架下，丹麦王国专注于哥本哈根，从南方的石勒苏益格—荷尔斯泰因地区向北方的挪威北极圈地区延伸。向西，它包括了冰岛、法罗群岛（Faeroe Islands）和格陵兰岛上的定居点；向东，它纳入了斯科讷（Skåne）、哈兰（Halland）、布莱

* 对 Ulla Ehrensvärd 对本章的预先草稿的无价评论致以特别的谢忱。

① 在 19 世纪的最后 20 年里，斯堪的纳维亚半岛的学者对地图学史的兴趣受到了来自几个方面的推动。首先，对地图和海图的探索受到了对高纬度地区的探险，尤其是 A. E. 诺登舍尔德的刺激。1878—1879 年，诺登舍尔德在其穿越东北通道的史诗般的旅程之后，对早期地图学，尤其是北欧的地图学，产生了浓厚的兴趣。他搜集了大量个人藏品，这些藏品属于 the Helsingin Yliopiston Kirjasto（University of Helsinki Library）。请参阅 The *A. E. Nordenskiöld Collection in the Helsinki University Library*：*Annotated Catalogue of Maps Made up to 1800*，5 vols.，comp. Ann-Mari Mickwitz，Leena Miekkavaara，and Tuula Rantanen，with indexes，vols. 5. 1 and 5. 2，by Cecilia af Forselles-Riska（Helsinki：Helsinki University Library，1979 - 1995）；1：ix-xxviii deals with the origins of the collection。另请参阅 George Kish，*North-East Passage*：*Adolf Erik Nordenskiöld*，*His Life and Times*（Amsterdam：Nico Israel，1973）。诺登舍尔德希望让更多的大众能够看到早期地图，催生出在当时独一无二的两卷复制本——*Periplus*：*An Essay on the Early History of Charts and Sailing-Directions*，trans. Francis Arthur Bather（Stockholm：P. A. Norstedt，1897），以及 *Facsimile-Atlas to the Early History of Cartography*，trans. Johan Adolf Ekelöfand Clements R. Markham（Stockholm：P. A. Norstedt，1889）。第二个刺激产生对地图学兴趣的因素，是发现了一些 16 世纪早期的关键地图，尤其是瑞典人奥劳斯·芒努斯（Olaus Magnus）的。与此同时，斯堪的纳维亚半岛的地理学社团应运而生——丹麦（1876 年）、瑞典（1877 年）、芬兰（1888 年）和挪威（1889 年）——每个社团都有成员对早期地图绘制感兴趣。奇怪的是，北欧最引人注目的地图资料的宝库——早熟的瑞典土地测量局（Lantmäterikontoret）的产品却遭到了忽视，即使是在 Sven [Erik] Lönborg，*Sveriges karta*，*tiden till omkring* 1850（Uppsala：I distribution hos Almqvist och Wiksells boktryckeri，1903）发表之后。Lönborg 还论及军事档案（Krigsarkivet）的丰富。这部书用瑞典语写就，在国外几乎没有多大影响。在 Axel Anthon Bjørnbo and Carl S. Petersen，*Anecdota cartographica septentrionalia*（Copenhagen，1908）中，也复制了重要的地图。另请参阅 William B. Ginsberg and Inger G. Ginsberg，*Scandia*：*Important Early Maps of the Northern Regions & Maps and Charts of Norway*（New York：American-Scandinavian Foundation，2002）；William B. Ginsburg，*Printed Maps of Scandinavia and the Arctic*，1482 - 1601（New York：Septentrionalium Press，2006）；and Ulla Ehrensvärd，*The History of the Nordic Map*：*From Myths to Reality*，*trans. Roy Hodson*（Helsinki：John Nurminen Foundation，2006）。

金厄（Blekinge）和布胡斯省（Bohuslän，位于瑞典西南部）诸省，以及波罗的海中的哥得兰（Gotland）岛。从领土角度来看，丹麦是欧洲最广阔的王国。专注于斯德哥尔摩的瑞典王国，拥有了芬兰行省，作为自己的东翼。在这一笨重的联盟由于内部纷争而于1523年破裂之后，古斯塔夫斯一世［Gustavus Ⅰ，瓦萨（Vasa），1523—1560年在位］在瑞典建立了一个强大的王朝，克里斯蒂安三世（Christian Ⅲ，1534—1559年在位）在丹麦确定了王权。

两个王国之间在北方和东方的政治边界最不明确（图60.1）。在北方，丹麦在挪威的北极地区向莫斯科大公国发起了挑战，而瑞典则向北从靠近陆地的一侧推进，进入了拉普兰（Lapland）地区。向东方，瑞典采取了主动，确定了自己和莫斯科大公国的边界，通过《特乌辛纳和约》（1595年）商定了正式的边界。在几幅那个时期的徒手绘制的草图（图60.2）中，用地图方式描绘了与这些边界协定有关的区域。[2] 在接下来的扩张年代里，通过《斯托尔博沃和约》（1617年），瑞典扩张了自己跨波罗的海的疆域，将英格利亚（Ingria，又作Ingermanland）、爱沙尼亚和拉脱维亚的一个区域——利夫兰［Livland，又作利沃尼亚（Livonia）］包括进来。向南方，凭借《威斯特伐利亚和约》（1648年），它得到了一些德意志行省。向西，一连串的反对丹麦的运动使得瑞典控制了北方的各个行省：耶姆特兰（Jämtland）、霍尔耶达伦（Härjedalen）以及哥得兰岛，之后，凭借《罗斯基勒和约》（1658年），又获得了斯科讷、哈兰、布莱金厄、布胡斯省等行省。

1782 这就是由斯堪的纳维亚人制作最早的北欧地图的地缘政治背景。[3] 尽管水手们——主要是尼德兰人和英格兰人——绘制了他们的海图，商人们测量了贸易路线的距离，但赋予关于北方的地理信息的积累的主体以地图形式的，主要是那个时代的学者和流动的传教士。[4] 由于托勒密地图的北部边界是在北纬63度，所以这条线以北的区域，对其最好的描述是黑暗的（tenebrosum）；最坏的描述则是未知的（ignotum）。从克劳迪乌斯·克拉武斯（Claudius Clavus）第一次尝试性的努力开始，为地图描绘出其与现代坐标相似的特征，花了超过一个世纪的时间。在同一时期，绘制地图的艺术与测绘科学同属一体。同时，它获得了军事上的意义，成为文艺复兴时期君主政体的一个工具，而且（至少是在瑞典）成为财政部的一件利器。

---

② Lönborg，*Sveriges karta*，8－9，参考了俄罗斯－瑞典之间边界，以及波的尼亚湾（Gulf of Bothnia）和瓦朗厄尔峡湾（Varanger Fjord）之间领土的徒手绘制的草图，这些草图与1601年的丹麦－瑞典边界会议有关，收藏于位于斯德哥尔摩的国家档案馆（Riksarkivet）。由Jaakko Teitti（Jacob Teit）绘制的俄罗斯边界部分的徒手绘制画作收藏在位于赫尔辛基的芬兰国家档案馆（Kansallisarkisto），日期为1555年，Kyösti Julku对其进行了讨论和复制，见其*Suomen itärajan synty*（Rovaniemi：Pohjois-Suomen HistoriallinenYhdistys，1987），248－297。芬兰屈米河（Kymi River）的一幅草图被收入Harri Rosberg et al.，*Vanhojen karttojen Suomi*：*Historiallisen kartografian vertaileva tarkastelu*（Jyväskylä：Gummerus，1984），14－15。

③ 除非隆德大教堂（Lund cathedral）的那幅明显更古老的1150年前后的T形世界地图［复制于Axel Anthon Bjørnbo，"Adam af Bremens Nordensopfattelse，" *Aarbøger for Nordisk Oldkyndighed og Historie*，2nd ser.，24（1909）：120－244，esp. 189（fig. 2）］被认为是斯堪的纳维亚地图资料库的一部分。

④ 请参阅Louis Rey，ed.，*Unveiling the Arctic*（Fairbanks：University of Alaska Press for the Arctic Institute of North America，1984），esp. Ulla Ehrensvärd，"Cartographical Representation of the Scandinavian Arctic Regions，" 552－561。另请参阅Leo Bagrow，"Norden i den äldsta kartografien，" *Svensk geografisk årsbok* 27（1951）：119－133；以及Heinrich Winter，"The Changing Face of Scandinavia and the Baltic in Cartography up to 1532，" *Imago Mundi* 12（1955）：45－54。

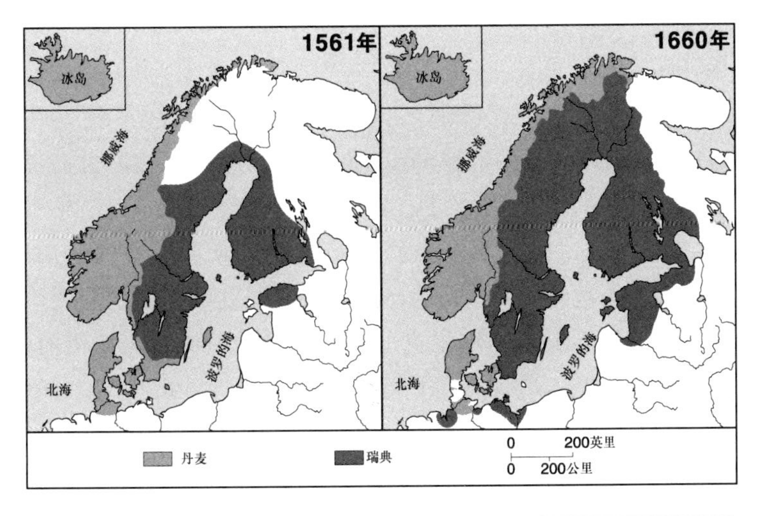

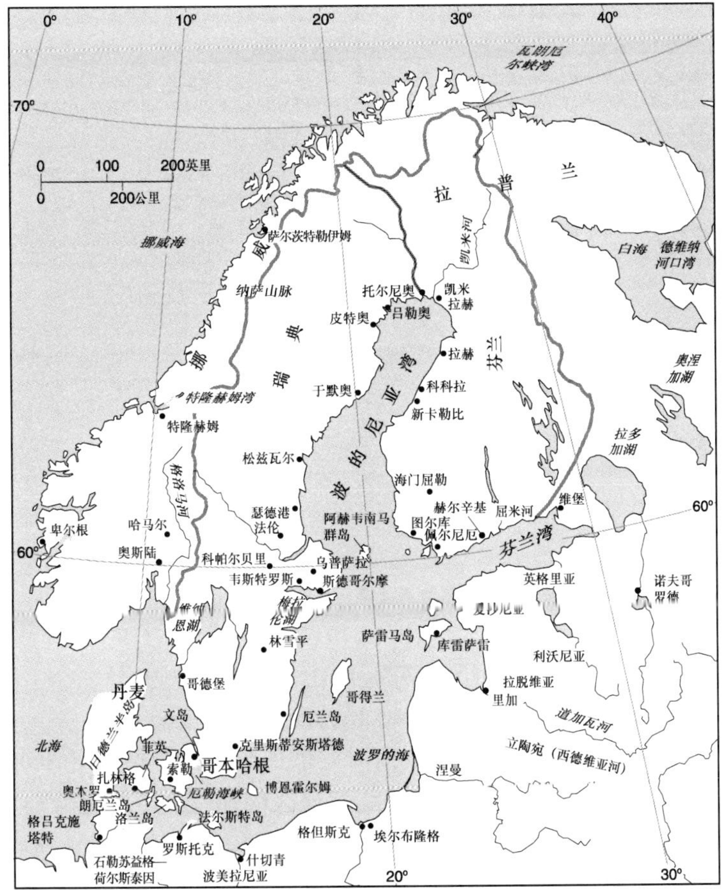

图 60.1　斯堪的纳维亚半岛参考地图。

在 16 世纪中期到 17 世纪之间，丹麦和瑞典两王国的边界逐渐获得了稳定的测量。随着瑞典成为欧洲的主导力量，丹麦在波罗的海的势力范围缩小。在东方，1595 年和 1617 年，瑞典通过签订条约确定了与俄罗斯之间的边界。在西方，它确立了在耶姆特兰和霍尔耶达伦诸省的权力。在南方，他从丹麦手中得到了斯科讷、哈兰、布莱金厄和布胡斯省等行省。除了沿海地带之外，挪威、瑞典和芬兰的北半部地区几乎没有定居点。直到 18 世纪，边界才得到实地确认。右图显示了本章中提到的地点。左图根据 H. W：son ［Hans Wilhelmsson］ Ahlman, ed. , Norden i text och kartor (Stockholm：Generalstabens Litografiska Anstalt, 1976), 14。

北欧地图学的开拓

由斯堪的纳维亚人绘制的第一部欧洲极北地区地图，被认为是克劳迪乌斯·克拉武斯［斯图尔特（Swart）；Svartbo（斯瓦尔特博）］的作品，他有时被称作尼古劳斯·尼格尔（Nicolaus Niger），是丹麦的菲英岛（Fyn）的萨林格（Sallinge）人，随后他与西兰（Sjœlland）岛上的索勒（Sorø）的西多会修道院建立了联系。1423—1424 年，克劳迪乌斯·克拉武斯在罗马加入了教廷，并被认为已经熟悉了与北欧有关的地图绘制资料。⑤ 很可能，丹麦国王波美拉尼亚的埃里克（埃里克七世）邀请他绘制一张斯堪的纳维亚地区的地图，当时这一地区正统一在卡尔马联盟之下。

1783

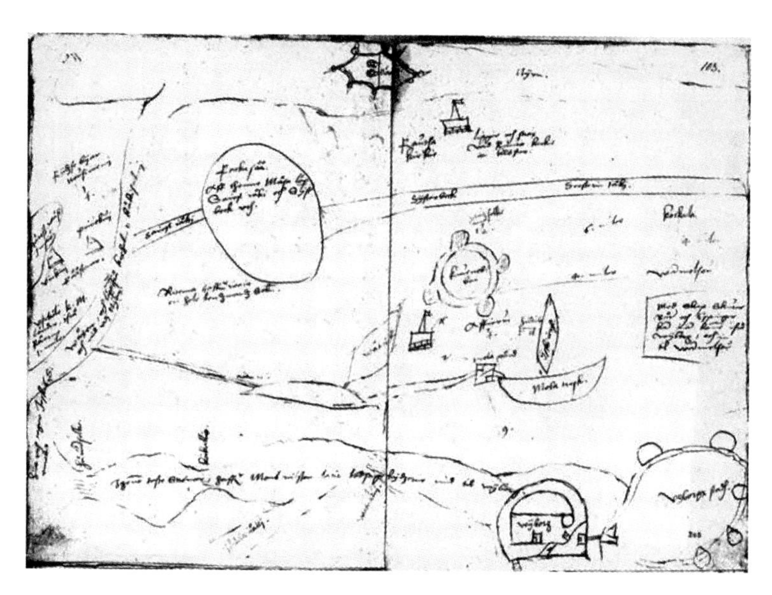

图 60.2 亚科·泰蒂（JAAKKO TEITTI）：芬兰东部的卡累利阿地峡（KARELIAN ISTHMUS）的手绘草图，约 1555 年

维堡（Viipuri）的要塞出现在右下角。泰蒂是来自芬兰西南部的佩尔尼厄（Perniö）的一个古老芬兰家族的成员，他的主要任务是领导一个王室委员会，对被豁免王室土地税的地产（frälse）进行调查（1555－1556 年）。

原图尺寸：30×42 厘米。由 Kansallisarkisto（National Archives of Finland），Helsinki（VA 215k，p. 265）提供照片。

19 世纪 30 年代，一幅托勒密《地理学指南》的手稿在法国南锡（Nancy）的城市图书馆公布于众。它的日期是 1427 年，包括一幅北部地区的地图，带有克劳迪乌斯·克拉武斯的名字（图 60.3）。⑥ 克拉武斯亲手绘制的地图没有保存下来，但这一与他有关的现存最古

---

⑤ 首次处理，是由 Gustav Storm，"Den danske Geograf Claudius Clavus eller Nicolaus Niger，" *Ymer* 9（1889）：129－146 and 11（1891）：13－38。对克拉武斯的活动、其著作的资料来源及其后果的早期侦测工作，是一项令人印象深刻的专题著作的主题，Axel Anthon Bjørnbo and Carl S. Petersen，*Der Däne Claudius Claussøn Swart*（*Claudius Clavus*）：*Der älteste Kartograph des Nordens*，*der erste Ptolemäus-Epigon der Renaissance*（Innsbruck：Wagner，1909）。另请参阅 Ehrensvärd，*Nordic Map*，36－45。

⑥ 首次描绘，见 Jean Blau，"Supplément du mémoire sur deux monuments géographiques conservés à la Bibliothèque Publique de Nancy，" *Mémoires de la Société Royale des Sciences*，*Lettres et Arts de Nancy*，1835，67－105。

老的版本是第一幅添加到托勒密《地理学指南》标准地图上的"现代"地图。[⑦] 克拉武斯的北方地图的编绘，肯定是根据航海图和路线手册（已经不复存在）、曾经航行到冰岛和格陵兰岛定居点的海员的口述信息，以及克劳迪乌斯·克拉武斯肯定遇到过的见多识广的汉萨商人。[⑧]

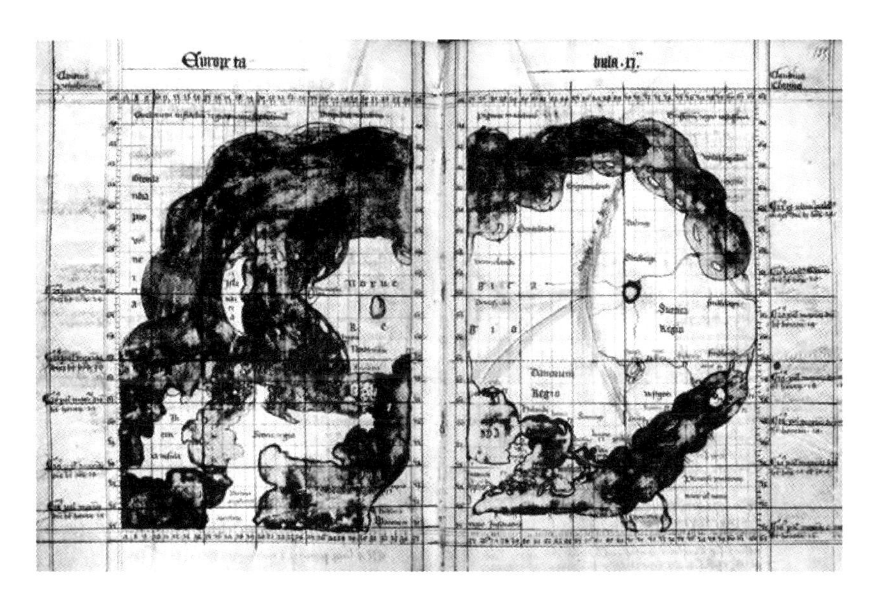

图 60.3　克劳迪乌斯·克拉武斯：托勒密《地理学指南》中北方地区的绘本地图，南锡绘本，1427 年

在这幅现存最古老的克拉武斯地图版本上，斯堪的纳维亚半岛被分为三个王国：挪威（Noruegica）、瑞典（Suetica）和丹麦（Danozum）。图上有大约 50 个地名，其中几乎有一半在丹麦。地图上有两种纬度比例尺，有 4°的差异。在每一张对开页左侧的纬度值是根据托勒密（55°－75°）而来；右侧的则基于克劳迪乌斯·克拉武斯的订正（51°－71°）。

原图尺寸：14.8×21.5 厘米。由 Bibliothèque Municipale de Nancy［MS. 441（354），fols. 184v－185r］提供照片。

这幅地图给出了斯堪的纳维亚半岛一个明显的东—西的方位，日德兰半岛（Jutlan）和丹麦的诸岛也是一样，直到雅各布·齐格勒（Jacob Ziegler）的 1532 年地图，斯堪的纳维亚半岛才呈现另一种北—南的方位。波罗的海西南部的半圆形海岸线得到了很好的表现，但波的尼亚（Bothnia）和芬兰的双海湾没有得到描绘。地图位于北极圈以北的 1/5 部分缺乏领土认定。格陵兰岛首次出现在地图上。它以一个完全的弧度延伸到地图的顶端，位于斯堪的纳维亚半岛的北面和西面。正如它被称作的，"冰的教区"从教会角度讲非常重要，因为加达［Gardar，伊加利科（Igaliko）］的定居点是天主教欧洲最偏远的前哨。[⑨] 冰岛位于斯堪的

1784

⑦　标准的托勒密地图来自《地理学指南》的两种希腊版本：一部带有 27 幅托勒密地图（称作版本 A），另一部带有 64 幅托勒密地图（版本 B）；这两种版本应用于各种拉丁文译本中（关于托勒密《地理学指南》的接受，请参阅本卷第 9 章）。尽管这幅北方地图出现于 1427 年的抄本中，但直到 15 世纪 60 年代，托勒密的抄本中才加入其他区域的新地图。

⑧　Niels Erik Nørlund, *Danmarks Kortlægning* (Copenhagen: Ejnar Munksgaard, 1943), 15, and Haraldur Sigurðsson, "Some Landmarks in Icelandic Cartography Down to the End of the Sixteenth Century," in *Unveiling the Arctic*, ed. Louis Rey (Fairbanks: University of Alaska Press for the Arctic Institute of North America, 1984), 389－401, esp. 392－393.

⑨　Louis Rey, "The Evangelization of the Arctic in the Middle Ages: Gardar, the 'Diocese of Ice,'" in *Unveiling the Arctic*, ed. Louis Rey (Fairbanks: University of Alaska Press for the Arctic Institute of North America, 1984), 324－333.

纳维亚半岛的西边，位于其与格陵兰之间。[10]

在《地理学指南》较晚的手稿中，北方的地图出现在两种不同的版本中。一种版本描述了位于斯堪的纳维亚半岛正西部的一个半岛，通过一座推测的跨越冰冻之海（Mare Congelatum）的陆桥与其相连，与南锡手稿中的版本非常类似。冰岛位于格陵兰岛和斯堪的纳维亚半岛之间（图 60.4）。第二种版本在斯堪的纳维亚半岛的正北方显示了格陵兰岛。冰岛被向西和向北移得更远（图 60.5）。[11] 早期的两个版本的例子在《地理学指南》的尼古劳斯·格尔曼努斯稿本中被发现，[12] 两种版本都被转到《地理学指南》后来的印刷版本和基于托勒密的其他印刷地图中。[13]

1785

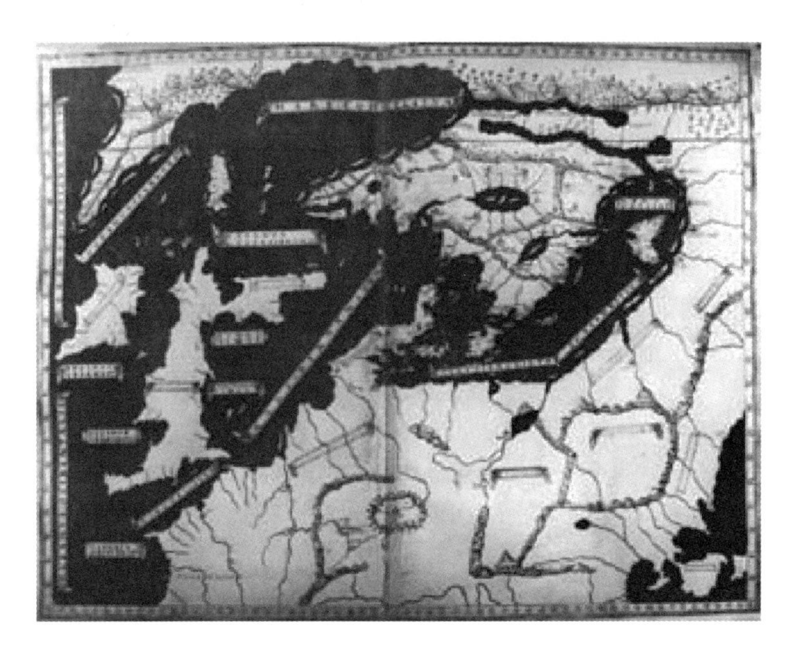

图 60.4 出自托勒密《地理学指南》的北方地图，约 1490 年

这一北方的绘本地图是由亨里克斯·马特鲁斯·格尔曼努斯编辑的《地理学指南》的一个版本。格陵兰是一个穿越冰海与大陆相连的一个半岛。尽管托勒密表示斯堪的纳维亚是一个岛屿，而且一些版本也是如此对其进行描绘的，但在这幅地图上清楚地显示它是一个半岛。

原图尺寸：57.5×83.5 厘米。Biblioteca Nazionale Centrale, Florence［MS. Magl. Cl. XIII, 16 cc. 104v – 105r（la tavola moderna del nord Europa）］。Ministero per i Beni e le Attività Culturali della Repubblica Italiana 许可使用。

---

⑩ Haraldur Sigurðsson, "Landmarks in Icelandic Cartography," 392 – 394.

⑪ 这两幅北方地图的讨论，是由 Bjørnbo and Petersen, *Der Däne Claudius Claussøn Swart*, esp. 19 – 43，它们也包括对这两个版本的地图的重建和对它们所附的文本的分析；Nørlund, *Danmarks Kortlægning*, 12 – 16；Haraldur Sigurðsson, *Kortasaga Íslands: Frá öndversu til loka 16. aldar*（Reykjavík: Bókaútgáfa Menningarsjóðs og Tjóðvinafélagsins, 1971），69 – 76。

⑫ 很有意思的是，当尼古劳斯·格耳曼努斯在他的《地理学指南》手稿中首次收入了一份北方地图的时候，它是一种带有斯堪的纳维亚半岛以西的格陵兰的版本（有时，它们在格耳曼努斯的第二版中被提到是绘本）。但是，后来，他转向在图 60.5 中所附的此图的第二版（有时被称作他的第三版），它是这一第二版，成为包含一幅北方地图的首次印刷的托勒密版本的基础（乌尔姆 1482 年版和 1486 年版）。请参阅 Józef Babicz, "Nordeuropa in den Atlanten des Ptolemaeus," in *Das Danewerk in der Kartographiegeschichte Nordeuropas*, ed. Dagmar Unverhau and Kurt Schietzel（Neumünster: K. Wachholtz, 1993），107 – 128。

⑬ 例如，马丁·瓦尔德泽米勒通常被认为对横亘其世界地图的北方的地图的第二版的传递持批评态度。

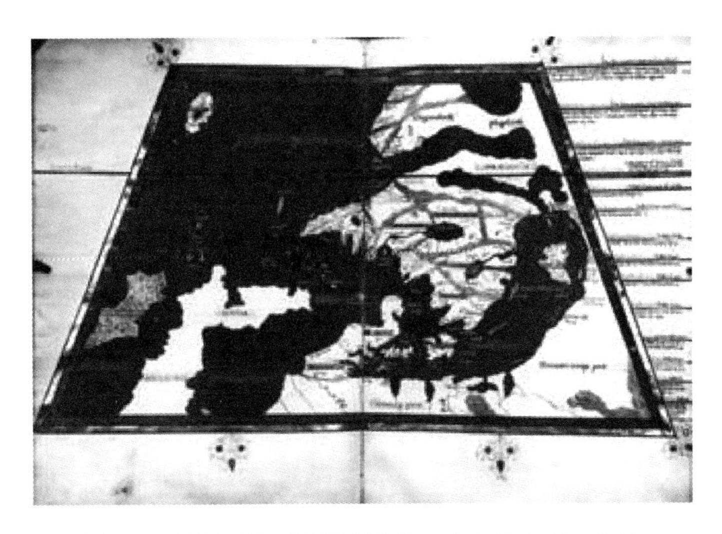

图 60.5　出自托勒密《地理学指南》的北方地图，约 1481 年

由于不完全理解的原因，一些《地理学指南》的编辑在他们的现代地图（tabulae modernae）中遵循了一种不同的北方模型。这一版本将格陵兰直接放置于斯堪的纳维亚半岛的北方，将冰岛放置于更靠西、靠北之处。一位使用这一模型的早期编辑是尼古劳斯·格尔曼努斯，在他自己的北方地图的其他版本之后，他也制作了起码 4 份绘本。他绘制了这一华丽的版本，是受博尔索·埃斯特（Borso d' Este）公爵委托的，并将其献给后者。

原图尺寸：42×57 厘米。Biblioteca Medicea Laurenziana, Florence（Plut. 30. 4, cc. 84v－85r）。Ministero per i Beni e le Attività Culturali 许可使用。

过了一个世纪，另一位先驱者绘制了一幅北方地图。雅各布·齐格勒出生于巴伐利亚——据诺伦德（Nørlund）描绘，是一位漫游的学者——他进入了德意志的大学，随后他迁徙到罗马（1521—1525 年）。[14] 在那里，他会见了大主教约翰内斯·芒努斯（Johannes Magnus，奥劳斯的兄弟）、瑞典人佩德·蒙松（Peder Månsson）、来自挪威的主教埃里克·瓦尔肯多尔夫（Erik Walkendorf）和奥拉夫·恩耶尔布里克聪（Olav Engelbriktsson），这些人对斯堪的纳维亚半岛的地形了如指掌。从他们那里，他获得了“挪威……约塔兰（Götaland）、斯韦阿兰（Svoaland）和芬兰 泛拉普兰（Lapland）地区的北部、格陵兰半岛和图莱（Thule）”的个人信息。[15] 根据 400 多条记录下的位置测定、航行方向中包含的距离，以及特定地点的最长和最短日子的长度，齐格勒可以组建他自己的北方地区手稿大纲。“斯堪的纳”（Schondia）地图（1530 年）后来发表在他的《叙利亚、巴勒斯坦、阿拉比亚、埃及、斯堪的亚、斯德哥尔摩、上部地区地图》（*Quae intvs continentvr*）中，于 1532 年在斯特拉斯堡出版，并于 1536 年再版［圣地（Terrae Sanctae）］。[16] 木刻版包括经度和纬度的框架，但是没有比例尺（图 60.6）。与克劳迪乌斯·克拉武斯的表现相比，丹麦的轮廓很不

---

⑭ Nørlund, Danmarks Kortlœgning, 18；“Ziegler, Jacob,” in *Biographiskt lexicon öfver namnkunnige svenske män*, 23 vols.（Uppsala, 1835－1852；Örebro, 1855－1856），23：92－100；and Karl Schottenloher, “Jakob Ziegler aus Landau an der Isar,” *Reformationsgeschichtliche Studien und Texte*, vols. 8－10（1910）.

⑮ Nørlund, *Danmarks Kortlœgning*, 15.

⑯ 关于齐格勒的制图努力的更多内容，以及他的斯堪的纳维亚地图的不同版本的详细叙述，请参阅 RobertW. Karrow, *Mapmakers of the Sixteenth Century and Their Maps*：*BioBibliographies of the Cartographers of Abraham Ortelius*, 1570（Chicago：Published for the Newberry Library by Speculum Orbis Press, 1993），603－611。

好。挪威和格陵兰之间的连接保留下来，但没有迹象表明这是一座冰桥。值得注意的是，这幅地图包含了大量的地名，这些地名没有出现在任何北方地图上。

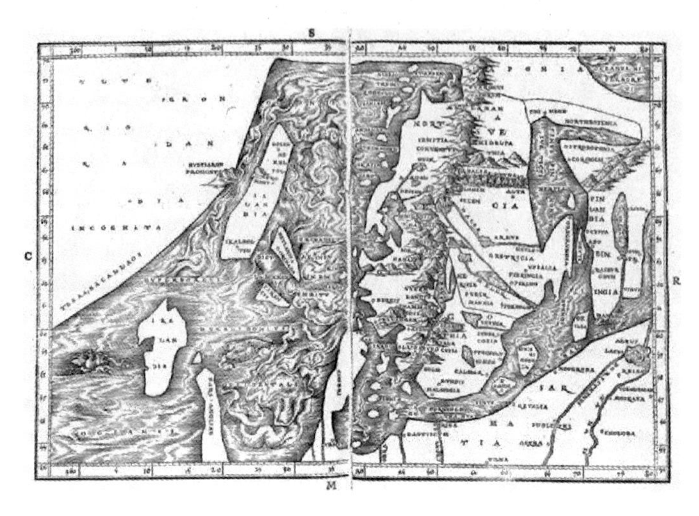

图 60.6 雅各布·齐格勒：北方地图，1532 年印刷

齐格勒是最先给出斯堪的纳维亚半岛呈现南北走向这一正确结论，并介绍划分挪威和瑞典的山脉划分的人；但是连接格陵兰岛的陆地还保留着，作者仍然在探索波罗的海的轮廓。

原图尺寸：23.2 × 34.5 厘米。出自 *Jacob Ziegler*, *Quaeintvs continentvr. Syria*, *ad Ptolomaici operis rationem* ...（Strasbourg：Petrum Opilionem，1532），map no. 8。由 John Carter Brown Library at Brown University，Providence 提供照片。

齐格勒被邀请去乌普萨拉（Uppsala），但从未考虑过去那里。如果约翰内斯·芒努斯知道他兄弟奥劳斯对他交给齐格勒的瑞典信息感兴趣的话，那么他不大可能情愿这么做。无论 1786 如何，我们现在所致力研究的奥劳斯·芒努斯的地图，其影响力要深远得多。

一种哥特式的北方景象

奥劳斯·芒努斯晚年的大部分时间都是在远离故乡的地方度过的。[17] 尽管在其兄弟去世后，他于 1544 年被任命为乌普萨拉的大主教，但他从未治理过这一教区（1527 年之后，瑞典断绝了与天主教会和教皇之间的联系）。奥劳斯·芒努斯是林雪平（Linköping）市的本地人，于 1518—1519 年在瑞典/挪威旅行。他的目的地包括特隆赫姆（Trondheim），在那里他与瓦尔肯多尔夫大主教以及其他对挪威地理了解的高级教士和后来提供齐格勒信息的高级教士们在一起。

---

⑰ 关于其生平和工作的完整回顾，请参阅 Karl Jakob Mauritz Ahlenius，*Olaus Magnus och hans framställning af Nordens geografi*：*Studier i geografiens historia*（Uppsala：Almqvist och Wiksells Boktryckeri-Aktiebolag，1895），和 Hjalmar Grape，*Olaus Magnus*：*Forskare*，*moralist*，*konstnär*（Stockholm：Proprius Förlag，1970）。另请参阅“Bidrag till Olai Magni historia，”*Historiska Handlingar* 12，no. 2（1893）：1. “Literära fragmenter，” ed. H. Hjärne；2. “Handlingar angående Olai Magni egendomsförvärf och qvarlåtenskap”（The literary fragments contain Olaus Magnus's autobiographical notes）；Herman Richter，*Geografiens historia i Sverige intill år* 1800（Uppsala：Almqvist och Wiksells Boktryckeri，1959），46 – 50；Karrow，*Mapmakers of the Sixteenth Century*，362 – 366；and Olaus Magnus，*Description of the Northern Peoples*，*Rome* 1555，3 vols.，ed. Peter Godfrey Foote，trans. Peter Fisher and Humphrey Higgens，附有由 John Granlund 所做的注释中摘取的注文（London：Hakluyt Society，1996 – 1998），1：xiii-lxxxix。

1524 年，他多次担任大使离开瑞典，从波兰到尼德兰，从吕贝克（Lübeck）到罗马。

奥劳斯·芒努斯因为他的《海图》（*Carta marina*）和《北方民族史》（*Historia de gentibvs septentrionalibvs*）而获得名望。《海图》是 1539 年在威尼斯出版的。[18] 早在 1527 年，他就已经有绘制这幅地图的想法了。这是他在波兰 11 年半的工作的成果，当然当时他还有其他职责。奥劳斯·芒努斯于 1538 和 1539 年在威尼斯，在那里有一群积极的地图学家和宇宙学家。这幅印在 9 图幅上的木刻版地图（图 60.7），很大程度上归功于他在威尼斯的赞助者和东道主希罗尼莫·奎里尼（Hieronimo Quirini），地图被献给此人。它被设置于一个带有四边形网格的框架中，其罗经盘通过发射斜航线来确定 32 个方向。[19] 加那利群岛（Canary Islands，又作 Insulae fortunatae）的位置被定为零度子午线。天文学的极点（Polus arcticus）和地磁极点（Insula magnetum）都已标出。日期的长度最大值被记录在图缘处。地图的比例尺是用哥特式（瑞典式）、德意志式和意大利式（2 瑞典里相当于 15 德意志里和 6 意大利

1787

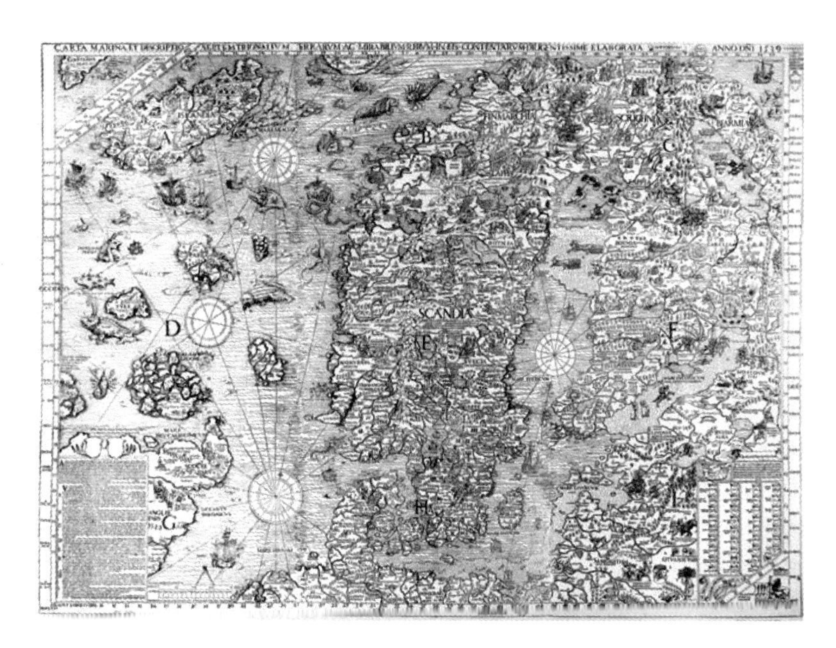

图 60.7　奥劳斯·芒努斯：《海图》，威尼斯，1539 年

木刻版。《海图》是第一幅能够正确描绘丹麦群岛及其与德国边界的地图。它是梵蒂冈第三回廊（Terza Loggia）和佛罗伦萨的旧宫（Palazzo Vecchio）的壁挂地图的主要模本。

原图尺寸：125×170 厘米。由 Uppsala University Library 提供照片。

---

⑱ Ulla Ehrensvärd, "Zum zeitgeschichtlichen Hintergrund der *Carta marina*: Ein Beitrag zum Werk der Brüder Johannes und Olaus Magnus," and Elfriede Regina Knauer, "*Die Carta marina* des Olaus Magnus: Zur Geschichte und Einordnung als Kunstwerk," both in *Das Danewerk in der Kartographiegeschichte Nordeuropas*, ed. Dagmar Unverhau and Kurt Schietzel (Neumünster: K. Wachholtz, 1993), 11 – 20 and 21 – 48; Herman Richter, *Olaus Magnus Carta marina* 1539 (Lund, 1967); Edward Lynam, *The Carta Marina of Olaus Magnus*, *Venice* 1539 *and Rome* 1572 (Jenkintown, Pa.: Tall Tree Library, 1949); and Carol Louise Urness, "Olaus Magnus: His Map and His Book," *Mercator's World* 6, no. 1 (2001): 26 – 33.《海图》按其原本的尺寸由总参谋部印刷局重印（斯德哥尔摩，1970 年），一起重印的还有《简书》，它是印刷的关键，也由印刷中心（乌普萨拉，1986 年）重印，1990—1991 年，为乌普萨拉大学图书馆而重印。

⑲ 所有关于地图的技术细节都被覆盖，由 Ahlenius, Olaus Magnus, 59 – 107，并由 Richter, *Carta marina* 进行订正，85 – 96。另请参阅 Karrow, *Mapmakers of the Sixteenth Century*, 362 – 366。

里）表示的。在斯堪的纳维亚人绘制的地图上，第一次出现了盾形的纹章，在这里为34个。大部分的定居点都得到了表现，而且其使用的各种符号在斯堪的纳维亚的地图绘制者中，开创了一个新的先例。符号有城镇、城堡、林地和矿藏（根据它们出产金、银、铜或铁而进行区分）。在地图上题写有字母，将地图的特征和图画与描述联系到一起，在一个直接位于原图上的一个附带的键。奥劳斯也将这个关键扩展开，并将其作为一部指南小册子出版，它的最著名的版本是《简书》（*Opera breve*），于1539年在意大利出版，接着，几个月后，又有一个版本在德国出版，《旧哥特地区和其他北方地区……的新组合的简要解释》（*Ain kvrze Avslegvngvnd Verklerung der neuuen Mappen von den alten Goettenreichvnd andern Nordlenden...*）（1539年）。

1788

《海图》的资源主要由波兰收集而来，是对齐格勒的“斯堪的纳”（Schondia）的明显的改进。术语上的平行线表明使用了齐格勒的地图。斯堪的纳维亚半岛的纵向范围被夸大了，它的宽度与波罗的海的东半部相比，也是夸大了。《海图》是第一幅更精确地识别出丹麦群岛和波的尼亚及波兰，并表示出向斯堪的纳维亚半岛的北方开放的海洋的地图。然而，白海还是被描绘成一个湖——白湖（Lacvs albis）。

这幅地图是形象化的，并充满了有价值的细节——教会方面的、商业方面的、军事方面的，以及纯地理方面的（图60.8）。一个不同寻常的特征是冬季波罗的海中的冰的象征性轮廓。它提供了1495年瑞典/芬兰人与伊凡三世的莫斯科大公国人在芬兰湾顶端军事遭遇的情景，以及横越波的尼亚海湾狭窄处的驯鹿雪橇的情景。荒芜的外洋充满着无数种类的海怪。齐格勒已经描述过的远离挪威北部海岸的大旋涡，有着自己指定的位置。在冰岛西部，熊熊燃烧的山脉占据着统治地位。[20]

1555年在罗马出版的一部补充文本《北方民族史》包含有这幅地图的一个小型修订版本。[21] 与《海图》一样，《北方民族史》提供了一种事实与想象的辉煌的混合——一种名副其实的极北地区的神话。大量的小装饰与装点地图原本的那些小装饰的风格是一样的。它们是奥劳斯·芒努斯自己的作品：他并不是一位艺术家。实际上，瑞典历史学家亚尔马·格拉佩（Hjalmar Grape）将他的一些木刻版与汉斯·霍尔拜因的木刻版并举，后者的风格可能影

---

⑳ Elfriede Regina Knauer, *Die Carta marina des Olaus Magnus von* 1539: Ein kartographisches Meisterwerk und seine Wirkung（Göttingen: Gratia-Verlag, 1981），28，将冰岛的海克拉（Hekla）山系描绘成为覆盖着永久积雪的圆锥形的棒状糖（Zuckerhüte）（《海图》上的 nix perpetua），底部由于火山活动而呈现燃烧的火焰状；在奥劳斯·芒努斯的地图上，他将海克拉山系描绘为三座燃烧的山脉，占据了这座岛屿的西半部分（尽管只有最西端的山脉被标注了“Monshekla”）。另请参阅 Sumarlisi Ísleifsson，“Carta Marina，Olaus Magnus and Iceland,” *IMCoS Journal* 83（2000）：21－26。

㉑ 关于英文译本，请参阅 Olaus Magnus，*Description*。瑞典文译本，请参阅 Olaus Magnus，*Historia om de nordiska folken*，5vols.（Uppsala: Almqvist och Wiksells Boktryckeri，1909－1951），esp. vol. 5，它就是 John Granlund 的 *Kommentar*。一部多少有些缩写的德文译本，其制作者是 Johann Baptist Fickler，trans.，*Olai Magni Historien der mittnächtigen Länder*（Basel，1567）。它用扩展了《海图》上的装饰精美的内容的木刻版进行装饰。一幅小型的《海图》的素描本，被认为是 Fickler 自己所绘制，此图被纳入此卷。一份较早的英文译本带有标题“*A Compendious History of the Goths，Svvedes，& Vandals，and Other Northern Nations*（London，1658）”。在 Olaus Magnus 的著作所使用的文献在 Hjalmar Grape，*Det litterära antik-och medeltidsarvet i Olaus Magnus patriotism*（Stockholm: Svenska Kyrkans Diakonistyrelses Bokförlag，1949）中进行了探索。与在 Hans Hildebrand，“Minne af Olaus Magni,” *Svenska Akademiens Handlingar* 12（1897）：93－280 中发现的设置和地图的相关性非常密切。

响了奥劳斯·芒努斯。[22] 这些插图属于北方的那种大胆、有力，偶尔有些幼稚的艺术风格。形象化的内容设计似乎是为了向南方的天主教世界显示在北方的宗教改革中所失去的内容。与此同时，奥劳斯·芒努斯依然是一位爱国者，他热爱北欧，急于用更文明的图景来取代野蛮的北方的概念。他将这幅地图命名为“哥特地图”（Carta Gothica），[23] 并在《海图》的许多地方写下了他的“哥特”地图，似乎是给这个形容词一个不那么贬义的意思。

图 60.8　《海图》中的芬兰

在奥劳斯·芒努斯的斯堪的纳维亚世界的形象化地图的这一部分中，芬兰第一次被赋予了清晰的半岛形状。在对柏油桶、干鱼和造船的描绘中，反映出对商业的追求。标出白海的运输。在拉普兰地区处绘有东正教传教士。

细部尺寸：约 93.7×67.7 厘米。由 Uppsala University Library 提供照片。

由于《海图》在 16 世纪 70 年代早期消失，《北方民族史》的影响比这幅地图大得多。[24] 在《北方民族史》（1567 年）的巴塞尔版本中，发表了它的一份小型木刻版，1572 年，罗

[22] Grape, *Olaus Magnus: Forskare, moralist, konstnär*, 216–219, 处理了木刻版。另请参阅 Ragnhild Boström, “Kan man lita på Olaus Magnus?” *Folkets Historia* 16, no. 2 (1988): 24–34。

[23] Peter H. Meurer, “Eine Rechnung für eine Kartenlieferung das Hauses Fugger an Alonzo de Santa Cruz von 1546,” *Cartographica Helvetica* 16 (1997): 31–38, esp. 32–33.

[24] Oskar Brenner, “Die ächte Karte des Olaus Magnus vom Jahre 1539 nach dem Exemplar der Münchener Staatsbibliothek,” *Forhandlinger i Videnskabs-selskabet i Christiania*, 1886, no. 15; 重印于 *Acta cartographica* 16 (1973): 47–68, 讲述了 1886 年慕尼黑的《海图》副本的发现。另一份副本于 1962 年在瑞士出现，由乌普萨拉大学图书馆收购。

马的地图和印刷出版商安东尼奥·拉夫雷里制作了《海图》原始版本一半尺寸的铜雕版。无论是直接的还是间接的，一大批地图都要归功于《海图》。于是，塞巴斯蒂安·明斯特尔的《宇宙志》(巴塞尔，1544 年）中的北欧地区的地图让人想到明斯特尔与奥劳斯·芒努斯和约翰内斯·芒努斯两兄弟以及齐格勒和瑞典朝廷之间的联系。《宇宙志》中有一封献给古斯塔夫斯一世的书信。[25]《海图》的影响在亚伯拉罕·奥特柳斯的北方地图（收入其《寰宇概观》，安特卫普，1570 年）和赫拉尔杜斯·墨卡托的 1541 年球仪中也非常明显。[26]

孕育中的地图学学派

尽管明斯特尔《宇宙志》中有献给古斯塔夫斯一世的书信，但地图学的联系被打断，是因为哥本哈根，而不是斯德哥尔摩。他们让丹麦的首都在北欧的地图绘制方面处于举足轻重的地位。关于 16 世纪在哥本哈根崛起的“孕育中的地图学学派”，埃伦斯韦德（Ehrensvärd）撰写过文章。[27] 德恩（Degn）使用了“皇家学院”(*Könglichen Schule*）这个词，[28] 如果不是与正规学校相符，那么肯定也会有一个从事绘制地图的群体，他们与宫廷有密切的联系。

1790

其中心是马库斯·约尔丹努斯（Marcus Jordanus)，1550 年，他从自己的家乡荷尔斯泰因来到首都，在克里斯蒂安三世的赞助下工作。他的丹麦地图，于 1552 年由汉斯·温加尔德（Hans Vingaard）在哥本哈根出版，并被认为是在丹麦印刷的第一幅该国地图，现在已经亡佚，但它很快就确立了自己作为丹麦标准表现的地位。[29] 1585 年，富有影响力的贵族海因里希·冯·兰曹要求约尔丹努斯绘制一幅丹麦地图，印刷于格奥尔格·布劳恩和弗兰斯·霍亨贝赫的《世界城市图》(图 60. 9）一书中。约尔丹努斯还出版了一幅荷尔斯泰因的木刻版地图（汉堡，1559 年)，这幅地图绘于一个圆形的框架内，并被一部历法环绕。

比马库斯·约尔丹努斯更为人所知的是第谷，他在厄勒海峡（Øresund，Danish Sound）的小岛文岛（Hven，划入瑞典后改为 Ven）上的乌兰尼堡（Uraniborg，Uranienborg）的城堡中，将自己的天文学工作推进了一个时代，后来，由于政治形势的变化，他很明智地离开丹麦去了葡萄牙。第谷是斯堪的纳维亚第一个科学测量师，他提高了大地测量活动的技术水平，尤其是通过建立了自己的制作科学仪器的工场的方式。[30] 他在地图学方面的专业贡献是

---

[25] Efraim Lundmark，“Sebastian Münsters Kosmografi och Norden：Obeaktade brev från Münster till Georg Norman och Christen Morsing，” Lychnos (1939)：72 – 101. 古斯塔夫斯一世也与瑞典印刷的第一幅地图有关，这是其 1541 年《圣经》中的一份木刻版。

[26] Ahlenius，*Olaus Magnus*，427 – 433.

[27] Ehrensvärd，“Cartographical Representation，” 554.

[28] Christian Degn 对 Caspar Danckwerth，*Die Landkarten von Johannes Mejer，Husum，aus der neuen Landesbeschreibung der zwei Herzogtümer Schleswig und Holstein*，ed. K. Domeier and M. Haack，intro. Christian Degn (Hamburg-Bergedorf：Otto Heinevetter，1963）的引言。

[29] 亚伯拉罕·奥特柳斯在其 *Catalogus auctorum* 中印刷了地图的标题。Nørlund，*Danmarks Kortlægning*，24 – 25；Johanne Skovgaard，“Georg Braun og Henrik Rantzau，” in *Festskrift til Johs. C. H. R. Steenstrup paa halvfjerdsaars-dagen fra en kreds av gamle elever* (Copenhagen：Erslev，1915)，189 – 211；and Karrow，*Mapmakers of the Sixteenth Century*，324 – 326。

[30] 他还制造了自己的大型天球仪；请参阅 Ib Rønne Kejlbo，*Rare Globes：A Cultural-Historical Exposition of Selected Terrestrial and Celestial Globes Made before* 1850—*Especially Connected with Denmark* (*Copenhagen：Munksgaard/Rosinante*，1995)，26 – 47，and idem，“Tycho Brahe und seine Globen，” *Der Globusfreund* 18 – 20 (1969 – 1971)：57 – 66。

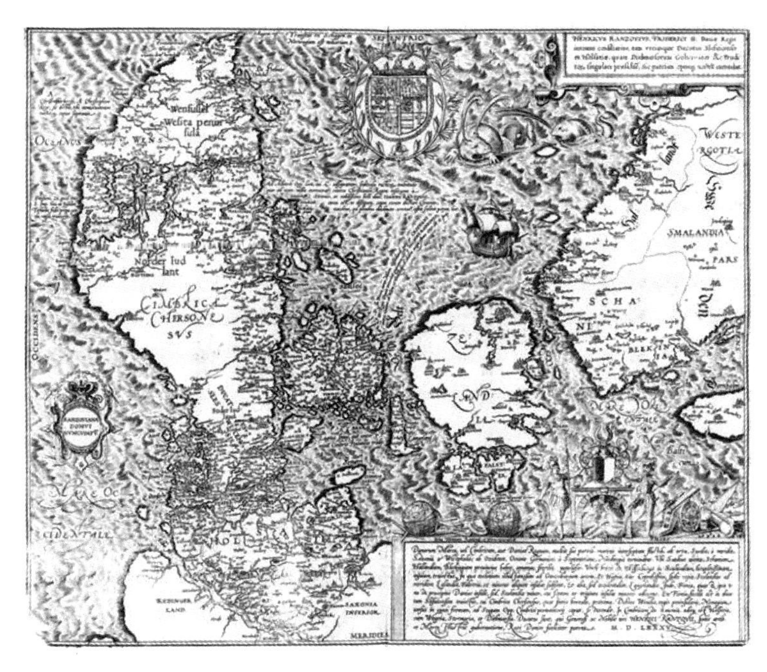

图 60.9　马库斯·约尔丹努斯：丹麦地图，1585 年

约尔丹努斯的地图被丹麦的地图集绘制者采纳作为他们绘制丹麦地图的模板。它所展示的地名分布很不均匀，这令人感到很奇怪，而且在西兰的主岛上地名相对稀少。所有的注记都用拉丁文写就。其上还有写给其赞助人海因里希·冯·兰曹的献词

原图尺寸：38.6×46 厘米。出自 Georg Braun and Frans Hogenberg, *Civitates orbis terrarum*, 6 pts. in 3 vols. (Cologne: G. von Kempen, 1581 – 1618), pt. 4 (1617), pl. 25。由 Lessing J. Rosenwald Collection, Library of Congress, Washington, D. C. 提供照片。

对文岛的开创性的三角测量，这一活动的成果是他绘制的该岛的地图，于 1592 年印刷，并在他的《天文学信札》(*Epistolarum astronomicarum libri*)（1596 年）中发表。这幅地图随后在他的著作《天文仪器》(*Astronomiae instauratae mechanica*)［万茨贝克（Wandsbek），1598 年］中出版了，其中还有对其仪器和天文测量的详细描述。[31] 这幅地图最终构成了在约翰·布劳的《大地图集》（1662 年）中发现的对文岛的广为人知的表现方式的基础。1585 年，王室图书管理员受命带着哥本哈根城堡中所有能用的地图前往文岛，以便让第谷可以制作一

---

[31] 文岛、挪威的北峡湾（Nordfjord）省和斯塔万格福德（Stavangerfjord）海岸线的绘本地图收藏在 Österreichische Nationalbibliothek, Vienna (Cod. Vindob. 10. 688)。第谷的绘本是与那个时代的天文学和大地测量技术有关的材料的独一无二的集合，发表于 Tycho Brahe, *Tychonis Brahe Dani Opera omnia*, 15 vols. ed. J. L. E. Dreyer (Copenhagen: Libraria Gyldendaliana, 1913 – 1929)。与其直接相关的，是 Hans Raeder, Elis Strömgren, and Bengt Strömgren, eds. and trans., *Tycho Brahe's Description of His Instruments and Scientific Work as Given in* Astronomiae instauratae mechanica (Wandesburgi 1598) (Copenhagen: I Kommission hos Ejnar Munksgaard, 1946)。另请参阅 J. L. E. Dreyer, *Tycho Brahe: A Picture of a Scientific Life and Work in the Sixteenth Century* (Edinburgh: Adam and Charles Black, 1890); Victor E. Thoren, *The Lord of Uraniborg: A Biography of Tycho Brahe*, with contributions by J. R. Christianson (Cambridge: Cambridge University Press, 1990); Alex Wittendorff, *Tyge Brahe* (Copenhagen: G. E. C. Gad, 1994); Michael Jones, "Tycho Brahe og kartografien på sluttenav 1500 tallet," *Nordenskiöld-samfundets Tidskrift* 62 (2003): 51 – 78; 以及 J. R. Christianson, *On Tycho's Island: Tycho Brahe and His Assistants*, 1570 – 1601 (Cambridge: Cambridge University Press, 2000)。

幅王国的地图。此计划从未成为现实。[32] 尽管如此，第谷预先进行了一系列的测量工作，并着手修复一些地形特征的位置。他的独立态度非常典型，尽管丹麦的官方测量单位［阿伦（*alen*）—阿莱（*ale*）］在1521年已经确立（并于1541年传入挪威），他还是使用自己的长度测量单位——第谷尺（259毫米）。[33]

布拉厄身边聚集了一群同人，其中有丹麦人埃利亚斯·奥尔森·莫尔辛（Elias Olsen Morsing）、[34] 克里斯蒂安·塞韦林［Christian Severin，被称作隆戈蒙坦（Longomontan），也以克里斯滕·索伦森·隆戈蒙坦努斯（Christen Sørensen Longomontanus）而为世所知］，以及彼泽·雅各布森·弗莱姆洛瑟（Peder Jacobsen Flemløse）[35] 和尼德兰人威廉·扬松·布劳。[36] 历史学家安诺斯·瑟伦松·韦泽尔（Anders Sørenson Vedel）也是他们的一员。[37] 1589年，莫尔辛在斯科讷进行了一次实地勘测，确定了定居点的位置，作为自己丹麦投影地图的基础。[38] 与此大致同时，弗莱姆洛瑟确定了卑尔根、特隆赫姆、哈马尔（Hamar）和阿克什胡斯（Akershus）的纬度，实际上，与其同人一起，布拉厄确定了大约325个纬度和经度。

1791

在这一时期，图书馆开始收集与地图制作有关的地图和文字。毫无疑问，第谷的助手从其个人收藏中获益。其收藏中当然有亚伯拉罕·奥特柳斯的《寰宇概观》（1570年）。很可能，还包括最古老的实地测量书籍——雅各布·科贝尔（Jakob Köbel）的《人工测量和各种高度凝缩的几何学》（*Geometrei, vonn künstlichem Messen vnnd Absehen allerhand H8Ohe ...*）（法兰克福，1536年），该书收藏在当时的瑞典贵族霍延斯基尔德·比耶尔克（Hogenskild Bielke）的图书馆中。1578年前后，哥本哈根印刷师洛伦茨·贝内迪希克（Lorentz Benedicht）出版了瓦伦丁·博尔茨（Valentin Boltz）《插图书》（*Illuminierbuch*）（巴塞尔，1549年）的丹麦文版本，这部书把地图上颜色的使用引介给了斯堪的纳维亚人。[39]

进入17世纪，哥本哈根地图绘制的势头仍然保持着，但其技艺方面的领导地位很快就会转移到瑞典。约翰内斯·劳伦堡（Johannes Lauremberg）已经离开了罗斯托克（Rostock），担任了位于西兰岛的索勒学院的数学教授，他应克里斯蒂安四世的要求，绘制了一幅王国的地图。[40] 这项工作始于西兰岛，但因其缓慢的进展，1647年，移交给了约翰内斯·迈耶

1792

---

[32] Nørlund, *Danmarks Kortlægning*, 31.

[33] Niels Erik Nørlund, *De gamle danske Længdeenheder* (Copenhagen: I Kommission hos Ejnar Munksgaard, 1944), 32 - 51. 阿莱的长度随时间和地点的差异而不同。

[34] F. R. Friis, Elias Olsen Morsing og hans Observationer (Copenhagen, 1889). 与莫尔辛的行程相联系的数据被完整地重绘了，在 Herman Richter, "Cartographia scanensis: De äldsta kända förarbetena till en kartläggning av de skånska provinserna, 1589," *Svensk geografisk årsbok* [6] (1930): 7 - 51。

[35] F. R. Friis, *Peder Jakobsen Flemløs: Tyge Brahes første Medhjælper, og hans Observationer i Norge* (Copenhagen: G. E. C. Gads Universitetsboghandel, 1904).

[36] Herman Richter, "Willem Jansz. Blaeu—En Tycho Brahes lärjunge: Ett blad ur kartografiens historia omkring år 1600," *Svensk geografisk årsbok* [1] (1925): 49 - 66, and idem, "Willem Jansz. Blaeu with Tycho Brahe on Hven, and His Map of the Island: Some New Facts," *Imago Mundi* 3 (1939): 53 - 60, esp. 56.

[37] C. F. Wegener, *Om Anders Sörensen Vedel: Kongelig historiograph i Frederik IIs og Christian IVs dage* (Copenhagen: Trykt hos Bianco Luno, 1846).

[38] Richter, *Geografiens historia i Sverige*, 54.

[39] Ulla Ehrensvärd, "Färg på gamla kartor," *Biblis* (1982): 9 - 56.

[40] H. A. Hens, "Lauremberg, Hans Willumsen," *Dansk biografisk leksikon*, 3d ed., 16 vols. (Copenhagen: Gyldendal, 1979 - 1984), 8: 620 - 621.

(Johannes Mejer)，他的《丹麦帝国地图》(*Kort over det danske Rige*) 于世纪中叶问世了。[41]

迈耶的主要贡献发生在 1650 年之后的几年中。然而，在接手劳伦堡项目之前的几年里，他一直在计划一部北欧诸国的大地图集，为此，他集合了自己的地图收藏。该收藏的一部分覆盖了格陵兰岛、冰岛、斯匹次卑尔根群岛和北大西洋群岛，其目的是作为北部水域的水文描绘的来源。[42] 在该世纪中叶的丹麦—瑞典战争中，迈耶受命进行军事侦察测绘，这在某种程度上必然导致了该地图集未能完成。

地图绘制和领土主张

随着卡尔马联盟的瓦解，地图制作成为瑞典和丹麦的日益增长的领土主张所关切的问题。所催生的地图有些看向陆地，有些则看向海洋。丹麦的克里斯蒂安四世向海上派遣了探险队远征格陵兰（1605—1607 年），它们绘制了几幅地图和海图。很有可能，这些探险活动的动机是捕鲸业，以及与尼德兰和英格兰捕鲸者的竞争，其结果部分来自格陵兰和北欧之间假设存在的大陆桥，在 16 世纪的地图中经常描绘这种陆桥。只要克里斯蒂安四世认为自己是北大西洋地区的主宰，他就必须确认其领土特征。[43]

探险在地图方面收获颇丰。它包括负责的英格兰船长詹姆斯·霍尔（James Hall）的海图;[44] 一幅无署名的标题为“斯德哥尔摩海图”的手绘海图，根据墨卡托投影绘制，确定了纬度和经度，设定了在其后的许多地图上格陵兰形状的模式;[45] 汉斯·波尔森·雷森（Hans Poulsen Resen）绘制的一幅地图（1605 年），注释非常丰富;[46] 以及一幅格陵兰海图（1606 年），标出了纬度，由冰岛人居兹布朗迪尔·索尔劳克森［Guðbrandur Thorláksson（torlaksson）］制作，可能是为雷森而绘制的。[47] 另外，由克里斯蒂安四世聘请一位尼德兰航海家约

---

[41] Johannes Mejer, Johannes Mejers kort over det Danske rige, 3 vols., ed. Niels Erik Nørlund (Copenhagen: Ejnar Munksgaard, 1942), 1: 9－24. 迈耶年轻的时候，在荷尔斯泰因工作，绘制了伦霍尔特（Rungholt）（1636 年）、艾德斯特德（Fiderstedt）（1636 年）和弗里西亚（Frisia）（1640 年）的地图。迈耶第一幅署名的地图是伦霍尔特地图；请参阅 Ruth Helkiœr Jensen and Kr. Marius Jensen, *Topografisk atlas Danmark*: 82 *kortudsnit med beskrivelse* (Copenhagen: Det Kongelige Danske Geografiske Selskab: i kommission hos C. A. Reitzel, 1976), 84－85。

[42] 这一收藏的鉴定系由 Lönborg, *Sveriges karta*, 54－58，在 Copenhagen, Kongelige Bibliotek［Gl. Kongl. S (fol.) 710, 711, 712］。

[43] Ib Rønne Kejlbo, "Map Material from King Christian the Fourth's Expeditions to Greenland," *Wolfenbütteler Forschungen* (1980): 193－212，其中给出了关于此项的分析。也比较了 C. C. A. Gosch, *Danish Arctic Expeditions*, 1605 *to* 1620, 2 vols. (London: Printed for the Hakluyt Society, 1897), 和 Axel Anthon Bjørnbo, *Cartographia groenlandica*, Meddelelser om Grønland, vol. 48 (Copenhagen: I Kommission hos C. A. Reitzel, 1912)。另请参阅 Peter C. Hogg, "The Prototype of the Stefánsson and Resen Charts," *Historisk Tidsskrift* (Oslo) 68 (1989): 3－27, and Kirsten A. Seaver, "Renewing the Quest for Vinland: The Stefánsson, Resen, and Thorláksson Maps," *Mercator's World* 5, no. 5 (2000): 42－49。

[44] 霍尔呈给丹麦国王的报告原本（BL, Royal MS. 17A）包含四幅地图；Gosch, *Danish Arctic Expeditions*, vol. 1。

[45] Stockholm, Kungliga Biblioteket, Sveriges Nationalbibliotek, K. 29 (manuscript map). Knud Johannes Vogelius Steenstrup, Om Østerbygden, Meddelelser om Grønland, vol. 9 (Copenhagen: I Commission hos C. A. Reitzel, 1889), 1－51，包含一份第 10 页地图的重绘本。

[46] Hans Poulsen Resen, "Map of Greenland," Copenhagen, Kongelige Bibliotek, 4100－0－1605/1.

[47] Copenhagen, Kongelige Bibliotek, G. K. S. 4°, 2876. 对最后两幅地图也感兴趣的，是 Hogg, "Stefánsson and Resen Charts," and Seaver, "Stefánsson, Resen, and Thorláksson Maps"。

里斯·卡罗吕斯（Joris Carolus）绘制了一幅格陵兰、冰岛和北美洲东北部的地图（1626年）。[48] 总体来说，克里斯蒂安四世事业的成果构成了大量的新信息。

作为丹麦王国的组成部分，冰岛因其自然地理情况而闻名遐迩，但有赖于侯拉尔（Hólar）主教居兹布朗迪尔·索尔劳克森，它已经在地图上首次亮相了。居兹布朗迪尔·索尔劳克森是一位数学家，通过将侯拉尔的纬度确定在北纬65°44′，他是第一个利用科学方法确定冰岛地点位置的第一人。[49] 他的冰岛地图原本现在已经不存，但在奥特柳斯《寰宇概观》的《补录四》中出现，不过却没有提到他。这幅装饰得非常华丽的地图（由奥特柳斯于1585年雕刻）带有冰岛里的比例尺，有大概250个地名，并包括许多图像特征（图60.10）。地图可能是通过丹麦历史学家安诺斯·瑟伦松·韦泽尔交给奥特柳斯的，也可能是由富有影响力的丹麦地图信息提供者海因里希·冯·兰曹转交给他的。这幅地图有一份韦泽尔致丹麦国王腓特烈二世的献词，多多少少引起了猜测：是否韦泽尔才是地图的真正作者，而非居兹布朗迪尔·索尔劳克森。[50]

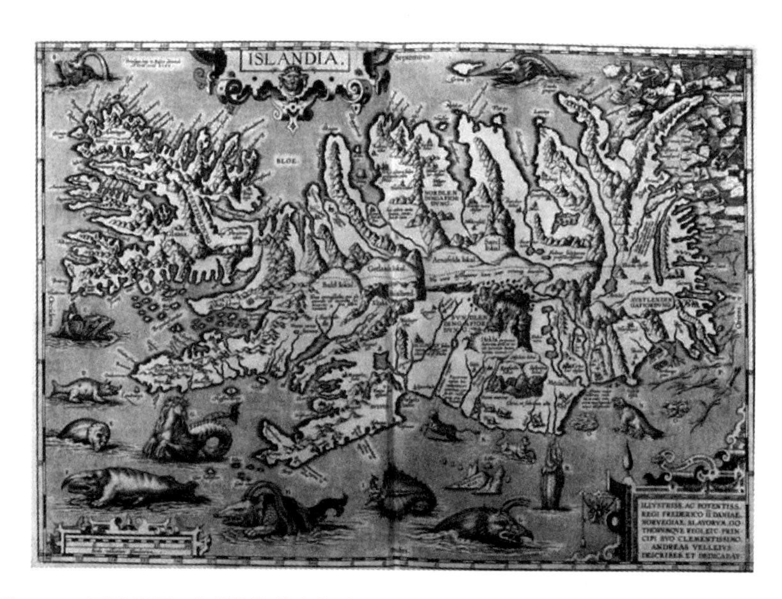

图60.10 亚伯拉罕·奥特柳斯的冰岛地图，此图根据居兹布朗迪尔·索尔劳克森的地图

1585年，奥特柳斯雕刻了一幅冰岛地图，该图基于侯拉尔地区的主教居兹布朗迪尔·索尔劳克森绘制的一幅地图。这幅地图上介绍了很多直到今天都没有地图记录的地名。

原图尺寸：43.5×54厘米。摘自亚伯拉罕·奥特柳斯：《寰宇概观》（安特卫普，1592年），图版98。由 Geography and Map Division，Library of Congress，Washington，D. C.（G 1006. T5 1592 Vault）提供照片。

---

[48] 1626年地图是卡罗勒斯在其 *Het nieuw vermeerde Licht des zeevarts*（1634）中绘制的地图的基础。此段中所讨论的所有这些地图都在 Kejlbo，"Map Material." 中得到描述。

[49] Halldór Hermannsson, *Two Cartographers: Guðbrandur Thorláksson and Thórsur Thorláksson*（Ithaca：Cornell University Press，1926）. 之前，冰岛根据奥劳斯·芒努斯进行复制。冰岛的地图绘制历史在 Haraldur Sigurðsson 所撰写的两本书中得到了充分的处理：*Kortasaga Íslands*, and *Kortasaga Íslands frá lokum* 16. *aldar til* 1848（Reykjavík：Bókaútgáfa Menningarsjóðs og ujóðvinafélagsins，1978）。

[50] 关于最初作者的争论的更多信息，请参阅 Wegener，*Vedel*，235，and Oswald Dreyer-Eimbcke，"Island，Grönland und das nördliche Eismeer im Bild der Kartographie seit dem 10. Jahrhundert，" *Mitteilungen der Geographischen Gesellschaft in Hamburg* 77（1987）：82－87。

在陆地方向，注意力集中在斯堪的纳维亚半岛的北部，而丹麦、瑞典和俄罗斯都声称对那里拥有主权。[51] 在这些国家制作自己的地图之前，它们根据别国绘制的地图来宣称主权。1793 塞巴斯蒂安·明斯特尔的地图非常重要。为了维护自己的权利，克里斯蒂安四世做出了个人姿态，他航行到了科拉半岛（Kola penisula）的俄罗斯边界。随后，他聘请了尼德兰商人西蒙·范赛林亨（Simon van Salingen）（他在之前曾与一位丹麦贵族在拉普兰旅行）来绘制一幅斯堪的纳维亚地图。范赛林亨的地图在科拉半岛上明确标注了"挪威所属拉普兰"，为他的主张添加了书面证据。它刺激了瑞典王室在地图绘制方面的竞争。[52]

尽管在 1595 年签订《特乌辛纳和约》时，瑞典和俄罗斯就已经对拉普人的征税问题达成了一致，但丹麦和俄罗斯的旷日持久的竞争，促使瑞典王室在 1600 和 1601—1602 年派遣科学考察队奔赴诺尔兰（Norrland，瑞典北部）。当时，今天瑞典和芬兰北部地区的大部分都尚未殖民，而且与挪威之间没有正式的边界，那时它是瑞典王国的一部分。在第一次探险活动中，一位出自才华横溢的自然科学家族的约翰内斯·布雷乌斯（Johannes Bureus）参与并记录了他在进行调查时所使用的方法。[53] 他曾经教导过的堂兄弟安德烈亚斯·布雷乌斯（Andreas Bureus），接受了绘制拉普兰第一幅地图的任务。1794 它是由所有可用的来源汇编而成，再加上丰富的实地观测的结果。《瑞典王国北部的拉普兰、波的尼亚、卡扬尼亚诸省新图》（*Lapponiæ*, *Bothniæ*, *Cajaniæqvè regni Sveciæ provinciarvm septentrionalivm nova delineatio*）于 1611 年进行铜版雕刻，比例尺为 1：3500000，使用了圆锥投影，并以亚述尔群岛为零度经线（图 60. 11）。此图是献给瑞典王储古斯塔夫斯·阿道弗斯二世的。这幅地图覆盖了北纬 65°以北的瑞典国土，向东延伸到科拉半岛。尽管它夸大了瑞典的尺寸，但还是那个时代斯堪的纳维亚极北地区的最佳表现。[54] 这幅地图最广为人知的是《拉普兰》（*Lapponia*），成为瑞典王室外交武器库的重要补充。

1613 年，安德烈亚斯·布雷乌斯还绘制了一幅马拉伦湖（Lake Mälaren）的小型地图，比例尺为 1：1300000（图 60. 12），并将其献给尼德兰人雅各布·范蒂克（Jacob van Dijck）。范蒂克是为外交服务的公司律师，后来成为尼德兰驻瑞典助理大使，1621 年，定居在瑞典新成立的哥德堡（Göteborg）市。地图上的拉丁献词暗指布雷乌斯后来的 1626 年斯堪的纳维亚地图（下面讨论）："我给你这幅小地图，并非整个世界，然后我将给你一幅铜版的斯堪的纳维亚全图。"[55]

---

[51] *Sverges traktater med främmande magter jemte andra dit hörande handlingar*, *vol.* 5, pt. 1（1572 – 1632），ed. O. S. Rydberg and Carl Jakob Herman Hallendorff（Stockholm：P. A. Norstedt och Söner，1903）.

[52] E. G. Palmén，"SimonvanSalinghenskartaöfverNorden，1601，" *Fennia* 31，no. 6（1912），and Kustavi Grotenfelt，"Kaksi Pohjois-Suomen ja Kuolanniemen karttaa，1500 – luvun lopulta，" *Fennia* 5，no. 9（1892）.

[53] 请参阅 Andreas Bureus（Anders Bure），*Orbis arctoi nova et accurata delineatio*，2vols.，ed. Herman Richter（Lund：C. W. K. Gleerup，1936），1：Ⅸ。

[54] 《拉普兰》为人所知的只有两份副本，其中一份收藏在位于斯德哥尔摩的瑞典皇家图书馆（Stockholm，Kungliga Biblioteket，Sveriges Nationalbibliotek），另一份收藏在乌普萨拉大学图书馆（Uppsala Universitetsbibliotek）。第一份瑞典的世界地图——约翰内斯·鲁德贝基乌斯（Johannes Rudbeckius）的 *Orbis terrarum rudi pencilio*——也在同一时期由 J. L. 巴克尼乌斯（J. L. Barchenius）（1626 年）制作为木刻版，并在韦斯特罗斯（Västerås）进行印刷（1628 年）。它以南为上方，这一点令人疑惑不解。

[55] Ulla Ehrensvärd，"Andreas Bureus' mälarkarta，" in *Byggnadsvård och landskap*，Ymer 1975（Stockholm：Generalstabens Litografiska Anstalts Förlag，1976），171 – 173.

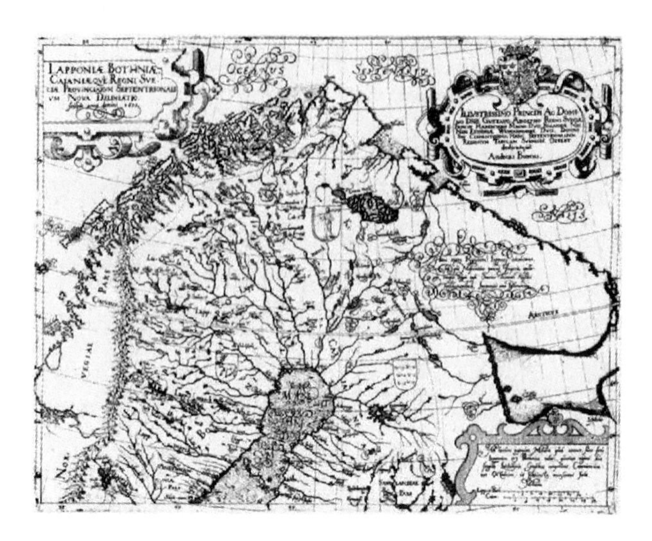

图 60.11 安德烈亚斯·布雷乌斯：《拉普兰》，1611 年

《拉普兰》集中表现了北方高地的瑞典领土。它主要是通过实地调查编绘而成的。这幅地图具有政治地缘意义，正如布雷乌斯所提出的在挪威和瑞典之间的确定边界的虚线所示。

原图尺寸：24.6×31 厘米。由 Kungliga Biblioteket，Sveriges Nationalbibliotek，Stockholm（KoB 1 na）提供照片（KoB 1 na）。

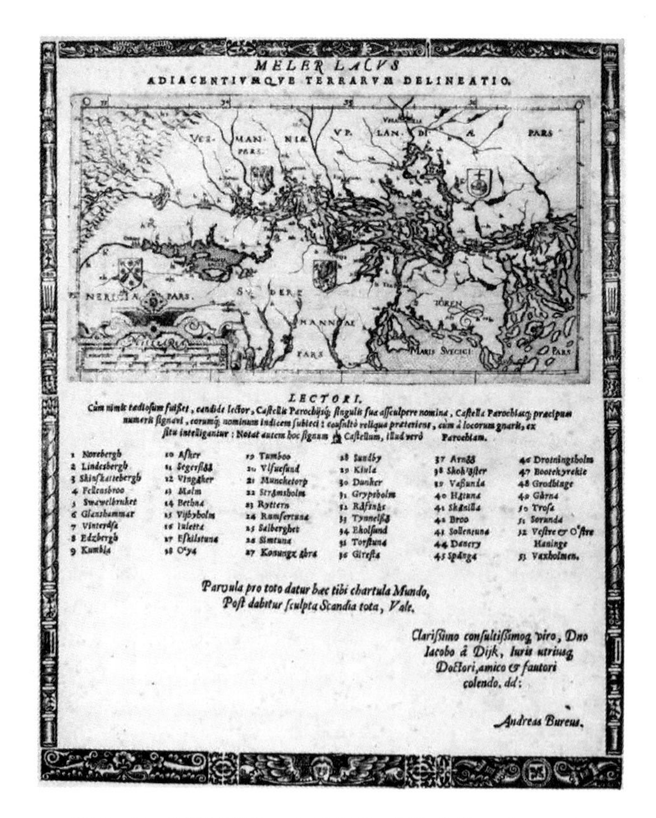

图 60.12 安德烈亚斯·布雷乌斯：马拉伦湖，约 1613 年

铜版雕刻；这是唯一已知的副本。以亚速尔群岛中的科尔武岛为本初子午线，这一点与布雷乌斯的 1626 年斯堪的纳维亚半岛地图相同。

原图尺寸：26.3×21.1 厘米。由 Kungliga Biblioteket，Sveriges Nationalbibliotek，Stockholm（KoB 9 bd）提供照片。

防御工程师的贡献

1796

广阔疆域的小比例尺地图得到了支持和主张，而大比例尺的城镇平面图与军事防御是不可分割的。在本质上，它们是军事工程师或建筑师的工作——事实上，它们的制作者有十多种或更多的专业头衔。[56] 丹麦和瑞典都在尼德兰和德意志诸邦搜寻这些地图。波兰战役的经历教会了古斯塔夫斯·阿道弗斯二世（Gustavus Ⅱ Adolphus），德意志的军事测量师是不可或缺的。格奥尔格·金瑟·克雷尔·冯·贝梅贝尔格（Georg Ginther Kräill von Bemebergh）、格奥尔格·冯·施文格恩（Georg von Schwengeln）和海因里希·托默（Heinrich Thome）是此类人员的范例。

克雷尔·冯·贝梅贝尔格出生于乌尔姆，在尼德兰学习，并进入丹麦军队服役，随后，他接受了古斯塔夫斯·阿道弗斯二世的邀请，移居到瑞典。有正当理由，他给自己起了个绰号叫菲洛马西斯（Philomathes，爱好学习的人）。继他的《几何与防御论》（*Tractatus geometricus et fortificationis*）［阿纳姆（Arnhem），1618 年］之后的是一部由三个部分组成的著作。第一和第二部分（机械和建筑）是手稿，并未出版；第三部分包括许多插图，而且也没有发表，直到 1875 年由铜版原本印制而成（图 60. 13）。[57] 很有可能，他最非凡地图中的一幅是 1621 年的征服里加地图（图 60. 14）。在瑞典，克雷尔·冯·贝梅贝尔格直接关注城市防御工事，并绘制了最早的那批南曼兰（Sodermanland）地图之一（1625 年），比例尺为 1∶165000。他和其他人绘制了道加瓦阿（Daugava，即德维纳河）河口周围的军事地图、东普鲁士的军事地图，以及许多为别的地区绘制的没有比例尺的草图，例如，斯德丁［Stettin，什切青（Szczecin），1628 年；由戴维·波尔蒂乌斯（David Portius）绘制］以及韦尔本（Werben，在易北河畔，大约 1631 年；作者不详）。

1624 年，第二位测量师为瑞典服务，他是西普鲁士人海因里希·托默。托默被聘用为要塞官员（*ingeniör*），在 17 世纪 20 和 30 年代，他参与瑞典王国全境内的城镇和防御工事绘制平面图。格奥尔格·冯·施文格恩是第三名被瑞典聘用的测量师。1626 年，国王古斯塔夫斯·阿道弗斯二世称这位利沃兰人（或立陶宛人）为“地理学家”。他的第一幅瑞典地图显示了 1621 年对里加（Riga）的征服。他还绘制了波罗的海诸省的防御工事的地图，并可能在 1644 年绘出了萨雷马岛（Saaremaa，Ösel，Osilia）（现在属于爱沙尼亚）的第一幅

---

[56] Ulla Ehrensvärd, “Fortifikationsofficeren som kartograf,” in *Fortifikationen*: 350 *år*, 1635 – 1985, ed. Bertil Runnberg and Sten Carlsson (Stockholm, 1986), 109 – 124，讨论军事官员作为制图师的职能。同样直接相关的有 Ludvig W. Munthe, Kongl. *fortifikationens historia*, vol. 1 (Stockholm: Kungl. Boktryckeriet; P. A. Norstedt och Söner, 1902)。其地图和图表主要都是防御工事，但也有一些表现周边的乡村。

[57] 关于 Kräill von Bemebergh，请参阅 Munthe, Kongl. *fortifikationens historia*, esp. 283 and 329 – 332; Marianne Råberg, *Visioner och verklighet*, 2 vols. (Stockholm: Kommittén för Stockholmsforskning Allmänna Förlaget i distribution, 1987), 1: 197 – 201; Ludvig W. Munthe, “Crail,” in *Svenskt Biografiskt Lexikon* (Stockholm: Albert Bonniers Förlag, 1918 –), 9: 64 – 68; and Olov Lönnqvist, *Sörmlands karta genom fem sekler* (Nyköping, 1973), 21 – 46 and 83 – 106。

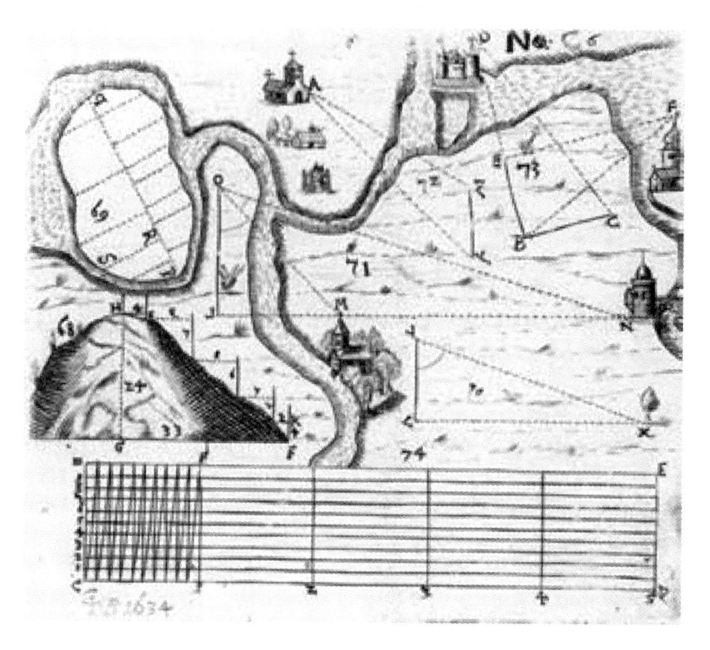

图 60.13 格奥尔格·金瑟·克雷尔·冯·贝梅贝尔格所绘制的样本地图

克雷尔·冯·贝梅贝尔格的文字中包含了一幅模型地图，来展示该领域的工程师应该采取何种方式记录地貌特征。

原图尺寸：15×17 厘米。出自格 Georg Ginther Kräill von Bemebergh, *Mechanica der drite Theil* [（1636）; printed in 1875]。由 Kungliga Biblioteket, Sveriges Nationalbibliotek, Stockholm 提供照片（F1700 – fol. 300）。

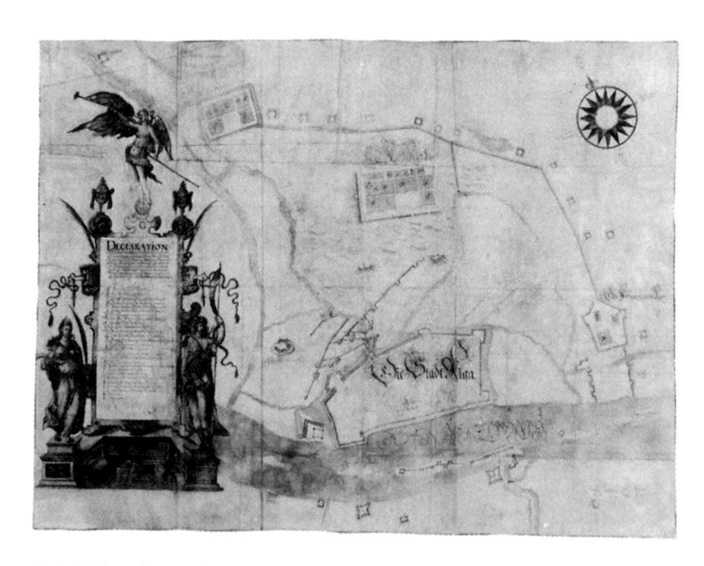

图 60.14 格奥尔格·金瑟·克雷尔·冯·贝梅贝尔格：征服里加地图，1621 年，羊皮纸地图

原图尺寸：64.6×85 厘米。由 Military Archives, Stockholm（Utländska stads – och fästningsplaner, Östersjöprovinserna, Riga, nr. 40）提供照片。

地图——当时这座岛屿仍属于丹麦。[58] 客卿测量师的行为和他们引入的技术，是 1628 年瑞

[58] 冯·施文格恩的里加地图收藏在斯德哥尔摩的军事博物馆（Armémuseum, Stockholm）；萨雷马地图已经亡佚；他的 1641 年 Kuressaare（Arensburg）城市和城堡的平面图收藏在斯德哥尔摩的军事档案馆（Krigsarkivet, Stockholm）。请参阅 Harald Köhlin, "Georg von Schwengeln and His Work, 1620 – 1645," *Imago Mundi* 6（1949）: 67 – 72。

典测量师军团创立背后的因素。

在这一领域的瑞典人的领军人物是奥洛夫·汉松·斯瓦特（Olof Hansson Svart），他后来受封为厄内胡弗武德（Örnehufvud）。[59] 他与安德烈亚斯·布雷乌斯密切合作，后者是设立瑞典土地测量局（Lantmäterikontoret）的主要推动者。厄内胡弗武德为加强设防城镇和卡马尔城堡而绘制了平面图，瑞典最古老的设防地点地图就在卡马尔［由多米尼克斯·帕尔（Dominicus Pahr）绘制，1585 年］。[60] 当布雷乌斯成为陆军部的评估员之时，厄内胡弗武德的职责增加了。他起草了根据防御工事框架的斯德哥尔摩及其郊区的街道平面图。随后，他绘制了一系列横跨波罗的海的防御工事的平面图——埃尔宾（Elbing，Elbląg）、斯德丁，甚至美因茨。他还在勃兰登堡进行了广泛的军事地理调查。最后，他绘制了一幅与 1643—1645 年瑞典—丹麦战争相关的斯科讷省的地图。[61] 这幅地图后来为丹麦王室进行了修订，并最终通过约翰内斯·扬松尼乌斯的斯科讷地图（1646 年）的方式，在当时的阿姆斯特丹出版了。这是全面显示山丘和林地分布情况的这类地图中的第一幅，确定了大量的定居点的位置。 1797

厄内胡弗武德还绘制了一份创新的科帕尔贝里湖（Stora Kopparberg）地区矿藏“邦德矿口”（Bondestöten）地图，比例尺为 1∶5000（图 60.15）。[62] 这份地图包括 5 幅，表现出矿井的 5 层，并绘出可供进入下一层的出入口。如果需要的话，这 5 幅地图可以放在一起，组成矿井的 5 层模型。很有可能，厄内胡弗武德的灵感来源于意大利建筑师的想法，他们在画作上钻孔，以表现楼梯、火焰和其他与地面相连接的特征。然而，它成为一种特别瑞典式的绘制矿井地图的方式，就像马尔钦·耶尔曼（Marcin German）的波兰维利奇卡（Wieliczka）盐矿雕版地图上的方式一样。[63] 1799

在厄内胡弗武德参与斯德哥尔摩的防御建设之前，像托默这样的防御工事工程师就已经在绘制这个城市的平面图了。一系列的地图显示出对首都的组织和管理的日益关注。斯德哥尔摩最古老的地图，其日期为 1625 年，是一份绘本地图，比例尺为 1∶4000，使用的测量单位是瑞典的阿伦（aln，0.594 米）。与许多相关的平面图一样，它也画出了街道网络——首先在桥梁之间的岛屿上，但也在边缘地区画出。1622 年，设立了城市商税（Lilla tulle），催

[59] Ernst Ericsson, *Olof Hansson Örnehufvud och svenska fortifikationsväsendet till 300 – årsminnet*, 1635 – 1935（Uppsala: Almqvist och Wiksells Boktryckeri, 1935）. 瑞典地形志收藏在 Stockholm, Krigsarkivet，包括被认为是厄内胡弗武德绘制的 46 份瑞典设防城镇的大比例尺地图。它还包括一幅重要矿业城镇法伦（Falun）的地图（1628 年），附有住宅街区的详细情况。另请参阅 Ehrensvärd, “Fortifikationsofficeren som kartograf,” 111 – 112。丁泽（Dinse）根据由扬松尼乌斯、布劳和其他人印刷的地图上的名称，辨认出了厄内胡弗武德：“Olaus Iohannis Gothus, S. R. M. Sueciœ”［Paul Dinse, “Ein schwedischer Kartograph der Mark Brandenburg aus der Zeit des dreissigjährigen Krieges,” *Zeitschrift der Gesellschaft für Erdkunde zu Berlin* 31（1896）: 98 – 105］。韦恩斯泰特（Wernstedt）列出了 9 幅由厄内胡弗武德在德意志绘制的绘本地图，这些地图是尼德兰印刷商的模本［F. Wernstedt, “Några obeaktade originalkartor av Olof Hansson Örnehufvud: Minnen från svensk kartografisk verksamhet på kontinenten under 30 – åriga kriget,” Globen 11（1932）: 11 – 20］。

[60] Martin Olsson, *Om Kalmars ålder*（Stockholm: Almqvist och Wiksell International, 1983）, 16.

[61] Herman Richter, “Den äldsta tryckta Skånekartan,” *Svensk geografisk årsbok*［3］（1927）: 22 – 33, and idem, “Cartographia scanensis,” 19 – 41.

[62] Ulla Ehrensvärd, “Gruvor på kartor,” in *Vilja och kunnande: Teknikhistoriska uppsatser tillägnade Torsten Althin på hans åttioårsdag den 11 juli 1977 av vänner*［（Uppsala）, 1977］, 171 – 188, and idem, *Nordic Map*, 197 – 200.

[63] F. Piestrak, “Marcina Germana plany kopalni wielickiej z r. 1638 i 1648,” *Czasopismo Techniczne*（1902）: 1 – 31.

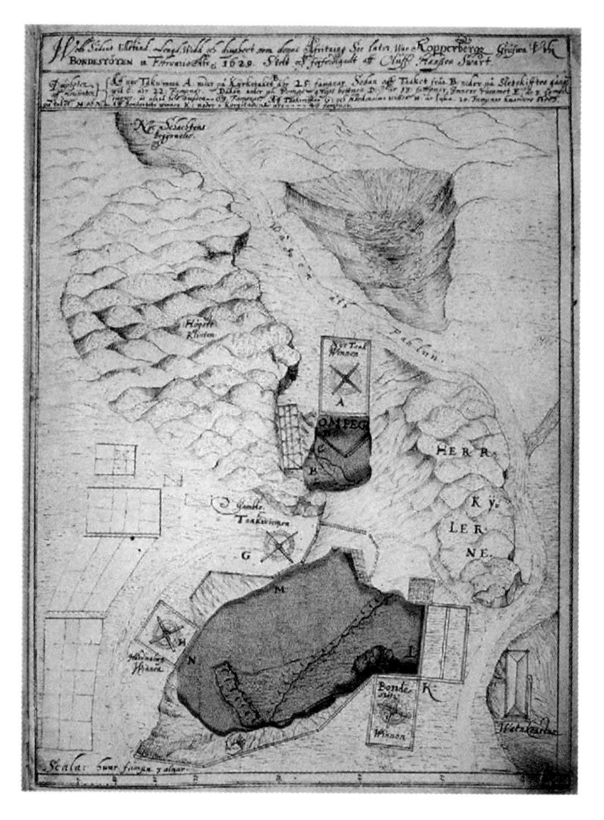

图 60.15 奥洛夫·汉松·斯瓦特（厄内胡弗武德），矿产地图，1629 年

位于法伦的科帕尔贝里矿井的邦德矿口的地图。这五张纸中的每一张都代表着采矿作业的不同矿层。

原图尺寸：33×24 厘米。由 Bergslaget's Archive，Falun 提供照片。

生了收费关口，带有木桩障栅的收费边界。在更广泛的城市扩展的几何设计中，早期的平面图绘制是显而易见的。在《瑞典地形志》（*Svensche Plante Booken*）（no. 2）中，大量八角形线条的强调表明，今天在欧洲其他地方流行的放射状规划的理念也将被引介进来。[64] 尽管这些材料在丹麦和瑞典之间的 17 世纪战争中被妥善保存，但丹麦的特工还是设法了解了其内容。一个结果就是在丹麦绘制的不同凡响的斯德哥尔摩地图——即 17 世纪 40 年代的所谓的"间谍地图"（Spionkort）（图 60.16）。

1800 在哥本哈根的地图绘制方面，也倾注了类似的热情。从 16 世纪 90 年代以来的一系列地形地图反映了这一点。[65] 最早的地图将其重点放在防御工事上，附有发展中的市区的各个部分，比例尺为 1：2000—1：5000。在一些情况下，带有相连字符的字母用于突出特殊的特征。海因里希·托默的地图并没有比例尺，但进行了着色，并用德文做了注释，甚至包括了航道上沉船的细节。表现哥本哈根城市扩展的早期平面图也采用了时兴的放

---

[64] 1650 年之前的斯德哥尔摩地图的整个序列的处理见 Råberg，*Visioner*。

[65] Vilhelm Lorenzen，*Haandtegnede kort over København*，1600－1660（Copenhagen：Henrik Koppels Forlag，1930），列出了 1650 年之前的 22 幅绘本地图；idem，"Problemer i Københavns Historie，1600－1660：Belyst ved samtidige kort，" *Historiske Meddelelser om København*，2d ser.，4（1929－1930）：145－240；and idem，*Drømmen om den ideale By：Med en Bibliografi over Forfatterens litterære Arbejder*，1906－1946（Copenhagen：Rosenkilde og Baggers Forlag，1947）。

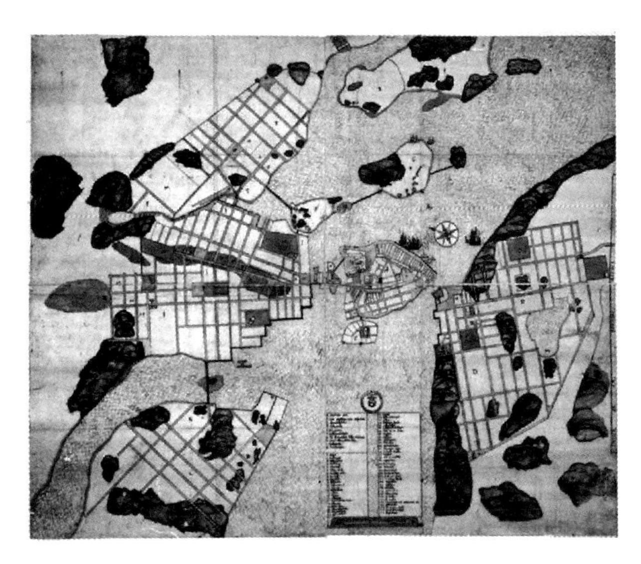

图 60.16　斯德哥尔摩的“间谍地图”，17 世纪 40 年代

这幅地图是由丹麦特工在 17 世纪中期的瑞典与丹麦之间的战争期间绘制而成的。地图以东为正方向，比例为 1∶3000（用瑞典的阿伦为比例尺的单位）。这幅地图是彩色的：灰色代表丘陵地带，绿色代表空地。所有的地区都标示出来。

原图尺寸：105.5 × 125.5 厘米。由 Kongelige Bibliotek，Copenhagen［Map Section，KBK 1113，151，21 - 0 - 1640/1）］提供照片。

射状设计(图 60.17)，但从未取得效果。在克里斯蒂安四世为斯科讷的克里斯蒂安斯塔德（Kristianstad）和荷尔斯泰因的格吕克施塔特（Glückstadt）所制作的方案中，也出现了半放射状平面图。第一部根据意大利模本而制作的哥本哈根透视图是在 1596 年出版的。

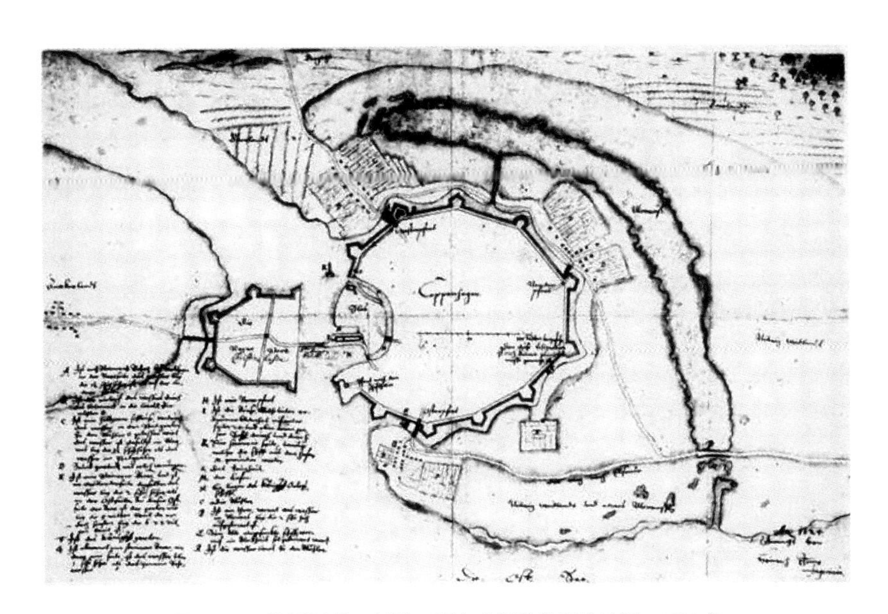

图 60.17　海因里希·托默，哥本哈根及其周边地图，1624 年

比例尺：1∶5000。

原图尺寸：37 × 58 厘米。由 Military Archives，Stockholm（Sveriges krig，nr. 1：40）提供照片。

与此同时，丹麦工程师艾萨克·范盖尔凯肯（Isaac van Geelkercken）在挪威开启了军事地图绘制。[66] 他绘制了一系列的克里斯蒂安尼亚（Christiania，奥斯陆）防御工事的平面图（比例尺为1∶2000－1∶7000），其注意力集中在阿克什胡斯城堡。他还用自己的绘本资料绘制了一幅挪威地图——《丹麦和挪威地图》（*Daniae et Norvegiae Tabula*）——其丹麦部分来源于迈耶。

瑞典土地测量的诞生

瑞典的土地测量局是由安德烈亚斯·布雷乌斯成立的。但在他受命创建这一独一无二并在某些意义上早熟的机构之前整整一个时代，他身上还背负着其他地图绘制职责的沉重负担。在出版其《拉普兰》的前后，他从事了外交和勘界的实际工作。他参加了1603年的瑞典委员会，这一委员会确定了与丹麦的边界，10年以后，再次参与了对边界的修订工作。他是边界委员会的成员，该委员会划定了根据1617年和约确定的瑞典和俄罗斯的新边界。在他忙于这些职责，以及其他外交任务和地图绘制工作的时候，受卡尔九世（Carl Ⅸ）的委托，他承担了绘制一幅"北方王国宇宙图"（*Tabula cosmographia regnorum septentrionalium*）的任务——实际上，这是一幅拓展的瑞典王国及其周边疆土的地图。

1801

这幅地图是于1603年委托制作的，最终于1626年雕版，标题为《北方精确新地图》（*Orbis arctoi nova etaccurata delineatio*）（图60.18）。[67] 它是一种地理政治和地图的声明，附有由赞助人古斯塔夫斯·阿道弗斯二世及其王后所主导的旋涡纹。在克劳迪乌斯·克拉武斯和奥劳斯·芒努斯的地图之后，它代表了北欧地图绘制的第三个显著的阶段。《北方精确新地图》根据圆锥投影绘制，铜版雕刻，以6图幅的形式在斯德哥尔摩出版。雕刻师是瓦伦丁·S. 特劳特曼（Valentin S. Trauthman）。它覆盖的疆域从挪威西海岸延伸向大约莫斯科的经度，从北纬52°向极地延伸。比例尺粗略地看为1∶1000000，其经度是根据特内里费（Tenerife）的测量。其文字是拉丁文。尽管可能是参考自阿德里安·费恩的1613年地图，后者也是献给古斯塔夫斯·阿道弗斯二世的，但看起来它的主要来源是安德烈亚斯·布雷乌斯自己及其合作者约翰内斯·布雷乌斯和丹尼尔·约尔特（Daniel Hjort）的个人知识。斯堪的纳维亚北部的形态，主要要归功于《拉普兰》，然而构成斯堪的纳维亚世界的疆域则是外国的来源。其主要的错误是夸大了经度。沿着第68条平行线的凸起说明了新的经度确定是如何必要。这幅地图于1632年在莱顿重印。

1802

在其出版的两年后，1628年4月4日，安德烈亚斯·布雷乌斯——他的正式称呼是通

---

[66] Hans Jacob Barstad, *Norges Landforsvar*, 1604－1643: *Bidrag til Norges krigshistorie under ChristianIV's regjeringsperiode* (Oslo: A. W. Brøggers Bogtrykkeri, 1905), and Clare Sewell Widerberg, *Norges første militæringeniør Isaac van Geelkerck og hans virke*, 1644－1656 (Oslo: A. W. Brøggers Bogtrykkeri, 1924). 丹麦的工程师部队成立于1684年。

[67] 布雷乌斯的《北方精确新地图》卷1提供了布雷乌斯1626年地图中拉丁文文字的抄本（"Orbis Arctoi Imprimisque Regni Sueciœ descriptio"）。这份抄本附有一份英文译本［"北欧地图，尤其是瑞典王国（Description of the North and Especially of the Kingdom of Sweden）"］，以及由赫尔曼·里克特（Herman Richter）写作的长篇引介，在其中他叙述了布雷乌斯及其地图的背景（安德烈亚斯·布雷乌斯及其1626年《北方精确新地图》）。另请参阅 Leif Åkesson, "Andreas Bureus—Father of Swedish Cartography," *IMCoS Journal* 75 (1998): 49－54。

图 60.18 安德烈亚斯·布雷乌斯，北方精确新地图，1626 年

这张广阔的地图提供了在其时代对斯堪的纳维亚区域最精确的描绘。这幅地图基于斯堪的纳维亚当时现有的地图和布雷乌斯的亲身实地观察，并被献给瑞典国王——古斯塔夫斯·阿道弗斯二世。在地图的四边中，有三边都有用拉丁文写作的对北欧地区的描述。

原图尺寸（不包括文字）：118×133 厘米。由 Kungliga Biblioteket，Sveriges Nationalbibliotek，Stockholm 提供照片。

用数学家——收到了古斯塔夫斯·阿道弗斯二世的指示。要他绘制一份瑞典全部省份和城镇情况的概要，不仅要保护领土和王国免受敌人的入侵，也是为了改进其状况。[68] 在瑞典，所有的土地都要根据其范围和用途收税。对调查进行计算来改进征税的证据，与此同时，实现其所声明的目的。这一指示有效地创立了瑞典的土地调查局，这是瑞典地图学史上最重要的一件大事。[69] 安德烈亚斯·布雷乌斯的第一个举措是征募 6 个年轻人，他亲自教他们几何学、数学和测地学的必备技巧，以及描绘乡村地区地理特征的技艺。在适当的时候，这六名新兵会成为调查指导者。正式的考试设立于 1637 年。每个调查官员很快发现他们要负责特定地区的地图绘制——乌普兰、西曼兰（Västmanland）、东约特兰（Östergötland）和芬兰——并凭借其负责每个特定的哈拉德［härader，即汉德伦德（hundred）；县下区划］的

[68] Viktor Ekstrand, ed., Samlingar i landtmäteri, 3vols.（Stockholm：Isaac Marcus, 1901 – 1905），esp. 1：1；艾克斯特兰德（Ekstrand）给出了历史说明的完整列表。关于最清晰的英文表述，请参阅 R. J. P. Kain and Elizabeth Baigent, *The Cadastral Map in the Service of the State：A History of Property Mapping*（Chicago：University of Chicago Press, 1992），49 – 58。也与其相关的是一份瑞典土地测量的讨论，见 Leif Wastenson, ed., *National Atlas of Sweden*, 17 vols.（Stockholm：SNA Publishing, 1990 – 1996），1：126 – 145。几何地图册（*geometriska jordeböcker*）档案馆位于瑞典耶夫勒（Gävle）的土地测量局。关于存放旧地籍的档案馆、其他测量机构和博物馆的信息，请参阅 Birgitta Roech Hansen, ed., *Nationalutgåva av de äldre geometriska kartorna*（Stockholm：Kungl. Vitterhets Historie och Antikvitets Akademien, 2005），文字为瑞典文与英文。

[69] *Svenska lantmäteriet*, 1628 – 1928, 3 vols.（Stockholm：P. A. Norstedt och Söner, 1928）. 这部著作是来自不同作者的集合。另请参阅 Elizabeth Baigent, "Swedish Cadastral Mapping 1628 – 1700：A Neglected Legacy," *Geographical Journal* 156（1990）：62 – 69。

细节。[70]

1634—1635年，所需的记录细节已经放大，关于仪器的第一批通信传递开来。一旦春回大地，冰雪消融，大地袒露其面目，几何（geometrisk）测量活动就会开展起来，针对土地和属于所有拥有继承地产的财产。所需的记录包括：（1）可耕地，视其是否为黏土、沙地、泥炭地抑或荒野；是否有人耕种，抑或休耕；如果无人耕种，是否可以耕作；（2）草场，视其是否为牢固实地、泥炭地，抑或莎草地，以及平均干草产量；（3）可供家庭使用的林地，以及其是否适合开垦；（4）渔业以及哪些溪流可以利用。关于这些地图的用途，可耕地的面积按通兰［tunnland，15000卡瓦德拉塔尔纳（*kvadratalnar*）］来计算。[71] 在一系列旨在表现统一的说明中，1636年5月19日关于颜色使用的说明即为其中一项。这种着色方案在北欧国家尚属首例。灰色用来表示可耕地，绿色表示草场，黄色表示苔藓地，黑色表示篱栅，浅蓝色表示湖泊，深蓝色表示河流和溪流，红色表示交通道路，深绿色表示林地，白色表示出露地表的岩石。罗盘一定指向地图的顶部，按照要求，完成的地图的纸张尺寸必须统一。到17世纪30年代中期，提交了大量完成的几何地图册（*geometriska jordeböcker*），用于表现乌普兰省的哈拉德。[72] 到该世纪中期，又有大量的卷帙添加进来。到1642年，地图档案的比例如此之大，以至于一位名叫彼泽·门勒斯（Peder Menlös）的检查员被派遣去负责管理。进一步改进信息的呼吁也一直没有停息。很快，不同类型的林地需要得以鉴定——针叶树、榛树、山毛榉和橡树；还要求区分啤酒花庭院。并鼓励使用统一的比例尺。

北方继续受到直接关注，尤其是处于政治原因。奥洛夫·拉松·特雷斯克（Olof Larsson Tresk）被授予了覆盖诺尔兰的广大疆域的职责，他的实地测量从1635年持续到1643年。[73]

1803

他的首次任务是关于翁厄曼兰（Ångermanland）、梅代尔帕德（Medelpad）和海尔辛兰（Hälsingland），但其地图最著名的是托内·拉普马克（Torne Lappmark）地区的地图（1642年），其河流系统描绘得非常明确清晰，边缘上有注释；他还绘制了一幅类似的凯米（Kemi）·拉普马克地图。他对位于挪威边界的纳萨（Nasa）山脉地区进行了地图绘制（1639年），这是受发现银矿的刺激，这一地图绘制非常重要，因为它确立了一个先例，来划分舍伦［Kjølen，即基尔（keel）］山系的一部分的界线，这一山系是挪威和瑞典的边界。特雷斯克的广泛调查催生出了小比例尺地图，与其同事所绘制的大比例尺地图相比并不相符。

到1643年，瑞典—芬兰定居地区的几何地图绘制正稳步向前推进，并且，一项特殊的指示鼓励了所谓的“地理”（geographisk）地图绘制——全部乡村地区的地形地图绘制，与已经使用和耕种的（也就是应收税的）地区相区别。[74] 特殊的道路地图也得以绘制，与地理地图绘制相结合。[75] 由此而产生的地图中，很多包括了被称作“地理图表”（Tabula geo-

---

[70] 测量员的总体被记录在 Viktor Ekstrand, *Svenska landtmätare*, 1628 – 1900（Umeå and Uppsala, 1896 – 1903）。

[71] Lönborg, *Sveriges karta*, 22 – 23.

[72] Lönborg, *Sveriges karta*，详细描述了所取得的进步。

[73] Olof Tresk, *Kartor över Kemi & Torne Lappmarker*, 1642 *och* 1643，附有 Nils Ahnlund 的引介（Stockholm, 1928）；Ulla Ehrensvärd et al., *Kartor—Fem seklers svensk kartografi*（Stockholm: Armémuseum, 1991）。

[74] John Svärdson, “Lantmäteriteknik,” in *Svensk lantmäteriet*, 3 vols（Stockholm: P. A. Norstedt och Söner, 1928）, 1: 135 – 256, esp. 177 – 181.

[75] Wastenson, *National Atlas of Sweden*, 1: 126 – 127.

graphica，在这种情况下，是一个地理数据的表格）的东西，例如乌普兰省东北部和科帕尔贝里湖采矿中心。

要记录在地理地图上的那些特征是单独的一系列说明的主题。[76] 所有形式的定居点被记录下来并且标注了名称——教堂、庄园、牧师住宅、农场和村舍。湖泊、溪流、岛屿和半岛的轮廓都得到了精确的描绘。在群岛中，港口、航行路线、浅滩和沙洲都进行了识别。沿着河流和溪流，磨坊和其他特征，包括桥梁，都被绘出。对石桥进行了特殊的注释，它们作为堤道跨越了草场、沼泽地，以及溪流。沼泽地、湿地、山丘和林地都被勾勒出来。也需要共同土地的范围、名称和边界。主要道路用深颜色与地方道路（用红色表示）区分开来。道路弯曲的原因，可以用夏季道路和冬季道路的不同来解释。一个新颖的特征是标记纪念碑、墓碑和符文之石。[77] 最后，这一说明用一项非常严格的禁令来结束，也就是说除了上述的方法外，其他的表现方法都不可以使用。原本打算的比例尺应该是 1∶50000，但最终使用了很多种比例尺（一直到1∶360000）。

新的测量局接手了旧定居点的常规地图绘制和新城镇平面图的绘制工作。在其建立之前，安德烈亚斯·布雷乌斯的兄弟奥劳斯·布雷乌斯（Olaus Bureus）——他是一位接受过训练的医生，已经正在绘制诺尔兰和芬兰的新定居点的平面图。1620—1621 年，他环绕波的尼亚湾游历，绘制出吕勒奥（Luleå）、皮特奥（Piteå）、松兹瓦尔（Sundsvall）、瑟德港（Söderhamn）、于默奥（Umeå）和托尔尼奥（Tornio），以及芬兰的科科拉［Kokkola，雅各布斯塔德（Jacobstad）］和新卡勒比（Uusikaarlepyy，Nykarleby）。[78] 他还关注哥德堡的城市港口，这是由尼德兰工程师约翰·舒尔茨（Johan Schultz）制作计划，并在同时进行铺设。[79]

1631 年，古斯塔夫斯·阿道弗斯二世发布指示，要求绘制国内所有城镇的平面图和图画。3 年后，又发布给在芬兰的测量员奥洛夫·冈伊乌斯（Olof Gangius）一项特殊指示，要求他绘制城镇平面图，表现所有房舍、建筑、街道、草场、纳税地产，以及通向离开定居点的道路。此类地图的范例是斯德哥尔摩的首任城市工程师安德斯·托尔斯滕松（Anders Torstensson）所绘制的图尔库［Turku，瑞典语中地名为奥布（Åbo）］地图，和更详细的拉赫［Raahe，瑞典语中地名为布拉赫斯塔德（Brahestad）］的波的尼亚港口地图（图 60.19）。[80] 虽然约翰内斯·迈耶在后来负责绘制大批丹麦城镇的平面图，但与丹麦的情况却完全不同。

---

[76] Lönborg, *Sveriges karta*, 39－43.

[77] 早在 1599 年，安德烈斯的堂兄弟、首任皇家文物馆的管理人约翰内斯·布雷乌斯开始记录符文之石的分布。1628 年，所有的教区牧师都收到了一份指令，要求他们协助公布当地古物的情况。在丹麦没有类似的记载，尽管丹麦古物学家奥勒·沃尔姆（Ole Worm）要比约翰内斯·布雷乌斯出名得多。比较 Richter, *Geografiens historia i Sverige*, 73－74 与 Svenska lantmäteriet, 1628－1928。

[78] Richter, *Geografiens historia i Sverige*, 81.

[79] 其所附地图见 Albert Lilienberg, *Stadsbildningar och stadsplaner i Götaälvs mynningsområde från äldsta tider till omkring adertonhundra*（Göteborg: Wald. Zachrissons Boktryckeri, 1928）。

[80] 关于芬兰的城市地图绘制，请参阅 Juhani Kostet, *Cartographia urbium Finnicarum: Suomen kaupunkien kaupunkikartografia* 1600 *luvulla ja* 1700－*luvun alussa*（Rovaniemi: Pohjois-Suomen Historiallinen Yhdistys, 1995），以及 Eino Jutikkala, *Finland*, *Turku-Åbo*, Scandinavian Atlas of Historic Towns, no. 1［Odense: Danish Committee for Urban History（Odense University Press）, 1977］。绘制城镇平面图的行为的强度非常明显，见 Sixten Humble, "Lantmätarnas verksamhet inom städer och stadsliknande samhällen," in *Svenska lantmäteriet*, 3 vols.（Stockholm: P. A. Norstedt och Söner, 1928）, 2: 199－238, esp. 208。

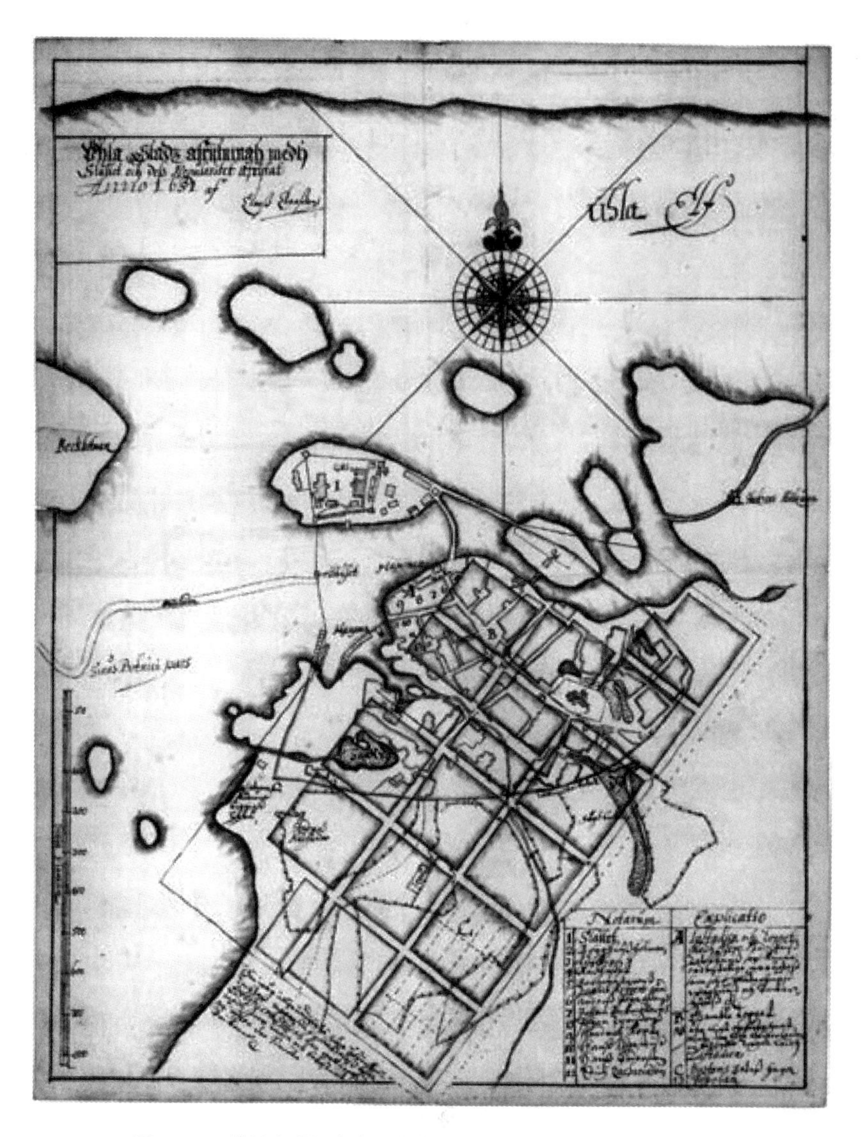

图 60.19 芬兰土地调查办公室的测量师所绘制的早期城镇平面图

此例是波的尼亚湾东海岸的奥卢（Oulu）的城镇平面图，由克拉斯·克拉松（Claes Claesson）绘制，1651 年

原图尺寸：46×35.6 厘米。由 Riksarkivet，Stockholm［Ut känd proven nr. 438（kartavd m form）］提供照片。

1633 年，正式派遣土地测量师到芬兰，到该世纪中期，已经有了一大批可用的几何地图，西起阿赫韦南马［Ahvenanmaa，瑞典语地名为奥兰（Åland）］，东到维堡（Viipuri，Vyborg）。它们与瑞典地图在比例尺、内容和配色上都非常相似。[81] 它们的风格在安德斯·斯特伦（Anders Streng）绘制的 1634 年纳皮拉（Naappila）和拉亚拉蒂（Rajalahti）村庄的地图（图版 74）中得到了很好的表现，这些村庄位于西南部的奥里韦西（Orivesi）教区，或者是汉斯·汉松（Hans Hansson）绘制的同一地区的海门屈勒［（Hämeenkyrö，屈勒（Kyrö）］教区地图（比例尺为 1∶24000）。在 1650 年前，也绘制出了波罗的海对岸的瑞典

1804

[81] *Suomen maanmittauksen historia*, 3vols.（Porvoo：Werner Söderström Osakeyhtiö，1933）.

属地的部分地区，并附有侧面图和素描图。它们包括了英格利亚（Ingria，Ingermanland）和利沃尼亚的一些地区。[82] 1650年，瑞典所属波美拉尼亚（Pomerania）的地图绘制开始了。

绘制海图

由于在土地地图绘制方面投入大量精力，因此，像丹麦和瑞典这样的航海强国对于水文勘测的贡献如此之少，实在令人惊讶。直到1650年，对于航海的普遍目的来说，一直还是在依赖尼德兰的航海手册，在比较小的范围内，还依赖英格兰的航海海图和当地的领航员，他们航行穿越被英格兰水文学家称作“危险的刀锋”（skärgård）的航道。尼德兰人印刷了关于挪威海岸的首批航海指南，它们与《海图》［*De kaert va（n）der zee*］（1532年）有关。[83] 洛伦茨·贝内迪希克所印刷的丹麦文的《东西海海图》（*Søkartet offuer Øster oc Vester Søen*）中的沿岸侧面图（例如哥得兰的）和地名，被添加进来，对这些进行了收录，在某种程度上进行了细化。对于挪威来说，关于其沿海水域的第一份重要声明是在卢卡斯·扬松·瓦赫纳的1584年地图集中。1650年前后，丹麦人巴格·汪戴尔（Bagge Wandel）绘制了一些特隆赫姆峡湾（Trondheim Fjord）和萨尔特赖于姆（Saltstraum）的基本海图。[84] 然而，17世纪晚期之前（当时丹麦和瑞典的航海学校产生），斯堪的纳维亚对水文地理出版物的唯一兴趣是《波罗的海航行手册》（*Een sio-book som innehåller om siöfarten i Östersiön*）（斯德哥尔摩，1644年），由约翰·曼松（Johan Månsson）绘制；以及一幅由西吉斯蒙德·福格尔雕刻的波罗的海海图（没有绘出波的尼亚湾），于1645年出版。[85]

1805

在新时代的门槛

从克劳迪乌斯·克拉武斯先驱性的北欧地图到安德烈亚斯·布雷乌斯的巴洛克式的图像，大概过了200年的时间——约翰内斯·迈耶才在丹麦的地图学领域拓下自己的印记。到17世纪中叶，丹麦和瑞典获得了自己在制作和印刷地图方面的专业知识，他们还不断扩展大比例尺地图的范围，以补充他们关于北欧世界的总体看法。

---

[82] Nils Ahlberg, *Stadsgrundningar och planförändringar: Svensk stadsplanering*, 1521－1721, 2 vols.（text and maps）（Uppsala: Swedish University of Agricultural Sciences, 2005）, and Gerhard Eimer, *Die Stadtplanung im schwedischen Ostseereich*, 1600－1715（Stockholm: Svenska Bokförlaget, 1961）, 286.

[83] *Norges Sjøkartverk*, 1932－1982（Stavanger, 1983）, and Kristian Nissen, “Hollendernes innsats i utformingen av de eldste sjøkarter over Nordsjøen og Norges kyster,” *Foreningen* “*Bergens Sjøfartsmuseum*” Årshefte（1949）: 5－20.

[84] Johannes Knudsen, “Bagge Wandels Korttegning,” *Tidsskrift for Søvæsen* 88（1917）: 413－420, and Ehrensvärd, *Nordic Map*, 267－268.

[85] 曼松的工作——覆盖了直到阿赫韦南马群岛（Ahvenanmaa）和芬兰湾的南波罗的海地区，由Ignatio Meurer印刷，主要根据尼德兰的资料来源——于1677年和1725年重印，也是在德意志、丹麦和俄罗斯版本中出现过。请参阅Herman Richter, “Kring ålderstyrmannen Johan Månssons sjöbok 1644,” *Föreningen Sveriges Sjöfartsmuseum i Stockholm*, *Årsbok*, 1943, 73－111, and Ehrensvärd, Nordic Map, 268－270。这部书的讨论见Ulla Ehrensvärd, Pellervo Kokkonen, and Juha Nurminen, *Mare Balticum: The Baltic—Two Thousand Years*, 2d ed., trans. Philip Binham（Helsinki: Otava and the John Nurminen Foundation, 1995）, 124－130，它还提出了波罗的海地区的早期海图历史。另请参阅E. W. Dahlgren, “Sailing-Directions for the Northern Seas,” in *Periplus: An Essay on the Early History of Charts and Sailing-Directions*, by A. E. Nordenskiöld, trans. Francis A. Bather（Stockholm: P. A. Norstedt, 1897）, 101－110。1645年波罗的海海图的一份优秀副本在Yale University Library, Map Department, New Haven；它于1712年重印。

总体而言，这两个国家的地图学是彼此独立发展的。在发生彼此作用的地方，它往往会和领土的合法性相关，一直到1650年，集中到斯科讷这一易受攻击的边疆省份。这两个国家都到德意志寻求技术上的灵感，而丹麦与尼德兰制图师的关系明显比与瑞典制图师的关系要紧密。

到了1650年，瑞典已经发展出一个中央地图绘制组织，而丹麦却没有类似的机构——实际上，在某些方面，瑞典土地测量局是欧洲最早的地图绘制机构。如果以所绘地图的数目作为标准，那么由26位官员（其中有8位被派往芬兰）组成的测量队是以非凡的精力推动了这一任务。其所采用方法的简单和可用仪器的缺乏，似乎限制了他们的事业发展。

在每个国家，有才华的领导人的工作得到了王室的庇护。王室与第谷（他是理论和实践上的创始人）之间产生了裂痕，势必延迟了丹麦的发展；尽管约翰内斯·迈耶已经出版了自己的奥本罗（Åbenrå）地图（1639—1641年），但他还在整装待命。相反，布雷乌斯家族和宫廷之间的联系是瑞典地图发展成就的中心。很大程度上因为其与欧洲地图制作中心的联系很微弱，斯堪的纳维亚机构的影响非常有限且间接。土地测量局及其成就在国外被无视了。对于外部世界而言，最重要的是《北方精确新地图》。通过亨里克斯·洪迪厄斯和约翰内斯·扬松尼乌斯、克拉斯·扬松·菲斯海尔以及威廉·扬松·布劳与约翰·布劳的地图集，其影响得以传播开来，长达大半个世纪。到17世纪中期，瑞典和丹麦在欧洲的政治地位在根本上被重新评估。哪一个国家在利用其地图绘制经验在国外进行宣传方面都不甘人后。在国内，地图正在成为国家规划的重要特征，在战场上，它对于军事战役是不可或缺的。

东——中欧

第六十一章　文艺复兴时期东—中欧的地图学，约1450—1650年

若尔特·G. 特勒克（Zsolt G. Török）

仅从地理学角度，是无法解释“东—中欧”（East-Central Europe）这个词的含义的，它最好是被描述为一个历史地区。[①] 文艺复兴时期的东—中欧，在这里被定义为由波兰王国所覆盖的神圣罗马帝国以东的欧洲大陆地区。从1387年开始，这一地区与立陶宛大公国，包括克罗地亚在内的匈牙利王国，以及它们政治或军事影响下的疆域实现了统一。[②] 尽管该地区存在着巨大的多样性，但本章假设了文化上的统一体，并将不同的地图学发展模式组合成同一个文化上的地图学区域。

文艺复兴时期东—中欧地图学史的概貌，并不代表万花筒一样不断变化的政治领土实体。到11世纪，这个地区包含一系列的基督教封建国家。该地区的每一个统治王朝都寻求扩大其权力，从而确保其长久统治和独立性。安杰文（Angevin）家族的匈牙利国王——路易大王（Louis the Great）在1370年被选为波兰国王，但他的帝国并没有统一所有的东—中欧。当他在1382年去世之后，他的女儿玛丽（Mary）继承了匈牙利的王位，而他的另一个女儿雅德维加（Jadwiga）嫁给了立陶宛大公雅盖沃（Jagiello），后者于1386年建立了波兰—立陶宛联盟。安茹（Anjou）的盾徽百合花被那些将要主导争夺16和17世纪东—中欧权力斗争的王朝象征，雅盖沃家族和哈布斯堡家族所取代。

除了内部的冲突以外，奥斯曼帝国在15世纪沿着这一区域南部边境的入侵也带来了严重的问题。只有通过军事行动才能缓解奥斯曼帝国的威胁。1456年，雅诺什·胡尼奥迪（János Hunyadi）成功地守住了贝尔格莱德，他的儿子马提亚一世（Matthias Corvinus）在1458年加冕为匈牙利国王。马提亚阻止了土耳其人的前进，并巩固了南部边境，但出于帝

---

* 作者感谢戴维·伍德沃德（David Woodward）和地图学史项目的工作人员的鼓励和智力支持。还感谢雅德维加·布津科夫斯卡（Jadwiga Bzinkowska，Biblioteka Jagiellońska，Cracow）和卡塔林·普利哈尔（Katalin Plihál，Országos Széchényi könyvtár，Budapest）提供研究帮助。

本章中使用的缩写包括：*Honterus-emlékkönyv* 代表 Ágnes W. Salgó and Ágnes Stemler，eds. *Honterus-emlékkönyv/ Honterus-Festschrift*（Budapest：Országos Széchényi Könyvtár，Osiris Kiadó，2001），*Lazarus* 代表 Lajos Stegena，ed.，*Lazarus Secretarius*：*The First Hungarian Mapmaker and His Work*，trans. János Boris et al.（Budapest：Akadémiai Kiadó，1982）。

① Andrew C. Janos，*East Central Europe in the Modern World*：*The Politics of the Borderlands from Pre-to Postcommunism*（Stanford：Stanford University Press，2000）.

② 作为神圣罗马帝国的一部分，波西米亚被排除在外，在这一区域的很多德意志地图学的内容被安排到本卷的第四十二章。

国野心，他与哈布斯堡家族和雅盖沃家族都进行了斗争。1490 年，他在维也纳去世，而诸王室家族之间的权力斗争一直持续到 1526 年。当时，对苏莱曼大帝（Süleymān the Magnificent）入侵匈牙利的长期恐惧，动摇了国家体制的基础。雅盖沃家族在东—中欧统治的鼎盛期是在 1490—1526 年。从那时以后，尽管与土耳其、瑞典和新兴的俄罗斯国家进行了一系列的长期战争，但波兰在 16 世纪仍然是一个大国，直到 1650 年之后逐渐衰落，并于 1795 年彻底解体。在 1526 年之后，在这个地区争夺权力的主要政治力量是哈布斯堡王朝、俄罗斯和奥斯曼帝国。

受政治影响的边界变化也深刻地影响了该地区的地图绘制活动。由于该地区是一个冲突地带——无论是活跃的还是潜在的，所以东—中欧没有发展出在中欧和西欧发现的稳定的地图绘制和出版中心。与此同时，不断变化的政治命运和对领土主权以及国防的追求，催生出一批对行政管理和战争有重大意义的地图。

东—中欧保存下来的地图也反映了文艺复兴时期的动荡历史。在 16 世纪早期的地图绘制的革命性发展之后，该地区只编撰和印刷衍生的国家地图。该地区大部分的地图作品都停留在绘本阶段，很少被印刷出来。一个显著的特点是商业地图制作的缺乏。作品不能在当地印刷，主要是因为贵族占据社会主导地位。然而，消费者的兴趣使得中欧和西欧的地图出版商们印刷了东—中欧的地图，这些地图保存了现在已经亡佚的绘本地图的痕迹。因为该地区的一系列战争（尤其是土耳其战争）、军事行动和防御工事，都使地图、平面图和示意图在该地区之外保存了下来。图 61.1 提供了一份参考地图。

1808

东—中欧早期地图的研究：编年史概述

18 世纪，率先将东—中欧的旧地图作为历史资源进行研究的，是历史学家马蒂亚斯·贝尔（Matthias Bel），他为其关于匈牙利的杰出历史地理著作系统性地收集了旧地图。[③] 在其他早期印刷作品中，很少引用旧地图。一个罕见的例外是扬·波托基（Jan Potocki）1796 年的关于黑海历史的论著，在其中，他描述了 6 种中世纪的波特兰海图。[④] 在 1807—1808 年的讨论中，诗人和语言学家费伦茨·考津齐（Ferenc Kazinczy）将沃尔夫冈·洛奇乌什（Wolfgang Lazius）的 1556 年地图描述为匈牙利最早的地图，但位于佩斯（Pest）的国家博物馆（Magyar Nemzeti Múzeum）负责人费迪南德·米勒（Ferdinánd Miller）考证出了洛佐鲁什的 1528 年地图，纠正了这一观点。[⑤] 1836 年，在国家意识日益增长的时代，以洛佐鲁什的著作作为开端，一篇关于对匈牙利地图学历史的简短总体概述在一部普及的刊物上

---

③ Matthias Bel, *Notitia Hungariae novae historico geographica*, 4 vols.（Vienna: Pavlli Stravbii, 1735 - 1742）. 关于匈牙利地图的第一份历史概述，见 Karl Gottlieb von Windisch, *Geographie des Königreichs Ungarn*（Pressburg: Löwe, 1780）, 9 - 11。

④ Jan Potocki, *Mémoire sur un nouveau peryple du Pont Euxin*（Vienne: M. A. Schmidt, 1796）.

⑤ Ferdinand Miller, "Jegyzések Magyar Ország' régi Mappáiról," *Hazai Tudósítások* 10（1808）: 79 - 80, and idem, "Folytatás Magyar Ország' régi mappáiról," *Hazai Tudósítások* 11（1808）: 86 - 87. 米勒的解释建立在贝尔纳特·莫尔（Bernat Moll）的收藏［现在在捷克共和国布尔诺（Brno）］目录的基础上。

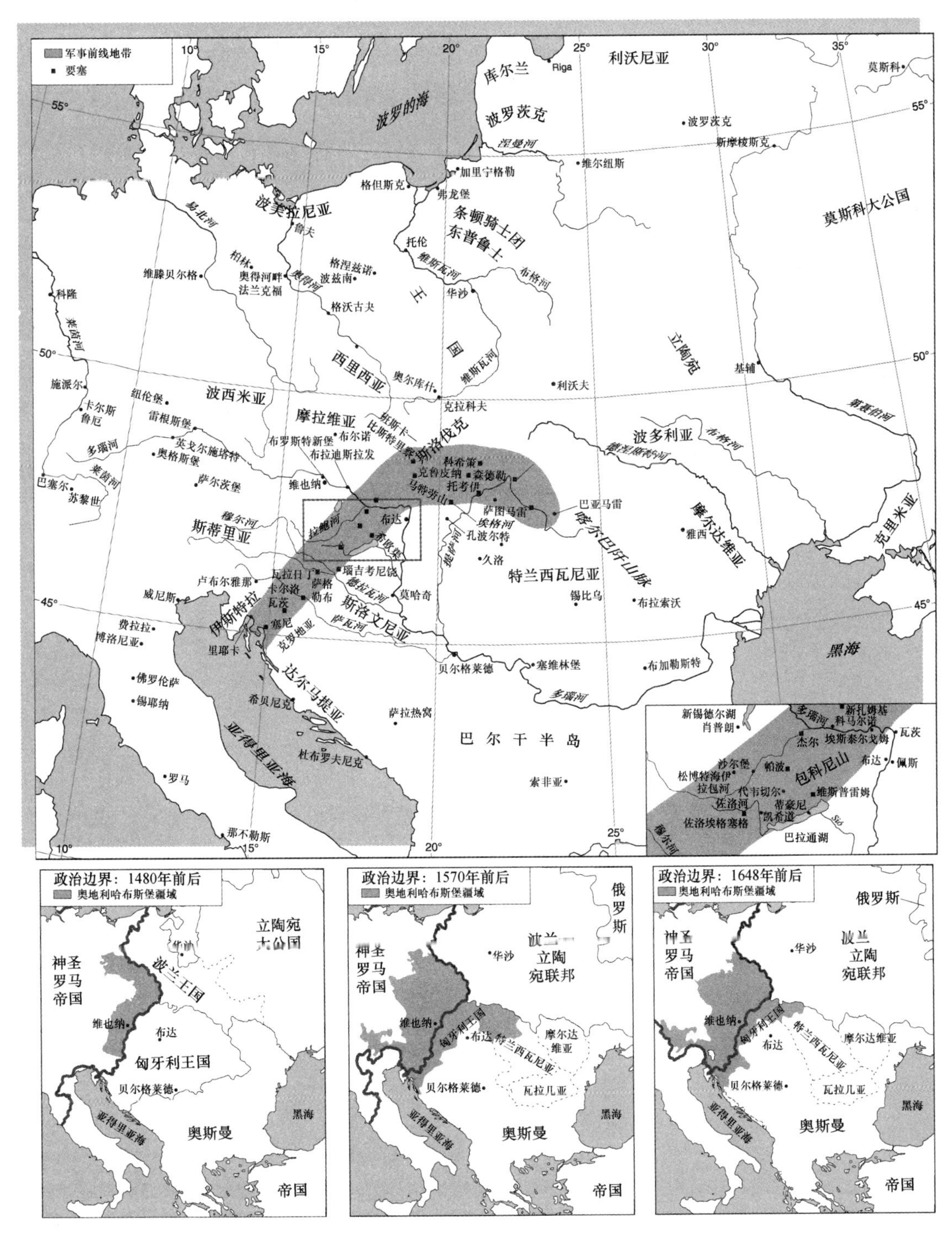

图61.1　东—中欧的参考地图。显示出本章所提到的地方

发表。⑥

⑥ D. Novák, “Magyarország’ térsége és földabroszai,” *Hasznos Mulatságok* 21（1836）：162－166，and 22（1836）：170－171.

约阿希姆·勒莱韦尔（Joachim Lelewel）是一位杰出的学者，也是东—中欧，尤其是立陶宛和波兰地图学史的先驱。尽管他关于波兰地图学史的研究并不系统，但在19世纪30和40年代，他发表了许多关于中世纪地理和地图的著作。爱德华·拉斯塔维基（Edward Rastawiecki）补充了勒莱韦尔的著作，并在1846年出版了第一部波兰地图史的概要。⑦

1863年，雅诺什·洪福尔维（János Hunfalvy）总结了早期地图的同时代知识，并评估了它们的科学价值。⑧ 1876年，发现了洛佐鲁什的匈牙利地图的一个版本，并将其展出，而本笃会的历史学家和图书管理员弗洛里什·罗默（Flóris Rómer）提到，15年间，他一直在寻找洛佐鲁什的地图。⑨ 匈牙利地图学史最初的总体性研究，是由历史学家尚多尔·马尔基（Sándor Márki）进行的，但没有增加新的信息。⑩

对国家地图学史的更加系统和广泛的研究，肇端于19世纪晚期。V. 科尔特（V. Kordt）的三卷本俄罗斯地图学史，于1899年开始出版，是一项影响力很大的学术著作，包含了从15世纪到17世纪的近100份地图的完整尺寸的复制品和历史描述。⑪ 根据现代政治区划，科尔特的收藏包括原先的波兰、立陶宛和乌克兰领土的地图。其他的学术研究很快紧随其后：天文史学家卢德维克·比肯马耶尔（Ludwik Birkenmajer）发表了关于哥白尼和贝纳德·瓦波夫斯基的主要研究；亨里克·梅尔琴格（Henryk Merczyng）和扬·雅库博夫斯基（Jan Jakubowski）对拉齐维尔的1613年地图进行了描述和数学分析。⑫

大约在同一时间，杰出的匈牙利地理学家帕尔·泰莱基（Pál Teleki）出版了一部摹写本的地图集，以及关于日本地图学史的研究。⑬ 经过广泛的国际研究，泰莱基发起了匈牙利地图学史的研究。1911年，在担任匈牙利地理学会秘书长期间，他主张对早期匈牙利地图进行系统收集和研究。⑭

博莱斯瓦夫·奥尔谢维奇（Boleslaw Olszewicz）在1919年的综合著作中发表了大量关于波兰军事地图史的材料。⑮ 这些历史的概述（尤其是他按时间顺序的书目评论）是他未来研究的起点。尽管缺乏批评的方法论，使得无关紧要和不可靠的信息也包含进来，但任何与

---

⑦ Joachim Lelewel: *Géographie du Moyen Âge*, 5 vols. (1852 – 1857; Amsterdam: Meridian, 1966), and Edward Rastawiecki, *Mappografia dawnej Polski* (Warsaw: S. Orgelbranda, 1846).

⑧ János Hunfalvy, *A Magyar Birodalom természeti viszonyainak leírása*, 3 vols. (Pest: Emich Gusztáv, 1863 – 1865).

⑨ Flóris Rómer, "A legrégibb magyarországi térkép," *A Hon* 45 (1876): 2. 文章描述了1553年版本。

⑩ Sándor Márki, "A magyar térképírás múltja és jelene," *Földrajzi Közlemények* 24 (1896): 291 – 303.

⑪ V. Kordt, *Materialy po istorii russkoy kartografii*, 3 vols. (Kiev: Komissiya dlya razbora drevnikh aktov, 1899, 1906, 1910).

⑫ Ludwik Antoni Birkenmajer, "Marco Beneventano, Kopernik, Wapowski, a najstarsza karta geograficzna Polski," *Rozprawy Wydziału Matematyczno-Przyrodniczego Akademii* Umiejętności, ser. A, 41 (1901): 134 – 222; Henryk Merczyng, "Mappa Litwy z r. 1613 ks. Radziwilla Sierotki pod wzgeledem matematycnym," *Sprawozdania Tow. Naukowego Warsawskiego*, Dept. Ⅲ (1913); and Jan Jakubowski, "W spravie mapi Litwy Tomasza Makowskiego, 1613," *Przeglad Geograficzny* 1 (1918 – 1919): 297 – 306.

⑬ Pál (Paul) Teleki, *Atlasz a Japáni szigetek cartographiájának történetéhez* (Budapest: Kilián Frigyes Utóda Magy. Kir. Egyetemi Könyvkeresked ő", 1909). 德文版本 *Atlas zur Geschichte der Kartographie der japanischen Inseln* (Budapest: Hiersemann, 1909), 仍是一部基础性的著作。

⑭ Pál Teleki, "Felhívás Magyarország cartographiájának ügyében," *Földrajzi Közlemények* 39 (1911): 57 – 60.

⑮ 首次印刷为 Bolestw Olszewicz, "Polska kartografja wojskowa (Szkic historyczny)," *Bellona* (1919), 267 – 285, 后来以书籍形式, idem, *Polska kartografja wojskowa: Zarys historyczny* (Warsaw: Gtówna Księgarnia Wojskowa, 1921)。

波兰地图学有关的早期结集都变得非常重要。奥尔谢维奇的研究为后来的研究提供了参考，比如扬·盖尔盖莱维奇（Jan Giergielewicz）的军事地图史著作，囊括了从16到18世纪的军事工程师的重要细节。[16]

卡尔曼·艾派尔耶希（Kálmán Eperjesy）对维也纳的军事档案中的绘本地图进行了研究，他的开拓性的目录列出了2676件与匈牙利有关的项目，于1929年出版。[17] 当时，即使是重要的印本地图也不为人所知，绘本史料为研究探索提供了巨大的机会。在这些绘本中，有数百幅来自土耳其战争的地图，保存在德国的卡尔斯鲁厄（Karlsruhe），并由泰莱基的学生拉约什·格拉泽（Lajos Glaser）进行编目。[18] 格拉泽还策划了1936年的匈牙利国家档案馆的地图资料展览。一年后，布达佩斯的军事档案展上紧接着展出了第一部匈牙利民间地图绘制的历史概述。17世纪地图学在军事防御方面的作用在克罗地亚得到了清楚的理解，即土耳其战争的一个主要场景，在克罗地亚，埃米利耶·拉佐斯基（Emilije Laszowski）对重要的军事工程师的著作进行了研究。[19]

卡罗尔·布切克（Karol Buczek）是波兰地图学史上的一个关键的人物，他利用贝纳尔德·瓦波夫斯基、瓦茨瓦夫·格罗代基、马蒂亚斯·斯特鲁比奇（Matthias Strubicz）和其他不为人知的地图绘制人的重要作品，重建了文艺复兴时期的源头，重新阐释了16世纪波兰的地图学。1934年，他在华沙的国际地理大会上介绍了新发现的瓦波夫斯基的残篇。[20] 布切克的“波兰古地图集”（Monumenta Poloniae Cartographica）的编制工作，是波兰地图史首部影印图集，表明了1939年之前这一领域的成就。不幸的是，第二次世界大战的爆发阻止了这本书的出版。这场战争摧毁了包括地图在内的大量历史档案，但布切克的史料目录却幸存了下来。战后，对历史地图文献的回顾和对旧地图的收集和保存是最重要的任务。

匈牙利地图学史上的第一部专著，是几十年的研究成果，发表于1956—1954年。费伦茨·福多尔（Ferenc Fodor）是泰莱基的一位同事，他撰写了一部地理科学史，但出于意识形态和政治原因，他在地图史方面的内容只可以发表一部分。[21] 这部专著按时间顺序和主题顺序排列，对地图的目录进行了注释和解释，尽管存在显著的问题，但仍然是一本基本的参考书。例如，关于文艺复兴时期的章节现在已经过时了，因为作者对外国档案中重要材料的了解有限。

---

[16] Jan Giergielewicz, *Zarys historji korpusów inżynierów ów w epoce Stanistawa Augusta* (Warsaw, 1933), and idem, *Wybitni polscy inżynierowie wojskowi: Sylwetki biograficzne* (Warsaw: Główna Księgarnia Wojskowa, 1939).

[17] Kálmán Eperjesy, *A bécsi Hadilevéltár magyar vonatkozású térképeinek jegyzéke* (Szeged, 1929).

[18] Lajos Glaser, *A karlsruhei gyűjtemények magyarvonatkozású térképanyaga = Ungarn betreffende Karten und Pläne in den Karlsruher Sammlungen* (Budapest: M. Kir. Állami Térképészet, 1933).

[19] Emilije Laszowski, “Izvještaji Ivana Pieronija o hrvatskim krajiškim gradovima i mjestima god. 1639,” *Starine*29 (1898): 12–32, and idem, “Važanrukopis Martina Stiera,” *VjesnikKr. Hrvatsko-slavonskodalmatinskoga Zemaljskoga Arkiva* 10 (1908): 197–202.

[20] Karol Buczek, “Bernard Wapowski, der Gründer der polnischen Kartographie,” in *Comptes rendus du Congrès International de Géographie*, 4 vols. (1935–1938; reprinted Nendeln: Kraus Reprint, 1972), 4: 61–63.

[21] Ferenc Fodor, “Magyar térképírás Ⅰ-Ⅲ,” *Térképészeti Közlöny* 15, special issue, vol. 1 (1952): 1–176, vol. 2 (1953): 177–309, and vol. 3 (1954): 313–441.

1963年，布切克发表了一部关于15到18世纪波兰地图学史的专著。[22] 这是第一步专门研究东—中欧地图学史的学术出版物。对于布切克来说，“波兰”在当时是一个历史—政治单位。尽管这本书在地图学书目上是失败的，而且在解释和结论方面存在问题，它依然是进一步研究的好起点。此书的波兰版于1966年修订并翻译为英文。[23] 通过这个新版本，东—中欧地图学的历史得以向国际学术界开放。

在20世纪70年代的匈牙利，地图学史专家为匈牙利地图学的文艺复兴肇始倾注了大量的工作。专家们对洛佐鲁什的1528年地图的不同方面进行研究的集体专著于1976年作为工作手稿首次印刷，在进行一些修订后，于1982年出版了英文本。[24] 尽管有一些令人质疑的解释和许多参考文献方面的问题，这一罕见的英文版本仍然是一部标准的参考著作。

20世纪80年代和90年代出版的不同国家的许多系统目录显示了对地图学历史的日益浓厚的学术兴趣，但同时也显示出合作综合工作的必要。[25]《匈牙利描绘》（*Descriptio Hungariae*）是一份从1500—1650年间的匈牙利地图的图解目录，两卷的“匈牙利地图集”（Atlas Hungaricus）描述了印本地图集中的匈牙利地图。[26] 值得注意的是，这两部著作的作者的收集工作都不在匈牙利，而是在意大利和法国。这种缺乏地方支持的情况在最近的一份关于匈牙利测绘历史的四卷著作中很明显，它只作为绘本制作和散发。[27] 地图历史杂志《匈牙利地图学》（*Cartographica Hungarica*）（1992—　）也是一家私营企业。

一部重要的私人收藏，由欧洲中部和波兰最珍贵的早期地图组成，于大约20世纪70年代在德国创作。一些稀见作品复制出版之后，这一收藏中与波兰有关的资料在德国和波兰展出，之后这些资料被慷慨地捐赠给了位于弗罗茨瓦夫（Wrocław）的图书馆。[28] 目前，私人收藏家仍然通过他们的历史收藏品的展览、编目和出版，激发人们对东—中欧地图学史的兴趣方面，发挥着重要的作用。

尽管上面提到了大量的地图学的著作，但是关于东—中欧的地图文献的描述还远未完成。总的来说，这些出版的作品都致力于描绘该区域的早期地图；在该地区绘制的地图受到的关注则少得多。这种状态虽然对学者们来说很难接受，但却切实地反映了保存下来的历史

---

[22] Karol Buczek, *Dzieje kartografi polskiej od XV do XVIII wieku: Zarys analityczno-syntetyczny* (Wrocław: Zakiad Narodowy im. Ossolińskich, 1963). 这部专著是用波兰语写作，并附有44幅复制图版。

[23] Karol Buczek, *The History of Polish Cartography from the 15th to the 18th Century*, *trans. Andrzej Potocki* (Wrocław: Zaktad Narodowy im. Ossolińskich, Wydawnictwo Polskiej Akademii Nauk, 1966; 2d ed., Amsterdam: Meridian, 1982). 英文版在收集到的画布文件夹中的松散页面上复制了60张地图。

[24] *Lazarus*；参与者有László Bendefy和László Irmédi-Molnár，代表了战前一代的历史学者，以及Pál Hrenkó，一位稍晚的多产地图学史学者。

[25] Luciano Lago and Claudio Rossit, *Descriptio Histriae: La penisola istriana in alcuni momenti significativi della sua tradizione cartografica sino a tutto il secolo XVIII, per una corologia storica* (Trieste: LINT, 1981); Mirko *Marković*, *Descriptio Croatiae* (Zagreb: Naprijed, 1993); and idem, *Descriptio Bosnae & Hercegovinae* (Zagreb: AGM, 1998).

[26] Tibor Szathmáry, *Descriptio Hungariae*, vol. 1, *Magyarország és Erdély nyomtatott térképei*, 1477 – 1600 (Fusignano: T. Szathmáry, 1987), and Lajos Szántai, *Atlas Hungaricus: Magyarország nyomtatott térképei*, 1528 – 1850, 2 vols. (Budapest: Akadémiai Kiadó, 1996).

[27] István Joó and Frigyes Raum, eds., “A magyar földmérés és térképészet története,” 4 vols. (Budapest, 1990 – 1994).

[28] Tomasz Niewodniczański, ed., *Imago Poloniae: Dawna rzeczpospolita na mapach, dokumentach i starodrukach w zbiorach Tomasza Niewodniczańskiego/Imago Polaniae: Das polnisch-litauische Reich in Karten, Dokumenten und alten Drucken in der Sammlung von Tomasz Niewodniczański*, 2 vols. (Warsaw: Agencja Reklamowo Wydawnicza Arkadiusz Grzegorczyk, 2002).

资料。与欧洲其他地区相比，东—中欧文化遗产的损失是巨大的。战争和动乱不断地摧毁这个地区，这里的地图成果比例已经很低了。

现代数字技术无疑将促进这一学科的发展。随着网络目录的发展，世界上任何地方的学者都可以访问历史资料。与此同时，当地的地图学史学者可以通过参与国际项目来扩展他们的研究范围。各国家图书馆的在线目录可以访问，尽管目前研究地图学资料的可能性是相当有限的。位于布达佩斯的匈牙利国家图书馆（Országos Széchényi Könyvtár）的网络项目是一项重大的成就：不仅是目录信息，而且还可以研究和下载罕见的 15—18 世纪的地图的高分辨率图像。[29]

古代和中世纪的传统：托勒密和波特兰海图

1810

托勒密的地理学对文艺复兴时期的地图学极其重要，尽管他对东—中欧的表现在概念上已经过时了。托勒密广为人知的对地中海东西轴的过高估计，导致了欧洲比例的扭曲，这一矛盾包括了一个大大压缩的东欧。然而，尽管存在这些缺陷，但与其他古典作家的地理著作相比，托勒密的地图提供了大量有关东—中欧其他资料中无法获得的信息。出现在或起源于东—中欧（由洛佐鲁什、贝纳德·瓦波夫斯基和约翰内斯·洪特等）的早期的和非托勒密的区域地图提供了与托勒密地理学余绪不同的地图绘制模式的文献证据，但在 16 世纪中期之前，托勒密传统的统治地位一直抑制着这种模式。

中世纪的地中海波特兰海图更可靠地表现了东—中欧、黑海，尤其是东部亚得里亚海的海岸线。克罗地亚和达尔马提亚的港口受到威尼斯政治和商业力量的强烈影响。伊斯特拉半岛（Istria）的彼得罗·科波（Pietro Coppo）撰写了现在非常罕见的绘本著作，它代表了意大利的各种海图绘制传统。他的《世界大全》[*Sum*（*m*）*a totius orbis*]（1524—1526 年），是一份早期的印本作品，带有 15 幅小的木刻版地图，是后来的地图集的先驱。[30] 在其他地方工作的其他东欧海图绘制者，包括拉古萨 [Ragusa，克罗地亚的杜布罗夫尼克（Dubrovnik）] 的温琴佐·维尔乔（Vincenzo Volcio），他从 1592 年起作为一名熟练的波特兰地图绘制者在里窝那（Livorno）和那不勒斯工作。[31]

在罗马和佛罗伦萨工作的宇宙学家亨里克斯·马特鲁斯（Henricus Martellus，Heinrich Hammer）·格尔曼努斯（Germanus）为绘制他的托勒密版本地图，利用了地方的资源。为表示该区域的南部，他将在安布罗西奥·孔塔里尼（Ambrosio Contarini）的旅行记录中提到的定居点都包括进来。[32] 马特鲁斯中欧地图保存下来的两种版本[33]表现了面对奥斯曼帝国威

---

[29] <http://www.topomap.hu/oszk/hun/terkepek.htm>

[30] 科波地图集的唯一一部副本收藏在斯洛文尼亚皮兰（Piran）的海事博物馆中，并影印出版：Luciano Lago and Claudio Rossit, *Pietro Coppo: Le "Tabvlae"*（1524 - 1526），2 vols.（Trieste: LINT, 1986）。

[31] Nikola Zic, "Naši kartografi XVI stoljeć Dubrovčanin Vinko VICić," *Jadranska Straza* 13, no. 1（1935）：12 - 13；在本卷的第七章提到了维尔乔的海图制作活动。

[32] 威尼斯的大使取道波兰和俄罗斯前往波斯（1473—1477 年），请参阅 Ambrosio Contarini, *Questo e el viazo de misier Ambrosio Contarin ambasador de la illustrissima signoria de Venesia al signor, Uxuncassam re de Persia*（Venice, 1487）。

[33] 一份大约制作于 1493 年的副本在佛罗伦萨的 Biblioteca Nazionale Centrale（Codex Magliabechianus, Magliab. Lat. CIII. 16），一份更早的版本则是在莱顿的 Universiteitsbibliotheek（Cod. Voss. Lat. 23）。

1811 胁的大陆领土。有一份副本几乎与弗朗切斯科·罗塞利（佛罗伦萨，约1491年）出版的一幅地图完全一样。[34] 罗塞利是15世纪晚期商业地图和印刷制作的先驱，他早些时候（约1478—1482年）曾在位于布达的国王马提亚一世的科尔维纳（Corvina）图书馆担任书籍装饰师。[35] 1513年，罗塞利去世之后，在他的财产目录中列出的一项物品可能提到了匈牙利，尽管其注释“Ungheria dopia，d’ un folio reale”模糊不清，而且其解释并不清楚。[36] 罗塞利在布达停留期间，不大可能绘制一幅详细的地图，应该只是在他的印刷版本中复制马特鲁斯的绘本。[37]

数学—天文学传统

到14世纪，在当地的教会学校完成了“三艺”和“四艺”的学生可以在外国的大学继续他们的学业。大学课程的登记人按照国籍团体对学生进行登记［例如，匈牙利族（*natio Hungarica*）］。首先，大多数匈牙利学生就读于博洛尼亚大学（从1265年开始）。然而，到了15世纪末，维也纳和克拉科夫已经成为更重要的知识中心。在埃斯泰尔戈姆（Esztergom）教堂的教会学校里，计算学习是一项重要的课程，而且为了历法中宗教日期的不同计算，讲授了约翰内斯·德萨克罗博斯科的天文学著作。1419—1423年间，埃斯泰尔戈姆学生记录的手稿笔记被保存下来，显示了大学水平（一般研究）的教育情况。[38]

维也纳的杰出天文学家格奥尔格·冯·波伊尔巴赫，在1454年前后被征召到匈牙利，在那里他成为国王拉迪斯劳斯（Ladislaus，László）五世的宫廷占星师，波伊尔巴赫编撰了他的观察报告，并于1455年前后，在布达编制了他的著名表格。[39] 在引言中，他提到表格的一个版本是献给瓦拉迪努姆［Varadinum 即今罗马尼亚的奥拉迪亚（Oradea）］主教亚诺

㉞ 这份莱顿副本的转录复制者是 Albert Herrmann, Die ältesten Karten von Deutschland bis Gerhard Mercator（Leipzig：R. F. Koehler，1940）。

㉟ Florio Banfi，“Sole Surviving Specimens of Early Hungarian Cartography，” *Imago Mundi* 13（1956）：89－100，and Csaba Csapodi and Klára Csapodi-Gárdonyi，*Bibliotheca Corviniana：Die Bibliothek des Königs Matthias Corvinus von Ungarn*，2d ed.（Budapest：Corvina Kiadó；Magyar Helikon，1978）. 佛罗伦萨出生的罗塞利——他的中欧地区的地图没有注明日期，也没有签名，但是同一组中的世界地图上签署了“F. Rosello Florentio”——1470年，他作为锡耶纳大教堂壁画的装饰者被提及。1480年，他在佛罗伦萨的地籍簿中被列为一名33岁的失业画家，尽管在同一份资料中他据说在很久以前就已经离开了匈牙利。

㊱ 原本是在佛罗伦萨的 Archivio di Stato，Magistrato Pupilli，vol. 190。罗塞利的清单由 Jodoco Del Badia 出版，*Miscellanea fiorentina di erudizione e storia*，2 vols.（1886－1902；Rome：Multigrafica Editrice，1978），2：24－30，esp. item 44。这一通知解释起来并不容易，“dopia”一词有几种可能的翻译。即使这个词在意大利语中应该读作“doppia”，但其也可能是同一图版的复制品，也可能是皇家对开尺寸的两份不同图版。此外，作为一名印刷商，罗塞利也经常从其他雕版师那里购买印版，所以我们无法确定这份不起眼的印版是否出自他手。

㊲ 在佛罗伦萨的罗塞利资料中有一幅印本地图，不是从该地图已知的马特鲁斯绘本复制而来。此印本地图的焦点移向南方，而图上德拉瓦河（Drava）以北的地区则几乎是空白的。

㊳ Vienna，Schottenstift，Cod. Lat. 305.

㊴ 这部著作后来出版了：Georg von Peuerbach，*Tabulae Eclypsia Magistri Georgij Peurbachij*，ed. Georg Tannstetter（Vienna，1514）。

什·维泰兹（Jánοs Vitéz）的，尽管波伊尔巴赫并没有测量这座城镇的地理坐标。[40]

天文学家约翰内斯·雷吉奥蒙塔努斯是波伊尔巴赫的学生，1467—1471年间，他在布达的皇家宫廷和波若尼［Pozsony，斯洛伐克的布拉迪斯拉发（Bratislava）］新成立的大学，有很多作品。匈牙利国王马提亚在布拉迪斯拉发成立了伊斯特罗波里塔纳研究院（Academia Istropolitana），允许研究院成立的教皇敕书则颁布于1465年。占星术对于大学的重要性由一幅星象图体现出来（图61.2）。星象图的绘制者可能是雷吉奥蒙塔努斯，但更可能是他的波兰朋友、大学讲师，奥尔库什（Olkusz）的马丁·贝利察（Martin Bylica）。在雷吉奥蒙塔努斯的《星历表》（纽伦堡，1474年）中，他没有给出埃斯泰尔戈姆的坐标，而且他给出的布达的经度（距纽伦堡12.5°）错了几乎5°，远远超出了当时天文测量的平均误差。

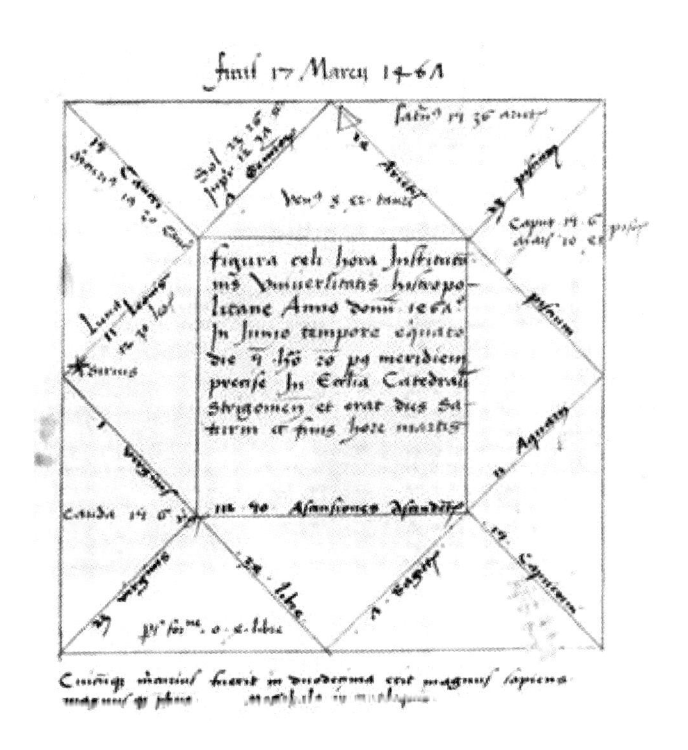

图61.2　十二宫图，1467年

"Figura coeli hora Institutionis Universitatis Histropolitane; Anno domini 1467 . . ."

这幅十二宫图是用于1461年在布拉迪斯拉发的伊斯特罗波里塔纳大学的成立象征，于其后的若干年在埃斯泰尔戈姆制作。这里展示的副本是来自托勒密的《天文学大成》的一部古抄本。

原图尺寸：约29×27.2厘米。由Bildarchiv，Österreichische Nationalbibliothek，Vienna（Vien. Cod. Lat. 24，fol. 212）提供照片。

贝利察代表了位于布达的皇家宫廷中天文学的著名的克拉科夫（Cracow）学派。[41] 1471年，他和雷吉奥蒙塔努斯从意大利抵达，并担任马提亚和拉迪斯劳斯二世的天文学家。贝利

---

[40] 他估计了地方时间的差别，把维也纳的经度值加了7.5°。博伊尔巴赫的 *Quadratum geometricum*（纽伦堡，1516年）可能提出假设的子午线测量，他也将其献给维泰兹。

[41] Leslie L. Domonkos, "The Polish Astronomer Martinus Bylica de Ilkusz in Hungary," *Polish Review* 13, no. 3 (1968): 71–79.

察把他的书和仪器留给了克拉科夫大学，他在布达去世。[42] 他的星盘和黄道仪显示了中欧仪器制造师的专业知识，其中包括维也纳多明我会修道士汉斯·多恩（Hans Dorn），他在布达工作，直到15世纪90年代。1476年，雷吉奥蒙塔努斯于纽伦堡去世，1478年，马提亚派多恩到这座城市，买下了这位天文学家的遗产。贝利察的黄道仪是由一位维也纳的仪器制造师于1487年制造的。它可能是参照雷吉奥蒙塔努斯的模型制造的，[43] 这一点根据他1467年的描述可知。贝利察的仪器显示了雷吉奥蒙塔努斯的强烈影响，其在这些旧仪器制造方面的进步可以在贝利察的星象图上看到。[44] 此后，天文仪器经常被带到匈牙利皇家宫廷。1501年，意大利物理学家及费拉拉亲王外交使团秘书托马斯·达因内里乌斯（Thomas Dainerius）从布达报道了对仪器制造师和宇宙学家马丁·瓦尔德泽米勒的访问。当时另一种可能用于地图制造的仪器是由"Egedius Ungarus"于1502年在布达制造的手表。[45]

雷吉奥蒙塔努斯在他的《星历表》中给出了布达和卡绍维亚［Casovia，斯洛伐克的科希策（Košice）］的位置。据推测，他测量了科希策的纬度，来为圣伊丽莎白大教堂的围墙建造一个日晷。到15世纪末期，克洛斯特新堡坐标显然在匈牙利仍不为人知，尽管1483年以后，克拉科夫表格非常可能由雷吉奥蒙塔努斯的历法衍生出来。[46]《经纬度区域图》（*Tabula longitudinis et latitudinis regionum*）（约1490年）被认为是克拉科夫大学的天文学家沃伊切·z. 布泽沃（Wojcieh z Budzewo，又作Albert Brudzewo）所绘制。这一目录很明显是从早期的来源编辑而成，但有趣的是添加进了埃斯泰尔戈姆的纬度（北纬47°）。这一信息可能反映了波兰和匈牙利的人文主义者之间的私人联系。

对于曾在国外留学的众多文艺复兴时期的匈牙利人，我们所知有限，唯一的例外是一位测量员：彼得鲁什·洛萨伊（Petrus Lossai）。1519年，洛萨伊在维也纳大学学习，在使用星盘方面撰写了手稿注释，[47] 几乎就是约翰内斯·施特夫勒（Johannes Stöffler）的印刷作品的抄录。[48] 洛萨伊抄录了该书的最后一部分（第58—61段）和印刷的插图用以解释星盘在测量海拔的实际用途（图61.3），当然，他还花了大量的时间研究几何的应用问题。洛萨伊抄本是当时欧洲科学知识散布的证据。该手稿还表明了应用几何是15世纪后期大学等级教育的重要组成部分。

当时天文仪器的精度是相当有限的，而且其测量结果并不适用于绘制地方志区域地图。

---

[42] 贝利察使用过的一些天文仪器保存在克拉科夫，雅盖隆大学的克拉科夫大学院。

[43] Diedrich Wattenberg, "Johannes Regiomontanus und die astronomischen Instrumente seiner Zeit," in *Regiomontanus-Studien*, ed. Günther Hamann (Vienna: Verlag der Österreichischen Akademie der Wissenschaften, 1980), 343 – 362.

[44] Ernst Zinner, *Leben und Wirken des Joh. Müller von Königsberg genannt Regiomontanus*, 2d ed. (Osnabrück: Zeller, 1968), 26 – 46.

[45] László Bendefy and Lajos Stegena, "How Lazarus's Map Was Made," in *Lazarus*, 20 – 22, esp. 21.

[46] Cracow, Biblioteka Jagiellońska, MS. 1858.

[47] Budapest, Országos Széchényi Könyvtár, Cod. Lat. m. a. 197. 摹写版本请参阅 Petrus Lossai, *Petri Lossai Notationes et Delineationes* 1498, ed. Poronyi Zoltán and Fleck Alajos [(Pécs: Pécsi Geodéziai és Térképészeti Vállalat, 1969)]。这幅作品被认为是博洛尼亚的学生彼得鲁什·洛萨伊的作品，其日期可以追溯到1498年，由19世纪早期的图书馆管理员雅各布·费迪南德·米勒克（Jakab Ferdinánd Milleker）添加到标题中；米勒克还提到洛萨伊是立陶宛的一位有实践经验的几何学者。关于这一信息的资料来源尚未可知，但手稿的日期是错误的，现在可知的是洛萨伊并未在博洛尼亚上过学。Anna Borecky, "Mikor és hol készült Lossai Péter kódexe?" *Magyar Könyvszemle* 113 (1997): 240 – 265。

[48] Johannes Stöffler, *Elvcidatio fabricæ vsvsqve astrolabii* (Oppenheim: Jacobum Köbel, 1513).

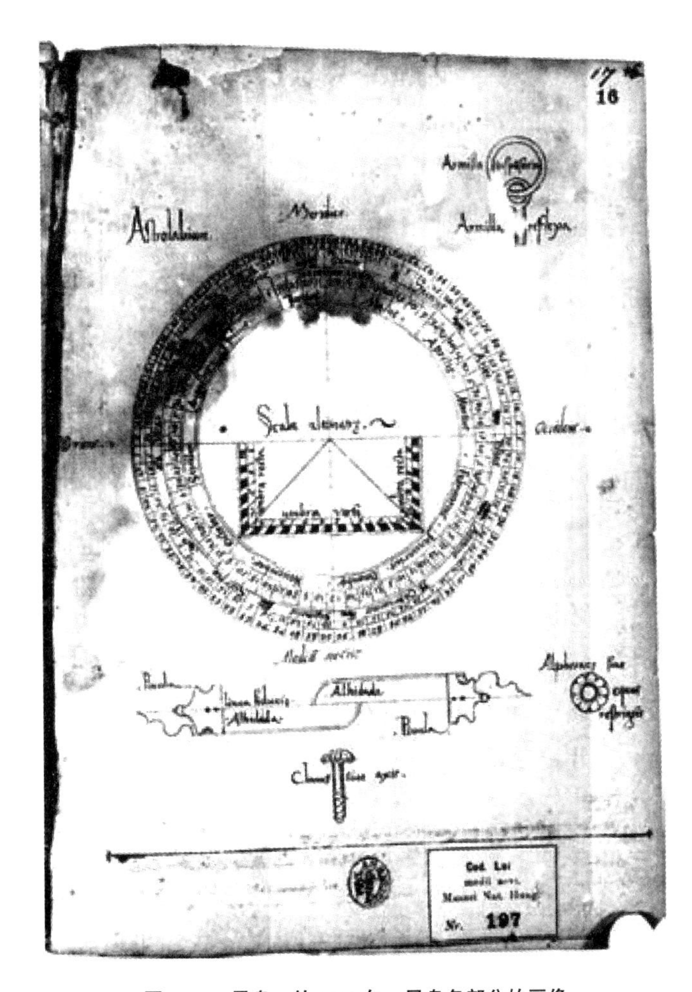

图61.3　星盘。约1519年。星盘各部分的画像

在维也纳大学的匈牙利学生彼得鲁什·洛萨伊的手稿中讨论了这种仪器的使用。

星盘的直径：12厘米。由 Országos Széchényi Könyvtár, Budapest (Manuscript Collection, Cod. Lat. 197) 提供照片。

研究表明16世纪的地理位置不是由直接观测得来的。[49] 相反，欧洲的第一部地方志地图成了地理坐标的来源，这些地理坐标仅仅是从地图中测量而来的。这一可能性被认为是与维也纳—克洛斯特新堡圈子的天文学手稿中的15世纪的弗里德里库斯（Fridericus）文本和表格有关，这些手稿包括了一些匈牙利城市的首批并非来自托勒密的位置。[50] 如果优先考虑图像表示，克洛斯特新堡坐标的非同寻常的高精确度（尤其是经度）就可以解释了。如果我们接受这一优先，早期的区域地图就可以解释为一种模拟计算：距离和方向的简单调查以图像的方式表现地理位置。所以，传统天文学对文艺复兴时期实用地图学，尤其是对区域性的地图制作的贡献，绝不是实质性的。然而，从理论和思想上来看，文艺复兴时期的天文学和数

1813

㊾ Rüdiger Finsterwalder, "Genauigkeit und Herkunft der Ortspositionen im mitteleuropäischen Raum zu Beginn des 16. Jahrhunderts," *Kartographische Nachrichten* 47 (1997): 96-102.

㊿ Ernst Bernleithner, "Die Entwicklung der österreichischen Länderkunde von ihren Anfängen bis zur Errichtung der ersten Lehr-Kanzel für Geographie in Wien (1851)," *Mitteilungen der Österreichischen Geographischen Gesellschaft* 97 (1955): 111-127.

学为东—中欧后来的学术性地图调查提供了必要的社会背景。

本地环境：地方地图绘制的肇始

东—中欧的工程学可以追溯到很远的历史时期。与匈牙利的勘测有关的最早记载是 11 世纪。为确定当地的边界，在 13 世纪做出了首次的地理表述。然而，保存下来的简单示意图很可能是原图的后来抄本。1436 年，匈牙利国王——卢森堡的西吉什蒙德（Sigismund）（神圣罗马帝国皇帝，1433—1437 年）下令确定边界。

确认博詹（Bottyán）、波尔加尔（Polgár）和邵姆洛（Somló）的匈牙利人村庄边界的最初记录很可能先是用拉丁文写作的，现在保存了两份匈牙利文译本。这篇文本叙述了边界委员会进行的一次实地考察。关于人工边界标志（比如石堆）的详细描述很明显是这次工作最重要的任务。在文本中一段重要的叙述中，委员们评论到他们在“一个清晰可辨的旧边界标志”以东树立了一个新的标志。他们用定性的术语（比如“箭射”）给出了距离，而且经常记录方向（“东”）。[51]

类似的操作，遵循着古代的传统，造就了中世纪的行程记。最早的这类经过匈牙利通往耶路撒冷的道路的行程记，是在 1031 年不久后形成的。在 14 世纪的转折时期，关于道路的描述——《书面行程图》（*itineraria scripta*），是由入侵立陶宛的普鲁士条顿骑士组合而成的。1413—1414 年，勃艮第外交官吉尔贝·德拉努瓦（Gilbert de Lannoy）通过这一区域旅行的报告，也是一个有价值的信息来源。但是，这些来源并不总是可靠的。据报告，1413 年，彼得·冯·沃姆迪特（Peter von Wormditt）根据教皇的回忆绘制了一幅地图，并解释到，多尔帕特［Dorpat，爱沙尼亚塔尔图（Tartu）］主教教区位于瑞典。[52] 1421 年，波兰驻罗马公使曾使用过一幅绘在布匹或画布上的地图，用以否定骑士的领土主张。[53]

在中世纪，简单的土地测量使用当地测量单位进行，但在实际操作中，人们更倾向于运用估算（传统上是通过计步来完成的）。1379 年，在肖普朗（Sopron）市［厄登堡（Ödenburg）］，个人住宅和土地所有者被记录在一个用德文写作的列表中。西匈牙利这一早期的地籍勘测的测量工具是绳子。1410 年，在阿拉齐（Arács），用当地教堂的大门定义了测量单位，为划分拜奈迪茨廷（Benedictine）修道院和贵族领地之间土地，使用了 18 种丈绳的长度单位。阿尔贝提那（Albertina）的平面图（约 1421 年）代表了维也纳以及布拉迪斯拉发（在图的左上角）、西吉什蒙德匈牙利王国的一座城市的中世纪后期的形象。[54]

1814

目前已知匈牙利最古老的地产示意图可以追溯到 1488 年，但也有一些更早期的例子被提及。一份日期为 1316 年的拉丁文边界报告标记了赖塞盖（Reszege）村的过程，这份报告

---

[51] Budapest，Magyar Országos Levéltár，MOL，P 1313. Lad. 17.

[52] Paul Nieborowski，*Peter von Wormdith*：*Ein Beitrag zur Geschichte des Deutsch-Ordens*（Breslau：Breslauer Verlagshandlung，1915），114.

[53] Buczek，*History of Polish Cartography*，22－23.

[54] 保存在维也纳博物馆［Wien Museum，正式的名称是维也纳市历史博物馆（Historisches Museumder Stadt Wien）］。Karl Fischer，“Diek artographisc he Darstellung Wiens bis zur Zweiten Türkenbelagerung，” *Wiener Geschichtsblätter* 4（1995）：8－28，esp. 8.

保存在一份18世纪的副本中（图61.4）。文中用叙述性的形式和封闭的素描描述了边界线，

图61.4a　边境地图，赖塞盖，匈牙利

用棕色蜡笔或铅笔绘制的草图，在边境上标出匈牙利的赖塞盖。现存的副本制作于18世纪；已添加原始调查的日期，1316年。

由 Magyar Országos Levéltár，Budapest（DL 98516）提供照片。

图 61.4b 边境地图，赖塞盖，匈牙利

用棕色蜡笔或铅笔绘制的草图，在边境上标出匈牙利的赖塞盖。现存的副本制作于 18 世纪；已添加原始调查的日期，1316 年。

由 Magyar Országos Levéltár，Budapest（DL 98516）提供照片。

图61.4c　边境地图，赖塞盖，匈牙利

用棕色蜡笔或铅笔绘制的草图，在边境上标出匈牙利的赖塞盖。现存的副本制作于18世纪；已添加原始调查的日期，1316年。

由 Magyar Országos Levéltár, Budapest（DL 98516）提供照片。

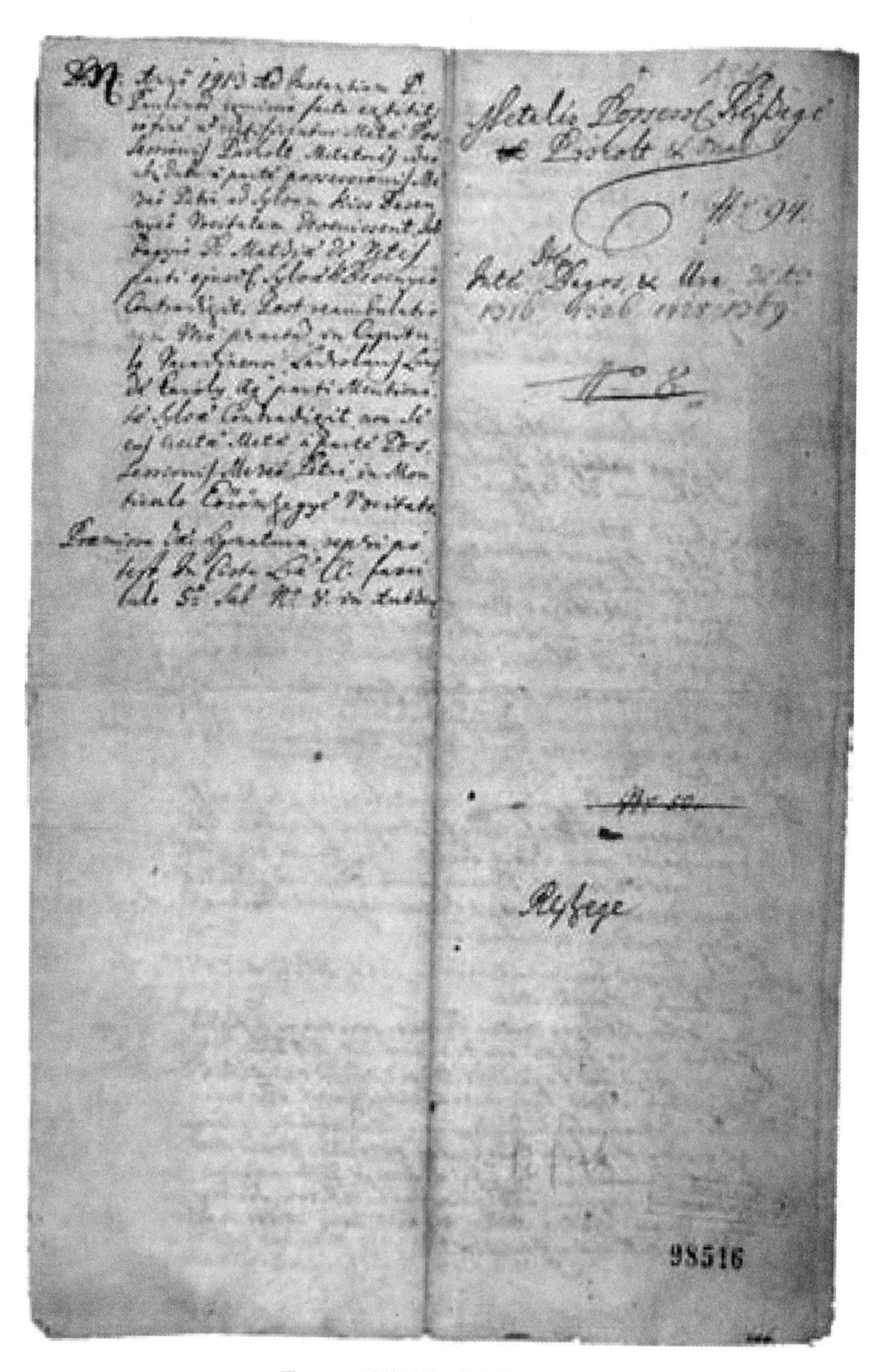

图 61.4d 边境地图，赖塞盖，匈牙利

用棕色蜡笔或铅笔绘制的草图，在边境上标出匈牙利的赖塞盖。现存的副本制作于 18 世纪；已添加原始调查的日期，1316 年。

由 Magyar Országos Levéltár，Budapest（DL 98516）提供照片。

用虚线表示了边界，以及用图形标志表示了重要的地标。引人注目的是，带状地图和文本构成了表达的并行策略。

类似的波兰例子也可以提及。在波美拉尼亚的文本地图的残片（约 1464 年）上，城镇名称的分布与它们的相对位置对应。在 1527—1528 年的土地上，有文字描述了一些重要的事件。[55] 1522 年，在今天的班斯卡—比斯特里察（Banská Bystrica），斯洛伐克的边境调整后，一幅示意图被绘制出来，证明了 16 世纪的受过教育的职员们成功地克服了地图绘制的差异。在接下来的一个世纪里，波兰的大地产由宣誓的测量师们调查和绘制。例如，在博古斯塔夫·拉齐维特（Bogustaw Radziwitt）的档案中，有一份土地财产平面图的清单可以追溯到 1662 年。 1815

一份在 1525—1526 年间，用拉丁文写作的早期文件，讲述了一名土地测量员“贝内迪克特斯·宗博特海伊”（Benedictus Zombathely）被委派去做一些工程工作，这份文件写于沙尔堡（Sárvár），在匈牙利西部的松博特海伊（Szombathely）附近。[56] 贝内迪克斯特被授予“Rwdasmesther”的头衔，这是德文中“Ruthenmeister”的匈牙利拼法，这个词是用来称呼一位测量员—工程师或实操的地形测量师，而不是拥有大学学位的人。[57] 这则简短的文献记录了在匈牙利西部地区付给贝内迪克斯特的几笔款项，这样我们可以推想他担任了维护和加固城堡以抵御土耳其人的紧急任务。到 16 世纪的后半叶，外国的——通常是意大利——建筑师的报酬远远超过了贝内迪克斯特所赚到的 12 个金盾。然而，他们高昂的薪水反映了匈牙利政治、经济和历史条件的本质改变。

这一时期的其他现存文献收藏包括一份 1555 年对匈牙利的帕波（Pápa）城镇所做调查的副本，其中包含当时重建和防御工程所进行实践的重要信息。[58] 1553 年，有完成一幅匈牙利久洛（Gyula）城堡的地图的记载。从这则短短的文字中，我们得知一位名叫弗朗西斯科·阿尔迪尼（Francisco Aldini）的测量员—工程师，他在一位画家阿尔贝托（Alberto）的辅助下工作，可能负责这项调查工作的装饰平面图。[59] 一幅非常详细的地图示意图显示了巴拉顿湖（Lake Balaton）以南的定居点。[60] 17 世纪中叶，对开纸大小的绘本显示了 151 个定居点的位置。特殊的符号标示出荒凉的或无人居住的地方，此类地方总共有 131 个，反映了土耳其战争期间这个国家所遭受的巨大破坏。[61] 1636 年，工程师约翰内斯·兰迪（Johannes Landy）在卡绍维亚（斯洛伐克的科希策）去世。他的财产清单提到了书籍、纸张、写作和 1816

---

[55] Vilnius，Universiteto Biblioteka，Dept. of Manuscripts，527.

[56] László Bendefy，*Szombathelyi Benedek rudasmester：Adatok a középkori magyar földmérés történetéhez*（Budapest：Tankönyvkiadó，1959）. Bendefy 的结论得到了直接证据的支持，但在档案中却没有提及测量。

[57] 文件发现于 Budapest，Magyar Országos Levéltár，Ref. no.：M. O. D. L. 26355。

[58] Budapest，Magyar Országos Levéltár，OL. Nádasdy-számad. B. 1556，pp. 228－230.

[59] László Irmédi-Molnár，“Adatok a XVII. századi és a korábbi ido ő k magyar térképtörténetéhez，” *Földrajzi Értesítő* 15（1966）：263－273，esp. 267. 然而，附有名字“Alberto Kepyro”的文件是用拉丁文写作的，所以伊尔梅迪－莫尔纳（Irmédi-Molnár）的翻译是根据匈牙利词语“*képíró*”（画家）的意思而来的说法是值得怀疑的。

[60] Budapest，Magyar Országos Levéltár，Inv. no.：Esterházy Archives，Repos. 92. Fasc. 1. X. 9.

[61] Irmédi-Molnár，“Adatok a XVII，” 263－272.

绘画工具、城堡景观图以及用匈牙利文标注的平面图。[62] 尽管绘本的地图绘制材料绝不是例外的，但印刷材料的出现是一个更广泛的地图文化的显著指标。“克拉科夫地图”有特殊的趣味，但不幸的是，它并没有为世人所知。清单中有一句话记载了“一些墙上的印本疆域地图”，这表明这一地区的地图和装饰的方式与西欧所使用的类似。这些关于当地地图使用的零星信息，反映了东—中欧地图学的本质不同：其有限的使用范围和较低的使用频率。

新范式：东—中欧的区域地图学

对托勒密的接受：格沃古夫的约翰和约翰内斯·德斯托布尼恰

在克拉科夫关于地理学的最古老的信息资源中，有一份托勒密《地理学指南》的写本副本，1465—1475 年制作于意大利（可能是在威尼斯），[63] 还有一份《地理学指南》1486 年乌尔姆版本的副本，这份副本属于 1494 年格沃古夫的约翰［John of Glogow，又作扬·格沃古夫（Jan Glogów）］的财产，他是大学中的一位教授。[64] 格沃古夫对天文学感兴趣，对托勒密的《天文学大成》和约翰内斯·德萨克罗博斯科的论著撰写了评论，[65] 在他宇宙学讲座中，使用了他的《地理学指南》抄本。他大量的手写注释可以作为地图学理论的注解来解读。除了格沃古夫的约翰的讲座之外，还有天文学家马丁·贝利察于 1493 年关于雷吉奥蒙塔努斯的星历表的讲座。[66]

到了 16 世纪早期，在克拉科夫，学界对宇宙学的兴趣越来越浓厚。约翰内斯·德斯托布尼恰（Johannes de Stobniccza，又作 Jan ze Stobnicy）所撰写的对托勒密著作的介绍，于 1512 年出版了第一版，接着在 1519 年出版了第二版。[67] 两幅木刻版地图——在马丁·瓦尔德泽米勒的 1507 年大型世界地图顶端的两个小半球的副本，代表旧世界和新世界[68]——被收入书卷和一本大学教科书中。这两幅地图被认为在波兰首次印刷。[69] 印刷师是弗洛里安·

---

[62] “Inventarium Universarium Rerum Egregii quondam Domini Johannis Landy ... Die 27 Marty Juni 1636,” Budapest, Magyar Országos Levéltár, Symbus Serie Ⅲ. Saec. ⅩⅦ. Fasc. 28 B. 2285.

[63] 此抄本收藏在克拉科夫的 Biblioteka Jagiellońska，MS. 7805，是收藏在 Biblioteca Apostolica Vaticana 的 Cod. Vat. Lat. 5698 的一份副本。

[64] 克拉科夫，Biblioteka Jagiellońska，Inc. 821。教授的注记：“格沃古夫的约翰大师的书，花费 4 弗洛林”，以及“大师—1494—格沃古夫”。

[65] John of Glogow, *Introductorium compendiosum in Tractatum sphere materialis magistri Joh. de Sacrobusto, quem abbreviavit ex Almagesti Sapientis Ptholomei Claudii*（Cracow, 1506）.

[66] Birkenmajer, “Beneventano, Kopernik, Wapowski.”

[67] Johannes de Stobnicza, *Ptholemei Cosmographiam*（Cracow: Florianum Unglerium, 1512）之引言；请参阅 Franciszek Bujak, “Geografja na Uniwersytecie Jagiellońskim do Potowy ⅩⅥ-go wieku,” in *Studja geograficzno-historyczne*（Warsaw: Naktad Gebethnera i Wolffa, 1925）, 1－61, esp. 41－47，以及本卷的 p. 351、表 9. 1。

[68] 图 9. 9 和 A. E. Nordenskiöld, *Facsimile-Atlas to the Early History of Cartography with Reproductions of the Most Important Maps Printed in the XV and XVI Centuries*, trans. Johan Adolf Ekelöf and Clements R. Markham（1889; reprint, New York: Dover, 1973）, pl. ⅩⅩⅩⅣ。

[69] 稀见的木刻本半球被纳入斯托布尼恰的引言中，该引言被认为是 1901 年之前带有“亚美利加”名称的最古老的印本地图。Jadwiga Bzinkowska, “Jan, ze Stobnicy Introductio in Ptholomei cosmographia ...,” in *I Found It at the JCB: Scholars and Sources, Published on the Occasion of the Sesquincentennial Celebration of the Founding of the John Carter Brown Library*（Providence, R. I.: John Carter Brown Library, 1996）, 4－5.

昂格勒（Florian Ungler），他后来出版了贝纳德·瓦波夫斯基的原创著作。16世纪中期，托勒密的《地理学指南》在克拉科夫显然是一部很流行、很受欢迎的著作。在1551年和1547年，温格莱尔和马蒂亚斯·沙芬贝格（Matthias Scharffenberg）都各自出售这部书。[70]

贝纳德·瓦波夫斯基：萨尔马提亚的新形态

贝纳德·瓦波夫斯基是东—中欧地图绘制的一位拓荒者。他于1475年前后出生于波兰拉多霍尼采（Radochonice）的一个富人家庭，并于1493年进入克拉科夫大学。大约1500年，他离开了祖国，前往意大利，在博洛尼亚大学继续其学业。1505年，他在那里获得了法学博士学位。瓦波夫斯基前往位于罗马的教皇尤利乌斯二世的教廷，教皇支持他，并任命他为自己的私人随员。与此同时，马尔科·贝内文塔诺（Marco Beneventano）在罗马城着手编制托勒密《地理学指南》的一个新版本，瓦波夫斯基可以向他提供与波兰有关的新信息。

从1506年开始，瓦波夫斯基致力于对祖国波兰和立陶宛的地图绘制进行基本的修改。他在罗马开始这项雄心勃勃的工作，在此地，他于1510年成为教廷的高级教士，1515年，他回到克拉科夫，并继续这项工作。他被聘请为王室的秘书和史官，还编写了一部从最早的年代到1535年的波兰历史；他的手稿，尽管直到1847—1848年才得以出版，似乎成为后来作家的重要资料来源。[71] 总的来说，瓦波夫斯基的著作代表了文艺复兴时期的学术，反映了他对古典作家，尤其是托勒密的深入了解，以及他对地理学研究的热情。尤其是他为这一广大区域的新地图系统地收集了调查和地理信息。 1817

一位早期编年史家——扬·德乌戈什（Jan Dtugosz）的著作，当然是瓦波夫斯基为绘制新地图所使用的重要资料来源之一。德乌戈什最初是克拉科夫主教兹比格涅夫·奥莱希尼茨基（Zbigniew Oleśnicki）（他后来成为红衣主教）的秘书，从1436年开始，他担任克拉科夫大教堂的教士之职。1449年，德乌戈什在罗马度过了一段时间，并在与条顿骑士团的战争期间（1454—1466年）参加了外交使团。后来他成为波兰国王卡齐米日四世（Casimir Ⅳ）诸子的教师。他的主要作品包括12卷的编年史《波兰编年史》（*Cronicae chronicle or comparable Polonia*），其中导言部分“波兰王国概述”（Chorographia Regni Poloniae）是一部关于波兰地理的详细描述。[72] 这部著作很显然被瓦波夫斯基加以利用，他在德乌戈什之后继续记录历史。[73]

德乌戈什对波兰的书面描写包含了这个国家的一份文字地图。他的地方志大量建立于波兰疆土丰富的水文学的基础上。[74] 主要河流提供了一个自然的地理结构，每一条河流沿岸的城镇和村庄依次排列。德乌戈什确定了大概200个定居点，以及其他重要的地理特征，比如

---

[70] Artur Benis, “Inwertarze księgarn krakowskich Maciejy Scharffenberga i Floriana Unglera（1547, 1551),” *Archiwum do Dziejów Literatury i* Oświaty w *Polsce* 7（1892）：1－71.

[71] Bernard Wapowski, *Dzieje korony Polskiej i Wielkiego ksiestwa litewskiego od roku* 1380 *do* 1535, 3 vols.（Wilno：T. Glücksberg, 1847－1848）.

[72] 此手稿藏于克拉科夫的Biblioteka Czartoryskich, sign. 1306. Ⅳ。

[73] Buczek, *History of Polish Cartography*, 26 n. 78.

[74] Franciszek Bujak, “Długosz jako geograf,” in *Studja geograficznohistoryczne*（Cracow：Nakład Gebethnera I Wolffa, 1925）, 91－105.

湖泊、沼泽和山脉。[75] 瓦波夫斯基把德乌戈什的地方志著作和其他来源的信息结合起来。根据亚历山大洛维奇（Alexandrowicz）的说法，瓦波夫斯基使用罗盘进行测量，并调查了河流的流路，使得他可以比德乌戈什更准确地确定更多细节的方位。[76] 德乌戈什的《波兰王国概述》也是波兰其他作家的重要资料来源，其中包括马蒂亚斯·冯·梅霍夫（Matthias von Miechow）的《萨尔马蒂亚志》（*Deduabus Sarmatiis*…）（克拉科夫，1517 年），这部作品试图修正被扭曲的国家形象，这一形象在当时文献中占统治地位。

瓦波夫斯基残片

关于瓦波夫斯基怎样开始他的地图绘制项目，或者他是如何操作的，这方面的信息几乎没有。我们知道他的计划规模巨大，结果也相当杰出。瓦波夫斯基的地图绘制活动显然是波兰地图学的文艺复兴：它是塑造欧洲萨尔马蒂亚这一庞大区域的现代地理图像方面的突破。很不幸，瓦波夫斯基地图只有残片保存下来。[77] 这一几乎彻底的损失可以用 1528 年的克拉科夫大火来解释，这场大火摧毁了温格莱尔的印刷所。1526 年，温格莱尔得到波兰国王西吉斯蒙德一世的授权，印刷了瓦波夫斯基关于国王在东—中欧领土地图的三幅木刻版。[78] 萨尔马蒂亚和波兰地图部分的残片，可能是在 1526 年或稍晚印刷的副本，保留到现代（图 61.5）。[79] 但即使如此，瓦波夫斯基的残片依然被厄运侵扰：它们在 1944 年摧毁了克拉辛斯基（Krasinski）图书馆的火灾中亡佚了。这些残片的低质量的照片保存在布切克的“波兰古地图集”的证据中；其他早期的地图和摹写本都在 1939 年德国占领华沙之后被毁掉了。总之，从摹写本可知道 7 份瓦波夫斯基的残片：3 份出自萨尔马蒂亚地图，4 份出自波兰地图。这些残片的尺寸和内容各不相同，只能帮助我们对原始作品进行部分复原。[80]

瓦波夫斯基的《波兰》(约 1526 年)

瓦波夫斯基地图的残片，在 1526 年温格莱尔授权“总”图中提及，发现于 1932 年：“中央波兰”（Polonia Maior）的一部分，另一片残片代表萨莫吉希亚（Samogitia），一条地图的标题，还有一幅画框（图 61.6）。[81] 在这些残片和间接文献证据的基础上，布切克复原了这幅亡佚的地图。其标题很可能是：《波兰王国及立陶宛等地地图》［*Mappa in qua illustr*（*antur ditiones Regni*）*Poloniae ac Magni D*（*ucatus Lithuaniae pars*）］。原始地图的尺寸可能给

1819

---

[75] Jadwiga Bzinkowska, *Od Sarmacji do Polonii: Studia nad pocza, tkami obrazu kartograficznego Polski* (Cracow: Nakładem Uniwersytetu Jagiellońskiego, 1994), 27 – 34.

[76] Stanistaw Alexandrowicz, *Rozwój kartografii Wielkiego księstwa litewskiego od XV do poiowy XVIIIwieku*, 2d ed. (Poznań: Wydawnietwo Naukowe Uniwersytetu Im. Adama Mickiewicza w Poznaniu, 1989).

[77] Buczek, "Bernard Wapowski."

[78] 印刷于 Jan Ptaśnik, ed., *Cracovia Impressorum XV et XVI saeculorum* (Leopoli: Sumptibus Instituti Ossoliniani, 1922), 119 – 120 (no. 287)。

[79] Kazimierz Piekarski 在关于博赫尼亚（Bochnia）盐矿的旧账簿（1540—1560 年）中发现了这些残片，这些旧账簿收藏在位于华沙的中央历史记录档案馆（Archiwum Glowne Akt Dawnych）中。显而易见，它们是被用作废纸的，这证明了卡罗尔·布切克的观点，他认为它们是初版的优质印本。

[80] 关于这些残片，请参阅 Buczek, *History of Polish Cartography*, 32 – 48。

[81] Buczek, *History of Polish Cartography*, 36 n. 113.

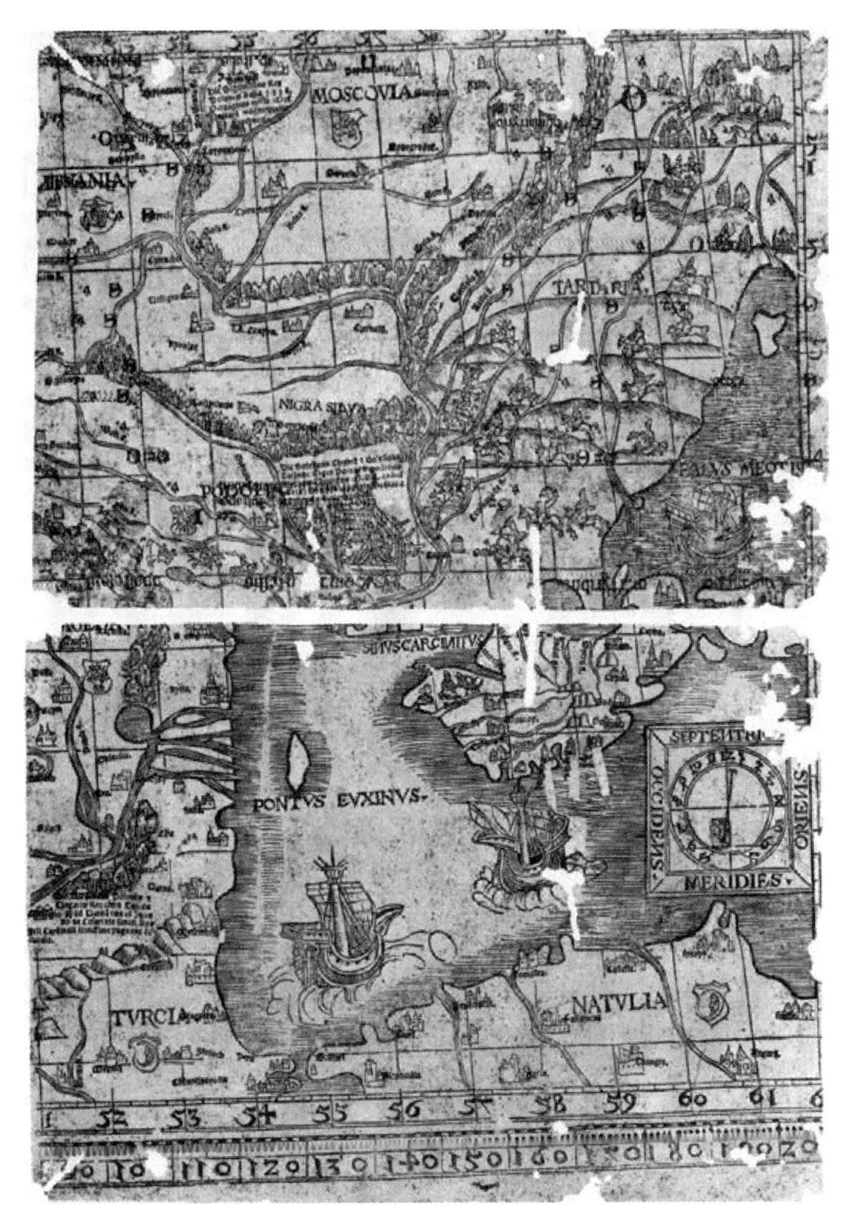

图 61.5 贝纳德·瓦波夫斯基：萨尔马蒂亚地图，约1528年

通过保存下来的两块残片，我们可以重建欧洲的萨尔马蒂亚地图的东部部分，这幅地图于1526—1528年间由弗洛里安·温格莱尔在克拉科夫印制。木刻版与金属字模相结合，用来印刷较小的地名和题注。很明显，这些是在第二次印刷中印制的。在下部的残片中，请注意在克里米亚半岛（延伸进入黑海，破坏了波浪形的海洋图案）上的地名处的矩形条带是空白的。虽然图上有地理网格，但依然充满了图形元素。

上部残片的尺寸：20.5×30厘米；下面残片的尺寸：21×30厘米。出自 Karol Buczek "Monumenta Poloniae Cartographica"（未出版，1939年）。由 Biblioteka Narodowa，Warsaw（ZZK 0.909/2）提供照片。

人深刻印象：大概90×86厘米，不包括标题。这一地区表现了从南部的上匈牙利，延伸到北部的萨莫吉希亚和库尔兰（Curlandia）的边界；从西部的法兰克福（奥德河畔法兰克福）的经线到波多利亚（Podolia）的边壕（边栅）的经线。地图中的细节可以通过格罗代基后来的地图进行复原。[82] 布切克在波兰中部的残片上统计出了 116 个地名，他推测：在立陶宛、西里西亚（Silesia）和波美拉尼亚等区域，标出的地方相对较少。他估计：在瓦波夫斯基的地图上显示了超过 1000 个城市、城镇和村庄，其中大部分位于波兰和东普鲁士。[83]

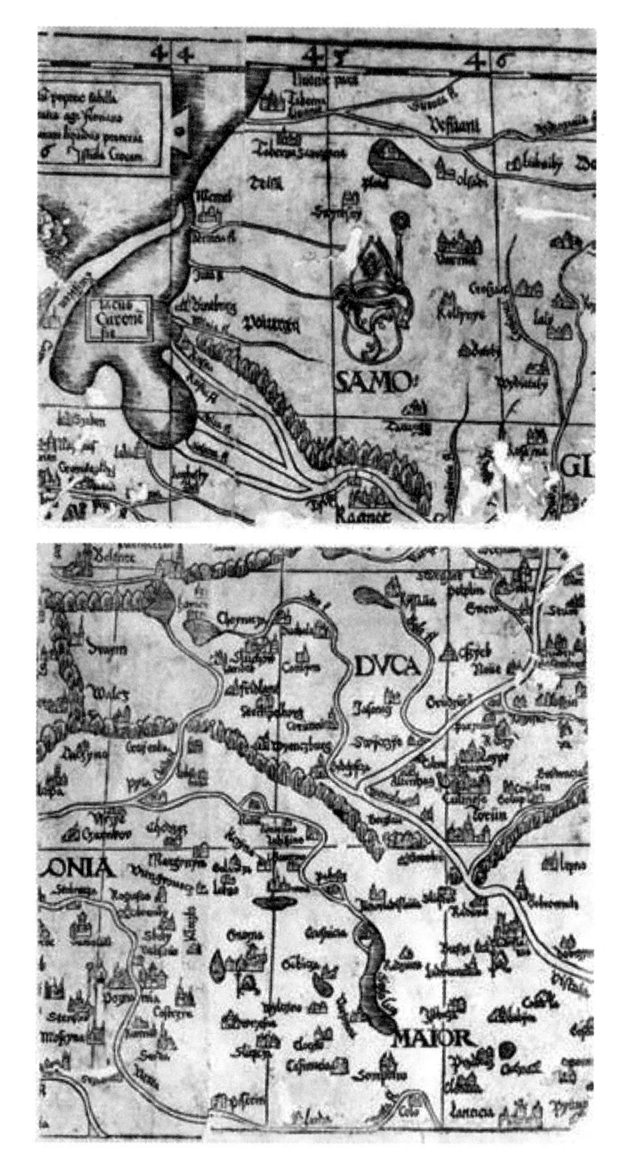

图 61.6　贝纳德·瓦波夫斯基：波兰地图，约 1526 年

瓦波夫斯基的大型波兰和立陶宛木刻版地图的两块残片。在北部的残片（上）上，在图框的下面，是标题的一部分。最后一行“6 Istüla Crocam”表明地图是“Florianus”于 1526 年在维斯瓦河（Vistula）畔的克拉科夫印制的。另一块残片表现的是中央波兰（Polonia Maior）和普鲁士公爵领地的一部分。图形符号标示出主教辖区的中心，比如波兹南（Poznań，Poznania），以及大主教驻地——格涅兹诺（Gnezna，Gniezna）。

原图尺寸：上：20×21 厘米；下：22×21 厘米。来自 Karol Buczek “Monumenta Poloniae Cartographica”（未出版，1939 年）。由 Biblioteka Narodowa，Warsaw（ZZK 0.909/3）提供照片。

---

[82] 请参阅本章后面关于波兰的瓦茨瓦夫·格罗代基地图的讨论。

[83] Buczek, *History of Polish Cartography*, 36－37 n. 116.

为了有助于表现东普鲁士，瓦波夫斯基可能向天文学家哥白尼请教过，后者对东普鲁士的地理抱有强烈的兴趣。他与瓦波夫斯基保持密切的联系，而且据推测在第一批波兰和萨尔马蒂亚地图制作的时候，就已经对这位著名天文学家的观察进行研究了。哥白尼也被认为制作了弗龙堡（Frombork）和维斯图拉潟湖等地的地图。不幸的是，这些地图只能通过通信为人所知。出于这一原因，我们无法确定哥白尼是否真的使用了天文学方法来绘制地图。

瓦波夫斯基的南萨尔马蒂亚（1528 年?）

瓦波夫斯基的三块残片表现了立陶宛大公国、克里米亚汗国（鞑靼里亚），以及莫斯科公国很大的一部分，似乎组成了地图的东半部。从残片上给出的纬度和经度，可以想象整幅地图的覆盖范围：推测起来，其标题也许为："萨尔马蒂亚……图"［Tabula... Sarmati（a）e］，其纬度可能从君士坦丁堡（北纬 41°）延伸到托伦（Toruń），其尺寸大约为 60 × 40 厘米。这幅刻版地图的西半部可能覆盖了波兰南部和中部、匈牙利的上部和东部、特兰西瓦尼亚（Transylvania），以及巴尔干半岛的北部。这一区域与 1526 年授权中的描述一致性很高。南萨尔马蒂亚的地图曾经被认为是分四块印刷而成的。情况可能是这样的，但剩下的残片的尺寸表明，印刷师只需要使用一块印版（其尺寸大概 30 × 42 厘米），就可以刻印整个东半部；因此整幅地图印在两图幅上。除了这些残片，瓦波夫斯基的萨尔马蒂亚地图可以根据后来已知的可能是其地图副本的作品进行复原。这些作品中最早的是海因里希·策尔（Heinrich Zell）的欧洲挂图，大约 1533 年出版于纽伦堡。另一幅为著名的塞巴斯蒂安·明斯特尔所著《波兰与匈牙利》（*Polonia et Ungaria*），首次出版于托勒密《地理学指南》的 1540 年巴塞尔版中。 1820

布切克推测：瓦波夫斯基的第三幅地图覆盖了萨尔马蒂亚北部，包括波美拉尼亚东部、萨莫吉希亚、东普鲁士、利沃尼亚、立陶宛本部、莫斯科大公国东北部，以及瑞典东南部。这个推测的覆盖范围是基于假定两张地图的尺寸是一样的基础上，也就是说：北方部分补足了南方部分。实际上，正如布切克记录下的，对推测中的萨尔马蒂亚北部地区地图所覆盖的地区的描述并不清晰明确。[84] 这幅北部地区的地图已经彻底亡佚，没有残片保留下来。然而，我们知道，在 1530 年，瓦波夫斯基送了两份"地方图"给奥格斯堡的约翰·埃克（Johann Eck）。[85] 从约翰·赫斯（Johann Hess）于 1529 年寄给维利巴尔德·皮克海默（Willibald Pirckheimer）的信中，我们还可以了解到不久之前，两份"不精美但并非毫无用处"的萨尔马蒂亚和斯基提亚（Scythia）地图在克拉科夫出版了。赫斯在弗罗茨瓦夫写信，要求他克拉科夫的朋友寄送给他这些地图，但他只收到了萨尔马蒂亚地图。[86] 通过这一则信息，我们可以总结出两幅地图组成一对。[87] 或者，这些资料来源可能参考了一幅印在两图幅上的地图；若是如此，萨尔马蒂亚北部地区地图的彻底亡佚可能表明其实际上从未印刷。

布切克还假设了瓦波夫斯基的萨尔马蒂亚南部地区地图的第二版，因为一幅相似的地

[84] Buczek, *History of Polish Cartography*, 32 n. 101.

[85] Buczek, *History of Polish Cartography*, 32 – 34.

[86] 赫斯的信件发表于 Johannes Heumann, *Documenta literaria varii argumenti* ...（Altdorf, 1758), 79 and 119。

[87] 瓦波夫斯基的信件发表于 *Acta Tomiciana* 12（1906）: 241（no. 256）。

图——“萨尔马蒂亚图”为亚伯拉罕·奥特柳斯在其地图作者的目录中提及，其日期或者是1525年（1574年版），或者是1528年（1575年版），并将其作者归为“Florianus”。可能是指出版商弗洛里安·温格莱尔。不断变化的出版日期引发了投机。继布切克之后，亚历山大洛维奇认为假定的第二版合并了斯特凡·布罗达里茨（Stephan Brodarich，又作István Brodarics）的1527年匈牙利绘本地图所提供的材料。[88] 不幸的是，后者的地图现已不存，瓦波夫斯基地图的出版日期并不确定，关于第二版的理论也不受文献证据的支持。实际上，目前我们既没有文献证据——除了1526年授权，也没有地图证据用来支撑1528年之前瓦波夫斯基的萨尔马蒂亚地图的存在。这一假设完全建立在奥特柳斯给出的不同日期基础上。然而，从1525—1528年的变化可以简单地解释为纠正了更早期的印刷错误。而且，如果我们接受了1528年为出版日期的说法，这一提及同样可以被认为是指瓦波夫斯基的萨尔马蒂亚南部地区地图的第一个也是唯一一个版本。[89]

从瓦波夫斯基的通信中，我们得知他在1526—1528年之后继续他的地图绘制工作。他的朋友试图说服他与亚历山大·斯楚尔泰蒂（Alexander Sculteti）合作绘制地图。人们知道斯楚尔泰蒂在1529年绘制了一幅利沃尼亚地图，这幅地图现在已亡佚。1533年，瓦波夫斯基在不同的教会人员的帮助下，绘制利沃尼亚、斯堪的纳维亚和莫斯科大公国的地图。海乌姆诺（Chełmno）地区的主教约翰内斯·丹蒂斯库斯（Johannes Dantiscus），送给他两幅斯堪的纳维亚地图，而且更多的地图也有望得自其他捐赠者。瓦波夫斯基希望能在1533年完成这项工作，但目前还不知道他是否成功。

匈牙利的第一张印刷地图

在15世纪意大利人文主义者安东尼奥·邦菲尼（Antonio Bonfini）、彼得罗·兰萨诺（Pietro Ransano）和塞巴斯蒂亚诺·孔帕尼（Sebastiano Compagni）的历史著作中对匈牙利的文字描写描述了该国的空间特征。这些著作多半基于对中世纪旅行者、外交官和收税员进行指导的路线描述。[90] 我们已经有足够的证据来证明这样一个论点：在16世纪之前，匈牙利的空间信息已经被系统地收集并积累起来。然而，文字表述的性质和图形文献的缺乏表明，把地理信息组织成整个国家的整体形象，直到15世纪晚期和16世纪早期才开始。

在尼古劳斯·库萨努斯中欧地图的发展基础上，一份对研究人员来说重要的汇编是威尼斯人乔瓦尼·安德烈亚·瓦尔瓦索雷（Giovanni Andrea Valvassore）的木刻版日耳曼尼亚（Germania）地图。这张地图的标题是《小型德意志全图》（*Quot picta estt parua Germania tota tabella* ...），是直接从库萨努斯地图中取来的，后者承担了底图的角色。瓦尔瓦索雷的地图没有日期，但大概绘制于1538年（图61.7）。一幅更小的、匿名的绘本及未标明日期的

1821

[88] Alexandrowicz, *Rozwój kartografii Wielkiego*, 41–42.

[89] 在这种情况下，赫斯1529年寄给皮克海默的信中的“不久之前”一词意思是“去年”，也就是1528年。因为烧毁了温格莱尔在克拉科夫的工场的火灾，瓦波夫斯基的地图后来没有印刷。简而言之，这一特许权于1526年授予，而且所有其他的资料都表明是1528年较晚时候，而且只有南萨尔马蒂亚地图的一个单一版本。

[90] 最早描述朝圣者穿越匈牙利的路程的此类行程书编制于1031年之后。György Györffy, *István király és műve*, 3d ed. (Budapest: Balassi, 2000), 299–301.

匈牙利战争地图被发现，并被认为是瓦尔瓦索雷于 12 世纪早期绘制的。[91] 这一副本在第二次世界大战期间亡佚，但在 1987 年，发现了瓦尔瓦索雷战争地图的另一幅副本，收藏在一套由 13 张木刻版组成的集子中。[92] 这些地图和景观图的内容、风格和主题都标明它们是在 1535 年和 1541 年，在同一所工场内印制的。匈牙利地图已经确认是瓦尔瓦索雷工场的作品。水印显示印刷纸的日期为大概 1538 年，所以它可能是后来从印版上印刷的，这块印版可能是在 1526 年之前刻成的。[93]

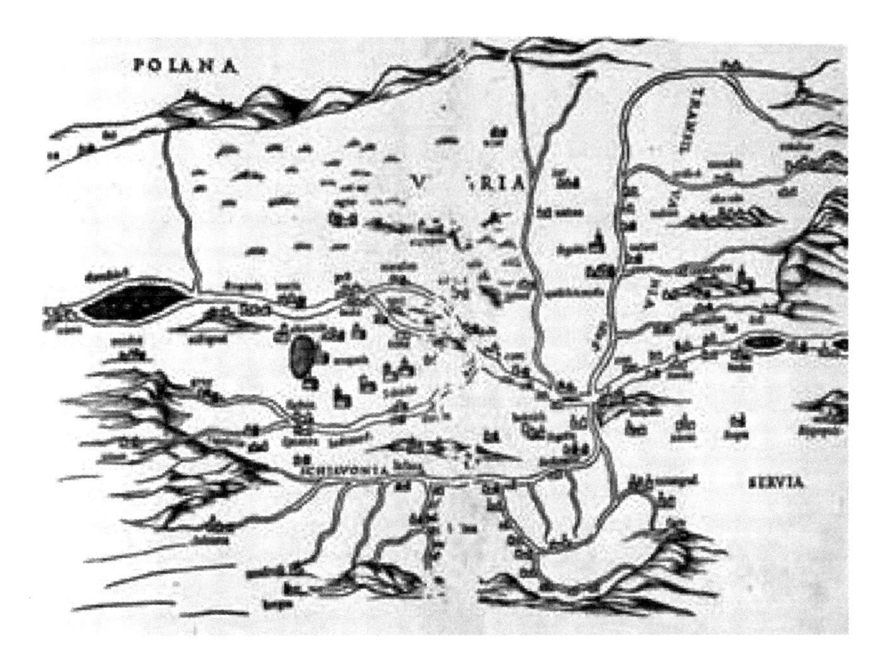

图 61.7　乔瓦尼·安德烈亚·瓦尔瓦索雷：匈牙利地图，约 1538 年

瓦尔瓦索雷的地图以流行的意大利印本出版。它显示了直到 1521 年之前土耳其人占领的地方和贝尔格莱德的陷落。有几个地方用城市符号标示，但没有注明名称，这说明这项工作不是为了一般的地理学的目的，而是为了显示当时活动的地点。请注意“compole”［匈牙利的孔波尔特（Kompolt）］这个地点，它在残片的铭文“VNGARIA”的下面和未进行战斗的战役的象征图形。几乎无人居住的定居点标志着 1514 年匈牙利农民起义失败的主要战场。马泰奥·帕加诺（Matteo Pagano）制作的木刻版（威尼斯，约 1538 年）基于一份未知的绘本。

原图尺寸：27.1 × 37.1 厘米。由 Országos Széchényi Könyvtár，Budapest（Collection of Early Books，TR 207）提供照片。

制图师“洛佐鲁什·谢茨赖塔里乌斯”

从 19 世纪晚期，洛佐鲁什 1528 年匈牙利地图的唯一一份副本被重新发现之后，专家对

---

[91] 复制于 Wolfgang Lazius，*Karten der österreichischen Lande und des Königreichs Ungarn aus den Jahren* 1545 – 1563，ed. Eugen Oberhummer and Franz Ritter von Wieser（Innsbruck：Wagner，1906）。绘本地图发现于慕尼黑的巴伐利亚州立图书馆（Bayerische Staatsbibliothek），请参阅本卷第 42 章。

[92] Szathmáry，*Descriptio Hungariae*，1：57.

[93] Tibor Szathmáry，“Hazánk első ismert nyomtatott haditérképének vizsgálata társtérképeinek függvényében，” *Cartographica Hungarica* 1（1992）：6 – 19，and idem，“Hazánk egyik legrégibb nyomtatott térképe Ⅱ. rész，” *Cartographica Hungarica* 2（1992）：2 – 10.

其进行了研究。[94] 第一幅保留下来的该国及其周边环境的印刷地图，它是通向文艺复兴时期欧洲的现代区域地图的更广阔发展的一份早期产品。这幅地图也展示了16世纪早期复杂信息传递的影响。这一过程的复原解释了原本绘本地图的显著特征。这里提出的关于地图从绘本到印本的转变新的解释，是最新研究的成果，其意图是纠正明显的地图学方面的错误。一个特别的历史学的问题是，不少于5个人与这幅地图有关，4个在社会和知识地位方面比洛佐鲁什更高，所以作者的确定多少有些令人困惑。[95]

尽管如此，这段很长且复杂的献词文字，使得地图原始作者的身份变得清晰："绘在四图幅上的匈牙利地图，由洛佐鲁什所编绘，他是一位经验丰富的（博学的）人，是已故的红衣主教埃斯泰尔戈姆的托马斯的秘书"。[96] 除此之外，关于洛佐鲁什的了解很少。[97] 一代人之后，在 1822 1552—1556年，他的名字再次出现在维也纳的沃尔夫冈·洛齐乌什匈牙利地图的拉丁文和

---

[94] 1528年地图的唯一副本是由匈牙利旧书和地图收藏者尚多尔·奥波尼（Sándor Apponyi）留给我们的，他于19世纪80年代从巴黎的一位古董商那里购买了这一珍贵而独一无二的木刻本地图。更早时候，提及此图的是 Martin von Schwartner, *Statistik des Königreichs Ungern*（Pest: M. Trattner, 1798），43。在其《地理和水文改革…》（*Geographiæ et hydrographiæ reformatæ...*）中，佛罗伦萨宇宙学者乔瓦尼·巴蒂斯塔·里乔利（Giovanni Battista Riccioli）也提到了洛佐鲁什的名字［"Lazari Vgonis,"可能被错误地拼作了 Lazarus Strigoni（ensi）s］。洛佐鲁什的地图被格奥尔格·德劳德（Georg Draud）列入 *Bibliotheca classica*, 8 vols.（Frankfurt am Main, 1625），4: 1173. Lipen dates "Laz（ari）Secretarii Hungaria in Mappa" to 1588，此书有明显的印刷错误。Martin Lipen, *Bibliotheca realis philosophica*, 2 vols.（Frankfurt: J. Friderici, 1682），1: 693.

[95] 亚伯拉罕·奥特柳斯在其1575年的《作者目录》（*Catalogus auctorum*）中，将此图作者列为彼得·阿庇安。关于它是 sauth 还是 ship 的困惑反映在 Karrow's author itativem onograph— Robert W. Karrow, *Mapmakers of the Sixteenth Century and Their Maps: Bio-Bibliographies of the Cartographers of Abraham Ortelius*, 1570（Chicago: For the Newberry Library by Speculum Orbis Press, 1993）——其中这幅地图是在彼得·阿庇安（54）、约翰内斯·库斯皮尼亚努斯（140）和雅各布·齐格勒（605）的条目中提到的，并被称作"the Lazarus/Ziegler/Tanstetter/Cuspinianus/Apian map of Hungary"（55）。

[96] 当时拉丁文的标题是：*Tabula Hungarie/ ad quatuor latera per/ Lazarum quondam Thomae/ Strigonien（sis）Cardin（alis）. Secretariu（m）viru（m）/ exp（er）tum congesta, á Georgio Tanstetter/ Collimitioreu is a auctiorq（ue）reddita, at-/ queiamprimu（m）à Jo.（anne）Cuspinianoedita/ Serenissimo Hungarieet Bohemiae/ RegiFerdinandoprincipi et infanti/ Hispaniarum, Archiduci Austriae etc. / sacra. auspitio maiestatissuae, obreip（ublicae）/ Christianeusum, opera Petri Apiani/de Leyßnigk MathematiciIngol-/ stadianiinuulgata Anno/ D（omi）ni* 1528。

[97] 在历史文献中识别真正的洛佐鲁什的问题是，我们不知道这个名字是一个姓氏还是一个教名。对这个问题的不了解并没有阻止猜测。在维也纳大学的1512年登记簿中发现了一名叫作洛佐鲁什·德斯蒂尔韦森伯格（Lazarus de Stuelweissenburg）的学生（entry of 14 April in Nacio Hungariae, Z 47）；请参阅 *Die Matrikel der Universität Wien*, 6 vols.（Graz: H. Böhlaus, 1954 - 1967），vol. 2, no. 1, 389；因此 Ernst Bernleithner, "Der Autor der ältesten Ungarnkarte und seine Mitarbeiter," *Mitteilungen der Österreichischen Geographischen Gesellschaft* 116（1974）: 178 - 183，尤其是第179页，可以假定洛佐鲁什在1514年和他的前任教授坦斯特特尔一起工作。根据当时维也纳学生 Rosetus 和 Rozen 的名字的相似性，洛佐鲁什也被认为是一位来自上匈牙利地区的贵族，他在担任神职时取了这个名字（entry of 14 April 1508），见 *Die Matrikel*, vol. 2, no. 1, 353；请参阅 László Bendefy, "Lázár deák személye," *Geodézia és Kartográfia* 23（1971）: 338 - 340。1510年，一位名叫"洛佐鲁什·罗塞蒂（Lazarus Roseti）的人被主教辖县的登记人员认为是埃斯泰尔戈姆（Esztergom）（Strigonium）修道堂的教士［"Lazarus Rosetus Capellanus Archi-Episcopi Thomae, 1510," in P. Luksics, "Az esztergomi f ő káptalan a mohácsi vész idején," *Esztergom Évlapjai*（1927）: 70 - 93］。另一份当时的文献提到洛佐鲁什是"教士"（canonicus）（1509—1514年）和什一税征收者（1510—1511年）。这份手稿由路易吉·费迪南多·马尔西利（Luigi Ferdinando Marsigli）于1686年发现，并保存在他博洛尼亚的手稿中（"Divisio Agrorum spectantium ad varia Hungarie ecclesias as anno Domini 1500 ad annum 1527," in Cod. Lat. 634）。然而，根据文献资料来源，洛佐鲁什不是大主教鲍科茨（Bakócz）的秘书。请参阅 Ferencz Kollányi, *Esztergomi kanonokok* 1100 - 1900（Esztergom: Buzárovits Gusztáv Könyvnyomdája, 1900），124。

德文版本上。[98] 在这些文本中，洛佐鲁什被称作匈牙利学生（ein ungarische Diakh），以及“匈人洛佐鲁什”（Lazarus gentis Hunnicae），这些都表明他是匈牙利人。[99] 在 1528 年的地图上，洛佐鲁什被授予了相当谦虚的头衔：“秘书”，表明他没有高级的学术（硕士）或神职（教士）的职位，他是具备了经验丰富的人员（virum expertum）的资格。[100] 很明显，他没有科学学位。在 16 世纪早期，埃斯泰尔戈姆学院教授天文学、宇宙学和计算，但是在地图绘制方面，这些知识没有实用技巧和专业技术有用。洛佐鲁什很有可能是高官手下一位才华横溢的可靠的职员。如果是这样的话，他可能是由大主教鲍科茨［Bakócz，红衣主教埃斯泰尔戈姆的托马斯（Thomas of Esztergom）］，后者在国家管理中扮演了领导角色，并指导了教会和皇家的高官。当军事改革成为一个重大问题，匈牙利针对奥斯曼帝国的国防正在变成一个紧迫的问题，建设一个详细和正确的国家地图，是国家管理和军事战役一个有效的工具。

一封由博学的雅各布·齐格勒写给印刷地图的编辑格奥尔格·坦斯特特尔的信，地点为威尼斯，时间为 1529 年 4 月 6 日，这封信使得我们可以确定洛佐鲁什著作的日期。齐格勒提到，在匈牙利的农民起义时期，他曾亲自制作地图的绘本，与地图的“主要作者”一起。[101] 这一场起义很可能爆发在 1514 年，当时由大主教鲍科茨组织的反抗土耳其人的讨伐，发展成为一场严重的内部冲突。齐格勒的信件是令人信服的证据，表明洛佐鲁什在 1514 年就已经开始了他的地图的工作，这当然在 1520 年之前。[102]

地图的献词也确定了编辑的身份：坦斯特特尔，他也因其拟古名科里米蒂乌斯（Collim-

---

[98] “洛佐鲁什”这个名字在地图上显示为“洛齐乌什”（Lazius），这导致了非常大的困惑。例如，请参阅 J. M. Rogers，“Itineraries and Town Views in Ottoman Histories，” in HC 2. 1：228 – 255，esp. 247 n. 68。“Lazarus”和“Lazius”是不同的人。

[99] 洛佐鲁什 1556 年地图上的拉丁文提到了“约翰内斯·库斯皮尼阿努斯和洛佐鲁什，当时他们属于匈人种族”在这场战争的开端，绘制了这一早期作品。在当时的文献中，匈牙利人经常被称作匈人。尽管这种解释尚不明确，但从这一说法中可以清楚地看出，洛佐鲁什的作品是为反对土耳其人的战争而发表的。弗洛里什．罗默（Flóris Rómer）复制了一幅洛齐乌什的地图残片，这是他于 19 世纪末在维也纳看到的（Budapest，Országos Széchényi Könyvtár，Fol. Hung. 1111 52 – 58）。根据罗默的手稿，这幅地图写道：“Und gleichwol ermelte Hungarische *Mappa vor viel Jaren D. Johann Cuspinian/ auff angeben* Lazari einen Hungarischen Diakhen *verfasst/ und durch Petrum Appianum in dem Truck ist ausgegangen*”（尽管上面提到的匈牙利地图是很多年前，由约翰·库斯皮尼阿努斯根据洛佐鲁什的数据，一份匈牙利语的“Diakhen”而构建的，并由彼得·阿庇安出版）［文本的斜体字部分对应于印刷地图的不完整残片（Budapest，Országos Széchényi Könyvtár，OSZK TM 6 984）］。

[100] 洛佐鲁什可能是一位被普遍认可的抄写员，他被称为“秘书”。瓦波夫斯基是一位王室秘书，这一职位使得他可以接触到圣坛的信息，并在随后的收集调查中获得政府的支持。

[101] Karrow 在 *Mapmakers of the Sixteenth Century*，605 中误解了这份文件的背景，并认为齐格勒（Ziegler）是在维也纳报道。这封信的日期由威尼斯而确定，齐格勒明确表示他可以在那里看到地图，而坦斯特特尔是在维也纳。“Hungariam tuam his diebus Venetias allatam vidi . . . anno MDXXIX. ” Jacobus Zieglerus Landavus，Georgii Collimitio Medico，S. D. Scholias，Vienna，Universitätsbibliothek，Ⅱ. 247，095，引用于 Antal Fekete Nagy，Monumenta rusticorum in Hungaria rebellium anno MDXIV，ed. Victor Kenéz and László Solymosi（Budapest：Akadémiai Kiadó，1979），545。从上下文中可以很明显地看出，在齐格勒的信中被称为“Eleazarus”的制图师就是洛佐鲁什。同样值得注意的是，齐格勒能够将 1528 年印本与布罗达里茨的手稿进行比较，并在两幅地图上找到匈牙利的共同表现方法。

[102] 齐格勒从 1514—1520 年一直留在匈牙利，但他对地图制作的实际贡献很明显相当有限。从他简短的参考资料中，可以假定他们讨论了与洛佐鲁什的地图绘制项目有关的一些宇宙学问题（例如，材料的汇编）。齐格勒可能也计划出版匈牙利地图。在 1530 年 1 月的一封信中，他描述了他的新版托勒密《地理学指南》的计划，并提到了他已经完成的匈牙利地图（Karrow，*Mapmakers of the Sixteenth Century*，605）。与此同时，正在制作的萨尔马蒂亚地图可能是对瓦波夫斯基著作的借鉴。不幸的是，这些信息无法得到证实，因为齐格勒的这些重要地图对我们来说是未知的。

itius）而为人所知，他是维也纳大学的教授。地图的出版商是约翰内斯·库斯皮尼亚努斯（Johannes Cuspinianus，Spiesshaimer），他是一位著名的奥地利人文主义者，他经常前往布达（在1514年和1526年之间去了24次），为皇帝马克西米利安一世服务。坦斯特特尔和库斯皮尼亚努斯已经开始合作开展地图绘制的项目。在1523年寄给萨克森选侯的信件中，提到了另一幅印刷的匈牙利地图。[103] 同样众所周知的是，贝尔格莱德陷落后（1521年），坦斯特特尔获得了一份制作一幅匈牙利军事地图的五年授权。[104] 这幅地图可能是1566年呈送给皇帝查理五世的匈牙利地图中的一幅。[105] 这些资料实际上提供了文献证据，表明在1522年已经存在一幅坦斯特特尔—库斯皮尼亚努斯印刷的匈牙利地图，但这并非洛佐鲁什著作的早期印刷版本。[106] 相反，库斯皮尼亚努斯在1528年写到：通过他最近发现的匈牙利王国描述或地图，他既可以测量费尔特湖［Lake Fertő，新锡德尔湖（Lake Neusiedler），在匈牙利/奥地利边境］的比例，也可以确定罗马皇帝图拉真修筑的桥梁的位置。[107] 换句话说，库斯皮尼亚努斯发现了洛佐鲁什1526—1527年间的手稿，经过坦斯特特尔的编辑，然后在1528年，坦斯特特尔曾经的学生彼得·阿庇安将其印刷。

1823

《匈牙利地图》（*TABULA HUNGARIE*）（1528年）

洛佐鲁什1528年印刷地图现存的唯一版本，有一种直立的形式，以北为上方（图61.8）。如果把4张印刷图幅放在一起，它们就会组成一幅壁挂地图。[108] 大量的水文和山峦

---

[103] Hans Brichzin，"Megjegyzések az első nyomtatott Magyarország térképről 1522），" *Cartographica Hungarica* 1（1992）：37 – 40.

[104] 尽管这幅地图被认为是洛佐鲁什的绘本原图的第一版，但当时的文献显示其是反对土耳其人的军事行动的一个粗略的表现。"在此之后，他——坦斯特特尔——匆忙地制作了关于基督教和土耳其的土地，基督徒和土耳其人之间的战役，或反抗他们的战役的地理或草图，用线条详细地描绘，并印刷出了这一地理。" Reichsregistratur Karls V，Bd. fol. 128，Vienna，Staatsarchiv。

[105] Innsbruck，Statthaltereiarchiv，Ambraser Akten，1566，and Reichsregister of Emperor Charles V，vol. 6，p. 128.

[106] 关于这些推测的版本，例如，请参阅 László Bendefy，"Lázár deák 'Tabula Hungariae ...' című térképének eddig ismeretlen kiadásai，" *Geodézia és Kartográfia* 26（1974）：263 – 269，and Brichzin，"Megjegyzések."。

[107] 在他死后于奥地利出版的书中，库斯皮尼亚努斯描绘了拉布曹河（Rábca/Rebniz）从源头开始的流路，并讲述其流入费尔特湖/新锡德尔湖："它7英里长，3英里宽，在献给我们的国王的匈牙利地图上可以清楚地看到。" Johannes Cuspinianus，*Austria*（Basel：Oporini，1553），651。在库斯皮尼亚努斯关于罗马执政官的论著中，他提到了他发现的与图拉真桥的位置有关的匈牙利地图："但是当我最近遇到了一份匈牙利的描绘（图），并出版了一幅献给匈牙利国王斐迪南的地图，而且已经印刷（致赫拉克勒斯，一部杰出的著作，如果我可以毫无嫉妒地这样说），我已经在这份地图上找到这座桥的位置。同样，我提到了我们奥地利的描绘中的桥梁，可以发现所有流入多瑙河的河流都发源自黑海。" Johannes Cuspinianus，*Ioannis Cuspiniani，uiri clarissimi，diui quondam Maximiliani imperatoris a Consilijs，& oratoris De consulibus Romanorum commentarij ...*（Basel：Oporini，1553），418 – 419。在潘诺尼亚出生的罗马皇帝图拉真（Marcus Ulpius Traíanus）在多瑙河上修建的这座桥［罗马尼亚的塞维林堡（Turnu Severin）以南］被认为是重要的信息：库斯皮尼亚努斯和布罗达里茨都提及它来展示自己的专业知识。在洛佐鲁什的1528年地图上也有这座桥，所以它可以作为后来的编绘者［比如策尔（Zell）］对其使用的一个指标。关于图拉真桥的信息来源可能是国王马提亚的历史学家安东尼奥·邦菲尼（Antonio Bonfini）的著作。他亲自参加了这个项目，并为马提亚翻译了一份建筑学的著作，马提亚也计划修建一座永久的多瑙河大桥。Antonio Bonfini，*Rerum Vngaricum decades ...*（Basel，1568），4. 7. 125.

[108] 乍一看，洛佐鲁什的地图似乎与当时的埃茨劳布型地图很相似。但是，尽管是一幅非常早期的地形图，但它对一个地域单元进行描绘，具有更多的细节和更高的精确性，因此代表了一种新的地图绘制模式，是现代欧洲地图绘制发展的一个重要的里程碑。Zsolt Török，"A Lázár-térkép és a modern európai térképészet，" *Cartographica Hungarica* 5（1996）：44 – 45.

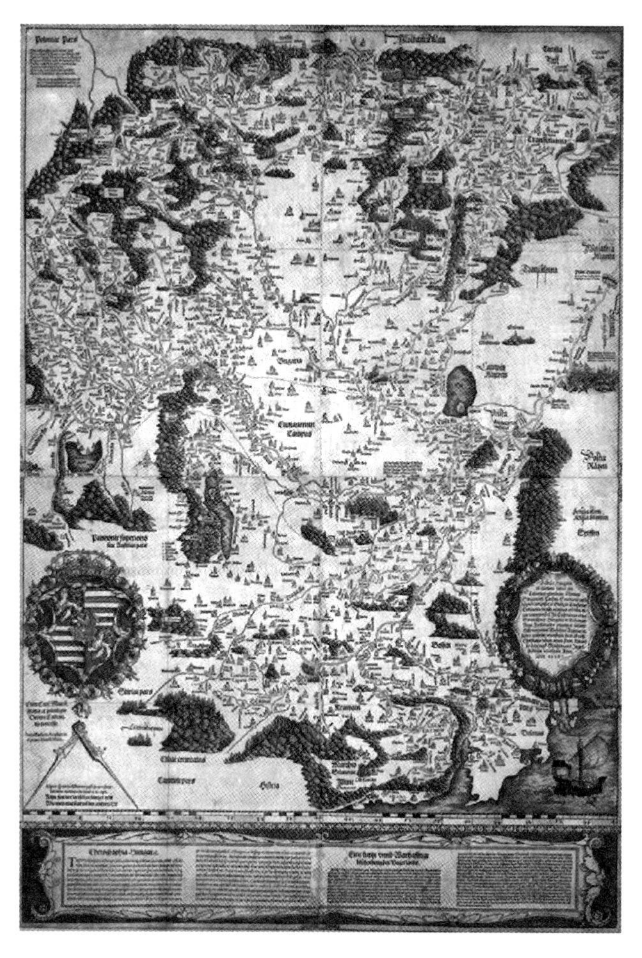

图61.8　匈牙利地图，1528年

洛佐鲁什绘本的第一份印刷版本是第一幅印刷的匈牙利地图，是欧洲区域地图绘制发展史上的一块里程碑。这幅大型的宽幅纸是在阿庇安位于英戈尔施塔特的工场中用四块木版拼接印刷而成的。尽管它有着不常见的方位和结构，但是这幅非常详细的地图的精确性表明在东—中欧的实际地图制作中对路程传统的应用。根据其装饰旋涡纹，这幅印本地图是一种新兴的文艺复兴时期的宇宙学的合作作品。这幅木刻版地图印刷在纸上，上色，分切为几块，并装裱在纸板上。

原图尺寸：78×55.2厘米。由 Országos Széchényi Könyvtár，Budapest（Collection of Early Books，App. M. 136）提供照片。

细节，以及最重要的——大概1400个地理名称，表明其系统地收集了信息。这些名称的拼写支持了作者是匈牙利人的观点：在某些情况下，这些名称显示了精确的变化，表现了方言的不同，[109] 这意味着信息是从当地来源或田野工作中收集而来。显然，在大约1270个定居点中，只有356个可以在今天的匈牙利境内找到；剩下的则属于几个相邻的东—中欧国家。[110] 地图上的地理信息的密度非常不均匀。在匈牙利西部表现出的很少的定居点只有德文

[109] 举个例子，我们在包科尼山（Bakony Mountains）处发现了“Orotzlankw”，在马特劳山（Mátra Mountains）处发现了“Arozlake”，它们是同一个单词的帕洛茨（Palots）版本，今天，在匈牙利语中都写作“Oroszlánkő”。

[110] 大约100个定居点的位置仅仅用符号表示，没有名称。这幅地图表现了1526年以前的匈牙利王国，包括今天属于匈牙利、奥地利、斯洛伐克、乌克兰、罗马尼亚、塞尔维亚和黑山、波斯尼亚、克罗地亚以及斯洛文尼亚的领土。

或拉丁文的名称。东—中欧最大的湖泊——巴拉顿湖的表现方法，其形状和尺寸都被严重扭曲了，有人认为是编辑的责任。[111] 沿着奥地利边境的白色空间可能暗示着一份不完整和未完成的绘本，或者是一种故意的保密政策。

地图上的注释涉及很多针对土耳其人的早期军事冲突。在哥鲁拜克（Gorubek）围城之役中，皇帝西吉斯蒙德（Sigismund）被打败了。[112] 地名“Syrffen”是科索沃（Kossovo）的代称，胡尼奥迪（Hunyadi）于1448年在那里被击败。这幅地图很清楚地凸显了南部边境防御工事防线，这一防线是在15世纪发展起来，以保卫匈牙利来对抗突然出现的奥斯曼帝国势力。[113] 这一历史信息显然是被库斯皮尼亚努斯添加到绘本上的。[114] 他的贡献可能仅限于从他自己的作品中获得的历史注释。[115] 他显然强调了皇帝西吉什孟德的努力，出于其支持国王费迪南德一世的筹款活动的政治原因。为了证明抵抗迫在眉睫的奥斯曼帝国的威胁的重要性，1526年在摩哈赤（Mohács）的失败用一个微缩图进行代表：一个十字标志着国王路易二世和大约26000名基督教士兵战死的地方。[116]

1825

在印刷的时候，地图是根据位于左上角的简单说明来上色的。德文的注文则列出了被土耳其人征服的土地——“这些所有都用红色表示，而黄色则显示基督徒。愿全能的主使他们蒙恩!”——并进一步解释道：“当土耳其人赢得了1526年战役之后，虚线内的部分都被他们摧毁了”。[117] 信息非常清楚：现在已经褪色的地图上被异教徒们占领的疆域，最开始是涂以红色的，深深侵入了涂以黄色的基督徒部分。因此，这幅地图引人注目的表现，生动鲜活地表达了哈布斯堡——基督徒的宣传。

位于地图下方的文字板块是一段关于该国的历史和地理的描述，包括德文和拉丁文，并包括已经关于地图绘制的有启迪作用的信息。有意思的是，尽管它被称作“一幅地形和道路地图”，[118] 但并未表现出道路，所以可以假设，这一信息指的是信息收集的方法，无论是通过调查还是凭借旅行日程。拉丁文的历史描述写于1526年之后，是略有改动的德文版本

[111] 本代菲（Bendefy）解释到，印本地图上显示了测量员环绕湖泊的路线，并表示其被误认为是真实的海岸线，但海岸线在绘本上没有画出来。László Bendefy and Imre V. Nagy, *A Balaton évszázados partvonalváltozásai* (Budapest: Mű szaki Könyvkiadó, 1969), 65–68.

[112] 地图上的注文显示日期是1428年而非1409年。这一错误日期是库斯皮尼亚努斯做出贡献的证据。他在自己的书中也犯下了同样的错误。Johannes Cuspinianus, *Oratio protreptica ad Sacri Romani Imperii principes ...* (Basel, 1553), 715.

[113] 这一强调是另一份间接的证据，即绘本是在1521年之前绘制的，在当时随着贝尔格莱德的失陷，边境要塞体系也崩溃了。

[114] 这幅地图上的标题和献词文本都明确地指出库斯皮尼亚努斯最初于1528年将其出版。因此，这是洛佐鲁什著作的第一个印刷版本。

[115] 另一种可能是这部绘本是洛佐鲁什为库斯皮尼亚努斯所绘制的，这是由洛佐鲁什的1556年匈牙利地图（请参阅第1822页，注释99）上的文字所暗示的。

[116] 摩哈赤战役的记载收入库斯皮尼亚努斯的 *Oratio protreptica ad Sacri Romani Imperii principes ...*, 1st ed. [Vienna: J. Singriener, (1526)]。与描述多瑙河的流路情况有关，库斯皮尼亚努斯提到了图拉真桥的位置，并标注说“这是很少人知道的，即使是在知识阶层中”。

[117] 在早期的文献中，虚线被错误地认为是一条道路；请参阅 Eleonóra Okolicsányiné Harmos, “Magyarország térképe 1528-bol,” *Térképészeti Közlöny* 1 (1931): 165–171。

[118] “Totius Hungariae Chorographia, itenerariaq (ue); urbium, uicorum, arciu (m), castellorum, fluminum (m) montium, syluarumq (ue); iuxta geometricam dimensionem distantia”。

的基础。[119] 在圆规的两条腿之间，是比例尺的使用说明，其单位是德意志的里，用以测量距离。地图上没有绘出纬度和经度，所以不可能对其进行地理坐标的重建。

两边的两组很大的花边是地图上最具装饰性的元素。一组是国王费尔南德一世（匈牙利国王，1526—1564年；神圣罗马帝国皇帝，1558—1564年）的盾形纹章，另一组是对称放置的相同纹饰，包含着献词。[120] 这些非常重要的符号原色覆盖了地图上很大的一部分，而且极大地影响了图像的结构。[121]

洛佐鲁什的绘本（约1514年）

洛佐鲁什的印刷地图是一项集体作品，它应该被解释为一个复杂的信息传递过程的结果。在这种情况下，库斯皮尼亚努斯发现的最初的绘本地图的结构，被编辑和印刷人员依照中欧地区早期现代区域地图绘制的惯例程式进行了修改。

1528年印刷地图的一个显著特征是它令人困惑的结构和方向。不仅是多瑙河的流路非常类似于扭曲的托勒密表现方法，在图框上标出的深红色方向——可能以北为上方——与其地理内容并不匹配。有人认为，洛佐鲁什地图的内容是旋转的：按顺时针方向将整幅地图旋转45度，似乎就能够得出主要河流的合适方向。然而，详细的检查表明：在整幅地图上，旋转的数量并不是一致的。[122] 也有人假设，这一方向的问题源自按照斯塔比乌斯·维尔纳（Stabius Werner）或一些其他用在世界地图上的托勒密投影所绘制地图的原始构造，[123] 但数学分析表明，印刷地图实际上有一个不规则的结构。[124] 另外，很难想象洛佐鲁什会为匈牙利的地图表达构建整幅世界地图的复杂网格；更有可能的是他使用了一个简单的矩形方格以便绘制绘本地图，这样比较容易构建和在其内工作。要解释印刷地图的方位，我们需要考虑编辑们在绘本地图上所应用的知识转换。洛佐鲁什的绘本肯定不是朝向北方的，[125] 很可能在更大的比例尺内，[126] 而且可能本来就没有主要方向的指示。例如，多瑙河不正确的流路可能导

1826

---

[119] 例如，拉丁文的最后几句话提到匈牙利人“处在来自土耳其人的迫在眉睫的危险中”，而在德文文本中，我们看到“土耳其人还驻扎在那里”。

[120] 大盾牌上的纹章是在镜子上印出来的，而在中间的重叠的小盾牌上的表现则是正确的。这一错误可能要归于木刻工。

[121] 220平方厘米的地图面积没有装饰元素覆盖，而是空着。

[122] 这种不均匀性是由奥拜胡迈尔（Oberhummer）和冯·维泽尔（von Wieser）实现的，他们可以分别将地图在50°和90°之间旋转（Lazius，*Karten der österreichischen Lande*，38）。

[123] László Irmédi-Molnár，“The Earliest Known Map of Hungary，1528，” *Imago Mundi* 18（1964）：53－59，and idem，“Lázár deák térképének problémája，” *Földrajzi Közlemények* 19（1971）：103－124．据推测，这一解释是建立在奥拜胡迈尔和冯·维泽尔书中的第二维也纳天文学学派所给出的信息基础上的（Lazius，*Karten der österreichischen Lande*）。然而，根据文献资料，洛齐乌什（和库斯皮尼亚努斯?）改进了斯塔比乌斯制作的奥地利早期地图（Karrow，*Mapmakers of the Sixteenth Century*，139－140）。

[124] György Érdi-Krausz，“The Mathematical Structure of Lazarus's Maps，” in *Lazarus*，89－96.

[125] 在其编辑注释中，伊尔梅迪－莫尔纳指出，洛佐鲁什已经决定以东北为正方向来最理想地覆盖当时匈牙利的疆域（Okolicsányiné Harmos，“Magyarország térképe 1528－ból，” 167）。撰写1528年的结构时，赫伦科（Hrenkó）考虑了洛佐鲁什绘本可能会以东方为正方向的可能性［Pál Hrenkó，“A Lázár-térkép szerkezete，” *Geodézia és Kartográfia* 26（1974）：359－365］。我认为地图原本以南为正方向是最合理的。

[126] Cuspinianus，*Ioannis Cuspiniani，uiri clarissimi*，651中的匈牙利地图参考提供了一幅大比例尺更大地图绘本和编辑干预的间接证据。

致从坦斯特特尔装配的地图到托勒密《地理学指南》的当代地理框架。[127] 实际上，坦斯特特尔承认，他已经部分地改变了绘本的原始结构，但他不能决定绘本地图的方向：在地图下方的德文注文中，坦斯特特尔（Collimitius）告诉使用者地图仍然需要确定正确方位。[128]

对扭曲的一个更好的解释包括地图竖立的纸张形式以及当时在地图上通常所需要的元素的添加，尤其是献词和盾形纹章。当印刷版本制作好时，地图内容只是简单地移动，以便为这些装饰和象征性的元素腾出空间。这种做法在文艺复兴时期并不稀见，当时问题通常用图形方式解决。尽管会导致空间扭曲，但沿着主要道路的定居点之间的距离仍然会得到正确的表示。印本地图的这一特性是强有力的证据，证明文字描述可以正确地理解：此地图最初是作为一种旅行路程、一种路线地图来构建的。[129] 于是，坦斯特特尔改变了地图的方向和格式，但尽可能地保留了它的珍贵信息。这一过程对地图本身的可靠性只有轻微的影响，可靠性是基于距离和方向而建立的。

在印刷地图的许多地方，这些定居点的安排显然是沿着河流或道路连接的。在这些定居点的名称中，有十多对奇怪的组合被发现，每一个都代表一个单一的定居点，有两个被放置的符号，还有两个稍微不同转录的地名。[130] 在现代地图上，复制的定居点的位置揭示了一个规律的模式。因此，它们强烈暗示最初的绘本是由更小的单位建造的，这些地方的问题是作为注册标记的，这样就可以加入这些表格中去了。[131] 因为他们是外国人，不知道这些较小的农村地区，编辑们没有意识到它们被复制了，所以在印刷版本中留下了每一对。这一副本的出现表明，洛佐鲁什没有对维也纳的工作做出贡献。

坦斯特特尔将修改后的手稿寄给了他之前的学生阿庇安，后者在 1527 年成为英格尔斯塔特大学的教授。阿庇安对宇宙学很感兴趣，他创办了一家以高质量闻名的印刷工场。洛佐鲁什的地图可能是由阿庇安印刷的大地图。大量的名称引起了一个严重的问题，这是由新的活字印刷技术所解决的。[132] 对这一作品类型风格的比较分析，以及阿庇安的其他当代地图，可以揭示它们的共同起源。[133] 米夏埃尔·奥斯滕多费尔（Michael Ostendorfer）和马丁·奥斯滕多费尔（Martin Ostendorfer）刊刻了雷根斯堡地图的印版。他们从定居点开始，接着是地

1827

---

[127] Lajos Stegena, "A Duna folyásának ábrázolása régi térképeken és a Lázár-térkép tájolása," *Geodézia és Kartográfia* 40 (1988): 354 – 359.

[128] László Irmédi-Molnár, "The Texts of the Lazarus Maps," in *Lazarus*, 23 – 31, esp. 26. 值得注意的是，关于正确使用地图的说明，类似于埃茨劳布的路线地图上的，只用德文给出，如果我们假设编辑在后来加入了文字，就可以解释得通。他们肯定以为这种信息是必不可少的，因为他们发布的地图是非常与众不同的。

[129] 洛佐鲁什的绘本地图以使用指南针的对主要道路和河流的调查为基础，这可能与埃茨劳布的罗马道路地图非常相似（请参阅图版 44）。

[130] 普利哈尔对绘本的试验性复原是建立在 9 对定居点基础上的［Katalin Plihál, "Lázár kéziratának sorsa a megtalálástól a megjelenésig," *Geodézia és Kartográfia* 42 (1990): 372 – 379］。然而，绘本的复原无法解释为什么这些名称会被复制到绘本上。普利哈尔认为洛佐鲁什只是将它们忘记了，这是无法令人信服的。

[131] 对地图的早期研究表明，洛佐鲁什至少根据三种不同的区域地图中编绘他的地图，这是位置错误所揭示的（Hrenkó, "A Lázár-térkép szerkezete"）。我在这里认为这是一幅在更多的纸张上构建的系统与统一的地图作品。这一作品被削减和复制，库斯皮尼亚努斯发现了一份更进一步的副本。

[132] 关于这一技术的应用，请参阅 David Woodward, "Some Evidence for the Use of Stereotyping on Peter Apian's World Map of 1530," *Imago Mundi* 24 (1970): 43 – 48。

[133] 这一研究将有助于我们了解阿庇安工场的地图印刷，对其的总结见 Karl Röttel, "Peter Apians Karten," in *Peter Apian: Astronomie, Kosmographie und Mathematik am Beginn der Neuzeit, ed. Karl Röttel* (Buxheim: Polygon, 1995), 169 – 182。

形、森林和水文；图幅上的不规则行为表明它是由不同的印版拼接起来的。绘本结构的转变在工场里完成，传统的基本方位的名称添加到图缘。

对地图的接受

洛佐鲁什的地图是于 1528 年 5 月在英戈尔施塔特印刷的。当南部边境军事防御的组织需要空间决策的时候，洛佐鲁什、齐格勒、库斯皮尼亚努斯、坦斯特特尔、阿庇安，以及其他不知名的贡献者的合作，塑造了当时匈牙利的整体地理形象。从某种意义来说，这幅地图在它出现的时候就已经过时了。1526 年丧于土耳其的领土意味着洛佐鲁什的地图不能适合其所表现的匈牙利王国。从另一种意义来看，哈布斯堡王朝和奥斯曼帝国势力之间疆域的可靠和详细的表现，将在多年以后变得更加重要。这幅地图显示了哈布斯堡帝国未来的防御地带，也是在接下来的一个半世纪里，土耳其人和欧洲人之间的交战地区。

洛佐鲁什地图的良好反响是由它后来的版本所显示出来的，这些版本包括：乔瓦尼·安德烈亚·瓦尔瓦索雷（威尼斯，1553 年）版本、1559 年（1558 年?）的无名罗马版本、米凯莱·特拉梅齐诺（罗马，1558 年）版本以及约翰内斯·桑布库斯（威尼斯，1566 年）版本。继克劳迪奥·杜凯蒂的印本（约 1577 年）之后，至迟到 1602 年，乔瓦尼·奥兰迪（Giovanni Orlandi）利用 1558 年佚名罗马版本的印版出版了一部副本。[134] 这些地图及其后来的副本或派生版本，为世纪 16 和 17 世纪时期的欧洲地图学增添了洛佐鲁什地图的影响。然而，包含在最有影响的欧洲地图学综合体的，并不是洛佐鲁什地图的 1528 年印刷版本，洛齐乌什（1566 年）和桑布库斯（1571 年）的更传统的导向的汇编更适合于奥特柳斯和墨卡托地图集的内容。

斯特凡·布罗达里茨：一个缺失的环节?

推测的斯特凡·布罗达里茨的匈牙利地图只是从文献资料中得知。能证明其存在的当时最重要的记录是雅各布·齐格勒的 1529 年来信。在告知坦斯特特尔关于收到 1528 年洛佐鲁什地图的副本的时候，齐格勒提到了一幅布罗达里茨所画的“同样精确的地图”。[135] 1793 年，维也纳的编目员米夏埃尔·丹尼斯（Michael Denis）记录了一幅 1529 年之前的“匈牙利地图”，尽管他既没有看到过布罗达里茨的地图，也没有看到过坦斯特特尔的地图，这些他也在同样的笔记中提到了。[136] 很有可能，丹尼斯从齐格勒的 1529 年信件中直接截取了这

---

[134] 第一份匿名［拉弗勒里（Lafreri）］的罗马版本不是特拉梅奇诺于 1558 年印刷版本的盗版副本。两幅地图的尺寸和内容有轻微的不同。特拉梅奇诺的印板是蚀刻的，而被认为是拉弗勒里所制作的印板是雕版的，这可以解释它的更长的寿命。

[135] 请参阅 p. 1822，注释 101。

[136] Michael Denis，*Nachtrag zu seiner Buchdruckergeschicht Wiens*［*bis MDLX*］［Vienna，1793］，84n. 4，提到了标题为“Stephani Broderici Mappa Hungariae”的布罗达里茨地图，图上有注文“ante annum 1529.”在注文的末尾，丹尼斯问道，“这些地图在哪里呢?”所以他显然看不到这些地图。根据 Stegena 的说法，布罗达里茨的地图是 1529 年以前在克拉科夫出版的（Lajos Stegena，“Editions of Lazarus's Map，”in *Lazarus*，16 – 19，esp. 16 – 17）。Stegena 提到了匈牙利学者弗洛里什·罗默在 1861—1862 年间所写的手稿笔记，罗默是匈牙利科学院的档案管理员。与此同时，罗默列出了另一幅“1528 年佛罗里达”地图，出处见 Draud，*Bibliotheca classica*，4：1174。然而，所谓这些地图收藏在匈牙利科学院图书馆，这是一种误解。罗默清单上的副标题，曾被认为是证据，实际上是其他人后来添加上去的。

些信息。

布罗达里茨是国王路易二世（Louis Ⅱ）的总理大臣，1526 年，他与土耳其在摩哈赤进行了一次战争，损失惨重。第二年，他在克拉科夫出版了自己的战争经历。[137] 他可能已经制作了一份匈牙利的绘本地图，但没有证据表明瓦波夫斯基在自己的萨尔马蒂亚地图中版本中使用了这样一幅地图。很难想象，在战争期间，布罗达里茨能够像亚历山大洛维奇设想的一样，在克拉科夫绘制一幅详细的匈牙利地图。[138] 布罗达里茨提到，在他的小册子里，附有一幅地图，用以解释匈牙利的地理情况。如果他早些时候绘制了洛佐鲁什绘本地图的某些水文结构的副本，在著作的原本和正确的方向上，那么布罗达里茨地图就可能比 1528 年的坦斯特特尔—库斯皮尼亚努斯版本更准确。在海因里希·策尔（约 1540 年）和塞巴斯蒂安·明斯特尔的地图上，基于现在已经亡佚的地图，有这样一种表现方法的若干痕迹。

1828

特兰西瓦尼亚的人文主义者：约翰内斯·洪特

约翰内斯·洪特是欧洲的宇宙学家和现代地图制造商的代表。1498 年他生于喀琅施塔得［Kronstadt，罗马尼亚的布拉索夫（Braşov）］，当时是一个位于匈牙利王国的多文化的特兰西瓦尼亚的萨克森城市。1515 年，他在维也纳大学入学时，开始使用他的拟古名——洪特。[139] 他于 1522 年获得学士学位，并于 1525 年获得硕士学位，这一年，彼得·阿庇安获得博士学位。1501 年，康拉德·策尔蒂斯在维也纳大学创立了“数学与诗学学院”，在此之后的 16 世纪的头几十年里，迎来了维也纳大学数学地理学派的复兴。这个名字反映了文艺复兴思想的整体特征，即利用数学和诗歌的工具来重新研究自然。著名的大学学者坦斯特特尔和约翰内斯·斯塔比乌斯是年青一代的宇宙学家的老师。洪特是在维也纳的地区制图学的学生之一。

洪特离开维也纳，可能是在 1527 年，在奥斯曼帝国第一次战胜匈牙利之后，他的家乡的政治局势变得至关重要。1529 年，在雷根斯堡进行了一次有记录的访问，并可能是在英戈尔施塔特的一次访问，[140] 洪特于 1530 年 3 月进入了克拉科夫大学。作为一名教师，他可以在那里讲课，尽管没有任何证据证明他是这么做的。然而，在克拉科夫，人们对宇宙学的浓

---

[137] Stephan Brodarich, *De conflictu Hungarorum cum Solymano Turcarum imperatore ad Mohach historia verissima* (Cracow, 1527). 布罗达里茨的小册子对库斯皮尼亚努斯对匈牙利人不利的看法提出了争论（in the latter's Oratio protreptica ...）。布罗达里茨的作品，由瓦波夫斯基地图的印刷商弗洛里安·温格莱尔进行印刷，对匈牙利的地理进行了简短的概述，并引用了一幅显然是有意列入这部作品的匈牙利地图。这本小册子在今天极为罕见，而且没有此地图的已知副本。

[138] 请参阅 Alexandrowicz, *Rozwój kartografii Wielkiego*, 41－42。此外，布罗达里茨的匈牙利地图与洛佐鲁什的作品很相似，它并没有表现萨尔马蒂亚的任何部分。

[139] 他的父亲是一名制革工人，名字叫作格奥尔格（Jörg），他的姓氏存在争议。他被认定是格奥尔格·格拉斯（Georg Grass），但是在 1498 年，这一家族在城市里并不为人所知。他采用了洪特这个名字，在萨克森方言中，这是一棵树的名字，使他免遭溺水之厄［Gerhard Engelmann, *Johannes Honter als Geograph* (Cologne: Böhlau, 1982)］。另一部传记，请参阅 Karrow, *Mapmakers of the Sixteenth Century*, 302－303。

[140] 恩格尔曼（Engelmann）为这次重要的停留提供了间接的证据（*Johannes Honter*, 104）。洪特似乎没有参与英戈尔施塔特地球仪贴面条带的制作，而是将其归于彼得·阿庇安［Rüdiger Finsterwalder, “Peter Apian als Autor der sogenannten ‘Ingolstädter Globusstreifen’?” Der Globusfreund 45－46 (1998): 177－186］，这是因为他的 1530 年和 1542 年的世界地图和地球仪的表现重复了瓦尔德泽米勒的关于非洲西海岸的重大错误。

厚兴趣已经被阿尔贝特·布鲁泽沃（Albert Brudzewo）和贝纳德·瓦波夫斯基等天文学家的活动所标记。

洪特的《宇宙学基础二卷》（*RUDIMENTORUM COSMOGRAPHIAE LIBRO DUO*）（1530 年）

洪特在 1530 年春季和夏季之间短暂停留的最重要的结果是，他在整个欧洲都很出名。他的小的八开本《宇宙学基础》（*Rudimentorum cosmographiae*）是现代地理教科书，是学校拉丁语教学的理想之选。它的书名并不是一本学术专著，而是一本短小、透彻但全面的教科书，只有 16 页。[141]《宇宙学基础》是宇宙学的简单介绍，反映了这个术语的当代而相当宽松的用法。在对这些学科进行了简明的处理之后，就有了一份关于地域和民族的综合列表。第一部分（*liber*）专门用于天文学，下一节是地理学。在对这些科目进行简明扼要的处理之后，有一份地名和人物概要列表（*Nomina locorum et gentium*）。尽管空间有限，但洪特的书是一部区域性的地理著作。整个文本中描述了当地的地形特征。它的第一个研究者是阿庇安自己的宇宙学概论《宇宙图》（兰茨胡特，1524 年）。洪特的 1398 个地名的大部分取自阿庇安的 1417 个地名。

《宇宙学基础》的第一个版本的插图很简单：在书名页上有一个小型的木刻版地图。然而，一些印刷书籍中包含了一幅小小的世界地图，这是由瓦尔德泽米勒的 1507 年的壁挂地图所衍生出的宇宙地图。[142] 洪特可能复制了阿庇安的 1520 世界地图中的内容，但它并不表现为心形，而是托勒密式的投影。

特兰西瓦尼亚的萨克森：洪特的方志地图（1532—1546 年?）

到 16 世纪 30 年代中期，洪特在巴塞尔做了瑞士改革者约翰·厄科兰帕迪乌斯（Johann Oecolampadius）的学生。他还与几位宗教改革的重要人物一起工作，比如宇宙学家塞巴斯蒂安·明斯特尔和出版人海因里希·彼得里（Heinrich Petri），在离开之后，他还和他们保持着个人联系。[143] 例如，他于 1532 年制作了一些星图的木刻版，收入了索利的亚拉图（Aratus of Soli）的天文学专著［《现象》（*phenomena*）］的彼得里版本，尽管这部书最后在 1535 年以八开本的形式出版，可能是出于这一原因，对开的海图没有收入进来。[144] 洪特在巴塞尔获得的实践知识和印刷经验对他后来的活动变得至关重要。如果没有印刷，他的作品就会亡佚或者被边缘化。

1829

洪特在巴塞尔时期的另一幅对开地图的日期是 1532 年。这幅地图只是由其现存的唯一副本——一幅区域地图的早期范例而得名，这一副本是后来印刷的。正如其标题所显示的

---

[141] *Iohannis Honter Coronensis Rudimentorum cosmographiae libri duo*［Cracow，(1530)；2d ed. 1534］，printed by Matthias Scharffenberg.

[142] 复制自 Rodney W. Shirley，*The Mapping of the World：Early Printed World Maps*，1472 – 1700，4thed.（Riverside，Conn.：Early World，2001），70（no. 65），但其描述令人困惑。其木刻版原本收藏在克拉科夫，1849 年之前用于印刷一些副本。不幸的是，1939 年，木刻版亡佚了（Engelmann，*Johannes Honter*，56）。

[143] Hans Meschendörfer and Otto Mittelstrass，*Siebenbürgen auf alten Karten：Lazarus Tannstetter* 1528，*Johannes Honterus* 1532，*Wolfgang Lazius* 1552/56（Gundelsheim：Arbeitskreis für Siebenbürgische Landeskunde Heidelberg，1996）.

[144] 后来，又有类似的问题发生在地形图上，这不能包括在宇宙图作品中。

[特兰西瓦尼亚即西贝姆比尔根地图（*Chorographia Transylvaniae*，*Sybembürgen*）]，这一作品是一幅欧洲偏僻地区的地图。地图上的219个德文地名，与大量的没有名称的定居点符号，显示了13世纪以来特兰西瓦尼亚南部地区的萨克森人（实际上是来自施瓦本的定居者）定居的区域。在这方面，应该重视这幅地图的思想信息：洪特只表现这一区域的德意志人，尽管几个世纪以来，萨克森人与其他族群共同居住在该地区。16世纪，特兰西瓦尼亚有4个主要民族：匈牙利人、西库尔人、萨克森人和半游牧的所以很少被记载的弗拉赫人。洪特的地图中收入了一些匈牙利主要民族的定居点，但是值得注意的是所有的弗拉赫人（Vlach）人口只是简单地用象征性的通称：弗拉赫人的村庄（*Blechisdörfer*）和弗拉赫人的土地（*Blechisfeld*）。很明显，地图的沉默是意识形态上的。主教安塔尔·韦兰契奇在1549年的一封信中提到了洪特的选择性表示方法的问题。[145]

1830 尽管洪特地图对这一地区进行了详细的表现，但他并未认为自己的木刻版地图是完整的，因为1532年地图唯一已知的副本后来被印刷出来，成为修正的基础。有分析显示，保存下来的副本在布拉索夫的纸厂印刷成纸本，这家纸厂创建于1546年。还有文献证据表明：1544年，洪特想要修改他的特兰西瓦尼亚地图。[146]

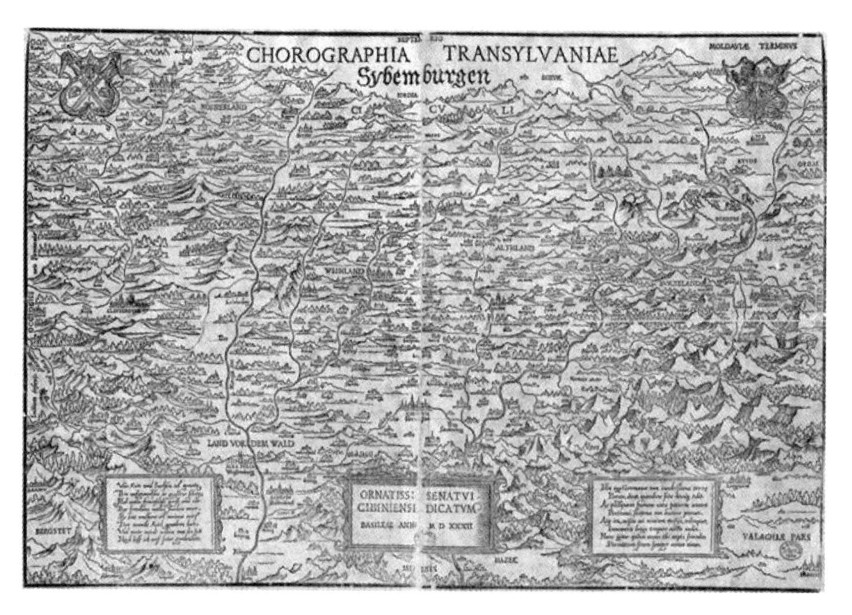

图61.9 约翰内斯·洪特：特兰西瓦尼亚地图，日期为1532年（副本印刷于1539年之后）

这幅地图是献给锡本比根（Siebenbürgen）地区的中心城市Cibinum-Hermannstadt［即西比乌（Sibiu）］的地方长官的。在这张地图的下方，在献词的任何一侧，都出现了一首德语和拉丁语写作的赞美诗歌。这张地图于1532年在巴塞尔被洪特镂成木刻版。1539年之后，在布拉索夫出现了唯一的副本，木刻版印于纸上，无色，可能是作为校对本使用。

原图尺寸：37.2×55.5厘米。由Országos Széchényi Könyvtár，Budapest（Collection of Early Books，RMK. Ⅲ.296）提供照片。

[145] 韦兰契奇（Verancsics，又作Verantius，Vrančić），出生于达尔马提亚的谢拜尼克（Sebenik），深受罗马天主教会的影响，成为特兰西瓦尼亚的主教，后来担任了埃斯泰尔戈姆（Esztergom）的大主教。韦兰契奇与新教徒洪特一直保持联系，后者将自己的地图告知他，并送给他一份副本以供订正。

[146] Antal Verancsics，*Verancsics Antal ... összes munkái*，12 vols.，ed. László Szalay and Gusztáv Wenzel（Pest，1857-1875），6：332.

1987 年，在布达佩斯的匈牙利国家图书馆中，发现了洪特地图的两块残片（图 61.10）。这些都是经过修改的第二版，这是因为它们缺少旋涡纹装饰和赞美诗。这幅地图的上半部分与 1532 年地图几乎是一样的，但南部的部分是完全重绘的，而且山脉位于横线之上。这一减少的表现是洪特 1542 年宇宙学著作的第二版中的地图中的特征。木刻版的新旧部分之间的差别可以用修正过程来解释。[147] 较小的修正包括两个新的地名和鲁德邦（rudbom，罗马尼亚的 Rukendorf-Rucăr）和采尔嫩（cernen，罗马尼亚的 Zernescht-Zărneşti）定居点的符号。我们可以假设，为了地图上的这些地方，钻了洞，并插入了木塞以便刊刻多余的内容。表现鲁德邦定居点的符号和标签是用手写的（写成 rutbom），提供了更多的证据证明这是一幅校样副本。在刻版的新的、下方的部分上，沿着刻版两个部分的连接处，淡淡的白色线条几乎不能用肉眼看到，表明洪特作为木版刻工的杰出天赋，这一点明斯特尔在巴塞尔已经提到了。不幸的是，第二版的残片连接处缺少一条窄带，它们的扩展无法使我们复原整幅地图。

1831

图 61.10　约翰内斯·洪特：特兰西瓦尼亚地图，第二版（1546 年之后）

洪特第二版的地区一览图的残片是从书的装帧中发现的。木刻版的南部（包括标题和赞美诗歌）被删除，把一块新的部分加入旧版块中。木刻版的修正和扩展产生了沿着地图底部的宽条的新的地图内容。请注意印在新区域中的新地名“cernen”和“rudbom”（都在右边的残片中；分别在其左上角和中间）。新的定居点名称被刻在木头中，小榫头被插入木刻版中。将新的印刷元素添加到原有的木刻版中，这表明了洪特对木刻版技术的精通。

原图尺寸：左：20 × 11.5 厘米；右：20 × 15 厘米。由 Országos Széchényi Könyvtár，Budapest（Collection of Early Books，RMK. Ⅱ. 37a）提供照片。

[147] Gedeon Borsa，“Eine bemerkenswerte Holzstockkorrektur von Johannes Honterus，” *Gutenberg-Jahrbuch* 63（1988）：269 - 272.

《宇宙学基础》，1542 年

1533 年，洪特回到布拉索夫之后，他成为特兰西瓦尼亚宗教改革的领导者；路德称呼他为“匈牙利土地上的使徒”。[148] 洪特是一位教育系统的改革者，他在城市里组建了一所人文主义学校，印刷了几部书，这是他的雄心勃勃的教科书计划的一部分。在他自己的工场所印刷的自己的书中，[149] 有一本他的宇宙学简介的新版本，于 1542 年完成。他广泛地修改了早期的版本。最引人注目的变化之一是这一新的宇宙学基本原理的拉丁文文本被写成 1366 行六步诗。很明显，洪特想要让他的著作更方便学生们记忆。在文艺复兴时期，数学、天文学和宇宙学与诗歌结合的情况并不少见。[150] 1541 年，洪特把新版本的一些样本副本发送给朋友们和他请求修订错误的杰出人士们。[151]

1542 年版本部头更大：诗歌的文本更长，整部著作现在包含四个部分，地理部分被分成两部分。随着这部小的八开书籍的出版，洪特成为自然科学领域的先驱教育家。但它的主要创新是地图绘制，在书籍的末尾，附上了 16 幅木刻版地图（图版 75）。实际上，这种系统的、统一的印刷地图的文集是第一部非托勒密的袖珍地图集。[152] 洪特在布拉索夫的工场中的印刷机的四开尺寸意味着这些插图必须很小心地印刷。为了纳入更大的地图，他把自己的插图改编成书籍的形式，并把地图印刷在装饰页上。经过印刷、折叠、切割和装订之后，每半张地图都必须在装饰页上与它的另一半相匹配。地图集的第一页和最后一页的空间只允许一张八开尺寸的地图，这就解释了为什么会包含有一幅单独的西西里岛地图。

前三块图版显示了传统的宇宙学概念。用一个浑仪（sphera armillaris）来表示天文坐标系统的主要圈层。在洪特著作的开始部分，以地球为中心的宇宙体系的插图显示了他的描述。尽管他肯定知道哥白尼的理论，但他仍然坚持建立已久的地心说，这导致他的著作肯定不是革命性的。行星的次序和基本方位的名称以及在下一页上的诸风也显示了过时的概念。值得注意的是，通过一张小型地球的图片，展示了方位的基本元素。有人认为洪特在他的学校制造了一个地球仪，作为一个辅助教具使用。这个想法由诺登舍尔德的里程碑式的研究得以普及，又由恩格尔曼（Engelmann）推广开来，后者推测 1542 年世界地图是根据这个地球

---

[148] 例如请参阅 Theobald Wolf 的书 *Johannes Honterus, der Apostel Ungarns*（Kronstadt，1894）的标题。

[149] 印刷工厂是在 1539 年洪特从巴塞尔回来后成立的。有一种过时的观点认为，1533 年，一位名叫 Theobaldus Gryffius 的巴塞尔医生兼木刻工陪同着洪特，这是基于一份 19 世纪的资料来源，大概是故意捏造的。通过对字体的分析揭示了它们与克拉科夫的 Scharffenberg 工厂的字体，以及著名的巴塞尔彼得里工作室的字体有着密切的相似之处。然而，还没有发现完全的匹配，所以洪特可能从其他地方获得自己的字模（Judit V. Ecsedy，“Kísérlet a Honterus-nyomda rekonstrukciójára，” in *Honterusemlékkönyv*，119 – 149）。

[150] 这种人文主义的地理学方法在康拉德·策尔蒂斯的《四论》（纽伦堡，1502 年）中得以展示，这是一首寓言诗和他计划的“图解德意志”的一种艺术化的版本。

[151] 虽然 1541 年《宇宙学基础》的发行量有限，但这一不完整的版本于 1542 年前后在波兰的弗罗茨瓦夫出版。这本书很可能是由安德烈亚斯·温克勒（Andreas Winkler）印刷，他是 1538—1553 年期间当地唯一的印刷商。这部著作很可能是由瓦伦丁·瓦格纳（Valentin Wagner）带到弗罗茨瓦夫，他选择了一条北方的弯路，并于 1541 年取道克拉科夫前往维滕贝尔格（Wittenberg），以避开在土耳其战争期间在上匈牙利地区的一条更危险的道路。弗罗茨瓦夫版本并没有提供书目数据。

[152] Sophus Ruge，“Der Periplus Nordenskiölds，” *Deutsche Geographische Blätter* 23（1900）：161 – 229，esp. 219.

仪绘制出来的。[153] 然而，洪特在地图上使用了一种心形的投影，没有关于地球仪贴面条带的信息——这些信息可能用来制作一架印刷的地球仪。洪特制造地球仪的假说可能是由于对《宇宙学基础》上的地球形象的误解（图 61. 11）。

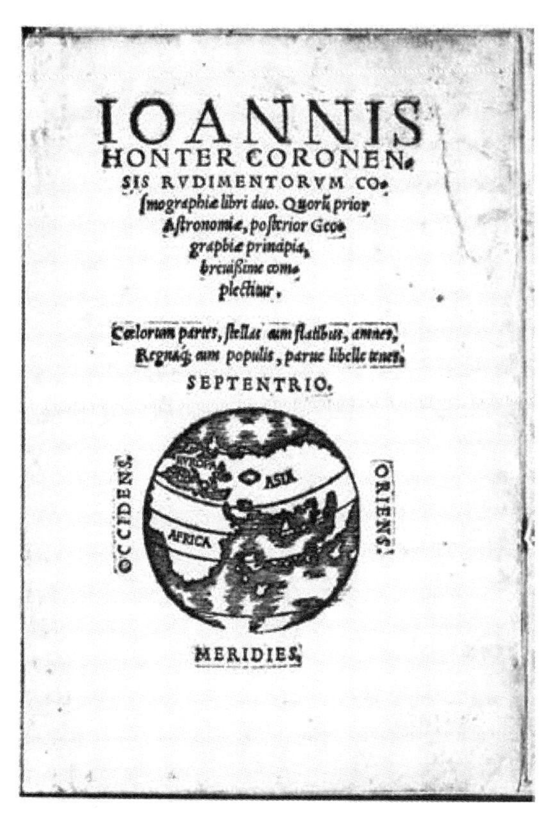

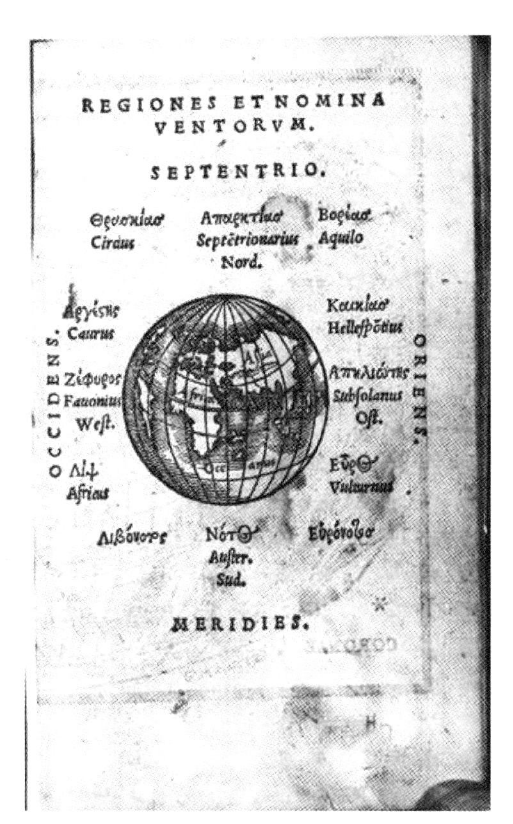

图 61. 11　约翰内斯·洪特：地球仪图像，1530 年和 1542 年

旧世界出现在 1530 年克拉科夫版的《宇宙学原理》的书名页（左）上。新世界在 1542 年版本（右）的地球上被表现出来。不能在单一的视角中将两个半球都表现出来。每隔 30°绘制的子午线也表明地球仪是一个可以将广阔的全球世界形象化的工具。

原图直径：左：约 6 厘米；右：约 4 厘米。由 Biblioteka Jagiellon'ska，Cracow（Cim. 155）和 Országos Széchényi K?nyvtár，Budapest（Collection of Early Books，RMK Ⅱ. 28）提供照片。

介绍性的宇宙地图之后，是世界地图，其标题为“普遍的宇宙论”。洪特从 1520 年的阿庇安地图中得此，在其上，新世界被描绘为两个独立的大陆。南方的大陆在洪特的地图上被命名为“亚美利加”，尽管在其文字中没有提到过这个地名。省略此名称和其他地名的一个可能的原因是强行六韵步的约束。在第一个版本——克拉科夫版本的 1398 个地理名称中，几乎 1/3 的被排除在 1542 年版本之外。继世界地图之后，区域地图提供了更详细的图形图像。无标题的木刻本是一个简单的矩形框架，既没有网格也没有比例尺。这些地图系统地覆盖了西起伊比利亚，东到顿河的欧洲范围。地图之间有相当多的重叠之处，可能是出于教化的原因。圣地的地图是该地区一种非常早的表现。路德想要在他的 1522 年改革圣经中收入 1832

[153] Nordenskiöld, *Facsimile-Atlas*, 83, and Engelmann, *Johannes Honter*, 64.

一张巴勒斯坦地图。在地理书中包含这样一幅地图，显示出改革教会对圣经学习者所要求的真正的地方知识的重要性。在最后一页，洪特表现了西西里和马耳他，这是他无法在意大利的地图上安置的。页面的尺寸允许更大的范围（比意大利地图的尺寸大2.5倍）。这最后的地图是唯一一幅城市名称以大写字母开头的，这可能表明它的木刻版是由洪特最后完成的。

《宇宙学基础》的后续版本

1542年的《宇宙学基础》是第一部现代欧洲地理教科书和地图集。这一地图集发表在一本宇宙学的著作中，清楚地表明在这一时期，诸如宇宙学、地理学和天文学等学科的定义都非常宽泛。[154] 由于《宇宙学基础》所固有的不均衡性，导致了后来这一著作不同部分的扩展和再版。[155] 这一分离是在洪特在世时开始的，不是出于任何理论上的原因，而是为了独立印刷文本和刻版的实际需要。[156]

1833

洪特的工作取得了巨大的成功，这是由大量的后续版本所表明的。恩格尔曼总结了1530—1692年《宇宙学基础》的126种不同版本和衍生物。其中最重要的出版商是彼得里，1530年，他在巴塞尔、（大）克里斯托夫·弗罗绍尔（Christoph Froschauer）在苏黎世出版了第一版。[157] 1519年，弗罗绍尔在苏黎世成立了第一家出版工场，至早在1546年再版了1542年布拉索夫的版本。弗罗绍尔直接从洪特处得到了文本，但他的新地图被海因里希·沃格泰尔（Heinrich Vogther）进行了删减。他在世界地图上留下了其首字母缩写（HVE）以及地点和时间（苏黎世，1546年），这导致了研究者的困惑。

后来的东—中欧地图

瓦茨瓦夫·格罗代基的波兰地图

贝纳德·瓦波夫斯基的作品对波兰地图绘制产生的影响如此之大，以至于直到17世纪，波兰的大部分地图都是根据他的作品或其作品的副本复制出来的。其中唯一已知的直接副本是由瓦茨瓦夫·格罗代基在1557年完成的。[158] 1535年，格罗代基出生于西里西亚的一个贵族家庭，1550年，他进入克拉科夫大学学习，后来获得了艺术硕士学位。1566年，他在布

---

[154] Uta Lindgren, "Was verstand Peter Apian unter 'Kosmographie'?" in *Peter Apian: Astronomie, Kosmographie und Mathematik am Beginn der Neuzeit*, ed. Karl Röttel (Buxheim: Polygon, 1995), 158 – 160.

[155] Zsolt Török, "Honterus: Rudimenta cosmographica (1542) — Kozmográfia és/vagy geográfia?" in *Honterus-emlékkönyv*, 57 – 72.

[156] 分离的影响可以从以下事实得到证明：文本部分的几个版本得以印行，而地图集的不同版本则鲜为人知，保存下来的副本更是极为罕见。

[157] Engelmann, *Johannes Honter*, 85 – 90, esp. 84. 最近的参考书目请参阅 Gernot Nussbächer, "Versuch einer Bibliographie der ausländischen Ausgaben der Werke des kronstädter Humanisten Johannes Honterus (Stand 25. April, 2000)," in *Honterus-emlékkönyv*, 150 – 190。雅德维加·布津科夫斯卡（Jadwiga Bzinkowska）呼吁对洪特的1542年世界地图的未知的克拉科夫版本加以注意。这幅地图《通用宇宙学》（Vniversalis cosmographia）可能是从1546年的苏黎世版本复制而来，并发行于别尔斯基（Bielski）的编年史中：Marcin Bielski, *Kronika wyszytkiego świata na sześć wiekow* ...（Cracow: H. Ungler, 1551）；这幅地图没有列入 Shirley, *Mapping of the World*。

[158] 这一独一无二的副本以前收藏在慕尼黑的巴伐利亚军队图书馆，1938年，卡罗尔·布切克在那里找到它。这幅地图得以复制，但原件在第二次世界大战期间亡佚了。Buczek, *History of Polish Cartography*, 41 n. 134.

尔诺定居，是一个虔诚的天主教徒和耶稣会的保护者，他在摩拉维亚（Moravia）成了反宗教改革的领袖，直到1591年去世。[159]

格罗代基的巨幅木刻版地图，既没有标明作者，也没有标明出版地，是用两块印版印制而成。通过约翰内斯·奥波里努斯在巴塞尔出版的小册子，可以确定为格罗代基的作品，包括地图的地名列表与菲利普·梅兰希通（Philipp Melanchthon）关于斯拉夫民族起源的论述。小册子的标题《由文塞斯莱·格德莱奇献给波兰国王西吉斯蒙德二世的波兰地图》（*Vuenceslai Godreccii in tabulam Poloniae a se descriptam nuncupatoria ad Sigismundum* Ⅱ *Augustum Poloniae regem*）表明格罗代基是地图的作者（即使拼错了他的名字）；1558年1月1日献给波兰的西吉什蒙德二世。根据布切克的说法，这幅地图也准备在那个时候印刷，但实际上直到1562年前后才得以出版。[160]

从河流和其他地名的拼写来看，格罗代基使用了某一版本的瓦波夫斯基地图，此版本与只在残片中所知的版本不同。格罗代基使用了在瓦波夫斯基的地图上没有表现过的地区的其他资料，包括第聂伯河、德涅斯特河（Dniester）、博河（Boh）和东部地区——这可能是西吉斯蒙德·冯·赫伯斯坦的行程，他记录下了自己1517—1518年经行此地的行程。格罗代基地图的一个特征是第聂伯河流向斯摩棱斯克几乎是直接的南北方向。这一错误扭曲了乌克兰的地理特征，并经常被早期的地图学史学家提到。其解释显然是格罗代基或出版商不希望将地图扩展，越过基辅的子午线，到几乎没有内容的地区。也许出于同样的原因，立陶宛大公国的大部分地区也被忽略了。

格罗代基在1568年画出了其大地图的缩减版本。这张新地图被雕刻成铜版，以与马丁·克罗默（Martin Kromer）主教的历史和地理描述相适应。各省的教区、主要城市和边界都用特殊的符号进行标记。[161] 出于某种原因，可能是因为出版商奥波里努斯（Oporinus）在1568年去世，这张地图从未得以印刷。格罗代基大地图的第二版于1570年在巴塞尔由奥波里努斯的继承人出版；在这一版本上，大型旋涡纹中的赞美诗被出版信息和一则新的标题《波兰、立陶宛、俄罗斯、普鲁士、马佐维亚和斯皮什编年史》（*Poloniae*, *Litvaniae*, *Rvssiae*, *Prvssiae*, *Masoviae et Scepusii Chorographia*）（图61.12）。[162] 最后，克罗默1589年的完成版《波兰或者……的情况》（Poloniae, sive de situ ...）被配以格罗代基大地图的一个版本。雕刻师弗兰斯·霍亨贝赫运用了奥特柳斯版本，在标题中他给出了正确的拼写“Grodeccius”，而不是写错了的“Godreccius”，表明霍亨贝赫从奥波里努斯的第二个版本中知道了作者的名字。

沃尔夫冈·洛齐乌什的匈牙利地图（约1552/1556年）

1834

沃尔夫冈·齐奇乌什，是匈牙利国王以及从1558年开始担任神圣罗马帝国皇帝的斐迪

---

[159] Buczek, *History of Polish Cartography*, 41 n. 134, and Karrow, *Mapmakers of the Sixteenth Century*, 280 – 282.

[160] Buczek, *History of Polish Cartography*, 41 n. 135.

[161] 在瓦茨瓦夫的兄弟扬·格罗代基（Jan Grodecki）于1568年6月2日给马丁·克罗默的信中提及了这幅地图，此信选入Buczek, *History of Polish Cartography*, 42 n. 139。

[162] 霍顿图书馆的这一独一无二的副本于1986年被发现并得以描述，发现者为Tomasz Niewodniczański, “Eine zweite Auflage der Polenkarte von Waclaw Grodecki (Basel 1570): Notizen zu einem sensationellen Kartenfund in der Harvard University,” *Speculum Orbis* 2 (1986): 93 – 95。

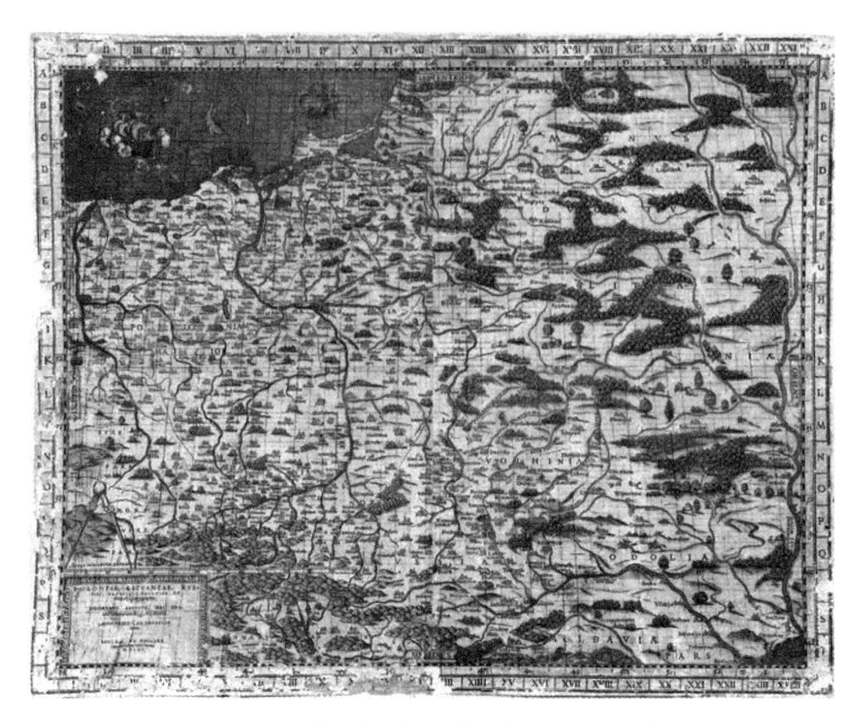

图 61.12 瓦茨瓦夫·格罗代基：波兰地图，1570 年

格罗代基地图的第二版是用两块木刻版印制并上色的。两块印版上的地名以迥异的风格镂刻。地理网格是手工重新画上去的。

原图尺寸：63×79 厘米。Houghton Library, Harvard University（51－2504 PF）许可使用。

南一世的私人医生，在维也纳出版了一些有影响的地图作品。费尔特湖/新锡德尔湖的一份残破的示意图[163]可能是他后来的一系列区域地图的先声，最重要的是他第一部区域地图集《其他类型的奥地利行省地图》（*Typi chorographici Provinciarum Austriae*）（维也纳，1561 年）。作为“军医”（Veltdoctor），洛齐乌什参加了 1541 年哈布斯堡试图夺回匈牙利首都布达的失败尝试。然后，他凭借自己的个人知识修改了洛佐鲁什的匈牙利地图，可能还包括了他的示意图，以及他从地图上收集的 24 名著名匈牙利人的信息，这些信息是在 1556 年出版的。

洛齐乌什的全部用拉丁语写成的《匈牙利王国写实》（*Regni Hvngariae descriptio vera*），是由在维也纳的米夏埃尔·齐默尔曼（Michael Zimmermann）工场的十块印版印制的（图 61.13）。这幅地图有两个日期：在中央标有 1552 年，献给斐迪南一世（及其子马克西米利安），在左上角标有 1556 年。双重日期意味着洛奇乌什在 1552 年编制了这张地图，但它是在 1556 年印刷的。或者，令人困惑的日期可能表明，1552 年的地图在四年后重印，在文本解释中有一些变化。

洛齐乌什的大地图及其解释性文字的德国版于 1556 年作为小册子出版，标题为《匈牙利王国及其附属领土的完整和真实的地理描述》（*Des Khünigreich Hungern sampt seinen eingeleibten Landengründlicheund warhafftige Chorographica Beschreybung ...*），其中一块残片于 19 世

[163] Cod. 8664, Österreichische Nationalbibliothek, Vienna, 重制于 Lazius, *Karten der österreichischen Lande*, 15。

图 61.13　沃尔夫冈·洛齐乌什的匈牙利地图的细部，1552/1556 年

巴拉顿湖及其周围环境的细部；木刻版，铅版印刷（?）。这张地图最显著的特点是它对这一湖泊的表现。洛奇乌什把蒂豪尼（Tihany）半岛错误地放在了南岸，这是洛奇乌什地图的所有衍生品的共同特征。居民点的相对位置也令人困惑：就好像两幅不同的地图，可能各自有不同的方向，被汇编成一幅地图。请注意村庄 Z. Hedwig（在湖泊的左下端）和在相反一侧的另一个 Z. Hedwig。洛奇乌什肯定对匈牙利的名称有一些疑问，所以可能把佐洛河［Zala（Zalahídvég）］畔的聚落的名称 Hidwig（桥边的一个村庄）错误地写成人名圣黑得希尔（Saint Hedwig）。显而易见，他把同一个基督教的名字用在叫 Hidwig 的另一个聚落上，见左上角的拉包河［Rába（Rábahídvég）］畔的 Z. Hidwig。

完整原图尺寸：76 × 129 厘米；细部尺寸：约 21.2 × 20 厘米。由 Öffentliche Bibliothek der Universität, Basel（Kartensammlung AA 86 – 87）提供照片。

纪在维也纳被发现并记录下来。[164] 1988 年在布达佩斯发现了更多的残片，由修复者在书的装订中找到。从这些残片中，其标题得以重组，并发现与洛奇乌什 1556 年的小册子是一样的。[165] 1995 年，在布达佩斯的一间古董书店里发现了一张带有部分德文标题的洛奇乌什地图。[166] 从地图上德文献词来看，很明显，洛奇乌什受命将他的拉丁文地图翻译成德文。对德文和拉丁文版本的残片进行比较表明，地图内容没有任何变化。相同的木刻版用来印刷拉丁文（1556 年）和德文（1556 年）版本，只有标题和说明文字是使用金属字模，才发生了变化。

1835

洛奇乌什"纠正"了洛佐鲁什地图的 1528 年版，将匈牙利王国，由斐迪南一世所宣称的领土放置于一个水平扩展的矩形中，其边缘与基本方位相符合。这幅地图的新格式和不同的比例进一步扭曲了洛佐鲁什地图的空间结构。洛奇乌什的地理知识有限，他试图与当时的地理达成妥协，这可能会说明这一被误导的修订出现的原因。尽管存在问题，但洛奇乌什的

---

[164] 匈牙利历史学家弗洛里什·罗默的手稿注释和残片的草图都收藏在 Budapest, Országos Széchényi Könyvtár, fol. Hung. 1111 52 – 58。

[165] Katalin Plihál, "Egy 'ismeretlen' Wolfgang Lazius térkép," *Geodézia és Kartográfia* 41 (1989): 200 – 203.

[166] Tibor Szathmáry, "Egy ritka lelet," *Cartographica Hungarica* 5 (1996): 52.

地图还是比洛佐鲁什方位奇特的印刷著作和他的后来的副本对读者更加友好。洛奇乌什地图的清晰性促成了它的广受欢迎；当时读者兴趣是地理上的概述，而不是坐标的准确性。此外，洛奇乌什的地图上的地理名称是用当时堪称极好的匈牙利语写的，因为许多匈牙利参与者都检查了名称的拼写。

在圣母玛利亚、圣子和两位被封圣的匈牙利国王——圣斯蒂芬和圣拉迪斯劳斯的木刻插画的下面，有一首诗歌，阐释地图的思想信息：玛利亚和神圣的国王应该保护匈牙利信仰基督教的人民，反抗异教徒敌人——土耳其人。这首诗的作者可能是亚诺什·西尔维斯特（Jánós Sylvester），他是匈牙利沙尔堡的一位出版商，同时还是维也纳大学教授希伯来语的人文主义者教授。洛奇乌什还制作了一则图例，用三种语言——拉丁语、德语和匈牙利语——来解释地图符号的含义。除了聚落（城市、市场和村庄），也表现了城堡和修道院。一些具有重要经济意义的地方，例如葡萄园、矿山和天然温泉，用图形符号标示，而古代遗迹则用黑点标示。正如瓦波夫斯基的波兰地图一样，洛奇乌什的地图标出了带有法冠和权杖的主教的座位。在地图的献词中，洛奇乌什提到了一次"北极的观测"，这是匈牙利的首次有记录的地理纬度测量。洛奇乌什强调了其地图的民用内容，及其对"战争之人"（Kriegssleuten）和商人及历史学家的作用。

1557年，洛奇乌什委托巴塞尔的约翰内斯·奥波里努斯出版了匈牙利西部战役的军事地图。这幅战争地图与洛奇乌什的大地图的地理差异很大，献给奥格斯堡的乌尔里希·富格尔（Ulrich Fugger），因为后者对采矿业的兴趣，支持了匈牙利的军事防御。另一个不同献词的版本是1577年由亚当·亨里茨派特里［Adam Henricpetri，海因里希·彼得里（Heinrich Petri）的儿子］在巴塞尔出版的。

1836

约翰内斯·桑布库斯：1566年和1571年匈牙利的不同地图

匈牙利的亚诺什·然博基（Jánós Zsámboky）更多是以其拟古名约翰内斯·桑布库斯（Johannes Sambucus）而闻名于世，1543年，他在维也纳开始了学业。二十年后，他在欧洲各地游历和学习后，回到维也纳，在宫廷中担任国王的历史学家和医生的职务。桑布库斯是一位热衷于书籍和手稿的收藏家，也是一位国际公认的人文学者，他能接触到其时代的最佳资料来源。他的第一本出版物是1558年关于彼得罗·兰萨诺的历史著作的印刷版本。[167] 1565年，洛奇乌什去世后，桑布库斯出版了一幅特兰西瓦尼亚的地图，这是洪特的一幅地图的新版本。基于《宇宙学基础》（约1546年）的一部修订版和其他来源的图像，桑布库斯的编绘本通过在维也纳的1566年的铜版得以印刷。[168]

---

[167] 意大利人文主义者的历史著作可能是意大利费拉拉的一名人文主义者塞巴斯蒂亚诺·孔帕尼用来写作对世界的描绘的来源之一。他的手稿（Biblioteca Apostolica Vaticana，Codex 3844）包括85个匈牙利定居点，而在马特鲁斯或罗塞利（约1491年）的地图上，只有36个。同时，名称的书写形式表明了孔帕尼并没有使用这些地图。当时的制图师似乎也不知道他的描述。请参阅 Roberto Almagià，"Uno sconosciuto geografo umanista：Sebastiano Compagni，" in *Miscellanea Giovanni Mercati*，6 vols.（Vatican City：Biblioteca Apostolica Vaticana，1946），4：442–473。

[168] 桑布库斯的特兰西瓦尼亚的版本是由奥特柳斯（1570年）、明斯特尔（1588年）和墨卡托（1595年）印刷的。Georg von Reichersdorff 的摩尔达维亚的描述发表于 Chrystophor Philaleth（Martinus Broniovius），*Tartariae descriptio*，part of Antonius Possevino，*Moscovia*，*et alia opera*（Cologne，1595）。波塞维诺（Possevino）卷中的特兰西瓦尼亚地图的作者被认为是 Reichersdorff，可能是基于奥特柳斯版本（1575年）。

1837

在同一年，桑布库斯发表了《坦斯特特尔匈牙利图……》［*Ungariae Tanst*（*eteri*）*descriptio* ...］，这是洛佐鲁什1528年匈牙利地图的一部新的版本。通过在维也纳的两块印版印制而成，桑布库斯的版本错误地把洛佐鲁什地图的作者归为格奥尔格·坦斯特特尔，这说明桑布库斯没有关于洛佐鲁什或他的原稿的信息。继洛奇乌什之后，桑布库斯纳入三种语言（匈牙利语、德语和拉丁语）的最重要的地理名称的列表。在标题中有艺术字母“DH”［多纳特·许布施曼（Donat Hübschmann）］。桑布库斯的“修订”包括从洛奇乌什的地图中得出一些明显的错误。一个例子是在哈布斯堡的基督教徽章旁边的未标注名称的巴拉顿湖的南岸，有一个大型的半岛［标注地名为蒂翁（Thian）］，其位置画错了。

桑布库斯被认为主要是一名优秀的编辑者，而非独立的地图绘制者，正如我们在他1571年出版的匈牙利地图（图61.14）中所看到的。通过这张地图，他纠正了这个国家扭曲的地理形象，如果我们将多瑙河的流路和洛奇乌什地图上所表现的图像进行比较，就可以清楚地看出这一点。因其北岸的蒂豪尼（Tihany）半岛，巴拉顿湖呈现出一个新的更现实的形状。这张地图的来源尚不清楚，但桑布库斯似乎在1566年之后获得了可靠和令人信服的资料。他的地图的风格和内容似乎与尼科洛·安杰利尼（Nicolo Angielini）的匈牙利绘本地图（见图版76）非常相似。[169] 然而，对这两幅地图的全面比较表明，两位绘制者都复制了第

图61.14　约翰内斯·桑布库斯：匈牙利地图，1571年

《最新修订匈牙利特别地区地图》（*Vngariæ loca præcipva recens emendata*），在维也纳编辑和印刷成两图幅的铜版印刷作品，代表了一种革命性的进展。这幅地图的资料来源尚不为人所知，但与同时代的军事建筑师安杰利尼（Angielini）家族的绘本相比，显示出它们有一个共同的来源。土耳其战争期间的条件不允许在匈牙利中部地区进行任何调查，地图是根据更早的未知作品绘制的，这些作品桑布库斯在1566年之后可以接触到。虽然他订正并添加了地理名称和位置，但他修订方向的努力导致了对该国形象的另一种全面扭曲。奥特柳斯在他的地图集中收录了桑布库斯的1579年地图，取代了洛奇乌什的匈牙利地图。

原图尺寸：30×45厘米。由Bildarchiv，Österreichische Nationalbibliothek，Vienna（a. B. 9. A. 1）提供照片。

---

[169] 关于确定安杰利尼地图的时间问题，请参阅下文。

三种未知的地图模型，尽管桑布库斯的1571年地图的方向受到了坦斯特特尔和洛奇乌什的方向错误的强烈影响。[170] 桑布库斯实际上是一名编辑者，并使用了尼科洛、纳塔莱·安杰利尼和奥古斯丁·希尔施福格尔的早期绘本地图，在1573年的奥特柳斯的《寰宇概观》中所发表的伊利里库姆（Illyricum）的旋涡纹饰明确地给出了证据。[171]

地方对外国地图的使用

与土耳其的战争在整个欧洲引起了广泛的关注，正如约翰·迪伊对当时地图使用的评论所展示的那样。[172] 迪伊特别提到了东—中欧事务，这表明在英格兰，地图被认为是重要的可视化工具。在欧洲大陆，地图在军事政治事件的通信中扮演着更为重要的角色。没有地理环境，这些地方和事件就丧失了意义。除了地理文本之外，地图、示意图和景观图也出现在一些临时性更强的小册子中。这些印刷地图，例如多米尼克斯·屈斯托斯的地图（奥格斯堡，1598年），作为1593—1598年的战役的配图，在今天已经是极为罕见。[173] 西方的编辑和出版商对东—中欧的情况了解程度不高，他们渴望得到当地的信息资料。来自该地区的新地图信息不足以编制新的地图，而是被整合到现有的地图中。

16世纪，尽管在瓦波夫斯基、洛佐鲁什和洪特的原本和本土作品中几乎没有增加欧洲东—中欧的国家或地区的地图，但到该世纪下半叶，欧洲人对这一地区的表现则被上述作品的衍生物所主导，它们收入奥特柳斯的《寰宇概观》和其他的近代地图集中。[174] 若干印本地图确实值得注意，因为它们体现出未知地图的轨迹。它们所保存的零碎信息提到了现在已经亡佚的早期地图。例如，一位匿名的制图师印制了桑布库斯作品的一个版本，又根据墨卡托的匈牙利地图添加了一百多个聚落。反过来，这幅地图原本是由另一位不知名的作者制作，但很有可能是匈牙利制图师，因为一幅表现了包括匈牙利的大区域的壁挂地图，其本身最终

---

[170] Tibor Szathmáry, "Nicolaus Angielus Magyarország-térképe," *Cartographica Hungarica* 3 (1993): 2–13.

[171] 希尔施沃盖尔的木刻版地图，因巴格罗夫的复制而闻名，此图于1565年在纽伦堡印刷，并被奥特柳斯复制为Sclavonia（Szathmáry, *Descriptio Hungariae*, 1: 146）。这一亡佚的作品以南方为正方向，可能暗示了当时的其他作品也具有这样的方向。如果在编绘过程中没有实现，这种不寻常的形制可能导致图像混乱（例如，洛奇乌什的地图，1552/1566年）。

[172] 另一些，目前来看，土耳其统治的广大地域：莫斯科公国的广阔帝国：以及基督徒的小团体（按职业划分），这些当然是广为人知的……喜欢、爱、获得与使用、地图、海图和"地理球仪"。来自约翰·迪伊为欧几里得的《几何原本》的英文译本（1570年）所作的序言中，引自R. A. Skelton, *Maps: A Historical Survey of Their Study and Collecting* (Chicago: University of Chicago Press, 1972), 27。1601—1602年间在匈牙利服役的众多外国雇佣兵中，就有约翰·史密斯上尉，他后来担任了弗吉尼亚殖民地的总督。

[173] Peter H. Meurer, "Eine Kriegskarte Ungarns von Dominicus Custos (Augsburg 1598)," *Cartographica Hungarica* 1 (1992): 22–24.

[174] 在1570—1612年间50多种版本中，奥特柳斯纳入了洛奇乌什的匈牙利地图（1566年）《匈牙利地图》(*Hungariae descriptio ...*)。洛奇乌什的地图是赫拉德·德约德（安特卫普，1567年）、马蒂亚斯·聪特（安特卫普，1566年；发表于德约德的地图集，1578年）、小约翰内斯·范多特屈姆（阿姆斯特丹，1596年）、雅各布·冯桑德拉特（纽伦堡，1664年）以及Georg Matthias Visscher（维也纳，1682年）等人的匈牙利地图的来源。奥特柳斯意识到匈牙利互相竞争的图像的问题，解释说这两幅地图都不是"其本身绝对足够值得这么好的一个国家"（引自Karrow, *Mapmakers of the Sixteenth Century*, 461）。桑布库斯的地图被马蒂亚斯·奎德（Matthias Quad）所复制（科洛涅，1592年）。

是在1595年之后得以印行的（图61.15）。[175]

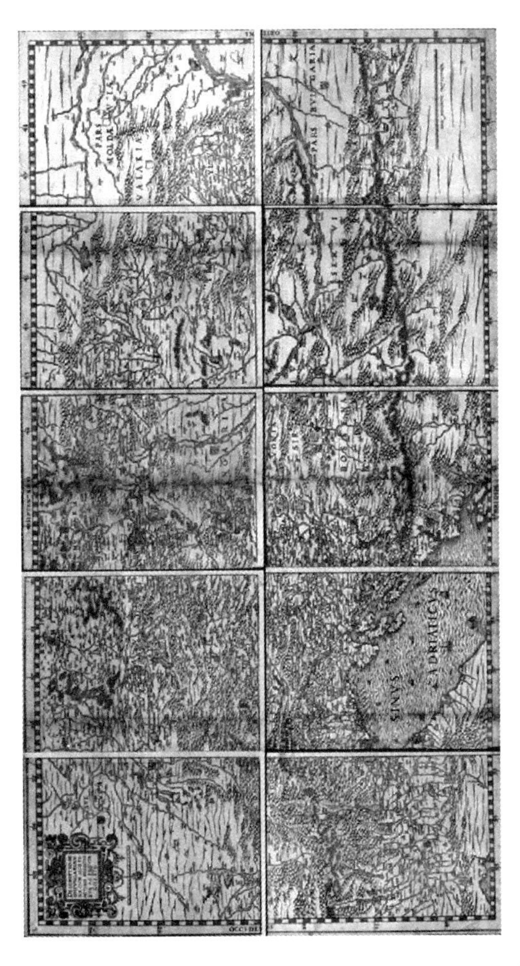

图61.15　《匈牙利地图……》（*Descriptio Regni Hungariae...*），**约1595年**

尽管标题如此表达，但幅巨大的佚名木刻地图表现了比匈牙利大得多的地域：它覆盖了从巴伐利亚到摩尔达维亚，从波西米亚到达尔马提亚的巨大区域。科罗纳（Corona，罗马尼亚的布拉索夫）以东的虚线标出了特兰西瓦尼亚的边界，包括定居点布克海赖斯克［Bukhereskh，罗马尼亚布加勒斯特（Bukhereskh）］。这一边境表明了1595年巴托里（Batori）王子对土耳其人的军事行动胜利之后的局势。

原图尺寸：89.5×169厘米。由Woldan Collection，Österreichische Akademie der Wissenschaften，Vienna［K-V（B1）：OE/Hun 15（1-10）］提供照片。

当时文献中对地图使用的零星引用表明了对应用地图的普遍接受。匈牙利人马顿·赛普希·琼博尔（Márton Szepsi Csombor）曾在欧洲游历，他在其1620年出版于科希策（斯洛伐克）的日记中写到，1616年，他使用了洪特的地图来制定在波兰旅行的计划，反映了该地图的持久力以及该地区详细地图的缺乏。匈牙利领主和军事领袖亚当·鲍塔尼（Ádám Batthány）的日记中特别提到了1637年在维也纳购买了两幅德文和荷兰文的地图。鲍塔尼对　1839

[175] *Descriptio regni Hungariae una cum aliis finitimis regionibus ac provinciis*，以"世界"（Woldan）地图而为人所知，收藏在Vienna，Österreichische Akademie der Wissenschaften. Katalin Plihál，"Hazánk ismeretlen térképe a XVI. század végéről，" *Cartographica Hungarica* 3（1993）：32-41。

地图学保持着兴趣，因为在1646年，他为一本“带有地图的旧书”支付了一笔钱。[176] 因为他不是古董收藏家，我们会认为他购买旧书的原因是为了获取相关的地理信息。然而，显而易见的是，在印刷的地图集中，对匈牙利的表现并没有随着时间的推移而得到显著发展。1654年，鲍塔尼收到了一封来自维也纳的信件和一幅匈牙利地图。他把信转发给了收信人克罗地亚人尼古拉斯·兹林斯基（Nicholas Zrinski），后者表达了他的感激之情。这个例子说明了缺乏商业地图制作的结果：当地人使用的是外国地图。

东部边境的军事地图

马蒂亚斯·斯特鲁比奇和斯特凡·巴托里的战役

根据布切克的说法，波兰地图绘制的普遍衰落在1650年之后非常明显，尽管在瓦波夫斯基之后，它早已停止发展。[177] 毕竟，到了16世纪后期，瓦波夫斯基的作品在波兰已经完全被遗忘；在奥特柳斯地图集中所使用的地图的绘制者的目录中，在波兰方面，他只提到了格罗代基和安德烈亚·波格拉布斯基（Andrea Pograbski，又作Andreas Pograbka）。这一观点来源于印本地图，受到了16世纪中期之后的军事建筑师、工程师和测量师的成就的挑战，这些成就揭示了东—中欧的一系列重要的绘本地图。

这项工作始于马蒂亚斯·斯特鲁比奇（本名为Strobica），他是西里西亚人，1563年在波兰被封为贵族。他的教育背景不为人所知，但在1559年，他作为一个博学而有才华的人被皇家总理府所接纳。他受委任将普鲁士王子阿尔布雷希特（Albrecht）的作品《论战争的艺术》（*Von der Kriegsordnung oder der Kunst Krieg zu führen*）翻译为波兰语。1567年，他搬到了新并入的利沃尼亚，并担任了科肯豪森（Kokenhausen）地区法院的秘书。1577年，他为波兰国王斯特凡·巴托里（Stefan Báthory）服务，并撰写了一份关于利沃尼亚的描述，将其献给了国王。

1579年，斯特鲁比奇告知波兰总理扬·扎莫伊斯基（Jan Zamoyski），他已经完成了“他的国王陛下的土地和领地，分别配以不同的地图。”[178] 斯特鲁比奇显然打算把地图连在一起，把所有疆域描绘在一张纸上，来印行于世。为了完成这个项目，他还请求扎莫伊斯基提供一幅国王所有的立陶宛地图。斯特鲁比奇从斯特凡·巴托里那里请求得到的这幅地图，完全有可能是由斯塔尼希奥夫·帕乔伊奥维基（Stanistaw Pachoiowiecki）所绘制的《波兰公国图志》（*Descriptio Ducatus Polocenis*）（罗马，1580年），后者是王室的秘书和波兰杰出的军事领导人，他在1579—1581年与俄罗斯的战争中参加了战斗。在对波洛茨克（Polock）要塞的远征中，他绘制了一幅公国地图和由波兰人占领的7个堡垒的平面图，除了波洛茨克的平面图外，这些平面图都由意大利测量师、雕刻师和印刷工彼得·佛朗哥（Peter Franco又作Francus）进行雕版。帕乔伊奥维基和佛朗哥都被封为贵族，作为他们的军事制图工作的奖励。这一描述仅从19世纪的残片中得知，是波兰军事制图学的绝佳例子。[179]

---

[176] 文献引自Lajos Kiss，*Magyqr írók a térképről*（Budapest：Magyar Térképbarátok Társulata，1999）：9－10.

[177] Buczek，*History of Polish Cartography*，80 ff.

[178] 信件发表于*Archiwum Jana Zamoyskiego*，*Kanclerza i Hetmana Wielkiego Koronnego*，4 vols.（Warsaw，1904－48），1：371－374。

[179] Karol Buczek，*Kartografja Polska w czasach Stefana Batorego*（Warsaw，1933），80－82.

斯特鲁比奇唯一保存下来的地图作品是《立陶宛大公国、利沃尼亚和莫斯科大公国图志》（*Magni Ducatus Lithuaniae Livoniae et Moscoviae descriptio*），发表在历史学家马丁·克罗默的一本书的1589年科隆版中。这幅地图显示了立陶宛的北部疆域，并延伸到利沃尼亚和莫斯科大公国相当大的一部分。斯特鲁比奇被要求让他的地图做得更详细，并将其"延伸，以表现"从鲁泰尼亚（Ruthenia）到特兰西瓦尼亚的地区。[180] 这张地图覆盖了与俄国沙皇伊凡雷帝作战的全部战场区域。斯特鲁比奇根据不同的来源编绘了他的地图，包括描述、行程、示意图和平面图。在早期的地图中，他可能使用了卡斯帕·亨内贝格尔（Caspar Henneberger）的已经亡佚的1555年首次印刷地图，以及1567年被翻译成波兰语的亨内贝格尔对利沃尼亚的描述（1564年）。

作为波兰国王和特兰西瓦尼亚的亲王，斯特凡·巴托里系统地收集了所有可以用于规划针对土耳其人的军事行动的地方信息。他的军事情报部门有效率地运行，地理知识以详细地图的形式表现出来。在与俄罗斯的战争胜利之后，基辅主教约瑟夫·韦雷什琴斯基（Józef Wereszczyński）在1592年写道：有消息说他在巴托里的地方志上"花了很多时间"，在地方志上面写着"所有地方的位置，土耳其人的城镇和城堡、海洋、河流、山脉、丘陵，森林和田地。"[181] 另一个可能的主要信息来源是马蒂亚斯·斯特雷伊科夫斯基（Matthias Stryjkowski），他是1574年波兰驻君士坦丁堡使团的一名成员，他受命按照"几何学和宇宙学的规则"制作土耳其城堡和城镇的平面图。[182] 在斯特凡·巴托里执政期间，波兰对地图的兴趣确实非常浓厚。1586年国王去世后的一篇悼词中，政治家和历史学家克日什托夫·瓦谢维茨基（Krzysztof Warszewicki）展示了一幅国家的地图，并提到了国王下令制作的另一幅地图。[183] 作为标志符号，这些地图将展示巴托里国家的荣耀和胜利。

1840

尼古拉斯·克里斯托弗·拉齐维尔亲王和他的地图

关于立陶宛的新地图的工作大约开始于1597年。这一雄心勃勃的计划是由尼古拉斯·克里斯托弗·拉齐维尔（Nicholas Christopher Radziwill）亲王发起的，他是一个学识渊博并且有权势的人，曾经参与了斯特鲁比奇的1579年地图的制作工作。[184] 这幅新地图于1613年在阿姆斯特丹出版，标题为《立陶宛大公国》（图61.16）。尽管斯特鲁比奇对这一工作做出了贡献，他在1599年与拉齐维尔亲王的儿子一起旅行，为大型地图寻找一名雕刻师和印刷商，但地图上并没有提及斯特鲁比奇的名字，而托马斯·马科夫斯基（Thomas Makowski）的名字却出现了两次。[185] 马科夫斯基是一名城市景观图和战争场景的铜雕师和印刷商，他为

---

[180] Buczek, *History of Polish Cartography*, 53.

[181] Józef Wereszczyński, *Exitarz ... do podniesienia woyny prezeciwko Turkom y Tatarom* (Cracow, 1592).

[182] Buczek, *History of Polish Cartography*, 52.

[183] *Christophori Varsevici*: *Post Stephani regis mortem ...* (Cracow, 1587), 30.

[184] 1563—1564年，立陶宛大公国总理之子尼古拉斯·克里斯托弗·拉齐维尔进入斯特拉斯堡大学就读，后来在德意志、法国和意大利游历。他作为军事领袖参加了与俄罗斯的战争（1568、1579、1582年），1582年，他前往圣地朝圣。

[185] 对第聂伯河的插页地图的评论说："托马斯·马科夫斯基在他的立陶宛地图上给了基辅50°10′的纬度"。1613年地图的雕刻师黑塞尔·赫里松明显将立陶宛地图归于马科夫斯基。除了立陶宛的文字描述之外，首字母和标题（"T. M. Pol. Geograph."）为马科夫斯基的著作权提供了进一步的证据。

拉齐维尔亲王在1601年的朝圣之旅中出版的书配了地图。[186] 从此以后，马科夫斯基为亲王服务，并担任了图书插画家和印刷商。为立陶宛地图找到一名印刷商的问题是一个严重的障碍。尽管斯特鲁比奇和马科夫斯基都参与其中，但这幅地图不得不在国外印刷。1597年，一封来自拉齐维尔亲王的信件表明，他曾想把这张地图印在著作的中间部分。在同一封信中，我们得知亲王指导了这项工作，并且是一位活跃的合作者。[187]

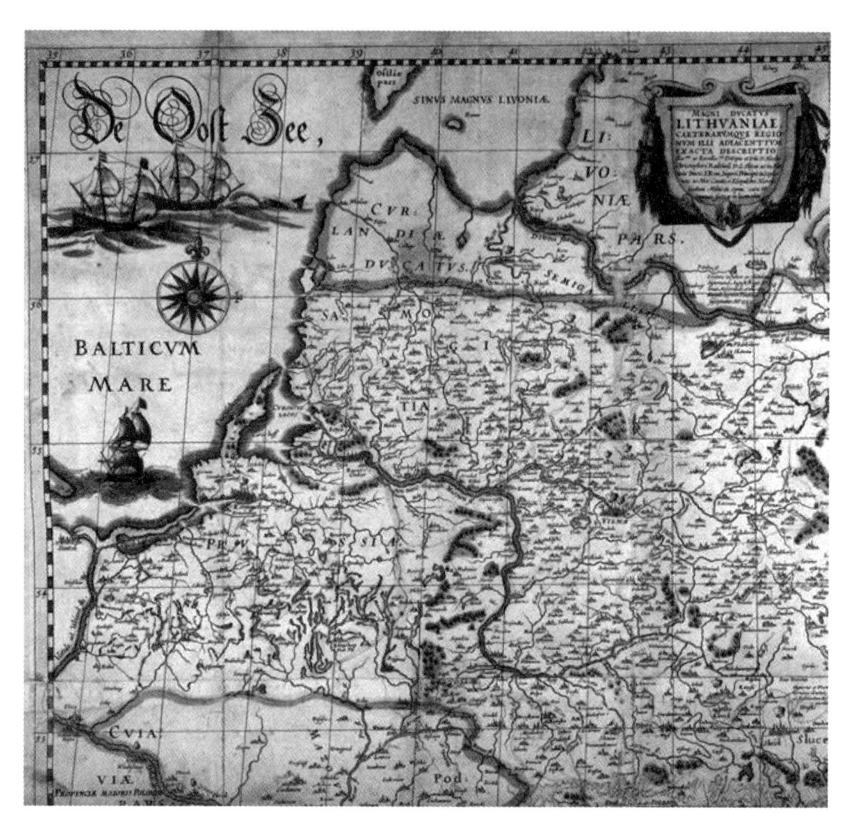

图61.16 拉齐维尔的《立陶宛大公国地图》的细节，1613年

这幅地图表现了超出立陶宛1569年疆域边界的广大区域。立陶宛中部和西部的描述非常详细：地图上显示出1020个聚落，511个城镇、31个村庄和1个修道院，都在大公国境内。这种集中程度导致了同时代地图表现所需要内容的密度。这份绘本由黑塞尔·赫里松于阿姆斯特丹用四块铜版刊刻。

完整原图尺寸：75×106厘米；细部尺寸：45.1×48.5厘米。由Vilniaus Universiteto Biblioteka，Lithuania提供照片。

尽管关于地图的作者身份的问题尚未得到解答，但显而易见的是，此地图是一个互相协作的作品。[188] 调查和地图制作的方法是向每个地区派遣一名职员，并指示他们将地点及其之间的距离列出来。纬度和经度上的误差很少超过20′。考虑到在确定经度方面更严重的困难，这一相对较高的精确度似乎表明，天文观测并没有用来支持现场测量。[189] 一个半世纪以来，这幅地图仍然是立陶宛地图的源头。事实上，扬·涅普尔泽茨基（Jan Nieprzecki）的地图就

[186] Nicholas Christopher Radziwill, *Hierosolymitana peregrinatio* ...（Braunsberg: Georgium Schönfels, 1601）.

[187] Buczek, *History of Polish Cartography*, 58 n. 199.

[188] Buczek, *History of Polish Cartography*, 59.

[189] Merczyng, “Mappa Litwy.”

基于拉齐维尔的地图，于 1749 年首次出版，最后一次出版是在 1812 年。

纪尧姆·勒瓦瑟·德博普朗和东欧其他制图师

从 17 世纪早期开始，波兰被卷入了一系列的战争。地图绘制活动受到了国王拉迪斯劳斯四世（Ladislaus Ⅳ）的军事行动的刺激，军队也召募了杰出的外国军事工程师和军官。其中最引人注目的是法国军事工程师纪尧姆·勒瓦瑟·德博普朗（Guillaume le Vasseur de Beauplan）。从 1630—1647 年 3 月，他在波兰工作，主要在东部边境地区活动，在那里他监督了 50 座要塞的修建，并建立了数百个村庄。他参加了许多与哥萨克人和鞑靼人的战斗。1639 年，他参加了一场在第聂伯河上的考察探险。这一次，他绘制了一幅乌克兰南部地区的示意图“乌克兰地理图”（Tabula geographica Ukrainska），已保存在《地形学实践》（*Topographica practica*）中，这是由弗雷德里克·盖特坎特（Frederick Getkant）遵照劳迪斯劳斯四世的命令汇编的绘本地图和海图的集合。[190] 博普朗绘制了一幅乌克兰的总图：《乌克兰及接壤省份总图》（*Delineatio generalis camporum desertorum vulgo Ukraina cum adiacentibus provinciis*），此图于 1648 年由铜雕师威廉·洪迪厄斯在格但斯克出版。[191] 我们可以合理地假设，这一著作的出版与博普朗返回法国有关。地图上的印版可能是在他离开的时候被刻上去的，而洪迪厄斯也开始为一幅乌克兰的专门地图而工作。[192] 1651 年，博普朗还发表了一份关于乌克兰的描述，这份描述只局限于克里米亚和第聂伯河的下游，而且只印刷了 100 份。[193]　1841

经过多年的努力，博普朗曾期望他的效劳会得到丰厚的回报，但国王拉迪斯劳斯四世于 1648 年去世，这扼杀了他获得补偿的所有希望。1654 年，波兰的约翰二世［约翰·卡齐米尔（John Casimir）］授予格但斯克印刷商格奥尔格·富斯泰尔（Georg Förster）和历史学家约阿希姆·帕斯托里乌斯（Joachim Pastorius）特许权，来印刷地图和对王国省份的描绘——换句话说，他们完成了洪迪厄斯和博普朗的工作。这 11 幅地图（1952 年在格但斯克市图书馆中发现），最初是以图书形式呈现，覆盖了博普朗书中描述的乌克兰相同地区。很明显，它们是根据他的较大的地图制作的，但仍然或多或少并未完成：除了下面的两幅第聂伯河下游的地图之外，标题、名称和细节都没有呈现，作者博普朗的名字被标为军事建筑师和指挥官（Architectus militaris et Capitaneus）。[194] 在洪迪厄斯去世后，约翰二世下令将洪迪厄斯工作室里所有的东西都封存起来。在下命令的这份文件中，特别注意到了某些“波兰地图”（Atlante Polonico 或“Theatrum Poloniae”）以及相关的材料。尽管波兰国王对这些材料不甚了解，但他显然想对一些文件进行保密。　1842

---

[190] 保存在斯德哥尔摩的战争档案馆。一位德国炮兵军官 Getkant 先是在波兰军队服役，后来，从 1655 年开始，又在瑞典军队中服役。他的普鲁士海岸地图与一些要塞平面图都保存了下来，但他的档案则在一次火灾中亡佚了。

[191] 请参阅本卷 p. 727 和 p. 729。

[192] Beauplan's *Delineatio specialis et accurata Ukrainae*；请参阅 Czesław Chowaniec，“Une carte militaire polonaise au XVIIe siècle（Les origines de la carte de l’ Ukraine dressée par Guillaume le Vasseur de Beauplan），” *Revue Internationale d’ Histoire Militaire* 12（1952）：546 –562.

[193] Guillaume le Vasseur，sieur de Beauplan，*Description des contrées du royaume de Pologne*，*contenués depuis les confins de la Moscovie*，*iusques aux limites de la Transilvanie*（Rouen，1651）.

[194] Stanistaw Herbst，“Prace kartograficzne Beauplana-Hondiusa z r. 1652，” *Przegl* a，*d Historyczny* 43（1952）：124 –128.

应该注意其他几名同时代但不太出名的制图师。1645 年，约翰·布劳在阿姆斯特丹出版了波兹南的宫廷医生格奥尔格·弗罗伊登哈默（Georg Freudenhammer）的著作《大波兰要略新编中的波兹南省图》（*Palatinatus Posnaniensis in Maiori Polonia primarii nova delineatio*）。[195] 根据拉丁文的解释，地图是基于纬度测量和其上所展示的 74 个城镇之间的距离而构建的。实际上，波兹南纬度的测量是不正确的，整个地区都被向南移动了。科利茨（Kolisz）领地的地方法官与测量员马赛厄斯·吉奥斯科夫斯基（Mathias Gioskowski）在 1648 年写给格但斯克天文学家约翰内斯·赫维留斯（Johannes Hevelius）的信中报告了他绘制了波兰地图的计划。赫维留斯也没有意识到他的计划是基于地理坐标来绘制自己的地图。相比之下，丹尼尔·茨维克尔（Daniel Zwicker）能够发表他的地图《首次出版的最新波兰湿地地图》（*Nova et nunc primum edita Paludum Polesiae Tabula*），在 1650 年，威廉·洪迪厄斯在格但斯克上雕版了他的作品。[196] 约瑟夫·纳罗诺维奇-纳龙斯基（Joseph Naronowicz-Naroński）是一位有天赋的测量师，也是高产的制图师，对实用几何学有特别的兴趣。他的 1659 年数学手稿，是用波兰语写成的，涉及测量、制图和军事工程的问题。纳罗诺维奇-纳龙斯基在东普鲁士的活动标志着军事地形测绘开始发展起来。

保卫欧洲：土耳其战争期间的军事测绘

奥斯曼帝国向哈布斯堡王朝的扩张，导致匈牙利对斐迪南一世的重要性变得显而易见，他需要匈牙利来保卫维也纳以及他在奥地利和波西米亚的哈布斯堡领土。匈牙利成了基督教世界的最后堡垒。匈牙利平原的农产品（玉米和牛）也很重要，正如特兰西瓦尼亚的欧洲最著名的金矿一样。在这一点上，对土耳其人的战争是欧洲政治中的一个地区性的冲突，但是一旦匈牙利在 1526 年成为哈布斯堡帝国的一部分时，权力的平衡就发生了变化。近两个世纪以来，奥斯曼人和哈布斯堡人将主要在前匈牙利王国作战。

匈牙利王国军事边界的转变始于 16 世纪 30 年代和 16 世纪 40 年代。这个新的军事组织类似于沿着 15 世纪的匈牙利南部边境建立的两个平行的防御工事链、城堡和堡垒，这个体系已经击退了土耳其军队一个多世纪的时间。新组织从西南部的亚得里亚海到东北部的喀尔巴锡山脉，布置了一条防御的对角线。数百公里的建设需要大量的财政支持。来自匈牙利王室的收入无法单独支付费用，因此边境地区背后的哈布斯堡王朝贡献了大量的金钱和物质与人员。1556 年，宫廷战争委员会（Wiener Hofkriegsrat）这一中央机构在维也纳成立，以组织和运作该体系。这一重要而强大的机构，就是国防部的前身，一直存在到 1848 年。

军事要塞的工作需要空间知识来了解战争的广泛战场。哈布斯堡军队的领导人都是外国人，对他们而言，匈牙利是未知的。战争的新方法包括广泛使用天然的土地屏障，特别是河流、沼泽和山脉。因此，具体的地方地理信息对于维也纳总部的工作人员来说变得非常重要。为了能够做出空间决策，收集了现有的军事地图、景观图和示意图，并且大量地绘制了

---

[195] "亲爱的读者，你可能要警惕两件事；一是关于地方的纬度，或者极地的高度，另一是关于用英里衡量的地方之间的距离。根据我们自己和我们朋友的观察，我们给出了比以往要精确得多的地图。"

[196] Buczek, *History of Polish Cartography*, 76.

新的地图。系统化的防御工事也需要城堡和堡垒的平面图。这些地图的绘制者是外国的军事建筑师，他们受委任进行建筑工程，主要是与城防加固工程有关，也包括建造桥梁、磨坊等，他们计划、组织和监督这些项目。

这些发展对1550年以后的军事测绘产生了重要的影响。该国的旧地图仍在普遍使用中，但用于军事目的而绘制的新地图在维也纳充当了秘密军事文件的作用。因此，这些地图对当时的学术地理和商业地图出版方面几乎没有什么影响，除了在一些罕见的情况下，制图师可以获得军事信息（例如：洛奇乌什，1556年；桑布库斯，1571年）。直到1664年，也就是在文艺复兴时期的第一代制图师们几乎100年之后，马丁·施蒂尔（Martin Stier）的军事地图才被印刷出来，作为普遍的地理参考。到17世纪末，哈布斯堡的军事地图变得更加独立于民用制图。国家的核心作用导致了一种更有效、更长期的保密政策。

1843

16世纪印刷的地图都是基于16世纪20年代之前收集的信息。结果就是洛佐鲁什的1528年开创性的地图，表现了土耳其入侵前的国家。一旦战争开始，就需要特别的地图来表示具有战略重要性的防御工事的空间分布和地理环境。这些军事地图，显示了包括需要防御的地区在内的系统的或部分的边境要塞，可称为"边境地区地图"。在16世纪和17世纪，匈牙利和奥斯曼帝国之间的边界并不是一条明确的分界线，匈牙利、克罗地亚和斯拉沃尼亚的城堡、要塞和防御工事都为一个军事区域进行着保护。军事地图把重点放在了这些地方或地区，以及在实际军事行动的范围——而不是整个国家。[197]

边境最古老的军事示意图

匈牙利的巴拉顿湖与多瑙河之间的边境地带最早的表现是1563年的军事示意图（图61.17）。这幅地图是由一名匈牙利贵族亚诺什·肖龙（János Choron）所绘制的，大概是受战争委员会所命。肖龙的修筑了要塞的府邸——代韦切尔（Devecser），在这幅地图的中心。地图显示了该地区西北方向的区域，城堡之间的距离用英里表示。这幅地图附于肖龙在1564年1月22日写给斐迪南一世的信函中，当时的边界建设还处于早期阶段，国防工作是由当地的土地领主提供部分资金和组织的。肖龙自己的军队得到了帝国领土资助的正规军队的支持。在肖龙把他的地图送到维也纳的时候，第一批地图是由外国军事建筑师制作的，他们已经开始调查边境要塞的情况。[198]

在1566年，哈布斯堡王朝的军队向前推进并收复了代韦切尔东南的领土和城堡，结束了它作为最后防线的重要地位。由于财政上的原因，地方资助的城堡逐渐让位给了一个新的、更加集中的防御体系。为了维持贵族家庭所拥有的城堡，他们需要帝国的支持，这些家

---

[197] 帕尔菲（Pálffy）在其专著［Géza Pálffy, *Európa védelmében: Haditérképészet a Habsburg birodalom magyarországi határvidékén a 16 – 17. században*（Budapest: Magyar Honvédség Térképészeti Hivatala, 1999），24 – 25］中提出的现代德语术语Grenzfestigungsliniekarte（边境要塞地图）的使用并不比现代德语术语Grenzmappe（边境地图）更好。引入Festigung（要塞防御）可能会使得概念更加清晰，但*linie*（字面意思，线条）可能会有误导性。因为这些是一种特殊类型的边境地图，译文"边境—地带地图"似乎更加合适，并在此处使用。这类为宫廷战争委员会制作的地图是秘密的，并保留在绘本状态；György Kisari Balla, *Karlsruhei térképek a török háborúk korából*（Budapest: Kisari Balla, 2000）是这一独特的地图资料库的插图目录，保存在卡尔斯鲁厄（Karlsruhe）的档案馆中。

[198] 1564年，为了绘制克罗地亚和斯洛文尼亚的边境插页地图，支付了一笔24塔勒（*taller*）的费用。Johann Loserth, "Miszellen aus der Geschichte des 16. und 17. Jahrhunderts," *Blätter für Heimatkunde* 7（1929）: 9 – 12, esp. 11.

图 61.17 一幅 1563 年绘本地图上的军事边界

这幅地图表现了匈牙利的跨多瑙河的大部分地区，并不是按比例尺绘制的，但它是一幅比例性很好的地理图像。图上的水文绘制得很粗略，但巴拉顿湖及其半岛的表现都是正确的。丘陵和山脉用波浪线表示；大型森林用标注“山脉和森林”（montes et silvae）加以强调。根据城堡的重要性，对其用图形符号进行表示，并清楚地展示其情况。地图绘制者的城堡——代韦切尔用平面图进行描绘。从维也纳人的视角来说，地图的军事重要性通过其对该地区的表现得到了强调。

原图尺寸：44.5 × 32.5 厘米。由 Kriegsarchiv，Österreichisches Staatsarchiv，Vienna（Alte Feldakten 1564/2/ad 11c）提供照片。

族在战争的几十年里耗尽了他们的资源。

安杰利尼兄弟和第一代军事制图者

才华横溢的意大利军事建筑师纳塔莱（Natale）和尼科洛·安杰利尼，当然跻身重要的早期军事制图师之列。在 1564 年之前，纳塔莱·安杰利尼可能和他的兄弟一起，担任施蒂里亚（Styria）、卡林西亚（Carinthia）和克莱纳（Craina）的总督卡尔（Karl）王子的建筑师。第二年，他成为皇帝马克西米利安二世的总建筑师（Baumeister），[19] 在军队服务多年

1844

[19] 在当时的文献中，他们被称作总建筑师（Paumeister），也就是军事建筑师。军事工程师本身出现在 17 世纪。军事制图师是一个较晚的术语，在这里仅仅用于为军事目的而进行地图绘制活动的专家，其职责涉及地图绘制。

后，他在1573年被提名为匈牙利北部矿业区的主管总建筑师。1565年，在一本关于匈牙利东部的洛佐鲁什·冯·施文迪（Lazarus von Schwendi）战役的印刷小册子中，出现了一幅引人注目的战争地图；德文文本由皇家“建筑师”“安杰尼里的纳塔尔”（Natal de Angelini）写成（图61.18）。雕版地图的拉丁文标题《由不可战胜的皇帝马克西米利安二世从异教徒处收复的匈牙利》（*Loca in Ungaria recepta ab invictiss. Imp. Max.* Ⅱ）和德文标题《近期收复的匈牙利地方》（*Die Orter so neulich in Ungern eingenommen sein*）——以及地图的风格及其上

图61.18　纳塔莱·安吉利尼的印刷传单，1565年

这份雕版作品展示了1565年洛佐鲁什·施文迪（Lazarus Schwendi）在上匈牙利地区的哈布斯堡军事战役。在地图的中央是扎奇马尔［Zachmar，罗马尼亚的萨图马雷（Satu Mare）］的防御工事，用主要方向的交叉线条来增强。请注意小的图形象征着沿着道路移动的军队和地图上其他的动态元素。

原图尺寸：35.6×73厘米。由Országos Széchenyi Könyvtár，Budapest（Collection of Early Books，App. M. 131）提供照片。

图案元素（包括哈布斯堡的鹰），都显示出安杰利尼工作室的风格。[200] 他的弟弟尼科洛作为一名建筑师并不那么成功，尽管他从1567年开始也为皇帝效力，并曾担任检查军事边境防御工事的委员会成员。他于1577年在维也纳很活跃，他不仅比他的兄弟活得长，而且成为安杰利尼家族中最著名的制图师。有印刷的地图证明了尼科洛在匈牙利的活动：1592年印在《世界城市图》中的一幅杰尔（Győr）［德语：拉布（Raab）］的城堡的透视景观图就是基于尼科洛1566年的绘本。[201]

安杰利尼兄弟的地图绘制活动沿着哈布斯堡—奥斯曼帝国的边界，从亚得里亚海沿岸到上匈牙利地区。他们的地图产品保存在维也纳、卡尔斯鲁厄（Karlsruhe）和德累斯顿（两份副本）的四份绘本军事地图集中。[202] 除了哈布斯堡边界防御工事的平面图和景观图之外，在维也纳和卡尔斯鲁厄的地图集中还包括一系列类似的地图，每幅地图都表现了边境地区的一部分。在地图上，克罗地亚和斯拉沃尼亚，以及匈牙利西部的考尼饶（Kanizsa）和杰尔边界地区、位于杰尔的多瑙河岛、喀尔巴阡山脉采矿区的城堡，以及上匈牙利地区得以表现出来。这些地图都是用同一种风格绘制的，也可能是用同一人绘制的。最后一幅地图标题——《上匈牙利地区—尼科洛·安杰利尼》(*Superior Vngaria-Nicolo Angielini*)——标出了原本的制图师。类似的军事地图集可能是由尼科洛（或安杰利尼兄弟两人）从不同的资料来源收集而成的，包括他们自己的作品。

在德累斯顿的两部地图集（第11卷）其中较大的那部中，有一幅匈牙利的地图，这是一部最杰出的作品（图版76）。乍看之下，这份绘本与1571年印刷的桑布库斯地图非常相似。标题很接近，许多装饰元素几乎是相同的。安杰利尼的地图并未标明日期，但是其内容表明它是在16世纪70年代编制的。[203] 这些国家地图表明了现在已经亡佚的16世纪下半叶对匈牙利的表现。安杰利尼、桑布库斯和测量师地图奥古斯丁·希尔施沃盖尔之间的联系在桑布库斯的1572伊利里库姆地图的献词用旋涡纹中是明确的，但他们之间的关系尚未得以揭示。

希尔施沃盖尔对东—中欧文艺复兴时期的地图学的巨大贡献，只能通过二手史料得以了解。1536年，他在卢布尔雅那（Ljubljana）的时候，首次熟悉了防御工事的地图绘制。希

---

[200] 纳塔莱·安杰利尼的印刷地图首次描述是在 Pál Hrenkó in "Térképészettörténeti kutatásunk helyzetképe," *Térképbarátok Körének Műsorfüzete* 1 (1982): 3-40, esp. 7, reproduction on 36。早些时候，安杰利尼两兄弟并没有被明确识别出，被认为是一个人。Szathmáry, "Nicolaus Angielus Magyarország-térképe"。维也纳的盖佐·帕尔菲（Géza Pálffy）对档案文献的最新研究确定了安杰利尼家族成员的可靠身份。

[201] 《世界城市图》(1592年）中的杰尔景观图的标题引用了意大利建筑大师"Nicolao Aginelli"的1566年作品，这明显是一个拼写错误。

[202] Vienna, Österreichische Nationalbibliothek (Cod. 8609 and Cod. 8607), Karlsruhe, Generallandesarchiv (Hfk., Bd. XV.), Dresden, Sächsisches Hauptstaatsarchiv (Atlas Schr. XXVI., F. 96, Nr. 11 and Nr. 6).

[203] Zsolt Török, "Angielini Magyarország-térképe: Az 1570-es évekből—Die Ungarnkarte von Angielini: Aus den 1570er Jahren," *Cartographica Hungarica* 8 (2004): 2-9。Brichzin 提出的更早的日期是基于一封提到另一幅匈牙利地图的信。Hans Brichzin, "Eine Ungarnkartevon Nicolaus Angielus, sowie Grundund Aufrisse ungarischer Festungen aus dem Jahr 1566 im Sächsischen Hauptsta at sarchiv zu Dresden," *Cartographica Hungarica* 2 (1992): 39-43.

尔施沃盖尔住在维也纳的时候，于1547年绘制了一幅地图，1552年，将其印刷在六图幅上。[204] 他是一位军事制图师，也是一位典型的文艺复兴时期的学者和艺术家。他是一位著名的几何学家，受到人们的高度欣赏，并且在宫廷里保持着良好的人际关系。他的一些先驱作品被出版，他的边境地图只是在相当长一段时间后才得以出版。1552年，希尔施沃盖尔前往匈牙利，精心绘制一份匈牙利地图，这可能是由帝国宫廷授予的委托。1553年2月，他去世时，这个雄心勃勃的项目取得了一些进展。[205]

1846

意大利的建筑大师奥塔维奥·巴尔迪加拉

匈牙利的边境要塞系统被证明是阻止奥斯曼土耳其军队的唯一有效的军事策略。在战争委员会呼吁匈牙利建立防御区的意大利建筑大师中，奥塔维奥·巴尔迪加拉（Ottavio Baldigara）是其中之一。[206] 根据意大利的五边形棱堡系统，巴尔迪加拉对两座主要的堡垒进行了现代化改造：埃格河（匈牙利）和新扎姆基（Nové Zámky）（斯洛伐克）。埃格河的现代化的文件和地面平面图表明，在实际工作之前，进行了严肃认真的讨论（图61.19）。[207] 中世纪城堡的不利地理位置导致巴尔迪加拉无法找到一个完美的解决方案，他指出了他在笔记中所遇见的问题。他与高级要塞防御专员（Oberstbaukommissar）弗朗茨·冯·波彭多夫（Franz von Poppendorf）合作，后者的平面图也为这个项目做出了贡献。

整个防御系统中最现代化的堡垒是由巴尔迪加拉在新扎姆基建造的。它带有六个五边形棱堡的对称型六角形结构，代表了意大利的防御工事理论。1583年，在他参观采矿区的防御工事之前，巴尔迪加拉向战争委员会申请了一名可以"画出景观图"的画家（Maler）。[208] 很明显，巴尔迪加拉觉得制作地图的技艺已经超出了他的能力，尽管他确实制作了平面图和示意图。在他1584年的报告中提到，他通过口头、文字和图形的方式进行了解释，[209] 这显然是当时交流信息的普遍做法。[210]

巴尔迪加拉的工作的重要性不仅在维也纳的宫廷中获得了认可。1583年，斯特凡·巴

---

[204] 希尔施沃盖尔的四分仪不是用来绘制地图的，而是用于帮助重型火炮在城市的坚固城墙掩护下向任何地方的土耳其人开火的。请参阅 Karl Fischer，"Augustin Hirschvogels Stadtplan von Wien，1547/1549，und seine 'Quadranten，*Cartographica Helvetica* 20（1999）：3－12。

[205] 希尔施沃盖尔的1539年南部边境地带地图从亚得里亚海海岸到多瑙河，他将其献给自己的家乡纽伦堡，地图于1565年由汉斯·魏格尔（Hans Weigel）在该市出版；弗罗茨瓦夫图书馆收藏的唯一一份副本在第二次世界大战中亡佚了。然而，这部作品与他自己的1552年地图并不相同，正如卡罗在邦菲之前的猜测（"Sole Surviving Specimens"）之后所言（*Mapmakers of the Sixteenth Century*，299）；1552年地图实际上从未出版过。希尔施沃盖尔的1542年上奥地利地图因赫拉德·德约德1583年地图集而闻名，而他的1544年地图覆盖了卡林西亚、斯洛伐克、克罗地亚和波斯尼亚，因奥特柳斯的《寰宇概观》的1597年之后的版本而得以复制。

[206] György Domokos，*Ottavio Baldigara：Egy itáliai várfundáló mester Magyarországon*（Budapest：Balassi Kiadó，2000）.

[207] 这些材料包括埃格尔的六幅平面图：其中两幅表现1561年和1568年现代化之前的城堡形态（作者被认为是彼得罗·费拉博斯科）；两幅是弗朗茨·冯·波彭多夫于1572年绘制的（fols. 13 and 18）；两幅由巴尔迪加拉设计（fols. 12 and 17）。通过这些平面图，巴尔迪加拉的最终项目的开发可以部分地复原（Vienna，Österreichisches Staatsarchiv，Kriegsarchiv，Map Collection，G. I. h. 158）。

[208] 请求日期：1583年3月14日。Vienna，Österreichisches Staatsarchiv，Kriegsarchiv，Protokolle des Wiener Hofkriegsrates，Bd. 173，Exp.，fol. 216。

[209] Vienna，Österreichisches Staatsarchiv，Kriegsarchiv，Akten des Wiener Hofkriegsrates，Akt. 1584 June，no. 117 Exp.，fol. 1.

[210] 在现代术语中，这些军事报告可以适当地被称作多媒体陈述。

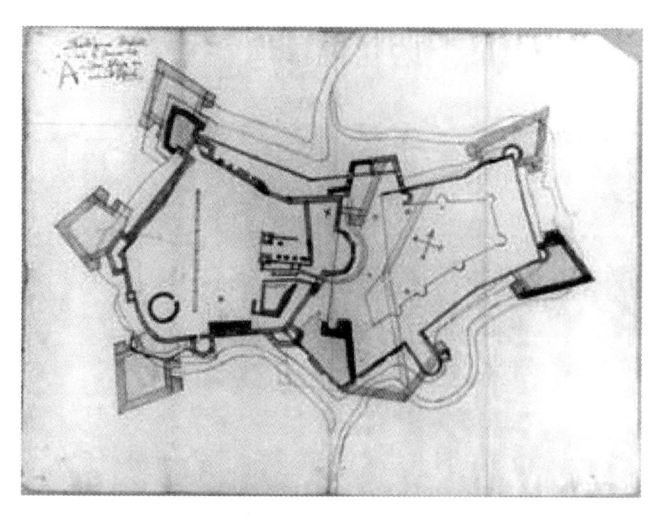

图61.19 奥塔维奥·巴尔迪加拉：匈牙利埃格（Eger）城堡防御平面图，1572年3月31日

用笔和墨在纸上绘制的绘本。这幅平面图来自六份文件之一，它们都是在巴尔迪加拉和弗朗茨·波彭多夫将军讨论城堡现代化问题时提出的。这幅大型地图在边缘的注记中被称作“Modell”，展示了意大利军事建筑师如何使理想的文艺复兴时期的防御设计适应当地的地理条件。纸上的线条轨迹揭示出了进一步的修改，这可能会导致最终的项目，可能是由皇帝批准的。

由Kriegsarchiv，Österreichisches Staatsarchiv，维也纳（Kartensammlung，g. i. h.，158，fol）拍摄。17）提供照片。

托里要求皇帝鲁道夫（Rudolf）二世将意大利建筑大师派到瓦拉迪努姆［Varadinum，今罗马尼亚的奥拉迪亚（Oradea）］。在那里，巴尔迪加拉监督防御工事的建设。军方领导人对他的贡献表示赞赏，经常在建筑问题上征求他的意见。[211] 他经常和他的意大利建筑大师们一起工作，尤其是才华横溢的彼得罗·费拉博斯科（Pietro Ferabosco）。[212]

哈布斯堡—奥斯曼边境的宣传地图（1570年）

在1568年的德里纳波利斯（Drinapolis）和平条约签署后，哈布斯堡人寻求从帝国领土获得对防御体系的更多的财政支持。1570年在德意志的施派尔（Speyer）召开的帝国国会中，提出了一份提案，其中包含防御地区的91个城堡的清单。[213] 然而，对于神圣罗马帝国的贵族们来说，偏远地区的名字却完全未知。在一幅地图上展示了它们的位置和空间分布，这幅地图现在已经亡佚，只有从描述中才可得知。即使没有地图，这一证据也是对我们了解16世纪地图使用情况的重要贡献。从它的目的，我们可以想象这张地图。两千多公里的巨大防线需要庞大的资源。虽然这幅地图的目的是告知条顿骑士边境地区的系统和组织，但地图也是为更多的士兵和军需品筹集资金。因此，这并不是一种对直接军事用途的详细描述，而是一种有说服力的图形：一种小规模、简单、易于理解的形象，以及帮助哈布斯堡的军事—政治宣传。

1847

[211] 1585年，巴尔迪加拉甚至受邀请去访问波兰的弗罗茨瓦夫。

[212] 匈牙利西部的考尼饶的建筑情况和状态的军事报告展示了这些总建筑师的合作，这份报告有彼得里·费拉博斯科、奥塔维奥·巴尔迪加拉和尼科洛·安杰利尼的签名（Vienna，Österreichisches Staatsarchiv，Kriegsarchiv，Akten des Wiener Hofkriegsrates，Akt. 1577 July，no. 140. Exp）。

[213] Nuremberg，Staatsarchiv，Ansbacher Reichstagsakten（Rep. 136），Band 43，no. 19. 这份文件谈到从一个堡垒到另一个堡垒的防御线，从里耶卡（克罗地亚）到巴亚（罗马尼亚）。

军事情报和1580年的反间谍地图

与基督教方面一样，奥斯曼帝国军队同样需要有关战争地区的信息，而当土耳其人在16世纪下半叶建立了一条对抗哈布斯堡王朝的防御体系的防线时，地理条件就变得更加重要了。传统的获取信息的方式是情报，而秘密信息是由外交官、商人和旅行者收集的。被抓获的士兵被审问，秘密特工被派去侦察。哈布斯堡保留了驻君士坦丁堡的外交职位，这是一个重要的信息来源。1580年，哈布斯堡的代表约阿希姆·冯·辛岑多夫（Joachim von Sinzendorf）在维也纳向鲁道夫二世的报告中附上了一份地图。该地图是一幅匈牙利城堡及其周边环境的军事示意图，据报道，这幅地图是由驻扎在布达的土耳其总督送到君士坦丁堡的。[214] 城堡和防御工事都被精确地显示出来了，1578—1580年间建造的防御工事和守卫哨所都被包括在内。它们的新颖性被文字标注所强调（例如，“La nuova fabricata Balanka”）。水文也得到简化。因为这个仓促复制的版本包含如此多的军事信息，所以推测地图原本可能是非常详细的。

加斯帕里尼的匈牙利边境地区地图（1580年之后）

最近在维也纳发现了匈牙利边境地区的一份绘本地图（图61.20）。这幅大地图并没有标明日期，但在图形比例尺下面的注文“giouã（nni）jachobo gasparinj fecit”中，确认地图

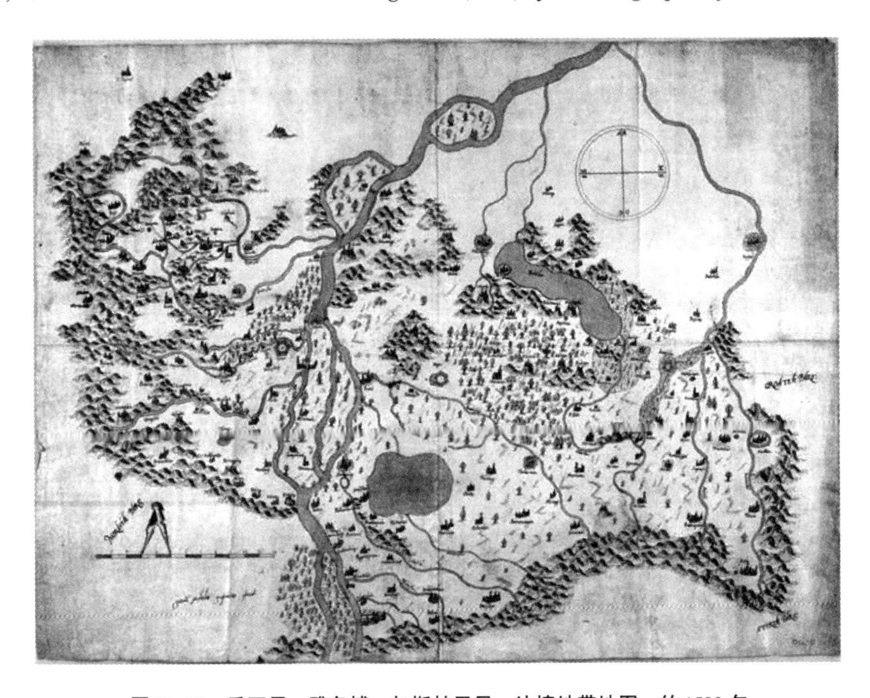

图61.20　乔瓦尼·雅各博·加斯帕里尼：边境地带地图，约1580年

绘本，纸本墨绘，上色。从16世纪80年代下半叶开始，加斯帕里尼的大型地图就成为边境地带地图的一个范例，表现了匈牙利王国内的哈布斯堡防御体系的城堡和要塞系统。这位意大利总建筑师的地图以东方为正方向，从帝国的视角展示这幅地图，就像从维也纳看到的那样。

原图尺寸：43.4×58.6厘米。由Haus－，Hof－ und Staatsarchiv，Österreichches Staatsarchiv，维也纳（Ke 3－5/1）提供照片。

---

[214] Vienna，Österreichisches Staatsarchiv，HHStA，Turcica Karton 43，Konv. 2，fol. 50.

的绘制者是乔瓦尼·雅各博·加斯帕里尼（Giovanni Jacobo Gasparini），但不可能给出这幅地图的精确制作日期。这幅地图是一个更大的档案的一部分，但是它的原始文献背景还没有被发现。1580年，加斯帕里尼首次出现在上匈牙利地区，担任一名意大利军事建筑师，他在斯洛伐克的克鲁皮纳（Krupina）城堡担任首席建筑师朱利奥·费拉里（Giulio Ferrari）的助手。从1583年起，他负责上匈牙利地区防御工事的建设和现代化。他于1589年被提拔为匈牙利采矿区的首席建筑师。他搬到了斯洛伐克的新扎姆基，此处是军事边境的中心和最重要的城堡，据称他于1595年去世。[215]

他的绘本地图表现了考尼饶地区的指挥官安德列亚斯·凯尔蒙（Andreas Kielman）在1579—1580年间修筑的防御工事。在西北部，表现出一个较小的设防之处，即凯蒂达（Kethida，Kehida）。它在1588年11月之前被土耳其人摧毁，因此加斯帕里尼很可能在16世纪80年代的下半期制作了这张地图。在德拉瓦河和多瑙河以北，可以看到今天匈牙利西部和斯洛伐克西部的哈布斯堡王朝疆域。加斯帕里尼把佩斯的城镇放置到一个岛屿的上面，尽管它实际上位于多瑙河畔，位于布达（德文作Ofen）的对岸。这个城市是匈牙利的前王室所在地，于1541年被土耳其人占领，所以在绘制地图的时候，这些地方不再具有军事意义。加斯帕里尼显然关注的是边境地区的防御工事。城堡和防御工事都得到详细和准确的表现。他还以自己的经验为基础，表现了那些具有军事战略重要性的地理特征。例如，描绘出了在卡尼沙［Kanischa，匈牙利的瑙吉考尼饶（Nagykanizsa）］和帕帕［Papa，匈牙利的帕波（Pápa）］周围的沼泽。

1582年和1600年的考尼饶边境地带

考尼饶（Kanizsa，瑙吉考尼饶）的城堡对于在穆尔河（Mura）和德拉瓦河（Drava）和施蒂里亚省之间的防御至关重要。该地区的土地所有者——克罗地亚人兹林斯基（Zrinski），保护了通往哈布斯堡王朝所统治的施蒂里亚的关隘，并为防御土耳其人提供了资金上的支持。1582年，考尼饶边境地区的指挥官捷尔吉·兹林斯基（György Zrinski，Zrínyi）要求战争委员会对召募1800名士兵提供经费，以便为在穆尔河沿岸新建立的防卫哨所充实兵力。为了解释他对新防御系统的提议，他绘制了一幅示意图。尽管做出了这些努力，考尼饶城堡还是在1600年陷落了，而边境防御系统的重组成为一项紧迫而重要的军事任务。在秋天之后，那些财产面临着迫在眉睫的危险的最有权势的贵族家族对战争委员会采取了不同的解决方案。例如，匈牙利贵族费伦茨·鲍塔尼（Ferenc Batthány）提交了一份详细的建议，很有可能在战争委员会的文件中保存了一幅地图（图61.21）。这种情况不允许有太多的准备时间。这幅地图显示了位于匈牙利西部的穆尔河和拉鲍河（Rába）之间的地图，可能不是由一位专业的军事工程师，而是由鲍塔尼的宫廷秘书制作。

1848

在17世纪初期，更多与新的军事形势相关的地图出现。1604年，签发了一份付款令，付给绘制了一幅匈牙利边境地图的画家。[216] 另一份文献资料支持了这样的假设，即在考尼饶陷落后，地图制作的频率提高了。1609年，位于杰尔城堡的指挥官提到，法国军事工程师弗朗切斯科·德库里耶斯（Francesco de Couriers）被命令带着他从战争委员会收藏借来的地

---

[215] Pálffy, *Európa védelmében*, 53 – 54.

[216] Loserth, "Miszellen aus der Geschichte des 16. und 17. Jahrhunderts," 11.

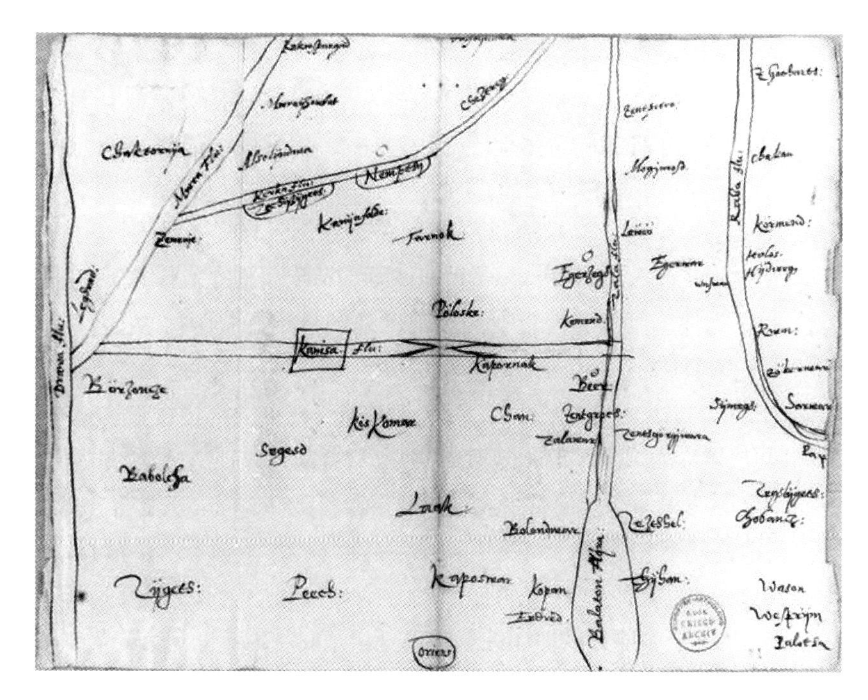

图61.21　弗伦茨·鲍塔尼：草图，约1600年

用钢笔画在纸上。这幅地图显示了匈牙利西部的穆尔河（左边）和拉鲍河（右边）之间的防御区域。河流用双线条表示，用地名标示了匈牙利西部的防御工事的位置。图上用匈牙利语给出了正确的地名，尽管用缩写 flu.（fluvis）表示河流，而且其主方向——东方（Oriens）是用拉丁文写的。这幅草图以西方为正方向。图上的整体地理比同时代印刷地图对这一区域的表现要好得多。

由 Kriegsarchiv, Österreichisches Staatsarchiv, Vienna（Akten des Wiener Hofkriegsrates Exp. 1601 März No. 187, fol. 34）提供照片。

图前往维也纳。到17世纪初期，在维也纳，地图和平面图都得到了积极的保存，外国的军事建筑师和工程师可以使用他们前任的作品，包括安杰利尼和加斯帕里尼。

军事工程师马丁·施蒂尔

在15年的战争（1593—1606年）之后，由新式武器和大炮所带来的军事革命对哈布斯堡王朝边境地区的防御工事产生了重要影响。新的攻城技术要求新一代的军事工程师修建出更复杂的防御工事。这一代人中最具天赋的人之一是马丁·施蒂尔（Martin Stier），他是德意志军事建筑师、勘测员和制图师。[217] 1650年，他是一名中尉；次年，他晋升为施蒂里亚陆军上尉。1654年，他成为帝国军队的首席军事工程师（Oberingenieur），但1669年，由于在维也纳因肺结核去世，他的职业生涯戛然而止。施蒂尔的军事生涯可以与这个时代最著名的军事工程师塞巴斯蒂安·勒普雷斯特·德沃邦（Sébastian Le Prestre de Vauban）相提并论。然而，首席军事工程师施蒂尔去世时相对比较年轻，没有家人，他的军事工作笼罩在秘密的

1849

---

[217] Ernst Nischer, *Österreichische Kartographen: Ihr Leben, Lehren und Wirken* (Vienna: Österreichischer Bundesverlag, 1924), 25-26.

阴云中。直到最近，他的工作仍相对不为人知。[218]

在经历了一段相对和平的岁月之后，城堡和要塞的恶化程度如此之严重，以至于战争委员会决定重建并使之现代化。施蒂尔关于其在 1657 年 1 月对边境的检查（*Gränicz - Visitation*）的报告在维也纳保存得很好。[219] 它们包括平面图、景观图、表格和对他调查过的每一个地方的描述。他的绘本地图集包括大比例尺的平面图和景观图，以及一些高度艺术化的小规模军事地形图。1658 年，经过编辑的材料被组装和复制，1660 年，制作了一份特别的副本并呈递给了皇帝利奥波德（Leopold）一世。[220] 尽管很明显他的工作很聪明（绘制军事地图，总是需要快速），[221] 他绘制的施蒂里亚边境地区地图显示了自 16 世纪以来军事地图绘制的发展情况的状况（图版 77）。到 1660 年，施蒂尔已经在他的 1657 年的施蒂里亚边境地区的表现中添加了三幅地图。[222] 由北至南，每一幅地图都表现了南部边境地区的一部分。

1850

显然，地方的县或市政府既不要求也不支持军事视察。[223] 匈牙利和克罗地亚仍然培养出脱离哈布斯堡而独立的意识形态。然而，对土耳其人的有效的军事防御是由维也纳组织和资助的。这种军事政治活动增加了哈布斯堡王朝统治者的权力，这一点也许可以解释为什么整个体系的军事地图都不是在宫廷之外绘制而成的。地方的兴趣仅限于特定的军事行动，而这些行动只要求边境地区的某些部分以地图的形式表现出来。从地方的观点来看，边境地带并不被认为是一个连贯的空间单元，即使某种总图被用来审视地理环境背景下的军事—政治局势。

到 1661 年，施蒂尔完成了一个更雄心勃勃的项目：匈牙利的大地图。这幅作品画在 12 张图幅上，是关于整个哈布斯堡—奥斯曼帝国军事边界地区的可用信息的一个图形总结。[224]

---

[218] Krompotič在其最近的专著中，基于哈布斯堡—奥斯曼边界（实际上是基于南方军事边界的调查和地图绘制）的要塞著作，写到，除了他绘制的地图之外，关于马丁·施蒂尔生平的唯一史料文件，是收藏在维也纳的塞尔维滕修道院的圣坛上的葬板。而且，他主张，施蒂尔参与了某种与其旅行和调查相关的情报活动。Krompotič认为这一秘密活动可能是施蒂尔保持一个良好的薪酬，但相对而言并不出名的原因［Louis Krompotič, *Relationen über Fortifikation der Südgrenzendes Habsburger reichesvom* 16. *bis*18. *Jahrhundert*（Hannover, 1997）, XXIV］。

[219] Vienna, Österreichisches Staatsarchiv, Kriegsarchiv, Akten des Innerösterreichischen Hofkriegsrates, Vindica, June（no. 18, fols. 1 - 6）and March（no. 22, fols. 1 - 30）1657, and March（no. 26, fols. 1 - 18）1658.

[220] 这份完整的地图集在维也纳的奥地利国家图书馆手稿收藏部（Österreichische Nationalbibliothek, Handschriftensammlung, Cod. 8608）。另一例是收藏在卡尔斯鲁厄的财政委员会土地档案馆（Generallandesarchiv, Hausfiedikommission, Band XII），它被认为是战争委员会主席汉尼巴尔·贡扎加（Hannibal Gonzaga）制作的（1666—1668 年）。奥地利国家图书馆的第二份副本（Cod. 9225）没有包括克罗地亚的材料。收藏在维也纳的奥地利国家档案馆战争档案部（Kartensammlung, K VII b 1 d）的副本尺寸更相似，是由雷蒙德·冯·蒙泰库科利（Raimund von Montecuccoli）留下的。

[221] 从施蒂尔的评论中，我们知道他很匆忙地（etwas eilfertig）完成了工作，人们可以得出这样的结论：他的任务非常紧迫。

[222] Vienna, Österreichische Nationalbibliothek, Handschriftensammlung, Cod. 8608："Mappa der Wündische, Petrinianische vnd Banatishe granitzen"（fol. 32）；"Mäppä vber die Croatische vnd Meer gräniczen, sambt den Cameralischen Stätten"（fol. 62）；and "Abriß der Vöstung Carlstadt, Sambt den vorliegenden Wachten vnd Päßen"（fol. 74）. 施蒂里亚边界地带的地图是"Mappa vber die Steijeriche Frontier Platze gegen der Türckhischen Poste", Canischa（fol. 4）。

[223] 1657 年 5 月，蒙泰库科利将军审阅了施蒂尔的报告，并写道："未经匈牙利王国允许，不得前往阿加拉姆（Agaram）"；请参阅Krompotič, *Relationen über Fortifikation*, XXVIII—XXIX。施蒂尔的绘本地图集中并没有阿加拉姆［克罗地亚的萨格勒布（Zagreb）］城堡的平面图。

[224] "Mappa Vber die Gränitzen Von der Adriatischen Meer, biß Siebenbürgen, Waß die Römische Kajserliche Maijestät vnd daß HochLöbliche ErtzHauß Öcsterreich vor Vöstungen vnd Plätze gegen dem Türckhen stettig erhalten vnd In Allen Versehen lassen Müessen... 1661," 152 × 100 cm.（Vienna, Österreichische Nationalbibliothek, Handschriftensammlung, Cod. 8332）. 附上地图的登记簿包含了一份边界要塞的列表。

在编制的过程中，施蒂尔当然使用了他自己的绘本，表现了这个国家的西南部。但其他地区需要不同的资料来源，而施蒂尔则使用了在维也纳秘密战争委员会的地图档案中保存的其他边境视察报告。在这样一个地区，施蒂尔可以找到过去一个世纪对土耳其战争中积累下来的所有文件。[225] 1664 年，施蒂尔获得了 15 年的特许权，可以在维也纳雕刻和印刷自己的匈牙利地图。这份出版物是与原稿很接近的副本，有一些细微的改动。[226] 新的标题明确地提到了一个扩展的焦点，这为允许地图出版的原因提供了线索。具体来说，这幅地图是“为了整个基督教世界对抗永恒的敌人”——奥斯曼帝国而使用。[227] 这些言论既可以用现代战争的需要来解释，也可以解释为德意志地区的支持，没有这些，哈布斯堡人的战斗无法成功。此外，已经建立的基督教军队的领导人和士兵对广阔战场的地理位置并不熟悉。他们需要施蒂尔公布的地图，不仅是要寻找道路，而且还用在战略规划上。[228]

在土耳其战争的下一个阶段，新一代的军事工程师涌现出来，他们的职责已经包括了地图制作。在解放战争期间（1683—1699 年），不同的平面图和地图的数量迅速增加。路易吉·费迪南多·马尔西利（Luigi Ferdinando Marsigli）、约翰·克里斯托夫·米勒（Johann Christoph Müller）和其他军事工程师对收复疆域的新调查催生了整个地区的新地图。在卡尔洛瓦茨（Karlovač）和平谈判期间，在米勒的帮助下，马尔西利绘制了哈布斯堡—奥斯曼—威尼斯的共同边境的地图，并在战场上进行了标记。他们创造了一条几何线：现代意义上的边界。与此同时，军事测绘专业化的发展创造了一门新的学科和专业：军事制图学。

1851

总　结

本章的目的是对文艺复兴时期东—中欧的地图学进行一个历史性的概述。这一任务的规模和复杂性与地图学史家对该地区的一般认识形成了鲜明的对比。然而，这种代表性不足和忽视是本章所提到的问题的必然结果。缺乏权威性的参考著作和可供国际读者使用的出版物数量有限，无法解释为历史资料，包括在东—中欧绘制或使用过的地图的大量亡佚来解释。尽管有明显的书目问题和零星的地图档案，但这一综合编写是为了重新定义东—中欧文艺复兴时期的地图学的概念。

我从早期的数学—天文学传统到地方的调查，追溯了这一地区地图学的不同传统和背景，来看这些不同的模式是如何适应地理—历史环境的。尽管这一章涵盖了一个文化区域，

[225] 1657 年，皇帝利奥波德一世表达了他的观点，匈牙利边境的要塞应该由一名军事工程师进行视察（Vienna，Österreichisches Staatsarchiv，Akten des Innerösterreichischen Hofkriegsrates Vindica，1657，June，no. 18，fol. 1）。1653—1667 年绘制的上匈牙利地区的要塞的平面图和景观图是类似调查的间接文献证据。值得注意的是，收集这些作品的卷帙有一幅 Johann Kleinwächter 制作的采矿区地形图。这幅 1679 年地图在风格上与施蒂尔早期的绘本非常相似，它可能是保存在地图集中的那一张（Karlsruhe，Generallandesarchiv，Hfk. Bd. XIII.）。

[226] 例如，土耳其突袭军队奔袭弗留利（Friuli）（意大利）的路线和土耳其的实际边境没有被表现出来，很明显，这是由于军事和政治原因。

[227] “Landkarten des Königreichs Vngarn，vnd dennen andern angräntzenden Königreichen，Fürstenthumer vnd Landschafften，sambt dennen Gränitz Posten . . . von den Adriatischen Meer an，biß Sibenbürgen vor Vestungen vnd Plätze gegen dem Erbfeind Zu Nutz der gantzen Christenheit，stätig erhalten，vnd in allen versehen lassen mössen . . . 1664.”

[228] 首次出现 20 年之后，马丁·恩特尔（Martin Endter）于 1684 年在纽伦堡印出了一个新的版本。

但在这一时期，内部的区域差异变得越来越明显。文艺复兴时期东—中欧的地图史最显著的特点是16世纪前几十年的地理测绘的革命性发展。这种新的地图模式的早期发展可以通过欧洲文化区域的边缘地带，而非行省的情况来解释，这使得地图绘制模式的实际变化得以实现。然而，在该地图并没有出现继承洛佐鲁什、瓦波夫斯基和洪特的第一批的印刷国家地图的类似著作，这并不令人惊讶。由于几个原因，现代的、非托勒密的地图学的发展路线显然被打破了。

在这一时期，地图绘制的社会经济背景发生了变化。在16世纪下半叶，匈牙利和波兰的强大而集中的封建主义的衰落是显而易见的。按照布切克的说法，1650年以后，可以确认波兰地图绘制发生了普遍下降。造成这种倒退的原因是中央集权的封建主义带来的经济问题日益严重。王权的削弱使得富有的拥有土地的寡头变得更加独立和强大。整个国家的地图，象征着它的统一，当然不符合他们的利益。同样地，个别省份的详细地图也缺乏实用、经济、政治和军事上的必要性。

这种传统的、简化的对东—中欧的地图史的研究，受到最近研究成果，尤其军事制图史方面研究成果的挑战。在1530年之后，几代军事建筑师和测量师绘制的地图和平面图揭示了一个曾经的秘密的，隐藏的但令人印象深刻的地图资料库。这个巨大的地图实验室，哈布斯堡—奥斯曼边境地区和东部边境地区对全欧洲地图学的发展只是需要进一步、合作和国际研究的课题之一。

将文艺复兴时期扭曲的地理图像延续到18世纪，这是该地区印刷地图历史的另一个重要特征。军事和商业制图师之间罕见的合作例子可以揭示保密政策和获取地图信息的隐藏渠道。除了一些引人注目的例外，如洪特的印刷工厂，商业地图生产在该地区并不存在；地图不能成为当地人的一种商品。地图的使用仅限于精英政治和军事领导人，他们不是公众，而是统治者和赞助者。考虑到这些发现，必须重新考虑地图学史上传统的“进步”或“连续性”的概念。

尽管已经做出了特别的努力，但这篇文章并不能包含所有可用的信息，而且还远未完成。它应该被解读为一项更全面的工作的导言，它需要大量的研究来弥合重叠与相互矛盾的国家地图历史与这一地区的地图绘制史之间的差距。东—中欧的地图学史家应该认识到国际合作的重要性，这是向更好地理解他们共同的欧洲的地图学遗产迈出的一个根本步骤。

俄罗斯

1852

第六十二章　大约1700年之前的俄罗斯地图学

L. A. 戈登堡（L. A. Goldenberg）*

审读人：邢媛媛

对俄罗斯地图学来说，“外来起源”的观念根深蒂固。① 这种观念源于17世纪之前俄罗斯本土地图的不可挽回的损失，以及对其他资源的陌生。所以，俄罗斯传统地图图像是由西欧制图师提供的。“俄罗斯”这一名称首次在外国地图记录中出现，是在12世纪。例如，在美因茨的亨利（Henry of Mainz）的《世界地图》（*mappamundi*）（约1110年）上，它被置于多瑙河口之北。在制图师伊德里西（al-Idrīsī）② 所绘的地图（1154年）上，提供了关于长臂尤里（Juriy Dolgorukiy）时代的罗斯的有趣地理信息。③ 在埃布斯托夫（Ebstorf）的世界地图（约1235年）上，在俄罗斯的疆域内，标出了14个地名，并注释道：“强劲的风

---

* L. A. 戈登堡于1987年完成了关于俄罗斯地图学的这一章，并对其进行了广泛的修改。我们感谢A. V. ［阿列克谢（Alexey）］·波斯尼科夫（Postnikov）博士，他审阅了这一章，提出了建议，并在1989年戈登堡博士去世后，为这部作品的出版提供了参考。

这一章的缩写包括：RGB代表Rossiyskaya Gosudarstvennaya Biblioteka（俄罗斯国立图书馆），莫斯科；RNB代表Rossiyskaya Natsional’naya Biblioteka（俄罗斯国家图书馆），圣彼得堡；以及RGADA代表Rossiyskiy Gosudarstvennyy Arkhiv Drevnikh Aktov（俄罗斯国家古代文书档案馆），莫斯科。

① F. Adelung, “O drevnikh inostrannykh kartakh Rossii do 1700 g.,” *Zhurnal Ministerstva Narodnogo Prosveshcheniya* 26 (1840), pt. 2, 1 – 26 and 73 – 98; K. Svenske, *Materialy dlya istorii sostavleniya Atlasa Rossiyskoy imperii, izdannago imp. Academieya nauk v* 1745 *g.* (St. Petersburg: Imperial Academy of Sciences, 1866), 1; O. V. Struve, “Ob uslugakh, okazannykh Petrom Velikim matematicheskoy geografii Rossii,” *Zapiski Akademii Nauk* 21, bk. 1 (1872): 5; H. Michow, “Die ältesten Karten von Russland,” *Mittheilungen der Geographischen Gesellschaft in Hamburg* (1882 – 1883): 100 – 187; 以及Leo Bagrow, “At the Sources of the Cartography of Russia,” *Imago Mundi* 16 (1962): 33 – 48.

② 在伊德里西的大型世界地图中，东欧被放置在八张图幅上（nos. 54 – 57, 64 – 67），显示了里海地区、巴什基尔（Bashkiria）、伏尔加保加利亚、北顿涅茨河［Severny（Severskiy）Donets］上游地区、黑海地区、第聂伯河（Dnieper）下游地区、第聂伯河上游地区、喀尔巴阡山脉（Carpathians）、多瑙河地区、波罗的海地区，而北高加索地区和伏尔加河下游地区则更加扭曲。在伊德里西的地图上，将9世纪的罗斯的古代中心的资源与12世纪的旅行贸易路线的更精确数据相结合起来。关于伊德里西和1154年地图，参见S. Maqbul Ahmad, “Cartography of al-Sharīf al-Idīsī,” in *HC*2. 1: 156 – 174; Konrad Miller, *Mappae arabicae: Arabische Welt-und Länderkarten des* 9. – 13. *Jahrhunderts*, 6 vols. (Stuttgart, 1926 – 1931), 1: 35 – 63 and pl. 5 and 2: 150 – 156; al-Idrīsī, *Géographie d’Edrisi*, 2 vols., trans. Pierre-Amédée Jaubert (Paris: Imprimerie Royale, 1836 – 1840), vol. 1; Tadeusz Lewicki, “La voie Kiev—Vladimir (Włodzimierz Wołyński), d’après le géographe arabe du Ⅻème siècle, al-Idrīsī,” *Rocznik Orjentalistyczny* 13 (1937): 91 – 105; and B. A. Rybakov, “Russkiye zemli po karte Idrīsī 1154 goda,” *Kratkiye Soobshcheniya Instituta Istorii Material’noy Kul’tury* 43 (1952): 3 – 44.

③ 罗斯（Ros或Rus）的斯拉夫部落最早是在公元4世纪晚期才被提及的。在编年史中，主要是拼成Rus’，但在其他资料中，同时也使用Ros’这样的拼法。6世纪和7世纪，在第聂伯河地区中部，崛起了一个强大的斯拉夫部落联盟。外国人称之为Ros或Rus。在9世纪和10世纪，罗斯这个词和罗斯土地成为第聂伯河中游地区的东斯拉夫人的政治实体的第一个名称。根据编年史的数据，罗斯土地的边界通常与东斯拉夫部落的所有部落土地的总和相符。从9世纪到12世纪初的这一时期，当时基辅是这一大国的中心，基辅罗斯这个词在史书中确立起来。后来，罗斯这个词开始被用在向罗斯缴纳贡赋的各个斯拉夫地区上，有了新的名称，比如白罗斯（Belaya Rus’）、小罗斯（Malaya Rus’）和黑罗斯（Chërnaya Rus’），它们都有自己的领土。长臂尤里、苏兹达尔（Suzdal）和基辅公爵，统治了罗斯托夫—苏兹达尔公国（Rostov-Suzdal principality）。根据尤里统治时期的编年史，1147年，首先提起的就是莫斯科的形成，是由他于1156年修筑的。因此，他被认为是莫斯科的奠基人。

吹过俄罗斯的耕地"。马丁·贝海姆（Martin Behaim）的地球仪（1492 年）表现了大诺夫哥罗德（Great Novgorod）与莫斯科公国的联合，还强调了"欧洲唯一一个覆盖着森林的国家就是莫斯科公国"。事实上，在赫里福德地图（约 1290 年）和赫拉尔杜斯·墨卡托的相关地图（1554 年、1569 年和 1572 年）之间，[④] 的确有数百种已知地图描绘了俄罗斯最显著的地理特征。[⑤] 随着西欧关于俄罗斯地区地理和地图学知识的提高，这些描绘的数量在 15 世纪和 16 世纪得到增长，在早期，受到了中世纪宇宙观或克劳迪乌斯·托勒密学说的束缚（参见图 62.1）。[⑥]

1854

然而，不能认为外国地图是俄罗斯地图学史的丰富资料来源。相反，它们提供的是外国关于俄罗斯领土的地理和地图学观念的信息，它们首先是俄罗斯以外国家的地图学发展的指标。[⑦] 然而，这类世界地图和小比例尺地图主要通过询问当地人、旅行者、书面的俄罗斯资料、以及在很多情况下——源自俄罗斯的早期地图——而获得的信息。我们知晓这一切，是因为那些使用俄罗斯资料的外国制图师没有对他们信息的来源保密。1525 年，意大利制图师巴蒂斯塔·阿格内塞指出，他的莫斯科地图是在驻罗马的俄罗斯公使德米特里·格拉西莫夫（Dmitriy Gerasimov）的帮助下汇编而成的。[⑧] 立陶宛艺术家安东尼乌

---

④ 墨卡托的《欧洲》（*Europa*）（Duisburg，1554），和《为航海绘制的新世界地图》（*Nova et aucta orbis terrae descriptio ad usum navigantium emendate accommodate*）（Duisberg，1569），本卷图 10.12。参见 Gerardus Mercator，*Drei Karten von Gerard Mercator*（Berlin：W. H. Kühl，1891），1554 年欧洲地图、1564 年不列颠群岛地图和 1569 年世界地图的摹绘本。1572 年欧洲地图（没有作者的标题），在 Minchow "Weitere Beiträge zur älteren Kartographie Russlands" 中重新制作，*Mitteilungen der Geographischen Gesellschaft in Hamburg* 22（1907 – 1908），*map* 5。

⑤ 美因茨亨利的世界地图和赫里福德地图都重制于 David Woodward，"Medival Mappamundi，" in HC 1：286 – 370，figs. 18.59，18.19，and 18.20。

⑥ 关于俄罗斯和邻近地区的更详细的描述在很多西欧地图上都有显示，包括尼古劳斯·库萨努斯（Nicolaus Cusanus）（1491 年）；希罗尼穆斯·闵采尔（Hieronymus Münzer）（1493 年）；贝恩哈德·瓦波夫斯基（Bernhard Wapowski）（1526 年）；奥劳斯·芒努斯（Olaus Magnus）（1539 年）；西吉斯蒙德·冯·赫伯斯坦（Sigismund von Herberstein）（1546 年）；贾科莫·加斯塔尔迪（Giacomo Gastaldi）（1548 年、1562 年、1566 年和 1568 年）；马蒂亚斯·斯特鲁比茨（Matthias Strubicz）（1589 年）；赫拉尔杜斯·墨卡托（Gerardus Mercator）（1594 年和 1595 年）；威廉·巴伦支（Willem Barents）（1598 年）；尼古拉斯·克里斯托弗·拉齐维尔（Nicholas Christopher Radziwill）（1613 年）；安德列亚斯·布雷乌斯（Andreas Bureus）（1626 年）；伊萨克·马萨（Isaac Massa）（1633 年）；尼古拉·桑松（Nicolas I Sanson d' Abbeville）（1654 年）；埃里克·帕姆奎斯特（Eric Palmquist）（1674 年）；以及尼古拉斯·维岑（Nicolaas Witsen）（1687 年）。

⑦ Leo Bagrow，*History of Cartography*，2d ed.，rev. and enl. R. A. Skelton，trans. D. L. Paisey（Chicago：Precedent，1985）；Stanisiaw Alexandrowicz，"Ziemie ruskie w kartografii polskiej XVI-XVII wieku，" *Studia Źródloznawcze* 23（1978）：107 – 116. 巴格罗夫的另一项研究按照年代和内容划分也就不足为奇了：Leo Bagrow，*A History of the Cartography of Russia up to* 1600，*and A History of Russian Cartography up to* 1800，both ed. Henry W. Castner（Wolfe Island，Ont.：Walker Press，1975）。

⑧ 巴蒂斯塔·阿格内塞（Battista Agnese）的地图："Moscoviae tabula relatione *Dimetrii legati* descrypta sicuti，ipse a pluribus accepit，cum totam provinciam minime peragrasse fateatur，anno MDXXV，Octobris"，由德国学者 Michow 进行研究，"Die ältesten Karten von Russland，" 116 – 131。1525 年，梵蒂冈隆重地迎接了俄罗斯特使德米特里·格拉西莫夫。罗马的人文主义者保罗·焦维奥（Paolo Giovio）记载了俄罗斯作家和外交官的事迹；参见 Pavel Ioviy Novokomskiy，*Kniga o moskovitskom posol'stve*，*in Sigismund von Herberstein*，*Zapiski o moskovitskikh delakh*（St. Petersberg，1908），252 – 275，在此时，阿格内塞绘制了俄罗斯地图。巴格罗夫对格拉西莫夫参与阿格内塞地图提出了一系列反对意见：Bagrow，"Sources，" 40 – 43。相反，雷巴科夫（Rybakov）以不同的方式解决了 1525 年地图的谜团：瓦西里三世（Vasily Ⅲ）的特使为教皇克莱门特七世（Clement Ⅶ）的宫廷带来了最新的制作于 1523 年的俄罗斯国家地图。这张地图上反映了 1523 年与西吉斯蒙德一世（Sigismund Ⅰ）所缔结的和约所巩固的军事成就。这幅地图在罗马出现，由阿格内塞地图上现存的 30 条补充（与条目的文本有关）内容所证明。这些细节解释了格拉西莫夫出现在 1525 年地图的标题上。参见 B. A. Rybakov，*Russkiye karty Moskovii XV-nachala XVIveka*（Moscow，1974），8，70 – 71。

图 62.1　伊格纳西奥·丹蒂（Egnazio Danti）的莫斯科公国地图

描绘罗斯的西欧地图广泛传播，甚至被当作装饰品，例如陈列在韦基奥宫（Palazzo Vecchio，佛罗伦萨）和贝拉凉廊（Bella Loggia，梵蒂冈）中的由伊格纳西奥·丹蒂绘制的莫斯科公国地图。这幅地图的绘制年代可以追溯到16世纪的下半叶。

由 Vatican Museums，Vatican City（Ⅱ.33.1）提供照片。

斯·维德（Anthonius Wied）在他的1542年的用拉丁文和俄文题写图名的地图上写到：他是与俄罗斯侨民伊万·V. 利亚茨基（Ivan V. Lyatskiy）合作画成此图的，奥地利外交官、驻莫斯科大使西吉斯蒙德·冯·赫伯斯坦于更早的时候在莫斯科曾向此人求助。尼德兰制图师黑塞尔·赫里松曾报告说他的1613年地图（除俄罗斯北部以外）的编成，是得到了沙皇鲍里斯·戈杜诺夫（Boris Godunov）之子费奥多尔·鲍里索维奇·戈杜诺夫（Fyodor Borisovich Godunov）的亲笔签署。⑨ 只有俄罗斯统治下的西部和西北部的那些边境地区

---

⑨　在世界历史编纂中，很有趣的是，由于多年来对1525年、1542年和163年地图的讨论，根据研究者的位置和个性，他们所推测的作者也已改变：从传统—保守的（阿格内塞、维德和赫里松的地图）；更当代，但很谨慎的［阿格内塞—格拉西莫夫、维德—利亚茨基（Lyatskiy）以及赫里松-戈杜诺夫（Godunov）的地图］；到决定性的（格拉西莫夫、利亚茨基和戈杜诺夫的地图）。例如，参见 N. D. Chechulin，"O tak nazyvayemoy karte tsarevicha Fëdora Borisovicha Godunova," *Zhurnal Ministerstva Narodnogo Prosveshcheniya* 346（1903）：335–344；J. Petrulis，"Antanas Vydas and His Cartographic Works," in *Collected Papers for the XIX International Geographical Congress*, ed. Vytautas Gudelis（Vilnius，1960），39–52（英文和俄文）；Bagrow，"Sources，" 39–45；and B. A. Rybakov，"Russkiye karty Moskovii XV-XVI vv. i ikh otrazheniye v zapadnoyevropeyskoy kartografii，" in *Kul' turnyye svyazi narodov Vostochnoy Yevropy v XVI v：Problemy vzaimootnosheniy Pol'shi，Rossii，Ukrainy，Belorussii i Litvy v epokhu Vozrozhdeniya*, ed. B. A. Rybakov（Moscow：Nauka，1976），59–60。

和边远地区（乌克兰、白俄罗斯，以及波罗的海诸国）以及北欧的表现没有受惠于这些俄罗斯资料（参考地图参见图 62.2）。[⑩]

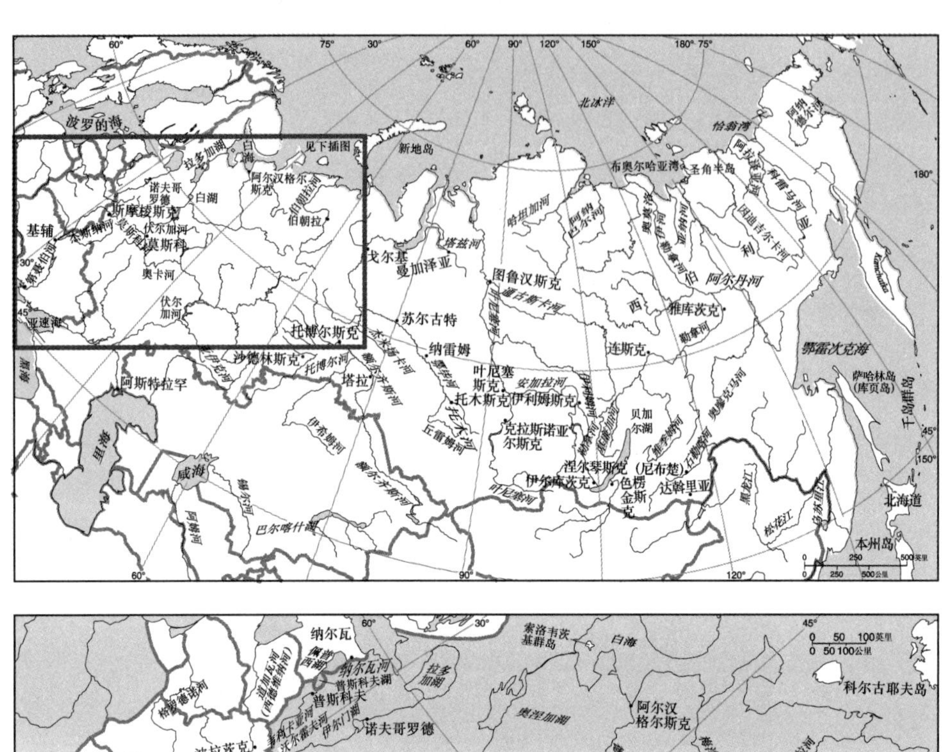

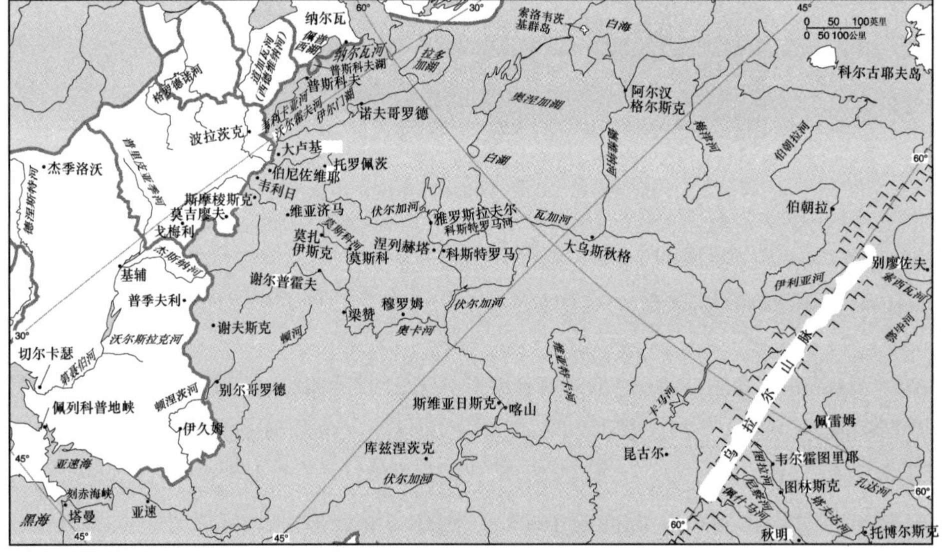

图 62.2 俄罗斯地区参考地图

⑩ K. N. Val' dman, "Kol'skiy poluostrov na kartakh XVI veka," *Izvestiya Vsesoyuznogo Geograficheskogo Obshchestva* 94, no. 2 (1962): 139–149; Karol Buczek, *The History of Polish Cartography from the 15th to the 18th Century*, trans. Andrzej Potocki, reprinted with new intro., notes, and bibliography (Amsterdam: Meridian, 1982); Stanisław Alexandrowicz, *Rozwój kartografii Wielkiego ksiestwa litewskiego od XV do polowy XVIII wieku*, 2d ed. (Poznań: Wydawnietwo Naukowe Uniwersytetu Im. Adama Mickiewicza w Poznaniu, 1989); Ya. R. Dashkevich, "Teritoriya Ukraini na kartakh XIII-XVIII st," *Istorichni Doslidzhennya: Vitchiznyana Istoriya* 7 (1981): 88–93; L. R. Kozlov, "Karty XVI-XVII vv. kak istochnik po istorii Belorussii," *Problemy Istoricheskoy Geografii Rossii* 3 (1983): 141–162; Ye. A. Savel' yeva, " 'Morskaya karta' Olausa Magnusa i yeyë znacheniye dlya yevropeyskoy kartografii," and K. N. Val' dman, "Ob izobrazhenii Belogomoryanakartakh XV-XVII vv.," both in *Istoriya geograficheskikh znaniy i otkrytiy na severe Yevropy* (Leningrad, 1973), 59–87 and 88–107; and Ye. A. Savel' yeva, "Novgorod i Novgorodskaya zemlya v zapadnoyevropeyskoy kartografii XV-XVI vv.," in *Geografiya Rossii XV-XVIII vv. (po svedeniyam inostrantsev)*, ed. I. P. Shaskol'skiy (Leningrad, 1984), 4–16.

因此，此类西欧制图师对于俄罗斯地理知识的贡献，不仅是因为其本身具有重要意义，而且是因为他们凸显出16世纪的俄罗斯人民在绘制他们自己疆域地图方面取得的成就。巴格罗夫把俄罗斯本土地图学的开端定在17世纪，但苏联学者把这个时间节点向前推到了15世纪晚期和16世纪早期。[11] 然而，应该很明确的是，与其他欧洲国家相对比，俄罗斯地图学的大部分成果还停留在绘本层面。直到1563年，印刷机才被引进俄罗斯，而且，直到1638年，第一张俄文地图才得以印刷出版。[12]

1836

无论如何，不应该允许这些事实把我们的注意力从俄罗斯地图学史独立发端的事实上转移走。早在18世纪，杰出的学者塔季谢夫（Tatishchev）就已提出这一论点，而且它经受住了时间的考验。[13] 后来，由几代专家从不同学科角度进行了阐述。历史学家、地理学家、地图学家，以及测绘技师都已经做出了显著的贡献。[14] 此外，近来关于俄罗斯地图学肇端的研究也取得了特别的进展。重要进展包括目前被认为现存最古老的俄罗斯地图（1536—1537年），以及一组以前未知的17世纪俄文绘本地图的发现和研究；关于圣像地图和历史地图重建的最新的前沿研究；关于西伯利亚地图制作的最新解读，这一解读建立在对最早的三部俄文地图集进行对比的基础上，这三部地图集是由谢苗·乌里扬诺维奇·列梅佐夫（Semyon Ulianovich Remezov）父子编汇而成的。

通过西欧地图对俄罗斯总图的重建

近些年以来，尝试重建伊凡三世（Ivan Ⅲ）（1462—1505年在位）和瓦西里三世（Vasily Ⅲ）（1505—1533年在位）时期的俄罗斯总图最为重要，这些总图迄今为止尚隐藏在16—18世纪的西欧地图中。[15] 用于此类分析的最重要的外国地图，一方面是那些拥有明确证

---

⑪ Bagrow, Russian *Cartography*, 1 – 17, and K. A. Salishchev and L. A. Goldenberg, "Studies of Soviet Scientists on the History of Cartography," Eighth International Cartographic Conference (Moscow, 1976), 5. 14世纪晚期或15世纪早期的情况，参见注释39。

⑫ Colin Clair, *A Chronology of Printing* (London: Cassell, 1969), 58. 另参见下面的注释61。

⑬ V. N. Tatishchev, *Istoriya Rossiyskaya*, 7 vols. (MoscowLeningrad, 1962 – 1968), 1: 345 – 351.

⑭ Ye. [Egor] Zamyslovskiy, *Gerbershteyn i yego istorikogeograficheskiye izvestiya o Rossii* (St. Petersburg, 1884), 538; K. N. Serbina, "Istochniki 'Knigi Bol'shogo chertëzha,'" *Istoricheskiye Zapiski* 23 (1947): 290 – 324; B. A. Rybakov, "Drevneyshaya russkaya karta nachala XVI v. i yeyë vliyaniye na yevropeyskuyu kartografiyu XVI-XVIII vv.," *Trudy Vtorogo Vsesoyuznogo Geograficheskogo S'yezda* 3 (1949): 281 – 282; K. A. Salishchev, *Osnovy kartovedeniya: Chast' istoricheskaya i kartograficheskiye materialy* (Moscow, 1948), 124; D. M. Lebedev, *Ocherki po istorii geografii v Rossii XV i XVI vekov* (Moscow: Izdatel'stvo Akademii nauk SSSR, 1956), 199 – 231; S. Ye. Fel', *Kartografiya Rossii XVIII veka* (Moscow, 1960); F. A. Shibanov, *Ocherki po istorii otechestvennoy kartografii* (Leningrad, 1971), 英文版为*Studies in the History of Russian Cartography*, ed. James R. Gibson, trans. L. H. Morgan, Monograph 14 – 15, *Cartographica* 12 (1975); 另请参阅 L. A. Goldenberg, *Russian Maps and Atlases as Historical Sources*, trans. James R. Gibson, Monograph 3, *Cartographica* (1971)。

⑮ *Rybakov*, *Russkiye karty*, 对其评论见 L. A. Goldenberg in Voprosy Istorii 7 (1975): 143 – 149; Stanisław Alexandrowicz, "O najdawniejszych mapach państwa moskiewskiego," *Studia* Źródloznawcze/ *Commentationes* 21 (1976): 145 – 153; and L. A. Goldenberg, "U istokov russkoy kartografii," *Izvestiya Akademii Nauk SSSR*, *Seriya Geograficheskaya* 1975, no. 3, 130 – 140。对其重新绘制所使用的第一手材料和文献，其覆盖范围非常广泛，且多种多样。在使用16世纪到17世纪的外国地图的同时，古老清单中的旧俄罗斯地图一样得以应用；革命以前时代、苏维埃时代和外国的学者都对俄罗斯的历史学、地理学和制图学进行了大量的研究；对地籍的描述；道路（文字描述，并附有对定居点之间距离的指示）；航海指南；地理信息和对俄罗斯编年史的概括；政府文件和法令；以及外国人关于俄罗斯的评述（亚伯拉罕·奥特柳斯、保罗·焦维奥以及其他人）。另外，也考虑到了档案材料以及卡扎科娃（Kazakova）关于格拉西莫夫的最新专业研究著作和勒叙尔（Lesure）关于法国档案中关于俄罗斯历史的资料的最新专业研究著作；请参阅 N. A. Kazakova, *Dmitriy Gerasimov i russko-evropeyskiye kul'turnyye svyazi v pervoy treti* 16 *v.* (Leningrad: Nauka, 1972), 以及 Michel Lesure, *Les sources de l'histoire de Russie aux archives nationales* (Paris: Mouton, 1970)。

明这些俄罗斯本土资料用途的内容的地图；另一方面，它们是后来的汇编或副本的基础（例如，图62.3）。[16] 指出这些西欧制图师受惠于俄罗斯当局的主要的诊断标准，是它们明显落后于时代，这表现在它们出版的时期和对俄罗斯内部地区边界和国界线的描绘上。[17] 这一特征导致这样的结论：一般说来，外国制图师无法获得关于俄罗斯土地的最新地图，只能依赖那些过时的，已经不再反映现状的地图。可以确定的是，安东尼·詹金森（Anthony Jenkinson）的1562年地图可以追溯到1497年俄罗斯来源的地图，而且赫里松所使用的1613年

图62.3 安东尼·詹金森的莫斯科公国地图，1562年（1570年）

原图的标题是《俄罗斯、莫斯科公国和鞑靼新图》（*Nova absolvtaqve Rvssiae*, *Moscoviae & Tartariae*）（请参阅图57.6）。这幅地图发表于亚伯拉罕·奥特柳斯的1570年的《寰宇概观》。比例尺：1∶12000000。

原图的尺寸：约35.5×42.9厘米。由BL（Maps C.2.c.1, map 162）提供图像。

---

[16] 这些地图包括安东尼乌斯·维德（1524年）、巴蒂斯塔·阿格内塞（1525年）、西吉斯蒙德·冯·赫伯斯坦（1546年）、安东尼·詹金森（1562年）、赫拉尔杜斯·墨卡托（1594年）、黑塞尔·赫里松（1613年）、纪尧姆·桑松（Guillaume Sanson）（1674年），以及纪尧姆·德利勒（Guillaume Delisle）（1706年）。

[17] 关于地图绘制方法的研究及其应用的更详细信息，参见K. A. Salishchev，"O kartograficheskom metode poznaniya (analiz nekotorykh predstavleniy o kartografii)," in *Puti razvitiya kartografii* (Moscow: Izdatel'stvo Moskovskogo Universiteta, 1975), 36–45; B. G. Galkovich, "O znachenii i meste kartograficheskogo metoda v istoricheskoy geografii," *Izvestiya Akademii Nauk SSSR, Seriya Geograficheskaya*, 1974, no. 5, 55–60; idem, "K voprosu o primenenii kartograficheskogo metoda v istoricheskikh issledovaniyakh," *Istoriya SSSR* 3 (1974): 132–141；以及A. M. Berlyant, *Kartograficheskiy metod issledovaniya* (Moscow: Izdatel'stvo Moskovskogo Universiteta, 1978)。

地图可以追溯到1523年的俄罗斯地图。[18] 而且，纪尧姆·德利勒（Guillaume Delisle）1706年地图的汇编的主要俄罗斯来源是1526年的，晚了有180年。 1857

根据这些研究，我们确定了1497年和1523年的俄罗斯总图。它们是国家地位观念的地图体现，而且它们忽视了俄罗斯的封建分裂。[19] 1497年地图背后的基本概念是大量封建小邦的综合体，以表现一个单一的莫斯科公国政府，并将其分为大型的军事—财政性质的政区单位（oblasts）。1523年地图，由外交部的地图编汇而成，被用来从地图学角度塑造和巩固瓦西里三世时期疆域不断扩张过程中新获得的俄罗斯领土。[20] 1858

然而，1526年俄罗斯诸公国地图，是从墨卡托、纪尧姆·桑松和德利勒的外国地图中汇编而成，表达出一个非常不同的概念。这幅富有争议的地图是为莫斯科的西吉斯蒙德·冯·赫伯斯坦编绘的，这段时间，政治斗争非常尖锐。[21] 它的编绘，面临着大公的反对，而且，显然是出于已故的伊凡·米哈伊洛维奇·沃罗滕斯基（Ivan Mikhailovich Vorotynskiy）亲王的命令。图上详细地描绘了俄罗斯诸公国的边界，尽管被有意地扭曲了。尤其值得注意的是，古老的莫斯科公国的规模被低估，而沃罗特涅茨（Vorotynskiy）、别尔斯科（Bel'skiy）和梁赞（Ryazanskiy）三个公国则被夸张描绘。1526年的宣传地图在观念上的主

---

[18] Rybakov, *Russkiye karty*。近来的地图学史学者对雷巴科夫所声称的由俄罗斯资料构成詹金森地图基础的说法进行了质疑。詹金森的俄罗斯地图原本的轰动性的修复尤其重新引发了对这一问题的讨论；参见 Krystyna Szykula, "The Newly Found Jenkinson's Map of 1562," Paper presented at the Thirteenth International Conference on the History of Cartography, Amsterdam and The Hague, 1989; published in *13th International Conference on the History of Cartography ... Abstracts* (Amsterdam, 1989), 38 - 39 and 109 - 111。特别是，基于对詹金森地图起源和转变的彻底研究，塞缪尔·H. 巴伦（Samuel H. Baron）驳斥了雷巴科夫的论证的几个观点；参见他的"William Borough and the Jenkinson Map of Russia, 1562," *Cartographica* 26, no. 2 (1989): 72 - 85; idem, "The Lost Jenkinson Map of Russia (1562) Recovered, Redated and Retitled," *Terrae Incognitae* 25 (1993): 53 - 65; and idem, *Explorations in Muscovite History* (Hampshire: Variorum, 1991), esp. 72 - 87。尽管如此，雷巴科夫所支持的俄罗斯资料来源的主要观点仍然很有说服力：其所描绘的国家边界已经过时，并强烈地反映了1497年俄罗斯及其周边地区的情况。由于雷巴科夫明显没有注意到詹金森地图中最明显的不准确之处：画出了一个实际上不存在的Volok湖，作为北德维纳河、第聂伯河和伏尔加河的源头，巴伦自然感到困惑。巴伦相信如果詹金森使用了俄罗斯资料来源，就不会犯这样的错误。然而，尽管在这一地区并不存在这样一个单一的膨胀的水体，但还是有很多港口（Voloki）和很大的湖泊（Seliger），比如谢利格尔湖。这些港口和湖泊被俄罗斯人用作连接国家北部和南部地区的路线。不幸的是，这些言论并不能改变这样一个事实：所有的17世纪之前的俄罗斯地图都没能保存下来；参见 A. V. Postnikov, "Outline of the History of Russian Cartography," in *Regions: A Prism to View the Slavic-Eurasian World: Towards a Discipline of "Regionology,"* ed. Kimitaka Matsuzato (Sapporo: Slavic Research Center, Hokkaido University, 2000), 1 - 49, esp. 6 - 7。

[19] 关于封建分裂和中央集权莫斯科公国的兴起的历史，请参阅 A. P. Novosel'tsev, V. T. Pashuto, and L. V. Cherepnin, *Puti razvitiya feodalizma (Zakavkaz'e, Srednyy Asiya, Rus', Pribaltika)* (Moscow: "Nauka," 1972); A. M. Sakharov, *Obrazovanie i razvitie Rossiyskogo gosudarstva v XIV-XVII vv.* (Moscow, 1969); and V. A. Kobrin, Vlast' i sobstvennost'v srednevekovoy Rossii (XV-XVI vv.) (Moscow, 1985)。另请参阅 L. V. Cherepnin, Obrazovaniye Russkogo tsentralizovannogo gosudarstva v XIV-XV vv. (Moscow: Izdatel'stvo Sotsial'no-Ekonomicheskoy Literatury, 1960); M. N. Tikhomirov, *Rossiya v XVI stoletii* (Moscow: Izdatel'stvo Akademii nauk SSSR, 1962); V. I. Buganov, A. A. Preobrazhenskiy, and Yu. A. Tikhonov, *Evolyutsiya feodalizma v Rossii: Sotsial' no-ekonomicheskiye problemy* (Moscow: Mysl', 1980); and B. A. Rybakov, *Kievskaya Rus' i russkiye knyazhestva XII-XIII vv.* (Moscow: Nauka, 1982)。

[20] 因为1497年和1523年地图现在已经不存，关于它们是否存在，及其制作者，学者们提出了质疑［例如，Samuel H. Baron, "B. A. Rybakov on the Jenkinson Map of 1562," in *New Perspectives on Muscovite History*, ed. Lindsey Hughes (New York: St. Martin's, 1992), 3 - 13］。

[21] 1517年和1526年，皇帝西吉斯蒙德一世（Sigismund Ⅰ）的大使赫伯斯坦两次来到俄罗斯。他在旅程中从不同的来源所收集到的地理信息成为其编绘俄罗斯地理志和俄罗斯地图的基础，"Muscovia Sigismundi liberi baronis in Herberstein Neiperg et Getenhag MDXLVI"。

旨是地方分权。它促进了对以前的伟大独立公国的回归和对莫斯科公国地位的贬抑。到了19世纪，对赫伯斯坦汇编成此地图的资料进行了仔细的分析，直到今天仍然有其价值。[22] 毫无疑问，他从俄罗斯的绘本地图中寻求信息，这些绘本地图今天已经亡佚。这一点得到了令人信服的阐明，1884年，扎梅斯洛夫斯基（Zamyslovskiy）把注意力集中在1546年地图上所描绘的俄罗斯河流的形态上。[23] 更晚近一些的是雷巴科夫（Rybakov），他重新绘制了1523年和1526年的俄罗斯地图。[24]

这些也不是16—18世纪的欧洲印本地图的这一重新解释的唯一结果。这种重建同样使得我们可以识别15世纪晚期到16世纪之间的一些地方地图的原型。这些地图涉及的区域包括莫斯科和诺夫哥罗德（Novgorod）、普斯科夫（Pskov）、北方地区诸城镇、沃洛格达—陶格夫匹尔斯（Vologda-Daugavpils）、伏尔加（Volga）地区、里海和中亚地区，以及通向喀山（Kazan）、阿斯特拉罕（Astrakhan）地区和乌克兰各地的道路。通过这些研究，还挖掘出“根据1497年草案的莫斯科大公国的区域划分计划”和正如巴蒂斯塔·阿格内斯地图所揭示的“俄罗斯北部地区草图”，以及根据桑松和德利勒地图发现的“俄罗斯诸公国计划”。

所有这些研究的重要意义，再怎么强调都不过分。但是，尤其是，凭借有说服力的确切材料，他们已经确定1497年地图是俄罗斯国家的第一幅俄文地图。这一发现使得俄罗斯地图学的起源得以向前追溯整整一个世纪，到《全图》（*Bol'shoy chertëzh*）之前，这幅地图曾经被认为是俄罗斯地图学史上最早的一例。[25]

俄罗斯地图学和地理学的开端

与俄罗斯地图学历史有关的资料，从古代保存下来的很少。众所周知，在迈科普（Maikop）附近的考古发掘中发现的银花瓶，被认为是在苏维埃领土中发现的最古老的类似

---

[22] Zamyslovskiy, *Gerbershteyn*. 赫伯斯坦的俄罗斯资料来源包括一部路线指南（dorozhnik），其中描述了从诺夫哥罗德途经大乌斯利格（Velikiy Ustiug）和北冰洋到哥本哈根的道路，以及德米特里·格拉西莫夫（Dmitriy Gerasimov）与其翻译格里戈里·伊斯托马（Grigoriy Istoma）于1496—1497年海上航行的事迹；通向伯朝拉河（Pechora）、尤格拉（Yugra）和鄂毕河的路线指南（*dorozhnik*），以及谢苗·F·库尔布斯基（Semyon F. Kurbskiy）亲王于1499—1500年期间赴西伯利亚和俄罗斯北部地区的队伍领导者的事迹［I. D. Belyayev, “O geographicheskikh svedeniyakh v drevney Rossii,” *Zapiski Russkogo Geograficheskogo Obshchestva* 6 (1852): 1-264, esp. 246-250］。然而，赫伯斯坦的地图相对来说并不精确，缺乏细节，在地图和文本的许多图形方面（与文本相比）表现出诸多差异。很明显，赫伯斯坦既不具备一名制图师的知识，也缺乏这方面的训练；请参阅 Rybakov, *Russkiye karty*, 80。赫伯斯坦地图的主要版本都是由 Kordt 出版的，巴格罗对其进行了描述。请参阅 V. Kordt, *Materialy po istorii russkoy kartografii*, 3 vols. (Kiev: Komissiya dlya razbora drevnikh aktov, 1899, 1906, and 1910), 6-8 and pls. XI-XIV, and Bagrow, “Sources,” 46-48。

[23] Zamyslovskiy, *Gerbershteyn*, 537-539, and Lebedev, *Istorii geografii v Rossii*, 203-204.

[24] B. A. 雷巴科夫重新绘制的总图的名称和联系是：根据1497年草图而绘制的莫斯科公国的政区划分的概况；一幅俄罗斯国家地图，1523年（它的组成部分是“俄罗斯北部地区推测地图”，1523年）；以及一篇俄罗斯各公国的概述，1526年。

[25] Postnikov, “Outline”; A. V. Postnikov, “Russian Cartographic Treasures of the Newberry Library,” *Mapline* 61-62 (1991): 6-8; Baron, “William Borough”; idem, “Lost Jenkinson Map”; and idem, *Muscovite History*.

1859

地图的描绘。[26] 最著名的则是一次大地测量所发现的古代遗迹——特穆塔拉坎石（Tmutarakan Stone），发现于塔曼（Taman）半岛，是1068年刻赤（Kerch）海峡测量的结果。[27] 第一部俄罗斯地理著作，是一项对国土和民族的调查，其序言“往事纪年”（Povest’ vremennykh let），其日期也可以追溯到11世纪。[28] 同样，在早期编年史中，比如“关于俄罗斯大地的毁灭”（Slovo o pogibeli russkoy zemli），[29] 描述了俄罗斯历史地理学的出现，而且一项14世纪后期的关于大约350个城镇的清单上可能附有一张地图，这幅地图后来成为“地理图全书”（Kniga Bol’shomu chertëzhu）（见下文）的基础。[30] 这一清单枚举了普里皮亚季河（Pripet）和第聂伯河（Dnieper）河中游的保加利亚和沃罗什今、基辅及切尔尼戈夫等地的市镇，清单的组织方式表明了这一出处。这一描绘的作者很明显地使用了地图，图上显示了城镇，这

---

[26] 在俄罗斯，对此花瓶的描述和其重要意义估计都在知名的大学地图学教科书中得以引用：K. A. Salishchev, *Osnovy kartovedeniya: Istoriya kartografii i kartograficheskiye istochniki*（Moscow: Izdatel’stvo Geodezicheskoy Literatury, 1962），6, and idem, *Osnovy kartovedeniya: Chast’ istoricheskaya*, 118。对其的简要讨论，另参见 Catherine Delano-Smith, “Cartography in the Prehistoric Period in the Old World: Europe, the Middle East, and North Africa,” in *HC* 1: 54 – 101, esp. 72 – 73 and fig. 4. 18。

[27] 特穆塔拉坎石，是一块大理石铭牌，其上镌刻有一段俄文铭文，1792年发现于塔曼半岛（Taman Peninsula）。尽管这一遗迹并非地图绘制的证据，但它还是提供了早熟的远距离测量的证据。其铭文写道：“在第6576年，15年中的第6年，格列布（Gleb）王子测量了从特穆塔拉坎到刻赤之间的冰冻之海的距离，一共14000俄丈（sagene）”。根据19世纪的军事地形图，从塔曼到刻赤的距离相当于10950俄丈，或者相当于23395.5米（关于距离换算，请参阅表62.1）。奥列宁（Olenin）根据18世纪晚期到19世纪初期的地图，测得其间距离为10700俄丈，或者是22861.6米；请参阅 Aleksey N. Olenin, *Pis’ mo k grafu Alekseyu Ivanovichu Musinu-Pushkinu o kamne Tmutarakanskom, naydennom na ostrove Tamane v 1792, s opisaniyem kartin k pis’ mu prilozhennykh*（St. Petersburg, 1806）。这一铭文第一次出版，是由 A. I. Musin-Pushkin 于1794年，请参见其 *Istoricheskoye issledovaniye o mestopolozhenii drevnego Rossiyskogo Tmutarakanskogo knyazheniya*（St. Petersburg, 1794）。这篇铭文是独一无二的，引发了对其权威性的质疑。关于特穆塔拉坎石权威性的证据中，最有力的是编年史中提及的古代城市——特穆塔拉坎的遗迹，考古学家们在石块的位置处发现了这座城市的遗址，它离塔曼的大型哥萨克村庄（*stanista*）距离很近。从1851年以来，特穆塔拉坎石展出于位于圣彼得堡的国家文化遗产博物馆（Gosudarstvennyy Ermitazh）。石头上的其他文献还包括：A. Spitsyn, “Tmutarakanskiy kamen’,” *Zapiski Otdeleniya Russkoy i Slavyanskoy Arkheologii Russkogo Arkheologicheskogo Obshchestva* 11（1915）: 103 – 132; B. A. Rybakov, *Russkiye datirovannyye nadpisi XI-XIV vekov*（Moscow: Nauka, 1964）; and A. L. Mongayt, *Nadpisi na kamne*（Moscow: Znaniye, 1969）。

[28] 编年史《往事纪年》是罗斯历史上第一部历史撰写著作，在书中，旧罗斯国家的历史被放置在世界历史事件的广阔背景下。如果关于罗斯疆域中的东斯拉夫人部落、非罗斯的人群、与其比邻而居的人群以及附庸部落的全部信息都被放置在同一幅地图中，它就会显示罗斯疆域的西部、北部和东部边界。请参阅 D. S. Likhachev, *Povest’ vremennykh let*, 2 vols.（Moscow-Leningrad: Izdatel’stvo Akademii nauk SSSR, 1950）。

[29] 这部著作源自罗斯的封建分裂时期，其标志是诸侯为了扩大所控制的土地而发动的旷日持久的自相残杀的血腥战争——一位时人痛心疾首地将其称作“俄罗斯大地的毁灭”——这部著作包含了关于罗斯人民领土的相当精确的地理数据。罗斯土地的边界是由相邻民族来界定的，从匈牙利开始，沿顺时针方向，一直到达南部的波罗茨基（Polovtsy）；请参阅 Rybakov, *Kievskaya Rus’*, 58。

[30] “地理图全书”（1627年）是关于俄罗斯国家的一幅旧战略地图的一部文字描述，这幅地图曾经亡佚，但修复于1627年（“Bol’shoy chertëzh”）。目前已经发现这部书的39部写本，最新的一部是在1961年，请参阅 A. A. Timoshenko, “Eshchë odin rukopisnyy spisok ‘Knigi Bol’shomu chertëzhu,’” *Vestnik Moskovskogo universiteta* 5（1961）: 35 – 40。这本书的原本，正如“全图”本身一样，并没有保存下来。17世纪，有28份副本得以绘制出来，18世纪有8份，而19世纪则有3份。第一批出版物于18世纪问世：一份是由 Nikolay I. Novikov, *Drevnerossiyskaya idrografiya*（St. Petersburg, 1773），包括对俄罗斯国家、河流、沟渠、湖泊和水井的描述，以及其上的地标和它们之间的距离；另一份则是由 Mining Academy, *Kniga Bol’shomu chertëzhu ili drevnyaya karta Rossiyskogo gosudarstva, podnovlennaya v Razryade i opisannaya v knigu* 1627 *goda*（St. Petersburg: Tipografiya Gornogo Uchilishcha, 1792）。

样的话这些城镇才可能以沿着河流的组团方式在清单中排列。[31] 清单从南部的城镇开始，而非北部城镇，这一点可能与早期俄罗斯地图的南方起源有关。[32]

1860 14世纪和15世纪，正值罗斯封建制度解体的时期，大量的间接证据支撑了这样的观点：条件逐步地升级，使得制作地图的活动得以增加。首先，地理资料的积累持续增多。这些开端于各类关于各城镇之间的水陆路程的描写，之后包括了聚落和地籍、财政性质的材料，详细描述了土地和地方地理特征（例如，户口普查簿和调查章程等）。很有可能，到了15世纪，关于河流沿岸和道路沿途地区的图解式地图已经添加到了“道路指南”（dorozhniks）（包含对水陆交通道路的文字描写的指导手册，标示出聚落之间的距离和其他参考信息）之中。其次，基本的测量技术正在发展中。这些方法在各种实地勘测的实际操作背景下制定，包括测量土地和计算面积的简单数学方法、不同所有者土地之间界线的确定方法以及不同公国之间划分边界的方法。最后，到了15世纪的最后1/3时段，俄罗斯对地图绘制方面的应用在快速增长；这些应用已经扩展到土地描述、国防、城市建设和外交等诸方面的用途上去。

俄罗斯的地方地图、区域地图和总图

圣像地图

俄罗斯地图学在16世纪和17世纪得以革新的一个特殊的例子是由画在木板上的圣像地图所提供的。长期以来，绘画史和艺术史的专家一直在研究古老的俄罗斯圣像。然而，作为包含地图元素（或整幅地图）的文物，它们直到1861年才开始得到关注，这一年，艺术批评家斯塔索夫（Stasov）公布了一些圣像样本，包括一张普斯科夫的地图，绘制年代可以追

---

[31] M. N. Tikhomirov, “Spisok russkikh gorodov dal’nikh i blizhnikh,” *Istoricheskiye Zapiski* 40 (1952): 214 – 259, esp. 219.

[32] 从1542—1555年安东尼乌斯·维德和伊凡·利亚茨基的地图开始，一直到17世纪晚期的西伯利亚地图，俄国地图以南为正方向的方位，确立了一个半世纪。然而，在赫伯斯坦对莫斯科公国的描绘中，有人认为俄罗斯地图以南为正方向可以追溯到更远。在描绘大城市——如基辅和下诺夫哥罗德时，赫伯斯坦在确定河口的位置上犯了两次错误：位于基辅以南为正方向以北的杰斯纳河河口被赫伯斯坦放在基辅以南；奥卡河在戈尔基以北汇入伏尔加河，但赫伯斯坦把奥卡河口放在这座城市以南；请参阅 Herberstein, *Zapiski o moskovitskikh delakh*。这些错误不太可能是奥地利外交官的俄国线人所犯的，只有当一个习惯于以北为正方向的地图的外国人使用以南为正方向的地图时才能加以解释。赫伯斯坦将在西方制作的莫斯科公国地图带到了莫斯科，地图是以北为正方向的，比如马丁·瓦尔德泽米勒1516年的《海图》（*Carta marina*）。有趣的是，在这张地图上，从莫斯科出发的一条道路似乎是颠倒的（请参阅 Bagrow, “Sources,” 36），使用以南为正方向的地图也很容易解释这一错误。因此可以推测，俄罗斯人在16世纪初就熟悉了以南为正方向的地图。根据雷巴科夫的假设，在意大利制图学的影响下，我们发现了这种趋势的线索；请参阅其 *Russkiye karty*, 16 – 19。意大利人从阿拉伯制图学中采用了以南为正方向的方法，长期保存在意大利的城市平面图中。因此，1459年弗拉·毛罗著名的威尼斯地图是以南为正方向的。在15世纪的最后25年里，索菲娅·帕拉格洛斯（Sophia Paleologus, 1472年嫁给伊凡三世）从佛罗伦萨搬到莫斯科后，莫斯科的意大利人数量显著增加。在这个以地理发现和对地图的兴趣而闻名的时代，以南为正方向的地图被引介给莫斯科人。然而，这种做法一定是在15世纪的最后25年之前就已经形成了，在那个时候，典型的以北为正方向的地图——比如1478年托勒密的地图，已经开始出现了。

溯到17世纪中期，出自主宰者十字架教堂礼拜堂（209×386厘米）。[33] 这张地图以东为正方向，而且，普斯科夫城堡的建筑、城市街道，以及普斯科夫湖和韦利卡亚河（Velikaya）都用透视法描绘。同样的，从16世纪开始的两种更早期的圣像保存了地图的细节。首先是16世纪后期的普斯科夫—伯朝拉（Pskov-Pechorskaya）的圣母玛利亚（图62.4）。[34] 其次，出自位于莫斯科的波克罗夫斯基大教堂的一个圣像——“塔拉西圣者图景”（162×150厘米），通过一幅关于城市、该区域的修道院、沃尔霍夫河（Volkhov）和伊尔门湖（Ilmen）局部地区的地图，非常清楚地显示出了诺夫哥罗德的地形。诺夫哥罗德及其各地区的地图同

图62.4　普斯科夫－伯朝拉的圣母玛利亚圣像地图，16世纪末

在最显著的位置上突出显示了普斯科夫城堡的部分城墙和韦利卡亚河，米罗日斯基（Mirozhskiy）修道院在其后。原图尺寸：109×84.5厘米。私人收藏（FRG）。由Haus der Kunst，Munich许可使用。

㉝ V. V. Stasov, “Plan Pskova na obraze Sreteniya Bogoroditsy, sokhranyayushchemsya v chasovne Vladychnogo Kresta bliz Pskova,” *Zapiski Slavyano-russkogo Otdeleniya Arkheologicheskogo Obshchestva*, vol. 2 appendix (1861): 11–20.

㉞ *Ikonen* 13. *bis* 19. *Jahrhundert*, *exhibition catalog* (Munich: Haus der Kunst, 1969), pl. 234.

样在其他圣像［米哈伊洛夫卡（Mikhailovskaya）、兹纳缅卡（Znamenskaya）］上找得到，这在其他一些版本中也可得知。索洛韦茨基（Solovetski）群岛和同名的修道院的地图上保存了20余种16世纪和17世纪的圣像。[35] 其中最著名的在图62.5中显示。

图62.5 圣像“Bogomater' Bogolyubskaya S Predstoy – Ashchimi Zosimoy I Savvateyem Solovetskimi I Stsenami Ikh Zhitiya”上的索洛韦茨基群岛地图

从17世纪下半叶开始，这一表现形式的地图特征中，包括以东为正方向、海岸线呈锯齿状、内部水体的存在，以及大小岛屿等。

原图的尺寸：82×66厘米。由Gosudarstvennyy Mujzey-Zapovednik“Kolomenskoe,”Moscow（no. Zh – 1042）提供照片。

---

[35] V. S. Kusov, “O russkikh kartograficheskikh izobrazheniyakh XVI v.（predvaritel' noye soobshcheniye),” in *Ispol' zovaniye starykh kart v geograficheskikh i istoricheskikh issledovaniyakh*（Moscow: Moskovskiy Filial Geograficheskogo Obshchestva SSSR, 1980), 113 – 121. 另请参阅 *Arkhitekturno-khudozhestvennyye pamyatniki Solovetskikh ostrovov*（Moscow, 1980）。

1862

俄罗斯圣像地图总是描绘一个局部的地方，反映其地理状况的感知特征。从地形学的角度来看，它们展示了一个通过平面描绘的透视（或半透视）的素描的组合。在一组与“本地圣人”相关的圣像上，由圣徒或隐士创办的修道院的透视图像被描绘到圣徒形象的旁边。墙垣和塔楼的图像化表示也经常与围绕修道院而形成的区域规划描绘联系起来。关于与历史事件有关的圣像的图形，在尺寸上被极端地缩小了，与图上剩下的景观元素相适应。[36] 例如，这种技术被用在普斯科夫佩切尔斯基修道院圣像中，这一圣像被应用于描绘在1581年斯特凡·巴托里（Stefan Batori）的士兵包围下，普斯科夫英勇的守城战中。[37]

类似的地图圣像还没有得到充分的研究，关于它们的调查仍在继续中。因此，要得出圣像地图扩散的任何结论，还为时过早。

中央集权的俄罗斯国家的形成：地方地图和区域边界地图

加速地图绘制的发展的一个强烈的刺激是以莫斯科大公国为中心的疆域统一的完成。统一的中央集权的俄罗斯国家扩张的第一个世纪是16世纪，尽管在与立陶宛、波兰和克里米亚的战争期间，它的领土继续成型，以重新统一俄罗斯、白俄罗斯和乌克兰地区。[38] 这一历史时期的证据已经发掘出来，以支持学者有关俄罗斯地图学起源的理论。1956年，一幅1536—1537年间绘制的草绘地图被发现，这幅地图是目前现存最古老的俄罗斯绘本地图。这幅地图是唯一一幅从16世纪保存至今的地图，它与相邻的索洛尼察河（Solonitsa）的一小块土地有关，这条河在科斯特罗马（Kostroma）县（uyezd）所属的马林斯克村（Marinsk）的西北。这幅地图被保存在谢尔盖圣三一教堂修道院的旧抄本书籍中（图62.6）。[39] 这张平面图被画为几何图形。关于该平面图所附的文字文件的研究可以使我们判定其来源与绘制目的。这幅平面图反映了土地交易行为的形成，这一交易包括由老格里戈里（Grigoriy）代表谢尔盖圣三一教堂修道院购买一块位于索洛尼察河对岸的土地，这块土地位于科斯特罗马县，靠近马林斯克村［距离涅列赫塔（Nerekhta）镇25俄里（verst）］。这幅平面图的面积为15俄亩（dessiatina）（约16.5公顷），其中10俄亩为可耕地，5俄亩为草地（表6.1）。尽管很难说出这幅平面图的准确的比例尺，但它可能接近1∶5700左右。[40] 其上方的

---

[36] Kusov, “O russkikh kartograficheskikh izobrazheniyakh,” 114.

[37] A. V. Postnikov, *Razvitie krupnomasshtabnoy kartografii v Rossii*（Moscow：“Nauka,” 1989）.

[38] Tikhomirov, *Rossiya v XVI stoletii*；V. A. Kuchkin, *Formirovaniye gosudarstvennoy territorii Severo-Vostochnoy Rusi v X-XIV vv.*（Moscow, 1984）. 另请参阅 V. S. Kusov, *Kartograficheskoe iskusstvo Russkogo gosudarstva*（Moscow：“Nedra,” 1989）, and idem, *Chertezhi zemli Russkoy, XVI-XVII vv.：Katalog-spravochnik*（Moscow：“Russkiy Mir,” 1993）。

[39] S. M. Kashtanov, “Chertëzh zemel’ nogo uchastka XVI v.,” *Trudy Moskovskogo Gosudarstvennogo Istoriko-arkhivnogo Instituta* 17（1963）：429 – 436, esp. 430. 学术文献中仍未提及1536—1537年平面图的发现。Kashtanov的出版物规模不大，发行范围也不广。关于这幅地图的讨论和重新绘制，请参阅 A. V. Postnikov, *Russia in Maps：A History of the Geographical Study and Cartography of the Country*（Moscow：Nash Dom-L’ Age d’ Homme, 1996）, 10 – 12（figs. 1 and 2）。

Prokhorov认为，新发现的一幅修道院草图的年代可以追溯到14世纪末或15世纪初，这将大大改变现存最早的俄罗斯地图的年代。请参阅 Gelian Mikhailovich Prokhorov, *Entsiklopediia russkogo igumena XIV-XV vv.*（St. Petersburg：Idz-vo “Olega Abyshoko,” 2003）, 19。

[40] 在图上，1俄亩大约相当于3.55平方厘米，这样的话，1平方厘米相当于0.3俄亩（在15世纪晚期到16世纪早期，1俄亩相当于2500平方俄丈或者大约1.1公顷）。

1863 线，用以表现索洛尼察河，长度不到 1 公里（大约 741 米）。

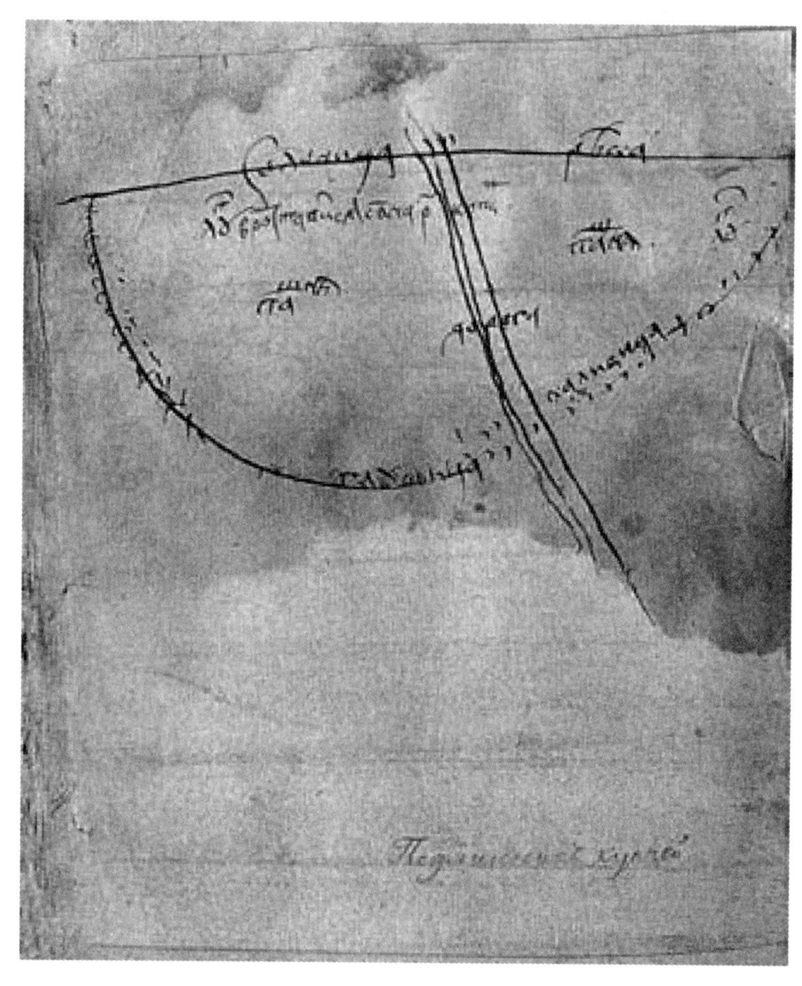

图 62.6 关于一块土地地块的旧俄罗斯地图，1536 – 1537 年

这幅平面图由两条相交叉的曲线组成，其中上端的线条类似于弦线，下端的线条类似于弧线。从“弦线”的大约中间开始，绘出三条线，以 80° 的角度与弧线相交。在“弦线”上，标注着“索洛尼察河”（Solonitsa River），在弧线上，标注出“卡利维察（Kalivitsa）荒野”（可能是一条旧河床或有水的峡谷的名称），在与其相交叉的三条线上，标注出“道路”，在左右两条线处，标注出“草原”和“可耕地”，以及“100 捆干草进入收获（rod）”，这意味着在获得丰收的情况下，可以减少 100 捆。

原图尺寸：约 11.7×9 厘米。由 RGB（Manuscript Division，stock 303，book 518，sheet 417v）提供照片。

表 62.1 **16 世纪和 17 世纪俄罗斯的量度**[a]

长度
4*versboks* = 1 *cbetvert* = 17.78 厘米
4*chetverts* = 1 *arsbin* = 71.12 厘米
3 *arsbrns* = 1 *sagene*[b] = 2.1336 米
500 *sagenes* = 1 *putevaua verst* = 1.0668 公里
1000 *sagenes* = 1 *mezbevaya verst* = 2.1336 公里

续表

面积
cbetverts（*cbets*） 3 *dretniks* 2000 *square sagenes* } = 1 *dessiatina* = 1.0925 公顷

注：（a）封建时代的特点是测量距离和面积的方法并不标准，各地区的测量单位的尺寸各自不同。在16世纪和17世纪的俄罗斯国家集权时期，实施了一项将计量进行统一的政策。表中给出了这一时期内距离测量的系统。

（b）已经确定的最古老的塔曼和刻赤两点之间距离的测量——在特穆塔拉坎石上为14000俄丈——但是不幸的是，因为我们对11世纪时1俄丈到底多长缺乏了解，所以这一距离仍然无法最终破译。在16世纪之前的古代，人们使用了很多类型的俄丈，包括：小丈（简单的）=1.4224米；直丈=1.527米；测量丈=1.764米；海丈=1.863米；斜丈=2.16米；大丈=2.494米。从16世纪到1926年前后，使用相当于2.1336米的俄丈。

许多其他相关文献典故同样表明了在世俗、教会封建领主以及中央政府主持下的地图绘制的范围。因此，在1541年9月18日的一份档案中，雷帝伊凡四世命令阿列克辛（Aleksinsk）的总督签发一份有争议地区的地图，连同对各类土地所有权的要求的调查结果。[41]在1594—1595年的档案中，沙皇费奥多尔·伊万诺维奇（Fedor Ivanovich）同样命令下诺夫哥罗德（Nizhniy Novgorod）和亚德林（Yadrinsk）的总督“通过勘测和地图”来划定边界，而且要“在地图上通过旧的边界线来追溯之前的情况”。[42]很有可能，在15世纪，这类地方地图就已经绘制出来了。这些地图通常与农民对公共使用土地的权利（prava obshchin）联系起来，它规范了对确定不同所有者之间的土地的边界的描绘。[43]

地产地图，其绘制与成文的调查结果和边界标记报告书相关，也表现为法律文件的形式用以支持拥有土地的权利。在这种情况下，最古老的由其同时代人对一幅16世纪地图提出的批评性的观察特别有趣。“这幅地图画错了”，其上批注道：“因为把米吉纳河（Migina）标成了博雷茨河（Borets），而保列茨河流入瓦特拉斯河（Vatres）而非乌罗加河（Vronga）”。[44]

目录和清单也证实以前确实存在很大数量的16世纪地图。除了与国内地区有关的大比例尺地图之外，边界地图也进行汇编以划定与外国领土之间的界线。在某些情况下，这些地图后来也汇编成覆盖面积更大的地区的区域地图。这两种情况被越来越多地记载到清单和目录中。从16世纪70年代开始，这些地图被列入沙皇伊凡四世的帝国档案馆中；而且，从

[41] Ye. G. Volkonskaya, *Rod knyazey Volkonskikh*（St. Petersburg, 1900）, 19. 关于1555年土地地图的契据（Gramota o zemel' nom Chertezhe 1555 g.），请参阅 *Dopolneniya k aktam istoricheskim*, 12 vols.（St. Petersburg, 1846 – 1872）, 1：72。

[42] *Akty feodal' nogo zemlevladeniya i khozyaystva*, 3 vols.（Moscow, 1951 – 1961）, 3：53 – 62. 关于按照费多·伊万诺维奇1594年3月21日的契约和1605年11月13日的假德米特里一世（Lzhedmitriy Ⅰ）汇编地图，请参阅 Akty feodal' nogo zemlevladeniya I khozyaystva, 2：448 – 449, 367。

[43] 这类关于探险和边界的文件和清单包含了次要的地名和对历史地理学生有价值的信息；请参阅根据1479—1496年、1499年、1533年、1540—1551年、1555—1556年、1558年、1583年、1589年、1595—1598年的争端进行的土地划分，收入Ruzskiy, Staritskiy, Moskovskiy, Kozel'skiy, 以及其他各县，收入 *Akty feodal' nogo zemlevladeniya i khozyaystva*, 2：14, 26 – 27, 125, 152 – 154, 221, 232, 264 – 265, 277, 448；3：12, 38, 42, 64, 225, 231；and 1：232。另请参阅 Valerie Kivelson, *Cartographies of Tsardom：The Land and Its Meanings in SeventeenthCentury Russia*（Ithaca：Cornell University Press, 2006）, 29 – 98。

[44] *Akty feodal' nogo zemlevladeniya i khozyaystva*, 3：54.

1614 年起，被列入外交部的档案。在 16 世纪俄罗斯国家档案馆的重建时期，此类地图的日期被很准确地标定。[45] 在这些清单中所提及地图的例子包括一张保存得很不好的地图，它被订在一张帆布上，表现瑞典和利沃尼亚与立陶宛和普斯科夫交界的地区。类似情况的地图还有被记载为“立陶宛疆域与韦利日（Velizh）诸州之间的边界”，其他的还有一幅保存得很不好的塞沃斯克城镇地图（1551 年以后）、一幅托罗佩茨（Toropets）和立陶宛之间边界地图（1503 年以后）、一幅 1522 年的斯摩棱斯克以及斯摩棱斯克各乡（volost）地图、一幅谢别日（Sebezh）和戈梅利（Gomel）地图（1543—1544 年），[46] 以及一幅 16 世纪上半叶的大卢基（Velikiye Luki）地图，其城镇隶属于普斯科夫和波拉茨克（Polotsk）。16 世纪下半叶的地图则包括：乌克兰地区城镇地图和名单（1551—1552 年）、一幅诺拉沃（Noravo）河口处的城市地图（1557 年）、利沃尼亚地区的城镇和“科雷万宣誓地图”以及一幅波拉茨克和奥泽里谢（Ozerishche）地图（16 世纪 60 年代中期）。尽管这些绘本地图都没有流传至今，但它们的来源都分别保留在不同类型的材料中：处理俄罗斯—波兰—立陶宛之间关系（15 世纪晚期至 15 世纪 20 年代）、边界勘分（16 世纪 60 年代）、俄罗斯南部地区要塞的修筑（从 16 世纪 60 年代开始）以及地理性质的参考材料。

1864

向俄罗斯总图的转变：“全图”

地方和区域地图的收集和编目都集中到了国家行政机构——土地地产局、外交部、喀山宫和国防部——这为更多的总图的编撰提供了可能性。地理参考资料也逐渐积累汇集起来，包括那些可以被用来作为地图绘制来源的手稿。例如这些将包括斯摩棱斯克及其周边各乡的目录和描述，以及 1514 年以后由宫廷管理的道路的目录和描绘。此类例子有从普斯科夫和卢基开始的立陶宛地区的道路（1512—1514 年）、从卢基到波拉茨克的道路，与瑞典的边界（1557 年）、“日耳曼”城镇与波拉茨克地区及其外围诸地之间的道路（1566 年）。我们还可以举出一些作为汇编地图来源的描绘，而非草稿。宫廷的官方巡行导致更多资料的积累。为了准备 1552 年伊凡四世去喀山的旅程，关于喀山地区道路的资料和从穆罗姆（Murom）到斯维亚日斯克（Sviyazhsk）的道路的资料都汇集起来。大概 200 年以后，历史学家塔季谢夫（Tatishchev）注意到一部 16 世纪中期、画在 16 图幅上的绘本地图，包括了前喀山帝国的全部区域。这套地图没有标出比例尺，但聚落之间的俄里（verst）数目都已标上。[47]

很清楚，到 16 世纪中期，关于扩张中的俄罗斯国家的地理描述和国家地图，要么是在考虑中，要么已经被执行了。在沙皇档案（1575—1584 年）的目录中，有“可调整到整个领土的名单”（Spisok razvodnoy na vsyu zemlyu），这是关于整个国家的领土的地理描写。1551 年，关于俄罗斯国家的土地的定期描述已经启动，而且，在此活动期间，建立起土地

---

[45] S. O. Shmidt, ed., *Opisi Tsarskogo Arkhiva XVIveka i Arkhiva Posol'skogo Prikaza* 1614 *goda* (Moscow, 1960), 338–340, and *Gosudarstvennyy arkhiv Rossii XVIstoletiya: Opyt rekonstrktsii*, 3 vols. (Moscow, 1978), 135, 136, 224, 337, 374, 507, 509.

[46] 在档案的文字中错误地拼作“Gumenskoy”。

[47] Tatishchev, *Istoriya Rossiyskaya*, 1: 348.

测量的标准单位：索赫（sokha）——随土地生产力的区别，其大小也呈现多样化。[48] 塔季谢夫同样记录了伊凡四世于1552年颁布的命令，不仅要求调查土地，而且要“绘制一幅国家地图”。[49]

1550年以后，官方制作的地图和地理描述变得越来越多，显示出帝国的命令得以贯彻。然而，很难弄清楚这一雄心勃勃的工作的确切完成时间。俄罗斯国家的绘本总图，通常以“全图”之名闻世，其制作日期大概在16世纪70年代到17世纪开始的几年之间的某个时间，经常被引用的几个年份是1598年或1600—1601年。这幅地图本身已经亡佚，而且它的尺寸、比例尺和绘图样式目前已无法确知。根据现存副本中的描述来重建原本的最初尝试于1856年和1947年实施，但并不成功。[50]

1626年5月3日发生于莫斯科的严重火灾，对俄罗斯地图史产生了未曾预料的结果。在包括地图在内的官方档案重建的过程中，所谓的“地理图全书”（Kniga Bol'shomu Chertëzhu）得以编撰。很长时间以来，这本书是唯一可靠的来源，可以解释“扩张到所有邻近国家的全俄罗斯国家”的旧地图。[51] 鉴于在“地理图全书集”中信息的贫乏，我们将把直接的、第一手的档案证据与大量的后来的推测及学者的理论区分开。[52]

1865

作为沙皇米哈伊尔［米哈伊尔·罗曼诺夫（Michael Romanov）］对国防部进行搜查的结果，一幅旧地图得以发现，它奇迹般地从火灾中幸存下来，并且制作于“很久以前，在以前的沙皇统治时期”。[53]它的状况很恶劣。图上的很多地标（urochishcha）已经不存了，而且

---

[48] 在16世纪和17世纪的莫斯科，几何学主要用于测量土地面积的问题，随后将这些测量结果转换成索赫——条件单位，用于评估土地的税收。为了让职员描述和测量土地，1629年编制了一个特殊的手册，*Kniga soshnogo pis 'ma*。这本书发表在 *Vremennik Imperatorskago Moskovskogo Obshchestva istorii drevnostey rossiyskikh*，25卷。（莫斯科，1849—1857年），17：33。术语“索赫文献”（sokha writing）指的是评估土地税收的系统。它是基于不同评估单位的表面积之间的相互关系，其中最重要的是索赫（sokha）。它的大小（以实际土地单位计算）取决于土地所有者的社会类别和被征税的土地的质量。因此，举例来说，在一个教堂或修道院的领地内，1索赫相当于600切特维特（Chetvert）肥沃的土地、700切特维特中等土地、800切特维特不适宜耕种的土地。不同比例的土地对于贵族、国家农奴和其他人来说，相当于1索赫。在1索赫中，“切特维特”的数量与税收负担成反比。等于800切特维特的1索赫，被称为“大俄索赫”。

[49] Tatishchev, *Istoriya Rossiyskaya*, 1：348. 虽然这个由18世纪的历史学家和地理学家所作的陈述并没有被其他独立的信息所证实，但是它引用了16世纪50年代对国家土地的描述，被普遍认为是正确的。塔季谢夫的历史散文经常被作为一个历史的来源，弥补了大量从早期（17世纪前）俄罗斯历史的文献资料的损失。

[50] 1852—1853年，俄罗斯地理学会（Russkoe Geograficheskoe Obshchestvo）两次宣布了一项重建和解释“Bol'shoy chertezh”的竞赛。1856年，G. S. Kuklinskiy提交了一份文本和两份地图，但委员会认为这项工作不能令人满意。F. A. Shibanov在1947年的重建也没有得到普遍认可。请参阅D. Prozorovskiy，“O razmerakh Bol'shogo chertëzha,” *Izvestiya Russkogo Arkheologicheskogo Obshchestva* 2（1882）：118–130，以及F. A. Shibanov，“‘Bol'shoy chertëzh,’ ili pervaya original' naya russkaya karta Moskovskogo gosudarstva,” *Vestnik Leningradskogo Universiteta* 5（1947）：99–102。

[51] *Kniga Bol'shomu chertëzhu*, ed. K. N. Serbina（Moscow-Leningrad，1950），50. 此版本是第五次印刷，给出了对38份清单的科学分析。之前的版本——出自N. I. Novikov（1773），A. A. Musin-Pushkin（1792），D. I. Yazykov（1832），and G. I. Spasskiy（1846）之手——从史料编纂的角度来说很有趣，但并不能作为可靠的资料来源使用。

[52] 在缺乏事实材料的情况下，除了“Kniga Bol'shomu chertëzhu”的文本经常导致关于“Bol'shoy chertëzh”（新旧）的无意义的讨论，其真正尺寸，其对其他17世纪的地图的直接影响（例如，认为昔时人在某种程度上不理解尺寸差异和认为“全国”很小的观点是矛盾的）。请参阅B. P. Polevoy，“Novoye o ‘Bol'shom chertëzhe,’” *Izvestiya Akademii Nauk SSSR, Seriya Geograficheskaya*, 1967, no. 6, 121–130。

[53] V. I. Lamanskiy, “Starinnaya russkaya kartografiya,” *Vestnik Russkogo Geograficheskogo Obshchestva* 27（1859）：11–18, esp. 15.

它在当时被标注为"非常破旧与损坏"。[54]就在同一时代，存世的地图是足够显示其细节的。图上标出了地标，也显示了两个地理点之间的距离［用俄里（Verst）］。除了保存状况恶劣之外，这幅地图是残缺的，国家的南部边缘缺失。而且值得注意的是，其西伯利亚地区的信息也是过时的。在这一时期，国防部的官员费奥多尔·利哈乔夫（Fyodor Likhachev）和米哈伊尔·丹尼洛夫（Mikhail Danilov）组织编绘了一幅新的莫斯科公国总图，保存了旧版的特征和比例尺。他们还着手制作了一幅关于"大地"（pole，意为"没有树木的大草原"）的地图，这幅地图从莫斯科到佩列科普（Perekop），根据旧的国防文献绘成。这两幅地图都附有详细的文字描述。命令都得以忠实地执行。一幅新的整个国家的总图于1626—1627年完成，"尽可能地反映了旧地图"。[55]与此同时，一幅区域地图，"从莫斯科，关于列泽、塞沃斯克和波兰的城镇、关于大地、河流，通过三条道路到佩列科普的所有地标，以及关于克里米亚部落"，[56]还有对国家地图的描述也制作出来。这就是后来的文字描述，它后来以"地理图全书"闻名于世。

很明显，在17世纪的最后25年，区域地图和总图都已亡佚，但即使在1668年国防部的地图清单中，仍然提到这些地图。[57]虽然存在争议，但令人感兴趣的是，巴格罗夫在瑞典发现了列昂季·克利申17世纪70年代晚期的绘本地图"从莫斯科到克里米亚的乌克兰和切尔卡瑟城市图"（Chertëzh ukrainskim i cherkaskim gorodam ot Moskvy do Kryma），一起被发现的还有一张类似的地图，为V. P. 戈利岑（V. P. Golitsyn）（18世纪80年代）而制作，是1627年区域地图的副本，或增补本。[58]

关于1627年区域地图和"地理图全书"的作者，其档案信息已经被发现。在1627年9月12日的申请书中，阿法纳西·伊万诺维奇·梅津措夫（Afanasiy Ivanovich Mezentsov）——一位绘图员、国防部地图的绘制者，也是库尔斯克（Kursk）当地人——声明他已经完成了"全图"并在继续完成文字工作，继续完成对地图和文字的后续校对工作。然而，关于支付他的薪水的第二份申请书显示出在同一年的10月份，但"地理图全书"还没有完成。[59]

"地理图全书"给我们展示了旧的和新的总图和区域地图的文字图像，但这些地图都已不存。经过简短的介绍，主要的篇幅将开始描述区域地图。我们了解到，它覆盖了第聂伯河（Dnieper）左支流和顿河（Don）右支流之间的狭长地带，它的长度是从莫斯科到黑海，包括克里米亚。其描述沿着通向穆拉瓦（Murava）、伊久姆（Izyum）和卡利米乌斯（Kalmius）的道路展开——这是南部地区的三条主要战略要道。很明显，这幅地图是为军事防御而设计。地图的描述非常仔细地定位了鞑靼地区的道路、渡口及其他

---

[54] *Kniga Bol'shomu chertëzhu*, 49.

[55] *Kniga Bol'shomu chertëzhu*, 50.

[56] RNB, Manuscript Division, no. Q XXII (396), sheets 5 – 5v.

[57] A. A. Gozdavo-Golombievskiy, "Opis' chertëzhey, khranivshikhsya v Razryade vo vtoroy polovine XVII veka," in *Opisaniye dokumentov i bumag khranivshikhsya v Moskovskom arkhive Ministerstva yustitsii* (Moscow, 1889), bk. 6, sec. 2, 3 – 28.

[58] Leo Bagrow, "Chertëzh ukrainskim i cherkaskim gorodam 17 veka," *Trudy Russkikh Uchënykh Za-Granitsey* 2 (1923): 30 – 43, and Bagrow, Russian Cartography, 8 – 11.

[59] A. A. Uranosov, "K istorii sostavleniya 'Knigi Bol'shomu chertëzhu,'" *Voprosy Istorii Yestestvoznaniya i Tekhniki*4 (1957): 188 – 190. 1627年申请书收藏在RGADA（stock 210, Sevskiy Dept., roll 80, sheet 7）。

"交通交汇"地点、哨所、村庄、要塞、鹿砦、沟渠和水井等。

文字描述强调了关于旧的俄罗斯国家总图所包括的地形和水文特征，其框架就是河流水网。"地理图全书"的残篇描述了河流，说明了它们的长度、支流和源头。对城镇和城镇之间的距离、修道院和墓地、有用的矿藏以及民族的分布也进行了描述。根据希巴诺夫（Shibanov）的分析，"全图"覆盖了大概从东经26°到东经85°、从北纬36°到北纬71°范围内的领土。许多研究已经确定它是可信的，而且因此这幅总图也是可信的——那些没有由俄罗斯进行过勘探的地区（中央亚细亚、哈萨克和高加索地区除外）。[60] 旧的总图，像1627年总图，其丰富性和地理细节一定远远超出17世纪中叶之前的其他俄罗斯地图。因此，"地理图全书"在后来的俄罗斯地图学史发挥出显著的影响，就没有什么好奇怪的了。直到19世纪，它的手抄本传播开来，很长时间内，它一直作为官方地理著作的基础。所以，这部作品问世之后大概60年以后，其副本被送到拉夫连季·波格丹诺夫（Lavrentiy Bogdanov）处，他是国防部的一个低级官员，负责部门地图。经过对俄罗斯国家的这类战略总图的编辑，前彼得大帝（Petrine）时期地图发展史上的最初一幕结束了。

1866

其他官方地图和地方地图

国防部的地图绘制活动提供了一个更深入的例证，证明社会日益认识到地图在管理国家事务方面的重要性。不少于250种1625—1668年的地图由国防部保存下来。[61] 在17世纪，国防部赞助绘制了许多地图，这些地图的内容和目的差异广泛，来自俄罗斯欧洲部分的不同地区。1618年12月26日，梅津措夫和费奥多尔·纳克瓦辛（Fyodor Nakvasin）每人收到5卢布，作为"编绘国防部的俄罗斯国家地图"的奖励。[62] 后来，梅津措夫交给国防部一幅维亚济马（Vyazma）地图（1625—1626年）和一幅普季夫利（Putivl）地图（1634—1635年）。无论是在主要核心部门，还是在较偏远的职位，官员都受命编制地图。许多此类绘图人的名字都被保存在档案里。[63]

随着由其他重要国家机构网络的发展，绘制地图的原始资料的供应也得以增加，在这些机构的主持下，地图绘制和地理描述都得到贯彻执行。16世纪和17世纪有数量众多的地图和平面图，它们的存在可以通过旧的目录查知，但只有其中极少数保存下来。这些地图保存在沙皇的档案中，与秘密事务办公室、炮兵办公室、地产办公室、外交部，以及由喀山办公室转变而成的西伯利亚办公室的档案在一起。[64] 而在国防部1668年目录中找不到任何一幅地图。在最新发现的1667—1671年间的小"旧地图清单"中所描写的地图资料中，没有一

[60] F. A. Shibanov, "'Bol'shoy chertëzh'—pervaya original'naya karta Moskovskogo gosudarstva," *Trudy Vtorogo Vsesoyuznogo Geograficheskogo S'yezda* 3 (1949): 272–280.

[61] Gozdavo-Golombievskiy, "Opis' chertëzhey."

[62] A. A. Uranosov, "K istorii kartograficheskikh rabot v Russkom gosudarstve v nachale XVII v.," *Trudy Instituta Istorii Yestestvoznaniya i Tekhniki Akademii Nauk SSSR*, 42, no. 3 (1962): 272–275.

[63] 他们其中最为训练有素、能力卓著，并凭自身的专业闻名于世的，是那些专业的绘图员—制图师，如Mezentsov和Nakvasin，以及稍晚的Klishin、Semyon Ulianovich Remezov和M. F. Strekalovskiy。其他还包括Ivan Kuzmin、Fyodor Vasiliev、Ivan Fyodorov、Ivan Matveyev、Father Pafnutiy、Father Vaarlam、Vasiliy Fedoseyev、Stanislav Loputskiy、Fyodor Yakimov、Matvey Afanasiev、Martin Ignatiev、Pyotr Teplovskiy以及Ivan Koslovskiy。

[64] Inventories of the Czar's Archive, boxes 21, 22, 26, 57, 64, 98, 144, 163, 164, 188, 197, 220, 221, 227.

幅地图保存至今。这一文件罗列了草原带［顿河、伏尔加河（Volga）和亚伊克河（Yaik）］、南部海域和波斯地区的地图。[65]“各州地图文献”中所提及的地图仍然尚未发现，这批地图原本于1614年存放于外交部。[66] 有数百种地图的说明，这些地图是17世纪在西伯利亚和莫斯科编制而成的。然而，19世纪末期，历史学家奥格洛布林（Ogloblin）在西伯利亚办公室的档案事务中只找到三种地图。[67]

在五种已知的早期地图及平面图清单中，沙皇阿列克谢·米哈伊洛维奇的私人办公室——秘密办公室或秘密事务办公室的清单特别有趣。1713年，“秘密事务部事务清单”或“尼基塔·佐托夫清单”编成。[68] 这份清单显示出绘制地图资料的内容，保存在不同的纸张和两本书中，放置在一个由黑色皮革制作的小箱子中。在很大的折叠纸张中，就有上文所述及的西伯利亚城镇、中国、亚速（Azov）地图和切尔卡瑟的城镇地图。第一本书用木板装帧，上面覆盖红色纸张，其中就有搜集到的地图和平面图，包括：索洛韦茨基（Solovetskiy）和索洛韦茨基修道院地图、城镇［斯摩棱斯克、杰季洛夫、莫扎伊斯克（Mozhaysk）、谢尔普霍夫（Serpukhov）、别尔哥罗德（Belgorod）、莫吉廖夫（Mogilev）、普季夫利（Putivl）、谢夫斯克（Sevsk）、阿尔汉格尔斯克（Arkhangelsk）、科斯特罗马（Kostroma）及其他］地图、许多乡村地图、德维纳河（Dvina）地图、里海地图、拉多加湖（Ladoga）地图、伊尔门湖（Ilmen）地图、和白湖（Beloozera）地图。[69] 在清单（51个标题）所列举的地图中，只有一种彻底保存完整：到瓦尔亚什克海的俄罗斯和瑞典城镇地图。根据这一清单，在用红色皮革装帧的第二本书中，放置了“莫斯科城墙和街道，主教、修道院、贵族、各阶层人民的住房［教廷］，君主宫殿别墅和乡村，宫殿和花园，每个建筑和不同土地所有者的村庄和小村落、土地的各类草图，以及各类没有标注的其他草图”。[70] 1867 这些图形资料不但得到很好的保存，而且17世纪60、70年代的379种莫斯科和大莫斯科地区的地图、平面图和建筑草图中，很多都已付印。[71] 在这一批地图中，有139种是描述莫斯科、其周边城镇和村庄（图62.7）、宫殿土地、不同土地所有者（贵族、修道院）的土地或地产地块的土地平面图。[72]

除了未保存下来或只是从档案文献中得知的地图之外，一共有约870种17世纪的俄罗斯地图目前被认定可供进行研究。这一数字是基于多年以来针对苏联、美国、瑞典、德国和

---

[65] V. S. Kusov, “Naydena novaya rospis’ russkim chertëzham,” *Izvestiya Vysshikh Uchebnykh Zavedeniy: Geodeziya i Aerofotoc’ emka* 3 (1976): 121 – 123.

[66] S. A. Belokurov, “Rospis’ chertëzham roznykh gosudarstv,” *Chteniya v Obshchestve Istorii i Drevnostey Rossiyskikh* (1894), bk. 3, sec. 4, p. 16.

[67] N. N. Ogloblin, “Istochniki ‘Chertëzhnoy knigi Sibiri’ Semëna Remezova,” *Bibliograf*, 1891, no. 1, 2 – 11, esp. 4.

[68] RGADA, stock 27, book 518, sheets 33v – 39. Published by V. I. Lamanskiy, “Opis’ delam prikaza Taynykh del,” *Zapiski Otdeleniya Russkoy i Slavyanskoy Arkheologii Russkogo Arkheologicheskogo Obshchestva* 2 (1861): 1 – 43, esp. 25 – 28.

[69] Lamanskiy, “Starinnaya russkaya kartografiya,” 15.

[70] RGADA, stock 27, book 518, sheet 38v。另请参阅 Goldenberg, Russian Maps, 4 – 6。

[71] S. A. Belokurov, *Plany goroda Moskvy XVIIveka* (Mocow, 1898)；在 Lamanskiy, “Opis’ delam prikaza Taynykh del” 的补充中收入了一组关于17世纪莫斯科城市及其周边地区和普斯科夫城市的草图。

[72] RGADA, stock 27, no. 484; L. A. Goldenberg, “Kartograficheskiye materialy kak istoricheskiy istochnik i ikh klassifikatsiya (XVII-XVIII vv.),” Problemy Istochnikovedeniya 7 (1959): 296 – 347, esp. 304 – 305, which show two typical seventeenth-century land plans from the Secret Office.

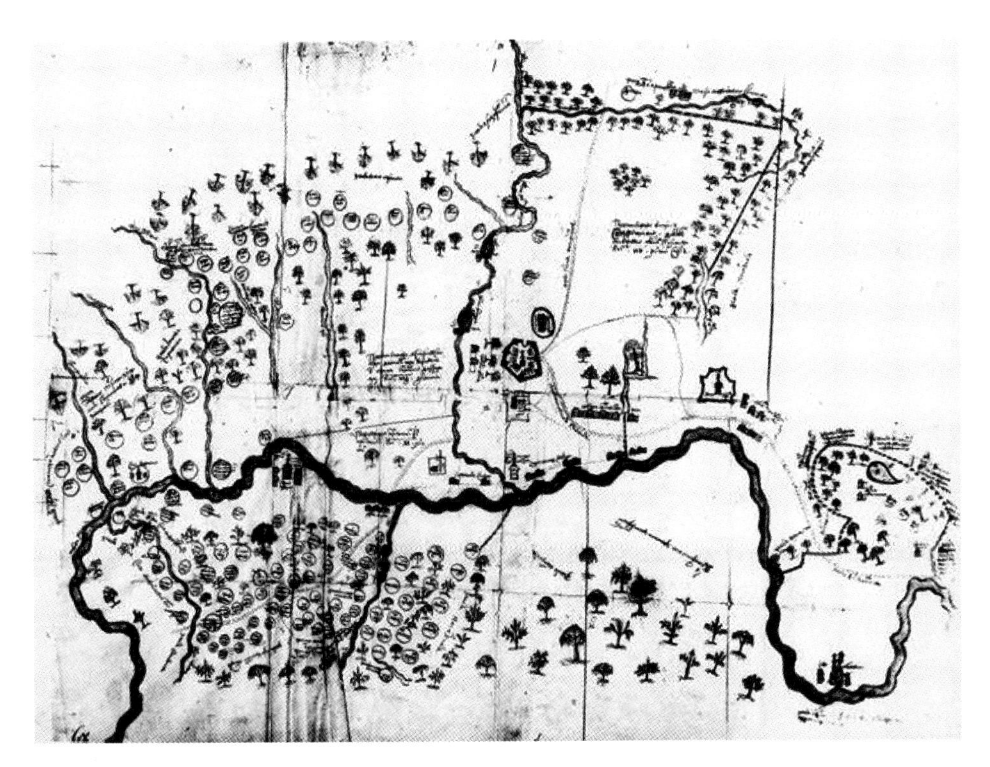

图 62.7　兹韦尼哥罗德（Zvenigorod）城市和萨维诺—斯托罗热夫斯基（Savvino-Storozhevskiy）修道院周边地区的地图，1664 年

这些地图其中之一保存在秘密办公室中，反映了沙皇阿列克谢·米哈伊洛维奇的个人兴趣。地图所描绘的地区是莫斯科河流域的一部分，其小支流和土地属于不同的所有者——沙皇、彼得·M. 萨尔特科夫（Pyotr M. Saltykov）亲王、普罗佐罗夫斯基（Prozorovskiy）家族、特洛依茨基（Troitskiy）修道院等。众多的村庄和小村落都用带有标注的圆圈表示。峡谷、边界线、道路［大莫斯科到沃斯克列先斯科耶（Voskresenskoye）］、林地、一座磨坊、教堂和定居点都用特殊符号标示出来。

原残片尺寸：62×80 厘米。由 RGADA（stock 27，no. 484，part Ⅲ，sheet 29）提供照片。

法国的 14 个机构所进行的调查。[73] 大批资料与整个俄罗斯欧洲部分有关，尽管极端地不均衡，可能反映了原始资料的产量和保存比率。一份地理分析显示出地图中的 70% 是关于莫斯科和大莫斯科地区的，6% 是关于诺夫哥罗德地区城镇的，5% 是关于梁赞和伯尼佐夫地区城镇的，15% 是关于乌克兰地区城镇的，4% 是关于乌拉尔地区城镇的。以主题的观点而言，绝大多数地图是关于地方的、小块土地、耕地和荒地的私有生产代表权（图 62.8），以及城市、有城墙的城镇和城市防御体系的平面图。　1868

对这一资料库的系统考察使我们可以做出一些初步的概括。由于并无标准化的地图符号，这类 17 世纪地图的特点是使用一组大概 30 个约定俗成的符号，它们反复出现。这些符号中最重要的是道路、河流、湖泊、森林、山脉、灌木、峡谷、沼泽、聚落（城镇、村落、小村落、要塞、优惠村镇）、修道院、教堂、礼拜堂、可耕地、荒地、干草地、水井、桥梁、谷仓、鹿砦、沟渠、

---

[73] 列梅佐夫的制图作品并未包括在其中。请参阅 V. S. Kusov，“Russkiy geograficheskiy chertëzh XVII veka（itogi vyyavleniya），” *Vestnik Moskovskogo Universiteta：Seriya 5，Geografiya*（1983），no. 1，60 – 67。

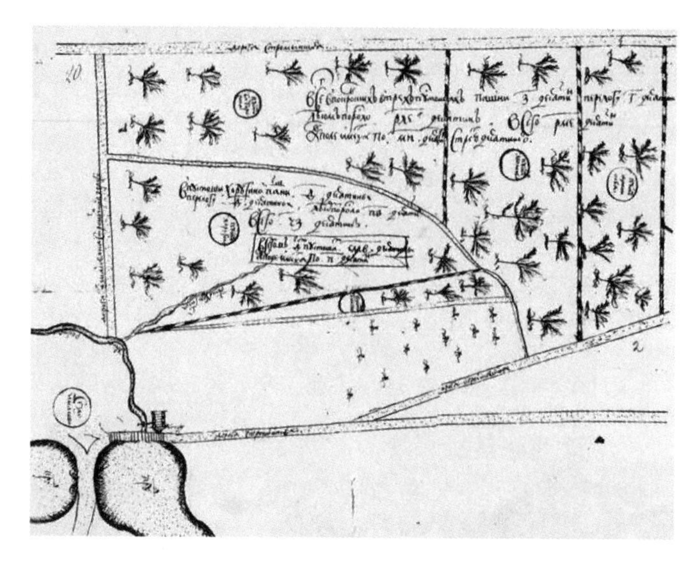

图 62.8 伊斯梅洛夫村的荒地地图，17 世纪 70 年代

在伯克罗夫斯克（Pokrovsk）的三块荒地中共有 7 俄亩（1 俄亩 = 约 1.1 公顷）的耕地、3 俄亩的休耕地，135 俄亩是林地。总共有 145 俄亩，土地包含 48.3 俄亩。在霍鲁吉纳（Khorugina）的荒地中有 4 俄亩的耕地、4 俄亩休耕地和 80 俄亩的林地；总计 97 俄亩。

原图尺寸：30 × 39 厘米。由 RGADA（stock 27，no. 484，part Ⅱ，sheet 23）提供照片。

磨坊以及边界符号。河流、交通网络和边界在平面图上都有描述，山脉、森林和聚落都通过透视法或半透视法进行展示。尽管在 16 世纪晚期和整个 17 世纪，根据地图绘制者的目的，地图上的显著区别非常值得注意，但这些符号基本上是一致的。另外，在一些地图上也展示出统计信息（比如那些拥有小块土地的地区和与地形特征测绘相关的城镇广场）（图 62.9）。大多数地图的特

1869

图 62.9 顿涅茨河（The Donets River）沿岸地区图，1679 年

原图尺寸：47 × 67 厘米。由 RGADA（stock 210，Belgorodskiy Dept.，roll 886，sheets 87 – 88）提供照片。

点是对水文特征和地名的准确记录。一般而言，四色原则被应用到地图上：蓝色代表水文特征，绿色代表植被区域，黄—棕色代表交通网络，红色代表聚落。（图版78）

要归纳地图的版式难度更大。某种程度上，不同的地图尺寸由一种典型的17世纪纸张尺寸（32×41厘米，±3厘米）决定。在现存的地图中，71%由1—2图幅构成，11%是绘制在半张或1/4纸张上，13%是在4页纸上，还有5%是在6张或更多的纸上。在这最后一批地图里，基辅的巨大城市地图（1695年，313.5×143厘米）和普斯科夫的巨大城市地图（1694年，292×120厘米）是独特的。[74] 基辅地图的绘制时期，当时由于复杂的国际和军事环境，基辅成为第聂伯河右岸唯一的一个俄罗斯—乌克兰前哨。编绘者是基辅的艺术家-地图学家，其名字至今仍是不为人所知。随着城市战略重要性的提升，俄罗斯政府特别重视城市防御体系的建设，在17世纪最后的几十年，对其进行了密集的工作。按照惯例，地图从鸟瞰的视角表现了一个巨大的城市。许多有题字的草图使得阅读者可以仔细审视陆地上的防御工事和各类建筑物——政府大楼、贵族宅邸以及住宅建筑等。这些图纸给出了建筑的性质和目的，阅读者甚至可以区分施工的方法。在这方面，地图是一种重要的历史材料，用于研究17世纪下半叶的建筑、城市建设以及基辅的重建工作。

1870

办公室里的标准化文书流程可以帮助我们确定地图的格式。例如，几乎所有的地产办公室的地图，作为书面描述文件相对应的图像副本，被放置（根据它们的尺寸而定）在羊皮纸卷轴中（图62.10）。[75] 特定地图和它们所附的书面说明并不总是与地理文献的内容以及其他信息方面相一致，但是倾向于互相补充。结果，从其配套的文字材料中抽去的地图，即使是其所描述的地方，也常常十分难以识别。这种把图像和文字信息（包括相关的简单图像描述方法）组合起来的方式，成为标准做法。

图62.10　土地地图，雅罗斯拉夫尔县（Yaroslavl *Uyezd*）

这幅1692年的地图附在一栏中，其内容涉及修道院和农民之间的土地界限纠纷。

原图残片尺寸：58×63厘米。由RGADA（stock 1209，Uglich，no. 152/35626，sheet 77v）提供照片。

---

[74] G. V. Alferova and V. A. Kharlamov, *Kiev vo vtoroy polovine XVII veka* (Kiev, 1982), 20-28; RGADA, stock 192, Pskov province, no. 3.

[75] 关于范例，请参阅RGADA，stock 1209。

更小比例尺的区域地图（其比例尺通常在 1：200000 到 1：1000000）描绘了更大的区域或可观长度的特征（图 62.11），但这些地图中很少保存下来。在其展示的这些特征中，包括了河流、河流流域、道路、森林、地产以及防御工事，比如鹿砦和防御城墙（图 62.12）。著名的例子包括俄文的伏尔加河和卡马河（Kama）地图（1633 年），以及第聂伯河地图（1650—1670 年），此图发现于斯德哥尔摩的瑞典克里格萨维尔军事档案馆（Krigsarkivet）。[76] 与之相似，一幅 1685 年的俄罗斯道路地图，以南方为正方向，绘有一个欧洲式样的罗盘，详细地表现了南方的道路和防御工事。[77] 还有一幅早期的地图，于 17 世纪中叶编制于诺夫哥罗德，于 1656 年在莫斯科发现。这幅"俄罗斯人依据瑞典的模样绘出的波罗的海地形图"说明了俄罗斯制图师所掌握的同时代的西欧地图学知识：波罗的海的轮廓系取材于安德烈亚斯·布雷乌斯的斯堪的纳维亚地图（1626 年）。就在同时，这幅诺夫哥罗德及其附近地区地图的很多内容，诸如道路、距离和城市防御体系的细节，其来源完全基于俄罗斯的资料，包括一系列地方地图。[78]

1871

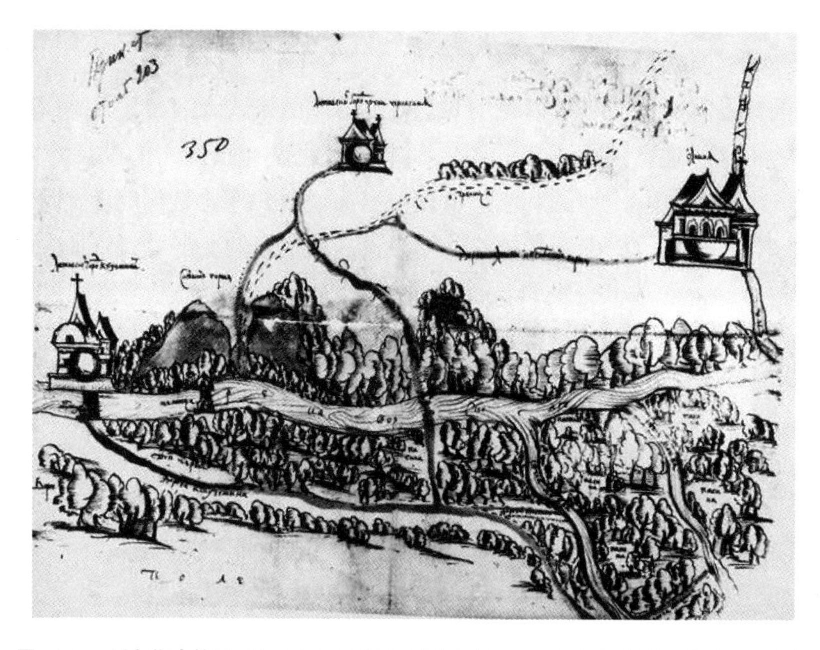

图 62.11 沃尔斯克拉河（Vorskla）和奥列什尼亚（Oleshnya）河沿岸地区地图，1652 年

地图表现了奥列什尼亚镇（右面）、切尔卡斯卡亚（Grun' Cherkasskaya）（上方）和库泽明（Kuzemin）之间的地区。在沃尔斯克拉河流域，描绘了其各支流——奥列什尼亚河、莫什内河（Moshna）与胡赫拉河（Khukhra），以及两座磨坊和道路。中央的地区分配给落叶林。库泽明的右面则崛起了"斯克米艾（Skel' skiye）山脉"。

原图尺寸：31×39 厘米。由 RGADA（stock 210，Prikaznoy Dept.，roll 203，sheet 350）提供照片。

---

[76] 此处收藏了下列城市的地图：普斯科夫（1615 年）、格罗德诺（Grodno，1655 年）和亚速（1697 年）。

[77] Leo Bagrow, "A Russian Communications Map, ca. 1685," *Imago Mundi* 9 (1952): 99－101, and idem, "The First Maps of the Dnieper Cataracts," *Imago Mundi* 10 (1953): 87－98.

[78] I. A. Golubtsov, "Puti soobshcheniya v byvshikh zemlyakh Novgoroda Velikogo v XVI-XVII vekakh i otrazheniye ikh na russkoy karte serediny XVII veka," *Voprosy Geografii* 20 (1950): 271－302, and Harald Köhlin, "Some 17th-Century Swedish and Russian Maps of the Borderland between Russia and the Baltic Countries," *Imago Mundi* 9 (1952): 95－97.

区域地图与国家全图相似，总是附有独立的文字说明——所谓“地图清单”(rospis’protiv chertëzhu)。在这些情况之下，就会存在地图与说明文字之间的差异——如水文地理和其他细节方面。一般来说，文字说明提供更全面的地理信息的校订，这些信息由编纂者收集。 1872

组织和编绘方法

我们可以将近代早期俄罗斯地图学作为一个整体，概括它的一些典型组织特征，并从总图、区域性和地方地图的角度进行揭示。它在17世纪的决定性的发展，是其在高级政府机构的不同部门（prikazy）的集中化。调查的组织工作和地图编纂被委托给军事长官(voyevoda）及其群僚（军事长官的部门和后来的大臣)。绘制国家地图和各区域地图的总任务由沙皇签署特殊命令委任给这些部门和军事长官，他们确定绘图的优先次序。在区域的等级上，军事主官挑选调查员并发布具体命令，以确定调查及其形式的界限。他们还规定绘图的次序并给出提交地图和文字描述的截止日期。

技术说明则被控制到最低限度。一般情况下，军事长官并没有接受过地图学的训练，合格专家的缺乏也经常迫使他们去招募那些在地图绘制方面有足够经验的有能力的公务员，用以贯彻执行沙皇的法令和政令。尽管如此，随着时间的推移，某些关于地图品质和完整性的规格依然积累起来。全国总图的编辑尤其要委托给特别“杰出而且经验丰富的大师们”，而且地图必须要“以最优秀的技能”绘制出来。[79] 编辑县地图的说明中列入了用以描绘的标准元素的最低限度，其中包括河流网络、聚落、通信，以及县和牙萨克(yasak，纳贡）行政乡的边界。在详细解说一幅地图的内容时，下列内容经常被显示为必需条目：河流和小溪流、湖泊、沼泽、浅滩、转运码头、山脉、道路、俄罗斯的拥有教堂的村庄（selo）和没有教堂的村庄（derevnya)、要塞、定居点聚落、土著人口及其土地和疆域（对游牧部落而言）的分布、未开发土地以及牙萨克乡的边界。

根据这些说明而绘制出的地图，其质量可能非常地多样化。这一时期，在俄罗斯使用的最古老且最悠久的一种地图绘制方法是基于“从特殊到一般”的原则。这一方法包括应用地方调查，以此作为绘制一系列区域地图和总图的主要事实来源。这些地图的编绘都没有经历规范的数学程序。比例尺随给定的任何图幅而变化，而且尽管大部分地图都以南方为正方向，但并没有坐标或统一方位的网格。[80] 看起来，是主要河流的网络提供了在区域性地图和总图中编辑其他细节的控制。然而，在这一框架中，不同的主题和领土范围都可能导致地图的变化，其不但包含普通的地理特征，而且，在某些情况下，还包括主题的细节，比如经济或人种地理的细节。所有这些早期的俄罗斯地图停留在绘本阶段，以至于其水平不一的格式和内容可

---

[79] RNB，Hermitage Collection，no. 237，sheet 28.

[80] 罗盘在17世纪的下半叶出现。

以用于追溯不同地图绘制者的训练、技能和经验的水平。[81] 尽管地图设计缺乏任何详细的普遍准则，但地图符号和颜色惯例的应用非常标准。地图经常和其描绘地区的文字注释相搭配，这1873 些文字注释及时地发展为独立的地理文献或参考书籍。[82]

对现存地图令人印象深刻的存量的研究，证实了在其所应用的方法下，这一时期俄罗斯地图绘制的相对精确性。它也强调了其实用性的特征。首先，地图绘制者在致力于解决国家的行政、经济、军事和政治问题方面非常积极。这一时期的俄罗斯地图绘制者并没有创造出伊斯兰和中世纪西欧地图学的世界地图特性。

俄罗斯地理发现和俄罗斯亚洲部分的地图绘制

西伯利亚地图绘制的总体背景

作为中央集权的俄罗斯国家的经济和政治扩张的有意识政策的一部分，俄罗斯人向东方的快速扩张，肇端于16 世纪 80 年代的叶尔马克·季莫费耶维奇（Yermak Timofeevich）的旅程。[83]1639 年，随着伊万·尤列维奇·莫斯克维京（Ivan Yur' evich Moskvitin）向鄂霍次克（Okhotsk）海的探险的启程，这一旅程结束了。[84] 仅仅 60 年的时间，从乌拉尔到太平洋的广袤疆土都已被穿越。

管理这些新疆土的后勤需要是地图学发展的主要刺激因素。16 世纪，西伯利亚作为俄罗斯国家新并入的区域，由外交部进行管理，1599 年以后，由喀山宫衙门（或喀山衙门）管理。随着对西伯利亚领土的更大范围的扩张，其行政管辖变得越来越复杂，一个新的中央机构——西伯利亚衙门——于 1637 年在莫斯科组建。[85] 它拥有广泛的权力，其中一些权力需要委托绘制和使用地图。例如，它处理行政、财务、税收、海关、军事，以及在一定程度上，甚至处理外交事务。它拥有的权力是：任命军事主官和海关官员，管理西伯利亚的驻防，监督全部俄罗斯人和土著居民的法庭，执行西伯利亚毛皮的征收和储藏，指导与中国的正式贸易，并管理西伯利亚毛皮在欧洲的销售。简而言之，西伯利

---

[81] 现在已经知道 17 世纪的一些印刷地图：1638 年的基辅及其周边地图［Afanasiy Kalnofoiskiy, *Teraturgima*（基辅，1638 年）］；基辅—伯朝拉斯克（Pechorsk）修道院的绘本（1661 年）中，雕刻师伊利亚（Ilya）的基辅—伯朝拉斯克修道院的远近茔窟的两幅地图（30×37 厘米）；一幅莫斯科地图，在佐西马大师的莫斯科《圣经》的 1663 年副本的封面上。1667 年的西伯利亚印刷地图的问题是有争议的。

[82] 不同对象在地理上描述的细节，直接取决于它们对于图（chertëzh）主题的重要性。这种依赖性特别明显地体现在土地所有的图上，其极其详细地显示了所有孤立的特征，这些特征对于确定土地所有的边界或本身构成这些边界方面起着界标的作用。由于其重要性，它们被非常生动形象地描绘出来，并用非常具体明确的名称［比如敌人（vrag）、山巅（verkh）、洞穴（otvershek）以及不同种类的沟壑（boyarak）］进行表现。一般来说，字面意义上的所有类型的俄罗斯图（chertëzh）的地名元素都在某种程度上是组织其余下内容的特征。比如，绘制边境地图的主要重点是准确确定边界沿线的孤立特征和居住区域，并将其名称置于图上。在水道的图上，标记了主要河流的全部支流（附上它们的名称），并且提供了哪怕是最细小的溪流的详细描述——如果其上游拥有运输能力，这一点是非常重要的。

[83] Terence Armstrong, ed., *Yermak's Campaign in Siberia*, trans. Tatiana Minorsky and David Wileman (London: Hakluyt Society, 1975), and Kivelson, *Cartographies of Tsardom*, 117 – 193.

[84] Benson Bobrick, *East of the Sun*: *The Conquest and Settlement of Siberia* (London: Heinemann, 1992).

[85] 西伯利亚的基本行政区划也是县（*uyezd*），但它们比俄罗斯欧洲部分的县大得多。行政化西伯利亚的形成随着新疆土的增加而有规律的推进。托博尔斯克城市扮演了西伯利亚行政中心的角色，拥有相对于其他几个县的优势，所以后者的军事长官都服从于托博尔斯克的军事长官。

亚成为俄罗斯一部分的进展被视作一项极其重要的政府任务，针对这一任务，采用了严肃以及深思熟虑的测量工作，包括绘制疆域地图。

认识到早期翻越乌拉尔山的新并入的俄罗斯土地既拥有富饶的自然资源，又面临着定居人口的稀少这一点，其后果之一，是在沙皇伊凡四世统治时期，官方经常性地派遣许多探险队进入西伯利亚地区。他们的任务包括勘测地形、自然情况和交通路线。他们报告了土著居民的种族构成、数量、分布和职业。从俄罗斯人踏上西伯利亚的土地的那一刻开始，随着他们横穿这一疆域，莫斯科政府——通过西伯利亚办公室和托博尔斯克（Tobolsk）的军事长官和各县（uyezd）——要求其公务员编绘地图并对新的西伯利亚土地进行描述。这类报告的重要部分被送到托博尔斯克，并被送回到莫斯科，在那里这些报告被处理、研究并系统化。因此，到1633年，政府可以绘制出第一张西伯利亚的全图，显示出到当时为止所探测的领土。到了1667年，一张关于西伯利亚全境的扩展了的地图被制作完成。

西伯利亚的早期地方和区域地图

从16世纪90年代开始，西伯利亚的首府——托博尔斯克和喀山衙门（1637年以后为西伯利亚办公室）开始接收地方地图、区域地图和地理描述。这些资料在地方和区域政府主管部门的帮助下编辑而成，并在需要地图之处发布具体的说明。[86] 这些最早的西伯利亚地区地图被设计用来承担与国防、行政、土地利用以及其他发展方面相关的常规国家职能。在17世纪，此类地图的首要来源来自地理勘探，这一活动反过来导致知识的缓慢增加，逐渐提高了该区域地理描述的准确程度。

1874

关于这一时期的西伯利亚地图学，大量的原创性研究现在已经开展，对与地方和区域性地图和所附文献相关的档案进行考查。一张勘察地图，显示了最重要的旅行和在军事基础建立的相同时期所进行的穿越的路线，提供了一种沿途收集原始资料的想法。作为这些旅程的结果，从17世纪40年代到60年代，实实在在的数百幅地图被绘制出来。这些地图包括库尔巴特·伊万诺夫（Kurbat Ivanov）的贝加尔湖及勒拿河（Lena）与阿纳德尔河（Anadyr）地图、叶罗费伊·巴甫洛维奇·哈巴罗夫（Yerofey Pavlovich Khabarov）的“城镇”、谢苗·伊万诺维奇·杰日涅夫（Semyon Ivanovich Dezhnev）和米哈伊尔·斯塔杜欣（Mikhail Stadukhin）的阿纳德尔（Anadyr）地图、瓦西里·丹尼洛维奇·波亚尔科夫（Vasiliy Danilovich Poyarkov）的远东（西伯利亚）诸地图、斯捷潘·瓦西里耶维奇·波利亚科夫（Stepan Vasilyevich Polyakov）的色楞金斯克（Selenginsk）诸地图（17世纪70年代）以及许多其他地图。[87] 如果我们把其他与定居点建设和军事工程、矿产勘探、大地和河流勘察活动、税收征集，以及土地和聚落分布的地图增补到这些勘察活动的地图中去的话，作为一个整体，这些就包含了一种与17世纪西伯利亚疆域大部分地区相关的地图学来源。甚至几乎难

---

[86] 例子如制作下列地图和地理描述的说明：额尔齐斯河（Irtysh River）上游和要塞据点、鞑靼人的聚居地、鄂毕河上游和苏尔古特（Surgut）地区（1594年）、围绕叶潘钦（Yepanchin）的地区（1600年）、托木斯克要塞（1604年）、东南方向的道路（1620年）、亚梅什（Yamysh）湖地区（1626年）、通向勒拿河的道路（1633年）、勒拿河、基廉加河（Kirenga）、伊利姆河（Ilim）、维季姆河（Vitim）以及石勒喀河（Shilka）（1636—1642年）和叶尼塞河的上游地区（1658年）。

[87] A. I. Andreyev, *Ocherki po istochnikovedeniyu Sibiri XVII vek*, issue 1, 2d ed.（Moscow-Leningrad, 1960）, 21–65.

以履足的北部和南部地区也被勘测并绘制了地图。地图绘制者们实实在在地执行了西伯利亚勘探过程中的每一步，而且他们制作出了数量众多的地图，撰写了数量众多的文字报告。

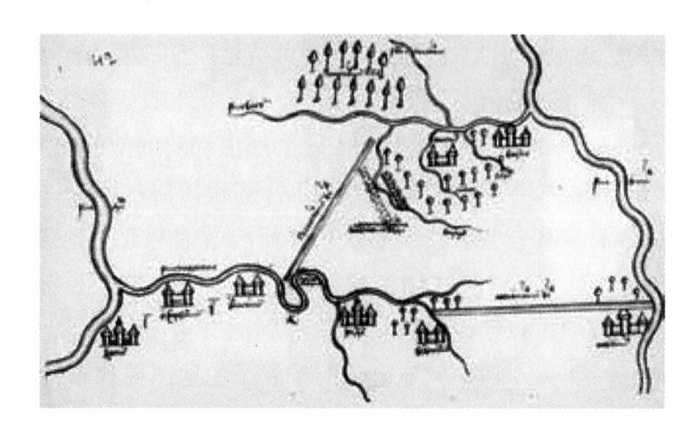

图 62.12 顿河与奥斯科尔河（Oskol）之间地区图，并绘有帕拉托夫斯基和新奥斯科尔斯基（Novooskol'Skiy）堡垒，约 1697 年

图上的防御工事用两个长矩形的形式表现：帕拉托夫斯基堡垒——在季哈亚索斯纳河（Tikhaya Sosna）和沃卢耶茨（Voluyets）溪流之间，后者流经新建的切尔卡斯卡亚定居点和新奥斯科尔斯基堡垒——从位于韦尔霍索斯纳（Verkhososenskiy）定居点的季哈亚索斯纳河的上游河段，到新奥斯科尔（Novyy Oskol）定居点附近的奥斯科尔河。图上描绘出 8 个定居点、帕拉托夫斯基森林和顿河与奥斯科尔河的支流。

原图尺寸：19×33 厘米。由 RGADA（stock 210，Belgorodskiy Dept.，roll 1227，sheet 42）提供照片。

让后世的地图学家难过的是，这些地图中的绝大部分都已不复存在于世上，几乎没有例外。[88] 即使如此，保存下来的西伯利亚地图告诉我们那些亡佚的地图一定是什么样子。大多数地图是用前彼得大帝时代地图学的传统习惯描述的：例如罗曼·斯塔尔科夫（Roman Starkov）的乌普萨河（Vpsa）口地图（1655 年）、A. 克列涅夫（A. Korenev）的叶尼塞河（Yenisei）部分地区地图（1684 年）、阿列克谢·加尔金（Aleksey Galkin）和费奥多尔·拉斯普京（Fyodor Rosputin）的叶尼塞斯克（Yeniseysk）和伊利姆斯克各县部分毗连通古斯卡河（Tunguska）地区地图（1685 年，图 62.13），以及阿法纳西·冯·贝顿（Afanasy von Beiton）（1699 年）和伊万·佩捷林（Ivan Petelin）的连斯克各乡（1694 年）以及达斡里亚（Dauria）（1689 年）地图。[89] 只有当这些详细的地方和区域地图积累起来，才可能把它们综

---

[88] Ye.［Egor］Zamyslovskiy，"Chertëzhi sibirskikh zemel' XVI-XVII veka，" *Zhurnal Ministerstva Narodnogo Prosveshcheniya* 275（1891）：334－347［otdel nauk（scientific branch）］；F. A. Shibanov，"O nekotorykh voprosakh iz istorii kartografii Sibiri XVII v.，" *Uchënyye Zapiski Leningradskogo gos. Universiteta，Seriya Geograficheskikh Nauk* 5（1949）：270－306；and Mikami Masatoshi，"17－seiki no Roshia-sei Shiberia shochizu，" *Rekishichirigaku Kiyō* 4（1962）：87－110. 从旧地图清单和大量国家保存法令的许多说明，以及档案文件中，可以发现曾经存在过的大量今天已经亡佚的俄罗斯旧地图：Lamanskiy，"Starinnaya russkaya kartografiya"；Gozdavo-Golombievskiy，"Opis' chertëzhey"；Lamanskiy，"Opis' delam prikaza Taynykh del"；*Akty，sobrannyye v bibliotekakh i arkhivakh Rossiyskoy Imperii Arkheograficheskoyu komissieyu*，4 vols.（St. Petersburg，1836）；*Akty yuridicheskiye，ili sobraniye form starinnogo deloproizvodstva*，vol. 1（St. Petersburg，1838）；*Akty istoricheskiye*，5 vols.（St. Petersburg，1841－1842）；*Dopolneniya k Aktam istoricheskim*；and D. Ya. Samokvasov，*Arkhivnyye materialy：Novootkrytyye dokumenty pomestno-votchinnykh uchrezhdeniy Moskovskogo gosudarstva XV-XVII stoletiy*，2 vols.（Moscow：Universitetskaya Tipografiya，1905－1909）。

[89] Leo Bagrow，*Karty Aziatskoy Rossii*（Petrograd，1914），10；A. V. Yefimov，*Atlas geograficheskikh otkrytiy v Sibiri i v Severo-Zapadnoy Amerike XVII-XVIII vv.*（Moscow：Nauka，1964），nos. 35－37；and［V. F.］，"A. Bejton und seine Karte von Amur，" *Imago Mundi* 1（1935）：47－48.

合起来以制作西伯利亚全境的总图。 1875

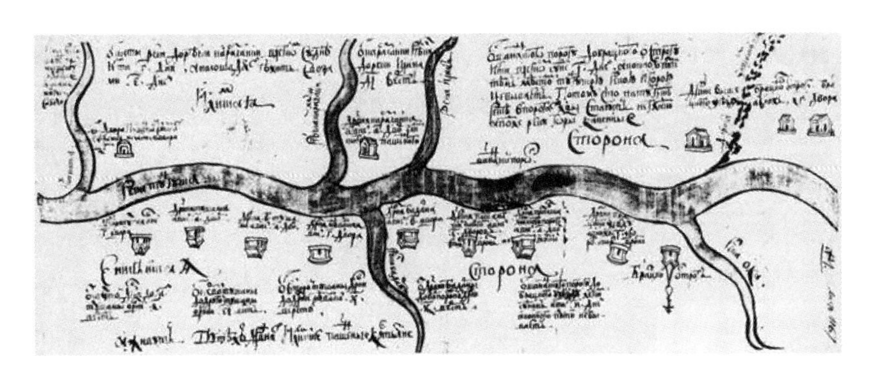

图62.13 阿列克谢·加尔金和费奥多尔·拉斯普京：叶尼塞斯克县和伊利姆斯克县之间的通古斯卡河两岸土地图，1685年

这幅地图以东为上方。

由RGADA（stock 383，plans，no. 148）提供照片。

西伯利亚总图第一张描绘当时已知的西伯利亚疆域的总图，连同其“西伯利亚地区城镇和要塞的目录（或清单）”可以追溯到1633年。[90] 此两种档案（绘本地图已经亡佚）的编辑是出于1626年莫斯科向托博尔斯克军事长官的要求。此地图之所以远远晚于预订计划的日期，无疑是与1626—1627年间新的俄罗斯国家完整全图的绘制工作有关（如前所述）。

1667年西伯利亚地图（戈杜诺夫地图）

17世纪60和70年代，托博尔斯克活动的级别得到进一步提高，试图浓缩和概括这一时期所收集的地图学和地理学的信息。1668年1月3日，一张附有对地图描述文字的西伯利亚全境地图被送往莫斯科。这幅地图在军事长官彼得·伊万诺维奇·戈杜诺夫（Peter Ivanovich Godunov）的主持下，于1667年秋天就已编辑而成，所以地图以其名字命名。

从1887年诺登舍尔德发现瑞典副本，到1962年出版此地图原本的文字说明，在这期间，1667年地图通过众多的重印而广为人知。[91] 然而，关于这幅更像是示意图的地图，还有许多问题尚未解决。同样，有必要排除许多未经证实的猜测，比如地图作者、原始版本尺寸、文字说明与地图之间的关系，以及传说中的1667年西伯利亚地图集等相关内容。[92] 通过下列不同版本的地图进行反复比较研究：瑞典人克劳斯·约翰松·普吕茨（Claus Johans-

---

[90] A. A. Titov, *Sibir' v XVIIveka* (Moscow, 1890), 7－22, and Yu. A. Limonov, "'Rospis' pervogo obshchego chertëzha Sibiri (opyt datirovki)," *Problemy Istochnikovedeniya* 8 (1959): 343－360, esp. 360. 巴格罗在俄罗斯地图学史方面最后著作的编辑——Henry Castner并不了解这份仔细的研究；另请参阅Andreyev, Ocherki, 28－35。

[91] A. E. Nordenskiöld, "Den första påverkliga iakttagelser grundade karta öfver norra Asien," *Ymer* 7 (1887): 133－144 [俄文译本见Zapiski Voyenno-topograficheskogo otdela Glavnogo shtaba, vol. 44, sec. 2, pt. 7 (St. Petersburg, 1889), 1－11], and L. A. Goldenberg, "Podlinnaya rospis' chertëzha Sibiri 1667 g.," *Trudy Instituta Istorii Yestestvoznaniya i Tekhniki* 42, no. 3 (1962): 252－271。这篇文章的出版情况也不为Castner所知，因此他复制了未经核验的版本。

[92] Boris P. Polevoy, "Gipoteza o 'Godunovskom' atlase Sibiri 1667 g.," *Izvestiya Akademii Nauk SSSR, Seriya Geograficheskaya*, 1966, no. 4, 123－132.

son Prytz）版（1669 年）、弗里茨·克罗内曼版（Fritz Croneman）（1669 年）以及埃里克·帕姆奎斯特（Eric Palmquist）版（1673 年）；德意志人格奥尔格·亚当·施莱辛格（Georg Adam Schleysing）版（1690 年）；以及俄国人谢苗·乌里扬诺维奇·列梅佐夫版（1697 年、1702 年）（图 62.14、62.15、62.16），证明了研究的发展方向。[93]

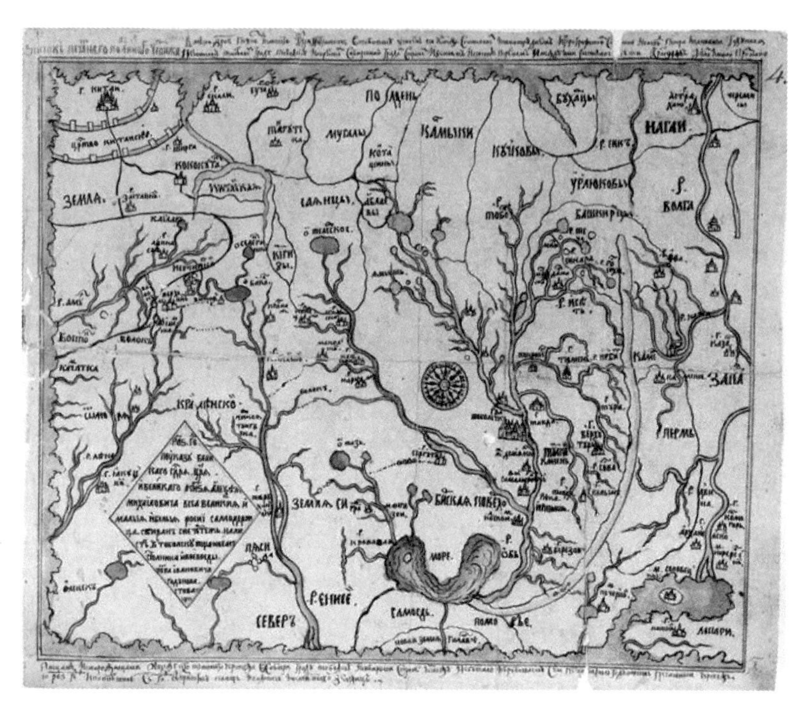

图 62.14 西伯利亚地图，1667 年（1697 年）

由谢苗·乌里扬诺维奇·列梅佐夫复制，1697 年，以南方为上方。在作者的目录中，记载着“4 图幅，戈杜诺夫地图”。在上下边框之外，有一段解释性的文字：“4 章。原本印刷地图的副本。7176 年［1667 年］，遵照伟大君主的命令，根据档案，这幅地图是在托博尔斯克，由朝臣（stolnik）兼军事长官（voyevoda）彼得·伊万诺维奇·戈杜诺夫（Peter Ivanovich Godunov）通过收集、个人辛劳和地图编制而制作的，图上有托博尔斯克城市的印刷钤印、沿着河流的周边的西伯利亚市镇、国家、土地和定居点，以及彼此之间的道路距离，这些，抄写员和长期居民都鲜有所知。在此之前的西伯利亚，并不存在托博尔斯克城市和西伯利亚地区的地图。这幅原本的戈杜诺夫印刷地图从 176 年［1667 年］到现在的 205 年［1697 年］，没有添加任何村庄或乡（volost）抑或未勘测的土地”。列梅佐夫的这一段话引起了学者们无休止的争论，因为在 17 世纪中叶的托博尔斯克，（我们推测）基本没有可能印刷地图。

原图尺寸：30.6×37.5 厘米。来自 Remezov's “Khorograficheskaya chertëzhnaya kniga,” p. 4。Houghton Library, Harvard University 许可使用。

---

[93] 列梅佐夫的地图出现在他 1697 年和 1702 年的地图集中。从 1914 年开始，1697 年的俄文副本得以一再出版（Bagrow, *Karty Aziatskoy Rossii*, 11）。A. I. Andreyev 发现了 1702 年副本，这一副本首次复制于 A. V. Yefimov, *Iz istorii velikikh russkikh geograficheskikh otkrytiy v Severnom Ledovitom i Tikhom okeanakh*（Moscow, 1950），75；关于完整的彩色复制品，请参阅 Postnikov, *Russia in Maps*, 27–35（figs. 14–19）。18 世纪之交，这些副本被插入地图集中，与比较新的西伯利亚总图在一起。似乎列梅佐夫只有一个目的：用图形的方式展示过去 30 年西伯利亚地图绘制的成就。出于同样的原因，列梅佐夫还展示了（来自 Aleksander Gwagnin 的 *Kronika Sármácyey europskiey*, 1611，根据其拉丁文版本：*Sarmatiae Europae descriptio*）赫伯斯坦著名的 1546 年雕版俄罗斯地图的 1551 年波兰版本的一份副本，指出在更早的年代，对西伯利亚土地情况的了解知之甚少。这一版本与原始版本在一些次要细节上有所差异。图上遗漏了格鲁斯蒂纳（Grustina）城市，题记中也存在细微的区别，这些都表明其来源是赫伯斯坦 1549 年地图版本，而不是 1546 年的原始版本。

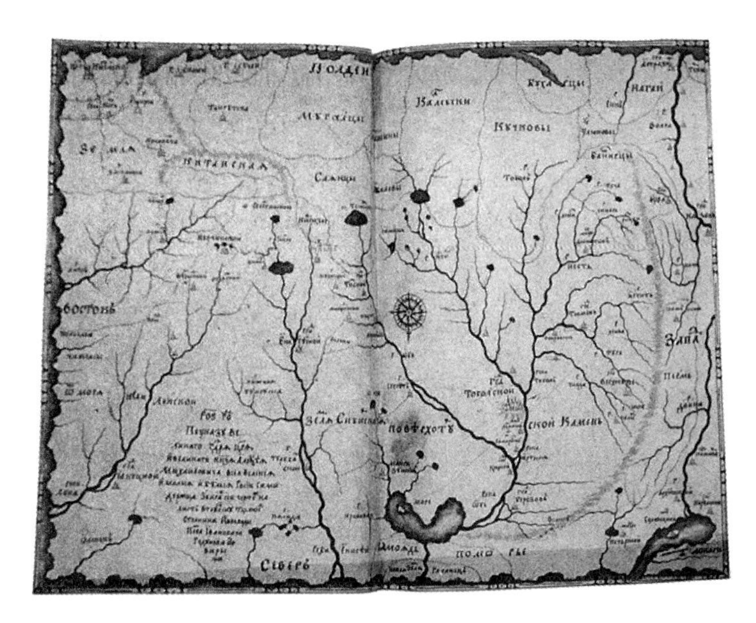

图62.15　西伯利亚地图，1667年（1702年之后）

伊万·谢苗诺维奇·列梅佐夫复制，不早于1702年，以南方为上方。标题："旧戈杜诺夫西伯利亚全图，图幅27"。这段文字放在一个菱形的装饰板上，与1697年副本相同："176年［1667年］。按照伟大沙皇君主和大公，所有大俄罗斯、小俄罗斯和白俄罗斯的独裁者阿列克谢·米哈伊洛维奇（Aleksey Mikhailovich）的命令，在总督彼得·伊万诺维奇·戈杜诺夫及诸同僚的努力下，在托博尔斯克编绘成此图"。

原图尺寸：28×36厘米。来自Remezov's "Sluzhebnaya chertëzhnaya kniga," sheets 30v－31。由RNB（Manuscript Division，Hermitage Collection，no. 237）提供照片。

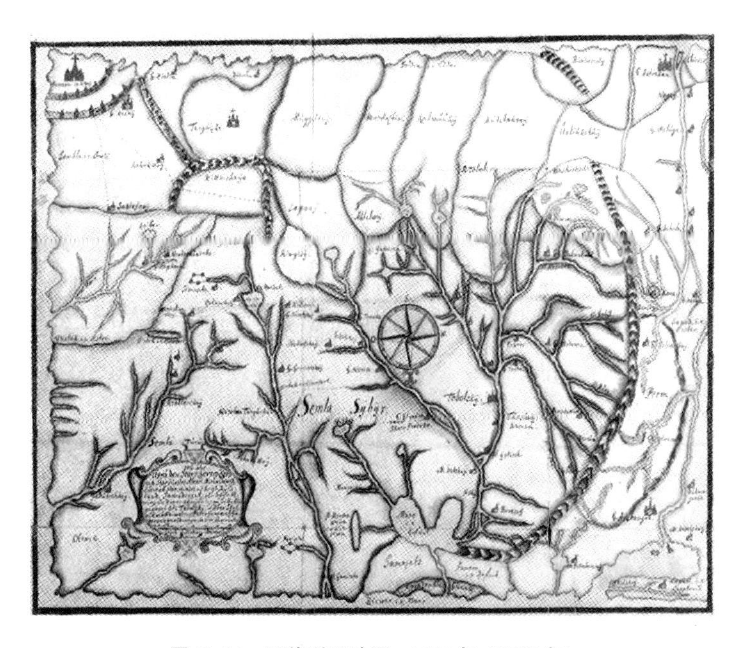

图62.16　西伯利亚地图，1667年（1669年）

克劳斯·约翰松·普吕茨制作的瑞典副本，1669，以南方为上方。地图的基本参数与俄罗斯副本一致；地名中有很多抄写错误。与俄罗斯副本不同，瑞典副本有一条线形的比例尺，表述为"莫斯科里"。

原图尺寸：32.3×39厘米。由Kungliga Biblioteket，Sveriges Nationalbibliotek，Stockholm（MS. 259）提供照片（MS. 259）。

比较而言，所有这些版本（除了施莱辛格粗糙的重新制作）都显示了西伯利亚的一个基本统一的地图图景。总体来说，差异和抄写错误无关宏旨。[94] 所有版本的地图符号显示出国际特征，但是地图上的名称和术语则揭示出本国的特殊性和特征。例如，在瑞典的副本上，西伯利亚地名的转抄出现了奇怪的扭曲。因此，单一的中央题字“Zemlya Sibir /skaya po Verkho/ turskoy kamen”被译成“Semla Sybyr”，两个不存在的地名——“Skaya Powerko”和“Turskoy Kamen”已经加上。[95]

基于所有版本的共同特征，我们可以推测 1667 年西伯利亚地图以南方为正方向。同样地，这幅地图一定显示了主要的聚落、距离、主要河流——额尔齐斯河（Irtysh）、鄂毕河（Ob）、叶尼塞河（Yenisei）、勒拿河（Lena）以及黑龙江及其支流的范围和方向。乌拉尔的位置可能相对准确。而且显示了不同地区的居留地、民族集团［卡尔梅克人（Kalmyks）、布哈拉人（Bukhars）、蒙古人（Mongols）、萨彦（Sayan）、吉尔吉斯人（Kirgiz）、巴什基尔人（Bashkirs）、以及其他］的分布类型。地图保留了把亚洲大陆——北方和东方以海洋为界——的总体轮廓画成长方形的做法。这幅地图强调了这样的观念：鉴于 1648 年杰日涅夫史诗般的航海活动，有可能穿越北冰洋航行到达太平洋。[96] 然而，17 世纪的地理知识的局限，表现在为显示出大泰梅尔（Taimyr）、楚科齐（Chukchi）和堪察加（Kamchatka）等半岛，阿纳德尔河和科雷马河（Kolyma）被错误地画为流入太平洋。

1667 年地图在西伯利亚地图史中具有根本意义的重要性。首先，它成为后来的总图的出发原点，由于各种不同的原因，它从 17 世纪 70 年代到 90 年代在莫斯科和西伯利亚汇编，在很大程度上建立在其准确性和细节上。其次，它塑造了 17 世纪余下时代的俄罗斯的西伯利亚观念。在西伯利亚由西伯利亚人绘制，被理解为它是概括总结西伯利亚地理发现的重要档案并配套有局部的和区域性地图的综合，它被莫斯科接受。它显示了从乌拉尔到太平洋的全部疆域，并令人信服地证实了西伯利亚已并入俄罗斯国家，以及获取了详细的西伯利亚地理及民族特征的知识。

1667 年地图具有更加广泛的历史重要性，在于它首次提供了作为一个整体的西伯利亚的全部图景。从亚伯拉罕·奥特柳斯的 1570 年鞑靼地图到尼古拉斯·维岑的 1690 年地图，西欧地图学家无法获得西伯利亚的任何信息，这一事实提高了 1667 年地图的价值。在墨卡托、奥特柳斯和约道库斯·洪迪厄斯的地图集中，涉及西伯利亚的地图，很多都是基于普林尼（Pliny）、斯特拉博（Strabo）、乔瓦尼·德·普拉诺·卡尔皮尼（Giovanni de Plano Carpi-

---

[94] 在 Russkoe Geograficheskoe Obshchestvo 的秘书 A. A. Dostoyevskiy 和科学家—地理学家 P. A. Kropotkin 的协助下，J. F. Baddeley 首次对这些副本与文本进行了比较。请参阅 John F. Baddeley, *Russia, Mongolia, China: Being Some Record of the Relations between Them from the Beginning of the XVIIth Century to the Death of the Tsar Alexei Mikhailovich A. D.* 1602 – 1676, 2 vols.（New York: Burt Franklin Reprints, 1963）, 1: cxxv-cxxxv。

[95] 地图上的其他文字注记的例子有：“伊尔姆斯克国：沿着卡塔河（Kata），缴纳牙萨克税的恰顿斯克（Chadonsk）通古斯人进行貂皮贸易”；“从卡塔河到卡拉姆昌卡溪（Steam Karamchanka），乘坐轻舟要花费三天的时间，坐马车则需要五天”；“从沙曼斯克激流（Shamansk rapids）到布拉茨克（Bratsk）要塞，乘坐轻舟要花费 10 天的时间，而沿着通古斯卡河或者沿着山脉并没有可以骑马通行的道路，因为通古斯卡河河流湍急，冰层并不均匀，而沿着河流的山脉则岩石遍布”。

[96] M. I. Belov, *Podvig Semëna Dezhneva* (Moscow, 1973), and Raymond Henry Fisher, *The Voyage of Semen Dezhnev in 1648: Bering's Precursor* (London: Hakluyt Society, 1981).

ni）、马可·波罗（Marco Polo）以及《圣经》的一定程度上带有传说性质的资料。[97] 此外，从1667年地图的一个原始版本来看，西伯利亚疆域的地理信息被提取，用以编撰"地理图全书"的托博尔斯克版本（1673年6月24日）。这一工作由大主教科尔尼里（Korniliy）于1673年夏天在托博尔斯克承担。[98] "地理图全书"的托博尔斯克版本确定了存在一个长期的对西伯利亚进行地图绘制和地理研究的政策，这一政策开始于17世纪二三十年代，并于1660年以后，在托博尔斯克军事长官彼得·伊万诺维奇·戈杜诺夫的主持下继续施行。

1673年西伯利亚地图

与1673年西伯利亚地图的制作、日期和作者相关的证据，非常复杂，有时是相互矛盾的。关于这些问题，地图学史专家之间并未达成一致，部分是因为原始资料的缺乏，这造成了众多有争议的主张。

1879

长期以来，这幅地图被认为与1672—1673年西伯利亚的地理描述直接相关，[99] 其日期可以追溯到从1672年开始，是1667年地图的修订版本。[100] 最初版本的缺乏，被三种副本弥补了：一种是俄罗斯副本，上面有俄文和拉丁文的题字；其他两种是瑞典副本，由帕姆奎斯特（1673年）和约翰·加布里埃尔·斯帕芬菲尔德（Johann Gabriel Sparwenfeld）（1687年）编撰而成。俄罗斯副本是由国防和外交部的制图员列昂季·克利申（Leontiy Klishin）绘制，收藏于俄罗斯军事—历史档案馆（Rossiyskiy Voenno-IstoricheskiyArkhiv）中。[101] 与1667年地图相比较，其显著特征是对西伯利亚城镇的相对完整的描绘，和对从北冰洋到太平洋的水文情况的更清晰的描述。另外，地图的西部图幅（叶尼塞河以西）保存了过时的信息，大多数内容反映了17世纪上半叶的知识状况。制图师列梅佐夫在17世纪末编辑了一个非常全面的西伯利亚全图资料的目录，但没有提到1672—1673年的西伯利亚总图。由此而推论，它是在托博尔斯克之外绘制的。

近年来，对于地图绘制日期有了更准确的结论，这与学者重新发现了阿尔谢尼耶夫（Arseniev）（1882年）不幸被遗忘的文章以及波利亚科夫（Polyakov）的名字有关。[102] 其所引用的信息是现在唯一有用的资料，但没有得到其他独立来源的支持。1671年，在西伯利亚东部地区服役的龙骑兵上尉波利亚科夫被征召到莫斯科，他携带着地理描述和绘图材料，这些都与尼古拉·加夫里洛维奇·斯帕法里（Nikolay Gavrilovich Spafariy）出使中国的准备

---

[97] Leo Bagrow, "The First Russian Maps of Siberia and Their Influence on the West-European Cartography of N. E. Asia," *Imago Mundi* 9 (1952): 83 - 93, esp. 88, and C. Koeman, *The History of Abraham Ortelius and His Theatrum Orbis Terrarum* (Lausanne: Sequoia, 1964).

[98] 他还负责绘制了一幅西伯利亚民族志总图，日期为1673年6月8日，其一份副本（1700年修复）收入了列梅佐夫的地图集中。

[99] 这幅地图的文字通常被定为"西伯利亚土地地图列表"（1673年）。

[100] Bagrow, *Russian Cartography*, 30 - 31.

[101] 这幅地图的标题是"西伯利亚全境至中华帝国及尼堪地图"（no. 20220）。

[102] Yu. V. Arseniev, "Puteshestvie russkogo posla Nikolaya Spafariya iz Tobol'ska cherz Sibir' do Nerchinska i kitayskoy granitsy," *Zapiski Imperatorskogo Russkogo Geograficheskogo Obshchestva po Otdeleniyu Etnografii* 10, no. 1 (1882): 158 - 164, and Andreyev, Ocherki, 43 - 47.

工作相关。在西伯利亚办公室，他讲述到：1673 年，在从托博尔斯克到莫斯科的路上，［在丘索瓦亚河（Chusovaya）河畔的斯特罗加诺夫镇］，他独立地完成了“叶尼塞斯克和色楞金斯克和其他要塞、达斡尔和蒙古和中国和尼堪等国地图”（Chertëzh Yeniseysku i Selenginskomu i inym ostrogam i Dauram i Mugalam i Kitayskomyu i Nikanskomu gosudarstvu），因为他“曾经去过那些地方”。从他的解释中可以知道，很明显，在早期，因为缺乏好的专业绘图师，无论是在色楞金斯克还是在叶尼塞斯克，编辑这样一幅地图都是不可能的。这幅地图的原本没有发现，但从其标题判断，它是一幅西伯利亚总图的东部图幅，我们可以通过克利申、帕姆奎斯特和斯帕芬菲尔德的副本了解。至于西部图幅，最大的可能是被添加到波利亚科夫在西伯利亚办公室或国防部的地图中。从这种状况来看，很明显，西伯利亚总图可能不会在波利亚科夫到达前出现，而且不会晚于其帕姆奎斯特副本的年代（即 1673 年）。

有时波利亚科夫的“叶尼塞斯克……图”被认为等同于 1673 年西伯利亚总图，但这只是一种假设。尽管有种种不同的解释，但所有这些副本都重新确认了对这类文献的总体印象，即它们是汇编而成的地图，根据那些从旧的西伯利亚西部地区地图中汲取的材料，把关于西伯利亚东部地区的新的和比 1667 年地图更加完整的信息汇合在一起。[103] 在东北部地区，显示出了流入鄂霍次克海的几条河流，和一个小小岬角的圆形轮廓，很明显，那是堪察加半岛。关于这幅地图，可以重新确认这样一个观点：从欧洲到太平洋的北海通道穿越是畅通无阻的。

尼古拉·加夫里洛维奇·斯帕法里出使中国和 1678 年地图

对于西伯利亚地图绘制具有特殊重要意义的，是 1675—1678 年间斯帕法里的外交使团。斯帕法里是一位著名的语言学家，他的古代希腊语、现代希腊语、土耳其语、阿拉伯语、拉丁语和意大利语都非常流利，而且也很快地掌握了俄语。1671 年，他被委任为莫斯科外交部的外语翻译。1675 年，他受命率领外交使团出访中国，带着建立双方贸易关系，获取俄罗斯与中国之间最短的便捷、安全路线的可靠信息等使命。斯帕法里被命令要研究整个旅途所经疆域的地理、民族志和行政—政治结构，并提交一份详细的报告。另外，根据 1675 年 2 月 25 日一份特别的命令，他还被委任负责编绘一份从托博尔斯克到中国边境的西伯利亚地图。这幅地图要表现该地区的定居点、道路和所有特征。

在他离开之前，莫斯科的政府交给他所有合用的地理和地图材料供他处理。这些包括两卷的“莫斯科总图”以及波利亚科夫绘制的两种地图，一幅色楞金斯克要塞及其周边地区的地图和“叶尼塞斯克……图”。另外，斯帕法里还提供了 1667 年西伯利亚地图，以及一个星盘和罗盘。关于“莫斯科总图”，学者们的观点并不统一。一些学者认为它是“全图”的另一个名字，另一些学者则认为是“地理图全书”，还有一些学者认为它指一套交通地图

---

[103] V. I. Grekov, “Ochertëzhe vsey Sibirido Kitayskogo tsarstva I do Nikaskogo,” *Izvestiya Akademii Nauk SSSR*, *Seriya Geograficheskaya*, 1959, no. 2, 80 – 88, esp. 80 – 83, and Mikami Masatoshi, “1673 - nenno Shiberia chezu,” Jinbun Chiri 16, no. 1 (1964): 19 – 39.

集。无论如何，关于这些推测并无可信的证据。[104] 斯帕法里代表团携带如此齐全的外交部所提供的地图和其他资料，这一点都不寻常。它反映了俄罗斯在组织此类出使活动和政府事务出行时，使用地图已经是一种通行的惯例。在官方思维中，绘制地图扮演了一个非常重要的角色，这一点已经是很清楚的了。

斯帕法里完成了他全部的任务，并在一份分为两卷的官方报告中描述了他的旅程，这份报告是"西伯利亚王国从托博尔斯克市到中国边境的旅程"。当他于1678年1月5日返回莫斯科时，他将这份报告连同地图都提交了上去。1947年，另一份西伯利亚地图被发现。[105] 其内容与斯帕法里中国之行（1675—1678年）所形成的地图和地理描述密切相关。对于此地图的作者，没有决定性的证据可以证明，尽管它通常被称为1678年斯帕法里地图。这幅地图按照这一时期同一类型的俄罗斯地图的方式编绘，包含西伯利亚所有地区、南部和西南部边境地区的一部分以及直到黑海的俄罗斯欧洲部分。一条虚线显示出斯帕法里出使的路线（图62.17）。

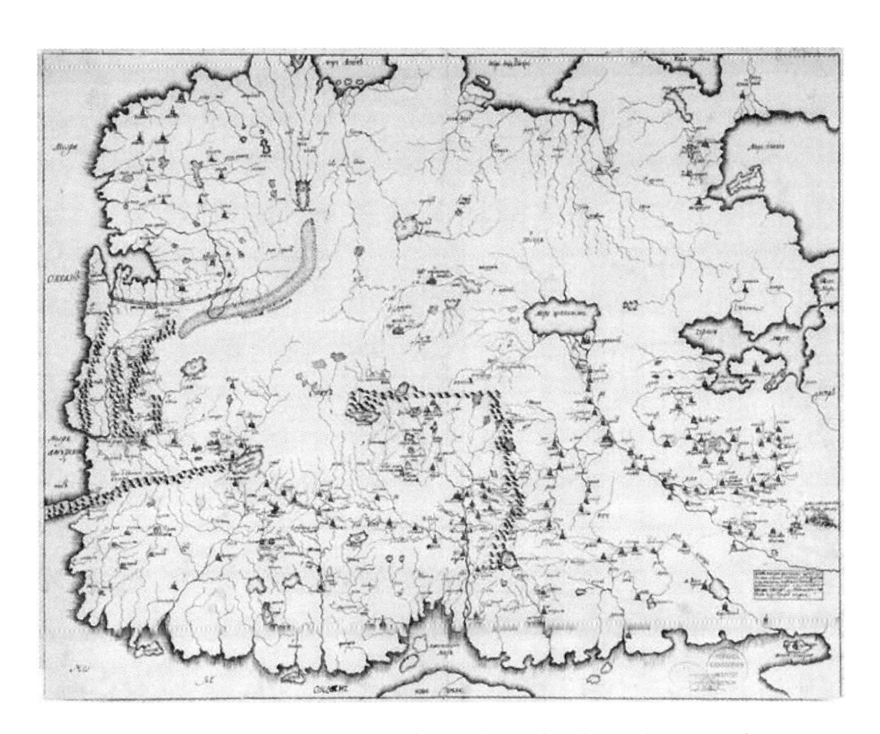

图62.17　尼古拉·加夫里洛维奇·斯帕法里的西伯利亚地图，1678年

以南方为上方。在长方形的旋涡纹上标注着："从莫斯科经陆路到托博尔斯克，从托博尔斯克经水路到谢米巴拉金斯克岛（Semipalatinsk Island），从谢米巴拉金斯克经陆路到中国边界并到达北京城的路线"。

原图尺寸：40.5×52.5厘米。Houghton Library，Harvard University（L. S. Bagrow Collection）许可使用。

与我们通过副本所了解的1667年和1673年的地图相比，1678年斯帕法里地图在技术上有明显的进步。很多西伯利亚的地理特征被更准确地表现出来。安加拉河流域和贝加尔湖的

---

[104] Shibanov，"O nekotorykh voprosakh，" 294 – 296；Boris P. Polevoy，"Geograficheskiye chertëzhi posol'stva N. G. Spafariya，" *Izvestiya Akademii Nauk SSSR*，*Seriya Geograficheskaya*，1969，no. 1，115 – 124；and Mikami Masatoshi，"Supafari no Shiberia chizu，" *Shien* 99（1968）：39 – 76.

[105] Leo Bagrow，"Sparwenfeld's Map of Siberia，" *Imago Mundi* 4（1947）：66 – 70，esp. 69.

位置有很明显的改进。北冰洋的海岸线被更准确地表现出来（尤其是从勒拿河口向东），而且，第一次描绘出阿纳德尔河。中央亚细亚，连同里海和咸海，也都第一次出现。

分析揭示了很多用于斯帕法里1678年地图的资料来源。毫无疑问，它们包括1655年由耶稣会制图师卫匡国（Martinus Martini）绘制的《中国新图志》（*Novus atlas Sinensis*）和《中华帝国新图》（*Imperii Sinarum nova descriptio*）中描绘东南亚的部分。西欧地图被用在黑海地区，而中央亚细亚则是用“地理图全书”。西伯利亚的描绘拥有了更加原创的特征。斯帕法里在此证明了他对外交部资料的熟稔，他仔细研究过费奥多尔·伊萨科维奇·巴依科夫（Fedor Esakivich Baikov）、哈巴罗夫（Khabarov）、波利亚科夫和其他17世纪下半叶的旅行者及探险家的描述和路线。

1678年地图最有特色的和最意想不到的特点，也许是描绘了一道庞大的山脉，它从贝加尔湖向东北方向一直延伸到大洋中。关于这一海岬或“岩栅”，学者们的观点并不一致。一些学者认为它是楚科齐半岛，其他学者则认为是堪察加半岛。[106] 斯帕法里自己则在其旅行日记（1675年9月22日）中记录了关于西伯利亚地区一个山脉状的海岬（“岩石”）的地理观念，并推测这一海岬应该一路延伸到美洲。

1687年谢苗·乌里扬诺维奇·列梅佐夫地图

由谢苗·乌里扬诺维奇·列梅佐夫编绘的一幅新的西伯利亚全图，是对1667年戈杜诺夫地图的补充，其制作日期为1687年6月18日。[107] 这幅地图基于新的更详细的资料来源，其中包括1683—1687年间对西伯利亚地区的勘察。[108] 在今天尚存的一幅小的副本中描述了其细节，包括西伯利亚河流分布的网络、主要河流及其支流从源头到河口的流路、数量众多的定居点以及人民的分布和他们的“土地”。在说明文字中，列梅佐夫对来自托博尔斯克的地图的所有方向所达到的极限进行了注解：“沿着额尔齐斯河向东到达中华帝国，沿着托博尔河（Tobol）和图拉河（Tura）向西到达乌拉尔山和大草原，沿着额尔齐斯河和鄂毕河向北到达曼加则斯克（Mangazeisk）、索洛韦茨基海（白海）和连斯克（Lensk）诸海域，沿着瓦加河（Vaga）和伊希姆河（Ishim）向中央［南］到达赫瓦伦斯克海（Khvalynsk Sea，里海）和卡尔梅克大草原。”[109]

因为其丰富的新细节，1687年地图非常杰出。它反映了作为整体的西伯利亚地图的地理知识的水平、其西部区域的发展和西伯利亚东部地区的勘探（图62.18）。以地图学的角度来看，与早些时候的总图相比，从对托博尔河、伊谢季河、鄂毕河、额尔齐斯河、叶尼塞河和勒拿河等河流流域的描述中，可以看出改进之处。最显著的进展是在东北亚细亚，尤其

1881

[106] Mikami, “Supafari no Shiberia chizu,” 54 – 66.

[107] 关于对列梅佐夫的总体讨论，请参阅 L. A. Goldenberg, *Izograf zemli Sibirskoy: Zhizn' i trudy Semena Remezova* (Magadan: Magadanskoe Knizhnoe, 1990)。

[108] 1687年地图的第一版为 Yuriy Nikolaevich Semenov, *Die eroberung Sibiriens: Ein epos menschlicher Leidenschaften, der roman eines Landes* (Berlin, 1937)，卷首插画，以及 Bagrow, “Sparwenfeld's Map,” 70。

[109] Semyon Ulianovich Remezov, *The Atlas of Siberia by Semyon U. Remezov*, introduction by Leo Bagrow (The Hague: Mouton, 1958), 160v.

是从勒拿河到黑龙江的部分。很多河流的流路［奥莫洛伊河（Omoloy）、亚纳河（Yana）、因迪吉尔卡河（Indigirka）、阿拉泽亚河（Alazeya）、科雷马河、以及阿纳巴尔河（Anabar）］显示得更加准确。北冰洋和东西伯利亚海岸的锯齿状被重点强调——基于现代地图很容易看出是海岬、海湾和半岛。从勒拿河、贝科夫斯基岬（Cape Bykovski）、圣角（Svyatoy，又作 Svyatoi Nos）、舍拉格斯基角（Shelagski），以及很明显的杰日涅夫岬（Cape Dezhnev）向东，连同布奥尔哈亚（Buor-Khaya）湾和恰翁（Chaun）湾，描绘得非常清楚。一个附有注记“没有人知道这块石头的长度”的山脊延伸到大洋中，就像在斯帕法里地图中一样，但是海岬本身被非常清楚地描绘为楚科齐半岛的南部。同时，阿纳德尔河和阿纳德尔湾、奥柳托尔斯基半岛（Olyutorsk Peninsula）以及堪察加河都得到了显示。从阿纳德尔到布卢德纳亚河（Bludnaya）——科雷马河的一条支流——的四天路程，也在图上标出。[110]

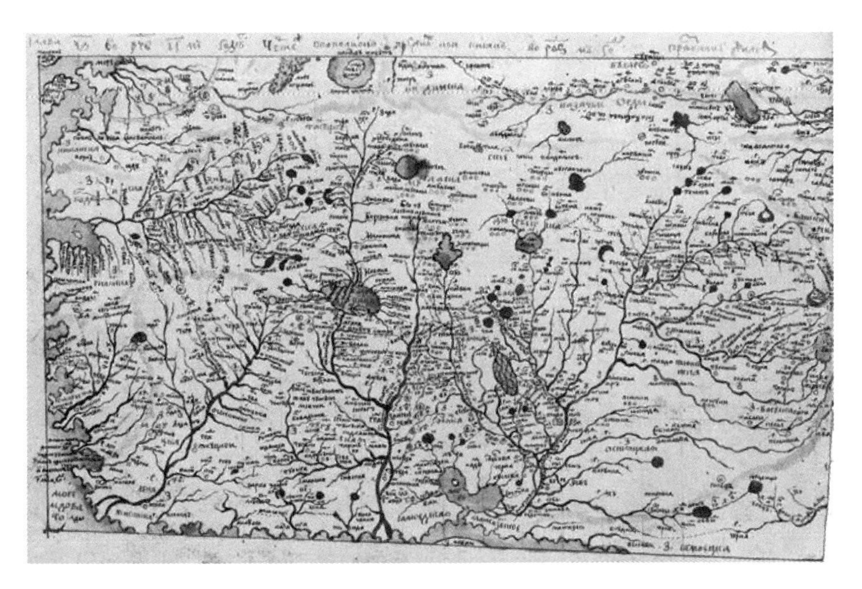

图 62.18　谢苗·乌里扬诺维奇·列梅佐夫，西伯利亚地图，1687 年

标题在上部边框之外：“第 64 章。在 192 年和 193 年［1683—1685 年］，除了之前的一幅地图之外，在 176 年［1667 年］还绘制了一幅关于定居土地知识的地图”。

原图尺寸：约 17 × 27 厘米。来自 Remezov's “Khorograficheskaya chertëzhnaya kniga,” p. 162v。Houghton Library, Harvard University 许可使用。

堪察加半岛和鄂霍次克海，连同 8 条汇入其中的河流，都清晰地在 1687 年地图上标出，这在历史上是第一次。对它们的描绘做得如此清楚，足义排除错误翻译的可能性，这一点和 1678 年（斯帕法里）地图类似，或和帕姆奎斯特 1673 年地图副本特征的可疑认定是一样的。对日本列岛一部分地区的轮廓也做了勾勒，这一做法也是第一次出现。对中央亚细亚，

1882

[110] 将 1684 年地图上的古俄罗斯注记翻译为现代语言的工作，是 Yefimov, *Atlas geograficheskikh otkrytiy*, 22 - 24 and no. 34。不幸的是，解译工作的执行情况非常糟糕，以至于读者可能倾向于把责任归咎于地图的作者。实际上，正是我们同时代的人允许这些所有的错误在文本中流传。例如，用 Arkhiggabskoy，而不是正确的 Arkhangel'skoy，以及 Osetovskaya—Ketskoy、Knep—step'（steppe）、Mik—Yaik、Muran—Murzina、Barikva—Barneva、Snetna—Snezhna、55 dney（days）—5 nedel'（weeks）、52 dnya—2 nedeli、53 dnya—3 nedeli、40 dney—4 nedeli 等等。

包括咸海的一些细节也进行了展示，作为一个整体，符合“地理图全书”中对它的描述。[111] 1673 年地图中很多古老的民族志式的识别在 1687 年地图中已经除去，西伯利亚民族的分布和他们的“领地”也得到了如实的描绘。

安德烈·安德烈耶维奇·威尼乌斯的地图

安德烈·安德烈耶维奇·威尼乌斯（Andrei Andreyevich Winius）绘制的西伯利亚和俄罗斯国家欧洲部分的绘本地图，难以确定其日期。作为一位接受过高等教育的人士，威尼乌斯非常熟悉欧洲的地图学和地理学文献。他担任过荷兰语的翻译和卫生部、外交部的官员，从 1695 年开始，他担任西伯利亚办公室的主任。通过列梅佐夫 1702 年地图集中的副本，这幅地图为我们所知。[112] 其 1680—1683 年或 1689 年的原本更经常被引用。无论如何，威尼乌斯地图的技术执行和水文地理精确性与这一时代的其他地图相比，都是出众的。此外，幸亏有维岑，正是由于这幅地图，西伯利亚的地理信息才丰富了西欧的地图学。

威尼乌斯的地图，按照传统的方式，以南方为正方向。地图上显示了方格网，这在俄罗斯地图学是第一次。尽管很显然，其主要是出于装饰目的，而非数学因素。地图非常长且狭窄，覆盖了西起亚速海和黑海，东到乌苏里江入海口，北起北冰洋海岸，南到里海的地域范围。西伯利亚东部边缘的沿海地区没有包括进去。威尼乌斯根据多种来源编成了他的地图。因此，尽管里海的表示方法是根据托勒密的描述，但将锡尔河（Syr Darya）和阿姆河（Amu Darya）描绘为流入咸海的做法还是反映了当时的资料来源。斯帕法里的地理学观念及其西伯利亚地图的影响则尤其显而易见。两个巨大的海岬—半岛被画成凸入海洋，被地图的边框切掉。第一个半岛位于勒拿河和科雷马河之间，第二个则位于科雷马河和阿纳巴尔河之间。从科雷马河、塔宾（Tabin）岬向东延伸的长山脉形半岛，与维岑著名的《亚洲北部、东部及欧洲新地图》（*Nieuwe Lantkaarte van hetNoorder en Ooster deel van Asia en Europa*）（1687 年）上的北极海岬非常相似。[113]

1883

总体而言，这些西伯利亚总图的制作状况、精确制作日期、作者以及其他与其作为历史资料的可靠性相关的问题，在一定程度上仍然是未知的。结果，很难用简单的术语解释俄罗斯地图和西欧地图副本之间的差异，协调彼此分歧的理论，或者设计出一种单一的，普遍接受的解释方法。例如，波利亚科夫地图的绘制日期有 1672 年、1672—1673 年、1673 年（?）或 1673 年等多种说法；列梅佐夫的地图有 1683—1684 年、1684—1685 年、1684 年或 1687 年等多种说法；斯帕法里的地图有 1675 年、1678 年或 1682 年等多种说法；威尼乌斯的地图有 1678—1683 年、1680—1683 年或 1689 年等多种说法，等等。本文中所引用的每种俄罗斯

---

[111] 虽然没有显示阿姆河，但还是给出了相同的距离、名称和定居点的顺序。

[112] RNB，Manuscript Division，Hermitage Collection，no. 237，sheets 32 – 33；发表于 Andreyev，*Ocherki*，24。

[113] 关于维岑的地图，请参阅 Funakoshi Akio，“Witosen no hokutō Ajia chizu o meguru nisan no monda，” *Shirin* 47，no. 1（1964）：112 – 141；Johannes Keuning，“Nicolaas Witsen as a Cartographer，” *Imago Mundi* 11（1954）：95 – 110；and Boris P. Polevoy，“K istorii formirovaniya geograficheskikh predstavleniy o severo-vostochnoy okonechnosti Azii v XVII veke（Izvestiya o ‘kamennoy pregrade’：Vozniknoveniye i metamorfoza legendy o ‘neobkhodimom nose’），” *Sibirskiy Geograficheskiy Sbornik* 3（1964）：224 – 270。

地图的日期都基于对所有历史证据的长期研究，以及对最近的论著进行回顾的结果。[114]

西伯利亚总图向欧洲印刷地图的传送

然而，我们可以更有把握地说，俄罗斯早期的西伯利亚总图对世界地图学中的西伯利亚地图图像的发展有影响。在我们所讨论的那个时期，约翰·加布里埃尔·斯帕芬菲尔德（1688—1889年）、尼古拉斯·维岑（1690年）、在中国的耶稣会传教士南怀仁（Ferdinand Verbiest，1673—1676年）和A. 托马斯（A. Thomas，1690年）的地图对西伯利亚进行了表现。[115] 然而，这种知识的最初传播并不是一个简单的问题。俄罗斯希望对其发现保密，而西方欧洲国家则试图获取新的地理情报，这二者互相矛盾。所以，在此期间，间谍活动似乎是俄罗斯的地图资料传送到西欧的一种重要机制。西方迫切感觉到俄罗斯的西伯利亚地图缺乏准确信息，因此对其需求极大。许多西欧国家对西伯利亚地图的强烈兴趣可以理解，这是由通过西伯利亚进入中亚和南亚的贸易路线的意图所推动的。因而，例如，艾萨克·马萨（Isaac Massa）报告说，他的1612年《北俄罗斯、萨摩耶德和通古斯地图》（*Tabula Septentrionalis Russiae*，*Samoithiae et Tingosiae*）［1613年发表在《东印度第十部分，概要描述了对东北地区的航运》（*Zehender Theil der Orientalischen Indien begreiffendt eine kurtze Beschreibung der neuwen Schiffahrt gegenNoordt-Osten*）］完全根据俄罗斯原稿编绘，他获得这些原稿“非常困难，因为一旦被发现，那个把原稿交给我的俄罗斯人会被判处死刑”[116]。

然而，在该世纪晚些时候，似乎是由外国人组织了一个更具决心的搜索，以获取1667年西伯利亚总图的副本。例如，诺登舍尔德已经（通过瑞典的档案）描述了瑞典外交官的间谍活动。这幅地图的两份副本是在莫斯科获得的——一份是由1668年在俄罗斯的瑞典代表团的负责人克罗内曼获得的，另一幅则是由要塞的“指挥官”普吕茨得到的。普吕茨报告说“随函附上我于1669年1月8日在莫斯科复制的西伯利亚和毗邻国家的地图，以及可能是根据保存得很差的原件制作的地图，是由伊万·阿列克谢耶维奇·沃罗腾斯基亲王（Ivan Alekseye vich Vorotynskiy）给我看了几个小时，在这样的情况下，我只能是浏览，什么都没有画下来”。[117] 同样，在给查理十一世（Charles Ⅺ）的一封信中，关于1667年地图，克罗内曼大使报告说：“所有这些土地和西伯利亚（直到中国）的地图……递交给了我，我保留了一晚之后，就把它誊抄了出来。”[118] 在另一次间谍活动中，1673年在莫斯科的瑞典代

---

[114] 尤其请参阅Grekov，“O chertëzhe vsey Sibiri”；Andreyev，*Ocherki*，43－62；L. A. Goldenberg，*Semën Ul' yanovich Remezov*：*sibirskiy kartograf i geograf*，1642－*posle* 1720 *g.*（Moscow，1965），33－34；Mikami，“Supafari no Shiberia chizu，”45－48；A. Florovsky，“Maps of the Siberian Route of the Belgian Jesuit，A. Thomas（1690），”*Imago Mundi* 8（1951）：103－108；and Yefimov，*Atlas*，nos. 30－34。

[115] Florovsky，“Siberian Route”；Bagrow，“First Russian Maps”；Funakoshi Akio，“Kōki jidai no Shiberia chizu：Ra Shingyoku kyūzō chizu ni tsuite，”*Tōhō Gakuhō* 33（1963）：199－218；以及L. A. Goldenberg，“Izucheniye kart Sibiri XVII－XVIII vv. v Yaponii，”*Voprosy Istorii* 8（1981）：162－168.

[116] Kordt，*Materialy*，2：16－17，and Johannes Keuning，“Isaac Massa，1586－1643，”*Imago Mundi* 10（1953）：65－79，esp. 67－69.

[117] Kordt，*Materialy*，2：24.

[118] Letter，19 February 1669，cited in A. E. Nordenskiöld，“Pervaya karta Severnoy Azii，osnovannaya na deystvitel' nykh nablyudeniyakh，”*Zapiski Voyennotopograficheskogo Otdeleniya Glavnogo Shtaba* 44（1889）：1－11，esp. 9.

1884 表团的工作人员帕姆奎斯特在大量的关于俄罗斯的资料中，能够获得 16 份地图和城市平面图，包括 1667 年和 1673 年的西伯利亚总图。在其图册的献词中，帕姆奎斯特提到，他收集了俄罗斯的材料，“不是没有付出困难和努力”。他写道：“我冒着风险，亲自在不同的地方偷偷地观察和写生，而且还从俄罗斯臣民那里获得了一些信息。”[119]

尼德兰人维岑和瑞典语言学者斯帕芬菲尔德得到的俄罗斯资料是通过不同的渠道取得的。作为 1664—1665 年雅各布·博雷尔（Jakob Boreel）的尼德兰公使团的成员出访俄罗斯之后，维岑回到阿姆斯特丹，与莫斯科、阿斯特拉罕（Astrakhan）、格鲁吉亚、波兰、伊斯法罕（Isfahan）、君士坦丁堡和北京之间建立了一个密切而又长期的通信联系。根据他自己的表述，他“收集了很多的期刊和登记簿，这些期刊和登记簿列出了山脉、河流、城市和集镇的名称，并附有很多用我自己的方法制作的地图”。[120]这一档案，其中俄罗斯资料占据多数，是维岑的书和他所编撰 1690 年鞑靼北部及东部地区的地图的基础。[121] 与维岑通信的俄罗斯人中，有一位名叫斯坦尼斯拉夫·洛普茨基（Stanislav Loputskiy），是沙皇阿列克谢·米哈伊洛维奇（Aleksey Mikhailovich）的宫廷画师，他提供了一幅《新地球》（Novaya Zemlya）地图和 1667 年《西伯利亚总图》的副本。[122] 1684—1687 年，斯帕芬菲尔德在莫斯科居留期间，他也结交了许多有影响力的朋友，这些朋友很乐意地为他提供了学术研究的资料，包括地理材料和地图，还有很重要的，《地理图全书》的副本。[123]

俄罗斯的科学和文化并没有与世界其他地方隔绝。和其他国家的学者之间关于科学观念的交流，在 17 世纪已经开始进行。在寻找绘制地图的可靠资料的过程中，俄罗斯制图师对许多西欧地图和地图集越来越熟悉。但是信息的交流——就西伯利亚而言——并不是均衡的。直到 17 世纪末，对西欧来说，完全从使用的目的来看，在俄罗斯欧洲部分和太平洋之间的地区依然保留着“未知土地”。当列梅佐夫在 17 世纪 70 年代和 80 年代为他的第一批西伯利亚地图开始收集并系统化材料的时候，外国地图被证明没有什么价值。它们只是从偶然得到的俄罗斯来源里的数据进行转绘，并带有各种扭曲。当然，这些来源在莫斯科和托博尔斯克都有，呈现一种不相称的更丰富的形式，而且如果比较俄罗斯和西欧绘制的表现西伯利亚的地图，显示出这一受到影响的地图质量是如此显著。这些俄罗斯制作的地图，数量稀少，在数学和技术架构上并不复杂，但是却相当的准确，内容也非常丰富。西欧地图尽管数量要多得多，而且乍一看绘制技法要好得多，但包含很多想象的元素；实际上，这些地图中的多数，即使是叠加在西伯利亚地区上的地理网格也更多地是出于美观目的，而非实用性。

---

[119] Eric Palmquist, *Någre vidh Sidste Kongl: Ambassaden till Tzaren i Müskoü giorde Observationer öfver Rysslandh* (Stockholm, 1898), and Yuriy V. Got' ye, "Izvestiya Pal' mkvista o Rossii," *Arkheologicheskiye Izvestiya i Zametki* 3 – 5 (1899): 81.

[120] Keuning, "Nicolaas Witsen," 97, and Johan Fredrik Gebhard, *Het Leven van Mr. Nicolaas Cornelisz. Witsen* (1641 – 1717), 2 vols. (Utrecht: J. W. Leeflang, 1882), 2: 251.

[121] Keuning, "Nicolaas Witsen," 97.

[122] Mikhail P. Alekseyev, "Odin iz russkikh korrespondentov Nik. Vitsena: K istorii poiskov morskikh putey v Kitay i Indiyu," in *Sergeyu Fëdorovichu Ol' denburgu k 50 – letiyu nauchno-obshchestvennoy deyatel' nosti* (Leningrad, 1934), 51 – 60.

[123] Bagrow, "Sparwenfeld's Map," 66, and L. V. Cherepnin, "Materialy po istorii russkoy kul' tury i russko-shvedskikh kul' turnykh svyazey 17 v. v arkhivakh Shvetsii," *Trudy Otdela Drevnerusskoy Literatury Instituta Russkoy Literatury* 17 (1961): 454 – 481, esp. 470 – 477.

在最好的外国人所绘制的西伯利亚地图（维岑，1690 年）上，经度范围的错误从 -23°39′（雅库茨克）到 +4°27′（托博尔斯克），纬度的错误从 +7°20′到 -2°30′［切柳斯金岬（Cape Chelyuskin）］。[124]

谢苗·乌里扬诺维奇·列梅佐夫和西伯利亚地图：第一部俄罗斯地理地图集

学者和科学家列梅佐夫

谢苗·乌里扬诺维奇·列梅佐夫，是一位伊希姆地区的哥萨克（从 1668 年开始）和托博尔斯克地区的贵族（从 1712 年开始），他参与了拓展殖民地活动，在他生活的 17 世纪，发生了对西伯利亚的地理探勘活动。作为国家的公务员，他担任了收税官和勘探员、图像画师和素描师、位于托博尔斯克的西伯利亚唯一一座石筑城堡的建筑师，以及西伯利亚和乌拉尔地区很多城市土木工程计划的设计师。同样，他是一位独创的艺术家、作家，以及第一位西伯利亚历史学家和民族志学者。但首先他应该作为一位地图学家被后世铭记。在绘制西伯利亚地图的领域，他没有对手，而且他把一个世纪以来所积累的关于西伯利亚地图绘制、地理学、民族志和历史学的原始资料系统化。

鉴于他兴趣的广泛，很难解释他是怎样在如此短的几年内成为如此伟大作品的作者。事实上，列梅佐夫和他的儿子们的作品集构成了一个独创的关于 17 世纪西伯利亚的地图学和历史地理学的百科全书。它包括西伯利亚从 1687—1715 年间区域性地图和总图，三套装饰华美的地图集［《手绘图录》（*Khorograficheskaya chertëzhnaya kniga*）《西伯利亚图录》（*Chertëzhnaya kniga Sibiri*）《行政图集》（*Sluzhebnaya chertëzhnaya kniga*）］、[125]《西伯利亚历史和昆古尔插图本年谱》[126] 和《列梅佐夫年谱》（约 1700 年）。[127] 此外，文集还包括了一套为托博尔斯克市修建石头建筑而绘制的建筑素描图以及其他官方文件，包括 1710—1712 年间托博尔斯克和秋明（Tyumen）各县的人口普查资料、边界地区地图、土地的描述和测量、还有集镇、军火工厂和炼铁厂建设的账目。

1885

---

[124] Keuning, “Nicolaas Witsen,” 101.

[125] 对列梅佐夫地图集的简要描述如下。首部地图集——《手绘图录》（*Khorograficheskaya chertëzhnaya kniga*）（1697 年，第一幅草图；最后的增补完成于 1711 年；19.5×30 厘米）——沿着主要河流两岸绘制的 150 多幅比例尺不同的水文特征地图。反映了主要地图材料的收集时间，并为日后组合成图提供了基础。第二部地图集——《西伯利亚图录》（*Chertëzhnaya kniga Sibiri*）（始于 1699 年，完成于 1701 年；53×38.5 厘米）——是列梅佐夫父子的主要地图集，其中包括西伯利亚总图、西伯利亚全部各县的地图，以及一幅托博尔斯克的城市平面图。有一部可用的摹写本：Semyon Ulianovich Remezov, *Chertëzhnaya kniga Sibiri*, 2 vols.（Moscow: Federal’ naia sluzhba geodezii i kartografii Rossii, 2003）。第三部地图集——《行政图集》Sl（uzhebnaya chertëzhnaya kniga）（1702 - 1730 年；31×20 厘米）——列梅佐夫家族的独特档案，其中大部分是列梅佐夫诸子作品的缩印本，主要是父亲在不同时期或与父亲共同编绘的地图，以及其他作者的地图副本。还有就是由谢苗·乌里扬诺维奇·列梅佐夫制作的几部原本和传记性和官方性质的材料。

[126] “The Remezov Chronicle,” in *Yermak’s Campaign in Siberia*, ed. Terence Armstrong, trans. Tatiana Minorsky and David Wileman (London: Hakluyt Society, 1975), 87 - 277, and L. A. Goldenberg, “O pervom istorike Sibiri,” in *Russkoye naseleniye Pomor’ ya i Sibiri* (*period feodalizma*) (Moscow, 1973), 214 - 228.

[127] “Remezov Chronicle.”

从保存下来的文件来看，要对列梅佐夫的世界观和博学形成一个完整的图景是不可能的。在为其地图集所写的历史随笔、序言、献词、前言和结论中，他并没有对自己思想的广度和在社会、政治、宗教和宇宙学领域的兴趣做出充分的评判。他所有的贡献都根植于深厚的历史学和地理学知识，而且他沉浸在俄罗斯、乌克兰、波兰、西欧和古代作家的文学中。列梅佐夫是一个接受过非常广泛的教育和博学的17世纪学者，他如饥似渴地研究地图绘制、地理学、历史学、民族志和建筑学，并创造性地运用他所学到的知识。

文学和艺术方面的技巧是列梅佐夫家族与众不同的家族特征。这位地图学家的父亲和祖父都是受过教育的人。实际上，列梅佐夫在西伯利亚的文化中心——托博尔斯克长大，他出身于当地的高级公务员家庭，接受了世俗教育，这对于他的时代来说是超前的。这种教养也说明了在其作品中的波兰文化影响的痕迹。在托博尔斯克，他与受过教育的囚犯和被流放者，包括波兰人、塞尔维亚人和来自西欧其他国家的人保持着密切的联系。[128] 还有，列梅佐夫的父亲乌里安·莫伊谢耶维奇·列梅佐夫（Ulian Moiseyevich Remezov）在遭到流放之前，在莫斯科主教菲拉列特（Philaret）的机构工作，可能与主教一起被关押在波兰长达八年之久。在列梅佐夫的写作中，有很多运用波兰资料来源的痕迹。[129] 同样很有趣的是：17世纪早期，亚伯拉罕·奥特柳斯《寰宇概观》的部分篇章被从波兰文翻译为俄文，篇名为：《世界土地图》（*Kozmografiya sirech' vsemirnoye opisaniye zemel*）。[130] 很有可能，波兰文图书通过各种渠道进入托博尔斯克，比其他外国版本要快得多，而且，列梅佐夫家族对波兰语非常熟悉。

可能当列梅佐夫还是个孩子的时候，他就被引领到地图和地图绘制的领域。他的父亲和祖父都在任职政府期间，担任过绘制地图的工作。举两个例子，1643年，在为一个新的图林斯克（Turinsk）聚居地选择地点时，乌里安·莫伊谢耶维奇·列梅佐夫和S. 沙雷金（S. Sharygin）完成了一幅该区域的详细地图；1664年，乌里安参与新牧区的勘测，完成了一幅奥尔洛夫（Orlov）镇周围地区的地图。[131] 列梅佐夫对地图和地理学的主要兴趣的觉醒，和托博尔斯克军事主管戈杜诺夫主持下，在这些领域内所进行的活动有关，戈杜诺夫聘请了列梅佐夫的父亲和科尔涅伊卡（Korniliy）大主教担任制图师。

到了17世纪80年代初，谢苗·乌里扬诺维奇·列梅佐夫成为一名训练有素、经验丰富的绘图师。到17世纪80年代末，他已经将自己确立为西伯利亚自然史、历史、民族志和地图学方面的少数专家之一。在列梅佐夫的著作中，我们可以发现宗教和世俗学问的融合。当然，他非常熟悉《圣经》和教会的历史，这是非常自然的，因为在17世纪的思想中，神学是至高无上的。当列梅佐夫编绘第一部地图集的时候，他指出自己使用了许多书籍，在前言中，他补充说自己借鉴了古代希腊文、[132] 拉丁文和德文地图，包括印本和绘本，以及不同地

---

[128] Goldenberg, *Semën Ul' yanovich Remezov*, 126, and L. A. Goldenberg, "S. U. Remezov i kartograficheskoye istochnikovedeniye Sibiri vtoroy poloviny XVII—nachala XVIII v." (Doctoral diss., V. I. Lenin State Library, Moscow, 1967), 318–320.

[129] 在其"Istoriya Sibirskaya"中，他使用了Struikowski的"Kronika"、Modrzejewski的文章"O gosudarstve"，以及Martin Bielski的"Khronika"，于1584年被翻译为俄文。

[130] A. Popov, ed., *Izbornik slavyanskikh i russkikh socheneniy i statey, vnesënnykh v khronografy russkoy redaktsii* (Moscow, 1869), 476–507.

[131] RGADA, stock 214, book 367, sheet 993; G. F. Müller, Istoriya Sibiri, vol. 2 (Moscow-Leningrad, 1941), 485–486, 490, 511, 518.

[132] 在乌克兰的奥斯特洛格（Ostrog）市印刷的早期俄文书籍。

区的编年史和方志资料。[133] 在《西伯利亚图录》中，列梅佐夫也述及他在编绘那部地图集时，使用了“很多地理书”。[134]

1886

在其著作中有一个重要的地方，就是为吞并西伯利亚提供了意识形态上的理由，以及为其“夺取”提供了政治解释。列梅佐夫的历史和民族志文章都弥漫着这样的理念：对俄罗斯、西伯利亚及其首府托博尔斯克的宗教—爱国的颂扬，正教战胜异端，俄罗斯的基督教和启蒙任务，其中还伴随着对专制权力的巩固的观察。从列梅佐夫的世界观可以看出理性的元素，但它的特点同样是对科学知识重要性的信念。

列梅佐夫曾去过莫斯科两次，这座城市是17世纪俄罗斯文化的中心，这两次行程对他的科学理念也产生了影响。在莫斯科，他遇到了威尼乌斯——博学的西伯利亚办公室领导，并开始熟悉地理学家和天文学家雅科夫·维利莫维奇·布鲁斯（Yakov Vilimovich Bruce）的著作。在莫斯科进行地图绘制工作的同时，列梅佐夫也研究建筑学和工程学。他发现自己“在军械库的指导下”，在那里他得到一份关于建筑学的“印刷的意大利书籍”。[135] 在西伯利亚办公室的考试后，列梅佐夫被授予了“博学者”的头衔，并被授权准许制作“根据订制的所有地图”以及可以阅读和写作。[136] 除了在军械库和西伯利亚办公室的指导之外，列梅佐夫凭借他对西蒙·费奥多罗维奇·乌沙科夫（Simon Fedorovich Ushakov）以及其他杰出的17世纪艺术家的熟悉进行鉴定，也被介绍给了外务部所聘用的官方艺术家们。

为准备地理学和地图绘制的工作，列梅佐夫还对地方志进行了一项特别的研究。这项研究是为了在他的地图集中留下明显的标志，并决定了他对磁罗盘、分规和比例尺应用的使用。在其他地方，如奥特柳斯、墨卡托以及威廉·扬松·布劳在宇宙学上所做的一样，列梅佐夫描述了球形的大地并给出其大小，以及纬度和经度、地理发现以及世界各区域的信息。而且，这种地图绘制方面的理论训练经常被列梅佐夫在他的地图集中提及，这些地图集在他的生命中占据了中心的地位。例如，谈到他由沙皇下令绘制的第一部地图集，列梅佐夫指出，地图学像地方志一样，是结合了精确的数学科学和艺术家的技巧。它是如此接近“自由”或与艺术相关的科学，但实际上却并不在其列。[137]

尽管列梅佐夫的贡献非常重要，但还是长期被忽视，甚至他的出生和去世的确切日期都不为人所知。[138] 直到1939年，安德烈耶夫（Andreyev）链接了列梅佐夫地理地图集的一份

---

[133] “Khorograficheskaya chertëzhnaya kniga,” sheet 1v.

[134] “Chertëzhnaya kniga Sibiri,” sheet 2.

[135] “Sluzhebnaya chertëzhnaya kniga,” sheet 2v.

[136] RGADA, stock 214 (sc) roll 1377, sheets 136, 138.

[137] L. A. Goldenberg, “Semyon Ulyanovich Remezov: Outstanding Russian Cartographer and Geographer (1642 – after 1720),” in *Actes du XIe Congrès international d' histoire des sciences*, 6 vols. [Warsaw, (1965) –68], 4: 217–220.

[138] 从1939年开始，安德烈耶夫推测列梅佐夫出生于1660—1664年期间的观点在科学文献中被普遍认为是可靠的。只有Shibanov认为另一个日期——1650年更为准确；请参阅Andreyev, *Ocherki*, 97, 以及Shibanov, “O nekotorykh voprosakh,” 299。然而，事实证明所有的大致日期都是不准确的，20世纪60年代发现的档案文件最终确定其实际出生于1642年（RGADA, stock 214, bk. 1317, sheet 755; bk. 1617, sheet 150）。列梅佐夫去世的年份也不得而知，但安德烈耶夫推断其去世于1715年底。但1965年在西伯利亚首府的人口普查中发现了这位托尔博斯克学者的亲笔签名，其日期为1720年。因此，在档案资料的帮助下，列梅佐夫的生命被“延长”了将近25年（1642—1720年之后）：Goldenberg, *Semën Ul' yanovich Remezov*, 24, 79–81。

1882年复制品：《西伯利亚图录》,[139] 以及另一份列梅佐夫的绘本地图集《行政图集》。[140] 此外，直到1958年，西伯利亚第一部水道测量地图集——《手绘图录》,[141] 才通过巴格罗夫复制品的出版为世人所知。这一版本至今亡佚，却是西伯利亚地图绘制发展史上一个重要的插曲。只有在1965年，终于可以尝试对比分析列梅佐夫所有已知的地图学和地理学的著作，构建与这位地图学家和地理学家的地位相符的科学传记。[142]

列梅佐夫的地图绘制和西伯利亚的殖民化定居化

列梅诺夫的大部分工作与西伯利亚的殖民化密切相关。这一联系是真实的，因为他为托博尔斯克的新城制作了平面图（1683—1689年），以及他出于行政和军事目的而绘制的西伯利亚总图（1687年）。还因为他在1689年之前绘制的许多西伯利亚自由大村庄（Sloboda）地方地图。[143] 他不知疲倦地工作，制作了托博尔斯克各县沿着河流分布的定居点的描述，并记录了各定居点之间的陆路和水路交通路线的距离（1683—1685年和1687—1689年）。定居点的地图，其在《手绘图录》中保存至今的副本是受托博尔斯克军事长官之命，出于战略和经济的目的，也是为了行政管理和税收评估的计划。根据其目的，列梅佐夫地图集中的地图在比例尺和内容上呈现多样化的局面。小比例尺和覆盖面积更大的地图通常承担军事用途。例如，一幅托博尔斯克县的地图——“定居点、人和住房以及枪支图”，除了描绘在托博尔斯克县中沿着河流分布的33个定居点，还包括定居点的位置和分布的细节、定居点之间的距离和道路，以及每一个定居点的人民和他们的武器的数量。[144] 在大比例尺和更详细的地图中，军事长官已命令列梅佐夫在地图上画出每个定居点的特征，出于征税和行政的目的。所有的建筑、适合商业建设的广场（标明尺寸）、河流、桥梁、渡口、草甸和可耕地都得到了显示。现存的托博尔斯克定居点的地图揭示了这些定居点的规划特征。例如，在科乌罗夫卡（Kuyarovka）自由大村庄平面图中，描绘有一条大路，科乌罗夫卡溪，通向其他定居点、行政和居住建筑物（官厅的、牧师的房子以及农民的房舍），一座湖泊，一片草甸，佩什马河对岸的农庄，一片建筑广场，一座要塞、谷仓，一座教堂和一座小礼拜堂。[145]

1696年1月10日，一份命令从莫斯科的西伯利亚部发到西伯利亚的所有城镇。1696年4月17日，托博尔斯克收到了它的两个主要要求。第一，它要求测量、编绘“县”的“现

[139] Semyon U. Remezov, *Chertëzhnaya kniga Sibiri*, *sostavlennaya tobol'skim synom boyarskim Semënom Remezovym v* 1701 *g.* (St. Petersburg, 1882)。原本收藏在RGB, Manuscript Division, stock 256, no. 346。

[140] Andreyev, *Ocherki*, 76 – 91. 原本收藏在RNB, Manuscript Division, Hermitage Collection, no. 237。

[141] Remezov, *Atlas of Siberia*. 原本收藏在Houghton Library, Harvard University, Cambridge, Mass. Reviewed by L. A. Goldenberg in Voprosy Istorii 6 (1962): 183 – 185; 另请参阅Leo Bagrow, “Semyon Remezov—A Siberian Cartographer,” *Imago Mundi* 11 (1954): 111 – 125, 以及L. A. Goldenberg, “Novyy istochnik po istorii Sibiri— ‘Khorograficheskaya chertëzhnaya kniga’ S. U. Remezova,” *Izvestiya Sibirskogo Otdeleniya Akademii Nauk SSSR*, *Seriya Obshchestvennykh Nauk* 5, no. 2 (1965): 94 – 101。

[142] Goldenberg, *Semën Ul' yanovich Remezov*, and idem, “S. U. Remezov”. 安德烈耶夫和巴格罗围绕S. U. 列梅佐夫的作品主体及其个人地图作品的起源进行了冗长的争论，事实证明这些争论常常是徒劳的，因为两人都没有机会比较全部三部地图集。在每一种情况下，大多数的错误都是因为研究那些只有通过外国描述才能知道的作品而产生的。

[143] 村落定居点，往往由自由农民组成。

[144] “Khorograficheskaya chertëzhnaya kniga,” sheet 162.

[145] “Sluzhebnaya chertëzhnaya kniga,” sheet 144v.

场”的地图，3×2阿尔申（arshin）（约213×142厘米），表现出河流网络、定居点之间的距离以及行政分支机构。第二，它需要在托博尔斯克绘制一幅涵盖西伯利亚全境的大地图，3×4阿尔申（约213×284厘米）——为此，要委托一个“艺术专家”——以及一部对西伯利亚和外国人的描述，和对县之间的边界的调查。收到这一命令后，托博尔斯克的总督A. F. 纳雷什金（A. F. Naryshkin）立即把主要任务委派给了列梅佐夫，尤其来完成。然而，在他开始之前，他必须参与对米阿斯河（Miass River）进行的一次艰巨的军事勘察（4月10日—9月30日）。[146] 直到1696年10月28日，列梅佐夫才可以离开托博尔斯克，去勘测与描绘伊谢季河（Iset）、尼察河（Nitsa）、佩什马河（Pyshma）、托博尔河（Tobol）、米阿斯河、图拉河，以及塔夫达河（Tavda）沿岸的要塞和定居点，并通过考察收集信息。到1697年3月20日，他在“白色画布”上完成了《哈萨克部落图》（*Chertëzh Kazach' i ordy*），大约213×142厘米（在一份稍晚的副本它被称作《完全无水和低平的流沙草原的绘本》）。这第一份地图，依照1696年1月10日和4月17日命令准备，并于1697年3月20日送到莫斯科，记录了列梅佐夫作为地图学者的最后创造力的时代的开端。六个月以后，1697年9月18日，一幅托博尔斯克地区地图被送到西伯利亚部。在列梅佐夫的地图集中，保存有《托博尔斯克地区图录》或《西伯利亚局部图》的缩减授权副本。[147]

列梅佐夫的地图绘制方法和《手绘图书》

这些地图，在内容和质量上远远超过17世纪俄罗斯区域地图制作的范例，得到了沙皇的高度评价和赞扬。但是，很难理解列梅佐夫是怎样能够如此快速地完成这些主要工作，即使以他的杰出技能。我们必须认识到，不仅多年从事制作数量众多的区域地图和总图的经验，还有他初步工作的范围，在这一领域内仔细规划和校准。后者的重要性怎样强调也不过分，而且在《手绘图录》的内容中得到了充分的揭示。这第一部地图集呈现出确切的方法论准则。它收集了河流流域的基本地图绘制资料，提供了区域地图和总图的框架。列梅佐夫似乎理解了在办公室里进行地图编辑的方法，包括勘测描绘和对当地居民、旅行者以及探险者的质疑，从地图绘制的角度来看，是制作一张国家地图的可靠方法。河流系统和定居点之间的距离，以旅行的时间或其他单位进行测量，构成了基本的框架。因此，列梅佐夫的第一部地图，与他后期的著作一样，具有明显的水道测量的特征。鉴于其巨大的疆域范围，整部作品的完整性十分突出，而且它充分揭示出其作者的观察技巧和广博的学识（图版79和图62.19）。

1888

1697年，列梅佐夫完成了《手绘图录》的一个粗糙的版本，并计划献给彼得一世。然而，在他被阻止的情况下，继续用新的数据和地图充实这部地图集，直到1711年。[148]《手绘图录》的

---

[146] 1696年，由托博尔斯克贵族Andrey Klyapikov率领的军事远征队的目的是保证托博尔斯克的村落（sloboda）的安全，免遭哥萨克部落的攻击。

[147] “Chertëzhnaya kniga Sibiri,” sheet 2；“Sluzhebnaya chertëzhnaya kniga,” sheets 28v–29.

[148] 列梅佐夫在他于1698年前往莫斯科期间，显然决定不向沙皇展示自己的作品：对西伯利亚部的地图库存进行的检查清楚地表明了他的地图在多大程度上基于过时的资料。关于是否存在某种“最终”地图集，还有另一种在文献上无法证实的假设，据说这部地图集是在1697年9月1日从托博尔斯克送到莫斯科；请参阅Boris P. Polevoy，“Sushchestvovala li vtoraya ‘Khorograficheskaya kniga’ S. U. Remezova?” *Izvestiya Sibirskogo Otdeleniya Akademii Nauk, Seriya Obshchestvennykh Nauk* 1 (1969)：68–73。

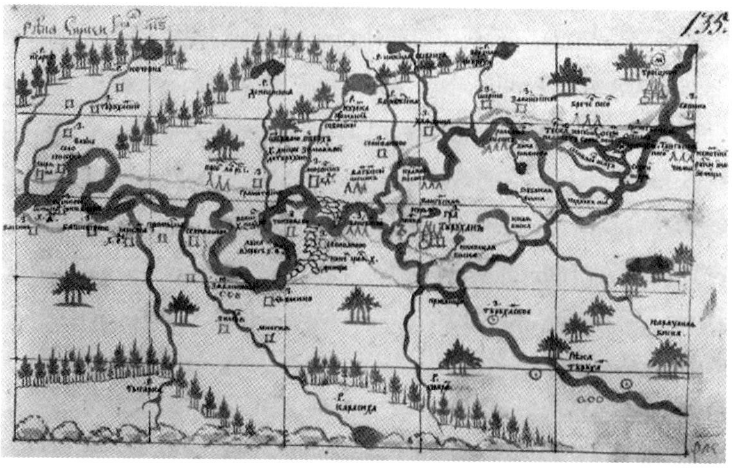

图 62.19 谢苗·乌里扬诺维奇·列梅佐夫：叶尼塞河地图

在上部边框之外标注有："叶尼塞河。第 46 章"。地图的刻度与任何地理坐标系统都没有关系。最初，列梅佐夫试图沿着所有河流长度的每个方格配置 50 俄里（verst），但是，由于河流的长度各不相同，这一想法没有付诸实施。这种刻度最有可能是作为复制时的辅助（这也适用于地图集中的其他河流地图）。

原本尺寸：约 15.5 × 25.7 厘米。来自 Remezov's "Khorograficheskaya chertëzhnaya kniga," p. 135。Houghton Library, Harvard University 许可使用。

主要部分包括 150 张西伯利亚河道网络的地图，绘制在同一规格的纸张上（每张 23 × 17 厘米）。这些地图的比例尺并不统一，但较为著名的西伯利亚西部河流则用最大的比例尺标绘出来。

地图集里有一小批地图是 1684—1689 年托博尔斯克地图、西伯利亚总图、区域地图及其部分的副本。在后者中，有戈杜诺夫地图（1667 年）、列梅佐夫的西伯利亚全图（1687 年）及其哥萨克部落地图（1697 年）。还包括一幅 I. 波洛佐夫（I. Polozov）所绘的伊谢季定居点地图（1695 年）、一幅秋明绘图员 M. F. 斯特列卡洛夫斯基（M. F. Streka Lovskiy）绘制的托博尔斯克和上图里耶县地图（1697 年），[149] 以及秋明、塔拉（Tara）、别廖佐夫、托木斯克（Tomsk）、库兹涅茨克（Kuznetsk）和曼加泽亚的县图。

考虑到列梅佐夫的工作方法，以及他丰富的产出，了解他三个儿子在绘制地图集中所扮演的角色，非常有意义。他们成为列梅佐夫的主要助手，帮助他调查、编绘地图、绘制地图摹本。[150] 古代文献的证据可靠地证明了列昂季·谢苗诺维奇·列梅佐夫（Leontiy Semyonovich

1889

[149] L. A. Goldenberg, "Karty tyumenskogo kartografa Maksima Strekalovskogo v atlasakh S. U. Remezova," *Izvestiya Vsesoyuznogo Geograficheskogo Obshchestva*, vol. 98, no. 1 (1966): 70 – 72.

[150] 列梅佐夫一再强调他们的贡献，例如，他们报告说，《行政图集》是"由谢苗·列梅佐夫和他的诸子共同写就"，或者他是在 1699 年 1 月 30 日，与"我的儿子们一起全力以赴"，于托博尔斯克开始《西伯利亚图录》工作的（"Sluzhebnaya chertëzhnaya kniga," sheet 1; "Chertëzhnaya kniga Sibiri," p. 3; and "Sluzhebnaya chertëzhnaya kniga," sheet 115）。列梅佐夫很早就教导他的儿子们读书，并且发现了他们对"艺术事务"的爱好，于是也开始教导他们绘制地图，给他们各种任务，从摹绘稿本到地图制作。在这位经验丰富的大师带领下，年幼的列昂季、谢苗和伊万快速成长起来，列梅佐夫从未错过任何一个提高他们知识的机会。与他们的父亲一起旅行（与谢苗到莫斯科，与列昂季到昆古尔）和共同制作地图集和一系列其他的一般性著作，这些也达到了相同的目的。除了地图作品之外，列昂季、谢苗和他们的堂兄弟阿法纳西·N. 列梅佐夫（Afanasiy N. Remezov）在不同时期还忙于其他艺术作品。这样，谢苗雕刻了沙德林斯克（Shadrinsk）市的银质城市印章，1713 年，谢苗·乌里扬诺维奇、谢苗·谢苗诺维奇和阿法纳西在"督军府"中用油画颜料绘制了图画。

Remezov）与其父亲合作，参与了父亲很多著作的工作。其中包括《手绘图录》的编绘、为《西伯利亚史》绘制配图，以及对昆古尔（Kungur）县和商业中心托博尔斯克的勘测。[151] 在列昂季的原创作品里，几份绘本地图应该被提及，这些绘本地图是 F. 托尔布津（F. Tolbuzin）所负责的军事勘探工作的成果，以及昆古尔地区伊尔比特河沿岸刻有古代神秘文字的洞穴和岩石的素描画。另一个儿子，伊万·谢苗诺维奇·列梅佐夫绘制了《手绘图录》的大部分摹本。1698 年，在莫斯科，谢苗·谢苗诺维奇和他的父亲一起，摹绘了西伯利亚各县地图。老列梅佐夫与谢苗·谢苗诺维奇一起，草拟了两张西伯利亚总图。列梅佐夫的三个儿子全部参与了他《西伯利亚图录》（1699—1701 年）和《手绘图录》（1702—1730 年）的创作。除了这样一个家庭团队之外，无法搞清楚确切有多少人为列梅佐夫工作。然而，考虑到西伯利亚总图的创作是他的主要任务，那么可以推测，起码需要不少于 20 人的劳动，以便获取基础的县图。

根据 1697 年 9 月 20 日的一则命令，列梅佐夫被指示在画布上绘制两幅大的西伯利亚地图。然而，在那个年代，在托博尔斯克只有过时的材料可以用来绘制地图。而根据 1696 年的命令，新的县图要直接从各行省送到莫斯科的西伯利亚衙门。为了获取更多的最新资料，列梅佐夫带着他的儿子谢苗启程前往莫斯科，经过一段短暂的停留（1698 年 10 月 11 日—11 月 4 日），他们可以绘制大概 30 种地图的摹本。然而，围绕着在莫斯科绘制西伯利亚地图的情况还不清楚，始终存在着许多相互矛盾的观点。然而，从老列梅佐夫的自传笔记和地图上的文本进行判断（图 62. 20），编辑和制图工作是在不同阶段上开展的，并有多种不同的最终产品。列梅佐夫父子开始在画布上绘制了 18 种县图的副本（大约 142 ×213 厘米），用统一的比例尺，而且在同一时间对其内容的准确性进行了补充和检查。然后，他们在亚历山大纸上绘制了一幅合成的地图，在 1698 年 9 月 18 日完成，此地图作为一份工作用副本，他们在其上进行修订。[152] 到 11 月 8 日，他们在画布上完成了两幅进一步的总图，然后在抛光的棉布上绘制了一个版本（大约 427 ×284 厘米）。[153] 尽管根据某些权威人士描述，抛光的棉布版本已经亡佚，而且巴格罗夫怀疑之前已经有人制作过了。[154]

然而，在这些确定完成的作品中，送到彼得一世手中的地图，使列梅佐夫得到了皇室的接见、绒面呢和五卢布的奖赏。直到 1907 年，绘制在白色棉布上的另一幅地图（大约 284 ×213 厘米）才在叶卡捷琳戈夫宫展示出来，然后在埃尔米塔什博物馆。[155] 我们可以从两幅

---

[151] V. N. Alekseyev, "Risunki 'Istorii Sibirskoy' S. U. Remezova (problemy atributsii)," in *Drevnerusskoye iskusstvo: Rukopisnaya kniga*, collection 2 (Moscow: Iskusstvo, 1974), 175 - 196.

[152] "亚历山大纸"指的是 17 世纪和 18 世纪用于绘制地图的纸张。一幅大的亚历山大纸的尺寸是 73 ×52 厘米（有 3 厘米的出入），小型的纸则相当于大型纸张的一半到 1/4。

[153] 列梅佐夫家族用亚历山大纸绘制的 1698 年全西伯利亚地图以缩减版的形式，保存在地图集中，收入"西伯利亚图录"（sheet 21）和"行政图集"（sheet 37v）。在白色棉布（kitayka）上，为西伯利亚办公室绘制了一幅"模型"地图，这幅地图至今仍保存在 Hermitage Collection 中。一幅献给彼得一世的画布（或"抛光的印花布"）上的地图没有保存下来。

[154] Bagrow, "Semyon Remezov," 116.

[155] A. V. Grigor'yev, "Podlinnaya karta Sibiri XVII v. (raboty Semëna Remezova)," *Zhurnal Ministerstva Narodnogo Prosveshcheniya* 2 (1907): 374 - 381; G. Cahen, "Les cartes de la Sibéria au XVIIe siecle," *Essai de Bibliographie Critique* (1911): 106 - 113; and Baddeley, Russia, *Mongolia*, *China*, clvii-clviii.

图 62.20　谢苗·乌里扬诺维奇·列梅佐夫：《西伯利亚城市与土地总图》及对其 1698 年关于莫斯科的地图作品进展的叙述

在其描述中，除了与在莫斯科绘制地图工作过程相关内容之外，列梅佐夫还引用了从托博尔斯克到中国、里海和太平洋的各个方向的距离测量结果。地物之间的陆地路线用旅程的天数和星期数来表示。沿着河流的定居点之间用俄里给出距离。也引用了与 1687 年柳比姆·扎伊采夫（Lyubim Zaytsev）和鲍里斯·切尔尼岑（Boris Chernitsyn）指导的在西伯利亚西部进行的测量有关的信息。这些文字已经出版。

原图尺寸：约 46×34 厘米。来自 Remezov's "Chertëzhnaya kniga Sibiri," sheet 23。由 RGB（Manuscript Division，stock 256，no. 346）提供照片。

巴格罗夫制作于 17 世纪末的摹绘副本——俄文本（图 62.21）和德文本、[156] 以及一幅由列梅佐夫（1700 年）根据《手绘图录》第 21 幅，在画布上略微修整和缩减而成的西伯利亚总图，得到这些总图的印象。

《西伯利亚图录》

列梅佐夫的技能在莫斯科受到极高的评价。根据皇家法令和威尼乌斯于 1698 年 11 月 18 日的命令，列梅佐夫再次受命在托博尔斯克绘制西伯利亚县图和总图。这些都是根据那些已经汇集到西伯利亚的区域地图，以及一幅根据第一手信息绘制的俄罗斯欧洲部分北部的新地

---

[156] Bagrow, "Semyon Remezov," 118 and 124 – 125.

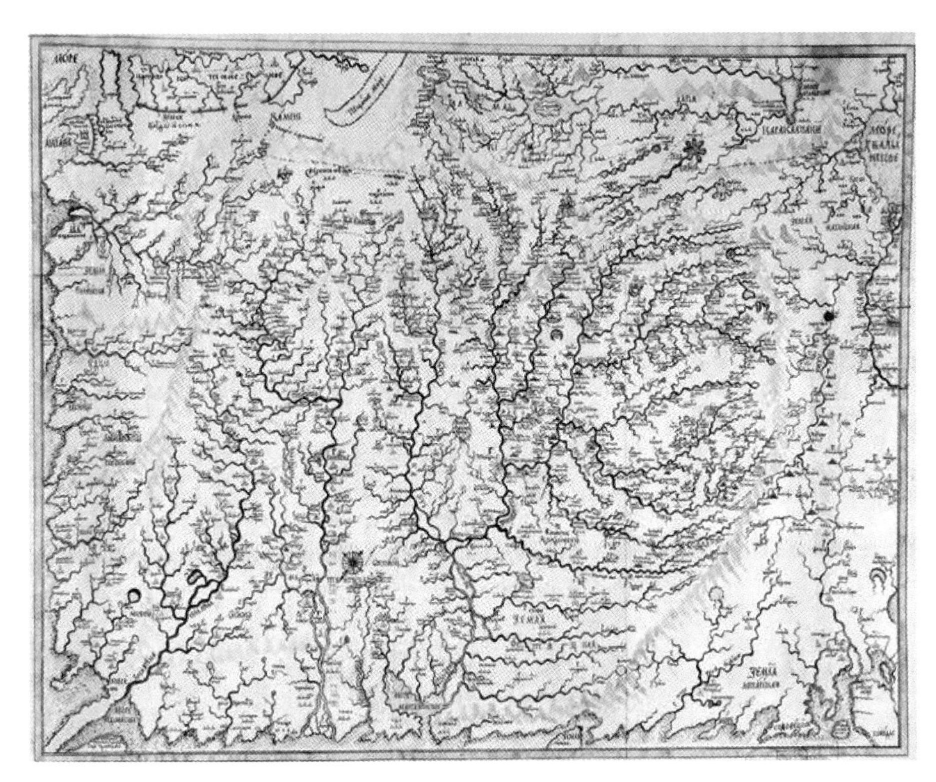

图62.21　谢苗·乌里扬诺维奇·列梅佐夫：《西伯利亚城市与土地总图》，1699年

这一副本与《西伯利亚图录》中的第43v—44幅很类似。此图以东南为上方，附有罗盘玫瑰。

原图尺寸：46×58厘米。Houghton Library，Harvard University（L. S. Bagrow Collection）许可使用。

图。于是诞生了一个新的地图集的理念，命名为《西伯利亚图录》，由列梅佐夫和他的儿子们于1699年1月30日创建。到1701年1月1日，已经完成了一个粗略的版本。到1701年11月10日，其成品的形式已经出现，包括23幅地图（图62.22和图62.23）。[157]　1890

---

[157] 《西伯利亚图录》包括17个“陆地”县：塔拉、秋明、图林斯克、维尔霍图里耶（Verkhoturye）、佩雷姆（Pelym）、别廖佐夫（Berezov）、苏尔古特（Surgut）、纳雷姆（Narym）、托木斯克（Tomsk）、库兹涅茨克（Kuznetsk）、图鲁汉斯克（Turukhansk）、叶尼塞斯克（Yeniseysk）、克拉斯诺亚尔斯克（Krasnoyarsk）、伊利姆斯克（Ilimsk）、雅库茨克（Yakutsk）、伊尔库茨克（Irkutsk）以及涅尔琴斯克（Nerchinsk，即尼布楚）。这些地图表现了缩减的莫斯科副本，这些副本是从画布上的原本在纸上复制而成的，并从各省递送到莫斯科的西伯利亚衙门。缩减工作通常要借助比例圆规或正方形（矩形）来进行。画布上的原始县（uyezd）图均未保存下来。关于17世纪西伯利亚地理、人种和历史的主要诸多区域研究的主要资料来源是区域地图。例如，请参阅I. I. Serebrennikov，*Irkutskaya guberniya v izobrazhenii* “*Chertëzhnoy knigi Sibiri*” *S. U. Remezova*（Irkutsk，1913）。在《西伯利亚图录》中还可以找到一幅托博尔斯克地图（1701年1月1日），以及一幅托博尔斯克各县或“西伯利亚一部分”地图（1697年9月18日）除了这两幅地图之外，列梅佐夫绘制的其他四幅地图也出现在地图集中，修订后的“Chertëzh zemli vsey bezvodnoy i maloprokhodnoy kamennoy stepi”和翻新后的总图“Chertë vsekh sibirskikh gorodov i zemel'”，1974年，对其进行了详细的描述；请参阅Mikami Masatoshi，“Remezofu no ‘Shiberia chizuchō（1701－nen）’ no dai－21－zu，” *Shien* 111（1974）：199－239。Cahen，“Cartes de la Sibéria”中将这一图幅与“Ekaterinhof”地图进行了详细的比较。另外两幅是“Chertëzh vnov' Velikopermskiye i Pomor' ye Pecherskiye i Dvinskiye strany do solovetskiye prolivy so okrestnymi zhilishchi”原本和1673年西伯利亚民族志地图的更新版本（1700年）；请参阅Mikami Masatoshi，“Remezofu no ‘Shiberia chizuchō，1701－nen’ no minzokushi chizu，” *Rekishigaku*，*Chirigaku Nenpō* 2（1978）：5－20。地图集中的所有地图都绘制在73×52厘米的完整尺寸图纸上。

图 62.22 谢苗·乌里扬诺维奇·列梅佐夫：引介文章的标题、目录和简目

列梅佐夫指出了其地图集的价值。其中包括 23 幅地图（但没有描述），它使得人看到西伯利亚全境，“像在镜子里一样”。在目录中，他列举出了所有地图的标题。而简目则提供了缩写的列表。

原图尺寸：47.5×35.2 厘米。摘自 Remezov's “Chertëzhnaya kniga Sibiri,” sheet 1v。由 RGB（Manuscript Division，stock 256，no. 346）提供照片。

这部地图集尽管最初是俄文的，但有与众不同的外观，因为在几乎所有地图上，俄文地理名称和荷兰文注记文字并存。显然，这部地图集是出版商 J. A. 特辛（J. A. Tessing）的继承者用两种文字在阿姆斯特丹出版的，特辛曾获得过彼得一世授予的“特权”。巴格罗夫确信威尼乌斯和列梅佐夫达成了一个协议，《西伯利亚图录》很可能被送到国外，没有抵达莫斯科。[158] 然而，档案表明不但列梅佐夫和雅库茨克公务员 I. 索斯宁（I. Sosnin）一起于 1701 年 11 月 10 日把《西伯利亚图录》送到了莫斯科，而且绘图员 I. 马特维耶夫（I. Matveyev）在西伯利亚衙门也制作了这部列梅佐夫的地图集中的四幅地图的副本。此外，从 1702—1703 年的这些记录显示，1702 年 6 月 1 日，装订商 V. 叶罗费耶夫（V. Yerofeyev）收到了《西伯利亚图录》的装订费 50 戈比。[159]

另一个错误的想法是认为现存的《西伯利亚图录》版本不是最初版本，而是一套根据

---

[158] Bagrow, “Semyon Remezov,” 120 and 125; Remezov, *Atlas of Siberia*, introduction, 14 – 15; and Bagrow, *Russian Cartography*, 42.

[159] RGB, Manuscript Division, V. M. Undolskiy Collection, no. 848, sheet 303; RGADA, stock 214, book 1350, sheet 7v, 198v – 199; N. N. Ogloblin, “ ‘Chertëshchik’ Ivan Matveyev,” *Bibliograf*, 1892, no. 1, 13.

图62.23　谢苗·乌里扬诺维奇·列梅佐夫:《干涸的、渺无人烟的石草原地形图》

地图的右半幅。丘陵和山脉着以黄色。原本的绘在画布上的1697年壁挂地图现在已经亡佚。这是一幅新的副本，由作者对其进行了删减并重新绘制。地图描绘了西伯利亚南部的疆域，以及哈萨克斯坦和中亚的相邻地区。精心表现了山脉（kameny），根据当时流行的观点，所有的西伯利亚河流都有其源头。此图的编绘是基于通过调查而获得的数据和使用根据《手绘图录》而来的草图（第112、113、99、100页）。这份草图换了不同的名字，进行了无关紧要的修改，被保存在《手绘图录》伊万·谢苗诺维奇·列梅佐夫制作的一份副本中（请参阅图62.25）。

原图尺寸：约44×31.2厘米。摘自Remezov's "Chertëzhnaya kniga Sibiri," sheet 42。由RGB（Manuscript Division，stock 256，no. 346）提供照片。

威尼乌斯的指示在莫斯科制作的地图副本，为出版做准备。[160] 然而，列梅佐夫第一部地图集《手绘图录》的1958年摹绘版本证实了其《西伯利亚图录》的原创性。[161] 对比这两部地图集

---

[160] Fel'，*Kartografiya Rossii*，129－130.

[161] 关于对"西伯利亚图录"可靠性的详细阐释，请参阅下列著作中独立得出的结论：Goldenberg，*Semën Ul'yanovich Remezov*，92－99，以及Boris P. Polevoy，"O podlinnike 'Chertëzhnoy knigi Sibiri' S. U. Remezova 1701 g：Oproverzheniye versii o 'rumyantsevskoy kopii,'" *Doklady Instituta Geografii Sibiri i Dal'nego Vostoka*，issue 7（1964）：65－71。令人吃惊的是，在1975年，Henry Castner仍继续发表对列梅佐夫作品的过时看法，请参阅Bagrow，*Russian Cartography*。

中的导言文章、目录、前言和地图的笔体，可以确认它们是列梅佐夫或其儿子们的作品 1891 (图 62.24)。[162]

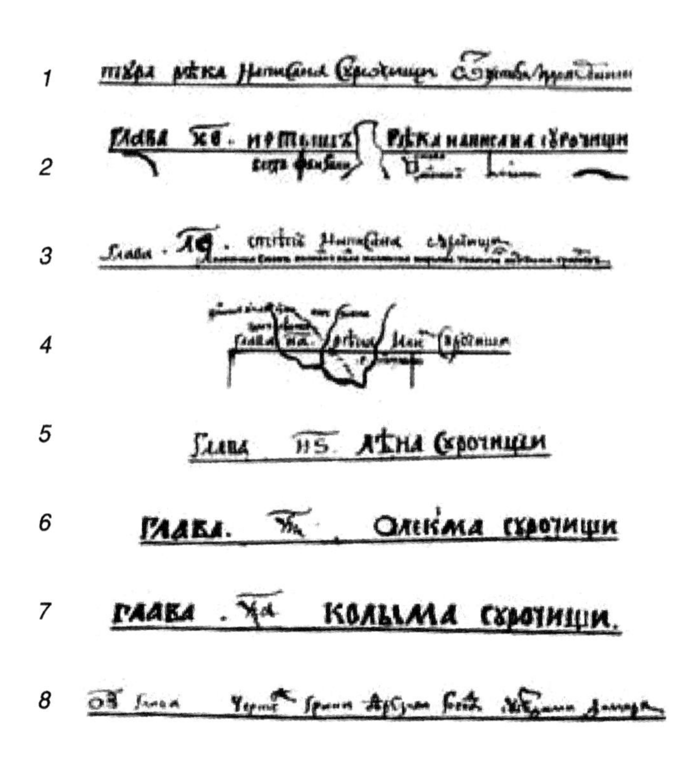

图 62.24 谢苗·乌里扬诺维奇·列梅佐夫：地理地图标题范例，1697 年

(1) 绘出图拉河 (Tura) 与从河口到陆岬的地理特征 (urochishcha)；(2) 第 29 章：绘出额尔齐斯河 (Irtysh) 及地理特征；(3) 第 32 章：绘出草原及地理特征；(4) 第 51 章：伊利姆河 (Ilim) 及地理特征；(5) 第 56 章：勒拿河 (Lena) 及地理特征；(6) 第 60 章：奥廖克马河 (Olekma) 及地理特征；(7) 第 61 章：科雷马河 (Kolyma) 及地理特征；(8) 第 77 章：别廖佐夫 (Berezov) 城市边界及一直到大海的各县地图 (列昂季·谢苗诺维奇·列梅佐夫的笔迹)。

摘自 Remezov's "Khorograficheskaya chertëzhnaya kniga," pp. 47, 67, 100, 144, 153, 159, 160, 167。By permission of Houghton Library, Harvard University 许可使用。

"行政图集"

经过许多年的工作，列梅诺夫父子制作了大量的地图、平面图、图纸和描述的各种类型的原本与副本。将此个人的档案文献组织起来的很自然的倾向，使得老列梅佐夫产生一个想法，制作一个统一的收藏，把个人和官方的资料组合起来。这一安排很自然地推进下去。在"行政图集"的开头，除了导言文章和一份详细的目录，还有关于地图绘制方法的参考部分 1892 (关于比例尺、罗盘方向和地图符号)，与《手绘图录》中的相应部分非常相似。接下来是地图、平面图和关于托博尔斯克市的文字资料，然后是西伯利亚全境及其各部分。在末尾，出现了堪察加及其毗连地区的偏远区域的地图。

---

[162] L. A. Goldenberg, "K voprosu o kartograficheskom istochnikovedenii," in *Istoricheskaya geografiya Rossii XII-nachala XX v.* (Moscow, 1975), 217 – 233, esp. 222 – 223.

新地图集的编绘工作是由列梅佐夫开始的，大概是在1702年，在《西伯利亚图录》完成之后。46幅手绘的副本中，有28幅是由伊万·谢苗诺维奇·列梅佐夫在水印纸上制作的，这种纸他是在1703—1704年间摹绘第一批地图时使用的。《行政图集》现存的副本是18世纪10年代早期到中期制作的。地图集中的最后一幅图是1730年绘制的。因此，《行政图集》的年代是从1702—1730年间。尽管这部地图集完成于18世纪，它依然清晰地反映了俄罗斯地图学的前彼得时代，带有列梅佐夫的17世纪西伯利亚地图绘制的特征。

1893

在《行政图集》的地图作品中，有一个主要的部分，包括列梅佐夫地图的授权副本（图62.25），以及他的儿子们——列昂季、谢苗和伊万的地图。[163] 没有保存下来的原始版本，于17世纪80年代编成，就像俄罗斯和外国地图的副本一样，从赫伯施坦地图、奥特柳斯的《大鞑靼地区志》、戈杜诺夫地图等开始。按照其范围，这些地图可以分为几组：4幅托博尔斯克城市地图、2幅周边地区地图、1幅昆古尔城市地图（1703年）；[164] 6幅关于各种行程和勘测而编纂的地图（1700—1710年）；9幅西伯利亚全境和东南亚的小比例尺地图，以及4幅堪察加地图；一套地图，由20幅县图，包括“沿海地区集镇”（1699—1700年）和昆古尔县（1703年），还有两种“图绘雅库茨克市”。

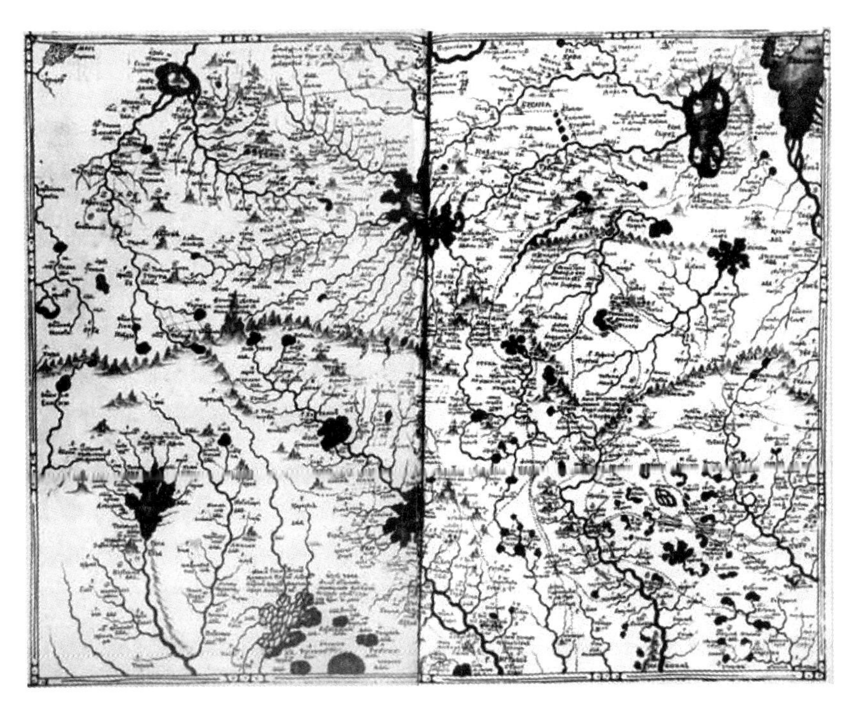

图62.25　“石头河地图”（Chertëzh Vsekh S Kameni Potokirek），**伊万·谢苗诺维奇·列梅佐夫制作的副本**

是图62.23经过一些修改后的版本。

原图尺寸：27.8×36.2厘米。来自Remezov's “Sluzhebnaya chertëzhnaya kniga,” sheets 51v－52。由RNB（Manuscript Division，Hermitage Collection，no. 237）提供照片。

---

[163] 此外，它还包括自传性材料和对列梅佐夫的地理观念及其艺术和宗教思想的叙述。

[164] 1703年夏天，列梅佐夫和他的儿子列昂季对昆古尔城市及其各县进行了测量，并绘制了地图。请参阅A. A. Preobrazhenskiy，“Remezovskiy chertëzh goroda Kungura（istochniko-vedcheskaya harakteristika），” in *Istoricheskaya geografiya Rossii XVIIIv.*，pt. 2（Moscow，1981），114－126。

特别有趣的是那些相对于《行政图集》非常独特的地图。它们包括昆古尔地图（1703年）和堪察加地图（1702—1714年）以及威尼乌斯的西伯利亚地图。根据地图集的目录判断，有15幅地图已经散佚，而《行政图集》仍有待时日。然而，通过对列梅佐夫三部地图集的校对，可以鉴定13种散佚的地图，可以通过《手绘图录》和《西伯利亚图录》以及其他来源对其进行重建。在散佚的地图中，有一幅1704年的地图，添加到埃韦尔特·伊斯布兰特·伊杰斯（Evert Ysbrants Ides）行程的荷兰文版本、可能由维岑绘制的一幅西伯利亚的外国地图和一幅1703年的昆古尔洞穴地图，以及在德意志学者丹尼尔·戈特利布·梅塞施密特（Daniel Gottlieb Messerschmidt）的论文中发现的这些地图的副本。

在绘制其地图过程中，除了印本和绘本的地理和历史之外，列梅佐夫使用了至少四组来源。这些组的来源是地理描述、统计数据、以及距离测量；通过直接查询获得的信息；列梅佐夫自己的勘测和对托博尔斯克、西西伯利亚和乌拉尔地区的描述；以及西伯利亚的局部地图、区域地图和总图。要获得偏远和未了解的地区的信息，列梅佐夫寻找“有经验的人”的帮助。[165] 因此，在编绘草原和南部地区地图的同时，他获得了来自卡尔梅克大使沙雷什（Sharysh）、俄罗斯大使F. 斯基宾（F. Skibin），以及超过20位曾在1692—1696年间造访过哥萨克部落的人士的声明。这些名字有时会在地图上提到［“A. 内普里帕索夫（A. Nepripasov）去部落的路”、“V. 舒利金（V. Shulgin）于1693年死去之地”等］。在为一幅俄罗斯北部地区地图收集资料时，列梅佐夫也咨询了很多人，包括12位滨海地区的当地人，而且他的昆古尔提供信息者的名字也为世人所知。几乎没有一个与西伯利亚的地图绘制和地理情况有关的重要事件能逃脱他的注意。他对于俄罗斯地理发现的进展极为熟悉。伊万·佩特林（Ivan Petlin）和伊杰斯（Ides）的旅行，巴依科夫和斯帕法里的出使，杰日涅夫和M. 穆霍普列夫的航程，以及D. 波塔波夫（D. Potapov）、弗拉基米尔·瓦西列维奇·阿特拉索夫（Vladimir Vasil’evich Atlasov），以及伊万·彼得罗维奇·科济列夫斯基（Ivan Petrovich Kozyrevskiy）的行程都综合在他的著作中。值得注意的是，他的基本数据收集方法是超前的，半个世纪以后，俄罗斯的塔季谢夫（Tatishchev）、基里洛夫（Kirilov）和穆勒（Müller）等学者进行了类似的工作。

1894

列梅佐夫采用的地图绘制技术只是部分地预示了后来18世纪俄罗斯的实践。列梅佐夫的地图上通常并没有线形的比例尺；而是采用传统的文字描述来进行测量。同样地，并没有一个单一的方向，这是俄罗斯地图绘制的一个特征，很清楚地表现在列梅佐夫地图集中。各幅地图的方向并不一致，没有一个统一的模式，反映出这是出于不同作者之手的作品。

从列梅佐夫处理由西伯利亚集镇中的不知名外省地图绘制者所提供的县图的方式中，可以看出在绘制地图集的过程中所使用的一种很好的地图绘制原理和技术。[166] 在简化的形式

---

[165] Remezov, *Atlas of Siberia*, introduction, 14 – 15.

[166] 列梅佐夫亲自编制的地图，很多原件已经亡佚，并没有以原本形式传到我们手中。幸运的是，他的儿子们以授权副本和副本的形式将它们保存在《行政图集》中。有直接证据表明，列梅佐夫对托博尔斯克城市、托博尔斯克县和整个西西伯利亚地区，以及乌拉尔地区都进行了调查和测量。他亲手绘制了1684—1689年和1701—1709年的托博尔斯克的所有平面图、1701年《西伯利亚图录》中的6幅主要地图，他还认真地订正和补充了17幅县图。除了少数例外之外，他编绘了水文地图集——“手绘图录”中的所有地图。列梅佐夫还编绘了1687年、1698年和1700年的西伯利亚总图，堪察加地图，昆古尔城市平面图和描述，昆古尔县地图，关于调查的书面报告，以及托博尔斯克县的地形描述。经过粗略计算，他绘制了大约160幅地图和平面图，包括17幅画布（“brocade”）上的地图。关于所有列梅佐夫地图集内容的逐页描述，请参阅Goldenberg, *Semën Ul’ yanovich Remezov*, 238 – 251。

中，他们组成了“西伯利亚图录”的一大部分（23张地图中的8张），而且包括在《手绘图录》（6幅地图）和《行政图集》（20幅地图）中。此外，它们是1698—1700年西伯利亚总图的主要来源。列梅佐夫似乎已经直观地理解了地图概括的原则。的确，在他的总图上，我们可以偶尔发现彼此矛盾的地图绘制资源的任意捏造，而且毗邻的各县的边界只能大概拼合起来。但对其中一幅县图（1697年绘制于托博尔斯克）进行详细分析——此图与来自它的其他地图相关，可以重建一个概括的两步过程。列梅佐夫从托博尔河的一幅地图原本开始，继续到托博尔斯克县的小比例尺地图，然后把它合并为西伯利亚总图的一部分。这是俄罗斯地图学史上的第一次，我们可以探查为绘制地图而对一系列地理数据进行概括的过程。这一过程不仅仅是由一对罗盘辅助的详细地图的简单缩减，而是一种有意识的概括化，在县图和西伯利亚总图上都没有一系列的次要细节，证实了这一点。它也通过以一种概括化的方式表现地区特征（比如曲流）的努力来证实这一点。

1895

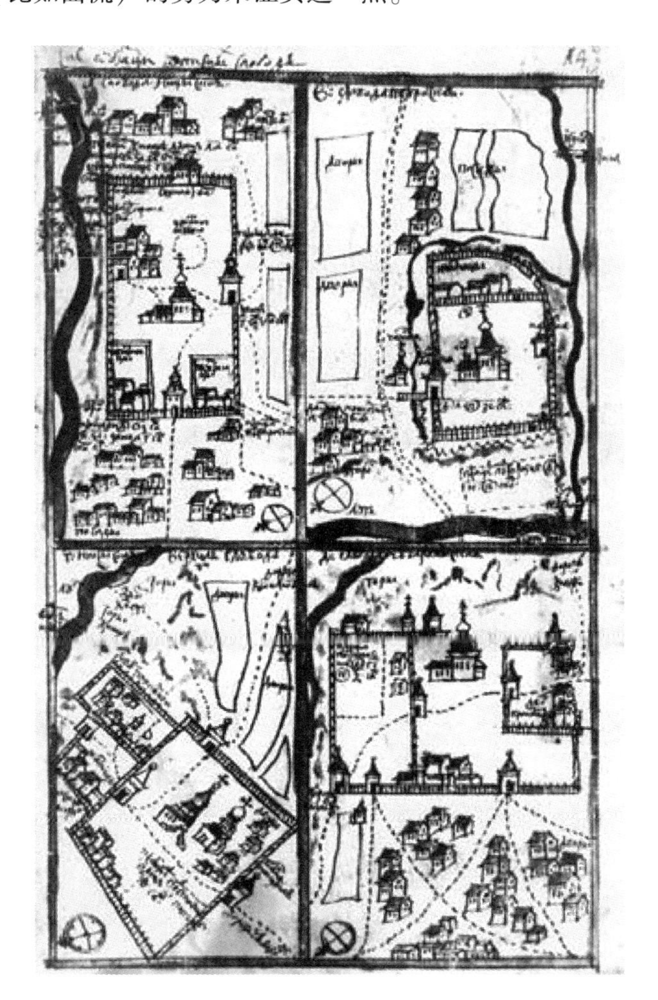

图62.26　托博尔斯克县定居点地图的示例，1704年

列梅佐夫的标题是：“这些是经过调查的定居点的例子：（1）尼钦斯克（Nitsynsk）定居点；（2）图林斯克（Turinsk）定居点；（3）上尼钦斯克定居点；（4）丘巴罗夫斯克（Chubarovsk）定居点。

原图尺寸：27.5×16.4厘米。摘自 From Remezov's “Sluzhebnaya chertëzhnaya kniga,” sheet 143。由 RNB（Manuscript Division，Hermitage Collection，no. 237）提供照片。

15 幅托博尔斯克定居点的教学地图也很有趣，这些地图收入《行政图集》中。[167] 列梅佐夫完成田野调查后，立即把这些地图组合起来。在这些为当地测量师所设计的地图绘制模型中，列梅佐夫还增加了一个调查报告的范例、一个教学地形描述[168]以及通过调查收集信息的范例。

列梅佐夫地图集中的地图表示法

《手绘图录》中收集的原始基本资料和西伯利亚的总图以及《行政图集》和《西伯利亚图录》中的西伯利亚的不同地区，提供了西伯利亚的一个令人惊讶的完整的地图、历史、地理和民族志的图景。这些地图准确而彻底地表现了稠密的河道网络、数量众多的定居点的位置，以及乡村的主要特征。主要河流（叶尼塞河、勒拿河、鄂毕河等等）从源头到河口的细节被表现出来，它们的支流和定居点也是如此。沼泽地区没有被列出，只有通过它们的铭文得以区分（开放的、不稳定的、冻土）。湖泊的轮廓也不是非常准确，但给出了其中一些的比例尺（图 62.27、62.28、62.29）。[169]

1896

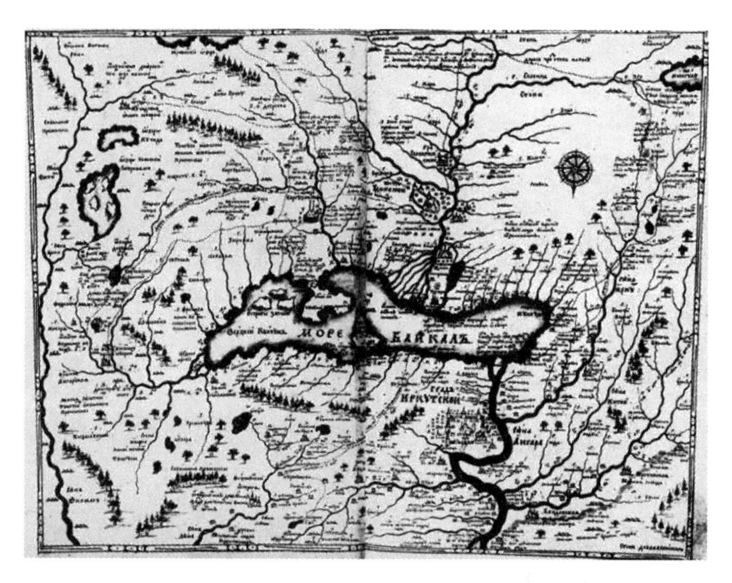

图 62.27　《伊尔库茨克城市土地地图》，由伊万·谢苗诺维奇·列梅佐夫制作副本

根据 1696 年 1 月 10 日的命令，从 1697－1699 年，在当地（西伯利亚的 18 个县治）完成的各县的地图汇集到西伯利亚衙门。1697 年年中，一幅缝制“在皮革上”的帆布地图从伊尔库茨克送到莫斯科，此图现在已亡佚。1698 年，列梅佐夫和他的儿子谢苗所重新制作的一幅地图以伊万·谢苗诺维奇·列梅佐夫所制作的副本的形式保存下来。第二份同名、内容类似，但尺寸更大（44.5×62.5 厘米）的地图被收入《西伯利亚图录》（第 37v－38 幅）。

原图尺寸：27.3×35.8 厘米。摘自 Remezov's “Sluzhebnaya chertëzhnaya kniga,” sheets 91v－92。由 RNB（Manuscript Division，Hermitage Collection，no. 237）提供照片。

---

[167] “Sluzhebnaya chertëzhnaya kniga,” sheets 143－145.

[168] “Khorograficheskaya chertëzhnaya kniga,” sheets 10－14v. 该模本采用文字和插图的形式，详细阐明了对于如下信息的收集：主要河流、其总体方向、拐弯、支流的汇入和角度、支流河口之间的距离、支流的长度及其流路的方向、水的颜色、河流的深度和宽度、曲流、水池、旧河床、浅滩、渡口、摆渡和磨坊；对河流两侧的河岸、湖泊、沼泽、山脉、沙滩、港口、陡峭河岸、草地、干草原、秣草地、森林和草原的描述；所有大型和小型的定居点（城镇、要塞、修道院、村落、拥有教堂的村庄、没有教堂的村庄）、西伯利亚民族的住所和游牧营地、定居点之间的距离、县的边界和从经济适宜性（用于耕种和居住）角度来看的土地价值。

[169] 为了补偿图纸上比例尺的不同，通常要在此类地图上标明定居点之间的距离、河流的长度、湖泊的大小等数字。

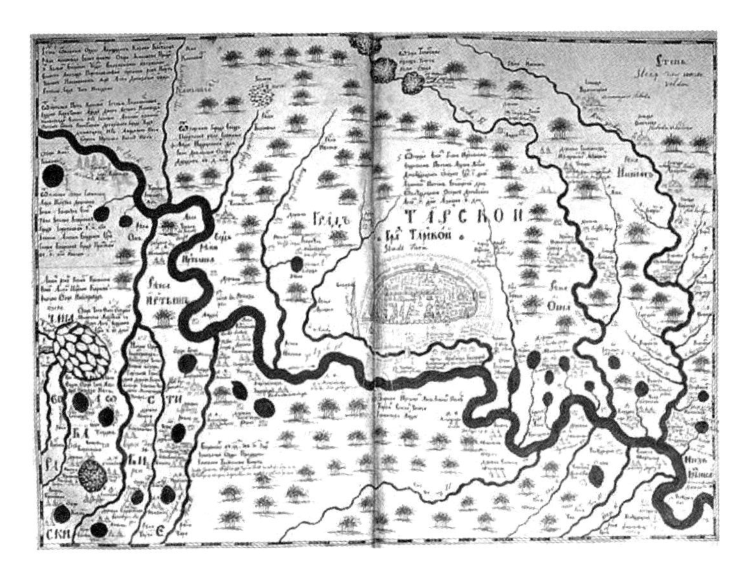

图 62.28　《塔斯克城市土地地图》，摘自《西伯利亚图录》

是塔斯克县（Tarsk uyezd）草图的副本，于1698年由列梅佐夫和他的儿子们重新制作。帆布上的原本已经亡佚。一幅更早缩编的副本被收入“Khorograficheskaya chertëzhnaya kniga”中（sheet 166v），一份更晚的副本收入“Sluzhebnaya chertëzhnaya kniga”（figure 62.29）。

原图尺寸：44×62.8厘米。由RGB提供照片（Manuscript Division，stock 256，no. 346，sheets 7v－8）。

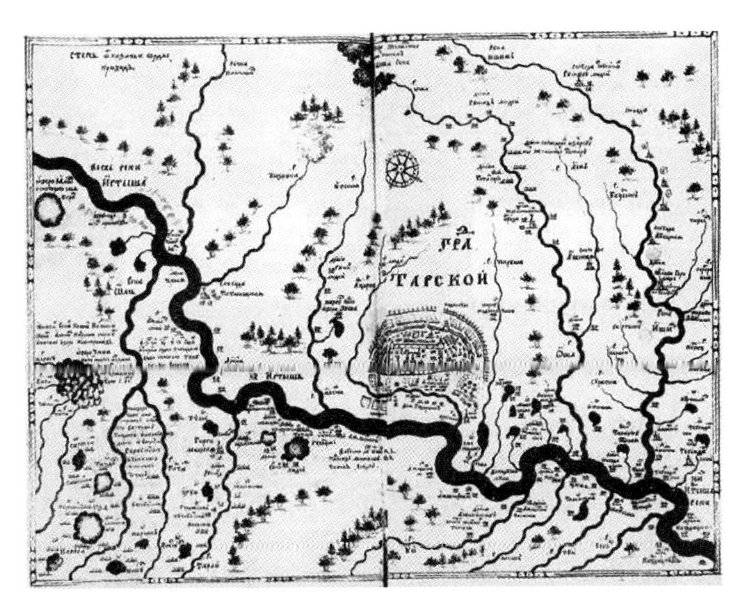

图 62.29　《塔斯克城市土地地图》，摘自《行政图集》

原图尺寸：27×36厘米。由RNB（Manuscript Division，Hermitage Collection，no. 237，sheets 57v－58）提供照片。

地图集中所使用的符号和17世纪俄罗斯地图学中普遍使用的符号非常相似。它们可能是艺术表现形式，表现出诸如冰川、“未知的浆果”、“骨头”、“火焰”、“石头人”（偶像、雕像或类似之物），有时也会出现象形文字（图62.30）。这些地图的一个显著特征是广泛应用缩写。在很多情况下，只会给出相关地理特征的首字母，有时与地图符号相结合，但通常只会令人困惑。事实证明，缩写的系统非常不灵活。很难区分同一字母所指代的不同特

1897

征——M 指代 most（桥梁）和 melnitsa（磨坊），K 指代 kolodets（井）和 kurgany（坟冢）——没有补充说明或者可识别的图形标志。地图集中的缩写列表中包括有 98 种名称，按字母顺序编排，从 Б（B）到 Я（YA）。它们只是部分成功的尝试，以适应西伯利亚勘测活动中大量增加的信息。

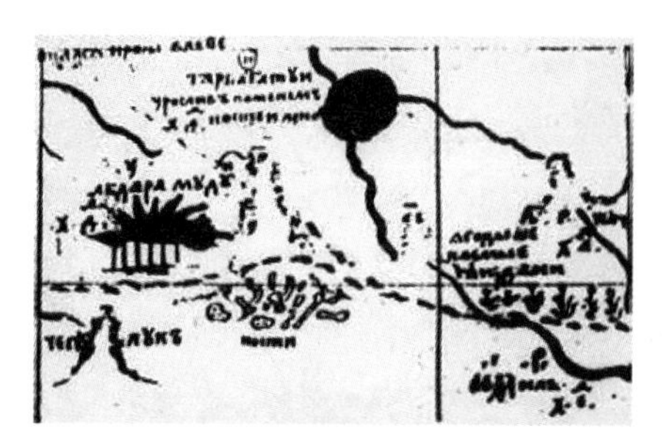

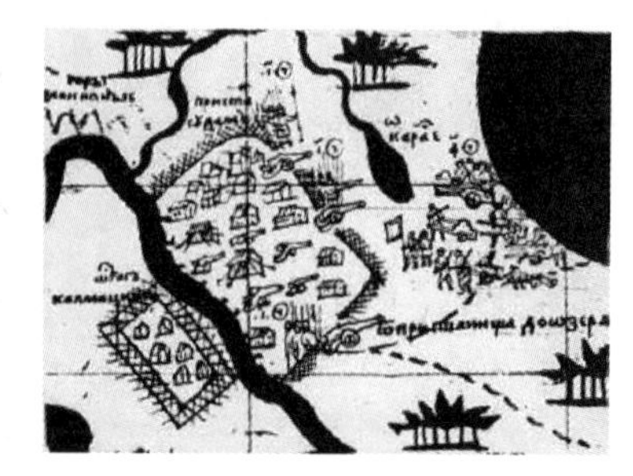

图 62.30　谢苗·乌里扬诺维奇·列梅佐夫地理图上的艺术细部。

在左侧，是“骨头”和“未知的浆果”；在右侧，是卡尔马茨克（Kalmatsk）要塞的码头及在亚梅什（Yamysh）湖上装盐。

摘自 Remezov's “Khorograficheskaya chertёzhnaya kniga,” pp. 97 – 98。Houghton Library，Harvard University 许可使用。

地图集中的地图还显示了不同地区的特殊之处：草原、荒原、沙漠和冻土地带。为了解决这一问题，列梅佐夫父子用黄色进行填涂：山脉或不同的山峰有时用形状不确定的宽笔描绘，有时用透视或半透视的轮廓来描绘一系列的岩石或山峰。山系在一定程度上显示得很详细，但是山脊的方向和许多高地区域的位置并不十分准确，反映了实地调查的不够充分。因此，发现他们地图集中不同地图描绘的变化，就不足为奇了。[170] 森林用单独（或一组）的树的符号进行描绘，类似于现代落叶林的表现方法，使用各种各样的指示。但是因为森林的轮廓没有被表现出来，林木地区的分布是任意安排的。区域性的动物群用诸如野马、北极狐、臭鼬等动物的图像以及相配合的注文表现。

1899

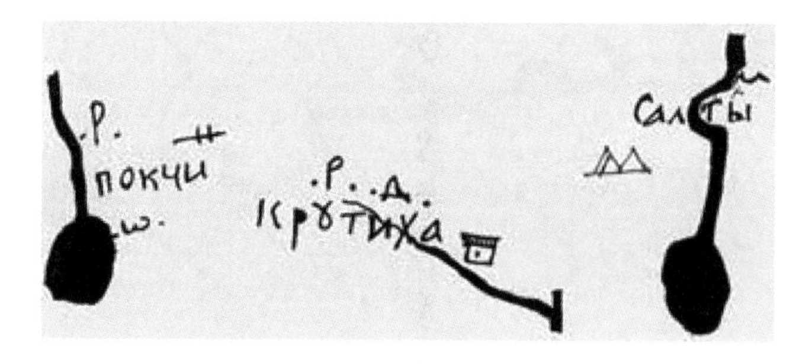

图 62.31　符号、缩写和注记组合的范例，1701 年

在左侧，是波克钦（Pokchin）河和波克钦湖；在中央，是克鲁季哈河（Krutikha）和同名的村庄；在右侧，是一些与地理实体（湖泊、帐篷、河流）没有直接联系的地名。

摘自 Remezov's “Chertёzhnaya kniga Sibiri,” sheets 5v – 6 and 13v – 14。由 RGB（Manuscript Division，stock 256，no. 346）提供照片。

---

[170] Yevgeniy V. Yastrebov，“Ural'skiye gory v ‘Chertёzhnoy knige Sibiri’ Semёna Remezova,” *Voprosy Istorii Yestestvoznaniya i Tekhniki* 1，no. 38（1972）：44 – 49.

此外，列梅佐夫父子还非常关注于表现新拓展的殖民地的经济潜力。主要的冬季和夏季陆上交通路线，以及水陆联运路线，都用虚线进行表示。所有的区域性地图和总图都有充分的注解，这些注解包括下列宝贵数据：关于沿河流和交通道路的距离、定居点之间的距离以及其他的地理特征等。其他经济信息包括当地居民的贸易、矿藏资源及其开采的数据（半宝石、铜、硫黄、云母、铅、盐和石油）。同样，他们也特别关注于表现农业殖民的结果，潜在的土地利用——可耕地、干草田、草地——也表现得非常清楚。

最后，列梅佐夫父子还指出了地图的殖民功能，为历史—民族志的主题辟出了一个显要的地位。地图显示了俄罗斯和土著居民的定居模式、人口数量和移民、西伯利亚游牧人群的种族构成和位置，以及税收、历史地点和考古发现的数据。而且，在很多地图上也能找到对西伯利亚各县的城镇、要塞和修道院的表现。这些定居点的木制防御设施在图上用三种方式表示：围篱或栅栏组成的障碍、有塔楼的封闭木墙，或者用许多塔楼加固的围篱组成的栅栏。对城镇的系统描绘，以及被概括显示的要塞和修道院，绘出了殖民地定居点的形式及其各自特征（图62.32）。[171] 然而，领土的体系并没有牢固建立起来。地图（除民族志地图）之外，没有使用边界、政治—行政区划或者定居点区域的标志。这些被详细的文字注解所代替，使得将政治界线等同于河流、山脉等自然屏障成为可能。

图62.32　佩雷姆（Pelym）县地图上的佩雷姆城市平面图

在平面图上，表现了两种木头制作的防御结构：用白色墙壁来表示“木头”墙垣（右下角），用圆点和短线来描绘士兵；木栅（或栅栏）则显示为交叉阴影/阴影（左下角）。

摘自 Remezov's “Chertëzhnaya kniga Sibiri,” sheet 16。由 RGB（Manuscript Division，stock 256，no. 346）提供照片。

[171] L. A. Goldenberg, “The Atlases of Siberia by S. U. Remezov as a Source for Old Russian Urban History,” *Imago Mundi* 25（1971）：39－46.

在某种程度上，地图集的风格反映了其所包含的材料的价值。图像装饰的节俭使用和不必要的装饰品的缺乏，显示出列梅佐夫绘制地图方法的学术性。在另一个层面上，《西伯利亚图录》和《手绘图录》的黑白版本没有对保存完好的彩色绘本原稿进行校对。它们用装饰性的注文和朱红色的标题字母，在介绍文章和赠言上用俄罗斯巴洛克式的绘画装饰（图62.33），文字上的头饰、用装饰性的书法书写的地图描述，以及关于地理特征的清晰的半安色尔字体的注文进行装饰。列梅佐夫父子还通过书法在技术上达到了很高级别的完美境界。仅仅是《手绘图录》的地图就包含了5679个地名，包括2000个以上的水文名称。《官方图录》中地图上的很多地名非常清楚可辨识，尽管其尺寸小于1毫米。[172]

1900

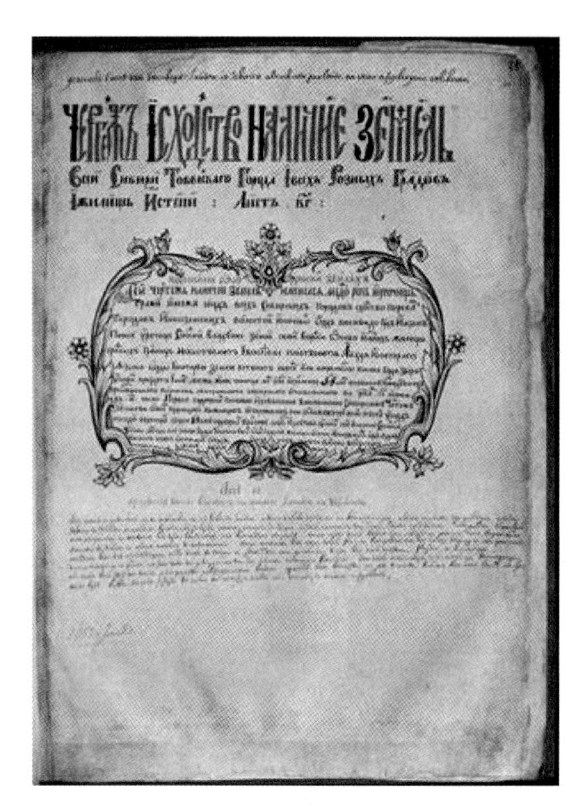

图62.33 西伯利亚民族志地图的标题和介绍文字

这段文字（俄文和荷兰文）解释了绘制民族志地图的目的——为西伯利亚各族群的疆域划定明确和稳定的边界，这是防止和规范管理土地纠纷和组织牙萨克税收所必需的。

原图尺寸：约44×31厘米。摘自Remezov's "Chertëzhnaya kniga Sibiri," sheet 47。由RGB（Manuscript Division, stock 256, no. 346）提供照片。

图上使用了暖色的水彩色调作为背景颜色，但用了组合来进行对比，显示了尺寸的感觉和对颜色和谐的直观理解。尽管颜色各种各样，但民族志地图上的五彩斑斓的“土地”构成的马赛克依然是成功的。明亮的橙色“球体”巧妙地与柔和的色彩结合起来，让地图具有一种艺术和整洁的外观（图版80）。

总体说来，地图集里的地图描绘了不同地区和边界疆域，其精确度各不相同。列梅佐夫

---

[172] "Sluzhebnaya chertëzhnaya kniga," sheets 28v–29, 63v–64.

的地理学和地图学概念并不是一成不变的，而是随着可用的主要资料的完整性和准确性而变化的，这些资料有时是互相抵牾的。最不确切的，是关于北冰洋和太平洋沿海地区、东北亚、南方领土的描绘，对于地图绘制者来说，这些边远地区的数据很难直接核实。所以，例如列梅佐夫对北部沿岸地区的压痕的描绘，不同地图都不相同。由于“不能通行的海岬”被分配到不同的位置，因此，列梅佐夫无法统一地表现从欧洲到太平洋的海上通道。17 世纪末期，对西伯利亚东北部地区实际操作上的局限性和对这一区域地理知识的矛盾，解释了他试图解决海上通道和亚洲及美洲之间联系的错误。

然而，后来的《行政图集》（1702—1714 年）中的堪察加地图开始反映更加准确的信息。[173] 它们是根据以下数据编纂而成的：阿特拉索夫前往堪察加之行（1696—1699 年）、一幅雅库茨克总督 D. A. 特劳尼奇特（D. A. Trauernicht）的地图（不早于 1707 年）、一幅 1713 年地图，以及科济列夫斯基前往千岛群岛之行的数据。在苏联和西欧的文献中，列梅佐夫的堪察加地图已经出版了好多次，得到了很好的研究。然而，这些地图的研究没有参考绘本的原图，导致日期和注文方面，以及对其地理内容解读方面的错误（图 62. 34）。

图 62. 34　谢苗·乌里扬诺维奇·列梅佐夫的堪察加半岛地图

不早于 1712 – 1714 年；此图没有标题。以北方为正方向。地图见证了俄罗斯人关于西伯利亚东北部地区地理知识的扩展。图上的水文非常详细，最大的 69 条河流及其主要支流都绘出。堪察加半岛伸向东南，而且此图表现了日本列岛。阿拉斯加（Alaska，“新发现陆地”）的西部是根据来访的公务员和当地居民的信息来描绘的。

原图尺寸：28. 5 × 18. 2 厘米。摘自 Remezov's “Sluzhebnaya chertëzhnaya kniga,” sheet 102v。由 RNB（Manuscript Division，Hermitage Collection，no. 237）提供照片。

---

[173] 很久以前就有人注意到，《西伯利亚图录》中的两幅西伯利亚总图具有相同的制图基础。然而，在总图上（图幅 21），堪察加半岛依然被画成一个岛屿，而民族志地图（图幅 23）显示其为一座半岛。因为这两幅地图是在同一年绘制而成的，很显然，其中第二幅是在阿特拉索夫（曾在堪察加探险）在托博尔斯克逗留期间（1700 年 12 月 13 日至 30 日）或之后订正的。

列梅佐夫地图绘制的意义

列梅佐夫地图绘制的意义可以根据它当时的影响和对现代学术的贡献来判定。关于前者，地图和地图集可以首先被视为治理国家的实用工具，在西伯利亚的殖民和控制方面起到了至关重要的作用。17 世纪，政府组织在行政管理、国防和商业目的方面对县图的应用非常广泛。绘制地图的主要需求是确定和说明县的边界，确定修筑工事的定居点和路线的位置，以及建立陆路和水路的联系。这些地图同时也是殖民政策的指导，说明俄罗斯人和土著居民的分布，指出迁徙的位置和方向，为开拓耕地或为“商业游戏”（渔猎业）的储备确定地点，包括探索狩猎场和捕鱼区域。另外，它们也是施行税收和海关政策的关键，包括选择海关检查点和确定缴纳贡品的牙萨克乡和待发展疆土的边界。可以确信地说，地图是西伯利亚发展中基础设施的重要组成部分。

1901

列梅佐夫的地图集也使得西欧地图绘制者对西伯利亚的印象有所改善。虽然真实度较低的地图依然在继续制作，比如施莱辛格（Schleysing）的 1690 年地图和菲利普·阿夫里尔（Philipye Avril）的 1692 年地图，[174] 但列梅佐夫的地图仍然逐渐推动了更加准确的西伯利亚地理图景的传播。1699 年，奥地利公使克里斯托弗·哥德涅蒂（Khristofer Gvarienti）从威尼乌斯那里收到了一份列梅佐夫 1698 年西伯利亚地图的德文副本。[175] 这幅地图为伊杰斯的 1704 年地图提供了基础，而且，在德利勒的 1706 年地图上，可以更准确地表现出“无路可通的海岬”。楚科齐半岛和堪察加半岛的轮廓与列梅佐夫地图上所表现的相类似，也可以追溯到很多后来的俄罗斯地图，这些地图都可以追溯到 1722 年所印刷的地图，收在 I. 戈曼的 1725 年地图集中。[176] 与之相似，阿特拉索夫、科济列夫斯基和其他探险者所收集到的信息，都是通过列梅佐夫的地图和菲利普·约翰·斯特拉伦贝格（Philipp Johann Strahlenberg）的 1725—1730 年间西伯利亚地图传播到西欧的。

根据列梅佐夫的传记，我们也知道了他在托博尔斯克与斯特拉伦贝格及梅塞施密特的会面。[177] 那两个人都将列梅佐夫看作一位“老艺术家”，而不是地图学家或地理学家，然而，虽然如此，他们还是顽强地试图摹绘他的地图。他们取得了很大的成功。单单在梅塞施密特的档案中，就发现了列梅佐夫地图集中的 12 幅区域地图的副本。[178] 在维岑的 1705 年《东鞑靼地区东北部》的第二版中，[179] 对 9 座城市的描述已经证明是从《西伯利亚图录》中选取的

---

[174] 法国耶稣会士旅行者菲利普·阿夫里尔将 *Nouvelle carte de la Sibirie et du Kitay* 插入其随笔 *Voyage en divers états d' Europe et d' Asie*, *entrepris pour découvrir un nouveau chemin à la Chine*（Paris，1692）中。最新的研究表明，阿夫里尔书籍的许多书页都是斯帕法里一系列著作和笔记的副本；请参阅 Andreyev，*Ocherki*，80 – 81。

[175] Bagrow，“Semyon Remezov，” 124.

[176] E. F. Varep，“O kartakh，sostavlennyh russkimi v atlase I. B. Gomana 1725 g.，” *Izvestiya Vsesoyuznogo Geograficheskogo Obshchestva* 91，no. 3（1959）：290 – 298，esp. 290.

[177] Philipp Johann von Strahlenberg，*Das Nord-und ostliche Theil von Europa und Asia*（1730；reprinted Szeged：Universitas Szegediensis de Attila József Nominata，1975），102，and Daniel Gottlieb Messerschmidt，*Forschungsreise durch Sibirien*，1720 – 1727，5 vols.，ed. E. Winter and N. A. Figurovskij（Berlin：Akademie Verlag，1962 – 1977），1：96.

[178] Archive of the Rossiyskaya Akademia Nauk（Russian Academy of Sciences），stock 98，inventory 2，nos. 2 – 7，9 – 13，15.

[179] Nicolaas Witsen，*Noord en Oost Tartaryen*（Amsterdam，1705），666，729，757，823，848.

列梅佐夫定居点地图精确的复制品，装饰以西欧的风格。甚至在更早的时候，在德意志地区，雅各布·冯·桑德拉特（Jacob von Sandrart）在没有取得作者许可的情况下，根据《手绘图录》中的列梅佐夫于1677年绘制的一幅地图，复制了一幅托博尔斯克的雕刻全景图。[180]在这样的情况下，到17世纪末，列梅佐夫的地图绘制，作为官方参考著作，开始成为俄罗斯和西欧科学的知识财富。它们后来的传播和利用可以追溯到18世纪上半叶。 1902

最后，还有列梅佐夫地图绘制对于现代学者的应处。而且，它的价值也很难被夸大。早在1886年，诺登舍尔德从俄罗斯收到了一份列梅佐夫的《西伯利亚图录》的印刷副本，在一封感谢信中他提到，这部地图集在他对早期地图学史的研究方面有很大的用处。[181] 目前，我们可以发现，很多领域都使用地图作为基础文献的研究，这些领域包括：历史、地理、民族志、地图学、建筑学、语言学，以及17世纪西伯利亚的艺术和文化。在苏联的学术研究中，列梅佐夫的地图和地图集也广泛应用于历史地理的复原工作中。[182]

在17世纪的最后25年和18世纪的第一个10年中，列梅佐夫的地图绘制反映了早期俄罗斯地图学的最终发展。到前彼得大帝时代，它为后来向更精确数学框架和更精确测量的地图过渡奠定了基础。在这方面，在西伯利亚的地图绘制中，列梅佐夫阶段成为俄罗斯本土地图学和17世纪地理学思想成就的缩影，很快就变成了“昨日的”科学。[183]

---

[180] Jacob von Sandrart, *Kurze Beschreibung von Moscovien, oder Russland* (Nuremberg, 1688).

[181] Redzhinal' d V. Ovchinnikov, "Pis' ma A. E. Nordenshel' da v Russkoye geograficheskoye obshchestvo," *Skandinavskiy Sbornik* 4 (1959): 47–55, esp. 48.

[182] Boris O. Dolgikh 成功地将列梅佐夫1701年地图集中的地图与其他17世纪文字历史资料中的信息结合在一起；请参阅 Boris O. Dolgikh, *Rodovoy i plemennoy sostav narodov Sibiri v 17 v.* (Moscow: Izdatel'stvo Akademii nauk SSSR, 1960)。还有许多其他调查。以下几份是特别值得注意的：Sergey V. Bakhrushin, "Voprosy po russkoy kolonizatsii Sibiri v 16–17 vv.," and idem, "Ostyatskiye i vogul'skiye knyazhestva v 16–17 vv.," both in *Nauchnyye trudy*, vol. 3 (Moscow: Izdatel'stvo Akademii nauk SSSR, 1955), pt. 1, 15–162, and pt. 2, 86–152, respectively; idem, "Ocherki po istorii Krasnoyarskogo uyezda v 17 v.," in *Nauchnyye trudy*, vol. 4 (Moscow: Izdatel'stvo Akademii nauk SSSR, 1959), 7–192; A. Dul' zon, "Drevniye smeny narodov na territorii Tomskoy oblasti po dannym toponimiki," *Uchënyye Zapiski Tomskogo Gosudarstvennogo Universiteta, Seriya Fizikomatematicheskikh i Estestvenno-Geograficheskikh Nauk* 6 (1950): 175–187; V. I. Vasil' yev, "Problema formirovaniya yeniseyskikh nentsev," in *Etnogenez i etnicheskaya istoriya narodov Severa* (Moscow: Nauka, 1975), 111–147, esp. 114–115; V. S. Sinyayev, "K voprosu o yuzhnoy granitse Tomskogo uyezda v 17 v.," （转下页）
（接上页） *Trudy Tomskogo Oblastnogo Krayevedcheskogo Muzeya* 5 (1956): 79–88; Serebrennikov, *Irkutskaya guberniya*; S. D. Tivyakov, "Pervyye karty Zemli Kuznetskoy," in *Zemlya Kuznetskaya* (Kemerovo: Knizhnoye Izdatel'stvo, 1978), 88–93; Yastrebov, "Ural'skiye gory"; N. F. Demidova, "Izobrazheniye srednego techeniya Irtysha na kartakh S. U. Remezova," in *Ispol' zovaniye starykh kart v geograficheskikh i istoricheskikh issledovaniyakh* (Moscow, 1980), 122–136; I. A. Vorob' yeva, A. I. Maloletko, and M. F. Rozen, *Istoricheskaya kartografiya i toponimiya Altaya* (Tomsk: Gosudarstvennyy Universitet, 1980); Goldenberg, "Kartograficheskiye materialy"; M. I. Belov, O. V. Ovsyannikov, and V. F. Starkov, Mangazeya: *Mangazeyskiy morskoy khod* (Leningrad, 1980), 113–116; Preobrazhenskiy, "Remezovskiy chertëzh"; Viktor I. Kochedamov, *Tobol'sk (kak ros i stroilsya gorod)* (Tyumen: Knizhnoye Izdatel'stvo, 1963); idem, *Pervyye russkiye goroda Sibiri* (Moscow: Stroyizdat, 1978); N. M. Petrov, "Opyt vosstanovleniya plana Tomskogo goroda i ostroga nachala 17 v.," *Trudy Tomskogo Oblastnogo Krayevedcheskogo Muzeya* 5 (1956): 59–78; L. M. Tverskoy, *Russkoye gradostroitel'stvo do kontsa* 17 *veka: Planirovka i zastroyka russkikh gorodov* (Leningrad-Moscow: Stroyizdat, 1953); A. A. Tits, Russkoye kamennoye zhiloye zodchestvo 17 veka (Moscow: Nauka, 1966); and I. A. Vorob' yeva, "Russkiye gidronimy Sibiri v 17 v. (po materialam 'Chertëzhnoy knigi Sibiri')," *Voprosy Geografii* 70 (1966): 62–71。

[183] G. N. Teterin, *Istoriya geodezii v Rossii (do 1917 goda)* (Novosibirsk, 1994), and L. S. Khrenov, *Khronologiya otechestvennoy geodezii s drevneyshikh vremen do nashikh dney: Geodeziya, astronomiya, gravimetriya, fotogeodeziya i kartografiya* (Leningrad: GAO, 1987).

结 论

尽管俄罗斯的历史文献证明了早在11世纪和12世纪的编年史家广泛的地理观，但旧俄罗斯地图学的起源必须放到15世纪晚期。到了这个时候，俄罗斯诸公国的封建割据状态限制了对地图和地理知识的兴趣，而且13—15世纪的蒙古—鞑靼统治的桎梏阻碍了俄罗斯经济和文化的发展。俄罗斯各地围绕着莫斯科公国的统一，为地图绘制工作的加速发展，提供了强有力的推动力。16世纪是一个统一的中央集权国家的第一个世纪，这个统一中央集权国家的领土得到了持续的增长。第一张俄罗斯总图的绘制日期，可以追溯到1497年和1523年。在16世纪和17世纪之交，旧俄罗斯地图学的最初阶段结束了。《全图》（Bol'shomu chertëzhu）是俄罗斯国家的战略总图。总图是在各种各样的局部性和区域性的自然的各种地图绘制工作的基础上编制而成的，有各种各样的目的——陆上路线（道路）、国防、勘测、城市建设以及外交。

从其概念上来看，俄罗斯地图学的特点是利用原始地理绘图的田野考察，在全国的尺度下，严格的绘图工作的中央集权，以及地图绘制活动的国家导向。

旧俄罗斯地图属于国家财产，不是商业内容。除了极少数例外，所有的旧俄罗斯地图和平面图都是手绘的。缺乏专业地图绘制的培训机构，意味着在设计和技术方法的质量上参差不齐，完全取决于地图编绘者自身的技巧和经验。旧俄罗斯地图的基本特征是数学基础薄弱，缺乏坐标网格或统一的方向，以及缺乏地理内容和地名饱和度的完整度的高水平。旧俄罗斯地图的主要支撑网格是由河流系统和定居点之间的距离提供的，后者是根据旅行的时间或距离单位来计算。直到18世纪，俄罗斯的地图学沿着其独特的路径发展，西欧科学对其影响很小。与此同时，西欧制图师在描绘俄罗斯方面的成功依赖于他们在获取俄罗斯地图绘制资料方面成功的程度。

1903

现存的档案资料和关于古代文件的历史证据证明了16—17世纪俄罗斯地图学文献的种类和数量，但是很少能保存下来。只有一幅16世纪的土地平面图保存下来，绘于画布上的17世纪城墙地图的原件，只有一幅西伯利亚总图和基辅、普斯科夫的城市平面图保留了下来。俄罗斯总图已经亡佚，区域地区只存在于削减的副本中。保存下来的地图绘制资料的基本组成部分包括大小地块、可耕地和荒地、城镇、要塞和城市防御工事、河流、河流流域、道路、森林和防御体系的地理地图和平面图。17世纪俄罗斯地图学的发展，要归因于国家社会经济秩序的深刻变化，当时，在封建所有制占统治地位的情况下，新的资产阶级联系的要素越来越强。各区域间经济联系的加强，需要对不同地区进行更详细的地图描述，而且，俄罗斯全境市场的形成——全境地图和地图集形式方面的总体地图绘制文献的系统编撰（和修订）。1627年，重新修订后的《大地图集》问世了，接着是一系列的西伯利亚总图（1633年、1667年、1673年、1678年、1687年和1698年），还有17世纪末期和18世纪初期的第一部俄罗斯地理地图集（《西伯利亚"地图目录"》）。

与俄罗斯亚洲部分的地理发现交织在一起的，是对西伯利亚的吞并和发展过程，这需要加速发展对从乌拉尔地区到太平洋的广大疆土的地图绘制。公务员和探险者的地图和地理描述成为大量的报告和文件。但是，它们同样也分享了旧俄罗斯地图的普遍不幸命运——除了极少数特例，它们都亡佚了。对于所有实用的目的来说，历史时期旧俄罗斯地图学研究的基本来源是托博尔斯克的地图学家谢苗·乌利安诺维奇．列梅佐夫的著作。他的地图学遗产反映了18世纪俄罗斯地图学发展的封闭阶段，其特征是在地图学、地理学、历史学、民族志一个世纪的归纳总结，以及为向具有数学基础的地图过渡的先决条件的形成。

列梅佐夫地图的主要价值在于其丰富的地理内容。他的地图和地图集为一个充满着经济、军事、考古和其他数据的领域提供了一个多方面的物理和地理图景，凭借它们，现代研究者无可争议地看到了综合地图绘制的最早展示。俄罗斯亚洲部分地图绘制的列梅佐夫阶段被认为是俄罗斯国家地图学成就的综合。然而，尽管列梅佐夫取得了很多成就，但他依然无法克服他所使用和完善的旧俄国地图绘制方法的古老本质。

列梅佐夫的地图著作远远超过了区域性的西伯利亚重要意义的范围。它们不但显示了俄罗斯总体的特色，也显示了世界科学和文化的元素。早在18世纪，这位自学成才的俄罗斯学者的名望就已经超越了俄罗斯的边界。他在世界科学获得的认可的范围，明显地扩大了，尤其是在《西伯利亚图录》列入世界所有国家和各民族地图学最重要的著作之列，以及巴格罗夫出版绘本地图集《绘本图录》之后。[184]

---

[184] Erwin Raisz，“Time Charts of Historical Cartography，” *Imago Mundi* 2（1937）：9－15，以及Remezov，*Atlas of Siberia*。

词汇对照表

词汇原文	中文翻译
Hans Holbein (the younger)	(小) 汉斯·霍尔拜因
Descriptio Hibernie	“爱尔兰图”
Historiae oculus Geographia	“地理乃历史之眼”
“Catalogus auctorum tebularum geograpphicarum”	“地图和地理学作者目录”(《寰宇概观》附录)
Fleuves du royaume de France	“法兰西王国的河流”
table antiquae	“古代地图”
homo universalis	“广博之人”
au Bon Pasteur	“好牧人”
“De fluminibus seu tiberiadis”	“河流或台伯”
À la Sphère Royale	“皇家球体”
“Carte particvliere de la comté de Rossillon”	“鲁西永伯爵领地图”
mappamundi	“世界地图”
cartographie de cabinet	“室内绘图”
Premières œeuvres	“首部著作”(雅克·德沃作品)
aux Quatre Vents	“四风”(希罗尼穆斯·科克作品的标志)
tibériades	“台伯”
tabula moderna	“现代地图”
reduite	“削减版”
“Ritratto d'inghilterra”	“英格兰的肖像”
“La siensa de destrar”	“展示的科学”
LE “CALOIER DE NISARE” AND ITS “ENGIN À BARQUEROTTES”	《“尼萨罗的加卢埃”及其“小船发动机”》
Grollae obsidio cum annexis	《1627 年的赫龙洛之围》(胡戈·赫罗齐厄斯作品)
Amstelredamsche zee – caerten	《阿姆斯特丹海图》(阿尔贝尔特·哈延作品)
Artesiae descriptio Johanne Surhonio Montensi auctore Baptista Doetecomius sculpsit	《阿图瓦图志,约翰·瑟洪·蒙斯绘制,巴普蒂斯塔·范多特屈姆雕刻》
Nobilis Hannoniae Comitatus descriptio auctore Jacobo Surhonio Montano Baptista Doetecomius sculpsit	《埃诺伯爵领地图,雅各布·瑟洪·蒙斯绘制,巴普蒂斯塔·范多特屈姆雕刻》
Topographia Hiberniae	《爱尔兰地形》
Beschrijvinghe van de zeecusten ende Havenen van Yerlandt	《爱尔兰海岸与港口图》
THE KINGDOME OF IRLAND	《爱尔兰王国》(约翰·斯皮德作品)

词汇原文	中文翻译
Qvatvor libri amorvm	《爱之四书》（康拉德·策尔蒂斯作品）
Itinerarium Antoninum	《安东尼旅行记》
Rerum Augustanorum vindelicorum	《奥格斯堡诸事记》（马库斯·韦尔泽作品）
Limagna d'Overnia	《奥利维亚图》
Appendix Theatri A. Ortelii et Atlantis G. Mercatoris	《奥特柳斯〈寰宇概观〉和墨卡托〈地图集〉的附录》（威廉·扬松·布劳作品）
An Epitome of Ortelivs: His Theatre of the World	《奥特柳斯的缩减本：他的寰宇概观》
Bataviasche Statuten	《巴达维亚法典》
Annales Baiorum	《巴伐利亚编年史》（约翰内斯·阿文蒂努斯作品）
Decaratio sive decriptione Bavariae	《巴伐利亚的声明或描述》（菲利普·阿庇安作品）
Bairische Landtafeln XXIIII	《巴伐利亚土地地图二十四幅》（约斯特·安曼作品）
Chorographia Bavariae	《巴伐利亚志》（菲利普·阿庇安）
Descriptio Palestinæ nova	《巴勒斯坦新图》（沃尔夫冈·维森堡作品）
Fleur des antiquitez, singularitez & excellences de la noble ville, cité & universite de Paris, capitalle du royaulme de France	《巴黎，法兰西王国首都、高贵的大学城的古迹名胜概览》
Le vray pourtraist naturel de la ville, cite, vniversité et faubourgz de Paris	《巴黎的城市、城区、大学和郊区的真实自然肖像》
Rerum per octennium in Brasilia gestarum historia	《巴西八年功绩史》（卡斯帕·范巴莱作品）
Brasilysche paskaert	《巴西海图》
Idiota dialogs	《白痴对话》（尼古劳斯·库萨努斯作品）
Pascaerte inhoudende dat gheheele oostersche en noortsche vaerwater	《包含东部和北部航行水域全貌的航海图》（科内利斯·杜德松作品）
Les histoires de Paul Orose	《保罗·奥罗修斯的历史》
Tabula Septentrionalis Russiae, Samoithiae et Tingosiae	《北俄罗斯、萨摩耶德和通古斯地图》
Orbis arctoi nova et accurata delineatio	《北方精确新地图》
Historia de gentibvs septentrionalibvs	《北方民族史》（奥劳斯·芒努斯作品）
Tabula cosmographia regnorum septentrionalium	《北方王国宇宙图》
Description of the North and Especially of the Kingdom of Sweden	《北欧地图，尤其是瑞典王国》
Histoire du pays nomme Spitsberghe	《被称为“斯匹茨卑尔根”的这个国家的历史》
La vera descrittione della Gallia Belgice	《比利时高卢真实地图》（保罗·弗拉尼作品）
P. Bertii Tabularum geographicarum contractarum libri quatuor	《彼得鲁斯·贝尔蒂乌斯四卷本地理图》
Chronologia	《编年史》（赫拉尔杜斯·墨卡托作品）
Chronicles	《编年史》（拉斐尔·霍林斯赫德作品）
Chronicles	《编年史》（雷纳·沃尔夫作品）
Polychronicon	《编年史》（雷纳夫·希格登作品）
L'antiquité de Bourdeaus	《波尔多的古物》

词汇原文	中文翻译
Poloniae, Litvaniae, Rvssiae, Prvssiae, Masoviae et Scepusii Chorographia	《波兰、立陶宛、俄罗斯、普鲁士、马佐维亚和斯皮什编年史》
Annales seu cronicae incliti Regni Poloniae	《波兰编年史》
Descriptio Ducatus Polocenis	《波兰公国图志》
Monumenta Poloniae Cartographica	《波兰古地图集》
Poloniae, sive de situ . . .	《波兰或者……的情况》
Mappa in qua illustr [antur ditiones Regni] Poloniae ac Magni D [ucatus Lithuaniae pars]	《波兰王国及立陶宛等地地图》
Description de tout le Royaume de Pologne	《波兰王国全图》
Polonia et Ungaria	《波兰与匈牙利》
Een siö – book som innehålleromsiöfarten i Östersiön	《波罗的海航行手册》
Bodenseekarte	《博登湖地图》
Descriptio Britanniae, Scotiae, Hiberniae et Orchadun	《不列颠、苏格兰、爱尔兰和奥克尼群岛的描述》
Britanniae Insvlae…nova descriptio	《不列颠岛……新图》（乔治·历里作品）
Marine Cartography in Britain	《不列颠海图学》
Britannia	《不列颠尼亚》（威廉·卡姆登作品）
Description of the Islands of Bretayne	《不列颠群岛图》（威廉·哈里森作品）
Mercurius Britannicus	《不列颠信使报》
Speculum Britanniae	《不列颠之镜》（约翰·诺登作品）
History of the kings of Britain	《不列颠诸王史》（蒙茅斯的杰弗里作品）
Quarta pars Brabantiae cujus caput Sylvaducis	《布拉班特的第四部分，公爵森林之首》（迈尔里·范斯海尔托亨博斯）
Prima, Secunda, and Teria pars Brabantiae	《布拉班特的第一、第二和第三部分》（米夏埃尔·弗洛伦特·范朗伦作品）
Ducatus Brabantiae nova delineatio	《布拉班特公国新图》（克拉斯·扬松·菲斯海尔作品）
Totivs Dvcatvs Brabaniae. . .	《布拉班特全境新图》（赫拉德·德约德作品）
Description du pais Blaisois	《布莱苏瓦地区图》
L'histoire de Bretaigne	《布列塔尼史》
Histoire de la Bretagne	《布列塔尼史》
Nowvelle description dv pais de Bovlonnois, comte de Gvines, terre d'Oye et ville de Calais	《布洛涅乡村、圭吉斯领地、瓦伊地区和加来城新图》
Nouvelle description du pais de Boulonnois	《布洛涅乡村新图》
Boke of Surverying	《测量手册》（约翰·菲茨赫伯特作品）
Flandria illustrata	《插图佛兰德志》（安东尼乌斯·桑德吕斯作品）
Illuminierbuch	《插图书》
Il Cortegiano	《朝臣之书》（巴尔达萨雷·卡斯蒂廖内）
Trésor des cartes géographiques	《城市概观》
Tooneel de Steden	《城市概观》（约翰·布劳出版）
Illustriorum urbium tabulae	《城镇地图》

词汇原文	中文翻译
Rudimentum novitorum	《初学者手册》(卢卡斯·布兰迪斯作品)
Lezende vrouw in het blauw	《穿蓝色衣服的女子》(扬·弗美尔作品)
Carte geographicque des postes qui traversent la France	《穿越法国的邮政地理图》(尼古拉·桑松作品)
La guide des chemins pour aller & venir par les provinces & aux villes plus renommees de ces quatre regions	《穿越各省去这四个区域(即法国、德意志、意大利和西班牙)的最著名城市的道路指南》
Etymologies	《词源》
Les vsages dv qvadrant à l'esgville aymantée	《磁性四分仪用法》
Historiœ Cantebrigiensis Academiœ ab vrbe condita	《从罗马学院开始的剑桥史》(约翰·盖厄斯作品)
Chronica maiora	《大编年史》(马修·帕里斯作品)
Palatinatus Posnaniensis in Maiori Polonia primarii nova delineatio	《大波兰要略新编中的波兹南省图》
Theatre of the Empire of Great Britaine	《大不列颠帝国概观》(约翰·斯皮德作品)
History of Great Britaine	《大不列颠史》
Le grand insulaire et pilotage	《大岛与航行》
Practijck des lantmetens	《大地测量实践》(扬·彼得松·道作品)
Theatrum oder Schawplatz des Erdbodens	《大地概观》
Atlas major; sive, Cosmographia universalis adeoque orbis terrestris, maritimus, antiquus & coelestis	《大地图集;或关于地球、海洋、古代与天体的宇宙学》(约翰内斯·扬松尼乌斯出版)
Atlas Maior	《大地图集》(威廉·扬松·布劳作品)
Atlas mayor	《大地图集》(威廉·扬松·布劳作品的一个版本)
Atlas maior sive Cosmographia Blaviana	《大地图集或布劳的宇宙志》(威廉·扬松·布劳出版)
Le grant routtier	《大路》
Groote zee – caertbouck	《大型海图集》
Kollegienbuch	《大学指南》(塞巴斯蒂安·明斯特尔作品)
Kort over det danske Rige	《丹麦帝国地图》
Daniae et Norvegiae Tabula	《丹麦和挪威地图》
Carte de Tendre	《当代地图》
Die walfart und straβ zu sant Jacob	《到圣雅各布的朝圣和路线》(赫尔曼·库尼格作品)
Les bigarrures du seigneur des Accords, quatriesme livre	《德阿科大人杂集:第四卷》
Germaniae tabulae geographicae	《德意志地理图》(赫拉尔杜斯·墨卡托作品)
Topographia Germaniae	《德意志地形》
Gloriae Germanicae typus	《德意志的荣耀》(马蒂亚斯·奎德作品)
Theatrum imperii Germanici	《德意志帝国概观》
Germania generalis	《德意志概况》(康拉德·策尔蒂斯作品)
Germaniae veteris typus	《德意志古代风格》(亚伯拉罕·奥特柳斯作品)
Brevis Germaniae descriptio	《德意志简图》(约翰内斯·科赫洛伊斯作品)
Opus descriptionis Germaniae	《德意志描绘作品》(霍德弗里德·马斯科普作品)
Totivs Germaniæ novvm itinerarivs	《德意志全新路程图》
relaciones geográficas	《地理关系》

词汇原文	中文翻译
Geographiæ et hydrographiæ reformatæ . . .	《地理和水文改革……》
Geographisch Handtbuch	《地理手册》
Kniga Bol'shomu chertëzhu	《地理图全书》
De situ orbis	《地理学》(庞波尼乌斯·麦拉作品)
Introduction à la géographie	《地理学导言》
Certaine Brief and Necessarie Rules of Geographie, Seruing for the Vnderstanding of Chartes and Mappes	《地理学的简要和必要规则，以了解海图和地图》
Introduction à la geographie	《地理学概论》(纪尧姆·桑松作品)
Geschichte der Erbdkunde	《地理学史》(奥斯卡·佩舍尔作品)
Geography	《地理学指南》(托勒密作品)
Orbis terrestris tam geographica quam chorographica descriptio	《地球地理与年代学地图》(克里斯蒂安·斯格罗滕作品)
Breue compendio de la sphera y de la arte de navigar	《地球航海技艺简述》(马丁·科尔斯特作品)
Epitome trium terrae partium	《地球三部分的摘要》(克里斯托弗·弗罗绍尔)
Mundialis sphere opusculum	《地球小论》(约翰内斯·德萨克罗博斯科作品)
Plantz, povrtraits et descriptions	《地图、图解和说明》
Caert – thresoor	《地图宝藏》(威廉·巴伦支作品)
Construction of Maps and Globes	《地图和地球仪的构造》
Atlas sive Cosmographicæ meditationes de fabrica mvndi et fabricati figvra	《地图集或关于宇宙的创作或创作的宇宙的宇宙学冥想》(赫拉尔杜斯·墨卡托作品)
Die Kartenwissenschaft	《地图科学》(马克斯·埃克特作品)
Trésordes cartes géographiques	《地图珍品》
Topographica practica	《地形学实践》
Descriptio Maris Mediterranei	《地中海描绘》(约翰内斯·扬松尼乌斯作品)
Nieuwe beschryvinghe ende caertboeck vande Midlandtsche Zee	《地中海新描绘和海图集》(威廉·巴伦支作品)
Belgii inferioris geographicae tabulae	《低地地理图》(赫拉尔杜斯·墨卡托作品)
Germania inferior	《低地日耳曼尼亚》(彼得·范登克雷作品)
Belgii XVIIProvinciarum tabula	《低地十七省地图》
Itinerarium Belgicum	《低地行程》
Leo Belgicus	《低地雄狮》(米夏埃尔·冯·艾青作品)
Voyage faict aux Indes orientalles par Jean Le Telier, natif de Dieppe, reduict par luy en tables pour enseigner a trouver par la variation de l'aymant la longitude	《迪耶普人让·莱特列尔前往东印度的旅途，他绘制图表，以便通过磁针的变化确定经度》
Le vray portraict de la ville de Diion	《第戎市真实肖像》
Nova Rhaetia atque totius Helvetiae descriptio	《蒂罗尔和瑞士全境新图》
codices	《典籍》
De lichtende columne ofte zeespiegel	《点亮的柱子或海洋之镜》(安东尼·雅各布松作品)
The Lightning Columne or Seamirrour	《点亮的柱子或海洋之镜》(英文版)

词汇原文	中文翻译
Emblematum libellus	《雕刻装饰小论》(安德烈亚·阿尔恰蒂作品)
Havenwyser van de oostersche, noordsche en westersche zeen	《东方、北方和西方各海域的港口指南》
Oostercaerte	《东方地图》(阿德里安·费恩作品)
Caerte van Oostlant	《东方地图》(科内利斯·安东尼松作品)
Kaart Van de Oosterscher Zee	《东方海洋地图》(扬·范霍恩作品)
Navigations et peregrinations orientales	《东方航行与旅程》
Dialogue de la longitude est – ouest	《东经和西经的对话》
Søkartet offuer Øster oc Vester Søen	《东西海海图》
Description of East India	《东印度地图》
Zehender Theil der Orientalischen Indien begreiffendt eine kurtze Beschreibung der neuwen Schiffahrt gegenNoordt-Osten	《东印度第十部分，概要描述了对东北地区的航运》
India quœ orientalis dicitur et insvlœ adiacentes	《东印度与相邻岛屿》
Haven – Finding Art and Mathematical Practitioners of Tudor and Stuart England	《都铎和斯特亚特时期英格兰寻找避风港的技艺和数学实践》
Atlantis appendix, sive pars altera, continens tab: Geographicas diversarum orbis regionum	《对地图集的补充，或第二部分，世界各地地图》
Carte de Dauphiné	《多菲内地图》
Poly – Olbion, or a Chorographicall Description of Tracts, Rivers, Mountaines, Forests, and Other Parts of This Renowned Isle of Great Britain . . .	《多福之国，或这一著名的大不列颠岛的大地、河流、山峦、森林和其他部分的地形描述》
NOVA ABSOLVTAQVE RVSSIAE, MOSCOVIAE, & TARTARIAE	《俄罗斯、莫斯科大公国和鞑靼新图》(安东尼·詹金森作品)
Enchuyser zee – caert – boeck	《恩克赫伊曾海图集》
Cartes generale et particulieres de toutes les costes de France tant de la mer oceane que mediterranee	《法国大西洋及地中海沿岸总图及专图》
Guide des chemins de France	《法国道路指南》
Carte de France	《法国地图》
Carte des rivieres de la France cvrievsement recherchee	《法国河流探奇地图》
La guide des chemins de France	《法国路线指南》
Les plans et profils de toutes les principales villes et lieux considerables de France	《法国全部主要城市和地方的平面图和侧面图》
Tabula geographicae Galliae, Belgii Inferioris & Germaniae	《法兰西、低地尼德兰和德意志地理图》(赫拉尔杜斯·墨卡托作品)
Le théatre géographique de France	《法兰西地理概观》(马里耶特出版)
Galliac tabulac geographicae	《法兰西地理图》(赫拉尔杜斯·墨卡托作品)
Charte de la France	《法兰西地图》
Les atlas français	《法兰西地图集》(帕斯图罗作品)
Theatrum uniersae Galliae	《法兰西概观》
Le theatre francoys	《法兰西概观》(莫里斯·布格罗作品)

词汇原文	中文翻译
Les cartes generales de toutes les provinces de France	《法兰西各省总图》
Le neptune françois	《法兰西海神》
Les singularitez de la France antarctique, autrement nommee Amerique	《法兰西南方大陆（也被称作亚美利加）的独有特征》（安德烈·特韦作品）
Les singularitez de la France antarctique	《法兰西南方大陆的独有特征》（马蒂兰·埃雷绘制）
Les cartes generales de toutes les provinces de France	《法兰西所有省份的总图》（克里斯托夫·塔桑作品）
Theatre geographiqve du royavme de France	《法兰西王国地理概观》
La vraye et entiere description dv royavlme de France, et ses confins	《法兰西王国及其疆域的准确全图》
La vraye et entiere description dv royavlme de France, et ses confins, auec l'addresse des chemins & dista [n] ces aux villes inscriptes es prouinces d'iceluy	《法兰西王国全图，含其边界、各条大道及王国各省所标城市之间的距离》
Les antiquitez, histoires et singularitez de Paris, ville capitale du Royaume de France	《法兰西王国首都巴黎的历史古迹名胜》
Les Bibliothèques francoises	《法兰西文库》
Mercure François	《法兰西信使报》
Flandria gallicana	《法语区佛兰德》
La fortification réduicte en art et démonstrée	《防御工事技艺》
Carte et description generale dv tres - havt, tres - pvissant, et treschrestien royavme de France	《非常高贵、强大和信奉基督教的法兰西王国的地图和总图》
Fevdigraphie	《封建图》（威廉·福尔京哈姆作品）
The Generall Historie of Virginia, New - England, and the Summer Isles	《弗吉尼亚、新英格兰和萨默群岛通史》（理查德·诺伍德作品）
Virginia: Discouered and Discribed	《弗吉尼亚：探索与描绘》
Virgo Triumphans	《弗吉尼亚概述》
Briefe and True Report…of Virginia	《弗吉尼亚简要真实报告》
Generall Historie of Virginia	《弗吉尼亚通史》
Friesche atlas	《弗里斯兰地图集》（伯纳德斯·朔布塔努斯·阿·斯特林加作品）
Beschrijvinge van de Heerlijkheydt van Friesland	《弗里斯兰领地图》（克里斯蒂安·朔布塔努斯·阿·斯特林加作品）
Rerum Frisicarum historia	《弗里斯兰史》（乌博·埃米厄斯作品）
Flandria Barbantia E. Holanda Nov.	《佛兰德、布拉班特和荷兰新图》
Verheerlykt Vlaandre	《佛兰德的荣耀》
Chorographia Ducatus Wirtenbergic	《符腾堡公国图绘》（格奥尔格·加德纳作品）
Parergon	《附图》（亚伯拉罕·奥特柳斯作品）
Tableau géographique des Gaules	《高卢地理图》（让·布瓦索作品）
Théâtre des Gaules	《高卢概观》
Theatrum universae Galliae	《高卢概观》（约翰内斯·扬松尼乌斯出版）

词汇原文	中文翻译
Vraie description des Gaules, avec les confins d'Allemaigne, & Italye	《高卢及与德意志、意大利接壤真实地图》
Tableau portatif des Gaules ou Description nouvelle du royaume de France	《高卢简图或法兰西王国的新图》
Moderna tabula Galliae	《高卢现代图》
Nouvelle description des Gaules, avec les confins Dalemaigne, et Italye	《高卢新地图及与德意志、意大利的边界》
Nova totivs Galliae descriptio	《高卢新图》（奥龙斯·菲内作品）
La guerre des Gaules	《高卢战记》
TOTIV GLLIAE EXACTISSIMA DESCRIPTIO	《高卢最精全图》
GLAMORGAN SHYRE: WITH THE SITTUATIONS OF THE CHEIFE TOWNE CARDYFF AND ANCIENT LANDAFFE DESCRIBED	《格拉摩根郡：附有对主要城镇加的夫和古城兰达夫形势的描绘》
GOVVERNE [MENT] DE GRENOBLE	《格勒诺布尔督军辖区图》
Carte Nautique des Bords de Mer du Nort, et Norouest Mis en Longitude, Latitude et en Leur Route, Selon les Rins de Vent	《根据风向的北部海边和西北部边界、经度、纬度及其道路的海图》
Cosmographie universelle selon les navigateurs tant anciens que modernes	《根据古今导航指南的通用宇宙学》
La declinaison du soleil par chacun an selon la reformation du calendrier	《根据日历改革后的每年太阳偏角》
Tectonicon	《构造学》
Accuratissima orbis antiqvi delineatio	《古代世界精图》（约翰内斯·扬松尼乌斯作品）
Monumenta Cartographica	《古旧地图集》
Relationes	《关系》（米夏埃尔·冯·艾青作品）
Les canons et documens très amples touchant l'usaige et la practique des communs almanachz que l'onnomme éphémérides	《关于被称为星历表的通用年历的使用和实践的经典与非常丰富的文件》
Instruction nouvelle des poincts plus excellents et necessaires touchant l'art de naviguer	《关于航海技艺的最优秀和最必要的要点的新指导》
General and Rare Memorials Pertayning to the Perfecte Arte of Navigation	《关于完美航海技艺的普遍和罕有回忆》
Imago Mundi	《国际地图史杂志》
enlumineur du Roy pour les cartes géographiques	《国王的地图》
The Hakluyt Handbook	《哈克卢特手册》
Chertëzh Kazach'i ordy	《哈萨克部落图》
Historia Celria	《海尔德兰历史》
Il portolano del mare	《海上导航员指南》（保罗·杰拉尔多作品）
De kaert va [n] der zee	《海图》
Carta marina	《海图》（奥劳斯·芒努斯作品）
Thresoor der zeevaert	《海图宝藏》（卢卡斯·扬松·瓦赫纳作品）

词汇原文	中文翻译
Atlas maritimus	《海洋地图集》（约翰·谢勒作品）
Zee – atlas of water – werelt	《海洋地图集或水域世界》《约翰内斯·范科伊伦作品）
Arcano del mare	《海洋的秘密》
Le routier de la mer	《海洋路线》（皮埃尔·加尔谢作品）
Pascaert vande Oostzee	《海洋之镜》
The Sea – Mirrour	《海洋之镜》（威廉·卢格尔发行）
Seaman's Practice	《海员的实践》
Carta marina navigatoria	《航海地图》（马丁·瓦尔德泽米勒作品）
Boke of Idrography	《航海地图册》
Ora maritima orbis universi sive atlas marinus	《航海地图集中的海岸和世界》
Certaine Errors of Navigation	《航海的某些错误》
zeynbrief	《航海规则》
Les quatre premiers livres des navigations et peregrinations orientales	《航海和东方旅程的前四本书》（尼古拉·德尼古拉作品）
Navigantium atque itinerantium bibliotheca	《航海和旅行文集》
Toortse der zee – vaert	《航海火炬》
The Arte of Nauigation	《航海技艺》（理查德·伊登作品）
Arte de nauegar	《航海技艺》（佩德罗·德梅迪纳作品）
L'art de naviguer	《航海技艺》（佩德罗·德梅迪纳作品）法文译本
Navigators Supply	《航海家必备》
maritime itinerary	《航海旅程》（亚历山大·林赛作品）
Itinerario voyage ofte schipvaert	《航海旅程》（扬·惠更·范林索登作品）
Bibliotheca Nautica	《航海书目》
Licht der zeevaert	《航海之光》（威廉·扬松·布劳作品）
Spieghel der zeevaerdt	《航海之镜》（卢卡斯·扬松·瓦赫纳作品）
The Mariners Mirrour	《航海之镜》（瓦赫纳作品的英格兰仿作）
Voyages et descovvertvres	《航行和发现》
Voyages avantureux	《航行先锋》
Harmonia macrocosmica	《和谐大宇宙星图》（安德烈亚斯·策拉留斯作品）
Chronycke van Hollandt Zeelant ende Vriesland	《荷兰、泽兰和弗里斯兰编年史》（扬·塞费尔松作品）
Hollandiœ comitatus	《荷兰伯爵领地图》（尼古拉斯·菲斯海尔二世作品）
Gerardi Mercatoris Atlas . . . studio Iudoci Hondij	《赫拉尔杜斯·墨卡托地图集……约道库斯·洪迪厄斯工作室》（扬·埃费尔松·克洛彭堡出版）
L' appendice de l'Atlas de Gerard Mercator et Iudocus Hondius	《赫拉尔杜斯·墨卡托和约道库斯·洪迪厄斯地图集的附录》（亨里克斯·洪迪厄斯出版）
Gerardi Mercatoris et I. Hondii Atlas ou Representation du monde universel	《赫拉尔杜斯·墨卡托和约道库斯·洪迪厄斯地图集或全世界之图像》（亨里克斯·洪迪厄斯出版）
Letters and Papers . . . of Henry Ⅷ	《亨利八世的信件和文件》

词汇原文	中文翻译
Theatrum orbis terrarum, The Theatre of the Whole World: Set Forth by that Excellent Geographer Abraham Ortelius	《寰宇概观，全部世界概观：由杰出地理学家亚伯拉罕·奥特柳斯制作》（寰宇概观英文版）
Theatrum orbis terrarum	《寰宇概观》（亚伯拉罕·奥特柳斯作品）
Astronomicum Caesareum	《皇帝的天文学》（彼得·阿庇安作品）
Carte generalle de la geograrhie [sic] royalle	《皇家地理通用地图》
Art of Painting	《绘画技艺》（克拉斯·扬松·菲斯海尔作品）
Mémoire sur la nécessité de dresser des cartes et statistiques du royaume	《绘制王国地图和统计数据必要性的备忘录》
De vyerighe colom	《火柱》（雅各布·阿尔松·科洛姆作品）
Kaertboeck, dat Gouert Willemsz. toe gheschreuen wort	《霍弗特·威廉松所写的图册》
Designatio orbis christiani	《基督教分布图》（弗朗西斯库斯·哈拉乌斯作品）
Itinerarium orbis christiani	《基督教世界行程》
Plantz, povrtraitz et descriptions de plvsievrs villes et forteress-es . . .	《几个城市与要塞的平面图、肖像与描述》
De quadrante geometrico	《几何象限》（科内利斯·德约德作品）
Pantometria	《几何学练习》
Recueil de géométrie et de mécanique	《几何学与机械学文集》
Van het gebruyck de geometrische instrumenten	《几何仪器原理》（扬·布旺作品）
Tractatus geometricus et fortificationis	《几何与防御条例》
Elements	《几何原本》
Paskaart van Guinea, Brasilien en West – Indien	《几内亚、巴西和西印度海图》
Const ende caert – register	《技艺与地图登记》（科内利斯·克拉松作品）
Bayrischer Chronicon Kurtzer Auszug	《简明巴伐利亚编年史》（约翰内斯·阿文蒂努斯作品）
Hand – boek of cort begrijp der caerten	《简明地图手册》（科内利斯·克拉松出版）
Le sententiose imprese	《简明要语》
Opera breve	《简书》
Oppidvm Cantebrigiæ	《剑桥镇》
This Boke Sheweth the Manner of Measurynge of All Maner of Lande	《讲述各类土地测量方式之书》（理查德·本尼兹作品）
Divers Voyages Touching the Discouerie of America	《接触美洲大陆探险的各类航行》
the Field of the Cloth of Gold	《金缕地》
Die Orter so neulich in Ungern eingenommen sein	《近期收复的匈牙利地方》
Kurtze und warhafftige Beschreibung des Landes Preussen	《精编普鲁士地区信史》（卡斯帕·亨内贝格尔作品）
De beknopte lantmeetkonst	《精简土地测量术》（马托伊斯·范尼彭斯作品）
Theatrvm geographiæ veteris	《旧地理概观》（彼得鲁斯·贝尔蒂乌斯作品）
Geographia vetus	《旧地理学》
Graetboeck nae den ouden stijl	《旧风格定位手册》
Aın Kvrze Avslegvngvnd Verklerung der neuuen mappen von den alten Goettenreichvnd andern Nordlenden. . .	《旧哥特地区和其他北方地区……的新组合的简要解释》

词汇原文	中文翻译
De soldaat en het lachende meisje	《军人和露出笑容的女孩》(扬·弗美尔作品)
De re militari	《军事论》
Discourse of a Discouerie for a New Passage to Cataia	《卡塔尼亚新航路发现记》(汉弗莱·吉尔伯特作品)
Catena	《卡泰纳》
Description du pais et diocese de Quercy	《凯尔西地区及教区图》
The Surveior's Dialogue	《勘测师的对话》
remonstrantieboek	《抗议宗的书》
Plan au vray de la ville et siege de Corbie	《科尔比城市和位置平面图》
Claudii Ptolemaei supplementem	《克劳迪乌斯·托勒密增补》
Portrait de la ville de Cleyrac	《克雷拉克城市肖像》
Clélie, histoire romaine	《克莉亚，罗曼史》
Perambulation of Kent	《肯特郡勘测》
A New Description of Kent	《肯特新图》(菲利普·西蒙森作品)
Germaniae atque aliarum regionum . . . descriptio . . . pro tabula Nicolai Cusae intelligenda excerpta	《库萨的尼古拉的德意志及其他地区地图》
Carte de la coste de la Rochelle	《拉罗谢尔的海岸地图》
Pourtrait de la Rochelle	《拉罗谢尔肖像》
Die drit Tafel des Rheinstroms, inhaltend das nider Teutschlandt	《莱茵河干流的第三幅图，包括下德意志地区》(塞巴斯蒂安·明斯特尔作品)
GOVVER [NEMENT] DE RENNES	《雷恩督军辖区地图》(贝内迪·德瓦萨利厄·迪特·尼古拉作品)
GOVVERNEMENT DE RENNES	《雷恩督军辖区地图》(克里斯托夫·塔桑作品)
Cosmographie de Levant	《黎凡特宇宙志》
Lyon, cité opulente	《里昂，富庶之城》
Description de la Ville de Lion	《里昂城市图》
Theoricarum novarum textus	《理论新网络》(格奥尔格·冯·波伊尔巴赫作品)
Epideigma sive specimen historiae . . . amplae Civitatis Ubiorum…	《历史的成就或理想……乌比的大城市……》(斯特凡·布罗埃尔曼作品)
Historisch verhael	《历史故事》(尼古拉斯·范瓦森纳尔) 作品
tailleur d'histoires et figures	《历史与图像裁剪人》
La mer des hystoires	《历史之海》
Magni Ducatus Lithuaniae Livoniae et Moscoviae descriptio	《立陶宛大公国、利沃尼亚和莫斯科大公国图志》
Commentariorum rerum Graecorum libri duo	《两卷希腊志》(沃尔夫冈·洛奇乌什作品)
A Treatise Called Lucarsolace	《卢克索乐斯论文》
Tabulae Rudolfinae	《鲁道夫星历表》
CARTE PARTICVLIERE DE LA COMTÉ DE ROSSILLON ET DE LA VALLEE DE CONFLENS	《鲁西永伯爵领和贡弗朗山谷专图》
Les glorieuses conquestes de Louis le Grand	《路易大王的光荣征服》
Civitas Londinum	《伦敦城市》

词汇原文	中文翻译
Commentarii rerum Austriacarum	《论奥地利》（沃尔夫冈·洛奇乌什作品）
Traicté des differences du compas aymanté	《论磁针罗盘偏差》
Traitté de la marine	《论航海》
De docta ignorantia	《论有学识的无知》（尼古劳斯·库萨努斯作品）
Von der Kriegsordnung oder der Kunst Krieg zu führen	《论战争的艺术》
Romani imperii imago	《罗马帝国疆域图》（亚伯拉罕·奥特柳斯作品）
Castrametatio	《罗马军营规划》
Rom Weg map	《罗马路线地图》（埃哈德·埃茨劳布作品）
Corpus agrimensorum Romanorum	《罗马土地测量文集》
A TRVE DESCRIPTION OF THE CITIE OF ROCHELL	《罗谢尔城市真图》
Itineraries	《旅程》（约翰·利兰作品）
A Booke Called the Treasure for Travellers	《旅行者宝藏之书》
Libellus de quatuor terrarum orbis in plano figurationibus	《略论在同一平面表现四个世界》（若阿内斯·维尔纳作品）
TERRES NEVEVES OV ISLES DES MOLUES	《马勒斯群岛新土地图》
Des sauvages	《蛮荒之地》
Topographia archiepiscopatuum Moguntinensis, Trevirensis et Coloniensis	《美因茨·特里尔和科隆大主教区图》
Geographische und historische Beschreibung der uberauβ grosser Landschafft America	《美洲广阔景观的地理和历史描述》（何塞·德阿科斯塔作品）
De situ confœderatorum descriptio	《盟邦地理位置的描述》（康拉德·蒂尔斯特作品）
Les vrais pourtraits et vies des hommes illustres	《名人传记及肖像图》
Treaty of Münster	《明斯特和约》
THE DISCRIPTION OF THE ISLANDES, AND CASTLE OF MOZAMBIQUE	《莫桑比克岛屿和城堡图》
Mercatoris atlas	《墨卡托的地图集》（塞缪尔·卡特赖特出版）
Den Nederlantschen Landt - spiegel	《尼德兰地区之镜》（扎卡赖亚斯·海恩斯作品）
Descrittione di tutti i Paesi Bassi	《尼德兰全境图志》（洛多维科·圭恰迪尼）
Nieut Kaert boeck vande XVII Nederlandsche Provincien	《尼德兰十七省地图集》（弗雷德里克·德威特作品）
Nieuw Nederlandtsch caertboeck	《尼德兰新地图集》（亚伯拉罕·戈斯作品）
"LE CALOIERO DE NISARO DIT PANEGEA"	《尼萨罗的加卢埃及其指示盘》
Norimberg	《纽伦堡》（康拉德·策尔蒂斯作品）
Nuremberg Chronicle	《纽伦堡编年史》
Description of the Citie of Noremberg	《纽伦堡城市图》
Theatrum Europaeum	《欧罗巴概观》
Aunis	《欧尼斯》
Coste d'Aunis	《欧尼斯海岸》
Mappa Europae	《欧洲地图》
Europae…descriptio	《欧洲地图……》
Epitome de la corographie de l'Europ	《欧洲的缩影》

词汇原文	中文翻译
Book of Sea - plats⋯Europe	《欧洲海图集》
Carta itineraria Europae	《欧洲路程图》（马丁・瓦尔德泽米勒作品）
Nieuwe Paschaerte⋯van Europa	《欧洲新海图》（科内利斯・杜松作品）
Livre de la marine du pilote Pasterot	《帕斯特罗海上领航手册》
Album amicorum	《朋友名录》（亚伯拉罕・奥特柳斯的制图师名录）
Account of Penbrokeshire	《彭布罗克郡记》
Description of Penbrokeshire	《彭布罗克图》
CARTE DE LA PROVINCE DE PICARDIE, BOVLONOIS, ARTOIS ET PAIS RECONQVIS	《皮卡第、布洛涅、阿图瓦和新征服地区图》
Traité de la plaine sphère	《平面星体论》
Parallela geographiae	《平行地理》
Purchas His Pilgrimes	《珀切斯朝圣之旅》
The Purchas Handbook	《珀切斯手册》
Generale regul	《普遍规则》
Gemeiner loblicher Eydgenossenschaft . . . beschreibung	《普鲁士联邦的整体描述》（约翰内斯・施通普夫作品）
Encomium Prussiae	《普鲁士颂》（格奥尔格・约阿希姆・雷蒂库斯作品）
La coste maritime de Provvence	《普罗旺斯沿岸地图》
Description generale et particuliere des costes et isles de Provence	《普罗旺斯沿海及岛屿总图及专图》
Prodromus geographicus	《普罗卓摩地理学》
Typi chorographici Provinciarum Austriae	《其他类型的奥地利行省地图》
Typi chorographici Provinciarum: Austriae	《其它类型的各省地理：奥地利》（沃尔夫冈・洛奇乌什作品）
Novus orbis regionum ac insularum veteribus incognitarum	《前人未知的地域和岛屿新世界》
Roteiro de navegacam daqui pera y India; Le grant routtier, pillotage et anerage de mer	《前往印度的航行、领航和锚地图》
Dialogo pio et specvlativo	《虔诚与冥想的对话》
Groote lichtende ofte vyerighe colom	《强光或火柱》
De sterctenbouwing	《强化建筑》（西蒙・斯泰芬作品）
NOVA DESCRITTIONE D' ITALIA DI GIO. ANTON. MAGINO	《乔・安东尼・马季诺意大利新图》（黑塞尔・赫里松作品）
Klaer lichtende noortster ofte zee - atlas	《清楚闪烁的北方恒星或海洋地图集》
De liefdesbrief	《情书》（扬・弗美尔作品）
De Universitäte liber	《全书》
Bol'shoy chertëzh	《全图》
Novus atlas absolutissimus	《全新地图集》（约翰内斯・扬松尼乌斯出版）
Het brandende veen	《燃烧的泥煤》
Burning Fen	《燃烧的泥煤》（英文版）

词汇原文	中文翻译
Geometrei, vonn künstlichem Messen vnnd Absehen allerhand Hobe...	《人工测量和各种高度凝缩的几何学》
CONGNOIS TOY TOYMESME	《认识你自己》
Compost manuel, calendrier et almanach perpetuel	《日历和永久年历手册》
Tables de la declinaison ou esloignement que fait le soleil de la ligne equinoctiale	《日偏角或日距晨昏线的距离表》
Svensche Plante Booken	《瑞典地形志》
Lapponiœ, Bothniœ, Cajaniœqvè regni Sveciœ provinciarvm septentrionalivm nova delineatio	《瑞典王国北部的拉普兰、波的尼亚、卡扬尼亚诸省新图》
Tabula nova Hermi Helvetiorum	《瑞士边地新地图》（康拉德·蒂尔斯特作品）
Cartographica Helvetica	《瑞士地图学》
Gemeiner loblicher Eydgnoschafft Stetten, Landen vnd Völckeren Chronick	《瑞士联邦值得编年史记录的地区、州和人民》（约翰内斯·施通普夫作品）
De duabus Sarmatiis . . .	《萨尔马蒂亚志》
Archaionomia	《萨克逊法律汇编》
Sarlatensis diocesis geographica delineatio vera & exacta	《萨拉特教区地理的真实精图》
Beschryvinghe vander Samoyeden landt	《萨摩耶德地区的描述》（黑塞尔·赫里松作品）
SEGUSIANI, PARTIE DU DIOECESE ET ARCHEVESCHE DE LYON: LE BAS FOREZ ET BEAUJOLOIS, ESLECTOINS DE ROANNE ET DE VILLEFRANCHE	《塞居西阿、里昂大主教区和主教区：下佛雷兹和博若莱、罗亚恩税区》
Carte des Sévenes	《塞汶地区图》
Les trois mondes	《三个世界》
Germaniae antiquae libri tres	《三卷古代日耳曼》
Commentariorum rerum germanicarum libri tres	《三卷日耳曼志》（彼得鲁斯·贝尔蒂乌斯作品）
The Merchants Mappe of Commerce	《商人的商业地图》
Kaufmanns Rechnung	《商人的账单》（彼得·阿庇安作品）
Description de la haulte et basse Picardye	《上下皮卡第图》
Superior Vngaria – Nicolo Angielini	《上匈牙利地区—尼科洛·安杰利尼》
MAPPE – MONDE, OU CARTE GENERALE DU MONDE DESSIGNÉE EN DEUX PLAN – HEMISPHERES	《设计为两个平面半球的世界地图》
Peregrinatio Filiorum Dei	《神之子的旅程》（克里斯蒂安·斯格罗滕作品）
Peregrinatio in Terram Sanctam	《圣地朝圣》
Theatrum Terrae Sanctae	《圣地概观》（克里斯蒂安·范阿德里歇姆作品）
Amplissima Terrae Sanctae descriptio ad vtrivsqve testamenti intelligentiam	《圣地每份圣约图》（赫拉尔杜斯·墨卡托作品）
Nova descriptio amplissimae Terrae Sanctae	《圣地新大图》（克里斯蒂安·斯格罗滕作品）
Geschichtsblätter	《史叶》
Polo aptata nova charta universi	《使用极投影的新版世界地图》
Chronica mundi	《世界编年史》（马丁·瓦尔德泽米勒作品）

词汇原文	中文翻译
Civitates orbis terrarum	《世界城市图》(弗兰斯·霍亨贝赫作品)
Sum [m] a totius orbis	《世界大全》
De orbis situ	《世界地理志》
Typvs orbis terrarvm	《世界地图》(亚伯拉罕·奥特柳斯《寰宇概观》中地图)
MIPART SEPTENTRIONALLE DV MONDE	《世界的北半部》
Orbis terrae compendiosa	《世界概要》
Cartes générales de toutes les parties du monde	《世界各部分总图》
General Collection of the Best and Most Interesting Voyages and Travels in All Parts of the World	《世界各地最优秀、最有趣的航行和旅行总集》
Speculum Orbis	《世界镜报》
Historia mundi	《世界历史》(塞缪尔·卡特赖特出版)
History of the World	《世界历史》(沃尔特·罗利作品)
La Galerie agréable du monde	《世界美景图集》(彼得·范德阿作品)
Des merveilles du monde, et principalement des admirables choses des Indes et du Nouveau Monde	《世界奇观和印度与新大陆的主要特产》
Sphaera mundi	《世界球体》(菲利普·梅兰希通作品)
Atlas of werelts – water – deel	《世界水域部分地图集》
Les cartes generales de toutes les parties du monde	《世界所有部分的总图》(尼古拉斯·桑松一世作品)
De Figura mundi	《世界图景》(尼古劳斯·库萨努斯作品)
De orbis situ ac descriptione	《世界形势与说明》(弗朗西斯·蒙纳楚斯作品)
Spieghel der werelt	《世界之镜》
Speculum orbis terrarum	《世界之镜》(赫拉德·德约德作品)
Speculi orbis	《世界之镜》(马蒂亚斯·格林曼作品)
Speculum orbis terrae	《世界之镜》(让·马塔尔作品)
Myrrour of the Worlde	《世界之镜》(英文版)
A Prospect of the Most Famous Parts of the World	《世界最著名部分的景观》
Voyage van experiment...	《试航》
Khorograficheskaya chertëzhnaya kniga	《手绘图录》
Nova et nunc primum edita Paludum Polesiae Tabula	《首次出版的最新波兰湿地地图》
itineraria scripta	《书面行程图》
Protomathesis	《数学元论》(奥龙斯·菲内作品)
Den groten dobbelden nieuwe Spiegel der zee – vaert	《双倍新大航海之镜》(科内利斯·克拉松作品)
Commencements de l'hidrographie	《水道测量学开端》
Geodrographie	《水地学》
The Safeguard of Sailors	《水手的安全保障》
Praxis nautica	《水手实践》
Hydrographie	《水文地理学》
Water – weereld	《水域世界》(约翰内斯·扬松尼乌斯作品)

词汇原文	中文翻译
Mémoires de MM. du Conseil pour la réformation de la justice	《司法改革委员会备忘录》
Historire du Pays nomme Spitsberghe	《斯匹茨卑尔根地区历史》(黑塞尔·赫里松作品)
Stvetgarder Vorst. Sambt dem gantzen Stuetgarder Ambt	《斯图加特图，附带斯图加特全部政府部门》(格奥尔格·加德纳作品)
The Surveior in Four Bookes	《四本书中的测量师》(阿龙·拉思伯恩作品)
Liber quadripartiti	《四论》(托勒密作品)
Scotiae Tabvla	《苏格兰地图》(亚伯拉罕·奥特柳斯作品)
Scotish Atlas, or the Description of Scotland Ancient & Mordern	《苏格兰地图集，或苏格兰的描绘：古代与现代》
Navigation du Roy d'Escosse Jacques cinquiesme du nom	《苏格兰国王詹姆士五世的航行》
A Rutter of the Scottish Seas	《苏格兰海洋航海手册》
VRAYE & EXACTE DESCRIPTION HYDROGRAPHIQUE DES COSTES MARITIMES D'ESCOSSE&DES ISLES ORCHADES HEBRIDES	《苏格兰与赫布里底群岛海岸真实水文详图》
Ungariae Tanst (eteri) descriptio . . .	《坦斯特特尔匈牙利图》
Chorographia Transylvaniae, Sybembürgen	《特拉瓦西亚即西贝姆比尔根地图》
De revolutionibus orbium coelestium libri VI	《天体运行论六卷》(尼古劳斯·哥白尼作品)
Almagest	《天文学大成》(托勒密作品)
De principiis astronomiae & cosmographiae deq [ue] vsu globi ab eodem editi	《天文学和宇宙志原理》(杰玛·弗里修斯作品)
Epistolarum astronomicarum libri	《天文学信札》
Asronomiae instauratae mechanica	《天文仪器》
Expedition into Scotland	《挺进苏格兰》
Pathway to Knowledge	《通向知识之路》(罗伯特·雷科德作品)
Astrolabium vranicvm generale	《通用星盘》
Vniversalis cosmographia	《通用宇宙学》
La cosmographie vniversalle	《通用宇宙学》(安德烈·特韦作品)
La cosmographie vniverselle de tovt le monde	《通用宇宙志》(弗朗索瓦·德贝勒福雷作品)
A Regiment for the Sea	《统治大海》
Boke Named the Gouernour	《统治者之书》
La perspective spéculative et pratique	《透视法的推理与实践》
Livre de perspectiue	《透视书》
Insularium illustratum	《图解岛屿》
Topographie Aug. Turon. Ducatus	《图赖讷公国地形图》
Rei agrariœ auctores legesque variœ	《土地立法及立法者》
Noua translatio primi libri Geographiœ Cl. Ptolemœi . . .	《托勒密〈地理学指南〉第一版的最新译本》(约翰内斯·维尔纳作品)

词汇原文	中文翻译
Descriptionis Ptolemaicae augmentum sive occidentis notitia	《托勒密地理学指南增补及西印度群岛》（科内利斯·范维特夫利特作品）
Descriptionis Ptolemaicae augmentum	《托勒密说明的补充》
Waggoner	《瓦格纳》（卢卡斯·扬松·瓦赫纳《航海之镜》的别称）
The Compleat Surveyor	《完美测量师》
Histoire d'André Thevet Angoumoisin, Cosmographe du Roy, de deux voyages par luy fait aux Indes australes, et occidentales	《王室宇宙学家安德烈·特韦·昂古莱姆辛的历史，及其两次南印度群岛和西印度群岛之旅》
Povest' vremennykh let	《往年纪事》
Treaty of Westphalia	《威斯特伐利亚和约》
Nova et aucta orbis terrae descriptio ad usum navigantium emendate accommodate	《为航海绘制的新世界地图》
Certaine Briefe and Necessarie Rules of Geographie, Seruing for the Vnderstanding of Chartes and Mappes	《为理解海图和地图的地理学确定信念与必需法则》
Vindeliciae veteris descriptio	《文德里齐旧地图》（马库斯·韦尔泽作品）
Treaty of Utrecht	《乌得勒支条约》
Tabula geographica Ukrainska	《乌克兰地理图》
Delineatio generalis camporum desertorum vulgo Ukraina cum adiacentibus provinciis	《乌克兰及接壤省份总图》
Utopia	《乌托邦》
VIGORNIENSIS (VULGO WORCESTERSHIRE) COMITAT: DESCRIPTIO	《伍斯特（俗称伍斯特郡）附图》
Phaenomena	《物象》
Expeditionis Hispanorum in Angliam vera descriptio	《西班牙远征英格兰实况地图》（奥古斯丁·赖瑟作品）
North - West Fox	《西北福克斯》
Chertëzhnaya kniga Sibiri	《西伯利亚图录》
HIBERNIA: INSULA NON PROCUL AB ANGLIA VULGARE HIRLANDIA VOCATA	《西伯尼亚：离英格兰不远的岛屿，俗称爱尔兰》
Napasser vande westersche ende oostersche zee - vaert	《西部和东部海域航行指南》（霍弗特·威廉松·阿德里安·费恩作品）
Westercaerte	《西方地图》
Paskaarte van de westersche zee	《西方海域海图》
West Indische paskaert	《西印度海图》
Tabula moderna Germania	《现代德意志地图》
phenomena	《现象》（亚拉图作品）
Description dv pays armoriqve a present Bretaigne	《现在叫布列塔尼的阿摩立卡地区图》
CARTE G [E] N [ER] ALLE DE CHA [M] PAIGNE	《香槟地区总图》
PLAN ET DESCRIPTION PARTICULIÈRE DES MARAITS DESSEICHÉS DU PETIT POICTOU AVECQ LE PARTAIGE SUR ICELLUY	《小普瓦图地区排干的沼泽区及该区划分详图》

词汇原文	中文翻译
Quot picta estt parua Germania tota tabella . . .	《小型德意志全图》
Kleyne zee - caertbouck	《小型海图集》
Irelande…Diligently and Truly Collected	《辛勤真实收集的……爱尔兰》
De nieuw'en groote Loots - mans zee - spiegel	《新版大型洛茨曼海洋之镜》
Mappe - monde novvelle Papistiqve	《新版教宗世界地图》
Nouvelle biographie générale	《新编传记大全》
De nieuwe groote lichtende zee - fakkel	《新出大型闪亮的海洋火炬》
Nova Totius Terrarum Orbis Geographica ac Hydrographica Tabula	《新地理与水文全图》
Novaya Zemlya	《新地球》
Novus atlas	《新地图集》(威廉·扬松·布劳出版)
Nuevo atlas	《新地图集》(威廉·扬松·布劳出版,西班牙文)
Atlas Novus	《新地图集》(约翰内斯·扬松尼乌斯出版)
Nieuwe groote ververderde zee	《新的大型消失的海洋》
Nova totivs Germaniœ, clarissimœ et dvlcissimœ nostrœ patriœ descriptio	《新的德意志全境,我们国家的全新甜美描绘》(克里斯蒂安·斯格罗滕作品)
Carte geographiqve de la Novvelle Franse	《新法兰西地理图》
Carte de la nouuelle france	《新法兰西地图》
Les voyages de la Novvelle France	《新法兰西旅程》
Graetboecxken naden nieuwen stijl	《新风格定位手册》
Gallia novella	《新高卢》(弗朗切斯科·贝林吉耶里作品)
Nieuwe zeeatlas of water - werelt	《新海洋地图集或水域世界》
Den nieuwen Spieghe der zee vart. . .	《新航海之镜》(卢卡斯·扬松·瓦赫纳作品)
Ngvineae Nova Descriptio	《新几内亚地图》
Het nieuw vermeerde licht, ghenaemt de sleutel van't tresoor, spiegel, gesicht, ende vierighe colom des grooten zeevaerts	《新加强的光:被称为大东方航行的火柱、视野、镜鉴和宝藏的钥匙》
Almanach nova	《新历书》(约翰内斯·斯特夫勒作品)
The New Year's Gift	《新年礼物》
Nieuvve wereldt	《新世界》(约翰内斯·德拉埃特作品)
Nouveau monde	《新世界地图》
Historie van de Nieuwe Werelt	《新世界史》
Erklerung des newen Instruments der Sunnen	《新太阳仪器解释》(塞巴斯蒂安·明斯特尔作品)
Astronomia nova seu physica coelestis	《新天文学或天体物理学》(约翰内斯·开普勒作品)
A New General Collection of Travels	《新通用旅行合集》
New Attractiue	《新吸引力》
Description of New England	《新英格兰地图》(约翰·史密斯作品)
The South Part of New - England	《新英格兰的南部》(威廉·伍德作品)
New Englands Prospect	《新英格兰展望》(威廉·伍德作品)
De groote nieuwe vermeerderde zee - atlas ofte water - werelt	《新增补的大型海洋地图集或水域世界》

词汇原文	中文翻译
Rudimentum novitiorum	《新知概说》
Ephemerides	《星历表》（约翰内斯·雷吉奥蒙塔努斯作品）
Elvcidatio fabricæ vsvsqve astrolabii	《星盘的构建与使用》（约翰内斯·斯特夫勒作品）
Novae theoriae planetarum	《行星的新理论》
Sluzhebnaya chertëzhnaya kniga	《行政图集》
Tabula Hungarie	《匈牙利地图》
Hungariae descriptio...	《匈牙利地图》（洛奇乌什作品）
Atlas Hungaricus	《匈牙利地图集》
Cartographica Hungarica	《匈牙利地图学》
Descriptio Hungariae	《匈牙利描绘》
Des Khünigreich Hungern sampt seinen eingeleibten Landen gründliche und warhafftige Chorographica Beschreybung...	《匈牙利王国及其附属领土的完整和真实的地理描述》
Regni Hvngariae descriptio vera	《匈牙利王国写实》
Carte de France corrigée	《修订版法兰西地图》
Atlas minor	《袖珍地图集》（约道库斯·洪迪厄斯出版）
L'art et manière de trouver certainement la longitude	《寻找经度的技艺和方法》
Abraham Ortelivs: His Epitome of the Theater of the Worlde	《亚伯拉罕·奥特柳斯：他的寰宇概观的缩编本》
Nieuwe Lantkaarte van hetNoorder en Ooster deel van Asia en Europa	《亚洲北部、东部及欧洲新地图》
Livre de pourtraicture	《要塞书》
LA COMPOSITION ET USAIGE D'UN SINGULIER MÉTHÉOROSCOPE GÉO GRAPHIQUE	《一种地理投影仪或平面天体图的构成与应用》（奥龙斯·菲内作品）
Libellvs de locorvm describendorvm ratione	《一种描述地点的小册子》
DESCRPSION DES COSTS P [OR] TS RADES ILLES DE LA NOUUELLE FRANCE FAICT SELON SON VRAY MERIDIEN	《依据子母线绘制的新法兰西海岸和港口图》
Instrument Buch	《仪器书》（彼得·阿庇安作品）
Itinera Israelitum	《以色列行程》
Theatrum civitatum et admirandorum Italiœ	《意大利城市和美景概观》（约翰·布劳出版）
LA CARTE DITALIE	《意大利地图》
Theatrum Italiae	《意大利概观》
Courante uit Italië	《意大利新闻》
A Catalogue of Plates and Pictures	《印版和图片目录》
Historia natural y moral de las India	《印度的自然和道德历史》
The Chronicles of England, Scotlande, and Irelande	《英格兰、苏格兰和爱尔兰编年史》（拉斐尔·霍林斯赫德作品）
Angliae Scotiae & Hibernie noua descriptio	《英格兰、苏格兰和爱尔兰新图》（赫拉尔杜斯·墨卡托作品）
Art of Navigation in England	《英格兰的航海技艺》
Particuler Description of England with the Portraitures of Certaine of the Cheiffest Citties & Townes	《英格兰的特别描述，及某些主要城市与城镇的肖像》

词汇原文	中文翻译
The Famouse West Indian Voyadge Made by the Englishe Fleete	《英格兰舰队著名的西印度航程》
English Pilot	《英格兰领航员》
A Direction for the English Traviller	《英格兰旅行指南》
TYPVS ANGLI	《英格兰图》
Principall Navigations	《英语民族主要导航、航行和发现》
Treaty of Camp	《营地条约》
Theatre des bons engins	《优良装备概观》(纪尧姆·德拉皮耶尔作品)
Helvetia Iulii Caesaris	《尤利乌斯·凯撒的瑞士》
Loca in Ungaria recepta ab invictiss. Imp. Max. II	《由不可战胜的皇帝马克西米利安二世从异教徒处收复的匈牙利》
Nieuwe paschaerte getrocken by Cornelis Douszoon inde 4 heems: Kinderen chaertschrijver, begrijpende seer perfectelijck alle de zeecusten van Europa	《由科内利斯·杜松以四兄弟绘图者画的新海图,包括非常准确的全欧洲的海岸线》
The Vse of the Celestial Globe in Plano, Set Foorth in Two Hemispheres	《由两个半球组成的平面天球仪的应用》
Vuenceslai Godreccii in tabulam Poloniae a se descriptam nuncupatoria ad Sigismundum II Augustum Poloniae regem	《由文塞斯莱·格德莱奇献给波兰国王西吉斯蒙德二世的波兰地图》
Hertochdommen Gulick, Cleve...	《于利希、克利夫等公国……》(黑塞尔·赫里松作品)
Morosophie	《愚人的智慧》(纪尧姆·德拉皮耶尔作品)
Cosmography	《宇宙学》(塞巴斯蒂安·明斯特尔作品)
Rudimenta Cosmographica	《宇宙学基础》(约翰内斯·洪特作品)
Cosmographiae introductio	《宇宙学简介》(彼得·阿庇安作品)
Cosmographical Glasse, Conteiying the Pleasant Principles of Cosmographie, Geographie, Hydrographie, or Nauigation	《宇宙之镜,宇宙学、地理学、水文学及航海学令人愉快的原则》
Cosmographical Glasse	《宇宙之镜》(威廉·卡宁厄姆作品)
De cosmographia	《宇宙志》(奥龙斯·菲内作品)
Cosmographicus liber	《宇宙志》(彼得·阿庇安作品)
Quadratura circuli	《圆形求积》
Methodus apodemica	《远游图》
Britannia Insvlarvm in oceano maxima a caio	《在大洋彼岸的不列颠群岛》(克里斯托弗·萨克斯顿作品)
Libellus de quatuor terrarum orbis in plano figurationibus	《在平面的世界上的四点……》(约翰内斯·维尔纳作品)
Additamenta	《增补》(《寰宇概观》系列)
Epitome	《摘录》
Margarita philosophica	《哲学撷珍》(格雷戈尔·赖施作品)
padrón real	《真实图像》
Pacata Hiberniae	《镇抚爱尔兰》
Oprecht fyrie colomne	《正直的火柱》(雅各布·阿尔松·科洛姆作品)
Novus atlas Sinensis	《中国新图志》

词汇原文	中文翻译
Imperii Sinarum nova descriptio	《中华帝国新图》
The True Description or Draffte of that Famous Ile of Wighte	《著名的怀特岛的真实地图或草图》
Famous and Rare Discoveries	《著名和罕见的发现》（约翰·迪伊作品）
Preparative	《准备》
General Description	《总体描绘》
generales descriptions	《总图》（尼古拉·德尼古拉作品）
Recens et integra orbis descriptio	《最近世界全图》（奥龙斯·菲内作品）
Hyberniae novissima descriptio	《最新爱尔兰地图》
Nova, et integra vniversi orbis descriptio	《最新世界全图》（奥龙斯·菲内作品）
Vngariœ loca prœcipva recens emendata	《最新修订匈牙利特别地区地图》
True Discourse of the Late Voyages of Discouerie, for the Finding of a Passage to Cathaya	《最新寻找中国航道探险信史》（乔治·贝斯特作品）
Tooneel de vermaarste Koopsteden	《最著名商业都会概观》（约翰内斯·扬松尼乌斯·范瓦斯贝尔亨作品）
Luculentissima quaeda [m] terrae totius descriptio	《最卓越的世界全图》（约翰内斯·舍纳作品）
1559 treaty of Cateau – Cambrésis	1559 年卡托康布雷西条约
A. F. Naryshkin	A. F. 纳雷什金
A. V. (Alexey) Postnikov	A. V.（阿列克谢）波斯科尼夫
A. E. Nordenskiöld	A. E. 诺登舍尔德
A. Korenev	A. 克列涅夫
A. Nepripasov	A. 内普里帕索夫
A. Thomas	A. 托马斯
D. A. Trauernicht	D. A. 特劳尼奇特
D. Potapov	D. 波塔波夫
F. V. Emery	F. V. 埃默里
F. Shibin	F. 斯基宾
I. Matveyev	I. 马特维耶夫
I. Sosnin	I. 索斯宁
J. A. Tessing	J. A. 特辛
J. – B. Guerini	J. – B. 圭里尼
J. H. Andrews	J. H. 安德鲁斯
J. Guillot	J. 吉约
J. Monnerye	J. 蒙纳尔耶
L. A. Goldenberg	L. A. 戈登堡
N. Du Carlo	N. 迪卡洛
N. Lamber	N. 兰伯特
P. Dupay	P. 迪佩
S. Sharygin	S. 沙雷金
T – O map	T – O 地图

词汇原文	中文翻译
V. Kordt	V. 科尔特
V. Shulgin	V. 舒利金
V. Yerofeyev	V. 叶罗费耶夫
Abel Jansz. Tasman	阿贝尔·扬松·塔斯曼
Abitbi River	阿伯蒂比河
Lake Abitbi	阿伯蒂比湖
Aberdeen	阿伯丁
Aberdeenshire	阿伯丁郡
Aberystwyth	阿伯里斯特威斯
Abchurch Lane	阿布丘奇巷
Abbeville	阿布维尔
Archangelo Arcano	阿查杰戈·阿尔卡诺
Archer	阿彻
Ardres	阿德尔
Adriaen Anthonisz.	阿德里安·安东尼松
Adriaen Block	阿德里安·布洛克
Adriaen Gerritsz.	阿德里安·赫里松
Adriaen Collaert	阿德里安·科莱尔特
Adriaen Matham	阿德里安·马塔姆
Adriaan Metius	阿德里安·梅修斯
Adriaan Moetjens	阿德里安·穆廷斯
Adriaen Veen	阿德里安·维恩
Andreas Bureus	阿德列亚斯·布雷乌斯
Jacob Cornelisz. van Neck	阿德米拉尔·雅各布·科内利松·范内克
Ardennes	阿登
Forest of Arden	阿登森林
Adolarius Erichius	阿多拉里乌斯·埃里希乌斯
Alps	阿尔卑斯山
Albert Anthiaume	阿尔贝·昂蒂阿奥梅
Albert Jouvin de Rochefort	阿尔贝·茹万·德罗什福尔
Aelbert Haeyen	阿尔贝尔特·哈延
Albert Brudzewo	阿尔贝特·布鲁泽沃
Albert von Sachsenand	阿尔贝特·冯·萨克森南德
Albertina	阿尔贝提那
Albertinische	阿尔贝廷
Alberto Cantino	阿尔贝托·卡蒂诺
Albrecht Dürer	阿尔布雷希特·丢勒
Albrecht von Bonstetten	阿尔布雷希特·冯·邦施泰滕
Albrecht V	阿尔布雷希特五世（巴伐利亚公爵）

词汇原文	中文翻译
Aldan	阿尔丹河
hôpital des Ardents	阿尔当医院
Aardenburg	阿尔登堡
Sieur d'Arfeuille	阿尔弗伊领主
Algonquins	阿尔冈昆人
Arkhangelsk	阿尔汉格尔斯克
Algernon Percy	阿尔杰农·珀西
Arques	阿尔克
Alkmaar	阿尔克马尔
Arles	阿尔勒
Arlon	阿尔隆
Armand Jean du Plessis	阿尔芒·让·迪普莱西
Armentiéres	阿尔芒蒂耶尔
Almería	阿尔梅里亚
Almelo	阿尔默洛
Aernoud (Aernout) van Buchell	阿尔瑙特·范布谢尔
Arno	阿尔诺
Alsace	阿尔萨斯
arshin	阿尔申
Aarschot	阿尔斯霍特
Aalst	阿尔斯特
Ulster	阿尔斯特
Altdorf	阿尔特多夫
Duke of Alba	阿尔瓦公爵
Alberto	阿尔韦托
Arseniev	阿尔谢尼耶夫
Afanasiy N. Remezov	阿法纳西·N. 列梅佐夫
Afanasy von Beiton	阿法纳西·冯·贝顿
Afanasiy Ivanovich Mezentsov	阿法纳西·伊万诺维奇·梅津措夫
Agosino Ramelli	阿戈斯蒂诺·拉梅利
Agde	阿格德
Aa	阿河
Ahvenanmaa Is.	阿赫韦南马群岛
Akimiski	阿基米斯基岛
Aquitaine Gauls	阿基坦高卢
Agaram	阿加拉姆
Agatha van der Hem	阿加莎·范德赫姆
Agas	阿加斯
Acadia	阿卡迪亚

词汇原文	中文翻译
Acre	阿科
Akerman	阿克曼
Axel	阿克塞尔
Akershus	阿克什胡斯
Catherine of Aragon	阿拉贡的凯瑟琳
Arács	阿拉齐
Arras	阿拉斯
Alijt Meynaerts	阿莱特·迈纳茨
Alez	阿莱兹
Alain de Mathoniere	阿兰·德马托尼埃
Alemania	阿勒曼尼亚
Alexis – Hubert Jaillot	阿历克西·于贝尔·雅伊洛
Aleksey Galkin	阿列克谢·加尔金
Aleksey Mikhailovich	阿列克谢·米哈伊洛维奇
Aleksinsk	阿列克辛
Aaron Rathborne	阿龙·拉思伯恩
Alonzo de Velasco	阿隆索·德贝拉斯科
aln	阿伦（瑞典测量单位）
Arend W. Lang	阿伦德·W. 朗
Arend van Aich	阿伦德·范艾希
Arundel	阿伦德尔
Arundel	阿伦德尔
Arent Roggeveen	阿伦特·罗赫芬
Aloisius Blancus	阿洛伊修斯·布兰库斯
Halluin	阿吕安
Amerigo Vespucci	阿梅里戈·韦斯普奇
Ameland	阿默兰岛
Amersfoort	阿默斯福特
Amu Darya	阿姆河
Amstelland	阿姆斯特兰
Anabar	阿纳巴尔河
Anadyr	阿纳德尔
Anadyr	阿纳德尔河
Arnhem	阿纳姆
Arnemuiden	阿讷默伊登
Annet de Levi	阿内·德莱维
Arnold Floris	阿诺尔德·弗洛里斯
Arnold Colom	阿诺尔德·科洛姆
Arnold Nicolai	阿诺尔德·尼科莱

词汇原文	中文翻译
Arnold Pannartz	阿诺尔德·潘纳茨
Arnoldus Mercator	阿诺尔德斯·墨卡托
Arnoldo di Arnoldi	阿诺尔多·迪·阿诺尔迪
Appingedam	阿平厄丹
Apremont	阿普勒蒙
Arsenal	阿塞纳尔
Arthur Pet	阿瑟·佩特
Ushant	阿申特岛
Ashbourne	阿什本
Ashdown Forest	阿什当森林
Ashridge	阿什里奇
Ashley Baynton – Williams	阿什利·贝恩顿–威廉姆斯
Asperen	阿斯佩伦
Astrakhan	阿斯特拉罕
Atahualpa	阿塔瓦尔帕
Ath	阿特
Arthur Durst	阿图尔·杜尔斯特
Artois	阿图瓦
Avesnes	阿韦讷
Avignon	阿维尼翁
Pulo Ay	阿依岛
Eberhard David Hauber	埃伯哈德·达维德·豪贝尔
Edam	埃丹
Edmond Doran	埃德蒙·多兰
Edmond Halley	埃德蒙·哈利
Edmund Yorke	埃德蒙·约克
Elburg	埃尔堡
Elbing (Elbląg)	埃尔宾
Elblag	埃尔布隆格
Emden	埃尔登
El Dorado	埃尔多拉多
Elford	埃尔福德
Hernán Cortés	埃尔南·科尔特斯
Effingham	埃芬厄姆
Evrard Bredin	埃夫拉尔·布勒丹
Evert Gijsbertsz.	埃弗特·海斯贝尔松
Evert Sijmonsz. Hamersveldt	埃弗特·西蒙松·哈梅斯费尔特
Eger	埃格河
Erhard Etzlaub	埃哈德·埃茨劳布

词汇原文	中文翻译
Erhard Reich	埃哈德·赖希
Erhard Reuwich	埃哈德·罗伊维希
Egmond	埃赫蒙德
Aegidius Tschudi	埃吉迪乌斯·楚迪
Aegidius Martini	埃吉迪乌斯·马丁尼
écus	埃居（货币单位）
rue des Ecoles	埃科莱街
Erkelenz	埃克伦茨
Exeter	埃克塞特
Eratosthenes	埃拉托色尼
Loch Eriboll	埃里博尔湾
Eric Palmquist	埃里克·帕姆奎斯特
Erik Walkendorf	埃里克·瓦尔肯多尔夫
Élie Vinet	埃利·维内
Eliot Court Press	埃利奥特宫廷出版社
Elias Olsen Morsing	埃利亚斯·奥尔森·莫尔辛
Elias Camerarius	埃利亚斯·卡梅拉留斯
Ehrensvärd	埃伦斯韦德
Edmund Tirrell	埃蒙德·蒂雷尔
Emilije Laszowski	埃米利耶·拉佐斯基
Emery Molyneux	埃默里·莫利纽克斯
Emmerich	埃默里希
Emden	埃姆登
Ems	埃姆斯河
Lingen (Eems)	埃姆斯河畔林根
Enea Silvio de Piccolomini	埃内亚·西尔维奥·德皮科洛米尼
Hainaut	埃诺
Epinett	埃皮纳特
Essex	埃塞克斯
Essequibo	埃塞奎博
Essequibo	埃塞奎博河
Ethiopa	埃塞帕（即西非）
L'Escau	埃斯科河（即斯海尔德河）
Condé - sur l'Escaut	埃斯科河畔孔代
Aslake	埃斯雷克
Esztergom	埃斯泰尔戈姆
Thomas of Esztergom	埃斯泰尔戈姆的托马斯
Estc	埃斯特
Avon	埃文河

词汇原文	中文翻译
Stratford upon Avon (Stratford – on – Avon)	埃文河畔斯特拉特福
Herve	埃沃
Fossa Eugeniana	埃乌赫尼亚渠
Echt	埃希特
Echternach	埃希特纳赫
Egidius [Gielis] Coppens van Diest	埃伊迪乌斯［吉利斯］·科庞·范迪斯特
Eider	艾德河
Eiderstedt	艾德斯特德
Etienne Du Pérac	艾蒂安·杜佩拉克
Etienne Tabourot des Accords	艾蒂安·塔布罗·德阿科
Etienne Vouillemont	艾蒂安·武耶蒙
Eindhoven	艾恩德霍芬
Ayr	艾尔
Eilhard Lubi	艾尔哈德·卢比
Aire	艾尔河
IJlst	艾尔斯特
Eifel	艾费尔高原
Aix	艾克斯
Ekstrand	艾克斯特兰德
Ayloffe	艾洛夫
Aymar de Chaste	艾马·德沙斯特
Isaac van Geelkercken	艾萨克·范盖尔凯垦
Ijssel	艾瑟尔
IJsselstein	艾瑟尔斯泰恩
Ivychurch	艾维彻奇
Eichstatt	艾希施泰特
Eichstätt map	艾希施泰特地图
Einsiedeln	艾因西德伦
Edward Dodsworth	爱德华·多兹沃思
Edward Fenton	爱德华·芬顿
Edward Gorrell	爱德华·戈雷尔
Edward Whitchurch	爱德华·惠特彻奇
Edward Rastawiecki	爱德华·拉斯塔维基
Edward Wright	爱德华·赖特
Edward Stafford	爱德华·斯塔福德
Edward Williams	爱德华·威廉姆斯
Edward Worsop	爱德华·沃尔索普
Edward VI	爱德华六世（英格兰国王）
Edward IV	爱德华四世（英格兰国王）

词汇原文	中文翻译
Edinburgh	爱丁堡
Erfurt	爱尔福特
National Library of Ireland	爱尔兰国家图书馆
IRISH SEA	爱尔兰海
De Liefde	爱情号
ESTONIA	爱沙尼亚
Family of Love	爱之家族
Amboina	安波那
Ambroise Bachot	安布鲁瓦兹·巴肖
Ambrose Holbein	安布罗斯·霍尔拜因
Ambrosio Contarini	安布罗西奥·孔塔里尼
Ambrosius Arsenius	安布罗修斯·阿西尼厄斯
Ambrosius Schevenhuysen	安布罗修斯·斯赫芬黑森
Lake Ontario	安大略湖
Andreas Kielman	安德列亚斯·凯尔蒙
Andreas Cratander	安德列亚斯·克拉坦德
Andrei Andreyevich Winius	安德烈·安德烈耶维奇·威尼乌斯
André Homem	安德烈·奥梅姆
André Thevet	安德烈·特韦
Andrea Alciati	安德烈亚·阿尔恰蒂
Andrea Bianco	安德烈亚·比安科
Andrea Pograbski (Andreas Pograbka)	安德烈亚·波格拉布斯基
Andreas Cellarius	安德烈亚斯·策拉留斯
Andreas Walsperger	安德烈亚斯·瓦尔斯波哥
Andreas Winkler	安德烈亚斯·温克勒
Andreyev	安德烈耶夫
Andrew White	安德鲁·怀特
Andrew Cock	安德鲁·库克
Andrew Perne	安德鲁·佩内
Andrew Welch	安德鲁·韦尔奇
Anders Steng	安德斯·斯特伦
Anders Torstensson	安德斯·托尔斯滕松
Antilles	安的列斯群岛
Anticosti	安蒂科斯蒂岛
Antoon van den Wijngaerde	安东·范登韦恩盖尔德
Anton Koberger	安东·科波格尔
Anton Woensam von Worms	安东·韦恩萨姆·冯·沃姆斯
Anton Wierix	安东·维里克斯
Anthony Ashley	安东尼·阿什利

词汇原文	中文翻译
Anthony Anthony	安东尼・安东尼
Anthony Browne	安东尼・布朗
Anthony Hippon	安东尼・希彭
Anthonie Jacobsz.	安东尼・雅各布松
Anthony Jenkinson	安东尼・詹金森
Antonio Bonfini	安东尼奥・邦菲尼
Antonio de Espejo	安东尼奥・德埃斯佩霍
Antonio de Berrío	安东尼奥・德贝里奥
Antonio Fernandes	安东尼奥・费尔南德斯
Antonio Lafreri （Antoine Lafréry）	安东尼奥・拉夫雷里
Antonio Magliabechi	安东尼奥・马里亚贝基
Antonio Pigafetta	安东尼奥・皮加费塔
Antonio Salamanca	安东尼奥・萨拉曼卡
Anthonius Adriaensz. Metius	安东尼乌斯・阿德里安松・梅修斯
Antonius Gogava	安东尼乌斯・戈加瓦
Antonius Sanderus/Antoon Sanders	安东尼乌斯・桑德吕斯
Anthonius Wied	安东尼乌斯・维德
Angus	安格斯
Cape Ann	安海角
Angara	安加拉河
Angevin	安杰文
Anders Sørensen Veder	安诺斯・瑟伦松・韦泽尔
Anjou	安茹
Antão Luís	安唐・路易斯
Antwerp	安特卫普
Antwerp Saint Lucas Guild	安特卫普圣卢卡斯行会
Antigua	安提瓜
Antoine d'Effiat	安托万・达埃菲亚
Antoine de Fer	安托万・德费尔
Antoine de Laval	安托万・德拉瓦尔
Antoine de Champlain	安托万・德尚普兰
Antoine Du Pinet	安托万・迪皮内
Antoine Sercamanen	安托万・塞尔卡马南
Embrun	昂布兰
Ambleteuse	昂布勒特斯
Amboise	昂布瓦斯
Angoulême	昂古莱姆
Enghien	昂吉安
Enguilbert	昂吉尔贝尔

词汇原文	中文翻译
Angers	昂热
Awnsham Churchill	昂沙姆·丘吉尔
Åbenrå	奥本罗
Oporinus	奥波里努斯
Oberstift	奥伯斯蒂夫特
Åbo	奥布（图尔库的瑞典语地名）
Odet de Selve	奥代·德塞尔夫
Oder	奥得河
Frankfurt am Oder	奥得河畔法兰克福
Oudenaarde	奥德纳尔德
Oudewater	奥德瓦特
Oudenburg	奥登堡
Oldenburg	奥尔登堡
Oldenzaal	奥尔登扎尔
Olkusz	奥尔库什
ORLÉANAIS	奥尔良
Gaston d'Orléans	奥尔良公爵加斯东
Orlov	奥尔洛夫
Orchies	奥尔希
Auvergne	奥弗涅
Putot – en – Auge	奥格地区皮托
Ogehage	奥格哈格
Ogloblin	奥格洛布林
Augsburg	奥格斯堡
Sodalitas Augustana	奥格斯堡社团
Religious Peace Of Augsburg	奥格斯堡宗教和约
Augustine Ryther	奥古斯丁·赖瑟
Augustin Hirschvogel	奥古斯丁·希尔施福格尔
Augustinian can chapter	奥古斯丁修士团
August Wolkenhauer	奥古斯特·沃尔肯豪尔
August I	奥古斯特一世（萨克森选侯）
Augustijn Heerman (Herrman)	奥古斯廷·海尔曼
Augier	奥吉耶
Oka	奥卡河
Orkney	奥克尼
Orkney Islands	奥克尼群岛
Oradea	奥拉迪亚
Olav Engelbriktsson	奥拉夫·恩耶尔布里克聪
Oleron	奥莱龙岛

词汇原文	中文翻译
Orange	奥兰治
Willem van Oranje	奥兰治亲王威廉
Olaus Bureus	奥劳斯·布雷乌斯
Olaus Magnus	奥劳斯·芒努斯
Ole Worm	奥勒·沃尔姆
Orinoco River	奥里诺科河
Orivesi	奥里韦西
Olivier van Noort	奥利维尔·范诺尔特
Olivier Bisselin	奥利维耶·比塞兰
Olivier Truschet	奥利维耶·特吕斯谢
Olekma	奥廖克马河
Oleshnya	奥列什尼亚河
Olinda	奥林达
Olyutorsk Peninsula	奥柳托尔斯基半岛
Oronce Fine	奥龙斯·菲内
Oulu	奥卢
Olof Gangius	奥洛夫·冈伊乌斯
Olof Hansson Svart	奥洛夫·汉松·斯瓦特
Olof Larsson Tresk	奥洛夫·拉松·特雷斯克
Omagh	奥马
Omoloy	奥莫洛伊河
Ommelanden	奥默兰登
Lake Onega	奥涅加湖
Honoré	奥诺雷
Honoré de Bonnefons	奥诺雷·德博纳丰
Oppenheim	奥彭海姆
Oscar Peschel	奥斯卡·佩舍尔
Oskol	奥斯科尔河
Oslo	奥斯陆
OTTOMAN EMPIRE	奥斯曼帝国
Oostende	奥斯坦德
Oostburg	奥斯特堡
Osterley	奥斯特利
Ostrog	奥斯特罗格
Ostende	奥斯滕德
Oswestry	奥斯沃斯特里
Ottavio Baldigara	奥塔维奥·巴尔迪加拉
Ottavio Pisani	奥塔维奥·皮萨尼
Ootmarsum	奥特马瑟姆

词汇原文	中文翻译
Otto Friedman	奥托·弗里德曼
Augustijn Robaert	奥许斯泰因·罗巴尔特
Ozerishche	奥泽里谢
Eighty Years War	80 年战争
Barbados	巴巴多斯
Barbary	巴巴里
Bapaume	巴波姆
Batavian Republic	巴达维亚共和国
Battista Agnese	巴蒂斯塔·阿格内塞
Battista Testa Rossa	巴蒂斯塔·泰斯塔·罗萨
Bar	巴尔
Baldassare Castiglione	巴尔达萨雷·卡斯蒂廖内
Baltic Sea	巴尔的海
Baltimore	巴尔的摩
Lake Balgash	巴尔喀什湖
Balthasar Florisz. van Berckenrode	巴尔塔扎·弗洛里松·范贝尔肯罗德
Balthasar Zimmermann	巴尔塔扎·齐默尔曼
Balthasar Jenichen	巴尔塔扎·耶尼兴
Balthazar Arnoullet	巴尔塔扎尔·阿尔努莱
Balthazar Moncornet	巴尔塔扎尔·蒙科尔内
Bartolo da Sassoferrato	巴尔托洛·达萨索费拉托
Bartholomaus Scultetus	巴尔托洛毛斯·斯库尔特图斯
Bartholomeo Lasso	巴尔托洛梅奥·拉索
Bartolomeu Lasso	巴尔托洛梅乌·拉索
Bavaria	巴伐利亚
Baffin	巴芬
Bagge Wandel	巴格·汪戴尔
Insula Baccalauras	巴卡留岛
Lake Balaton	巴拉通湖
Barenton	巴朗通
Bar – le – Duc	巴勒迪克
Palermo	巴勒莫
Paris	巴黎
Barent Langenes	巴伦特·兰赫内斯
Barents Sea	巴伦支海
Barnet	巴尼特
Bagneres – de – Bigorre	巴涅尔 – 德比戈尔
Baptista van Doetecum	巴普蒂斯塔·范多特屈姆
Basse Auvergne	巴塞·奥弗涅

词汇原文	中文翻译
Basel	巴塞尔
Basel Plan	巴塞尔平面图
Bartholomew Columbus	巴塞洛缪・哥伦布
Bashkiria	巴什基里亚
Bastogne	巴斯托涅
Barthel Stein	巴特尔・施泰因
Radkersburg	巴特拉德克斯堡
Barthold Wicheringe	巴托尔德・维歇林格
Bartole	巴托莱
Bartholomäus Mercator	巴托罗缪・墨卡托
Bartolomé García	巴托洛梅・加西亚
Bavay	巴韦
Baia Mare	巴亚马雷
Bailleul	巴约勒
Bayonne	巴约讷
Barbara Smets	芭芭拉・斯梅茨
White Sea	白海
White Lake	白湖
Beloozera	白湖（俄）
Buckingham	白金汉
Buckinghamshire	白金汉郡
Belaya Rus’	白罗斯
Berlin	柏林
Byfield	拜菲尔德
Benedictine monastery	拜奈迪茨廷修道院
Banda Neyra	班达内拉
Banda Islands	班达群岛
Binche	班什
Banskú Bystrica	班斯卡 – 比斯特里察
Bantry Bay	班特里湾
half – minute glass	半分镜
Bondestöten	邦德矿口
Pascaerte inhoudende dat gheheele oostersche en noortsche vaerwater	包含整个东方和北方航区的海图
Bakony Mountains	包科尼山
Paulus Aretinus	保卢斯・阿莱提努斯
Paulus van Caerden	保卢斯・范卡尔登
Paul Ives (Ivy)	保罗・艾夫斯
Paul Fabricius/Paul Schmid	保罗・法布里修斯

词汇原文	中文翻译
Paul van der Houve	保罗·范德乌弗
Paolo Forlani	保罗·弗拉尼
Paolo Giovio	保罗·焦维奥
Paolo Gerardo	保罗·杰拉尔多
Paul Le Jeune	保罗·勒热纳
Paul Pfinzing	保罗·普芬津
Pausanias	保萨尼阿斯
Bodleian Library	鲍德林图书馆
Bowlby	鲍尔比
Bakócz	鲍科茨
Boris Godunov	鲍里斯·戈杜诺夫
Bergen	卑尔根
Northampton	北安普敦
Northamptonshire	北安普敦郡
North Doven	北德文郡
Severny (Severskiy) Donets	北顿涅茨河
North Sea	北海
Hokkaidō	北海道
North Holland	北荷兰省
North Cape	北角
Nordfjord province	北峡湾省
Bedford	贝德福德
Bedfordshire	贝德福德郡
Béthune	贝蒂讷
Betuwe	贝蒂沃
Bernhard Wapowski	贝恩哈德·瓦波夫斯基
Belfast Lough	贝尔法斯特湾
Bergues	贝尔格
Belgrade	贝尔格莱德
Bergen	贝尔根
Beigh	贝尔赫
Bernard de Roij	贝尔纳·德罗希
Bernard Palissy	贝尔纳·帕利西
Bernard Buyss	贝尔纳德·比伊斯
Bernard de Comme	贝尔纳德·德戈姆
Bernard van den Putte	贝尔纳德·范登普特
Bernard von Breydenbach	贝尔纳德·冯·布赖登巴赫
Bernardo Silvano	贝尔纳多·西尔瓦诺
Bernat Moll	贝尔纳特·莫尔

词汇原文	中文翻译
Bertrand d'Argentré	贝尔特拉姆・达阿尔让特雷
Etang de Berre	贝尔潟湖
Beverwijk	贝费维克
Bergen op Zoom	贝亨奥普佐姆
Lake Baikal	贝加尔湖
Cape Bykovski	贝科夫斯基岬
Bakewell	贝克韦尔
Bella Loggia	贝拉凉廊
Berry	贝里
Berwick	贝里克
Beemster	贝姆斯特
Bernard Salomon	贝纳德・萨洛蒙
Bernard Wapowski	贝纳德・瓦多夫斯基
Benedictus Zombathely	贝内迪克特斯・宗博特海伊
Benedit de Vassallieu dit Nicolay	贝内迪特・德瓦萨利厄・迪特・尼古拉
Besancon	贝桑松
Bertrand Boysset	贝特朗・比塞
Bertrand d'Argentré	贝特朗・德阿尔让特雷
Leeward Islands	背风群岛
Ben Jonson	本・琼森
Benjamin Wright	本杰明・赖特
Ben Loyal	本洛亚尔山
Bennett	本内特
Honshū	本州岛
biturige	比蒂里格人
Pyrenees	比利牛斯山脉
Gallia belgica	比利时高卢
Compas de proportion	比例指南针
Buren	比伦
Bierens de Haan	比伦斯・德哈恩
Beach Head	比奇角
Buisseret	比塞勒
Vicente de Memije	比森特・德梅米耶
Beeston	比斯顿
Bay of Biscay	比斯开湾
Bitburg	比特堡
Beatus Rhenanus	比亚图斯・雷纳努斯
Beauly	比尤利
Pyotr M. Saltykov	彼得.M. 萨尔特科夫

词汇原文	中文翻译
Peter H. Meurer	彼得·H. 莫伊雷尔
Peter Apian/Bienewitz	彼得·阿庇安
Peter Overadt	彼得·奥费拉特
Peter Barber	彼得·巴伯
Peter Balthasar	彼得·巴尔塔扎
Pieter Barendtsz.	彼得·巴伦德松
Pieter Best	彼得·巴斯特
Pieter Potty	彼得·波蒂
Pieter Blaeu	彼得·布劳
Pieter de Keysere	彼得·德凯斯泽尔
Pieter de Marees	彼得·德马雷斯
Pieter Dircksz. Keyser	彼得·迪尔克松·凯泽
Pieter van Alphen	彼得·范阿尔芬
Pieter van der Aa	彼得·范德阿
Pieter van der Beke	彼得·范德贝克
Peter van der Krogt	彼得·范德克罗赫特
Pieter van den Broecke	彼得·范登布鲁克
Pieter van den Keere/Petrus Kaerius	彼得·范登克雷
Pieter Fedded van Harlingen	彼得·费德斯·范哈林根
Peter von Wormditt	彼得·冯·沃姆迪特
Peter Franco (Francus)	彼得·弗朗哥
Pieter Goos	彼得·戈斯
Pieter Heyns	彼得·海恩斯
Pieter Claeissens	彼得·克莱埃森斯
Peter Kempe	彼得·肯普
Peter Laicksteen	彼得·拉克斯廷
Pieter Mortier	彼得·莫蒂尔
Peter Muser	彼得·穆泽
Peter Stent	彼得·斯滕特
Pieter Verbiest	彼得·维尔比斯特
Peter Wymars	彼得·维马斯
Peter Jansz.	彼得·扬松
Peter Ivanovich Godunov	彼得·伊万诺维奇·戈杜诺夫
Peterborough	彼得伯勒
Petrus Stuyvesant	彼得勒斯·施托伊弗桑特
Petruccio Ubaldini	彼得鲁乔·乌巴尔迪尼
Petrus Lossai	彼得鲁什·洛萨伊
Petrus Bertius	彼得鲁斯·贝尔蒂乌斯
Petrus Montanus/Pieter van den Berg	彼得鲁斯·蒙塔努斯/彼得·范登伯格

词汇原文	中文翻译
Petrus Plancius	彼得鲁斯・普兰齐乌斯
Petrus Scriverius	彼得鲁斯・斯克里费里乌斯
Pietro Bizzari	彼得罗・比扎里
Pietro Ferabosco	彼得罗・费拉博斯科
Pietro Coppo	彼得罗・科波
Pietro Ransano	彼得罗・兰萨诺
Pietro Vesconte	彼得罗・维斯孔特
Peder Menlös	彼泽・门勒斯
Peder Jacobsen Flemløse	彼泽・雅各布森・弗莱姆洛瑟
Bilbao	毕尔巴鄂
wall map	壁挂地图
Belgorod	别尔哥罗德
Bel'skiy	别尔斯科
Berezov	别列佐夫
Charente – Maritime	滨海夏朗德地区
ICELAND	冰岛
Mare Congelatum	冰冻之海
Pau	波城
Bothnia	波的尼亚
Gulf of Bothnia	波的尼亚湾
Podolia	波多里亚
Bordeaux	波尔多
Polgár	波尔加尔
Po	波河
Pau	波河
Pocahontas	波卡洪特斯
Pokchin	波克钦
Polotsk	波拉茨克
Polish – Lithuanian Commonwealth	波兰—立陶宛联邦
Chorographia Regni Poloniae	波兰王国概述
Wieliczka	波兰维利奇卡
Archiwum Glowne Akt Dawnych	波兰中央历史记录档案馆
Polovtsy	波罗茨基
Polack	波罗茨克
Baltic Sea	波罗的海
Polock	波洛茨克
Pomeioic	波梅奥伊厄斯
Pomerania	波美拉尼亚
Eric of Pomerania (Eric Ⅶ)	波美拉尼亚的埃里克（埃里克七世）

词汇原文	中文翻译
Bourbonnais	波旁
Poperinge	波珀灵厄
Pope's Head Alley	波普头巷
Portland	波特兰
portolan chart	波特兰海图
Powhatan	波瓦坦
Bohemia	波西米亚
Bohemian Brethren	波西米亚兄弟会
Poznania (Poznań)	波兹南
Berbice	伯比斯
Pechora	伯朝拉
Pechora	伯朝拉河
Bernhard Walther	伯恩哈德·瓦尔特
Bournemouth	伯恩茅斯
Bern	伯尔尼
Berkshire	伯克郡
Pokrovsk	伯克罗夫斯克
Lord Burghley	伯利勋爵（即威廉·塞西尔）
Peloponnesus	伯罗奔尼撒半岛
Bernard de Comme	伯纳德·德戈梅
Bernardus Schotanus à Sterringa	伯纳德斯·朔布塔努斯·阿·斯特林加
Ponizov	伯尼佐维耶
Burgund	勃艮第
Burgundischer Kreis	勃艮第圈
Brandenburg	勃兰登堡
Beaudesert	博德瑟特
Lake Constance	博登湖
BORNHOLM	博恩霍尔姆
Bord Forest	博尔森林
Bolsward	博尔斯瓦德
Borso d'Este	博尔索·埃斯特
Bogusław Radziwiłł	博古斯瓦夫·拉齐维尔
Cape Bojador	博哈多尔角
Boh	博河
Bochnian salt mines	博赫尼亚盐矿
Bolesław Olszewicz	博莱斯瓦夫·奥尔谢维奇
Borets	博雷茨河
Bologna	博洛尼亚
Bologne	博洛涅

词汇原文	中文翻译
Beaumont	博蒙
Bonham Norton	博纳姆·诺顿
Bonaventure Brochard	博纳旺蒂尔·布罗沙尔
Bonhommes	博诺姆斯
Beaujolais	博若莱
Beauvais	博韦
Bottyán	博詹
Bremen	不莱梅
Braunschweig	不伦瑞克
Buorkhaya Bay	布奥尔哈亚湾
Buda	布达
Strait Bouton	布顿海峡
Bourbourg	布尔堡
Brno	布尔诺
Bourges	布尔日
Burchard de Monte Sion/Burkhard von Balby	布尔夏德·冯·蒙特·西翁
Bug	布格河
Boh	布格河
Bohuslän	布胡斯省
Bucharest	布加勒斯特
Bukhereskh	布克海赖斯克（即布加勒斯特）
Tour de Bouc	布克塔
Bouxière	布克西埃
Brabant	布拉班特
Bratsk	布拉茨克
Bratislava	布拉迪斯拉发
Bras d'Or Lake	布拉多尔湖
Braddock Mead	布拉多克·米德（即约翰·格林）
Prague	布拉格
Prague University	布拉格大学
Brahestad	布拉赫斯塔德（拉赫的瑞典语地名）
Bra ov	布拉索夫
Blekinge	布莱金厄
Blackpool	布莱克浦
Blacksod Bay	布莱克索德湾
Blaisois	布莱苏瓦
Brighton	布赖顿
Braine – le – Comte	布赖讷勒孔特
Freiburg im Breisgau	布赖斯高地区弗赖堡

词汇原文	中文翻译
Blendecques	布朗代克
Bromham	布朗厄姆
Broughton Craig	布劳顿岩
Brouwershaven	布劳沃斯港
Breteuil Forest	布勒特伊森林
Pertuis Breton	布勒通海峡
Breda	布雷达
Bredevoort	布雷德福特
Breconshire	布雷克诺克郡
Brecon	布雷肯
Bresle	布雷勒河
Bressanone	布雷萨诺内
Bresse	布雷斯
Breslau	布雷斯劳（弗罗茨瓦夫的旧称）
Brest	布雷斯特
Bridlington	布里德灵顿
Cape Breton Island	布里顿岛角
Birckmann publishing house	布里克曼出版社
Brielle	布里勒
Bristol	布里斯托尔
Bristol Channel	布里斯托尔湾
Briançon	布里扬松
Bretagne (Brittany)	布列塔尼
CARTE HIDROGRAPHIQUE DES COSTES DE BRETAIGNE, GUIENNE, ET DE PARTIE DE LESPAGNE	布列塔尼、基耶讷和西班牙部分地区海岸水文图
Brindisi	布林迪西
Bludnaya	布卢德纳亚河
Blois	布卢瓦
Brouage	布鲁阿日
Brotonne Forest	布鲁东纳森林
Brewer	布鲁尔
Baron Brooke	布鲁克男爵
Bruges	布鲁日
Brussels	布鲁塞尔
Boulongne	布洛涅
Boullonois	布洛努瓦
Bouchain	布尚
Bois	布瓦

词汇原文	中文翻译
Bouvignes	布维涅
Boucicaut	布锡考特
peuplade	部落（法）
généralités	财政区（法）
cernen	采尔嫩
Codex Zeitz	蔡茨抄本
profile	侧面图
goniometer	测角仪
measuring chain	测量链
measuring rope	测量绳
Sodalitas Celtica	策尔蒂斯社团
Charles Oman	查尔斯·奥曼
Charles Whitwell	查尔斯·惠特韦尔
Charles Howard	查尔斯·霍华德
Charles Jackman	查尔斯·杰克曼
Charles Jackman	查尔斯·杰克曼
Charles Plessington	查尔斯·普莱辛顿
Charles Saltonstall	查尔斯·索顿斯托尔
Charles River	查尔斯河
Charles IX	查理九世（法国国王）
Charlemagne	查理曼
Charles XI	查理十一世
Charles V	查理五世（西班牙国王）
Charles I	查理一世（英格兰国王）
Charles I	查理一世（英格兰国王）
Cheshire	柴郡
architecte ordinaire du roi	常任国王建筑师
commissaire ordinaire	常任委员
gouvernements généraux	常设督军辖区
tide table	潮汐表
Merchant Taylors Company	成衣商公会
city panoramas	城市全景图
Oranjeboom	橙子树号
equatorial axis	赤道轴
Birthplace Library	出生地图书馆
Chukchi Peninsula	楚科奇半岛
Zweibrücken	茨韦布吕肯
Insula magnetum	磁岛（地磁极点）
magnetic pole	磁极

词汇原文	中文翻译
magnetic compass	磁罗盘
magnetic declination	磁偏角
Chertëzh ukrainskim i cherkaskim gorodam ot Moskvy do Kryma	从莫斯科到克里米亚的乌克兰和切尔卡瑟城市图
Dardanelles	达达尼尔海峡
Dalkeith	达尔基斯
Dalmatia	达尔马提亚
Durham	达勒姆
Damme	达默
Damrak	达姆拉克大街
Dana Bennett Durand	达纳·本内特·杜兰德
Dartmouth	达特茅斯
Dartmoor	达特穆尔高地
David de Meyne	达维德·德迈纳
David Fabricius	达维德·法布里修斯
David van Orliens	达维德·范奥林斯
David Seltzlin	达维德·塞尔茨林
Dauria	达斡里亚
Velikiye Luki	大卢基
Damascus	大马士革
Great Novgorod	大诺夫哥罗德
large – meshed trangulation	大网格三角测量
Velikiy Ustiug	大乌斯秋格
stanitsa	大型哥萨克村庄
Great Yarmouth	大雅茅斯
British Empire	大英帝国
British Library	大英图书馆
Java – la – Grande	大爪哇岛
Java Major	大爪哇岛
Delden	代尔登
Delft	代尔夫特
Deventer	代芬特尔
Demer	代默尔河
Devecser	代韦切尔
Dedham	戴德姆
David Powell	戴维·鲍威尔
David Beasley	戴维·比斯利
David Portius	戴维·波尔蒂乌斯
David de Solemne	戴维·德索利姆内

词汇原文	中文翻译
David Smith	戴维·史密斯
David Starkey	戴维·斯塔基
David Woodward	戴维·伍德沃德
Davis Strait	戴维斯海峡
Ambrogio Spinola	丹布罗焦·斯皮诺拉
Danker Danckerts	丹克·丹克尔茨
Daniel Cellarius	丹尼尔·策拉留斯
Daniel Zwicker	丹尼尔·茨维克尔
Daniel de La Touche de La Ravardière	丹尼尔·德拉图什·德拉拉瓦迪埃
Daniel Gottlieb Messerschmidt	丹尼尔·戈特利布·梅塞施密特
Daniel Specklin	丹尼尔·斯佩克林
Daniel Hjort	丹尼尔·约尔特
Denise Sagyot	丹尼丝·萨格约
Dainville	丹维尔
Danzig	但泽
Damvillers	当维莱尔
Daugava	道加瓦河（即德维纳河）
DERBY	德比
Delf	德尔夫
Drac	德拉克河
de La Mothe d'Argencourt	德拉莫特·达尔让库尔特
Drava	德拉瓦河
de Lesdiguières	德莱斯吉埃
Dérens	德朗
Dresden	德累斯顿
Dierick Ruijters	德里克·雷特斯
Drinapolis	德里纳波利斯
peace treaty of Drinapolis	德里纳波利斯和平条约
Dronrijp	德龙赖普
Drenthe	德伦特
de Roberval	德罗贝瓦尔
Demerara	德梅拉拉
Dmitriy Gerasimov	德米特里·格拉西莫夫
Durness	德内斯
Durness	德内斯湾
Denis de Mathonière	德尼·德马托尼埃
Dniester	德涅斯特河
Dessau	德绍
Deptford	德特福

词汇原文	中文翻译
Deptford	德特福德
Dvina	德维纳河
Dvina Estuary	德维纳河口湾
Devon	德文
Derwent	德文特
Derwent	德文特河
Desiderius Erasmus	德西迪里厄斯·伊拉斯谟
Sodalitas Germania	德意志社团
German Ptolemy	德意志托勒密
urochishcha	地标（俄语）
tombo	地产清册
magnetic north	地磁北极
cadastral mapping	地籍测绘
cadastral surveyor	地籍测量员
leggerkaart	地籍地图（尼德兰）
méthéoroscope géographique	地理星盘
rospis' protiv chertëzhu	地图清单（俄）
caertschrijvers	地图清绘员
Kartographiehistorisches Colloquium	地图学史研讨会（德语区）
Mediterranean Sea	地中海
Trieste	的里亚斯特
Denbigh	登比
Dendermonde	登德尔蒙德
equidistant conic projection	等距圆锥投影
equirectangular projection	等量矩形投影
dike	堤坝
dijkgraafschap	堤坝区（低地国家）
dijkgraaf	堤长（低地国家）
Diogo Homem	迪奥戈·奥梅姆
Dirck Jansz. Van Santen	迪尔克·扬松·范桑滕
Dirck Zael	迪尔克·扎尔
Wijk bij Duurstede	迪尔斯泰德附近韦克
Duiveland	迪夫兰
Diksmuide	迪克斯迈德
Dierick Ruijters	迪里克·雷特斯
Dierick Ruijters	迪里克·吕伊特尔斯
Dinant	迪南
Dinish Island	迪尼什岛
du Parc	迪帕克

词汇原文	中文翻译
Ditchley	迪奇利
Dieppe	迪耶普
Reichskammergericht	帝国法院（德意志）
Reichsstände	帝国领地（德意志）
Tycho Brahe	第谷
Dnieper	第聂伯河
Dijon	第戎
Terza Loggia	第三回廊
Tubingen	蒂宾根
Tiel	蒂尔
Tiel	蒂尔
Tihany	蒂豪尼
Tihany penisula	蒂豪尼半岛
Tilemann Stella	蒂勒曼·施特拉
Tyrone	蒂龙郡
Tyrol	蒂罗尔
Timothy Pont	蒂莫西·庞特
Tienen	蒂嫩
Thian	蒂翁
Tivoli	蒂沃利
Thionville	蒂永维尔
graveur	雕刻师（法）
Diego de Caias	迭戈·德凯斯
Östergötland	东约特兰
Dublin	都柏林
Tudor	都铎王朝
Turin	都灵
gouvernements	督军辖区（法）
vellum	犊皮纸
Douai	杜埃
Dubrovnik	杜布罗夫尼克
Dourdan	杜尔当
Douve	杜夫河
Doullens	杜朗
Doesburg	杜斯堡
Doetinchem	杜廷赫姆
Du Verdier	杜韦迪耶
Duisburg	杜伊斯堡
Dialogo pio et specvlativo	对话体

词汇原文	中文翻译
Dunkerque	敦刻尔克
coat of arms	盾徽
Don	顿河
Donets	顿涅茨河
Tobago	多巴哥岛
Dordrecht	多德雷赫特
Dorpat	多尔帕特
Château – Dauphin	多凡城堡
Dauphiné	多菲内
Dauphin	多芬
Dover	多佛尔
Strait of Dover	多佛尔海峡
Dokkum	多克姆
Dollart	多拉特
Dominicus Pahr	多米尼克斯·帕尔
Dominicus Custos	多米尼克斯·屈斯托斯
Donat Hübschmann	多纳特·许布施曼
Donato Boni di Pellizuoli	多纳托·博尼·迪佩利佐利
Danube	多瑙河
Donegal	多尼戈尔
Donis	多尼斯
Dorset	多塞特
Dortmund	多特蒙德
polimetrum	多位测量仪
verst	俄里
Rossiyskiy Gosudarstvennyy Arkhiv Drevnikh Aktov	俄罗斯国家古代文书档案馆
Rossiyskaya Natsional'naya Biblioteka	俄罗斯国家图书馆
Rossiyskaya Gosudarstvennaya Biblioteka	俄罗斯国立图书馆
dessiatina	俄亩
sagene	俄丈
Irtysh River	额尔齐斯河
Ödenburg	厄登堡
Earn	厄恩河
Lough Erne	厄恩湖
Oland	厄兰岛
Øresund (Öresund, Danish Sound)	厄勒海峡
Eres	厄勒斯
Örnehufvud	厄内胡弗武德
Ob (Obe)	鄂毕河

词汇原文	中文翻译
Sea of Okhotsk	鄂霍次克海
Engelmann	恩格尔曼
Enkhuizen	恩克赫伊曾
Enschede	恩斯赫德
Ernst Bernleithner	恩斯特·贝恩莱特纳
Ernst Zinner	恩斯特·青纳
Fylde	法尔德地区
Valkenburg	法尔肯堡
Falster	法尔斯特岛
Fife	法夫
Faversham	法弗舍姆
Collège de France	法国公学院
French common league	法国通用里格
Faraid Head	法拉德岬
Frankfurt	法兰克福
LE - DE - FRANCE	法兰西岛
Farrar	法勒尔河
Falun	法伦
Faeroe Islands	法罗群岛
Fayal	法亚尔群岛
Verdun	凡尔登
backstaff	反向高度测量仪
Fitzalan	菲查伦
Viglius van Aytta	菲赫利于斯·范阿伊塔
Philaret	菲拉列特
Philibert Espiard	菲利贝尔·埃斯皮亚
Filippo Strozzi	菲利波·斯特罗齐
Philip Eckebrecht	菲利普·埃克布雷希特
Philippe Errard	菲利普·埃拉尔
Philip Burden	菲利普·伯登
Philippe Briet	菲利普·布里耶
Philippe Buache	菲利普·布歇
Philippe de La Rue	菲利普·德拉吕埃
Philippe de Mazerolles	菲利普·德马泽罗勒
Philipp Clüver	菲利普·克卢弗
Philippe Labbe	菲利普·拉贝
Philipp Melanchuthon	菲利普·梅兰希通
Philip Symonson	菲利普·西蒙森
Philip Apian	菲利普斯·阿庇安

词汇原文	中文翻译
Filips Galle	菲利普斯·哈莱
Philipstown	菲利普镇
Philomathes	菲洛马西斯
Vianen	菲亚嫩
Fyn	菲英岛
Philip Ⅱ	腓力二世（西班牙国王）
Frederick Augustus I	腓特烈·奥古斯都一世
Frederick Henry	腓特烈·亨利
Friedrich Wilhelm	腓特烈·威廉（勃兰登堡选侯）
Friedrich Ⅲ	腓特烈三世（萨克森选侯）
Friedrich Ⅲ	腓特烈三世（神圣罗马帝国皇帝）
Ferdinand I	斐迪南一世（神圣罗马帝国皇帝）
Fyodor Borisovich Godunov	费奥多尔·鲍里索维奇·戈杜诺夫
Fyodor Rosputin	费奥多尔·拉斯普京
Fyodor Likhachev	费奥多尔·利哈乔夫
Fyodor Nakvasin	费奥多尔·纳克瓦辛
Fedor Isakivich Baikov	费奥多尔·伊萨科维奇·巴依科夫
Fedor Ivanovich	费奥多尔·伊万诺维奇
Federico Genebelli	费德里科·杰内贝利
Ferdinand Magellan	费迪南·麦哲伦
Ferdinand Arsenius	费迪南德·阿西尼厄斯
Ferdinand Columbus	费迪南德·哥伦布
Ferdinánd Miller	费迪南德·米勒
Lake Fertö	费尔特湖（即新锡德尔湖）
Vecht	费赫特
Ferrara	费拉拉
Veere	费勒
Ferrers	费勒斯
Ferenc Batthány	费伦茨·鲍塔尼
Ferenc kazinczy	费伦茨·考津齐
divider	分规
Bay of Fundy	芬迪湾
Gulf of Finland	芬兰湾
Venlo	芬洛
Fontenay – le – Comte	丰特奈–勒孔特
Fuentes	丰特斯
Fontainebleau	枫丹白露
Firle Place	弗尔地方
Veurne	弗尔讷

词汇原文	中文翻译
Vlaardingen	弗拉尔丁恩
Vlach	弗拉赫人
Vladimir Vasil'evich Atlasov	弗拉基米尔·瓦西列维奇·阿特拉索夫
Frambork	弗拉姆博克
Flamsteed projection	弗拉姆斯蒂德投影
Franeker	弗拉讷克
Flavio Biondo	弗拉维奥·比翁多
Freiburg	弗赖堡
Franconia	弗兰肯
Frans Hogenberg	弗兰斯·霍亨贝赫
Frans Jacobsz. Visscher	弗兰斯·雅各布松·菲斯海尔
Franz von Poppendorf	弗朗茨·冯·波彭多夫
Franz Grenacher	弗朗茨·格雷纳西尔
Franconia	弗朗科尼亚
Frank Lestringant	弗朗克·莱斯特兰冈
Francesco Berlinghieri	弗朗切斯科·贝林吉耶里
Francesco de Couriers	弗朗切斯科·德库里耶斯
Francesco Rosselli	弗朗切斯科·罗塞利
Franche – Comté	弗朗什孔泰
Frans Florisz.	弗朗斯·弗洛里松
Frans Florisz. Van Berckenrode	弗朗斯·弗洛里松·范贝尔肯罗德
François de Dainville	弗朗索瓦·丹维尔
François de Bonne	弗朗索瓦·德邦内
Francois de Belleforest	弗朗索瓦·德贝勒福雷
François de Gourmont	弗朗索瓦·德古尔蒙
François de La Guillotière	弗朗索瓦·德拉吉约蒂埃
François de La Guillotière	弗朗索瓦·德拉吉约铁
François de Razilly	弗朗索瓦·德拉齐利
François de Malines	弗朗索瓦·德马里内斯（即弗朗西斯·蒙纳楚斯）
François Desprez	弗朗索瓦·德普雷
François Dubois	弗朗索瓦·迪布瓦
François van den Hoeye	弗朗索瓦·范登赫伊姆
Francois van Raphelengien/ Franciscus Raphelengius	弗朗索瓦·范拉费伦欣
François Foppens	弗朗索瓦·福彭斯
François Gravé du Pont (Pontgravé)	弗朗索瓦·格拉韦·迪蓬
François Quesnel	弗朗索瓦·凯内尔
François Leclerc	弗朗索瓦·勒克莱尔
Francois Maelson	弗朗索瓦·马尔松
François – Roger de Gaignières	弗朗索瓦 – 罗歇·德盖尼埃

词汇原文	中文翻译
François I	弗朗索瓦一世（法国国王）
Francis Drake	弗朗西斯·德雷克
Francis Herbert	弗朗西斯·赫伯特
Francis Cooke	弗朗西斯·库克
Franciscus Monachus	弗朗西斯·蒙纳楚斯
Francis Knollys	弗朗西斯·诺利斯
Francis Jobson	弗朗西斯·乔布森
Francis Scatter	弗朗西斯·思佳特
Francis Spierincx	弗朗西斯·斯皮尔林克斯
Francis Walsingham	弗朗西斯·沃尔辛厄姆
Francisco Aldini	弗朗西斯科·阿尔迪尼
Francisco da Gama	弗朗西斯科·达伽马
Francesco Rosselli	弗朗西斯科·罗塞利
Franciscus Haraeus	弗朗西斯库斯·哈拉乌斯
Franciscus Monachus	弗朗西斯库斯·莫纳库斯
Frederik de Houtman	弗雷德里克·德豪特曼
Frederik de Wit	弗雷德里克·德威特
Ferederick de Wit	弗雷德里克·德威特
Frederick Getkant	弗雷德里克·盖特坎特
Friedrich Gerhart	弗雷德里克·格哈特
Frederik Caspar Wieder	弗雷德里克·卡斯帕·维德尔
Frederik Coenders van Helpen	弗雷德里克·孔德斯·范赫尔彭
Frémine Richard	弗雷曼·里夏尔
Frémine Ricard	弗雷米内·里卡尔
Fribourg	弗里堡
Fritz Croneman	弗里茨·克罗内曼
Frederik Hendrik	弗里德里克·亨德里克
Fridericus	弗里德里库斯
Friedrich Wilhelm	弗里德里希·威廉
Friesland	弗里斯兰
Frisia	弗里西亚
Vlieland	弗利兰岛
Vliestroom	弗利兰河
Vliestroom	弗利斯特鲁姆
Vlissingen	弗利辛恩
FLINT	弗林特
Friuli	弗留利
Frombork	弗龙堡
Frontinus	弗龙蒂努斯

词汇原文	中文翻译
Flour	弗卢尔
Flushing	弗卢辛
Froben	弗罗本
Wrocław	弗罗茨瓦夫
Frome	弗罗姆
Florian Ungler	弗洛里安·温格莱尔
Flóris Rómer	弗洛里什·罗默
Floris Balthasarsz.	弗洛里斯·巴尔塔扎松
Flores	弗洛里斯群岛
Frome	弗洛姆河
Fermanagh	弗马纳
Fermanagh	弗马纳郡
Volga	伏尔加河
arm – chair geographer	扶手椅地理学家
Cape Verde Islands	佛得角群岛
Flanders	佛兰德
Cape of Florida	佛罗里达角
Florence	佛罗伦萨
Vosges	孚日省
haberdashers	服饰商公司
Museum of Costume and Textiles	服装和纺织博物馆
Württemberg	符腾堡
Fornovo	福尔诺沃
Forez	福雷山
Cape Fria	福里亚角
florin	福林特（货币）
Vollenhove	福伦霍弗
Firth of Forth	福斯湾
Lough Foyle	福伊尔湾
libraires jurés	附属书商（法）
Fontarabie	富恩特拉维亚
Fulke Greville	富尔克·格雷维尔
Fourvière	富维耶山
Geldern	盖尔登
overview map	概览地图
Candersheim	甘德斯海姆
Günter Zainer	冈特·蔡纳
Günter Hamann	冈特·哈曼
voloki	港口（俄语）

词汇原文	中文翻译
Gough map	高夫地图
hoogheemraadschappen	高级水利委员会（低地国家）
Gocher Landrolle	戈彻尔地籍册
Guelders	戈尔德斯
Gorki	戈尔基
Gomel	戈梅利
Gomel	戈梅利
Copenhagen	哥本哈根
Gotland	哥得兰
Göteborg	哥德堡
Galamboc	哥鲁拜克
Georg Apian	格奥尔格·阿庇安
Georg Erlinger	格奥尔格·埃林格
Georg Braun	格奥尔格·布劳恩
Georg Öder	格奥尔格·厄德尔
Georg von Peuerbach	格奥尔格·冯·波伊尔巴赫
Georg von Schwengeln	格奥尔格·冯·施文格恩
Georg Freudenhammer	格奥尔格·弗罗伊登哈默
Georg Förster	格奥尔格·富斯泰尔
Georg Grass	格奥尔格·格拉斯
Georg Hoefnagel	格奥尔格·赫夫纳格尔
Georg Gadner	格奥尔格·加德纳
Georg Ginther Kräill von Bemebergh	格奥尔格·金瑟·克雷尔·冯·贝海贝尔格
Georg Conrad Jung	格奥尔格·康拉德·容
Georg Reyser	格奥尔格·赖塞尔
Georg Marcgraf (Margraff; Marggravius)	格奥尔格·马尔克格拉夫
Georg Müstinger	格奥尔格·米斯廷格尔
Georg Tannstetter/Collimitius	格奥尔格·坦恩施泰特
Georg Willer	格奥尔格·维勒
Georg belin	格奥尔格·乌贝林
Georg Adam Schleysing	格奥尔格·亚当·施莱辛格
Georg Joachim Rheticus	格奥尔格·约阿希姆·雷蒂库斯
Gdańsk	格但斯克
Göttingen	格丁根
Gergovia	格尔戈维亚
Graz	格拉茨
GLAMORGAN	格拉摩根
Glass	格拉斯
Glasgow	格拉斯哥

词汇原文	中文翻译
Gravelines	格拉沃利讷
Rio Grande	格兰德河
Grisons	格劳宾登
Grenoble	格勒诺布尔
Paisage de Grenoble	格勒诺布尔风景
Gregor Reisch	格雷戈尔·赖施
Grevelingen	格雷林亨湖
Grey's Inn	格雷律师学院
Grace	格雷斯
Grigoriy	格里戈里
Grigoriy Istoma	格里戈里·伊斯托马
Greenwich	格林尼治
Grustina	格鲁斯蒂娜
Grootebroek	格鲁特布鲁克
Grodno	格罗德诺
Groningen	格罗宁根
Gloucestershire	格罗斯特郡
Glama	格洛马河
Gloucester	格洛斯特
Gloucester	格洛斯特郡
Gluckstadt	格吕克施塔特
Gnezna (Gniezna)	格涅兹诺
Głogów	格沃古夫
John of Glogow	格沃古夫的约翰（即扬·格沃古夫）
Ghent	根特
Cuernsey	根西
meester in de Duytsche Mathematicque	工程学院教师（尼德兰）
Wiener Hofkriegsrat	宫廷战争委员会
Brethren of the Common Life	共同生活兄弟会
Gonzalo de Nodal	贡萨洛·德诺达尔
Gustavus Ⅱ Adolphus	古斯塔夫斯·阿道弗斯二世（瑞典国王）
Gustavus I	古斯塔夫斯一世（瑞典国王）
tailleur d'histoires	故事刻工（法）
Guanabara Bay	瓜纳巴拉湾
Guerini	圭里尼
Gu nes	圭内斯
Guiana	圭亚那
Riksarkivet	国家档案馆（瑞典）
ingenieur geographe du roi	国王地理学工程师

词汇原文	中文翻译
topographe du roi	国王的地形学家
ingénieur du roi	国王工程师
ingénieur et géographe du roi	国王工程师和地理学家
valet de chambre du roy	国王近侍
valet de chambre et geographe ordinaire du roi	国王近侍和地理学家
valet de chambre du roy	国王侍卫官
Goa	果阿
Khabarov	哈巴罗夫
Habsburg	哈布斯堡
Hudson River	哈得孙河
Hudson Bay	哈得孙湾
Hadrianus Junius	哈德里阿努斯·于尼乌斯
Haddon	哈登
Hardenberg	哈登贝赫
Haddington	哈丁顿
Haddington	哈丁顿
Harderwijk	哈尔德韦克
Harmen Allertsz.	哈尔门·阿勒特松
Harmen Allertsz. Van Warmenhuysen	哈尔门·阿勒特松·范瓦门胡伊森
Harmen Jansz. Muller	哈尔门·扬松·穆勒
Gachoos	哈霍斯
härader	哈拉德（区划单位）
Hallein	哈莱因
Halland	哈兰
Halle	哈勒
Halle	哈勒
Harelbeke	哈勒尔贝克
Haarlem	哈勒姆
Harwich	哈里奇
Harlingen	哈灵根
Hamar	哈马尔
Hammerden	哈默登
Ham	哈姆
Hanningfield	哈宁菲尔德
Hasselt	哈瑟尔特
Khatanga	哈坦加河
Hatifield House	哈特菲尔德宫
Hartford	哈特福德
Hartmann Schedel	哈特曼·舍德尔

词汇原文	中文翻译
Hattem	哈特姆
Heidelberg	海德堡
Higham Ferrers	海厄姆·费勒斯
Gelder	海尔德
Gelderse Waterlinie	海尔德防洪系统
Gelderland	海尔德兰
Geervliet	海尔弗利特
Helmond	海尔蒙德
Hälsingland	海尔辛兰
Heerhugowaard	海尔许霍瓦德
Highgate	海格特
Hekla chain	海克拉山系
Herentals	海伦塔尔斯
Hämeenkyrö	海门屈勒（即屈勒）
Genemuiden	海讷默伊登
Het Bildt	海特·比尔特
Geertruidenberg	海特勒伊登贝赫
Chełmno	海乌姆诺
The Hague	海牙
Haags Besogne	海牙委员会
Heinrich Petri	海因里希·彼得里
Heinrich Pomert	海因里希·波梅尔特
Heinrich Zell	海因里希·策尔
Heinrich von Rantzau	海因里希·冯·兰曹
Heinrich von Langenstein	海因里希·冯·朗根施泰因
Heinrich Schweickher	海因里希·施韦克
Heinrich Thome	海因里希·托默
Humphrey Gilbert	汉弗莱·吉尔伯特
Humfrey Cole	汉弗莱·科尔
Humphrey Lhuyd	汉弗莱·卢伊德
Hannibal Gonzaga	汉尼巴尔·贡扎加
Hampton Court	汉普顿宫
Hampshire	汉普郡
Hans Poulsen Resen	汉斯·波尔森·雷森
Hans Burgkmair	汉斯·布克迈尔
Hans Dorn	汉斯·多恩
Hans Hansson	汉斯·汉松
Hans Conrad Gyger	汉斯·康拉德·居格
Hans Liefrinck	汉斯·利夫林克

词汇原文	中文翻译
Hans Rüst	汉斯·鲁斯特
Hans Lautensack	汉斯·洛滕萨克
Hans Sporer	汉斯·施波雷尔
Hans Wertheim	汉斯·韦特海姆
Hans Weiditz	汉斯·维德茨
Hans Weigel	汉斯·魏格尔
Hans Vingaard	汉斯·温加尔德
Hans Woutneel	汉斯·沃特尼尔
nautical triangle	航海三角
rutter	航海手册
zeepasser	航海圆规
dead reckoning	航位推算法
Gouda	豪达
Cape Bona Speranza	好望角
Cape Horn	合恩角
José de Acosta	何塞·德阿科斯塔
Holstein	荷尔斯泰因
Holland	荷兰
Verenigde Oostindische Compagnie	荷兰东印度公司
Carolus guilder	荷兰盾（货币单位）
Hollandse Waterlinie	荷兰防洪系统
Nationaal Archief	荷兰国家档案馆
West Indische Compagnie	荷兰西印度公司
Hull	赫尔
Kingston – upon – Hull	赫尔河畔金斯顿
Hercules Doran	赫尔克里士·多兰
Gelre	赫尔雷
Herman van der Hem	赫尔曼·范德赫姆
Hermann Kunig	赫尔曼·库尼格
Herman Richter	赫尔曼·里克特
Hermann Wagner	赫尔曼·瓦格纳
Helsinki	赫尔辛基
Heukelum	赫克伦
Hector Boece	赫克特·博伊斯
Gerard de Jode	赫拉德·德约德
Gerard Valck	赫拉德·法尔克
Gerard van Keulen	赫拉德·范科伊伦
Gerard Freitag	赫拉德·弗赖塔格
Gérard Jollain	赫拉德·约莱因

词汇原文	中文翻译
Gerardus Mercator	赫拉尔杜斯・墨卡托
Geraardsbergen	赫拉尔兹贝亨
Hereford	赫里福德
Hereford map	赫里福德地图
Gerrit de Veer	赫里特・德维尔
Gerrit Hessel	赫里特・黑塞尔
Groenlo	赫龙洛
Heusden	赫斯登
Hertford	赫特福德
Huisduinen	赫伊斯代嫩
Heyn	赫因
Herzogenrath	黑尔措根拉特
Helmstedt	黑尔姆施泰特
Hegau	黑高
Black Sea	黑海
Amur	黑龙江
Chërnaya Rus'	黑罗斯
Hessel Gerritsz.	黑塞尔・赫里松
Hesse	黑森
Black Forest	黑森林
Hastings	黑斯廷斯
Hastings	黑斯廷斯
Humber	亨伯河
Hendrick Aelbertsz.	亨德里克・阿尔贝尔松
Hendrick Ottsen	亨德里克・奥特森
Hendrik Brouwer	亨德里克・布劳沃
Hendrik de Leth	亨德里克・德莱特
Hendrik Doncker	亨德里克・东克尔
Hendrik Floris van Langren	亨德里克・弗洛里斯・范朗伦
Hendrik Coltzius	亨德里克・霍尔齐厄斯
Hendrick Laurensz.	亨德里克・劳伦松
Hendrik Terbruggen	亨德里克・特尔布吕亨
Hendrik Ⅱ	亨德里克二世
Henryk Merczyng	亨里克・梅尔琴格
Henricus Glarenus/Heinrich Loriti	亨里克斯・格拉雷亚努斯
Henricus Hondius	亨里克斯・洪迪厄斯
Henricus Martellus Germanus	亨里克斯・马特鲁斯・格尔曼努斯
Henricus Swingenius	亨里克斯・斯温赫尼乌斯
Henry Billingsley	亨利・比林斯利

词汇原文	中文翻译
Henry Bynneman	亨利·宾纳曼
Henry Briggs	亨利·布里格斯
Henry Bullock	亨利·布洛克
Henry Ⅱ de Bourbon	亨利·德波旁二世
Henri de Lorraine Guise	亨利·德洛兰·吉斯
Henri de Séguiran	亨利·德塞居兰
Prince Henry Frederick	亨利·腓特烈王子
Henry Fetherstone	亨利·费瑟斯通
Henry Hudson	亨利·哈得孙
Henri Lancelot Voisin	亨利·朗瑟洛·瓦赞
Henry Manners	亨利·曼纳斯
Henry Peacham	亨利·皮查姆
Henry Percy	亨利·珀西
Henry Savile	亨利·萨维尔
Henri Sengre	亨利·桑格勒
Henry Sidney	亨利·西德尼
Henry Ⅷ	亨利八世（英格兰国王）
Henry Ⅱ	亨利二世
George Owen of Henllys	亨利斯的乔治·欧文
Henry IV	亨利四世（法国国王）
Huntingdon	亨廷登
Huntingdonshire	亨廷顿郡
loxodromes	恒向线
Red Sea	红海
Hólar	侯拉尔
Juan de la Cosa	胡安·德拉科萨
Goedereede	胡德雷德
Hugo（Huych）Allard	胡戈·阿拉德
Hugo Grotius	胡戈·赫罗齐厄斯
Khukhra	胡赫拉河
Hunyadi	胡尼奥迪
Goes	胡斯
Protector	护国公
Warsaw	华沙
Isle of Wight	怀特岛
Whitehall	怀特霍尔
regius mathematicus	皇家数学家（法）
torquetum	黄道仪
Golden Chersonnese peninsula	黄金半岛

词汇原文	中文翻译
conducteur des dessins	绘画大师（法）
Whitchurch	惠特彻奇
sphera armillaris	浑仪
Godfried Mascop	霍德弗里德·马斯科普
Goor	霍尔
Holbein	霍尔拜因
Holdenby	霍尔登比
Halton	霍尔顿
Holt	霍尔特
Härjedalen	霍尔耶达伦
Hofbibliothek	霍夫图书馆
Govert Willemsz. Adriaen Veen	霍弗特·威廉松·阿德里安·费恩
Govert Willemsz. Anno	霍弗特·威廉松·安诺
Govert Willemsz. Van Hollesloot	霍弗特·威廉松·范霍莱斯洛特
Gorinchem	霍林赫姆
Khorugina	霍鲁吉纳
Hoorn	霍伦
Horneck	霍内克
Hogenskild Bielke	霍延斯基尔德·比耶尔克
Christian Sea	基督海
Keel mountain	基尔山系（即舍伦山系）
Kiev	基辅
Killary Harbour	基拉里港
Kirilov	基里洛夫
Kiliaen van Rensselaer	基利安·范伦塞拉尔
Kil'den Island	基利金岛
Kirenga	基廉加河
Lake Gennesaret	基尼烈湖
Kitchen	基钦
Kichesipirini	基舍西皮里尼
Kew	基尤
Gian Tommaso Scala	吉安·托马索·斯卡拉
Guido de Perusio	吉多·德珀吕西奥
Gilbert de Lannoy	吉尔贝·德拉努瓦
Giraldus Cambrensis	吉拉尔德斯·坎布伦西斯
Gilles Bourdin	吉勒·布尔丹
Gills de Gourmont	吉勒·德古尔蒙
Gilles Corrozet	吉勒·科尔罗泽
Giles Hooftman/Egidius Hooftman	吉勒斯·霍夫特曼/埃伊迪乌斯·霍夫特曼

词汇原文	中文翻译
Girolamo Bell'Armato (Jérôme Bellarmato)	吉罗拉莫·贝尔阿尔马托
Girolamo Benzoni	吉罗拉莫·本佐尼
Girolamo da Verrazzano	吉罗拉莫·达韦拉扎诺
Gymnase de Saint – Dié	吉姆纳塞·德圣 – 迪耶
Gu nes	吉讷
Glanret	吉尚
Guise	吉斯
Guienne	吉耶讷
polar axis	极轴
polar coordinate	极坐标
geometriska jordeböcker	几何地图册（瑞典）
Armazém da Guiné e ndia	几内亚与印度公司
Guillaume Alléne	纪尧姆·阿莱内
Guillaume Budé	纪尧姆·比代
Guillaume Postel	纪尧姆·波斯特尔
Guillaume Brouscon	纪尧姆·布鲁斯孔
Guillaume de la Perriere	纪尧姆·德拉皮耶尔
Guillaume Delisle	纪尧姆·德利勒
Guillaume de Nautonier	纪尧姆·德诺托涅尔
Guillaume Duprat	纪尧姆·迪普拉
Guillaume Du Choul	纪尧姆·迪舒尔
Guillaume Guéroult	纪尧姆·盖鲁
Guillaume Le Testu	纪尧姆·勒泰斯蒂
Guillaume le Vasseur de Beauplan	纪尧姆·勒瓦瑟·德博普朗
Guillaume Revel	纪尧姆·雷韦尔
Guillaume Rouillé	纪尧姆·鲁耶
Guillaume Rouille	纪尧姆·鲁伊莱
Guillaume Sanson	纪尧姆·桑松
River Tikhaya Sosna	季哈亚索斯纳河
Zierikzee	济里克泽
Gilolo	济罗罗岛
Gabriel Naude	加布里埃尔·诺德
Gabriel Tatton	加布里埃尔·塔顿
Gabriel I Tavernier	加布里埃尔·塔韦尼耶一世
Gabriele Giolito	加布里埃莱·焦利托
Gabriele Simeoni	加布里埃莱·西梅奥尼
Gardar	加达
Cardiff	加的夫
Cádiz	加的斯

词汇原文	中文翻译
Calais	加来
La carte dv govvernement de Calais et Pais reconqvis	加来督军辖区光复国土地图
Caribbean Sea	加勒比海
Kaliningrad	加里宁格勒
Gallipoli	加利波利
Galilee	加利利
Garonne	加龙河
Carroy de Beaulne	加鲁瓦・德波尔内
Canary Islands	加那利群岛
Canewdon	加牛登
Japara	加帕拉
Gascony	加斯科涅
Bay of Gascogne	加斯科涅湾
Gaspar à Myrica	加斯帕・阿・米利卡
Gaspard de Coligny	加斯帕尔・德科利尼
Gaspard van der Heyden	加斯帕尔・范德海登
Gaspard Trechsel	加斯帕尔・特雷什塞尔
Catalonia	加泰罗尼亚
Cirque de Gavarnie	加瓦尔尼
Cirque de Gavarnie	加瓦尔尼火山口
Chaldaic	迦勒底语
Giles Burton	贾尔斯・波顿
Giles Godet	贾尔斯・戈代
Giacomo Gastaldi	贾科莫・加斯塔尔迪
Giacome Cantelli da Vignola	贾科莫・坎泰利・达维尼奥拉
Lzhedmitriy I	假德米特里一世
atlases factice	假地图集
Spionkort	间谍地图
CAMBRIDGE	剑桥
Fleete Lane	舰队巷
Györ	杰尔
Jeffrey Stone	杰弗里・斯通
Dedilov	杰季洛沃
Jerome Hawley	杰罗姆・霍利
Gemma Frisius	杰玛・弗里修斯
Demyanka	杰米扬卡河
Cape Dezhnev	杰日涅夫岬
Desna	杰斯纳河
György Zrinski（Zrínyi）	捷尔西・兹林斯基

词汇原文	中文翻译
Plantagenet	金雀花王朝
Kinsale	金塞尔
goldsmiths	金饰商公司
Tabula longitudinis et latitudinis regionum	经纬度区域图（沃伊切·z. 布泽沃作品）
graveur en taille douce	精密铜版雕刻师（法）
view	景观图
Gyula	久洛
Palazzo Vecchio	旧宫
Gu　brandur Thorlάksson (torlaksson)	居兹布朗迪尔·索尔劳克森
rectangular projection	矩形投影
Zutphen	聚特芬
ingenieurs – géographes	军事工程师部队
Military news maps	军事新闻地图
voyevoda	军事长官（俄）
marechaux de camp	军需官
Veltdoctor	军医
Constantinople	君士坦丁堡
Carpathians	喀尔巴阡山脉
Kronstadt	喀琅施塔得（即罗马尼亚的布拉索夫）
Kazan	喀山
Kazon Office	喀山衙门
Caen	卡昂
Cahors	卡奥尔
Capo di Monte Museum	卡波堤蒙特博物馆
Cabo Frio	卡布弗里乌
Katzenelnbogen	卡岑埃尔恩博根
Cardigan	卡迪根
Bay of Cardigan	卡迪根湾
Carl Heinrich vo der Osten	卡尔·海因里希·冯·德奥斯滕
Carl IX	卡尔九世（瑞典国王）
Kalkar	卡尔卡尔
Karlovač	卡尔洛瓦茨
Kalmar	卡尔马
Kalmatsk	卡尔马茨克
Kalmar Union	卡尔马联盟
Kάlmάn Eperjesy	卡尔曼·艾派尔耶希
Karlsruhe	卡尔斯鲁厄
Charterhouse	卡尔特修道院
Kalverstraat	卡弗街

词汇原文	中文翻译
Steam Karamchanka	卡拉姆昌卡溪
Carlisle	卡莱尔
Carlisle Castle	卡莱尔堡
Earl of Carlisle	卡莱尔伯爵
Carel van Mander	卡雷尔·范曼德
Karelian Isthmus	卡累利阿地峡
Carignan	卡里尼昂
Kalmius	卡利米乌斯
Carinthia	卡林西亚
Karol Buczek	卡罗尔·布切克
Carolus Clusius	卡罗吕斯·克吕西乌斯
Carlo Emanuel Ⅱ	卡洛·埃马努埃尔二世（萨伏伊大公爵）
Carlo Emanuele Vizzani	卡洛·埃马努埃莱·维扎尼
Kama	卡马河
Carmarthen	卡马森
Kamerrijk	卡默赖克
River Cam	卡姆河
CARNARVON	卡那封
Kanen	卡南
Kanischa	卡尼沙（即瑙吉考尼饶）
Canewdon	卡纽当
Capitanasses	卡皮塔纳塞
Casimiu IV	卡齐米日四世（波兰国王）
Kassel	卡塞尔
Cassel	卡塞勒
Casovla	卡绍维亚（斯洛伐克的科希策）
Kashtanov	卡什塔诺夫
Caspar Olevian	卡斯帕·奥雷维安
Caspar de Robles	卡斯帕·德罗夫莱斯
Casper van Baerle	卡斯帕·范巴莱
Caspar Vopel	卡斯帕·福佩尔
Caspar Gottschling	卡斯帕·戈特施林
Caspar Henneberger	卡斯帕·亨内贝格尔
Caspar Merian	卡斯帕·梅里安
Casparus Theunisz.	卡斯帕吕思·特尼松
Casteldefino	卡斯泰尔德菲诺
Castelnaudary	卡斯泰尔诺达里
Kata	卡塔河
Katalin Plihál	卡塔林·普利哈尔

词汇原文	中文翻译
Catarro	卡塔罗
Kattegat	卡特加特海峡
Catherine Hofmann	卡特琳·奥夫曼
Catherine Lebé	卡特琳·勒贝
Katwijk	卡特韦克
kvadratalnar	卡瓦德拉塔尔纳
Kazakova	卡扎科娃
Cape Town	开普敦
Kethida (Kehida)	凯蒂达
Quercy	凯尔西
Kerry	凯里
kemi	凯米
Kemi	凯米河
Kenilworth	凯尼尔沃思
Catherine Delano - Smith	凯瑟琳·德拉诺 - 史密斯
Catherine de' Medici	凯瑟琳·德美第奇
Caithness	凯斯内斯
Caius College	凯斯学院
Kehida	凯希道
Kamchatka Peninsula	堪察加半岛
Cumberland	坎伯兰
Kampen	坎普
Canso	坎索
Canterbury	坎特伯雷
Cambrai	康布雷
Conrad E. Heidenreich	康拉德·E. 海登赖希
Konrad Peutinger	康拉德·波伊廷格
Conrad Celtis	康拉德·策尔蒂斯
Conrad Türst	康拉德·蒂尔斯特
Conrad von Diefenbach	康拉德·冯·迪芬巴赫
Conrad Heinfogel	康拉德·海因福格尔
Konrad Kretschmer	康拉德·克雷奇默
Konrad Miller	康拉德·米勒
Conrad Schnitt	康拉德·施尼特
Konrad Sweynheym	康拉德·斯韦因黑伊姆
Connecticut River	康涅狄格河
Connaught	康诺特
Campan	康庞
Conceptión	康塞普西翁

词汇原文	中文翻译
Constance	康斯坦茨
Constantin Cebrian	康斯坦丁·塞布里安
Cornwall	康沃尔
Duchy of Cornwall world map	康沃尔公国世界地图
Cowdray	考德雷
Kanizsa	考尼饶
Kirby	柯比
Kolding	柯灵
Königsberg	柯尼斯堡
Cobden	科布登
Koblenz	科布伦茨
Capa Cod	科德角
Cotton Collection	科顿收藏
Corbechon	科尔贝洪
KOLGUYEV	科尔古耶夫岛
Cornelius Claesz.	科尔内留斯·克拉松
Korniliy	科尔尼里
Korniliy	科尔涅伊卡
Currsaw	科尔索岛
Bibliotheca Corvina	科尔维纳图书馆
Corvo	科尔武岛
Coverdale Bible	科弗代尔圣经
Kokkola	科科拉（即雅各布斯塔德）
Cork	科克
Kirkel	科克尔
Kokenhausen	科肯豪森
Kola River	科拉河
Kolyma River	科雷马河
Collimitius	科里米蒂乌斯（即格奥尔格·坦斯特特尔）
Kolisz	科利茨
Colette van den Keere	科莉特·范登克雷
Cologne	科隆
University of Cologne	科隆大学
Coronelli – Gesellschaft	科罗内利协会
Komarno	科马尔诺
Comines	科米讷
Cape Comorin	科摩林海角
Lake Como	科莫湖
Cornelis Adgerus	科内利斯·阿德格鲁斯

词汇原文	中文翻译
Cornelis Anthonisz.	科内利斯·安东尼松
Cornelis Anthonisz. Hornhovius	科内利斯·安东尼松·霍恩霍菲乌斯
Cornelis Anthonisz. Hornhovius	科内利斯·安东尼松·霍恩霍维厄斯
Cornelis Aurelius	科内利斯·奥里利厄斯
Cornelis Boogaert	科内利斯·布格特
Cornelis Danckerts	科内利斯·丹克尔茨
Cornelis de Houtman	科内利斯·德豪特曼
Cornelis de Hooghe	科内利斯·德霍赫
Cornelis de Jode	科内利斯·德约德
Cornelis Doedsz.	科内利斯·杜德松
Cornelis Doetsz.	科内利斯·杜松
Cornelis van Aerssen van Sommelsdijc	科内利斯·范埃森·范索梅尔斯迪克
Cornelis van Wytfliet	科内利斯·范维特弗利特
Cornelis Vermuyden	科内利斯·费尔默伊登
Cornelis Florisz. van Berckenrode	科内利斯·弗洛里松·范贝尔肯罗德
Cornelis Karelsen	科内利斯·卡雷尔森
Cornelis Ketel	科内利斯·科特尔
Cornelis Claesz.	科内利斯·克拉松
Cornelis Koeman	科内利斯·肯曼
Cornelis Pijnacker	科内利斯·皮纳克
Cornelis Jansz. Lastman	科内利斯·扬松·拉斯特曼
Cornelius von den Bosch	科内利乌斯·冯·登博施
Kopparberg	科帕尔贝里
Stora Kopparberg	科帕尔贝里湖
Copped	科珀德
Cochin	科尚
Kostroma	科斯特罗马
Kossovo	科索沃
Cotentin Peninsula	科唐坦半岛
Coate	科特
Kortrijk	科特赖克
Covens & Mortier firm	科文斯·莫蒂尔公司
Kuyarovka	科乌罗夫卡
Corsica	科西嘉岛
Cosimo Ⅲ de' Medici	科西莫·德美第奇三世
Ko ice	科希策
Kola penisula	克拉半岛
Cracow	克拉科夫
University of Cracow	克拉科夫大学

词汇原文	中文翻译
Claes Claesson	克拉斯·克拉松
Claes Jansz. Visscher	克拉斯·扬松·菲斯海尔
Claes Jansz. Vooght	克拉斯·扬松·福赫特
Krasnoyarsk	克拉斯诺亚尔斯克
Claes Pietersz.	克拉松·彼得松
Clyde	克莱德
Clement de Jonghe	克莱门特·德永赫
Clement Adams	克莱门特·亚当斯
Clement Ⅶ	克莱门特七世
Clermont – Ferrand	克莱蒙 – 费朗
Craina	克莱纳
Cleve	克莱沃
Kleyntjen	克莱因泰因
Clun	克兰
Claudius Clavus	克劳迪乌斯·克拉武斯
Claus Johansson Prytz	克劳斯·约翰松·普吕茨
Crest	克雷
Chretien Wechel	克雷蒂安·弗舍尔
Crain Patengalo	克雷恩·帕滕哈洛
Crépy – en – Valois	克雷皮昂瓦卢瓦
Anne of Cleves	克里夫斯的安妮
Crickhowell	克里克豪厄尔
CRIMEA	克里米亚
Christiaan van Adrichem	克里斯蒂安·范阿德里歇姆
Christiaan van Lom	克里斯蒂安·范洛姆
Christian Severin	克里斯蒂安·塞韦林
Christiaan Schotanus à Sterringa	克里斯蒂安·朔布塔努斯·阿·斯特林加
Christiaan Sgrooten	克里斯蒂安·斯格罗滕
Christiania	克里斯蒂安尼亚
Christian Ⅲ	克里斯蒂安三世（丹麦和瑞典国王）
Kristianstad	克里斯蒂安斯塔德
Christian IV	克里斯蒂安四世（丹麦国王）
Chrisian I	克里斯蒂安一世（梅克伦堡封君）
Christian I	克里斯蒂安一世（萨克森选侯）
Christina	克里斯蒂娜（瑞典女王）
Christen Sørensen Longomontanus	克里斯滕·索伦森·隆格蒙坦努斯（即克里斯蒂安·塞韦林）
Christoph Clavius	克里斯托夫·克拉维于斯
Christophe Tassin	克里斯托夫·塔桑

词汇原文	中文翻译
Christopher Barker	克里斯托弗·巴克
Christopher Brandt	克里斯托弗·勃兰特
Christoph Zell	克里斯托弗·策尔
Christoph Froschauer	克里斯托弗·弗罗绍尔
Khristofer Gvarienti	克里斯托弗·哥德涅蒂
Christopher Hatton	克里斯托弗·哈顿
Christopher Hall	克里斯托弗·霍尔
Christopher Schwytzer	克里斯托弗·施维策
Christopher Schwytzer	克里斯托弗·舒伊策尔
Christoph Froschauer	克里斯托弗尔·弗罗绍尔
Christoffel Plantijn	克里斯托弗尔·普兰迪因
Christophorus Pyramius/Christoph Kegel	克里斯托福鲁斯·皮拉米乌斯
Anne of Cleves	克利夫斯的安妮
Krutikha	克鲁季哈河
Krupina	克鲁皮纳
Claude Sarrau	克洛代尔·萨罗
Claud d'Annebaut	克洛德·达内博特
Claude Chastillon	克洛德·沙蒂永
Clopton	克洛普顿
klosterneuburg	克洛斯特新堡
Klosterneuburg Fridericus map	克洛斯特新堡弗里德里库斯地图
Klosterneuburg corpus	克洛斯特新堡文集
Glückstadt	克吕克施塔特
Krzysztof Warszewicki	克日什托夫·瓦谢维茨基
Kees Zandvliet	克斯·赞德弗利特
Kerch	刻赤
Kerch Strait	刻赤海峡
Kendel	肯德尔
Kennebec River	肯纳贝克河
Hoogheemraadschap de Uitwaterende Sluizen van Kennemerland en West - Friesland	肯内梅兰德和西弗里斯兰排水闸高级水利委员会
kenning	肯宁（测量单位）
Kent	肯特
Kentchurch	肯特彻奇
Carde of Kent	肯特地图
Kompolt	孔波尔特
Konda	孔达河
Condé	孔代
Conquet	孔凯

词汇原文	中文翻译
Arbre Sec	枯树区
Kurbat Ivanov	库尔巴特·伊万诺夫
Curlandia	库尔兰
Kursk	库尔斯克
Coevorden	库福尔登
Curaçao	库拉索岛
Kuressaare	库雷萨雷
Kues	库斯
Cuzco	库斯科
Kuinre	库因尔
Kuzemin	库泽明
Kuznetsk	库兹涅茨克
Quebec	魁北克
Kungur	昆古尔
La Have	拉阿沃
La Bassée	拉巴塞
Bagnères – de – Bigorre	拉巴斯唐 – 德比戈尔
Rába	拉鲍河
La Popelinière	拉波珀利尼埃
Raab	拉布（即杰尔）
Labrador	拉布拉多
RADNOR	拉德诺
Ladislaus（Ulászló）Ⅱ	拉迪斯劳斯二世（匈牙利国王）
Ladislaus IV	拉迪斯劳斯四世
Ladislaus（László）V	拉迪斯劳斯五世（匈牙利国王）
Lake Ladoga	拉多加湖
Evard Bredin	拉尔·布勒丹
Ralph Agas	拉尔夫·阿加斯
Ralph Hall	拉尔夫·霍尔
Ralph Treswell	拉尔夫·特雷斯韦尔
Ralph Sheldon	拉尔夫·谢尔登
Raphael Holinshed	拉斐尔·霍林斯赫德
Stanze della Segnatura	拉斐尔客房
La Fère	拉费尔
Lavrentiy Bogdanov	拉夫连季·波格丹诺夫
La Flèche	拉弗莱什
Lafreri	拉弗勒里
Ragusa	拉古萨（克罗地亚的杜布罗夫尼克）
Raahe	拉赫（瑞典语地名为布拉赫斯塔德）

词汇原文	中文翻译
La Capelle	拉卡佩勒
La Croix du Maine	拉克鲁瓦·迪迈内
Laxton	拉克斯顿
La Rochelle	拉罗谢尔
Ludlow	拉洛德
Ramsey	拉姆齐
Rio de la Plata	拉普拉塔河
Lapland	拉普兰
Ratcliff	拉特克利夫
Rutland	拉特兰
Latvia	拉脱维亚
Lachine	拉欣
Lachine Rapids	拉欣急流
Rajalahti	拉亚拉蒂
Rye	拉伊
Lajos Glaser	拉约什·格拉泽
Pointe du Raz	拉兹角
Leonard Schenk	莱昂纳德·申克
Leone Strozzi	莱昂内·斯特罗齐
Leonardo da Vinci	莱奥纳尔多·达芬奇
Leipzig	莱比锡
Leiden	莱顿
Leerdam	莱尔丹
Lord Lisle	莱尔勋爵
Levinus Hulsius	莱菲努斯·胡尔西努斯
Lek	莱克河
Reimerswaal	莱默斯瓦尔
Lyme	莱姆
Limehouse	莱姆豪斯
Limestreet	莱姆街
Lynar	莱纳
Lenaert Terwoort	莱纳尔特·特尔沃尔特
Lenaert Jacobsz.	莱纳尔特·雅各布松
Lynam	莱纳姆
Lenert Rans	莱纳特·兰斯
Lenin (Le Nain)	莱宁
Leicester	莱斯特
Leicestershire	莱斯特郡
Lessines	莱西讷

词汇原文	中文翻译
Rijnlandse Roede	莱因兰杆
Rheinberg	莱茵贝格
Rhine	莱茵河
Rhineland	莱茵兰
Rupert of the Rhine	莱茵亲王鲁珀特
Rycklof [Rijcklof] van Goens	赖克洛夫・范根斯
Reszege	赖塞盖
Reichenbach	赖兴巴赫
Reinhard Gensfelder	赖因哈德・根斯菲尔德
Reinhard tables	赖因哈德表
Lambert Doomer	兰贝特・多默尔
Lambrechts	兰布雷西茨
Landshut	兰茨胡特
Landrecy	兰德雷西
Landen	兰登
Lancaster	兰开斯特
Lancashire	兰开夏
Reims	兰斯
Plan de Langres	郎格勒平面图
Landes	朗德
Landrecies	朗德勒西
Langeland	朗厄兰岛
Languedoc	朗格多克
Langres	朗格勒
Launceston	朗塞斯顿
Lens	朗斯
Rance	朗斯河
Laurent de Beins	劳伦・德拜因斯
Laurens van der Hem	劳伦斯・范德赫姆
Lawrence Keymis	劳伦斯・基米斯
Laurens Reael	劳伦斯・雷阿尔
Laurens Nuyts	劳伦斯・纳伊斯
Laurence Nowell	劳伦斯・诺埃尔
Laurence Worms	劳伦斯・沃姆斯
Laurens Jacobsz.	劳伦斯・雅各布松
Georg Glockendon the Elder	老格奥尔格・格洛肯东
Le Havre	勒阿弗尔
Le Havre de Grace	勒阿弗尔・德格拉斯
Loeb - Larocque	勒布 - 拉罗克

词汇原文	中文翻译
Redon	勒东
Louvain (Leuven)	勒芬
Le Catelet	勒卡特莱
Le Cateau – Cambrésis	勒卡托康布雷西
Le Quesnoy	勒凯努瓦
Le Conquet	勒孔凯
CARTE PARTICULLIERE DE L'ISLE ET BOURG DV CONQUEST	勒孔凯岛屿和城镇专图
Le Rasle	勒拉斯莱
Le Roeulx	勒勒尔
Le Mans	勒芒
Lena	勒拿河
René Goulaine de Laudonnière	勒内·古莱纳·德洛东尼埃
René Siette	勒内·谢特
René Ⅱ	勒内二世（圣迪耶公爵）
Lesure	勒叙尔
Leuze – en – Hainaut	勒兹昂埃诺
Rybakov	雷巴科夫
Ré	雷岛
Ivan IV (the Terrible)	雷帝伊凡四世
Rennes	雷恩
Regensburg	雷根斯堡
Reginald Chaudier	雷吉纳尔德·肖迪耶
Reginald Pole	雷金纳德·波尔
Raymond de Bonnefons	雷蒙·德博纳丰
Raymond Rancurel	雷蒙·朗屈雷尔
Raimund von Montecuccoli	雷蒙德·冯·蒙泰库科利
Raymond Frostick	雷蒙德·弗洛斯迪克
Remigius Hogenberg	雷米吉乌斯·霍亨贝赫
Reyner Wolfe	雷纳·沃尔夫
Ranulf Higden	雷纳夫·希格登
Rhenen	雷嫩
Regnier Janssen (Jenssen)	雷尼尔·詹森（延森）
Reinier Noom	雷尼耶·诺姆斯
Renold Elstracke	雷诺·埃尔斯特拉克
Mary Eyre of Rampton	雷普顿的玛丽·艾尔
Recife	累西腓
Levant	黎凡特
Richelieu	黎塞留

词汇原文	中文翻译
Rchielieu River	黎塞留河
Lyons (Lyon)	里昂
Carte generalle du pais de Lionnois	里昂地区总图
Ribemont	里布蒙
Lille	里尔
livre	里弗（货币单位）
Khvalynsk Sea	里海
Riquier Hauroye	里基耶·奥罗耶
Mount Rigi	里吉山
Riga	里加
Ribadeo	里瓦德奥
Livorno	里窝那
Richard Breton	里夏尔·布勒通
Rijeka	里耶卡
Rio de Janeiro bay	里约热内卢湾（即瓜纳巴拉湾）
Richard Bartlett	理查德·巴特利特
Richard Popinjay	理查德·柏培杰
Richard Bankes	理查德·班克斯
Richard Benses	理查德·本尼兹
Richard Poulter	理查德·波尔特
Richard Grafton	理查德·格拉夫顿
Richard Grenville	理查德·格伦维尔
Richard Hakluyt	理查德·哈克卢特
Richard Helgerson	理查德·赫尔格森
Richard Hawkins	理查德·霍金斯
Richard Jugge	理查德·贾格
Richard Clampe	理查德·卡拉姆普
Richard Cavendish	理查德·卡文迪什
Richard Couch	理查德·库奇
Richard Lyne	理查德·莱恩
Richard Lee	理查德·李
Richard Ligon	理查德·利根
Richard Madox	理查德·马多克斯
Richard Mount	理查德·芒特
Richard Norwood	理查德·诺伍德
Richard Pynson	理查德·平森
Richard Proude	理查德·普鲁特
Richard Chancellor	理查德·钱塞勒
Richard Jones	理查德·琼斯

词汇原文	中文翻译
Richard Saltonstall	理查德·索顿斯托尔
Richard Eden	理查德·伊登
Historical Atlas	历史地图集
Grand Duchy of Lithuania	立陶宛大公国
stereographic projection	立体投影
Llyn Peninsula	丽茵半岛
Leo Africanus	利奥·阿非利加努斯
Leopold I	利奥波德一世（神圣罗马帝国皇帝）
Lleyn Peninsula	利恩半岛
Lier	利尔
Livland	利夫兰
Lee	利河
Lillers	利莱尔
Limagne	利马涅
Limmat	利马特河
Liemers	利梅尔斯
Limoges	利摩日
Limerick	利默里克
LIMOUSIN	利穆赞
Leith	利斯
Lyon Davent	利翁·达旺
Lviv	利沃夫
Livonia	利沃尼亚
Liverpool	利物浦
Lichtenberg	利希滕贝格
Lisieux	利雪
Lensk	连斯克
Lensk	连斯克
Reichstag	联合帝国议会（德意志）
chain	链（长度单位）
Ryazan	梁赞
Ryazan	梁赞
Leontiy Semyonovich Remezov	列昂季·谢苗诺维奇·列梅佐夫
Leo Bagrow	列奥·巴格罗
Liège	列日
Orion	猎户座
Limbourg	林堡
Lienhart Holl	林哈特·霍尔
Lincoln	林肯

词汇原文	中文翻译
Lincolnshire	林肯郡
Linlitquo	林里特科
Linkoping	林雪平
Trinity House	领港公会
Lewes Roberts	刘易斯・罗伯茨
Isle of Lewis	刘易斯岛
hexameter	六分仪
Longboël forest	隆伯森林
Lund cathedral	隆德大教堂
Longomontan	隆格蒙坦（即克里斯蒂安・塞韦林）
Longchamps	隆尚（比）
Longchamp	隆尚（法）
Loango	卢安果
Ljubljana	卢布尔雅那
Ludwik Birkenmajer	卢德维克・比肯马耶尔
Ludolf van Ceulen	卢多尔夫・范瑟伦
Ludolf Tjarda van Starckenborgh	卢多尔夫・恰达・范斯塔肯博赫
Luki	卢基
Lucas Brandis	卢卡斯・布兰迪斯
Lucas van Doetecum	卢卡斯・范多特屈姆
Lucas Cranach	卢卡斯・克拉纳赫
Lucas Jansz. Waghenaer	卢卡斯・扬松・瓦赫纳
Lucas Jansz. Sinck	卢卡斯・扬松・辛克
Luke Fox	卢克・福克斯
Luzern	卢塞恩
Loire	卢瓦尔河
Rouen	鲁昂
Rudolf Snellius	鲁道夫・斯内利厄斯
Rudolf Ⅱ	鲁道夫二世
rudbom	鲁德邦
Roermond	鲁尔蒙德
Rouffack	鲁法克
Row	鲁夫
Rouland Le Roux	鲁兰・勒鲁
Roelandt Savery	鲁兰特・萨弗里
Rumoldus Mercator	鲁莫尔杜斯・墨卡托
Rupelmonde	鲁帕尔蒙德
Ruthenia	鲁泰尼亚
Ruthardt Oehme	鲁特哈特・厄梅

词汇原文	中文翻译
University of Leuven	鲁汶大学
Roussillon	鲁西永
Rotterdam	鹿特丹
dorozhnik	路线指南（俄语）
Louis Boissevin	路易·布瓦塞万
Louis Danis	路易·丹尼斯
Louis the Great	路易大王（匈牙利国王）
Louis Ⅱ	路易二世
Luigi Ferdinando Marsigli	路易吉·费迪南多·马尔西利
Louis ⅩⅢ	路易十三（法国国王）
Louis ⅩⅣ	路易十四（法国国王）
Lous de Requesens	路易斯·德雷克森
Louis Kirke	路易斯·柯克
Luís Teixeira	路易斯·谢特拉
Lombardy	伦巴第
mercers	伦敦绸布商公司
Rungholt	伦霍尔特
Leonard Digges	伦纳德·迪格斯
Leinster	伦斯特
Roanoke	罗阿诺克
Robert Gaguin	罗贝尔·加甘
Robert C. D. Baldwin	罗伯特·C. D. 鲍德温
Robert Beckit	罗伯特·贝基特
Robert Beale	罗伯特·比尔
Robert Boyle	罗伯特·博伊莱
Robert Dudley	罗伯特·达德利
Robert Davies	罗伯特·戴维斯
Robert Copland	罗伯特·科普兰
Robert Recorde	罗伯特·雷科德
Robert Ricart	罗伯特·里卡特
Robert Ryece	罗伯特·里斯
Robert Lythe	罗伯特·利斯
Robert Mawe	罗伯特·马维
Robert Minucci	罗伯特·米努奇
Robert Norman	罗伯特·诺尔曼
Robert Parsons	罗伯特·帕森斯
Robert Pont	罗伯特·庞特
Robert Thorne	罗伯特·索恩
Robert Vaghan	罗伯特·沃恩

词汇原文	中文翻译
Robert Sibbald	罗伯特·西巴尔德
Robert Adams	罗伯特·亚当斯
Robert Johnson	罗伯特·约翰逊
Rodez	罗德兹
Rochus Guarini	罗胡斯·瓜里尼
Roger Burges	罗杰·伯吉斯
Roger Wood	罗杰·伍德
Rocroi	罗克鲁瓦
Roeland Bollaert	罗兰·博拉尔
Roland Lee	罗兰·李
Raulin Secalart (Raoullin le Taillois)	罗兰·塞卡拉
Rowland Johnson	罗兰·约翰逊
Collegio Romano	罗马学院
Roman Starkov	罗曼·斯塔尔科夫
Romans	罗芒
Romorantin	罗莫朗坦
Romney	罗姆尼
Romney Marsh	罗姆尼沼泽
Rhône	罗讷河
compass	罗盘
Roche Guerin	罗奇·格林
Rochdale	罗奇代尔
Rochester	罗切斯特
Rochefort	罗什福尔
Ros/Rus	罗斯
Rose Mitchell	罗斯·米切尔
Roskilde	罗斯基勒
Peace of Roskilde	罗斯基勒和约
Rostock	罗斯托克
Rovigno	罗维尼
Port Royal	罗亚尔港
Lopo Homem	洛波·奥梅姆
Lootsman	洛茨曼
Lodovico de Varthema	洛多维科·德瓦尔泰马
Lodovico Guicciardini	洛多维科·圭恰迪尼
Lochem	洛赫姆
Baia de Roccas	洛卡斯湾
Lolland	洛兰岛
Lorraine	洛林

词汇原文	中文翻译
Lorentz Benedicht	洛伦茨·贝内迪希克
Lorenz Fries	洛伦茨·弗里斯
Launay	洛奈
Loches	洛什
Lothar von Metternich	洛塔尔·冯·梅特涅
Loch Lochy	洛希湖
Lothian	洛锡安
Lazarus de Stuhlweissenburg	洛佐鲁什·德施图尔韦森堡
Lazarus von Schwendi	洛佐鲁什·冯·施文迪
Lazarus Schwendi	洛佐鲁什·施文迪
Lazarus Secretarius	洛佐鲁什·谢茨赖塔里乌斯
Rue	吕
Lubeck	吕贝克
Leeuwarden	吕伐登
Luleå	吕勒奥
Lüneburg	吕讷堡
Rupert River	吕佩尔河
Luçon	吕松
Marburg	马堡
Madeleine de Scudéry	马德莱娜·德斯屈代里
Madeleine Colemont	马德莱娜·科莱蒙
Mathieu Tomassin	马蒂厄·托马桑
Mathurin Héret	马蒂兰·埃雷
Mathurin Nicolas	马蒂兰·尼古拉
Martthias	马蒂亚斯（神圣罗马帝国皇帝）
Matthias Bel	马蒂亚斯·贝尔
Matthias Burgklehner	马蒂亚斯·布尔格克莱内尔
Matthias Zundt	马蒂亚斯·聪特
Matthias Öder	马蒂亚斯·厄德尔
Matthias von Miechow	马蒂亚斯·冯·梅霍夫
Matthias Ringmann/Philesius	马蒂亚斯·格林曼
Matthias Quad	马蒂亚斯·奎德
Matthias Scharffenberg	马蒂亚斯·沙芬贝格
Matthias Stryjkowski	马蒂亚斯·斯特雷伊科夫斯基
Matthias Strubicz (Strobica)	马蒂亚斯·斯特鲁比奇
Martin Ostendorfer	马丁·奥斯滕多费尔
Martin Behaim	马丁·贝海姆
Martin Bylica	马丁·贝利察
Martin Endter	马丁·恩特尔

词汇原文	中文翻译
Martin Frobisher	马丁·弗罗比歇
Martin Gobert	马丁·戈贝尔
Martin Helwig	马丁·黑尔维希
Martín Cortés	马丁·科尔特斯
Martin Kromer	马丁·克罗默
Martin Llewellyn	马丁·卢埃林
Martin Luther	马丁·路德
Martin Stier	马丁·施蒂尔
Martin Waldseemüller	马丁·瓦尔德泽米勒
Martin Schott	马丁·肖特
Múrton Szepsi Csombor	马顿·赛普希·琼博尔
Prince Madoc	马多克王子
Isle of Man	马恩岛
Marburg	马尔堡
Marco Antonio Pasi	马尔科·安东尼奥·帕西
Marco Beneventano	马尔科·贝内文塔诺
Marco van Egmond	马尔科·范艾格蒙德
Marcombe	马尔孔布
Marcin German	马尔钦·耶尔曼
Marche – en – Famenne	马尔什昂法梅讷
Marsdiep	马尔斯水道
Maarten Everaert	马尔滕·埃弗雷特
Maarten de Keyser/Martinus Caesar	马尔滕·德凯泽
Maarten van Heemskerck	马尔滕·范海姆斯凯克
Margate	马盖特
Macassar	马卡萨
Marco Polo	马可·波罗
Mark Pierse	马可·皮尔斯
Marc Du Chesne	马克·迪谢内
Marc Laurin/marus Laurinus	马克·劳林
Max Eckert	马克斯·埃克特
Maximilien de Béthune	马克西米利安·德贝蒂纳
Maximilian Ⅱ	马克西米利安二世（神圣罗马帝国皇帝）
Maximilian I	马克西米利安一世（神圣罗马帝国皇帝）
Mark Lane	马克巷
Mâcon	马孔
Marcus Secznagel	马库斯·茨纳格尔塞
Marcus Welser	马库斯·维尔泽
Marcus Jordanus	马库斯·约尔丹努斯

词汇原文	中文翻译
Malabar	马拉巴尔
Lake Mälaren	马拉伦湖
Marin de Boisloré	马兰·德布瓦斯洛雷
Marin Mersenne	马兰·梅森
Bibliothèque Méjanes	马雷特兹图书馆
Mariembourg	马里昂堡
Maryborough	马里伯勒
Marino Sanuto	马里诺·萨努托
Moray Firth	马里湾
Mullet Peninsula	马利特半岛
Moluccas	马鲁古群岛
Massachusetts Bay	马萨诸塞湾
Macé Ogier	马塞·奥吉耶
Marseilles	马赛
Macé Ogier	马赛·奥吉耶
Mathias Gioskowski	马赛厄斯·吉奥斯科夫斯基
Musselburgh	马瑟尔堡
Maas	马斯河
Maastricht	马斯特里赫特
Cape Matapan	马塔潘角
Matthijs Hendricksz Quast	马泰斯·亨德里克斯·夸斯特
Matthijs Jansz. de Been van Wena/MathijsJanssoonvanDelff	马泰斯·扬松·德贝恩·范温纳
Matthäus Merian	马陶斯·梅里安
Mátra Mountains	马特劳山
Marten Jansz.	马滕·扬松
Matthias Corvinus	马提亚一世（匈牙利国王）
Mattheus du Chesne	马托伊斯·杜谢内
Mattheus van Nispen	马托伊斯·范尼彭斯
Marischal College	马歇尔学院
Matthew Morton	马修·莫顿
Matthew Parker	马修·帕克
Matthew Paris	马修·帕里斯
Matthew Patteson	马修·帕特森
Matthew Champion	马修·钱皮恩
Matthew Simmons	马修·席梦思
Marguerite de Navarre	玛格丽特·德纳瓦尔
Margaret Condon	玛格丽特·康登
Margaret Lane Ford	玛格丽特·莱恩·福特
Mary	玛丽（苏格兰女王）

词汇原文	中文翻译
Mary	玛丽（匈牙利女王）
Mary Ravenhill	玛丽·拉文希尔
Marie Perdrier	玛丽·佩德里耶
Maryborough	玛丽伯勒
Mary I	玛丽一世（英格兰女王）
Meierij van's – Hertogenbosc	迈尔里·范斯海尔托亨博斯
Maikop	迈科普
Michael Drayton	迈克尔·德雷顿
Michael Lok	迈克尔·洛克
Michael Sparke	迈克尔·斯帕克
Michael Hicks	迈克尔·希克斯
Mecca	麦加
Strait of Magellan	麦哲伦海峡
MAINE	曼恩
Manheno	曼海诺
Mangazeya	曼加泽亚
Manuel Alvares	曼努埃尔·阿尔瓦雷斯
Manuel de Figueiredo	曼努埃拉·德菲格雷多
Mansfeld	曼斯费尔德
Mantell	曼特尔
Mantua	曼托瓦
Munster	芒斯特
Lord Mountjoy	芒特乔伊勋爵
Mount's Bay	芒特湾
Maurits van Nassau	毛里茨·范拿骚
Mauritius Rivier	毛里斯河
Mousehole	毛斯尔
Mayo	梅奥郡
Medelpad	梅代尔帕德
Maidstone	梅德斯通
Medway	梅德韦
Medway	梅德韦河
Medemblik	梅登布利克
Mergentheim	梅尔根泰姆
Melchior Ⅱ Tavernier	梅尔基奥尔·塔韦尼耶二世
Melchior Trechsel	梅尔基奥尔·特雷什塞尔
Maerten de Vos	梅尔滕·德福斯
Maerten Gerritsz. de Vries	梅尔滕·赫里松·德弗里斯
Melchior Ⅱ Tavernier	梅尔希奥·塔韦尼耶二世

词汇原文	中文翻译
Mechelen	梅赫伦
Mezen	梅津河
Mecklenburg	梅克伦堡
Lake Malaren	梅拉伦湖
Merrimac River	梅里马克河
Merioneth	梅利奥尼斯
Menen	梅嫩
Messac	梅萨克
Mesen	梅森
Metz	梅斯
Meta Incognita	梅塔·因科格尼塔
beau siècle	美丽时代
belles lettres	美文
Mainz	美因茨
Henry of Mainz	美因茨的亨利（又称索利）
Lord Menmuir	门穆尔勋爵
Montbéliard	蒙贝利亚尔
Monthulin	蒙蒂林
Montferrand	蒙费朗
MONTGOMERY	蒙哥马利
Monken Hardley	蒙肯·哈德利
MONMOUTH	蒙茅斯
Geoffrey of Monmouth	蒙茅斯的杰弗里
Montmédy	蒙梅迪
Monnickendam	蒙尼肯丹
Montgenévre	蒙热内夫尔山
Mons	蒙斯
Montagnais	蒙塔奈格
Montfoort	蒙特福特
Montréal	蒙特利尔
Montgenèvre	蒙特热纳埃
Montserrat	蒙特塞拉特
Montreuil	蒙特伊勒
Moctezuma	蒙特祖玛
Michel de Montaigne	蒙田
rue Montorgueil	蒙托洛伊街
Monhegan Island	蒙希根岛
Miass River	米阿斯河
Middleburg	米德尔堡

词汇原文	中文翻译
Middlesex	米德尔塞克斯
Milford Haven	米尔福德港
Mikhail Danilov	米哈伊尔·丹尼洛夫
Michael Romanov	米哈伊尔·罗曼诺夫
Mikhail Stadukhin	米哈伊尔·斯塔杜欣
Mikhailovskaya	米哈伊洛夫卡
Michel Coignet	米海尔·科伊赫内特
Michele Tramezzino	米凯莱·特拉梅齐诺
Milan	米兰
Mirandola	米兰多拉
Minories	米诺里斯
Lake Mistassini	米斯塔西尼河
Michael Ostendorfer	米夏埃尔·奥斯滕多费尔
Michael Denis	米夏埃尔·丹尼斯
Michael von Eizing/Michael Eytzinger	米夏埃尔·冯·艾青
Michael Florent van Langren	米夏埃尔·弗洛伦特·范朗伦
Michael Mercator	米夏埃尔·墨卡托
Michael Zimmermann	米夏埃尔·齐默尔曼
Michael Wolgemut	米夏埃尔·沃尔格穆特
Michel de L'Hospital	米歇尔·德洛皮塔尔
Michel de Marolles	米歇尔·德马罗勒
Michel van Lochom	米歇尔·范洛赫姆
Michel Coignet	米歇尔·夸涅
Michel Marteau	米歇尔·马尔托
Michel Sonnius	米歇尔·索尼乌斯
Michel Topie	米歇尔·托皮
Lake Michigan	密歇根湖
Gulf of Maine	缅因湾
Minden	明登
Mynken Liefrinkx	明肯·利夫林克斯
patron	模板（法）
Moldavia	摩尔达维亚
Mohács	摩哈赤
Moravia	摩拉维亚
Moses Glover	摩西·格洛弗
Mosel	摩泽尔河
Maubeuge	莫伯日
Modon（Methone）	莫东（梅东）
Mohacs	莫哈奇

词汇原文	中文翻译
Mogeely	莫吉利
Mogilev	莫吉廖夫
Morecambe Bay	莫克姆湾
Moretuses publishing house	莫雷蒂塞斯出版社
Maurice Bouguereau	莫里斯·布格罗
Monachus globe	莫纳库斯球仪
Monique Pelletier	莫妮克·佩列蒂耶
Moshna	莫什内河
Muscovy	莫斯科大公国
Principality of Muscovy	莫斯科公国
Muscovy Company	莫斯科公司
Moscow	莫斯科河
Mozhaysk	莫扎伊斯克
Mercator projection	墨卡托投影
Gulf of Mexico	墨西哥湾
Merton College	默顿学院
Mersey	默西河
Muiden	默伊登
Meuse	默兹河
woodcut	木刻版
Boötes	牧夫座
Munich	慕尼黑
Mura	穆尔河
Mukacheve	穆卡切沃
Murava	穆拉瓦
Moulins	穆兰
Müller	穆勒
Murom	穆罗姆
Fort Nassau	拿骚港
Cape Nassau	拿骚角
Naples	那不勒斯
Namur	那慕尔
Narbonne	纳博讷
Naarden	纳尔登
Narva	纳尔瓦
Narova	纳尔瓦河
Nacol – Absou	纳克尔 – 阿布苏
Narym	纳雷姆
Narue	纳鲁厄

词汇原文	中文翻译
Namen	纳门
Naappila	纳皮拉
Nathaniel Powle	纳撒尼尔·波尔
Nathaniel Newbery	纳撒尼尔·纽伯里
Nathaniel Bacon	纳撒尼尔·培根
Nathaniel Woodward	纳撒尼尔·伍德沃德
Nasa Mts.	纳萨山
Natale Angielini	纳塔莱·安杰利尼
Navarre	纳瓦拉
Navarin (Pylos)	纳瓦林（皮洛斯）
Navia	纳维亚
Nijmegen	奈梅亨
Midi de Bigorre	南比戈尔峰
Argo Navis	南船岛
South Holland	南荷兰省
Ferdinand Verbiest	南怀仁
Sodermanland	南曼兰
Nantes	南特
Nancy	南锡
Nantucket Sound	楠塔基特海峡
Nanteuil – le – Haudouin	楠特伊勒欧杜安
Nagykanizsa	瑙吉考尼饶
Negapatam	讷加帕塔姆
Drapers' Company	呢绒商公司
Loch Ness	内斯湖（尼斯湖）
Lough Neagh	内伊湖
Nitsa	尼察河
Dutch Republic	尼德兰共和国
Dutch circle	尼德兰环
Nicolas Ⅱ Berey	尼古拉·拜赖伊二世
Nicolas I Berey	尼古拉·拜赖伊一世
Nicolay d'Arfeuille	尼古拉·达尔弗耶
Nicolas Desliens	尼古拉·德利安
Nicolas de Nicolay	尼古拉·德尼古拉
Nicolas Denisot	尼古拉·德尼佐
Nicolas de Vignau	尼古拉·德维尼奥
Nicolas Durand de Villegagnon	尼古拉·迪朗·德比列加尼翁
Nikolay Gavrilovich Spafariy	尼古拉·加夫里洛维奇·斯帕法里
Nicolas I Langlois	尼古拉·朗格卢瓦一世

词汇原文	中文翻译
Nicolas Lefebvre	尼古拉·勒菲弗
Nicholas Heath	尼古拉·希思
Nicolas Chesneau	尼古拉·谢诺
Nicolas – Claude Fabri de Peiresc	尼古拉 – 克洛德法布里·德佩雷斯克
Nicolas de Mathoniere	尼古拉斯·德马托尼埃
Nicolaas van Geelkercken	尼古拉斯·范吉尔科肯
Nicolaas van Wassenaer	尼古拉斯·范瓦森纳尔
Nicolaas I Visscher	尼古拉斯·菲斯海尔一世
Nicholas Comberford	尼古拉斯·康博福德
Nicolaus Kratzer	尼古拉斯·克拉策
Nicholas Christopher Radziwill	尼古拉斯·克里斯托弗·拉齐维尔
Nicholas Reynolds	尼古拉斯·雷诺兹
Nicolas Person	尼古拉斯·佩尔松
Nicolas I Sanson d' Abbeville	尼古拉斯·桑松·达布维尔一世
Nicolass Ten Have	尼古拉斯·坦恩·哈弗
Nicholas Downton	尼古拉斯·唐顿
Nicolaas Witsen	尼古拉斯·维岑
Nicholas Wooton	尼古拉斯·伍顿
Nicholas England	尼古拉斯·英格兰
Nicholas Zrinski	尼古拉斯·兹林斯基
Nicolaus Copernicus	尼古劳斯·哥白尼
Nicolaus Germanus	尼古劳斯·格尔曼努斯
Nicolaus Claudianus	尼古劳斯·克劳迪阿努斯
Nicolaus Cusanus	尼古劳斯·库萨努斯
Nicolaus Niger	尼古劳斯·尼格尔
Nikolaos Sophianos	尼古劳斯·索菲阿诺斯
Nocolo Angielini	尼科洛·安杰利尼
Nicolo de Caverio	尼科洛·德卡韦里奥
Nicolosi projection	尼科洛西投影
Nikolaos Hogenberg	尼克劳斯·霍亨贝赫
Ninove	尼诺弗
Nipissing	尼皮辛
Nitsynsk	尼钦斯克
Nevis	尼维斯
Nieuwpoort	尼乌波特
peat	泥炭
censive	年贡土地
bird's – eye view	鸟瞰景观图
Nerchinsk	涅尔琴斯克（尼布楚）

词汇原文	中文翻译
Nerekhta	涅列赫塔
Neman	涅曼
Neman	涅曼河
Oxford	牛津
Oxfordshire	牛津郡
Newcastle	纽卡斯尔
Nuremberg	纽伦堡
Newark	纽瓦克
zielen	奴隶
Noirmoutier	努马尔穆捷岛
GOVVERNE [MENT] DE NANTES ET ENCENIX	努特和昂赛尼督军辖区
Norwegian Sea	挪威海
Noorderkwartier	诺德夸蒂
Nottingham	诺丁汉
Norrland	诺尔兰
Novgorod	诺夫哥罗德
Norfolk	诺福克
Noravo River	诺拉沃河
Norambegue	诺朗伯居
Norwich	诺里奇
Norumbega	诺伦贝加
NORMANDY	诺曼底
Northam	诺瑟姆
Northumberland	诺森伯兰
Authie	欧蒂河
Eugen Oberhummer	欧根·奥博胡默
Aulne	欧讷河
Auxerre	欧塞尔
Pápa	帕波
Padua	帕多瓦
University of Padua	帕多瓦大学
Pál Hrenkó	帕尔·赫伦科
Pál Teleki	帕尔·泰莱基
Parma	帕尔马
Parmentier	帕尔芒捷
Paramaribo	帕拉马里博
Polatovskiy	帕拉托夫斯基
Paraiba	帕拉伊巴
Lake Parima	帕里玛湖

词汇原文	中文翻译
Paris Alexandre	帕里斯·亚历山大
Papa	帕帕（即帕波）
Passau	帕绍
Paschina de Jode	帕斯基纳·德约德
Pasterot	帕斯特罗
Pastoureau	帕斯图罗
Regio patalis	帕塔拉地区
Pavia	帕维亚
Pomponius Mela	庞波尼乌斯·麦拉
ingénieur ordinaire de l'artillerie	炮兵常任工程师
Peder Månsson	佩德·蒙松
Pedro de Esquivel	佩德罗·德埃斯基韦尔
Pedro de Medina	佩德罗·德梅迪纳
Pedro Fernández de Quirós	佩德罗·费尔南德斯·德基罗斯
Pedro Nunes (Nu ez)	佩德罗·尼纳
Pale	佩尔
Pernes	佩尔讷
Perniö	佩尔尼厄
Pelym	佩雷姆
Perekop	佩列科普
Isthums of Perekop	佩列科普地峡
Perugia	佩鲁贾
Péronne	佩罗讷
Plan de Péronne	佩罗讷平面图
Perpignan	佩皮尼昂
Lake Peipus	佩普西湖
Pesaro	佩萨罗
Pyshma	佩什马河
Pest	佩斯
Petworth	佩特沃斯
Livre des fontaines	喷泉之书
Pembroke	彭布罗克
Pembrokeshire	彭布罗克郡
Pont – Audemer	蓬托德梅尔
Pierre Eskrich	皮埃尔·埃斯克里什
Pierre Belon du Mans	皮埃尔·贝隆·迪芒
Pierre Pourbus	皮埃尔·波尔伯斯
Pierre Porret	皮埃尔·波雷
Pierre Blondel	皮埃尔·布隆代尔

词汇原文	中文翻译
Pierre Boyer	皮埃尔·布瓦耶
Pierre Boussy	皮埃尔·布西
Pierre de Conty	皮埃尔·德孔蒂
Pierre Desceliers	皮埃尔·德塞利耶
Pierre de Vaulx	皮埃尔·德沃
Pierre Du Gua de Monts	皮埃尔·迪居阿·德蒙
Pierre du Bois	皮埃尔·杜博伊斯
Pierre Duval	皮埃尔·杜瓦尔
Pierre Gille d'Albi	皮埃尔·吉勒·达尔比
Pierre Garcie	皮埃尔·加谢尔
Pierre Le Muet	皮埃尔·勒米埃
Pierre Le Moyne	皮埃尔·勒穆瓦纳
Pierre Lepoivre	皮埃尔·勒普瓦夫尔
Pierre L'Huilier	皮埃尔·吕利耶
Pierre Ⅱ Mariette	皮埃尔·马里耶特二世
Pierre I Mariette	皮埃尔·马里耶特一世
Pierre Pithou	皮埃尔·皮图
Pierre Séguier	皮埃尔·塞吉耶
Pierre Chastillon	皮埃尔·沙蒂永
Pierre Sainton	皮埃尔·圣东
Piedmont	皮埃蒙特
Purmer	皮尔默
Purmer Lake	皮尔默湖
Purmerend	皮尔默伦德
Picardy	皮卡第
Picauville	皮科维尔
Pico	皮库岛
Pyramius	皮拉米乌斯
Piteå	皮特奥
Putten	皮滕岛
Tupinambá Indians	皮图南巴印第安人
Pijlsweerd	皮伊尔斯韦尔德
principles of plane sailing	平面航法原则
Pinneberg	平讷贝格
Pinkie Cleugh	平齐谷
Pinchbeck Fen	平奇贝克沼泽
Purslow	珀斯洛
Portsmouth	朴次茅斯
Poole	普尔

词汇原文	中文翻译
Palatinate	普法尔茨
Putivl	普季夫利
Prester John	普雷斯特·约翰
Pripet	普里皮亚季河
Plymouth	普利茅斯
Plymouth Company	普利茅斯公司
Pliny	普林尼
Plombières – lès – Dijon	普隆比耶尔莱第戎
Prudence	普鲁登斯
rue des Prouvaires	普鲁维尔街
Providentia	普罗民遮城
Provence	普罗旺斯
Providence and Henrietta Island Company	普罗维登斯岛和亨利埃塔岛公司
Prozorovskiy	普罗佐罗夫斯基
Prüm	普吕姆
Pskov	普斯科夫
Lake Pskov	普斯科夫湖
Poitiers	普瓦捷
Poitou	普瓦图
Seven United Provinces	七省联合共和国
Zichem	齐赫姆
Clton	奇尔顿
Chipping Warden	奇平沃登
Cathy	契丹
Chadonsk	恰顿斯克
Chaun Bay	恰翁湾
Kuril Islands	千岛群岛
voorwaartse snijding	前方交会法
foreground	前景
Jo Campanis	乔·坎帕尼斯
Giovani Andrea di Valvassore	乔瓦尼·安德烈亚·迪法尔法索雷
Giovanni Andrea Valvassore	乔瓦尼·安德烈亚·瓦尔瓦索雷
Giovanni Antonio Magini	乔瓦尼·安东尼奥·马吉尼
Giovanni Orlandi	乔瓦尼·奥兰迪
Giovanni Battista Riccioli	乔瓦尼·巴蒂斯塔·里乔利
Giovanni Portinari	乔瓦尼·波尔蒂纳里
Giovanni da Verrazzano	乔瓦尼·达韦拉扎诺
Giovanni de Plano Carpini	乔瓦尼·德·普拉诺·卡尔皮尼
Giovanni di Rosetti	乔瓦尼·迪洛塞蒂

词汇原文	中文翻译
Giovanni Maria Olgiati	乔瓦尼・马里亚・奥尔贾蒂
Giovanni Jacobo Gasparini	乔瓦尼・雅各博・加斯帕里尼
Geroge Best	乔治・贝斯特
George Bishop	乔治・毕晓普
George Buchanan	乔治・布坎南
Georg Braun	乔治・布朗
Georges d'Amboise	乔治・德昂布瓦兹
Georges Fournier	乔治・富尼耶
George Humble	乔治・亨布尔
George Hornius	乔治・霍尔尼乌斯
George Gascoigne	乔治・加斯科因
George King	乔治・金
George Calvert	乔治・卡尔弗特
George Carew	乔治・卡鲁
George Conn	乔治・康恩
Georges Lallemant	乔治・拉勒芒
George Rainsford	乔治・雷恩斯福德
George Lily	乔治・历里
George Prosper Verboom	乔治・普罗斯帕・费尔博姆
Jörg Seld	乔治・赛尔德
George Sampson	乔治・桑普森
Georges Grosjean	乔治斯・格罗让
Georgian Bay	乔治亚湾
Cherkassia	切尔卡瑟
Chelmsford	切尔姆斯福德
Cape Chelyuskin	切柳斯金岬
Chesapeake Bay	切萨皮克湾
Chester	切斯特
chetvert	切特维特
oblique perspective	倾斜透视法
Chubarovsk	丘巴罗夫斯克
Chulym	丘雷姆
Chusovaya	丘索瓦亚河
Tyumen	秋明
gebulte kaart	球面海图
spherical trigonometry	球形三角法
globular projection	球形投影
Kyrö	屈勒（即海门屈勒）
Culemborg	屈伦博赫

词汇原文	中文翻译
Kymi River	屈米河
Jean Alfonse de Saintonge (Jean de Saintonge Alfonse)	让·阿方斯·德圣东日
Jean Errard	让·埃拉尔
Jean Imbert	让·安贝尔
Jean Baptiste Colbert	让·巴蒂斯特·科尔贝
Jehan Bachelier	让·巴舍利耶
Jean Bellere	让·贝莱雷
Jean Beugier	让·伯吉耶
Jean Boutillier	让·布蒂利耶
Jan Brouault	让·布鲁瓦尔
Jean Boisseau	让·布瓦索
Jean de Beins	让·德拜因斯
Jean de Boonefons	让·德博纳丰
Jean de Brosse	让·德布罗斯
Jean Ⅱ de Gourmont	让·德古尔蒙二世
Jean I de Gourmont	让·德古尔蒙一世
Jean de Cologne	让·德科洛涅
Jean de Marnef	让·德马尔内夫
Jean Denucé	让·德努赛
Jean de Séville	让·德塞维尔
Jean Desserans	让·德瑟兰斯
Jean Du Temps	让·迪唐
Jean Dupont	让·杜邦
Jean Du Val	让·杜瓦尔
Jean Ⅱ D'Orrain	让·多兰二世
Jean Donnat	让·多纳
Jean d'Ogerolles	让·多热罗莱
Jean Fabre	让·法布雷
Jean Fayen	让·法延
Jean – Francois de la Rocque de Roberval	让·弗朗索瓦·德拉罗克·德罗贝瓦尔
Jean Fouquet	让·富凯
Jean Guérard	让·盖拉尔
Jean Cousin	让·古尚
Jean Carondelet	让·卡隆德莱特
Jean Cavalier	让·卡瓦利耶
Jean Cossin	让·科森
Jean Rabel	让·拉贝尔
Jean Le Telier	让·莱特列尔
Jean Ⅲ Leclerc	让·勒克莱尔三世

词汇原文	中文翻译
Jean IV Leclerc	让·勒克莱尔四世
Jean IV Leclerc	让·勒克莱尔四世
Jean Ribault	让·里博
Jean Rouhet	让·鲁埃
Jean Rotz (Roze)	让·罗茨
Jean Martellier	让·马尔泰利耶
Jean Matal/Johannes Metellus	让·马塔尔
Jean Maillard	让·马亚尔
Jean Messager	让·梅萨热
Jean Perrissin	让·佩里森
Jean Jubrien	让·瑞布里安
Jean Jolivet	让·若利韦
Jean Surhon	让·瑟洪
Jean Sauvage	让·绍瓦热
Jean Tarde	让·塔尔德
Jean Troadec	让·特罗阿代克
Jean – Baptiste Florentin	让–巴蒂斯特·弗洛朗坦
Jean – Baptiste Colbert	让–巴蒂斯特·科尔贝
Jean – Baptiste Nolin	让–巴蒂斯特·诺兰
Jean – Baptiste Trento	让–巴蒂斯特·特伦托
Gembloux	让布卢
Jean – François de La Rocque	让–弗朗索瓦·德拉罗克
Jeanne de Montmorency	让娜·德蒙莫朗西
Jeanne Gouvet	让娜·古韦
Jeanne Malot	让娜·马洛
Germain Hoyau	热尔曼·瓦约
Jérôme (Hiérosme) Bachot	热罗姆·巴肖
Jérôme Bellarmato	热罗姆·贝拉尔马托（即吉罗拉莫·贝尔阿尔马托）
Jérôme de Gourmont	热罗姆·德古尔蒙
Jérôme Citoni	热罗姆·奇托尼
Genoa	热那亚
Jutland	日德兰半岛
Germania	日耳曼尼亚
sundial	日晷
Lake Geneva	日内瓦湖
Joyeuse	茹瓦约斯
Swiss Confederation	瑞士联邦
Johannes Werner	若阿内斯·维尔纳
João Afonso	若昂·阿丰索

词汇原文	中文翻译
João de Castro	若昂·德卡斯特罗
João Pacheco	若昂·帕谢科
Zsolt G. Török	若尔特·G. 特勒克
Jos Murer	若斯·米雷
Sadelers	萨德莱尔家族
Salzburg	萨尔茨堡
Saltstraum	萨尔茨特勒伊姆
Tabula Sarmati（a）e...	萨尔马蒂亚……图
Saltstraum	萨尔特赖于姆
Salisbury	萨尔兹伯里
Savoy	萨伏依
Suffolk	萨福克
Zagreb	萨格勒布
Saguenay River	萨格奈河
Sakhalin	萨哈林岛（库页岛）
Saginaw Bay	萨吉诺湾
Sacrobosco	萨克罗博斯克
Saxony	萨克森
Saxton	萨克斯顿
Sarah Pitten	萨拉·皮滕
Sarah Toulouse	萨拉·图卢兹
Sarlat - la - Canéda	萨拉拉卡内达
Sarlat	萨拉特
Saaremaa（Ösel, Osilia）	萨雷马岛
Surrey	萨里
Sallinge	萨林格
Saluzzo	萨卢佐
Salomon de Brosse	萨洛蒙·德布罗斯
Salomon de Caus	萨洛蒙·德科
Salomon van Es	萨洛蒙·范埃斯
Salomon Rogiers	萨洛蒙·罗希尔斯
Samuel de Champlain	萨米埃尔·德尚普兰
Samogitia	萨莫吉希亚
Somerset	萨默塞特
Duke of Somerset	萨默塞特公爵
Summerson	萨默森
Sussex	萨塞克斯
Southwark	萨瑟克
Susquehanna	萨斯奎汉纳河

词汇原文	中文翻译
Satu Mare	萨图马雷（即扎奇马尔）
Sava	萨瓦河
Sébastien de Pontault de Beaulieu	塞巴斯蒂安·德蓬托尔·德博利厄
Sebasiaan Van Noyen	塞巴斯蒂安·范诺彦
Sebastian von Rotenhan	塞巴斯蒂安·冯·罗滕汉
Sebastian Cabot	塞巴斯蒂安·卡伯特
Sebastian Kammermeister	塞巴斯蒂安·卡默迈斯特
Sébastien Cramoisy	塞巴斯蒂安·克拉穆瓦西
Sébastian Le Prestre de Vauban	塞巴斯蒂安·勒普雷斯特·德沃邦
Sebastian Münster	塞巴斯蒂安·明斯特尔
Sebasiano Compagni	塞巴斯蒂亚诺·孔帕尼
Secoton	塞克顿
Sélestat	塞莱斯塔
Samuel Argall	塞缪尔·阿高尔
Samuel Blommaert	塞缪尔·布洛马特
Samuel Cartwright	塞缪尔·卡特赖特
Samuel Pepys	塞缪尔·佩皮斯
Samuel Purchas	塞缪尔·珀切斯
Samuel Hieronymous Grimm	塞缪尔·希罗尼莫斯·格里姆
Seine	塞纳河
Seine – et – Oise	塞纳 – 瓦兹省
Sennecas	塞内卡斯
Senj	塞尼
César – François Cassini de Thury	塞萨尔 – 弗朗索瓦 – 卡西尼·德图里
Carte des vallees de Seissel et la Michaille	塞瑟尔和米沙耶河谷地图
Sebastián Fernández de Medrano	塞瓦斯蒂安 费尔南德斯 德梅德拉诺
Isidore of Seville	塞维尔的伊西多尔
Seville	塞维利亚
Turnu Severin	塞维林堡
Severn	塞文河
Seversk	塞沃斯克
Serres	赛尔
Serre	赛尔河
triangulation	三角测量
triangulation point	三角测量点
Thirty Year War	三十年战争
homo trilinguis	三通
trivium	三艺
Sampeyre [Sampeire]	桑佩雷

词汇原文	中文翻译
Sens	桑斯
Sanson projection	桑松投影
Sandwich	桑威奇
Sedan	色当
Selenginsk	色楞金斯克
Söderhamn	瑟德港
Semur – en – Auxois	瑟米尔 – 昂诺苏瓦
Szendro	森德勒
gruerie	森林管区（法）
Vicente Yá ez Pinzón	森特·亚涅斯·平松
Shadrinsk	沙德林斯克
Shadwell	沙德韦尔
Sárvár	沙尔堡
Charleroy	沙勒罗瓦
Sharysh	沙雷什
Shamansk rapids	沙曼斯克激流
château	沙托
Chateau Duboys	沙托·迪布瓦
Sarah Tyacke	莎拉·泰亚克
Overijssel	上艾瑟尔
Superioris Germaniae Confoederationis descriptio	上德意志联邦图
Over Haddon	上哈登
Upper Palatinate	上普法尔茨
Oberursel	上乌瑟尔
Chantilly	尚蒂伊
Sándor Apponyi	尚多尔·奥波尼
Sándor Márki	尚多尔·马尔基
Champmol	尚普莫尔
Somló	邵姆洛
Schedel map	舍德尔地图
Cape Shelagski	舍拉格斯基角
Kjølen (Keel) mountain	舍伦山系（即基尔山系）
Schermer	舍默
Sherwood Forest	舍伍德森林
Shetland Islands	设得兰群岛
Shrewsbury	什鲁斯伯里
Shropshire	什罗普郡
Szczecin	什切青（即斯德丁）
Schwerin	什未林

词汇原文	中文翻译
Holy Roman Empire	神圣罗马帝国
Chambre des Comptes	审计法庭
parlements	省级法院（法）
monastery of Saint Emnieran	圣埃梅兰修道院
St. Andrews	圣安德鲁斯
St. Andrews	圣安德鲁斯
St. Albans	圣奥尔本斯
Saint – Omer	圣奥梅尔
Saint – Omer	圣奥梅尔河
St. Bartholomew's Hospital	圣巴塞罗缪医院
Utraquist	圣杯派
Santiago de Compostela	圣地亚哥·德孔波斯特拉
Saint – Dié	圣迪耶
pouillés	圣俸
St. Kitts	圣基茨
Saint – Ghislain	圣吉兰
St. Gallen	圣加伦
Svyatoy/Svyatoi Nos	圣角
St. Katharine	圣凯瑟琳
St. Quentin	圣康坦
Ste. Croix	圣克鲁瓦
St. Lawrence River	圣劳伦斯河
Lac St. Louis	圣路易湖（即安大略湖）
St. Leonard's College	圣伦纳德学院
St. Maartensdijk	圣马尔滕斯代克
Saint – Malo	圣马洛
St. Michael	圣迈克尔岛
Saint Maurice River	圣莫里斯河
St. Nicholas	圣尼古拉斯（即阿尔汉格尔斯克）
Sint – Niklaas	圣尼克拉斯
San Pedro	圣佩德罗
St. George	圣乔治
Saint Jean Baptiste	圣让·巴普蒂斯特号
rue Saint – Jean de Latran	圣让·德拉特兰街
Saint – Jean – de – Luz	圣让 – 德吕兹
Chapter of Saint – Germain – L'Auxerrois	圣日耳曼奥塞尔教堂
Saint – Germain – des – Prés	圣日耳曼德佩区
Sainte – Geneviève Library	圣日内维耶图书馆
Saint – Just	圣瑞斯特

词汇原文	中文翻译
Saintonge	圣通日
Saint Victor	圣维克托号
rue Saint – Jacques a l'Esperance	圣雅克·埃斯佩兰斯街
Saint – Julien	圣于连号
Collegium Poetarum et Mathematicorum	诗学与数学学院
Styria	施蒂里亚
League of Schmalkalden	施马尔卡尔登联盟
Speyer	施派尔
Spandau	施潘道
Straelen	施特拉伦
Strasburg	施特拉斯堡
Swabia	施瓦本
Heren XVII	十七绅士董事会
cross staff	十字测天仪
Shilka	石勒喀河
Schleswig – Holstein	石勒苏益格 – 荷尔斯泰因
Stephen Borough	史蒂芬·伯勒
Steven van der Haghen	史蒂文·范德哈亨
eye – travell	视平线
premier cosmographe	首席宇宙学家
premier cosmographe et valet de chambre du roi	首席宇宙学家和国王近侍
Schouwen	舒温
lecteur de mathematiques	数学讲师（法）
waterschappen	水利委员会（低地国家）
heemraden	水利委员会参事（低地国家）
waterschapskaart	水利委员会地图
Op het Water	水畔街
élection	税区（法）
censiers	税账（法）
bailliage	司法管区（法）
Stettin	斯德丁（即什切青）
Stockholm	斯德哥尔摩
Styria	斯蒂里亚
Scheldt River	斯海尔德河
Schelde River	斯海尔德河
's – Hertogenbosch	斯海尔托亨博斯
's – Heerenberg	斯海伦贝赫
Schoonhoven	斯洪霍芬
Stepan Vasilyevich Polyakov	斯捷潘·瓦西里耶维奇·波利亚科夫

词汇原文	中文翻译
Scarborough	斯卡伯勒
Skagen	斯卡恩
Isle of Skye	斯凯岛
Skelton	斯凯尔顿
Skåne	斯科讷
Skel'skiye mountains	斯克米艾山脉
Sluis	斯勒伊斯
Sloten	斯洛滕
Smolensk	斯摩棱斯克
Sneek	斯内克
Snellius	斯内利厄斯
Scudamore	斯丘达莫尔
Stabius Werner	斯塔比乌斯·维尔纳
stade	斯塔德（长度单位）
Cape Stad	斯塔德海角
Staveren	斯塔弗伦
Stafford	斯塔福德
Staffordshire	斯塔福德郡
Stanisław Pachoiowiecki	斯塔尼希奥夫·帕乔伊奥维基
Stasov	斯塔索夫
Stavangerfjord	斯塔万格福德
Stanislav Loputskiy	斯坦尼斯拉夫·洛普茨基
Shipston on Stour	斯陶尔河畔希普斯顿
Stefan Batori（Stephen Báthory）	斯特凡·巴托里（波兰国王）
Stephan Brodarich（István Brodarics）	斯特凡·布罗达里茨
Stefano Della Bella	斯特凡诺·德拉贝拉
Stefano Scolari	斯特凡诺·斯科拉里
Strabo	斯特拉博
Strasbourg	斯特拉斯堡
Strangford Lough	斯特兰福德湾
Steenwijk	斯腾韦克
Stuart	斯图亚特王朝
Stolbovo	斯托尔博沃
Peace of Stolbovo	斯托尔博沃和约
Stor Fjord	斯托尔湖
stuiver	斯托弗尔（货币单位）
Swabian War	斯瓦比亚战争
Svalbard	斯瓦尔巴群岛
Svealand	斯韦阿兰

词汇原文	中文翻译
Sviyazhsk	斯维亚日斯克
Schiedam	斯希丹
Schiermonnikoog	斯希蒙尼克奥赫
Dead Sea	死海
four – band stellate projection	四波段星形投影
Vierwaldstätter See	四森林州湖
quadrivium	四艺
New Interlude and Mery of the iiij elementes	四元素的新插曲和表演者
Szombathely	松博特海伊
Sundgau	松德高
Songhua	松花江
Sonsbeck	松斯贝克
Sundsvall	松兹瓦尔
sol	苏（货币单位）
Subiaco	苏比亚科
Surgut	苏尔古特
Surat	苏拉特
Süleymān the Magnificent	苏莱曼大帝
Zurich	苏黎世
Zürich See	苏黎世湖
Surinam	苏里南
Sully	苏利
Papiers de Sully	苏利文件
Sussex	苏塞克斯
Soirans	苏瓦朗
Soignies	苏瓦尼
Suzdal	苏兹达尔
Solomon Saffery	所罗门·萨弗里
Sorbonne	索邦神学院
Zoopot	索波特
Saône	索恩河
Chalon – sur – Saône	索恩河畔沙隆
Solway Firth	索尔韦湾
Sofia	索非亚
sohka	索赫
Sorø	索勒
Sawley	索利（即美因茨的亨利）
Aratus of Soli	索利的亚拉图
Zollern	索伦

词汇原文	中文翻译
Solonitsa	索罗尼察河
Solovetski Islands	索洛韦茨基群岛
Somme	索姆河
Sosva	索斯瓦河
Tarbat Ness	塔本特岬
Cape Tabin	塔宾岬
Tarbat Ness	塔伯特岬
Tartu	塔尔图
Tavda	塔夫达河
Tatishchev	塔季谢夫
Tara	塔拉
Talant	塔兰
daalder	塔勒（货币单位）
taller	塔勒（货币单位）
Tallinn	塔林
Taman	塔曼
Tarairiu	塔普亚人
Tarsk	塔斯克
Tasmania	塔斯马尼亚岛
Tadoussac	塔斯萨克
Taz	塔兹河
Tiber River	台伯河
sun compass	太阳罗盘
Château – Dauphin [Casteldelfino]	太子查理
Théodore de Mayerne Turquet	泰奥多尔·德马延·蒂尔凯
Tyne	泰恩河
Tynemouth	泰恩茅斯
Tegernheim	泰根海姆
Thérouanne	泰鲁阿诺
Taimyr Peninsula	泰梅尔半岛
Saint Pol sur Ternoise	泰努瓦斯河畔圣波勒
Texel	泰瑟尔岛
Ticehurst	泰斯赫斯特
Thames	泰晤士河
Temptallen	坦普塔伦
Tentallon	坦塔伦
Tanworth	坦沃思
Taunton	汤顿
Tongue	汤格

词汇原文	中文翻译
Down	唐
County Down	唐郡
Pot a beure	糖面包山
Rothenburg ob der Tauber	陶伯河上游罗滕堡
Daugavpils	陶格夫匹尔斯
Theodor de Bry	特奥多尔·德布里
Theodore Zwinger	特奥多雷·茨温格
Theorus Velius	特奥多鲁斯·费里乌斯
Trento	特兰托
Transylvania	特兰西瓦尼亚
Terouanne	特劳恩
Trechsels	特雷西塞尔家族
Trier	特里尔
Trier – Koblenz fragments	特里尔 – 科布伦茨残片
Trimley	特里姆利
Tretower	特里陶尔
Trindad	特立尼达
Trondheim	特隆赫姆
Trondheim Fjord	特隆赫姆峡湾
Trent	特伦特河
Trento	特伦托
Tmutarakan Stone	特穆塔拉坎石
Tenerife	特内里费
bonnes villes	特权城镇（法）
Tirwan	特万
Tweed	特威德
Teusina	特乌辛纳
Peace of Teusina	特乌辛纳和约
trapezoidal projection	梯形投影
Ticino	提契诺河
celestial globe	天球仪
astrolabe	天体测量仪
tellurium	天文地动仪
astronomical ring	天文环
polus arcticus	天文学的极点
Teutonic order	条顿骑士团
Teutonia	条顿托尼亚
gore	贴面条带
Iron Gate	铁门

词汇原文	中文翻译
Tunguska	通古斯卡河
tunnland	通兰（面积单位）
astrolabium catholicum	通用星盘
copper engraving	铜版雕刻
toise	突阿斯（法制水深单位）
Tuiscon	突伊斯科
Thouars	图阿尔
Tours	图尔
Turku	图尔库（瑞典语地名为奥布）
Tournai	图尔奈
Germania illustrata	图解德意志
Tura	图拉河
Marcus Ulpius Traíanus	图拉真（罗马皇帝）
Touraine	图赖讷
Toul	图勒
Thuringia	图林根
Turinsk	图林斯克
Toulouse	图卢兹
Turukhansk	图鲁汉斯克
Toussaint de Bessard	图桑·德贝萨尔
Toussaint Denis（Denys）	图桑·德尼
imagier	图像制作师（法）
imagier et tailleur d'histoires	图像制作师和讲古人（法）
figurative view	图形景观图
Lantmäterikontoret	土地测量局（瑞典）
land surveyor	土地测量员
landtafeln	土地地图
akkergeld	土地税（尼德兰）
Toulon	土伦
Tobol	托博尔河
Tobolsk	托博尔斯克
Tody	托蒂
Toddington	托丁顿
Tornio	托尔尼奥
Tortuga	托尔图加
Tokaj	托考伊
Toledo tables	托莱多天文表
Ptolemy	托勒密
Tholen	托伦

词汇原文	中文翻译
Toruń	托伦
Toropets	托罗佩茨
Thomas de Leu	托马·德莱
Thomas Gauvin	托马·戈万
Thomas Texier	托马·特谢尔
Thomas Archer	托马斯·阿彻
Thomas Astley	托马斯·阿斯特利
Thomas Elyot	托马斯·埃利奥特
Thomas Edge	托马斯·埃奇
Thomas Bonner	托马斯·邦纳
Thomas Blundeville	托马斯·布伦德菲莱
Thomas Blundeville	托马斯·布伦德维尔
Thomas Chaundler	托马斯·昌德勒
Thomas Dainerius	托马斯·达因内里乌斯
Thomas Digges	托马斯·迪格斯
Thomas Gresham	托马斯·格雷欣
Thomas Harriot	托马斯·哈里奥特
Thomas Hunter	托马斯·亨特
Thomas Hood	托马斯·胡德
Thomas Hoby	托马斯·霍比
Thomas Geminus	托马斯·杰明努斯
Thomas Cavendish	托马斯·卡文迪什
Thomas Cockson	托马斯·科克森
Thomas Clerke	托马斯·克拉克
Thomas Clerke	托马斯·克拉克
Thomas Cranmer	托马斯·克兰麦
Thomas Cromwell	托马斯·克伦威尔
Thomas Layton	托马斯·莱顿
Thomas Levingston	托马斯·莱温斯通
Thomas Lambrit	托马斯·兰布里特（即托马斯·赫明努斯）
Thomas Langdon	托马斯·兰登
Thomas Rediger	托马斯·雷迪格尔
Thomas Lupo	托马斯·卢波
Thomas Randolph	托马斯·伦道夫
Thomas Roe	托马斯·罗
Thomas Makowski	托马斯·马科夫斯基
Thomas Morton	托马斯·莫顿
Thomas More	托马斯·莫尔
Thomas Nicholas	托马斯·尼古拉斯

词汇原文	中文翻译
Thomas Palmer	托马斯·帕尔默
Thomas Petyt	托马斯·佩蒂
Thomas Seckford	托马斯·塞克福德
Thomas Cecill	托马斯·塞西尔
Thomas Sharington	托马斯·沙林顿
Thomas Schoepf	托马斯·舍普夫
Thomas Wilford	托马斯·威尔福德
Thomas Wolsey	托马斯·沃尔西
Thomas Seymour	托马斯·西摩
Thomas Symcock	托马斯·西姆科克
Thomas Jacobsen	托马斯·雅各布森
Thomas Jenner	托马斯·詹纳
Tommaso Porcacchi	托马索·波尔卡奇
Thomye	托米厄
Tom	托木河
Tomsk	托木斯克
Tony Campbell	托尼·坎贝尔
Tuscany	托斯卡纳
Totnes	托特尼斯
Vac	瓦茨
Wacław Grodecki	瓦茨瓦夫·格罗代基
Wardhouse	瓦德豪斯
Waddenzee	瓦登海
Waldeck	瓦尔代克
Vardø	瓦尔德
Walcheren	瓦尔赫伦岛
Warneton	瓦尔内顿
Walter Lud/Vautrien Lud	瓦尔特·卢德
Walther Ruge	瓦尔特·鲁格
Walter Lud/Gautier Ludd	瓦尔特·吕德
Walter Ghim	瓦尔特·希姆
Wavre	瓦夫尔
Wageningen	瓦赫宁恩
Vaga	瓦加河
Varadinum	瓦拉迪努姆（罗马尼亚奥拉迪亚）
Vallard	瓦拉尔
Walachia	瓦拉几亚
Varasdin	瓦拉日丁
Varanger Fjord	瓦朗厄尔峡湾

词汇原文	中文翻译
Valence	瓦朗斯
Valenciennes	瓦朗谢讷
Valentin S. Trauthman	瓦伦丁·S. 特劳特曼
Valentine Leigh	瓦伦丁·利
Valentin Wagner	瓦伦丁·瓦格纳
Vannes	瓦讷
Vasa	瓦萨
Vatres	瓦特拉斯河
Waterland	瓦特兰
Wachtendonk	瓦滕东克
Vasiliy Danilovich Poyarkov	瓦西里·丹尼洛维奇·波亚尔科夫
Vasily Ⅲ	瓦西里三世
Oise	瓦兹
Oise	瓦兹河
Bantam	万丹
capitaine ordinaire pour le roy en la marine	王家海军上尉（法）
geographe ordinaire du roi	王室常任地理学家
enlumineur du roi pour les cartes géographiques	王室地理地图画师
géographe royal	王室地理学家
géographe *du roi*	王室地理学家（法）
padrón real	王室登记
lecteurs royaux	王室讲师（法）
cosmographe du roi	王室宇宙学家（法）
Vendée	旺代
Wangeroog	旺格奥格
Ventadour	旺塔杜尔
Makasar	望加锡
National Library of Wales	威尔士国家图书馆
Wiltshire	威尔特郡
Willam of Wykeham	威克姆的威廉
William R. Mead	威廉·R. 米德
William Baffin	威廉·巴芬
Willem Barents	威廉·巴伦支
William Barlow	威廉·巴洛
William Bowes	威廉·鲍斯
William Bourne	威廉·伯恩
William Borough	威廉·伯勒
Wilhelm Bonacker	威廉·博纳克
William Downe	威廉·道恩

词汇原文	中文翻译
Wilhelm Dilich	威廉·迪利希
William Dobbyns	威廉·多宾斯
William Fisher	威廉·费希尔
Wilhelm vo Reichenau	威廉·冯·赖歇瑙
William Frank	威廉·弗兰克
William Folkingham	威廉·福尔京哈姆
William Fowler	威廉·福勒
William Harrison	威廉·哈里森
Willem Hendricksz. Crook	威廉·亨德里克松·克鲁克
Willem Goes	威廉·胡斯
William Hole	威廉·霍尔
William Kip	威廉·基普
William Gier	威廉·吉尔
William Gardner	威廉·加德纳
William Caxton	威廉·卡克斯顿
William Kamden	威廉·卡姆登
William Cuningham	威廉·卡宁厄姆
William Cordell	威廉·科德尔
William Claiborne	威廉·克莱本
Wilhelm Coenders van Helpen	威廉·孔德斯·范赫尔彭
William Rutter	威廉·拉特
William Ravenhill	威廉·拉文希尔
William Lanbarde	威廉·兰巴德
William Leybourn	威廉·利伯恩
William Lugger	威廉·卢格尔
William Rogers	威廉·罗杰斯
Willem Lodewijcksz.	威廉·洛德维克松
Willem Mogge	威廉·莫格
William Paget	威廉·帕吉特
Willem Pannemaker	威廉·帕内马克
William Patten	威廉·帕滕
William Petty	威廉·佩蒂
William Pet	威廉·佩特
William Cecil	威廉·塞西尔（即伯利勋爵）
William Sanderson	威廉·桑德森
William Smith	威廉·史密斯
Willem Schouten	威廉·斯豪滕
Willem Schellinks	威廉·斯赫林克斯
William Towerson	威廉·托尔森

词汇原文	中文翻译
William Waad	威廉·瓦德
William Web	威廉·韦布
Wilhelm Wolkenhauer	威廉·沃尔肯豪尔
William Worthington	威廉·沃辛顿
William Wood	威廉·伍德
Willem Sylvius	威廉·西尔维于斯
William Senior	威廉·西尼尔
William Sheldon	威廉·谢尔登
William Alexander	威廉·亚历山大
Willem Jansz. Blaeu/Guilielmus Jassonius/Guilielmus Caesius	威廉·扬松·布劳
Wilhelm IV	威廉四世（黑森伯爵领主）
William I	威廉一世（奥兰治亲王）
Willem I	威廉一世（尼德兰国王）
Venice	威尼斯
Wieringen	威宁根
Wesel	威塞尔
Westminster	威斯敏斯特
Westphalia	威斯特伐利亚
WESTMORLAND	威斯特摩兰
University of Wittenberg	威滕伯格大学
Weser	威悉河
Weybourne	韦伯恩
Wainfleet	韦恩弗利特
Werben	韦尔本
Werden	韦尔登
Wervik	韦尔菲克
Verkhoturyk	韦尔霍图里耶
Vermandois	韦尔芒多瓦
Wells	韦尔斯
Weert	韦尔特
Palazzo Vecchio	韦基奥宫
Verancsics (Verantius, Vrancˇicˇ)	韦兰契奇
Vesle	韦勒河
Velikaya	韦利卡亚河
Velizh	韦利日
Weymouth Bay	韦茅斯湾
Wesel	韦瑟尔
Weesp	韦斯普

词汇原文	中文翻译
Westkapelle	韦斯特卡佩勒
Westland	韦斯特兰
Vasteras	韦斯特罗斯
Westerwolde	韦斯特沃尔德
polder	圩田
polder board	圩田委员会（低地国家）
siege	围城
Vienne	维埃纳
Viipuri（Vyborg）	维堡
Wybrant Warwijck	维布兰特·瓦尔维克
Wurzburg	维尔茨堡
Vilvoorde	维尔福德
Verkhoturye	维尔霍图里耶
Vilnius	维尔纽斯
Vegetius	维盖提乌斯
Vie	维河
St. Gilles sur Vie	维河畔圣吉勒
Vegetius	维吉提乌斯
Vitim	维季姆河
Vizille	维济耶
Viktor Hantzsch	维克托·汉奇
Villeroy	维莱鲁瓦河
Vilaine	维莱讷河
Willebrord Snell van Royen	维勒布罗德·斯内尔·范罗延
Willibald Pirckheimer	维利巴尔德·皮克海默
Velikiye Luki	维利奇拉基
Lake Vanern	维纳恩湖
Vignemale	维涅马勒峰
Vercingetorix	维钦托利科斯
leeskaartboek van Wisbuy	维斯比伊《航海手册》
sea law of Wisbuy	维斯比伊海事法
Veszprem	维斯普雷姆
Vistula	维斯图拉河
Vistula	维斯瓦河
Wittenberg	维滕贝尔格
Vittorio Amadeo Ⅱ	维托里奥·阿马德奥二世
Vyazma	维亚济马
Historisches Museumder Stadt Wien	维亚纳市历史博物馆
Vyatka	维亚特卡河

词汇原文	中文翻译
Vienna	维也纳
Wien Museum	维也纳博物馆
Vienna University	维也纳大学
Martinus Martini	卫匡国
Winchester College	温彻斯特学院
Winklerstrasse	温克勒街
Vincenzo Coronelli	温琴佐·科罗内利
Vincenzo Volcio	温琴佐·维尔乔
Vincenzo Volpe	温琴佐·沃尔佩
Wenceslaus Hollar	文策斯劳斯·霍拉
Hven (Ven)	文岛
vinland	文兰
oikumene	文明世界
Soldalitas Litteraria	文学社团
painter stainers	纹章画师公司
Armorial	纹章书
Umbria	翁布里亚
Ångermanland	翁厄曼兰
Honfleur	翁弗勒尔
Hondschoote	翁斯科特
Woudrichem	沃德里赫姆
Wolfenbüttel	沃尔芬比特尔
Wolfgang Lazius/Wolfgang Latz	沃尔夫冈·洛奇乌什
Wolfgang Scharfe	沃尔夫冈·沙尔夫
Wolfgang Wissenburg	沃尔夫冈·维森堡
Wolfenweiler	沃尔夫韦勒
Volkhov	沃尔霍夫河
Workum	沃尔克姆
Worms	沃尔姆斯
Vorslaka (Vorskla)	沃尔斯克拉河
Walter Bigges	沃尔特·比格斯
Walter Covert	沃尔特·科弗特
Walter Ralegh	沃尔特·罗利
Walter Morgan Woulphe	沃尔特·摩根·沃尔夫
Walter Payton	沃尔特·佩顿
Warwick	沃里克
Warwickshire	沃里克郡
Vorotynskiy	沃罗特涅茨
Vologda	沃洛格达

词汇原文	中文翻译
Vermandois	沃曼度瓦
Wapping	沃平
Gymnasium Vosagense	沃萨根塞学院
The Wash	沃什湾
Voskresenskoye	沃斯克列先斯科耶
Waterford	沃特福德
Wojcieh z Budzewo (Albert Brudzewo)	沃伊切·z. 布泽沃
Ottawa River	渥太华河
Ubbo Emmius	乌博·埃米乌斯
Udalricus	乌达拉里库斯
Utrecht	乌得勒支
Union of Utrecht	乌得勒支同盟
Urbino	乌尔比诺
Ulrich Zwingli	乌尔里希·茨温利
Ulrich Fugger	乌尔里希·富格尔
Ulm	乌尔姆
Urs Graf	乌尔斯·格拉夫
URAL MOUNTAINS	乌拉尔山脉
Uraniborg (Uranienborg)	乌兰尼堡
Ulian Moiseyevich Remezov	乌里安·莫伊谢耶维奇·列梅佐夫
Uronga	乌罗加河
Upsa	乌普萨河
Uppsala	乌普萨拉
Ouche	乌什河
Ussuri River	乌苏里江
Armada	无敌舰队（西班牙）
Great Lakes	五大湖
Worcester	伍斯特
Worcestershire	伍斯特郡
Woerden	武尔登
Theobalds	西奥博尔德
Spanish marine league	西班牙航海里格
Sibiu	西比乌
SIBERIAN	西伯利亚
Siberian Office	西伯利亚衙门
Sibrandus Leo	西布兰杜斯·莱奥
Western Dvina	西德维纳河
Western Dvina	西德维纳河
Cistercian monastery	西多会修道院

词汇原文	中文翻译
Siegmund Günther	西格蒙德·贡特尔
Signot	西格诺特
Sigismund	西吉斯蒙德（神圣罗马帝国皇帝）
Sigismund von Herberstein	西吉斯蒙德·冯·赫伯斯坦
West Cock	西科克郡
Sixtus IV	西克斯图斯四世（罗马教皇）
West Lexham	西莱克瑟姆
Sjœlland	西兰岛
Celebes	西里伯斯岛
Silesia	西里西亚
Västmanland	西曼兰
Simão Fernandes	西芒·费尔南德斯
Simon Basil	西蒙·巴兹尔
Simon de Cordes	西蒙·德科尔德斯
Simon de Colines	西蒙·德科利纳
Simon van de Passe	西蒙·范德帕斯
Simon van Salingen	西蒙·范塞林亨
Simon Fedorovich Ushakov	西蒙·费奥多罗维奇·乌沙科夫
Symon Fransz. Van der Merwen	西蒙·弗朗松·范德梅尔文
Simon Grynaeus	西蒙·格里诺伊斯
Simon Maupin	西蒙·莫潘
Simon Stevin	西蒙·斯泰芬
Simon Adams	西蒙·亚当斯
Sinai	西奈
Cyprian Lucar	西普里安·卢卡
Spanish Netherlands	西属尼德兰
Sith Tullie	西斯·图里
West – Indische paskaert	西印度海图
Casa de la Contratación	西印度交易所
Hiob Magdeburg	希奥布·马格德博格
Shibanov	希巴诺夫
Sebenik	希贝尼克
Hebrew	希伯来语
Hirary Turner	希拉里·特纳
Schieland	希兰
Gilles de Berlaymont	希勒斯·德贝尔莱蒙特
Herodotus	希罗多德
Hieronimo Quirini	希罗尼莫·奎里尼
Hieronymus Höltzel	希罗尼穆斯·霍尔策尔

词汇原文	中文翻译
Hieronymus Cock	希罗尼穆斯·科克
Hieronymus Münzer	希罗尼穆斯·闵采尔
Chimay	希迈
Chiny	希尼
Sio	希欧渠
Scipione Vergano	希皮奥内·韦尔加诺
Gistel	希斯特尔
Cyrene	昔兰尼
Siebenbürgen	锡本比根
Sibiu	锡比乌
Syr Darya	锡尔河
Ceylon	锡兰
Scilly Isles	锡利群岛
Sisteron	锡斯特龙
Siena	锡耶纳
NizhniyNovgorod	下诺夫哥罗德
Charles I Errard	夏尔·埃拉尔一世
Charles Estienne	夏尔·艾蒂安
Charles de Combout	夏尔·德孔布
Charles de La Meilleraye (La Meilleraie)	夏尔·德拉梅耶雷
Cepheus	仙王座
Aral Sea	咸海
uyezd	县（俄罗斯）
portraits au vif	现场写生像
linear measrement	线性测量
volost	乡（俄语）
Champagne	香槟
Shannon	香农河
quadrant	象限仪
petits Beaulieu	小博利厄
Frans van Schooten Jr.	小弗兰斯·范斯霍滕
Gerardus Mercator Jr.	小赫拉尔杜斯·墨卡托
Quentin Matsys (Massys) the Younger	小昆廷·马齐斯
Malaya Rus'	小罗斯
Marcus Gheeraerts Younger	小马库斯·格拉茨
Matthäus Merian the Younger	小马陶斯·梅里安
Petit – Poitou	小普瓦图
Jodocus Hondius Jr.	小约道库斯·洪迪厄斯
Sopron	肖普朗

词汇原文	中文翻译
rhumb line	斜航线
Sebezh	谢别日
Shelby	谢尔比
Serpukhov	谢尔普霍夫
Chièvres	谢夫尔
Sevsk	谢夫斯克
Semipalatinask Island	谢米巴拉金斯克岛
Semyon F. Kurbskiy	谢苗·F. 库尔布斯基
Semyon Ulianovich Remezov	谢苗·乌里扬诺维奇·列梅佐夫
Semyon Ivanovich Dezhnev	谢苗·伊万诺维奇·杰日涅夫
cordiform map	心形地图
cordiform projection	心形投影
Hindeloopen	欣德洛彭
Hinlopen Strait	欣洛彭海峡
New Amsterdam	新阿姆斯特丹
Novooskol'skiy	新奥斯科尔斯基
Novaya Zemlya	新地岛
New Guinea	新几内亚岛
Uusikaarlepyy (Nykarleby)	新卡勒比
Nieuw Nederland	新尼德兰
Nova Scotia	新斯科舍
New Scotland	新苏格兰
La Neuve Espaigne	新西班牙
Lake Neusiedler	新锡德尔湖（即费尔特湖）
New England	新英格兰
Nové Zámky	新扎姆基
astrological table	星表
Tabulae prutenicae	星历表（伊拉斯谟·赖因霍尔德作品）
astrolabe	星盘
stellate projection	星形投影
meteoroscope	星座图
équatoire	行星定位仪
planetary clock	行星钟
Magyar Nemzeti Múzeum	匈牙利国家博物馆
Magyar Országos Levéltár	匈牙利国家档案馆
Országos Széchényi Könyvtár	匈牙利国家图书馆
KINGDOM OF HUNGARY	匈牙利王国
Bear Island	熊岛
Hugh O'Neill	休·奥尼尔

词汇原文	中文翻译
Hugh Murray	休·默里
Lake Huron (Lac Attigouautan, Mer douce)	休伦湖
pocket atlas	袖珍地图集
Zuiderzee	须得海
Gulden Cath	许尔登·卡特
Hulst	许尔斯特
Augustijn Robaert	许斯泰因·罗巴尔特
Suresnes	叙雷讷
ghesworen landmeter	宣誓测量师
métiers jurés	宣誓的手工业或贸易行会(法)
Kurfürsten/elector	选侯(神圣罗马帝国)
yasak	牙萨克
Jadwiga	雅德维加
Jadwiga Bzinkowska	雅德维加·布津科夫斯卡
Jaffa	雅法
Jagiello	雅盖沃
Jacques de Lapierre	雅各·德拉皮埃尔
Jacob Aertsz. Colom	雅各布·阿尔松·科洛姆
Jacopo Aconcio	雅各布·阿肯西奥
Jacob Aeszler	雅各布·埃茨勒
Jakob Boreel	雅各布·博雷尔
Jakob Bos	雅各布·博斯
Jacopo de' Barbari	雅各布·德巴尔巴里
Jacob de Gouwenaer	雅各布·德霍韦纳尔
Jacob van Deventer	雅各布·范德芬特
Jakob van der Heyden	雅各布·范德海登
Jacob van Dijck	雅各布·范蒂克
Jakab Ferdinánd Milleker	雅各布·费迪南德·米勒克
Jacob Floris van Langren	雅各布·弗洛里斯·范朗伦
Jakob Hoefnagel	雅各布·赫夫纳格尔
Jakob Köbel	雅各布·科贝尔
Jacob Cornelisz. Van Neck	雅各布·科内利松·范内克
Jacob Kemp	雅各布·肯普
Jakob Ramminger	雅各布·拉明格
Jacob Le Maire	雅各布·勒梅尔
Jacob Reyersz.	雅各布·雷耶松
Jacob Robijn	雅各布·鲁宾
Jacob Ziegler	雅各布·齐格勒
Jacob Theunisz.	雅各布·特尼松

词汇原文	中文翻译
Jacobus Golius	雅各布斯·霍里乌斯
Jacobus Viverius	雅各布斯·韦费里乌斯
Jacobstad	雅各布斯塔德（即科科拉）
Yakov Vilimovich Bruce	雅科夫·维利莫维奇·布鲁斯
Jacques Alleaume (Aleaume)	雅克·阿洛姆
Jacques Androuet du Cerceau	雅克·安德鲁埃·迪塞尔索
Jacques Buysson	雅克·比松
Jacques de la Feuille	雅克·德拉弗耶
Jaques de Vaulx	雅克·德沃
Jacques de Vau de Claye	雅克·德沃·德克莱
Jacques Dubroeucq	雅克·迪布勒克
Jacques Gomboust	雅克·贡布斯
Jacques Heremberck	雅克·黑伦贝尔克
Jacques Honervogt	雅克·霍内尔沃格特
Jacques Cartier	雅克·卡蒂埃
Jacques Lagnet	雅克·拉涅
Jacques l'Hermite	雅克·莱尔米特
Jacques Le Lieur	雅克·勒利厄尔
Jacques Mahu	雅克·马胡
Jacques Maretz	雅克·马雷特兹
Jacques Surhon	雅克·瑟洪
Jacques Signot	雅克·西尼奥
Jacques – Auguste de Thou	雅克–奥古斯特·德图
Jacqueline Demache	雅克利娜·德玛谢
Yakutsk	雅库茨克
Yaroslavl	雅罗斯拉夫尔
Yarmouth	雅茅斯
Rio de Janeiro bay	雅内鲁河
János Hunfalvy	雅诺什·洪福尔维
János Hunyadi	雅诺什·胡尼奥迪
Iasi	雅西
Abraham Ortelius	亚伯拉罕·奥特柳斯
Abraham van Ceulen	亚伯拉罕·范瑟伦
Abraham Goos	亚伯拉罕·戈斯
Abraham Hogenberg	亚伯拉罕·霍亨贝赫
Aachen	亚琛
Adam Bowen	亚当·鲍恩
dám Batthány	亚当·鲍塔尼
Adam Petri	亚当·彼得里

词汇原文	中文翻译
Adam de Crappone	亚当·德克拉蓬
Adam de la Planche	亚当·德拉普朗什
Adam Henricpetri	亚当·亨利茨派特里
Adam Vandellant	亚当·旺德朗
Adriatic Sea	亚得里亚海
Yadrinsk	亚德林
Hjamar Grape	亚尔马·格拉佩
Jahde	亚赫德
Jaakko Teitti	亚科·泰蒂
Aratus	亚拉图
Aristotel	亚里士多德
Alexis – Hubert Jaillot	亚力克西斯 – 于贝尔·亚伊洛特
Alexandria	亚历山大
Alexander Lindsay	亚历山大·林赛
Alexander Serhanders	亚历山大·赛汉德斯
Alexander Sculteti	亚历山大·斯楚尔泰蒂
Alessandro Farnese	亚历山德罗·法尔内塞
Alessandro Pasqualini	亚历山德罗·帕斯夸利尼
Yamysh Lake	亚梅什湖
Amerigo Vespucci	亚美利哥·韦斯普奇
Amiens	亚眠
Yana	亚纳河
János Zsámboky	亚诺什·然博基（即约翰内斯·桑布库斯）
János Vitéz	亚诺什·维泰兹
János Choron	亚诺什·肖龙
Azov	亚速
Azores	亚速尔群岛
Azov Sea	亚速海
Yaik	亚伊克河
Jan Evertsz. Cloppenburg	扬·埃费尔松·克洛彭堡
Jan Ewoutsz.	扬·埃沃松
Jan Outghersz.	扬·奥特赫尔松
Jan Pietersz. Coen	扬·彼得斯·库恩
Jan Pietersz. Dou	扬·彼得松·道
Jan Pietersz. Saenredam	扬·彼得松·桑雷达姆
Jan Potocki	扬·波托基
Jan Bogaerd	扬·博哈尔德
Jan Bouwens	扬·布旺
Jan de Lat	扬·德拉特

词汇原文	中文翻译
Jan de Pape	扬·德帕佩
Jan Długosz	扬·德乌戈什
Jan Dircksz. Rijckemans	扬·迪尔克松·赖克曼斯
Jan Faiet	扬·法耶特
Jan van Diepenheym	扬·范迪彭海姆
Jan van Hoirne/Jan de Beeldsnijder	扬·范霍恩
Jan van Loon	扬·范隆
Jan van Schille	扬·范希莱
Jan van Schilde	扬·范席尔德
Jan Vermeer	扬·弗美尔
Jan Giergielewicz	扬·盖尔盖莱维奇
Jan Grodecki	扬·格罗代基
Jan Głogów	扬·格沃古夫
Jan Hackaert	扬·哈卡尔特
Jan Hendrick Jarichs van der Ley	扬·亨德里克·亚里赫斯·范德莱
Jan Hendricksz Thim (Tim)	扬·亨德里克斯·蒂姆
Jan Hus	扬·胡斯
Jan Huygen van Linschoten	扬·惠更·范林索登
Jan Cornelisz. Vermeyen	扬·科内里松·费尔梅延
Jan Cornelisz. Lichthart	扬·科内利松·利赫塔尔特
Jan Roelants	扬·鲁兰茨
Jan Rutlinger	扬·吕特林格
Jan Nieprzecki	扬·涅普尔泽茨基
Jan Seversz.	扬·塞费尔松
Jan Theunisz.	扬·特于尼松
Jan Wierix	扬·维里克斯
Jan Huygen Schapenham	扬·许根·斯哈彭哈姆
Jan Jacobsz.	扬·雅各布松
Jan Jacobsz. May	扬·雅各布松·马伊
Jan Jakubowski	扬·雅库博夫斯基
Jan Jansz.	扬·扬松
Jan Jansz. Dou	扬·扬松·道
Jan Zamoyski	扬·扎莫伊斯基
Jan Mayen	扬马延岛
parchment	羊皮纸
Georgius Acacius Enenckel	耶奥尤斯·阿卡齐乌斯·埃嫩克尔
Gävle	耶夫勒
Hicrges	耶格赛斯
Jerusalem	耶路撒冷

词汇原文	中文翻译
Hieronymus Cock	耶罗尼米斯·科克
Jämtland	耶姆特兰
Yenne	耶讷
Jenneeae	耶内卡斯
Yermak Timofeevich	叶尔马克·季莫费耶维奇
Yerofey Pavlovich Khabarov	叶罗费伊·巴甫洛维奇·哈巴罗夫
Yenisei	叶尼塞河
Yeniseysk	叶尼塞斯克
Chertëzh Yeniseysku i Selenginskomu i inym ostrogam i Dauram i Mugalam i Kitayskomyu i Nikanskomu gosudarstvu	叶尼塞斯克和色楞金斯克和其他要塞、达斡尔和蒙古和中国和尼堪等国地图
Yepanchin	叶潘钦
roeden op de duim	一寸杆
Iberian Peninsula	伊比利亚半岛
al – Idrīsī	伊德里西
Irkutsk	伊尔库茨克
Irmédi – Molnár	伊尔梅迪 – 莫尔纳
Lake Ilmen	伊尔门湖
Ivan Ⅲ	伊凡三世
Evesham	伊夫舍姆
Column of Igel	伊格尔柱
Egnazio Danti	伊格纳西奥·丹蒂
Igaliko	伊加利科
Ides	伊杰斯
Izyum	伊久姆
Erasmus Habermel	伊拉斯谟·哈贝尔梅尔
Erasmus Reinhold	伊拉斯谟·赖因霍尔德
Elizabeth I	伊丽莎白一世
Ely	伊利
Lake Erie	伊利湖
Illyricum	伊利里库姆
Illyria	伊利里亚
Ilim	伊利姆河
Ilimsk	伊利姆斯克
Ilya	伊利亚
Ilya	伊利亚河
Imanuel Halton	伊曼纽尔·霍尔顿
Imola	伊莫拉
Ipswich	伊普斯维奇
Isaac Elsevier	伊萨克·埃尔塞菲尔

词汇原文	中文翻译
Isaac Brun	伊萨克·布伦
Isaac François	伊萨克·弗朗索瓦
Isaac Massa	伊萨克·马萨
Isfahan	伊斯法罕
Israël Silvestre	伊斯拉埃尔·西尔韦斯特
Israel Amyce	伊斯雷尔·阿迈斯
Israel Holzwurm	伊斯雷尔·霍尔茨武尔姆
Hispaniola	伊斯帕尼奥拉岛
Istria	伊斯特拉半岛
Academia Istropolitana	伊斯特罗波里塔纳研究院
Ivan V. Lyatskiy	伊万·V. 利亚茨基
Ivan Alekseyevich Vorotynskiy	伊万·阿列克谢耶维奇·沃罗滕斯基
Ivan Mikhailovich Vorotynskiy	伊万·米哈伊洛维奇·沃罗滕斯基
Ivan Petelin	伊万·佩捷林
Ivan Petlin	伊万·佩特林
Ivan Semyonovich Remezov	伊万·谢苗诺维奇·列梅佐夫
Ivan Yur'evich Moskvitin	伊万·尤列维奇·莫斯克维京
Ishim	伊希姆河
Iset	伊谢季河
Isère	伊泽尔河
Elbe	易北河
Iroquois	易洛魁人
trace italienne	意大利轨迹
Indigirka	因迪吉尔卡河
Infréville	因夫雷维尔
Inn	因河
Inchiquin	因奇昆
Innsbruck	因斯布鲁克
Codex Argenteus	银抄本
imagier en papier	印刷品制造师
Ingolstadt	英戈尔施塔特
Ingelheim	英格尔海姆
James I of Egland / James IV of Scotland	英格兰国王詹姆士一世/苏格兰国王詹姆士六世
INGRIA	英格里亚
Ingrid Kretschmer	英格丽德·克雷奇默
Ingria (Ingermanland)	英格利亚
The National Archives of the UK	英国国家档案馆
National Maritime Museum	英国国家航海博物馆
English Channel	英吉利海峡

词汇原文	中文翻译
Yugra	尤格拉
Kew	尤基
Eugene	尤金
Yucatan	尤卡坦
Justingen	尤斯廷根
routes de poste	邮路（法）
lieues de poste	邮路里格（法）
Urk	于尔克
Hugues Cosnier	于格·科尼耶
Hugues Chastillon	于格·沙蒂永
Jülich	于利希
Jülich – Kleve – Berg	于利希—克莱沃—贝格
Umeå	于默奥
Justus Danckerts	于斯特斯·丹克尔茨
Gulik	于希特
cosmógrafo – mor	宇宙志学者
rownde mappaemundi	圆形世界地图
cylindrical projection	圆柱投影
conic projection	圆锥投影
overzeiler	远程测绘海图
overzeilers	远洋海图（尼德兰）
Joachim Lelewel	约阿希姆·勒莱维尔
Joachim Merian	约阿希姆·梅里安
Joachim Pastorius	约阿希姆·帕斯托里乌斯
Joachim Vadianus	约阿希姆·瓦迪亚努斯
Joan Maetsuycker	约安·马曲克尔
Yeu	约岛
Jodocus Hondius	约道库斯·洪迪厄斯
Jörg Seld	约尔格·赛尔德
John à Borough (Aborough)	约翰·阿伯勒
John Archer	约翰·阿彻
Johann Amos Comenius	约翰·阿莫斯·夸美纽斯
John Ashley	约翰·阿什利
John Elder	约翰·埃尔德
Johann Eck	约翰·埃克
John Andrews	约翰·安德鲁斯
John Barrow	约翰·巴罗
Joan Baptista Vrients	约翰·巴普蒂斯塔·弗林茨
John Bettes	约翰·贝蒂斯

词汇原文	中文翻译
John Bill	约翰·比尔
John Burston	约翰·伯斯顿
John Blagrave	约翰·布莱格拉夫
John Browne	约翰·布朗
Joan Blaeu	约翰·布劳
Joan Ⅱ Blaeu	约翰·布劳二世
John Brode	约翰·布罗德
Johann Bussemacher	约翰·布塞马歇尔
John Dudley	约翰·达德利
John Day	约翰·戴
John Davis	约翰·戴维斯
John Daniel	约翰·丹尼尔
Johan de Witt	约翰·德威特
John Dee	约翰·迪伊
Johann Oecolampadius	约翰·厄科兰帕迪乌斯
Johann von der Leyen	约翰·范德雷延
Johan van Rijswijck	约翰·范里斯维克
John Fitzherbert	约翰·菲茨赫伯特
John Ferrar	约翰·费拉尔
John Gcaius	约翰·盖厄斯
John Caius	约翰·盖厄斯
John Goghe	约翰·高赫
John Goss	约翰·戈斯
Johann Gottfried Gregorii	约翰·戈特弗里德·格雷戈里
Johann Georg Tibianus	约翰·格奥尔格·蒂比阿努斯
Johann Georg Jung	约翰·格奥尔格·容
John Geddy	约翰·格迪
Johan Grebby	约翰·格雷比
John Green	约翰·格林（即布拉多克·米德）
Johann Grüninger	约翰·格吕宁格尔
John Hardyng	约翰·哈丁
John Harris	约翰·哈里斯
Johann Hess	约翰·赫斯
John Hunte	约翰·亨特
John Hooker	约翰·胡克
John White	约翰·怀特
John Gibbins	约翰·吉宾斯
Johann Gabriel Sparwenfeld	约翰·加布里埃尔·斯帕芬菲尔德
John Cabot	约翰·卡伯特

词汇原文	中文翻译
John Casimir	约翰·卡齐米尔
John Collier	约翰·科利尔
Johann Christoph Müller	约翰·克里斯托夫·米勒
John Rudd	约翰·拉德
John Ramsay	约翰·拉姆齐
John Rastell	约翰·拉斯泰尔
John Lewger	约翰·莱夫格
John Leslie (Lesly)	约翰·莱斯利
John Leland	约翰·利兰
John Lindsay	约翰·林赛
John Rut	约翰·鲁特
John Rogers	约翰·罗杰斯
John Marshall	约翰·马歇尔
John Mandeville	约翰·曼德维利
Johan Månsson	约翰·曼松
Johan Maurits van Nassau	约翰·毛里茨·范拿骚
John Mason	约翰·梅森
John Napier	约翰·纳皮耶
Joan Nessel	约翰·内塞尔
John Norden	约翰·诺登
John Norton	约翰·诺顿
John Norris	约翰·诺里斯
John Pine	约翰·派因
John Pinkerton	约翰·平克顿
Johann Putsch/Johannes Bucius	约翰·普奇
John Cheke	约翰·奇克
John George	约翰·乔治
John Churchill	约翰·丘吉尔
John Sudbury	约翰·萨德伯里
Johann Schindel	约翰·申德尔
Johann Schnitzer	约翰·施尼策尔
Johan Schultz	约翰·舒尔茨
Johann Scheubel	约翰·朔伊贝尔
John Scot (Scott)	约翰·斯科特
John Speed	约翰·斯皮德
Johann Theodor	约翰·特奥多尔
John Travers	约翰·特拉弗斯
John Thomas	约翰·托马斯
Johann Werderlieven	约翰·瓦尔德利文

词汇原文	中文翻译
John Winthrop	约翰·温斯罗普
John Wolfe	约翰·沃尔夫
John Seller	约翰·谢勒
Johann Schönsperger	约翰·雄斯佩格
Johan Jansz. Stampioen	约翰·扬松·斯他皮翁
Johann Isaaksz. Pontanus	约翰·伊萨克松·蓬塔努斯
Johannes Aventinus	约翰内斯·阿文蒂努斯
Joannes Baptista Guicciardini	约翰内斯·巴普蒂斯塔·圭恰迪尼
Johannes Bessarion	约翰内斯·贝萨里翁
Johannes Bureus	约翰内斯·布雷乌斯
Johannes Dantiscus	约翰内斯·丹蒂斯库斯
Joannes de Laet	约翰内斯·德拉埃特
Johannes de Ram	约翰内斯·德拉姆
Johannes de Sacrobosco	约翰内斯·德萨克罗博斯科
Johannes de Stobnicza (Jan ze Stobnicy)	约翰内斯·德斯托布尼恰
Joannes van Doetecum	约翰内斯·范多特屈姆
Johannes van Keulen	约翰内斯·范科伊伦
Johannes van Keerbergen	约翰内斯·范克尔贝尔亨
Johannes van Walbeeck	约翰内斯·范瓦尔贝克
Joannes Vingboons	约翰内斯·芬邦斯
Johannes von Gmunden	约翰内斯·冯·格蒙登
Johannes von Wachenheim	约翰内斯·冯·瓦亨海姆
Johannes Gutenberg	约翰内斯·谷登堡
Jonnes Grapheus	约翰内斯·赫拉费乌斯
Johannes Hevelius	约翰内斯·赫维留斯
Johannes Honter	约翰内斯·洪特
Johannes Hudde	约翰内斯·胡德
Johannes Hommel	约翰内斯·霍梅尔
Johannes Kepler	约翰内斯·开普勒
Johannes Cochlaeus/Johann Dobneck	约翰内斯·科赫洛伊斯
Johannes Criginger	约翰内斯·克里金格
Johannes Cuspinianus	约翰内斯·库斯皮尼阿努斯
Johannes Radermaker	约翰内斯·拉德马克
Johannes Lauremberg	约翰内斯·劳雷姆贝尔格
Johannes Lauremberg	约翰内斯·劳伦堡
Johannes Ruysch	约翰内斯·勒伊斯
Johannes Regiomontanus	约翰内斯·雷吉奥蒙塔努斯
Johannes Landy	约翰内斯·隆迪
Johannes Rudbeckius	约翰内斯·鲁德贝基乌斯

词汇原文	中文翻译
Johannes Loots	约翰内斯·洛茨
Johannes Mejer	约翰内斯·迈耶
Johannes Magnus	约翰内斯·芒努斯
Johannes Mellinger	约翰内斯·梅林格
Johanes Michael Gigas	约翰内斯·米夏埃尔·吉加斯
Johannes Mercator	约翰内斯·墨卡托
Johannes Sadeler	约翰内斯·萨德莱尔
Johannnes Sems	约翰内斯·赛姆斯
Johannes Sambucus	约翰内斯·桑布库斯（亚诺什·然博基的拟古名）
Johannes Schöner	约翰内斯·舍纳
Johannes Stöffler	约翰内斯·施特夫勒
Johannes Stabius	约翰内斯·斯塔比乌斯
Johannes Stumpf	约翰内斯·斯通普夫
Johannes Stuchs	约翰内斯·斯图赫斯
Johannes Werner	约翰内斯·维尔纳
Johannes Schott	约翰内斯·肖特
Johannes Janssonius	约翰内斯·扬松尼乌斯
Johannes Janssonius van Waesbergen	约翰内斯·扬松尼乌斯·范瓦斯贝尔亨
Johannes Sems	约翰内斯·泽姆斯
York	约克
Joris Carolus	约里斯·卡罗吕斯
Joseph Fischer	约瑟夫·菲舍尔
Joseph Moxon	约瑟夫·莫克森
Joseph Naronowicz – Naroński	约瑟夫·纳罗诺维奇－纳龙斯基
Józef Wereszczyński	约瑟夫·韦雷什琴斯基
Jost Amman	约斯特·安曼
Jost Bürgi	约斯特·比尔吉
Joost Gerritsz. Lijnbaen	约斯特·赫里松·林班
Joost Jansz. Bilhamer	约斯特·扬松·比尔哈默
Joost Jansz. Lanckaert	约斯特·扬松·兰卡尔特
Götaland	约塔兰
Joist Moers	约伊斯特·墨尔斯
Josua van den Ende	约祖亚·范登恩德
grocers	杂货商公司
Anabaptism	再洗礼派
Zijpe	载普
Sebald Schreyer	泽巴尔德·施赖尔
Zevenbergen	泽芬贝亨
Zeeland	泽兰

词汇原文	中文翻译
Zeeuws Vlaanderen	泽兰佛兰德
Court of Augmentations	增收法庭
Zaltbommel	扎尔特博默尔
Zacharias Heyns	扎哈里亚斯·海恩斯
Zacharias Konrad von Uffenbach	扎哈里亚斯·康拉德·冯·乌芬巴赫
Zacharias Roman	扎哈里亚斯·罗曼
Sallinge	扎林格
Zamyslovskiy	扎梅斯洛夫斯基
Zachmar	扎奇马尔（即萨图马雷）
James VI	詹姆士六世（苏格兰国王，即英国国王詹姆士一世）
James Ⅲ	詹姆士三世（苏格兰国王）
James V	詹姆士五世（苏格兰国王）
James Beare	詹姆斯·比尔
James Burney	詹姆斯·伯尼
James Ussher	詹姆斯·厄谢尔
James Gordon	詹姆斯·戈登
James Hall	詹姆斯·霍尔
James Nicholson	詹姆斯·尼克尔湾
James Walsh	詹姆斯·沃尔什
James Shaw	詹姆斯·肖
Jamestown	詹姆斯敦
James Bay	詹姆斯湾
astrology	占星术
Juriy Dolgorukiy	长臂尤里
The Fens	沼泽地区
enlumineur	着色插画师
uytlopers	侦查员（尼德兰）
true north	真北
orthographic map	正交投影地图
sinusoidal projection	正弦投影
oblast	政区单位（俄语）
Clothworks' Company	制衣公司
polonia Maior	中央波兰
quai de l'Horloge	钟表堤岸
Juan Sebastian del Cano	朱昂·塞巴斯蒂安·德尔卡诺
Jules Mazarin	朱尔·马萨林
Giulio Ferrari	朱利奥·费拉里
Julie Snook	朱莉·斯努克
Giuseppe Rosaccio	朱塞佩·罗塞里奥

词汇原文	中文翻译
Bishop's Bible	主教圣经
Extenta Manerii	庄园估价测量
equipagemeester	装备师
Zbigniew Oleśnicki	兹比格涅夫·奥莱希尼茨基
Znamenskaya	兹纳缅卡
Zvenigorod	兹韦尼哥罗德
Zwolle	兹沃勒
meridian	子午线
sloboda	自由大村庄（俄）
Szombathely	宗博特海伊
Reformation	宗教改革
Bruyn - Visch	棕色鱼号
lord deputy	总督
lord lieutenant	总督
pilote général	总领航员（法）
Zalaegerszeg	佐洛埃格塞格
Zala	佐洛河
Zala (Zalahídvég)	佐洛河
Zoutleeuw	佐特莱乌

参考文献

本册文献检索

本册采用两种方式获取文献信息：脚注和文献索引。

各章首次引用某参考文献时，脚注提供其完整内容，并以作者的名字和短标题的形式在随后的引文中出现。且在第一个未编号的脚注中列出了特定于章节的缩写。

文献索引按作者人名字母排序，包括脚注、表格、附录以及插图和图版说明中引用文献的完整列表。黑体数字表示这些参考文献在本卷中出现的原书页面。

对于字典、辞典、传记词典和以及相似作品，根据作品的不同，可能会在作者姓名或条目标题下找到引文。多作者书籍中的文章只能在作者的名字下找到，无论文献索引是否在该书编者的名字下包含有该书的一般条目。出版商的名称没有标准化，而是按照它们出现在标题页或标准编目中的方式呈现；作品出版的城市以其常见的英文形式给出。

450 Jahre Copernicus "De revolutionibus": Astronomische und mathematische Bücher aus Schweinfurter Bibliotheken. Exhibition catalog. Schweinfurt: Stadtarchiv, 1993. **1209**

XVII Exposição Europeia de Arte, Ciência e Cultura: Os descobrimentos portugueses e a Europa do Renascimento. Lisbon: Presidência do Conselho de Ministros, 1984. **976**

IX Congresso di Storia della Corona d'Aragona, Napoli, 11–15 aprile 1973, sul tema La Corona d'Aragona e il Mediterraneo: Aspetti e problemi comuni, da Alfonso il Magnanimo a Ferdinando il Cattolico (1416–1516). 4 vols. Naples: Società Napoletana di Storia Patria, 1978–84. **941**

Aakjær, Svend. "Villages, cadastres et plans parcellaires au Danemark." *Annales d'Histoire Économique et Sociale* 1 (1929): 562–75. **705, 710**

Abel, Wilhelm. *Agricultural Fluctuations in Europe from the Thirteenth to the Twentieth Centuries.* Trans. Olive Ordish. London: Methuen, 1980. **712, 716**

Abū Maʿshar. *Introductorium in astronomiam.* Trans. Hermannus Dalmata. Augsburg: Erhard Ratdolt, 1489. **83**

Acevado Latorre, Eduardo, comp. *Atlas de mapas antiguos de Colombia: Siglos XVI a XIX.* Bogotá: Litografía Arco, [1971?]. **1144**

Ackerman, James S. *The Cortile del Belvedere.* Vatican City: Biblioteca Apostolica Vaticana, 1954. **396**

———. *Distance Points: Essays in Theory and Renaissance Art and Architecture.* Cambridge: MIT Press, 1991. **427**

Ackermann, Elfriede Marie. "*Das Schlaraffenland* in German Literature and Folksong: Social Aspects of an Earthly Paradise, with an Inquiry into Its History in European Literature." Ph.D. diss., University of Chicago, 1944. **441**

Ackermann, Silke, ed. *Humphrey Cole: Mint, Measurement, and Maps in Elizabethan England.* London: British Museum, 1998. **1618**

A construção do Brasil, 1500–1825. Exhibition catalog. Lisbon: CNCDP, 2000. **1028, 1029**

Acosta, José de. *De natvra novi orbis libri duo.* Salamanca: Guillelmum Foquel, 1589. **632**

———. *Das Gold des Kondors: Berichte aus der Neuen Welt, 1590.* Ed. Rudolf Kroboth and Peter H. Meurer. Stuttgart: Erdmann, 1991. **1235**

Acts of the Privy Council of England: Vol. VII, A.D. 1558–1570. London: Her Majesty's Stationery Office, 1893. **1626**

Acts of the Privy Council of England: Vol. X, A.D. 1577–1578. Ed. John Roche Dasent. London: For Her Majesty's Stationery Office, 1895. **1760**

Acuña, René, ed. *Relaciones geográficas del siglo XVI.* 10 vols. Mexico: Universidad Nacional Autónoma de México, Instituto de Investigaciones Antropológicas, 1982–88. **1145**

Adam, Paul. "Navigation primitive et navigation astronomique." In *Les aspects internationaux de la découverte océanique aux XVe et XVIe siècles: Actes du Cinquième Colloque International d'Histoire Maritime,* 91–111. Paris: S.E.V.P.E.N., 1966. **747**

Adams, George. *Lectures on Natural and Experimental Philosophy, Considered in It's [sic] Present State of Improvement: Describing, in a Familiar and Easy Manner, the Principal Phenomena of Nature; and Shewing, That They All Co-operate in Displaying the Goodness, Wisdom, and Power of God.* 5 vols. London: R. Hindmarsh, 1794. **158, 159**

Adams, Ian H. "Large-Scale Manuscript Plans in Scotland." *Journal of the Society of Archivists* 3 (1967): 286–90. **714**

———. "Economic Progress and the Scottish Land Surveyor." *Imago Mundi* 27 (1975): 13–18. **714**

———. "The Agents of Agricultural Change." In *The Making of the Scottish Countryside,* ed. M. L. Parry and T. R. Slater, 155–75. London: Croom Helm, 1980. **714**

Adams, Nicholas. "The *Curriculum Vitae* of Jacomo Fontana, Architect and Chief Gunner." In *Architectural Studies in Memory of Richard Krautheimer,* ed. Cecil L. Striker, 7–11. Mainz: Philipp von Zabern, 1996. **686, 700**

Adams, Robert. *Expeditionis Hispanorum in Angliam vera descriptio.* London: [Augustine Ryther], 1590. **1703**

Adams, Simon. "The Papers of Robert Dudley, Earl of Leicester III: The Countess of Leicester's Collection." *Archives* 22, no. 94 (1996): 1–26. **1613**

———, ed. *Household Accounts and Disbursement Books of Robert Dudley, Earl of Leicester, 1558–1561, 1584–1586.* Cambridge: Cambridge University Press for the Royal Historical Society, 1995. **1611, 1613**

Adams, Thomas Randolph, and David Watkin Waters, comps., *English Maritime Books Printed before 1801: Relating to Ships, Their Construction and Their Operation at Sea.* Greenwich: National Maritime Museum, 1995. **1723, 1725, 1726**

Adeline, Jules. *Rouen au XVIe siècle d'après le manuscrit de Jacques Le Lieur (1525).* Rouen: A. Lestringant, 1892. **1530**

Adelung, F. "O drevnikh inostrannykh kartakh Rossii do 1700 g." *Zhurnal Ministerstva Narodnogo Prosveshcheniya* 26 (1840), pt. 2, 1–26 and 73–98. **1852**

Adhémar, Jean. "Notes sur les plans de villes de France au XVIe siècle." In *Urbanisme et architecture: Études écrites et publiées en l'honneur de Pierre Lavedan,* 17–19. Paris: H. Laurens, 1954. **1533**

———. "La rue Montorgueil et la formation d'un groupe d'imagiers parisiens au XVIe siècle." *Bulletin de la Société Archéologique, Historique, et Artistique, Le Vieux Papier,* facs. 167 (1954): 25–34. **1572, 1572**

Adorno, Rolena, and Patrick Charles Pautz. *Álvar Núñez Cabeza de Vaca.* 3 vols. Lincoln: University of Nebraska Press, 1999. **472**

Adrichem, Christiaan van. *Theatrum Terrae Sanctae et biblicarum historiarum.* Cologne, 1590. **587**

Aertsen, Jan A., and Andreas Speer, eds. *Raum und Raumvorstellungen im Mittelalter.* Berlin: W. de Gruyter, 1998. **28**

Afan de Rivera, Carlo. *Della restituzione del nostro sistema di misure pesi e monete alla sua antica perfezione.* 2d ed. Naples: Dalla Stamperia e Cartiera del Fibreno, 1840. **944**

———. *Tavole di riduzione de' pesi e delle misure della Sicilia Citeriore in quelli statuiti dalla legge de' 6 aprile del 1840.* Naples: Dalla Stamperia e Cartiere del Fibreno, 1840. **944**

Afetinan, A. *Life and Works of Piri Reis: The Oldest Map of America.* Trans. Leman Yolaç and Engin Uzmen. Ankara: Turkish Historical Association, 1975. **756**

Agas, Ralph. *A Preparative to Platting of Landes and Tenements for Surueigh.* London: Thomas Scarlet, 1596. **705, 1643, 1644**

Agas, Ralph, et al. *Old Plans of Oxford.* Oxford, 1899. **1655**

Agee, Richard J. "The Privilege and Venetian Music Printing in the Sixteenth Century." Ph.D. diss., Princeton University, 1982. **796**

Agnese, Battista. *Atlante Nautico di Battista Agnese 1553.* Ed. Giandomenico Romanelli and Marica Milanesi. Venice: Marsilio, 1990. **1623**

———. *Portulan-Atlas München, Universitätsbibliothek, cim 18, Farbmikrofiche-Edition.* With "Untersuchungen zu Problemen der mittelalterlichen Seekartographie und Beschreibung der Portulankarten" by Uta Lindren. Munich: Ed. Lengenfelder, 1993. **497**

———. *Vollständige Faksimile-Ausgabe des Portolan-Atlas des Battista Agnese (1546) aus dem Besitz der Russischen Nationalbibliothek in St. Petersburg.* Ed. Arthur Dürst. Supp. Tamara P. Woronowa, *Der Portolan-Atlas des Battista Agnese von 1546 aus der Russischen Nationalbibliothek Sankt Petersburg.* Disentis: Desertina; Graz: Akademische Druck- u. Verlagsanstalt; Moscow: Avtor, 1993. **178, 195, 214, 215**

"Agnese, Battista." In *Enciclopedia Italiana di scienze, lettere ed arti,* 36 vols., 1:898–99. Rome: Istituto Giovanni Treccani, 1929–39. **214**

"Agnese, Battista." In *Lexikon zur Geschichte der Kartographie,* 2 vols., ed. Ingrid Kretschmer, Johannes Dörflinger, and Franz Wawrik, 1:5–6. Vienna: F. Deuticke, 1986. **214**

Agricola, Georg. *De re metallica.* Basel, 1556. **570, 575, 580**

———. *Vom Bergkwerck.* Commentary by Hans Prescher. Basel, 1557. Reprinted Weinheim: Acta Humaniora der VCH, 1985. **488**

———. *De re metallica.* Trans. Herbert Clark Hoover and Lou Henry Hoover. New ed. New York: Dover Publications, 1950. **575**

Aguilón, François de. *Opticorum libri sex.* Antwerp, 1613. **376**

Ahlberg, Nils. *Stadsgrundningar och planförändringar: Svensk stadsplanering, 1521–1721.* 2 vols. Uppsala: Swedish University of Agricultural Sciences, 2005. **1804**

Ahlenius, Karl Jakob Mauritz. *Olaus Magnus och hans framställning af Nordens geografi: Studier i geografiens historia.* Uppsala: Almqvist och Wiksells Boktryckeri-Aktiebolag, 1895. **1786, 1787, 1788**

Ahlman, H. W:son [Hans Wilhelmsson], ed. *Norden i text och kartor.* Stockholm: Generalstabens Litografiska Anstalt, 1976. **1782**

Ahmad, S. Maqbul. "Cartography of al-Sharīf al-Idrīsī." In *HC* 2.1:156–74. **35, 1852**

Ailly, Antoine Everard d'. *Catalogus van Amsterdamsche plattegronden.* Amsterdam: Maart, 1934. **690**

Ailly, Pierre d'. *Imago mundi et tractatus alii.* Louvain: Johann de Paderborn, 1483. **59**

———. *Ymago mundi de Pierre d'Ailly Cardinal de Cambrai et Chancelier de l'Université de Paris (1350–1420).* 3 vols. Ed. and trans. Edmond Buron. Paris: Maisonneuve Frères, 1930. **299, 300, 301, 304, 329**

Ailly, Pierre d', Jean Gerson, and Christopher Columbus. *Imago Mundi.* Trans. Antonio Ramírez de Verger. Madrid: Testimonio Compañía Editorial, 1990. **982**

Airs, Malcolm. "'Pomp or Glory': The Influence of Theobalds." In *Patronage, Culture and Power: The Early Cecils,* ed. J. Pauline Croft, 2–19. New Haven: Yale University Press, 2002. **1630**

Akerman, James R. "On the Shoulders of Titan: Viewing the World of the Past in Atlas Structure." Ph.D. diss., Pennsylvania State University, 1991. **280, 652**

———. "From Books with Maps to Books as Maps: The Editor in the Creation of the Atlas Idea." In *Editing Early and Historical Atlases,* ed. Joan Winearls, 3–48. Toronto: University of Toronto Press, 1995. **807**

———, ed. *Cartography and Statecraft: Studies in Governmental Mapmaking in Modern Europe and Its Colonies.* Monograph 52, *Cartographica* 35, nos. 3 and 4 (1998). **60**

Akerman, James R., and David Buisseret. *Monarchs, Ministers, & Maps: A Cartographic Exhibit at the Newberry Library.* Exhibition catalog. Chicago: Newberry Library, 1985. **729**

———. "L'État comme patron invisible: Étude sur *Les cartes générales de toutes les provinces de France* par Christophe Tassin." Unpublished manuscript presented to the Twelfth International Conference on the History of Cartography, Paris, 1987. **1495**

Åkesson, Leif. "Andreas Bureus—Father of Swedish Cartography." *IMCOS Journal* 75 (1998): 49–54. **1801**

Akty, sobrannyye v bibliotekakh i arkhivakh Rossiyskoy Imperii Arkheograficheskoyu komissieyu. 4 vols. St. Petersburg, 1836. **1874**

Akty feodal'nogo zemlevladeniya i khozyaystva. 3 vols. Moscow, 1951–61. **1863**

Akty istoricheskiye. 5 vols. St. Petersburg, 1841–42. **1874**

Akty yuridicheskiye, ili sobraniye form starinnogo deloproizvodstva. Vol. 1. St. Petersburg, 1838. **1874**

Alba, Jacobo Stuart Fitz-James y Falcó [Duke of], ed. *Mapas españoles de America: Siglos XV–XVII.* Madrid, 1951. **1147, 1148, 1149, 1151, 1152, 1158, 1160**

Albanès, J. *Catalogue général des manuscrits des bibliothèques publiques de France: Départements-Tome XV, Marseille.* Paris: E. Plon, Nourrit, 1892. **178, 233**

Albano, Caterina. "Visible Bodies: Cartography and Anatomy." In *Literature, Mapping, and the Politics of Space in Early Modern Britain,* ed. Andrew Gordon and Bernhard Klein, 89–106. Cambridge: Cambridge University Press, 2001. **417, 421**

Albèri, Eugenio, ed. *Relazioni degli ambasciatori veneti al Senato.* 15 vols. Florence: Società Editrice Fiorentina, 1839–63. **725**

Albert Durer Revived; or, A Book of Drawing, Limning, Washing, or Colouring of Maps and Prints; and the Art of Painting, with the Names and Mixtures of Colours Used by the Picture-Drawers. With Directions How to Lay and Paint Pictures upon Glass . . . Also Mr. Hollar's Receipt for Etching, with Instructions How to Use It [etc.]. London: H. Hills, 1675. **605**

Albert Magnus. *De Meteoris.* Venice, 1494–95. Venice, 1498. **57**

nino, 1966. 805
———. *De pictura*. Ed. Cecil Grayson. Bari: Laterza, 1980. **946**
———. *Descriptio urbis Romae: Édition critique, traduction et commentaire*. Ed. Martine Furno and Mario Carpo. Geneva: Droz, 2000. **451, 947**
Albertini, R. "Di due carte nautiche rinvenute nell'Archivio della Ca' Foscari ed esposte nel locale Laboratorio di Geografia Economica." In *Atti del XVI Congresso Geografico Italiano, Padova-Venezia 20–25 aprile 1954*, 761–68. Faenza: Stabilimento Grafico F.lli Lega, 1955. **227**
Albuquerque, Afonso de. *Cartas de Affonso de Albuquerque*. 7 vols. Lisbon: Academia Real das Sciencias de Lisboa, 1884–1935. **1013, 1014**
Albuquerque, Luís de. *Os almanaques portugueses de Madrid*. Coimbra: Imprensa de Coimbra, 1961. **1039**
———. *Introdução à história dos descobrimentos*. Coimbra: Atlântida, 1962. **746, 993**
———. "Astronomical Navigation." In *History of Portuguese Cartography*, by Armando Cortesão, 2 vols., 2:221–357. Coimbra: Junta de Investigações do Ultramar-Lisboa, 1969–71. **519, 746, 945, 976**
———. "Instruments for Measuring Altitude and the Art of Navigation." In *History of Portuguese Cartography*, by Armando Cortesão, 2 vols., 2:359–442. Coimbra: Junta de Investigações do Ultramar-Lisboa, 1969–71. **513, 945, 976**
———. *Curso de história da náutica*. Coimbra: Livraria Almedina, 1972. **747**
———. "O Tratado de Tordesilhas e as dificultades tecnicas da sua aplicação rigorosa." In *El Tratado de Tordesillas y su proyeccion*, 2 vols., 1:119–36. Valladolid: Seminario de Historia de America, Universidad de Valladolid, 1973. **1108**
———. *Os descobrimentos portugueses*. Lisbon: Publicações Alfa, 1985. **993**
———. "A cartografia portuguesa dos séculos XV a XVII." In *História e desenvolvimento da ciência em Portugal*, 2 vols., 2:1061–84. Lisbon: Academia das Ciências de Lisboa, 1986. **977**
———. "Portuguese Books on Nautical Science from Pedro Nunes to 1650." *Revista da Universidade de Coimbra* 32 (1986): 259–78. **524**
———. *Dúvidas e certezas na história dos descobrimentos portugueses*. 2 vols. Lisbon: Vega, 1990–91. **1003, 1005, 1007**
———. "Portuguese Navigation: Its Historical Development." In *Circa 1491: Art in the Age of Exploration*, ed. Jay A. Levenson, 35–39. Washington: National Gallery of Art, 1991. **60**
Albuquerque, Luís de, and J. Lopes Tavares. *Algumas observações sobre o planisfério "Cantino" (1502)*. Coimbra: Junta de Investigações do Ultramar, 1967. **993**
Albuquerque, Luís de, Maria Emília Maderia Santos, and Maria Luísa Esteves et al. *Portugaliae monumenta Africana*. Lisbon: CNCDP, Imprensa Nacional–Casa da Moeda, 1993–. **328, 1010**
Alciati, Andrea. *Emblematvm libellvs*. Augsburg, 1531. 2d ed. Paris: Wechsel, 1535. **446**
———. *Emblematvm libellvs*. Darmstadt: Wissenschaftliche Buchgesellschaft, 1980. **447**
Aldrovandi, Ulisse. *Delle statue antiche, che per tutta Roma, in diversi luoghi, e case si veggono*. 1562. Reprinted Hildesheim: B. Olms, 1975. **813**
"Aleaume (Jacques)." In *Dictionnaire de biographie française*, vol. 1, col. 1371. Paris: Letouzey et Ané, 1933–. **1514**
Alegria, Maria Fernanda. "O povoamento a sul do Tejo nos séculos XVI e XVII: Análise comparativa entre dois mapas e outras fontes de los descubrimientos y la expansion colonial*, ed. Ana Maria Carabias Torres, 145–64. Salamanca: Ediciones Universidad de Salamanca, Sociedad V Centenario del Tratado de Tordesillas, 1994. **329**
———. "Representações do Brasil na produção dos cartógrafos Teixeira (c. 1586–1675)." *Mare Liberum* 10 (1995): 189–204. **1030, 1032, 1033**
———. "A produção cartográfica portuguesa sobre o Brasil (1502–1655): Tentativa de tipologia espacial e temática." In *Portugal e Brasil no advento do mundo moderno*, ed. Maria do Rosário Pimentel, 59–89. Lisbon: Edições Colibri, 2001. **1032, 1033**
Alegria, Maria Fernanda, and João Carlos Garcia. "Etapas de evolução da cartografia portuguesa (séculos XV a XIX)." In *La cartografia de la Península Ibèrica i la seva extensió al continent Americà*, 225–79. Barcelona: El Departament, 1991. **981**
Alegria, Maria Fernanda, João Carlos Garcia, and Francesc Relaño. "Cartografia e Viagens." In *História da expansão portuguesa*, 5 vols., ed. Francisco Bethencourt and K. N. Chaudhuri, 1:26–61. Lisbon: Círculo de Leitores, 1998–2000. **993**
Alegría, Ricardo E. *Descubrimiento, conquista y colonización de Puerto Rico, 1493–1599*. San Juan de Puerto Rico: Colección de Estudios Puertorriqueños, 1992. **1152**
Alekseyev, Mikhail P. "Odin iz russkikh korrespondentov Nik. Vitsena: K istorii poiskov morskikh putey v Kitay i Indiyu." In *Sergeyu Fëdorovichu Ol'denburgu k 50-letiyu nauchno-obshchestvennoy deyatel'nosti*, 51–60. Leningrad, 1934. **1884**
Alekseyev, V. N. "Risunki 'Istorii Sibirskoy' S. U. Remezova (problemy atributsii)." In *Drevnerusskoye iskusstvo: Rukopisnaya kniga*, collection 2, 175–96. Moscow: Iskusstvo, 1974. **1889**
Alexander, William. *An Encouragement to Colonies*. London: Printed by William Stansby, 1624. **1774**
Alexandrowicz, Stanisław. "O najdawniejszych mapach państwa moskiewskiego." *Studia čródłoznawcze / Commentationes* 21 (1976): 145–531. **1856**
———. "Ziemie ruskie w kartografii polskiej XVI–XVII wieku." *Studia čródłoznawcze* 23 (1978): 107–16. **1854**
———. *Rozwój kartografii Wielkiego ksiestwa litewskiego od XV do polowy XVIII wieku*. 2d ed. Poznań: Wydawnietwo Naukowe Uniwersytetu Im. Adama Mickiewicza w Poznaniu, 1989. **1817, 1820, 1827, 1854**
Alferova, G. V. and V. A. Kharlamov. *Kiev vo vtoroy polovine XVII veka*. Kiev, 1982. **1869**
Allaire, Bernard, and Donald Hogarth. "Martin Frobisher, the Spaniards and a Sixteenth Century Northern Spy." In *Meta Incognita: A Discourse of Discovery: Martin Frobisher's Arctic Expeditions, 1576–1578*, 2 vols., ed. T. H. B. Symons, 2:575–88. Hull, Quebec: Canadian Museum of Civilization, 1999. **1761**
Allaire, Gloria. *Andrea da Barberino and the Language of Chivalry*. Gainesville: University of Florida Press, 1997. **456**
———. "A Fifteenth-Century Florentine Community of Readers and the Romance of Chivalry." *Essays in Medieval Studies* 15 (1998): 1–8. **298**
Allaire, Roger. *Albi à travers les siècles*. Albi, [1933]. Reprinted Paris: Office d'Édition du Livre d'Histoire, 1997. **706**
Allais, Claudio. *La Castellata: Storia dell'alta valle di Varaita*. Saluzzo, 1891. **835**
Allan, David. *Virtue, Learning and the Scottish Enlightenment: Ideas of Scholarship in Early Modern History*. Edinburgh: Edinburgh University Press, 1993. **1686**
"Alléaume ou Allaume (Jacques)." In *Nouveau dictionnaire biographique et critique des architectes français*, by Charles Bauchal, 5. Paris: André, Daly fils, 1887. **1514**

Allegri, Ettore, and Alessandro Cecchi. *Palazzo Vecchio e i Medici: Guida storica.* Florence: Studio per Edizioni Scelte, 1980. **648, 819, 827**

Allen, David Grayson. "*Vacuum Domicilium:* The Social and Cultural Landscape of Seventeenth-Century New England." In *New England Begins: The Seventeenth Century,* 3 vols., ed. Jonathan L. Fairbanks and Robert F. Trent, 1:1–52. Boston: Museum of Fine Arts, 1982. **1776, 1777**

Allen, João d'Almeida. *Catálogo de geographia da Bibliotheca Pública Municipal do Porto.* Porto: Imprensa Civilisação, 1895. **975**

Allen, John Logan. "The Indrawing Sea: Imagination and Experience in the Search for the Northwest Passage, 1497–1632." In *American Beginnings: Exploration, Culture, and Cartography in the Land of Norumbega,* ed. Emerson W. Baker et al., 7–35. Lincoln: University of Nebraska Press, 1994. **1757, 1761**

———, ed. *North American Exploration.* 3 vols. Lincoln: University of Nebraska Press, 1997. **1755**

Allen, Lisa Davis. Review of *Reality as Representation: The Semiotics of Cartography and the Generation of Meaning,* by Emanuela Casti. *Portolan* 53 (2002): 64. **874**

Allen, W. Sidney. "Kalóyeros: An Atlantis in Microcosm?" *Imago Mundi* 29 (1977): 54–71. **263**

Allison, K. J. "Kingston upon Hull, East Riding of Yorkshire." In *Local Maps and Plans from Medieval England,* ed. R. A. Skelton and P. D. A. Harvey, 353–54. Oxford: Clarendon, 1986. **1605**

Allmayer-Beck, Peter E., ed. *Modelle der Welt: Erd- und Himmelsgloben.* Vienna: Brandstätter, 1997. **163, 164, 169, 168, 171, 1176**

All'ombra del Vesuvio: Napoli nella veduta europea dal Quattrocento all'Ottocento. Exhibition catalog. Naples: Electa Napoli, 1990. **958**

Almagià, Roberto. "Dei disegni marginali negli antichi manoscritti della *Sfera* del Dati." *Bibliofilia* 3 (1901–2): 49–55. **267**

———. "La geografia fisica in Italia nel Cinquecento." *Bollettino della Società Geografica Italiana* 46 (1909): 716–39. Reprinted in *Scritti geografici (1905–1957),* by Roberto Almagià, 179–95. Rome: Edizioni Cremonese, 1961. **841**

———. "Studi storici di cartografia napoletana." *Archivio Storico per le Province Napoletane* 37 (1912): 564–592; 38 (1913): 3–35, 318–48, 409–40, and 639–54. Republished with additional notes in *Scritti geografici (1905–1957),* by Roberto Almagià, 231–324. Rome: Cremonese, 1961. Republished in *Cartografia generale del Mezzogiorno e della Sicilia,* 2 vols., ed. Ernesto Mazzetti, 1:1–150. Naples: Edizioni Scientifiche Italiane, 1972. **951, 960, 962, 963**

———. "Intorno a un cartografo italiano del secolo XVI." *Rivista Geografica Italiana* 20 (1913): 99–112. **967**

"La cartografia dell'Italia nel Cinquecento con un saggio sulla cartografia del Piemonte." *Rivista Geografica Italiana* 22 (1915): 1–26. **832**

———. "Sulle più antiche raccolte di carte geografiche stampate non Tolomaiche." In *Atti del X Congresso Internazionale di Geografia,* 1339–41. Rome: Reale Società Geografica, 1915. **800**

———. "La cartografia del Lazio nel Cinquecento." *Rivista Geografica Italiana* 23 (1916): 25–44. **915**

. "Una carta della Toscana della metà del secolo XV." *Rivista Geografica Italiana* 28 (1921): 9–17. **910**

———. *L'"Italia" di Giovanni Antonio Magini e la cartografia dell'Italia nei secoli XVI e XVII.* Naples: F. Perrella, 1922. **791, 792, 843, 859, 860, 902, 912, 969, 970**

———. "Un'antica carta topografica del territorio veronese." *Rendiconti della Reale Accademia Nazionale dei Lincei: Classe di Scienze Morali, Storiche e Filologiche,* 5th ser., 32 (1923): 63–83. **895, 897**

———. "Un planisfero italiano del 1506." *Rivista Geografica Italiana* 31 (1924): 67–72. **344**

———. "Una carta attribuita a Cristoforo Colombo." *Rendiconti della R. Accademia Nazionale dei Lincei: Classe di Scienze Morali, Storiche e Filologiche,* 6th ser., 1 (1925): 749–73. **176**

———. "Le pitture geografiche nel Palazzo Chigi di Castelfusano (Roma)." *Atti del IX Congresso Geografico Italiano,* 2:316–17. Genoa, 1925. **915**

———. "La più antica carta stampata del Piemonte." *L'Universo* 6 (1925): 985–89. **832**

———. "Notizia di quattro carte nautiche della R. Biblioteca Estense." *Bibliofilia* 27 (1926): 337–47. **983**

———. "Una serie di preziose carte di Mercator conservate a Perugia." *L'Universo* 7 (1926): 801–11. **1299, 1343**

———. *La carta delle Palestina di Gerardo Mercatore (1537).* Florence: Istituto Geografico Militare, 1927. **1299**

———. "Il primato di Firenze negli studi geografici durante i secoli XV e XVI." *Atti della Società Italiana per Progresso delle Scienze* 18 (1929): 60–80. **285, 774**

———. *Monumenta Italiae cartographica.* Florence: Istituto Geografico Militare, 1929. Reprinted Bologna: Forni, 1980. **450, 545, 573, 730, 783, 784, 797, 810, 832, 854, 867, 897, 901, 902, 910, 911, 912, 913, 915, 916, 920, 924, 926, 933, 936, 948, 952, 961, 1597**

———. "Leandro Alberti." In *Enciclopedia italiana di scienze, lettere ed arti,* 36 vols., 2:180–81. Rome: Istituto Giovanni Treccani, 1929–39. **271**

———. "Cristoforo Sorte e i primi rilievi topografici della Venezia Tridentina." *Rivista Geografica Italiana* 37 (1930): 117–22. **902**

———. "Intorno all'opera cartografica di Natale Bonifacio." *Archivio Storico per la Dalmazia* 14 (1933): 480–93. **789**

———. "Carte e descrizioni della Corsica nel secolo XVI." In *Atti XII Congresso Geografico Italiano,* 289–303. Cagliari-Sassari, 1934. **866**

———. "Una grande carta d'Italia del secolo XVI finora sconosciuta." *Bibliofilia* 36 (1934): 125–36. **774**

———. "Intorno a quattro codici fiorentini e ad uno ferrarese dell'erudito veneziano Alessandro Zorzi." *Bibliofilia* 38 (1936): 313–471. **332**

———. "Intorno ad un grande mappamondo perduto di Giacomo Gastaldi (1561)." *Bibliofilia* 41 (1939): 259–66. **784, 786**

———. "Alcune stampe geografiche italiane dei secoli XVI e XVII oggi perdute." *Maso Finiguerra* 5 (1940): 97–103. **962, 963**

———. "I mappomondi di Enrico Martello e alcuni concetti geografici di Cristoforo Colombo." *Bibliofilia* 42 (1940): 288–311. **267, 332**

———. "Un cartografo e cosmografo calabrese: Domenico Vigliarolo di Stilo." *Archivio Storico per la Calabria e la Lucania* 12 (1942): 221–28. **223**

———. *L'opera geografica di Luca Holstenio.* Vatican City: Biblioteca Apostolica Vaticana, 1942. **963**

———. *Monumenta cartographica Vaticana.* 4 vols. Vatican City: Biblioteca Apostolica Vaticana, 1944–55. **178, 190, 217, 218, 220, 266, 267, 271, 315, 397, 539, 644, 649, 735, 776, 797, 803, 804, 816, 818, 819, 823, 910, 912, 914, 915, 934, 966, 967, 1483, 1620, 1667, 1675**

———. "Osservazioni sull'opera geografica di Francesco Berlinghieri." *Archivio della R. Deputazione romana di storia patria* 68 (1945): 211–55. Reprinted in *Scritti geografici (1905–1957),* by Roberto Almagià, 497–526. Rome: Edizioni Cremonese, 1961. **321, 323**

———. "Uno sconosciuto geografo umanista: Sebastiano Compagni."

In *Miscellanea Giovanni Mercati*, 6 vols., 4:442–73. Vatican City: Biblioteca Apostolica Vaticana, 1946. **326, 1836**

———. "Nuove notizie intorno a Giacomo Gastaldi." *Bollettino della Società Geografica Italiana* 84 (1947): 187–89. **842**

———. "Una carta del 1514 attribuita a Battista Agnese." *Rivista Geografica Italiana* 56 (1949): 167–68. **213**

———. "Notizie su due cartografi calabresi." *Archivio Storico per la Calabria e la Lucania* 19 (1950): 27–34. **223, 954**

———. "On the Cartographic Work of Francesco Rosselli." *Imago Mundi* 8 (1951): 27–34. **343, 344, 773**

———. "Leonardo da Vinci geografo e cartografo." In *Atti del Convegno di Studi Vinciani: Indetto dalla Unione regionale della province toscane e dalle Università di Firenze, Pisa e Siena*, 451–66. Florence: Olschki, 1953. **949**

———. "La diffusion des produits cartographiques flamands en Italie au XVIe siècle." *Archives Internationales d'Histoire des Sciences* 7 (1954): 46–48. **791**

———. "Pirro Ligorio cartografo." *Atti della Accademia Nazionale dei Lincei, Rendiconti, Classe di Scienze Morale, Storiche e Filologiche*, 8th ser., 11 (1956): 49–61. **960**

———. "Presentazione." In *Il mappamondo di Fra Mauro*, ed. Tullia Gasparrini Leporace, 5–10. Rome: Istituto Poligrafico dello Stato, 1956. **315**

———. "Cristoforo Sorte, il primo grande cartografo e topografo della Repubblica di Venezia." In *Kartographische Studien: Haack-Festschrift*, ed. Hermann Lautensach and Hans-Richard Fischer, 7–12. Gotha: Haack, 1957. Reprinted in *Scritti geografici (1905–1957)*, 613–18. Rome: Edizioni Cremonese, 1961. **731**

———. "I lavori cartografici di Pietro e Jacopo Russo." *Atti della Accademia Nazionale dei Lincei: Rendiconti Classe di Scienze Morali, Storiche e Filologiche*, 8th ser., 12 (1957): 301–19. **188, 189, 191, 201, 225**

———. *Commemorazione di Sebastiano Caboto nel IV centenario della morte.* Venice: Istituto Veneto di Scienze Lettere ed Arti, 1958. **1757**

———. "Note intorno alla della tradizione cartografia nautica a Livorno." *Rivista di Livorno* 5 (1958): 304–12. **231**

———. *Documenti cartografici dello Stato Pontificio.* Vatican City: Biblioteca Apostolica Vaticana, 1960. **912, 914, 915, 920, 925**

———. *Scritti geografici (1905–1957).* Rome: Edizioni Cremonese, 1961. **797, 841, 902, 952**

———. "Alcune preziose carte geografiche di recente acquisite alle Collezioni Vaticane." In *Collectanea Vaticana in honorem Anselmi M. Card. Albareda a Bibliotheca Apostolica edita*, 2 vols., 1:1–22. Vatican City: Biblioteca Apostolica Vaticana, 1962. **1353**

———. Introduction to *Italia: Bologna 1620*, by Giovanni Antonio Magini, ed. Fiorenza Maranelli, V-XXI. Amsterdam: Theatrum Orbis Terrarum: 1974. **791, 968**

Almeida, Fortunato de. *História da igreja em Portugal.* New ed. 4 vols. Ed. Damião Peres. Porto: Portucalense Editora, 1967–71. **1037, 1061**

Almeida, Justino Mendes de. "Um inédito de Gaspar Barreiros: 'Suma, e descripçam de Lusitania' (Cód. 8457 DA B.N.)." In *Páginas de cultura portuguesa*, by Justino Mendes de Almeida, 113–75. Amadora: Lusolivro; Distribuição, Delme, 1994. **1035**

Almeida, Manoel de. *História geral de Etiópia a alta* . . . Ed. Balthazar Telles. Coimbra, 1660. **1027, 1454**

Almeida, Onésimo Teotónio. "Portugal and the Dawn of Modern Science." In *Portugal, the Pathfinder: Journeys from the Medieval toward the Modern World, 1300–ca. 1600*, ed. George D. Winius, 341–61. Madison: Hispanic Seminary of Medieval Studies, 1995. **746**

Alpers, Svetlana. *The Art of Describing: Dutch Art in the Seventeenth Century.* Chicago: University of Chicago Press, 1983. **67, 434, 472, 600, 633, 688, 689, 806**

———. "The Mapping Impulse in Dutch Art." In *Art and Cartography: Six Historical Essays*, ed. David Woodward, 51–96. Chicago: University of Chicago Press, 1987. **434**

Altieri, Charles. "An Idea and Ideal of a Literary Canon." In *Canons and Consequences: Reflections on the Ethical Force of Imaginative Ideals*, by Charles Altieri, 21–47. Evanston: Northwestern University Press, 1992. First published, *Critical Inquiry* 10 (1983): 37–60. **532**

Altieri Biagi, Maria Luisa, and Bruno Basile, eds. *Scienziati del Seicento.* Milan: R. Ricciardi, 1980. **974**

L'alto Milanese all'epoca di Carlo Borromeo. Rassegna Gallaratese di Storia e d'Arte 37, no. 124 (Gallarate, 1984–85). **904**

Álvares, Francisco. *Ho Preste Joam das Indias.* Lisbon, 1540. **982, 1027**

———. *Verdadeira informação das terras do Preste João das Indias* [1540]. New ed. Lisbon: Imprensa Nacional, 1889. **328, 1039**

Alvarez Terán, Concepción. *See* Archivo General de Simancas.

Alves, Cândido Ferreira, et al. "O mais antigo mapa de Portugal." *Boletim do Centro de Estudos Geográficos* 12–13 (1956): 1–66, and 14–15 (1957): 10–43. **1036, 1039, 1040, 1046**

Amabile, Luigi. *Il santo officio della inquisizione in Napoli, narrazione con molti documenti inediti.* 2 vols. Città di Castello: S. Lapi, 1892. **962**

Amaral, Joaquim Ferreira do. *Pedro Reinel me fez: À volta de um mapa dos descobrimentos.* Lisbon: Quetzal Editores, 1995. **979, 985, 1005, 1112**

Amat di S. Filippo, Pietro. "Recenti ritrovamenti di Carte nautiche in Parigi in Londra ed in Firenze." *Bollettino della Società Geografica Italiana* 25 (1888): 268–78. **225**

Ambassades du Roy de Siam envoyé à l'Excellence du Prince Maurice, arrivé à la Haye le 10. Septemb. 1608. The Hague, 1608. **125**

Ambrosini, Federica. "'Descrittioni del mondo' nelle case venete dei secoli XVI e XVII." *Archivio Veneto*, 5th ser., 117 (1981): 67–79. **609, 649, 787, 796, 806**

Ameisenowa, Zofia. *The Globe of Martin Bylica of Olkusz and Celestial Maps in the East and in the West.* Trans. Andrzej Potocki. Wrocław: Zakład Narodowy Imienia Ossolińskich, 1959. **100, 109, 111, 160, 171**

Amelung, Peter. *Der Frühdruck im deutschen Südwesten, 1473–1500: Eine Ausstellung der Württembergischen Landesbibliothek Stuttgart.* Stuttgart: Württembergische Landesbibliothek, 1979. **348**

———. "Grüninger, Johannes." In *Lexikon des gesamten Buchwesens*, 2d ed., ed. Severin Corsten, Günther Pflug, and Friedrich Adolf Schmidt-Künsemüller, 3:288–89. Stuttgart: Hiersemann, 1985–. **1205**

Ames, Joseph. *Typographical Antiquities: Being an Historical Account of Printing in England* . . . London, 1749. **1715**

Amirante, Francesca, et al., eds. *Libri per vedere: Le guide storico-artistiche della città di Napoli, fonti testimonianze del gusto immagini di una città.* Naples: Edizioni Scientifiche Italiane, 1995. **958, 961**

Amzalak, Moses Bensabat, ed. *A embaixada enviada pelo rei D. João IV à Dinamarca e à Suécia: Notas e documentos.* Lisbon: Instituto Superior de Comércio, 1930. **1058**

Anderson, Benedict R. O'G. *Imagined Communities: Reflections on the Origin and Spread of Nationalism.* Rev. ed. London: Verso, 1991. **662**

Anderson, Donald K."Donne's 'Hymne to God My God, in My Sicknese' and the T-in-O Maps." *South Atlantic Quarterly* 71 (1972): 465–72. **416**

Anderson, Sonia P. *An English Consul in Turkey: Paul Rycaut at Smyrna, 1667–1678.* Oxford: Oxford University Press, 1989. **277**

Andrade, António Alberto Banha de. *Mundos novos do mundo: Panorama da difusão, pela Europa, de notícias dos descobrimentos geográficos portugueses*. Lisbon: Junta de Investigações do Ultramar, 1972. **1014**

Andreae, Johann Valentin. *Menippus, sive Dialogorvm Satyricorum centvria, inanitatvm nostratívm specvlvm*. Strassburg, 1617. **442**

Andreini, Lucia. *Gregor Reisch e la sua "Margarita philosophica."* Salzburg: Institut für Anglistik und Amerikanistik, Universität Salzburg, 1997. **1202**

Andrews, J. H. *Ireland in Maps*. Dublin: Dolmen, 1961. **709**

———. "'Ireland in Maps': A Bibliographical Postscript." *Irish Geography* 4 (1962): 234–43. **709**

———. "The Irish Surveys of Robert Lythe." *Imago Mundi* 19 (1965): 22–31. **506, 721, 1611, 1614, 1677**

———. "Robert Lythe's Petitions, 1571." *Analecta Hibernica* 24 (1967): 232–41. **1678**

———. "Baptista Boazio's Map of Ireland." *Long Room (Bulletin of the Friends of the Library, Trinity College, Dublin)* 1 (1970): 29–36. **540, 556, 1682**

———. "Geography and Government in Elizabethan Ireland." In *Irish Geographical Studies in Honour of E. Estyn Evans*, ed. Nicholas Stephens and Robin E. Glasscock, 178–91. Belfast: Queen's University of Belfast, 1970. **668, 708, 709, 735, 1611, 1613, 1626**

———. "An Elizabethan Surveyor and His Cartographic Progeny." *Imago Mundi* 26 (1972): 45. **1678**

———. *Irish Maps*. Dublin: Eason, 1978. **1613, 1614, 1626**

———. "Henry Pratt, Surveyor of Kerry Estates." *Journal of the Kerry Archaeological and Historical Society* 13 (1980): 5–38. **708**

———. *The "Hyberniae Novissima Descriptio" by Jodocus Hondius*. Belfast: Linen Hall Library, 1983. **1705**

———. "The Irish Maps of Lord Carew: An Exhibition in the Library of Trinity College, Dublin." Unpublished typescript, n.d. [1983], Department of Manuscripts, Trinity College, Dublin. **1611, 1672**

———. *Plantation Acres: An Historical Study of the Irish Land Surveyor and His Maps*. Belfast: Ulster Historical Foundation, 1985. **556, 708, 709, 1609, 1651, 1668, 1672**

———. "Maps and Mapmakers." In *The Shaping of Ireland: The Geographical Perspective*, ed. William Nolan, 99–110. Cork: Mercier, 1986. **1681**

———. *Shapes of Ireland: Maps and Their Makers, 1564–1839*. Dublin: Geography Publications, 1997. **556, 1599, 1611, 1614, 1619, 1622, 1705**

———. "John Norden's Maps of Ireland." *Proceedings of the Royal Irish Academy* 100, section C (2000): 159–206. **561, 1682**

———. "Sir Richard Bingham and the Mapping of Western Ireland." *Proceedings of the Royal Irish Academy* 103 (2003): 61–95. **1679**

Andrews, J. H., and Rolf Loeber. "An Elizabethan Map of Leix and Offaly: Cartography, Topography and Architecture." In *Offaly: History & Society*, ed. William Nolan and Timothy P. O'Neill, 243–85. Dublin: Geography Publications, 1998. **1675**

Andrews, Kenneth R. "The Elizabethan Seaman." *Mariner's Mirror* 68 (1982): 245–62. **523**

———. *Trade, Plunder and Settlement: Maritime Enterprise and the Genesis of the British Empire, 1480–1630*. Cambridge: Cambridge University Press, 1984. **1593, 1599, 1609, 1615, 1618, 1666, 1755**

———, ed. *The Last Voyage of Drake & Hawkins*. Cambridge: Cambridge University Press, 1972. **1737**

Andrews, Michael C. "Notes on the Earliest-Known Printed Map of Scotland." *Scottish Geographical Magazine* 35 (1919): 43–46. **1686**

———. "The Map of Ireland: A.D. 1300–1700." *Proceedings and Reports of the Belfast Natural History and Philosophical Society for the Session 1922–23* (1924): 9–33. **1671**

Andreyev, A. I. *Ocherki po istochnikovedeniyu Sibiri XVII vek*. Vol. 1. 2d ed. Moscow-Leningrad, 1960. **1874, 1875, 1882, 1883, 1886, 1901**

Andriani, Giuseppe. "La Liguria nel 'Portolano' di Giov. Francesco Monno (1633)." *Atti della Società Ligustica di Scienze Naturali e Geografiche* 27 (1916): 71–116. **212**

———. "Giacomo Bracelli: Nella storia della geografia." *Atti della Società Ligure di Storia Patria* 52 (1924): 129–248. **296, 297**

Angelini, Gregorio, ed. *Il disegno del territorio: Istituzioni e cartografia in Basilicata, 1500–1800*. Exhibition catalog. Rome: Laterza, 1988. **974**

Angelus, Johannes. *Astrolabium*. Augsburg: Erhard Ratdolt, 1488. **83**

Anglo, Sydney. "The Hampton Court Painting of the Field of Cloth of Gold Considered as an Historical Document." *Antiquaries Journal* 46 (1966): 287–307. **1658**

———. *Spectacle, Pageantry, and Early Tudor Policy*. Oxford, Clarendon, 1969. **649, 1596, 1599**

———. "Vegetius's 'De Re Militari': The Triumph of Mediocrity." *Antiquaries' Journal* 82 (2002): 247–67. **1598**

Angulo Iñiguez, Diego. *Bautista Antonelli: Las fortificaciones americanas del siglo XVI*. Madrid: Hauser y Menet, 1942. **1073, 1151**

Ankwicz-Kleehoven, Hans. *Der Wiener Humanist Johannes Cuspinian, Gelehrter und Diplomat zur Zeit Kaiser Maximilians I*. Graz: H. Böhlau S. Nachf., 1959. **1191**

Annuaire 1985: Spécial 500e anniversaire de la naissance de Beatus Rhenanus. Directed Maurice Kubler. Sélestat: Les Amies, 1985. **1211**

Anselmo, Artur. "Um documento iconográfico precioso e até agora desconhecido: Aguarela de Viana no século XVII." *Cadernos Vianenses* 13 (1989): 107–12. **1055**

Anthiaume, Albert. "Un pilote et cartographe havrais au XVIe siècle, Guillaume Le Testu." *Bulletin de Géographie Historique et Descriptive* (1911): 135–202. **1551**

———. *Cartes marines, constructions navales, voyages de découverte chez les Normands, 1500–1650*. 2 vols. Paris: E. Dumont, 1916. **1551, 1554**

———. *Evolution et enseignement de la science nautique en France, et principalement chez les Normands*. 2 vols. Paris: E. Dumont, 1920. **1551, 1552**

———. *Pierre Desceliers, père de l'hydrographie et de la cartographie françaises*. Rouen: Le Cerf, 1926. **1551**

Anthonisz., Cornelis. *The Safegarde of Saylers, or Great Rutter . . .* Trans. Robert Norman. London: Edward Allde, 1590. **511**

———. *Het leeskaartboek van Wisbuy: Gedrukt te Antwerpen by Jan Roelants en te koop te Amsterdam by Hendrick Albertsz, 1566*. Ed. Johannes Knudsen. Intro. C. P. Burger. The Hague: Martinus Nijhoff, 1920. **1388, 1389**

Antochiw, Michel. *Historia cartográfica de la península de Yucatán*. [Mexico City]: Centro de Investigación y de Estudios Avanzados del I.P.N., 1994. **751, 1158, 1159**

Apa, Mariano. *Visio mundi: Arte e scienza dal medioevo al rinascimento: Saggi e interventi critici*. Urbino: QuattroVenti, 1986. **90**

Apian, Peter. *Cosmographicus liber*. Landshut, 1524. **57, 67, 121, 136, 137, 351, 366, 480**

———. *Eyn newe und wolgegründete underweisunge aller Kauffmans Rechnung*. Ingolstadt, 1527. **135**

———. *Petri Apiani Cosmographia, per Gemmam Phrysium, apud louanienses medicum ac mathematicum insignem, restituta*. Antwerp: Arnoldo Berckmano, 1529. **67, 495**

———. *Quadrans Apiani astronomicus et iam recens inuentvs et nunc primum editus*. Ingolstadt, 1532. **121**

———. *Instrument Buch*. Ingolstadt, 1533. Reprinted, with an epilogue by Jürgen Hamel, Leipzig: ZA-Reprint, 1990. **121, 490, 491, 492, 1201**

———. *De Cosmographie vã Pe. Apianus*. Ed. Gemma Frisius. Antwerp, 1537. **146**

———. *Petri Apiani Cosmographia, per Gemmam Phrysium.* Ed. Gemma Frisius. Antwerp, 1539. **495**
———. *Practica auff das M D XXXVIIII Jar gemacht in der Löblichen hohenschul zu Ingolstadt.* Landshut, 1539. **120**
———. *Astronomicum Caesareum.* Ingolstadt, 1540. **111**
———. *Petri Apiani Cosmographia, per Gemmam Phrysium.* Ed. Gemma Frisius. Antwerp, 1540. **480, 481, 482, 484, 489, 492, 496**
———. *Cosmographia.* Antwerp: Gregorio Bontio, 1545. **78, 654**
———. *Libro dela Cosmographia de Pedro Apiano, el qual trata la descripcion del mundo, y sus partes, por muy claro y lindo artifício, aumentado por el doctissimo varon Gemma Frisio . . .* Enveres: Bontio, 1548. **472, 1045**
———. *Cosmographia Petri Apiani per Gemma Frisium.* Antwerp: Gregorio Bontio, 1550. **93**
———. *Cosmographie.* Paris, 1551. **404**
———. *Peter Apianus und sein Astronomicum Caesareum = Peter Apianus and His Astronomicum Caesareum.* Facsimile of 1540 Ingolstadt edition. Commentary Diedrich Wattenberg. Leipzig: Edition Leipzig, 1967. **1201**
Apian, Philipp. *Bairische Landtafeln XIIII,* with introductions by Gertrud Stetter and Alois Fauser. Munich: Süddeutscher, 1966. **1223**
Appelbaum, Robert. "Anti-geography." *Early Modern Literary Studies* 4.2, special issue 3 (1998): 1–17, <http://purl.oclc.org/emls/04-2/appeanti.htm>. **425**
Appleby, John C. "War, Politics, and Colonization, 1558–1625." In *The Oxford History of the British Empire,* ed. William Roger Louis, vol. 1, *The Origins of Empire: British Overseas Enterprise to the Close of the Seventeenth Century,* ed. Nicholas P. Canny, 55–78. Oxford: Oxford University Press, 1998. **1757**
Apt, A. J. "Wright, Edward (*bap.* 1561, *d.* 1615)." In *Oxford Dictionary of National Biography,* 60 vols., 60:437–38. Oxford: Oxford University Press, 2004. **635**
Aquarone, J. B. *D. João de Castro, gouverneur et vice-roi des Indes orientales, 1500–1548.* 2 vols. Paris: Presses Universitaires de France, 1968. **1015**
Arader, W. Graham. *The Very Rare First Issues of the Sea Charts of Sir Robert Dudley.* Catalog no. 50. King of Prussia, Pa.: W. Graham Arader III, 1984. **794**
Aratus of Soli. *Aratou Soleos Phainomena meta scholion = Arati Solensis Phaenomena cum commentaris.* [Venice: Aldus,] 1499. **1361**
———. *Syntagma Arateorum opus antiquitatis et astronomiae studiosis utilissimum . . .* Ed. Hugo Grotius. Leiden: Christophorus Raphelengius, 1600. **106**
"Arbasia, Cesare." In *Schede Vesme: L'arte in Piemonte dal XVI al XVIII secolo,* 4 vols., 1:39–43. Turin: Società Piemontese di Archeologia e Belle Arti, 1963–82. **837**
Arbellot, Guy. "Le réseau des routes de poste, objet des premières cartes thématiques de la France moderne." In *Actes du 104e Congrès National des Sociétés Savantes, Bordeaux 1979, Section d'Histoire Moderne et Contemporaine,* vol. 1, *Les transports de 1610 à nos jours,* 97–115. Paris: Bibliothèque Nationale de France, 1980. **1501**
———. *Autour des routes de poste: Les premières cartes routières de la France, XVIIe–XIXe siècle.* Paris: Bibliothèque Nationale de France / Musée de la Poste, 1992. **1501**
Arber, Edward, ed. *A Transcript of the Registers of the Company of Stationers of London, 1554–1640 A.D.* 5 vols. London and Birmingham, 1875–94. **1693, 1698, 1712**
Archives Nationales. *Catalogue général des cartes, plans et dessins d'architecture.* Vol. 3, *Départements Oise à Réunion.* By Michel Le Moël and Claude-France Rochat-Hollard. Paris: S.E.V.P.E.N., 1972. **706**
Archivio di Stato di Milano. *L'immagine interessata: Territorio e cartografia in Lombardia tra 500 e 800.* Milan: Archivio di Stato, 1984. **905**
Archivo General de Indias. *Catálogo de los documentos relativos a las islas Filipinas existentes en el Archivo de Indias de Sevilla.* Barcelona: [Imprenta de la Viuda de Luis Tasso, Arco del Teatro], 1925–. **1144**
Archivo General de la Nación. *Catálogo de ilustraciones.* 14 vols. Mexico City: Centro de Información Gráfica del Archivo General de la Nación, 1979–82. **1143**
Archivo General de Simancas. *Mapas, planos y dibujos (años 1503–1805).* 2 vols. By Concepción Alvarez Terán and María del Carmen Fernández Gómez. Valladolid: El Archivo; [Madrid]: Ministerio de Cultura, Dirección General de Bellas Artes, Archivos y Bibliotecas, 1980–90. **938, 941, 1070, 1143**
Archiwum Jana Zamoyskiego: Kanclerza i Hetmana Wielkiego Koronnego. 4 vols. Warsaw, 1904–48. **1839**
Arentzen, Jörg-Geerd. *Imago mundi cartographica: Studien zur Bildlichkeit mittelalterlicher Welt- und Ökumenekarten unter besonderer Berücksichtigung des Zusammenwirkens von Text und Bild.* Munich: Wilhelm Fink, 1984. **28, 29, 32**
Argan, Giulio Carlo. *The Renaissance City.* London: Studio Vista, 1969. **97**
"Argencourt (Pierre de Conty, seigneur de La Mothe d')." In *Dictionnaire de biographie française,* vol. 3, cols. 518–520. Paris: Letouzey et Ané, 1933–. **1514**
Argenti, Philip Pandely. *Bibliography of Chios: From Classical Times to 1936.* Oxford: Clarendon, 1940. **263**
Argentré, Bertrand d'. *L'Histoire de Bretaigne.* 2 vols. Paris: J. du Puys, 1588. **1491**
Aricò, Nicola. "Urbanizzare la frontiera: L'espansione dalmata di Ragusa e le fondazioni trecentesche di Ston e Mali Ston." *Storia della Città* 52 (1990): 27–36. **698**
Ariès, Philippe. *Centuries of Childhood: A Social History of Family Life.* Trans. Robert Baldick. New York: Knopf, 1962. **623**
Ariosto, Lodovico. *Orlando furioso.* Venice: Vincenzo Valgrisi, 1556. **457**
———. *Orlando Furioso . . . annotationi et auuertimenti & le dichiarationi.* Venice: V. Valgrisio, 1558. **92**
———. *The Orlando Furioso.* 2 vols. Trans. William Stewart Rose. London: George Bell and Sons, 1876–77. **458**
———. *The Satires of Ludovico Ariosto: A Renaissance Autobiography.* Trans. Peter DeSa Wiggins. Athens: Ohio University Press, 1976. **450**
Aristodemo, Dina. "La figura e l'opera di Lodovico Guicciardini." In *Lodovico Guicciardini (1521–1589): Actes du Colloque International des 28, 29 et 30 mars 1990,* ed. Pierre Jodogne, 19–39. Louvain: Peeters Press, 1991. **455**
Aristotle. *De mundo.* Trans. E. S. Forster. Oxford: Clarendon, 1914. **264**
Arkhitekturno-khudozhestvennyye pamyatniki Solovetskikh ostrovov. Moscow, 1980. **1860**
Armao, Ermanno. *Vincenzo Coronelli: Cenni sull'uomo e la sua vita, catalogo ragionato delle sue opere, lettere-fonti bibliografiche-indiri.* Florence: Bibliopolis, 1944. **279**
———. *In giro per il mar Egeo con Vincenzo Coronelli: Note di topologia, toponomastica estoria medievali dinasti e famiglie Italiane in Levante.* Florence: Leo S. Olschki, 1951. **279**
———. *Il "Catalogo degli autori" di Vincenzo Coronelli: Una biobibliografia geografica del '600.* Florence: Olschki, 1957. **264, 279**
Armas, Duarte de. *Reprodução anotada do Livro das fortalezas de Duarte Darmas.* Ed. João de Almeida. Lisbon: Editorial Império, 1943. **1047**
———. *Livro das fortalezas: Fac-simile do MS. 159 da Casa Forte do Arquivo Nacional da Torre do Tombo.* Intro. Manuel da Silva

Castelo Branco. Lisbon: Arquivo Nacional da Torre do Tombo, Edições INAPA, 1990. 2d rev. ed., 1997. **1012, 1038**
Armenini, Giovanni Battista. *De' veri precetti della pittvra*. 1587. Hildesheim: G. Olms, 1971. **805**
Armitage, David. "Making the Empire British: Scotland in the Atlantic World, 1542–1707." *Past and Present*, no. 155 (1997): 34–63. **1722**
———. *The Ideological Origins of the British Empire*. Cambridge: Cambridge University Press, 2000. **1754, 1761, 1762, 1767**
Armstrong, Charles E. "Copies of Ptolemy's Geography in American Libraries." *Bulletin of the New York Public Library* 66 (1962): 65–114. **364**
Armstrong, Joe C. W. *Champlain*. Toronto: Macmillan of Canada, 1987. **1538**
Armstrong, Lilian. "Benedetto Bordon, *Miniator*, and Cartographer in Early Sixteenth-Century Venice." *Imago Mundi* 48 (1996): 65–92. **270, 343, 344, 459, 530, 773, 779**
Armstrong, Philip. "Spheres of Influence: Cartography and the Gaze in Shakespearean Tragedy and History." *Shakespeare Studies* 23 (1995): 39–70. **420**
Armstrong, Terence, ed. *Yermak's Campaign in Siberia*. Trans. Tatiana Minorsky and David Wileman. London: Hakluyt Society, 1975. **1873, 1885**
Arnaud, Pascal. "Les villes des cartographes: Vignettes urbaines et réseaux urbains dans les mappemondes de l'occident médiéval." *Mélanges de l'École Française de Rome: Moyen Âge Temps Modernes* 96 (1984): 537–602. **42**
———. "*Plurima orbis imago:* Lectures conventionelles des cartes au Moyen Âge." *Médiévales* 18 (1990): 33–51. **26**
———. "Images et représentations dans la cartographie du bas Moyen Âge." In *Spazi, tempi, misure e percorsi nell'Europa del bassomedioevo*, 129–53. Spoleto: Centro Italiano di Studi sull'Alto Medioevo, 1996. **38, 44**
Arnheim, Rudolf. *Visual Thinking*. Berkeley: University of California Press, 1997. **657**
Arnhold, Helmut. "Die Karten der Grafschaft Mansfeld." *Petermanns Geographische Mitteilungen* 120 (1976): 242–55. **1213**
Arnold, Klaus. *Johannes Trithemius (1462–1516)*. New ed. Würzburg: Kommissionsverlag Ferdinand Schöningh, 1991. **1356**
Arnoux, Mathieu. "Perception et exploitation d'un espace forestier: La forêt de Breteuil (XIe–XVe siècles)." *Médiévales* 18 (1990): 17–32. **27**
Arrighi, Giovanni. *The Long Twentieth Century: Money, Power, and the Origins of Our Times*. London: Verso, 1994. **858**
Arseniev, Yu. V. "Puteshestvie russkogo posla Nikolaya Spafariya iz Tobol'ska cherz Sibir' do Nerchinska i kitayskoy granitsy." *Zapiski Imperatorskogo Russkogo Geograficheskogo Obshchestva po Otdeleniyu Etnografii* 10, no. 1 (1882): 158–64. **1879**
"The Art of Colouring." *Map Collector* 11 (1980): 40. **604**
Arte e scienza per il disegno del mondo. Exhibition catalog. Milan: Electa, 1983. **940**
Ascham, Roger. *The Scholemaster or Plaine and Perfite Way of Teachyng Children, to Understand, Write, and Speake, the Latin Tong*. London: Iohn Daye, 1570. **626**
Aschmann, Rudolf, et al. *Der Humanist Heinrich Loriti, genannt Glarean, 1488–1563: Beiträge zu seinem Leben und Werk*. Glarus: Baeschlin, 1983. **1215**
Ascoli, Albert Russell. *Ariosto's Bitter Harmony: Crisis and Evasion in the Italian Renaissance*. Princeton: Princeton University Press, 1987. **458**
Ash, Eric H. *Power, Knowledge, and Expertise in Elizabethan England*. Baltimore: Johns Hopkins University Press, 2004. **524, 526**
Ashbrook, Joseph. "Johann Bayer and His Star Nomenclature." In *The Astronomical Scrapbook: Skywatchers, Pioneers, and Seekers in Astronomy*, ed. Leif J. Robinson, 411–18. Cambridge: Cambridge University Press, 1984. **117**
Ashby, Thomas. "Antiquae Statuae Urbis Romae." *Papers of the British School at Rome* 9 (1920): 107–58. **776**
———. "The Story of the Map of Italy." Review of Roberto Almagià's *L'"Italia" di Giovanni Antonio Magini e la cartografia dell'Italia nei secoli XVI e XVII*. *Geographical Journal* 62 (1923): 212–13. **791**
Asher, Adolf. *Bibliographical Essay on the Collection of Voyages and Travels, Edited and Published by Levinus Hulsius and His Successors at Nuremberg and Francfort from anno 1598 to 1660*. Berlin: Asher, 1839. Reprinted Amsterdam: Meridian, 1962. **1245**
Ashmole, Elias. *Theatrum chemicum Britannicum*. London: F. Grismond, 1652. **92**
Ashworth, William B. *The Face of the Moon: Galileo to Apollo*. Exhibition catalog. Kansas City, Mo.: Linda Hall Library, 1989. **130**
———. "Light of Reason, Light of Nature: Catholic and Protestant Metaphors of Scientific Knowledge." *Science in Context* 3 (1989): 89–107. **69**
Asseline, David. *Les antiquitez et chroniques de la ville de Dieppe*. 2 vols. Dieppe: A. Marais, 1874. **1551**
Assereto, Giovanni. "Dall'amministrazione patrizia all'amministrazione moderna: Genova." In *L'amministrazione nella storia moderna*, 2 vols., 1:95–159. Milan: Giuffrè, 1985. **857**
Astegiano, Giovanni. "Su la vita e le opere di Tommaso da Ravenna." *Bollettino del Museo Civico di Padova* 18 (1925): 49–70 and 236–60. **650**
Astengo, Corradino. "Piante e vedute di città (Una raccolta inedita dell'Archivio di Stato di Torino)." *Studi e Ricerche di Geografia* 6 (1983): 1–77. **1505**
———. "L'Atlante nautico di Giovanni Battista Cavallini conservato presso il museo di storia della scienza di Firenze." *Quaderni Stefaniani* 4 (1985): 139–56. **197**
———. "La cartografia nautica mediterranea." In *L'Europa delle carte: Dal XV al XIX secolo, autoritratti di un Continente*, ed. Marica Milanesi, 21–25. Milano: Mazzotta, 1990. **196**
———. "I discendenti di Vesconte Maggiolo: Una dinastia di cartografi a Genova." *Annali di Ricerche e Studi di Geografia* 47 (1991): 59–71. **210**
———. "La produzione cartografica di Francesco Ghisolfi." *Annali di Ricerche e Studi di Geografia* 49 (1993): 1–15. **185, 216**
———. "L'asse del Mediterraneo nella cartografia nautica dei secoli XVI e XVII." *Studi e Ricerche di Geografia* 18 (1995): 213–37. **196, 198**
———. *Elenco preliminare di carte ed atlanti nautici manoscritti: Eseguiti nell'area mediterranea nel periodo 1500–1700 e conservati presso enti pubblici*. Genoa: Istituto di Geografia, 1996. **177, 190**
———. "Der genuesische Kartograph Vesconte Maggiolo und sein Werk." *Cartographica Helvetica* 13 (1996): 9–17. **209**
Astronomia Teutsch, Himmels Lauf, Wirckung unnd Natürlich Influenz der Planeten unnd Gestirn . . . Frankfurt, 1578. **110**
Atti dello XI Congresso Geografico. 4 vols. Naples, 1930. **952**
Auerbach, Erich. *Mimesis: The Representation of Reality in Western Literature*. Trans. Willard R. Trask. Princeton: Princeton University Press, 1953. **390**
Aujac, Germaine. *Strabon et la science de son temps*. Paris: Les Belles Lettres, 1966. **655**
———. "Continuità delle teorie tolemaiche nel medioevo e nel rinascimento." In *Cristoforo Colombo e l'apertura degli spazi: Mostra storico-cartografica*, 2 vols., ed. Guglielmo Cavallo, 1:35–64. Rome: Istituto Poligrafico e Zecca dello Stato, Libreria dello Stato, 1992. **286**
———. *Claude Ptolémée, astronome, astrologue, géographe: Connaissance et représentation du monde habité*. Paris: Éditions du C.T.H.S., 1993. **267, 286, 1036**
———. "Le peintre florentin Piero del Massaio, et la *Cosmographia* de Ptolémée." *Geographia Antiqua* 3–4 (1994–95): 187–209. **321**

———. "La *Géographie* de Ptolémée: Tradition et novation." In *La Géographie de Ptolémée,* ed. François Robichon, 8–20. Arcueil: Anthèse, 1998. **286**

———. "Le manuscrit d'Andrea Matteo Acquaviva et d'Isabella Piccolomini." In *La Géographie de Ptolémée,* ed. François Robichon, 84–87. Arcueil: Anthèse, 1998. **345**

———. "La redécouverte de Ptolémée et de la géographie grecque au XVe siècle." In *Terre à découvrir, terres à parcourir: Exploration et connaissance du monde XIIe–XIXe siècles,* ed. Danielle Lecoq and Antoine Chambard, 54–73. Paris: L'Harmattan, 1998. **286**

Aujac, Germaine, and eds. "The Foundations of Theoretical Cartography in Archaic and Classical Greece." In *HC* 1:130–47. **140, 758**

———. "Greek Cartography in the Early Roman World." In *HC* 1:161–76. **138, 264, 758**

———. "The Growth of an Empirical Cartography in Hellenistic Greece." In *HC* 1:148–60. **758, 945**

Ausserer, Karl. "Der 'Atlas Blaeu der Wiener National-Bibliothek.'" In *Beiträge zur historischen Geographie, Kulturgeographie, Ethnographie und Kartographie vornehmlich des Orients,* ed. Hans von Mžik, 1–40. Leipzig: Franz Deuticke, 1929. Reprinted in *Acta Cartographica* 27 (1981): 15–60. **1340**

Averdunk, Heinrich, and J. Müller-Reinhard. "Gerhard Mercator und die Geographen unter seinen Nachkommen." *Petermanns Mitteilungen, Ergänzungsheft,* 182 (1914). Reprinted Amsterdam: Theatrum Orbis Terrarum, 1969. **151, 156, 1324**

Avery, Bruce. "Mapping the Irish Other: Spenser's *A View of the Present State of Ireland.*" *ELH* 57 (1990): 263–79. **415**

———. "Gelded Continents and Plenteous Rivers: Cartography as Rhetoric in Shakespeare." In *Playing the Globe: Genre and Geography in English Renaissance Drama,* ed. John Gillies and Virginia Mason Vaughan, 46–62. Madison, N.J.: Fairleigh Dickinson University Press, 1998. **420**

Avezac, M. d'. "Coup d'oeil historique sur la projection des cartes de géographie." *Bulletin de la Société de Géographie,* 5th ser., 5 (1863): 257–361 and 438–85. Reprinted in *Acta Cartographica* 25 (1977): 21–173. **365**

———. *Martin Hylacomylus Waltzemüller, ses ouvrages et ses collaborateurs: Voyage d'exploration et de découvertes à travers quelques épîtres dédicatoires, préfaces et opuscules en prose et en vers du commencement du XVIe siècle.* Paris: Challamel Aîné, 1867. Reprinted Amsterdam: Meridian, 1980. **348, 349, 1204, 1205**

Avis, J. G. "Het auteurschap van de 16de-eeuwsche kaarten van het Friesche Bilt." *Tijdschrift voor Geschiedenis* 49 (1934): 403–15. **1260**

Avril, François, ed. *Jean Fouquet: Peintre et enlumineur du XVe siècle.* Exhibition catalog. Paris: Bibliothèque Nationale de France, 2003. **427**

Avril, Philippe d'. *Voyage en divers états d'Europe et d'Asie, entrepris pour découvrir un nouveau chemin à la Chine.* Paris, 1692. **1901**

Axtell, James. *Natives and Newcomers: The Cultural Origins of North America.* New York: Oxford University Press, 2001. **428**

Ayloffe, Joseph. "An Historical Description of an Ancient Painting in Windsor Castle." *Archaeologia* 3 (1786): 185–229. **1658**

Ayres, Harral. *The Great Trail of New England.* Boston: Meador, 1940. **1777**

Azzari, Margherita. "La nascita e lo sviluppo della cartografia Lucchese." In *Imago et descriptio Tusciae: La Toscana nella geocartografia dal XV al XIX secolo,* ed. Leonardo Rombai, 160–93. Venice: Marsilio, 1993. **911, 913, 929, 936**

———. "Vedutismo pittorico e cartografia locale nella Toscana del Quattrocento." In *Il mondo di Vespucci e Verrazzano: Geografia e viaggi, dalla Terrasanta all'America,* ed. Leonardo Rombai, 93–101. Florence: L. S. Olschki, 1993. **911**

Babicz, Józef. "Nicolaus Copernicus und die Geographie." *Der Globusfreund* 21–23 (1973): 61–71. **1209**

———. "Donnus Nicolaus Germanus—Probleme seiner Biographie und sein Platz in der Rezeption der ptolemäischen Geographie." In *Land- und Seekarten im Mittelalter und in der frühen Neuzeit,* ed. C. Koeman, 9–42. Munich: Kraus International, 1980. **320, 1182**

———. "The Celestial and Terrestrial Globes of the Vatican Library, Dating from 1477, and Their Maker Donnus Nicolaus Germanus (ca 1420–ca 1490)." *Der Globusfreund* 35–37 (1987–89): 155–68. **146, 320, 373**

———. "Nordeuropa in den Atlanten des Ptolemaeus." In *Das Danewerk in der Kartographiegeschichte Nordeuropas,* ed. Dagmar Unverhau and Kurt Schietzel, 107–28. Neumünster: K. Wachholtz, 1993. **1785**

———. "La résurgence de Ptolémée." In *Gérard Mercator cosmographe: Le temps et l'espace,* ed. Marcel Watelet, 50–69. Antwerp: Fonds Mercator Paribas, 1994. **286**

Babicz, Józef, and Heribert M. Nobis. "Die Mathematisch-Geographischen und Kartographischen Ideen von Albertus Magnus und Ihre Stelle in der Geschichte der Geographie." In *Die Kölner Universität im Mittelalter: Geistige Wurzeln und Soziale Wirklichkeit,* ed. Albert Zimmermann, 97–110. Berlin: De Gruyter, 1989. **34**

Babinger, Franz. *Mehmed the Conqueror and His Time.* Trans. Ralph Manheim. Ed. William C. Hickman. Princeton: Princeton University Press, 1978. **719**

Bacco, Enrico. *See* Sofia, Pietro Antonio.

Bachelard, Gaston. *La poétique de l'espace.* 2d ed. Paris: Presses Universitaires de France, 1958. In English, *The Poetics of Space.* Trans. Maria Jolas. New York: Orion, 1964. Boston: Beacon, 1994. **280, 402, 423**

Bachmann, Emil. *Wer hat Himmel und Erde gemessen? Von Erdmessungen, Landkarten, Polschwankungen, Schollenbewegungen, Forschungsreisen und Satelliten.* Thun: Ott, 1965. **480**

Bachmann, Friedrich. *Die alten Städtebilder: Ein Verzeichnis der graphischen Ortsansichten von Schedel bis Merian.* Leipzig: Karl W. Hiersemann, 1939. Reprinted Stuttgart: A. Hiersemann, 1965. **1334**

"Bachot (Hiérosme)." In *Nouveau dictionnaire biographique et critique des architectes français,* by Charles Bauchal, 25. Paris: André, Daly fils, 1887. **1517**

Bacon, Francis. *The Essays or Counsels, Civil and Moral, and the New Atlantis of Francis Lord Verulam.* London: Methuen, 1905. **97**

———. *The Essays.* Ed. John Pitcher. Harmondsworth, Eng.: Penguin, 1985. **679**

Bacon, Roger. *The* Opus Majus *of Roger Bacon.* 3 vols. Ed. Henry Bridges. London: Williams and Norgate, 1900. **18, 19**

———. "The Fourth Part of the Opus Maius: Mathematics in the Service of Theology." Trans. Herbert M. Howe. <http://www.geography.wisc.edu/faculty/woodward/bacon.html>, 1996. **33, 383, 384**

Baddeley, John F. *Russia, Mongolia, China: Being Some Record of the Relations between Them from the Beginning of the XVIIth Century to the Death of the Tsar Alexei Mikhailovich A.D. 1602–1676.* 2 vols. New York: Burt Franklin Reprints, 1963. **1875, 1889**

Badini, Gino. "La documentazione cartografica territoriale reggiana anteriore al 1786." In *Cartografia e istituzioni in età moderna,* 2 vols., 2:825–32. Genoa: Società Ligure di Storia Patria, 1987. **918, 925, 929**

Bagnoli, Alessandro, ed. *Rutilio Manetti, 1571–1639.* Exhibition catalog. Florence: Centro Di, 1978. **810**

Bagrow, Leo. *Karty Aziatskoy Rossii.* Petrograd, 1914. **1875**

———. "Chertëzh ukrainskim i cherkaskim gorodam 17 veka." *Trudy Russkikh Uchënykh Za-Granitsey* 2 (1923): 30–43. **1865**

———. "A. Ortelii catalogus cartographorum." *Petermanns Mitteilungen, Ergänzungsheft* 199 (1928): 1–137, with plates, and 210

(1930): 1–135. Reprinted in *Acta Cartographica* 27 (1981): 65–357. **320, 503, 1176, 1320**

———. "Gedruckte Karten des 16. Jahrhunderts." Berlin, 1933. Copy in the Newberry Library, Chicago; location of original unknown. **611**

———. "The First German Ortelius." *Imago Mundi* 2 (1937): 74. **1229**

———. *Giovanni Andreas di Vavassore: A Venetian Cartographer of the 16th Century. A Descriptive List of His Maps.* Jenkintown, Pa.: George H. Beans Library, 1939. **780, 798, 1483**

———. *Matheo Pagano: A Venetian Cartographer of the 16th Century. A Descriptive List of His Maps.* Jenkintown, Pa.: George H. Beans Library, 1940. **780, 798**

———. "The Origin of Ptolemy's Geographia." *Geografiska Annaler* 3–4 (1945): 318–87. **1258**

———. "The Maps of Regiomontanus." *Imago Mundi* 4 (1947): 31–32. **340, 478, 1182**

———. "Sparwenfeld's Map of Siberia." *Imago Mundi* 4 (1947): 66–70. **1880, 1884**

———. "With Fire and Sword." *Imago Mundi* 4 (1947): 30–31, and 6 (1949): 38. **1258**

[———]. "Old Inventories of Maps." *Imago Mundi* 5 (1948): 18–20. **642, 644, 1201, 1258, 1274**

———. "A Page from the History of the Distribution of Maps." *Imago Mundi* 5 (1948): 53–62. **646, 1345**

———. "Rüst's and Sporer's World Maps." *Imago Mundi* 7 (1950): 32–36. **1180**

———. *Geschichte der Kartographie.* Berlin: Safari, 1951. **1176**

———. "Norden i den äldsta kartografien." *Svensk geografisk årsbok* 27 (1951): 119–33. **1782**

———. "The First Russian Maps of Siberia and Their Influence on the West-European Cartography of N.E. Asia." *Imago Mundi* 9 (1952): 83–93. **1878, 1883**

———. "A Russian Communications Map, ca. 1685." *Imago Mundi* 9 (1952): 99–101. **1871**

———. "The First Maps of the Dnieper Cataracts." *Imago Mundi* 10 (1953): 87–98. **1871**

———. "Semyon Remezov—A Siberian Cartographer." *Imago Mundi* 11 (1954): 111–25. **1886, 1889, 1890, 1901**

———. "The Wilczek-Brown Codex." *Imago Mundi* 12 (1955): 171–74. **317**

———. "A Dutch Globe at Moscow, ca. 1650." *Imago Mundi* 13 (1956): 161–62. **1366**

———. "At the Sources of the Cartography of Russia." *Imago Mundi* 16 (1962): 33–48. **1852, 1854, 1858, 1859**

———. *Meister der Kartographie.* Rev. ed. Ed. R. A. Skelton. Berlin: Safari, 1963. **501, 505**

———. *History of Cartography.* Rev. and enl. R. A. Skelton. Trans. D. L. Paisey. Cambridge: Harvard University Press; London: C. A. Watts, 1964. 2d ed., Chicago: Precedent, 1985. **100, 271, 273, 721, 952, 1176, 1854**

———. *A History of Russian Cartography up to 1800.* Ed. Henry W. Castner. Wolfe Island, Ont.: Walker, 1975. **1315, 1854, 1865, 1879, 1890, 1891**

———. *A History of the Cartography of Russia up to 1600.* Ed. Henry W. Castner. Wolfe Island, Ont.: Walker, 1975. **711, 1854**

Baigent, Elizabeth. "Swedish Cadastral Mapping, 1628–1700: A Neglected Legacy." *Geographical Journal* 156 (1990): 62–69. **710, 1802**

Baigent, Elizabeth, and R. J. P. Kain. "Cadastral Maps in the Service of the State." Paper presented at the 14th International Conference on the History of Cartography, Uppsala and Stockholm, 14–19 June 1991. **713**

Baker, Alan R. H., and Robin A. Butlin. "Introduction: Materials and Methods." In *Studies of Field Systems in the British Isles,* ed. Alan R. H. Baker and Robin A. Butlin, 1–40. Cambridge: Cambridge University Press, 1973. **709**

Baker, Christopher, Caroline Elam, and Genevieve Warwick, eds. *Collecting Prints and Drawings in Europe, c. 1500–1750.* Aldershot: Ashgate, 2003. **775**

Baker, David J. "Off the Map: Charting Uncertainty in Renaissance Ireland." In *Representing Ireland: Literature and the Origins of Conflict, 1534–1660,* ed. Brendan Bradshaw, Andrew Hadfield, and Willy Maley, 76–92. Cambridge: Cambridge University Press, 1993. **415**

Baker, Emerson W. et al. *American Beginnings: Exploration, Culture, and Cartography in the Land of Norumbega.* Lincoln: University of Nebraska Press, 1994. **738, 1754**

Bakhrushin, Sergey V. "Ostyatskiye i vogul'skiye knyazhestva v 16–17 vv." In *Nauchnyye trudy,* vol. 3, pt. 2, 86–152. Moscow: Izdatel'stvo Akademii Nauk SSSR, 1955. **1902**

———. "Voprosy po russkoy kolonizatsii Sibiri v 16–17 vv." In *Nauchnyye trudy,* vol. 3, pt. 1, 15–162. Moscow: Izdatel'stvo Akademii Nauk SSSR, 1955. **1902**

———. "Ocherki po istorii Krasnoyarskogo uyezda v 17 v." In *Nauchnyye trudy,* vol. 4, 7–192. Moscow: Izdatel'stvo Akademii Nauk SSSR, 1959. **1902**

Bakhtin, Mikhail. *Rabelais and His World.* Trans. Helene Iswolsky. Cambridge: Massachusetts Institute of Technology, 1968. **389**

Bakich, Michael E. *The Cambridge Guide to the Constellations.* Cambridge: Cambridge University Press, 1995. **102**

Bakker, Boudewijn. "Amsterdam nell'immagine degli artisti e dei cartografi, 1550–1700." In *Città d'Europa: Iconografia e vedutismo dal XV al XVIII secolo,* ed. Cesare de Seta, 86–100. Naples: Electa Napoli, 1996. **687, 690**

Balbi, Giovanna Petti. "Nel mondo dei cartografi: Battista Beccari maestro a Genova nel 1427." In *Columbeis I,* 125–32. Genoa: Università di Genova, Facoltà di Lettere, Istituto di Filologia Classica e Medievale, 1986. **175**

Baldacci, Osvaldo. "Le carte nautiche e il portolano di Bartolomeo Crescenzio." *Atti della Accademia Nazionale dei Lincei: Rendiconti Classe di Scienze Morali, Storiche e Filologiche,* 8th ser., 4 (1949): 601–35. **196, 197**

———. "Notizia su un atlantino manoscritto del Regno di Napoli conservato nella Biblioteca Nazionale di Bari." *Annali della Facoltà di Magistero dell'Università di Bari* 1 [1960]: 111–22. **963**

———. "The Cartographic Validity and Success of Martino Martini's Atlas Sinensis." In *Martino Martini geografo, cartografo, storico, teologo: Atti del Convegno Internationale,* ed. Giorgio Melis, 73–88. Trent: Museo Tridentino di Scienza Naturali, 1983. **498**

———. "La storia della cartografia in Italia dopo Roberto Almagià." *Rivista Geografica Italiana* 93 (1985): 11–37. **797**

———. "Le carte nautiche del raguseo Vincenzo Volcio di Demetrio." *Studi Livornesi* 3 (1988): 43–52. **230**

———. *La geocarta nautica pergamenacea catalana sassarese (Biblioteca Universitaria di Sassari, MS. 248).* Rome: Pubblicazioni dell'Istituto di Geografia dell'Università di Roma "La Sapienza," 1989. **200, 203, 208**

———. *Documenti geocartografici nelle Biblioteche e negli Archivi privati e pubblici della Toscana.* Vol. 3, *Introduzione allo studio delle geocarte nautiche di tipo medievale e la raccolta della Biblioteca Comunale di Siena.* Florence: Leo S. Olschki, 1990. **189, 190, 191, 199, 200, 202, 203, 205, 220, 221**

———. "La toponomastica 'novella' della Sardegna tolemaica nella versione in rima di Francesco Berlinghieri (1482)." *Atti della Accademia Nazionale dei Lincei, Classe di Scienze Morali, Storiche e Filologiche, Rendiconti,* 9th ser., 6 (1995): 651–66. **323**

Baldini, Ugo. "La conoscenza dell'astronomia copernicana nell'Italia Meridionale anteriormente al Sidereus Nuncius." In *Atti del Con-*

vegno "Il Meridione e le Scienze," ed. Pietro Nastasi, 127–68. Palermo: Istituto Gramsci, 1988. **974**

Baldung, Hans. *Skizzenbuch des Hans Baldung Grien: "Karlsruher Skizzenbuch."* 2 vols. Ed. Kurt Martin. Basel: Holbein, 1950. **734**

Baldwin, Robert C. D. "The London Operations of the East India Company." *SALG (South Asia Library Group) Newsletter* 39 (1992): 5–11. **1767**

———. *Cartography in Thomas Harriot's Circle.* Durham: Thomas Harriot Seminar, 1996. **1765, 1766, 1767, 1770**

———. "Speculative Ambitions and the Reputations of Frobisher's Metallurgists." In *Meta Incognita: A Discourse of Discovery: Martin Frobisher's Arctic Expeditions, 1576–1578,* 2 vols., ed. T. H. B. Symons, 2:401–76. Hull, Quebec: Canadian Museum of Civilization, 1999. **1758, 1761**

———. "The Testing of a New Academic Trinity for the Northern Passages: The Rationale and Experience Behind English Investment in the Voyages of Frobisher, Jackman, Davis and Waymouth, 1576–1605." In *Voyages and Exploration in the North Atlantic from the Middle Ages to the XVIIth Century: Papers Presented at the 19th International Congress of Historical Sciences, Oslo 2000,* 2d ed., ed. Anna Agnarsdóttir, 61–98. Reykjavík: Institute of History—University of Iceland, University of Iceland Press, 2001. **1755, 1756, 1757, 1760, 1761**

———. "Borough, Stephen (1525–1584)." In *Oxford Dictionary of National Biography,* 60 vols., 6:668–70. Oxford: Oxford University Press, 2004. **1738**

Bale, John. *Illustrium maioris Britanniae scriptorum . . .* Ipswich, 1548. **647**

Balla, György. "Other Symbols on Lazarus's Maps." In *Lazarus Secretarius: The First Hungarian Mapmaker and His Work,* ed. Lajos Stegena, trans. János Boris et al., 87–88. Budapest: Akadémiai Kiadó, 1982. **552**

Ballesteros Beretta, Antonio. *La marina cántabra y Juan de la Cosa.* Santander: Diputación Provincial, 1954. **748, 749, 1110**

Ballon, Hilary. *The Paris of Henri IV: Architecture and Urbanism.* New York: Architectural History Foundation, 1991. Cambridge: MIT Press, 1991. **428, 681, 1508, 1512**

Balmas, Enea. "Documenti inediti su André Thevet." In *Studi di letteratura, storia e filosofia in onore di Bruno Revel,* 33–66. Florence: L.S. Olschki, 1965. **1472**

Balmer, Heinz. *Beiträge zur Geschichte der Erkenntnis des Erdmagnetismus.* Aarau: H. R. Sauerländer, 1956. **498**

———. "Konrad Türst und seine Karte der Schweiz." *Gesnerus* 29 (1972): 79–102. **1201**

———. "Die Schweizerkarte des Aegidius Tschudi von 1538." *Gesnerus* 30 (1973): 7–22. **1215**

Balsamo, Luigi. *La bibliografia: Storia di una tradizione.* Florence: Sansoni, 1984. **646**

Bandini, Fernando. "Il 'Dittamondo' e la cultura veneta del Trecento e del Quattrocento." In *1474: Le origini della stampa a Vicenze,* 111–24. Vicenza: Neri Pozza Editore, 1975. **267**

Banfi, Florio. *Gli albori della cartografia in Ungheria: Francesco Rosselli alla corte di Mattia Corvino.* Rome: Accademia d'Ungheria, 1947. **653**

———. "The Cosmographic Loggia of the Vatican Palace." *Imago Mundi* 9 (1952): 23–34. **96, 816**

———. "Sole Surviving Specimens of Early Hungarian Cartography." *Imago Mundi* 13 (1956): 89–100. **1811, 1844**

———. "Maps of Wolfgang Lazius in the Tall Tree Library in Jenkintown." *Imago Mundi* 15 (1960): 52–65. **531, 1192**

Bantock, G. H. *Studies in the History of Educational Theory.* 2 vols. London: George Allen and Unwin, 1980–84. **626**

Baratin, Marc, and Christian Jacob, eds. *Le pouvoir des bibliothèques: La mémoire des livres en Occident.* Paris: Albin Michel, 1996. **646**

Baratta, Alessandro. *Fidelissimae urbis Neapolitanae cum omnibus viis accurata et nova delineatio.* Ed. Cesare De Seta. Naples: Electa Napoli, 1986. **958**

Baratta, Mario. "La carta della Toscana di Leonardo da Vinci." *Memorie Geografiche* 5 (1911): 3–78. **916**

———. *Leonardo da Vinci e la cartografia.* Voghera: Officina d'Arti Grafiche, 1912. **911, 916**

———. "La carta della Lombardia di Giovanni Pisato (1440)." *Rivista Geografica Italiana* 20 (1913): 159–63, 449–59, 577–93. **893**

———. "Ricerche intorno a Giacomo Gastaldi." *Rivista Geografica Italiana* 21 (1914): 117–36 and 373–79. **781, 797, 842**

———, ed. *I disegni geografici di Leonardo da Vinci conservati nel Castello di Windsor.* Rome: Libreria dello Stato, 1941. **916**

Barber, Peter. "A Tudor Mystery: Laurence Nowell's Map of England and Ireland." *Map Collector* 22 (1983): 16–21. **1616, 1622, 1623, 1675**

———. "The Manuscript Legacy: Maps in the Department of Manuscripts." *Map Collector* 28 (1984): 18–24. **1590**

———. "Old Encounters New: The Aslake World Map." In *Géographie du monde au Moyen Âge et à la Renaissance,* ed. Monique Pelletier, 69–88. Paris: Éditions du C.T.H.S., 1989. **45**

———. "Visual Encyclopaedias: The Hereford and Other Mappae Mundi." *Map Collector* 48 (1989): 2–8. **1590**

———. "The Christian Knight, the Most Christian King and the Rulers of Darkness." *Map Collector* 52 (1990): 8–13. **1312, 1619**

———. "Henry VIII and Mapmaking." In *Henry VIII: A European Court in England,* ed. David Starkey, 145–54. London: Collins and Brown in association with National Maritime Museum, Greenwich, 1991. **1598**

———. "England I: Pageantry, Defense, and Government. Maps at Court to 1550." In *Monarchs, Ministers, and Maps: The Emergence of Cartography as a Tool of Government in Early Modern Europe,* ed. David Buisseret, 26–56. Chicago: University of Chicago Press, 1992. **640, 643, 649, 662, 664, 665, 666, 677, 678, 730, 814, 1517, 1597, 1598, 1599, 1601, 1602, 1603, 1606, 1607, 1618, 1657, 1658, 1696, 1722, 1727, 1729, 1732, 1757**

———. "England II: Monarchs, Ministers, and Maps, 1550–1625." In *Monarchs, Ministers, and Maps: The Emergence of Cartography as a Tool of Government in Early Modern Europe,* ed. David Buisseret, 57–98. Chicago: University of Chicago Press, 1992. **632, 633, 636, 654, 668, 1603, 1608, 1611, 1612, 1613, 1614, 1618, 1629, 1630, 1632, 1638, 1645, 1665, 1717, 1732**

———. "A City for Merchants." In *Tales from the Map Room: Fact and Fiction about Maps and Their Makers,* ed. Peter Barber and Christopher Board, 134–35. London: BBC Books, 1993. **1652**

———. "Liberties and Immunities." In *Tales from the Map Room: Fact and Fiction about Maps and Their Makers,* ed. Peter Barber and Christopher Board, 132–33. London: BBC Books, 1993. **1603**

———. "Preparing against Invasion." In *Tales from the Map Room: Fact and Fiction about Maps and Their Makers,* ed. Peter Barber and Christopher Board, 110–11. London: BBC Books, 1993. **1605**

———. "The Evesham World Map: A Late Medieval English View of God and the World." *Imago Mundi* 47 (1995): 13–33. **26, 29, 50, 51, 1589, 1590**

———. "A Glimpse of the Earliest Map-View of London?" *London Topographical Record* 27 (1995): 91–102. **1596, 1696**

———. "Maps and Monarchs in Europe, 1550–1800." In *Royal and Republican Sovereignty in Early Modern Europe: Essays in Memory of Ragnhild Hatton,* ed. Robert Oresko, G. C. Gibbs, and H. M. Scott, 75–124. New York: Cambridge University Press, 1997. **806, 826, 1624**

———. "The British Isles." In *The Mercator Atlas of Europe: Facsimile of the Maps by Gerardus Mercator Contained in the Atlas of Europe, circa 1570–1572,* ed. Marcel Watelet, 43–77. Pleasant

Hill, Ore.: Walking Tree Press, 1998. **1591, 1601, 1602, 1616, 1620, 1622, 1623, 1675, 1686**

———. "Humphrey Cole's Map of Palestine." In *Humphrey Cole: Mint, Measurement, and Maps in Elizabethan England,* ed. Silke Ackermann, 97–100. London: British Museum, 1998. **1604, 1610, 1629**

———. "Mapmaking in Humphrey Cole's England." In *Humphrey Cole: Mint, Measurement, and Maps in Elizabethan England,* ed. Silke Ackermann, 11–13. London: British Museum, 1998. **1604, 1629**

———. "Beyond Geography: Globes on Medals, 1440–1998." *Der Globusfreund* 47–48 (1999): 53–80. **758**

———. "The Copperplate Map in Context." In *Tudor London: A Map and a View,* ed. Ann Saunders and John Schofield, 21–26. London: London Topographical Society, 2001. **1649, 1650, 1655**

———. "Court and Country: English Cartographic Initiatives and Their Derivatives under Henry VIII and Philip and Mary." In *Actas—Proceedings—Comptes-Rendus: 19th International Conference on the History of Cartography, Madrid, 1–6 June 2001,* CD-ROM, 1–11 (Madrid: Ministerio de Defensa, 2002). **1658**

———. "The Maps, Town-Views and Historical Prints in the Columbus Inventory." In *The Print Collection of Ferdinand Columbus (1488–1539),* 2 vols., by Mark McDonald, 1:246–62. London: British Museum Press, 2004. **573, 775, 1590, 1596, 1597, 1650**

———. "Was Elizabeth I Interested in Maps—And Did It Matter?" *Transactions of the Royal Historical Society,* 6th ser., 14 (2004): 185–98. **1608, 1613, 1638**

———. Commentary to *The Queen Mary Atlas,* by Diogo Homem, 31–36. London: Folio Society, 2005. **1610**

———. "A Revolution in Mapmaking." In *The Map Book,* ed. Peter Barber, 100–101. London: Weidenfeld & Nicholson, 2005. **1605**

———. "Cartography, Topography and History Paintings." In *The Inventories of Henry VIII.* London: Society of Antiquaries, forthcoming. **1590, 1597, 1598, 1599, 1658**

Barber, Peter, and Christopher Board, eds. *Tales from the Map Room: Fact and Fiction about Maps and Their Makers.* London: BBC Books, 1993. **1589**

Barber, Peter, and Michelle P. Brown. "The Aslake World Map." *Imago Mundi* 44 (1992): 24–44. **1589, 1595**

Barbosa Machado, Diogo. *Bibliotheca lusitana.* 4 vols. 1741. Coimbra: Atlântida Editora, 1965–67. **1011, 1036**

Barbour, Philip L. *The Three Worlds of Captain John Smith.* Boston: Houghton Mifflin, 1964. **1774**

———. *The Jamestown Voyages under the First Charter, 1606–1609.* 2 vols. London: For the Hakluyt Society by Cambridge University Press, 1969. **1769, 1771, 1772**

Barbour, Richmond. "Britain and the Great Beyond: *The Masque of Blackness* at Whitehall." In *Playing the Globe: Genre and Geography in English Renaissance Drama,* ed. John Gillies and Virginia Mason Vaughan, 129–53. Madison, N.J.: Fairleigh Dickinson University Press, 1998. **414**

Bardet, Gaston. *Paris: Naissance et méconnaissance de l'urbanisme.* Paris: S.A.B.R.I., 1951. **1505**

Barents, Willem. *Caertboeck vande Midlandtsche Zee: Amsterdam, 1595.* Amsterdam: Theatrum Orbis Terrarum, 1970. **1397, 1413**

———. *Deliniatio cartae trium navigationum per Batavos, ad Septentrionalem plagam . . .* Intro. Günter Schilder. Alphen aan den Rijn: Canaletto/Repro-Holland, 1997. **1410**

Baricchi, Walter. "La cartografia rurale nei territori estensi di Reggio Emilia: I riferimenti storici, gli autori, le tecniche." In *Le mappe rurali del territorio di Reggio Emilia: Agricoltura e paesaggio tra XVI e XIX secolo,* ed. Walter Baricchi, 19–25. Casalecchio di Reno: Grafis Edizioni, 1985. **927, 929**

———, ed. *Le mappe rurali del territorio di Reggio Emilia: Agricoltura e paesaggio tra XVI e XIX secolo.* Casalecchio di Reno: Grafis Edizioni, 1985. **929**

Barlettaro, Caterina, and Ofelia Garbarino. *La raccolta cartografica dell'Archivio di Stato di Genova.* Genoa: Tilgher, 1986. **862, 864**

Barley, M. W. "Sherwood Forest, Nottinghamshire, Late 14th or Early 15th Century." In *Local Maps and Plans from Medieval England,* ed. R. A. Skelton and P. D. A. Harvey, 131–39. Oxford: Clarendon, 1986. **562**

Barlow, William. *The Navigators Svpply: Conteining Many Things of Principall Importance Belonging to Nauigation, with the Description and Vse of Diuerse Instruments . . .* London: G. Bishop, 1597. **1744**

Barnard, John, and Maureen Bell. "The Inventory of Henry Bynneman (1583): A Preliminary Survey." *Publishing History* 29 (1991): 5–46. **1718**

Barocchi, Paola. *Trattati d'arte del Cinquecento.* 3 vols. Bari: G. Laterza, 1960–62. **804**

Baron, Hans, ed. *Leonardo Bruni Aretino: Humanistisch-philosophische Schriften.* Leizig: B. G. Teubner, 1928. **290**

Baron, Samuel H. "William Borough and the Jenkinson Map of Russia, 1562." *Cartographica* 26, no. 2 (1989): 72–85. **1857, 1858**

———. *Explorations in Muscovite History.* Hampshire: Variorum, 1991. **1857, 1858**

———. "B. A. Rybakov on the Jenkinson Map of 1562." In *New Perspectives on Muscovite History,* ed. Lindsey Hughes, 3–13. New York: St. Martin's, 1992. **1858**

———. "The Lost Jenkinson Map of Russia (1562) Recovered, Redated and Retitled." *Terrae Incognitae* 25 (1993): 53–65. **1610, 1857, 1858**

Baroncelli, Giovanna. "L'astronomia a Napoli al tempo di Galileo." In *Galileo e Napoli,* ed. Fabrizio Lomonaco and Maurizio Torrini, 197–225. Naples: Guida, 1987. **974**

Barone, Nicola. "Le cedole di tesoreria dell'Archivio di Stato di Napoli dall' anno 1460 al 1504." *Archivio Storico per le Provincie Napoletane* 9 (1884): 5–34, 205–48, 387–499, 601–37, and 10 (1885): 5–47. **943**

Barozzi, Pietro. "La 'Carta de la Rivera de Genova' di Joseph Chafrion (1685)." In *La Sardegna nel mondo mediterraneo,* 2 vols., 1:143–65. Sassari: Gallizzi, 1981. **863**

Barreiros, Gaspar. *Chorographia de algvns lvgares que stam em hum caminho.* Coimbra, 1561. **1035**

———. *Chorographia.* Facsimile ed. Coimbra: Por ordem da Universidade, 1968. **1035**

Barroca, Mário Jorge. *As fortificações do litoral portuense.* Lisbon: Edições Inapa, 2001. **1049**

Barros, João de. *Quarta decada da Asia de Ioão de Barros.* Madrid: Na Impressão Real, 1615. **1023**

———. *Geographia d'entre Douro e Minho e Tras-os-Montes.* Ed. João Grave. Porto: Tipografia Progresso de D. A. da Silva, 1919. **1034**

———. *Ásia de Joam de Barros: Dos feitos que os portugueses fizeram no descobrimento e conquista dos mares e terras do oriente, primeira década.* 4th ed. Ed. António Baião. Coimbra, 1932. **328**

———. *Ásia, de João de Barros: Dos feitos que os portugueses fizeram no descobrimento e conquista dos mares e terras do Oriente.* 6th ed. 4 vols. Ed. Hernâni Cidade. Lisbon: Divisão de Publicações e Biblioteca, Agência Geral das Colónias, 1945–46. **745, 747, 979, 1002, 1013, 1019, 1025**

———. *Crónica do imperador Clarimundo* [1520]. 3 vols. Lisbon: Sá de Costa, 1953. **462**

Barroux, Robert. "Nicolaï d'Arfeuille agent secret, géographe et dessinateur (1517–1583)." *Revue d'Histoire Diplomatique* 51 (1937): 88–109. **1485**

Barry, Jonathan. "Literacy and Literature in Popular Culture: Reading and Writing in Historical Perspective." In *Popular Culture in En-*

gland, c. 1500–1850, ed. Tim Harris, 69–94. London: Macmillan, 1995. **624**

Barsanti, Danilo. "Le carte nautiche." In *Piante e disegni dell'Ordine di S. Stefano nell'Archivio di Stato di Pisa,* ed. Danilo Barsanti, F. Luigi Previti, and Milletta Sbrilli, 161–66. Pisa: ETS Editrice, 1989. **180, 230**

Barstad, Hans Jacob. *Norges Landforsvar, 1604–1643: Bidrag til Norges krigshistorie under Christian IV's regjeringsperiode.* Oslo: A. W. Brøggers Bogtrykkeri, 1905. **1800**

Bartels, Emily C. *Spectacles of Strangeness: Imperialism, Alienation, and Marlowe.* Philadelphia: University of Pennsylvania Press, 1993. **419**

Bartlett, Robert. *Gerald of Wales, 1146–1223.* Oxford: Clarendon, 1982. **35, 40**

Bartoli, Cosimo. *Del modo di misvrare le distantie, le superficie, i corpi, le piante, le prouincie, le prospettiue, & tutte le altre cose terrene, che possono occorrere a gli huomini, secondo le uere regole d'Euclide, & de gli altri piu lodati scrittori.* Venice: Francesco Franceschi Sanese, 1564, 1589. **73, 486, 840**

Bartolovich, Crystal. "Putting *Tamburlaine* on a (Cognitive) Map." *Renaissance Drama,* n.s. 28 (1997): 29–72. **420**

Bassantin, James. *Astronomique discours.* Lyons, 1557. **111**

Basto, Magalhães. *Catálogo dos manuscritos ultramarinos da Biblioteca Pública Municipal do Pôrto.* 2d ed. Porto: Edições Comemorativas dos Descobrimentos Portugueses, 1988. **976**

Bate, John. *The Mysteries of Nature and Art in Foure Severall Parts.* 2d ed. London: Printed for Ralph Mabb, 1635. **593, 594**

Batho, G. R. "The Finances of an Elizabethan Nobleman: Henry Percy, Ninth Earl of Northumberland (1564–1632)." *Economic History Review,* 2d ser., 9 (1957): 433–50. **716**

———. "Two Newly Discovered Manuscript Maps by Christopher Saxton." *Geographical Journal* 125 (1959): 70–74. **715, 716**

———. "The Library of the 'Wizard' Earl: Henry Percy, ninth Earl of Northumberland [1564–1632]." *Library,* 5th ser., 15 (1960): 246–61. **1631**

———. "Thomas Harriot and the Northumberland Household." In *Thomas Harriot: An Elizabethan Man of Science,* ed. Robert Fox, 27–47. Ashgate: Aldershot, 2000. **1765**

Baudouin, François. *De institvtione historiæ universæ.* Paris: Wechelum, 1561. **656**

Baudry, Jean. *Documents inédits sur André Thevet, cosmographe du roi.* Paris: Musée-galerie de la Seita, 1982. **1495**

Bauer (Bauer-Eberhardt), Ulrike. *Der Liber introductorius des Michael Scotus in der Abschrift Clm 10268 der Bayerischen Staatsbibliothek München.* Munich: Tuduv-Verlagsgesellschaft, 1983. **105, 106**

Bauerreiß, Romuald. "Ein Quellenverzeichnis der Schriften Aventins." *Studien und Mitteilungen zur Geschichte des Benediktiner-Ordens und seiner Zweige* 50 (1932): 54–77 and 315–35. **1183**

———. "War der Kosmograph Nikolaus de 'Donis' Benediktiner?" *Studien und Mitteilungen zur Geschichte des Benediktiner-Ordens und seiner Zweige* 55 (1937): 265–73. **1182**

Bauman, V. G. "Sbornik kart XVI–XVII vekov v blarnoy Biblioteke Leningradskogo Gornogo Instituta (iz sobraniya V.N. Tatishcheva?)." *Izvestiia Vsesoiuznogo Geograficheskogo Obshchestva* 122 (1990): 262–66. **802**

Bautier, Robert-Henri, and Aline Vallée-Karcher. *Les papiers de Sully aux Archives Nationales: Inventaire.* Paris, 1959. **1510**

Bawlf, R. Samuel. *Sir Francis Drake's Secret Voyage to the Northwest Coast of America, AD 1579.* Salt Spring Island, B.C.: Sir Francis Drake Publications, 2001. **757, 1761**

———. *The Secret Voyage of Sir Francis Drake, 1577–1580.* New York: Walker, 2003. **757**

Bayer, Johannes *Uranometria.* 1603. **104**

Baynton-Williams, Ashley. "John Speed." MapForum.com, vol. 1, nos. 2–4 [1999], <http://www.mapforum.com>. **1635**

[———]. "Forlani's Works: Parts I–IV." MapForum.com, vol. 1, no. 11 [2002], <http://www.mapforum.com/11/11issue.htm>. **798**

Bazzana, Andrés, and André Humbert. *Prospections aériennes: Les paysages et leur histoire, cinq campagnes de la Casa de Velázquez en Espagne (1978–1982).* Paris: Diffusion De Boccard, 1983. **1094**

Bazzoni, Augusto, ed. "Carteggio dell'abate Ferdinando Galiani col Marchese Tanucci (1759–1769)." *Archivio Storico Italiano,* 3d ser., 9, no. 2 (1869): 10–36; 10, no. 1 (1869): 40–57; 20 (1874): 345–53; 21 (1875): 516–27; 22 (1875): 37–51 and 416–27; 23 (1876): 242–52; 24 (1876): 32–46 and 243–254; 25 (1877): 195–207; 26 (1877): 26–42; 4th ser., 1 (1878): 14–31 and 445–59; 2 (1878): 23–31 and 365–74; 3 (1879): 171–83; 4 (1879): 35–43 and 361–375; 5 (1880): 187–200 and 367–75. **946, 951**

Beans, George H. *Fragments from a Venetian Collection of Maps, 1556–1567.* Philadelphia: George H. Beans Library, 1931. **798**

———. *Maps ex Duke of Gotha Collection Acquired by the George H. Beans Library.* Jenkintown, Pa.: George H. Beans Library, 1935. **798**

———. *Some Sixteenth Century Watermarks Found in Maps Prevalent in the "IATO" Atlases.* Jenkintown, Pa.: George H. Beans Library, 1938. **788**

———. *A Collection of Maps Compiled by Luis Hurtado de Toledo, Spanish Ambassador in Venice, 1568.* Jenkintown, Pa.: George H. Beans Library, 1943. **1082**

———. "Some Notes from the Tall Tree Library: Vavassore and Pagano." *Imago Mundi* 5 (1948): 73. **780**

———. "Some Notes from the Tall Tree Library." *Imago Mundi* 7 (1950): 89–92. **210, 775**

———. "A Note from the Tall Tree Library." *Imago Mundi* 10 (1953): 14. **780**

Beatis, Antonio de. *The Travel Journal of Antonio de Beatis: Germany, Switzerland, the Low Countries, France and Italy, 1517–1518.* Ed. J. R. Hale. Trans. J. R. Hale and J. M. A. Lindon. London: Hakluyt Society, 1979. **722**

Beaujouan, Guy. *La science en Espagne aux XIVe et XVe siècles.* Paris: Palais de la Découverte, 1967. **1071**

Beaulieu, Paul-Alain. "The Babylonian Man in the Moon." *Journal of Cuneiform Studies* 51 (1999): 91–99. **125**

Beauplan, Guillaume le Vasseur, sieur de. *Description des contrées du royaume de Pologne, contenués depuis les confins de la Moscovie, iusques aux limites de la Transilvanie.* Rouen, 1651. **1841**

Beazley, C. Raymond. *Prince Henry the Navigator: The Hero of Portugal and of Modern Discovery, 1394–1460 A.D.* New York: G. P. Putnam's Sons, 1895. **1002**

———. *The Dawn of Modern Geography.* 3 vols. New York: Peter Smith, 1949. **382**

Beck, G. M. A. "A 1629 Map of Duncton Common." *Sussex Notes and Queries* 15 (1959): 83–85. **706**

Beck, Hanno. *Geographie: Europäische Entwicklung in Texten und Erläuterungen.* Freiburg: Karl Alber, [1973]. **441**

———. *Große Geographen: Pioniere, Außenseiter, Gelehrte.* Berlin: Dietrich Reimer, 1982. **441**

Beck, James H. *Raphael: The Stanza della Segnatura.* New York: George Braziller, 1993. **135**

Becker, H.-J. "Canistris, Opicino de." In *Dizionario biografico degli Italiani,* 18:116–19. Rome: Istituto della Enciclopedia Italiana, 1960–. **47**

Beckett, J. V. *A History of Laxton: England's Last Open-Field Village.* Oxford: B. Blackwell, 1989. **1647**

Beckingsale, B. W. *Burghley: Tudor Statesman, 1520–1598.* London: Macmillan, 1967. **1618**

Behr, Hans-Joachim, and Franz-Josef Heyen, eds. *Geschichte in Karten: Historische Ansichten aus den Rheinlanden und Westfalen.* Düsseldorf: Schwann, 1985. **1222**

Behringer, Wolfgang. "La storia dei grandi Libri delle Città all'inizio dell'Europa moderna." In *Città d'Europa: Iconografia e vedutismo dal XV al XVIII secolo*, ed. Cesare de Seta, 148–57. Naples: Electa Napoli, 1996. **680**

Behringer, Wolfgang, and Bernd Roeck, eds. *Das Bild der Stadt in der Neuzeit, 1400–1800*. Munich: C. H. Beck, 1999. **1222**

Behrmann, W. "Über die niederdeutschen Seebücher des fünfzehnten und sechzehnten Jahrhunderts." *Mitteilungen der Geographischen Gesellschaft in Hamburg* 21 (1906): 63–176. Reprinted in *Acta Cartographica* 15 (1972): 20–136. **1384, 1390**

Bejschowetz-Iserhoht, Marion, et al. *Heinrich Rantzau (1526–1598): Königlicher Statthalter in Schleswig und Holstein, Ein Humanist beschreibt sein Land*. Exhibition catalog. Schleswig: Landesarchiv, 1999. **1209**

"A. Bejton und seine Karte von Amur." By "V. F." *Imago Mundi* 1 (1935): 47–48. **1875**

Bel, Matthias. *Notitia Hvngariae novae historico geographica*. 4 vols. Vienna: Pavlli Stravbii, 1735–42. **1808**

Bella, Valeria, and Piero Bella, eds. *Cartografia rara: Antiche carte geografiche, topografiche e storiche dalla collezione Franco Novacco*. Pero, Milan: Cromorama, 1986. **190, 506, 507, 798**

Belleforest, François de. *La cosmographie vniverselle de tovt le monde*. 2 vols. Paris: Chez N. Chesneau, 1575. **1020, 1534**

Beller, Manfred. "Da 'Christianopolis' a 'Heliopolis': Città ideali nella letteratura tedesca." *Studi di Letteratura Francese* 11 (1985): 66–84. **439**

Belli, Silvio. *Libro del misurar con la vista* . . . Venice: Domenico de' Nicolini, 1565. **73**

Bellini, Paolo. "Stampatori e mercanti di stampe in Italia nei secoli XVI e XVII." *I Quaderni del Conoscitore di Stampe* 26 (1975): 19–66. **775**

Belloni, Gino. *Laura tra Petrarca e Bembo: Studi sul commento umanistico-rinascimentale al "Canzoniere."* Padua: Antenore, 1992. **456**

Bellucci, Alessandro. "L'antico rilievo topografico del territorio perugino misurato e disegnato dal p. Ignazio Danti." *Bollettino della Società Geografica Italiana* 40 (1903): 328–44. **915**

Belokurov, S. A. "Rospis' chertëzham roznykh gosudarstv." In *Chteniya v Obshchestve Istorii i Drevnostey Rossiyskikh*. 1894. **1866**

———. *Plany goroda Moskvy XVII veka*. Mocow, 1898. **1867**

Belov, M. I. *Podvig Semëna Dezhneva*. Moscow, 1973. **1876**

Belov, M. I., O. V. Ovsyannikov, and V. F. Starkov. *Mangazeya: Mangazeyskiy morskoy khod*. Leningrad, 1980. **1902**

Belozerskaya, Marina. "Jan van Eyck's Lost *Mappamundi*—A Token of Fifteenth-Century Power Politics." *Journal of Early Modern History* 4 (2000): 45–84. **306**

Beltrami, Daniele. *Forze di lavoro e proprietà fondiaria nelle campagne venete dei secoli XVII e XVIII*. Venice: Istituto per la Collaborazione Culturale, 1961. **877**

Belyayev, I. D. "O geographicheskikh svedeniyakh v drevney Rossii." *Zapiski Russkogo Geograficheskogo Obshchestva* 6 (1852): 1–264. **1858**

Bendall, A. Sarah. *Maps, Land and Society: A History, with a Carto-Bibliography of Cambridgeshire Estate Maps, c. 1600–1836*. Cambridge: Cambridge University Press, 1992. **717, 1615, 1641, 1643, 1644, 1646, 1647, 1661, 1662**

———. "Interpreting Maps of the Rural Landscape: An Example from Late Sixteenth-Century Buckinghamshire." *Rural History* 4 (1993): 107–21. **706, 1639**

———. "Pride of Ownership." In *Tales from the Map Room: Fact and Fiction about Maps and Their Makers*, ed. Peter Barber and Christopher Board, 94–95. London: BBC Books, 1993. **1614, 1648, 1661**

———. "Enquire 'When the Same Platte Was Made and by Whome and to What Intent': Sixteenth-Century Maps of Romney Marsh." *Imago Mundi* 47 (1995): 34–48. **1595, 1599, 1611, 1614, 1628, 1645**

———. "Estate Maps of an English County: Cambridgeshire, 1600–1836." In *Rural Images: Estate Maps in the Old and New Worlds*, ed. David Buisseret, 63–90. Chicago: University of Chicago Press, 1996. **1643, 1644, 1645, 1646, 1648**

———. *Dictionary of Land Surveyors and Local Map-Makers of Great Britain and Ireland, 1530–1850*. 2d ed. 2 vols. Originally comp. Francis W. Steer and ed. Peter Eden. London: British Library, 1997. **717, 1609, 1613, 1614, 1616, 1639, 1643, 1645, 1648, 1662, 1666, 1667, 1668, 1725**

———. "Draft Town Maps for John Speed's *Theatre of the Empire of Great Britaine*." *Imago Mundi* 54 (2002): 30–45. **1635, 1637, 1651, 1655, 1657**

———. "Speed, John (1551/2–1629)." In *Oxford Dictionary of National Biography*, 60 vols., 51:771–72. Oxford: Oxford University Press, 2004. **1635, 1648**

———. "Author's Postscript." *Imago Mundi* 57 (2005): 54. **1637**

Bendefy, László. *Szombathelyi Benedek rudasmester: Adatok a középkori magyar földmérés történetéhez*. Budapest: Tankönyvkiadó, 1959. **1815**

———. "Lázár deák személye." *Geodézia és Kartográfia* 23 (1971): 338–40. **1822**

———. "Lázár deák 'Tabula Hungariae . . .' című térképének eddig ismeretlen kiadásai." *Geodézia és Kartográfia* 26 (1974): 263–69. **1823**

Bendefy, László, and Imre V. Nagy. *A Balaton évszázados partvonalváltozásai*. Budapest: Műszaki Könyvkiadó, 1969. **1823**

Bendefy, László, and Lajos Stegena. "How Lazarus's Map Was Made." In *Lazarus Secretarius: The First Hungarian Mapmaker and His Work*, ed. Lajos Stegena, trans. János Boris et al., 20–22. Budapest: Akadémiai Kiadó, 1982. **1812**

Benecke, Gerhard. *Maximilian I (1459–1519): An Analytical Biography*. London: Routledge and Kegan Paul, 1982. **1174**

Benedikz, Phyllis Mary. *Durham Topographical Prints up to 1800: An Annotated Bibliography*. Durham: University Library, 1968. **1650**

Benes, Peter. *New England Prospect: A Loan Exhibition of Maps at The Currier Gallery of Art, Manchester, New Hampshire*. Boston: Boston University for the Dublin Seminar for New England Folklife, 1981. **1776**

Benese, Richard. *This Boke Sheweth the Maner of Measurynge of All Maner of Lande, as well of Woodlande, as of Lande in the Felde, and Comptynge the True Nombre of Acres of the Same: Newlye Inuented and Compyled by Syr Rycharde Benese*. Southwark: James Nicolson, 1537. **482, 1639**

Benis, Artur. "Inwertarze księgarn krakowskich Maciejy Scharffenberga i Floriana Unglera. (1547, 1551)." *Archiwum do Dziejów Literatury i Oświaty w Polsce* 7 (1892): 1–71. **1816**

Benivieni, Girolamo. *Dialogo di Antonio Manetti: Cittadino fiorentino circa al sito, forma, & misure del lo inferno di Dante Alighieri poeta excellentissimo*. Florence: F. di Giunta, [1506]. **453, 454**

Bennedetti, Alessandro. *Diaria de bello Carolino (Diary of the Caroline War)*. Ed. and trans. Dorothy M. Schullian. New York: F. Ungar, 1967. **724**

Bennett, J. A. "The Mechanics' Philosophy and the Mechanical Philosophy." *History of Science* 24 (1986): 1–28. **634**

. *The Divided Circle: A History of Instruments for Astronomy, Navigation and Surveying*. Oxford: Phaidon, Christie's, 1987. **101, 489, 510, 512, 515**

———. "The Challenge of Practical Mathematics." In *Science, Culture, and Popular Belief in Renaissance Europe*, ed. Stephen Pumfrey, Paolo L. Rossi, and Maurice Slawinski, 176–90. Manchester: Manchester University Press, 1991. **634**

———. "Geometry and Surveying in Early-Seventeenth-Century England." *Annals of Science* 48 (1991): 345–54. **1641, 1643, 1644**

Bennett, J. A., and Domenico Bertolani Meli. *Astronomy Books in the Whipple Museum, 1478–1600.* Cambridge: Whipple Museum of the History of Science, 1994. **58**

Bensaúde, Joaquim. *L'astronomie nautique au Portugal à l'époque des grandes découvertes.* 2 vols. Bern: M. Drechsel, 1912–17. Reprinted Amsterdam: N. Israel and Meridian, 1967. **151, 174**

———. *Origine du plan des Indes.* Coimbra: Imprensa da Universidade, 1929. **1007**

———. *A cruzada do Infante D. Henrique.* Lisbon: Divisão de Publicações e Biblioteca, Agência Geral das Colónias, 1942. **1007**

Benzing, Josef. "Levinus Hulsius: Schriftsteller und Verleger." *Mitteilungen aus der Stadtbibliothek Nürnberg* 7, no. 2 (1958): 3–7. **1245**

———. *Jakob Köbel zu Oppenheim 1495–1533: Bibliographie seiner Drucke und Schriften.* Wiesbaden: Guido Pressler, 1962. **482, 501**

Berchet, Guglielmo. "Portolani esistenti nelle principali biblioteche di Venezia." *Giornale della Marina* 10 (1866): 1–10. **216**

Berénger, Adolfo di. *Dell'antica storia e giurisprudenza forestale in Italia.* Treviso-Venice, 1859–63. **889**

———. *Saggio storico della legislazione veneta forestale dal sec. VII al XIX.* Venice, 1863. **889**

———. *Studii di archeologia forestale.* Florence, 1965. **889**

Berengo, Marino. "Il problema politico-sociale di Venezia e della sua terraferma." In *La civiltà veneziana del Settecento,* 69–95. Florence: Sansoni, 1960. **877**

Beresford, M. W. *History on the Ground: Six Studies in Maps and Landscapes.* 1957. Gloucester: Sutton, 1984. **1645**

———. "Fallowfield, Northumberland: An Early Cartographic Representation of a Deserted Village." *Medieval Archaeology* 10 (1966): 164–67. **706**

———. *New Towns of the Middle Ages: Town Plantation in England, Wales, and Gascony.* 1967. Reprinted Wolfboro, N.H.: A. Sutton, 1988. **565**

———. *History on the Ground: Six Studies in Maps and Landscapes.* Rev. ed. London: Methuen, 1971. **715, 1657**

Beresford, M. W., and John G. Hurst, eds. *Deserted Medieval Villages.* London: Lutterworth Press, 1971. **564**

Berger, Harry. *Revisionary Play: Studies in the Spenserian Dynamics.* Berkeley: University of California Press, 1988. **414**

Berggren, J. L. *Episodes in the Mathematics of Medieval Islam.* New York: Springer, 1986. **480**

———. "Ptolemy's Maps of Earth and the Heavens: A New Interpretation." *Archive for History of Exact Sciences* 43 (1991–92): 133–44. **285**

Berggren, J. L., and Alexander Jones. *Ptolemy's* Geography: *An Annotated Translation of the Theoretical Chapters.* Princeton: Princeton University Press, 2000. **13, 138, 146, 147, 689**

Bergreen, Laurence. *Over the Edge of the World: Magellan's Terrifying Circumnavigation of the Globe.* New York: Morrow, 2003. **742**

Bergsten, Karl Erik. "Sweden." In *A Geography of Norden: Denmark, Finland, Iceland, Norway, Sweden,* rev. ed., ed. Axel Christian Zetlitz Sømme, 293–349. Oslo: J. W. Cappelens, 1961. **710**

Berkelbach van der Sprenkel, Jan Willem. *Regesten van oorkonden betreffende de bisschoppen van Utrecht, uit de jaren, 1301–1340.* Utrecht: Broekhoff n.v. v/h Kemink, 1937. **1253**

Berkhemer, Anton. "De Spaanse *Atlas mayor* van Blaeu: Nieuwe gegevens." *Caert-Thresoor* 16 (1997): 71–76. **1330**

Berkhout, Carl T. "Laurence Nowell (1530–ca. 1570)." In *Medieval Scholarship: Biographical Studies on the Formation of a Discipline,* 3 vols., ed. Helen Damico et al., 2:3–17. New York: Garland Publishing, 1995–98. **1616, 1623**

Berlemont, Noël de. *Colloquia et dictionariolum septem linguarum, Belgicæ, Anglicæ, Teutonicæ, Latinæ, Italicæ, Hispanicæ, Gallicæ.* Antwerp: Apud Ioachimum Trognæsium, 1586. **561**

Berlyant, A. M. *Kartograficheskiy metod issledovaniya.* Moscow: Izdatel'stvo Moskovskogo Universiteta, 1978. **1856**

Bernard, Edward. *Catalogi librorum manuscriptorum Angliæ et Hiberniæ in unum collecti, cum indice alphabetico.* 2 vols. Oxford: Fitz-Herb. Adams, 1697. **1732**

Bernleithner, Ernst. "Die Entwicklung der österreichischen Länderkunde von ihren Anfängen bis zur Errichtung der ersten Lehr-Kanzel für Geographie in Wien (1851)." *Mitteilungen der Österreichischen Geographischen Gesellschaft* 97 (1955): 111–27. **1813**

———. "Die Klosterneuburger Fridericuskarte von etwa 1421." *Mitteilungen der Geographischen GesellschaftWien* 98 (1956): 199–203. **1179**

———. "Die Klosterneuburger Fridericuskarte von etwa 1421." In *Kartengeschichte und Kartenbearbeitung: Festschrift zum 80. Geburtstag von Wilhelm Bonacker,* ed. Karl-Heinz Meine, 41–44. Bad Godesberg: Kirschbaum, 1968. **312, 314**

———. "Der Autor der ältesten Ungarnkarte und seine Mitarbeiter." *Mitteilungen der Österreichischen Geographischen Gesellschaft* 116 (1974): 178–83. **1822**

———. "Kartographie und Globographie an der Wiener Universität im 15. und 16. Jahrhundert." *Der Globusfreund* 25–27 (1978): 127–33. **149**

Bernoulli, Carl Christoph. "Ein Karteninkunabelnband der öffentlichen Bibliothek der Universität Basel." *Verhandlungen der Naturforschenden Gesellschaft in Basel* 18 (1906): 58–80. **1345**

Bernsmeier, Uta. "Die Nova Reperta des Jan van der Straet: Ein Beitrag zur Problemgeschichte der Entdeckungen und Erfindungen im 16. Jahrhundert." Ph.D. diss., Universität Hamburg, 1984. **442**

Bernstein, H. *Pedro Craesbeeck & Sons: 17th Century Publishers to Portugal and Brazil.* Amsterdam: Hakkert, 1987. **1058**

Bertalot, Ludwig. "Forschungen über Leonardo Bruni Aretino." *Archivum Romanicum* 15 (1931): 284–323. Reprinted in Ludwig Bertalot, *Studien zum italienischen und deutschen Humanismus,* 2 vols., ed. Paul Oskar Kristeller, 2:375–420. Rome: Edizioni di Storia e Letteratura, 1975. **290**

Bertalot, Ludwig, and Augusto Campana. "Gli scritti di Iacopo Zeno e il suo elogio di Ciriaco d'Ancona." *Bibliofilia* 41 (1939): 370–71. **311**

Bertele, Hans von. *Globes and Spheres.* Lausanne, 1961. **155**

Bertelli, Donato. *Le vere imagini et descritioni delle piu nobilli città del mondo.* Venice: Bertelli, 1572. **788**

Bertelli, Ferdinando (Ferrando, Ferando). *Civitatum aliquot insigniorum, et locor[um], magis munitor[um] exacta delineatio . . .* Venice: Ferrando Bertelli, 1568. 2d ed. Venice: Donati Bertelli, 1574. **273, 281, 788, 802**

Bertelli, Pietro. *Theatro delle città d'Italia . . .* Ed. Francesco Bertelli. Padua: F. Bertelli, 1629. **788**

Bertelli, Timoteo. "Appunti storici intorno all'uso topografico ed astronomico della bussola." *Rivista Geografica Italiana* 7 (1900): 65–108. **948**

Berteville, John. *Recit de l'expedition en Ecosse l'an M.D. XLVI. et de la battayle de Muscleburgh.* Edinburgh: Bannatyne Club, 1825. **1603**

Berthaut, Henri Marie Auguste. *Les ingénieurs géographes militaires, 1624–1831.* 2 vols. Paris: Imprimerie du Service Géographique de l'Armée, 1902. **721**

Berthelot, André, and F. Ceccaldi. *Les cartes de la Corse de Ptolémée au XIXe siècle.* Paris: E. Leroux, 1939. **867**

Bertin, Jacques. *Semiology of Graphics: Diagrams, Networks, Maps.* Trans. William J. Berg. Madison: University of Wisconsin Press, 1983. **541**

Bertolotti, Antonino. *Artisti subalpini in Roma nei secoli XV, XVI e XVII: Ricerche e studi negli archivi romani.* Mantua: Mondovi, 1884. **775, 797**

———. *Artisti veneti in Roma nei secoli XV, XVI e XVII: Studi e ricerche negli archivi romani.* Bologna: Arnaldo Forni, 1884. Reprinted 1965. **790, 797**

———. *Artisti francesi in Roma nei secoli XV, XVI e XVII: Ricerche e studi negli archivi romani.* Mantua: G. Mondovi, 1886. **775, 797**

Bertoni, Giulio. *La Biblioteca Estense e la coltura ferrarese ai tempi del Duca Ercole I (1471–1505).* Torino: Loescher, 1903. **644**

Bertuzzi, Giordano, and Riccardo Vaccari. "Fonti cartografiche relative ai territori estensi d'Oltreappennino, in particolare la Garfagnana, conservate presso l'Archivio di Stato di Modena." In *La Garfagnana: Storia, cultura, arte,* ed. Giordano Bertuzzi, 307–60. Modena: Aedes Muratoriana, 1993. **921, 934, 935**

Bessard, Toussaint de. *Dialogue de la longitude est-ouest.* Rouen, 1574. **1556, 1561**

Besse, Jean-Marc. *Les grandeurs de la terre: Aspects du savoir géographique à la Renaissance.* Lyons: ENS, 2003. **55**

Bessi, Rossella. "Appunti sulla 'Geographia' di Francesco Berlinghieri." *Rivista Geografica Italiana* 100 (1993): 159–75. **322**

Best, George. *A True Discourse of the Late Voyages of Discoverie, for the Finding of a Passage to Cathaya, by the Northweast under the Conduct of Martin Frobisher Generall.* London: Henry Bynnyman, 1578. **1757, 1761**

———. *The Three Voyages of Martin Frobisher.* 2 vols. Ed. Vilhjalmur Stefansson. London: Argonaut, 1938. **1760**

Best, Thomas W. "Bidermann's *Utopia* and Hörl von Wätterstorff's *Bacchusia.*" *Daphnis* 13 (1984): 203–16. **448**

Besterman, Theodore. *The Beginnings of Systematic Bibliography.* London: Oxford University Press, 1935. **646**

Bett, Henry. *Nicholas of Cusa.* London: Methuen, 1932. **1183**

Beverley, Tessa. "Blundeville, Thomas (1522?–1606?)." In *Oxford Dictionary of National Biography,* 60 vols., 6:345–46. Oxford: Oxford University Press, 2004. **627**

Bevilacqua, Eugenia. "I ritratti di città e terre dell'Umbria di Cipriano Piccolpasso." *Bollettino della Società Geografica Italiana* 85 (1948): 242–43. **936**

———. "La cartografia storica della laguna di Venezia." In *Mostra storica della laguna veneta,* exhibition catalog, 141–46. Venice: Archivio di Stato, 1970. **882**

———. "Geografi e cosmografi." In *Storia della cultura veneta,* 6 vols., vol. 3, pt. 2, 355–74. Vicenza: N. Pozza, 1976–86. **720**

Beyer, Michael, and Günther Wartenberg, eds. *Humanismus und Wittenberger Reformation: Festgabe anläßlich des 500. Geburtstages des Praeceptor Germaniae Philipp Melanchthon am 16. Februar 1997.* Leipzig: Evangelische Verlagsanstalt, 1996. **1208**

Beyer, Victor, Henri Bach, and Ernest Muller. "Le globe céleste de Dasypodius." *Bulletin de la Société des Amis de la Cathédrale de Strasbourg,* ser. 2, no. 7 (1960): 103–39. **165, 171**

Bezzola, Reto R. "L'Oriente nel poema cavalleresco del primo Rinascimento." In *Venezia e l'Oriente fra tardo Medioevo e Rinascimento,* ed. Agostino Pertusi, 495–510. Florence: Sansoni, 1966. **298**

Biadene, Susanna. "Catalogo delle opera." In *Carte da navigar: Portolani e carte nautiche del Museo Correr, 1318–1732,* ed. Susanna Biadene, 39–125. Venice: Marsilio Editori, 1990. **216**

———, ed. *Carte da navigar: Portolani e carte nautiche del Museo Correr, 1318–1732.* Venice: Marsilio Editori, 1990. **174**

Biagioli, Mario. "The Social Status of Italian Mathematicians, 1450–1600." *History of Science* 27 (1989): 41–95. **634**

———. "Galileo the Emblem Maker." *Isis* 81 (1990): 230–58. **92, 671**

———. *Galileo, Courtier: The Practice of Science in the Culture of Absolutism.* Chicago: University of Chicago Press, 1993 and 1994. **634, 671**

Biancani, Giuseppe. *Sphaera mundi, seu Cosmographica demonstrativa ac facili methodo tradita.* Bologna, 1620. **129**

Bianchi, Rossella. "Notizie del cartografo veneziano Antonio Leonardi: Con una Appendice su Daniele Emigli (o Emilei) e la sua laurea padovana." In *Filologia umanistica per Gianvito Resta,* 3 vols., ed. Vincenzo Fera and Giacomo Ferraú, 1:165–211. Padua: Antenore, 1997. **326**

Bianco, Andrea. *Atlante nautico, 1436.* Ed. Piero Falchetta. Venice: Arsenale, 1993. **314**

Biasutti, Renato. "Il 'Disegno della geografia moderna' dell'Italia di Giacomo Gastaldi (1561)." *Memorie Geografiche* 2, no. 4 (1908): 5–66. **783, 797, 842**

———. "La carta dell'Africa di G. Gastaldi (1545–1564) e lo sviluppo della cartografia africana nei sec. XVI e XVII." *Bollettino della Reale Società Geografica Italiana* 9 (1920): 327–46 and 387–436. **784, 797**

The Bible and Holy Scriptures Conteyned in the Olde and Newe Testament. Geneva: Rouland Hall, 1560. **388**

La Biblioteca Monumentale dell'Abbazia di San Giovanni Evangelista in Parma: Un affascinante viaggio all'intero di una biblioteca rinascimentale. La storia, le iscrizioni. Parma: Benedettina Editrice, 1999. **820**

Biblioteca Nacional. *La Historia en los Mapas Manuscritos de la Biblioteca Nacional. See* Santiago Páez, Elena (María), ed.

Bibliothèque d'un amateur et à divers: Voyages Atlas Histoire Généalogie . . . 7 novembre 1993. Paris: B. Clavreuil, 1993. **178**

Bibliothèque Nationale. *Les travaux et les jours dans l'ancienne France.* Exhibition catalog. Paris: [J. Dumoulin], 1939. **714**

Biddle, Martin, and John Newenham Summerson. "Dover Harbour." In *The History of the King's Works,* by Howard Montagu Colvin et al., 6 vols., 4:729–68. London: Her Majesty's Stationery Office, 1963–82. **1599, 1651**

Biddle, Martin, Howard Montagu Colvin, and John Newenham Summerson. "The Defences in Detail." In *The History of the King's Works,* by Howard Montagu Colvin et al., 6 vols., 4:415–606. London: Her Majesty's Stationery Office, 1963–82. **1599, 1602, 1621**

Bidermann, Jakob. *Utopia Didaci Bemardini, seu . . . Sales musici, quibus ludicra mixtum & seria literatè ac festivè denarrantur.* Dillingen, 1640. **448**

"Bidrag till Olai Magni historia." *Historiska Handlingar* 12, no. 2 (1893): 1. **1786**

Bielski, Marcin. *Kronika wyszytkiego świata na sześć wiekow . . .* Cracow: H. Ungler, 1551. **1833**

Bigges, Walter. *Expeditio Francisci Draki Eqvitis Angli in Indias Occidentales.* Leiden: Apud F. Raphelengium, 1588. **1619, 1763**

———. *A Summarie and True Discourse of Sir Frances Drakes West Indian Voyage.* London: R. Field, 1589. **1651, 1763**

Bigwood, Georges. "Matricules & cadastres: Aperçu sur l'organisation du cadastre en Flandre, Brabant, Limbourg et Luxembourg avant la domination française." *Annales de la Société d'Archéologie de Bruxelles* 12 (1898): 388–411. **710**

Billanovich, Myriam. "Benedetto Bordon e Giulio Cesare Scaligero." *Italia Medioevale e Umanistica* 11 (1968): 188–256. **270**

Biller, Thomas. "Architektur und Politik des 16. Jhs. in Sachsen und Brandenburg: Leben und Werk von Rochus Guerini Graf zu Lynar (1525–1596)." In *Architetti e ingegneri militari italiani all'estero dal XV al XVIII secolo,* ed. Marino Viganò, 183–205. Rome: Sillabe, 1994. **1505**

Binder, Christa. "Die erste Wiener Mathematische Schule (Johannes von Gmunden, Georg von Peuerbach)." In *Rechenmeister und Cossisten der frühen Neuzeit,* ed. Rainer Gebhardt, 3–18. Freiberg: Technische Universität Bergakademie Freiberg, 1996. **478**

Binder, Christa, and Ingrid Kretschmer. "La projection mercatorienne." In *Gérard Mercator cosmographe: Le temps et l'espace,* ed. Marcel Watelet, 192–207. Antwerp: Fonds Mercator Paribus, 1994. **378**

Bini, Roberto, ed. *Carta del navegare universalissima et diligentissima: Planisfero Castiglioni, 1525*. Modena: Il Bulino, 2001. **1114**
Binski, Paul. *The Painted Chamber at Westminster*. London: Society of Antiquaries of London, 1986. **814, 1590**
Biographical Dictionary of Mathematicians. 4 vols. New York: Scribner, 1991. **1618**
Biondo, Flavio. *Roma ristaurata et Italia illustrata*. Trans. Lucio Fauno. Venice, 1543. New and corrected reprinting. Venice, 1558. **858, 951**
———. *Blondi Flavii Forliviensis, de Roma trivmphante lib. X* . . . 2 vols. Basel: Froben, 1559. **325**
Birch, Thomas. *The Life of Henry Prince of Wales, Eldest Son of King James I*. London: Printed for A. Millar, 1760. **635**
Bird, Alfred John. "John Speed's View of the Urban Hierarchy in Wales in the Early Seventeenth Century." *Studia Celtica* 10–11 (1975–76): 401–11. **561**
Birkenmajer, Ludwik Antoni. "Marco Beneventano, Kopernik, Wapowski, a najstarsza karta geograficzna Polski." *Rozprawy Wydziału Matematyczno-Przyrodniczego Akademii Umiejętności*, ser. A, 41 (1901): 134–222. **1808, 1816**
———. *Stromata Copernicana*. Cracow: Polnische Akademie der Wissenschaften, 1924. **352**
Birkholz, Daniel. "The Gough Map Revisited: Thirteenth Century Perspectives on Thomas Butler's Map of England ca. 1554." In *Actas–Proceedings–Comptes-Rendus: 19th International Conference on the History of Cartography, Madrid 1–6 June 2001*, CD-ROM, 1–7. Madrid: Ministerio de Defensa, 2002. **1591**
———. *The King's Two Maps: Cartography and Culture in Thirteenth-Century England*. New York: Routledge, 2004. **1590**
———. "A Monarchy of the Whole Island." In *The Map Book*, ed. Peter Barber, 64–65. London: Weidenfeld & Nicholson, 2005. **1590**
Birrell, T. A. *English Monarchs and Their Books: From Henry VII to Charles II*. London: British Library, 1987. **1666**
Bischoff, Bernhard. *Mittelalterliche Studien: Ausgewählte Aufsätze zur Schriftkunde und Literaturgeschichte*. 3 vols. Stuttgart: Anton Hiersemann, 1966–81. **312**
Bishop, Morris. *Champlain: The Life of Fortitude*. New York: A. A. Knopf, 1948. **1538**
Bissel, Johann. *Icaria*. Ingolstadt, 1637. 2d ed. Allopoli, 1667. **447**
Bjørnbo, Axel Anthon. "Adam af Bremens Nordensopfattelse." *Aarbøger for Nordisk Oldkyndighed og Historie*, 2d ser., 24 [1909]: 120–244. **1782**
———. *Cartographia groenlandica*. Meddelelser om Grønland, vol. 48. Copenhagen: I Kommission hos C. A. Reitzel, 1912. **1792**
Bjørnbo, Axel Anthon, and Carl S. Petersen. *Anecdota cartographica septentrionalia*. Copenhagen, 1908. **1421, 1781**
———. *Der Däne Claudius Claussøn Swart (Claudius Clavus): Der älteste Kartograph des Nordens, der erste Ptolemäus-Epigon der Renaissance*. Innsbruck: Wagner, 1909. **301, 303, 304, 1782, 1784**
Black, Jeannette Dora. "Interim Report on the Doran / O'Doria Portolan Charts and Atlas." Unpublished manuscript, dated 1967. **234**
———. *Commentary*. Vol. 2 of *The Blathwayt Atlas*, by William Blathwayt. 2 vols., ed. Jeannette Dora Black. Providence, R.I.: Brown University Press, 1970–75. **1436**
Black, Jeremy. *Maps and History: Constructing Images of the Past*. New Haven: Yale University Press, 1997. **17, 659**
Blackmore, Josiah. *Manifest Perdition: Shipwreck Narrative and the Disruption of Empire*. Minneapolis: University of Minnesota Press, 2002. **462**
Blaeu, Joan. *Theatrum orbis terrarum, sive, Atlas novus*. Vol. 5. Amsterdam, 1654. **1691**
———. *Atlas maior, sive Cosmographiæ Blaviana, qva solvm, salvm, coelvm, accvratissime describvntvr*. 11 vols. Amsterdam: Ioannis Blaeu, 1662–65. **89**
———. *Le grand atlas*. Amsterdam, 1663. **654**
———. *Toonneel der steden van de vereenighde Nederlanden met hare beschrijvingen (Holland en West Vriesland / Utrecht)*. Intro. Bert van 't Hoff. Amsterdam: Elsevier, 1966. **1335, 1336**
———. *Novus atlas Sinensis 1655: Faksimiles nach der Prachtausgabe der Herzog August Bibliothek Wolfenbüttel*. Intro. Yorck Alexander Haase. Stuttgart: Müller und Schindler, 1974. **1329**
Blaeu, Pieter. *Pieter Blaeu, lettere ai Fiorentini: Antonio Magliabechi, Leopoldo e Cosimo III de' Medici, e altri, 1660–1705*. 2 vols. Ed. Alfonso Mirto and Henk Th. van Veen. Florence: Istituto Universitario Olandese di Storia dell'Arte, 1993. **1337**
Blaeu, Willem Jansz. *Atlantis appendix, siue pars altera, continens tab: Geographicas diversarum orbis regionum*. Amsterdam: Guiljelmum Blaeuw, 1630. **1326**
———. *The Sea-Mirrour Containing a Briefe Instrvction in the Art of Navigation* . . . Trans. Richard Hynmers. London: William Lugger, 1640. **1695**
———. *The Light of Navigation: Amsterdam, 1612*. Bibliographical note by R. A. Skelton. Amsterdam: Theatrum Orbis Terrarum, 1964. **1399, 1422**
———. *The Sea-Beacon: Amsterdam, 1643*. Bibliographical note by C. Koeman. Amsterdam: Theatrum Orbis Terrarum, 1973. **1399**
Blagden, Cyprian. *The Stationers' Company: A History, 1403–1959*. Cambridge: Harvard University Press, 1960. **1714**
Blair, Ann. *The Theater of Nature: Jean Bodin and Renaissance Science*. Princeton: Princeton University Press, 1997. **58, 69, 95, 408, 641, 656**
Blair, Claude. "A Royal Swordsmith and Damascener: Diego de Çaias." *Metropolitan Museum Journal* 3 (1970), 149–92. **1665**
Blake, John W. "New Light on Diogo Homem, Portuguese Cartographer." *Mariner's Mirror* 28 (1942): 148–60. **1730**
Blake, Martin J. "A Map of Part of the County of Mayo in 1584: With Notes Thereon, and an Account of Its Author and His Descendants." *Journal of the Galway Archaeological and Historical Society* 5 (1907–8): 145–58. **1679**
Blakemore, Michael J., and J. B. Harley. *Concepts in the History of Cartography: A Review and Perspective*. Monograph 26, *Cartographica* 17, no. 4 (1980). **1673, 1723**
Blanchard, Anne. *Les ingénieurs du "roy" de Louis XIV à Louis XVI: Étude du corps des fortifications*. Montpellier: Université Paul-Valéry, 1979. **1514, 1530**
Blanchot, Maurice. *L'espace littéraire*. Paris: Gallimard, 1955. In English, *The Space of Literature*. Trans. Ann Smock. Lincoln: University of Nebraska Press, 1982. **402**
Blasio, Maria Grazia. "Privilegi e licenze di stampa a Roma fra Quattro e Cinquecento." *Bibliofilia* 90 (1988): 147–59. **796**
Blathwayt, William. *The Blathwayt Atlas: A Collection of 48 Manuscript and Printed Maps of the 17th Century . . . Brought Together . . . by William Blaythwayt*. 2 vols. Ed. Jeannette Dora Black. Providence, R.I.: Brown University Press, 1970–75. **1667**
Blau, Jean. "Supplément du mémoire sur deux monuments géographiques conservés a la Bibliothèque Publique de Nancy." *Mémoires de la Société Royale des Sciences, Lettres et Arts de Nancy*, 1835, 67–105. **301, 304, 1783**
Blaut, James M. *The Colonizer's Model of the World: Geographical Diffusionism and Eurocentric History*. New York: Guilford Press, 1993. **19**
Blázquez y Delgado-Aguilera, Antonio. "El Itinerario de D. Fernando Colón y las relaciones topográficas." *Revista de Archivos, Bibliotecas y Museos* 10 (1904): 83–105. **1070, 1083**
———. *Estudio acerca de la cartografía española en la edad media, acompañado de varios mapas*. Madrid: Imprenta de Eduardo Arias, 1906. **1070**

———. "La descripcion de las costas de España por Pedro Teixeira Albernas, en 1603." *Revista de Archivos, Bibliotecas y Museos* 19 (1908): 364–79. **1044, 1070**

———. "Descripción de las costas y puertos de España de Pedro Teixeira Albernas." *Boletín de la Real Sociedad Geográfica* 52 (1910): 36–138 and 180–233. **1044**

Blessich, Aldo. "Le carte geografiche di Antonio de Ferraris detto il Galateo." *Rivista Geografica Italiana* 3 (1896): 446–52. **948**

———. *La geografia alla corte aragonese in Napoli: Notizie ed appunti.* Rome: E. Loescher, 1897. Published simultaneously in *Napoli nobilissima* 6 (1897): 58–63 and 92–95. **319, 943, 945, 948, 953**

Blith, Walter. *The English Improver; or, A New Survey of Husbandry.* London: Printed for J. Wright, 1649. **712, 714**

———. *The English Improver Improved; or, The Svrvey of Hvsbandry Svrveyed.* London: Printed for John Wright, 1652. **712**

Bloch, Marc Léopold Benjamin. "Le plan parcellaire document historique." *Annales d'Histoire Économique et Sociale* 1 (1929): 60–70. **705**

———. "Les plans parcellaires français: Le cas de la Savoie et du comté de Nice." *Annales d'Histoire Économique et Sociale* 1 (1929): 390–98. **705**

Blonk, Dirk, and Joanna Blonk–van der Wijst. *Hollandia Comitatus: Een kartobibliografie van Holland.* 't Goy-Houten: HES & De Graaf, 2000. **1264, 1270, 1280, 1313**

Bloom, Terrie F. "Borrowed Perceptions: Harriot's Maps of the Moon." *Journal for the History of Astronomy* 9 (1978): 117–22. **127**

Bloy, Colin H. *A History of Printing Ink Balls and Rollers, 1440–1850.* London: Evelyn Adams & Mackay, 1967. **597**

Blume, Dieter. *Regenten des Himmels: Astrologische Bilder in Mittelalter und Renaissance.* Berlin: Akademie, 2000. **124**

Blumer, Walter. "The Map Drawings of Aegidius Tschudi (1505–1572)." *Imago Mundi* 10 (1953): 57–60. **1215**

———. "Glareanus' Representation of the Universe." *Imago Mundi* 11 (1954): 148–49. **351, 354**

———. *Bibliographie der Gesamtkarten der Schweiz von Anfang bis 1802.* Bern: Kommissionsverlag Kümmerly und Frey, 1957. **1174**

Blundeville, Thomas. *The Fower Chiefyst Offices belonging to Horsemanshippe.* London, ca. 1560s. **627**

———. *A Briefe Description of Vniversal Mappes and Cardes, and of Their Vse: And also the Vse of Ptholemey His Tables.* London: Roger Ward for Thomas Cadman, 1589. **754**

———. *M. Blvndevile His Exercises, Containing Sixe Treatises.* London: John Windet, 1594. **525, 622, 627, 628, 633, 1348**

———. *A New and Necessarie Treatise on Navigation.* London, 1594. **1409**

———. *M. Blvndeville His Exercises, Containing Eight Treatises.* 4th ed. London: William Stansby, 1613. **754**

"Blundeville, Thomas." In *The Dictionary of National Biography*, 22 vols., 2:733–34. 1921. Reprinted London: Oxford University Press, 1964–65. **627**

Blunt, Anthony. *Art and Architecture in France, 1500–1700.* Harmondsworth, Eng.: Penguin, 1953. **427**

Boase, T. S. R. *Giorgio Vasari: The Man and the Book.* Princeton: Princeton University Press, 1979. **723**

Bober, Harry. "An Illustrated Medieval School-Book of Bede's 'De Natura Rerum.'" *Journal of the Walters Art Gallery* 19–20 (1956–57): 64–97. **29, 39**

Bobrick, Benson. *East of the Sun: The Conquest and Settlement of Siberia.* London: Heinemann, 1992. **1873**

Bocarro, António. *Década 13 da Historia da India.* 2 vols. Lisbon, 1876. **1022**

———. *O livro das plantas de todas as fortalezas, cidades e povoações do estado da India Oriental.* 3 vols. Lisbon: Imprensa Nacional–Casa da Moeda, 1992. **1023, 1024**

Boccaccio, Giovanni. *De montibus, silvis, fontibus, lacubus, fluminibus, stagnis seu paludibus, de diversis nominibus maris.* Venice: Wendelin of Speier, 1473. **658**

———. *Dizionario geografico: De montibus, silvis, fontibus, lacubus, fluminibus, stagnis seu paludibus.* Ed. Gian Franco Pasini. Trans. Nicoló Liburnio. Turin: Fògola, 1978. **658**

Bochart, Samuel. *Geographia sacra.* 2 vols. Caen, 1646. 2d ed. Caen, 1651. **442**

Bocken, Iñigo. "Waarheid in beeld: De conjecturele metafysica van Nicolaus Cusanus in godsdienstfilosofisch perspectief." Ph.D. diss., Katholieke Universiteit Leuven, 1997. **439**

Bodin, Jean. *Methodus ad facilem historiarum cognitionem.* Paris: Martin le Jeune, 1572. In French, *La méthode de l'histoire.* Trans. Pierre Mesnard. Paris: Les Belles Lettres, 1941. **656**

Bodnár, Szilvia, ed. *Dürer und seine Zeitgenossen: Riesen Holzschnitte hervorragender Künstler der Triumph Kaiser Maximilians I.* Budapest: Szépművészeti Múzeum, 2005. **1599**

Boece, Hector. *Scotorum historiae.* [Paris], 1527. **658**

Boelhower, William. "Mapping the Gift Path: Exchange and Rivalry in John Smith's *A True Relation.*" *American Literary History* 15, no. 4 (2003): 655–82. **1772**

Boffito, Giuseppe. *Gli strumenti della Scienza e la Scienza degli strumenti.* Florence, 1929. Reprinted Rome: Multigrafica Editrice, 1982. **948**

Boffito, Giuseppe, and Attilio Mori. *Piante e vedute di Firenza: Studio storico topografico cartografico.* 1926. Reprinted Rome: Multigrafica, 1973. **932**

Bognetti, Gian Piero. *Sulle origini dei comuni rurali del Medioevo.* Pavia, 1926. **904**

Bolam, Valentine, and Jayne Thorpe. "The Charles Lynn Marshland Map." In *Old Fenland Maps: Exhibition Catalogue (with Biographical Sketches of the Cartographers)*, unpaginated [30–36]. [Tring, Eng.]: [Map Collector Publications], 1993. **1614, 1645**

Boll, Franz. *Sphaera: Neue griechische Texte und Untersuchungen zur Geschichte der Sternbilder.* Leipzig: B. G. Teubner, 1903. **105**

Bolland, Jürgen. *Die Hamburger Elbkarte aus dem Jahre 1568, gezeichnet von Melchior Lorichs.* 3d ed. Hamburg: H. Christians, 1985. **1222**

Bologna, Ferdinando. *Napoli e le rotte mediterranee della pittura da Alfonso il Magnanimo a Ferdinando il Cattolico.* Naples: Società Napoletana di Storia Patria, 1977. **941**

———. "Apertura sulla pittura napoletana d'età aragonese." In *IX Congresso di Storia della Corona d'Aragona, Napoli, 11–15 aprile 1973, sul tema La Corona d'Aragona e il Mediterraneo: Aspetti e problemi comuni, da Alfonso il Magnanimo a Ferdinando il Cattolico (1416–1516)*, 4 vols., 1:251–99. Naples: Società Napoletana di Storia Patria, 1978–84. **941**

Bol'shoi globus Blau. Issledovaniia i restavratsiia, Materialy nauchno-prakticheskogo seminara, Moskva 8 aprelia 2003 g., vol. 146 of *Trudy Gosudarstvennogo Istoricheskogo Muzeia* (Moscow, 2006). **1366**

Bolzoni, Lina. *The Gallery of Memory: Literary and Iconographic Models in the Age of the Printing Press.* Trans. Jeremy Parzen. Toronto: University of Toronto Press, 2001. **639, 641, 651**

Bonacci, Giovanni. "Note intorno a Pirro Ligorio e alla cartografia napoletane della seconda metà del secolo XVI." In *Atti del V. Congresso Geografico Italiano, tenuto in Napoli dal 6 a 11 aprile 1904*, 2 vols., 2:812–27. Naples, 1905. **960**

Bonacker, Wilhelm. "Eine unvollendet gebliebene Geschichte der Kartographie von Konstantin Cebrian." *Die Erde* 3 (1951–52): 44–57. **1176**

———. "Die sogenannte Bodenseekarte des Meisters PW bzw. PPW vom Jahre 1505." *Die Erde* 6 (1954): 1–29. **1202**

———. *Das Schrifttum zur Globenkunde.* Leiden: Brill, 1960. **1177**

———. *Kartenmacher aller Länder und Zeiten.* Stuttgart: Hiersemann, 1966. **1177**

———. *Bibliographie der Straßenkarte.* Bonn-Bad Godesberg: Kirschbaum, 1973. **1177**

Bonacker, Wilhelm, and Ernst Anliker. "Donnus Nicolaus Germanus, sein Kartennetz, seine Ptolemäus-Rezensionen und -Ausgaben." *Schweizerisches Gutenbergmuseum / Musée Gutenberg Suisse* 18 (1932): 19–48 and 99–114. **320, 348**

Bonasera, Francesco. *Forma veteris urbis Ferrariæ: Contributo allo studio delle antiche rappresentazioni cartografiche della città di Ferrara.* Florence: Olschki, 1965. **933, 939**

———. "Due carte manoscritte delle Marche settentrionali." *Rivista Geografica Italiana* 89 (1982): 133–35. **914**

———. "Due antiche carte manoscritte della media e bassa valle dell'Esino (Marche centrali)." *Rivista Geografica Italiana* 90 (1983): 574–77. **915**

———. *La cartografia nautica anconetana (secoli XV–XVI).* Cagli: Ernesto Paleani, 1997. **179**

Bonaventura, Maria Antonietta. "L'industria e il commercio delle incisioni nella Roma del '500." *Studi Romani: Rivista Bimestrale dell'Istituto di Studi Romani* 8 (1960): 430–36. **775**

Bondam, E. J. "Journaux et Nouvelles tirées de la bouche de marins Hollandais et Portugais de la navigation aux Antilles et sur les Côtes du Brésil: Manuscrit de Hessel Gerritsz traduit pour la Bibliothèque Nationale de Rio de Janeiro." *Annaes da Bibliotheca Nacional do Rio de Janeiro* 29 (1907): 99–179. **1450, 1455**

Bonfini, Antonio. *Rerum Vngaricum decades*... Basel, 1568. **1823**

———. *Rerum Ungaricarum decades.* Ed. Margit Kulcsár and Péter Kulcsár. Budapest: Akadémiai Kiadó, 1976. **325**

Böninger, Lorenz. "Ein deutscher Frühdrucker in Florenz: Nicolaus Laurentii de Alemania (mit einer Notiz zu Antonio Miscomini und Thomas Septemcastrensis)." *Gutenberg-Jahrbuch,* 2002, 94–109. **320**

Bönisch, Fritz. "The Geometrical Accuracy of 16th and 17th Century Topographical Surveys." *Imago Mundi* 21 (1967): 62–69. **508**

———. "Bemerkungen zu den Wien-Klosterneuburg-Karten des 15. Jahrhunderts." In *Kartengeschichte und Kartenbearbeitung: Festschrift zum 80. Geburtstag von Wilhelm Bonacker,* ed. Karl-Heinz Meine, 45–48. Bad Godesberg: Kirschbaum, 1968. **313**

———. *Genauigkeitsuntersuchungen am Öderschen Kartenwerk von Kursachsen.* Berlin: Akademie, 1970. **1228**

———. "Kleinmaßstäbige Karten des sächsisch-thüringischen Raumes." In *Kursächsische Kartographie bis zum Dreißigjährigen Krieg,* by Fritz Bönisch et al., 1:207–47. Berlin: Deutscher Verlag der Wissenschaften, 1990–. **502, 503**

Bönisch, Fritz, et al. *Kursächsische Kartographie bis zum Dreißigjährigen Krieg.* Berlin: Deutscher Verlag der Wissenschaften, 1990–. **477, 1228**

Bonmatí Sánchez, Virginia. "El *Tratado de la esfera* (1250) de Juan de Sacrobosco en el *Introductorium cosmographiae* de Antonio de Nebrija, c. 1498." *Cuadernos de Filología Clásica, Estudios Latinos* 15 (1998): 509–13. **342**

Bonomo, Attilio. *Johannes Stumpf: Der Reformator und Geschichtsschreiber.* Genoa: Stab. Tipografico Angelo Pagano, 1923. **1215**

Boogaart, E. van den. "Infernal Allies: The Dutch West India Company and the Tarairiu, 1631–1654." In *Johan Maurits van Nassau-Siegen, 1604–1679: A Humanist Prince in Europe and Brazil,* ed. E. van den Boogaart, 519–38. The Hague: Johan Maurits van Nassau Stichting, 1979. **1455**

———. *Het verheven en verdorven Azië: Woord en beeld in het* Itinerario *en de* Icones *van Jan Huygen van Linschoten.* Amsterdam: Het Spinhuis, 2000. **1310**

Boorsch, Suzanne. "Francesco Rosselli." In *Cosimo Rosselli: Painter of the Sistine Chapel,* ed. Arthur R. Blumenthal, 208–11. Winter Park, Fla.: Cornell Fine Arts Museum, Rollins College, 2001. **773**

———. "Today Florence, Tomorrow the World—Or Vice Versa: The Engravings of Francesco Rosselli." Paper presented at the Renaissance Society of America, Scottsdale, Ariz., 2002. **602**

———. "The Case for Francesco Rosselli as the Engraver of Berlinghieri's *Geographia.*" *Imago Mundi* 56 (2004): 152–69. **602, 774**

Bopp, Karl. "Ein Sendschreiben Regiomontans an den Cardinal Bessarion." In *Festschrift Moritz Cantor,* ed. Siegmund Günther, 103–9. Leipzig: Vogel, 1909. **341**

Borasi, Vincenzo. "Villaggi e città in Piemonte nel Seicento." In *Theatrum Sabaudiae (Teatro degli stati del Duca di Savoia),* 2 vols., ed. Luigi Firpo, 1984–85; new ed., ed. Rosanna Roccia, 1:77–89. Turin: Archivio Storico della Città di Torino, 2000. **850**

Bordini, Silvia. *Materia e immagine: Fonti sulle tecniche della pittura.* Rome: Leonardo-De Luca Editori, 1991. **188**

Bordone, Benedetto. *Libro di Benedetto Bordone nel quale si ragiona de tutte l'isole del mondo.* Venice: N. Zoppino, 1528. **270**

———. *Libro . . . de tutte l'isole del mondo, Venice, 1528.* Intro. R. A. Skelton. Amsterdam: Theatrum Orbis Terrarum, 1966. **459, 866**

Borecky, Anna. "Mikor és hol készült Lossai Péter kódexe?" *Magyar Könyvszemle* 113 (1997): 240–65. **1812**

Borges, Jorge Luis. *El hacedor.* 1960. Reprinted Madrid: Alianza Editorial, 1972. **473**

———. "On Exactitude in Science." In *Collected Fictions,* trans. Andrew Hurley, 325. New York: Penguin, 1999. **469**

Borghini, Gabriele. "Le decorazioni pittoriche del piano terreno." In *Palazzo Pubblico di Siena: Vicende costruttive e decorazione,* ed. Cesare Brandi, 147–214. Milan: Silvana, 1983. **810**

Borough, William. *A Discovrs of the Variation of the Cumpas . . .* Pt. 2 of Robert Norman, *The Newe Attractiue: Containyng a Short Discourse of the Magnes or Lodestone . . .* London: Ihon Kyngston, 1581. **520, 525**

———. *A Discovrse of the Variation of the Cumpas, or Magneticall Needle . . .* London, 1585. **1736**

Borroni Salvadori, Fabia. *Carte, piante e stampe storiche delle raccolte lafreriane della Biblioteca Nationale di Firenze.* Rome: Istituto Poligrafico e Zecca dello Stato, Libreria dello Stato, 1980. **777, 797, 956, 1304**

Borsa, Gedeon. "Eine bemerkenswerte Holzstockkorrektur von Johannes Honterus." *Gutenberg-Jahrbuch* 63 (1988): 269–72. **1830**

"Borsano (D. Ambrosio)." In *Bibliografía Militar de España,* by José Almirante, 84. Madrid: Imprenta y Fundicion de Manuel Tello, 1876. **1091**

Borst, Arno. *The Ordering of Time: From the Ancient Computus to the Modern Computer.* Trans. Andrew Winnard. Chicago: University of Chicago Press, 1993. **32**

Bosch, Leonardus Johannes Marinus. *Petrus Bertius, 1565–1629.* Meppel: Krips Repro, 1979. **1242, 1324**

Boschini, Marco. *Il regno tvtto di Candia, delineato a parte, a parte et intagliato da Marco Boschini Venetiano. Al Serenissimo Prencipe e Regal Collegio di Venetia.* Venice, 1651. **277**

———. *L'arcipelago con tutte le Isole, Scogli Secche, e Bassi Fondi . . .* Venice: F. Nicolini, 1658. **277**

———. *La carta del navegar, pitoresco dialogo tra un senator venetian diletante e un professor de pittura soto nome d'ecelenza e compare: Comparti in oto venti con i quali la nave venetiana vien conduta in l'alto mar de la pitura, come assoluta dominante de quelo a confusion de chi non intende el bossolo de la calamita.* Venice, 1660. **281**

Boselli, Antonio. "Pitture del secolo XVI rimaste ignote fino ad oggi." *Archivio Storico per le Province Parmensi* 4 (1895–1903): 159–74. **913**

Bosio, Luciano. *La Tabula Peutingeriana: Una descrizione pittorica del mondo antico.* Rimini: Maggioli, 1983. **722**

Bosma, Hendrickje. "Het licht der zeevaart: De symbolische betekenis van licht in drie 17e-eeuwse lierboeken over zeevaanthude." *Caert-Thresoor* 3 (1984): 58–62. **1399**

Bos-Rietdijk, E. *Italiaanse kaartenmakers: De Italiaanse kaarten uit de Collectie W. A. Engelbrecht in het Maritiem Museum 'Prins Hendrik' in Rotterdam.* Alphen aan den Rijn: Canaletto, 1996. **802**

Bosse, Abraham. *Traicté des manieres de graver en taille dovce svr l'airin Par le moyen des eaux fortes, & des vernix durs & mols.* 1645. Reprinted Paris: Union, 1979. **595, 604, 790**

Bossu, Jozef. *Vlaanderen in oude kaarten: Drie eeuwen cartografie.* Tielt: Lannoo, 1983. **723, 735**

———. "Pieter van der Beke's Map of Flanders: Before and After." In *Von Flandern zum Niederrhein: Wirtschaft und Kultur überwinden Grenzen,* ed. Heike Frosien-Leinz, exhibition catalog, 35–40. Duisburg: Kultur- und Stadthistorisches Museum, 2000. **1177**

Bosters, Cassandra, et al., eds. *Kunst in kaart: Decoratieve aspecten van de cartografie.* Exhibition catalog. Utrecht: HES, 1989. **606**

Boström, Ragnhild. "Kan man lita på Olaus Magnus?" *Folkets Historia* 16, no. 2 (1988): 24–34. **1788**

Bouché-Leclercq, Auguste. *L'astrologie grecque.* Paris: E. Leroux, 1899. **124**

Bouchotte, M. *Les règles du dessein et du lavis.* Paris: Chez Claude Jombert, 1721. **532**

Bouguereau, Maurice. *Le theatre francoys.* Tours, [1594]. **1492**

Boulind, Richard. "Drake's Navigational Skills." *Mariner's Mirror* 54 (1968): 349–71. **749**

Bouloux, Nathalie. "Les usages de la géographie à la cour des Plantagenêts dans la seconde moitié du XIIe siècle." *Médiévales* 24 (1993): 131–48. **35, 38**

———. *Culture et savoirs géographiques en Italie au XIVe siècle.* Turnhout: Brepols, 2002. **27, 37, 46, 47, 48, 49, 265, 267, 638, 658**

Bouman, P. J. *Johan Maurits van Nassau, de Braziliaan.* Utrecht: A. Oosthoek, 1947. **1436**

Bourdon, Léon. "André Homem, cartographe Portugais en France (1560–1586)." *Revista da Universidade de Coimbra* 23 (1973): 252–91. **988, 989, 1042**

Bourgain, Pascale. "L'édition des manuscrits." In *Histoire de l'édition française,* ed. Henri Martin and Roger Chartier, 1:49–75. Paris: Promodis, 1983–86. **25**

Bourin, Monique. "Delimitation des parcelles et perception de l'espace en Bas-Languedoc aux Xe et XIe siècles." In *Campagnes médiévales: L'homme et son espace. Études offertes à Robert Fossier,* 73–85. Paris: Publications de la Sorbone, 1995. **27, 38**

———. "La géographie locale du notaire languedocien (Xe–XIIIe siècle)." In *Espace vécu, mesuré, imaginé: Numéro en l'honneur de Christiane Deluz,* ed. Christine Bousquet-Labouérie, 33–42. Paris: Librairie Honoré Champion, 1997. **38**

Bourne, Molly. "Francesco II Gonzaga and Maps as Palace Decoration in Renaissance Mantua." *Imago Mundi* 51 (1999): 51–81. **822, 825**

Bourne, William. *A Regiment for the Sea . . .* London: Thomas Hacket, 1574. London: T. East, 1580. London: Thomas East, 1587. **510, 524, 526, 527, 1737**

———. *A Regiment for the Sea . . .* Ed. Thomas Hood. London: T. Este, 1596. **1735, 1737**

———. *A Regiment for the Sea and Other Writings on Navigation.* Ed. E. G. R. Taylor. Cambridge: Cambridge University Press, 1963. **747, 750**

Bousquet-Bressolier, Catherine. "Le territoire mis en perspective." In *Couleurs de la terre: Des mappemondes médiévales aux images satellitales,* ed. Monique Pelletier, 104–9. Paris: Seuil/Bibliothèque Nationale de France, 1998. **1524**

Bouteron, M., and J. Tremblot. *Catalogue général des manuscrits des bibliothèques publiques de France.* Paris: Librairie Plon, 1928. **1451**

Boutier, Jean. "Cartographies urbaines dans l'Europe de la Renaissance." In *Le plan de Lyon vers 1550,* 25–27. Lyons: Archives Municipales de Lyon, 1990. **1532**

———. *Les plans de Paris des origines (1493) à la fin du XVIIIe siècle: Étude, carto-bibliographie et catalogue collectif.* With the collaboration of Jean-Yves Sarazin and Marine Sibille. Paris: Bibliothèque Nationale de France, 2002. **1532**

Boutier, Jean, Alain Dewerpe, and Daniel Nordman. *Un tour de France royal: Le voyage de Charles IX (1564–1566).* Paris: Aubier, 1984. **664, 1485**

Boutillier, Jean. *Somme rvral; ov, Le grand covstvmier general de practiqve civil et canon.* Paris: Chez Barthelemy Macé, 1611. **1523**

Bouwsma, William J. "The Renaissance and the Drama of World History." *American Historical Review* 84 (1979): 1–15. **6**

———. "Eclipse of the Renaissance." *American Historical Review* 103 (1998): 115–17. **5**

Bouza Álvarez, Fernando J. *Portugal no tempo dos Filipes: Política, cultura, representações (1580–1668).* Lisbon: Edições Cosmos, 2000. **466, 468**

Bowden, Peter J. "Agricultural Prices, Farm Profits and Rents." In *The Agrarian History of England and Wales,* ed. H. P. R. Finberg, 4:593–695. Cambridge: Cambridge University Press, 1967–. **716**

Boxer, C. R. "Portuguese *Roteiros,* 1500–1700." *Mariner's Mirror* 20 (1934): 171–86. **749**

———. "Some Aspects of Portuguese Influence in Japan, 1542–1640." *Transactions and Proceedings of the Japan Society of London* 33 (1936): 13–64. **751**

———. *The Dutch Seaborne Empire, 1600–1800.* London: Hutchinson, 1965. **1446**

———. *The Portuguese Seaborne Empire, 1415–1825.* New York: Knopf, 1969. **975**

Boxer, C. R., and Carlos de Azevedo. *A fortaleza de Jesus e os portugueses em Mombaça, 1593–1729.* Lisbon: Centro de Estudos Históricos Ultramarinos, 1960. In English, *Fort Jesus and the Portuguese in Mombasa, 1593–1729.* London: Hollis & Carter, 1960. **1022**

Boyer, Carl B. *A History of Mathematics.* New York: Wiley, 1968. **974**

Boyer, Paul Jean Marie. *Un vocabulaire français-russe de la fin du XVIe siècle: Extrait du Grand insulaire d'André Thevet, manuscrit de la Bibliothèque Nationale.* Paris: E. Leroux, 1905. **1471**

Boyle, Robert. "General Heads for a Natural History of a Countrey, Great or Small." *Philosophical Transactions of the Royal Society of London* 1 (1665–66): 186–89. **1445**

Boysset, Bertrand. *La siensa de destrar; ou, Le savoir-faire d'un arpenteur arlésien au XIVe siècle.* Trans. from the Provençal, notes, and commentary M. Motte. Toulouse: Ecole Nationale du Cadastre, 1990. **1527**

Braamcamp Freire, Anselmo. "Cartas de quitação del Rei D. Manuel." *Archivo Historico Portuguez* 1 (1903): 94–96, 163–68, 200–208, 240–48, 276–88, 328, 356–68, 398–408, and 447–48. **1004**

Bracelli, Giacomo (Jacopo). *L'epistolario di Iacopo Bracelli.* Ed. Giovanna Balbi. Genoa: Bozzi, 1969. **296**

Bracht, J. van. Introduction to *Atlas van kaarten en aanzichten van de VOC en WIC, genoemd Vingboons-Atlas, in het Algemeen Rijksarchief te 's-Gravenhage.* Haarlem: Fibula-Van Dishoeck, 1981. **1442, 1461**

Bracke, Wouter. "Une note sur l'*Isolario* de Bartolomeo da li Sonetti dans le manuscrit de Bruxelles, BR, CP, 17874 [7379]." *Imago Mundi* 53 (2001): 125–29. **283**

Bradford, William. *Of Plymouth Plantation, 1620–1647.* Ed. Samuel Eliot Morison. New York: Alfred A. Knopf, 1952. **1775**

Bragaglia Venuti, Cristina. "Etienne Dupérac e i paesaggi della Loggia

di Pio VI." *Rivista dell'Istituto Nazionale d'Archeologia e Storia dell'Arte* 57 (2002): 279–310. **816**
Brague, Rémi. *The Wisdom of the World: The Human Experience of the Universe in Western Thought.* Trans. Teresa Lavender Fagan. Chicago: University of Chicago Press, 2003. **56**
Brahe, Tycho. *Tychonis Brahe Dani Opera omnia.* 15 vols. Ed. J. L. E. Dreyer. Copenhagen: Libraria Gyldendaliana, 1913–29. **1790**
Branco, José Gomes. "Un umanista portoghese in Italia: Achilles Estaço." In *Relazioni storiche fra l'Italia e il Portogallo: Memorie e documenti,* 135–48. Rome: Reale Accademia d'Italia, 1940. **1039**
———. "Os discursos em latim do humanista Aquiles Estaço." *Euphrosyne* 1 (1957): 3–23. **1039**
Brandon, William. *New Worlds for Old: Reports from the New World and Their Effect on the Development of Social Thought in Europe, 1500–1800.* Athens: Ohio University Press, 1986. **636**
Branquinho, Isabel. "O Tratado de Tordesilhas e a questão das Molucas." *Mare Liberum* 8 (1994): 9–18. **1114**
Brant, Sebastian. *Stultifera nauis . . . (The Ship of Fooles).* Trans. Alexander Barclay. London: Richard Pynson, 1509. **94**
Brashear, Ronald, and Daniel Lewis. *Star Struck: One Thousand Years of the Art and Science of Astronomy.* San Marino, Ca.: Huntington Library, 2001. **77**
Braude, Benjamin. "The Sons of Noah and the Construction of Ethnic and Geographical Identities in the Medieval and Early Modern Periods." *William and Mary Quarterly,* 3rd ser., 54 (1997): 103–42. **28**
Braudel, Fernand. *The Mediterranean and the Mediterranean World in the Age of Philip II.* 2 vols. Trans. Siân Reynolds. New York: Harper and Row, 1972–73. **174, 175, 889**
Braun, Georg, and Frans Hogenberg. *Beschreibung und Contrafactur der vornembster Stät der Welt, Cologne, 1572.* 6 vols. 1572. Reprinted Stuttgart: Müller und Schindler, 1965. **687**
———. *Theatre des cites dv monde.* Brussels, 1574–1618. **687**
———. *Civitates orbis terrarum.* 6 pts. in 3 vols. Cologne: G. von Kempen, 1581–1618. **1791**
———. *Civitates orbis terrarum, 1572–1618.* 3 vols. Intro. R. A. Skelton. Amsterdam: Theatrum Orbis Terrarum, 1965. **1234**
———. *Civitates orbis terrarum, "The Towns of the World," 1572–1618.* 3 vols. Intro. R. A. Skelton. Cleveland: World, 1966. **1052**
Braunfels, Wolfgang. "Anton Woensams Kölnprospekt von 1531 in der Geschichte des Sehens." *Wallraf-Richartz-Jahrbuch* 22 (1960): 115–36. **1203**
Brecht, Martin. "Johann Valentin Andreae: Weg und Programm eines Reformers zwischen Reformation und Moderne." In *Theologen und Theologie an der Universität Tübingen,* ed. Martin Brecht, 270–343. Tübingen: J. C. B. Mohr, 1977. **442**
Bredekamp, Horst. *Antikensehnsucht und Maschinenglauben: Die Geschichte der Kunstkammer und die Zukunft der Kunstgeschichte.* Berlin: Klaus Wagenbach, 1993. **277**
———. *La nostalgie de l'antique: Statues, machines et cabinets de curiosités.* Trans. Nicole Casanova. Paris: Diderot, 1996. **651**
Breen, John. "Spenser's 'Imaginatiue Groundplot': *A View of the Present State of Ireland.*" *Spenser Studies* 12 (1998): 151–68. **415**
Bremner, Robert. "Written Portulans and Charts from the 13th to the 16th Century." In *Fernando Oliveira e o seu tempo humanismo e arte de navegar no renascimento Europeu (1450–1650): Actas da IX Reunião Internacional de História da Náutica e da Hidrografia,* [1998], 345–620. Cascais: Patrimonia, 2000. **195**
Bremond, Laurent. *Nouvelle carte generalle de la Mer Mediterranée . . . sur le Port a Marseille au Coin de Reboul, 1725.* Marseille: Laurent Bremond, 1726. **235**
Brenner, Oskar. "Die ächte Karte des Olaus Magnus vom Jahre 1539 nach dem Exemplar der Münchener Staatsbibliothek." *Forhandlinger i Videnskabs-selskabet i Christiania,* 1886, no. 15, 1–24. Reprinted in *Acta cartographica* 16 (1973): 47–68. **1788**
Brentano, Robert. *A New World in a Small Place: Church and Religion in the Diocese of Rieti, 1188–1378.* Berkeley: University of California Press, 1994. **27, 38, 50**
Breton, Nicholas. *The Vncasing of Machivils Instructions to His Sonne: With the Answere to the Same.* London, 1613. **412**
Breuilly, John. "Sovereignty and Boundaries: Modern State Formation and National Identity in Germany." In *National Histories and European History,* ed. Mary Fulbrook, 94–140. Boulder: Westview Press, 1993. **663**
Breusing, Arthur. *Gerhard Kremer, gen. Mercator, der deutsche Geograph.* Duisburg: F. H. Nieten, 1869. **1229**
Breydenbach, Bernard von. *Peregrinatio in Terram Sanctam.* Mainz, 1486. Lyons: Michel Topié and Jacques Heremberck, 1488. **543, 550, 1570**
Brezzi, Paolo. "Barbari, feudatari, comuni e signorie fino alla metà del secolo XVI." In *Storia del Piemonte,* 2 vols., 1:73–182. Turin: Casanova, 1960. **832**
Brichzin, Hans. "Augenschein-, Bild- und Streitkarten." In *Kursächsische Kartographie bis zum Dreißigjährigen Krieg,* by Fritz Bönisch et al., 1:112–206. Berlin: Deutscher Verlag der Wissenschaften, 1990–. **487**
———. "Eine Ungarnkarte von Nicolaus Angielus, sowie Grund- und Aufrisse ungarischer Festungen aus dem Jahr 1566 im Sächsischen Hauptstaatsarchiv zu Dresden." *Cartographica Hungarica* 2 (1992): 39–43. **1844**
———. "Megjegyzések az első nyomtatott Magyarország térképről (1522)." *Cartographica Hungarica* 1 (1992): 37–40. **1823**
———. "Der Kartograph Tilemann Stella (1525–1589): Seine Beziehungen zu Sachsen und zu Kurfürst August anhand neuer Quellenfunde." *Archivmitteilungen* 42 (1993): 211–28. **1213**
Briels, J. G. C. A. *Zuid-Nederlandse immigratie, 1572–1630.* Haarlem: Fibula-Van Dishoeck, 1978. **1306**
Brincken, Anna-Dorothee von den. "Mappa mundi und Chronographia: Studien zur *Imago Mundi* des abendländischen Mittelalters." *Deutsches Archiv für die Erforschung des Mittelalters* 24 (1968): 118–86. **30, 31, 1590**
———. "Die Ausbildung konventioneller Zeichen und Farbgebungen in der Universalkartographie des Mittelalters." *Archiv für Diplomatik* 16 (1970): 325–49. **538**
———. "'. . . Ut describeretur universus orbis': Zur Universalkartographie des Mittelalters." In *Methoden in Wissenschaft und Kunst des Mittelalters,* ed. Albert Zimmermann, 249–78. Berlin: W. de Gruyter, 1970. **30**
———. "Universalkartographie und geographische Schulkenntnisse im Inkunabelzeitalter (Unter besonderer Berücksichtigung des 'Rudimentum noviciorum' und Hartmann Schedels)." In *Studien zum städtischen Bildungswesen des späten Mittelalters und der frühen Neuzeit,* ed. Bernd Moeller, Hans Patze, and Karl Stackmann, 398–429. Göttingen: Vandenhoeck und Ruprecht, 1983. **1180**
———. *Kartographische Quellen: Welt-, See-, und Regionalkarten.* Turnhout: Brepols, 1988. **25, 28, 30, 37, 42**
———. "Mappe del cielo e della terra: L'orientamento nel basso medioevo." In *Spazi, tempi, misure e percorsi nell'Europa del bassomedioevo,* 81–96. Spoleto: Centro Italiano di Studi sull'Alto Medioevo, 1996. **39**
———. "Jerusalem: A Historical as well as an Eschatological Place on the Medieval Mappae Mundi." Paper presented at the Mappa Mundi Conference, Hereford, Eng., 29 June 1999. **26**
Brink, Claudia, and Wilhelm Hornbostel, eds. *Pegasus und die Künste.* Munich: Deutscher Kunstverlag, 1993. **160, 171**
Brink, Paul van den. "De kaart van Rijnland door Floris Balthasar van Berckenrode." In *Prins Maurits' kaart van Rijnland en omliggend gebied door Floris Balthasar en zijn zoon Balthasar Florisz. van Berckenrode in 1614 getekend,* ed. K. Zandvliet, 1–16. Alphen aan den Rijn: Canaletto, 1989. **1267**

Brivio, Ernesto, et al., eds. *Itinerari di san Carlo Borromeo nella cartografia delle visite pastorali.* Milan: Unicopli, 1985. **904, 905**

Broc, Numa. *La géographie de la Renaissance (1420–1620).* Paris: Bibliothèque Nationale, 1980. **6, 263, 280, 406, 427, 706, 711, 974**

———. "La France de La Guillotière (1613)." Unpublished paper presented to the Twelfth International Conference on the History of Cartography, Paris, 1987. **1493**

Brockliss, L. W. B. *French Higher Education in the Seventeenth and Eighteenth Centuries: A Cultural History.* Oxford: Clarendon, 1987. **630, 631**

———. "Curricula." In *A History of the University in Europe,* ed. Hilde de Ridder-Symoens, vol. 2, *Universities in Early Modern Europe (1500–1800),* 563–620. Cambridge: Cambridge University Press, 1996. **624**

Brod, Raymond M. "The Art of Persuasion: John Smith's *New England* and *Virginia* Maps." *Historical Geography* 24, nos. 1–2 (1995): 91–106. **1773**

Brod, Walter M. "Frankens älteste Landkarte, ein Werk Sebastians von Rotenhan." *Mainfränkisches Jahrbuch für Geschichte und Kunst* 11 (1959): 121–42. **1191**

———. "Opera geographica Sebastiani a Rotenhan." *Berichte zur deutschen Landeskunde* 28 (1962): 95–122. **1191**

———. "Fränkische Hof- und Stadtmaler als Kartographen." In *Kartengeschichte und Kartenbearbeitung: Festschrift zum 80. Geburtstag von Wilhelm Bonacker,* ed. Karl-Heinz Meine, 49–57. Bad Godesberg: Kirschbaum, 1968. **1222**

Brodarich (Brodarics), Stephan. *De conflictu Hungarorum cum Solymano Turcarum imperatore ad Mohach historia verissima.* Cracow, 1527. **1827**

Broecke, M. P. R. van den. "Variaties binnen edities van oude atlassen, geïllustreerd aan Ortelius' *Theatrum Orbis Terrarum.*" *Caert-Thresoor* 13 (1994): 103–9. **1319**

———. *Ortelius Atlas Maps: An Illustrated Guide.* 't Goy-Houten: HES, 1996. **652, 1258, 1260, 1261, 1263, 1305, 1319**

———. "Introduction to the Life and Works of Abraham Ortelius (1527–1598)." In *Abraham Ortelius and the First Atlas: Essays Commemorating the Quadricentennial of His Death, 1598–1998,* ed. M. P. R. van den Broecke, Peter van der Krogt, and Peter H. Meurer, 29–54. 't Goy-Houten: HES, 1998. **1303**

———. "The Plates of Ortelius' *Theatrum Orbis Terrarum.*" In *Abraham Ortelius and the First Atlas: Essays Commemorating the Quadricentennial of His Death, 1598–1998,* ed. M. P. R. van den Broecke, Peter van der Krogt, and Peter H. Meurer, 383–90. 't Goy-Houten: HES, 1998. **1319**

———. "De Utopia kaart van Ortelius." *Caert-Thresoor* 23 (2004): 89–93. **439, 1304**

Broecke, M. P. R. van den, Peter van der Krogt, and Peter H. Meurer, eds. *Abraham Ortelius and the First Atlas: Essays Commemorating the Quadricentennial of His Death, 1598–1998.* 't Goy-Houten: HES, 1998. **1296**

Broecke, Pieter van den. *Reizen naar West-Afrika, 1604–1614.* Ed. K. Ratelband. The Hague, M. Nijhoff, 1950. **1449**

Broekhuijsen, Klara H., and Anne S. Korteweg. "Twee boekverluchters uit de Noordelijke Nederlanden in Duitsland." In *Annus quadriga mundi: Opstellen over Middeleeuwse Kunst Opgedragen aan Prof. Dr. Anna C. Esmeijer,* ed. J. B. Bedaux, 49–76. Zutphen: Walburg Pers, 1989. **1188**

Brohier, Richard Leslie, and J. H. O. Paulusz. *Descriptive Catalogue of Historical Maps in the Surveyor General's Office, Colombo.* Vol. 2 of *Land, Maps & Surveys.* Colombo: Printed at the Ceylon Govt. Press, 1951. **1446**

Bromberg, Stephen A. "Philipp Clüver and the 'Incomparable' Italia Antiqua." *Map Collector* 11 (1980): 20–25. **1242**

Brommer, Bea, and Dirk de Vries, *Batavia.* Vol. 4 of *Historische plattegronden van Nederlandse steden.* Alphen aan den Rijn: Canaletto, 1992. **1436**

Bronseval, Claude de. *Peregrinatio hispanica: Voyage de Dom Edme de Saulieu, abbé de Clairvaux, en Espagne et au Portugal, 1531–1533.* 2 vols. Ed. Maur Cocheril. Paris: Presses Universitaires de France, 1970. **1035**

Brooks, Randall C. "A Problem of Provenance: A Technical Analysis of the 'Champlain' Astrolabe." *Cartographica* 36, no. 3 (1999): 1–16. **1544**

Brotton, Jerry. "Mapping the Early Modern Nation: Cartography along the English Margins." *Paragraph* 19 (1996): 139–55. **419**

———. *Trading Territories: Mapping the Early Modern World.* London: Reaktion, 1997. Ithaca: Cornell University Press, 1998. **20, 92, 419, 633, 636, 663, 745, 746, 806, 1114**

———. *The Renaissance Bazaar: From the Silk Road to Michelangelo.* Oxford: Oxford University Press, 2002. **625, 627**

Brown, Alexander. "Queries: The Map of Virginia." *Magazine of American History* 8 (1882): 576. **1772**

———. *Genesis of the United States.* 2 vols. Boston: Houghton, Mifflin, 1890. **1769**

Brown, Basil. *Astronomical Atlases, Maps and Charts: An Historical and General Guide.* London: Search Publishing Company, 1932. **100**

Brown, Cynthia Jane. *Poets, Patrons, and Printers: Crisis of Authority in Late Medieval France.* Ithaca: Cornell University Press, 1995. **402**

Brown, Horatio. *The Venetian Printing Press: An Historical Study Based upon Documents for the Most Part Hitherto Unpublished.* 1891. Reprinted Amsterdam: Gérard Th. van Heusden, 1969. **796**

Brown, Joyce. *Mathematical Instrument-Makers in the Grocers' Company, 1688–1800, with Notes on Some Earlier Makers.* London: Science Museum, 1979. **1703, 1705**

Brown, Lloyd Arnold. *The Story of Maps.* Boston: Little, Brown, 1949. Reprinted New York: Dover Publications, 1979. **538, 603, 750, 758**

Brown, R. Allen, and Howard Montagu Colvin. "The Royal Castles, 1066–1485." In *The History of the King's Works,* by Howard Montagu Colvin et al., 6 vols., 2:554–894. London: Her Majesty's Stationery Office, 1963–82. **1589**

Brown, Roger. *Words and Things.* Glencoe, Ill.: Free Press, 1958. **539**

Brown, Stuart. "Renaissance Philosophy Outside Italy." In *Routledge History of Renaissance Philosophy,* vol. 4, *The Renaissance and Seventeenth-Century Rationalism,* ed. G. H. R. Parkinson, 70–103. London: Routledge, 1993. **58**

Brown, Wesley A. *The World Image Expressed in the* Rudimentum Novitiorum. Washington, D.C.: Geography and Map Division, Library of Congress, 2000. **1180**

Bruijn, J. R., F. S. Gaastra, and Ivo Schöffer, eds. *Dutch-Asiatic Shipping in the 17th and 18th Centuries.* 3 vols. The Hague: Nijhoff, 1979–87. **1444, 1448**

Bruin, M. P. de. *"De Zelandiae Descriptio": Het panorama van Walcheren uit 1550.* Maastricht: Deltaboek, 1984. **1252**

Brun, Robert. *Le livre français illustré de la Renaissance: Étude suivie du catalogue des principaux livres à figures du XVIe siècle.* Paris: A. et J. Picard, 1969. **429**

Brunelle, Gayle K. *The New World Merchants of Rouen, 1559–1630.* Kirksville, Mo: Sixteenth Century Journal Publishers, 1991. **428**

Bruni, Leonardo. *Leonardo Bruni Arretini epistolarum libri VIII.* 2 pts. Florence, 1741. **290**

———. *Panegyric to the City of Florence.* In *The Earthly Republic: Italian Humanists on Government and Society,* ed. and trans. Benjamin G. Kohl and Ronald G. Witt, 135–78. Philadelphia: University of Pennsylvania Press, 1978. **681**

Brunner, Felix. *A Handbook of Graphic Reproduction Processes.* Teufen, Switz.: A. Niggli, 1962. **592**

Brunner, Kurt. "Zwei Regionalkarten Süddeutschlands von David Seltzlin." In *Karten hüten und bewahren: Festgabe für Lothar Zögner,* ed. Joachim Neumann, 33–47. Gotha: Perthes, 1995. **1236**

Brunner, Kurt, and Heinz Musall, eds. *Martin Helwigs Karte von Schlesien aus dem Jahre 1561.* Karlsruhe: Fachhochschule, 1996. **1241**

Bruno, Giuliana. *Atlas of Emotion.* New York: Verso, 2002. **410**

Bruschi, Arnaldo, et al., eds. *Scritti Rinascimentali di architettura.* Milan: Il Polifilo, 1978. **682**

Bruwaert, Edmond. *La vie et les oeuvres de Philippe Thomassin graveur troyen, 1562–1622.* Troyes: P. Nouel and J.-L. Paton, 1914. **777**

Buchanan, George. *The History of Scotland.* 4 vols. Trans. James Aikman. Glasgow: Blackie, Fullarton, 1827. **626**

Buchell, Aernoud van. *Diarium van Arend van Buchell.* Ed. Gisbert Brom and L. A. van Langeraad. Amsterdam: J. Müller, 1907. **1438**

Buczek, Karol. *Kartografja Polska w czasach Stefana Batorego.* Warsaw, 1933. **1839**

———. "Bernard Wapowski, der Gründer der polnischen Kartographie." In *Comptes rendus du Congrès International de Géographie,* 4 vols. 4:61–63. 1935–38. Reprinted Nendeln: Kraus Reprint, 1972. **1809, 1817**

———. *Dzieje kartografi polskiej od XV do XVIII wieku: Zarys analityczno-syntetyczny.* Wrocław: Zakład Narodowy im. Ossolińskich, 1963. **1809**

———. *The History of Polish Cartography from the 15th to the 18th Century.* Trans. Andrzej Potocki. Wrocław: Zakład Narodowy im. Ossolińskich, Wydawnictwo Polskiej Akademii Nauk, 1966. 2d ed., reprinted with new intro., notes, and bibliography, Amsterdam: Meridian, 1982. **556, 667, 672, 1185, 1809, 1813, 1817, 1819, 1820, 1833, 1839, 1840, 1842, 1854**

Bufalini, Leonardo. *Roma al tempo di Giulio III: La pianta di Roma.* Intro. Franz Ehrle. Rome: Danesi, 1911. **685, 939**

Buganov, V. I., A. A. Preobrazhenskiy, and Yu. A. Tikhonov. *Evolyutsiya feodalizma v Rossii: Sotsial'no-ekonomicheskiye problemy.* Moscow: Mysl', 1980. **1858**

Bühler, Curt F. "Variants in the First Atlas of the Mediterranean." *Gutenberg Jahrbuch,* 1957, 94–97. **269**

Buhler, Stephen M. "Marsilio Ficino's *De stella magorum* and Renaissance Views of the Magi." *Renaissance Quarterly* 43 (1990): 348–71. **79**

Buijsero, Cornelis. *Cornelis Buijsero te Bantam, 1616–1618: Zijn brieven en journaal.* Ed. J. W. IJzerman. The Hague: M. Nijhoff, 1923. **1437**

Buisseret, David. "Les ingénieurs du roi au temps de Henri IV." *Bulletin de la Section de Géographie* 77 (1964): 13–84. **642, 687, 720, 721, 1506, 1509, 1510**

———. *Sully and the Growth of Centralized Government in France, 1598–1610.* London: Eyre and Spottiswoode, 1968. **721, 736**

———. "The Cartographic Definition of France's Eastern Boundary in the Early Seventeenth Century." *Imago Mundi* 36 (1984): 72–80. **662, 667, 1508**

———. "The Use of Maps and Plans by the Government of Richelieu." *Proceedings of the Annual Meeting of the Western Society for French History* 14 (1987): 40–46. **667**

———. "Henri IV et l'art militaire." In *Henri IV: Le roi et la reconstruction du royaume,* 333–52. Pau: Association Henri IV, 1989. J & D Éditions, 1990. **1513**

———. "Introduction." In *Monarchs, Ministers, and Maps: The Emergence of Cartography as a Tool of Government in Early Modern Europe,* ed. David Buisseret, 1–4. Chicago: University of Chicago Press, 1992. **653**

———. "Monarchs, Ministers, and Maps in France before the Accession of Louis XIV." In *Monarchs, Ministers, and Maps: The Emergence of Cartography as a Tool of Government in Early Modern Europe,* ed. David Buisseret, 99–123. Chicago: University of Chicago Press, 1992. **665, 666, 667, 725, 806, 826, 1597**

———. "The Estate Map in the Old World." In *Rural Images: Estate Maps in the Old and New Worlds,* ed. David Buisseret, 5–26. Chicago: University of Chicago Press, 1996. **714, 1648**

———. "Introduction: Defining the Estate Map." In *Rural Images: Estate Maps in the Old and New Worlds,* ed. David Buisseret, 1–4. Chicago: University of Chicago Press, 1996. **718**

———. "Jesuit Cartography in Central and South America." In *Jesuit Encounters in the New World: Jesuit Chroniclers, Geographers, Educators and Missionaries in the Americas, 1549–1767,* ed. Joseph A. Gagliano and Charles E. Ronan, 113–62. Rome: Institutum Historicum S. I., 1997. **1148, 1157, 1162, 1168**

———. "Meso-American and Spanish Cartography: An Unusual Example of Syncretic Development." In *The Mapping of the* Entradas *into the Greater Southwest,* ed. Dennis Reinhartz and Gerald D. Saxon, 30–55. Norman: University of Oklahoma Press, 1998. **1156**

———. "Modeling Cities in Early Modern Europe." In *Envisioning the City: Six Studies in Urban Cartography,* ed. David Buisseret, 125–43. Chicago: University of Chicago Press, 1998. **1607**

———. *Ingénieurs et fortifications avant Vauban: L'organisation d'un service royal aux XVIe-XVIIe siècles.* Éditions du C.T.H.S., 2002. **1504, 1505, 1510, 1512, 1530, 1533**

———. *The Mapmaker's Quest: Depicting New Worlds in Renaissance Europe.* New York: Oxford University Press, 2003. **6, 636**

———. "Spanish Military Engineers in the New World before 1750." In *Mapping and Empire: Soldier-Engineers on the Southwestern Frontier,* ed. Dennis Reinhartz and Gerald D. Saxon, 44–56. Austin: University of Texas Press, 2005. **1147**

———. "The Manuscript Sources of Christophe Tassin's Maps of France: The 'Military School.'" In *Margaritae cartographicae: Studia Lisette Danckaert, 75um diem natalem agenti oblata,* ed. Wouter Bracke, 85–113. Brussels: Archives et Bibliothèques de Belgique, 2006. **1507, 1509**

———, ed. *Monarchs, Ministers, and Maps: The Emergence of Cartography as a Tool of Government in Early Modern Europe.* Chicago: University of Chicago Press, 1992. **60, 636, 637, 653, 661, 719, 1083, 1589**

———, ed. *Rural Images: Estate Maps in the Old and New Worlds.* Chicago: University of Chicago Press, 1996. **705, 1094, 1589**

———, ed. *Envisioning the City: Six Studies in Urban Cartography.* Chicago: University of Chicago Press, 1998. **664**

Bujak, Franciszek. "Długosz jako geograf." In *Studja geograficzno-historyczne,* by Franciszek Bujak, 91–105. Cracow: Nakład Gebethnera I Wolffa, 1925. **1817**

———. "Geografja na Uniwersytecie Jagiellońskim do Połowy XVI-go wieku." In *Studja geograficzno-historyczne,* by Franciszek Bujak, 1–61. Warsaw: Nakład Gebethnera i Wolffa, 1925. **1816**

———. "Wykład geografii Jana z Głogowy w. r. 1494." In *Studja geograficzno-historyczne,* by Franciszek Bujak, 63–77. Warsaw: Nakładgebethnera i Wolffa, 1925. **352**

Bull-Reichenmiller, Margareta, et al. *"Beritten, beschriben und gerissen": Georg Gadner und sein kartographisches Werk, 1559–1602.* Stuttgart: Hauptstaatsarchiv, 1996. **1225**

Buondelmonti, Cristoforo. *Librum insularum archipelagi.* Ed. G. R. Ludwig von Sinner. Leipzig: G. Reimer, 1824. **265**

———. *Description des îles de l'archipel.* Trans. Émile Legrand. Paris: E. Leroux, 1897. **265**

———. *"Descriptio insule Crete" et "Liber Insularum," cap. XI: Creta.* Ed. Marie-Anne van Spitael. Candia, Crete: Syllogos Politstikēs Anaptyxeōs Herakleiou, 1981. **265, 266, 642**

Buonocore, Marco, ed. *Vedere i Classici: L'illustrazione libraria dei testi antichi dall'età romana al tardo medioevo.* Rome: Fratelli Palombi, 1996. **318**

Burckhardt, Jacob. *Die Cultur der Renaissance in Italien*. Basel: Schweighauser, 1860. **6**

———. *The Civilization of the Renaissance in Italy*. 2 vols. Trans. S. G. C. Middlemore. New York: Harper, 1958. **664, 948**

———. "Orbis Terrarum." In *L'arte italiana del Rinascimento*, vol. 2 of *Pittura: I Generi*, ed. Maurizio Ghelardi, 109–13. Venice: Marsilio, 1992. **804**

———. *The Civilization of the Renaissance in Italy*. 3d ed. [Trans. S. G. C. Middlemore.] London: Phaidon, 1995. **286**

———. *The Civilization of the Renaissance in Italy*. Trans. S. G. C. Middlemore. Intro. Peter Gay. New York: Modern Library, 2002. **6**

Burden, Philip D. "A Dozen Lost Sixteenth-Century Maps of America Found." *Map Collector* 74 (1996): 30–32. **1472**

———. *The Mapping of North America: A List of Printed Maps, 1511–1670*. Rickmansworth, Eng.: Raleigh, 1996. **21, 743, 1424, 1425, 1472, 1619, 1666, 1697, 1705, 1712, 1762, 1763, 1767, 1768, 1772, 1773, 1776, 1778, 1780**

Bureus, Andreas (Anders Bure). *Orbis arctoi nova et accurata delineatio*. 2 vols. Ed. Herman Richter. Lund: C. W. K. Gleerup, 1936. **1793, 1801**

Burger, C. P. "Oude Hollandsche zeevaart-uitgaven: De oudste leeskaarten." *Tijdschrift voor boek- en bibliotheekwezen* 6 (1908): 241–61. **1386, 1387**

———. "Oude Hollandsche zeevaart-uitgaven: Het leeskaartboek van Wisbuy." *Tijdschrift voor boek- en bibliotheekwezen* 7 (1909): 1–17 and 49–60. **1387, 1388, 1389**

———. "Oude Hollandsche zeevaart-uitgaven: Het waterrecht." *Tijdschrift voor boek- en bibliotheekwezen* 7 (1909): 123–32 and 157–72. **1387**

———. "Kaartboeken van de tweede helft der XVI^{c} eeuw." *Tijdschrift voor boek- en bibliotheekwezen* 8 (1910): 257–59. **1392**

———. "Oude Hollandsche zeevaart-uitgaven: Het groote zeekaartboek van Govert Willemsz." *Tijdschrift voor boek- en bibliotheekwezen* 9 (1911): 69–79. **1390**

———. "Oude Hollandsche zeevaart-uitgaven: 'De Zeevaert' van Adriaen Gerritsz." *Het Boek* 2 (1913): 113–28. **1391**

———. "Oude Hollandsche zeevaart-uitgaven: De zeekaarten van Cornelis Anthonisz." *Het Boek* 2 (1913): 283–85. **1387**

———. "De oudste Hollandsche wereldkaart, een werk van Cornelius Aurelius." *Het Boek* 5 (1916): 33–66. **1306**

———. "Een 16^{c}-eeuwsch zeekaartboekje teruggevonden." *Het Boek* 8 (1919): 225–28. **1388**

———. "Het Caert-Thresoor." *Het Boek* 18 (1929): 289–304 and 321–44. **1332**

———. "De Amsterdamsche uitgever Cornelis Claesz (1578–1609)." *De Gulden Passer* 9 (1931): 59–68. **1309**

Burgklechner, Matthias. *Aquila Tirolensis: Quatuor Ordines Comitatus Tirolis*. Ed. Eduard Richter. Vienna, 1902. Reprinted Innsbruck, 1975. **442**

Burke, Peter. *Venice and Amsterdam: A Study of Seventeenth-Century Elites*. 2d ed. Cambridge, Mass.: Polity Press, 1994. **1448**

Burmeister, Karl Heinz. *Sebastian Münster: Eine Bibliographie mit 22 Abbildungen*. Wiesbaden: Guido Pressler, 1964. **68, 500, 1209**

———. *Georg Joachim Rhetikus, 1514–1574: Eine Bio-Bibliographie*. 3 vols. Wiesbaden: Pressler, 1967–68. **1209**

———. "Georg Joachim Rheticus as a Geographer and His Contribution to the First Map of Prussia." *Imago Mundi* 23 (1969): 73–76. **1209**

———. *Sebastian Münster: Versuch eines biographischen Gesamtbildes*. 2d ed. Basel: Helbing und Lichtenhahn, 1969. **1209**

Burrus, Ernest J. *Kino and the Cartography of Northwestern New Spain*. Tucson: Arizona Pioneers' Historical Society, 1965. **1157**

———. *La obra cartográfica de la Provincia Mexicana de la Compañía de Jesús (1567–1967)*. Madrid: Ediciones José Porrúa Turanzas, 1967. **1143, 1157**

Burton, Robert. *The Anatomy of Melancholy*. 5 vols. Ed. Thomas C. Faulkner, Nicolas K. Kiessling, and Rhonda L. Blair. Oxford: Clarendon, 1989–. **421**

Bury, J. B. *Two Notes on Francisco de Holanda*. London: Warburg Institute, University of London, 1981. **90**

———. "Francisco de Holanda and His Illustrations of the Creation." *Portuguese Studies* 2 (1986): 15–48. **89**

Bury, Michael. "The Taste for Prints in Italy to c. 1600." *Print Quarterly* 2 (1985): 12–26. **650**

———. *The Print in Italy, 1550–1620*. London: British Museum Press, 2001. **594, 595, 596**

Bushnell, Rebecca W. *A Culture of Teaching: Early Modern Humanism in Theory and Practice*. Ithaca: Cornell University Press, 1996. **625**

Busolini, D. "Gastaldi, Giacomo." In *Dizionario biografico degli Italiani*, 52:529–32. Rome: Istituto della Enciclopedia Italiana, 1960–. **842**

Butler, David J. *The Town Plans of Chichester, 1595–1898*. Chichester: West Sussex County Council, 1972. **1657**

Butler, Ruth Lapham, comp. *A Check List of Manuscripts in the Edward E. Ayer Collection*. Chicago: Newberry Library, 1937. **1446**

Butlin, R. A. "Northumberland Field Systems." *Agricultural History Review* 12 (1964): 99–120. **715**

Büttner, Manfred. "Philipp Melanchthon (1497–1560)." In *Wandlungen im geographischen Denken von Aristoteles bis Kant*, ed. Manfred Büttner, 93–110. Paderborn: Schöningh, 1979. **1208**

———, ed. *Wandlungen im geographischen Denken von Aristoteles bis Kant*. Paderborn: Schöningh, 1979. **1172**

Büttner, Manfred, and Karl Heinz Burmeister. "Sebastian Münster, 1488–1552." In *Geographers: Biobibliographical Studies*, ed. Thomas Walter Freeman, Marguerita Oughton, and Philippe Pinchemel, 3:99–106. London: Mansell, 1977–. **68**

———. "Sebastian Münster (1488–1552)." In *Wandlungen im geographischen Denken von Aristoteles bis Kant*, ed. Manfred Büttner, 111–28. Paderborn: Schöningh, 1979. **1211**

Butzmann, Hans, ed. *Corpus agrimensorum Romanorum: Codex Arcerianus A der Herzog-August-Bibliothek zu Wolfenbüttel (Cod.Guelf.36.23A)*. Leiden: A. W. Sijthoff, 1970. **1447**

Byloos, Brigitte. "Nederlands vernuft in Spaanse dienst: Technologische bijdragen uit de Nederlanden voor het Spaanse Rijk, 1550–1700." Ph.D. diss., Katholieke Universiteit, Leuven, 1986. **1435**

Byrne, Muriel St. Clare, ed. *The Lisle Letters: An Abridgement*. London: Secker and Warburg, 1983. **1607**

Byvanck, A. W. "De Platen in de Aratea van Hugo de Groot." *Mededelingen der Koninklijke Nederlandsche Akademie van Wetenschappen* 12 (1949): 169–233. **100, 105**

Bzinkowska, Jadwiga. *Od Sarmacji do Polonii: Studia nad początkami obrazu kartograficznego Polski*. Cracow: Nakładem Uniwersytetu Jagiellońskiego, 1994. **1817**

———. "Jan, ze Stobnicy. Introductio in Ptholomei cosmographia . . . " In *I Found It at the JCB: Scholars and Sources, Published on the Occasion of the Sesquincentennial Celebration of the Founding of the John Carter Brown Library*, 4–5. Providence, R.I.: John Carter Brown Library, 1996. **1816**

Cabot, Sebastian. *Declaratio chartae novae navigatoriae domini Almirantis*. [Antwerp], 1544. **498**

———. "Ordinances, instructions, and aduertisements of and for the direction of the intended voyage for Cathaye . . . " In *The Principall Navigations, Voiages and Discoveries of the English Nation*, by Richard Hakluyt, 2 vols., 1:259–63. Cambridge: Cambridge University Press, 1965. **523**

Cabrero, Leoncio. "El empeño de las Molucas y los tratados de Zaragoza: Cambios, modificaciones y coincidencias entre el no ratificado y el ratificado." In *El Tratado de Tordesillas y su época (Congreso Internacional de Historia)*, 3 vols., 2:1091–132. [Tordesillas]: Sociedad V Centenario del Tratado de Tordesillas, 1995. **1115**

Cacciavillani, Ivone. *Le leggi veneziane sul territorio, 1471–1789: Boschi, fiumi, bonifiche e irrigazioni.* Padua: Signum, 1984. **888, 891**

———. *I privilegi della reggenza dei Sette Comuni, 1339–1806.* Limena, Padua: Signum, 1984. **889**

Cachey, T. J. (Theodore J.). *Le Isole Fortunate: Appunti di storia letteraria italiana.* Rome: "L'Erma" di Bretschneider, 1995. **458**

———. "Print Culture and the Literature of Travel: The Case of the Isolario." Paper presented at Narratives and Maps: Historical Studies of Cartographic Storytelling, the Thirteenth Kenneth Nebenzahl, Jr., Lectures in the History of Cartography, Newberry Library, Chicago, October 1999. **459**

Caddeo, Rinaldo, ed. *Relazioni di viaggio e lettere di Cristoforo Colombo (1493–1506).* 2d ed. Milan: V. Bompiani, 1943. **970**

Caetano, Joaquim Oliveira, and Miguel Soromenho, eds. *A ciência do desenho: A ilustração na colecção de códices da Biblioteca Nacional.* Lisbon: Biblioteca Nacional, 2001. **1053, 1054, 1057**

Cahen, G. "Les cartes de la Sibéria au XVIIe siecle." *Essai de Bibliographie Critique* (1911): 106–13. **1889, 1890**

Cahn, Walter. "Architecture and Exegesis: Richard of St.-Victor's Ezekiel Commentary and Its Illustrations." *Art Bulletin* 76 (1994): 53–68. **41**

Caius, John. *Historiæ Cantebrigiensis Academiæ ab vrbe condita.* London: Inædibus Iohannis Daij, 1574. **1702**

Calabrese, Omar, Renato Giovannoli, and Isabella Pezzini, eds. *Hic sunt leones: Geografia fantastica e viaggi straordinari.* Milan: Electa, 1983. **941**

Caldecott-Baird, Duncan. *The Expedition in Holland, 1572–1574: The Revolt of the Netherlands, the Early Struggle for Independence from the Manuscript by Walter Morgan.* London: Seeley Service, 1976. **727**

Calderini, Aristide. "Ricerche intorno alla biblioteca e alla cultura greca di Francesco Filelfo." *Studi Italiani di Filologia Classica* 20 (1913): 204–424. **296**

Calderón de la Barca, Pedro. *Obras completas.* 2d ed. 3 vols. Madrid: Aguilar, 1991. **473, 474, 476**

Calderón Quijano, José Antonio. *Historia de las fortificaciones en Nueva España.* Seville: [Escuela de Estudios Hispano-Americanos], 1953. **1155**

———. *Las fortificaciones de Gibraltar en 1627.* Seville: Universidad de Sevilla, Secretariado de Publicaciones, Intercambio Científico y Extensión Universitaria, 1968. **1074**

———. *Nueva cartografía de los puertos de Acapulco, Campeche y Veracruz.* [Seville]: Escuela de Estudios Hispanoamericanos, 1969. **1156**

———. *Las defensas del Golfo de Cádiz en la edad moderna.* Seville: Escuela de Estudios Hispanoamericanos, 1976. **1073**

———. *Las fortificaciones españolas en América y Filipinas.* Madrid: Editorial MAPFRE, 1996. **1147**

Calderón Quijano, José Antonio, et al. *Cartografía militar y marítima de Cádiz.* 2 vols. Seville: Escuela de Estudios Hispanoamericanos, 1978. **1074**

Calendar of State Papers of the Reign of Elizabeth, Foreign Series, 1579–1580. Ed. A. J. Butler. London: His Majesty's Stationery Office, 1904. **1761**

Calendar of State Papers, Colonial, 1574–1660. Ed. William Noel Sainsbury. London: Her Majesty's Stationery Office, 1860. **1771**

Calendar of State Papers, Colonial Series, East Indies, China and Japan, 1513–1616. Ed. W. N. Sainsbury. London: Longman, Green, Longman, and Roberts, 1862. **1744**

Calendar of State Papers: Domestic Series of the Reign of Edward VI, 1547–1553. Ed. C. S. Knighton. London: Her Majesty's Stationery Office, 1992. **1622**

Calendar of State Papers, Foreign Series, of the Reign of Edward VI, 1547–1553. Ed. William B. Turnbull. London: Longman, Green, Longman, and Roberts, 1861. **1603**

Calendar of the State Papers, relating to Ireland, of the Reign of James I. 5 vols. Ed. Charles William Russell and John Patrick Prendergast. London: Longman, 1872–80. Reprinted Nendeln: Kraus, 1974. **1682**

Calendar of the State Papers, relating to Ireland, of the Reigns of Henry VIII., Edward VI., Mary, and Elizabeth. 11 vols. Ed. Hans Claude Hamilton, Ernest G. Atkinson, and Robert Pentland Mahaffy. London: Longman, Green, Longman, and Roberts, 1860–1912. **1679, 1682**

Calisi, M. *Il Museo Astronomico e Copernico.* Rome, 1982. **164, 166, 172**

Calvini, Nilo. "Ancora sul geografo Ludovico della Spina di Mailly." *La Berio* 8, no. 3 (1968): 31–37. **863**

Cam, Gilbert A. "Gerard Mercator: His 'Orbis Imago' of 1538." *Bulletin of the New York Public Library* 41 (1937): 371–81. **1299**

Cambrensis, Giraldus. *Expugnatio Hibernica: The Conquest of Ireland.* Ed. and trans. A. Brian Scott and F. X. Martin. Dublin: Royal Irish Academy, 1978. **1670**

Camden, William. *Britannia.* London: R. Newbery, 1586. **632, 658**

———. *The Abridgment of Camden's Britan[n]ia with the Maps of the Seuerall Shires of England and Wales.* [London]: Iohn Bill, 1626. **1712**

Camerlynck, L. N. J. "De taalgrens op Mercators kaart van Vlaanderen (1540)." *Caert-Thresoor* 13 (1994): 23–26. **1261**

Camesina, Albert. *Plan der Stadt Wien vom Jahre 1547, vermessen und erläutert durch Augustin Hirschvogel von Nürnberg.* Vienna: K. K. Hof- und Staatsdruckerei, 1863. **685**

Camilli, E. Machael. "*Six Dialogues,* 1566: Initial Response to the *Magdeburg Centuries.*" *Archiv für Reformationsgeschichte* 86 (1995): 141–52. **395**

Caminha, Pero Vaz de. *A carta de Pero Vaz de Caminha.* Ed. Jaime Cortesão. Rio de Janeiro: Livros de Portugal, 1943. **1030**

Camino, Mercedes Maroto. "'Methinks I See an Evil Lurk Unespied': Visualizing Conquest in Spenser's *A View of the Present State of Ireland.*" *Spenser Studies* 12 (1998): 169–94. **415**

Camões, Luís de. *The Lusiads.* Trans. Richard Fanshawe. Ed. Geoffrey Bullough. Carbondale: Southern Illinois University Press, 1963. **98**

———. *Os Lusiadas.* Ed. and intro. Frank Pierce. Oxford: Clarendon, 1973. **463, 464**

Campana, A. "Da codici del Buondelmonti." In *Silloge Bizantina in onore di Silvio Giuseppe Mercati,* 32–52. Rome: Associazione Nazionale per gli Studi Bizanti, 1957. **266, 267**

Campanella, Tommasso. *Realis philosophiae epilogisticae partes quatuor.* Frankfurt: G. Tampashii, 1623. **97**

———. *The City of the Sun: A Poetic Dialogue . . .* Trans. A. M. Elliot and R. Millner. London: Journeyman Press, 1981. **97**

Campar, António, et al., eds. *Olhar o Mundo, ler o território: Uma viagem pelos mapas.* Coimbra: Instituto de Estudos Geográficos, Faculdade de Letras da Universidade de Coimbra, 2004. **1041**

Campbell, Eila M. J. "The History of Cartographical Symbols, with Special Reference to Those Employed on Maps of a Scale of Less than 1:50,000." M.A. thesis, University of London, 1946. **537, 538, 541, 550, 561**

———. "The Development of the Characteristic Sheet, 1533–1822." In *Proceedings, Eighth General Assembly and Seventeenth International Congress: International Geographical Union,* 426–30. Washington, D.C.: International Geographical Union, 1952. **18, 537**

———. "Lehmann's Contribution to the Cartographical Alphabet." In *The Indian Geographical Society Silver Juiblee [sic] Souvenir and*

N. Subrahmanyam Memorial Volume, ed. G. Kurian, 132–35. [Madras: Free India Press, 1952]. **529, 538**
———. "The Beginnings of the Characteristic Sheet to English Maps." *Geographical Journal* 128 (1962): 411–15. **538**
———. "The Patterns of Landscape." Review of *The History of Topographical Maps,* by P. D. A. Harvey. In *Times Literary Supplement,* 7 November 1980, 1269. **721**
Campbell, Mary B. *The Witness and the Other World: Exotic European Travel Writing, 400–1600.* Ithaca: Cornell University Press, 1988. **419**
Campbell, Tony. "The Drapers' Company and Its School of Seventeenth Century Chart-Makers." In *My Head Is a Map: Essays & Memoirs in Honour of R. V. Tooley,* ed. Helen Wallis and Sarah Tyacke, 81–106. London: Francis Edwards and Carta Press, 1973. **623, 1725, 1733, 1740**
———. "Atlas Pioneer." *Geographical Magazine* 48, no. 3 (1975): 162–67. **1652**
———. "A False Start on Christopher Saxton's Wall-Map of 1583?" *Map Collector* 8 (1979): 27–29. **1700**
———. *Early Maps.* New York: Abbeville, 1981. **1655**
———. "One Map, Two Purposes: Willem Blaeu's Second 'West Indische Paskaart' of 1630." *Map Collector* 30 (1985): 36–38. **1426**
———. "Census of Pre-Sixteenth-Century Portolan Charts." *Imago Mundi* 38 (1986): 67–94. **177**
———. *The Earliest Printed Maps, 1472–1500.* London: British Library, 1987. Berkeley: University of California Press, 1987. **10, 17, 27, 263, 268, 318, 326, 343, 344, 349, 358, 530, 599, 611, 612, 773, 952, 1180, 1181, 1182, 1184, 1187, 1193, 1194, 1569, 1589, 1596, 1597, 1696**
———. "Letter Punches: A Little-Known Feature of Early Engraved Maps." *Print Quarterly* 4 (1987): 151–54. **601**
———. "Portolan Charts from the Late Thirteenth Century to 1500." In *HC* 1:371–463. **9, 25, 36, 37, 177, 186, 189, 190, 192, 199, 202, 203, 204, 205, 210, 314, 513, 514, 519, 520, 527, 530, 536, 749, 954, 1009, 1069, 1096, 1557, 1595**
———. "Indexes to Material of Cartographic Interest in the Department of Manuscripts and to Manuscript Cartographic Items Elsewhere in the British Library." In vol. 3, Chronological Index, 711–937 (BL, Maps Ref Z.2.[1]), November 1992. **1748**
———. "Laying Bare the Secrets of the British Library's Map Collections." *Map Collector* 62 (1993): 38–40. **1705**
———. "Egerton MS 1513: A Remarkable Display of Cartographic Invention." *Imago Mundi* 48 (1996): 93–102. **1559**
———. Review of *Carte marine et portulan au XIIe siècle* (1995), by Patrick Gautier Dalché. *Imago Mundi* 49 (1997): 184. **37**
———, ed. "Chronicle for 1980." *Imago Mundi* 33 (1981): 108–14. **180**
———, ed. "Chronicle for 1989." *Imago Mundi* 42 (1990): 120–32. **193**
———, ed. "Chronicle for 1991." *Imago Mundi* 44 (1992): 131–40. **180, 224**
Campi, Antonio. *Tvtto il cremonese.* 1583. **77**
Campion, Edmund. *A Historie of Ireland Written in the Yeare 1571.* Reprinted in *Ancient Irish Histories: The Works of Spencer, Campion, Hanmer, and Marleburrough,* 2 vols., ed. James Ware, vol. 1. Dublin: Hibernia Press, 1809. **1670**
Campodonico, Pierangelo. *La marineria genovese dal medioevo all'unità d'Italia.* Milan: Fabbri, 1989. **855, 856**
Canale, Michel-Giuseppe. *Storia del commercio, dei viaggi, delle scoperte e carte nautiche degl' italiani.* Genoa: Spese, 1866. **213**
Canny, Nicholas P. *The Elizabethan Conquest of Ireland: A Pattern Established, 1565–76.* Hassocks: Harvester Press, 1976. **1675**
———. "English Migration into and across the Atlantic during the Seventeenth and Eighteenth Centuries." In *Europeans on the Move: Studies on European Migration, 1500–1800,* ed. Nicholas P. Canny, 39–75. Oxford: Clarendon, 1994. **1755**
———. "The Origins of Empire: An Introduction." In *The Oxford History of the British Empire,* ed. William Roger Louis, vol. 1, *The Origins of Empire: British Overseas Enterprise to the Close of the Seventeenth Century,* ed. Nicholas P. Canny, 1–33. Oxford: Oxford University Press, 1998. **1722, 1754, 1755**
———, ed. *The Origins of Empire: British Overseas Enterprise to the Close of the Seventeenth Century.* Vol. 1 of *The Oxford History of the British Empire,* ed. William Roger Louis. Oxford: Oxford University Press, 1998. **1754**
Cao Wanru, et al., eds. *Zhongguo gudai dituji* (An atlas of ancient maps in China). 3 vols. Beijing: Wenwu Chubanshe, 1990–97. **591, 592**
Capacci, Alberto. *La toponomastica nella cartografia nautica di tipo medievale.* Genoa: Università degli studi di Genova, Centro Interdipartimentale di Studi Geografici Colombiani, 1994. **204**
Capacci, Alberto, and Carlo Pestarino. "Una carta nautica inedita attribuibile a Vicente Prunes." *Rivista Geografica Italiana* 91 (1984): 279–313. **208**
Capelletto, Rita. "Niccolò Niccoli e il codice di Ammiano Vat. lat. 1873." *Bollettino del Comitato per la Preparazione dell'Edizione Nazionale dei Classici Greci e Latini,* n.s. 26 (1978): 57–84. **293**
Capello, Carlo Felice. "La 'Descrizione degli itinerari alpini' di Jacques Signot (o Sigault)." *Rivista Geografica Italiana* 57 (1950): 223–42. **832**
———. *Studi sulla cartografia piemontese, I: Il Piemonte nella cartografia pre moderna (con particolare riguardo alla cartografia tolemaica).* Turin: Gheroni, 1952. **832**
Caplan, Harry, trans. *Ad C. herennium: De ratione dicendi (rhetorica ad herennium).* Cambridge: Harvard University Press, 1954. **641**
Cappelletti, V. "Benedetti, Giovanni Battista." In *Dizionario biografico degli Italiani,* 8:259–65. Rome: Istituto della Enciclopedia Italiana, 1960–. **842**
Caraci, Giuseppe. "Di alcune antiche carte nautiche Olandesi recentemente ritrovate." *Il Universo* 6 (1925): 795–827. Reprinted in *Acta Cartographica* 26 (1981): 257–98. **1413, 1419, 1420, 1421**
———. "Una carta attribuita a Colombo." *Rivista Geografica Italiana* 32 (1925): 280–87. **176**
———. "Un'altra pergamena di Cornelis Doetz.: Carta dell'Oceano Indiano." *Bibliofilia* 27 (1925–26): 58–60. **1417**
———. "Un cartografo olandese poco noto: Cornelis Doetz. una carta dell'Europa." *Bibliofilia* 27 (1925–26): 52–57. **1416**
———. *Tabulae geographicae vetustiores in Italia adservatae: Reproductions of Manuscript and Rare Printed Maps, Edited and Explained, as a Contribution to the History of Geographical Knowledge in the Period of the Great Discoveries.* 3 vols. Florence: Otto Lange, 1926–32. **217, 798, 1417, 1420**
———. "Avanzi di una preziosa raccolta di carte geografiche a stampa dei secoli XVI e XVII." *Bibliofilia* 29 (1927): 178–92. **174, 797, 801**
———. "Cimeli cartografici sconosciuti esistenti a Firenze." *Bibliofilia* 28 (1927): 31–50. **174, 182, 228**
———. "Sulla data della pretesa carta di Colombo." In *Atti del X Congresso Geografico Italiano,* 2 vols., 1:331–35. Milan, 1927. **176**
———. "Cimeli cartografici esistenti a Trieste." *Archeografo Triestino* 14 [1928]: 161–74. **214**
———. "Di due carte di Battista Agnese." *Rivista Geografica Italiana* 35 (1928): 227–34. **213, 214**
———. "A proposito di alcune carte nautiche della Biblioteca Nazionale di Parigi." *Estudis Universitaris Catalans* 14 (1929): 259–78. **189, 208**
———. "Le carte nautiche del R. Istituto di Belle Arti in Firenze." *Rivista Geografica Italiana* 37 (1930): 31–53. **191, 226, 228, 229**

———. "Una carta nautica disegnata a Malta nel 1574." *Archivio Storico di Malta* 1 (1930): 181–211. **226, 229**
———. "A proposito dei cartografi Maggiolo." *Rivista Marittima* 64 (1931): 236–38. **211**
———. "Il cartografo messinese Joan Martines e l'opera sua." *Atti della Reale Accademia Peloritana* 37 (1935): 619–67. **226**
———. "La Corsica in una carta di Vesconte Maggiolo (1511)." *Archivio Storico di Corsica* 11 (1935): 41–75. **866**
———. "Inedita Cartographica—I. Un gruppo di carte e atlanti conservati a Genova." *Bibliofilia* 38 (1936): 149–82. **180, 204, 228, 231, 235**
———. "Note critiche sui mappamondi gastaldini." *Rivista Geografica Italiana* 43 (1936): 120–37 and 202–23. **781, 797**
———. "La carta nautica del R. Archivio di Stato in Parma." *Aurea Parma* 21 (1937): 183–89. **182, 202, 214**
———. "Gio. Batta e Pietro Cavallini e una pretesa scuola cartografica livornese." *Bollettino Storico Livornese,* anno. 3, no. 4 (1939): 380–88. **189, 230, 231, 232**
———. "The Italian Cartographers of the Benincasa and Freducci Families and the So-Called Borgiana Map of the Vatican Library." *Imago Mundi* 10 (1953): 23–49. **190, 217, 221, 316**
———. "Amerigo Vespucci, Gonzalo Coelho e il Planisfero di Fano." *Memorie Geografiche* 3 (1956): 129–56. **209**
———. "Sulla data del Planisfero di Vesconte Maggiolo conservato a Fano." *Memorie Geografiche* 3 (1956): 109–28. **209**
———. "La produzione cartografica di Vesconte Maggiolo (1511–1549) e il Nuovo Mondo." *Memorie Geografiche* 4 (1958): 221–89. **209, 222, 236**
———. "Di alcune carte nautiche anonime che si vorrebbe attribuire a Girolamo da Verazzano." *L'Universo* 39, no. 3 (1959): 307–18; no. 4 (1959): 437–48. **190, 191**
———. "Ancora sulla data del Planisfero di Fano." *Memorie Geografiche* 6 (1960): 89–126. **209**
———. "Le carte nautiche anonime conservate nelle biblioteche e negli archivi di Roma." *Memorie Geografiche* 6 (1960): 155–245. **193, 199, 200, 201, 202, 223**
———. "A conferma del già detto: Ancora sulla paternità delle carte nautiche anonime." *Memorie Geografiche* 6 (1960): 129–40. **190**
Caraci Luzzana, Ilaria. *See* Luzzana Caraci, Ilaria.
Caraffa, Vincent de. *Dialogo nominato Corsica del R^mo^ Monsignor Agostino Justiniano vescovo di Nebbio.* Bastia, 1882. **867**
Caratini, Roger. *Histoire de la Corse.* Paris: Bordas, 1981. **866**
Carbonnier, Alain, and Joël Magny. "Michel de Certeau." Interview in *Cinéma* 301 (January 1984), 19–21. **403**
Cardini, Franco. "Orizzonti geografici e orizzonti mitici nel 'Guerrin Meschino.'" In *"Imago mundi": La conoscenza scientifica nel pensiero bassomedioevale,* 183–221. Todi: L'Accademia Tudertina, 1983. **298**
Cardona, Nicolás de. *Geographic and Hydrographic Descriptions of Many Northern and Southern Lands in the Indies, Specifically of the Discovery of the Kingdom of California (1632).* Ed. and trans. W. Michael Mathes. Los Angeles: Dawson's Book Shop, 1974. **1146**
"Carduchi, Luis." In *Diccionario histórico de la ciencia moderna en España,* 2 vols., ed. José María López Piñero et al., 1:180–81. Barcelona: Península, 1983. **1076**
Carley, James P., ed. *The Libraries of King Henry VIII.* London: British Library in association with the British Academy, 2000. **1622**
Carlin, Martha. "Four Plans of Southwark in the Time of Stow." *London Topographical Record* 26 (1990): 15–56. **1603**
Carlos V: La náutica y la navegación. Exhibition catalog. Barcelona: Lunwerg Editores, 2000. **1114, 1149, 1152**
Carneiro, António de Mariz. *Regimento de pilotos e roteiro da navegaçam e conqvistas do Brasil, Angola . . .* Lisbon: Lourenço de Anueres, 1642. **1061**
———. *Regimento de pilotos e roteiro das navegacoens da India Oriental . . .* Lisbon: Lourenço de Anueres, 1642. **1061**
———. *Descrição da fortaleza de Sofala e das mais da Índia.* Ed. Pedro Dias. Lisbon: Fundação Oriente, 1990. **1023**
Caron, François, and Joost Schouten. *A True Description of the Mighty Kingdoms of Japan & Siam.* Ed. C. R. Boxer. London: Argonaut Press, 1935. **1445**
Caroselli, Maria Raffaella. "Commercio librario a Roma nel secolo XV." *Economia e Storia* 25 (1978): 221–37. **775**
Carosi, Gabriele Paolo. *Da Magonza a Subiaco: L'introduzione della stampa in Italia.* Busto Arsizio: Bramante, 1982. **1182**
Carouge, Eliane. "Les chanoines de Notre-Dame de Paris aux XVe–XVIe siècles." Thesis, Écoles Nationale des Chartes, Paris, 1970. **1483, 1485**
Carpenter, Nathaniel. *Geography Delineated Forth in Two Bookes.* Oxford: Iohn Lichfield and William Tvrner, printers to the famous vniversity, for Henry Cripps, 1625. **87, 622**
Carpo, Mario. "*Descriptio urbis Romæ: Ekfrasis* geografica e cultura visuale all'alba della rivoluzione tipografica." *Albertiana* 1 (1998): 121–42. **452, 682**
Carruthers, Mary. *The Book of Memory: A Study of Memory in Medieval Culture.* Cambridge: Cambridge University Press, 1990. **34, 39, 639, 640**
———. *The Craft of Thought: Meditation, Rhetoric, and the Making of Images, 400–1200.* Cambridge: Cambridge University Press, 1998. **34, 35, 640**
"Cartes allégoriques: Le Pays de Tendre." *Magasin Pittoresque* 13 (1845): 60–62. **1579**
Cartes et figures de la terre. Exhibition catalog. Paris: Centre Georges Pompidou, 1980. **940**
Cartografia de Catalunya: Segles XVII–XVIII. Exhibition catalog. [Barcelona]: Institut Cartogràfic de Catalunya, [1986]. **1090**
La cartografia dels països de parla alemanya: Alemanya, Àustria i Suïssa. Barcelona: Institut Cartogràfic de Catalunya, 1997. **1177**
Cartografia e istituzioni in età moderna: Atti del Convegno, Genova, Imperia, Albenga, Savona, La Spezia, 3–8 novembre 1986. 2 vols. Genoa: Società Ligure di Storia Patria, 1987. **880**
Cartografía histórica del encuentro de dos mundos. Aguascalientes, Mexico: Instituto Nacional de Estadística, Geografía e Informática, 1992. **1000**
Carvajal, Gaspar de, P. de Almesto, and Alonso de Rojas. *La aventura del Amazonas.* Ed. Rafael Díaz Maderuelo. Madrid: Historia 16, 1986. **757**
Carvalho, A. Ayres de. *Catálogo da colecção de desenhos.* Lisbon: Biblioteca Nacional, 1977. **975, 1052**
Carvalho, Joaquim Barradas de. *A la recherche de la spécificité de la renaissance portugaise.* 2 vols. Paris: Fondation Calouste Gulbenkian, Centre Culturel Portugais, 1983. **60, 343**
Carvalho da Costa, António. *Compendio geographico.* Lisbon: J. Galraõ, 1636. **1002**
Casado Soto, José Luis. "João Baptista Lavanha: Descripción del reino de Aragón." In *Felipe II: Un monarca y su época. Las tierras y los hombres del rey,* exhibition catalog, 233. [Madrid]: Sociedad Estatal para la Conmemoración de los Centenarios de Felipe II y Carlos V, 1998. **507**
Casanova, Eugenio. *La carta nautica di Conte di Ottomanno Freducci d'Ancona, conservata nel R. Archivio di Stato in Firenze.* Florence: Carnesecchi, 1894. **221**
Casaubon, Meric. *Generall Learning: A Seventeenth-Century Treatise on the Formation of the General Scholar.* [1668]. Ed. Richard Serjeantson. Cambridge: RTM Publications, 1999. **626**
Casella, Nicola. "Pio II tra geografia e storia: La 'Cosmographia.'"

Archivio della Società Romana di Storia Patria 95 (1972): 35–112. **325, 656**

Casey, Edward S. *Representing Place: Landscape Painting and Maps.* Minneapolis: University of Minnesota Press, 2002. **8, 15, 402**

Cash, Caleb George. "The First Topographical Survey of Scotland." *Scottish Geographical Magazine* 17 (1901): 399–414. **1685, 1687**

Caspar, Max. *Kepler.* Trans. and ed. C. Doris Hellman. London: Abelard-Schuman, 1959. **1237**

———. *Johannes Kepler.* 4th ed. Stuttgart: Verlag für Geschichte der Naturwissenschaften und der Technik, 1995. **1237**

Caspari, Fritz. *Humanism and the Social Order in Tudor England.* Chicago: University of Chicago Press, 1954. **627, 628**

Cassanelli, Luciana, Gabriella Delfini, and Daniela Fonti. *Le mura di Roma: L'architettura militare nella storia urbana.* Rome: Bulzoni, 1974. **730**

Cassani, Silvia, ed. *Civiltà del Seicento a Napoli.* 2 vols. Exhibition catalog. Naples: Electa, 1984. **967**

Cassi, Laura, and Adele Dei. "Le esplorazioni vicine: Geografia e letteratura negli Isolari." *Rivista Geografica Italiana* 100 (1993): 205–69. **263, 266, 267, 268**

Cassini, Giocondo. *Piante e vedute prospettiche di Venezia (1479–1855).* Venice: La Stamperia di Venezia Editrice, 1982. **798**

Cassini de Thury, César-François. *Description géométrique de la France.* Paris: J. Ch. Desaint, 1783. **529**

Cassiodorus. *Cassiodori Senatoris Institutiones.* Ed. R. A. B. Mynors. Oxford: Clarendon, 1937. **295**

Cassirer, Ernst. *The Individual and the Cosmos in Renaissance Philosophy.* Trans. Mario Domandi. Oxford: Basil Blackwell, 1963. **74**

Castanheda, Fernão Lopes de. *História do descobrimento & conquista da India pelos portugueses.* Coimbra, 1551. **982, 1020**

Castellani, Carlo. *I privilegi di stampa e la proprietà letteraria in Venezia.* Venice: Fratelli Visentini, 1888. **796**

Castelo-Branco, Fernando. "Algumas notas sobre o mapa de Álvaro Seco." *Boletim da Sociedade de Geografia de Lisboa* 98 (1980): 112–23. **1039**

Casti, Emanuela. "Criteri della politica idraulica veneziana nella sistemazione delle aree forestali (XVI–XVIII sec.)." In *L'uomo e il fiume: Le aste fluviali e l'uomo nei paesi del Mediterraneo e del Mar Nero,* ed. Romain Rainero, Eugenia Bevilacqua, and Sante Violante, 17–24. Milan: Marzorati, 1989. **888**

———. "Il bosco nel Veneto: Un indice del rapporto uomo-ambiente." In *L'ambiente e il paesaggio,* ed. Manlio Cortelazzo, 106–27. Cinisello Balsamo, Milan: Silvana, 1990. **889**

———. "Cartografia e politica territoriale nella Repubblica di Venezia (secoli XIV–XVIII)." In *La cartografia italiana,* 79–101. Barcelona: Institut Cartogràfic de Catalunya, 1993. **213, 666, 882, 884**

———. "Cartografia e politica territoriale: I boschi della Repubblica Veneta." In *Storia Urbana,* no. 69 (1994): 105–32. **889**

. "Rappresentazione e pratica denominativa. Esempi dalla cartografia veneta cinquecentesca." In *Rappresentazioni e pratiche dello spazio in una prospettiva storico-geografica: Atti del Convegno, S. Faustino–Massa Martana, 27–30 settembre 1995,* ed. Graziella Galliano, 109–38. Genoa: Brigati, 1997. **881**

———. *L'ordine del mondo e la sua rappresentazione: Semiosi cartografica e autoreferenza.* Milan: Unicopli, 1998. In English, *Reality as Representation: The Semiotics of Cartography and the Generation of Meaning.* Trans. Jeremy Scott. Bergamo: Bergamo University Press, 2000. **538, 541, 874, 880, 882, 883, 895, 898**

———. "Il paesaggio come icona cartografica." *Rivista Geografica Italiana* 108 (2001): 543–82. **887, 904**

———. "Elementi per una teoria dell'interpretazione cartografica." In *La cartografia europea tra primo Rinascimento e fine dell'Illuminismo,* ed. Diogo Ramada Curto, Angelo Cattaneo, and André Ferrand Almeida, 293–324. Florence: Leo S. Olschki, 2003. **875**

———. "Towards a Theory of Interpretation: Cartographic Semiosis." *Cartographica* 40, no. 3 (2005): 1–16. **875**

Castiglione, Baldassare. *Il libro del cortegiano.* Venice, 1528. **664**

———. *The Book of the Courtier.* Trans. Thomas Hoby. London: D. Nutt, 1900. **1616**

———. *The Book of the Courtier.* [1528]. Trans. George Anthony Bull. Baltimore: Penguin Books, 1967. **720**

Castilla la nueva, mapas generales: Madrid, capital y provincia, siglos XVII a XIX. Madrid: Instituto de Geografía Aplicada, Consejo Superior de Investigaciones Científicas, 1972. **1090**

Castro, João de. *Roteiro em que se contem a viagem que fizeram os Portuguezes no anno de 1541.* Ed. António Nunes de Carvalho. Paris: Baudry, 1833. **1015**

———. *Primeiro roteiro da costa da India: Desde Goa até Dio.* Ed. Diogo Köpke. Porto: Typographia Commercial Portuense, 1843. **1015**

———. *Roteiro de Lisboa a Goa.* Ed. João de Andrade Corvo. Lisbon: Academia Real das Sciencias, 1882. **1015**

———. *Le routier de Don Joam de Castro.* Trans. Albert Kemmerer. Paris: P. Geuthner, 1936. **1613**

———. *Obras completas de D. João de Castro.* 4 vols. Ed. Armando Cortesão and Luís de Albuquerque. Coimbra: Academia Internacional da Cultura Portuguesa, 1968–82. **1014, 1015, 1016, 1017**

———. *Tábuas dos roteiros da India de D. João de Castro.* Intro. Luís de Albuquerque. Lisbon: Edições INAPA, 1988. **1015**

"Catálogo das cartas [do Arquivo Histórico Militar]." *Boletim do Arquivo Histórico Militar* 43 (1974): 145–320. **975**

Catalogue de la Bibliothèque de M.-J. W. Six de Vromade. 2 vols. The Hague: Van Stockum's Antiquariaat, 1925. **1389, 1392**

Catalogue des cartes nautiques sur vélin: Conservées au Département des Cartes et Plans. Paris: Bibliothèque Nationale, 1963. **1419, 1421**

Catalogue of the Library of Philips van Marnix van Sint-Aldegonde. Intro. G. J. Brouwer. Nieuwkoop: B. de Graaf, 1964. **645**

Catalogue of Valuable Printed Books, Important Manuscript Maps, Autograph Letters, Historical Documents, Etc . . . . Which Will Be Sold by Auction by Messrs. Sotheby and Co. on Monday, the 8th March, 1948, and Two Following Days. London: Sotheby, 1948. **1671**

Catalogus van de tentoonstelling Nicolaes van Geelkercken. Zutphen, 1972. **1269**

Cattaneo, Angelo. "Fra Mauro *Cosmographus Incomparabilis* and His *Mappamundi:* Documents, Sources, and Protocols for Mapping." In *La cartografia europea tra primo Rinascimento e fine dell'Illuminismo,* ed. Diogo Ramada Curto, Angelo Cattaneo, and André Ferrand Almeida, 19–48. Florence: Leo S. Olschki, 2003. **315**

———. "Letture e lettori della Geografia di Tolomeo a Venezia intorno alla metà del Quattrocento." *Geographia Antiqua* 13 (2004): 41–66. **314, 315**

Caullet, G. *De gegraveerde, onuitgegeven en verloren geraakte teekeningen voor Sanderus' "Flandria Illustrata."* Amsterdam, 1908. Republished Antwerp: Buschmann, 1980. **1335**

"Caus (Salomon de)." In *Dictionnaire de biographie française,* vol. 7, cols. 1467–68. Paris: Letouzey et Ané, 1933–. **1517**

Cavallar, Osvaldo, Susanne Degenring, and Julius Kirshner, eds. *A Grammar of Signs: Bartolo da Sassoferrato's Tract on Insignia and Coats of Arms.* Berkeley, Calif.: Robbins Collection, 1994. **49**

Cavallo, Guglielmo, ed. *Cristoforo Colombo e l'apertura degli spazi: Mostra storico-cartografica.* 2 vols. Rome: Istituto Poligrafico e Zecca dello Stato, Libreria dello Stato, 1992. **209, 285, 286, 344, 345**

Cavazzana Romanelli, Francesca. "L'immagine antica del Trevigiano, itinerari attraverso la cartografia storica." In *Il territorio nella car-*

tografia di ieri e di oggi, 2d ed., ed. Pier Luigi Fantelli, 146–83. Venice and Padua: Signum, 1997. **882, 884**

Cavazzana Romanelli, Francesca, and Emanuela Casti, eds. *Laguna, lidi, fiumi: Esempi di cartografia storica commentata.* Venice: Archivio di Stato, 1984. **882, 884, 889, 895**

Cave, Terence, *Pré-histoires II: Langues étrangères et troubles économiques au XVIe siècle.* Geneva: Droz, 2001. **407**

Cavicchi, Elizabeth. "Painting the Moon." *Sky and Telescope* 82 (1991): 313–15. **127**

Caviness, Madeline H. "Images of Divine Order and the Third Mode of Seeing." *Gesta* 22 (1983): 99–120. **39**

Cawley, Robert Ralston. *Milton and the Literature of Travel.* Princeton: Princeton University Press, 1951. **417, 418, 419**

Caxton, William. *Image du monde (Myrrour of the worlde).* Westminster: W. Caxton, 1481. **93**

Cebrian, Konstantin. *Geschichte der Kartographie: Ein Beitrag zur Entwicklung des Kartenbildes und Kartenwesens,* pt. 1, vol. 1, *Von den ersten Versuchen der Länderabbildung bis auf Marinos und Ptolemaios.* Gotha: Perthes, 1923. **1176**

Cecini, Nando. *La bella veduta: Immagini nei secoli di Pesaro Urbino e Provincia.* Milan: Silvana Editoriale, 1987. **934**

"Cedillo Díaz, Juan." In *Diccionario histórico de la ciencia moderna en España,* 2 vols., ed. José María López Piñero et al., 1:203. Barcelona: Península, 1983. **1076**

Celestial Images: Astronomical Charts from 1500 to 1900. Boston: Boston University Art Gallery, 1985. **100**

Cell, Gillian T. *English Enterprise in Newfoundland, 1577–1660.* Toronto: University of Toronto Press, 1969. **1778**

———, ed. *Newfoundland Discovered: English Attempts at Colonisation, 1610–1630.* London: Hakluyt Society, 1982. **1778, 1779**

Cellarius, Andreas. *The Finest Atlas of the Heavens.* Intro. and texts R. H. van Gent. Hong Kong: Taschen, 2006. **118, 1329**

Celtis, Conrad. *Panegyris ad duces Bavariae.* Augsburg: E. Ratdolt, 1492. **346**

———. *Qvatvor libri amorvm.* Nuremberg, 1502. **1190, 1831**

———. *Oratio in gymnasio in Ingelstadio publice recitata cum carminibus ad orationem pertinentibus.* Ed. Hans Rupprich. Leipzig: B. G. Teubner, 1932. **346, 1190**

———. *Der Briefwechsel des Konrad Celtis.* Collected, edited, and with commentary by Hans Rupprich. Munich: C. H. Beck'sche, 1934. **149**

———. *Quattuor libri Amorum secundum quattuor latera Germaniae: Germania generalis.* Ed. Felicitas Pindter. Leipzig: Teubner, 1934. **1190**

———. *Libri odarum quattuor; Liber epodon; Carmen saeculare.* Ed. Felicitas Pindter. Leipzig: B. G. Teubner, 1937. **346**

———. *Ludi scaenici (Ludus Dianae—Rhapsodia).* Ed. Felicitas Pindter. Budapest: Egyetemi Nyomda, 1945. **347**

———. *Selections.* Ed. and trans. and with commentary by Leonard Forster. Cambridge: Cambridge University Press, 1948. **1190**

Cennini, Cennino. *Il libro dell'arte.* 2 vols. Ed. and trans. Daniel V. Thompson. New Haven: Yale University Press, 1932–33. **549**

Cerezo Martínez, Ricardo. "Incidencia de la declinacion magnetica en el desarrollo de la cartografia portulana." *Quaderni Stefaniani* 4 (1985): 97–128. **195**

———. "La carta de Juan de la Cosa." *Revista de Historia Naval* 10, no. 39 (1992): 31–48; 11, no. 42 (1993): 21–44; and 12, no. 44 (1994): 21–37. **749, 1110**

———. *La cartografía náutica española en los siglos XIV, XV, y XVI.* Madrid: C.S.I.C., 1994. **652, 749, 1095, 1110, 1111, 1112, 1113, 1114, 1115, 1116, 1117, 1118, 1122, 1123, 1129, 1133**

———. "El meridiano y el antimeridiano de Tordesillas en la geografía, la náutica y la cartografía." *Revista de Indias* 54 (1994): 509–42. **1108, 1109**

Cerné, A. *Les anciennes sources et fontaines de Rouen: Leur histoire à travers les siècles.* Rouen: Impr. J. Lecerf fils, 1930. **1530**

Černík, Berthold. "Das Schrift- und Buchwesen im Stifte Klosterneuburg während des 15. Jahrhunderts." *Jahrbuch des Stiftes Klosterneuburg* 5 (1913): 97–176. **307**

Certeau, Michel de. *The Practice of Everyday Life.* Trans. Steven Rendall. Berkeley: University of California Press, 1984. **12, 423**

———. *L'invention du quotidien, 1: Arts de faire.* New ed. Ed. Luce Giard. Paris: Gallimard/Folio, 1990. **403**

Cerulli, Enrico. "Il volo di Astolfo sull'Etiopia nell'*Orlando furioso.*" *Rendiconti della R. Accademia Nazionale dei Lincei,* 6th ser. 8 (1932): 19–38. **458**

Cervantes, Miguel de. *Viaje del parnaso.* Ed. Miguel Herrero García. 1614. Madrid: Consejo Superior de Investigaciones Científicas, Instituto "Miguel de Cervantes," 1983. **474**

———. *El ingenioso hidalgo Don Quijote de la Mancha.* 6 vols. Ed. Diego Clemencín. Madrid: Aguado, 1833–39. **472**

———. *Obras completas de Miguel de Cervantes Saavedra: Edición de la Real academia española, facsímile de las primitivas impresiones . . .* Madrid: Tip. de la Revista de Archivos, Bibliotecas y Museos, 1917–. **474**

———. *Don Quijote de la Mancha.* Rev. ed. 10 vols. Ed. Francisco Rodríguez Marín. Madrid: Ediciones Atlas, 1947–49. **472, 473**

———. *Novelas ejemplares.* 2 vols. Ed. Juan Bautista Avalle-Arce. Madrid: Castalia, 1982. **474**

———. *Obra completa.* 3 vols. Ed. Florencio Sevilla Arroyo and Antonio Rey Hazas. Alcalá de Henares [Spain]: Centro de Estudios Cervantinos, 1993–95. **469, 471, 473, 475**

———. *Don Quijote de la Mancha.* 2 vols. Ed. Francisco Rico. Madrid: Crítica, 1998. **469, 474**

Cervera Pery, José. *La Casa de Contratación y el Consejo de Indias (Las razones de un superministerio).* Madrid: Ministerio de Defensa, 1997. **1096, 1106, 1107**

Cervoni, Franck. *Image de la Corse: 120 cartes de la Corse des origines à 1831.* Ajaccio: Fondation de Corse, La Marge Édition, 1989. **866, 867**

Cessi, Roberto, ed. *Antichi scrittori d'idraulica veneta.* Vol. 2. Venice: Ferrari, 1930. Reprinted 1987. **882**

Cest la dedvction du somptueux ordre plaisantz spectacles et magnifiqves theatres. 1551. Facsimile ed., *L'Entrée de Henri II à Rouen 1550.* Ed. and intro. Margaret M. McGowan. Amsterdam: Theatrum Orbis Terrarum; New York: Johnson Reprint, 1970. **428**

Cevolotto, Aurelio. *Agostino Giustiniani: Un umanista tra Bibbia e Cabala.* Genoa: ECIG, 1992. **858**

Chalfant, Fran C. *Ben Jonson's London: A Jacobean Placename Dictionary.* Athens: University of Georgia Press, 1978. **420**

Chamberlain, Mellen, and William P. Upham. Untitled contribution to *Proceedings of the Massachusetts Historical Society,* 2d ser., 1 (1884): 211–16. **1777**

Chambers, David, and Brian Pullan, eds. *Venice: A Documentary History, 1450–1630.* Oxford: Blackwell, 1992. **822**

Champeaux, A. de, and P. Gauchery. *Les travaux d'art exécutés pour Jean de France, duc de Berry: Avec une étude biographique sur les artistes employés par ce prince.* Paris: H. Champion, 1894. **299**

Champlain, Samuel de. *Les voyages dv sievr de Champlain xaintongeois, capitaine ordinaire pour le Roy, en la marine.* Paris: Iean Berjon, 1613. **1548**

———. *Voyages et descovvertvres faites en la Novvelle France, depuis l'année 1615 iusques à la fin de l'année 1618, par le sieur de Champlain, cappitaine ordinaire pour le Roy en la Mer du Ponant.* Paris: Clavde Collet, 1619. **1549**

———. *Les voyages de la Novvelle France . . .* Paris: Chez Pierre LeMur, 1632. **1543, 1545, 1548**

———. *The Works of Samuel de Champlain.* 6 vols. Ed. Henry P. Biggar. Toronto: Champlain Society, 1922–36. **1538, 1539, 1540, 1541, 1542, 1543, 1544, 1546, 1547**

Chapiro, Adolphe, Chantal Meslin-Perrier, and Anthony John Turner. *Catalogue de l'horlogerie et des instruments de précision: Du début du XVIe au milieu du XVIIe siècle.* Paris, 1989. **157, 160, 172**

Chapple Anne S. "Robert Burton's Geography of Melancholy." *Studies in English Literature* 33 (1993): 99–130. **421, 422**

Charles, B. G. *George Owen of Henllys: A Welsh Elizabethan.* Aberystwyth: National Library of Wales Press, 1973. **1612, 1617, 1630, 1632, 1665**

Charon-Parent, Annie. "Le monde de l'imprimerie humaniste: Paris." In *Histoire de l'édition française,* under the direction of Henri Jean Martin and Roger Chartier, 1:236–53. Paris: Promodis, 1982–. **1573**

Chartier, Roger. *The Cultural Uses of Print in Early Modern France.* Trans. Lydia G. Cochrane. Princeton: Princeton University Press, 1987. **638**

———. "La culture de l'imprimé." In *Les usages de l'imprimé (XVe–XIXe siècle),* ed. Roger Chartier, 7–20. Paris: Fayard, 1987. **272**

———. *Lectures et lecteurs dans la France d'Ancien Régime.* Paris: Éditions du Seuil, 1987. **640**

———. *Culture écrite et société: L'ordre des livres, XIVe–XVIIIe siècle.* Paris: A. Michel, 1996. **646**

Chartier, Roger, and Jacques Revel. "Université et société dans l'Europe moderne: Position des problèmes." *Revue d'Histoire Moderne et Contemporaine* 25 (1978): 353–74. **623**

"Charting the Nation: Maps of Scotland and Associated Archives, 1550–1740." <http://www.chartingthenation.lib.ed.ac.uk>. **1687**

Chasseneuz, Barthélemy de. *Catalogus gloriae mundi . . .* Venice: Vincentij Valgrisij, 1576. **63**

Chassigneux, Edmond. "Rica de Oro et Rica de Plata." *T'oung Pao* 30 (1933): 37–84. **741**

Chastel, André. "Les apories de la perspective au Quattrocento." In *La prospettiva rinascimentale: Codificazioni e trasgressioni,* ed. Marisa Dalai Emiliani, 1:45–62. Florence: Centro Di, 1980–. **336**

———. *The Sack of Rome, 1527.* Trans. Beth Archer. Princeton: Princeton University Press, 1983. **392**

———. *Culture et demeures en France au XVIe siècle.* Paris: Julliard, 1989. **1464**

Chastillon, Claude. *Topographie françoise.* Paris: Jean Boisseau, 1641. **1584**

Chatelain, Jean-Marc. "Du Parnasse à l'Amérique: L'imaginaire de l'encyclopédie à la Renaissance et à l'Age classique." In *Tous les savoirs du monde: Encyclopédies et bibliothèques, de Sumer au XXIe siècle,* ed. Roland Schaer, 156–63. Paris: Bibliothèque Nationale de France / Flammarion, 1996. **647**

Chaudhuri, K. N. "The East India Company and the Organisation of its Shipping in the Early Seventeenth Century." *Mariner's Mirror* 39 (1963): 27–41. **1744**

———. "O estabelecimento no Oriente." In *História da expansão portuguesa,* 5 vols., ed. Francisco Bethencourt and K. N. Chaudhuri, 1:163–91. Lisbon: Círculo de Leitores, 1998–2000. **1019**

Chaunu, Pierre. *L'expansion européenne du XIIIe au XVe siècle.* Paris: Presses Universitaires de France, 1969. **280**

Chaves, Alonso de. *Quatri partitu en cosmografía práctica, y por otro nombre, Espejo de navegantes.* Ed. Paulino Castañeda Delgado, Mariano Cuesta Domingo, and Pilar Hernández Aparicio. Madrid: Instituto de Historia y Cultura Naval, 1983. **749, 1099, 1100, 1101, 1104, 1116, 1118, 1120, 1137**

Checa, Jorge. "Gracián and the Ciphers of the World." In *Rhetoric and Politics: Baltasar Gracián and the New World Order,* ed. Nicholas Spadaccini and Jenaro Talens, 170–87. Minneapolis: University of Minnesota Press, 1997. **472**

Chechulin, N. D. "O tak nazyvayemoy karte tsarevicha Fëdora Borisovicha Godunova." *Zhurnal Ministerstva Narodnogo Prosveshcheniya* 346 (1903): 335–44. **1854**

Cheney, Iris. "The Galleria delle Carte Geografiche at the Vatican and the Roman Church's View of the History of Christianity." *Renaissance Papers,* 1989, 21–37. **397, 823**

Cherepnin, L. V. *Obrazovaniye Russkogo tsentralizovannogo gosudarstva v XIV–XV vv.* Moscow: Izdatel'stvo Sotsial'no-Ekonomicheskoy Literatury, 1960. **1858**

———. "Materialy po istorii russkoy kul'tury i russko-shvedskikh kul'turnykh svyazey 17 v. v arkhivakh Shvetsii." *Trudy Otdela Drevnerusskoy Literatury Instituta Russkoy Literatury* 17 (1961): 454–81. **1884**

Cherniss, Harold, and William C. Helmbold. *Plutarch's Moralia.* 15 vols. Cambridge: Harvard University Press, 1957. **124**

Cherry, Bridget, and Nikolaus Pevsner. *London 4: North.* London: Penguin, 1998. **1632**

Chiarelli, Brunetto. "Paolo dal Pozzo Toscanelli." In *La carta perduta: Paolo dal Pozzo Toscanelli e la cartografia delle grandi scoperte,* 13–22. Florence: Alinari, 1992. **334**

Chijs, Jacobus Anne van der. *Nederlandsch-Indisch plakaatboek, 1602–1811.* 17 vols. Batavia: Landsdrukkerij, 1885–1900. **1436, 1439, 1443, 1445**

Choay, Françoise. *The Rule and the Model: On the Theory of Architecture and Urbanism.* Ed. Denise Bratton. Cambridge: MIT Press, 1997. **425**

Chowaniec, Czesław. "Une carte militaire polonaise au XVIIe siècle (Les origines de la carte de l'Ukraine dressée par Guillaume le Vasseur de Beauplan)." *Revue Internationale d'Histoire Militaire* 12 (1952): 546–62. **729, 1840**

Chrisman, Miriam Usher. *Lay Culture, Learned Culture: Books and Social Change in Strasbourg, 1480–1599.* New Haven: Yale University Press, 1982. **550, 625**

Christianson, J. R. *On Tycho's Island: Tycho Brahe and His Assistants, 1570–1601.* Cambridge: Cambridge University Press, 2000. **492, 502, 1237, 1790**

Christides, V., et al. "Milāḥa." In *The Encyclopaedia of Islam,* 11 vols. plus supplement, glossary, and indexes, ed. H. A. R. Gibb et al., 7:40–54. Leiden: E. J. Brill, 1960–2004. **515**

Christie, Manson and Woods. *Valuable Travel, Natural History Books and Atlases.* 25 April 1990. London: Christie, Manson and Woods, 1990. **217**

———. *The Murad III Globes: The Property of a Lady, to Be Offered as Lot 139 in a Sale of Valuable Travel and Natural History Books, Atlases, Maps and Important Globes on Wednesday 30 October 1991.* London: Christie, Manson and Woods, 1991. **166, 172**

———. *Valuable Natural History and Travel Books, Atlases and Maps.* 25 October 1995. London: Christie, Manson and Woods, [1995]. **218**

———. *Works of Art from the Collection of the Barons Nathaniel and Albert von Rothschild, Thursday 8 July 1999.* London: Christie, Manson and Woods, 1999. **163, 169, 172**

Christie, Manson and Woods International, Inc. *The Estelle Doheny Collection . . . Part II: Medieval and Renaissance Manuscripts.* 2 December 1987. New York: Christie, Manson and Woods International, 1987. **214**

———. *The Helmut N. Friedlaender Library: Part 1, Monday, 23 April 2001.* New York: Christie's, 2001. **1694**

Chytraeus, David. *Brevis et chorographica insularum aliquot Maris Balthici enumeratio.* Rostock, 1591. **276**

Ciano, Cesare. *Santo Stefano per mare e per terra.* Pisa: ETS, 1985. **229**

———. *Roberto Dudley e la scienza del mare in Toscana.* Pisa: ETS Editrice, 1987. **793, 794**

Cicogna, Emmanuele Antonio. *Delle inscrizioni veneziane raccolte ed illustrate da Emmanuele Antonio Cigogna cittadino veneto.* 6 vols. Venice: Giuseppe Orlandelli, 1824–53. **787**

Cid, Isabel, and Suzanne Daveau. *Lugares e regiões em mapas antigos.* Exhibition catalog. Lisbon: CNCDP, 1997. **976**

Ciriaco d'Ancona. *Kyriaci Anconitani Itinerarium.* Ed. Lorenzo Mehus. Florence: Joannis Pauli Giovannelli, 1742. **310**

Ciriacono, Salvatore. "L'idraulica veneta: Scienza, agricoltura e difesa del territorio dalla prima alla seconda rivoluzione scientifica." In *Storia della cultura veneta,* 6 vols., vol. 5, pt. 2, 347–78. Vicenza: N. Pozza, 1976–86. **878**

———. "Irrigazione e produttività agraria nella terraferma veneta tra Cinque e Seicento." *Archivio Veneto,* 5th ser., 112 (1979): 73–135. **878**

———. *Acque e agricoltura: Venezia, l'Olanda e la bonifica europea in età moderna.* Milan: FrancoAngeli, 1994. **883**

Citolini, Alessandro. *La tipocosmia.* Venice, 1561. **641**

Clair, Colin. "Christopher Plantin's Trade-Connexions with England and Scotland." *Library,* 5th ser., 14 (1959): 28–45. **1608, 1694**

———. *A Chronology of Printing.* London: Cassell, 1969. **1856**

[Clarevallensis, Bernardus?]. "Meditationes piissimæ: De cognitione humanæ conditionis." In *Patrologia Latina,* 217 vols., 184:485–508. Paris, 1844–55. **447**

Clark, Glenn. "The 'Strange' Geographies of *Cymbeline.*" In *Playing the Globe: Genre and Geography in English Renaissance Drama,* ed. John Gillies and Virginia Mason Vaughan, 230–59. Madison, N.J.: Fairleigh Dickinson University Press, 1998. **420**

Clark, John Willis. *Old Plans of Cambridge, 1574–1798.* Cambridge: Bowes and Bowes, 1921. **1655**

Clark, Peter. *The English Alehouse: A Social History, 1200–1830.* London: Longman, 1983. **572**

Classen, J. *Ueber das Leben und die Schriften des Dichters Johann Laurenberg.* Lübeck: Borchers, 1841. **1240**

Claval, Paul. "Varietà delle geografie: Limiti e forza della disciplina." In *Varietà delle geografie: Limiti e forza della disciplina,* ed. Giacomo Corna Pellegrini and Elisa Bianchi, 23–67. Milan: Cisalpino, Istituto Editoriale Universitario, 1992. **263**

Clavuot, Ottavio. *Biondos "Italia Illustrata"—Summa oder Neuschöpfung? Über die Arbeitsmethoden eines Humanisten.* Tübingen: M. Niemeyer, 1990. **325**

Clawson, Mary G. "The Evolution of Symbols on Nautical Charts prior to 1800." M.A. thesis, University of Maryland, 1979. **536**

Clayton, Martin. *Leonardo da Vinci: One Hundred Drawings from the Collection of Her Majesty the Queen.* Exhibition catalog. London: The Queen's Gallery, Buckingham Palace, 1996. **554**

Cleaves, David. "Abraham Ortelius: Reading an Atlas through Letters." *Library Chronicle of the University of Texas at Austin* 23, no. 4 (1993): 131–43. **1303**

Cleempoel, Koenraad van. *A Catalogue Raisonné of Scientific Instruments from the Louvain School, 1530–1600.* Turnhout: Brepols, 2002. **496, 501**

Cline, Howard Francis. "The Patiño Maps of 1580 and Related Documents: Analysis of 16th Century Cartographic Sources for the Gulf Coast of Mexico." *El México Antiguo* 9 (1961): 633–92. **1156**

———. "The Ortelius Maps of New Spain, 1579, and Related Contemporary Materials, 1560–1610." *Imago Mundi* 16 (1962): 98–115. **1156**

———. "The *relaciones geográficas* of the Spanish Indies, 1577–1586." *Hispanic American Historical Review* 44 (1964): 341–74. **1145, 1156**

Clos-Arceduc, A. "L'énigme des portulans: Etude sur la projection et le mode de construction des cartes à rhumbs du XIVe et du XVe siècle." *Bulletin du Comité des Travaux Historiques et Scientifiques, Section de Géographie* 69 [1956]: 215–31. **520**

Clough, Cecil H. "The New World and the Italian Renaissance." In *The European Outthrust and Encounter, the First Phase c. 1400–c. 1700: Essays in Tribute to David Beers Quinn on His 85th Birthday,* ed. Cecil H. Clough and P. E. H. Hair, 291–328. Liverpool: Liverpool University Press, 1994. **66**

Cloulas, Ivan. *Catherine de Médicis.* Paris: Fayard, 1979. **1485**

Clüver, Philipp. *Germaniae antiquae libri tres.* Leiden: Elzevirius, 1616. **1243**

———. *Introductio in universam geographiam, tam veterem, quam novam, multis locis emendata.* Leiden, 1629. **659**

Cochetti, Maria. *Repertori bibliografici del cinquecento.* Rome: Bulzoni, 1987. **646**

Cochlaeus, Johannes. *Compendium in geographiae introductorium.* Nuremberg, 1512. **351**

———. *Brevis Germanie descriptio (1512), mit der Deutschlandkarte des Erhard Etzlaub von 1512.* Ed., trans., and with commentary by Karl Langosch. Darmstadt: Wissenschaftliche Buchgesellschaft, 1960. **347, 351, 352, 358, 1191**

Cochrane, Eric W. *Historians and Historiography of the Italian Renaissance.* Chicago: University of Chicago Press, 1981. **398, 657**

Cockx-Indestege, Elly. "Plantijn en de exacte wetenschappen." In *Christoffel Plantijn en de exacte wetenschappen in zijn tijd,* ed. Elly Cockx-Indestege and Francine de Nave, exhibition catalog, 45–60. Brussels: Gemeentekrediet, 1989. **1300**

Codazzi, Angela. "Le carte topografiche di alcune pievi di Lombardia di Aragonuus Aragonius Brixiensis (1608–1611)." *Memorie geografiche* 29 (1915): 239–385. **905**

———. "G. B. Clarici e la sua carta del Ducato d'Urbino." In *Atti dello XI Congresso Geografico Italiano,* 4 vols., 2:280–88. Naples, 1930. **914**

———. "With Fire and Sword." *Imago Mundi* 5 (1948): 37–38. **1258**

———. *Le edizioni quattrocentesche e cinquecentesche della "Geografia" di Tolomeo.* Milan: La Goliardica Edizioni Universitarie, 1950. **286, 345, 364**

———. "Bartolomeo da li Sonetti." In *Dizionario biografico degli Italiani,* 6:774–75. Rome: Istituto della Enciclopedia Italiani, 1960–. **268**

———. "Berlinghieri, Francesco." In *Dizionario biografico degli Italiani,* 9:121–24. Rome: Istituto della Enciclopedia Italiana, 1960–. **322, 452**

Codazzi, Angiolina. "Di un atlante nautico di Giovanni Martines." *L'Universo* 3 (1922): 905–43. **226**

Codice Diplomatico del Sacro Militare Ordine Gerosolimitano oggi di Malta . . . 2 vols. Lucca: Salvatore e Giandomenico Marescandoli, 1733–37. **180**

Coelho, José Ramos, comp. *Alguns documentos do Archivo Nacional da Torre do Tombo ácerca das navegações e conquistas portuguezas publicados por ordem do governo de sua majestade fidelissima ao celebrar-se a commemoração quadricentenaria do descobrimento da America.* Lisbon: Imprensa Nacional, 1892. **980, 1004, 1005, 1008, 1014**

Coffin, Charles M. *John Donne and the New Philosophy.* New York: The Humanities Press, 1958. **417**

Coincy, Henri de. "Les archives toulousaines de la réformation générale des eaux et forêts." *Le Bibliographe Moderne* 21 (1922–23): 161–82. **712**

Colbert, Jean-Baptiste. *Le neptune françois.* 1693. **1562**

Coleman, Christopher Bush. *Constantine the Great and Christianity.* New York: Columbia University Press, 1914. **399**

———. *The Treatise of Lorenzo Valla on the Donation of Constantine.* New Haven: Yale University Press, 1922. **398**

Coleman, Janet. "Universal History *Secundum Physicam et ad Litteram* in the Twelfth Century." In *L'historiographie médiévale en*

Europe, ed. Jean-Philippe Genet, 263–75. Paris: Éditions du Centre National de la Recherche Scientifique, 1991. **33**

Colin, Jean. *Cyriaque d'Ancône: Le voyageur, le marchand, l'humaniste.* Paris: Maloine, 1981. **310**

Collection des ordonnances des rois de France: Catalogue des actes de François Ier. 10 vols. Paris: Imprimerie Nationale, 1887–1908. **1505**

Collinson, Patrick, David McKitterick, and Elisabeth Leedham-Green. *Andrew Perne: Quatercentenary Studies.* Ed. David McKitterick. Cambridge: Published for the Cambridge Bibliographical Society by the Cambridge University Library, 1991. **644**

Colom, Jacob Aertsz. *De vyerige colom, verthonende de 17 Nederlandsche provintien.* Intro. Wil. M. Groothuis. Groningen: Noorderboek, 1987. **1339**

Colón, Fernando. *Historie del S. D. Fernando Colombo: Nelle quali s'ha particulare, & vera relatione della vita, & de fatti dell'Ammiraglio . . .* Venice: Francesco de'Franceschi Sanese, 1571. **335**

———. *Descripción y cosmografía de España.* 3 vols. Madrid: Impr. de Patronato de Huérfanos de Administración Militar, 1908–15. Facsimile, Seville: Padilla Libros, 1988. **1038**

——— [attributed]. *Le historie della vita e dei fatti di Cristoforo Colombo.* 2 vols. Ed. Rinaldo Caddeo. Milan: Edizioni "Alpes," 1930. **748**

Colonna, Francesco. *Hypnerotomachia poliphili.* Venice, 1499. **649**

Colson, Pedro de Novo y. *Sobre los viajes apócrifos de Juan de Fuca y de Lorenzo Ferrer Maldonado.* Madrid: Imprenta de Fortanet, 1881. **743**

Columbus, Christopher. *Memorials of Columbus; or, a Collection of Authentic Documents of that Celebrated Navigator.* Ed. Giovanni Battista Spotorno. London: Treuttel and Wurtz, 1823. **387**

———. *Scritti di Cristoforo Colombo.* 4 vols. Rome: Ministero della Pubblica Istruzione, 1892–94. **329, 331**

———. *Textos y documentos completos: Relaciones de viajes, cartas y memoriales.* 2d ed. Ed. Consuelo Varela. Madrid: Alianza, 1984. **740, 747, 758**

———. *The Log of Christopher Columbus.* Trans. Robert Henderson Fuson. Camden, Maine: International Marine, 1987. **748**

———. *Oeuvres complètes / Christophe Colomb.* Ed. Consuelo Varela and Juan Gil. Trans. Jean-Pierre Clément and Jean-Marie Saint-Lu. Paris: La Différence, 1992. **329**

———. *Diario del primer viaje de Colón.* Ed. Demetrio Ramos Pérez and Marta González Quintana. Granada: Diputación Provincial de Granada, 1995. **329**

Columbus, Ferdinand. *The Life of the Admiral Christopher Columbus by His Son Ferdinand.* 2d ed. Trans. and anno. Benjamin Keen. New Brunswick, N.J.: Rutgers University Press, 1992. **1596**

Colvin, Howard Montagu. "Henry III, 1216–1272." In *The History of the King's Works,* by Howard Montagu Colvin et al., 6 vols., 1:93–159. London: Her Majesty's Stationery Office, 1963–82. **1589**

———. "The King's Works in France." In *The History of the King's Works,* by Howard Montagu Colvin et al., 6 vols., 3:335–93. London: Her Majesty's Stationery Office, 1963–82. **720, 729, 1601, 1603**

———. "Westminster Palace." In *The History of the King's Works,* by Howard Montagu Colvin et al., 6 vols., 1:491–552. London: Her Majesty's Stationery Office, 1963–82. **1589**

———. "Elizabeth's Progresses." Paper presented to the Court History Society, summarized in *Court Historian* 5 (May 2000): 90. **1625**

Colvin, Howard Montagu, et al., *The History of the King's Works.* 6 vols. London: Her Majesty's Stationery Office, 1963–82. **550, 1589, 1606**

Colvin, Sidney. *Early Engraving & Engravers in England (1545–1695): A Critical and Historical Essay.* London: British Museum, 1905. **792**

Comba, Rinaldo. "La mappa dei canali derivati dal torrente Gesso (sec. XVI)." In *Radiografia di un territorio: Beni culturali a Cuneo e nel Cuneese,* 31–33. Cuneo: L'Arciere, 1980. **837**

———. *Metamorfosi di un paesaggio rurale: Uomini e luoghi del Piemonte sud-occidentale dal X al XVI secolo.* Turin: CELID, 1983. **837**

———. "Interessi e modi di conoscenza dal XV al XVII secolo." In *La scoperta delle Marittime: Momenti di storia e di alpinismo,* ed. Rinaldo Comba, Mario Cordero, and Paola Sereno, 15–23. Cuneo: L'Arciere, 1984. **833**

———. "Paesaggi della coltura promiscua: Alteni, 'gricie' e terre altenate nel Piemonte rinascimentale." In *Vigne e vini nel Piemonte rinascimentale,* ed. Rinaldo Comba, 17–36. Cuneo: L'Arciere, 1991. **837**

———. "Schede di cartografia rinascimentale, I: Due mappe di Cesare Arbasia nel Museo Civico di Cuneo (1566)." *Bollettino della Società per gli Studi Storici, Archeologici ed Artistici nella Provincia di Cuneo* 109 (1993): 39–55. **837**

———. "Le carte nelle contestazioni territoriali intercomunali dei secoli XV e XVI." In *Rappresentare uno stato: Carte e cartografi degli stati sabaudi dal XVI al XVIII secolo,* 2 vols., ed. Rinaldo Comba and Paola Sereno, 1:117–23. Turin: Allemandi, 2002. **835, 837**

Comba, Rinaldo, and Paola Sereno, eds. *Rappresentare uno stato: Carte e cartografi degli stati sabaudi dal XVI al XVIII secolo,* 2 vols. Turin: Allemandi, 2002. **832**

Comelli, Giambattista. *Piante e vedute della città di Bologna.* Bologna: U. Berti, 1914. **808, 812**

Comenius, Johann Amos. *Unum necessarium.* Amsterdam, 1668. In German, *Das einzig Notwendige.* Trans. Johannes Seeger. Ed. Ludwig Keller. Jena: Diederichs, 1904. **447**

———. *Übergang aus dem Labyrinth der Welt in das Paradies des Hertzens.* Leipzig: Walther, 1738. **443**

———. *Das Labyrinth der Welt und andere Schriften.* Ed. Ilse Seehase. Leipzig: Reclam, 1984. **442, 447**

Comenius' philosophisch-satyrische Reisen durch alle Stände der menschlichen Handlungen. Berlin: Horvath, 1787. **443**

The Common Chronicle: An Exhbition of Archive Treasures from the County Record Offices of England and Wales. London: Victoria and Albert Museum, 1983. **1643, 1663**

The Complete Academy; or, A Drawing Book. 2d ed. London: R. Battersby for J. Ruddiard, 1672. **606**

Conceição, Margarida Tavares da. "Configurando a praça de guerra: O espaço urbano no sistema defensivo da fronteira portuguesa (primeiras impressões para os séculos XVII e XVIII)." In *Universo Urbanístico Português, 1415–1822,* 825–39. Lisbon: CNCDP, 2001. **1056**

Concina, Ennio. *La macchina territoriale: Relazioni dei rettori veneti in Terraferma.* Ed. Amelio Tagliaferri. Vol. 10: *Provveditorato di Salò, provveditorato di Peschiera.* Milan: Giuffrè, 1978. **899**

———. *La macchina territoriale: La progettazione della difesa nel Cinquecento veneto.* Rome: Laterza, 1983. **892**

———. "Conoscenza e intervento nel territorio: Il progetto di un corpo di ingegneri pubblici della Repubblica di Venezia, 1728–1770." In *Cartografia e istituzioni in età moderna: Atti del Convegno, Genova, Imperia, Albenga, Savona, La Spezia,* 2 vols., 1:147–66. Genoa: Società Ligure di Storia Patria, 1987. **666**

Condren, Conal. "The Renaissance as Metaphor: Some Significant Aspects of the Obvious." *Parergon,* n.s. 7 (1989): 91–105. **19**

Conger, George Perrigo. *Theories of Microcosms and Macrocosms in the History of Philosophy.* New York: Columbia University Press, 1922. **74**

Congresso Internacional Bartolomeu Dias e a sua Época: Actas, 5 vols. Porto: Universidade do Porto, CNCDP, 1989. **975**

Congreve, H. "A Brief Notice of Some Contrivances Practiced by the

Native Mariners of the Coromandel Coast, in Navigating, Sailing and Repairing Their Vessels." In *Instructions nautiques et routiers arabes et portugais des XVe et XVIe siècles,* 3 vols., trans. and anno. Gabriel Ferrand, 3:25–30. Paris: Librarie Orientaliste Paul Geuthner, 1921–28. **515**

Conley, Tom. *The Graphic Unconscious in Early Modern French Writing.* Cambridge: Cambridge University Press, 1992. **435**

———. "Pierre Boaistuau's Cosmographic Stage: Theater, Text, and Map." *Renaissance Drama* 23 (1992): 59–86. **408**

———. *The Self-Made Map: Cartographic Writing in Early Modern France.* Minneapolis: University of Minnesota Press, 1996. **280, 423, 435, 451, 1492, 1500**

———. "Virtual Reality and the Isolario." In *L'odeporica = Hodoeporics: On Travel Literature,* ed. Luigi Monga. Vol. 14, *Annali d'Italianistica,* 121–30. Chapel Hill: University of North Carolina, 1996. **459**

———. "Mapping in the Folds: Deleuze *Cartographe.*" *Discourse* 20 (1998): 123–38. **424**

———. "Putting French Studies on the Map." *Diacritics* 28, no. 3 (1998): 23–39. **423, 435**

Connolly, Daniel K. "Imagined Pilgrimage in the Itinerary Maps of Matthew Paris." *Art Bulletin* 81 (1999): 598–622. **8**

Consagra, Francesca. "The De Rossi Family Print Publishing Shop: A Study in the History of the Print Industry in Seventeenth-Century Rome." Ph.D. diss., Johns Hopkins University, 1992. **594, 597, 598, 774, 776, 777, 778, 779, 797**

———. "De Rossi and Falda: A Successful Collaboration in the Print Industry of Seventeenth-Century Rome." In *The Craft of Art: Originality and Industry in the Italian Renaissance and Baroque Workshop,* ed. Andrew Ladis and Carolyn Wood, 187–203. Athens: University of Georgia Press, 1995. **776, 797**

Consoni, Claudia. "La pergamena: Procedimenti esecutivi." In *I supporti nelle arti pittoriche: Storia, tecnica, restauro,* 2 vols., ed. Corrado Maltese, 2:277–95. Milan: Mursia, 1990. **182**

Constable, Kenneth M. "Early Printed Plans of Exeter, 1587–1724." *Report and Transactions of the Devonshire Association for the Advancement of Science, Literature and Art* 64 (1932): 455–73. **1656**

Constantine, David. *Early Greek Travellers and the Hellenic Ideal.* Cambridge: Cambridge University Press, 1984. **277**

Contarini, Ambrosio. *Questo e el viazo de misier Ambrosio Contarin ambasador de la illustrissima signoria de Venesia al signor, Uxuncassam re de Persia.* Venice, 1487. **1810**

Conti, Simonetta. *Una carta nautica inedita di Placidus Caloiro et Oliva del 1657.* Rome: Università di Roma, Istituto di geografia dell'Università, 1978. **228**

———. "Un'originale carta nautica del 1617 a firma di Placidus Caloiro et Oliva." *Geografia* 9 (1986): 77–86. **196**

———. "È di Cristoforo Colombo la prima geocarta di tipo tolemaico relativa alla grande scoperta." *Geografia* 13 (1990): 104–8. **330**

———. "Una particolaritá delle carte nautiche 'Oliva.'" In *Esplorazioni geografiche e immagine del mondo nei secoli XV e XVI,* ed. Simonetta Ballo Alagna, 83–101. Messina: Grafo Editor, 1994. **228**

———. "Le carte nautiche 'doppie' della famiglia Olives-Oliva." In *Momenti e problemi della geografia contemporanea: Atti del Convegno Internazionale in Onore di Giuseppe Caraci, Geografo Storico Umanista,* 493–510. Rome: Centro Italiano per gli Studi Storico-Geografici, 1995. **196**

Contreras, Remedios. "Diversas ediciónes de la Cosmografia de Ptolomeo en la biblioteca de la Real Academia de la Historia." *Boletín de la Real Academia de la Historia* 180 (1983): 245–323. **287, 329**

Cook, Andrew S. "More Manuscript Charts by John Thornton for the Oriental Navigation." In *Imago et Mensura Mundi: Atti del IX Congresso Internazionale di Storia della Cartografia,* 3 vols., ed. Carla Clivio Marzoli, 1:61–69. Rome: Istituto della Enciclopedia Italiana, 1985. **1746**

———. "Establishing the Sea Routes to India and China: Stages in the Development of Hydrographical Knowledge." In *Worlds of the East India Company,* ed. H. V. Bowen, Margarette Lincoln, and Nigel Rigby, 119–36. London: Boydell Press, 2002. **1744**

Coolhaas, W. Philippus, ed. *Generale missiven van gouverneurs-generaal en raden aan Heren XVII der Verenigde Oostindische Compagnie.* The Hague: Martinus Nijhoff, 1960–. **1437**

Cools, R. H. A. *Strijd om den grond in het lage Nederland: Het proces van bedijking, inpoldering en droogmaking sinds de vroegste tijden.* Rotterdam: Nijgh and van Ditmar, 1948. **1264**

Cooney, Roy J. L. "Chart Engraving at the Hydrographic Department, 1951–1981." *Cartographic Journal* 23 (1986): 91–98. **595**

Coote, C. H. "Shakspere's 'New Map.'" *New Shakspere Society Transactions,* ser. 1, no. 7 (1877–79): 88–99. **415**

———. "Fox, Luke (1586–1635)." Rev. Elizabeth Baigent. In *Oxford Dictionary of National Biography,* 60 vols., 20:668–69. Oxford: Oxford University Press, 2004. **1720**

Cope, Gilbert. "The Puzzling Aspects of Drayton's Poly-Olbion." *Map Collector* 17 (1981): 16–20. **1713**

Copenhaver, Brian B. "Astrology and Magic." In *The Cambridge History of Renaissance Philosophy,* ed. Charles B. Schmitt et al., 264–300. Cambridge: Cambridge University Press, 1988. **58**

Copernicus, Nicolaus. *On the Revolutions.* Ed. Jerzy Dobrzycki. Trans. and with commentary by Edward Rosen. London: Macmillan, 1978. **159**

Cordshagen, Christa. "De herkomst van de reuzenatlas in Rostock." *Caert-Thresoor* 18 (1999): 41–43. **1356**

———. "Tilemann Stella—Ein Leben für die Kartographie." In *9. Kartographiehistorisches Colloquium Rostock, 1998,* ed. Wolfgang Scharfe, 13–20. Bonn: Kirschbaum Verlag, 2002. **502**

Cormack, Lesley B. "'Good Fences Make Good Neighbors': Geography as Self-Definition in Early Modern England." *Isis* 82 (1991): 639–61. **622**

———. *Charting an Empire: Geography at the English Universities, 1580–1620.* Chicago: University of Chicago Press, 1997. **22, 70, 71, 77, 421, 625, 630, 631, 632, 1608, 1609, 1616, 1641, 1661**

———. "Britannia Rules the Waves? Images of Empire in Elizabethan England." In *Literature, Mapping, and the Politics of Space in Early Modern Britain,* ed. Andrew Gordon and Bernhard Klein, 45–68. Cambridge: Cambridge University Press, 2001. **636**

———, ed. *Mathematical Practitioners and the Transformation of Natural Knowledge in Early Modern Europe.* In preparation. **625**

Cornaro, Flaminio. *Creta sacra.* 2 vols. Venice, 1755. Reprinted Modena: Editrice Memor, [1971]. **265**

Cornaro, Marco. *Scritture sulla laguna.* Ed. Giuseppe Pavanello. Vol. 1 of *Antichi scrittori d'idraulica veneta.* Venice: Ferrari, 1919. Reprinted 1987. **878**

Corner, David J. "English Cartography in the Thirteenth Century: The Intellectual Context." *Bulletin of the Society of University Cartographers* 17 (1984): 65–73. **35**

Cornforth, John. "Kentchurch Court, Herefordshire—II." *Country Life* 140 (22 December 1966): 1688–91. **1596**

Cornini, Guido, Anna Maria De Strobel, and Maria Serlupi Crescenzi. "La Sala di Costantino." In *Raffaello nell'appartamento di Giulio II e Leone X,* 167–201. Milan: Electa, 1993. **823**

Corominas, Joan. *Diccionario crítico etimológico castellano e hispánico.* 6 vols. Madrid: Editorial Gredos, 1980–91. **470**

Coronelli, Vincenzo. *Isole città, et fortezze più principali dell'Europa . . . descritte e dedicate dal P. maestro Coronelli, cosmografo della serenissima Reppublica di Venetia . . .* Venice, 1689. **279**

———. *Isolario dell'Atlante Veneto descrizone geografico-historica, sacro-profana, antico-moderna, politica, naturale, e poetica . . .* 2 vols. Venice, 1696. **278, 279**

———. "Catalogo degli autori antichi e moderni che hanno scritto e tratato di Geografia." In *Cronologia universale che facilita lo studio di qualunque storia,* by Vincenzo Coronelli, 522–24. Venice, 1707. **264**

Corpus documental de Carlos V. 5 vols. Ed. Manuel Fernández Alvarez. Salamanca: Universidad de Salamanca, 1973–81. **661**

Correia, Gaspar. *Lendas da India.* 4 vols. Under the direction of Rodrigo José de Lima Felner. Lisbon: Academia Real das Sciencias, 1858–66. Reprinted, intro. M. Lopes de Almeida. Porto: Lello & Irmão, 1975. **1003, 1017, 1019**

Corrozet, Gilles. *La fleur des antiquitez de Paris.* [1532]. Paris: Aux Éditions de l'Ibis, 1945. **1500**

La corte il mare i mercanti: La rinascita della Scienza. Editoria e società. Astrologia, magia e alchimia. [Milan]: Electa Editrice, 1980. **486, 496, 507**

Corte-Real, María Alice Magno. "As Indias Orientais no plano henriquino." In *Congresso Internacional de História dos Descobrimentos: Actas,* 3:93–96. Lisbon: Comissão Executiva das Comemorações do V Centenário da Morte do Infante D. Henrique, 1961. **1009**

Cortés, Hernán. *Historia de Nueva España.* Mexico City: En la imprenta del Superior Gobierno, del Br. D. Joseph Antonio de Hogal en la Calle de Tiburcio, 1770. **1155**

———. *Letters from Mexico.* Ed. and trans. Anthony Pagden. New York: Grossman, 1971. **751**

Cortés, Martín. *Breue compendio de la sphera y de la arte de nauegar con nuevos instrumentos y reglas . . .* Seville: Anton Aluarez, 1551. **509, 524, 750, 1040, 1045, 1096, 1101**

———. *The Arte of Nauigation . . .* Trans. Richard Eden. London: R. Jugge, 1561. **509, 513, 527, 1737**

———. *Breve compendio de la esfera y del arte de navegar.* Madrid: Editorial Naval, Museo Naval, 1990. **185, 1096, 1099, 1100, 1101**

———. *Arte of Navigation (1561).* Intro. David Watkin Waters. Delmar, N.Y.: Scholars' Facsimilies and Reprints, 1992. **509, 1100, 1101**

———. *Breve compendio de la sphera y de la arte de navegar.* Facsimile ed. Valencia: Vicent García, 1996. **1040**

Cortés Alonso, Vicenta. *Catálogo de mapas de Colombia.* Madrid: Ediciones Cultura Hispánica, 1967. **1160**

Cortesão, Armando. *Cartografia e cartógrafos portugueses dos séculos XV e XVI (Contribuição para um estudo completo).* 2 vols. Lisbon: Edição da "Seara Nova," 1935. **226, 983, 987, 991, 993, 1021, 1024, 1037, 1038**

———. *The Nautical Chart of 1424 and the Early Discovery and Cartographical Representation of America: A Study on the History of Early Navigation and Cartography.* Coimbra: University of Coimbra, 1954. **981**

———. *Cartografia portuguesa antiga.* Lisbon: Comissão Executiva das Comemorações do Quinto Centenário da Morte do Infante D. Henrique, 1960. **978, 979, 981, 984, 1003**

———. "Cartografia Portuguesa e a *Geografia* de Ptolomeu." *Boletim da Academia das Ciências de Lisboa* 36 (1964): 388–404. **328**

———. "Curso de história da cartografía." *Boletim do Centro de Estudos Geográficos da Faculdade de Letras da Universidade de Coimbra* 8 (1964). Reprinted in *Esparsos,* by Armando Cortesão, 3 vols., 2:248–59. Coimbra: Por ordem da Universidade, 1974–75. **328**

———. "Um velho mapa de Portugal descoberto em Itália." *Colóquio, Revista de Artes e Letras* 30 (1964): 31–34. Reprinted in *Esparsos,* by Armando Cortesão, 3 vols., 2:248–59. Coimbra: Por ordem da Universidade, 1974–75. **1043**

———. "Uma carta portuguesa recém-descoberta, assinada e datada do século XV." *Memórias da Academia das Ciências de Lisboa, Classe de Ciências* 12 (1968): 201–11. **986**

———. *History of Portuguese Cartography.* 2 vols. Coimbra: Junta de Investigações do Ultramar-Lisboa, 1969–71. *See also* Albuquerque, Luís de. **509, 514, 519, 954, 976, 977, 982, 984, 985**

———. *The Mystery of Vasco da Gama.* Lisbon: Junta de Investigações do Ultramar, 1973. **982**

———. "A 'Carta de Marear' em 1487 entregue por D. João II a Pêro da Covilhã." *Memórias da Academia das Ciências de Lisboa, Classe de Ciências* 17 (1974): 165–75. Reprinted in *Esparsos,* by Armando Cortesão, 3 vols., 3:215–26. Coimbra: Por ordem da Universidade, 1974–75. **329, 982**

———. "O descobrimento da Australásia e a 'questão das Molucas.'" In *Esparsos,* by Armando Cortesão, 3 vols., 1:263–303. Coimbra: Por ordem da Universidade, 1974–75. **329**

———, ed. and trans. *The Suma Oriental of Tomé Pires . . . and the Book of Francisco Rodrigues . . .* 2 vols. London: Hakluyt Society, 1944. Reprinted Nendeln, Liechtenstein: Kraus, 1967. Portuguese edition, *A Suma Oriental de Tomé Pires, e o Livro de Francisco Rodrigues.* Coimbra: Por ordem da Universidade, 1978. **746, 1013**

Cortesão, Armando, and A. Teixeira da Mota. *Portugaliae monumenta cartographica.* 6 vols. Lisbon, 1960. Reprinted with an introduction and supplement by Alfredo Pinheiro Marques. Lisbon: Imprensa Nacional-Casa de Moeda, 1987. **60, 83, 194, 217, 226, 975, 984, 986, 987, 988, 989, 990, 991, 993, 995, 996, 997, 1004, 1012, 1013, 1014, 1015, 1016, 1017, 1019, 1020, 1021, 1022, 1023, 1024, 1025, 1026, 1027, 1028, 1030, 1039, 1042, 1043, 1044, 1046, 1047, 1050, 1052, 1054, 1057, 1059, 1061, 1062, 1063, 1064, 1065, 1066, 1067, 1069, 1088, 1393, 1408, 1412, 1444, 1555, 1610, 1613, 1725, 1727, 1730, 1732**

Cortesão, Jaime. "Do sigilo nacional sobre os descobrimentos." *Lusitania: Revista de Estudos Portugueses* 1 (1924): 54–81. **1005**

———. *Teoria geral dos descobrimentos portugueses: A geografia e a economia da Restauracao.* Lisbon: Seara Nova, 1940. **1007**

———. *A política de sigilo nos descobrimentos: Nos tempos do Infante D. Henrique e de D. João II.* Lisbon: Comissão Executiva das Comemorações do Quinto Centenário da Morte do Infante D. Henrique, 1960. **1005, 1007**

———. "América." In *Dicionário de história de Portugal,* 4 vols., ed. Joel Serrão, 1:128–43. Lisbon: Iniciativas Editoriais, 1963–71. **1028**

———. *Introdução à história das bandeiras.* 2 vols. Lisbon: Portugalia, 1964. **1028**

———. *História do Brasil nos velhos mapas.* 2 vols. Rio de Janeiro: Ministério das Relações Exteriores, Instituto Rio Branco, 1965. **1006, 1028**

———. *Os descobrimentos portugueses.* 6 vols. Lisbon: Livros Horizonte, 1975–81. **978, 1005, 1007**

———. *A expedição de Pedro Álvares Cabral e o descobrimento do Brasil.* Lisbon: Imprensa Nacional-Casa da Moeda, 1994. **1028**

Cortesão, Jaime, and A. Teixeira da Mota. *El viaje de Diogo de Teive colon y los Portugueses.* Valladolid: Casa Museo de Colón, Seminario de Historia de América de la Universidad, 1975. **1009**

Cortesão, Jaime, et al. "Influência dos descobrimentos dos Portugueses na história da civilização." In *História de Portugal,* 8 vols., ed. Damião Peres, 4:179–528. Barcelos: Portucalense Editora, 1928–37. **1045**

Cortesi, Paolo. *De Cardinalatu.* Castro Cortesio, 1510. **639, 678**

Corvinus, Laurentius. *Cosmographia dans manuductionem in tabulas Ptholomei.* Basle: Nicolaus Kesler, 1496. **351, 354**

Cosgrove, Denis E. "Mapping New Worlds: Culture and Cartography in Sixteenth-Century Venice." *Imago Mundi* 44 (1992): 65–89. **457, 506, 781**

———. *The Palladian Landscape: Geographical Change and Its Cultural Representations in Sixteenth-Century Italy.* University Park: Pennsylvania State University Press, 1993. 60, 97

———. "Global Illumination and Enlightenment in the Geographies of Vincenzo Coronelli and Athanasius Kircher." In *Geography and Enlightenment,* ed. David N. Livingstone and Charles W. J. Withers, 33–66. Chicago: University of Chicago Press, 1999. **73, 75**

———. *Apollo's Eye: A Cartographic Genealogy of the Earth in the Western Imagination.* Baltimore: Johns Hopkins University Press, 2001. **67, 69, 73, 97, 98, 263**

———. "Globalism and Tolerance in Early Modern Geography." *Annals of the Association of American Geographers* 93 (2003): 852–70. **95**

———. "Ptolemy and Vitruvius: Spatial Representation in the Sixteenth-Century Texts and Commentaries." In *Architecture and the Sciences: Exchanging Metaphors,* ed. Antoine Picon and Alessandra Ponte, 20–51. New York: Princeton Architectural Press, 2003. **95**

"Cosmographers in 16th Century Spain and America." <http://www.mlab.uiah.fi/simultaneous/Text/bio_cosmographer.html>. **75**

Costa, A. Fontoura da. "As portas da Índia em 1484." *Anais do Club Militar Naval* 66 (1935): 3–62. **1009**

———. *Uma carta náutica portuguesa, anónima, de "circa" 1471.* Lisbon: República Portuguesa, Ministério das Colónias, Divisão de Publicações e Propaganda, Agência Geral das Colónias, 1940. **983**

———. "Catálogo da Exposição de Cartografia." In *Publicações (Congresso do Mundo Português),* 19 vols., 4:387–459. Lisbon: Comissão Executiva dos Centenários, 1940–42. **976**

———. "Ciência náutica portuguesa: Cartografia e cartógrafos." In *Publicações (Congresso do Mundo Português),* 19 vols., 3:537–77. Lisbon: Comissão Executiva dos Centenários, 1940–42. **981**

———. "Descobrimentos portugueses no Atlântico e na costa ocidental Africana do Bojador ao Cabo de Catarina." In *Publicações (Congresso do Mundo Português),* 19 vols., 3:243–86. Lisbon: Comissão Executiva dos Centenários, 1940–42. **979**

———. *A marinharia dos descobrimentos.* 3d ed. Lisbon: Agência Geral do Ultramar, 1960. **746, 747**

Costa, Leonor Freire. "Acerca da produção cartográfica no século XVI." *Revista de História Económica e Social* 24 (1988): 1–26. **1037**

Costantini, Claudio. *La Repubblica di Genova nell'età moderna.* Turin: UTET, 1978. **860**

Coste, Jean. "Description et délimitation de l'espace rural dans la campagne romaine." In *Sources of Social History: Private Acts of the Late Middle Ages,* ed. Paolo Brezzi and Egmont Lee, 185–200. Toronto: Pontifical Institute of Medieval Studies, 1984. Also published in *Gli atti privati nel tardo medioevo: Fonti per la storia sociale,* ed. Paolo Brezzi and Egmont Lee, 185–200. Rome: Instituto di Studi Romani, 1984. **27, 38**

Cotter, Charles H. "The Development of the Mariner's Chart." *International Hydrographic Review* 54, no. 1 (1977): 119–30. **1745**

Coupe, William A. *The German Illustrated Broadsheet in the Seventeenth Century.* 2 vols. Baden-Baden: Librairie Heitz, 1966–67. **446**

Couto, Diogo de. *Obras inéditas de Diogo de Couto, chronista da India, e guarda mor da Torre do Tombo.* Ed. António Lourenço Caminha. Lisbon: Na Impressão Imperial e Real, 1808. **1022**

Couto, Gustavo. *História da antiga Casa da Índia em Lisboa.* Lisbon: Libanio da Silva, 1932. **1003**

Couto, Jorge. "Dos modelos de colonização do Brasil." *Diario de Notícias,* August 1994, *Rotas da terra e do mar,* fasc. 9, 10, and 11, pp. 210–42. **1029**

Couzinet, Marie-Dominique. "Fonction de la géographie dans la connaissance historique: Le modèle cosmographique de l'histoire universelle chez F. Baud et J. Bodin." In *Philosophies de l'histoire à la Renaissance,* ed. Philippe Desan, 113–45. Paris: Corpus des Oeuvres de Philosophie en Langue Française, 1995. **656**

———. *Histoire et méthode à la Renaissance: Une lecture de la Methodus ad facilem historiarum cognitionem de Jean Bodin.* Paris: J. Vrin, 1996. **655**

Covarrubias Orozco, Sebastián de. *Tesoro de la lengua castellana o española.* 1611. Barcelona: S. A. Horta, 1943. **470**

Coyne, John. "Hooked on Maps." *Mercator's World* 1, no. 4 (1996): 20–25. **177**

Cozzi, Gaetano, ed. *Stato società e giustizia nella Repubblica Veneta (sec. XV–XVIII).* 2 vols. Rome: Jouvence, 1980–85. **877**

Craesbeeck, Paulo. *Commentarios do grande capitam Rvy Freyre de Andrada.* Lisbon: Paulo Craesbeeck, 1647. **1058**

Crane, Mary Thomas. *Framing Authority: Sayings, Self, and Society in Sixteenth-Century England.* Princeton: Princeton University Press, 1993. **422**

Crane, Nicholas. *Mercator: The Man Who Mapped the Planet.* London: Weidenfeld and Nicolson, 2002. **69, 536, 549, 631, 1229, 1298**

Cranz, F. Edward. *Nicholas of Cusa and the Renaissance.* Ed. Thomas M. Izbicki and Gerald Christianson. Aldershot: Ashgate/Variorum, 2000. **1183**

Crescenzio (Crescentio Romano), Bartolomeo. *Navtica Mediterranea.* Rome: Bartolomeo Bonfadino, 1602 and 1607. **185, 971**

Cresques, Abraham. *El Atlas Catalán.* Barcelona: Diáfora, 1975. **60**

Cressy, David. *Literacy and the Social Order: Reading and Writing in Tudor and Stuart England.* Cambridge: Cambridge University Press, 1980. **624**

Criegern, Hermann Ferdinand von. *Johann Amos Comenius als Theolog: Ein Beitrag zur Comeniusliteratur.* Leipzig: Winter, 1881. **443**

Crini, Pietro. "La cartografia tra pubblico e privato." In *Imago et descriptio Tusciae: La Toscana nella geocartografia dal XV al XIX secolo,* ed. Leonardo Rombai, 360–87. Venice: Marsilio, 1993. **920**

Crinò, Anna Maria, and Helen Wallis. "New Researches on the Molyneux Globes." *Der Globusfreund* 35–37 (1987): 11–18. **1619, 1763**

Crinò, Sebastiano. "Notizia sopra una carta da navigare di Visconte Maggiolo che si conserva nella Biblioteca Federiciana di Fano." *Bollettino della Società Geografica Italiana* 44 (1907): 1114–21. **209, 210**

———. "Un astuccio della prima metà del secolo XVII con quattro carte da navigare costruite per la Marina Medicea dell'Ordine di Santo Stefano." *Rivista Marittima* 64, no. 2 (1931): 163–74. **181, 183, 205**

———. "Portolani manoscritti e carte da navigare compilati per la Marina Medicea, I.—I portolani di Bernardo Baroncelli." *Rivista Marittima* 64 (suppl. September 1931): 1–125. **196**

———. "Metodi costruttivi ed errori nelle carte da navigare (A proposito di un gruppo di carte della Biblioteca Olschki)." *Bibliofilia* 34 (1932): 161–72. **196, 198**

———. "Portolani manoscritti e carte da navigare compilati per la Marina Medicea, III.—Tre Atlanti di carte da navigare inediti conservati nella Biblioteca dell'Istituto di Fisica di Arcetri (Firenze)." *Rivista Marittima* 65 (suppl. November 1932): 1–43. **228, 230**

———. "I planisferi di Francesco Rosselli dell'epoca delle grandi scoperte geografiche: A proposito della scoperta di nuove carte del cartografo fiorentino." *Bibliofilia* 41 (1939): 381–405. **343, 344**

———. *La scoperta della carta originale di Paolo dal Pozzo Toscanelli.* Florence: Istituto Geografico Militare, 1941. **334**

———. *Come fu scoperta l'America.* Milan: U. Hoepli, 1943. **334**

Croce, Benedetto. *See* Fastidio, Don.

Crol, W. A. H. *De kaart van het Hoogheemraadschap van Schieland door Floris Balthasars, 1611.* Alphen aan den Rijn: Canaletto, 1972. **1292, 1294**

Crome, Hans. "Kaspar Hennebergers Karte des alten Preußens, die älteste frühgeschichtliche Karte Ostpreußens." *Alt-Preußen* 5 (1940): 10–15 and 27–32. **1242**

Crone, Ernst. "Adriaen Veen en zijn 'gebulte kaart.'" *Mededelingen van de Nederlandse Vereniging voor Zeegeschiedenis* 12 (1966): 1–9. **1390, 1406**

Crone, Ernst, et al., eds. *The Principal Works of Simon Stevin*. 5 vols. Amsterdam: C. V. Swets and Zeitlinger, 1955–66. **1287**

Crone, G. R. "A Manuscript Atlas by Battista Agnese in the Society's Collection." *Geographical Journal* 108 (1946): 72–80. **213**

———. "John Green: Notes on a Neglected Eighteenth Century Geographer and Cartographer." *Imago Mundi* 6 (1949): 85–91. **1724**

———. *Maps and Their Makers: An Introduction to the History of Cartography*. London: Hutchinson's University Library, 1953. **538**

———. *Early Maps of the British Isles, A.D. 1000–A.D. 1579*. London: Royal Geographical Society, 1961. **1590, 1596, 1620**

———. "New Light on the Hereford Map." *Geographical Journal* 131 (1965): 447–62. **39, 1591**

Crone, G. R., Eila M. J. Campbell, and R. A. Skelton. "Landmarks in British Cartography." *Geographical Journal* 128 (1962): 406–30. **1591**

Crosby, Alfred W. *The Measure of Reality: Quantification and Western Society, 1250–1600*. Cambridge: Cambridge University Press, 1997. **27, 285**

Csapodi, Csaba, and Klára Csapodi-Gáronyi. *Bibliotheca Corviniana: Die Bibliothek des Königs Matthias Corvinus von Ungarn*. 2d ed. Budapest: Corvina Kiadó; Magyar Helikon, 1978. **1811**

Cucagna, Alessandro, ed. *Mostre "Cartografia antica del Trentino meridionale," 1400–1620*. Exhibition catalog. Rovereto: Biblioteca Civica "G. Tartarotti," 1985. **901**

Cuesta Domingo, Mariano. *Alonso de Santa Cruz y su obra cosmográfica*. 2 vols. Madrid: Consejo Superior de Investgaciones Científicos, Instituto "Gonzalo Fernández de Oviedo," 1983–84. **60, 271, 1099, 1120, 1144**

———. "La fijación de la *línea*—de Tordesillas—en el Extremo Oriente." In *El Tratado de Tordesillas y su época (Congreso Internacional de Historia)*, 3 vols., 3:1483–1517. [Tordesillas]: Sociedad V Centenario del Tratado de Tordesillas, 1995. **1114**

———. *La obra cosmográfica y náutica de Pedro de Medina*. Madrid: BCH, 1998. **1118**

Cumberland, George. *An Essay on the Utility of Collecting the Best Works of the Ancient Engravers of the Italian School: Accompanied by a Critical Catalogue*. London: Payne and Foss, 1827. **791**

Cumming, William Patterson. "The Parreus Map (1562) of French Florida." *Imago Mundi* 17 (1963): 27–40. **752**

———. *The Southeast in Early Maps*. 3d ed. Rev. and enl. Louis De Vorsey. Chapel Hill: University of North Carolina Press, 1998. **1152, 1761, 1763, 1766, 1767, 1769, 1772**

Cumming, William Patterson, R. A. Skelton, and David B. Quinn. *The Discovery of North America*. London: Elek, 1971. New York: American Heritage Press, 1972. **744, 751, 754, 756, 1149, 1666, 1755, 1779, 1780**

Cumming, William Patterson, et al. *The Exploration of North America, 1630–1776*. New York: G. P. Putnam's Sons, 1974. **1155, 1755**

Cuningham, William. *The Cosmographical Glasse, Conteinyng the Pleasant Principles of Cosmographie, Geographie, Hydrographie or Nauigation*. London: Ioan Daij, 1559. **60, 81, 1613, 1699**

Cunningham, Ian Campbell, ed. *The Nation Survey'd: Essays on Late Sixteenth-Century Scotland as Depicted by Timothy Pont*. East Linton: Tuckwell, 2001. **538, 676, 1687**

Curschmann, Fritz. "Die schwedischen Matrikelkarten von Vorpommern und ihre wissenschaftliche Auswertung." *Imago Mundi* 1 (1935): 52–57. **508**

Curtis, Mark H. *Oxford and Cambridge in Transition, 1558–1642*. Oxford: Clarendon, 1959. **623, 624, 625, 631**

Cusanus, Nicolaus. *De coniecturis*. Strassburg, 1488. Reprinted as *Mutmaßungen*. Ed. and trans. Winfried Happ and Josef Koch. Hamburg: Felix Meiner, 1971. **439**

———. *Der Laie über Versuche mit der Waage*. Ed. and trans. Hildegund Menzel-Rogner. Leipzig: Meiner, 1942. **1184**

———. *Die mathematischen Schriften*. Trans. Josepha Hofmann. Intro. and notes Joseph Ehrenfried Hofmann. Hamburg: Meiner, 1952. **1184**

———. *Die Kalenderverbesserung: De correctione kalendarii*. Ed. and tran. Viktor Stegemann and Bernhard Bischoff. Heidelberg: F. H. Kerle, 1955. **1184**

———. *Compendium*. Ed. Bruno Decker and Karl Bormann. Vol. 11/3 of *Nicolai de Cusa Opera omnia*. Hamburg: Felix Meiner, 1964. **18, 637**

Cushing, John D., comp. *The Laws and Liberties of Massachusetts, 1641–1691: A Facsimile Edition, Containing Also Council Orders and Executive Proclamations*. 3 vols. Wilmington, Del.: Scholarly Resources, 1976. **1777**

Cuspinianus, Johannes. *Oratio protreptica ad Sacri Romani Imperii principes* . . . 1st ed. Vienna: J. Singriener, [1526]. Basel, 1553. **1823**

———. *Austria*. Basel: Oporini, 1553. **1823**

———. *Ioannis Cuspiniani, uiri clarissimi, diui quondam Maximiliani imperatoris a Consilijs, & oratoris De consulibus Romanorum commentarij* . . . Basel: Oporini, 1553. **1823, 1826**

Cuvigny, Hélène. "Une sphère céleste antique en argent ciselé." In *Gedenkschrift Ulrike Horak (P. Horak)*, 2 vols., ed. Hermann Harrauer and Rosario Pintaudi, 2:345–81. Florence: Gonnelli, 2004. **140**

Czerny, Albin. "Aus dem Briefwechsel des grossen Astronomen Georg von Peuerbach." *Archiv für Kunde Österreichische Geschichte* 72 (1888): 283–304. **338**

D'Abate, Richard. "On the Meaning of a Name: 'Norumbega' and the Representation of North America." In *American Beginnings: Exploration, Culture, and Cartography in the Land of Norumbega*, ed. Emerson W. Baker et al., 61–88. Lincoln: University of Nebraska Press, 1994. **1774**

Dahl, Edward H., and Jean-François Gauvin. *Sphæræ Mundi: Early Globes at the Stewart Museum*. [Sillery]: Septentrion; [Montreal]: McGill–Queen's University, 2000. **161, 172**

Dahl, Folke. "Amsterdam—Cradle of English Newspapers." *Library*, 5th ser., 4 (1949–50): 166–78. **1712**

Dahlberg, Richard E. "Evolution of Interrupted Map Projections." *International Yearbook of Cartography* 2 (1962): 36–54. **365, 373**

Dahlgren, E. W. "Sailing-Directions for the Northern Seas." In *Periplus: An Essay on the Early History of Charts and Sailing-Directions*, by A. E. Nordenskiöld, trans. Francis A. Bather, 101–10. Stockholm: P. A. Norstedt, 1897. **1805**

Dainville, François de. *La géographie des humanistes*. Paris: Beauchesne et Ses Fils, 1940. **342, 628, 758, 1502, 1579**

———. *La naissance de l'humanisme moderne*. Paris: Beauchesne et Ses Fils, 1940. **628**

———. *Cartes anciennes de l'Église de France: Historique, répertoire, guide d'usage*. Paris: J. Vrin, 1956. **538, 1489**

———. "Le signe de 'justice' dans les cartes anciennes." *Revue Historique de Droit Français et Étranger*, 4th ser., 34 (1956): 111–14. **567**

———. *Cartes anciennes du Languedoc, XVIe–XVIIIe s.* Montpellier: Société Languedocienne de Géographie, 1961. **1494, 1515**

———. "Le premier atlas de France: *Le Théatre françoys* de M. Bouguereau—1594." In *Actes du 85e Congrès National des Sociétés Savantes, Chambéry-Annecy 1960, Section de Géographie*, 3–50. Paris: Imprimerie Nationale, 1961. Reprinted in *La cartographie reflet de l'histoire*, by François de Dainville, 293–342. Geneva: Slatkine, 1986. **433, 673, 1489, 1491, 1492, 1576**

———. "L'évolution de l'atlas de France sous Louis XIII: *Théâtre géographique du royaume de France* des Leclerc (1619–1632)." In *Actes du 87e Congrès National des Sociétés Savantes, Poitiers, 1962*, 9–57. Paris: Imprimerie Nationale, 1963. **1493**

———. "Jean Jolivet's 'Description des Gaules.'" *Imago Mundi* 18 (1964): 45–52. **431, 568**
———. *Le langage des géographes: Termes, signes, couleurs des cartes anciennes, 1500–1800.* Paris: A. et J. Picard, 1964. **529, 538, 541, 542, 544, 545, 563, 565, 567, 568, 574, 711, 948, 1522**
———. "Bibliographical Note/Note Bibliographique." In *Le théatre françoys: Tours, 1594,* by Maurice Bouguereau, VI-XIII. Amsterdam: Theatrum Orbis Terrarum, 1966. **536**
———. "Die Anschauungen der Globusliebhaber." *Der Globusfreund* 15–16 (1967): 193–223. **149**
———. *Le Dauphiné et ses confins vus par l'ingénieur d'Henry IV, Jean de Beins.* Geneva: Librairie Droz, 1968. **847, 1493, 1509, 1510, 1514, 1536**
———. "Cartes et contestations au XVe siècle." *Imago Mundi* 24 (1970): 99–121. Reprinted in *La cartographie reflet de l'histoire,* by François de Dainville, 177–99. Geneva: Slatkine, 1986. **49, 50, 663, 706, 835, 948, 1071, 1251, 1522, 1523**
———. "How Did Oronce Fine Draw His Large Map of France?" *Imago Mundi* 24 (1970): 49–55. **407, 1045, 1482**
———. *L'éducation des Jésuites (XVIe–XVIIIe siècles).* Paris: Les Éditions de Minuit, 1978. **628, 630**
———. *La cartographie reflet de l'histoire.* Geneva: Slatkine, 1986. **433, 1522**
Dall'Acqua, Marzio. "Il principe ed il cartografo: Ranuccio I e Smeraldo Smeraldi. Pretesto per appunti sugli interessi cartografici dei Farnese nel secolo XVI." In *Cartografia e istituzioni in età moderna,* 2 vols., 1:345–66. Genoa: Società Ligure di Storia Patria, 1987. **913, 921, 933, 938**
Dam, Pieter van. *Beschryvinge van de Oostindische Compagnie.* 4 vols. Ed. Frederik Willem Stapel and Carel Wessel Theodorus Boetzelaer van Dubbeldam. The Hague: Martinus Nijhoff, 1927–54. **1438, 1443, 1444**
Damisch, H. *Les origines de la perspective.* Paris, 1974. **336**
Danckwerth, Caspar. *Die Landkarten von Johannes Mejer, Husum, aus der neuen Landesbeschreibung der zwei Herzogtümer Schleswig und Holstein.* Ed. K. Domeier and M. Haack. Intro. Christian Degn. Hamburg-Bergedorf: Otto Heinevetter, 1963. **665, 1790**
Danforth, Susan L. "Notes on the Scientific Examination of the Wilczek-Brown Codex." *Imago Mundi* 40 (1988): 125. **317**
Danfrie, Philippe. *Déclaration de l'vsage du graphometre.* Paris, 1597. **494, 496**
Daniel, Samuel. *A Defence of Ryme.* In *Elizabethan Critical Essays,* 2 vols., ed. G. Gregory Smith, 2:356–84. Oxford: Claredon Press, 1904. **413**
Dante. *La Divina commedia . . . Accademici della Crusca.* Florence: Domenico Manzani, 1595. **88**
"Dante's Hell." <http://www.nd.edu/~italnet/Dante/text/Hell.html> **87**
Danti, Egnazio. *Trattato dell'vso et della fabbrica dell'astrolabio.* Florence: Giunti, 1569. **840**
———. *Le scienze matematiche ridotte in tavole.* Bologna, 1577. **560**
———. *Le tavole geografiche della Guardaroba Medicea di Palazzo Vecchio in Firenze.* Ed. Gemmarosa Levi-Donati. Perugia: Benucci, 1995. **648**
Dapper, Olfert. *Naukeurige beschryving der eilanden in, de Archipel der Middelantsche Zee . . .* Amsterdam, 1688. **279**
Darby, H. C. "The Agrarian Contribution to Surveying in England." *Geographical Journal* 82 (1933): 529–35. **9, 713, 1593, 1638, 1641, 1645, 1647**
———. *The Draining of the Fens.* 2d ed. Cambridge: Cambridge University Press, 1956. **712**
Dashkevich, Ya. R. "Teritoriya Ukraini na kartakh XIII–XVIII st." *Istorichni Doslidzhennya: Vitchiznyana Istoriya* 7 (1981): 88–93. **1854**
Dati, Leonardo. *La Sfera.* Florence: Lorenzo Morgiani and Johannes Petri, for Piero Pacini, ca. 1495–1500. **77, 93**
Daupiás d'Alcochete, Nuno. "L'officina craesbeeckiana de Lisbonne." *Arquivos do Centro Cultural Português* 9 (1975): 601–37. **1059**
Daveau, Suzanne. "Géographie historique du site de Coruche, étape sur les itinéraires entre Évora et le Ribatejo." *Revista da Faculdade de Letras* 5 (1984): 115–35. **1045, 1052**
———. "Lugares e regiões em mapas antigos." In *Lugares e regiões em mapas antigos,* by Isabel Cid and Suzanne Daveau, 13–44. Lisbon: CNCDP, 1997. **1052**
———. "O novo conhecimento geográfico do mundo." In *Gravura e conhecimento do mundo: O livro impresso ilustrado nas colecções da BN,* ed. Joachim Oliveria Caetano, 125–47. Lisbon: Biblioteca Nacional, 1998. **1021**
———. *A descoberta da Africa Ocidental: Ambiente natural e sociedades.* Lisbon: CNCDP, 1999. **1025**
———. "A propósito das 'pinturas' do litoral marroquino incluídas no *Esmeraldo de situ orbis.*" *Mare Liberum* 18–19 (1999–2000): 79–132. **1011, 1012, 1017**
———. "A rede hidrográfica no mapa de Portugal de Fernando Álvaro Seco (1560)." *Finisterra* 35 (2000): 11–38. **1039, 1041, 1045**
———. "A descrição territorial no *Numeramento* de 1527–32." *Penélope* 25 (2001): 7–39. **1034**
———. "À propos de la première carte chorographique du Portugal (1526–35)." Paper presented at the 19th International Conference on the History of Cartography, Madrid, 2001. **1036**
———. "A obra de Gaspar Barreiros: Alguns aspectos geográficos." *Revista da Faculdade de Letras* 27 (2003): 97–127. **1035**
Daveau, Suzanne, and Orlando Ribeiro. "Conhecimento actual da história da geografia em Portugal." In *História e desenvolvimento da ciência em Portugal,* 2 vols., 2:1041–60. Lisbon: Academia das Ciências de Lisboa, 1986. **1034, 1035**
David, Charles Wendell. *De expugnatione Lyxbonensi: The Conquest of Lisbon.* New York: Columbia University Press, 1936. **978**
———, ed. *Narratio de itinere navali peregrinorum Hierosolymam tendentium et Silviam capientium, A.D. 1189.* Philadelphia: American Philosophical Society, 1939. **978**
Davids, C. A. *Zeewezen en wetenschap: De wetenschap en de ontwikkeling van de navigatietechniek in Nederland tussen 1585 en 1815.* Amsterdam: Bataafsche Leeuw, [1985]. **1452**
Davies, Arthur. "The Egerton MS. 2803 Map and the Padrón Real of Spain in 1510." *Imago Mundi* 11 (1954): 47–52. **1110**
———. "The Date of Juan de la Cosa's World Map and Its Implications for American Discovery." *Geographical Journal* 142 (1976): 111–16. **749**
———. "Behaim, Martellus and Columbus." *Geographical Journal* 143 (1977): 451–59. **268**
Davies, Hugh Wm., comp. *Bernhard von Breydenbach and His Journey to the Holy Land, 1483–4: A Bibliography.* London: J. and J. Leighton, 1911. **1181**
Davies, Surekha. "The Navigational Iconography of Diogo Ribeiro's 1529 Vatican Planisphere." *Imago Mundi* 55 (2003): 103–12. **994**
Davis, John. *The Seamans Secrets.* London: Thomas Dawson, 1595. **153, 516, 524**
———. *The Seamans Secrets (1633).* Delmar, N.Y.: For the John Carter Brown Library by Scholars' Facsimiles and Reprints, 1992. **750**
Davis, Natalie Zemon. "Women on Top." In *Society and Culture in Early Modern France: Eight Essays,* by Natalie Zemon Davis, 124–51. Stanford: Stanford University Press, 1975. **389**
———. "The Sacred and the Body Social in Sixteenth-Century Lyon." *Past and Present* 90 (1981): 40–70. **389, 410**
———. "Le monde de l'imprimerie humaniste: Lyon." In *Histoire de l'édition française,* under the direction of Henri Jean Martin and Roger Chartier, 1:254–77. Paris: Promodis, 1982–. **1570**

Dear, Peter Robert. *Discipline and Experience: The Mathematical Way in the Scientific Revolution.* Chicago: University of Chicago Press, 1995. **628, 630, 634**

Deberg, Minako. "A Comparative Study of Two Dutch Maps, Preserved in the Tokyo National Museum: Joan Blaeu's Wall Map of the World in Two Hemispheres, 1648 and Its Revision ca. 1678 by N. Visscher." *Imago Mundi* 35 (1983): 20–36. **89**

Debus, Allen G. *Man and Nature in the Renaissance.* Cambridge: Cambridge University Press, 1978. **74**

Decker, E. de. *Practyck vande groote Zee-vaert ende nu op nieuws verrijckt met twee Aenhange.* Rotterdam, 1659. **1426**

Dee, John. "Mathematicall Praeface." In *The Elements of Geometrie of the Most Auncient Philosopher Euclide of Megara,* by Euclid. Trans. Henry Billingsley. London: Printed by Iohn Daye, 1570. **484, 705, 1758**

———. *The General and Rare Memorials Pertayning to the Perfect Art of Navigation.* London, 1577. **1759**

———. *The Mathematicall Praeface to the Elements of Geometrie of Euclid of Megara (1570).* Intro. Allen G. Debus. New York: Science History Publications, 1975. **56, 59, 79, 528, 622, 638, 647, 805**

———. *The Diaries of John Dee.* Ed. Edward Fenton. Charlbury, Eng.: Day Books, 1998. **1618**

———. *John Dee: The Limits of the British Empire.* Ed. Ken MacMillan with Jennifer Abeles. Westport, Conn.: Praeger, 2004. **1760**

Degenhart, Bernhard, and Annegrit Schmitt. "Marino Sanudo und Paolino Veneto: Zwei Literaten des 14. Jahrhunderts in ihrer Wirkung auf Buchillustrierung und Kartographie in Venedig, Avignon und Neapel." *Römisches Jahrbuch für Kunstgeschichte* 14 (1973): 1–137. **46**

Dekker, Elly. "Het vermeende plagiaat van Frederick de Houtman: Een episode uit de geschiedenis van de hemelkartografie." *Caert-Thresoor* 4 (1985): 70–76. **1363, 1365**

———. "Early Explorations of the Southern Celestial Sky." *Annals of Science* 44 (1987): 439–70. **102, 1363, 1365**

———. "The Light and the Dark: A Reassessment of the Discovery of the Coalsack Nebula, the Magellanic Clouds and the Southern Cross." *Annals of Science* 47 (1990): 529–60. **104, 121**

———. "Der Himmelsglobus—Eine Welt für sich." In *Focus Behaim Globus,* 2 vols., 1:89–100. Nuremberg: Germanisches Nationalmuseums, 1992. **100, 102**

———. "Conspicuous Features on Sixteenth Century Celestial Globes." *Der Globusfreund* 43–44 (1995): 77–106. In English and German. **104, 111, 155, 161, 164, 167, 172**

———. "Andromède sur les globes célestes des XVIe et XVIIe siècles," trans. Lydie Échasseriaud. In *Andromède; ou, Le héros à l'épreuve de la beauté,* ed. Françoise Siguret and Alain Laframboise, 403–23. Paris: Musée du Louvre / Klincksieck, 1996. **100, 102, 109**

———. "The Copernican Globe: A Delayed Conception." *Annals of Science* 53 (1996): 541–66. **159**

———. "The Demongenet Tradition in Globe Making." In *Globes at Greenwich: A Catalogue of the Globes and Armillary Spheres in the National Maritime Museum,* by Elly Dekker et al., 69–74. Oxford: Oxford University Press and the National Maritime Museum, 1999. **111, 155**

———. "The Globes in Holbein's Painting *The Ambassadors.*" *Der Globusfreund* 47–48 (1999): 19–52. **135, 143, 161, 172**

———. "The Navigator's Globe." In *Globes at Greenwich: A Catalogue of the Globes and Armillary Spheres in the National Maritime Museum,* by Elly Dekker et al., 33–43. Oxford: Oxford University Press and the National Maritime Museum, 1999. **151**

———. "The Phenomena: An Introduction to Globes and Spheres." In *Globes at Greenwich: A Catalogue of the Globes and Armillary Spheres in the National Maritime Museum,* by Elly Dekker et al., 3–12. Oxford: Oxford University Press and the National Maritime Museum, 1999. **58, 67**

———. "Uncommonly Handsome Globes." In *Globes at Greenwich: A Catalogue of the Globes and Armillary Spheres in the National Maritime Museum,* by Elly Dekker et al., 87–136. Oxford: Oxford University Press and the National Maritime Museum, 1999. **154, 1359, 1368**

———. "The Doctrine of the Sphere: A Forgotten Chapter in the History of Globes." *Globe Studies* (English version of *Der Globusfreund*) 49–50 (2002): 25–44. **136**

———. "Precession Globes." In *Musa Musaei: Studies on Scientific Instruments and Collections in Honour of Mara Miniati,* ed. Marco Beretta, Paolo Galluzzi, and Carlo Triarico, 219–35. Florence: L. S. Olschki, 2003. **138**

———. *Catalogue of Orbs, Spheres and Globes.* Florence: Giuti, 2004. **166, 169, 172**

———. "From Blaeu to Coronelli: Constellations on Seventeenth-Century Globes." In *Catalogue of Orbs, Spheres and Globes,* by Elly Dekker, 52–63. Florence: Giuti, 2004. **109, 110, 115, 116**

Dekker, Elly, and Peter van der Krogt. *Globes from the Western World.* London: Zwemmer, 1993. **164, 165, 172**

———. "De globes." In *Gerardus Mercator Rupelmundanus,* ed. Marcel Watelet, 242–67. Antwerp: Mercatorfonds, 1994. In French, "Les globes." In *Gérard Mercator cosmographe: Les temps et l'espace,* ed. Marcel Watelet, 242–67. Antwerp: Fonds Mercator Paribas, 1994. **111, 501, 1299**

Dekker, Elly, and R. van Laere. *De verbeelde wereld: Globes, atlassen, kaarten en meetinstrumenten uit de 16de en 17de eeuw.* Brussels: Kredietbank, 1997. **165, 172**

Dekker, Elly, and Kristen Lippincott. "The Scientific Instruments in Holbein's *Ambassadors:* A Re-Examination." *Journal of the Warburg and Courtauld Institutes* 62 (1999): 93–125. In English and German. **135, 143**

Dekker, Elly, and Gerard L'Estrange Turner. "An Unusual Elizabethan Silver Globe by Charles Whitwell." *Antiquaries Journal* 77 (1997): 393–401. **1712**

Dekker, Elly, et al. *Globes at Greenwich: A Catalogue of the Globes and Armillary Spheres in the National Maritime Museum, Greenwich.* Oxford: Oxford University Press and the National Maritime Museum, 1999. **99, 100, 105, 135, 162, 163, 165, 167, 168, 169, 170, 171, 172, 1369**

Dekker, F. *Voortrekkers van Oud Nederland: Uit Nederland's geschiedenis buiten de grenzen.* The Hague: L. J. C. Boucher, 1938. **1435**

Dekker, Thomas. *The Dramatic Works of Thomas Dekker,* 4 vols. Ed. Fredson Bowers. Cambridge: Cambridge University Press, 1953. **419**

Delaborde, Henri François. *L'expédition de Charles VIII en Italie: Histoire diplomatique et militaire.* Paris: Firmin-Didot, 1888. **725**

Delambre, J. B. J. (Jean-Baptiste-Joseph). *Grandeur et figure de la terre: Ouvrage augmenté de notes, de cartes.* Ed. Guillaume Bigourdan. Paris: Gauthier-Villars, 1912. **944**

Delano-Smith, Catherine. "Cartographic Signs on European Maps and Their Explanation before 1700." *Imago Mundi* 37 (1985): 9–29. **18, 532, 566, 568, 1195**

———. "Cartography in the Prehistoric Period in the Old World: Europe, the Middle East, and North Africa." In *HC* 1:54–101. **538, 540, 549, 1859**

———. "Son of Rudd: Edmund, another Tudor Mapmaker?" *Map Collector* 64 (1993): 38. **1655**

———. "Map Ownership in Sixteenth-Century Cambridge: The Evidence of Probate Inventories." *Imago Mundi* 47 (1995): 67–93. **609, 631, 632, 643, 1604, 1608, 1658, 1661, 1720**

———. "The Grip of the Enlightenment: The Separation of Past and Present." In *Plantejaments i objectius d'una història universal de la cartografia = Approaches and Challenges in a Worldwide History of Cartography,* 283–97. Barcelona: Institut Cartogràfic de Catalunya, 2001. **534**

———. "Smoothed Lines and Empty Spaces: The Changing Face of the Exegetical Map before 1600." In *Combler les blancs de la carte: Modalités et enjeux de la construction des savoirs géographiques (XVIe–XXe siècle),* ed. Jean-François Chauvard and Odile Goerg, under the direction of Isabelle Laboulais-Lesage, 17–34. Strasbourg: Presses Universitaires de Strasbourg, 2004. **541**

———. "Stamped Signs on Manuscript Maps in the Renaissance." *Imago Mundi* 57 (2005): 59–62. **531**

———. "Milieus of Mobility: Itineraries, Road Maps, and Route Maps." In *Cartographies of Travel and Navigation,* ed. James R. Akerman, 16–68. Chicago: University of Chicago Press, 2006. **568**

Delano-Smith, Catherine, and Mayer I. Gruber. "Rashi's Legacy: Maps of the Holy Land." *Map Collector* 59 (1992): 30–35. **41, 43, 44**

Delano-Smith, Catherine, and Elizabeth Morley Ingram. *Maps in Bibles, 1500–1600: An Illustrated Catalogue.* Geneva: Librairie Droz, 1991. **17, 75, 387, 388, 389, 409, 441, 1215, 1604, 1696**

———. "De kaart van Palestina." In *Gerardus Mercator Rupelmundanus,* ed. Marcel Watelet, 268–83. Antwerp: Mercatorfonds, 1994. **1299**

Delano-Smith, Catherine, and R. J. P. Kain. *English Maps: A History.* London: British Library, 1999. **33, 37, 38, 39, 40, 41, 42, 43, 50, 51, 534, 568, 705, 713, 714, 716, 1589, 1590, 1591, 1593, 1594, 1595, 1599, 1603, 1609, 1611, 1625, 1629, 1632, 1634, 1635, 1638, 1650, 1652, 1655, 1657, 1658, 1661, 1667, 1693**

Del Badia, Jodoco. "Egnazio Danti: Cosmografo, astronomo e matematico, e le sue opere in Firenze." *La Rassegna Nazionale* 6 (1881): 621–31, and 7 (1881): 334–74. **165, 172, 671**

———. *Egnazio Danti: Cosmografo e Matematico e le sue opere in Firenze.* Florence: M. Cellini, 1881. **648, 655**

———. *Miscellanea fiorentina di erudizione e storia.* 2 vols. 1886–1902. Rome: Multigrafica Editrice, 1978. **1811**

———. "La bottega di Alessandro di Francesco Rosselli merciaio e stampatore, (1525)." *Miscellanea fiorentina di erudizione e di storia* 2 (1894): 24–30. **774**

Deledda, Sebastiano. "La carta della Sardegna di Rocco Cappellino (1577)." *Archivio Storico Sardo* 20 (1936): 84–121, and 21 (1939–40): 27–47. **872**

De l'île-de-France rurale à la grande ville. Exhibition catalog. Paris: Bibliothèque Nationale, 1975. **712**

Delisle, Léopold. *Recherches sur la librairie de Charles V, roi de France, 1337–1380.* 2 vols. Amsterdam: Gérard Th. van Heusden, 1967. **645**

Dell'Acqua, Paola, and Marina Gentilucci. "Il progetto di Antonio da Sangallo il Giovane per il borgo di Pratica." In *Antonio da Sangallo il Giovane: La vita e l'opera,* ed. Gianfranco Spagnesi, 309–21. Rome: Centro di Studi per la Storia dell'Architettura, 1986. **699**

Della Porta, Giovanni Battista. *Magiæ natvralis libri viginti.* Frankfurt: Apud Andreæ Wecheli heredes, Claudium Marnium & Ionn. Aubrium, 1591. **481, 498**

———. *Magia naturalis; oder, Haus- Kunst- und Wunder-Buch.* 2 vols. Ed. Christian Knorr von Rosenroth. Nuremberg, 1680. **481**

Della Terza, Dante. "Galileo, Man of Letters." In *Galileo Reappraised,* ed. Carlo Luigi Golino, 1–22. Berkeley: University of California Press, 1966. **454**

Deluz, Christine. *Le livre de Jehan de Mandeville: Une "géographie" au XIVe siècle.* Louvain-la-Neuve: Université Catholique de Louvain, 1988. **27**

De Marinis, Tammaro. *La biblioteca napoletana dei re d'Aragona.* 4 vols. Milan: Hoepli, 1947–52. **319**

Demidova, N. F. "Izobrazheniye srednego techeniya Irtysha na kartakh S. U. Remezova." In *Ispol'zovaniye starykh kart v geograficheskikh i istoricheskikh issledovaniyakh,* 122–36. Moscow, 1980. **1902**

De Moro, Gianni. "Alla ricera di un confine: Modifiche territoriali e primi sviluppi di cartografie 'di stato' nel ponente ligure cinquecentesco." In *Carte e cartografi in Liguria,* ed. Massimo Quaini, exhibition catalog, 68–77. Genoa: Sagep, 1986. **667**

———. "L'isola assediata: Difendere, progettare, 'delineare' nella Corsica del Cinquecento." In *Corsica: Immagine e cartografia,* by Anna Maria Salone and Fausto Amalberti, 21–26. Genoa: Sagep, 1992. **866**

De Negri, Teofilo Ossian. "Pier Maria Gropallo, pittore-cartografo del Seicento, II: Pagine sparse di Pier M. Gropallo maestro della cartografia genovese." *Bollettino Ligustico* 23 (1971): 107–19. **862**

Dengel, Ignazio Filippo. "Sulla 'mappa mundi' di Palazzo Venezia." In *Atti del II Congresso Nazionale di Studi Romani,* 3 vols., 2:164–69. Rome: Cremonese, 1931. **813**

Denis, Michael. *Nachtrag zu seiner Buchdruckergeschicht Wiens [bis MDLX].* Vienna, 1793. **1827**

Dentoni-Litta, Antonio, and Isabella Massabò Ricci, eds. *Architettura militare: Luoghi, città, fortezze, territori in età moderna.* Rome: Ministero per i Beni e le Attività Culturali, Direzione Generale per gli Archivi, 2003. **843**

Denucé, Jean. *Magellan: La question des Moluques et la première circumnavigation du globe.* Brussels, 1911. **151**

———. *Oud-Nederlandsche kaartmakers in betrekking met Plantijn.* 2 vols. Antwerp: De Nederlandsche Boekhandel, 1912–13. Reprinted Amsterdam: Meridian, 1964. **644, 787, 1260, 1261, 1299, 1300, 1302, 1304, 1321, 1376, 1608, 1694**

———. "Jean & Jacques Surhon, cartographes Montois, d'après les archives Plantiniennes." *Annales du Cercle Archéologique du Mons* 42 (1914): 259–79. **1260**

———. "De eerste nationale atlas van onze provinciën (België-Nederland) van 1586." In *Études d'histoire dédiées à la mémoire de Henri Pirenne, par ses anciens élèves,* 91–103. Brussels: Nouvelle Société d'Éditions, 1937. **1338**

Denucé, Jean, and Désiré Gernez. *Het Zeeboek: Handschrift van de Stedelijke boekerij te Antwerpen (Nr. B 29166).* Antwerp: "De Sikkel," 1936. **1391**

Depauw, C. "Enkele gegevens betreffende Bernaert vande Putte *figuersnyder* / Quelques informations sur Bernaert vande Putte, *figuersnyder* (tailleur de figures)." In *Gerard Mercator en de geografie in de Zuidelijke Nederlanden (16de eeuw) / Gérard Mercator et la géographie dans les Pays-Bas Méridionaux (16e siècle),* exhibition catalog, 65–76. Antwerp: Stad Antwerpen, 1994. **1304**

Depuydt, Joost. "De brede kring van vrienden en correspondenten rond Abraham Ortelius." In *Abraham Ortelius (1527–1598): Cartograaf en humanist,* by Robert Karrow et al., 117–40. Turnhout: Brepols, 1998. **1303**

Dérens, Jean. *Le plan de Paris par Truschet et Hoyau, 1550, dit plan de Bâle.* 1980. Reprinted Paris: Rotonde de la Villette, 1986. **1500, 1533**

Derolez, Albert. *Lambertus qui librum fecit: Een codicologische studie van de Liber Floridus-autograaf (Gent, Universiteitsbibliotheek, handscrift 92).* Brussels: Paleis der Academiën, 1978. **26, 29, 41**

Deroo, André. *Saint Charles Borromée, cardinal réformateur, docteur de la pastorale (1538–1584).* Paris: Éditions Saint-Paul, 1963. **398**

Derschau, Hans Albrecht. *Holzschnitte alter deutscher Meister in den Originalplatten.* 3 vols. Ed. Rudolph Zacharias Becker. Gotha: R. Z. Becker, 1808–16. **1182**

Desan, Philippe. *Naissance de la méthode Machiavel, La Ramée, Bodin, Montaigne, Descartes.* Paris: A. G. Nizet, 1987. **647**

Desanges, Jehan. "Les affluents de la rive droite du Nil dans la géographie antique." In *Proceedings of the Eighth International Conference of Ethiopian Studies, University of Addis Ababa, 1984,* 2 vols., ed. Taddese Beyene, 1:137–44. Addis Ababa: Institute of Ethiopian Studies, 1988–89. Reprinted in *Toujours Afrique apporte fait nouveau: Scripta minora*, by Jehan Desanges, ed. Michel Reddé, 279–88. Paris: De Boccard, 1999. **324**

Desbrière, Michel. *Jean Jubrien, cartographe de la Champagne (v. 1570–1641)*. Charleville-Mézières: Société d'Études Ardennaises, 1991. **1515**

———. *Champagne septentrionale: Cartes et mémoires à l'usage des militaires, 1544–1659*. Charleville-Mézières: Société d'Études Ardennaises, 1995. **1507**

Desceliers, Pierre. *Die Weltkarte des Pierre Desceliers von 1553*. Ed. Eugen Oberhummer. Vienna: [Geographische Gesellschaft in Wien], 1924. **1551**

Deserps, François. *Recueil de la diversité des habits qui sont de present en usaige tant es pays d'Europe, Asie, Affrique et Illes sauvages*. Paris, 1562. In English, *A Collection of the Various Styles of Clothing Which Are Presently Worn in Countries of Europe, Asia, Africa and the Savage Islands: All Realistically Depicted, 1562*. Ed. and trans. Sara Shannon. Minneapolis: James Ford Bell Library, distributed by the University of Minnesota Press, 2001. **432**

Desimoni, Cornelio. "Elenco di carte ed atlanti nautici di autore genovese oppure in Genova fatti o conservati." *Giornale Ligustico di Archeologia, Storia e Belle Arti* 2 (1875): 41–71. **177, 178, 180**

———. "Nuovi documenti riguardanti i cartografi Maggiolo." *Giornale Ligustico di Archeologia, Storia e Belle Arti* 4 (1877): 81–88. **211**

Desmarquets, Jean-Antoine-Samson. *Mémoires chronologiques pour servir à l'histoire de Dieppe et à celle de la navigation françoise*. 2 vols. 1785. Reprinted Luneray: Bertout, 1976. **1551**

De Smet, Antoine. *See* Smet, Antoine De.

Destombes, Marcel. *Catalogue des cartes nautiques, manuscrites sur parchemin, 1300–1700: Cartes hollandaises. La cartographie de la Compagnie des Indes Orientales, 1593–1743*. Saigon, 1941. **1443**

———. *La mappemonde de Petrus Plancius gravée par Josua van den Ende, 1604*. Hanoi: IDEO, 1944. **1349**

———. "An Unknown Chart Attributed to Hessel Gerritsz, about 1628." *Imago Mundi* 6 (1949): 14. **1427**

———. *Catalogue des cartes gravées au XVe siècle*. [Paris?], 1952. **318**

———. "Une carte interessant les études colombiennes conservée à Modène." In *Studi colombiani*, 3 vols., 2:479–87. Genoa: S.A.G.A., 1952. **176, 984, 1729**

———. "Nautical Charts Attributed to Verrazzano (1525–1528)." *Imago Mundi* 11 (1954): 57–66. **191, 1597**

———. "François Ollive et l'hydrographie marseillaise au XVIIe siècle." *Neptunia* 37 (1955): 12–16. **178, 232, 233, 235**

———. "Les plus anciens sondages portés sur les cartes nautiques aux XVIe et XVIIe siècles: Contribution à l'histoire de l'océanographie." *Bulletin de l'Institut Océanographique, Monaco*, special no. 2 (1968): 199–222. **750**

———. "An Antwerp *Unicum:* An Unpublished Terrestrial Globe of the 16th Century in the Bibliothèque Nationale, Paris." *Imago Mundi* 24 (1970): 85–94. Reprinted in *Marcel Destombes (1905–1983): Contributions sélectionnées à l'histoire de la cartographie et des instruments scientifiques*, ed. Günter Schilder, Peter van der Krogt, and Steven de Clercq, 337–50. Utrecht: HES, 1987. **1371, 1476**

———. *Les cartes de Lafreri et assimilées 1532–1586 de Département des estampes de la Bibliothèque nationale*. Paris: Comité National de la Gravure Française, 1970. **800**

———. "La plus ancienne carte régionale de l'Écosse (1559)." *Gazette des Beaux-Arts*, 6th ser., 78 (1971): 305–6. **1686**

———. "La grande carte de Flandre de Mercator et ses imitations jusqu'à Ortelius (1540–1570)." *Annalen van de Oudheidkundige Kring van het Land van Waas* 75 (1972): 5–18. **1263**

———. "Un nouvel exemplaire de la carte de Palestine de Mercator de 1537." *Annalen van de Oudheidkundige Kring van het Land van Waas* 75 (1972): 19–24. **1299**

———. "La grande carte d'Europe de Zuan Domenico Zorzi (1545) et l'activité cartographique de Matteo Pagano à Venise de 1538 à 1565." In *Studia z dziejów geografii i kartografii / Études d'histoire de la géographie et de la cartographie*, ed. Józef Babicz, 115–29. Warsaw: Polska Akademia Nauk, 1973. **780**

———. "Quelques rares cartes nautiques néerlandaises du XVIIe siècle." *Imago Mundi* 30 (1978): 56–70. **1424, 1426**

———. "Cartes, globes et instruments scientifiques allemands du XVIe siècle à la Bibliothèque Nationale de Paris." In *Land- und Seekarten im Mittelalter und in der frühen Neuzeit*, ed. C. Koeman, 43–68. Munich: Kraus International, 1980. **1192**

———. "Guillaume Postel cartographe." In *Guillaume Postel, 1581–1981: Actes du Colloque International d'Avranches, 5–9 September 1981*, 361–71. Paris: Éditions de la Maisnie, 1985. **1476, 1488**

———. "Les cartes de Lafreri et assimilées (1532–1586) Inventaires des collections de la Bibliothèque Nationale." Unpublished manuscript, n.d. **800**

———, ed. *Mappemondes A.D. 1200–1500: Catalogue préparé par la Commission des Cartes Anciennes de l'Union Géographique Internationale*. Amsterdam: N. Israel, 1964. **25, 28, 29**

Destombes, Marcel, and Désiré Gernez. "La 'West Indische paskaert de Willem Jansz. Blaeu' de la Bibliothèque Royale." *Mededeelingen, Academie van Marine van België = Communications, Académie de Marine de Belgique* 4 (1947–49): 35–50. **1425**

Deswarte, Sylvie. "Les '*De aetatibus mundi imagines*' de Francisco de Holanda." *Monuments et Mémoires* 66 (1983): 67–190. **89**

De Toni, Nando. "I rilievi cartografici per Cesena ed Urbino nel Manoscritto 'L' dell'Istituto di Francia (15 Aprile 1965)." In *Leonardo da Vinci: Letture Vinciane I–XII (1960–1972)*, 131–48. Florence: Giunti-Barbèra, 1974. **683**

Deventer, Jacob van. *Atlas des villes de la Belgique au XVIe siècle: Cent plans du géographe Jacques de Deventer*. 24 pts. in 4 vols. Ed. C. Ruelens, É. Ouverleaux, and Joseph van den Gheyn. Brussels, 1884–1924. **666, 1272**

———. *Nederlandsche steden in de 16e eeuw: Plattegronden van Jacob van Deventer*. Ed. Robert Fruin. The Hague: M. Nijhoff, 1916–23. **725**

Devereux, Martin, Stacey Gee, and Matthew Payne. *Lords of All They Survey: Estate Maps at Guildhall Library*. Exhibition catalog. London: Guildhall Library Publications, 2004. **1615**

Devillers, Leópold. "Le Poivre (Pierre)." *Biographie nationale de Belgique*. Brussels: Thiry-van Buggenhoudt, 1866–. **1285**

De Vorsey, Louis. "Amerindian Contributions to the Mapping of North America: A Preliminary View." *Imago Mundi* 30 (1978): 71–78. **744**

Deyermond, Alan. "Building a World: Geography and Cosmology in Castilian Literature of the Early Thirteenth Century." *Canadian Review of Comparative Literature / Revue Canadienne de Littérature Comparée* (1996): 141–59. **35**

Deys, Henk P. "De stadsplattegronden van Jacob van Deventer: Resultaten van recent onderzoek te Madrid." *Caert-Thresoor* 8 (1989): 81–95. **1274**

Deys, Henk P., et al. *Guicciardini Illustratus: De kaarten en prenten in Lodovico Guicciardini's Beschrijving van de Nederlanden*. 't Goy-Houten: HES & De Graaf, 2001. **1304, 1311, 1314**

Dias, J. S. da Silva. *A política cultural da época de D. João III*. Coimbra: Instituto de Estudos Filosóficos, Universidade de Coimbra, 1969–. **1037**

Dias, João José Alves. *Ensaios de história moderna*. Lisbon: Editorial Presença, 1988. **1034**

———. *Gentes e Espaços: Edição crítica do Numeramento de 1527–1532, Dicionário Corográfico do Portugal Quinhentista*. Cascais: Patromónia, 1999. **1034**

———. *Edição crítica do Numeramento.* Patrimónia Histórica, Cascais, in progress. **1034**

———, ed. *Portugal do Renascimento à crise dinástica.* Lisbon: Editorial Presença, 1998. **1034**

Dias, Maria Helena. "As mapotecas portuguesas e a divulgação do património cartográfico nacional: Algumas reflexões." *Cartografia e Cadastro* 5 (1996): 43–50. **976**

Diccionario de la lengua castellana . . . 6 vols. Madrid: Francisco del Hierro, Impresor de la Real Academia Española, 1726–39. Reprinted several times, beginning in 1963, with the title *Diccionario de autoridades.* **471, 474**

Di Cicco, Pasquale. "I compassatori della Regia Dogana delle Pecore." In *Il disegno del territorio: Istituzioni e cartografia in Basilicata, 1500–1800,* , ed. Gregorio Angelini, exhibition catalog, 10–17. Rome: Laterza, 1988. **974**

Dictionnaire de biographie française. Paris: Letouzey et Ané, 1933–. **1533, 1574**

Dictionnaire des éditeurs d'estampes à Paris sous l'Ancien régime. Paris: Promodis, 1987. **1493**

Diderot, Denis, and Jean Le Rond d'Alembert. *Encyclopédie.* Paris: Briasson, 1751. **595**

Dieckhoff, Reiner. "Zu Arnold Mercators Ansicht der Stadt Köln aus der Vogelschau von 1570/71." In *Die räumliche Entwicklung der Stadt Köln von der Römerzeit bis in unsere Tage: Die Vogelschauansicht des Arnold Mercator aus dem Jahre 1570/71 und ein jemötlicher Verzäll zum Stadtmodell im Kölnischen Stadtmuseum,* ed. Werner Schäfke, 28–40. Cologne: Kölnisches Stadtmuseum, 1986. **1227**

Dienne, Louis Edouard Marie Hippolyte. *Histoire du dessèchement des lacs et marais en France avant 1789.* Paris: H. Champion and Guillaumin, 1891. **1530**

Dieste, Rafael. *Historias e invenciones de Félix Muriel.* Ed. Estelle Irizarry. Madrid: Cátedra, 1985. **758**

Dietz, Brian, ed. *The Port and Trade of Early Elizabethan London: Documents.* London: London Record Society, 1972. **1694**

Díez de Games, Gutierre. *El Victorial.* Ed. Juan de Mata Carriazo. Madrid: Espasa-Calpe, 1940. **474**

Diffie, Bailey W., and George D. Winius. *Foundations of the Portuguese Empire, 1415–1580.* Minneapolis: University of Minnesota Press, 1977. **514**

Digges, Leonard. *A Geometrical Practise Named Pantometria.* London, 1571. **486**

———. *A Prognostication of Right Good Effect . . .* London, 1576. **83**

———. *An Arithmeticall Militare Treatise, Named Stratioticos . . .* Finished by Thomas Digges. London, 1579. **720**

Dilke, O. A. W. *Greek and Roman Maps.* London: Thames and Hudson, 1985. **555**

———. "Itineraries and Geographical Maps in the Early and Late Roman Empires." in *HC* 1:234–57. **38**

Dilke, O. A. W., and Margaret S. Dilke. "Sir Robert Dudley's Contributions to Cartography." *Map Collector* 19 (1982): 10–14. **794**

———. "The Wilczek-Brown Codex of Ptolemy Maps." *Imago Mundi* 40 (1988): 119–24. **317, 378**

———. "The Adjustment of Ptolemaic Atlases to Feature the New World." In *The Classical Tradition and the Americas,* ed. Wolfgang Haase and Meyer Reinhold, vol. 1, *European Images of the Americas and the Classical Tradition,* 2 pts., pt. 1, 119–34. New York: W. de Gruyter, 1994. **327**

Dilke, O. A. W., and eds. "Cartography in the Byzantine Empire." In *HC* 1:258–75. **64, 385**

———. "The Culmination of Greek Cartography in Ptolemy." In *HC* 1:177–200. **64, 138, 285, 368**

Diller, Aubrey. "A Geographical Treatise by Georgius Gemistus Pletho." *Isis* 27 (1937): 441–51. Reprinted in *Studies in Greek Manuscript Tradition,* by Aubrey Diller, 371–82. Amsterdam: Adolf M. Hakkert, 1983. **311**

———. "The Greek Codices of Palla Strozzi and Guarino Veronese." *Journal of the Warburg and Courtauld Institutes* 24 (1961): 313–21. Reprinted in *Studies in Greek Manuscript Tradition,* by Aubrey Diller, 405–13. Amsterdam: Adolf M. Hakkert, 1983. **288**

———. "De Ptolemaei Geographiae codicibus editionibusque." In *Claudii Ptolemaei Geographia edidit,* ed. C. F. A. Nobbe, reprinted with intro. by Aubrey Diller. Hildesheim: Olms, 1966, X–XV. Reprinted in Aubrey Diller, *Studies in Greek Manuscript Tradition,* 125–35. Amsterdam: Adolf M. Hakkert, 1983. **290**

———. *The Tradition of the Minor Greek Geographers.* Amsterdam: A. M. Hakkert, 1986. **343**

Dillon, Janette. *Theatre, Court and City, 1595–1610: Drama and Social Space in London.* Cambridge: Cambridge University Press, 2000. **420**

Di Matteo, Salvo. *Un geografo siciliano del XVII secolo: Giovan Battista Nicolosi.* Peternò: Centro Studi "G. B. Nicolosi," 1977. **971**

Di Mauro, Leonardo. "Domus Farnesia amplificata est atque exornata." *Palladio* 1 [1988]: 27–44. **964**

Dinse, Paul. "Ein schwedischer Kartograph der Mark Brandenburg aus der Zeit des dreissigjährigen Krieges." *Zeitschrift der Gesellschaft für Erdkunde zu Berlin* 31 [1896]: 98–105. **1796**

Dionysius Periegetes. *Διονυσίου Αλεξανδρως: Οικουμένης Περιήγησις* (Dionysiou Alexandreōs: Oikoumenēs periēgēsis). Ed. Isabella O. Tsavarē. Ioannina: Panepistēmio, 1990. **264**

Diotallevi, Daniele. "Il caso di Marco Ferrante Gerlassa: Un' 'Officina' cartografica nel Ducato di Urbino agli inizi del XVII secolo." In *Gerardo Mercatore: Sulle tracce di geografi e viaggiatori nelle Marche,* ed. Giorgio Mangani and Feliciano Paolo, 69–72. Ancona: Il Lavoro, 1996. **915**

A Direction for the English Traviller . . . London: Mathew Simons, 1635. **1712**

Distelberger, Rudolf. "The Habsburg Collections in Vienna during the Seventeenth Century." In *The Origins of Museums: The Cabinet of Curiosities in Sixteenth- and Seventeenth-Century Europe,* ed. O. R. Impey and Arthur MacGregor, 39–46. Oxford: Clarendon, 1985. **650**

Dit is die kaerte van dye Suyd zee. 2 pts. 1540. *Dit is die caerte von der zee.* 1541. Both reprinted in facsimile, Leiden: E. J. Brill, 1885. **1387**

Dizionario biografico degli Italiani. Rome: Istituto della Enciclopedia Italiani, 1960–. *See also individual entries.* **263, 776, 832**

Długosz, Jan. *Annales seu Cronicae incliti regni Poloniae.* Ed. Jan Dabrowski. Warsaw: Państwowe Wydawn. Naukowe, 1964–. **325**

Docci, Mario. "I rilievi di Leonardo da Vinci per la redazione della pianta di Imola." In *Saggi in onore di Guglielmo De Angelis d'Ossat,* ed. Sandro Benedetti and Gaetano Miarelli Mariani, 181–86. Rome: Multigrafica Editrice, 1987. **683**

Dodonaeus, Rembertus. *Cosmographica in astronomiam et geographiam isogoge.* Completed 1546. Published Antwerp: I. Loei, 1548. **68**

Doering, Juan Gunther, ed. *Planos de Lima, 1613–1983.* Lima: Municipalidad de Lima Metropolitana, 1983. **1163**

Doglio, Maria Luisa. "Le relazioni come documento letterario." In *Theatrum Sabaudiae (Teatro degli stati del Duca di Savoia),* 2 vols., ed. Luigi Firpo (1984–85), new ed., ed. Rosanna Roccia, 1:67–75. Turin: Archivio Storico della Città di Torino, 2000. **850**

Dolgikh, Boris O. *Rodovoy i plemennoy sostav narodov Sibiri v 17 v.* Moscow: Izdatel'stvo Akademii Nauk SSSR, 1960. **1902**

Dolz, Wolfram. "Die 'Duringische und Meisnische Landtaffel' von Hiob Magdeburg aus dem Jahre 1566." *Sächsische Heimatblätter* 34 (1988): 12–14. **1209, 1228**

———. *Erd- und Himmelsgloben: Sammlungskatalog.* Dresden:

Staatlicher Mathematisch-Physikalischer Salon 1994. **160, 165, 168, 172**

———. "Vermessungsmethoden und Feldmeßinstrumente zur Zeit Gerard Mercators." In *Gerhard Mercator und seine Zeit*, ed. Wolfgang Scharfe, 13–38. Duisburg: W. Braun, 1996. **1222**

Domingues, Francisco Contente. "A política de sigilo e as navegações portuguesas no Atlântico." *Boletim do Instituto Histórico da Ihla Terceira* 45 (1987): 189–220. **1005, 1006**

———. "Colombo e a política de sigilo na historiografia portuguesa." *Mare Liberum* 1 (1990): 105–16. **1005**

Domini, Donatino, and Marica Milanesi, eds. *Vincenzo Coronelli e l'imago mundi.* Ravenna: Longo, 1998. **279**

Domokos, György. *Ottavio Baldigara: Egy itáliai várfundáló mester Magyarországon.* Budapest: Balassi Kiadó, 2000. **1846**

Domonkos, Leslie L. "The Polish Astronomer Martinus Bylica de Ilkusz in Hungary." *Polish Review* 13, no. 3 (1968): 71–79. **1811**

Donald, M. B. *Elizabethan Monopolies: The History of the Company of Mineral and Battery Works from 1565 to 1604.* Edinburgh: Oliver and Boyd, 1961. **1695**

Donaldson, Peter Samuel. "George Rainsford's 'Ritratto d'ingliterra.'" *Camden Miscellany*, 4th ser., 22 (1979): 49–111. **1605**

Donattini, Massimo. "Introduzione." In *Isolario* (1534 edition), by Benedetto Bordone, 7–21. Modena: Edizione Aldine, 1983. **270**

———. "Bartolomeo da li Sonetti, il suo *Isolario* e un viaggio di Giovanni Bembo (1525–1530)." *Geographia Antiqua* 3–4 (1994–95): 211–36. **264, 268**

———. *Vincenzo Coronelli e l'immagine del mondo fra isolari e atlanti.* Ravenna: Longo, 1999. **279**

Doni, Antonio Francesco. *La Libraria del Doni Fiorentino: Nella quale sono scritti tutti gl'autori vulgari con cento discorsi sopra quelli . . .* Venice, G. G. de' Ferrari, 1550. **647**

Donkersloot–De Vrij, Y. Marijke. *The World on Paper: A Descriptive Catalogue of Cartographical Material Published in Amsterdam during the Seventeenth Century.* Amsterdam: Theatrum Orbis Terrarum, 1967. **87**

———. "De veldtocht van Frederik Hendrik in 1639." *Spieghel Historiael* 6 (1971): 496–502. **1306**

———. *Topografische kaarten van Nederland vóór 1750: Handgetekende en gedrukte kaarten, aanwezig in de Nederlandse rijksarchieven.* Groningen: Wolters-Noordhoff and Bouma's Boekhuis, 1981. **1249, 1255, 1256, 1257, 1267, 1276, 1277, 1280, 1291, 1292, 1293, 1294**

———. *Topografische kaarten van Nederland uit de 16de tot en met de 19de eeuw: Een typologische toelichting ten behoeve van het gebruik van oude kaarten bij landschapsonderzoek.* Alphen aan den Rijn: Canaletto, 1995. **1246, 1250, 1256**

Donne, John. *The First Anniversarie: An Anatomie of the World.* London, 1621. **641**

———. *The Poems of John Donne.* 2 vols. Ed. Herbert Grierson. Oxford: Oxford University Press, 1912. **416**

Donno, Elizabeth Story, ed. *An Elizabethan in 1582: The Diary of Richard Madox, Fellow of All Souls.* London: Hakluyt Society, 1976. **1757**

Dopolneniya k aktam istoricheskim. 12 vols. St. Petersburg, 1846–72. **1863, 1874**

Doran, Susan, ed. *Elizabeth I: The Exhibition at the National Maritime Museum.* London: Chato and Windus in association with the National Maritime Museum, 2003. **1615**

Dörflinger, Johannes. "Der Gemma Frisius-Erdglobus von 1536 in der Österreichischen Nationalbibliothek in Wien." *Der Globusfreund* 21–23 (1973): 81–99. **163, 172**

———. "Time and Cost of Copperplate Engraving Illustrated by Early Nineteenth Century Maps from the Viennese Firm Artaria & Co." In *Imago et Mensura Mundi: Atti del IX Congresso Internazionale di Storia della Cartografia,* 3 vols., ed. Carla Clivio Marzoli, 1:213–19. Rome: Istituto della Enciclopedia Italiana, 1985. **594**

Doroszlaï, Alexandre. *Ptolémée et l'hippogriffe: La géographie de l'Arioste soumise à l'épreuve des cartes.* Alessandria: Edizioni dell'Orso, 1998. **457, 458**

Doroszlaï, Alexandre, et al. *Espaces réels et espaces imaginaires dans le* Roland furieux. Paris: Université de la Sorbonne Nouvelle, 1991. **457**

Dorsten, Jan van, and Alistair Hamilton. "Two Puzzling Pages in Ortelius' 'Album Amicorum.'" In *Times and Tide: Writings Offered to Professor A. G. H. Bachrach*, ed. Cedric C. Barfoot, F. H. Beukema, and J. C. Perryman, 45–53. Leiden: University of Leiden, 1980. **446**

Dossie, Robert. *The Handmaid to the Arts.* 2 vols. London: Printed for J. Nourse, 1758. **597**

Doutrepont, Georges. *Inventaire de la "librairie" de Philippe le Bon (1420).* Geneva: Slatkine Reprints, 1977. **645**

Doyle, A. I. "The Work of a Late Fifteenth-Century English Scribe, William Ebesham." *Bulletin of the John Rylands Library* 39 (1957): 298–325. **1726**

Drake, Francis. *The World Encompassed.* London: Printed for Nicholas Bourne, 1628. **1761**

Drake, Stillman. *The Unsung Journalist and the Origin of the Telescope.* Los Angeles: Zeitlin and Ver Brugge, 1976. **125**

Drake, Stillman, and I. E. Drabkin, comps. and trans. *Mechanics in Sixteenth-Century Italy: Selections from Tartaglia, Benedetti, Guido Ubaldo, & Galileo.* Madison: University of Wisconsin Press, 1969. **73**

Drapeyron, Ludovic. "L'image de la France sous les derniers Valois (1525–1589) et sous les premiers Bourbons (1589–1682)." *Revue de Géographie* 24 (1889): 1–15. **1482**

———. "Jean Fayen et la première carte du Limousin 1594." *Bulletin de la Société Archéologique et Historique du Limousin* 42 (1894): 61–105. **1491**

Draud, Georg. *Bibliotheca classica.* 8 vols. Frankfurt am Main, 1625. **1821, 1827**

Drayton, Michael. *The Works of Michael Drayton.* 5 vols. Ed. J. William Hebel. Oxford: Basil Blackwell, 1931. **412, 415**

Drescher, Georg. "Wolfgang Philipp Kilian: Johannes Praetorius." In *450 Jahre Copernicus "De revolutionibus": Astronomische und mathematische Bücher aus Schweinfurter Bibliotheken*, ed. Uwe Müller, 142–43. 1993. Reprinted Schweinfurt: Stadtarchiv Schweinfurt, 1998. **498**

Dreyer, J. L. E. *Tycho Brahe: A Picture of Scientific Life and Work in the Sixteenth Century.* Edinburgh: Adam and Charles Black, 1890. Reprinted New York: Dover, 1963. **1237, 1790**

Dreyer-Eimbcke, Oswald. "Island, Grönland und das nördliche Eismeer im Bild der Kartographie seit dem 10. Jahrhundert." *Mitteilungen der Geographischen Gesellschaft in Hamburg* 77 (1987): 82–87. **1792**

———. "Conrad Celtis: Humanist, Poet and Cosmographer." *Map Collector* 74 (1996): 18–21. **1190**

Drouot, Henri. *Mayenne et la Bourgogne: Étude sur la Ligue (1587–1596).* 2 vols. Paris: Auguste Picard, Éditeur, 1937. **1504**

Dubas, Jean, and Hans-Uli Feldmann. "Die erste Karte des Kantons Freiburg von Wilhelm Techtermann, 1578." *Cartographica Helvetica* 10 (1994): 33–40. **1241**

Dubbini, Renzo. *Geography of the Gaze: Urban and Rural Vision in Early Modern Europe.* Trans. Lydia G. Cochrane. Chicago: University of Chicago Press, 2002. **10**

Du Bellay, Martin. *Mémoires de messire Martin Du Bellay.* In *Choix de chroniques et mémoires sur l'histoire de France,* vol. 11, ed. J. A. C. Buchon. Paris: A. Desrez, 1836. **719**

Dubiez, F. J. *Cornelis Anthoniszoon van Amsterdam: Zijn leven en werken, ca. 1507–1553.* Amsterdam: H. D. Pfann, 1969. **1307, 1387, 1405**

Du Bus, Charles. "Gaston d'Orléans et ses collections topographiques." *Bulletin de la Section de Géographie* 55 (1940): 1–35. **1579**

Duff, E. Gordon. *A Century of the English Book Trade: Short Notices of All Printers, Stationers, Book-Binders, and Others Connected with It from the Issue of the First Dated Book in 1457 to the Incorporation of the Company of Stationers in 1557.* London: Bibliographical Society, 1905. **1693, 1694**

Duffy, Christopher. *Siege Warfare: The Fortress in the Early Modern World, 1494–1660.* London: Routledge and Kegan Paul, 1979. **1147, 1504**

Duffy, Eamon. *The Voices of Morebath: Reformation and Rebellion in an English Village.* New Haven: Yale University Press, 2001. **1599, 1603, 1632**

Duhem, Pierre. "Ce que l'on disait des Indes occidentales avant Christophe Colomb." *Revue Générale des Sciences Pures et Appliquées* 19 (1908): 402–6. **326**

———. *Le système du monde: Histoire des doctrines cosmologiques de Platon à Copernic.* 10 vols. Paris: A. Hermann, 1913–59. **58**

Dujardin-Troadec, Louis. *Les cartographes bretons du Conquet: La navigation en images, 1543–1650.* Brest: Imprimerie Commerciale et Administrative, 1966. **1554, 1727**

Dülmen, Richard van. "Johann Amos Comenius und Johann Valentin Andreae: Ihre persönliche Verbindung und ihr Reformanliegen." *Bohemia: Jahrbuch des Collegium Carolinum* 9 (1968): 73–87. **442**

Dul'zon, A. "Drevniye smeny narodov na territorii Tomskoy oblasti po dannym toponimiki." *Uchënyye Zapiski Tomskogo Gosudarstvennogo Universiteta, Seriya Fizikomatematicheskikh i Estestvenno-Geograficheskikh Nauk* 6 (1950): 175–87. **1902**

Dunlop, Robert. "Sixteenth-Century Maps of Ireland." *English Historical Review* 20 (1905): 309–37. **1671, 1673, 1675**

Dunn, Richard S. *Sugar and Slaves: The Rise of the Planter Class in English West Indies, 1624–1713.* Chapel Hill: For the Institute of Early American History and Culture for University of North Carolina Press, 1972. **1771**

Dünninger, Eberhard. *Johannes Aventinus, Leben und Werk des bayerischen Geschichtsschreibers.* Rosenheim: Rosenheimer Verlagshaus, 1977. **1198**

Du Pérac, Etienne. *Roma prima di Sisto V: La pianta di Roma Du Pérac-Lafréry del 1577.* Ed. Franz Ehrle. Rome: Danesi, 1908. **956**

Du Pinet, Antoine. *Plantz, povrtraits et descriptions de plvsieurs villes et forteresses, tant de l'Evrope, Asie, Afrique que des Indes, & terres neuues.* Lyons: Ian d'Ogerolles, 1564. **404, 1532, 1579**

Duprat, Gabrielle. "Les globes terrestres et célestes en France." *Der Globusfreund* 21–23 (1973): 198–225. **160, 161, 167, 168, 171, 172**

Durand, Dana Bennett. "The Earliest Modern Maps of Germany and Central Europe." *Isis* 19 (1933): 486–502. **308**

———. *The Vienna-Klosterneuburg Map Corpus of the Fifteenth Century: A Study in the Transition from Medieval to Modern Science.* Leiden: E. J. Brill, 1952. **64, 107, 109, 139, 307, 308, 309, 312, 313, 314, 320, 341, 346, 378, 477, 1177, 1178, 1179, 1180, 1201**

Durand, Georges. *L'art de la Picardie.* Paris: Fontemoing, 1913. **1530, 1533**

Dürer, Albrecht. *Underweysuug [sic] der Messung, mit dem Zirckel vnd Richtscheyt, in Linien Ebnen vñ gantzen Corporen.* Nuremberg: Hieronymum Andreae, 1538. **374**

———. *Schriften und Briefe.* 2d ed. Ed. Ernst Ullman. Leipzig: Reclam, 1973. **1598**

Durme, Maurice van. *Les archives générales de Simancas et l'histoire de la Belgique (IXe–XIXe siècles).* 4 vols. Brussels: Académie Royale de Belgique, Commission Royale d'Histoire, 1964–90. **1450**

Dürst, Arthur. "Das älteste bekannte Exemplar der Holzschnittkarte des Zürcher Gebiets 1566 von Jos Murer und deren spätere Auflagen." *Mensuration, photogrammétrie, génie rural: Revue/Vermessung, Photogrammetrie, Kulturtechnik: Fachblatt* 73 (1975): 8–12. **1241**

———. *Die Landkarten des Johannes Stumpf.* Langnau: Dorfpresse Gattikon, 1975. **1216**

———. "Franz Grenacher (1900–1977)." *Imago Mundi* 30 (1978): 93–99. **1176**

———. *Philipp Eberhard (1563–1627) & Leonhard Zubler (1563–1611): Zwei Zürcher Instrumentenmacher im Dienste der Artillerie (Ein Beitrag zum Zürcher Vermessungswesen des frühen 17. Jahrhunderts).* Zurich: Kommissionsverlag Beer, 1983. **494, 499**

———. *Seekarte des Iehuda ben Zara (Borgiano VII) 1497.* Zurich: Belser, 1983. **218**

———. *Seekarte des Andrea Benincasa (Borgiano VIII) 1508.* Zurich: Belser, 1984. **220**

———. "Zur Wiederauffindung der Heiligland-Karte von ca. 1515 von Lucas Cranach dem Älteren." *Cartographica Helvetica* 3 (1991): 22–27. **1217**

———. "Der Zürcher Kartograph Hans Conrad Gyger (1599–1674) und sein Werk." In *6. Kartographiehistorisches Colloquium Berlin 1992,* ed. Wolfgang Scharfe, 139–51. Berlin: Dietrich Reimer, 1994. **496**

———. "Die Planvedute der Stadt Zürich von Jos Murer, 1576." *Cartographica Helvetica* 15 (1997): 23–37. **1241**

———. "The Map of Europe." In *The Mercator Atlas of Europe: Facsimile of the Maps by Gerardus Mercator Contained in the Atlas of Europe, circa 1570–1572,* ed. Marcel Watelet, 31–41. Pleasant Hill, Ore.: Walking Tree Press, 1998. **806**

———. *Sebastian Münsters Sonneninstrument und die Deutschlandkarte von 1525. See* Münster, Sebastian.

Dutra, Francis. "Brazil: Discovery and Immediate Aftermath." In *Portugal, the Pathfinder,* ed. George D. Winius, 145–68. Madison, 1995. **1029**

Duval-Arnould, Louis. "Les manuscrits de la *Géographie* de Ptolémée issus de l'atelier de Piero del Massaio (Florence, 1469–vers 1478)." In *Humanisme et culture géographique à l'époque du Concile de Constance: Autour de Guillaume Fillastre,* ed. Didier Marcotte, 227–44. Turnhout: Brepols, 2002. **322**

Du Verdier, Antoine. *La bibliothèque d'Antoine du Verdier . . .* Lyons: B. Honorat, 1585. **647**

Dymock, Cressey. *A Discoverie for Division or Setting Out of Land, as to the Best Form.* London: Printed for Richard Wodenothe in Leaden-hall-street, 1653. **705**

Eamon, William, and Françoise Paheau. "The Accademia Segreta of Girolamo Ruscelli: A Sixteenth-Century Italian Scientific Society." *Isis* 75 (1984): 327–42. **92**

Earle, Carville. *The Evolution of a Tidewater Settlement System: All Hallow's Parish, Maryland, 1650–1783.* Chicago: University of Chicago, Department of Geography, 1975. **708**

Eberhard, Philipp, Duke of Cleve. *See* Philipp Eberhard, Duke of Cleve.

Eccles, Mark. "Bynneman's Books." *Library,* 5th ser., 12 (1957): 81–92. **1715, 1718**

Ecclesiastica historia . . . 13 pts. in 11 vols. Basel: Ioannem Oporinum, 1559–74. **394**

Eckert, Max. *Die Kartenwissenschaft: Forschungen und Grundlagen zu einer Kartographie als Wissenschaft.* 2 vols. Berlin: Walter De Gruyter, 1921–25. **602, 1175**

Eckert, Willehad Paul, and Christoph von Imhoff. *Willibald Pirckheimer, Dürers Freund: Im Spiegel seines Lebens, seiner Werke und seiner Umwelt.* 2d ed. Cologne: Wienand, 1982. **1193, 1202**

Eckhardt, Albrecht. "Johann Conrad Musculus und sein Deichatlas von 1625/26." In *5. Kartographiehistorisches Colloquium Oldenburg 1990,* ed. Wolfgang Scharfe and Hans Harms, 31–40. Berlin: Dietrich Reimer, 1991. **505**

Eckhardt, Wolfgang. "Erasmus und Josua Habermel—Kunstgeschichtliche Anmerkungen zu den Werken der beiden Instrumentenmacher." *Jahrbuch der Hamburger Kunstsammlungen* 22 (1977): 13–74. **1237**

Eco, Umberto. *Semiotics and the Philosophy of Language.* London: Macmillan, 1984. **528**

———. *The Search for the Perfect Language.* Trans. James Fentress. Oxford: Basil Blackwell, 1995. **87**

———. Preface to *Isolario,* by Benedetto Bordone, VII–IX. Turin: Les belles Lettres, 2000. **270**

Ecsedy, Judit V. "Kísérlet a Honterus-nyomda rekonstrukciójára." In *Honterus-emlékkönyv / Honterus-Festschrift,* ed. Ágnes W. Salgó and Ágnes Stemler, 119–49. Budapest: Országos Széchényi Könyvtár, Osiris Kiadó, 2001. **1831**

Eden, Peter. "Land Surveyors in Norfolk, 1550–1850." *Norfolk Archaeology* 35 (1973): 474–82, and 36 (1975): 119–48. **1645**

———. *Dictionary of Land Surveyors and Local Cartographers of Great Britain and Ireland, 1550–1850.* 4 vols. Folkestone, Eng.: Dawson, 1975–79. **714**

———. "Three Elizabethan Estate Surveyors: Peter Kempe, Thomas Clerke and Thomas Langdon." In *English Map Making, 1500 1650: Historical Essays,* ed. Sarah Tyacke, 68–84. London: British Library, 1983. **708, 714, 1615, 1639, 1642, 1643, 1645**

Edgerton, Samuel Y. "Florentine Interest in Ptolemaic Cartography as Background for Renaissance Painting, Architecture, and the Discovery of America." *Journal of the Society of Architectural Historians* 33 (1974): 274–92. **13, 335, 451**

———. *The Renaissance Rediscovery of Linear Perspective.* New York: Basic Books, 1975. **318, 336, 451, 663**

———. "Galileo, Florentine 'Disegno,' and the 'Strange Spottednesse' of the Moon." *Art Journal* 44 (1984): 225–32. **127**

———. "From Mental Matrix to *Mappamundi* to Christian Empire: The Heritage of Ptolemaic Cartography in the Renaissance." In *Art and Cartography: Six Historical Essays,* ed. David Woodward, 10–50. Chicago: University of Chicago Press, 1987. **1449**

———. *The Heritage of Giotto's Geometry: Art and Science on the Eve of the Scientific Revolution.* Ithaca: Cornell University Press, 1991. **127, 336**

Edmundson, George, ed. and trans. *Journal of the Travels and Labours of Father Samuel Fritz in the River of the Amazons between 1686 and 1723.* London: Printed for the Hakluyt Society, 1922. **1163**

Edney, Matthew H. "Cartography without 'Progress': Reinterpreting the Nature and Historical Development of Mapmaking." *Cartographica* 30, nos. 2 and 3 (1993): 54–68. **55**

———. *Mapping an Empire: The Geographical Construction of British India, 1765–1843.* Chicago: University of Chicago Press, 1997. **662**

———. "Mapping Eighteenth-Century Intersections of Scientific and Cartographic Practices." Paper presented at the History of Science Society Annual Meeting, Vancouver, 2001. **623**

———. "David Alfred Woodward (1942–2004)." *Imago Mundi* 57 (2005): 75–83. **iv**

Edson, Evelyn. "World Maps and Easter Tables: Medieval Maps in Context." *Imago Mundi* 48 (1996): 25–42. **60, 83**

———. *Mapping Time and Space: How Medieval Mapmakers Viewed Their World.* London: British Library, 1997. **16, 25, 26, 27, 29, 31, 32, 33, 36, 39, 41, 83, 382, 385**

Edwards, A. C., and Kenneth Charles Newton. *The Walkers of Hanningfield: Surveyors and Mapmakers Extraordinary.* London: Buckland Publications, 1984. **1643, 1648, 1662**

Edwards, A. S. G., and Carol M. Meale. "The Marketing of Printed Books in Late Medieval England." *Library,* 6th ser., 15 (1993): 95–124. **1718**

Edwards, Clinton R. "Mapping by Questionnaire: An Early Spanish Attempt to Determine New World Geographical Positions." *Imago Mundi* 23 (1969): 17–28. **1102**

Edwards, Victor. Letter to the editor. *Map Collector* 24 (1983): 48. **604**

Eeghen, Isabella Henrietta van. *De Amsterdamse boekhandel, 1680–1725.* 5 vols. Amsterdam: Scheltema & Holkema, 1960–78. **1309**

———. "De familie van de plaatsnijder Claes Jansz. Visscher." *Maandblad Amstelodamum* 77 (1990): 73–82. **1315**

Eekhoff, W. "Jacobus van Deventer, vervaardiger van de oudste kaarten van de Nederlandsche en Belgische provinciën en steden." *De Navorscher* 16 (1866): 225–28. Reprinted in *Acta Cartographica* 1 (1967): 33–36. **1274**

Een wereldreiziger op papier: De atlas van Laurens van der Hem (1621–1678). Exhibition catalog. [Amsterdam]: Stichting Koninklijk Paleis te Amsterdam, Snoeck-Ducaju and Zoon, [1992]. **1340**

Ehrensvärd, Ulla. "Andreas Bureus' mälarkarta." In *Byggnadsvård och landskap, Ymer* 1975, 171–73. Stockholm: Generalstabens Litografiska Anstalts, 1976. **1794**

———. *Sjökortet Gav Kursen.* [Stockholm: Kungl. Bibl.], 1976. **508**

———. "Gruvor på kartor." In *Vilja och kunnande: Teknikhistoriska uppsatser tillägnade Torsten Althin på hans åttioårsdag den 11 juli 1977 av vänner,* 171–88. [Uppsala], 1977. **1797**

———. "Färg på gamla kartor." *Biblis* (1982): 9–56. **1791**

———. "Cartographical Representation of the Scandinavian Arctic Regions." In *Unveiling the Arctic,* ed. Louis Rey, 552–61. Fairbanks: University of Alaska Press for the Arctic Institute of North America, 1984. **665, 1782, 1790**

———. "Fortifikationsofficeren som kartograf." In *Fortifikationen: 350 år, 1635–1985,* ed. Bertil Runnberg and Sten Carlsson, 109–24. Stockholm, 1986. **1796**

———. "Color in Cartography: A Historical Survey." In *Art and Cartography: Six Historical Essays,* ed. David Woodward, 123–46. Chicago: University of Chicago Press, 1987. **603**

———. "Zum zeitgeschichtlichen Hintergrund der *Carta marina:* Ein Beitrag zum Werk der Brüder Johannes und Olaus Magnus." In *Das Danewerk in der Kartographiegeschichte Nordeuropas,* ed. Dagmar Unverhau and Kurt Schietzel, 11–20. Neumünster: K. Wachholtz, 1993. **1786**

———. *The History of the Nordic Map: From Myths to Reality.* Trans. Roy Hodson. Helsinki: John Nurminen Fundation, 2006. **1781, 1782, 1797, 1805**

Ehrensvärd, Ulla, Pellervo Kokkonen, and Juha Nurminen. *Mare Balticum: The Baltic—Two Thousand Years.* 2d ed. Trans. Philip Binham. Helsinki: Otava and the John Nurminen Foundation, 1995. **1805**

———. *Mare Balticum: 2000 Jahre Geschichte der Ostsee.* Helsinki: Verlags-AG. Otava, 1996. **507**

Ehrensvärd, Ulla, et al. *Kartor [illegible] Fem sekler svensk kartografi.* Stockholm: Armémuseum, 1991. **1802**

Ehrle, Franz (Francesco). *Roma prima di Sisto V: La pianta di Roma Du Pérac-Lafréry del 1577 riprodotta dall'esemplare esistente nel Museo Britannico. Contributo alla storia del commercio delle stampe a Roma nel secolo 16 e 17.* Rome: Danesi, 1908. **775, 776, 796**

———. *Roma al tempo di Giulio III: La pianta di Roma di Leonardo Bufalini del 1551.* Rome: Danesi, 1911. **796**

———. *La grande veduta Maggi-Mascardi (1615) del Tempio e Palazzo Vaticano.* Rome: Danesi, 1914. **796**

———. *Roma al tempo di Clemente VIII: La pianta di Roma di Antonio Tempesta del 1593 riprodotta da una copia vaticana del 1606.* Vatican City, 1932. **796**

Eimer, Gerhard. *Die Stadtplanung im schwedischen Ostseereich, 1600–1715.* Stockholm: Svenska Bokförlaget, 1961. **1804**

Eisenstein, Elizabeth L. *The Printing Press as an Agent of Change:*

Communications and Cultural Transformations in Early-Modern Europe. 2 vols. Cambridge: Cambridge University Press, 1979. **6, 21, 530, 607**

———. *The Printing Revolution in Early Modern Europe*. Cambridge: Cambridge University Press, 1983. **61, 529, 530**

Ekstrand, Viktor. *Svenska landtmätare, 1628–1900*. Umeå and Uppsala, 1896–1903. **1802**

———, ed. *Samlingar i landtmäteri*. 3 vols. Stockholm: Isaac Marcus, 1901–5. **1802**

Elder, John. "A Proposal for Uniting Scotland with England, Addressed to King Henry VIII." In *The Bannatyne Miscellany: Containing Original Papers and Tracts, Chiefly relating to the History and Literature of Scotland*, 3 vols., ed. Sir Walter Scott, David Laing, and Thomas Thomson, 1:1–18. 1827–55. Reprinted New York: AMS, 1973. **1686**

Eliot, John. *The Svrvay or Topographical Description of France: With a New Mappe . . .* London: Iohn Wolfe, 1593. **1705**

Elkhadem, Hosam. "La naissance d'un concept: Le *Theatrum orbis terrarum* d'Ortelius." In *Abraham Ortelius (1527–1598): Cartographe et humaniste*, by Robert Karrow et al., 31–42. Turnhout: Brepols, 1998. **652**

Elliot, James. *The City in Maps: Urban Mapping to 1900*. London: British Library, 1987. **1650, 1655, 1657**

Elliott, John Huxtable. *The Old World and the New, 1492–1650*. London: Cambridge University Press, 1970. **1763**

———. *Richelieu and Olivares*. Cambridge: Cambridge University Press, 1984. **1075, 1082**

———. *Illusion and Disillusionment: Spain and the Indies*. London: University of London, 1992. **758**

Elsasser, Albert B. *The Alonso de Santa Cruz Map of Mexico City & Environs: Dating from 1550*. Berkeley: Lowie Museum of Anthropology, University of California, [1974?]. **1155**

Elter, A. "Inest Antonii Elter P.P.O. de Henrico Glareano Geographo et antiquissima forma 'America' commentatio." *Natalicia regis Augustissimi Guilelmi II*, 1896, 5–30. Reprinted in *Acta Cartographica* 16 (1973): 133–52. **354**

Elton, G. R. *England under the Tudors*. 1955. London: Methuen, 1963. **1597**

———. "Contentment and Discontent on the Eve of Colonization." In *Early Maryland in a Wider World*, ed. David B. Quinn, 105–18. Detroit: Wayne State University Press, 1982. **1779**

Elvey, Elizabeth M. *A Hand-List of Buckinghamshire Estate Maps*. Buckingham: Buckinghamshire Record Society, 1963. **707, 715**

Elyot, Thomas. *The Boke Named the Gouernour*. London: Tho. Bertheleti, 1531. **624, 626**

———. *The Boke Named the Gouernour*. 2 vols. Ed. Henry Herbert Stephen Croft. 1883. Reprinted New York: Burt Franklin, 1967. **421, 640**

———. *The Book Named the Governor*. Ed. S. E. Lehmberg. London: Dent, 1962. **664, 677, 678, 1595, 1598**

Emery, F. V. "The Geography of Robert Gordon, 1580–1661, and Sir Robert Sibbald, 1641–1722." *Scottish Geographical Magazine* 74 (1958): 3–12. **1685**

Emiliani, Marina. "Le carte nautiche dei Benincasa, cartografi anconetani." *Bollettino della R. Società Geografica Italiana* 73 (1936): 485–510. **219, 220**

Empson, William. "Donne the Space Man." *Kenyon Review* 19 (1957): 337–99. **416**

Enciso, Martin Fernández de. *Suma de geographía*. Ed. Mariano Cuesta Domingo. Madrid: Museo Naval, 1987. **1098**

Enckell, Carl. "Aegidius Tschudi Hand-Drawn Map of Northern Europe." *Imago Mundi* 10 (1953): 61–64. **304**

Engel, Werner. "Joist Moers im Dienste des Landgrafen Moritz von Hessen." *Hessisches Jahrbuch für Landesgeschichte* 32 (1982): 165–73. **1227**

Engelbrecht, W. A., and P. J. van Herwerden, eds. *De ontdekkingsreis van Jacob Le Maire en Willem Cornelisz. Schouten in de jaren 1615–1617: Journalen, documenten en andere bescheiden*. 2 vols. The Hague: Nijhoff, 1945. **1353**

Engelmann, Gerhard. *Johannes Honter als Geograph*. Cologne: Böhlau, 1982. **1191, 1828, 1831, 1833**

Englisch, Brigitte. "Erhard Etzlaub's Projection and Methods of Mapping." *Imago Mundi* 48 (1996): 103–23. **327, 358, 380, 1195**

Enrile, Antonino. "Di un atlante nautico disegnato in Messina nel 1596 da Giovanni Oliva." *Bollettino della Società Geografica Italiana* 42 (1905): 64–75. **228**

Eperjesy, Kálmán. *A bécsi Hadilevéltár magyar vonatkozású térképeinek jegyzéke*. Szeged, 1929. **1809**

Ephroussi, Charles. "Zoan Andrea et ses homonymes." *Gazette des Beaux-Arts*, 3d ser., 5 (1890): 401–15, and 6 (1891): 225–44. **780**

Érdi-Krausz, György. "The Mathematical Structure of Lazarus's Maps." In *Lazarus Secretarius: The First Hungarian Mapmaker and His Work*, ed. Lajos Stegena, trans. János Boris et al., 89–96. Budapest: Akadémiai Kiadó, 1982. **1826**

Erickson, Wayne. *Mapping the "Faerie Queene": Quest Structures and the World of the Poem*. New York: Garland, 1996. **414**

Ericsson, Ernst. *Olof Hansson Örnehufvud och svenska fortifikationsväsendet till 300-årsminnet, 1635–1935*. Uppsala: Almqvist och Wiksells Boktryckeri, 1935. **1796**

Erler, Georg, ed. *Die Matrikel der Universität Leipzig*. 3 vols. Leipzig: Universität Leipzig, 1895–1902. **312**

Errera, Carlo. "Carte e atlanti di Conte di Ottomano Freducci." *Rivista Geografica Italiana* 2 (1895): 237–41. **220, 221**

———. "Atlanti e carte nautiche dal secolo XIV al XVII conservati nelle biblioteche pubbliche e private di Milano." *Rivista Geografica Italiana* 3 (1896): 520–27. **225, 228, 235**

———. "Sull'opera cartografica di Giov. Tomaso Borgonio." *Archivio Storico Italiano*, 5th ser., 34 (1904): 109–23. **851**

Erskine, Audrey M., J. B. Harley, and W. L. D. Ravenhill. "A Map of 'The Way to Deartmoore Forest, the Comen of Devonshire,' Made circa 1609." *Devon and Cornwall Notes and Queries* 33 (1974–77): 229–36. **1643**

Escalante de Mendoza, Juan de. *Itinerario de navegación de los mares y tierras occidentales, 1575*. Madrid: Museo Naval, 1985. **174, 1099, 1137**

Esch, Arnold, and Doris Esch. "Die Grabplatte Martins V. und andere Importstücke in den römischen Zollregistern der Frührenaissance." *Römisches Jahrbuch für Kunstgeschichte* 17 (1978): 209–17. **1181**

Escobar, Sergio. "Il controllo delle acque: Problemi tecnici e interessi economici." In *Storia d'Italia: Annali*, vol. 3, *Scienza e tecnica nella cultura e nella società dal Rinascimento a oggi*, ed. Gianni Micheli, 83–153. Torino: Einaudi, 1980. **878**

Esmeijer, Anna C. *Divina Quaternitas: A Preliminary Study in the Method and Application of Visual Exegesis*. Amsterdam: Van Gorcum Assen, 1978. **385**

Espace français: Vision et aménagement, XVIe–XIXe siècle. Exhibition catalog. Paris: Archives Nationales, 1987. **1524**

Essen, C. C. van. "Cyriaque d'Ancone en Egypte." *Mededelingen der Koninklijke Nederlandse Akademie van Wetenschappen, Afdeling Letterkunde* 21 (1958): 293–306. **311**

Esteban Piñeiro, Mariano. "Cosmografía y matemáticas en la España de 1530 a 1630." *Hispania* 51 (1991): 329–37. **1107**

———. "Los oficios matemáticos en la España del siglo XVI." In *Actes de les II Trobades d'Història de la Ciència i de la Tècnica (Peníscola, 5–8 desembre 1992)*, 239–51. Barcelona: Societat Catalana d'Historia de la Ciència i de la Tècnica, 1993. **1107**

Esteban Piñeiro, Mariano, and M. I. Vicente Maroto. "Primeras versiones castellanas (1570–1640) de las obras de Euclides: Su finalidad y sus autores." *Asclepio* 41, no. 1 (1989): 203–31. **1123**

Estienne, Charles. *La guide des chemins de France de 1553*. 2 vols. Ed. Jean Bonnerot. 1936. Reprinted Geneva: Slatkine, 1978. **431, 1500**

Estienne, Charles, and Jean Liébault. *L'agricvltvre et maison rvstique*. Paris, 1572. **431**

———. *Maison rustique; or, The Countrie Farme*. Trans. Richard Surflet. London, 1600. **714**

Etherton, Judith. "New Evidence—Ralph Treswell's Association with St Bartholomew's Hospital." *London Topographical Record* 27 (1995): 103–17. **1615, 1652**

Eudoxus of Cnidus. *Die Fragmente*. Ed. François Lassere. Berlin: De Gruyter, 1968. **264**

Evans, Ifor M., and Heather Lawrence. *Christopher Saxton: Elizabethan Map-Maker*. Wakefield, Eng.: Wakefield Historical Publications and Holland Press, 1979. **504, 532, 549, 668, 707, 708, 1623, 1624, 1625, 1626, 1627, 1628, 1629, 1630, 1631, 1637, 1645, 1655, 1700**

Evans, Michael. "The Geometry of the Mind." *Architectural Association Quarterly* 12, no. 4 (1980): 32–55. **33, 39**

Evelyn, John. *Sculptura; or, The History, and Art of Chalcography and Engraving in Copper*. London: Printed by J. C. for G. Beedle and T. Collins, 1662. **595**

———. *Sylva; or, A Discourse of Forest-Trees, and the Propagation of Timber in His Majesties Dominions*. London: Printed by Jo. Martyn, and Ja. Allestry, printers to the Royal Society, 1664. **711**

The Excellency of the Pen and Pencil, Exemplifying The Uses of Them in the Most Exquisite and Mysterious Arts of Drawing, Etching, Engraving, Limning, Painting in Oyl, Washing of Maps & Pictures: Also the Way to Cleanse Any Old Painting, and Preserve the Colours. London: Thomas Ratcliff and Thomas Daniel for Dorman Newman and Richard Jones, 1668. **606**

"Extracts from the Private Account Book of Sir William More, of Loseley, in Surrey, in the Time of Queen Mary and of Queen Elizabeth." *Archaeologia* 36 (1855): 284–310. **1657**

Eymann, Klaus. "Ein Schatzkästlein wird geöffnet: Der Zeichner, Kupferstecher, Verleger und Drucker Eberhard Kieser, Frankfurter Publizistik in der ersten Hälfte des 17. Jahrhunderts." *Spessart* 9 (1984): 2–13. **445, 446**

Ezquerra Abadía, Ramón. "Las Juntas de Toro y de Burgos." In *El Tratado de Tordesillas y su proyeccion*, 2 vols., 1:149–70. Valladolid: Seminario de Historia de America, Universidad de Valladolid, 1973. **1109, 1110**

———. "La idea del antimeridiano." In *A viagem de Fernão de Magalhães e a questão das Molucas: Actas do II Colóquio Luso-Espanhol de História Ultramarina*, ed. A. Teixeira da Mota, 1–26. Lisbon: Junta de Investigações Científicas do Ultramar, 1975. **1111**

Fabian, Bernhard, ed. *Die Messkataloge des sechzehnten Jahrhunderts: Faksimiledrucke*. 5 vols. Hildesheim: G. Olms, 1972–2001. **644, 645, 646**

Fabricius, Johann. *Joh. Fabricii Phrysii De maculis in sole obseruatis, et apparente earum cum sole conuersione narratio*. Wittenberg: Impensis Iohan Borneri Senioris & Eliae Rehifeldii, 1611. **128**

Fahy, Conor. *Printing a Book at Verona in 1622: The Account Book of Francesco Calzolari Junior*. Paris: Fondation Custodia, 1993. **595**

———. "The Venetian Ptolemy of 1548." In *The Italian Book, 1465–1800: Studies Presented to Dennis E. Rhodes on His 70th Birthday*, ed. Denis V. Reidy, 89–115. London: British Library, 1993. **597, 782, 797**

Faille, R. D. Baart de la. "Nieuwe gegevens over Lucas Jansz. Wagenaer." *Het Boek* 20 (1931): 145–60. **1393**

Faille, René, and Pierre-Jean Mairesse. *Pierre d'Ailly et l'image du monde au XVe siècle*. Cambrai: La Médiathèque Municipale, 1992. **59**

Fainelli, V. "Il Garda Scaligero." *Il Garda* 2, no.1 (1927): 6–12. **901**

Faithorne, William. *The Art of Graveing, and Etching, Wherein Is Exprest the True Way of Graueing in Copper*. London: Willm. Faithorne, 1662. **595**

Falaschi, Enid T. "Valvassori's 1553 Illustrations of *Orlando Furioso*: The Development of Multi-Narrative Technique in Venice and Its Links with Cartography." *Bibliofilia* 77 (1975): 227–51. **456**

Falcão, Cristóvão [attributed]. *Trovas de Crisfal: Reprodução facsimile da primeira edição*. With a study by Guilherme G. de Oliveira Santos. Lisbon: Livraria Portugal, 1965. **465**

Falchetta, Piero. "La misura dipinta: Rilettura tecnica e semantica della veduta di Venezia di Jacopo de' Barbari." *Ateneo Veneto* 178 (1991): 273–305. **958**

Faleiro, Francisco. *Tratado del esphera y del arte del marear: Con el regimie[n]to de las alturas*. Madrid: Ministerio de Defensa, Ministerio de Agricultura Pesca y Alimentación, 1989. **1102**

Falguières, Patricia. *Les chambres des merveilles*. Paris: Bayard, 2003. **639**

Falk, Tilman. *Hans Burgkmair: Studien zu Leben und Werk des Augsburger Malers*. Munich: Bruckmann, 1968. **1188**

Fanelli, Giovanni. *Firenze, architettura e città*. Florence: Vallecchi, 1973. **702**

Fargnoli, Narcisa. "Un editore senese: Matteo Florimi." In *L'arte a Siena sotto i Medici, 1555–1609*, 251–54. Rome: De Luca, 1980. **793**

Faria, Francisco Leite de Faria, and A. Teixeira da Mota. *Novidades náuticas e ultramarinas: Numa informação dada em Veneza em 1517*. Lisbon: Junta de Investigações Científicas do Ultramar, 1977. **1004**

Farinelli, Franco. "Multiplex Geographia Marsilii est difficillima." In *I materiali dell'Istituto delle Scienze*, 63–74. Bologna: CLUEB, 1979. **971**

———. "Dallo spazio bianco allo spazio astratto: La logica cartografica." In *Paesaggio, immagine e realtà*, 199–207. Milan: Electa, 1981. **686**

———. *I segni del mondo: Immagine cartografica e discorso geografico in età moderna*. Scandicci: Nuova Italia, 1992. **900**

Faro, Jorge. "Manuel Godinho de Erédia." *Panorama*, 2d ser., 13–14 (1955). **997**

Farrell, Allan P. *The Jesuit Code of Liberal Education: Development and Scope of the Ratio Studiorium*. Milwaukee: Bruce, 1938. **630**

Farrington, Anthony, ed. *The English Factory in Japan, 1613–1623*. London: British Library, 1991. **1767**

Fassoulakis, Sterios. "O Lupazolo και η Νάξος." In *Η Νάξος δια μέσου των αιώνων*, ed. Sterios Fassoulakis, 499–513. Athens, 1994. **276, 277**

Fastidio, Don (Benedetto Croce). "Mario Cartaro e l'atlante del Regno di Napoli." *Napoli nobilissima* 13 (1904): 191. **963, 964**

Fauser, Alois. *Ältere Erd- und Himmelsgloben in Bayern*. Stuttgart: Schuler Verlagsgesellschaft, 1964. **157, 162, 163, 166, 172**

———. *Kulturgeschichte des Globus*. Munich: Schuler Verlagsgesellschaft, 1973. **157, 161, 165, 166, 170, 172**

———. "Ein Tilmann Stella-Himmelsglobus in Weissenburg in Bayern." *Der Globusfreund* 21–23 (1973): 150–55. **1213**

Favaro, Antonio. *Carteggio inedito di Ticone Brahe, Giovanni Keplero e di altri celebri astronomi e matematici dei secoli XVI. e XVII. con Giovanni Antonio Magini tratto dall'Archivio Malvezzi de' Medici in Bologna*. Bologna: Nicola Zanichelli, 1886. **966, 968**

———. "Amici e corrispondenti di Galileo Galilei: Studi e ricerche (II. Ottavio Pisani)." *Atti del Reale Istituto Veneto di Scienze, Lettere ed Arti* 54 (1895–96): 411–40. **966**

———. *Amici e corrispondenti di Galileo*. 3 vols. Ed. Paolo Galluzzi. Florence: Salimbeni, 1983. **966**

Favaro, Antonio Pasquale. *Metrologia, o sia, Trattato generale della misure, de'pesi, e delle monete*. Naples: Nel Gabinetto Bibliografico e Tipografico, 1826. **957**

Febvre, Lucien. *Le problème de l'incroyance au XVIe siècle: La religion de Rabelais*. Paris: A. Michel, 1942, 1962 (rev. ed.), and 1968. **360, 1472**

———. "*Frontière:* The Word and the Concept." In *A New Kind of History: From the Writings of Febvre*, ed. Peter Burke, trans. K. Folca, 208–18. New York: Harper and Row, 1973. **663**

Febvre, Lucien, and Henri-Jean Martin. *The Coming of the Book: The Impact of Printing, 1450–1800*. Ed. Geoffrey Nowell-Smith and David Wootton. Trans. David Gerard. London: New Left, 1976. **22, 1079**

Federzoni, Laura. "La carta degli Stati Estensi di Marco Antonio Pasi." In *Alla scoperta del mondo: L'arte della cartografia da Tolomeo a Mercatore*, ed. Francesco Sicilia, 241–85. Modena: Il Bulino, 2002. **1624**

Feijão, Maria Joaquina Esteves. "O acesso aos documentos cartográficos em bibliotecas e arquivos portugueses." In *El documento cartográfico como fuente de información*, 153–78. Huelva: Diputación Provincial de Huelva, 1995. **976**

Feingold, Mordechai. *The Mathematicians' Apprenticeship: Science, Universities and Society in England, 1560–1640*. Cambridge: Cambridge University Press, 1984. **631**

Fel', S. Ye. *Kartografiya Rossii XVIII veka*. Moscow, 1960. **1856, 1890**

Feldhay, Rivka. "The Cultural Field of Jesuit Science." In *The Jesuits: Cultures, Sciences and the Arts, 1540–1773*, ed. John W. O'Malley et al., 107–30. Toronto: University of Toronto Press, 1999. **630**

Feliciano, Francesco. *Libro di arithmetica [e] geometria speculatiua [e] praticale . . . Scala grimaldelli*. Venice: Frãcesco di Allesandro Bindoni and Mapheo Pasini, 1518. **73**

Felipe II: Los ingenios y las máquinas. Exhibition catalog. [Madrid]: Sociedad Estatal para la Conmemoración de los Centenarios de Felipe II y Carlos V, 1998. **507**

Felipe II en la Biblioteca Nacional. Madrid: Ministerio de Educación y Cultura, Biblioteca Nacional, 1998. **507**

Ferguson, Arthur B. *The Articulate Citizen and the English Renaissance*. Durham: Duke University Press, 1965. **628**

Ferguson, John. "The *Margarita Philosophica* of Gregorius Reisch: A Bibliography." *Library*, 4th ser., 10 (1930): 194–216. **1202**

———. "The Secrets of Alexis: A Sixteenth Century Collection of Medical and Technical Receipts." In *Proceedings of the Royal Society of Medicine* 24 (1931): 225–46. **605**

Ferguson, Wallace Klippert. *The Renaissance in Historical Thought: Five Centuries of Interpretation*. Cambridge: Harvard University Press, 1948. **5**

———. *The Renaissance: Six Essays*. New York: Harper and Row, 1962. **5**

Fernandes, Rui. "Descripção do terreno em roda da cidade de Lamego duas leguas." In *Collecção de livros ineditos da historia Portugueza*, 5 vols., ed. José Francisco Correia da Serra et al., 5:546–613. Lisbon: Officina da Mesma Academia, 1900–1983. **1034**

Fernandes, Valentim. *O manuscrito "Valentim Fernandes"* [ca. 1506–10]. Lisbon: Editorial Ática, 1940. **462**

———. *Códice Valentim Fernandes*. Lisbon: Academia Portuguesa da História, 1997. **1025**

Fernández-Armesto, Felipe. "Introduction." In *Questa e una opera necessaria a tutti li naviga[n]ti (1490)*, by Alvise Cà da Mosto, 7–19. Delmar, N.Y.: For the John Carter Brown Library by Scholars' Facsimiles and Reprints, 1992. **749**

———. *Columbus*. London: Duckworth, 1996. **740**

———. "Machim [Robert Machin] (*supp. fl.* 14th cent.)." In *Oxford Dictionary of National Biography*, 60 vols., 35:463–64. Oxford: Oxford University Press, 2004. **743**

Fernández Cano, Víctor. *Las defensas de Cádiz en la edad moderna*. Seville: [Escuela de Estudios Hispanoamericanos], 1973. **1073**

"Fernández de Medrano, Sebastián." In *Diccionario histórico de la ciencia moderna en España*, 2 vols., ed. José María López Piñero et al., 1:329–30. Barcelona: Península, 1983. **1081**

Fernández de Oviedo, Gonzalo. *Historia general y natural de las Indias*. 5 vols. Ed. Juan Pérez de Tudela Bueso. Madrid: Ediciones Atlas, 1959. **751, 755, 757**

Fernández Duro, Cesáreo. *Disquisiciones náuticas*. 6 vols. 1876–81. Reprinted Madrid: Ministerio de Defensa, Instituto de Historia y Cultura Naval, 1996. **1136**

———. "Cartas de Marear: Las de Valseca, Viladestes, Oliva y Villarroel." *Boletín de la Sociedad Geográfica de Madrid* 17 (1884): 230–37. **223**

———. "Noticia breve de las cartas y planos existentes en la biblioteca particular de S. M. el Rey." *Boletín de la Sociedad Geográfica de Madrid* 26 (1889): 361–96, and 27 (1890): 102–65. Reprinted in *Acta Cartographica* 5 (1969): 100–199. **1630**

Fernel, Jean. *Ioannis Fernelii Ambianatis Cosmotheoria, libros duos complexa*. 1528. **1481**

Ferney, Vernazza di. *Notizie di Bartolomeo Cristini scrittore e leggitore di Emanuele Filiberto*. Nizza, 1783. **843**

Fernow, Berthold, ed. *The Records of New Amsterdam from 1653 to 1674 anno Domini*. 7 vols. New York: Knickerbocker, 1897. **1456**

Ferrari, A. de. "Coronelli, Vincenzo." In *Dizionario biografico degli Italiani*, 29:305–9. Rome: Istituto della Enciclopedia Italiani, 1960–. **279**

Ferrari, Daniela. "Fonti cartografiche di interesse italiano presso il *Krigsarchiv* di Vienna." *L'Universo* 70 (1990): 354–61. **941**

Ferrari, Giovanna. "Public Anatomy Lessons and the Carnival: The Anatomy Theatre of Bologna." *Past and Present* 117 (1987): 50–106. **60**

Ferrari, Raffaella, and Stefano Pezzoli. "Materiali per un'iconoteca dei documenti storici dell'ambiente costruito e naturale dell'Emilia-Romagna." In *I confini perduti: Inventario dei centri storici, terza fase, analisi e metodo*, exhibition catalog, 19–83. Bologna: CLUEB, 1983. **933, 934, 938, 939**

Ferrer, Jaime. "Letra feta als molt Catholichs Reys de Spanya Don Ferrando y dona isabel: Per mossen Iaume Ferrer." In *Sentencias catholicas . . .*, by Jaime Ferrer. Barcelona, 1545. **332**

Ferretti, Francesco. *Diporti notturni: Dialloghui familiari del Capo Franco Ferretti . . .* Ancona: Francesco Salvioni, 1580. **274**

Ferretto, Arturo. "I cartografi Maggiolo oriundi di Rapallo." *Atti della Società Ligure di Storia Patria* 52 (1924): 53–83. **177, 209, 210, 212**

Ferri, Rolando. "Una 'passeggiata in Italia': L'anonima *Ambulatio gregoriana* / A '*Walk through Italy*': The Anonymous *Ambulatio gregoriana*." In *La Galleria delle Carte Geografiche in Vaticano / The Gallery of Maps in the Vatican*, 3 vols., ed. Lucio Gambi and Antonio Pinelli, 1:73–81. Modena: Franco Cosimo Panini, 1994. **398**

Ferro, Gaetano. "L'Atlante portolanico di Guglielmo Saetone conservato ad Albissola." *Bollettino della Società Geografica Italiana* 94 (1957): 457–77. **180**

———. "I confini della Repubblica di Genova in due atlanti manoscritti del 1600." *Annali di Ricerche e Studi di Geografia* 18 (1962): 7–36. **862**

———. "L'Atlante manoscritto della scuola di Battista Agnese conservato a Bergamo." *Rivista Geografica Italiana* 91 (1984): 501–20. **188, 214**

Feuerstein, Arnold. "Die Entwicklung des Kartenbildes von Tirol bis um die Mitte des 16. Jahrhunderts." *Mitteilungen der K. K. Geographischen Gesellschaft in Wien* 55 (1912): 328–85. **734, 735**

Fickler, Johann Baptist. *A Compendious History of the Goths, Svvedes, & Vandals, and Other Northern Nations*. London, 1658. **1788**

Fiengo, Giuseppe. *I Regi Lagni e la bonifica della* Campania felix *durante il viceregno spagnolo*. Florence: Olschki, 1988. **967**

Figge, Susan Rae Gilkeson. "The Theory of the Conceit in the Seventeenth Century German Poetics and Rhetoric." Ph.D. diss., Stanford University, 1974. **443**

Figliuolo, Bruno. "Europa, oriente, mediterraneo nell'opera dell'umanista palermitano Pietro Ranzano." In *Europa e Mediterraneo tra Medioevo e prima età moderna: L'osservatorio italiano,* ed. Sergio Gensini, 315–61. San Miniato: Pacini, 1992. **326**

Fildet Kok, J. P. *See New Hollstein.*

Filelfo, Francesco. *Epistole Francisci Philelphi.* Paris, 1505. **296**

———. *Cent-dix lettres grecques.* Trans., notes, and commentary Emile Legrand. Paris: Ernest Leroux, 1892. **296**

Filipetto, Giuseppe Trassari. "Tecnica xilografica tra Quattrocento e Cinquecento: 'Il nuovo stile.'" In *"A volo d'uccello": Jacopo de' Barbari e le rappresentazioni di città nell'Europa del Rinascimento,* ed. Giandomenico Romanelli, Susanna Biadene, and Camillo Tonini, exhibition catalog, 53–57. Venice: Arsenale Editrice, 1999. **593**

Findlen, Paula. "The Economy of Scientific Exchange in Early Modern Italy." In *Patronage and Institutions: Science, Technology, and Medicine at the European Court, 1500–1750,* ed. Bruce T. Moran, 5–24. London: Boydell Press, 1991. **75**

———. *Possessing Nature: Museums, Collecting, and Scientific Culture in Early Modern Italy.* Berkeley: University of California Press, 1994. **75, 805**

———. "Possessing the Past: The Material World of the Italian Renaissance." *American Historical Review* 103 (1998): 83–114. **6**

Fine, Oronce. *La theorique des cielz.* Paris, 1528. **63**

———. *Orontii Finei Delphinatis, liberalivm disciplinarivm professoris regii, Protomathesis: Opus varium, ac scitu non minus utile quàm iucundum . . .* Four parts: *De arimetica, De geometria, De cosmographia,* and *De solaribus horologiis.* Paris: Impensis Gerardi Morrhij and Ioannis Petri, 1532. **67, 480, 482, 483, 1045, 1483**

———. *Orontij Finei Delphinatis, . . . De mundi sphaera, sive Cosmographia.* Paris, 1542. Paris: Apud Michaelem Vascosanum, 1555. **67, 79, 480, 483**

———. *L'esphere du monde.* 1552. **1556**

———. *Opere di Orontio Fineo del Delfinato divise in cinque Parti: Arimetica, Geometrica, Cosmografia, e Oriuoli.* Trans. Cosimo Bartoli. Venice, 1670. **480**

Finsterwalder, Rüdiger. *Zur Entwicklung der bayerischen Kartographie von ihren Anfängen bis zum Beginn der amtlichen Landesaufnahme.* Munich: Verlag der Bayerischen Akademie der Wissenschaften in Kommission bei der C. H. Beck' schen Verlagsbuchhandlung, 1967. **502**

———. "Die Erdkugel in ebenen Bildern: Projektionen von Weltkarten vor 1550." In *America: Das frühe Bild der Neuen Welt,* ed. Hans Wolff, 161–74. Munich: Prestel, 1992. **357**

———. "Die Genauigkeit der Kartierung Bayerns zur Zeit von Peter Apian (1495–1552)." In *Peter Apian: Astronomie, Kosmographie und Mathematik am Beginn der Neuzeit,* ed. Karl Röttel, 161–68. Buxheim: Polygon, 1995. **1198**

———. "Genauigkeit und Herkunft der Ortspositionen im mitteleuropäischen Raum zu Beginn des 16. Jahrhunderts." *Kartographische Nachrichten* 47 (1997): 96–102. **1812**

———. "Peter Apian als Autor der sogenannten 'Ingolstädter Globusstreifen'?" *Der Globusfreund* 45–46 (1998): 177–86. **150, 161, 172, 1199, 1828**

Fiocco, Giuseppe. "La biblioteca di Palla Strozzi." In *Studi di bibliografia e di storia in onore di Tammaro de Marinis,* 4 vols., 2:289–310. Verona: Stamperia Valdonega, 1964. **289**

Fiorani, Francesca. "Post-Tridentine 'Geographia Sacra': The Galleria delle Carte Geografiche in the Vatican Palace." *Imago Mundi* 48 (1996): 124–48. **96, 277, 397, 649, 735, 808, 823**

———. "Maps, Politics, and the Grand Duke of Florence: The *Sala della Guardaroba Nuova* of Cosimo I de' Medici." In *Renaissance Representations of the Prince: Basilike Eikon,* ed. Roy Eriksen and Magne Malmanger, 73–102. Rome: Kappa, 2001. **819**

———. *The Marvel of Maps: Art, Cartography and Politics in Renaissance Italy.* New Haven: Yale University Press, 2005. **55, 56, 96, 97, 804, 812, 816, 818, 823**

Fiorini, Matteo. *Le projezioni delle carte geografiche.* 1 vol. and atlas. Bologna: Zanichelli, 1881. **365, 974**

———. *Sfere terrestri e celesti di autore italiano, oppure fatte o conservate in Italia.* Rome: La Società Geografica Italiana, 1899. **165, 172**

Firmin-Didot, Ambroise. *Étude sur Jean Cousin: Suivie de notices sur Jean Leclerc et Pierre Woeiriot.* 1872. Reprinted Geneva: Slatkine Reprints, 1971. **1533**

Firpo, Luigi. *Lo stato ideale della controriforma: Ludovico Agostini.* Bari: Laterza, 1957. **637**

———. "Kaspar Stiblin, utopiste." In *Les Utopies à la Renaissance,* 107–33. Brussels: Presses Universitaires de Bruxelles, 1963. **439**

———, ed. *Theatrum Sabaudiae (Teatro degli stati del Duca di Savoia).* 2 vols. Turin: Archivio Storico della Città di Torino, 1984–85. New ed., ed. Rosanna Roccia. Turin: Archivio Storico della Città di Torino, 2000. **832, 1337**

Firth, Raymond William. *Symbols: Public and Private.* London: Allen and Unwin, 1973. **528**

Fischer, Albert. *Daniel Specklin aus Straßburg (1536–1589): Festungsbaumeister, Ingenieur und Kartograph.* Sigmaringen: Thorbecke, 1996. **1241, 1283**

Fischer, Joseph (Josef). *Die Entdeckungen der Normannen in Amerika: Unter besonderer Berücksichtigung der kartographischen Darstellungen.* Freiburg: Herder, 1902. **304, 320, 321, 348**

———. "Fillastre [Philastrius], Guillaume." In *The Catholic Encyclopedia,* 15 vols., ed. Charles G. Herbermann, 6:74–75. New York: Robert Appleton, 1907–12. **304**

———. *Claudius Clavus, the First Cartographer of America.* New York, 1911. **302**

———. "Die Stadtzeichen auf den Ptolemäuskarten." *Kartographische und schulgeographische Zeitschrift* 7, pts. 3 and 4 (1918): 49–52. **557**

———. "Abessinien auf dem Globus des Martin Behaim von 1492 und in der Reisebeschreibung des Ritters Arnold von Harff um das Jahr 1498." *Petermanns Geographische Mitteilungen* 86 (1940): 371–72. **324**

———. "Die Hauptquelle für die Darstellung Afrikas auf dem Globus Mercators von 1541." *Mitteilungen der Geographischen Gesellschaft Wien* 87 (1944): 65–69. **324, 1360**

———, ed. *Der "Deutsche Ptolemäus" aus dem Ende des XV. Jahrhunderts (um 1490).* Strasbourg: Heitz, 1910. **1193**

———, ed. *Claudii Ptolemai Geographiae, Codex Urbinas Graecus 82.* 2 vols. in 4. Leipzig: E. J. Brill and O. Harrassowitz, 1932. **268, 286, 288, 291, 293, 295, 301, 303, 320, 321, 1175**

Fischer, Karl. "Die kartographische Darstellung Wiens bis zur Zweiten Türkenbelagerung." *Wiener Geschichtsblätter* 4 (1995): 8–28. **1814**

———. "Augustin Hirschvogels Stadtplan von Wien, 1547/1549, und seine 'Quadranten.'" *Cartographica Helvetica* 20 (1999): 3–12. **488, 500, 503, 503, 1844**

———. "Stadtpläne und Veduten Wiens im 16. Jahrhundert." In *8. Kartographiehistorisches Colloquium, Bern, 3.–5. Oktober 1996: Vorträge und Berichte,* ed. Wolfgang Scharfe, 185–90. Murten: Cartographica Helvetica, 2000. **488, 503**

Fisher, R. "Pieter Potter of Amsterdam, the First South African Land Surveyor." In *Proceedings of the Conference of Southern African Surveyors,* 1–14. Johannesburg, 1982. **1448**

Fisher, R. M. "William Crashawe and the Middle Temple Globes, 1605–15." *Geographical Journal* 140 (1974): 105–12. **1619**

Fisher, Raymond Henry. *The Voyage of Semen Dezhnev in 1648: Bering's Precursor.* London: Hakluyt Society, 1981. **1876**

Fitter, Chris. *Poetry, Space, Landscape: Toward a New Theory.* Cambridge: Cambridge University Press, 1995. **414**

Fitzherbert, John. *Here Begynneth a Ryght Frutefull Mater and Hath to Name the Boke of Surueyinge and Improueme[n]tes.* London: R. Pynson, 1523. **1594**

Flahiff, Frederick T. "Lear's Map." *Cahiers Élisabéthains* 30 (1986): 17–33. **420**

Flasch, Kurt. *Die Metaphysik des Einen bei Nikolaus von Kues: Problemgeschichtliche Stellung und systematische Bedeutung.* Leiden: Brill, 1973. **1184**

———. *Nikolaus von Kues, Geschichte einer Entwicklung: Vorlesungen zur Einführung in seine Philosophie.* Frankfurt am Main: V. Klostermann, 1998. **1184**

Fleischmann, Peter. *Der Pfinzing-Atlas von 1594: Eine Ausstellung des Staatsarchivs Nürnberg anlässlich des 400 jährigen Jubiläums der Entstehung.* Exhibition catalog. Munich: Generaldirektion der Staatlichen Archive Bayerns, 1994. **503, 1241**

———. Introduction to *Das Pflegamt Hersbruck: Eine Karte des Paul Pfinzing mit Grenzbeschreibung von 1596,* by Paul Pfinzing. Nuremberg: Altnürnberger Landschaft e. V. in collaboration with the Staatsarchiv Nürnberg, 1996. **503**

Fleissner, Robert F. "Donne and Dante: The Compass Figure Reinterpreted." *Modern Language Notes* 76 (1961): 315–20. **416**

Fletcher, Angus. *Allegory: The Theory of a Symbolic Mode.* Ithaca: Cornell University Press, 1964. **473**

Fletcher, David H. *The Emergence of Estate Maps: Christ Church, Oxford, 1600 to 1840.* Oxford: Clarendon, 1995. **678, 708, 1615**

Fletcher, Harris Francis. *The Intellectual Development of John Milton.* 2 vols. Urbana: University of Illinois Press, 1956. **417**

Fletcher, John M., and Julian Deahl. "European Universities, 1300–1700: The Development of Research, 1969–1979." In *Rebirth, Reform and Resilience: Universities in Transition, 1300–1700,* ed. James M. Kittelson and Pamela J. Transue, 324–57. Columbus: Ohio State University Press, 1984. **630**

Fleury, Marie Antoinette. *Documents du Minutier central concernant les peintres, les sculpteurs et les graveurs au XVIIe siècle (1600–1650).* Paris: S.E.V.P.E.N., 1969. **1577, 1588**

Flint, Valerie I. J. "World History in the Early Twelfth Century: The 'Imago Mundi' of Honorius Augustodunensis." In *The Writing of History in the Middle Ages: Essays Presented to Richard William Southern,* ed. R. H. C. Davis and J. M. Wallace-Hadril, 211–38. Oxford: Clarendon, 1981. Reprinted in *Ideas in the Medieval West: Texts and Their Contexts,* by Valerie I. J. Flint, 211–38. London: Variorum, 1988. **32**

———. "The Hereford Map: Its Author(s), Two Scenes and a Border." *Transactions of the Royal Historical Society,* 6th ser., 8 (1998): 19–44. **26, 36**

———. "Maps and the Laity: The Hereford *Mappa Mundi.*" Conference talk at Maps from the Middle Ages, University of Minnesota, 14 November 1998. **36**

Flores, Jorge Manuel. *Os olhos do rei: Desenhos e descrições portuguesas da ilha de Ceilão (1624–1638).* Lisbon: CNCDP, 2001. **1023**

Flórez Miguel, Cirilo, Pablo García Castillo, and Roberto Albares Albares. *El humanismo científico.* Salamanca: Caja de Ahorros y Monte de Piedad de Salamanca, 1988. **1107**

Florovsky, A. "Maps of the Siberian Route of the Belgian Jesuit, A. Thomas (1690)." *Imago Mundi* 8 (1951): 103–8. **1883**

Fludd, Robert. *Utriusque cosmi maioris scilicet et minoris metaphysica, physica atqve technica historia, in duo volumina secundum cosmi differentiam diuisa.* Oppenheim: Johann Theodor de Bry, 1617. **72, 81**

———. *Philosophia sacra et vere Christiana seu meteorologia cosmica.* Frankfurt: Officina Bryana, 1626. **86**

———. *Medicina catholica, seu, Mysticum artis medicandi sacrarium.* Frankfurt: Caspari Rötelii and Wilhelmi Fitzeri, 1629–31. **93**

Fock, C. W. "The Princes of Orange as Patrons of Art in the Seventeenth Century." *Apollo* 110 (1979): 466–75. **1459**

Fockema Andreae, S. J., and Bert van 't Hoff. *Geschiedenis der kartografie van Nederland van den Romeinschen tijd tot het midden van de 19^{e} eeuw.* The Hague: Martinus Nijhoff, 1947. **1270**

———. *Christiaan Sgroten's kaarten van de Nederlanden in reproductie uitgegeven onder auspicien van het Koninklijk Nederlandsch Aardrijkskundig Genootschap.* Leiden: Brill, 1961. **1277**

Focus Behaim Globus. 2 vols. Nuremberg: Germanisches Nationalmuseums, 1992. **100, 109, 111, 135, 143, 155, 160, 161, 164, 167, 172, 358, 1193**

Fodor, Ferenc. "Magyar térképírás I–III." *Térképészeti Közlöny* 15, special issue, vol. 1 (1952): 1–176, vol. 2 (1953): 177–309, vol. 3 (1954): 313–441. **1809**

Foffano, T. "Niccoli, Cosimo e le ricerche di Poggio nelle biblioteche francesi." *Italie Medioevale ed Umanistica* 12 (1969): 115–17. **299**

Foister, Susan, Ashok Roy, and Martin Wyld. *Holbein's Ambassadors.* London: National Gallery Publications, 1997. **135**

Folkerts, Menso. "Die Trigonometrie bei Apian." In *Peter Apian: Astronomie, Kosmographie und Mathematik am Beginn der Neuzeit,* ed. Karl Röttel, 223–28. Buxheim: Polygon, 1995. **501**

———. "Johannes Praetorius (1537–1616)—Ein bedeutender Mathematiker und Astronom des 16. Jahrhunderts." In *History of Mathematics: States of the Art,* ed. Joseph W. Dauben et al., 149–69. San Diego: Academic Press, 1996. **498, 503**

———. "Georg Wendler (1619–1688)." In *Rechenbücher und mathematische Texte der frühen Neuzeit Rechenbücher,* ed. Rainer Gebhardt, 335–45. Annaburg-Buchholz: Adam-Ries-Bund, 1999. **503**

———. "Der Astronom David Fabricius (1564–1617): Leben und Werk." *Berichte zur Wissenschaftsgeschichte* 23 (2000): 127–42. **505**

———. "The Importance of the Latin Middle Ages for the Development of Mathematics." In *Essays on Early Medieval Mathematics: The Latin Tradition,* item I. Aldershot: Ashgate, 2003. **478**

Folkerts, Menso, and Hubert Busard. *Repertorium der mathematischen Handschriften.* Forthcoming. **481**

Folkingham, W. *Fevdigraphia: The Synopsis or Epitome of Svrveying Methodized.* London: Printed for Richard Moore, 1610. **605, 708, 1645**

Foncin, Myriem. "La collection de cartes d'un château bourguignon, le château de Bontin." In *Actes du 95e Congrès National des Sociétés Savantes, Reims 1970, section de géographie,* 43–75. Paris: Bibliothèque Nationale, 1973. **1484**

Foncin, Myriem, and Monique de La Roncière. "Jacques Maretz et la cartographie des côtes de Provence au XVIIe siècle." In *Actes du 90e Congrès National des Sociétés Savantes, Nice 1965, section de géographie,* 9–28. Paris: Bibliothèque Nationale, 1966. **1496**

Foncin, Myriem, Marcel Destombes, and Monique de La Roncière. *Catalogue des cartes nautiques sur Vélin: Conservées au Département des Cartes et Plans.* Paris: Bibliothèque Nationale, 1963. **214, 225**

Fontaine Verwey, H. de la. "De atlas van Mr. Laurens van der Hem." *Maandblad Amstelodamum* 38 (1951): 85–89. **1341**

———. "De geschiedenis van Guicciardini's Beschrijving der Nederlanden." In *Drukkers, liefhebbers en piraten in de zeventiende eeuw,* by H. de la Fontaine Verwey, 9–31. Amsterdam: N. Israel, 1976. **1304**

———. *In en om de "Vergulde Sonnewyser."* Amsterdam: N. Israel, 1979. **1314, 1315, 1341**

———. "Dr. Joan Blaeu and His Sons." *Quaerendo* 11 (1981): 5–23. **1314**

———. "The Glory of the Blaeu Atlas and the 'Master Colourist.'" *Quaerendo* 11 (1981): 197–229. **1341**

———. "The 'Spanish Blaeu.'" *Quaerendo* 11 (1981): 83–94. **1330**

———. "The History of Guicciardini's Description of the Low Countries." *Quaerendo* 12 (1982): 22–51.**1304**

Forcione, Alban K. "At the Threshold of Modernity: Gracián's *El Criticón*." In *Rhetoric and Politics: Baltasar Gracián and the New World Order*, ed. Nicholas Spadaccini and Jenaro Talens, 3–70. Minneapolis: University of Minnesota Press, 1997. **472**

Ford, Worthington Chancey. "Captain John Smith's Map of Virginia, 1612." *Geographical Review* 14 (1924): 433–43. **1772**

Fordham, Herbert George. *Maps: Their History, Characteristics and Uses*. Cambridge: Cambridge University Press, 1921. **538, 561**

———. *Les routes de France: Étude bibliographique sur les cartes routières et les itinéraires et guides routiers de France*. 1929. Reprinted Geneva: Slatkine-Megariotis Reprints, 1975. **1500**

Fortes, Manoel de Azevedo. *Tratado do modo o mais facil, e o mais exacto de fazer as cartas geograficas*. Lisbon: Na Officina de Pascoal da Sylva, 1722. **1044**

Foschi, Paola. "Il liber terminorum: Piazza Maggiore e piazza di Porta Ravegnana." In *Bologna e i suoi portici: Storia dell'origine e dello sviluppo*, ed. Francesca Bocchi, 205–24. Bologna: Grafis Edizioni, 1995. **681**

Foss, Theodore N. "A Western Interpretation of China: Jesuit Cartography." In *East Meets West: The Jesuits in China, 1582–1773*, ed. Charles E. Ronan and Bonnie B. C. Oh, 209–51. Chicago: Loyola University Press, 1988. **744**

Foster, William. *England's Quest of Eastern Trade*. 1933; New York: Barnes and Noble, 1966. **1767**

———, ed. *The Voyage of Nicholas Downton to the East Indies, 1614–15: As Recorded in Contemporary Narratives and Letters*. London: Hakluyt Society, 1939. **1737**

Foucard, Cesare. "Fonti di storia napoletana nell'Archivio di Stato di Modena." *Archivio Storico per le Provincie Napoletane* 2 (1877): 726–57. **943**

———. "Proposta fatta dalla corte estense ad Alfonso I re di Napoli (1445)." *Archivio Storico per le Provincie Napoletane* 4 (1879): 689–707. **943**

Foucault, Michel. "Questions on Geography." In *Power/Knowledge: Selected Interviews and Other Writings, 1972–1977*, ed. and trans. Colin Gordon, 63–77. New York: Pantheon, 1980. **423**

———. "Space, Knowledge, and Power," trans. Christian Hubert. In *The Foucault Reader*, ed. Paul Rabinow, 239–56. New York: Pantheon, 1984. **423**

———. "Different Spaces." In *The Essential Works of Foucault, 1954–1984*, vol. 2, *Aesthetics, Method, and Epistemology*, ed. James D. Faubion, trans. Robert Hurley et al., 175–85. New York: New Press, 1998. **423**

Foucher, Michel. *L'invention des frontières*. Paris: Fondation pour les Études de Défense Nationale, 1986. **663**

Foullon, Abel. *Descrittione, e uso dell'holometro*. Paris, 1555. Venice, 1564 and 1584. **496**

Fournier, Gabriel. *Châteaux, villages et villes d'Auvergne au XVe siècle d'après l'armorial de Guillaume Revel*. Paris: Arts et Métiers Graphiques, 1973. **1002, 1532**

Fournier, Georges. *Hydrographie contenant la theorie et la practique de toutes les parties de la navigation*. Paris: Michel Soly, 1643. **1550, 1558, 1561**

Fox, Alistair. "English Humanism and the Body Politic." In *Reassessing the Henrician Age: Humanism, Politics, and Reform, 1500–1550*, by Alistair Fox and John Guy, 34–51. Oxford: Basil Blackwell, 1986. **627**

———. "Facts and Fallacies: Interpreting English Humanism." In *Reassessing the Henrician Age: Humanism, Politics, and Reform, 1500–1550*, by Alistair Fox and John Guy, 9–33. Oxford: Basil Blackwell, 1986. **625, 627**

———. "Sir Thomas Elyot and the Humanist Dilemma." In *Reassessing the Henrician Age: Humanism, Politics, and Reform, 1500–1550*, by Alistair Fox and John Guy, 52–73. Oxford: Basil Blackwell, 1986. **626**

Fox, Alistair, and John Guy. *Reassessing the Henrician Age: Humanism, Politics, and Reform, 1500–1550*. Oxford: Basil Blackwell, 1986. **622**

Fox, H. S. A. "Exeter, Devonshire, 1499." In *Local Maps and Plans from Medieval England*, ed. R. A. Skelton and P. D. A. Harvey, 329–36. Oxford: Clarendon, 1986. **1591, 1594**

———. "Exeter, Devonshire *circa* 1420." In *Local Maps and Plans from Medieval England*, ed. R. A. Skelton and P. D. A. Harvey, 163–69. Oxford: Clarendon, 1986. **1591**

Fox, Luke. *North-West Fox; or, Fox from the North-West Passage*. London: B. Alsop and T. Fawcet, 1635. **522**

Fox, Robert, ed. *Thomas Harriot: An Elizabethan Man of Science*. Aldershot: Ashgate, 2000. **127, 1765**

Fox, Wilhelm. "Ein Humanist als Dortmunder Geschichtsschreiber und Kartograph—Detmar Mülher (1567–1633)." *Beiträge zur Geschichte Dortmunds und der Grafschaft Mark* 52 (1955): 109–275. **1241**

Frabetti, Pietro. *Carte nautiche italiane dal XIV al XVII secolo conservate in Emilia-Romagna: Archivi e Biblioteche Pubbliche*. Florence: Leo S. Olschki, 1978. **193**

———. "Descrizione ed illustrazione di due atlanti nautici manoscritti francesi del secolo XVII conservati presso la Biblioteca Comunale dell'Archiginnasio." *L'Archiginnasio* 82 (1987): 77–91. **235**

Fracastoro, Girolamo. "Fracastorivs, sive de anima, dialogvs." In *Opera omnia*. Venice: Apvd Ivntas, 1584. **94**

Francastel, Pierre. *Peinture et société: Naissance et destruction d'un espace plastique, de la Renaissance au cubisme*. Paris: Gallimard, 1965. **336**

Franco, Giacomo. *Habiti d'hvomeni et donne venetiane . . .* Venice: Giacomo Franco, 1610. **281**

Francovich, Riccardo. "Una carta inedita e sconosciuta di interesse storico e archeologico: La 'Geografia della Toscana e breve compendio delle sue historie' (1596) di Leonida Pindemonte." In *Essays Presented to Myron P. Gilmore*, 2 vols., ed. Sergio Bertelli and Gloria Ramakus, 2:167–78. Florence: La Nuova Italia, 1978. **913**

Francovich, Riccardo, and Leonardo Rombai. "Miniere e metallurgia nella Toscana preindustriale: Il contributo delle fonti geo-iconografiche." *Archeologia Medievale* 17 (1990): 695–709. **930**

Frangenberg, Thomas. "Chorographies of Florence: The Use of City Views and City Plans in the Sixteenth Century." *Imago Mundi* 46 (1994): 41–64. **560, 1667**

Frank, Günter, and Stefan Rhein, eds. *Melanchthon und die Naturwissenschaften seiner Zeit*. Sigmaringen: Thorbecke, 1998. **1208**

Frank, Robert Gregg. "Science, Medicine and the Universities of Early Modern England." *History of Science* 11 (1973): 194–216 and 239–69. **623**

Franssen, Matthieu. In *Caert-Thresoor*. Forthcoming. **1304**

Franzoi, Umberto. "Il Palazzo ducale. Architettura." In *Il Palazzo ducale di Venezia*, by Umberto Franzoi, Terisio Pignatti, and Wolfgang Wolters, 5–116. Treviso: Canova, 1990. **808, 814**

Franzoi, Umberto, Terisio Pignatti, and Wolfgang Wolters. *Il Palazzo ducale di Venezia*. Treviso: Canova, 1990. **808**

Franzoni, Claudio. "I restauri della Galleria delle Carte geografiche / The Restorations of the Gallery of Maps." In *La Galleria delle Carte Geografiche in Vaticano / The Gallery of Maps in the Vatican*, 3 vols., ed. Lucio Gambi and Antonio Pinelli, 1:169–74. Modena: Franco Cosimo Panini, 1994. **397**

Freccero, John. "Donne's 'Valediction: Forbidding Mourning.'" *ELH* 30 (1963): 335–76. **416**

Fregna, Roberto, and Salvatore Polito. "Fonti di archivio per una storia edilizia di Rome: I libri delle case dal '500 al '700, forma e esperienza della città." *Controspazio* 3, no. 9 (1971): 2–20. **702**

Freiberg, Jack. "In the Sign of the Cross: The Image of Constantine in the Art of Counter-Reformation Rome." In *Piero della Francesca and His Legacy*, ed. Marilyn Aronberg Lavin, 66–87. Washington, D.C.: National Gallery of Art, 1995. **399, 823**

Freitag, Adam. *Architectura militaris nova et aucta, oder newe vermehrte fortification, von regular vestungen, von irregular vestungen und aussen werken.* Leiden: Bey Bonaventura and Abraham Elzeviers, 1631. **1445**

Freitas, Jordão Apollinario de. *A vila e fortaleza de Sagres nos séculas XV a XVIII.* Coimbra: Instituto para a Alta Cultura, 1938. **1003**

Fremantle, Katharine. *The Baroque Town Hall of Amsterdam.* Utrecht: Haentjens Dekker, & Gumbert, 1959. **677**

French, Peter J. *John Dee: The World of an Elizabethan Magus.* London: Routledge and Kegan Paul, 1972. **1296**

Friberg, Nils. "A Province-map of Dalecarlia by Andreas Bureus(?)" *Imago Mundi* 15 (1960): 73–83. **508**

Friedman, David. *Florentine New Towns: Urban Design in the Late Middle Ages.* New York: Architectural History Foundation, 1988. **50**

———. "'Fiorenza': Geography and Representation in a Fifteenth Century City View." *Zeitschrift für Kunstgeschichte* 64 (2001): 56–77. **681, 690**

Friedman (Herlihy), Anna Felicity. *Awestruck by the Majesty of the Heavens: Artistic Perspectives from the History of Astronomy Collection.* Chicago: Adler Planetarium & Astronomy Museum, 1997. **100, 117**

———. *Star Charts of the Adler Planetarium & Astronomy Museum.* Chicago: Adler Planetarium & Astronomy Museum, forthcoming. **117**

Fries, Lorenz. *Uslegung der mercarthen oder Cartha marina.* Strasbourg: Johannes Grüninger, 1525. **351**

Friis, F. R. *Elias Olsen Morsing og hans Observationer.* Copenhagen, 1889. **1790**

———. *Peder Jakobsen Flemløs: Tyge Brahes første Medhjælper, og hans Observationer i Norge.* Copenhagen: G. E. C. Gads Universitetsboghandel, 1904. **1790**

Frijhoff, Willem. "Patterns." In *A History of the University in Europe*, ed. Hilde de Ridder-Symoens, vol. 2, *Universities in Early Modern Europe (1500–1800)*, 43–110. Cambridge: Cambridge University Press, 1996. **623, 625**

Frisius, Gemma. *See* Gemma Frisius.

Froidour, Louis de. *Instruction pour les ventes des bois du roy.* 2d ed. Paris: Chez Brunet, 1759. **712**

Frommel, Christoph Luitpold, and Nicholas Adams, eds. *The Architectural Drawings of Antonio da Sangallo the Younger and His Circle.* Vol. 1, *Fortifications, Machines, and Festival Architecture.* New York: The Architectural History Foundation, 1994. **682, 699**

Frommel, Christoph Luitpold, Stefano Ray, and Manfredo Tafuri, eds. *Raffaello Architetto.* Milan: Electa Editrice, 1984. **682**

Fronsperger, Leonhardt. *Von kayserlichem Kriegssrechten.* Frankfurt, 1566. Reprinted Graz: Akademische Druck- u. Verlagsanstalt, 1970. **725**

Frostick, Raymond. *The Printed Plans of Norwich, 1558–1840.* Norwich: Raymond Frostick, 2002. **1649**

Fruin, Jacobus Antonie, and M. S. Pols, eds. *Het rechtsboek van Den Briel: Beschreven in vijf tractaten door Jan Matthijssen.* The Hague: Nijhoff, 1880. **1266**

Fruin, R. *Nederlandse steden in de 16^e eeuw: Plattegronden van Jacob van Deventer. 111 tekeningen en 97 cartons in facsimile uitgegeven.* The Hague: Martinus Nijhoff, 1916–23. **1272**

Frutaz, Amato Pietro. *Le piante di Roma.* 3 vols. Rome: Istituto di Studi Romani, 1962. **798, 932, 933, 939, 956**

———, ed. *Le carte del Lazio.* 3 vols. Rome: Istituto di Studi Romani, 1972. **915, 916, 920, 924, 926, 930, 934**

Fryde, E. B. *Humanism and Renaissance Historiography.* London: Hambledon Press, 1983. **638, 655**

Fučíková, Eliška. "The Collection of Rudolf II at Prague: Cabinet of Curiosities or Scientific Museum?" In *The Origins of Museums: The Cabinet of Curiosities in Sixteenth- and Seventeenth-Century Europe*, ed. O. R. Impey and Arthur MacGregor, 47–53. Oxford: Clarendon, 1985. **650**

Fulin, Rinaldo. "Primi privilegi di stampa in Venezia." *Archivio Veneto* 1 (1871): 160–64. **796**

———. "Documenti per servire alla storia della tipografia veneziana." *Archivio Veneto* 23 (1882): 162–63. **343**

Fuller, Mary C. *Voyages in Print: English Travel to America, 1576–1624.* Cambridge: Cambridge University Press, 1995. **1761**

Fumaroli, Marc. "The Fertility and the Shortcomings of Renaissance Rhetoric: The Jesuit Case." In *The Jesuits: Cultures, Sciences and the Arts, 1540–1773*, ed. John W. O'Malley et al., 90–106. Toronto: University of Toronto Press, 1999. **630**

———, ed. *Les origines du Collège de France (1500–1560): Actes du Colloque International (Paris, décembre 1995).* Paris: Collège de France and Klincksieck, 1998. **1464**

Funakoshi Akio. "Kōki jidai no Shiberia chizu: Ra Shingyoku kyūzō chizu ni tsuite." *Tōhō Gakuhō* 33 (1963): 199–218. **1883**

———. "Witosen no hokutō Ajia chizu o meguru nisan no monda." *Shirin* 47, no. 1 (1964): 112–41. **1883**

Fúrlong Cárdiff, Guillermo. *Cartografía jesuítica del Río de la Plata.* Buenos Aires: Talleres S. A. Casa Jacobo Peuser, 1936. **1144, 1166, 1168**

———. *Cartografía histórica argentina: Mapas, planos y diseños que se conserven en el Archivo General de la Nación.* Buenos Aires: Ministerio del Interior, 1963 [1964]. **1144**

Fusoris, Jean. *Traité de cosmographie: Edition préliminaire.* Ed. Lars Otto Grundt. Bergen: Université de Bergen, 1973. **306**

Füssel, Stephan, ed. *500 Jahre Schedelsche Weltchronik.* Nuremberg: Carl, 1994. **1194**

Fussell, George Edwin. *The Old English Farming Books from Fitzherbert to Tull, 1523 to 1730.* London: Crosby Lockwood, 1947. **714**

Füssl, Wilhelm. "'Vil nit werth'? Der Nachlass Peter Apians im Streit der Erben." In *Peter Apian: Astronomie, Kosmographie und Mathematik am Beginn der Neuzeit*, ed. Karl Röttel, 68–79. Buxheim: Polygon, 1995. **150**

Fyot, Eugène. "Les verrières et verriers d'autrefois à Dijon." *Bulletin Archéologique du Comité des Travaux Historiques et Scientifiques*, 1930–31, 571–85. **1523**

Gaastra, F. S. *Bewind en beleid bij de VOC: De financiële en commerciële politiek van de bewindhebbers, 1672–1702.* [Zutphen]: Walburg Pers, 1989. **1448**

Gabrieli, Giuseppe. *Il Carteggio Linceo della vecchia Accademia di Federico Cesi (1603–1630).* Rome: Dott. Giovanni Bardi, tipografo della R. Accademia Nazionale dei Lincei, 1938. Reprinted, 1996. **973**

———. "Le prima Biblioteca Lincea o libreria di Federico Cesi." *Rendiconti della R. Accademia Nazionale dei Lincei, Classe di Scienze Morale, Storiche e Filologiche*, 6th ser., 14 (1939): 606–28. **962**

Gagel, Ernst. *Pfinzing: Der Kartograph der Reichsstadt Nürnberg (1554–1599).* Hersbruck: Im Selbstverlag der Altnürnberger Landschaft, 1957. **503, 686, 731**

Gagliardi, Ernst. *Katalog der Handschriften der Zentralbibliothek Zürich.* 2 vols. Zurich, 1931. **214**

Gairdner, James, ed. *Sailing Directions for the Circumnavigation of England, and for a Voyage to the Straits of Gibraltar (from a 15th Century MS.).* London: Hakluyt Society, 1889. **1726**

Galasso, Giuseppe. "Scienze, istituzioni e attrezzature scientifiche nella Napoli del Settecento." In *L'età dei Lumi: Studi storici sul Settecento Europeo in onore di Franco Venturi*, 2 vols., 1:191–228. Naples: Jovene, 1985. **974**

Galbis Díez, (María del) Carmen. "The Casa de la Contratación." In *Discovering the Americas: The Archive of the Indies*, ed. Pedro González García, 91–128. New York: Vendome Press, 1997. **1096**

Galego, Júlia Costa Pereira, and Suzanne Daveau. *O Numeramento de 1527–1532: Tratamento cartográfico*. Lisbon: Centro de Estudos Geográficos, 1986. **1034**

Galego, Júlia Costa Pereira, Maria Fernanda Alegria, and João Carlos Garcia. *Os itinerarios de D. Dinis, D. Pedro I, e D. Fernando I.: Interpretação gráfica*. Lisbon: Centro de Estudios Geográficos, 1988. **1035**

Galera, Montserrat. *Antoon van den Wijngaerde, pintor de ciutats i de fets d'armes a l'Europa del Cinc-cents: Cartobibliografia raonada dels dibuixos i gravats, i assaig de recontrucció documental de l'obra pictòrica*. [Madrid]: Institut Cartogràfic de Catalunya, 1998. **1251, 1252**

Galilei, Galileo. *Sidereus nuncius*. Venice, 1610. **126**

———. *Istoria e dimostrazioni intorno alle macchie solari e loro*. 1613. **128**

———. *Dialogo . . . sopra i due massimi sistemi del mondo . . .* Florence: Gio Battista Landini, 1632. **90**

———. *Le opere di Galileo Galilei: Edizione nazionale sotto gli auspicii di Sua Maestà il re d'Italia*. 20 vols. Ed. Antonio Favaro. Florence: Barbèra, 1890–1909. **126, 127, 128, 966**

———. *Discoveries and Opinions of Galileo*. Ed. Stillman Drake. New York: Doubleday, 1957. **128**

———. *Sidereus Nuncius; or, The Sidereal Messenger*. Trans. Albert Van Helden. Chicago: University of Chicago Press, 1989. **127**

Galkovich, B. G. "K voprosu o primenenii kartograficheskogo metoda v istoricheskikh issledovaniyakh." *Istoriya SSSR* 3 (1974): 132–41. **1856**

———. "O znachenii i meste kartograficheskogo metoda v istoricheskoy geografii." *Izvestiya Akademii Nauk SSSR, Seriya Geograficheskaya*, 1974, no. 5, 55–60. **1856**

Gallazzi, C. "Visite pastorali ed apostoliche di Carlo Boromeo: Il mito di Pastore itinerante." In *Busto Arsizio prima di, con e dopo Carlo Borromeo*, 227–38. Busto Arsizio, 1984. **904**

Galle, Filips. *Epitome Theatri Orteliani: Præcipuarum orbis regionum delineationes, minoribus tabulis expressas, breuioribusque declarationibus illustratas, continens*. Intro. H. A. M. van der Heijden. Weesp: Robas Facsimile Fonds, 1996. **1331**

Gallelli, Carmen. "Paolo dal Pozzo Toscanelli." In *Il mondo di Vespucci e Verrazzano, geografia e viaggi: Dalla Terrasanta all'America*, ed. Leonardo Rombai, 71–92. Florence: L. S. Olschki, 1993. **333**

Gallerie Salamon Augustoni Algranti. *Libri Antichi e Manoscritti*. 24 October 1984. **217**

Gallo, Nicola. *Cartografia storica e territorio della Lunigiana centro orientale*. Sarzana: Lunaria, 1993. **923**

Gallo, Rodolfo. "Le mappe geografiche del palazzo ducale di Venezia." *Archivio Veneto*, 5th ser., 31 (1943): 47–113. **665, 666, 808, 814, 815**

———. "Gioan Francesco Camocio and His Large Map of Europe." *Imago Mundi* 7 (1950): 93–102. **273**

———. *Carte geografiche cinquecentesche a stampa della Biblioteca Marciana e della Biblioteca del Museo Correr di Venezia*. Venice: Presso la Sede dell'Instituto Veneto, 1954. **788, 797**

———. "A Fifteenth Century Military Map of the Venetian Territory of *Terraferma*." *Imago Mundi* 12 (1955): 55–57. **721**

Gallois, Lucien (Louis Joseph). *De Orontio Finæo gallico geographo*. Paris: E. Leroux, 1890. **143, 1359, 1464, 1481**

———. *Les géographes allemands de la Renaissance*. Paris: E. Leroux, 1890. **64, 76, 339, 723, 1466**

———. "Les origines de la carte de France: La carte d'Oronce Finé." *Bulletin de Géographie Historique et Descriptive* 4 (1891): 18–34. **1482**

———. "Lyon et la découverte de l'Amérique." *Bulletin de la Société de Géographie de Lyon*, 1892, 93–114. **342**

———. "La grande carte de France d'Oronce Fine." *Annales de Géographie* 44 (1935): 337–48. **1045, 1482**

Gallucci, Giovanni Paolo. *Theatrum mundi, et temporis . . .* Venice: I. B. Somascum, 1588. **63**

Galvão, António. *Tratado dos descobrimentos*. Ed. Viconde de Lagoa and Elaine Sanceau. 3d ed. [Porto]: Livraria Civilização, [1944]. **983**

Gambi, Lucio. "Per una rilettura di Biondo e Alberti, geografi." In *Il Rinascimento nelle corti padane: Società e cultura*, 259–75. Bari: De Donato, 1977. **950**

Gambi, Lucio, and Antonio Pinelli. "La Galleria delle Carte Geografiche / The Gallery of Maps." In *La Galleria delle Carte Geografiche in Vaticano / The Gallery of Maps in the Vatican*, 3 vols., ed. Lucio Gambi and Antonio Pinelli, 2:11–18. Modena: Franco Cosimo Panini, 1994. **397**

———, eds. *La Galleria delle Carte Geografiche in Vaticano / The Gallery of Maps in the Vatican*. 3 vols. Modena: Franco Cosimo Panini, 1994. **96, 382, 398, 399, 823, 915, 933**

Ganado, Albert. "Description of an Early Venetian Sixteenth Century Collection of Maps at the Casanatense Library in Rome." *Imago Mundi* 34 (1982): 26–47. **788, 798**

———. "Description of a Splendid Collection of 950 Maps and Views of the Sixteenth and Seventeenth Centuries at the Malta National Library." *Proceedings of History Week*, 1992, 137–228. Reprinted Malta: Malta Historical Society 1994. **799, 801**

Ganado, Albert, and Maurice Agius-Vadalà. *A Study in Depth of 143 Maps Representing the Great Siege of Malta of 1565*. 2 vols. San Gwann, Malta: Publishers Enterprises Group, 1994–95. **798**

Ganong, William Francis. *Crucial Maps in Early Cartography and Place-Nomenclature of the Atlantic Coast of Canada*. Intro. Theodore E. Layng. [Toronto:] University of Toronto Press in cooperation with The Royal Society of Canada, 1964. **1759, 1761**

Garand, Monique-Cécile. "La tradition manuscrite du *Liber archipelagi insularum* à la Bibliothèque Nationale de Paris." *Scriptorium* 29 (1975): 69–76. **267**

Garberson, Eric. "Bibliotheca Windhagiana: A Seventeenth-Century Austrian Library and Its Decoration." *Journal of the History of Collections* 5 (1993): 109–28. **644, 806**

Garcia, João Carlos. "As fronteiras da Lusitânia nos finais do século XVI." In *Miscellana Rosae*, 137–53. Budapest: Mundus Press, 1995. **1040**

———. "A configuração da fronteira luso-espanhola nos mapas dos séculos XV a XVIII." *Treballs de la Societat Catalana de Geografia* 41 (1996): 293–321. **1040**

———. "As razias da Restauração, notícia sobre um mapa impresso do século XVII." *Cadernos de Geografia* 17 (1998): 43–48. **1068**

———. "O Alentejo *c.* 1644: Comentário a um mapa." *Arquivo de Beja* 10 (1999): 29–47. **1057**

Garcia, José Manuel. "Tesouros da cartografia portuguesa em Portugal." In *Tesouros da cartografia portuguesa*, exhibition catalog, 35–114. Lisbon: CNCDP, 1997. **1051, 1052**

García de Céspedes, Andrés. *Regimiento de navegacion mando haser el rei nvestro señor por orden de sv Conseio Real de las Indias*. 2 pts (including his *Hydrografía*). Madrid: I. de la Cuesta, 1606. **1096, 1097, 1102, 1103, 1114, 1125, 1127, 1128, 1130**

"Garcia de Céspedes, Andrés." In *Diccionario histórico de la ciencia moderna en España*, 2 vols., ed. José María López Piñero et al., 1:375–76. Barcelona: Península, 1983. **1077**

García de Palacio, Diego. *Instrucción náutica*. Ed. Mariano Cuesta Domingo. Madrid: Editorial Naval, Museo Naval, 1993. **1099**

García Márquez, Gabriel. "The Solitude of America." *New York Times*, 6 February 1983, sec. E, p.17. **459**

García Miranda, Manuel. *La contribution de l'Espagne au progrès de la cosmographie et de ses techniques, 1508–1624.* Paris: Université de Paris, 1964. **60**

Garcie, Pierre. *Le grand routier.* Rouen, 1531. **549**

Garden, Alexander. *Characters and Essayes.* Aberdene, 1625. **412**

Gardiner, Leslie. *Bartholomew: 150 Years.* Edinburgh: J. Bartholomew, 1976. **595**

Gardiner, R. A. "Philip Symonson's 'New Description of Kent,' 1596." *Geographical Journal* 135 (1969): 136–38. **1632**

Garin, Eugenio. *L'educazione in Europa (1400–1600): Problemi e programmi.* Bari: Laterza, 1957. **647**

———. *Ritratti di umanisti.* Florence: Sansoni, 1967. **333, 334**

———. *La cultura del Rinascimento: Profilo storico.* 3d ed. Bari: Laterza, 1973. **297**

———. *Astrology in the Renaissance: The Zodiac of Life.* Trans. Carolyn Jackson and June Allen. London: Routledge and Kegan Paul, 1976. **58, 79**

Garratt, John G. "The Maps in De Bry." *Map Collector* 9 (1979): 3–11. **1244**

Gartner, William Gustav. "Mapmaking in the Central Andes." In *HC* 2.3:257–300. **472, 745**

Garzelli, Annarosa. *La Bibbia di Federico da Montefeltro: Un'officina libraria fiorentina, 1476–1478.* Rome: Multigrafica, 1977. **731**

Gascoigne, Bamber. *How to Identify Prints: A Complete Guide to Manual and Mechanical Processes from Woodcut to Ink Jet.* New York: Thames and Hudson, 1986. **592**

Gasparrini Leporace, Tullia, ed. *Il mappamondo di Fra Mauro.* Rome: Istituto Poligrafico dello Stato, 1956. **316, 317, 981**

Gasser, Max. *Studien zu Philipp Apians Landesaufnahme.* Munich: Straub, 1903. Reprinted in *Acta Cartographica* 16 (1973): 153–208. **1176**

Gastaldi, Giacomo. *La universale descrittione del mondo, descritta da Giacomo de' Castaldi piamontese.* Venice: Matteo Pagano, 1561. **781, 786**

Gatto, Romano. "Un matematico sconosciuto del primo seicento napoletano: Davide Imperiali (Con un'appendice di lettere e manoscritti inediti)." *Bollettino di Storia delle Scienze Matematiche* 8 (1988): 71–135. **974**

Gautier, Henri (Hubert). *L'art de laver; ou, Nouvelle manière de peindre sur le papier, suivant le coloris des desseins qu'on envoye à la cour.* Lyons: T. Amaulry, 1687. Reprinted Portland, Ore.: Collegium Graphicum, 1972. In Italian, *L'arte di acquerellare: Opera del Signore H. Gautier di Nismes.* Lucca: Rocchi, 1760. **606, 971, 1588**

Gautier Dalché, Patrick. *La "Descriptio mappe mundi" de Hugues de Saint-Victor.* Paris: Études Augustiniennes, 1988. **25, 29, 34, 38**

———. "Un problème d'histoire culturelle: Perception et représentation de l'espace au Moyen Âge." *Médiévales* 18 (1990): 5–15. **26, 28, 30, 37, 44**

———. "*Descriptio mappe mundi* de Hugues de Saint-Victor: Retractatio et additamenta." In *L'abbaye parisienne de Saint-Victor au Moyen Age,* ed. Jean Longère, 143–79. Paris: Brepols, 1991. **34**

———. "De la liste a la carte: Limite et frontière dans la géographie et la cartographie de l'occident médiéval." In *Castrum 4: Frontière et peuplement dans le monde méditerranéen au moyen âge,* 19–31. Madrid: Casa de Velázquez, 1992. **27, 51**

———. "D'une technique à une culture: Carte nautique et portulan au XIIe et au XIIIe siècle." In *L'uomo e il mare nella civiltà occidentale: Da Ulisse a Cristoforo Colombo,* 283–312. Genoa: Società Ligure di Storia Patria, 1992. **8, 36, 37, 38**

———. "L'œuvre géographique du cardinal Fillastre († 1428): Représentation du monde et perception de la carte à l'aube des découvertes." *Archives d'Histoire Doctrinale et Littéraire du Moyen Âge* 59 (1992): 319–83. Reprinted in *Humanisme et culture géographique à l'époque du Concile de Constance: Autour de Guillaume Fillastre,* ed. Didier Marcotte, 293–355. Turnhout: Brepols, 2002. **291, 301, 302, 303, 304, 305**

———. "De la glose à la contemplation: Place et fonction de la carte dans les manuscrits du haut Moyen Âge." In *Testo e immagine nell'alto medioevo,* 2 vols., 2:693–771. Spoleto: Centro Italiano di Studi sull'Alto Medioevo, 1994. Reprinted in *Géographie et culture: La représentation de l'espace du VIe au XIIe siècle,* 693–771. Aldershot: Ashgate, 1997. **25, 26, 28, 29**

———. "Les savoirs géographiques en Méditerranée chrétienne (XIIIe s.)." *Micrologus: Natura, Scienze e Società Medievali* 2 (1994): 75–99. **37, 46**

———. *Carte marine et portulan au XIIe siècle: Le* Liber de existencia riveriarum et forma maris nostri mediterranei *(Pise, circa 1200).* Rome: École Française de Rome, 1995. **9, 36, 37, 978**

———. "Pour une histoire du regard géographique: Conception et usage de la carte au XVe siècle." *Micrologus: Natura, Scienze e Società Medievali* 4 (1996): 77–103. **27, 49, 336**

———. "L'usage des cartes marines aux XIVe et XVe siècles." In *Spazi, tempi, misure e percorsi nell'Europa del bassomedioevo,* 97–128. Spoleto: Centro Italiano di Studi sull'Alto Medioevo, 1996. **37**

———. *Géographie et culture: La représentation de l'espace du VIe au XIIe siècle.* Aldershot: Ashgate, 1997. **281**

———. "*Mappae mundi* antérieures au XIIIe siècle dans les manuscrits latins de la Bibliothèque Nationale de France." *Scriptorium* 52 (1998): 102–62. **25, 28, 29**

———. "Remarques sur les défauts supposés, et sur l'efficace certaine de l'image du monde au XIVe siècle." In *La géographie au Moyen Âge: Espaces pensés, espaces vécus, espace rêvés,* 43–55. Paris: Société de Langue et de Littérature Médiévales d'Oc et d'Oïl, 1998. **44, 45**

———. "Le renouvellement de la perception et de la représentation de l'espace au XIIe siècle." In *Renovación intelectual del occidente Europeo (siglo XII),* 169–217. Pamplona: Gobierno de Navarra, Departamento de Educación y Cultura, 1998. **30, 31, 32, 33, 36**

———. "Le souvenir de la *Géographie* de Ptolémée dans le monde latin médiéval (VIe–XIVe siècles)." *Euphrosyne* 27 (1999): 79–106. **34, 287, 299**

———. "Bertrand Boysset et la science." In *Église et culture en France méridionale (XIIe–XIVe siècle),* 261–85. Toulouse: Éditions Privat, 2000. **9, 49**

———. "Connaissance et usages géographiques des coordonnées dans le Moyen Âge latin (du Vénérable Bède à Roger Bacon)." In *Science antique, science médiévale (autour d'Avranches 235),* ed. Louis Callebat and O. Desbordes, 401–36. Hildesheim: Olms-Weidmann, 2000. **33, 34, 292, 301**

———. "Décrire le monde et situer les lieux au XIIe siècle: L'*Expositio mappe mundi* et la généalogie de la mappemonde de Hereford." *Mélanges de l'Ecole Française de Rome: Moyen Age* 113 (2001): 343–77. **302**

———. "Sur l''originalité' de la 'géographie' médiévale." In *Auctor & auctoritas: Invention et conformisme dans l'écriture médiévale,* ed. Michel Zimmermann, 131–43. Paris: École des Chartes, 2001. **26, 27**

———. "Un astronome, auteur d'un globe terrestre: Jean Fusoris à la découverte de la *Géographie* de Ptolémée." In *Humanisme et culture géographique à l'époque du Concile de Constance: Autour de Guillaume Fillastre,* ed. Didier Marcotte, 161–75. Turnhout: Brepols, 2002. **306**

———. "Portulans and the Byzantine World." In *Travel in the Byzantine World,* ed. R. J. Macrides, 59–71. Aldershot: Ashgate, 2002. **174**

———. "La trasmissione medievale e rinascimentale della *Tabula Peutingeriana.*" In *Tabula Peutingeriana: Le antiche vie del mondo,* ed. Francesco Prontera, 43–52. Florence: Olschki, 2003. **29**

———. "Weltdarstellung und Selbsterfahrung: Der Kartograph Fra Mauro." In *Kommunikation mit dem Ich: Signaturen der Selbstzeugnisforschung an europäischen Beispielen des 12. bis 16. Jahrhunderts,* ed. Heinz-Dieter Heimann and Pierre Monnet, 39–51. Bochum: Winkler, 2004. 317

Gavazza, Ezia. *La grande decorazione a Genova.* Genoa: Sagep, 1974. **856**

Geanakoplos, Deno John. *Greek Scholars in Venice: Studies in the Dissemination of Greek Learning from Byzantium to Western Europe.* Cambridge: Harvard University Press, 1962. **345**

Gebhard, Johan Fredrik. *Het Leven van Mr. Nicolaas Cornelisz. Witsen (1641–1717).* 2 vols. Utrecht: J. W. Leeflang, 1882. **1884**

Gebhardt, Rainer, ed. *Hiob Magdeburg und die Anfänge der Kartographie in Sachsen.* Annaberg-Buchholz, 1995. **1228**

———, ed. *Rechenbücher und mathematische Texte der frühen Neuzeit Rechenbücher.* Annaburg-Buchholz: Adam-Ries-Bund, 1999. **477**

Geertz, Clifford. *The Interpretation of Cultures: Selected Essays.* New York: Basic Books, 1973. **528**

Gehring, Charles T., ed. and trans. *Land Papers.* Baltimore: Genealogical Publishing, 1980. **1456**

Geiger, Roland. "Die Ämter des Erzbistums Trier zwischen Mosel und Blies: Eine Kartenaufnahme von Arnold Mercator aus dem Jahre 1566 in einer 'Kopie' von Peter Balthasar von 1776." *Heimatbuch des Landkreises St. Wendel* 26 (1994): 125–30. **1225**

Geisberg, Max. *The German Single-Leaf Woodcut: 1500–1550.* 4 vols. Rev. and ed. Walter L. Strauss. New York: Hacker Art Books, 1974. **731, 733**

Geisberg, Max, and Egid Beitz. *Anton Woensam, Ansicht der Stadt Köln, 1531.* Munich: Hugo Schmidt, 1929. **1203**

Gelder, Roelof van. "Een wereldreiziger op papier: De atlas van Laurens van der Hem (1621–1678)." In *Een wereldreiziger op papier: De atlas van Laurens van der Hem (1621–1678),* exhibition catalog, 9–21. [Amsterdam]: Stichting Koninklijk Paleis te Amsterdam, Snoeck-Ducaju and Zoon, [1992]. **1460**

Geldner, Ferdinand. *Die deutschen Inkunabeldrucker: Ein Handbuch der deutschen Buchdrucker des XV. Jahrhunderts nach Druckorten.* 2 vols. Stuttgart: Hiersemann, 1968–70. **1182**

Geminus, Thomas. *Compendiosa totius anatomie delineatio.* London: T. Gemini, 1559. **1640**

Gemma Frisius. *De principiis astronomiae & cosmographiae, deq[ue] vsu globi ab eodem editi: Item de orbis diuisione, & insulis, rebusq[ue] nuper inuentis.* Louvain, 1530. Paris, 1547. Antwerp, 1584. **143, 146, 480, 489**

———. *Libellvs de locorum describendorum ratione.* Antwerp, 1533 and 1540. Paris, 1553. **483, 484, 840**

———. *De principiis astronomiae & cosmographiae (1553).* Intro. C. A. Davids. Delmar, N.Y.: Scholars' Facsimiles and Reprints, 1992. **142, 144, 147, 148**

———. *Een nuttig en profijtelijk boekje voor alle geografen.* Intro. H. C. Pouls. Delft: Nederlandse Commissie voor Geodesie, 1999. **1297**

Gent, R. H. van. "De nieuwe sterren van 1572, 1600 en 1604 op de hemelglobes van Willem Jansz. Blaeu." *Caert-Thresoor* 12 (1993): 40–46. **121, 1363**

———. "De hemelatlas van Andreas Cellarius: Het meesterwerk van een vergeten Hollandse kosmograaf." *Caert-Thresoor* 19 (2000): 9–25. **1329**

Gentile, Guido. *Giacomo Jaquerio e il gotico internazionale.* Ed. Enrico Castelnuovo and Giovanni Romano. Turin: Stamperia Artistica Nazionale, 1979. **835**

———. "Dalla 'Carta generale de' Stati di S.A.R.,' 1680, alla 'Carta corografica degli Stati di S.M. il Re di Sardegna,' 1772." In *I rami incisi dell'Archivio di Corte: Sovrani, battaglie, architetture, topografia,* exhibition catalog, 112–29. Turin: Archivio di Stato di Torino, 1981. **851**

Gentile, Sebastiano. "Emanuele Crisolora e la 'Geografia' di Tolomeo." In *Dotti bizantini e libri greci nell'Italia del secolo XV,* ed. Mariarosa Cortesi and Enrico V. Maltese, 291–308. Naples: M. d'Avria, 1992. **287, 288, 289, 290, 291, 296, 310, 451, 642**

———. "Toscanelli, Traversari, Niccoli e la geografia." *Rivista Geografica Italiana* 100 (1993): 113–31. **295, 333**

———. "Giorgio Gemisto Pletone e la sua influenza sull'Umanesimo fiorentino." In *Firenze e il concilio del 1439: Convegno di studi,* 2 vols., ed. Paolo Viti, 2:813–32. Florence: L. S. Olschki, 1994. **311**

———. "Umanesimo e cartografia: Tolomeo nel secolo XV." In *La cartografia europea tra primo Rinascimento e fine dell'Illuminismo,* ed. Diogo Ramada Curto, Angelo Cattaneo, and André Ferrand Almeida, 3–18. Florence: Leo S. Olschki, 2003. **288, 290, 314**

———, ed. *Firenze e la scoperta dell'America: Umanesimo e geografia nel '400 Fiorentino.* Florence: Olschki, 1992. **265, 286, 288, 289, 290, 291, 293, 296, 299, 302, 304, 309, 310, 311, 314, 319, 320, 321, 322, 323, 332, 333, 334, 335, 340, 341, 344, 451, 452, 658, 774, 951**

Genuth, Sara Schechner. *Comets, Popular Culture, and the Birth of Modern Cosmology.* Princeton: Princeton University Press, 1997. **119**

Geraldini, Alessandro. *Itinerarium ad regiones sub aequinoctiali plaga constitutas.* Rome: Guilelmi Facciotti, 1631. **330**

Gerard, Robert A. "Woutneel, de Passe and the Anglo-Netherlandish Print Trade." *Print Quarterly* 13 (1996): 363–76. **1695**

Gerard Mercator en de geografie in de Zuidelijke Nederlanden (16de eeuw) / Gérard Mercator et la géographie dans les Pays-Bas Méridionaux (16e siècle). Exhibition catalog. Antwerp: Stad Antwerpen, 1994. **1298**

Gerl, Armin. "Fridericus Amman." In *Rechenbücher und mathematische Texte der frühen Neuzeit Rechenbücher,* ed. Rainer Gebhardt, 1–12. Annaburg-Buchholz: Adam-Ries-Bund, 1999. **477**

Gernez, Désiré. "Les Amstelredamsche zeecaerten d'Aelbert Haeyen." *De Gulden Passer / Compas d'Or* 12 (1934): 79–106. **1395**

———. "L'influence Portugaise sur la cartographie nautique Néerlandaise du XVIe siècle." *Annales de Géographie* 46 (1937): 1–9. **1393**

———. "Lucas Janszoon Wagenaer: A Chapter in the History of Guide-Books for Seamen." *Mariner's Mirror* 23 (1937): 190–97. **1393**

———. "The Works of Lucas Janszoon Wagenaer." *Mariner's Mirror* 23 (1937): 332–50. **1393**

———. "Importance de l'oeuvre hidrographique et de l'oeuvre cartographique des Portugais au 15.e et au 16.e siècles." In *Publicações (Congresso do Mundo Português),* 19 vols., 3:485–504. Lisbon: Comissão Executiva dos Centenários, 1940–42. **993**

———. "Les cartes avec échelle de latitudes auxiliaire pour la région de Terre-Neuve." *Mededeelingen, Academie van Marine van België = Communications, Académie de Marine de Belgique* 6 (1952): 93–117. **1557**

———. "Quatre curieuses cartes marines néerlandaises du XVIIe siècle." *Mededeelingen, Academie van Marine van België = Communications, Académie de Marine de Belgique* 7 (1953): 157–63. **1426**

———. "Le libraire néerlandais Joannes Loots et sa maison d'éditions maritimes." *Mededeelingen, Academie van Marine van België = Communications, Académie de Marine de Belgique* 8 (1954): 23–65. **1402**

Gerola, Giuseppe. "Documenti sulle mura di Peschiera." *Atti e Memorie dell'Accademia di Agricoltura, Scienze e Lettere di Verona,* 5th ser., 4 (1928): 85–105. **899**

———. "Le vedute di Costantinopoli di Cristoforo Buondelmonti." *Studi Bizantini e Neoellenici* 3 (1931): 247–79. **267**

Gerritsz., Cornelius. *An Addition to the Sea Journal of the Hollanders vnto Jaua.* 1598. **1705**

Gerritsz., Hessel. *Detectio freti Hudsoni; or, Hessel Gerritsz's Collection of Tracts by Himself, Massa and De Quir on the N. E. and W. Passage, Siberia and Australia.* Trans. Fred. John Millard. Essay by S. Muller. Amsterdam: Frederik Muller, 1878. **1315**

———. *Beschryvinghe van der Samoyeden landt, en Histoire du pays nommé Spitsberghe.* Ed. S. P. l'Honoré Naber. The Hague: Martinus Nijhoff, 1924. **1315**

Gerulaitis, Leonardas Vytautas. *Printing and Publishing in Fifteenth-Century Venice.* Chicago: American Library Association, 1976. **598, 774, 796**

Gervase of Tilbury. *Otia Imperialia: Recreation for an Emperor.* Ed. and trans. S. E. Banks and J. W. Binns. Oxford: Clarendon, 2002. **36**

Geske, Hans-Heinrich. "Die Vita Mercatoris des Walter Ghim." In *Gerhard Mercator, 1512–1594: Festschrift zum 450. Geburtstag,* Duisburger Forschungen 6, 244–76. Duisburg-Ruhrort: Verlag für Wirtschaft und Kultur W. Renckhoff, 1962. **1319**

Gesner, Konrad. *Pandectarum sive Partitionum universalium Conradi Gesneri Tigurini, medici & philosophiae professoris, libri XXI.* Zurich, 1548. **646**

Gherardi, Giovanni. *Il Paradiso degli Alberti.* Ed. Antonio Lanza. Rome: Salerno, 1975. **295, 296**

Gheyn, Joseph van den, et al., eds. *Catalogue des manuscrits de la Bibliothèque Royale de Belgique.* Brussels, 1901–. **1285**

Ghiberti, Lorenzo. *I Commentari.* Ed. Ottavio Morisani. Naples: R. Ricciardi, 1947. **318**

Ghinato, Alberto. *Fr. Paolino da Venezia O. F. M., vescovo di Pozzuoli († 1344).* Rome, 1951. **46**

Ghizzoni, Manuela. "L'immagine di Bologna nella veduta vaticana del 1575." In *Imago Urbis: L'immagine della città nella storia d'Italia,* ed. Francesca Bocchi and Rosa Smurra, 139–73. Rome: Viella, 2003. **812**

Giarrizzo, Adriana. "Il lago Trasimeno: Appunti storico-cartografici." *Rivista Geografica Italiana* 78 (1971): 170–203. **936**

Gibbons, Brian. *Jacobean City Comedy.* 2d ed. New York: Methuen, 1980. **420**

Gibson, Margaret, T. A. Heslop, and Richard W. Pfaff, eds. *The Eadwine Psalter: Text, Image, and Monastic Culture in Twelfth-Century Canterbury.* London: Modern Humanities Research Association, 1992. **43**

Gibson, Walter S. *"Mirror of the Earth": The World Landscape in Sixteenth-Century Flemish Painting.* Princeton: Princeton University Press, 1989. **68, 95, 678**

Giergielewicz, Jan. *Zarys historji korpusów inżynierów w epoce Stanisława Augusta.* Warsaw, 1933. **1809**

———. *Wybitni polscy inżynierowie wojskowi: Sylwetki biograficzne.* Warsaw: Główna Księgarnia Wojskowa, 1939. **1809**

Gigante, Amelia. Ioli "Le officine di carte nautiche a Messina nei secoli XVI e XVII." *Archivio Storico Messinese,* 3d ser., 30 (1979): 101–13. **225**

Gigli, Ottavio, ed. *Studi sulla Divina commedia di Galileo Galilei, Vincenzo Borghini ed altri.* 1855. Reprinted Florence: Le Monnier, 2000. **453**

Gijsels, Artus. "Grondig verhaal van Amboina" 1621. In *Kroniek van het Historisch Genootschap te Utrecht* 27, 6th ser., pt. 2 (1872): 348–444 and 450–94. **1445**

Gijsen, Annelies van. "De astrologie." In *Gerardus Mercator Rupelmundanus,* ed. Marcel Watelet, 220–33. Antwerp: Mercatorfonds, 1994. **154**

Gil, Fernando, and Helder Macedo. *Viagens do Olhar: Retrospecção, visão e profecia no Renascimento português.* Porto: Campo das Letras, 1998. **464**

Gil, Juan, and Consuelo Varela, eds. *Cartas de particulares a Colón y relaciones coetáneas.* Madrid: Alianza Editorial, 1984. **748**

Gilbert, Allan H. *A Geographical Dictionary of Milton.* New Haven: Yale University Press, 1919. **417**

———. "Pierre Davity: His 'Geography' and Its Use by Milton." *Geographical Review* 7 (1919): 322–38. **417, 422**

Gilbert, Humphrey. *A Discovrse of a Discouerie for a New Passage to Cataia.* London: Henry Middleton, 1576. **1729**

———. *Queene Elizabethes Achademy.* Ed. Frederick James Furnivall. London: Early English Text Society, 1869. **627**

Gilbert, William. *De Magnete magneticisque corporibus et de magno magnete telluve Physiologia nova.* London, 1600. **498**

———. *De mundo nostro sublunari philosophia nova.* Amsterdam: L. Elzevirium, 1651. **87, 125**

Gillies, John. *Shakespeare and the Geography of Difference.* Cambridge: Cambridge University Press, 1994. **415, 419, 420, 423, 636, 807**

———. "Introduction: Elizabethan Drama and the Cartographizations of Space." In *Playing the Globe: Genre and Geography in English Renaissance Drama,* ed. John Gillies and Virginia Mason Vaughan, 27–41. Madison, N.J.: Fairleigh Dickinson University Press, 1998. **420**

———. "Marlowe, the *Timur* Myth, and the Motives of Geography." In *Playing the Globe: Genre and Geography in English Renaissance Drama,* ed. John Gillies and Virginia Mason Vaughan, 203–29. Madison, N.J.: Fairleigh Dickinson University Press, 1998. **420**

———. "The Scene of Cartography in *King Lear.*" In *Literature, Mapping, and the Politics of Space in Early Modern Britain,* ed. Andrew Gordon and Bernhard Klein, 109–37. Cambridge: Cambridge University Press, 2001. **420**

Gillies, John, and Virginia Mason Vaughan, eds. *Playing the Globe: Genre and Geography in English Renaissance Drama.* Madison, N.J.: Fairleigh Dickinson University Press, 1998. **412, 423**

Gilly, Carlos. *Die Manuskripte in der Bibliothek des Johannes Oporinus: Verzeichnis der Manuskripte und Druckvorlagen aus dem Nachlass Oporins anhand des von Theodor Zwinger und Basilius Amerbach erstellten Inventariums.* Basel: Schwabe, 2001. **439**

Gingerich, Owen. "Apianus's *Astronomicum Caesareum* and Its Leipzig Facsimile." *Journal for the History of Astronomy* 2 (1971): 168–77. **1201**

———. "Astronomical Paper Instruments with Moving Parts." In *Making Instruments Count: Essays on Historical Scientific Instruments Presented to Gerard L'Estrange Turner,* ed. R. G. W. Anderson, J. A. Bennett, and W. F. Ryan, 63–74. Aldershot: Variorum, 1993. **150**

———. "A Survey of Apian's Astronomicum Caesareum." In *Peter Apian: Astronomie, Kosmographie und Mathematik am Beginn der Neuzeit,* ed. Karl Röttel, 113–22. Buxheim: Polygon, 1995. **1201**

———. *The Book Nobody Read: Chasing the Revolution of Nicolaus Copernicus.* New York: Walker, 2004. **607**

Ginori Lisci, Leonardo. *Cabrei in Toscana: Raccolte di mappe, prospetti e vedute, sec. XVI–sec. XIX.* Florence: Cassa di Risparmio, 1978. **929**

Ginsberg, William B. *Printed Maps of Scandinavia and the Arctic, 1482–1601.* New York: Septentrionalium Press, 2006. **1781**

Ginsberg, William B., and Inger G. Ginsberg. *Scandia: Important Early Maps of the Northern Regions & Maps and Charts of Norway.* New York: American-Scandinavian Foundation, 2002. **1781**

Giordano, Michael J. "Reverse Transmutations: Béroalde de Verville's Parody of Paracelsus in *Le moyen de parvenir:* An Alchemical Language of Skepticism in the French Baroque." *Renaissance Quarterly* 56 (2003): 88–137. **436**

Giovio, Paolo. *Descriptio Britanniae, Scotiea, Hyberniae, et Orchadvm.* Venice: M. Tramezinum, 1548. **659**
Girault, Simon. *Globe du monde.* Langres: Iehan des Preyz, 1592. **116**
Giubbini, Giovanna, and Luigi Londei. *Ut bene regantur: La visita di mons. Innocenzo Malvasia alle comunità dell'Umbria (1587).* Perugia: Volumnia Editrice, 1994. **923**
Giudicetti, Franchino. "Eine bisher unbekannte Ausgabe der Rhaetia-Karte von Fortunat Sprecher v. Bernegg und Philipp Klüwer." *Cartographica Helvetica* 5 (1992): 17–20. **1241**
———. *Die italienischen Nachzeichnungen der Schweizer Karte des Aegidius Tschudi, 1555–1598.* Bern: Cartographica Helvetica, 1993. **1215**
———. *Eine Ergänzung der Bibliographie der Gesamtkarten der Schweiz von Mercator bis 1802.* Murten: Verlag Cartographica Helvetica, 1996. **1175**
Giustiniani, Agostino. *[Castigatissimi] Annale con la loro copiosa tavola della eccelsa & illustrissima republi de Genoa.* Bologne: A. Forni, 1981. **858**
———. *Description de la Corse.* Intro. and notes Antoine-Marie Graziani. Ajaccio: A. Piazzola, 1993. **866, 867**
Glanville, Philippa. *London in Maps.* London: The Connoisseur, 1972. **1696**
"Glareanus." In *Lexikon zur Geschichte der Kartographie,* 2 vols., ed. Ingrid Kretschmer, Johannes Dörflinger, and Franz Wawrik, 1:268. Vienna: F. Deuticke, 1986. **350**
Glareanus, Henricus. *D. Henrici Glareani poetæ lavreati De geographia liber vnvs.* Basel, 1527. **143, 216, 350, 351, 373**
———. *De geographia.* Freiburg im Breisgau, 1530. **352**
Glasemann, Reinhard. *Erde, Sonne, Mond & Sterne: Globen, Sonnenuhren und astronomische Instrumente im Historischen Museum Frankfurt am Main.* Schriften des Historischen Museums Frankfurt am Main, vol. 20. Frankfurt: Waldemar Kramer, 1999. **160, 169, 172**
Glaser, Lajos. *A karlsruhei gyűjtemények magyarvonatkozású térképanyaga = Ungarn betreffende Karten und Pläne in den Karlsruher Sammlungen.* Budapest: M. Kir. Állami Térképészet, 1933. **1809**
Globe, Alexander. *Peter Stent: London Printseller, circa 1642–1665. Being a Catalogue Raisonné of His Engraved Prints and Books with an Historical and Bibliographical Introduction.* Vancouver: University of British Columbia Press, 1985. **1718**
Globus mundi. Strasbourg, 1509. **366**
Glowatzki, Ernst, and Helmut Göttsche. *Die Tafeln des Regiomontanus: Ein Jahrhundertwerk.* Munich: Institut für Geschichte der Naturwissenschaften, 1990. **478, 1178**
Gnirrep, W. K. "Dirk Janszoon van Santen en een liefhebber der Joodse Oudheden." *Jaarverslag van het Koninklijk Oudheidkundig Genootschap,* 1988, 31–64. **1341**
Godfrey, W. H., and Anthony Richard Wagner. *The College of Arms, Queen Victoria Street.* London: London Survey Committee, 1963. **1634**
Godinho, Manuel. *Relação do novo caminho.* 1663. Lisbon: Imprensa Nacional–Casa da Moeda, 1974. **1019, 1026**
Godinho, Vitorino Magalhães. "O plano henriquino e o âmbito dos desígnios do Infante." In *Ensaios,* 2d ed., 4 vols., 2:115–26. Lisbon: Sá da Costa, 1978. **1007**
Godlewska, Anne. *Geography Unbound: French Geographic Science from Cassini to Humboldt.* Chicago: University of Chicago Press, 1999. **628, 630**
Godwin, Joscelyn. *Athanasius Kircher: A Renaissance Man and the Search for Lost Knowledge.* London: Thames and Hudson, 1979. **75**
———. *Robert Fludd: Hermetic Philosopher and Surveyor of Two Worlds.* London: Thames and Hudson, 1979. **74**
Goedings, Truusje. *A Composite Atlas Coloured by Dirk Jansz. van Santen.* Geldrop: Paulus Swaen, 1992. **1341**
Goes, Willem. *Rei agrariæ auctores legesque variæ.* Amsterdam: Apud Joannen Janssonium à Waesberge, 1674. **1448**
Góes (Filho), Synésio Sampaio. "Navegantes do Brasil." *Oceanos* 39 (1999): 34–52. **1030**
Goff, Frederick R. "Introduction." In *Isolario (Venice 1485),* by Bartolommeo dalli Sonetti, V–VIII. Amsterdam: Theatrum Orbis Terrarum, 1972. **268**
Goffart, Walter A. "Christian Pessimism on the Walls of the Vatican Galleria delle Carte Geografiche." *Renaissance Quarterly* 51 (1998): 788–827. **397, 823**
———. *Historical Atlases: The First Three Hundred Years, 1570–1870.* Chicago: University of Chicago Press, 2003. **17**
Góis, Damião de. *Legatio magni indorum imperatoris.* Anvers: Ioan Grapheus, 1532. **1008**
———. *Fides, religio, moresque Aethiopum . . .* Louvain, 1540. **1002**
———. *Chronica do prinçipe Dom Ioam.* New ed. Coimbra: Imprensa da Universidade, 1905. **1002, 1007**
———. *Crónica do felicíssimo rei D. Manuel* [1566]. New ed. 4 vols. Coimbra: Ordem da Universidade, 1949–55. **1012**
Goldammer, Kurt. "Nicolaus von Cues und die Überwindung des geozentrischen Weltbildes." *Beiträge zur Geschichte der Wissenschaft und Technik* 5 (1965): 25–41. **1184**
Goldenberg, L. A. "Kartograficheskiye materialy kak istoricheskiy istochnik i ikh klassifikatsiya (XVII–XVIII vv.)." *Problemy Istochnikovedeniya* 7 (1959): 296–347. **1867, 1902**
———. "Podlinnaya rospis' chertëzha Sibiri 1667 g." *Trudy Instituta Istorii Yestestvoznaniya i Tekhniki* 42, no. 3 (1962): 252–71. **1875**
———. Review of *Atlas of Siberia,* by Remezov. *Voprosy Istorii* 6 (1962): 183–85. **1886**
———. "Novyy istochnik po istorii Sibiri—'Khorograficheskaya chertëzhnaya kniga' S. U. Remezova." *Izvestiya Sibirskogo Otdeleniya Akademii Nauk SSSR, Seriya Obshchestvennykh Nauk* 5, no. 2 (1965): 94–101. **1886**
———. *Semën Ul'yanovich Remezov: Sibirskiy kartograf i geograf, 1642–posle 1720 g.* Moscow, 1965. **1883, 1885, 1886, 1891, 1895**
———. "Semyon Ulyanovich Remezov: Outstanding Russian Cartographer and Geographer (1642–after 1720)." In *Actes du XIe Congrès International d'Histoire des Sciences,* 6 vols., 4:217–20. Warsaw, [1965]–68. **1886**
———. "Karty tyumenskogo kartografa Maksima Strekalovskogo v atlasakh S. U. Remezova." *Izvestiya Vsesoyuznogo Geograficheskogo Obshchestva,* vol. 98, no. 1 (1966): 70–72. **1888**
———. "S. U. Remezov i kartograficheskoye istochnikovedeniye Sibiri vtoroy poloviny XVII–nachala XVIII v." Doctoral diss., V. I. Lenin State Library, Moscow, 1967. **1885, 1886**
———. "The Atlases of Siberia by S. U. Remezov as a Source for Old Russian Urban History." *Imago Mundi* 25 (1971): 39–46. **1899**
———. *Russian Maps and Atlases as Historical Sources.* Trans. James R. Gibson. Monograph 3, *Cartographica,* 1971. **1856, 1867**
———. "O pervom istorike Sibiri." In *Russkoye naseleniye Pomor'ya i Sibiri (period feodalizma),* 214–28. Moscow, 1973. **1885**
———. "K voprosu o kartograficheskom istochnikovedenii." In *Istoricheskaya geografiya Rossii XII-nachala XX v.,* 217–33. Moscow, 1975. **1891**
———. Review of *Russkiye karty Moskovii XV–nachala XVI veka* (1974), by B. A. Rybakov. *Voprosy Istorii* 7 (1975): 143–49. **1856**
———. "U istokov russkoy kartografii." *Izvestiya Akademii Nauk SSSR, Seriya Geograficheskaya,* 1975, no. 3, 130–40. **1856**
———. "Izucheniye kart Sibiri XVII–XVIII vv. v Yaponii." *Voprosy Istorii,* no. 8 (1981): 162–68. **1883**

———. *Izograf zemli Sibirskoy: Zhizn'i trudy Semena Remezova.* Magadan: Magadanskoe Knizhnoe, 1990. **1880**

Goldring, Elizabeth. "An Important Early Picture Collection: The Earl of Pembroke's 1561/62 Inventory and the Provenance of Holbein's 'Christina of Denmark.'" *Burlington Magazine* 144 (2002): 157–60. **1622, 1658**

Goldschmidt, Ernst Philip. *Hieronymus Münzer und seine Bibliothek.* London: The Warburg Institute, 1938. **1194**

Goldstein, Bernard R. "Historical Perspectives on Copernicus's Account of Precession." *Journal for the History of Astronomy* 25 (1994): 189–97. 158

Goldstein, Thomas. "Geography in Fifteenth-Century Florence." In *Merchants & Scholars: Essays in the History of Exploration and Trade,* ed. John Parker, 9–32. Minneapolis: University of Minesota Press, 1965. **265, 1010**

Gole, Susan. *India within the Ganges.* New Delhi: Jayaprints, 1983. **1767**

———. "An Early Atlas of Asia." *Map Collector* 45 (1988): 20–26. **1236**

Golubtsov, I. A. "Puti soobshcheniya v byvshikh zemlyakh Novgoroda Velikogo v XVI–XVII vekakh i otrazheniye ikh na russkoy karte serediny XVII veka." *Voprosy Geografii* 20 (1950): 271–302. **1871**

Golz, Reinhard, and Wolfgang Mayrhofer, eds. *Luther and Melanchthon in the Educational Thought of Central and Eastern Europe.* Münster: Lit, 1998. **1208**

Gombrich, E. H. *Symbolic Images: Studies in the Art of the Renaissance.* 3d ed. Chicago: University of Chicago Press, 1972. **96**

———. "Review Lecture: Mirror and Map: Theories of Pictorial Representation." *Philosophical Transactions of the Royal Society of London,* Series B, 270 (1975): 119–49. **423**

Gomes, Armando Sousa "O mestre Jácome de Maiorca." In *Publicações (Congresso do Mundo Português),* 19 vols., 3:645–51. Lisbon: Comissão Executiva dos Centenários, 1940–42. **979, 1009**

Gomes, Diogo. "A Relação dos Descobrimentos da Guíne e das Ilhas." In *Documentos sôbre a Expansão portuguesa,* 3 vols., ed. Vitorino Magalhães Godhinho, 1:69–115. Lisbon: Editorial Gleba, 1956. 1007

Gomes, Rita Costa. "A construção das fronteiras." In *A memória da nação,* ed. Francisco Bethencourt and Diogo Ramada Curto, 357–82. Lisbon: Livaria Sá da Costa Editoria, 1991. **663, 1047**

Góngora, Luis de. *Sonetos completos.* Ed. Biruté Ciplijauskaité. Rev. ed. 1969. Madrid: Castalia, 1985. **475**

———. *Soledades.* Ed. Robert Jammes. Madrid: Castalia, 1994. **473**

Gonzáles-Palácios, Alvar. *Il tempio del gusto: Le arti decorative in Italia fra classicismi e barocco, Roma e il Regno delle Due Sicilie.* 2 vols. Milan: Longanesi, 1984. **967**

González, Hermann. *Atlas de la historia cartográfica de Venezuela,* 2d ed. [Caracas]: E. Papi Editor, [1987]. **1161**

González, Julio. *Planos de ciudades iberoamericanas y filipinas existentes en el Archivo de Indias.* 2 vols. [Madrid]: Instituto de Estudios de Administración Local, 1951. **1143, 1147, 1150, 1152, 1155, 1156, 1160, 1168, 1170, 1171**

———. *Catálogo de mapas y planos de Santo Domingo.* Madrid: Dirección General de Archivos y Bibliotecas, 1973. **1143**

———. *Catálogo de mapas y planos de la Florida y la Luisiana.* Madrid: Dirección General del Patrimonio Artístico, Archivos y Museos, 1979. **1143, 1155**

———. "Plenilunii Lumina Austriaca Philippica: El mapa de la luna de Miguel Florencio Van Langren (1645)." *Revista de Historia Naval* 4, no. 13 (1986): 99–110. **130**

———, comp. *Catálogo de mapas y planos de Venezuela.* Madrid: Dirección General de Archivos y Bibliotecas, 1968. **1144, 1161**

González-Aller Hierro, José Ignacio, comp. *Obras clásicas de náutica y navegación.* CD-ROM. Madrid: Fundación Histórica Tavera, Digibis, 1998. **1100, 1102**

González Blasco, Pedro, José Jiménez Blanco, and José María López Piñero. *Historia y sociología de la ciencia en España.* Madrid: Alianza Editorial, 1979. **1081, 1082**

González Dávila, Gil. *Teatro eclesiastico de la primitiva iglesia de la Nueva España en las Indias Occidentales.* 2d. ed. 2 vols. Madrid: Jose Porrua Turanzas, 1959. **1157**

Goodare, Julian. *State and Society in Early Modern Scotland.* Oxford: Oxford University Press, 1999. **1687**

Goodare, Julian, and Michael Lynch. "The Scottish State and Its Borderlands, 1567–1625." In *The Reign of James VI,* ed. Julian Goodare and Michael Lynch, 186–207. East Linton: Tuckwell, 2000. **1687**

Goodman, Anthony, and Angus MacKay, eds. *The Impact of Humanism on Western Europe.* London: Longman, 1990. **625**

Goodman, David C. "Philip II's Patronage of Science and Engineering." *British Journal for the History of Science* 16 (1983): 49–66. **1081, 1082**

———. *Power and Penury: Government, Technology and Science in Philip II's Spain.* Cambridge: Cambridge University Press, 1988. **747, 755, 1070, 1073, 1079, 1104, 1123, 1127**

Goodman, Edward J. "The Search for the Mythical Lake Parima." *Terrae Incognitae* 7 (1976): 23–30. **1767**

Goodman, Nelson. *Languages of Art: An Approach to a Theory of Symbols.* 2d ed. Indianapolis: Hackett, 1976. **696**

Goos, Abraham. *Nieuw Nederlandtsch caertboeck.* Intro. H. A. M. van der Heijden. Weesp: Robas BV, [1996]. **1339**

Göranson, Ulla. "Land Use and Settlement Patterns in the Mälar Area of Sweden before the Foundation of Villages." In *Period and Place: Research Methods in Historical Geography,* ed. Alan R. H. Baker and Mark Billinge, 155–63. Cambridge: Cambridge University Press, 1982. **710**

Gordon, Andrew, and Bernhard Klein, eds. *Literature, Mapping, and the Politics of Space in Early Modern Britain.* Cambridge: Cambridge University Press, 2001. **412, 423**

Gordon, D. J. "Poet and Architect: The Intellectual Setting of the Quarrel between Ben Jonson and Inigo Jones." In *The Renaissance Imagination,* ed. Stephen Orgel, 77–101. Berkeley: University of California Press, 1975. **414**

Gordon, G. S. "Introduction." In *Peacham's Compleat Gentleman, 1634,* by Henry Peacham, v–xxiii. Oxford: Clarendon, 1906. **628**

Görgemanns, Herwig. *Das Mondgesicht.* Zürich: Artemis, 1968. **124**

Görner, Gunter. *Alte Thüringer Landkarten 1550–1750 und das Wirken des Kartographen Adolar Erich.* Bad Langensalza: Rockstuhl, 2001. **1241**

Gorton, Lisa. "John Donne's Use of Space." *Early Modern Literary Studies* 4.2, special issue 3 (1998): 9.1–27, <http://purl.oclc.org/emls/04-2/gortjohn.htm>. **416**

Gosch, C. C. A. *Danish Arctic Expeditions, 1605 to 1620.* 2 vols. London: Printed for the Hakluyt Society, 1897. **1792**

Gosudarstvennyy arkhiv Rossii XVI stoletiya: Opyt rekonstrktsii. 3 vols. Moscow, 1978. **1863**

Gothic and Renaissance Art in Nuremberg, 1300–1550. Exhibition catalog. Munich: Prestel, 1986. **1193**

Gottfried, Rudolf. "Irish Geography in Spenser's *View.*" *ELH* 6 (1939): 114–37. **415**

Gottschalk, M. K. Elisabeth. "De oudste kartografische weergave van een deel van Zeeuwsch-Vlaanderen." *Archief: Vroegere en Latere Mededelingen Voornamelijk in Betrekking tot Zeeland Uitgegeven door het Zeeuwsch Genootschap der Wetenschappen,* 1948, 30–39. **706, 1250**

———. *Historische geografie van westelijk Zeeuws-Vlaanderen.* 2 vols. Assen: Van Gorcum, 1955–58. **1250**

Gottschalk, M. K. Elisabeth, and W. S. Unger. "De oudste kaarten der waterwegen tussen Brabant, Vlaanderen en Zeeland." *Tijdschrift*

van het Koninklijk Nederlandsch Aardrijkskundig Genootschap, 2d ser., 67 (1950): 146–64. **1250**
Gottschling, Caspar. *Versuch von einer Historie der Land-Charten.* Halle: Renger, 1711. **1174**
Got'ye, Yuriy V. "Izvestiya Pal'mkvista o Rossii." *Arkheologicheskiye Izvestiya i Zametki* 3–5 (1899): 81. **1884**
Gozdavo-Golombievskiy, A. A. "Opis' chertëzhey, khranivshikhsya v Razryade vo vtoroy polovine XVII veka." In *Opisaniye dokumentov i bumag khranivshikhsya v Moskovskom arkhive Ministerstva yustitsii,* bk. 6, sec. 2, 3–28. Moscow, 1889. **1865, 1866, 1874**
Grafton, Anthony. *New Worlds, Ancient Texts: The Power of Tradition and the Shock of Discovery.* Cambridge: Belknap Press of Harvard University Press, 1992. **19, 77, 327, 349, 350, 636, 639**
———. *Leon Battista Alberti: Master Builder of the Italian Renaissance.* New York: Hill and Wang, 2000. **10, 23, 451, 682**
———. *Bring Out Your Dead: The Past as Revelation.* Cambridge: Harvard University Press, 2001. **657**
Grafton, Anthony, and Lisa Jardine. *From Humanism to the Humanities: Education and the Liberal Arts in Fifteenth- and Sixteenth-Century Europe.* Cambridge: Harvard University Press, 1986. **623, 624, 628**
Grande, Stefano. *Notizie sulla vita e sulle opere di Giacomo Gastaldi cosmografo piemontese del secolo XVI.* Turin: Carlo Clausen, 1902. **781, 842**
———. *Le carte d'America di Giacomo Gastaldi: Contributo alla storia della cartografia del secolo XVI.* Turin: Carlo Clausen, 1905. **781**
———. "Le relazioni geografiche fra P. Bembo, G. Fracastoro, G. B. Ramusio e G. Gastaldi." *Memorie della Società Geografica Italiana* 12 (1905): 93–197. **781**
———. "Attorno ad una nuova carta nautica di Giovanni Riczo Oliva." *Rivista Geografica Italiana* 21 (1914): 481–96. **180, 228**
———. "Il primato cartografico del Piemonte e Casa Savoia dai tempi di Emanuele Filiberto in poi." *Annali dell'Istituto Superiore di Magistero del Piemonte* 2 (1928): 35–67. **840, 843**
Grant, Edward. *Planets, Stars, and Orbs: The Medieval Cosmos, 1200–1687.* Cambridge: Cambridge University Press, 1994. **55, 56, 57, 58, 82**
———, ed. *A Source Book in Medieval Science.* Cambridge: Harvard University Press, 1974. **386**
Grape, Hjalmar. *Det litterära antik- och medeltidsarvet i Olaus Magnus patriotism.* Stockholm: Svenska Kyrkans Diakonistyrelses, 1949. **1788**
———. *Olaus Magnus: Forskare, moralist, konstnär.* Stockholm: Proprius, 1970. **1786**
Grass, Nikolaus, ed. *Cusanus Gedächtnisschrift.* Innsbruck: Wagner, 1970. **1183**
Grayson, Cecil. "Bonincontri, Lorenzo." In *Dizionario biografico degli Italiani,* 12:209–11. Rome: Istituto della Enciclopedia Italiana, 1960–. **943**
Graziani, Antoine-Marie. *La Corse génoise: Économie, société, culture, période moderne, 1453–1768.* Ajaccio: Editions Alain Piazzola, 1997. **866**
Green, John. *The Construction of Maps and Globes.* London: Printed for T. Horne, 1717. **528, 1724**
Greenblatt, Stephen. *Renaissance Self-Fashioning from More to Shakespeare.* Chicago: University of Chicago Press, 1980. **420**
———. *Marvelous Possessions: The Wonder of the New World.* Oxford: Clarendon, 1991. Chicago: University of Chicago Press, 1991. **57, 69, 419**
Greene, Roland Arthur. *Post-Petrarchism: Origins and Innovations of the Western Lyric Sequence.* Princeton: Princeton University Press, 1991. **454**
———. *Unrequited Conquests: Love and Empire in the Colonial Americas.* Chicago: University of Chicago Press, 1999. **455**
Greenhood, David. *Down to Earth: Mapping for Everybody.* New York: Holiday House, 1944. **529**
Greg, W. W., ed. *A Companion to Arber: Being a Calendar of Documents in Edward Arber's "Transcript of the Registers of the Company of Stationers of London, 1554–1650."* Oxford: Clarendon, 1967. **1693, 1715, 1717, 1721**
Gregorii, Johann Gottfried. *Curieuse Gedancken von den vornehmsten und accuratesten Alt- und Neuen Land Charten nach ihrem ersten Ursprunge, Erfindung, Auctoribus und Sculptoribus, Gebrauch und Nutzen entworffen.* Frankfurt: Ritschel, 1713. **1174**
Gregory, Derek. *Geographical Imaginations.* Oxford: Blackwell, 1994. **423**
Grekov, V. I. "O chertëzhe vsey Sibiri do Kitayskogo tsarstva i do Nikaskogo." *Izvestiya Akademii Nauk SSSR, Seriya Geograficheskaya,* no. 2 (1959): 80–88. **1879, 1883**
Grelle Iusco, Anna, ed. *Indice delle stampe intagliate in rame a bulino, e in acqua forte esistenti nella stamparia [sic] di Lorenzo Filippo de' Rossi appresso Santa Maria della Pace in Roma, MDCCXXXV: Contributo alla storia di una stamperia romana.* Rome: Artemide, 1996. **779**
Grenacher, Franz. "The Basle Proofs of Seven Printed Ptolemaic Maps." *Imago Mundi* 13 (1956): 166–71. **349**
———. "Die Anfänge der Militärkartographie am Oberrhein." *Basler Zeitschrift für Geschichte und Altertumskunde* 56 (1957): 67–118. **721, 729**
———. "Der sog. St.-Galler Globus im Schweiz. Landesmuseum." *Zeitschrift für Schweizerische Archäologie und Kunstgeschichte* 21 (1961): 66–78. **147, 165, 172**
———. "The Woodcut Map: A Form-Cutter of Maps Wanders through Europe in the First Quarter of the Sixteenth Century." *Imago Mundi* 24 (1970): 31–40. **531, 1249**
Grendi, Edoardo. "Il sistema politico di una comunità ligure: Cervo fra Cinquecento e Seicento." *Quaderni Storici* 46 (1981): 92–129. **857**
———. "Il disegno e la coscienza sociale dello spazio: Dalle carte archivistiche genovesi." In *Studi in memoria di Teofilo Ossian De Negri, III,* 14–33. Genoa: Stringa, 1986. **857**
———. "Cartografia e disegno locale: La coscienza sociale dello spazio." In *Lettere orbe: Anonimato e poteri nel Seicento genovese,* 135–62. Palermo: Gelka, 1989. **857**
———. "Stato e comunità nel Seicento genovese." In *Studi in memoria di Giovanni Tarello,* 2 vols., 1:243–82. Milan: Giuffrè, 1990. **855, 857**
Grendler, Paul F. *The Roman Inquisition and the Venetian Press, 1540–1605.* Princeton: Princeton University Press, 1977. **796**
———. "Chivalric Romances in the Italian Renaissance." *Studies in Medieval and Renaissance History* 10 (1988): 59–102. **456**
———. *Schooling in Renaissance Italy: Literacy and Learning, 1300–1600.* Baltimore: Johns Hopkins University Press, 1989. **319, 623, 624, 628, 630**
Grenfell, Joanne Woolway. "Do Real Knights Need Maps? Charting Moral, Geographical, and Representational Uncertainty in Spenser's *Faerie Queene.*" In *Literature, Mapping, and the Politics of Space in Early Modern Britain,* ed. Andrew Gordon and Bernhard Klein, 224–38. Cambridge: Cambridge University Press, 2001. **414**
Greppi, Claudio. "Luoghi e miti: La conoscenza delle scoperte presso la corte ferrarese." In *Alla corte degli Estensi: Filosofia, arte e cultura a Ferrara nei secoli XV e XVI,* ed. Marco Bertozzi, 447–63. Ferrara: Università degli Studi, 1994. **457**
Греslé-Bouignol, Maurice. *Les plans de villes et de villages notables du Département du Tarn, conservés dans divers dépôts.* Albi: Archives Départementales, 1973. **706**
Greville, Fulke. *Poems and Dramas of Fulke Greville.* 2 vols. Ed. Geoffrey Bullough. Edinburgh: Oliver and Boyd, 1939. **413**

Grewe, Klaus. *Bibliographie zur Geschichte des Vermessungswesens.* Stuttgart: Wittwer, 1984. **1222**

Griffin, Clive. *The Crombergers of Seville: The History of a Printing and Merchant Dynasty.* Oxford: Clarendon, 1988. **1079, 1080**

Griffiths, Antony. *The Print in Stuart Britain, 1603–1689.* London: British Museum, 1998. **1713, 1715, 1718**

Grigor'yev, A. V. "Podlinnaya karta Sibiri XVII v. (raboty Semëna Remezova)." *Zhurnal Ministerstva Narodnogo Prosveshcheniya* 2 (1907): 374–81. **1889**

Griseri, A. "Arbasia, Cesare." In *Dizionario biografico degli Italiani,* 3:729–30. Rome: Istituto della Enciclopedia Italiana, 1960–. **837**

Grivel, Marianne. *Le commerce de l'estampe à Paris au XVIIe siècle.* Geneva: Droz, 1986. **1569, 1577, 1578, 1579, 1580, 1581, 1582, 1584, 1585, 1587, 1588**

———. "La réglementation du travail des graveurs en France au XVIème siècle." In *Le livre et l'image en France au XVIe siècle,* 9–27. Paris: Presses de l'École Normale Supérieure, 1989. **1569**

———. "Les graveurs en France au XVIe siècle." In *La gravure française à la Renaissance à la Bibliothèque Nationale de France,* exhibition catalog, 33–57. Los Angeles: Grunwald Center for the Graphic Arts, University of California, Los Angeles, 1994. **1569, 1572, 1575**

Grodecki, Catherine. "Le graveur Lyon Davent, illustrateur de Nicolas de Nicolay." *Bibliothèque d'Humanisme et Renaissance: Travaux et Documents* 36 (1974): 347–51. **1488**

Gróf, László. "Burned for His Beliefs: The Story of Michael Servetus." *Map Collector* 21 (1982): 8–12. **619**

Grol, G. J. van. *De grondpolitiek in het West-Indische domein der Generaliteit: Een historische studie.* 3 vols. The Hague: Algemeene Landsdrukkerij, 1934–47. **1457**

Groot, Erlend de. *De Atlas Blaeu-Van der Hem: De verzamelde wereld van een 17de-eeuwse liefhebber.* 't Goy-Houten: The Author and HES & De Graaf, 2001. **1340**

Groot, J. C. H. de. "Overijssels 'landtafereel' van de zeventiende eeuw: De oorspronkelijke kaart van Nicolaas ten Have, conrector van de Latijnse School te Zwolle en kartograaf van Overijssel." *Overijsselse Historische Bijdragen* 105 (1990): 61–83. **1271**

Grosjean, Georges. *Die Rätia-Karte von Fortunat Sprecher von Bernegg und Philipp Klüwer aus dem Jahre 1618.* Dietikon-Zurich: 1976. **1241**

———, ed. *Karte des Bernischen Staatsgebietes von 1577/78.* Dietikon-Zurich: Bibliophile Drucke von J. Stocker, 1970. **1241**

Grosjean, Georges, and Madlena Cavelti (Hammer). *500 Jahre Schweizer Landkarten.* Zurich: Orell Füssli, 1971. **1201**

Grössing, Helmuth. "Johannes Stabius: Ein Oberösterreicher im Kreis der Humanisten um Kaiser Maximilian I." *Mitteilungen des Oberösterreichischen Landesarchivs* 9 (1968): 239–64. **1191**

———. *Humanistische Naturwissenschaft: Zur Geschichte der Wiener mathematischen Schulen des 15. und 16. Jahrhunderts.* Baden-Baden: V. Koerner, 1983. **307, 309, 312, 337, 338, 339, 340, 347, 1178, 1191**

———, ed. *Der die Sterne liebte: Georg von Peuerbach und seine Zeit.* Vienna: Eramus, 2002. **501**

Grotenfelt, Kustavi. "Kaksi Pohjois-Suomen ja Kuolanniemen karttaa, 1500-luvun lopulta." *Fennia* 5, no. 9 (1892). **1793**

Grove, Jean M. *The Little Ice Age.* London: Methuen, 1988. **544**

Grymeston, Elizabeth Bernye. *Miscelanea, Meditations, Memoratiues.* London, 1604. **412**

Grynaeus, Simon, comp. *Novus orbis regionum ac insularum veteribus incognitarum.* Paris: A. Augereau for J. Petit and G. Du Pré, 1532. **1465**

Guarducci, Anna, and Leonardo Rombai. "Il territorio: Cartografia storica e organizzazione spaziale tra tempi moderni e contemporanei." In *Empoli: Città e territorio, vedute e mappe dal '500 al '900,* exhibition catalog, 35–113. Empoli: Editori dell'Acero, 1998. **938**

Guarini, Battista. *De ordine docendi et studendi / A Program of Teaching and Learning.* In *Humanist Educational Treatises,* ed. and trans. Craig W. Kallendorf, 260–309. Cambridge: Harvard University Press, 2002. **319**

Guarino Veronese. *Epistolario di Guarino Veronese.* 3 vols. Ed. Remigio Sabbadini. Venice, 1915–18. **292**

Guarnieri, Giuseppe Gino. *L'ultima impresa coloniale di Ferdinando dei Medici.* Livorno, 1910. **793**

———. *Le correnti del pensiero geografico nell'antichità classica e il loro contributo alla cartografia nautica medioevale.* 2 vols. Pisa: Gardini, 1968–69. **231**

Gucht, Alfred van der. "De kaart van Vlaanderen." In *Gerardus Mercator Rupelmundanus,* ed. Marcel Watelet, 284–95. Antwerp: Mercatorfonds, 1994. **1261, 1263, 1299**

Guedes, Lívio da Costa. "Aspectos do Reino do Algarve nos séculos XVI e XVII: A 'Descripção' de Alexandre Massaii (1621)." *Boletim do Arquivo Histórico Militar* 57 (1988): 21–269. **1041, 1050**

———. "Aspectos do Reino de Portugal nos séculos XVI e XVII: A 'Descripção' de Alexandre Massaii (1621) (II Tratado.)." *Boletim do Arquivo Histórico Militar* 58 (1989): 15–215. **1041**

Guedes, Max Justo."Dos primórdios cartográficos nas Américas." In *Diário de Notícias,* August 1994, *Rotas da terra e do mar,* fasc. 8 and 9, 186–206. **1000, 1029, 1030**

———. "O plano da Índia seria do Infante, ou de D. João II?" *Revista de Ciências Históricas* 9 (1994): 79–88. **1008**

———. "Vespúcio, Américo." In *Dicionário de história dos descobrimentos portugueses,* 2 vols., ed. Luís Albuquerque, 2:1073–77. Lisbon: Caminho, 1994. **1030**

———. "A cartografia da delimitação das fronteiras no século XVIII." In *Cartografia e diplomacia no Brasil do século XVIII.* Lisbon: CNCDP, 1997. **1006**

———. "O descobrimento do Brasil." *Oceanos* 39 (1999): 8–16. **1028**

———. *O descobrimento do Brasil.* Lisbon: CTT, 2000. **1029**

———. "A cartografia do Brasil." Photocopied text, n.d. **979, 984, 985**

Guedes, Max Justo, and José Manuel Garcia. *Tesouros da cartografia portuguesa.* Exhibition catalog. Lisbon: CNCDP, 1997. **976, 1457**

Guerra, Francesco, et al. "Informatica e 'infografica' per lo studio della veduta prospettica di Venezia." In *"A volo d'uccello": Jacopo de' Barbari e le rappresentazioni di città nell'Europa del Rinascimento,* ed. Giandomenico Romanelli, Susanna Biadene, and Camillo Tonini, exhibition catalog, 93–100. Venice: Arsenale Editrice, 1999. **16**

Guerreau, Alain. "Remarques sur l'arpentage selon Bertrand Boysset (Arles, vers 1400–1410)." In *Campagnes médiévales, l'homme et son espace: Études offertes à Robert Fossier,* ed. Elisabeth Mornet, 87–102. Paris: Publications de la Sorbonne, 1995. **49**

Guerreiro, Inácio. *A carta náutica de Jorge de Aguiar de 1492.* Lisbon: Academia de Marinha, Edições Inapa, 1992. **986**

———. "A cartografia dos descobrimentos portugueses e a 'política de sigilo.'" In *As rotas oceânicas (sécs. XV–XVII): Quartas jornadas de história Ibero-Americana,* ed. Maria da Graça Mateus Ventura, 189–212. Lisbon: Edições Colibri, 1999. **1006**

———. "A revelação da imagem do Brasil (1500–1540)." *Oceanos* 39 (1999): 114–26. **1030**

———. "Tradição e modernidade nos *Isolarios* ou 'Livros de Ilhas' dos séculos XV e XVI." *Oceanos* 46 (2001): 28–40. **269**

Guevara, Antonio de. *Libro áureo de Marco Aurelio.* In *Obras completas,* ed. Emilio Blanco, vol. 1. Seville, 1528. Reprinted Madrid: Turner, [1994–]. **474**

Guevara, Felipe de. *Comentarios de la Pintura.* In *Fuentes literarias para la historia del arte español,* 5 vols., ed. F. J. Sánchez Cantón, 1:147–79. Madrid, 1923–41. **673**

Guglielminetti, Marziano. "Per un sottogenere della letteratura di viaggio: Gl'isolari fra quattro e cinquecento." In *La letteratura di viag-*

gio dal Medioevo al Rinascimento: Generi e problemi, 107–17. Alessandria: Edizioni dell'Orso, 1989. **263**

Guglielmi-Zazo, Giulia. "Bernardo Silvano e la sua edizione della Geografia di Tolomeo." *Rivista Geografica Italiana* 32 (1925): 37–56, 207–16, and 33 (1926): 25–52. **953**

Guibert, Louis. "Les archives de famille des Péconnet de Limoges." *Bulletin de la Société Archéologique et Historique du Limousin* 46 (1898): 262–300. **1579**

Guicciardini, Francesco. *The History of Florence*. Trans. Mario Domandi. New York: Harper and Row, 1970. **664**

Guicciardini, Lodovico. *Descrittione di tutti i Paesi Bassi*. Antwerp: Gugliemus Silvius, 1567. **680, 1272**

Guidot, Bernard, ed. *Provinces, régions, terroirs au Moyen Âge: De la réalité à l'imaginaire*. Nancy: Presses Universitaires de Nancy, 1993. 27

Guillén y Tato, Julio F. *Monumenta chartográfica indiana*. Madrid, 1942–. **1123, 1144**

Gulik, E. van. "Drukkers en geleerden: De Leidse Officina Plantiniana (1583–1619)." In *Leiden University in the Seventeenth Century: An Exchange of Learning*, ed. Th. H. Lunsingh Scheurleer and G. H. M. Posthumus Meyjes, 367–93. Leiden: Universitaire Pers Leiden, 1975. **1393**

Günther, Hubertus. "Das Trivium vor Ponte S. Angelo: Ein Beitrag zur Urbanistik der Renaissance in Rom." *Römisches Jahrbuch für Kunstgeschichte* 21 (1984): 165–251. **682**

Gunther, R. T. *The Astrolabes of the World*. 2 vols. Oxford: Oxford University Press, 1932. **378**

Günther, Siegmund. "Johann Werner aus Nürnberg und seine Beziehungen zur mathematischen und physischen Erdkunde." In *Studien zur Geschichte der mathematischen und physikalischen Geographie*, by Siegmund Günther, 277–407. Halle: L. Nebert, 1879. **357, 1193**

———. *Peter und Philipp Apian, zwei deutsche Mathematiker und Kartographen: Ein Beitrag zur Gelehrten-Geschichte des 16. Jahrhunderts*. Prague, 1882. **1175, 1198**

———. *Martin Behaim*. Bamberg: Buchnersche Verlagsbuchhandlung, 1890. **1175**

———. *Jakob Ziegler, ein bayerischer Geograph und Mathematiker*. Ansbach: M. Eichinger, 1896. **1175, 1218**

Gury, Françoise. "Selene/Luna." In *Lexicon iconographicum mythologiae classicae (LIMC)*, vol. 7.1, 706–15, and vol. 7.2, 524–29. Zurich: Artemis, 1981–99. **124**

Gutfleisch, Barbara, and Joachim Menzhausen. "'How a Kunstkammer Should Be Formed': Gabriel Kaltemarckt's Advice to Christian I of Saxony on the Formation of an Art Collection, 1587." *Journal of the History of Collections* 1 (1989): 3–32. **652**

Gutiérrez, Diego. *Americae sive qvartae orbis partis nova et exactissima descriptio*. Washington, D.C.: Library of Congress, 1999. **1346**

Gwagnin, Aleksander. *Kronika Sármácyey europskiey*. 1611. **1875**

"Gyger, Hans Conrad." In *Lexikon zur Geschichte der Kartographie*, 2 vols., ed. Ingrid Kretschmer, Johannes Dörflinger, and Franz Wawrik, 1:284–85. Vienna: Franz Deuticke, 1986. **1241**

Györffy, György. *István király és műve*. 3d ed. Budapest: Balassi, 2000. **1820**

Haag, Eugène, and Émile Haag. *La France protestante*. 10 vols. Paris: J. Cherbuliez, 1846–59. **1493**

Haan, David Bierens de. *Bibliographie Néerlandaise historique-scientifique: Des ouvrages importants dont les auteurs sont nés aux 16e, 17e, et 18e siècle, sur les sciences mathématiques et physiques, avec leurs applications*. Rome, 1883. Reprinted Nieuwkoop: B. de Graaf, 1965. **1426**

Haan, Frederik de. *Priangan: De Preanger-regentschappen onder het Nederlandsch bestuur tot 1811*. 4 vols. [Batavia]: Bataviaasch Genootschap van Kunsten en Wetenschappen, 1910–12. **1446**

Haardt, Robert. "The Globe of Gemma Frisius." *Imago Mundi* 9 (1952): 109–10. **1359**

Haas, Alfred, *Die große Lubinsche karte von Pommern aus dem Jahre 1618*. Ed. Eckhard Jäger and Roderich Schmidt. Lüneburg: Nordostdeutsches Kulturwerk, 1980. **1240**

Haasbroek, N. D. "Willebrord Snel van Royen, zijn leven en zijn werken." In *Instrumentatie in de geodesie*, 10–39. Delft: Landmeetkundig Gezelschap "Snellius," 1960. **1298**

———. *Gemma Frisius, Tycho Brahe and Snellius and Their Triangulations*. Delft: Rijkscommissie voor Geodesie, 1968. **958, 974**

Haase, Yorck Alexander. *Alte Karten und Globen in der Herzog August Bibliothek Wolfenbüttel*. Wolfenbüttel, 1972. **171, 172**

Haberlein, Roland, ed. *Chorographia Ducatus Wirtembergici: Forstkartenwerk von Georg Gadner (1585–1596) und Johannes Oettinger (1609–1612)*. Stuttgart: Landesvermessungsamt Baden-Württemberg, 1992–. **1225**

Hackmann, Willem. "Nicolaus Kratzer: The King's Astronomer and Renaissance Instrument-Maker." In *Henry VIII: A European Court in England*, ed. David Starkey, 70–73. London: Collins and Brown in association with the National Maritime Museum, Greenwich, 1991. **1597**

Haffner, Mechthild. *Ein antiker Sternbilderzyklus und seine Tradierung in Handschriften vom Frühen Mittelalter bis zum Humanismus: Untersuchungen zu den Illustrationen der "Aratea" des Germanicus*. Hildesheim: Georg Olms, 1997. **124**

Hage, Rushika February. "The Island Book of Henricus Martellus." *Portolan* 56 (2003): 7–23. **268**

Hagel, Jürgen. *Stuttgart im Spiegel alter Karten und Pläne: Ausstellung des Hauptstaatsarchivs Stuttgart*. Stuttgart: Hauptstaatsarchiv, 1984. **1222, 1225**

Hair, P. E. H., and J. D. Alsop. *English Seamen and Traders in Guinea, 1553–1565: The New Evidence of Their Wills*. Lewiston: Edwin Mellen Press, 1992. **1727, 1735**

Hajós, Elizabeth M. "The Concept of an Engravings Collection in the Year 1565: Quicchelberg, *Inscriptiones vel tituli theatri amplissimi*." *Art Bulletin* 40 (1958): 151–56. **651**

Hakluyt, Richard. *Divers Voyages Touching the Discouerie of America, and the Ilands Adiacent vnto the Same . . .* London: T. Woodcocke, 1582. **22, 1597, 1729, 1735, 1738**

———. *The Principall Navigations, Voiages and Discoveries of the English Nation*. London: George Bishop and Ralph Newberrie, 1589. **77, 742, 1757**

———. *The Principal Navigations, Voiages, Traffiques and Discoueries of the English Nation*. 3 vols. London: G. Bishop, R. Newberie and R. Barker, 1598–1600. **632**

———. *The Principal Navigations Voyages Traffiques & Discoveries of the English Nation . . .* 12 vols. Glasgow: James MacLehose and Sons, 1903–5. **1729, 1738**

———. *The Principall Navigations, Voiages and Discoveries of the English Nation*. 2 vols. Cambridge: Cambridge University Press, 1965. **523**

———. *A Particuler Discourse concerninge the Greate Necessitie and Manifolde Commodyties That Are Like to Growe to This Realme of Englande by the Westerne Discoueries Lately Attempted . . . Known as Discourse of Western Planting*. [1584]. Ed. David B. Quinn and Alison M. Quinn. London: Hakluyt Society, 1993. **742, 1762**

Hale, Edward Everett. "Early Maps in Munich." *Proceedings of the American Antiquarian Society* (1874): 83–96. **1733**

———. *Early Maps of America: And a Note on Robert Dudley and the Arcano del Mare*. Worcester: American Antiquarian Society, 1874. **794**

Hale, J. R. "The Defence of the Realm, 1485–1558." In *The History of the King's Works*, by Howard Montagu Colvin et al., 6 vols., 4:365–401. London: Her Majesty's Stationery Office, 1963–82.

729, 1598, 1599, 1601, 1602, 1603, 1604, 1605, 1606, 1607, 1608, 1621

———. "The Military Education of the Officer Class in Early Modern Europe." In *Cultural Aspects of the Italian Renaissance*, ed. Cecil H. Clough, 440–61. New York: A. F. Zambelli, 1976. **1609**

———. "Post-Renaissance Fortification: Two Reports by Francesco Tensini on the Defense of the Terraferma (1618–1632)." In *L'architettura militare veneta del Cinquecento*, 11–21. Milan: Electa, 1988. **729**

———. *Artists and Warfare in the Renaissance*. New Haven: Yale University Press, 1990. **1597, 1602**

———. *The Civilization of Europe in the Renaissance*. London: HarperCollins, 1993. **636, 1595, 1598**

Hall, John. *Poems by John Hall*. Cambridge, 1646. **425**

Hall, Joseph. *Mundus alter et idem*. [London], 1605. **440**

———. *The Discovery of a New World*. Trans. John Healey. [London]: Imprinted for Ed. Blount and W. Barrett, 1609. **441**

———. *Utopiæ pars II: Mundus alter et idem: Die heutige newe alte Welt*. Trans. Gregor Wintermonat. Leipzig: Henning Grossen des Jüngen, 1613. **441**

Hall, Marie Boas. *The Scientific Renaissance, 1450–1630*. New York: Harper and Brothers, 1962. **634**

———, ed. *Nature and Nature's Laws: Documents of the Scientific Revolution*. New York: Walker, 1970. **58, 70**

Hallam, H. E. "Wildmore Fen, Lincolnshire, 1224 × 1249." In *Local Maps and Plans from Medieval England*, ed. R. A. Skelton and P. D. A. Harvey, 71–81. Oxford: Clarendon, 1986. **44, 706**

Halldór Hermannsson. *See* Hermannsson, Halldór.

Haller, Gottlieb Emanuel von. *Verzeichniss derjenigen Landcharten, welche über Helvetien und dessen Theile bis hieher verfertigt worden sind*. Bern, 1771. **1174**

———. *Bibliothek der Schweizer-Geschichte und aller Theile so dahin Bezug haben, systematisch-chronologisch geordnet*. 6 vols. Bern, 1785–87. **1174**

Haller, Johannes. *Die Anfänge der Universität Tübingen, 1477–1537: Zur Feier des 450 jährigen Bestehens der Universität im Auftrag ihres Grossen Senats dargestellt*. 2 vols. Stuttgart: W. Kohlhammer, 1927–29. **352**

Hallyn, Fernand. *The Poetic Structure of the World: Copernicus and Kepler*. New York: Zone Books, 1993. **82, 87**

Ham, W. A. van, and L. Danckaert. *De wandkaart van het hertogdom Brabant uitgegeven door Nicolaas Visscher en Zacharias Roman (1656)*. Alphen aan den Rijn: Canaletto/Repro-Holland; Leuven: Universitaire Pers, 1997. **1269**

Hamann, Günther. "Fra Mauro und die italienische Kartographie seiner Zeit als Quellen zur frühen Entdeckungsgeschichte." *Mitteilungen des Instituts für Österreichische Geschichtsforschung* 78 (1970): 358–71. **316**

———. "Albrecht Dürers Erd- und Himmelskarten." In *Albrecht Dürers Umwelt: Festschrift zum 500. Geburtstag Albrecht Dürers am 21. Mai 1971*, 152–77. Nuremberg: Selbstverlag des Vereins für Geschichte der Stadt Nürnberg, 1971. **111**

———. "Die Stabius-Dürer-Karte von 1515." *Kartographische Nachrichten* 21 (1971): 212–23. **357, 1195**

———. "Der Behaim-Globus als Vorbild der Stabius-Dürer-Karte von 1515." *Der Globusfreund* 25–27 (1978): 135–47. **1195**

———. "Regiomontanus in Wien." In *Regiomontanus-Studien*, ed. Günther Hamann, 53–74. Vienna: Verlag der Österreichischen Akademie der Wissenschaften, 1980. **501**

———, ed. *Regiomontanus-Studien*. Vienna: Österreichische Akademie der Wissenschaften, 1980. **285, 1178**

Hamann, Günther, and Helmuth Grössing, eds. *Der Weg der Naturwissenschaft von Johannes von Gmunden zu Johannes Kepler*. Vienna: Österreichische Akademie der Wissenschaften, 1988. **1178**

Hamelberg, J. H. J. *Documenten behoorende bij "De Nederlanders op de West-Indische Eilanden," 1: Curaçao, Bonaire, Aruba*. Amsterdam: J. H. de Bussy, 1901. **1450**

Hameleers, Marc. "De kaarten van Delfland en Schieland uit 1611 door Floris Balthasars." *Antiek* 20, no. 8 (1986): 435–43. **1267, 1292, 1294**

———. *West-Friesland in oude kaarten*. Wormerveer: Sitchting Uitgeverij Noord-Holland, 1987. **1264, 1293, 1294**

———. "Repräsentativität und Funktionalität von holländischen Polder-, Deichgenossenschafts- und Deichgrafschafts-Karten." In *5. Kartographiehistorisches Colloquium Oldenburg 1990, 22–24 March 1990: Vorträge und Berichte*, ed. Wolfgange Scharfe and Hans Harms, 59–70. Berlin: Reimer, 1991. **1264, 1265, 1266**

Hammer, Wilhelm. *Die Melanchthonforschung im Wandel der Jahrhunderte: Ein beschreibendes Verzeichnis*. 4 vols. Gütersloh: Mohn, 1967–96. **1208**

Hammond, George Peter, and Agapito Rey. *The Rediscovery of New Mexico, 1580–1594: The Explorations of Chamuscado, Espejo, Castaño de Sosa, Morlete, and Leyva de Bonilla and Humaña*. Albuquerque: University of New Mexico Press, 1966. **1152**

Hampton, Timothy. *Literature and Nation in the Sixteenth Century: Inventing Renaissance France*. Ithaca: Cornell University Press, 2001. **407**

Hamy, E. T. "Note sur une carte marine inédite de Giacomo Russo de Messine (1557)." *Bulletin de Géographie Historique et Descriptive*, 1887, 167–78. **225**

———. "Les Français au Spitzberg au XVIIe siècle." *Bulletin de Géographie Historique et Descriptive*, 1895, 159–82. **1568**

Hanawalt, Barbara A., and Michal Kobialka, eds. *Medieval Practices of Space*. Minneapolis: University of Minnesota Press, 2000. **28**

Handover, P. M. *Printing in London from 1476 to Modern Times: Competitive Practice and Technical Invention in the Trade of Book and Bible Printing, Periodical Production, Jobbing, etc.* Cambridge: Harvard University Press, 1960. **1705, 1718**

Hankins, James. "Ptolemy's *Geography* in the Renaissance." In *The Marks in the Fields: Essays in the Use of Manuscripts*, ed. Rodney G. Dennis and Elizabeth Falsey, 119–27. Cambridge, Mass.: Houghton Library, distributed by Harvard University Press, 1992. **290, 292**

Hanna, Warren Leonard. *Lost Harbor: The Controversy over Drake's California Anchorage*. Berkeley: University of California Press, 1979. **757**

Hansen, Birgitta Roech, ed. *Nationalutgåva av de äldre geometriska kartorna*. Stockholm: Kungl. Vitterhets Historie och Antikvitets Akademien, 2005. **1802**

Hansen, Joseph. "Arnold Mercator und die wiederentdeckten Kölner Stadtpläne von 1571 und 1642." *Mitteilungen aus dem Stadtarchiv von Köln* 11 (1899): 141–58. **1227**

Hantzsch, Viktor. *Sebastian Münster: Leben, Werk, wissenschaftliche Bedeutung*. Leipzig: Teubner, 1898. Reprinted Nieuwkoop: B. de Graaf, 1965. **1176, 1211**

———. *Die ältesten gedruckten Karten der sächsisch-thüringischen Länder (1550–1593)*. Leipzig: Teubner, 1905. **1176**

———, ed. *Die Landkartenbestände der Königlichen öffentlichen Bibliothek zu Dresden: Nebst Bemerkungen über Einrichtung und Verwaltung von Kartensammlungen*. Leipzig: O. Harrassowitz, 1904. **650, 1176, 1242**

Hantzsch, Viktor, and Ludwig Schmidt, eds. *Kartographische Denkmäler zur Entdeckungsgeschichte von Amerika, Asien, Australien und Afrika*. Leipzig: W. Hiersmann, 1903. **1564**

Haraldur Sigurðsson. *See* Sigurðsson, Haraldur.

Harding, Catherine. "Opening to God: The Cosmographical Diagrams of Opicinus de Canistris." *Zeitschrift für Kunstgeschichte* 61 (1998): 18–39. **47**

Harflinger, Dieter. "Ptolemaios-Karten des Cyriacus von Ancona." In *ΦΙΛΟΦΡΟΝΗΜΑ: Festschrift für Martin Sicherl zum 75. Geburtstag. Von Textkritik bis Humanismusforschung*, ed. Dieter Harlfinger, 225–36. Paderborn: Schöningh, 1990. **310**
Haring, Clarence Henry. *Trade and Navigation between Spain and the Indies in the Time of the Hapsburgs*. Cambridge: Harvard University Press, 1918. **523, 524, 527**
Harley, J. B. "The Map Collection of William Cecil, First Baron Burghley, 1520–1598." *Map Collector* 3 (1978): 12–19. **643**
———. "Meaning and Ambiguity in Tudor Cartography." In *English Map-Making, 1500–1650: Historical Essays*, ed. Sarah Tyacke, 22–45. London: British Library, 1983. **637, 717, 1630, 1655, 1663**
———. "The Map and the Development of the History of Cartography." In *HC* 1:1–42. **639, 652, 1176**
———. Review of *The Mapping of the World: Early Printed World Maps 1472–1700*, by Rodney Shirley. Imago Mundi 39 (1987): 105–10. 773
———. "Maps, Knowledge, and Power." In *The Iconography of Landscape: Essays on the Symbolic Representation, Design and Use of Past Environments*, ed. Denis E. Cosgrove and Stephen Daniels, 277–312. Cambridge: Cambridge University Press, 1988. Reprinted in *The New Nature of Maps: Essays in the History of Cartography*, ed. Paul Laxton, 51–81. Baltimore: Johns Hopkins University Press, 2001. **423, 539, 561**
———. "Silences and Secrecy: The Hidden Agenda of Cartography in Early Modern Europe." *Imago Mundi* 40 (1988): 57–76. **296, 561, 653, 940, 1137, 1761**
———. "Deconstructing the Map." *Cartographica* 26, no. 2 (1989): 1–20. **882**
———. "'The Myth of the Great Divide': Art, Science, and Text in the History of Cartography." Paper presented at the Thirteenth International Conference on the History of Cartography, Amsterdam, 1989. **603**
———. *Maps and the Columbian Encounter: An Interpretive Guide to the Travelling Exhibition*. Milwaukee: Golda Meir Library, University of Wisconsin, 1990. **19, 755, 1030, 1146, 1156, 1666**
———. "Texts and Contexts in the Interpretation of Early Maps." In *From Sea Charts to Satellite Images: Interpreting North American History through Maps*, ed. David Buisseret, 3–15. Chicago: University of Chicago Press, 1990. Republished in *The New Nature of Maps: Essays in the History of Cartography*, by J. B. Harley, ed. Paul Laxton, 31–49. Baltimore: Johns Hopkins University Press, 2001. **476, 528, 538**
———. "Rereading the Maps of the Columbian Encounter." *Annals of the Association of American Geographers* 82 (1992): 522–36. **19**
———. "New England Cartography and the Native Americans." In *American Beginnings: Exploration, Culture, and Cartography in the Land of Norumbega*, ed. Emerson W. Baker et al., 287–313 and 363–71. Lincoln: University of Nebraska Press, 1994. **19, 744, 745, 1772, 1774, 1780**
———. *The New Nature of Maps: Essays in the History of Cartography*. Ed. Paul Laxton. Baltimore: Johns Hopkins University Press, 2001. **528, 539, 662**
Harley, J. B., and E. A. Stuart. "George Withiell: A West Country Surveyor of the Late-Seventeenth Century." *Devon and Cornwall Notes & Queries* 35 (1982): 45–58. **717**
Harley, J. B., and K. Zandvliet. "Art, Science, and Power in Sixteenth-Century Dutch Cartography." *Cartographica* 29, no. 2 (1992): 10–19. **603, 674, 1263**
Harley, R. D. *Artists' Pigments, c. 1600–1835: A Study in English Documentary Sources*. Rev. ed. London: Archetype, 2001. **604, 605**
Harley, Timothy. *Moon Lore*. London: Swan Sonnenschein, 1885. **124**
Harlfinger, Dieter. *Die Wiedergeburt der Antike und die Auffindung Amerikas: 2000 Jahre Wegbereitung einer Entdeckung*. Exhibition catalog. Wiesbaden: In Kommission bei L. Reichert, 1992. **337**
Harmos, Eleonóra Okolicsányiné. "Magyarország térképe 1528-ból." *Térképészeti Közlöny* 1 (1931): 165–71. **1825**
Harms, Wolfgang. *Homo viator in bivio: Studien zur Bildlichkeit des Weges*. Munich: Wilhelm Fink, 1970. **442, 446**
Harmsen, Th. W. *De Beknopte Lant-Meet-Konst: Beschrijving van het leven en werk van de Dordtse landmeter Mattheus van Nispen (circa 1628–1717)*. Delft: Delftse Universitaire Pers, 1978. **1286**
Harriot, Thomas. *A Briefe and True Report of the New Found Land of Virginia . . . at the Speciall Charge and Direction of the Honourable Sir Walter Raleigh Knight*. London, 1588. **1766**
———. *Admiranda narratio, fida tamen, de commodis et incolarvm ritibvs Virginiae*. Part 1 of America, ed. Theodor de Bry. Frankfurt, 1590. **1766**
Harris, Elizabeth M. "Miscellaneous Map Printing Processes in the Nineteenth Century." In *Five Centuries of Map Printing*, ed. David Woodward, 113–36. Chicago: University of Chicago Press, 1975. **532, 600**
———. "The Waldseemüller World Map: A Typographic Appraisal." *Imago Mundi* 37 (1985): 30–53. **143, 1204**
Harris, John. *The Artist and the Country House: From the Fifteenth Century to the Present Day*. Exhibition catalog. London: Sotheby's Institute, 1995. **1596**
Harris, Steven J. "Long-Distance Corporations, Big Sciences, and the Geography of Knowledge." *Configurations* 6 (1998): 269–304. **20, 1102, 1108**
———. "Mapping Jesuit Science: The Role of Travel in the Geography of Knowledge." In *The Jesuits: Cultures, Sciences and the Arts, 1540–1773*, ed. John W. O'Malley et al., 212–40. Toronto: University of Toronto Press, 1999. **630**
Harrisse, Henry. *Les Corte-Real et leurs voyages au Nouveau-monde*. Paris: E. Leroux, 1883. **653**
———. *The Discovery of North America: A Critical, Documentary, and Historic Investigation, with an Essay on the Early Cartography of the New World, Including Descriptions of Two Hundred and Fifty Maps or Globes Existing or Lost, Constructed before the Year 1536*. London: Henry Stevens and Son, 1892. **213, 215, 335, 739, 744, 748, 751, 752, 754, 756**
———. *Sébastien Cabot, pilote-major d'Espagne: Considéré comme cartographe*. Paris: Institut Géographique de Paris, Ch. Delagrave, 1897. **751**
———. *Découverte et évolution cartographique de Terre Neuve et des pays circonvoisins, 1497–1501–1769*. Paris: H. Welter, 1900. **1555**
Harsdörffer, Georg Philipp. *Frauenzimmer Gesprächspiele*. 8 vols. 1644–[1657]. Reprinted Munich: K. G. Saur, [1990–93]. **447**
Hart, G. 't. *Kaartboek van Rijnland 1746*. Alphen aan den Rijn: Canaletto, 1969. **1294**
———. *De kaart van het Hoogheemraadschap van Rijnland door Floris Balthasars, 1615*. Alphen aan den Rijn: Canaletto, 1972. **1292, 1294**
Hart, G. 't, et al. *Kaarten van Rijnland, Delfland en Schieland 1611–1615*. Alphen aan den Rijn: Canaletto, 1972. **1267**
Härtel, Reinhard. "Inhalt und Bedeutung des 'Albertinischen Planes' von Wien: Ein Beitrag zur Kartographie des Mittelalters." *Mitteilungen des Instituts für Österreichische Geschichtsforschung* 87 (1979): 337–62. **1177**
Hartfelder, Karl. *Philipp Melanchthon als Praeceptor Germaniae*. Berlin: Hofmann, 1889. Reprinted Nieuwkoop: B. de Graaf, 1964 and 1972. **1208**

Hartig, Otto. *Die Gründung der Münchener Hofbibliothek durch Albrecht V. und Johann Jakob Fugger.* Munich: Königlich-Bayerische Akademie der Wissenschaften, 1917. **1242**

Hartlib, Samuel. *Samuel Hartlib, His Legacy of Husbandry.* 3d ed. London: Printed by J. M. for Richard Wodnothe, 1655. **712, 714**

Hartmann, Johannes. "Die astronomischen Instrumente des Kardinals Nikolaus Cusanus." *Abhandlungen der Königlichen Gesellschaft der Wissenschaften zu Göttingen, Mathematisch-Physikalische Klasse,* n.s. 10 (1919). Also published as *Die astronomischen Instrumente des Kardinals Nikolaus Cusanus.* Berlin: Weidmann, 1919. **139, 160, 172, 1184**

Hartmann, Joseph. *Aventins Karte von Bayern, MDXXIII.* Munich: Geographische Gesellschaft in München, 1899. **578**

Hartmann, Julius. "Jakob Rammingers Seebuch." *Württembergische Jahrbücher für Statistik und Landeskunde,* 1895, 1–22. **1225**

Hartmann, Jürgen. "Die Moselaufnahme des Arnold Mercator: Anmerkungen zu zwei Karten des Landeshauptarchivs Koblenz." *Jahrbuch für westdeutsche Landesgeschichte* 5 (1979): 91–102. **1225**

Hartwig, Ernst. "Der Hase in der Mondscheibe." *Veröffentlichungen der Remeis- Sternwarte zu Bamberg,* vol. 1, Anhang (1923): 2–4. **124**

Hartzell, K. D. "Diagrams for Liturgical Ceremonies, Late 14th Century." In *Local Maps and Plans from Medieval England,* ed. R. A. Skelton and P. D. A. Harvey, 339–41. Oxford: Clarendon, 1986. **1595**

Harvey, David. *The Condition of Postmodernity: An Enquiry into the Origins of Cultural Change.* Oxford: Blackwell, 1990. **423**

———. "The Cartographic Imagination." In *Cosmopolitan Geographies: New Locations in Literature and Culture,* ed. Vinay Dharwadker, 63–87. New York: Routledge, 2001. **451**

Harvey, Gabriel. *Gabriel Harvey's Marginalia.* Ed. G. C. Moore Smith. Stratford-upon-Avon: Shakespeare Head Press, 1913. **421**

Harvey, John H. "Thomas Clay's Plan of the Manor of Great Bookham, 1614–1617." *Proceedings of the Leatherhead & District Local History Society* 2 (1957–66): 281–83. **1647**

———. "A Map of Shaw, Berkshire, England, of ca. 1528–29." *Huntia* 3 (1979): 151–60. **1601**

———. "Symbolic Plans of a City, Early 15th Century." In *Local Maps and Plans from Medieval England,* ed. R. A. Skelton and P. D. A. Harvey, 342–43. Oxford: Clarendon, 1986. **1591, 1603**

———. "Winchester, Hampshire, Circa 1390." *In Local Maps and Plans from Medieval England,* ed. R. A. Skelton and P. D. A. Harvey, 141–46. Oxford: Clarendon, 1986. **1595**

Harvey, P. D. A. "An Elizabethan Map of Manors in North Dorset." *British Museum Quarterly* 29 (1965): 82–84. **714, 1639**

———. *The History of Topographical Maps: Symbols, Pictures and Surveys.* London: Thames and Hudson, 1980. **9, 37, 46, 47, 538, 706, 730, 948, 1011, 1201, 1202, 1670**

———. "The Portsmouth Map of 1545 and the Introduction of Scale Maps into England." In *Hampshire Studies,* ed. John Webb, Nigel Yates, and Sarah E. Peacock, 33–49. Portsmouth: Portsmouth City Records Office, 1981. **730, 1606**

———. *Manorial Records.* London: British Records Association, 1984. **1593**

———. "Influences and Traditions." In *Local Maps and Plans from Medieval England,* ed. R. A. Skelton and P. D. A. Harvey, 33–39. Oxford: Clarendon, 1986. **1593, 1594**

———. "Local Maps in Medieval England: When, Why, and How." In *Local Maps and Plans from Medieval England,* ed. R. A. Skelton and P. D. A. Harvey, 3–10. Oxford: Clarendon, 1986. **1594**

———. "Medieval Local Maps and the History of Cartography." In *Local Maps and Plans from Medieval England,* ed. R. A. Skelton and P. D. A. Harvey, 20–32. Oxford: Clarendon, 1986. **1593**

———. "Surveying in Medieval England." In *Local Maps and Plans from Medieval England,* ed. R. A. Skelton and P. D. A. Harvey, 11–19. Oxford: Clarendon, 1986. **1593, 1639**

———. "Wormley, Hertfordshire, 1220 × 1230." In *Local Maps and Plans from Medieval England,* ed. R. A. Skelton and P. D. A. Harvey, 59–70. Oxford: Clarendon, 1986. **43**

———. "Local and Regional Cartography in Medieval Europe." In *HC* 1:464–501. **8, 18, 25, 37, 38, 39, 42, 43, 46, 47, 48, 50, 51, 265, 267, 382, 406, 459, 706, 730, 833, 893, 895, 898, 949, 1071, 1177, 1250, 1251, 1266, 1522, 1591, 1594, 1595, 1605**

———. "Medieval Maps: An Introduction." In *HC* 1:283–85. **25, 28, 706**

———. *Medieval Maps.* Toronto: University of Toronto Press; London: British Library, 1991. **25, 41, 706, 948, 1590**

———. "Matthew Paris's Maps of Britain." In *Thirteenth Century England IV: Proceedings of the Newcastle upon Tyne Conference 1991,* ed. P. R. Cross and S. D. Lloyd, 109–21. Woodbridge, Suffolk: Boydell, 1992. **29, 38, 39, 42**

———. "Estate Surveyors and the Spread of the Scale-Map in England, 1550–1580." *Landscape History* 15 (1993): 37–49. **1629, 1641, 1642, 1643, 1644**

———. *Maps in Tudor England.* London: Public Record Office and the British Library; Chicago: University of Chicago Press, 1993. **632, 636, 665, 706, 1589, 1594, 1595, 1597, 1599, 1602, 1603, 1605, 1606, 1607, 1612, 1615, 1620, 1637, 1639, 1642, 1643, 1645, 1651, 1652, 1653, 1655, 1657, 1720, 1722**

———. "English Estate Maps: Their Early History and Their Use as Historical Evidence." In *Rural Images: Estate Maps in the Old and New Worlds,* ed. David Buisseret, 27–61. Chicago: University of Chicago Press, 1996. **713, 1638, 1639, 1641, 1642, 1643, 1645, 1647, 1648, 1661**

———. *Mappa Mundi: The Hereford World Map.* London: British Library, 1996. Rev. ed. Hereford: Hereford Cathedral, 2002. **25, 39, 1589**

———. "The Sawley Map and Other World Maps in Twelfth-Century England." *Imago Mundi* 49 (1997): 33–42. **31**

Haskell, Francis. *History and Its Images: Art and the Interpretation of the Past.* New Haven: Yale University Press, 1993. **640**

Haskell, Francis, and Nicholas Penny. *Taste and the Antique: The Lure of Classical Sculpture, 1500–1900.* New Haven: Yale University Press, 1981. **657**

Haskins, Charles Homer. *Studies in the History of Mediaeval Science.* 1924. Reprinted New York: Frederick Ungar, 1960. **105**

Haslam, Graham. "The Duchy of Cornwall Map Fragment." In *Géographie du monde au Moyen Âge et à la Renaisssance,* ed. Monique Pelletier, 33–44. Paris: Éditions du C.T.H.S., 1989. **1603**

Hasler, P. W. *The House of Commons, 1558–1603.* 3 vols. London: For the History of Parliament Trust by Her Majesty's Stationery Office, 1981. **1646**

Hasluck, F. W. "Notes on Manuscripts in the British Museum relating to Levant Geography and Travel." *Annual of the British School at Athens* 12 (1905–6): 196–215. **267, 268**

———. "Supplementary Notes on British Museum Manuscripts relating to Levantine Geography." *Annual of the British School at Athens* 13 (1906–7): 339–47. **276**

———. "Thevet's *Grand Insulaire* and His Travels in the Levant." *Annual of the British School at Athens* 20 (1913–14): 59–69. **276**

Hassinger, Hugo. "Über die Anfänge der Kartographie in Österreich." *Mitteilungen der Geographischen Gesellschaft Wien* 91 (1949): 7–9. **1179**

Hauber, Anton. *Planetenkinderbilder und Sternbilder: Zur Geschichte des menschlichen Glaubens und Irrens.* Strassburg: Heitz, 1916. **124**

Hauber, Eberhard David. *Versuch einer umständlichen Historie der Land-Charten: Sowohl von denen Land-Charten insgemein, derselben ersten Ursprung, ihrer Beschaffenheit, unterschiedlichen Gattungen . . . als auch von denen Land-Charten eines jeden Landes insonderheit, deren Güte und Vorzüge.* Ulm: Bartholomäi, 1724. Reprinted Karlsruhe: Fachhochschule Karlsruhe, 1988. **1174**

Haubst, Rudolf. *Nikolaus von Kues und die moderne Wissenschaft.* Trier: Paulinus, 1963. **1184**

Haupt, Walther. "Landkartenbestände in Dresden bis zum Dreißigjährigen Krieg." *Sächsische Heimatblätter* 34 (1988): 94–96. **1242**

Hauschke, Sven. "Globen und Wissenschaftliche Instrumente: Die europäischen Höfe als Kunden Nürnberger Mathematiker." In *Quasi Centrum Europae: Europa kauft in Nürnberg, 1400–1800,* by Hermann Maué et al., 365–89. Nuremberg: Germanisches Nationalmuseum, 2002. **141, 155**

Häuser, Helmut. "Zum kartographischen Werk des Mainzer Kupferstechers und Ingenieurs Nikolaus Person." In *Festschrift für Josef Benzing zum sechzigsten Geburtstag,* ed. Elisabeth Geck and Guido Pressler, 170–86. Wiesbaden: Pressler, 1964. **1223**

———. "Der Mainzer Atlas von Nikolaus Person." *Lebendiges Rheinland-Pfalz* 13 (1976): 21–25. **1223**

Hautekeete, Stefaan. "Van Stad en Land: Het beeld van Brabant in de vroege topografische tekenkunst." In *Met passer en penseel: Brussel en het oude hertogdom Brabant in beeld* (Koninklijke Musea voor Schone Kunsten van België, Brussel), 49–51. Brussels: Dexia Bank, 2000. **1251, 1252**

Hawickhorst, Heinrich. "Über die Geographie bei Andrea de' Magnabotti." *Romanische Forschungen* 13 (1902): 689–784. **297, 298, 456**

Hawkins, Edward, Augustus W. Franks, and Herbert A. Grueber. *Medallic Illustrations of the History of Great Britain and Ireland to the Death of George II.* 2 vols. London: British Museum, 1885. **1663**

Hawkyard, Alasdair. *The Counties of Britain: A Tudor Atlas by John Speed.* London: Pavilion in association with the British Library, 1988. **1637**

Hawlitschek, Kurt. "Sebastian Kurz (1576–1659): Rechenmeister und Visitator der deutschen Schulen in Nürnberg." In *Rechenbücher und mathematische Texte der frühen Neuzeit Rechenbücher,* ed. Rainer Gebhardt, 257–66. Annaburg-Buchholz: Adam-Ries-Bund, 1999. **503**

Hay, Denys. "Flavio Biondo and the Middle Ages." *Proceedings of the British Academy* 45 (1959): 97–128. **5**

———. "Introduction." In *The New Cambridge Modern History: The Renaissance, 1493–1520,* ed. George Reuben Potter, 1–19. Cambridge: Cambridge University Press, 1961. **19**

Hayes-McCoy, Gerard Anthony, ed. *Ulster and Other Irish Maps, c. 1600.* Dublin: Stationery Office for the Irish Manuscripts Commission, 1964. **1611, 1651, 1682**

Hayward, Maria. *The 1542 Inventory of Whitehall: The Palace and Its Keeper.* London: Illuminata for the Society of Antiquaries, 2004. **1598, 1621, 1622**

Headley, John M. *Luther's View of Church History.* New Haven: Yale University Press, 1963. **389**

———. "Geography and Empire in the Late Renaissance: Botero's Assignment, Western Universalism, and the Civilizing Process." In *Renaissance Quarterly* 53 (2000): 1119–55. **816**

Hearn, Karen. *Marcus Gheeraerts II: Elizabethan Artist.* London: Tate, 2002. **1663**

———. *Nathaniel Bacon: Artist, Gentleman and Gardener.* Exhibition catalog. London: Tate Publishing, 2005. **1616, 1642**

Heath, Robert. *Clarastella: Together with Poems Occassional, Elegies, Epigrams, Satyrs.* London, 1650. **416**

Heawood, Edward. "Glareanus: His Geography and Maps." *Geographical Journal* 25 (1905): 647–54. Reprinted in *Acta Cartographica* 16 (1973): 209–16. **351, 1215**

———. "A Hitherto Unknown Worldmap of A.D. 1506." *Geographical Journal* 62 (1923): 279–93. Reprinted in *Acta Cartographica* 26 (1981): 369–85. **344**

———. *The Map of the World on Mercator's Projection by Jodocus Hondius, Amsterdam 1608.* London: Royal Geographical Society, 1927. **1350**

———. *English County Maps in the Collection of the Royal Geographical Society.* London: Royal Geographical Society, 1932. **533**

E. H. [Heawood, Edward]. "An Unplaced Atlas of Augustin Roussin." *Geographical Journal* 77 (1931): 160–61. **234**

Hébert, John R. "The Westward Vision: Seventeenth-Century Virginia." In *Virginia in Maps: Four Centuries of Settlement, Growth, and Development,* ed. Richard W. Stephenson and Marianne M. McKee, 2–45. Richmond, Va.: Library of Virginia, 2000. **1772, 1780**

———. "The 1562 Map of America by Diego Gutiérrez." <http://memory.loc.gov/ammem/gmdhtml/gutierrz.html>. **1123, 1145, 1346**

Hébert, John R., and Richard Pflederer. "Like No Other: The 1562 Gutiérrez Map of America." *Mercator's World* 5, no. 6 (2000): 46–51. **1123, 1346**

Hedinger, Bärbel. "Wandkarten in holländischen Interieurgemälden." *Die Kunst,* 1987, 50–57. **1342**

Heeres, J. E. "De Gouverneur-Generaal Hendrik Brouwer." *Oud-Holland* 25 (1907): 174–96 and 217–41. **1437**

Heeres, J. E., and Frederik Willem Stapel, eds. *Corpus Diplomaticum Neerlando-Indicum verzameling van politieke contracten en verdere verdragen door de Nederlanders in het Oosten gesloten, van privilegebrieven aan hen verleend.* 6 vols. The Hague: Martinus Nijhoff, 1907–55. **1444**

Heers, Jacques. *Christophe Colomb.* Paris: Hachette, 1981. **335**

Heidenreich, Conrad E. *Explorations and Mapping of Samuel de Champlain, 1603–1632.* Toronto: B. V. Gutsell, 1976. **754, 1539, 1542, 1543, 1544**

———. "History of the St. Lawrence–Great Lakes Area to A.D. 1650." In *The Archaeology of Southern Ontario to A.D. 1650,* ed. Chris J. Ellis and Neal Ferris, 475–92. London, Ont.: London Chapter, Ontario Archaeological Society, 1990. **1538**

———. "Early French Exploration in the North American Interior." In *North American Exploration,* 3 vols., ed. John Logan Allen, 2:65–148. Lincoln: University of Nebraska Press, 1997. **1543**

———. "The Beginning of French Exploration out of the St Lawrence Valley: Motives, Methods, and Changing Attitudes towards Native People." In *Decentring the Renaissance: Canada and Europe in Multidisciplinary Perspective, 1500–1700,* ed. Germaine Warkentin and Carolyn Podruchny, 236–51. Toronto: University of Toronto Press, 2001. **1539, 1545**

Heidenreich, Conrad E., and Edward H. Dahl, "The Two States of Champlain's Carte Geographique." *Canadian Cartographer* 16, no. 1 (1979): 1–16. **1540, 1541**

Heijden, H. A. M. van der. *Leo Belgicus: An Illustrated and Annotated Carto-Bibliography.* Alphen aan den Rijn: Canaletto, 1990. **442, 674, 1233, 1312**

———. *De oudste gedrukte kaarten van Europa.* Alphen aan den Rijn: Canaletto, 1992. **1192**

———. "Matteo Florimi (1613)—Landkarten- und Stadtplanverleger in Siena." In *Florilegium Cartographicum: Beiträge zur Kartographiegeschichte und Vedutenkunde des 16. bis 18. Jahrhunderts, Fritz Hellwig zu Ehren,* ed. Peter H. Köhl and Peter H. Meurer, 117–30. Leipzig: Dietrich Pfaehler, 1993. **793**

———. "De minuutkaart van Middelburg in Vlaanderen van Jacob van Deventer teruggevonden." *Caert-Thresoor* 15 (1996): 107–8. **1274**

———. "Heinrich Bünting's *Itinerarium Sacrae Scripturae,* 1581: A Chapter in the Geography of the Bible." *Quaerendo* 28 (1998): 49–71. **442**

———. *Oude kaarten der Nederlanden, 1548–1794: Historische beschouwing, kaartbeschrijving, afbeelding, commentaar / Old*

Maps of the Netherlands, 1548–1794: An Annotated and Illustrated Cartobibliography. 2 vols. Alphen aan den Rijn: Canaletto/ Repro-Holland; Leuven: Universitaire Pers, 1998. **1247, 1249, 1257, 1260, 1291, 1303, 1312, 1315, 1355, 1356, 1382, 1404**

———. "Nogmaals: De Fossa Eugeniana." *Caert-Thresoor* 17 (1998): 25–31. **1285**

———. *Keizer Karel en de leeuw: De oorsprung van de Nederlandse kartographie en de Leo Belgicus.* Alphen aan den Rijn: Canaletto, 2000. **442**

———. "De wandkaart van de Nederlanden in het Stadhuis te Veurne." *Caert-Thresoor* 19 (2000): 28–29. **1346**

———. *Kaart en kunst van de Zeventien Provinciën der Nederlanden: Met een beknopte geschiedenis van de Nederlandse cartografie in de 16de en 17de eeuw.* Alphen aan den Rijn: Canaletto, 2001. **1268**

Heikamp, Detlef. "L'antica sistemazione degli strumenti scientifici nelle collezioni fiorentine." *Antichità Viva* 9, no. 6 (1970): 3–25. **811**

Heilbron, J. L. *The Sun in the Church: Cathedrals as Solar Observatories.* Cambridge: Harvard University Press, 1999. **76, 97**

Heinisch, Klaus J., ed. *Der utopische Staat.* [Reinbeck bei Hamburg]: Rowohl, [1966]. **440**

Heinz, Markus. "A Research Paper on the Copper-Plates of the Maps of J. B. Homann's First World Atlas (1707) and a Method for Identifying Different Copper-Plates of Identical-Looking Maps." *Imago Mundi* 45 (1993): 45–58. **594**

Heinz-Mohr, Gerd, and Willehad Paul Eckert, eds. *Das Werk des Nicolaus Cusanus: Eine bibliophile Einführung.* 3d ed. Cologne: Wienand, 1981. **1183**

Helas, Philine. "'Mundus in rotundo et pulcherrime depictus: Nunquam sistens sed continuo volvens': Ephemere Globen in den Festinszenierungen des italienischen Quattrocento." *Der Globusfreund* 45–46 (1998): 155–75. **1193**

Helden, Albert Van. *See* Van Helden, Albert.

Helgerson, Richard. "The Land Speaks: Cartography, Chorography, and Subversion in Renaissance England." *Representations* 16 (1986): 50–85. **10, 636, 668**

———. *Forms of Nationhood: The Elizabethan Writing of England.* Chicago: University of Chicago Press, 1992. **423, 425, 451, 539, 636, 669, 1630, 1637, 1665, 1761, 1780**

———. "Nation or Estate? Ideological Conflict in the Early Modern Mapping of England." *Cartographica* 30, no. 1 (1993): 68–74. **1634**

———. "Introduction." *Early Modern Literary Studies* 4.2, special issue 3 (1998): 1.1–14, <http://purl.oclc.org/emls/04-2/intro.htm>. **412**

———. "The Folly of Maps and Modernity." In *Literature, Mapping, and the Politics of Space in Early Modern Britain,* ed. Andrew Gordon and Bernhard Klein, 241–62. Cambridge: Cambridge University Press, 2001. **422**

Hellinga, Lotte, ed. *Incunabula: The Printing Revolution in Europe, 1455–1500.* Woodbridge, Conn.: Research Publications, 1991–. **66**

Hellman, Clarisse Doris. *The Comet of 1577: Its Place in the History of Astronomy.* New York: Columbia University Press, 1944. **119, 120**

Hellwig, Fritz. "Zur älteren Kartographie der Saargegend." *Jahrbuch für westdeutsche Landesgeschichte* 3 (1977): 193–228. **1225**

———. "Caspar Dauthendey und seine Karte von Braunschweig." *Speculum Orbis* 2 (1986): 25–33. **504, 1223**

———. "Tyberiade und Augenschein: Zur forensischen Kartographie im 16. Jahrhundert." In *Europarecht, Energierecht, Wirtschaftsrecht: Festschrift für Bodo Börner zum 70. Geburtstag,* ed. Jürgen F. Baur, Peter-Christian Müller-Graff, and Manfred Zuleeg, 805–34. Cologne: Carl Heymanns, 1992. **50, 481**

———. "Gerhard Mercator und das Herzogtum Lothringen." *Jahrbuch für westdeutsche Landesgeschichte* 25 (1999): 219–54. **1230**

Henderson, Paula. "Maps of Cranborn Manor in the Seventeenth Century." *Architectural History* 44 (2001): 358–64. **1632**

Hendrix, Scott H., and Timothy J. Wengert, eds. *Philip Melanchthon, Then and Now (1497–1997): Essays Celebrating the 500th Anniversary of the Birth of Philip Melanchthon, Theologian, Teacher and Reformer.* Columbia, S.C.: Lutheran Theological Southern Seminary, 1999. **1208**

Heninger, S. K. *The Cosmographical Glass: Renaissance Diagrams of the Universe.* San Marino, Calif.: Huntington Library, 1977. **70, 78, 79, 83, 87, 89, 136, 137**

Henke, Nikolaus. "Bücher des Konrad Celtis." In *Bibliotheken und Bücher im Zeitalter der Renaissance,* ed. Werner Arnold, 129–66. Wiesbaden: Harrassowitz, 1997. **346**

Henri IV et la reconstruction du royaume. Exhibition catalog. Paris: Editions de la Réunion des Musées Nationaux et Archives Nationales, 1989. **1510**

Hens, H. A. "Lauremberg, Hans Willumsen." In *Dansk biografisk leksikon,* 3d ed., 16 vols., 8:620–21. Copenhagen: Gyldendal, 1979–84. **1791**

Herberstein, Sigmund von. *Notes upon Russia: Being a Translation of the Earliest Account of That Country, Entitled Rerum Moscoviticarum Commentarii.* 2 vols. Trans. and ed. Richard Henry Major. London: Hakluyt Society, 1851–52. **740**

Herbert, Francis. "Jacob Gråberg af Hemsö, the Royal Geographical Society, the Foreign Office, and Italian Portolan Charts for the British Museum." In *Accurata descriptio,* 269–314. Stockholm: Kungl. Biblioteket, 2003. **198**

Herbst, Stanisław. "Prace kartograficzne Beauplana-Hondiusa z r.1652." *Przegląd Historyczny* 43 (1952): 124–28. **1842**

Herendeen, Wyman H. *From Landscape to Literature: The River and the Myth of Geography.* Pittsburgh: Duquesne University Press, 1986. **414**

———. "Rivers." In *The Spenser Encyclopedia,* ed. A. C. Hamilton et al., 608. Toronto: University of Toronto Press, 1990. **414**

Hering, Bernd. "Zur Herstellungstechnik des Behaim-Globus." In *Focus Behaim Globus,* 2 vols., 1:289–300. Nuremberg: Germanisches Nationalmuseums, 1992. **188, 1193**

Herkenhoff, Michael. "Vom langsamen Wandel des Weltbildes: Die Entwicklung von Kartographie und Geographie im 15. Jahrhundert." In *Focus Behaim Globus,* 2 vols., 1:143–65. Nuremberg: Germanisches Nationalmuseum, 1992. **758**

———. *Die Darstellung außereuropäischer Welten in Drucken deutscher Offizinen des 15. Jahrhunderts.* Berlin: Akademie, 1996. **348, 349, 350, 351, 354**

Hermannsson, Halldór. *Two Cartographers: Guðbrandur Thorláksson and Thórður Thorláksson.* Ithaca: Cornell University Press, 1926. **1792**

Hernad, Béatrice. *Die Graphiksammlung des Humanisten Hartmann Schedel.* Exhibition catalog. Munich: Prestel, 1990. **1194**

Hernando Rica, Agustín. "Los cosmógrafos de la Casa de Contratación y la cartografía de Andalucía." In *Miscelanea geografica en homenaje al profesor Luis Gil Varon,* 125–43. Córdoba: Servicio de Publicaciones de la Universidad de Córdoba, 1994. **1135**

———. *El Mapa de España, siglos XV–XVIII.* [Madrid]: Ministerio de Fomento, Instituto Geográfico Nacional, Centro Nacional de Información Geográfica, [1995]. **1091**

———. *La imagen de un país: Juan Bautista Labaña y su mapa de Aragón (1610–1620).* Zaragoza: Institución "Fernando el Católico," 1996. **1025, 1046, 1088**

———. *Contemplar un territorio: Los mapas de España en el* Theatrum *de Ortelius.* [Madrid]: Ministerio de Fomento, Instituto Geográfico Nacional, Centro Nacional de Información Geográfica, 1998. **1086**

Herrera y Tordesillas, Antonio de. *Décadas*. Madrid, 1601–15. **1147**
———. *Historia general de los hechos de los castellanos en las islas y tierrafirme del mar océano*. 17 vols. Madrid: [Tipografía de Archivos], 1934–57. **744, 1146, 1170**
———. *Historia general de los hechos de los castellanos, en las islas, y tierra-firme de el mar occeano*. 10 vols. Ed. J. Natalicio González. Asunción: Guaranía, [1944–47]. **744, 755, 1146, 1170**
Herrmann, Albert. *Die ältesten Karten von Deutschland bis Gerhard Mercator*. Leipzig: K. F. Koehler, 1940. **1210, 1346, 1811**
Herschel, John F. W. *Results of Astronomical Observations Made during the Years 1834, 5, 6, 7, 8, at the Cape of Good Hope: Being the Completion of a Telescopic Survey of the Whole Surface of the Visible Heavens, Commenced in 1825*. London: Smith, Elder, 1847. **127**
———. *Outlines of Astronomy*. London: Longman, Brown, Green, and Longmans, 1849. **127**
Herten, Bart van der. "De connectie tussen Jacob van Deventer en Viglius van Aytta in de jaren 1530–1540: Een hypothese." *Caert-Thresoor* 14 (1995): 59–61. **1257**
———, ed. *Het Brugse Vrije in beeld: Facsimile-uitgave van de Grote Kaart geschilderd door Pieter Pourbus (1571) en gekopieerd door Pieter Claeissens (1601)*. Alphen aan den Rijn: Canaletto/Repro-Holland, 1998. **1253**
Hervé, Roger. "L'oeuvre cartographique de Nicolas de Nicolay et d'Antoine de Laval (1544–1619)." *Bulletin de la Section de Géographie du Comité des Travaux Historiques et Scientifiques* 68 (1955): 223–63. **667, 1469, 1485**
———. "Les plans de forêts de la grande réformation Colbertienne, 1661–1690." *Bulletin de la Section de Géographie* 73 (1960): 143–71. **712**
———. "Essai de classement d'ensemble, par type géographique, des cartes générales du monde—mappemondes, globes terrestres, grands planisphères nautiques—pendant la période des grandes découvertes (1487–1644)." *Der Globusfreund* 25–27 (1978): 63–75. **1467**
———. *Découverte fortuite de l'Australie et de la Nouvelle-Zélande par des navigateurs portugais et espagnols entre 1521 et 1528*. Paris: Bibliothèque Nationale, 1982. **1555**
Hervé, Roger, Henri Hugonnard-Roche, and Edmond Pognon. *Catalogue des cartes géographiques sur parchemin conservées au Département des Cartes et Plans*. Paris: Bibliothèque Nationale, 1974. **970**
Hervé, Roger, et al. *Mappemonde de Sébastien Cabot, 1544*. Paris: Editions Les Yeux Ouverts, 1968. **1344**
Hervey, Mary Frederica Sophia. *Holbein's "Ambassadors": The Picture and the Men*. London: Bell and Sons, 1900. **135**
Hess, Jacob. *Kunstgeschichtliche Studien zu Renaissance und Barock*. 2 vols. Rome: Edizioni di Storia e Litteratura, 1967. **816, 818**
———. "On Some Celestial Maps and Globes of the Sixteenth Century." *Journal of the Warburg and Courtauld Institutes* 30 (1967): 406–9. **165, 172, 812**
Hesselink-Duursma, C. W. "De kaartencollectie in het Streekarchief Hollands Midden te Gouda." *Caert-Thresoor* 15 (1996): 99–104. **1280**
Hetherington, Norriss S., ed. *Encyclopedia of Cosmology: Historical, Philosophical, and Scientific Foundations of Modern Cosmology*. New York: Garland, 1993. **58, 69, 82**
Heullant-Donat, Isabelle. "Entrer dans l'histoire: Paolino da Venezia et les prologues de ses chroniques universelles." *Mélanges de l'École Française de Rome: Moyen Âge* 105 (1993): 381–442. **46**
Heumann, Johannes. *Documenta literaria varii argumenti* . . . Altdorf, 1758. **1820**
Heuser, Peter Arnold. *Jean Matal: Humanisticher Jurist und europäischer Friedensdenker (um 1517–1597)*. Cologne: Böhlau, 2003. **1236**
Heuvel, Charles van den. *"Papiere bolwercken": De introductie van de Italiaanse stede- en vestingbouw in de Nederlanden (1540–1609) en het gebruik van tekeningen*. Alphen aan den Rijn: Canaletto, 1991. **687, 1272, 1280, 1281, 1282, 1283**
———. "De huysbou, de crychconst en de wysentijt: Stevins teksten over architectuur, stede- en vestigbouw in het licht van zijn wetenschappelijk oeuvre." In *Spiegheling en daet: Simon Stevin van Brugghe (1548–1620)*, 51–53. Bruges, 1995–96. **1448**
———. "Een atlas voor Gilles de Berlaymont, baron van Hierges: Belegeringsscenes, stadsplattegronden en fortificatie-ontwerpen voor een 'soldat-gentilhomme,' 1570–1578." *Caert-Thresoor* 15 (1996): 57–69. **1284**
Hevelius, Johannes. *Selenographia, sive lunae descriptio*. Danzig, 1647. Reprinted New York: Johnson Reprint, 1967. **130, 132**
Hewson, J. B. *A History of the Practice of Navigation*. 2d rev. ed. Glasgow: Brown, Son and Ferguson, 1983. **510, 511, 512, 515, 1557**
Heydenreich, Ludwig H. "The Military Architect." In *The Unknown Leonardo*, ed. Ladislao Reti, designed by Emil M. Bührer, 136–65. London: Hutchinson, 1974. **729, 730**
Heydt, Johann Wolfgang. *Allerneuester geographisch- und topographischer Schau-Platz von Africa und Ost-Indien*. Willhermsdorff: Gedruckt bey J. C. Tetschner, 1744. **1439**
Heyer, Alfons. *Geschichte der Kartographie Schlesiens bis zur preussischen Besitzergreifung*. Breslau: Nischkowsky, 1891. Reprinted in *Acta Cartographica* 13 (1972): 55–171. **1176**
Heyns, Pieter. *Spieghel der werelt*. Antwerp: Christoffel Plantyn . . . voor Philips Galle, 1577. **1331**
Heyns, Zacharias. *Emblemata, Emblemes chrestienes et morales: Sinne-Beelden streckende tot Christelicke Bedenckinghe ende Leere der Zedicheyt*. Rotterdam: Pieter van Waesberge, 1625. **446**
———. *Le miroir du monde*. Intro. Jan W. H. Werner. Weesp: Robas BV, 1994. **1332**
———. *Den Nederlandtschen landtspiegel in ryme gestelt*. Alphen aan den Rijn: Canaletto, 1994. **1339**
Heywood, James, comp. *Collection of Statutes for the University and the Colleges of Cambridge*. London: William Clowes and Sons, 1840. **631**
Hiatt, Alfred. "The Cartographic Imagination of Thomas Elmham." *Speculum* 75 (2000): 859–86. **51**
Hieronymus, Frank. *Basler Buchillustration, 1500–1545*. Exhibition catalog. Basel: Universitätsbibliothek, 1984. **1205, 1215**
———. "Sebastian Münster, Conrad Schnitt und ihre Basel-Karte von 1538." *Speculum Orbis* 1, no. 2 (1985): 3–38. **1212**
———. *1488 Petri-Schwabe 1988: Eine traditionsreiche Basler Offizin im Spiegel ihrer frühen Drucke*. Basel: Schwabe, 1997. **1210**
———, ed. *Griechischer Geist aus Basler Pressen*. Exhibition catalog. Basel: Universitätsbibliothek Basel, 1992. **439**
Higman, B. W. *Jamaica Surveyed: Plantation Maps and Plans of the Eighteenth and Nineteenth Centuries*. 1988. Reprinted Kingston: University of the West Indies Press, 2001. **1152**
Higton, H. K. "Hood, Thomas (*bap.* 1556, *d.* 1620)." In *Oxford Dictionary of National Biography*, 60 vols., 27:938–39. Oxford: Oxford University Press, 2004. **634, 1737**
Hildebrand, Hans. "Minne af Olaus Magni." *Svenska Akademiens Handlingar* 12 (1897): 93–280. **1788**
Hill, Gillian. *Cartographical Curiosities*. London: British Museum, 1978. **1597, 1648**
Hill, L. M. *Bench and Bureaucracy: The Public Career of Sir Julius Caesar, 1580–1636*. Stanford: Stanford University Press, 1988. **632, 633**
Hillard, Denise, and Emmanuel Poulle. "Oronce Fine et l'horloge planétaire de la Bibliothèque Sainte-Geneviève." *Bibliothèque d'Humanisme et Renaissance: Travaux et Documents* 33 (1971): 311–51. **1464, 1482**
Hind, Arthur Mayger. *A History of Engraving & Etching, from the*

15th Century to the Year 1914. 3d ed. London: Constable, 1927. **592**
———. *An Introduction to the History of Woodcut, with a Detailed Survey of Work Done in the Fifteenth Century.* 2 vols. London: Constable, 1935. **592**
———. "An Elizabethan Pack of Playing Cards." *British Museum Quarterly* 13 (1938–39): 2–4. **1703**
———. *Early Italian Engraving: A Critical Catalogue with Complete Reproduction of All the Prints Described.* 7 vols. London: For M. Knoedler; New York: Bernard Quaritch, 1938–48. **725, 774, 797**
———. *Engraving in England in the Sixteenth & Seventeenth Centuries: A Descriptive Catalogue with Introductions.* 3 vols. Cambridge: Cambridge University Press, 1952–64. **92, 1234, 1313, 1604, 1610, 1618, 1619, 1650, 1665, 1693, 1696, 1705, 1712, 1713, 1743**
Hindle, Brian Paul. "The Towns and Roads of the Gough Map (c. 1360)." *Manchester Geographer* 1 (1980): 35–49. **1590, 1591**
———. *Maps for Local History.* London: B. T. Batsford, 1988. **1657**
Hindman, Sandra. "Cross-Fertilization: Experiments in Mixing the Media." In *Pen to Press: Illustrated Manuscripts and Printed Books in the First Century of Printing,* by Sandra Hindman and James Douglas Farquhar, 101–56. [College Park]: Art Department, University of Maryland, 1977. **530**
Hinks, A. R. "The Lettering of the Rome Ptolemy of 1478." *Geographical Journal* 101 (1943): 188–90. **601**
Hirsch, Bertrand. "Les sources de la cartographie occidentale de l'Ethiopie (1450–1550): Les régions du la Tana." *Bulletin des Études Africaines de l'INALCO* 7, nos. 13–14 (1987): 203–36. **324**
Hirsch, E. D. *Validity in Interpretation.* New Haven: Yale University Press, 1967. **530**
Hirschvogel, Augustin. *Ein aigentliche und grundtliche anweysing in die Geometria.* Nuremberg, 1543. **503**
Historia de España. Founded by Ramón Menéndez Pidal. Madrid: Espasa-Calpe, 1935–. **1070**
Historische plattegronden van Nederlandse steden. Alphen aan den Rijn: Canaletto, 1978–. *See also* Brommer, Bea, and Dirk de Vries. **1252**
Hobson, Anthony. *Renaissance Book Collecting: Jean Grolier and Diego Hurtado de Mendoza, Their Books and Bindings.* New York: Cambridge University Press, 1999. **645**
Hocquet, Jean Claude. "Les routes maritimes du commerce vénitien aux XVe et XVIe siècles." *Atti del V Convegno Internazionale di Studi Colombiani "Navi e Navigazione nei Secoli XV e XVI" Genova, 26–28 ottobre 1987,* 579–605. Genoa: Civico Istituto Colombiano, 1990. **212**
Hodgen, Margaret T. *Early Anthropology in the Sixteenth and Seventeenth Centuries.* Philadelphia: University of Pennsylvania Press, 1964. **1445**
Hodgkiss, A. G. *Understanding Maps: A Systematic History of Their Use and Development.* Folkestone, Eng.: Dawson, 1981. **537, 549**
Hodson, D. *The Printed Maps of Hertfordshire, 1577–1900.* London: Dawsons, 1974. **1713**
———, comp. *Maps of Portsmouth before 1800: A Catalogue.* Portsmouth: City of Portsmouth, 1978. **1723**
———, comp. *County Atlases of the British Isles Published after 1703: A Bibliography.* Tewin: Tewin Press, 1984–. **1637**
Hodson, William. *The Divine Cosmographer; or, A Brief Survey of the Whole World, Delineated in a Tractate on the VIII Psalme by W. H. Sometime of S. Peters Colledge in Cambridge.* Cambridge: Roger Daniel, 1640. **75**
Hoff, Bert van 't. *De kaarten van de Nederlandsche provinciën in de zestiende eeuw door Jacob van Deventer.* The Hague: Martinus Nijhoff, 1941. **557, 1258, 1260, 1304**
———. "Une vue panoramique inconnue de Bruxelles dessinée en 1558 par Anthonis van den Wyngaerde." *Annales de la Société Royale d'Archéologie de Bruxelles: Mémoires, Rapports et Documents* 48 (1948–55): 145–50. **1252**
———. *Jacob van Deventer: Keizerlijk-koninklijk geograaf.* The Hague: Martinus Nijhoff, 1953. **1257, 1266, 1272, 1274**
———. "Jan van Hoirne's Map of the Netherlands and the 'Oosterscher Zee' Printed in Antwerp in 1526." *Imago Mundi* 11 (1954): 136. **1249, 1404**
———. "Grote stadspanorama's, gegraveerd in Amsterdam sedert 1609." *Jaarboek van het Genootschap Amstelodamum* 47 (1955): 81–131. **1313, 1356**
———. "De oudste atlassen van de Nederlanden: Een merkwaardige atlas van Mercator in het stadsarchief van 's Hertogenbosch." *De Gulden Passer* 36 (1958): 63–87. **1338**
———. "The Oldest Maps of the Netherlands: Dutch Map Fragments of about 1524." *Imago Mundi* 16 (1962): 29–32. **1249**
Hoff, Bert van 't, and L. J. Noordhoff. "Een kaart van de Nederlanden en de 'Oosterscherzee' gedrukt door Jan de Beeldesnyder van Hoirne te Antwerpen in 1526." *Het Boek* 31 (1953): 151–56. **1249, 1404**
Hoffman, Bernard G. *Cabot to Cartier: Sources for a Historical Ethnography of Northeastern North America, 1497–1550.* Toronto: University of Toronto Press, 1961. **749**
Hoffman, Donald D. *Visual Intelligence: How We Create What We See.* New York: W. W. Norton, 1998. **690**
Hoffman, Paul E. "Diplomacy and the Papal Donation, 1493–1585." *Americas* 30 (1973): 151–83. **1104**
Hofmann, Catherine. "'Paincture & Imaige de la Terre': L'enluminure de cartes aux Pays-Bas." In *Couleurs de la terre: Des mappemondes médiévales aux images satellitales,* ed. Monique Pelletier, 68–85. Paris: Seuil / Bibliothèque Nationale de France, 1998. **189, 409, 603, 606**
———. "L'enluminure des cartes et des atlas imprimés [en France], XVIe–XVIIIe siècle." *Bulletin du Comité Français de Cartographie* 159 (1999): 35–47. **1499, 1588**
Hofmann, Catherine, et al. *Le globe & son image.* Paris: Bibliothèque Nationale de France, 1995. **149**
Hofmann, Werner, ed. *Zauber der Medusa: Europäische Manierismen.* Exhibition catalog. Vienna: Löcker, 1987. **445**
Hoftijzer, P. G. *Pieter van der Aa (1659–1733): Leids drukker en boekverkoper.* Hilversum: Verloren, 1999. **1338**
Hogenberg, Frans, and Abraham Hogenberg. *Geschichtsblätter.* Ed. Fritz Hellwig. Nördlingen: Alfons Uhl, 1983. **1234**
[Hogenberg, Frans, et al.]. *Itinerarivm Belgicvm.* Intro. H. A. M. van der Heijden. Weesp: Robas BV, [1994]. **1338**
Hogg, Peter C. "The Prototype of the Stefánsson and Resen Charts." *Historisk Tidsskrift* (Oslo) 68 (1989): 3–27. **1792**
Hoheisel, Karl. "Gregorius Reisch (ca. 1470–9. Mai 1525)." In *Wandlungen im geographischen Denken von Aristoteles bis Kant,* ed. Manfred Büttner, 59–67. Paderborn: Schöningh, 1979. **1202**
———. "Henricus Glareanus (1488–1563)." In *Wandlungen im geographischen Denken von Aristoteles bis Kant,* ed. Manfred Büttner, 83–90. Paderborn: Schöningh, 1979. **1215**
———. "Johannes Stöffler (1452–1531) als Geograph." In *Wandlungen im geographischen Denken von Aristoteles bis Kant,* ed. Manfred Büttner, 69–82. Paderborn: Schöningh, 1979. **1203**
Höhener, Hans-Peter. "Zur Geschichte der Kartendokumentation in der Schweiz." In *Karten hüten und bewahren: Festgabe für Lothar Zögner,* ed. Joachim Neumann, 57–66. Gotha: Perthes, 1995. **1175**
Höhn, Alfred. "Franken in der Nürnberg-Karte Etzlaubs von 1492 und die Daten des Codex Latinus Monacensis 14583." *Speculum Orbis* 3 (1987): 2–8. **1194**
———. "Die Karte des Hegaus und des Schwarzwaldes von Sebastian Münster, 1537." *Cartographica Helvetica* 3 (1991): 15–21. **1211**

Holanda, Antonio de, and Simon Bening. *A genealogia iluminada do infante dom Fernando*. Lisbon, 1962. **1052**

Holbrook, Mary. "Beschreibung des Himmelsglobus von Henricus, Arnoldus und Jacobus van Langren und eines Planetariums von H. van Laun im Historischen Museum zu Frankfurt am Main." *Der Globusfreund* 31–32 (1983): 69–77. **169, 172**

Hollander, Raymond d'. "Historique de la loxodromie." In *Géographie du monde au Moyen Âge et à la Renaissance*, ed. Monique Pelletier, 133–48. Paris: Éditions du C.T.H.S., 1989. **1559**

Hollstein, F. W. H. *Dutch and Flemish Etchings, Engravings and Woodcuts, ca. 1450–1700*. Amsterdam: Menno Hertzberger, 1949–. **733, 1302, 1315, 1356**

Holmyard, Eric John. *Alchemy*. 1957. Reprinted Harmondsworth, Eng.: Penguin Books, 1968. **155**

Holst, Norbert. *Mundus, Mirabilia, Mentalität: Weltbild und Quellen des Kartographen Johannes Schöner*. Frankfurt (Oder): Scripvaz, 1999. **1195**

Holwell, John. *A Sure Guide to the Practical Surveyor, in Two Parts*. London: Printed by W. Godbid for Christopher Hussey, 1678. **718**

Holzberg, Niklas. *Willibald Pirckheimer: Griechischer Humanismus in Deutschland*. Munich: W. Fink, 1981. **291, 342, 356**

Hondius, Jodocus. *Hyberniae novissima descriptio, 1592*. Intro. J. H. Andrews. Belfast: Linen Hall Library, 1983. **1619**

Hongre, L., G. Hulot, and A. Khokhlov. "An Analysis of the Geomagnetic Field over the Past 2000 Years." *Physics of the Earth and Planetary Interiors* 106 (1998): 311–35. **947**

Honigmann, Ernst. *Die Sieben Klimata und die πόλεις ἐπίσημοι: Eine Untersuchung zur Geschichte der Geographie und Astrologie im Altertum und Mittelalter*. Heidelberg: C. Winter, 1929. **300**

Honter, Johannes. *Iohannis Honter Coronensis Rudimentorum cosmographiae libri duo*. Cracow, [1530]. 2d ed., 1534. **1828, 1832**

———. *Rudimenta cosmographica*. Kronstadt, 1542. **583**

Hood, Thomas. *A Copie of the Speache: Made by the Mathematicall Lecturer . . . at the House of M. Thomas Smith*. London, 1588. Reprinted Amsterdam: Theatrum Orbis Terrarum, 1974. **634**

———. *The Vse of the Celestial Globe in Plano, Set Foorth in Two Hemispheres*. London: Thobie Cooke, 1590. **1704**

———. *The Marriners Guide*. Supplement to *Regiment for the Sea . . .*, by William Bourne, new ed., corrected and amended by Thomas Hood. London: Thomas Est, 1592. **524, 1740**

———. *The Vse of the Two Mathematicall Instruments, the Crosse Staffe . . . and the Iacobs Staffe*. London, 1596. Reprinted Amsterdam: Theatrum Orbis Terrarum, 1972. **634**

———. *The Making and Use of the Geometrical Instrument, Called a Sector*. London, 1598. **634**

"Hood, Thomas." In *The Dictionary of National Biography*, 22 vols., 9:1164. 1921. Reprinted London: Oxford University Press, 1964–65. **634**

Hoogvliet, Margriet. "Mappae Mundi and Medieval Encyclopaedias: Imago versus Text." In *Pre-Modern Encyclopaedic Texts. Proceedings of the Second COMERS Congress, Groningen, 1–4 July 1996*, ed. Peter Binkley, 63–74. Leiden: Brill, 1997. **32**

———. "The Medieval Texts of the 1486 Ptolemy Edition by Johann Reger of Ulm." *Imago Mundi* 54 (2002): 7–18. **348**

Hook, Judith. *The Sack of Rome, 1527*. London: Macmillan, 1972. **775**

Hooykaas, Reijer. "Science in Manueline Style: The Historical Context of D. João de Castro's Work." In *Obras completas de D. João de Castro*, 4 vols., ed. Armando Cortesão and Luís de Albuquerque, 4:231–426. Coimbra: Academia Internacional da Cultura Portuguesa, 1968–82. **1037**

———. "The Rise of Modern Science: When and Why?" *British Journal for the History of Science* 20 (1987): 453–73. **20, 22**

Hope, W. H. St. John. *Cowdray and Easebourne Priory in the County of Sussex*. London: Country Life, 1919. **1608, 1658**

Hoppe, Harry R. "John Wolfe, Printer and Publisher, 1579–1601." *Library*, 4th ser., 14 (1933–34): 241–88. **1705**

Hopton, Arthur. *Speculum Topographicum; or, The Topographicall Glasse*. London, 1611. **424**

Hordijk, L. W. *Inventaris van de archieven van de polder Drenkwaard 1609–1973*. Brielle: Streekarchivariaat Voorne-Putten en Rozenburg. 1984. **1294**

Horn, Georg. *Accuratissima orbis antiqui delineatio sive geographia vetus, sacra & profana*. Amsterdam, 1653. **442**

Horn, Hendrik J. *Jan Cornelisz. Vermeyen: Painter of Charles V and His Conquest of Tunis*. 2 vols. Doornspijk: Davaco, 1989. **468, 671, 724**

Horn, Werner. *Die alten Globen der Forschungsbibliothek und des Schloßmuseums Gotha*. Gotha: Forschungsbibliothek, 1976. **161, 172**

Hoskin, Michael, and Owen Gingerich. "Medieval Latin Astronomy." In *The Cambridge Illustrated History of Astronomy*, ed. Michael Hoskin, 68–97. Cambridge: Cambridge University Press, 1997. **101**

Hoskins, W. G. *Provincial England: Essays in Social and Economic History*. London: Macmillan, 1963. **562**

Hough, Samuel J. *The Italians and the Creation of America*. Exhibition catalog. Providence, R.I.: Brown University, 1980. **1082**

Houlbrooke, Ralph A. *The English Family, 1450–1700*. London: Longman, 1984. **624**

Houston, R. A. *Literacy in Early Modern Europe: Culture and Education, 1500–1800*. London: Longman, 1988. **623, 624**

———. *The Population History of Britain and Ireland, 1500–1750*. London: Houndsmills Macmillan Education, 1992. **1755**

Hoven van Genderen, A. J. van den. "Jan Ruysch (ca. 1473–1533), monnik, schilder en ontdekkingsreiziger." *Utrechtse biografieën*. Amsterdam: Boom, 1994–. **1188**

Hovy, L. *Ceylonees plakkaatboek: Plakkaten en andere wetten uitgevaardigd door het Nederlandse bestuur op Ceylon, 1638–1796*. 2 vols. Hilversum: Verloren, 1991. **1446**

Howard, Jean E. "An English Lass amid the Moors: Gender, Race, Sexuality, and National Identity in Heywood's 'The Fair Maid of the West.'" In *Women, "Race," and Writing in the Early Modern Period*, ed. Margo Hendricks and Patricia A. Parker, 101–17. New York: Routledge, 1994. 419

———. "Competing Ideologies of Commerce in Thomas Heywood's *If You Know Not Me You Know Nobody, Part II*." In *The Culture of Capital: Property, Cities, and Knowledge in Early Modern England*, ed. Henry S. Turner, 163–82. New York: Routledge, 2002. **420**

Howell, Wilbur Samuel. *Logic and Rhetoric in England, 1500–1700*. New York: Russell and Russell, 1961. **422**

Howgego, James L. *Printed Maps of London, circa 1553–1850*. 2d ed. Folkestone, Eng.: Dawson, 1978. **1610, 1658, 1667, 1698**

Howse, Derek. "Brouscon's Tidal Almanac, 1546: A Brief Introduction to the Text and an Explanation of the Working of the Almanac." In *Sir Francis Drake's Nautical Almanack, 1546*, by Guillaume Brouscon. London: Nottingham Court Press, 1980. **1727**

———. "Some Early Tidal Diagrams." *Mariner's Mirrour* 79 (1993): 27–43. **1727**

Howse, Derek, and Michael W. B. Sanderson. *The Sea Chart: An Historical Survey Based on the Collections in the National Maritime Museum*. Newton Abbot: David and Charles, 1973. **1725**

Hoyle, R. W. "'Shearing the Hog': The Reform of the Estates, c. 1598–1640." In *The Estates of the English Crown, 1558–1640*, ed. R. W. Hoyle, 204–62. Cambridge: Cambridge University Press, 1992. **1638**

Hrenkó, Pál. "A Lázár-térkép szerkezete." *Geodézia és Kartográfia* 26 (1974): 359–65. **1826**

———. "Térképészettörténeti kutatásunk helyzetképe." *Térképbarátok Körének Műsorfüzete* 1 (1982): 3–40. **1844**

Hübner, Wolfgang. *Zodiacus Christianus: Jüdisch-christliche Adaptationen des Tierkreises von der Antike bis zur Gegenwart.* Königstein: Hain, 1983. **117**

Hüe, Denis. "Tracé, écart: Le sens de la carte chez Opicinus de Canistris." In *Terres médiévales,* ed. Bernard Ribémont, 129–58. Paris: Editions Klincksieck, 1993. **47**

Hues, Robert. *Tractatvs de globis et eorvm vsv.* London, 1594. **153, 158**

———. *Tractaet: Ofte Handelinge van het Gebruijck der Hemelscher ende Aertscher Globe.* Ed. and trans. Jodocus Hondius. Amsterdam, 1597. **153**

———. *A Learned Treatise of Globes: Both Cœlestiall and Terrestriall. With Their Several Uses.* London, 1639. **153**

———. *Tractatus de globis et eorum usu: A Treatise Descriptive of the Globes Constructed by Emery Molyneux, and Published in 1592.* Ed., with annotated indexes and introdution, by Clements R. Markham. London: Hakluyt Society, 1889. **153**

Huffman, Clifford Chalmers. *Elizabethan Impressions: John Wolfe and His Press.* New York: AMS, 1988. **1705**

Huffman, William H. *Robert Fludd and the End of the Renaissance.* London: Routledge, 1988. **74**

Hughes, Sarah S. *Surveyors and Statesmen: Land Measuring in Colonial Virginia.* Richmond: Virginia Surveyors Foundation, Virginia Association of Surveyors, 1979. **710, 1774**

Hugh of Saint Victor. *La "Descriptio mappe mundi" de Hugues de Saint-Victor.* Ed. Patrick Gautier Dalché. Paris: Études Augustiniennes, 1988. **638**

———. *The Didascalicon of Hugh of Saint Victor: A Medieval Guide to the Arts.* Trans. Jerome Taylor. New York: Columbia University Press, 1991. **34**

Hull, Felix. "Isle of Thanet, Kent, Late 14th Century × 1414." In *Local Maps and Plans from Medieval England,* ed. R. A. Skelton and P. D. A. Harvey, 119–26. Oxford: Clarendon, 1986. **1595**

———. "Aspects of Local Cartography in Kent and Essex, 1585–1700." In *An Essex Tribute: Essays Presented to Frederick G. Emmison as a Tribute to His Life and Work for Essex History and Archives,* ed. Kenneth James Neale, 241–52. London: Leopard's Head Press, 1987. **1647**

Hülsen, Christian. "Die alte Ansicht von Florenz im Kgl. Kupferstichkabinett und ihr Vorbild." *Jahrbuch der Königlich Preuszischen Kunstsammlungen* 35 (1914): 90–102. **774**

———. *Saggio di bibliografia ragionata delle piante icnografiche e prospettiche di Roma dal 1551 al 1748.* 1915. Reprinted Rome: Bardi, 1969. **735, 797**

———. "Das 'Speculum Romanae Magnificentiae' des Antonio Lafreri." In *Collectanea variae doctrinae Leoni S. Olschki: Bibliopolae florentino, sexagenario,* 121–70. Munich: Rosenthal, 1921. **797**

Hulton, P. H. "Images of the New World: Jacques Le Moyne de Morgues and John White." In *The Westward Enterprise: English Activities in Ireland, the Atlantic, and America, 1480–1650,* ed. Kenneth R. Andrews, Nicholas P. Canny, and P. E. H. Hair, 195–214. Liverpool: Liverpool University Press, 1978. **753**

Hulton, P. H., and David B. Quinn. *The American Drawings of John White, 1577–1590.* 2 vols. London: Trustees of the British Museum, 1964. **1615, 1766**

Humbert, Pierre. "La première carte de la lune." *Revue des Questions Scientifiques* 100 (1931): 194–204. **130**

———. *Un amateur: Peiresc, 1580–1637.* Paris: Desclée de Brouwer et Cie, 1933. **130**

Humble, Sixten. "Lantmätarnas verksamhet inom städer och stadsliknande samhällen." In *Svenska lantmäteriet,* 3 vols., 2:199–238. Stockholm: P. A. Norstedt och Söner, 1928. **1803**

Humboldt, Alexander von. *Examen critique de l'histoire de la géographie du nouveau continent et des progrès de l'astronomie nautique aux quinzième et seizième siècles.* 5 vols. Paris: Gide, 1836–39. **739, 749, 1175**

———. "Ueber die ältesten Karten des Neuen Continents und den Namen Amerika." In *Geschichte des Seefahrers Ritter Martin Behaim,* ed. Friedrich Wilhelm Ghillany, 1–12. Nuremberg: Bauer und Raspe, Julius Merz, 1853. **749**

Hunfalvy, János. *A Magyar Birodalom természeti viszonyainak leírása.* 3 vols. Pest: Emich Gusztáv, 1863–65. **1808**

Hunger, Hermann, Julian Reade, and Simo Parpola, eds. *Astrological Reports to Assyrian Kings.* Helsinki: Helsinki University Press, 1992. **123**

Hunt, Arnold. "Book Trade Patents, 1603–1640." In *The Book Trade & Its Customers, 1450–1900: Historical Essays for Robin Myers,* ed. Arnold Hunt, Giles Mandelbrote, and Alison Shell, 27–54. Winchester: St Paul's Bibliographies, 1997. **1715**

Hunter, Dard. *Papermaking: The History and Technique of an Ancient Craft.* New York: A. A. Knopf, 1943. **591, 597**

Hutchieson, Alex R. "Bequest to the Royal Scottish Museum—Astrolabe of Robert Gordon of Straloch." *Mariner's Mirror* 34 (1948): 122–23. **1691**

Huussen, A. H. "Willem Hendricxz. Croock, Amsterdams stadsfabriekmeester, schilder en kartograaf in de eerste helft van de zestiende eeuw." *Jaarboek van het Genootschap Amstelodamum* 64 (1972): 29–53. **1256**

———. *Jurisprudentie en kartografie in de XVe en XVIe eeuw.* Brussels: Algemeen Rijksarchief, 1974. **1256**

———. "Kartografie en rechterlijke archieven." *Nederlands Archievenblad* 82 (1978): 7–15. **1256**

Huvenne, Paul. *Pieter Pourbus: Meester-schilder, 1524–1584.* Exhibition catalog. [Brussels]: Gemeentekrediet, 1984. **1252**

———. "De kaart van het Vrije in het kader van leven en werk van Pieter Pourbus." In *Het Brugse Vrije in beeld: Facsimile-uitgave van de Grote Kaart geschilderd door Pieter Pourbus (1571) en gekopieerd door Pieter Claeissens (1601),* ed. Bart van der Herten, 21–25. Alphen aan den Rijn: Canaletto/Repro-Holland, 1998. **1252**

Huygens, Christiaan. *Systema Saturnium, sive de causis mirandorum Saturni Phaenomenon.* The Hague, 1659. **128**

———. *Oeuvres complètes de Christiaan Huygens.* 22 vols. The Hague: Martinus Nijhoff, 1888–1950. **127**

Hymans, Henri. *Lucas Vorsterman: Catalogue raisonné de son oeuvre.* Brussels, 1893. Reimpression under a slightly different title, *Lucas Vorsterman, 1595–1675, et son oeuvre gravé: Catalogue raisonné de l'oeuvre.* Amsterdam: G. W. Hissink, 1972. **1058**

Idrīsī, al-. *Géographie d'Edrisi.* 2 vols. Trans. Pierre-Amédée Jaubert. Paris: Imprimerie Royale, 1836–40. **1852**

Ihde, Don. *Postphenomenology: Essays in the Postmodern Context.* Evanston: Northwestern University Press, 1993. **600**

IJzerman, J. W. *De reis om de wereld door Olivier van Noort, 1598–1601.* 2 vols. The Hague: Martinus Nijhoff, 1926. **1412**

Ikonen 13. bis 19. Jahrhundert. Exhibition catalog. Munich: Haus der Kunst, 1969. **1860**

Images de la montagne: De l'artiste cartographe à l'ordinateur. Exhibition catalog. Paris: Bibliothèque Nationale, 1984. **948**

Imago primi Saecvli Societatis Iesv a provincia Flandro-Belgica eivsdem societatis repraesentata. Antwerp: Balthasaris Moreti, 1640. **94**

Imbert, Jean. *Institutions forenses; ou, Practique judiciaire.* Poitiers: Enguilbert de Marnef, 1563. **1523**

Imhof, D. "De 'Officina Plantiniana' als verdeelcentrum van de globes, kaarten en atlassen van Gerard Mercator / L''Officina Plantiniana,' centre de distribution des globes, cartes et atlas de Gerard Mercator." In *Gerard Mercator en de geografie in de Zuidelijke Neder-*

landen (16de eeuw) / Gérard Mercator et la géographie dans les Pays-Bas Méridionaux (16e siècle), exhibition catalog, 32–41. Antwerp: Stad Antwerpen, 1994. **1299, 1300**

———. "The Production of Ortelius Atlases by Christopher Plantin." In *Abraham Ortelius and the First Atlas: Essays Commemorating the Quadricentennial of His Death, 1598–1998*, ed. M. P. R. van den Broecke, Peter van der Krogt, and Peter H. Meurer, 79–92. 't Goy-Houten: HES, 1998. **1319**

———. "Balthasar I Moretus en de uitgaven van Ortelius' *Theatrum* (1612–1641)." In *Abraham Ortelius (1527 1598)*, ed. Marco van Egmond, 35–40. Amersfoort: NVK, 1999. **1321, 1323**

———, ed. *De wereld in kaart: Abraham Ortelius (1527–1598) en de eerste atlas*. Exhibition catalog. Antwerp: Museum Plantin-Moretus, 1998. **1319**

Imhof, Eduard. *Die ältesten Schweizerkarten*. Zurich: Füssli, 1939. **1201**

———. *Cartographic Relief Presentation*. Ed. Harry Steward. Berlin: De Gruyter, 1982. **16, 538**

Impey, O. R., and Arthur MacGregor, eds. *The Origins of Museums: The Cabinet of Curiosities in Sixteenth- and Seventeenth-Century Europe*. Oxford: Clarendon, 1985. **637, 640, 648**

Ingegno, Alfonso. "The New Philosophy of Nature." In *The Cambridge History of Renaissance Philosophy*, ed. Charles B. Schmitt et al., 236–63. Cambridge: Cambridge University Press, 1988. **58, 79**

Ingram, Elizabeth Morley. "The Map of the Holy Land in the Coverdale Bible: A Map by Holbein?" *Map Collector* 64 (1993): 26–31. **1604, 1696**

———. "Maps as Readers' Aids: Maps and Plans in Geneva Bibles." *Imago Mundi* 45 (1993): 29–44. **388, 389**

In memoriam Johannes Riese, Doktor der Medizin und Mathematik, Kartograph und Astronom, 1582–1637. With contributions by Reinhard Oldemeier et al. Lügde, 1992. **1235**

Innes, F. C. "The Pre-Sugar Era of European Settlement in Barbados." *Journal of Caribbean History* 1 (1970): 1–22. **1456**

Irmédi-Molnár, László. "The Earliest Known Map of Hungary, 1528." *Imago Mundi* 18 (1964): 53–59. **1826**

———. "Adatok a XVII. századi és a korábbi idők magyar térképtörténetéhez." *Földrajzi Értesítő* 15 (1966): 263–73. **1815, 1816**

———. "Lázár deák térképének problémája." *Földrajzi Közlemények* 19 (1971): 103–24. **1826**

———. "The Texts of the Lazarus Maps." In *Lazarus Secretarius: The First Hungarian Mapmaker and His Work*, ed. Lajos Stegena, 23–31. Budapest: Akadémiai Kiadó, 1982. **1826**

Ischer, Theophil. *Die ältesten Karten der Eidgenossenschaft*. Bern: Schweizer Bibliophilen Gesellschaft, 1945. **1201**

Isidore of Seville. *De responsione mundi et astrorum ordinatione*. Augsburg: Günther Zainer, 1472. **79**

———. *Etymologiae*. Augsburg: Günther Zainer, 1472. Strasburg: Johann Mentelin, 1473. **79**

———. *Traité de la nature*. Ed. Jacques Fontaine. Bordeaux: Féret, 1960. **655**

Ísleifsson, Sumarliði. "Carta Marina, Olaus Magnus and Iceland." *IMCoS Journal* 83 (2000): 21–26. **1788**

Israel, Jonathan Irvine. *Dutch Primacy in World Trade, 1585–1740*. Oxford: Clarendon, 1989. **1444**

———. *The Dutch Republic: Its Rise, Greatness, and Fall, 1477–1806*. Oxford: Clarendon, 1995. 2d ed., rev., Oxford: Clarendon, 1998. **1247, 1619**

Israel, Nico, and Meijer Elte. *Catalogue 20: Important Old Books on Various Subjects*. Amsterdam: Nico Israel, 1978. **784**

Le istituzioni ecclesiastiche della "Societas Christiana" dei secoli XI–XII: Diocesi, pievi e parrocchie. Atti della Sesta Settimana Internazionale di Studio, Milano, 1–7 settembre 1974. Milan: Vita e Pensiero, 1977. **904**

Iuliano, Marco. "Napoli a volo d'uccello: Un affresco per lo studio della topografia aragonese." *Mélanges de l'École Française de Rome, Italie et Méditerranée* 113 (2001): 287–311. **826**

Ivins, William Mills. "Notes on Three Dürer Woodblocks." *Metropolitan Museum Studies* 2 (1929–30): 102–11. **599**

———. *Prints and Visual Communication*. New York: Routledge and Kegan Paul; Cambridge: Harvard University Press, 1953. **20, 21, 123, 599, 607**

Iwańczak, Wojciech. "Entre l'espace ptolémaïque et l'empirie: Les cartes de Fra Mauro." *Médiévales* 18 (1990): 53–68. **316**

Jack-Hinton, Colin. *The Search for the Islands of Solomon, 1567–1838*. Oxford: Clarendon, 1969. **755**

Jackson, William Alexander, ed. *Records of the Court of the Stationers' Company, 1602 to 1640*. London: Bibliographical Society, 1957. **1715**

Jackson-Stops, Gervase, ed. *The Treasure Houses of Britain: Five Hundred Years of Private Patronage and Art Collecting*. Exhibition catalog. Washington, D.C.: National Gallery of Art; New Haven: Yale University Press, 1985. **735**

Jacob, Christian. "L'oeil et la mémoire: Sur la *Périégèse de la terre habitée* de Denys." In *Arts et légendes d'espaces: Figures du voyage et rhétoriques du monde*, ed. Christian Jacob and Frank Lestringant, 21–97. Paris: Presses de l'Ecole Normale Supérieure, 1981. **264**

———. "Géographie et culture en grèce ancienne: Essai de lecture de la description de la terre habitée de Denys d'Alexandrie." Ph.D. diss., Ecole des Hautes Études en Sciences Sociales, Paris, 1987. **637**

———. "Inscrivere la terra abitata su una tavoleta: Riflessioni sulla funzione delle carte geographiche nell'antica Grecia." In *Sapere e scrittura in Grecia*, ed. Marcel Detienne, 151–78. Rome: Laterza, 1989. **638**

———. "La carte du monde: De la clôture visuelle à l'expansion des savoirs." *Le Genre Humain* 24–25 (1992): 241–58. **640**

———. *L'empire des cartes: Approche théorique de la cartographie à travers l'histoire*. Paris: Albin Michel, 1992. In English, *The Sovereign Map: Theoretical Approaches in Cartography throughout History*. Trans. Tom Conley. Ed. Edward H. Dahl. Chicago: University of Chicago Press, 2006. **264, 280, 408, 639, 641, 900**

Jacob, Eduard Herman s'. *Landsdomein en adatrecht*. Utrecht: Kemink en zoon N.V., [1945]. **1446**

Jacobi, Dominique, ed. *Itinéraires de France en Tunisie du XVIe au XIXe siècle*. Marseille: Bibliothèque Municipale, 1995. **233**

Jacobs, Emil. "Neues von Cristoforo Buondelmonti." *Jahrbuch des Archäologischen Instituts* 20 (1905): 39–45. **642**

Jacques de Vitry. *Traducción de la "Historia de Jerusalem abreviada."* Ed. María Teresa Herrera and María Nieves Sánchez. Salamanca: Universidad de Salamanca, 2000. **470**

Jaeger, Adolf. "Stellung und Tätigkeit der Schreib- und Rechenmeister (Modisten) in Nürnberg im ausgehenden Mittelalter und zur Zeit der Renaissance." Ph.D. diss., Friedrich-Alexander Universität Erlangen-Nürnberg, 1925. **503**

Jaenen, Cornelius J., ed. *The French Regime in the Upper Country of Canada during the Seventeenth Century*. Toronto: Champlain Society in cooperation with the government of Ontario, 1996. **428**

Jäger, Eckhard. *Prussia-Karten, 1542–1810: Geschichte der kartographischen Darstellung Ostpreussens vom 16. bis 19. Jahrhunderts*. Weissenhorn: A. H. Konrad, 1982. **1186, 1209, 1242**

———. "Johannes Mellinger und die erste Landesvermessung des Fürstentums Lüneburg." In *Gerhard Mercator und seine Zeit*, ed. Wolfgang Scharfe, 121–36. Duisburg: W. Braun, 1996. **1209, 1240**

Jahn, Johannes. *1472–1552, Lucas Cranach d.Ä.: Das gesamte graphische Werk*. Munich: Rogner und Bernhard, 1972. **1218**

Jakubowski, Jan. "W spravie mapi Litwy Tomasza Makowskiego, 1613." *Przeglad Geograficzny* 1 (1918–19): 297–306. **1808**

Jameson, Fredric. "Of Islands and Trenches: Neutralization and the Production of Utopian Discourse." In *The Ideologies of Theory: Essays 1971–1986,* 2 vols., 2:75–101. Minneapolis: University of Minnesota Press, 1988. **425**

Jandesek, Reinhold. "Reiseberichte nach China als Quellen für Martin Behaim." In *Focus Behaim Globus,* 2 vols., 1:239–72. Nuremberg: Germanisches Nationalmuseum, 1992. **758**

Janos, Andrew C. *East Central Europe in the Modern World: The Politics of the Borderlands from Pre- to Postcommunism.* Stanford: Stanford University Press, 2000. **1806**

Janssen, J. G. "Grondregistratie Jacatra, Batavia, Djakarta." Master's thesis, Delft University of Technology, 1952. **1446**

Janssonius, Johannes. *Novus Atlas Absolutissimus, das ist, Generale Welt-Beschreibung mit allerley schönen und neuen Land-Carten gezieret.* Munich: Battenberg, 1977. **1329**

Jantillet, A. C. de. *Helvis obsidione liberata.* Lisbon, 1662. **1068**

Jardine, Lisa. *Francis Bacon: Discovery and the Art of Discourse.* Cambridge: Cambridge University Press, 1974. **422**

———. *Worldly Goods: A New History of the Renaissance.* New York: Doubleday, Nan A. Talese, and W. W. Norton; London: Macmillan, 1996. **20, 60, 639, 654, 1659**

Jardine, Lisa, and Jerry Brotton. *Global Interests: Renaissance Art between East and West.* London: Reaktion, 2000. **68**

Jarrell, Richard A. "Astronomy at the University of Tübingen: The Work of Michael Mästlin." In *Wissenschaftsgeschichte um Wilhelm Schickard,* ed. Friedrich Seck, 9–19. Tübingen: Mohr, 1981. **502**

Jay, Martin. "Scopic Regimes of Modernity." In *Vision and Visuality,* ed. Hal Foster, 3–23. Seattle: Bay Press, 1988. **600**

Jean, Giacinta. "Antonio Campi: Piante di palazzi cremonesi alla fine del Cinquecento." *Il Disegno di Architettura* 17 (1998): 21–26. **686**

Jeanneret, Michel. *A Feast of Words: Banquets and Table Talk in the Renaissance.* Trans. Jeremy Whiteley and Emma Hughes. Chicago: University of Chicago Press, 1991. **436**

———. *Perpetual Motion: Transforming Shapes in the Renaissance from da Vinci to Montaigne.* Trans. Nidra Poller. Baltimore: Johns Hopkins University Press, 2001. **406**

Jenkins, Penny. "Printing on Parchment or Vellum." *Paper Conservator* 16 (1992): 31–39. **182**

"The Jenkinson Map." *Map Collector* 52 (1990): 29. **1610**

Jenny, J. "Note sur quelques globes de Blaeu des années 1622 et suivantes conservés en France." In *Actes du Quatre-vingt-septième Congrès National des Sociétés Savantes, Poitiers, 1962, Section de Géographie,* 107–32. Paris: Imprimerie Nationale, 1963. **1369**

Jensen, Minna Skafte, ed. *A History of Nordic Neo-Latin Literature.* Odense: Odense University Press, 1995. **276**

Jensen, Ruth Helkiær, and Kr. Marius Jensen. *Topografisk atlas Danmark: 82 kortudsnit med beskrivelse.* Copenhagen: Det Kongelige Danske Geografiske Selskab, I kommission hos C.A. Reitzel, 1976. **1792**

Jervis, Jane L. *Cometary Theory in Fifteenth-Century Europe.* Wrocław: Ossolineum, Polish Academy of Sciences Press; Dordrecht: D. Reidel, 1985. **119, 120, 334**

Jiménez Ríos, Enrique, ed. *Texto y concordancias de Biblioteca Nacional de Madrid MS. 3369, Semeiança del mundo.* Madison: Hispanic Seminary of Medieval Studies, 1992. **470**

Joachimsen, Paul. *Marx Welser als bayerischer Geschichtsschreiber.* Munich: Kutzner, 1905. **1242**

———. *Geschichtsauffassung und Geschichtschreibung in Deutschland unter dem Einfluss des Humanismus.* Leipzig: Teubner, 1910. Reprinted Aalen: Scientia-Verlag, 1968. **1190**

Jode, Gerard de. *Speculum orbis terrarum.* Antwerp, 1578. **1321, 1322**

———. *Speculum orbis terrarum: Antwerpen, 1578.* Intro. R. A. Skelton. Amsterdam: Theatrum Orbis Terrarum, 1965. **1321**

Johannes de Stobnicza (John of Stobnicza, Jan ze Stobnicy). *Introductio in Ptholomei Cosmographiam.* Cracow: Florian Ungler, 1512. **351, 1816**

John of Glogow (Jan Glogów). *Introductorium compendiosum in Tractatum sphere materialis magistri Joh. de Sacrobusto, quem abbreviavit ex Almagesti Sapientis Ptholomei Claudii.* Cracow, 1506. **1816**

Johns, Adrian. *The Nature of the Book: Print and Knowledge in the Making.* Chicago: University of Chicago Press, 1998. **607, 690**

Johnson, A. W. *Ben Jonson: Poetry and Architecture.* Oxford: Clarendon, 1994. **414**

Johnson, Francis R. "Astronomical Text-Books in the Sixteenth Century." In *Science Medicine and History: Essays on the Evolution of Scientific Thought and Medical Practice Written in Honour of Charles Singer,* 2 vols., ed. Edgar Ashworth Underwood, 1:285–302. London: Oxford University Press, 1953. **158**

Johnson, Hildegard Binder. *Carta Marina: World Geography in Strassburg, 1525.* Minneapolis: University of Minnesota Press, 1963. **66, 544, 562, 1206**

Johnston, Stephen Andrew. "Mathematical Practitioners and Instruments in Elizabethan England." *Annals of Science* 48 (1991): 319–44. **71, 1618**

———. "Making Mathematical Practice: Gentlemen, Practitioners and Artisans in Elizabethan England." Ph.D. diss., University of Cambridge, 1994. **634**

Jolly, Claude, ed. *Histoire des bibliothèques françaises.* 4 vols. Paris: Promodis-Éditions du Cercle du Librairie, 1988–92. **646**

Jones, Charles William. *Bedae Pseudepigrapha: Scientific Writings Falsely Attributed to Bede.* Ithaca, N.Y.: Cornell University Press, 1939. **105**

Jones, Ieuan E. *D'Argentré's History of Britanny and Its Maps.* Birmingham: University of Birmingham, 1987. **1489**

Jones, Michael. "Tycho Brahe og kartografien på slutten av 1500-tallet." *Nordenskiöld-samfundets Tidskrift* 62 (2003): 51–78. **1790**

Jones, Philip. "Economia e società nell'Italia medievale: La leggenda della borghesia." In *Storia d'Italia: Annali,* vol. 1, *Dal feudalesimo al capitalismo,* ed. Ruggiero Romano and Corrado Vivanti, 185–372. Turin: Einaudi, 1978. **941**

Jones, Philip E. "Deptford, Kent and Surrey; Lambeth, Surrey; London, 1470–1478." In *Local Maps and Plans from Medieval England,* ed. R. A. Skelton and P. D. A. Harvey, 251–62. Oxford: Clarendon, 1986. **1591**

Jonson, Ben. *Ben Jonson [Works].* 11 vols. Ed. Charles Harold Herford, Percy Simpson, and Evelyn Mary Spearing Simpson. Oxford: Clarendon, 1925–63. **414**

Joó, István, and Frigyes Raum, eds. "A magyar földmérés és térképészet története." 4 vols. Budapest, 1990–94. **1810**

Jordan, Annemarie. "Portuguese Royal Collecting after 1521: The Choice between Flanders and Italy." In *Cultural Links between Portugal and Italy in the Renaissance,* ed. K. J. P. Lowe, 265–93. Oxford: Oxford University Press, 2000. **468**

Jordan, Constance. "Feminism and the Humanists: The Case of Sir Thomas Elyot's *Defence of Good Women.*" In *Rewriting the Renaissance: The Discourses of Sexual Difference in Early Modern Europe,* ed. Margaret W. Ferguson, Maureen Quilligan, and Nancy J. Vickers, 242–58. Chicago: University of Chicago Press, 1986. **626**

Jordan, W. K., ed. *The Chronicle and Political Papers of King Edward VI.* London: Allen and Unwin, 1966. **1602**

Jordanova, L. J. "Children in History: Concepts of Nature and Society." In *Children, Parents, and Politics,* ed. Geoffrey Scarre, 3–24. Cambridge: Cambridge Univerity Press, 1989. **624**

Jouhaud, Christian. "Imprimer l'événement: La Rochelle à Paris." In *Les usages de l'imprimé (XVe–XIXe siècle),* ed. Roger Chartier, 381–438. Paris: Fayard, 1987. **640**

Juffinger, Roswitha. "Die 'Galerie der Landkarten' in der Salzburger Residenz." *Barockberichte* 5–6 (1992): 164–67. **447, 807**

Jügelt, Karl-Heinz. "Der Rostocker Große Atlas." *Almanach für Kunst und Kultur im Ostseebezirk* 7 (1984): 29–35. **1356**

Julku, Kyösti. *Suomen itärajan synty.* Rovaniemi: Pohjois-Suomen Historiallinen Yhdistys, 1987. **1782**

Jutikkala, Eino. *Finland, Turku-Åbo.* Scandinavian Atlas of Historic Towns, no. 1. Odense: Danish Committee for Urban History [Odense University Press], 1977. **1803**

Kaapse Plakkaatboek. 6 vols. Ed. M. K. Jeffreys, S. D. Naudé, and P. J. Venter. Kaapstad, 1944–51. **1448**

Kagan, Richard L. "Philip II and the Geographers." In *Spanish Cities of the Golden Age: The Views of Anton van den Wyngaerde,* ed. Richard L. Kagan, 40–53. Berkeley: University of California Press, 1989. **806, 807, 826**

———. "*Urbs* and *Civitas* in Sixteenth- and Seventeenth-Century Spain." In *Envisioning the City: Six Studies in Urban Cartography,* ed. David Buisseret, 75–108. Chicago: University of Chicago Press, 1998. **663, 1085**

———. *Urban Images of the Hispanic World, 1493–1793.* New Haven: Yale University Press, 2000. **15, 472, 664, 671, 686, 1163, 1165**

———. "Arcana Imperii: Mapas, ciencia y poder en la corte de Felipe IV." In *El Atlas del rey planeta: La "Descripción de España y de las costas y puertos de sus reinos" de Pedro Texeira (1634),* ed. Felipe Pereda and Fernando Marías, 49–70. Madrid: Editorial Nerea, 2002. **1082, 1137**

———, ed. *Spanish Cities of the Golden Age: The Views of Anton van den Wyngaerde.* Berkeley: University of California Press, 1989. **673, 688, 1070, 1082, 1083, 1085**

Kain, R. J. P., and Elizabeth Baigent. *The Cadastral Map in the Service of the State: A History of Property Mapping.* Chicago: University of Chicago Press, 1992. **710, 1456, 1457, 1648, 1774, 1802**

Kain, R. J. P., John Chapman, and Richard R. Oliver. *The Enclosure Maps of England and Wales, 1595–1918: A Cartographic Analysis and Electronic Catalogue.* Cambridge: Cambridge University Press, 2004. **712**

Kaiser Karl V. (1500–1558): Macht und Ohnmacht Europas. Exhibition catalog. Bonn: Kunst- und Ausstellungshalle der Bundesrepublik Deutschland; Milan: Skira, 2000. **806, 1174**

Kaklamanis, Stephanos. "Η χαρτογράφηση του τόπου και των συνειδήσεων στην Κρήτη κατά την περίοδο της Βενετοκρατίας." In *Candia/Creta/Κρήτη,* 47–49. Athens: Cultural Foundation of the National Bank of Greece, 2005. **649**

Kalma, J. J., and C. Koeman. *Uitbeelding der Heerlijkheit Friesland . . . door d. Bern. Schotanus à Sterringa . . .* Amsterdam: Theatrum Orbis Terrarum, 1979. **1269**

Kalnofoiskiy, Afanasiy. *Teraturgima.* Kiev, 1638. **1872**

Kamāl, Yūsuf (Youssouf Kamal). *Monumenta cartographica Africae et Aegypti.* 5 vols. Cairo, 1926–51. Reprinted in 6 vols., ed. Fuat Segzin, Frankfurt: Institut für Geschichte der Arabisch-Islamischen Wissenschaften an der Johann Wolfgang Goethe-Universität, 1987. **560, 1025, 1727**

———. *Quelques éclaircissements épars sur mes Monumenta cartographica Africae et Aegypti.* Leiden: E. J. Brill, 1935. **978**

Kamp, A. F. *Proeve van beschrijving bij de caerte vant Hontbos ende Zijplant.* Alkmaar, 1971. **1292, 1294**

Kan, J. van. "De Bataviasche statuten en de buitencomptoiren." *Bijdragen tot de Taal-, Land- en Volkenkunde van Nederlandsch-Indië* 100 (1941): 255–82. **1436**

Kandler, Karl-Hermann. *Nikolaus von Kues: Denker zwischen Mittelalter und Neuzeit.* Göttingen: Vandenhoeck und Ruprecht, 1997. **1183**

Kapr, Albert. *Johannes Gutenberg: Persönlichkeit und Leistung.* Munich: C. H. Beck, 1987. **1181**

———. *Johann Gutenberg: The Man and His Invention.* Trans. Douglas Martin. Aldershot: Scolar, 1996. **1181**

Karpinski, Caroline. *Italian Printmaking, Fifteenth and Sixteenth Centuries: An Annotated Bibliography.* Boston: G. K. Hall, 1987. **797**

Karrow, Robert W. *Mapmakers of the Sixteenth Century and Their Maps: Bio-Bibliographies of the Cartographers of Abraham Ortelius, 1570.* Chicago: For the Newberry Library by Speculum Orbis Press, 1993. **6, 17, 67, 156, 271, 276, 429, 431, 432, 531, 535, 555, 579, 611, 612, 613, 642, 652, 781, 782, 806, 815, 842, 952, 960, 1129, 1134, 1182, 1184, 1188, 1191, 1192, 1198, 1203, 1204, 1206, 1207, 1209, 1213, 1215, 1218, 1220, 1222, 1223, 1232, 1241, 1244, 1249, 1260, 1272, 1297, 1298, 1303, 1307, 1320, 1472, 1481, 1483, 1505, 1571, 1572, 1573, 1574, 1575, 1610, 1616, 1621, 1622, 1696, 1698, 1785, 1786, 1787, 1790, 1821, 1822, 1826, 1828, 1837, 1844**

———. "Intellectual Foundations of the Cartographic Revolution." Ph.D. diss., Loyola University of Chicago, 1999. **10, 11, 27, 621**

———. "Color in Cartography." In *Atlas sive Cosmographicae meditationes de fabrica mundi et fabricata figura, Duisberg, 1595,* by Gerardus Mercator, CD-ROM. Oakland: Octavo Editions, 2000. **603**

———, comp. "Raleigh Ashlin Skelton (1906–1970): A Bibliography of Published Works." In *Maps: A Historical Survey of Their Study and Collecting,* by R. A. Skelton, 111–31. Chicago: University of Chicago Press, 1972. **1693**

Karrow, Robert et al. *Abraham Ortelius (1527–1598): Cartograaf en humanist.* Turnhout: Brepols, 1998. **637**

"Kartenschrift." In *Lexikon zur Geschichte der Kartographie,* 2 vols., ed. Ingrid Kretschmer, Johannes Dörflinger, and Franz Wawrik, 1:389–94. Vienna: F. Deuticke, 1986. **950**

Kashtanov, S. M. "Chertëzh zemel'nogo uchastka XVI v." *Trudy Moskovskogo Gosudarstvennogo Istoriko-arkhivnogo Instituta* 17 (1963): 429–36. **1862**

Kastner, Dieter. *Die Gocher Landrolle: Ein Landerschließungsprojekt des 14. Jahrhunderts.* Kleve: Boss, 1988. **1177**

Kästner, Hannes. "Der Arzt und die Kosmographie: Beobachtungen über Ausnahme und Vermittlung neuer geographischer Kenntnisse in der deutschen Frührenaissance und der Reformationzeit." In *Literatur und Laienbildung im Spätmittelalter und in der Reformationzeit,* ed. Ludger Grenzmann and Karl Stackmann, 504–31. Stuttgart: J. B. Metzler, 1984. **359**

Kathman, David. "Smith, William (c. 1550–1618)." In *Oxford Dictionary of National Biography,* 60 vols., 51:358–59. Oxford: Oxford University Press, 2004. **1636**

Katzenstein, Ranee, and Emilie Savage-Smith. *The Leiden Aratea: Ancient Constellations in a Medieval Manuscript.* Malibu, Calif.: J. Paul Getty Museum, 1988. **110, 124**

Kaufman, Kevin. "An Early Portuguese Geographical Index: The *Longitudo et Latitudo Lusitaniae* and Its Relation to Sixteenth-Century Mapping Techniques." Master's thesis, University of Wisconsin–Madison, 1988. **1036, 1037, 1038**

Kaufmann, Thomas DaCosta. *The Mastery of Nature: Aspects of Art, Science, and Humanism in the Renaissance.* Princeton: Princeton University Press, 1993. **649**

Kaunzner, Wolfgang. "Zum Stand von Astronomie und Naturwissenschaften im Kloster Reichenbach." In *875 Jahre Kloster Reichenbach am Regen, 1118–1993,* 24–45. Munich: Johannes von Gott, 1993. **1179**

Kawamura, Hirotada, Kazutaka Unno, and Kazuhiko Miyajima. "List of Old Globes in Japan." *Der Globusfreund* 38–39 (1990): 173–77. **161, 172**

Kay, Terry. "Helen M. Wallis: A Bibliography of Published Works." *Map Collector* 40 (1987): 30–38. **1725**

Kaye, Joel. *Economy and Nature in the Fourteenth Century: Money, Market Exchange, and the Emergence of Scientific Thought.* New York: Cambridge University Press, 1998. **27**

Kazakova, N. A. *Dmitriy Gerasimov i russko-evropeyskiye kul'turnyye svyazi v pervoy treti 16 v.* Leningrad: Nauka, 1972. **1856**
Kearney, Hugh F. *Scholars and Gentlemen: Universities and Society in Pre-Industrial Britain, 1500–1700.* London: Faber, 1970. **623**
Kebabian, John S., comp. *The Henry C. Taylor Collection.* New Haven: Yale University Library, 1971. **1389**
Keeler, Mary Frear, ed. *Sir Francis Drake's West Indian Voyage, 1585–86.* London: Hakluyt Society, 1981. **1763**
Keen, Ralph. *A Checklist of Melanchthon Imprints through 1560.* St. Louis: Center for Reformation Research, 1988. **1208**
Keere, Pieter van den. *Germania inferior: Amsterdam, 1617.* Bibliographical note by C. Koeman. Amsterdam: Theatrum Orbis Terrarum, 1966. **1314**
"Keere (Kaerius), Pieter van den." In *Lexikon zur Geschichte der Kartographie*, 2 vols., ed. Ingrid Kretschmer, Johannes Dörflinger, and Franz Wawrik, 1:407–8. Vienna: Franz Deuticke, 1986. **441**
Kejlbo, Ib Rønne. "Tycho Brahe und seine Globen." *Der Globusfreund* 18–20 (1969–71): 57–66. **1790**
———. "Map Material from King Christian the Fourth's Expeditions to Greenland." *Wolfenbütteler Forschungen* (1980): 193–212. **1792**
———. *Rare Globes: A Cultural-Historical Exposition of Selected Terrestrial and Celestial Globes Made before 1850—Especially Connected with Denmark.* Copenhagen: Munksgaard/Rosinante, 1995. **162, 165, 166, 169, 172, 1790**
Kelley, Donald R. "*Historia Integra:* François Baudouin and His Conception of History." *Journal of the History of Ideas* 25 (1964): 35–57. **656**
———. *Foundations of Modern Historical Scholarship: Language, Law, and History in the French Renaissance.* New York: Columbia University Press, 1970. **656**
Kelley, James E. "Perspectives on the Origins and Uses of the Portolan Charts." *Cartographica* 32, no. 3 (1995): 1–16. **194, 510, 514**
Kelly, Arthur L. "Maps of the British Isles, England and Wales, and Ireland: New Plates, States, Variants, and Derivatives." In *Abraham Ortelius and the First Atlas: Essays Commemorating the Quadricentennial of His Death, 1598–1998*, ed. M. P. R. van den Broecke, Peter van der Krogt, and Peter H. Meurer, 221–38. 't Goy-Houten: HES, 1998. **1319**
Kelly, Suzanne, ed. *The* De Mundo *of William Gilbert.* 2 vols. Amsterdam: Menno Hertzberger, 1965. **125**
Kelsey, Harry. "The Planispheres of Sebastian Cabot and Sancho Gutiérrez." *Terrae Incognitae* 19 (1987): 41–58. **1122**
———. *Sir Francis Drake: The Queen's Pirate.* New Haven: Yale University Press, 1998. **753, 757, 1137**
Kemp, Martin. *Leonardo da Vinci: The Marvellous Works of Nature and Man.* Cambridge: Harvard University Press, 1981. **729**
———. *The Science of Art: Optical Themes in Western Art from Brunelleschi to Seurat.* New Haven: Yale University Press, 1990. **71, 75, 82, 91, 96, 97, 812**
Kempers, Bram. "Een pauselijke opdracht: Het proto-museum van Julius II op de derde verdieping van het Vaticaans paleis." In *Kunstenaars en opdrachtgevers*, ed. Harald Hendrix and Jeroen Stumpel, 7–48. Amsterdam: Amsterdam University Press, 1996. **1188**
Kennedy, E. S. "The History of Trigonometry." In *Studies in the Islamic Exact Sciences*, by E. S. Kennedy et al., 3–29. Beirut: American University of Beirut, 1983. **513**
Kennedy, E. S., and H. M. Kennedy. *Geographical Coordinates of Localities from Islamic Sources.* Frankfurt am Main: Institut für Geschichte der Arabisch-Islamischen Wissenschaften an der Johann Wolfgang Goethe-Universität, 1987. **480**
Kennedy, William J. *Authorizing Petrarch.* Ithaca: Cornell University Press, 1994. **454**
Kepler, Johannes. *Mysterium cosmographicum.* 2d ed. Frankfurt: Erasmi Kempferi, 1621. **65, 82**
———. *Tabulæ Rudolphinæ.* Ulm, 1627. **489**
———. *Gesammelte Werke.* Munich: C. H. Beck, 1937–. **1237**
Kernkamp, G. W. "Brieven van Samuel Blommaert aan den Zweedschen rijkskanselier Axel Oxenstierna, 1635–1641." *Bijdragen en Mededeelingen van het Historisch Genootschap* 29 (1908): 3–196. **1452**
Kerr, W. H. "The Treatment of Drake's Circumnavigation in Hakluyt's 'Voyages,' 1589." *Papers of the Bibliographical Society of America* 34 (1940): 281–302. **1761**
Kerridge, Erik. *The Agricultural Revolution.* London: George Allen and Unwin, 1967. **714**
Kershaw, Kenneth A. *Early Printed Maps of Canada: Volume 1, 1540–1703.* Ancaster, Ont.: K. A. Kershaw, 1993. **1778**
Kessel, Johann Hubert. *Antiquitates Monasterii S. Martini maioris Coloniensis.* Cologne: J. M. Heberle, 1862. **1188, 1189**
Kessemeier, Siegfried, et al., eds. *Ereignis Karikaturen: Geschichte in Spottbildern, 1600–1930.* Exhibition catalog. Münster: Landschaftsverband Westfalen-Lippe, 1983. **447**
Keulen, E. O. van, Willem F. J. Mörzer Bruyns, and E. K. Spits, eds. *"In de Gekroonde Lootsman": Het kaarten-, boekuitgevers- en instrumentenmakershuis Van Keulen te Amsterdam, 1680–1885.* Exhibition catalog. Utrecht: HES, 1989. **1402**
Keuning, Johannes. "Een reusachtige aardglobe van Joan Blaeu uit het midden der zeventiende eeuw." *Tijdschrift van het Koninklijk Nederlandsch Aardrijkskundig Genootschap* 52 (1935): 525–38. **1366**
———. *Petrus Plancius, theoloog en geograaf, 1552–1622.* Amsterdam: P. N. Van Kampen, 1946. **1311, 1361, 1408, 1433**
———. "The History of an Atlas: Mercator-Hondius." *Imago Mundi* 4 (1947): 37–62. **378**
———. "Hessel Gerritsz." *Imago Mundi* 6 (1949): 48–66. **1315, 1422, 1433, 1438**
———. "Cornelis Anthonisz." *Imago Mundi* 7 (1950): 51–65. **544, 1405**
———. "Cornelis Anthonisz.: Zijn Caerte van oostlant, zijn Onderwijsinge vander zee en zijn Caerte van die oosterse see." *Tijdschrift van het Koninklijk Nederlandsch Aardrijkskundig Genootschap* 67 (1950): 687–714. **1405**
———. "XVIth Century Cartography in the Netherlands (Mainly in the Northern Provinces)." *Imago Mundi* 9 (1952): 35–63. **706, 707, 721, 1405, 1413**
———. "Isaac Massa, 1586–1643." *Imago Mundi* 10 (1953): 65–79. **1883**
———. "Nicolaas Witsen as a Cartographer." *Imago Mundi* 11 (1954): 95–110. **1883, 1884**
———. "Bernardus Schotanus à Sterringa: Zijn leven en kartografisch oeuvre." *De vrije Fries* 42 (1955): 37–87. **1269**
———. "The History of Geographical Map Projections until 1600." *Imago Mundi* 12 (1955): 1–24. **285, 365, 367, 370, 371, 378, 1466**
———. "Jenkinson's Map of Russia." *Imago Mundi* 13 (1956): 172–75. **1698**
———. "The Van Langren Family." *Imago Mundi* 13 (1956): 101–9. **1087**
———. "Blaeu's *Atlas.*" *Imago Mundi* 14 (1959): 74–89. **89**
———. "Pieter van den Keere (Petrus Kaerius), 1571–1646(?)." *Imago Mundi* 15 (1960): 66–72. **1712**
———. *Willem Jansz. Blaeu: A Biography and History of His Work as a Cartographer and Publisher.* Rev. and ed. Y. Marijke Donkersloot–De Vrij. Amsterdam: Theatrum Orbis Terrarum, 1973. **1314, 1424**
———, ed. *De tweede schipvaart der Nederlanders naar Oost-Indië onder Jacob Cornelisz. van Neck en Wybrant Warwijck, 1598–1600.* 5 vols. The Hague: Martinus Nijhoff, 1938–51. **1407, 1410, 1416**
Keyes, George S. *Pieter Bast.* Alphen aan den Rijn: Canaletto, 1981. **1356**

Khrenov, L. S. *Khronologiya otechestvennoy geodezii s drevneyshikh vremen do nashikh dney: Geodeziya, astronomiya, gravimetriya, fotogeodeziya i kartografiya.* Leningrad: GAO, 1987. **1902**

Kiely, Edmond R. *Surveying Instruments: Their History.* 1947. Reprinted Columbus, Ohio: Carben Surveying Reprints, 1979. **489, 492, 493, 495, 499, 500**

Kimball, James. "The Exploration of the Merrimack River, in 1638 by Order of the General Court of Massachusetts, with a Plan of the Same." *Essex Institute Historical Collections* 14 (1877): 153–71. **1777**

Kimble, George H. "Portuguese Policy and Its Influence on Fifteenth Century Cartography." *Geographical Review* 23 (1933): 653–59. **1005, 1006**

Kinds, Karel. *Kroniek van de opstand in de Lage Landen, 1555–1609: Actuele oorlogsverslaggeving uit de zestiende eeuw met 228 gravures van Frans Hogenberg.* 2 vols. [Wenum Wiesel]: Uitgeverij ALNU, 1999. **1234, 1305, 1319**

King, David A. "On the Astronomical Tables of the Islamic Middle Ages." In *Islamic Mathematical Astronomy,* by David A. King, item II. Brookfield, Vt.: Variorum Reprints, 1986. **513**

King, David A., and Richard P. Lorch. "Qibla Charts, Qibla Maps, and Related Instruments." In *HC* 2.1:189–205. **480**

King, Henry C., and John R. Millburn. *Geared to the Stars: The Evolution of Planetariums, Orreries, and Astronomical Clocks.* Toronto: University of Toronto Press, 1978. **163, 167, 168, 172**

Kinniburgh, Ian A. G. "A Note on Timothy Pont's Survey of Scotland." *Scottish Studies* 12 (1968): 187–89. **1687**

Kintgen, Eugene R. *Reading in Tudor England.* Pittsburgh: University of Pittsburgh Press, 1996. **624**

Kinzl, Hans. *Die Karte von Tirol des Warmund Ygl 1604/05.* Innsbruck: Österreichischer Alpenverein, 1962. **1239**

———. "Das kartographische und historische Werk des Wolfgang Lazius über die österreichischen Lande des 16. Jahrhunderts." *Mitteilungen der Österreichischen Geographischen Gesellschaft* 116 (1974): 194–201. **1192**

Kipling, Gordon. *The Triumph of Honour: Burgundian Origins of the Elizabethan Renaissance.* The Hague: For the Sir Thomas Browne Institute by Leiden University Press, 1977. **1590**

Kircher, Athanasius. *Magnes siue de arte magnetica opvs tripartitvm.* Rome: Ex typographia Ludouici Grignani, 1641. **481, 498**

———. *Ars magna lucis et vmbrae.* Rome: Sumptibus Hermanni Scheus, 1646. **71, 629**

———. *Harmonia nascentis mvndi,* in *Musurgia universalis* . . . 2 vols. Rome: Haeredum Francisci Corbelleti, 1650. **91**

———. *Athanasii Kircheri e Soc. Iesv, Oedipus Aegyptiacus.* 3 vols. Rome: Vitalis Mascardi, 1652–54. **81**

———. *Athanasii Kircheri e Soc. Jesu Mundus subterraneus* . . . 2 vols. Amsterdam: Joannem Janssonium and Elizeum Weyerstraten, 1664–65. **87**

. *Ars magna lucis et vmbrae.* 2d ed. Amsterdam: Joannem Janssonium, 1671. **94**

———. *Athanasii Kircheri è Soc. Jesu Arca Noë* . . . Amsterdam: Joannem Janssonium, 1675. **87**

Kirk, R. E. G., and Ernest F. Kirk, eds. *Returns of Aliens Dwelling in the City and Suburbs of London from the Reign of Henry VIII to That of James I.* 4 vols. Aberdeen: Huguenot Society of London, 1900–1908. **1705, 1713**

Kirmse, Rolf. "Die Große Flandernkarte Gerhard Mercators (1540)—Ein Politicum?" *Duisburger Forschungen* 1 (1957): 1–44. **1261, 1263**

———. "Mercator-Korrespondenz: Betrachtungen zu einer neuen Publikation." *Duisburger Forschungen* 4 (1961): 63–77. **1298**

———. "Christian Sgrothen aus Sonsbeck, seiner Hispanischen Majestät Geograph." *Heimatkalender Kreis Moers* 24 (1967): 17–41. **1275**

———. "Christian Sgrothen, seine Herkunft und seine Familie." *Heimatkalender Kreis Moers* 28 (1971): 118–29. **1275**

Kirschbaum, Engelbert, ed. *Lexikon der christlichen Ikonographie.* 8 vols. Rome: Herder, 1968–76. **441**

Kisari Balla, György. *Karlsruhei térképek a török háborúk korából.* Budapest: Kisari Balla, 2000. **1843**

Kish, George. "The Cosmographic Heart: Cordiform Maps of the 16th Century." *Imago Mundi* 19 (1965): 13–21. **1195, 1465**

———. "An Early Silver Globe Cup of the XVIth Century." *Der Globusfreund* 18–20 (1969–71): 73–77. **163, 172**

———. *North-East Passage: Adolf Erik Nordenskiöld, His Life and Times.* Amsterdam: Nico Israel, 1973. **1781**

———. "Roberto Almagià: An Appreciation." In *Imago et Mensura Mundi: Atti del IX Congresso Internazionale di Storia della Cartografia,* 3 vols., ed. Carla Clivio Marzoli, 1:xv–xvi. Rome: Istituto della Enciclopedia Italiana, 1985. **797**

Kiss, Lajos. *Magyar írók a térképről.* Budapest: Magyar Térképbarátok Társulata, 1999. **1839**

Kitchen, Frank. "Cosmo-choro-poly-grapher: An Analytical Account of the Life and Work of John Norden, 1547?–1625." Ph.D. thesis, University of Sussex, 1992. **1632**

———. "John Norden (c. 1547–1625): Estate Surveyor, Topographer, County Mapmaker and Devotional Writer." *Imago Mundi* 49 (1997): 43–61. **504, 506, 1618, 1625, 1632, 1633, 1634, 1705**

Kitzinger, Ernst. "World Map and Fortune's Wheel: A Medieval Mosaic Floor in Turin." In *The Art of Byzantium and the Medieval West: Selected Studies by Ernst Kitzinger,* ed. W. Eugene Kleinbauer, 327–56. Bloomington: Indiana University Press, 1976. **35**

Kivelson, Valerie. *Cartographies of Tsardom: The Land and Its Meanings in Seventeenth-Century Russia.* Ithaca: Cornell University Press, 2006. **1863, 1873.**

Klaniczay, Tibor. "Celtis und die Sodalitas litteraria per Germaniam." In *Respublica Guelpherbytana: Wolfenbütteler Beiträge zur Renaissance- und Barockforschung, Festschrift für Paul Raabe,* ed. August Buck and Martin Bircher, 79–105. Amsterdam: Rodopi, 1987. **1190**

Kleerkooper, M. M., and Wilhelmus Petrus van Stockum. *De boekhandel te Amsterdam voornamelijk in de 17*[e] *eeuw.* The Hague: Nijhoff, 1914–16. **1328**

Klein, Bernhard. "The Lie of the Land: English Surveyors, Irish Rebels and *The Faerie Queene.*" *Irish University Review* 26 (1996): 207–25. **415**

———. "Partial Views: Shakespeare and the Map of Ireland." *Early Modern Literary Studies* 4.2, special issue 3 (1998): 5.1–20, <http://purl.oclc.org/emls/04-2/kleipart.htm>. **415**

———. "Imaginary Journeys: Spenser, Drayton, and the Poetics of National Space." In *Literature, Mapping, and the Politics of Space in Early Modern Britain,* ed. Andrew Gordon and Bernhard Klein, 204–23. Cambridge: Cambridge University Press, 2001. **414**

———. *Maps and the Writing of Space in Early Modern England and Ireland.* Houndmills, Eng.: Palgrave, 2001. **413, 414, 415, 420, 421, 423, 425, 1623, 1630, 1634, 1637, 1638, 1641, 1644, 1663, 1665, 1675**

Kleiner, John. *Mismapping the Underworld: Daring and Error in Dante's "Comedy."* Stanford: Stanford University Press, 1994. **453**

Kleinn, Hans. "Johannes Gigas (Riese), der erste westfälische Kartograph und sein Kartenwerk." *Westfälische Forschungen* 31 (1981): 132–47. **1235**

Klemm, Hans Gunther. *Georg Hartmann aus Eggolsheim (1489–1564): Leben und Werk eines fränkischen Mathematikers und Ingenieurs.* Forchheim: Ehrenbürg-Gymnasium, 1990. **492, 1198**

———. *Der fränkische Mathematicus Johann Schöner (1477–1547) und seine Kirchehrenbacher Briefe an den Nürnberger Patrizier Willibald Pirckheimer.* Forchheim: Ehrenbürg-Gymnasium, 1992. **492**

———. *"Von der Krafft und Tugent des Magneten": Magnetismus-*

Beobachtungen bei den humanistischen Mathematikern Georg Hartmann und Georg Joachim Rheticus. Erlangen: Hans Gunther Klemm, 1994. **481, 497**

Klemp, Egon. *Kommentar zum Atlas des Grossen Kurfürsten = Commentary on the Atlas of the Great Elector.* Stuttgart: Belser, 1971. **1356**

———, ed. and comp. *America in Maps: Dating from 1500 to 1856.* Trans. Margaret Stone and Jeffrey C. Stone. New York: Holmes and Meier, 1976. **1144**

Kline, Naomi Reed. *Maps of Medieval Thought: The Hereford Paradigm.* Woodbridge, Suffolk: Boydell Press, 2001. **1589**

Klöti, Thomas. "Die älteste Karte des Kantons Luzern von Hans Heinrich Wägmann und Renward Cysat, 1597–1613: Die Originalzeichnung und die Nachbildungen." *Cartographica Helvetica* 2 (1990): 20–26. **1241**

Knapp, Jeffrey. *An Empire Nowhere: England, America, and Literature from* Utopia *to* The Tempest. Berkeley: University of California Press, 1992. **419**

Knauer, Elfriede Regina. *Die Carta marina des Olaus Magnus von 1539: Ein kartographisches Meisterwerk und seine Wirkung.* Göttingen: Gratia, 1981. **673, 1788**

———. "Die *Carte marina* des Olaus Magnus: Zur Geschichte und Einordnung als Kunstwerk." In *Das Danewerk in der Kartographiegeschichte Nordeuropas,* ed. Dagmar Unverhau and Kurt Schietzel, 21–48. Neumünster: K. Wachholtz, 1993. **1786**

Knefelkamp, Ulrich. "Der Behaim-Globus und die Kartographie seiner Zeit." In *Focus Behaim Globus,* 2 vols., 1:217–22. Nuremberg: Germanisches Nationalmuseum, 1992. **758**

Kneib, Gottfried. "Der Kurmainzer Kartograph Gottfried Mascop." *Mainzer Zeitschrift* 87–88 (1992–93): 209–68. **1223**

Kniga soshnogo pis'ma (1629). In *Vremennik Imperatorskago Moskovskogo Obshchestva istorii i drevnostey rossiyskikh,* 25 vols., 17:33. Moscow, 1849–57. **1864**

Knighton, C. S. "The Manuscript and Its Compiler." In *The Anthony Roll of Henry VIII's Navy: Pepys Library 2991 and British Library Additional MS 22047 with Related Documents,* ed. C. S. Knighton and D. M. Loades, 3–11. Aldershot: Ashgate for the Navy Records Society in association with the British Library and Magdalene College, Cambridge, 2000. **1605**

Knobloch, Eberhard. "Praktische Geometrie." In *Maß, Zahl und Gewicht: Mathematik als Schlüssel zu Weltverständnis und Weltbeherrschung,* ed. Menso Folkerts, Eberhard Knobloch, and Karin Reich, exhibition catalog, 123–85. Weinheim: VCH, Acta Humaniora, 1989. **486, 502**

———. "Johannes de Sacrobosco . . . Sphaera." In *450 Jahre Copernicus "De revolutionibus": Astronomische und mathematische Bücher aus Schweinfurter Bibliotheken,* ed. Uwe Müller, 224–25. 1993. Reprinted Schweinfurt: Stadtarchiv Schweinfurt, 1998. **500**

———. "Melanchthon und Mercator: Kosmographie im 16. Jahrhundert." In *Melanchthon und die Naturwissenschaften seiner Zeit,* ed. Günter Frank and Stefan Rhein, 253–72. Sigmaringen: Thorbecke, 1998. **1208, 1230**

———. "Oronce Finé: Protomathesis." In *450 Jahre Copernicus "De revolutionibus": Astronomische und mathematische Bücher aus Schweinfurter Bibliotheken,* ed. Uwe Müller, 188–90. 1993. Reprinted Schweinfurt: Stadtarchiv Schweinfurt, 1998. **482, 501**

Knowles, M. D. "Clerkenwell and Islington, Middlesex, Mid-15th Century." In *Local Maps and Plans from Medieval England,* ed. R. A. Skelton and P. D. A. Harvey, 221–28. Oxford: Clarendon, 1986. **1531, 1595**

Knudsen, Johannes. "Bagge Wandels Korttegning." *Tidsskrift for Søvæsen* 88 (1917): 413–20. **1805**

Köbel, Jakob. *Geometrei, vonn künstlichem Messen vnnd Absehen allerhand Hôhe . . .* Frankfurt, 1536. **482, 1221**

———. *Geometrey, von künstlichem Feldmessen vnnd Absehen allerhandt Hôhe . . .* Frankfurt: S. Latomo, 1608. **482, 484**

Köberer, Wolfgang, ed. *Das rechte Fundament der Seefahrt: Deutsche Beiträge zur Geschichte der Navigation.* Hamburg: Hoffmann und Campe, 1982. **1175**

Köbler, Gerhard. *Historisches Lexikon der deutschen Länder: Die deutschen Territorien vom Mittelalter bis zur Gegenwart.* Munich: C. H. Beck, 1988. **1172**

Kobrin, V. A. *Vlast' i sobstvennost' v srednevekovoy Rossii (XV–XVI vv.).* Moscow, 1985. **1858**

Koch, Herbert. *Caspar Vopelius, Kartograph in Köln, 1511–1561.* Jena: B. Vopelius, 1937. **1220**

Koch, Mark. "Ruling the World: The Cartographic Gaze in Elizabethan Accounts of the New World." *Early Modern Literary Studies* 4.2, special issue 3 (1998): 11.1–39, <http://purl.oclc.org/emls/04-2/kochruli.htm>. **420**

Kochedamov, Viktor I. *Tobol'sk (kak ros i stroilsya gorod).* Tyumen: Knizhnoye Izdatel'stvo, 1963. **1902**

———. *Pervyye russkiye goroda Sibiri.* Moscow: Stroyizdat, 1978. **1902**

Koeman, C. *Collections of Maps and Atlases in the Netherlands: Their History and Present State.* Leiden: E. J. Brill, 1961. **644, 645, 1258, 1340**

———. "The Theatrum universae Galliae, 1631: An Atlas of France by Joannes Janssonius." *Imago Mundi* 17 (1963): 62–72. **1328**

———. *The History of Abraham Ortelius and His Theatrum Orbis Terrarum.* Lausanne: Sequoia, 1964. **805, 806, 1318, 1878**

———. *The History of Lucas Janszoon Waghenaer and His "Spieghel der Zeevaerdt."* Amsterdam: Elsevier; Lausanne: Sequoia, 1964. **1385, 1393, 1414**

———. "Lucas Janszoon Waghenaer: A Sixteenth Century Marine Cartographer." *Geographical Journal* 131 (1965): 202–17. **1393**

———. *Jodocus Hondius' Wall-Map of Europe, 1595: An Introduction to the Nova totius Europae descriptio . . . (Amsterdam) 1595.* Amsterdam: N. Israel, 1967. **1312**

———. *Atlantes Neerlandici: Bibliography of Terrestrial, Maritime, and Celestial Atlases and Pilot Books Published in the Netherlands Up to 1880.* 6 vols. Amsterdam: Theatrum Orbis Terrarum, 1967–85. **114, 611, 613, 619, 659, 1368, 1384, 1386, 1388, 1389, 1390, 1391, 1392, 1394, 1395, 1398, 1399, 1400, 1401, 1402, 1422, 1431, 1433, 1438, 1452, 1695, 1717, 1718, 1725**

———. "Bibliographical Note." In *Caertboeck vande Midlandtsche Zee, Amsterdam, 1595,* by Willem Barents, V–XXI. Amsterdam: Theatrum Orbis Terrarum, 1970. **196**

———. *Joan Blaeu and His Grand Atlas: Introduction to the Facsimile Edition of* Le Grand Atlas, *1663.* Amsterdam: Theatrum Orbis Terrarum, 1970. **1314, 1330**

———. "Life and Works of Willem Janszoon Blaeu: New Contributions to the Study of Blaeu, Made during the Last Hundred Years." *Imago Mundi* 26 (1972): 9–16. **87**

———. *The Sea on Paper: The Story of the Van Keulens and Their "Sea-Torch."* Amsterdam: Theatrum Orbis Terrarum, 1972. **1402**

———. "Krijgsgeschiedkundige kaarten." *Armamentaria* 8 (1973): 27–42. Reprinted in *Miscellanea Cartographica: Contributions to the History of Cartography.* Ed. Günter Schilder and Peter van der Krogt. Utrecht: HES, 1988. **1305**

———. "De 'zeepasser' van Adriaen Veen." *Mededelingen van de Nederlandse Vereniging voor Zeegeschiedenis* 33 (1976): 5–17. **1390, 1406**

———. "The Astrolabium Catholicum." *Revista da Universidade de Coimbra* 28 (1980): 65–76. **1297**

———. "The Chart Trade in Europe from Its Origin to Modern Times." *Terrae Incognitae* 12 (1980): 49–64. Reprinted in *Miscellanea Cartographica: Contributions to the History of Cartography,* by C. Koeman, 349–64. Utrecht: HES, 1988. **236, 1385, 1403**

———. "Die Darstellungsmethoden von Bauten auf alten Karten." In *Land- und Seekarten im Mittelalter und in der frühen Neuzeit,* ed. C. Koeman, 147–92. Munich: Kraus International, 1980. 538, 1251

———. *Geschiedenis van de kartografie van Nederland: Zes eeuwen land- en zeekaarten en stadsplattegronden.* Alphen aan den Rijn: Canaletto, 1983. **668, 731, 732, 1177, 1246, 1250, 1269, 1271, 1295, 1307**

———. *Jan Huygen van Linschoten.* Lisbon: Instituto de Investigção Científica Tropical, 1984. **1410**

———. "The Dutch West India Company and the Charting of the Coasts of the Americas." In *Vice-Almirante A. Teixeira da Mota in memoriam,* 2 vols., 1:305–17. Lisbon: Academia de Marinha, Instituto de Investigação Científica Tropical, 1987–89. **1433, 1452**

———. "Flemish and Dutch Contributions to the Art of Navigation in the XVIth Century." *Série Separatas* 213. Centro de estudos de história e cartografia antiga, Lisbon, 1988. **1406**

———. *Miscellanea Cartographica: Contributions to the History of Cartography.* Ed. Günter Schilder and Peter van der Krogt. Utrecht: HES, 1988. **749, 750**

———. *Gewestkaarten van de Nederlanden door Jacob van Deventer, 1536–1545: Met een picturale weergave van alle kerken en kloosters.* Alphen aan den Rijn: Stichting tot bevordering van de uitgave van de stadsplattegronden van Jacob van Deventer–Canaletto, 1994. **1258, 1261, 1263, 1276, 1304**

———. "Atlas Cartography in the Low Countries in the Sixteenth, Seventeenth, and Eighteenth Centuries." In *Images of the World: The Atlas through History,* ed. John Amadeus Wolter and Ronald E. Grim, 73–107. New York: McGraw-Hill, 1997. **1337**

———, ed. *Links with the Past: The History of the Cartography of Suriname, 1500–1971.* Amsterdam: Theatrum Orbis Terrarum, 1973. **1312, 1433**

Koeman, C., and N. S. L. Meiners. *Kaart van de provincie Utrecht door Cornelius Anthonisz. Hornhovius, 1599: Tweede uitgave door Clement de Jonghe, derde kwart 17^e eeuw.* Alphen aan den Rijn: Canaletto-reproducties, 1974. **1269**

Koeman, C., and Günter Schilder. "Ein neuer Beitrag zur Kenntnis der niederländischen Seekartografie im 18. Jahrhundert." In *Beiträge zur theoretischen Kartographie . . . : Festschrift für Erik Arnberger,* 267–303. Vienna: Deuticke, 1977. **1402**

Koeman, C., and J. C. Visser. *De stadsplattegronden van Jacob van Deventer.* Landsmeer: Robas, 1992–. **666, 1257, 1260, 1272, 1273, 1275**

Kohl, J. G. *Die beiden ältesten General karten von Amerika: Ausgeführt in den Jahren 1527 und 1529 auf Befehl Kaiser Karl's V.* Weimar: Geographisches Institut, 1860. **1175**

Köhl, Peter H. "Martin Waldseemüllers Karte von Lothringen-Westrich als Dokument der Territorialpolitik." *Speculum Orbis* 4 (1988–93): 74–83. **1207**

Köhler, Alfred. *Karl V., 1500–1558. Eine Biographie.* Munich: C. H. Beck, 1999. **1174**

Köhlin, Harald. "Georg von Schwengeln and His Work, 1620–1645." *Imago Mundi* 6 (1949): 67–72. **667, 1796**

———. "A Map of Germany Made after the Swedish Campaign of 1630–48." *Imago Mundi* 8 (1951): 50–51. **1245**

———. "Some 17th-Century Swedish and Russian Maps of the Borderland between Russia and the Baltic Countries." *Imago Mundi* 9 (1952): 95–97. **1871**

Kölker, A. J. *De kaart van Holland door Joost Jansz.* Haarlem, 1971. **1278**

———. "Jacob Aertsz. Colom, Amsterdams uitgever." In *Jacob Aertsz. Colom's kaart van Holland 1639: Reproductie van de eerste uitgave,* ed. A. J. Kölker and A. H. Sijmons, 13–23. Alphen aan den Rijn: Canaletto, 1979. **1270, 1368**

Kollányi, Ferencz. *Esztergomi kanonokok 1100–1900.* Esztergom: Buzárovits Gusztáv Könyvnyomdája, 1900. **1822**

Koller-Weiss, Katharina, and Christian Sieber, eds. *Aegidius Tschudi und seine Zeit.* Basel: Krebs, 2002. **1215**

"Kompaß." In *Lexikon zur Geschichte der Kartographie,* 2 vols., ed. Ingrid Kretschmer, Johannes Dörflinger, and Franz Wawrik, 1:417–18. Vienna: F. Deuticke, 1986. **958**

König, Erich. *Peutingerstudien.* Freiburg: Herder, 1914. **1190**

Kopal, Zdeněk. *The Moon.* Dordrecht: D. Reidel, 1969. **130**

Kopal, Zdeněk, and Robert W. Carder. *Mapping of the Moon: Past and Present.* Dordrecht: D. Reidel, 1974. **130**

Koppenfels, Werner von. "Mundus alter et idem: Utopiefiktion und menippeische Satire." *Poetica: Zeitschrift für Sprach- und Literaturwissenschaft* 13 (1981): 16–66. **442**

Kordt, V. *Materialy po istorii russkoy kartografii.* 3 vols. Kiev: Komissiya dlya razbora drevnikh aktov, 1899, 1906, and 1910. **1808, 1858, 1883**

Korth, Leonard. "Die Kölner Globen des Kaspar Vopelius von Medebach (1511–1561)." *Zeitschrift für Vaterländische Geschichte und Alterthumskunde* 42, pt. 2 (1884): 169–78. **1360**

Korzybski, Alfred. *Science and Sanity: An Introduction to Non-Aristotelian Systems and General Semantics.* 2d ed. 1933. Lancaster, Pa.: International Non-Aristotelain Library Publishing, Science Press Printing, distributors, [1941]. **469**

Köster, Kurt. "Die Beziehungen der Geographenfamilie Mercator zu Hessen." *Hessisches Jahrbuch für Landesgeschichte* 1 (1951): 171–92. **1227**

Kostet, Juhani. *Cartographia urbium Finnicarum: Suomen kaupunkien kaupunkikartografia 1600-luvulla ja 1700-luvun alussa.* Rovaniemi: Pohjois-Suomen Historiallinen Yhdistys, 1995. **1803**

Kozlov, L. R. "Karty XVI–XVII vv. kak istochnik po istorii Belorussii." *Problemy Istoricheskoy Geografii Rossii* 3 (1983): 141–62. **1854**

Kräill von Bemebergh, Georg Ginther. *Mechanica der drite Theil.* [1636]. Printed in 1875. **1796**

Kramer, Bärbel. "The Earliest Known Map of Spain (?) and the Geography of Artemidorus of Ephesus on Papyrus." *Imago Mundi* 53 (2001): 115–20. **557**

Kratochwill, Max. "Zur Frage der Echtheit des 'Albertinischen Planes' von Wien." *Jahrbuch des Vereines für Geschichte der Stadt Wien* 29 (1973): 7–36. **1177**

Kratzsch, Konrad. "Eine wiedergefundene Ortelius-Übersetzung von 1572." *Marginalien* 62 (1976): 43–50. **1229**

———. *Alte Globen.* Weimar: Nationale Forschungs- und Gedenkstätten der Klassischen Deutschen Literatur in Weimar, 1984. **160, 161, 172**

Kraus, H. P. (firm). *Fifty Mediaeval and Renaissance Manuscripts.* New York, 1958. **179, 216**

Krautheimer, Richard. *The Rome of Alexander VII, 1655–1667.* Princeton: Princeton University Press, 1985. **702**

Kraye, Jill. "Moral Philosophy." In *The Cambridge History of Renaissance Philosophy,* ed. Charles B. Schmitt et al., 303–86. Cambridge: Cambridge University Press, 1988. **74**

———. "The Philosophy of the Italian Renaissance." In *Routledge History of Renaissance Philosophy,* vol. 4, *The Renaissance and Seventeenth-Century Rationalism,* ed. G. H. R. Parkinson, 16–69. London: Routledge, 1993. **57, 58**

Krchňák, Alois. "Die Herkunft der astronomischen Handschriften und Instrumente des Nikolaus von Kues." *Mitteilungen und Forschungsbeiträge der Cusanus-Gesellschaft* 3 (1963): 109–80. **1184**

Kremer, Klaus. *Nikolaus von Kues (1401–1464): Einer der größten Deutschen des 15. Jahrhunderts.* 2d ed. Trier: Paulinus, 2002. **1183**

Kretschmer, Ingrid, and Johannes Dörflinger, eds. *Atlantes Austriaci: Kommentierter Katalog der österreichischen Atlanten von 1561 bis 1994*, 2 vols. in 3. Vienna: Böhlau, 1995. **1176**

Kretschmer, Ingrid, Johannes Dörflinger, and Franz Wawrik, eds. *Lexikon zur Geschichte der Kartographie*. 2 vols. Vienna: Franz Deuticke, 1986. *See also individual entries by title*. **940, 1172, 1176**

———. *Österreichische kartographie von den Anfängen im 15. Jahrhundert bis zum 21. Jahrhundert*. Vienna: Institut für Geographie und Regionalforschung der Universität Wien, 2004. **1176**

Kretschmer, Konrad. "Eine neue mittelalterliche Weltkarte der vatikanischen Bibliothek." *Zeitschrift der Gesellschaft für Erdkunde zu Berlin* 26 (1891): 371–406. Reprinted in *Acta Cartographica* 6 (1969): 237–72. **313, 1180**

———. *Die Entdeckung Amerikas in ihrer Bedeutung für die Geschichte des Weltbildes*. Berlin: W. W. Kühl, 1892. **1175**

———. "Die Atlanten des Battista Agnese." *Zeitschrift der Gesellschaft für Erdkunde zu Berlin* 31 (1896): 362–68. **213, 214, 271**

———. *Die italienischen Portolane des Mittelalters: Ein Beitrag zur Geschichte der Kartographie und Nautik*. Berlin: E. S. Mittler und Sohn, 1909. Reprinted Hildesheim: G. Olms, 1962. **220, 275, 1175**

Kreuer, Werner, and H.-T. Schulze Altcappenburg. *Fiorenza, veduta della Catena: Die große Ansicht von Florenz*. Berlin: Wasmuth, 1998. **1596**

———, ed. *Imago civitatis: Stadtbildsprache des Spätmittelalters*. Essen, 1993. **1194**

Kreutz, Barbara M. "Mediterranean Contributions to the Medieval Mariner's Compass." *Technology and Culture* 14 (1973): 367–83. **511, 512**

Kristeller, Paul Oskar. "Renaissance Platonism." In *Facets of the Renaissance*, ed. William H. Werkmeister, 87–107. Los Angeles: University of Southern California Press, 1959. **58**

Krogt, Peter van der. *Index op het Repertorium van Oud-Nederlandse landmeters, 14^{e} tot 18^{e} eeuw, van P. S. Teeling*. Apeldoorn: Hoofddirectie van de Dienst van het Kadaster en de Openbare Registers, 1983. **1266**

———. *Old Globes in the Netherlands: A Catalogue of Terrestrial and Celestial Globes Made Prior to 1850 and Preserved in Dutch Collections*. Trans. Willie ten Haken. Utrecht: HES, 1984. **164, 170, 171, 172, 1367**

———. *Advertenties voor kaarten, atlassen, globes e.d. in Amsterdamse kranten, 1621–1811*. Utrecht: HES, 1985. **1280, 1374**

———. "The Globe-Gores in the Nicolai-Collection (Stuttgart)." *Der Globusfreund* 33–34 (1985–86): 99–116. **161, 162, 163, 164, 172**

———. *Globi Neerlandici: The Production of Globes in the Low Countries*. Utrecht: HES, 1993. **55, 77, 100, 121, 130, 142, 143, 144, 148, 150, 151, 153, 162, 163, 168, 169, 170, 172, 1296, 1297, 1299, 1309, 1311, 1314, 1358, 1359, 1360, 1361, 1362, 1363, 1365, 1366, 1367, 1368, 1369, 1371, 1372, 1382, 1383, 1467**

———. "Erdgloben, Wandkarten, Atlanten—Gerhard Mercator kartiert die Erde." In *Gerhard Mercator, Europa und die Welt*, exhibition catalog, 81–130. Duisburg: Stadt Duisburg, 1994. **1299**

———. "Commercial Cartography in the Netherlands, with Particular Reference to Atlas Production (16th–18th Centuries)." In *La cartografia dels Països Baixos*, 71–140. Barcelona: Institut Cartogràfic de Catalunya, 1995. **1298, 1318, 1319, 1323, 1326, 1327, 1332, 1378, 1404, 1432**

———. "Das 'Plenilunium' des Michael Florent van Langren: Die erste Mondkarte mit Namenseinträgen." *Cartographica Helvetica* 11 (1995): 44–49. **130**

———. "De foliokaart van de Nederlanden door Filips Galle uit 1579." *Caert-Thresoor* 14 (1995): 63–67. **1303**

———. "Het verhoudingsgetal als schaal en de eerste kaart op schaal 1:10000." *Kartografisch Tijdschrift* 21, no. 1 / *Nederlands Geodetisch Tijdschrift: Geodesia* 37, no. 1 (1995): 3–5. **1285**

———. "De vrede van Munster en de atlaskartografie." *Kartografisch Tijdschrift* 22, no. 4 (1996): 30–36. **1335**

———. *Koeman's Atlantes Neerlandici*. 't Goy-Houten: HES, 1997–. **557, 611, 1087, 1088, 1247, 1296, 1314, 1315, 1320, 1323, 1324, 1325, 1326, 1328, 1329, 1330, 1331, 1332, 1333, 1335, 1338, 1339, 1372, 1385**

———. "The Editions of Ortelius' *Theatrum Orbis Terrarum* and *Epitome*." In *Abraham Ortelius and the First Atlas: Essays Commemorating the Quadricentennial of His Death, 1598–1998*, ed. M. P. R. van den Broecke, Peter van der Krogt, and Peter H. Meurer, 379–81. 't Goy-Houten: HES, 1998. **652, 1320, 1323, 1331**

———. "The *Theatrum Orbis Terrarum*: The First Atlas?" In *Abraham Ortelius and the First Atlas: Essays Commemorating the Quadricentennial of His Death, 1598–1998*, ed. M. P. R. van den Broecke, Peter van der Krogt, and Peter H. Meurer, 55–78. 't Goy-Houten: HES, 1998. **1318, 1319, 1320, 1339**

———. "Dutch Atlas Cartography and the Peace of Munster." In *La Paz de Münster / The Peace of Munster, 1648: Actas del Congreso de Conmemoración organizado por la Katholieke Universiteit Nijmegen, Nijmegen-Cleve 28–30. VIII. 1996*, ed. Hugo de Schepper, Christian Tümpel, and J. J. V. M. de Vet, 113–26. Barcelona: Idea Books, 2000. **1335**

Krogt, Peter van der, and Erlend de Groot, comps. *The Atlas Blaeu–Van der Hem of the Austrian National Library*. 't Goy-Houten: HES, 1996–. **1340**

Krogt, Peter van der, and Ferjan Ormeling. "16e-eeuwse legendalandjes als handleiding voor kaartgebruik." *Kartografisch Tijdschrift* 27, no. 4 (2001): 2731. **531**

———. "Een handleiding voor kaartgebruik met een legenda landje uit 1554." *Caert-Thresoor* 21 (2002): 41–46. **1255**

Krogt, Peter van der, and Günter Schilder. "Het kartografische werk van de theoloog-historicus Franciscus Haraeus (ca. 1555–1631)." *Annalen van de Koninklijke Oudheidkundige Kring van het Land van Waas* 87 (1984): 5–55. **1372**

Kromer, Martin. *Varmiensis episcopi Polonia; siue, De origine et rebvs gestis Polonorvm libri XXX*. Cologne, 1589. **587**

Krompotič, Louis. *Relationen über Fortifikation der Südgrenzen des Habsburgerreiches vom 16. bis 18. Jahrhundert*. Hannover, 1997. **1849, 1850**

Kronk, Gary W. *Cometography: A Catalog of Comets*. Cambridge: Cambridge University Press, 1999–. **104**

Kronn und Außbundt aller Wegweiser. Cologne: Lambert Andreae, 1597. **1230**

Krücken, Wilhelm. "Wissenschaftsgeschichtliche und -theoretische Überlegungen zur Entstehung der Mercator-Weltkarte 1569 AD USUM NAVIGANTIUM." *Duisburger Forschungen* 41 (1994): 1–92. **1194, 1230**

Krücken, Wilhelm, and Joseph Milz, eds. *Gerhard Mercator Weltkarte ad usum navigantium, Duisburg 1569*. Duisburg: Mercator, 1994. **1230**

Krüger, Herbert. "Erhard Etzlaub's *Romweg* Map and Its Dating in the Holy Year of 1500." *Imago Mundi* 8 (1951): 17–26. **568, 1194**

———. "Des Nürnberger Meisters Erhard Etzlaub älteste Straßenkarten von Deutschland." *Jahrbuch für fränkische Landesforschung* 18 (1958): 1–286 and 379–407. **568, 1194**

Kruyfhooft, Cécile. "A Recent Discovery: *Utopia* by Abraham Ortelius." *Map Collector* 16 (1981): 10–14. **439, 1304**

Kuchař, Karel. "Zalteriho kopie klaudyánovy mapy." *Kartografický Přehled* 11 (1957): 112–20. **799**

———. *Early Maps of Bohemia, Moravia and Silesia*. Trans. Zdeněk

Šafařík. Prague: Ústřední Správa Geodézie a Kartografie, 1961. **547, 562, 566, 568, 580, 1198, 1239, 1241**

Kuchkin, V. A. *Formirovaniye gosudarstvennoy territorii Severo-Vostochnoy Rusi v X–XIV vv.* Moscow, 1984. **1862**

Kugel, Alexis. *Spheres: The Art of the Celestial Mechanic.* Paris: J. Kugel, 2002. **140, 163, 164, 165, 166, 167, 168, 171, 172**

Kuhn, Thomas S. "Mathematical versus Experimental Traditions in the Development of Physical Science." *Journal of Interdisciplinary History* 7 (1976): 1–31. Reprinted in *The Essential Tension: Selected Studies in Scientific Tradition and Change,* by Thomas S. Kuhn, 31–65. Chicago: University of Chicago Press, 1977. **634**

Kühne, Andreas. "Augustin Hirschvogel und sein Beitrag zur praktischen Mathematik." In *Verfasser und Herausgeber mathematischer Texte der frühen Neuzeit,* ed. Rainer Gebhardt, 237–51. Annaburg-Buchholz: Adam-Ries-Bund, 2002. **503**

Kuhnmünch, Jacques. "Le commerce de la gravure à Paris et à Rome au XVIIe siècle." *Nouvelles de l'Estampe* 55 (1981): 6–17. **775**

Kummer, Werner. "Liste alter Globen im Bundesland Hessen und aus einer Sammlung in Ingelheim in Rheinhessen." *Der Globusfreund* 28–29 (1980): 67–112. **166, 167, 172**

———. "Liste alter Globen im Bundesland Hessen und aus einer Sammlung in Ingelheim in Rheinhessen, 2. Teil." *Der Globusfreund* 31–32 (1983): 15–68. **164, 172**

———. "Liste alter Globen im Bundesland Rheinland-Pfalz der Bundesrepublik Deutschland." *Der Globusfreund* 40–41 (1992): 89–117. **167, 169, 172**

Kunitzsch, Paul. "Ṣūfī Latinus." *Zeitschrift der Deutschen Morgenländischen Gesellschaft* 115 (1965): 65–74. **105**

———. "The Astronomer Abu 'l-Ḥusayn al-Ṣūfī and His Book on the Constellations." *Zeitschrift für Geschichte der Arabisch-Islamischen Wissenschaften* 3 (1986): 56–81. **105, 107, 109, 110**

———. *Peter Apian und Azophi: Arabische Sternbilder in Ingolstadt im frühen 16. Jahrhundert.* Munich: Bayerische Akademie der Wissenschaften, 1986. **111, 115**

———. "Peter Apian and 'Azophi': Arabic Constellations in Renaissance Astronomy." *Journal for the History of Astronomy* 18 (1987): 117–24. **111, 115, 1201**

Kunstmann, Friedrich. *Die Entdeckung Amerikas: Nach den ältesten Quellen geschichtlich dargestellt.* Munich, 1859. **1175**

Kunz, Armin. "Zur Wiederauffindung der beiden verschollenen Fragmente aus der ehemaligen Hauslab-Liechtensteinischen Graphik-Sammlung." *Cartographica Helvetica* 9 (1994): 42. **1218**

———. "Cranach as Cartographer: The Rediscovered *Map of the Holy Land.*" *Print Quarterly* 12 (1995): 123–44. **1218**

Künzl, Ernst. "Der Globus im Römisch-Germanischen Zentralmuseum Mainz: Der bisher einzige komplette Himmelsglobus aus dem griechisch-römischen Altertum." *Der Globusfreund* 45–46 (1998): 7–153. **140**

Künzl, Ernst, with contributions from Maiken Fecht and Susanne Greiff. "Ein römischer Himmelsglobus der mittleren Kaiserzeit: Studien zur römischen Astralikonographie." *Jahrbuch des Römisch-Germanischen Zentralmuseums Mainz* 47 (2000): 495–594. **140**

Kuon, Peter. *Utopischer Entwurf und fiktionale Vermittlung: Studien zum Gattungswandel der literarischen Utopie zwischen Humanismus und Frühaufklärung.* Tübingen: Science & Fiction, 1985. **440**

Kupčík, Ivan. *Cartes géographiques anciennes: Évolution de la représentation cartographique du monde, de l'antiquité à la fin du XIXe siècle.* Paris: Gründ, 1980. **268**

———. "Unbekannte Pilgerrouten-Karte aus der Universitätsbibliothek Tübingen." *Cartographica Helvetica* 9 (1994): 39. **1203**

———. *Münchner Portolankarten: "Kunstmann I–XIII" und zehn weitere Portolankarten / Munich Portolan Charts: "Kunstmann I–XII" and Ten Further Portolan Charts.* Munich: Deutscher Kunstverlag, 2000. **207, 755, 1113**

Kupfer, Marcia A. "The Lost *Mappamundi* at Chalivoy-Milon." *Speculum* 66 (1991): 540–71. **35, 1590**

———. "Medieval World Maps: Embedded Images, Interpretive Frames." *Word & Image* 10 (1994): 262–88. **26, 34, 35, 36, 813, 814, 1590**

———. "The Lost Wheel Map of Ambrogio Lorenzetti." *Art Bulletin* 78 (1996): 286–310. **31, 50, 51, 814**

Kupperman, Karen Ordahl. "Raleigh's Dream of Empire." In *Raleigh and Quinn, The Explorer and His Boswell . . .* , ed. H. G. Jones, 123–38. Chapel Hill: North Caroliniana Society, Inc., and the North Carolina Collection, 1987. **1767**

Kuppers, W. J., ed. *Ubbo Emmius: Een Oostfries geleerde in Groningen = Ubbo Emmius: Ein Ostfriesischer Gelehrter in Groningen.* Groningen-Emden: REGIO Projekt, 1994. **1268**

Kusov, V. S. "Naydena novaya rospis' russkim chertëzham." *Izvestiya Vysshikh Uchebnykh Zavedeniy: Geodeziya i Aerofotoc'emka,* no. 3 (1976): 121–23. **1866**

———. "O russkikh kartograficheskikh izobrazheniyakh XVI v. (predvaritel'noye soobshcheniye)." In *Ispol'zovaniye starykh kart v geograficheskikh i istoricheskikh issledovaniyakh,* 113–21. Moscow: Moskovskiy Filial Geograficheskogo Obshchestva SSSR, 1980. **1860, 1862**

———. "Russkiy geograficheskiy chertëzh XVII veka (itogi vyyavleniya)." *Vestnik Moskovskogo Universiteta: Seriya 5, Geografiya* (1983), no. 1, 60–67. **1867**

———. *Kartograficheskoe iskusstvo Russkogo gosudarstva.* Moscow: "Nedra," 1989. **1862**

———. *Chertezhi zemli Russkoy, XVI–XVII vv.: Katalog-spravochnik.* Moscow: "Russkiy Mir," 1993. **1862**

Kytzler, Bernhard. "Stiblins Seligland." In *Literarische Utopie-Entwürfe,* ed. Hiltrud Gnüg, 91–100. Frankfurt: Suhrkamp, 1982. **439**

Labande-Mailfert, Yvonne. *Charles VIII et son milieu, 1470–1498: La jeunesse au pouvoir.* Paris: C. Klincksieck, 1975. **724**

Labarre, E. J. "The Sizes of Paper, Their Names, Origin and History." In *Buch und Papier: Buchkundliche und Papiergeschichtliche Arbeiten,* ed. Horst Kunze, 35–54. Leipzig: O. Harrassowitz, 1949. **597**

———. *Dictionary and Encyclopaedia of Paper and Paper-Making.* Amsterdam: Swets & Zeitlinger, 1952. **597**

Labbe, Philippe. *La géographie royalle . . .* Paris: M. Henault, 1646. **1480, 1499**

Lachièze-Rey, Marc, and Jean-Pierre Luminet. *Celestial Treasury: From the Music of the Spheres to the Conquest of Space.* Trans. Joe Loredo. Cambridge: Cambridge University Press, 2001. **99**

Lacoste, Yves. *La géographie, ça sert, d'abord, à faire la guerre.* Rev. ed. Paris: Editions La Découverte, 1985. **1469**

La Croix du Maine, François Grudé, sieur de. *Premier volume de la Bibliothèque du Sieur de la Croix du Maine . . .* Paris: A. l'Angelier, 1584. **617**

La Croix du Maine, François Grudé, sieur de, and Antoine Du Verdier. *Les bibliothèques françoises.* 6 vols. 1772–73. Reprinted Graz: Akademische Druck- und Verlagsanstalt, 1969. **1480, 1483, 1485, 1493, 1495, 1551**

Laet, Joannes de. *Nieuwve Wereldt.* Leiden, 1625. **1770**

———. *Iaerlyck verhael van de Verrichtinghen der Geoctroyeerde West-Indische Compagnie in derthien boecken.* 4 vols. Ed. S. P. L'Honoré Naber. The Hague: Martinus Nijhoff, 1931–37. **1450**

Lafreri, Antonio. *Indice delle tavole moderne di geografia della maggior parte del mondo di diversi auttor.* Rome: Antoine Lafréry, ca. 1573. **777**

Laganà, Francesca Luzzati. "La funzione politica della memoria di Bisanzio nella *Descriptio Cretae* (1417–1422) di Cristoforo Buondelmonti." *Bullettino dell'Istituto Storico Italiano per il Medio Evo e Archivio Muratoriano* 94 (1998): 395–420. **266**

Lago, Luciano. "Pietro Coppo e le rappresentazioni del Piemonte nelle sue carte d'Italia." In *Rappresentare uno stato: Carte e cartografi degli stati sabaudi dal XVI al XVIII secolo,* 2 vols., ed. Rinaldo Comba and Paola Sereno, 1:19–26. Turin: Allemandi, 2002. **832**
———, ed. *Imago mundi et Italiae: La versione del mondo e la scoperta dell'Italia nella cartografia antica (secoli X–XVI).* 2 vols. Trieste: La Mongolfiera, 1992. **798, 832, 893, 898, 912, 915**
———, ed. *Imago Italiae: La fabrica dell'Italia nella storia della cartografia tra Medioevo ed età moderna. Realtà, immagine ed immaginazione.* Trieste, 2003. Published simultaneously in English with identical pagination under the title *Imago Italiae: The Making of Italy in the History of Cartography from the Middle Ages to the Modern Era. Reality, Image and Imagination,* trans. Christopher Taylor and Christopher Garwood. Trieste, 2003. **798, 832**
Lago, Luciano, and Claudio Rossit. *Descriptio Histriae: La penisola istriana in alcuni momenti significativi della sua tradizione cartografica sino a tutto il secolo XVIII, per una corologia storica.* Trieste: LINT, 1981. **1809**
———. *Pietro Coppo: Le "Tabvlae" (1524–1526).* 2 vols. Trieste: LINT, 1986. **832, 1810**
Laguarda Trías, Rolando A. *La aportación científica de mallorquines y portugueses a la cartografía náutica en los siglos XIV al XVI.* Madrid: Instituto Histórico de Marina, 1964. **1045**
———. "Interpretacion de los vestigios del uso de un método de navegación preastronomica en el Atlántico." *Revista da Universidade de Coimbra* 24 (1971): 569–93. **1045**
———. *El predescubrimiento del Río de la Plata por la expedición Portuguesa de 1511–1512.* Lisbon: Junta de Investigações do Ultramar, 1973. **1109, 1111**
———. *El enigma de las latitudes de Colón.* Valladolid: Casa-Museo de Colón, Seminario de Historia de América de la Universidad de Valladolid, 1974. **746**
———. "Las longitudes geográficas de la membranza de Magallanes y del primer viaje de circunnavegación." In *A viagem de Fernão de Magalhães e a questão das Molucas: Actas do II Colóquio Luso-Espanhol de História Ultramarina,* ed. A. Teixeira da Mota, 137–78. Lisbon: Junta de Investigações Científicas do Ultramar, 1975. **758**
———. *El cosmógrafo sevillano Andrés de San Martín, inventor de las cartas esféricas.* Montevideo, 1991. **1133**
Laird, W. R. "Archimedes among the Humanists." *Isis* 82 (1991): 629–38. **70**
Lakerveld, Carry van, ed. *Opkomst en bloei van het Noordnederlandse stadsgezicht in de 17de eeuw / The Dutch Cityscape in the 17th Century and Its Sources.* Amsterdam: Amsterdams Historisch Museum, 1977. **663**
Lallemend, Marcel, and Alfred Boinette. *Jean Errard de Bar-le-Duc, "premier ingenievr dv tres Chrestien roy de France et de Navarre Henry IV": Sa vie, ses oeuvres, sa fortification (Lettres inédites de Henri IV et de Sully).* Paris: Ernest Thorin, Libraire, 1884. **1505**
Lamanskiy, V. I. "Starinnaya russkaya kartografiya." *Vestnik Russkogo Geograficheskogo Obshchestva* 27 (1859): 11–18. **1865, 1866, 1874**
———. "Opis' delam prikaza Taynykh kh del." *Zapiski Otdeleniya Russkoy i Slavyanskoy Arkheologii Russkogo Arkheologicheskogo Obshchestva* 2 (1861): 1–43. **1866, 1867, 1874**
Lamb, H. H. *Climate: Present, Past and Future.* 2 vols. London: Methuen, 1972–77. **544**
Lamb, John, ed. *A Collection of Letters, Statutes, and Other Documents from the Manuscript Library of Corpus Christi College.* London: J. W. Parker, 1838. **631**
Lamb, Tom, and Jeremy Collins, eds. *The World in Your Hands: An Exhibition of Globes and Planetaria from the Collection of Rudolf Schmidt.* Leiden: Museum Boerhaave; London: Christie's, 1994. **161, 162, 172**
Lamb, Ursula. "Science by Litigation: A Cosmographic Feud." *Terrae Incognitae* 1 (1969): 40–57. Reprinted in *Cosmographers and Pilots of the Spanish Maritime Empire,* by Ursula Lamb, item III. Aldershot: Variorum, 1995. **527, 750, 755, 1118**
———. "The Spanish Cosmographic Juntas of the Sixteenth Century." *Terrae Incognitae* 6 (1974): 51–64. Reprinted in *Cosmographers and Pilots of the Spanish Maritime Empire,* by Ursula Lamb, item V. Aldershot: Variorum, 1995. **75, 151, 755**
———. "Cosmographers of Seville: Nautical Science and Social Experience." In *First Images of America: The Impact of the New World on the Old,* 2 vols., ed. Fredi Chiappelli, 2:675–86. Berkeley: University of California Press, 1976. Reprinted in *Cosmographers and Pilots of the Spanish Maritime Empire,* by Ursula Lamb, item VI. Aldershot: Variorum, 1995. **76**
———. "Nautical Scientists and Their Clients in Iberia (1508–1624): Science from Imperial Perspective." *Revista da Universidade de Coimbra* 32 (1985): 49–61. Reprinted in *Cosmographers and Pilots of the Spanish Maritime Empire,* by Ursula Lamb, item IX. Aldershot: Variorum, 1995. **150, 1041**
———. "The Sevillian Lodestone: Science and Circumstance." *Terrae Incognitae* 19 (1987): 29–39. Reprinted in *Cosmographers and Pilots of the Spanish Maritime Empire,* by Ursula Lamb, item VII. Aldershot: Variorum, 1995. **1134**
———. *Cosmographers and Pilots of the Spanish Maritime Empire.* Aldershot: Variorum, 1995. **60, 75, 1107**
———. "The Teaching of Pilots and the *Chronographía o Repertório de los Tiempos.*" In *Cosmographers and Pilots of the Spanish Maritime Empire,* by Ursula Lamb, item VIII. Aldershot: Variorum, 1995. **524**
Lambarde, William. *Αρχαιονομια, sive depriscisanglorum legibus, libri, sermone Anglico . . .* London: Joannis Daij, 1568. **1616, 1700**
———. *A Perambulation of Kent: Conteining the Description, Hystorie, and Customes of that Shyre.* London: By Edm. Bollifant, 1596. **572**
Lamberini, Daniela. "Funzione di disegni e rilievi delle fortificazioni nel Cinquecento." In *L'architettura militare veneta del Cinquecento,* ed. Sergio Polano, 48–61. Milan: Electa, 1988. **687**
Lambert, Audrey M. *The Making of the Dutch Landscape: An Historical Geography of the Netherlands.* 2d ed. London: Academic Press, 1985. **544**
Lambert, Sheila. "The Printers and the Government, 1604–1637." In *Aspects of Printing from 1600,* ed. Robin Myers and Michael Harris, 1–29. Oxford: Oxford Polytechnic Press, 1987. **1717**
Lancioni, Tarcisio. *Viaggio tra gli Isolari.* Almanacco del Bibliofilo 1991. Milan: Edizioni Rovello, 1992. **263**
Landau, David, and Peter W. Parshall. *The Renaissance Print: 1470–1550.* New Haven: Yale University Press, 1994. **598, 696, 773, 774, 775, 796, 797**
Land- en waterkaert van Noord Holland. Amsterdam: Yntema and Tieboel, 1778. **1280**
Landino, Cristoforo. *Scritti critici e teorici.* 2 vols. Ed. Roberto Cardini. Rome: Bulzoni, 1974. **333**
Landtsheer, Jeanine de. "Abraham Ortelius et Juste Lipse." In *Abraham Ortelius (1527–1598): Cartographe et humaniste,* by Robert Karrow et al., 141–52. Turnhout: Brepols, 1998. **659**
Lane, Christopher. "The Color of Old Maps." *Mercator's World* 1, no. 6 (1996): 50–57. **603, 604**
Lane, Frederic C. "The Economic Meaning of the Invention of the Compass." *American Historical Review* 68 (1963): 605–17. **510, 511, 512, 513**
Lang, Arend W. "Traces of Lost North European Sea Charts of the 15th Century." *Imago Mundi* 12 (1955): 31–44. **1203, 1249**
———. *Die Erstausgabe der Ostfriesland-Karte des Ubbo Emmius (1595): Erläuterungen zur Lichtdruckausgabe.* Juist: Die Bake, 1962. **1269**

———. *Kleine Kartengeschichte Frieslands zwischen Ems und Jade: Entwicklung der Land- und Seekartographie von ihren Anfängen bis zum Ende des 19. Jahrhunderts.* Norden: Soltau, 1962. 505
———. *Die "Nie und warhafftige Beschrivinge des Ostfrieslandes" des David Fabricius von 1589: Eine wiederentdeckte Karte.* Juist: Die Bake, 1963. **1268**
———. *Seekarten der Südlichen Nord- und Ostsee: Ihre Entwicklung von den Anfängen bis zum Ende des 18. Jahrhunderts.* Hamburg: Deutsches Hydrographisches Institut, 1968. **536, 544, 1176, 1385, 1386, 1404**
———. *Historisches Seekartenwerk der Deutschen Bucht,* vol. 1. Neumünster: Wachholtz, 1969. **1176, 1304, 1387, 1391, 1405**
———. "On the Beginnings of the Oldest Descriptions and Sea-Charts by Seamen from North-West Europe." *Proceedings of the Royal Society of Edinburgh* 73 (1971–72): 53–58. **1404**
———. *Die "Caerte van Oostlant" des Cornelis Anthonisz., 1543: Die älteste gedruckte Seekarte Nordeuropas und ihre Segelanweisung.* Hamburg: Ernst Kabel, 1986. **1176, 1203, 1307, 1387, 1388, 1405**
Lang, Arend W., et al. *Das Kartenbild der Renaissance.* Wolfenbüttel: Herzog August Bibliothek, 1977. **1242**
Lange, A. "Le carte topografiche di Alessandro e Vermondo Resta del 1575 per la zona del Gaio fra Carmagnola e Carignano." In *Carignano, appunti per una lettura della città: Territorio, città e storia attraverso la forma urbana, l'architettura e le arti figurative,* 4 vols., 1:263–67. Carignano: Museo Rodolfo, 1980. **839**
Langenes, Barent. *Caert-thresoor, inhoudende de tafelen des gantsche werelts landen.* Middelburg, 1598. **619, 1333**
———. *The Description of a Voyage Made by Certaine Ships of Holland.* London: I. Wolfe, 1598. **1705**
———. *Caert-Thresoor.* Intro. Jan W. H. Werner. Weesp: Robas BV, [1998]. **1332**
"Langren (Michel-Florent van)." In *Biographie nationale, publiée par l'Académie royale des sciences, des letters et des beaux-arts de Belgique,* vol. 11, cols. 276–92. Brussels: H. Thiry-van Buggenhoudt, 1866–. **1087**
Lanman, Jonathan T. *On the Origin of Portolan Charts.* Chicago: Newberry Library, 1987. **194, 195, 511, 513, 520, 748, 978**
Lanza, Antonio. *La letteratura tardogotica: Arte e poesia a Firenze e Siena nell'autunno del Medioevo.* Anzio: De Rubeis, 1994. **267**
Laor, Eran, comp. *Maps of the Holy Land: Cartobibliography of Printed Maps, 1475–1900.* New York: Alan R. Liss; Amsterdam: Meridian, 1986. **1180, 1181, 1217, 1218, 1235**
Lardicci, Francesca, ed. *A Synoptic Edition of the Log of Columbus's First Voyage.* Turnhout: Brepols, 1999. **740**
La Roncière, Charles de. *Histoire de la marine française.* 6 vols. Paris: E. Plon, Nourrit, 1899–1932. **1550, 1562**
———. *La carte de Christophe Colomb.* Paris: Les Éditions Historiques, Édouard Champion, 1924. **175, 176, 1727**
———. *La découverte de l'Afrique au Moyen Âge, cartographes et explorateurs.* 3 vols. Cairo: Sociéte Royale de Géographie d'Egypte, 1924–27. **982, 1025**
———. "Une carte de Christophe Colomb." *Revue des Questions Historiques,* 3d ser., 7 (1925): 27–41. **175**
———. "La carte de Christophe Colomb." In *Congrès International de Géographie, Le Caire, avril 1925: Compte rendu,* 5 vols., 5:79–83. Cairo: L'Institut Français d'Archéologie Orientale du Caire pour la Société Royale d'Égypte, 1925–26. **175**
———. "Le livre de chevet et la carte de Christophe Colomb." *Revue des Deux Mondes,* 8th per., 5 (1931): 423–40. **175**
La Roncière, Monique de, and Michel Mollat du Jourdin. *Les portulans: Cartes marines du XIIIe au XVIIe siècle.* Fribourg: Office du Livre; [Paris]: Nathan, 1984. In English, *Sea Charts of the Early Explorers, 13th to 17th Century.* Trans. L. le R. Dethan. New York: Thames and Hudson, 1984. **218, 235, 428, 654, 756, 757, 1095, 1427, 1550, 1551**
Las Casas, Bartolomé de. *Historia de las Indias.* 3 vols. Ed. Agustín Millares Carló. Mexico City: Fondo de Cultura Económica, 1951. **740, 745, 748, 982**
———. *Historia de las Indias.* 3 vols. Hollywood, Fla.: Ediciones del Continente, 1985. **1148**
———. *Las Casas on Columbus: Background and the Second and Fourth Voyages.* Ed. and trans. Nigel Griffin. Turnhout: Brepols, 1999. **329, 330, 335**
Laszowski, Emilije. "Izvještaji Ivana Pieronija o hrvatskim krajiškim gradovima i mjestima god. 1639." *Starine* 29 (1898): 12–32. **1809**
———. "Važan rukopis Martina Stiera." *Vjesnik Kr. Hrvatsko-slavonsko-dalmatinskoga Zemaljskoga Arkiva* 10 (1908): 197–202. **1809**
Latham, Robert, ed. *Catalogue of the Pepys Library at Magdalene College, Cambridge.* Vol. 4, *Music, Maps, and Calligraphy.* Cambridge: D. S. Brewer, 1989. **1723**
Latini, Brunetto. *Text and Concordance of the Aragonese Translation of Brunetto Latini's Li livres dou tresor: Gerona Cathedral, MS 20-a-5.* Ed. Dawn Prince. Madison: Hispanic Seminary of Medieval Studies, 1990. **470**
Latour, Bruno. "Visualization and Cognition: Thinking with Eyes and Hands." *Knowledge and Society: Studies in the Sociology of Culture Past and Present* 6 (1986): 1–40. **21**
———. "Drawing Things Together." In *Representation in Scientific Practice,* ed. Michael Lynch and Steve Woolgar, 19–68. Cambridge: MIT Press, 1990. **607, 608**
Lattis, James M. *Between Copernicus and Galileo: Christoph Clavius and the Collapse of Ptolemaic Cosmology.* Chicago: University of Chicago Press, 1994. **630**
Laube, Adolf, Max Steinmetz, and Günter Vogler. *Illustrierte Geschichte der deutschen frühbürgerlichen Revolution.* Berlin: Dietz, 1974. **439**
Laubenberger, Franz. "Ringmann oder Waldseemüller? Eine kritische Untersuchung über den Urheber des Namens Amerika." *Erdkunde* 13 (1959): 163–79. **1205**
Launert, Dieter. *Nicolaus Reimers (Raimarus Ursus): Günstling Rantzaus—Brahes Feind.* Munich: Institut für Geschichte der Naturwissenschaften, 1999. **504**
Lauremberg, Johannes. *Græcia antiqua.* Amsterdam: Joannem Janssonium, 1660. **1240**
———. *A Description of Ancient Greece.* Intro. C. Broekema. Amsterdam: Hakkert, 1969. **1240**
Laurencich Minelli, Laura. "Il manoscritto di Ferrara: Prime immagini del Nuovo mondo." In *Pietro Martire d'Anghiera nella storia e nella cultura,* 241–53. Genova: Associazione Italiana Studi Americanistici, 1980. **331**
———. "L'indice del Museo Giganti: Interessi etnografici e ordinamento di un museo Cinquecentesco." *Museologia Scientifica* 1, nos. 3–4 (1984): 191–242. **651**
———. *Un "giornale" del Cinquecento sulla scoperta dell'America: Il manoscritto di Ferrara.* Milan: Cisalpino-Goliardica, 1985. **331, 332**
———. "Museography and Ethnographical Collections in Bologna during the Sixteenth and Seventeenth Centuries." In *The Origins of Museums: The Cabinet of Curiosities in Sixteenth- and Seventeenth-Century Europe,* ed. O. R. Impey and Arthur MacGregor, 17–23. Oxford: Clarendon, 1985. **648**
Laval, Antoine de. *Desseins de professions nobles et publiques, contenans plusieurs traictés divers et rares et, entre autres, l'histoire de la maison de Bourbon . . .* 2d ed. Paris: Abel L'Angelier, 1612. **1492**
Lavanha, João Baptista. *Itinerario del reino de Aragón.* Prologue Faustino Sancho y Gil. Zaragoza, 1895. **1046**

Lavedan, Pierre. *Représentation des villes dans l'art du Moyen Âge.* Paris: Vanoest, 1954. **1532**

Lavedan, Pierre, and Jeanne Hugueney. *L'urbanisme au Moyen Âge.* Paris: Arts et Métiers Graphiques, 1974. **1525**

Lavin, Marilyn Aronberg. *Seventeenth-Century Barberini Documents and Inventories of Art.* New York: New York University Press, 1975. **651**

Lavis-Trafford, Marc Antoine de. *L'évolution de la cartographie de la région du Mont-Cenis et de ses abords aux XVe et XVIe siècles: Étude critique des méthodes de travail des grand cartographes du XVIe siècle: Fine, Gastaldi, Ortelius, Mercator, La Guillotière et Magini, ainsi que de Jacques Signot et de Boileau de Boullon.* Chambéry: Librairie Dardel, 1950. **1493**

The Lawes or Standing Orders of the East India Company. 1621. Reprinted Farnborough, Eng.: Gregg International, 1968. **1744**

Lawrence, Heather. "New Saxton Discoveries." *Map Collector* 17 (1981): 30–31. **707**

———. "Permission to Survey." *Map Collector* 19 (1982): 16–20. **1632, 1636, 1657**

———. "John Norden and His Colleagues: Surveyors of Crown Lands." *Cartographic Journal* 22 (1985): 54–56. Reprinted in *Map Collector* 49 (1989): 25–28. **1638, 1639, 1643, 1644, 1706**

Lawrence, Heather, and Richard Hoyle. "New Maps and Surveys by Christopher Saxton." *Yorkshire Archaeological Journal* 53 (1981): 51–56. **707**

Lazius, Wolfgang. *Karten der österreichischen Lande und des Königreichs Ungarn aus den Jahren 1545–1563.* Ed. Eugen Oberhummer and Franz Ritter von Wieser. Innsbruck: Wagner, 1906. **531, 1175, 1192, 1821, 1825, 1826, 1834**

———. *Austria, Vienna 1561.* Facsimile edition. Intro. Ernst Bernleithner. Amsterdam: Theatrum Orbis Terrarum, 1972. **1192**

Leach, Arthur Francis. *English Schools at the Reformation, 1546–8.* 1896. Reprinted New York: Russell and Russell, 1968. **623**

Leader, John Temple. *Life of Sir Robert Dudley, Earl of Warwick and Duke of Northumberland.* Florence: G. Barbèra, 1895. **793, 794**

Lebedev, D. M. *Ocherki po istorii geografii v Rossii XV i XVI vekov.* Moscow: Izdatel'stvo Akademii Nauk SSSR, 1956. **1856, 1858**

Le Blant, Robert, and René Baudry, eds. *Nouveaux documents sur Champlain et son époque.* Ottawa: Publications des Archives publiques du Canada, 1967–. **1538**

Lechner, Joan Marie. *Renaissance Concepts of the Commonplaces.* New York: Pageant, 1962. **422**

Le Clercq, Chrestien. *First Establishment of the Faith in New France.* 2 vols. Trans. John Gilmary Shea. New York: J. G. Shea, 1881. **1539**

Lecoq, Anne-Marie. *François Ier imaginaire: Symbolique et politique à l'aube de la Renaissance française.* Paris: Macula, 1987. **431**

Lecoq, Danielle. "La mappemonde du *Liber floridus* ou la vision du monde de Lambert de Saint-Omer." *Imago Mundi* 39 (1987): 9–49. **26, 32, 41**

———. "La 'Mappemonde' du *De Arca Noe Mystica* de Hugues de Saint-Victor (1128–1129)." In *Géographie du monde au Moyen Âge et à la Renaissance*, ed. Monique Pelletier, 9–31. Paris: Éditions du C.T.H.S., 1989. **34**

———. "La mappemonde d'Henri de Mayence ou l'image du monde au XIIe siècle." In *Iconographie médiévale: Image, texte, contexte*, ed. Gaston Duchet-Suchaux, 155–207. Paris: Centre National de la Recherche Scientifique, 1990. **31**

———. "L'image de la terre à travers les écrits scientifiques du XIIe siècle: Une vision cosmique, une image polémique." In *L'image et la science: Actes du 115e Congrès National des Sociétés Savantes (Avignon, 1990)*, 15–37. Paris: Editions du Comité des Travaux Historiques et Scientifiques, 1992. **32, 33**

———. "Le temps et l'intemporel sur quelques représentations médiévales du monde au XIIe et au XIIIe siècles." In *Le temps, sa mesure et sa perception au Moyen Âge*, ed. Bernard Ribémont, 113–32. Caen: Paradigme, 1992. **31**

———. "Images médiévales du monde." In *A la rencontre de Sindbad: La route maritime de la soie*, 57–61. Paris: Musée de la Marine, 1994. **25**

———. "Au-delà des limites de la terre habitée: Des îles extraordinaires aux terres antipodes (XIe–XIIIe siècles)." In *Terre à découvrir, terres à parcourir: Exploration et connaissance du monde, XIIe–XIXe siècles*, ed. Danielle Lecoq and Antoine Chambard, 15–41. Paris: L'Harmattan, 1998. **33**

Ledeboer, Adriaan Marinus. *Het geslacht van Waesberghe: Eene bijdrage tot de geschiedenis der boekdrukkunst en van den boekhandel in Nederland.* 2d ed. Gravenhage: Martius Nijhoff, 1869. **441**

Le Dividich, Aude. "La libération de l'oeil: De la schématisation géographique à la symbolique mathématique." In *La naissance du livre moderne: XIVe–XVIIe siècles*, ed. Henri-Jean Martin, 328–40. Paris: Editions du Cercle de la librairie, 2000. **411**

Leduc, François-Xavier. "Les insulaires (isolarii): Les îles décrites et illustrées." In *Couleurs de la terre: Des mappemondes médiévales aux images satellitales*, ed. Monique Pelletier, 56–61. Paris: Seuil / Bibliothèque Nationale, 1998. **263**

Leedham-Green, E. S. *Books in Cambridge Inventories: Book-Lists from Vice-Chancellor's Court Probate Inventories in the Tudor and Stuart Periods.* 2 vols. Cambridge: Cambridge University Press, 1986. **1720**

Leemann-Van Elck, Paul. *Die Offizin Froschauer, Zürichs berühmte Druckerei im 16. Jahrhundert: Ein Beitrag zur Geschichte der Buchdruckerkunst anlässlich der Halbjahrtausendfeier ihrer Erfindung.* Zurich: Orell Füssli, 1940. **1215**

Leerhoff, Heiko. *Niedersachsen in alten Karten: Eine Auswahl von Karten des 16. bis 18. Jahrhunderts aus den niedersächsischen Staatsarchiven.* Neumünster: Wachholtz, 1985. **1222**

Leeuwen, Simon van. *Het Rooms-Hollands-regt, waar in de Roomse wetten, met huydendaagse Neerlands regt.* Amsterdam: H. en D. Boom, 1678. **1446**

Lefebvre, Henri. *La production de l'espace.* Paris: Anthropos, 1974. In English, *The Production of Space.* Trans. Donald Nicholson-Smith. Oxford: Blackwell, 1991. **402, 423**

Legendre, Pierre. "La France et Bartole." In *Bartolo da Sassoferrato: Studi e documenti per il VI centenario*, 2 vols., ed. Danilo Segolini, 1:133–72. Milan: Giuffrè, 1962. **1523**

Le Goff, Jacques. "Pourquoi le XIIe siècle a-t-il été plus particulièrement un siècle d'encyclopédisme?" In *L'enciclopedismo medievale*, ed. Michelangelo Picone, 23–40. Ravenna: Longo Editore, 1994. **281**

Legrand, Emile. *Bibliographie hellénique; ou, Description raisonnée des ouvrages publiés par des Grecs au dix-septième siècle.* 5 vols. Paris: J. Maisonneuve, 1903. **337**

Lehmann, Johann Georg. *Darstellung einer neuen Theorie der Bezeichnung der Schiefen Flächen im Grundriss oder der Situationzeichung der Berge.* Leipzig: J. B. G. Fleischer, 1799. **529**

Lehmann, Paul. *Mittelalterliche Bibliothekskataloge Deutschlands und der Schweiz.* 4 vols. Munich: Beck, 1918–62. **352, 1178**

———. "Auf der Suche nach alten Texten in nordischen Bibliotheken." In *Erforschung des Mittelalters: Ausgewählte Abhandlungen und Aufsätze*, 5 vols., 1:280–306. Leipzig: K. W. Hiersemann, 1941–62. **303**

Leibniz, Gottfried Wilhelm. *Die philosophischen Schriften von Gottfried Wilhelm Leibniz.* 7 vols. Ed. C. I. Gerhardt. Berlin: Weidmann, 1875–90. **449**

Leicht, P. S. "L'editore veneziano Michele Tramezino ed i suoi privilegi." In *Miscellanea di scritti di bibliografia ed erudizione in memoria di Luigi Ferrari*, 357–67. Florence: Leo S. Olschki, 1952. **790**

Leidel, Gerhard, and Monika Ruth Franz. *Altbayerische Flußlandschaften an Donau, Lech, Isar und Inn: Handgezeichnete Karten des 16. bis 18. Jahrhunderts aus dem Bayerischen Hauptstaatsarchiv.* Weissenhorn: A. H. Konrad, 1998. **1222**

Leif, Irving P. *An International Sourcebook of Paper History.* Hamden, Conn.: Archon, 1978. **597**

Leigh, Valentine. *The Moste Profitable and Commendable Science, of Surueying of Landes, Tenementes, and Hereditamentes.* London: For Andrew Maunsell, 1577. Reprinted Amsterdam: Theatrum Orbis Terrarum, 1971. **482, 705**

Leighly, John. *California as an Island: An Illustrated Essay.* San Francisco: Book Club of California, 1972. **741**

Leishman, J. B., ed. *Three Parnassus Plays (1598–1601).* London: Ivor Nicholson and Watson, 1949. **422**

Leite, Ana Cristina. "Os centros simbólicos." In *História da arte portuguesa,* 3 vols., ed. Paulo Pereira, 2:69–90. Lisbon: Temas e Debates, 1995. **1052**

———. "Lisboa, 1670–1911: A cidade na cartografia." In *Cartografia de Lisboa, séculos XVII a XX,* 24–38. Lisbon: CNCDP, 1997. **1056**

Leite, Duarte. "O mais antigo mapa do Brasil." In *História da colonização portuguesa do Brasil,* 3 vols., ed. Carlos Malheiro Dias, 2:225–81. Porto: Litografia Nacional, 1921–24. **983, 993**

———. *Àcera da "Cronica dos feitos de Guinee."* Lisbon: Livraria Bertrand, 1941. **980**

———. *História dos descobrimentos: Colectânea de esparsos.* 2 vols. Lisbon: Edições Cosmos, 1958–60. **979, 993, 1002, 1003, 1005, 1007, 1009**

Leithäuser, Joachim G. *Mappae Mundi: Die geistige Eroberung der Welt.* Berlin: Safari, 1958. **445**

Leitner, Heinz. "Restaurierbericht zu den Wandbildern der Landkartengalerie der Residenz." In *Barockberichte* 5–6 (1992): 168–71. **807**

Leland, John. *The Itinerary of John Leland in or about the Years 1535–1543.* 5 vols. Ed. Lucy Toulmin Smith. London: Centaur, 1964. **1620, 1629**

Lelewel, Joachim. *Géographie du Moyen Âge.* 5 vols. 1852–57. Amsterdam: Meridian, 1966. **1808**

Lemay, J. A. Leo. *The American Dream of Captain John Smith.* Charlottesville: University Press of Virginia, 1991. **1774**

Lemoine, Henri. *Les plans parcellaires de l'ancien régime en Seine-et-Oise.* Versailles: La Gutenberg, 1939. **1529**

Lemoine, Jean-Gabriel. "Brunelleschi et Ptolémée: Les origines géographiques de la 'boîte d'optique.'" *Gazette des Beaux Arts* 51 (1958): 281–96. **335**

Lemoine-Isabeau, Claire, et al. *Belgische cartografie in Spaanse verzamelingen van de 16de tot de 18de eeuw: 1 october–17 november 1985, Koninklijk Museum van het Leger en van Krijgsgeschiedenis, Brussel.* Exhibition catalog. Brussels: Gemeentekrediet, 1985. **1285**

———, ed. *Cartographie belge dans les collections espagnoles, XVIe au XVIIIe siècle.* Exhibition catalog. Brussels: Crédit Communal, [1985]. **1087**

"Le Muet (Pierre)." In *Nouveau dictionnaire biographique et critique des architectes français,* by Charles Bauchal, 359–60. Paris: André, Daly fils, 1887. **1515**

Lenzi, Luciano. "Le carte nautiche pisane dei Cavalieri di Santo Stefano: L'Atlante nautico di Piero Cavallini: Proposte di una nuova lettura." *Quaderni Stefaniani* 4, suppl. (1985): 41–61. **231**

"Leo Bagrow, Historian of Cartography and Founder of *Imago Mundi,* 1881–1957." *Imago Mundi* 14 (1959): 5–12. **1176**

Leonard, Irving Albert. *Don Carlos de Sigüenza y Góngora: A Mexican Savant of the Seventeenth Century.* Berkeley: University of California Press, 1929. **1157**

Leonardi, Claudio. "I codici di Marziano Capella." *Aevum* 34 (1960): 411–524. **326**

Leonardo da Vinci. *I manoscritti e i disegni di Leonardo da Vinci . . . : I disegni geografici conservati nel Castello di Windsor.* Rome: Libreria dello Stato, 1941. **507**

Leone, Ambrogio. *De Nola.* Venice, 1514. **951**

———. *Nola (la terra natia): Opera piccola, precisa, completa, chiara, dotta . . .* Trans. Paolino Barbati. Naples, 1934. **954**

León Tello, Pilar. *Mapas, planos y dibujos de la Sección de Estado del Archivo Histórico Nacional.* Madrid: Ministerio de Cultura; Dirección General del Patrimonio Artístico, Archivos y Museos, 1979. **1070, 1143**

Leopold, Antony. *How to Recover the Holy Land: The Crusade Proposals of the Late Thirteenth and Early Fourteenth Centuries.* Aldershot: Ashgate, 2000. **44, 46**

Leopold, John H. *Astronomen, Sterne, Geräte: Landgraf Wilhelm IV. und seine sich selbst bewegenden Globen.* Lucerne: J. Fremersdorf, 1986. **155, 164, 165, 166, 167, 168, 169, 172**

Leopold, John H., and Klaus Pechstein. *Der kleine Himmelsglobus 1594 von Jost Bürgi.* Lucerne: Fremersdorf, 1977. **169, 172**

Le Parquier, E. "Note sur la carte générale du pays de Normandie." *Société Normande de Géographie, Bulletin* 22 (1900): 141–44. **1484**

Lepori, F. "Canal, Paolo." In *Dizionario biografico degli Italiani,* 17:668–73. Rome: Istituto della Enciclopedia Italiana, 1960–. **343**

Léri, Jean-Marc. *"Le Marais" par Jacques Gomboust, 1652.* Paris, 1983. **1517**

Léry, Jean de. *Histoire d'vn voyage fait en la terre dv Brésil, avtrement dite Amerique.* [La Rochelle]: Pour Antoine Chuppin, 1578. In English, *History of a Voyage to the Land of Brazil, Otherwise Called America.* Trans. Janet Whatley. Berkeley: University of California Press, 1990. **405**

Lerza, Gianluigi. "Una proposta per il porto di Ancona: Il memoriale di Giacomo Fontana (1589)." *Storia Architettura* 5 (1982): 25–38. **686, 700**

Leslie, Marina. "Antipodal Anxieties: Joseph Hall, Richard Brome, Margaret Cavendish and the Cartographies of Gender." *Genre* 30 (1997): 51–78. **419**

Lestringant, Frank. "Insulaires." In *Cartes et figures de la terre,* 470–75. Paris: Centre Georges Pompidou, 1980. **263**

———. "Suivre La Guide." In *Cartes et figures de la terre,* 424–35. Paris: Centre Georges Pompidou, 1980. **431**

———. "Catholiques et cannibales: Le thème du cannibalisme dans le discours protestant au temps des Guerres de religion." In *Pratiques et discours alimentaires à la Renaissance,* 233–45. Paris: G.-P. Maisonneuve et Larose, 1982. **390**

———. "Fortunes de la singularité à la Renaissance: Le genre de l'"Isolario.'" *Studi Francesi* 27 (1984): 415–36. **263**

———. "Thevet, André." In *Les atlas français, XVIe–XVIIe siècles: Répertoire bibliographique et étude,* by Mireille Pastoureau, 481–95. Paris: Bibliothèque Nationale de France, Département des Cartes et Plans, 1984. **276, 432, 1472, 1573**

———. "Cosmologie et mirabilia à la Renaissance: L'exemple de Guillaume Postel." *Journal of Medieval and Renaissance Studies* 16 (1986): 253–79. **1476**

———. "Insulaires de la Renaissance." *Préfaces* 5 (1987–88): 94–99. **263**

———. "Une cartographie iconoclaste: 'La mappe-monde nouvelle papistique' de Pierre Eskrich et Jean-Baptiste Trento (1566–1567)." In *Géographie du monde au Moyen Âge et à la Renaissance,* ed. Monique Pelletier, 99–120. Paris: Éditions du C.T.H.S., 1989. **69, 390, 392, 410, 1574**

———. *André Thevet: Cosmographe des derniers Valois.* Geneva: Droz, 1991. **276, 432, 666, 1468, 1472, 1474, 1478, 1495**

———. *L'atelier du cosmographe, ou l'image du monde à la Renaissance.* Paris: Albin Michel, 1991. In English, *Mapping the Renaissance World: The Geographical Imagination in the Age of Discov-*

ery. Trans. David Fausett. Cambridge: Polity Press; Berkeley: University of California Press, 1994. **6, 18, 55, 69, 70, 77, 276, 280, 283, 419, 432, 459, 622, 691, 750, 790, 1468, 1472, 1474, 1478**

———. "The Crisis of Cosmography at the End of the Renaissance." In *Humanism in Crisis: The Decline of the French Renaissance,* ed. Philippe Desan, 153–79. Ann Arbor: University of Michigan Press, 1991. **55, 61, 64, 68**

———. "Le déclin d'un savoir: La crise de la cosmographie à la fin de la Renaissance." *Annales: Économies, Sociétés, Civilisations* (1991): 239–60. **1468**

———. "Lodovico Guicciardini, Chorographe." In *Lodovico Guicciardini (1521–1589): Actes du Colloque International des 28, 29 et 30 mars 1990,* ed. Pierre Jodogne, 119–34. Louvain: Peeters, 1991. **455**

———. "Cosmologie et *mirabilia* à la Renaissance: L'exemple de Guillaume Postel." In *Écrire le monde à la Renaissance: Quinze études sur Rabelais, Postel, Bodin et la littérature géographique,* by Frank Lestringant, 225–52. Caen: Paradigme, 1993. **430**

———. *Écrire le monde à la Renaissance: Quinze études sur Rabelais, Postel, Bodin et la littérature géographique.* Caen: Paradigme, 1993. **656**

———. "Rabelais et le récit toponymique." In *Écrire le monde à la Renaissance: Quinze études sur Rabelais, Postel, Bodin et la littérature géographique,* by Frank Lestringant, 109–28. Caen: Paradigme, 1993. **406, 435**

———. "L'histoire de la *Mappe-monde papistique.*" *Comptes Rendus des Séances de l'Année—L'Académie des Inscriptions & Belles-Lettres* (1998): 699–730. **410**

———. *Le livre des îles: Atlas et récits insulaires de la Genèse à Jules Verne.* Geneva: Droz, 2002. **263, 280, 402, 404, 410, 432, 471**

———. *Le huguenot et le sauvage: L'Amérique et la controverse coloniale, en France, au temps des Guerres de Religion.* 3d ed. Geneva: Droz, 2004. **1471**

———. *La Mappe-monde nouvelle papistique (1566).* Geneva: Droz, forthcoming. **390**

———, ed. *Cosmographie de Levant. See* Thevet, André.

Lesure, Michel. *Les sources de l'histoire de Russie aux archives nationales.* Paris: Mouton, 1970. **1856**

Letta, Cesare. "Helios/Sol." In *Lexicon iconographicum mythologiae classicae (LIMC),* vol. 4.1, 592–625, and vol. 4.2, 366–85. Zurich: Artemis, 1981–99. **124**

Letters and Papers, Foreign and Domestic, of the Reign of Henry VIII. 21 vols. and supplements. Ed. J. S. Brewer et al. London, 1862–1932. Reprinted Vaduz: Kraus, 1965. **1598, 1599, 1601, 1606, 1621, 1673**

Levenson, Jay A., ed. *Circa 1492: Art in the Age of Exploration.* Washington, D.C.: National Gallery of Art, 1991. **135**

Levesque, Catherine. "Landscape, Politics, and the Prosperous Peace." *Nederlands Kunsthistorisch Jaarboek* 48 (1997): 223–57. **674**

Levi, Annalina, and Mario Levi. "The Medieval Map of Rome in the Ambrosian Library's Manuscript of Solinus (C 246 Inf.)." *Proceedings of the American Philosophical Society* 118 (1974): 567–94. **48**

Levi D'Ancona, Mirella. *Miniatura e miniatori a Firenze dal XIV al XVI secolo: Documenti per la storia della miniatura.* Florence: L. S. Olschki, 1962. **321, 910**

Levi-Donati, Gemmarosa, ed. *Le tavole geografiche della Guardaroba Medicea di Palazzo Vecchio in Firenze.* Perugia: Benucci, 1995. 819

Levillier, Roberto. "Il Maiollo di Fano alla Mostra Vespucciana." *L'Universo* 34 (1954): 956–66. **209**

———. "O planisfério de Maiollo de 1504: Nova prova do itinerário de Gonçalo Coelho-Vespúcio, à Patagônia, em sua viagem de 1501–1502." *Revista de História* 7, no. 26 (1956): 431–40. **209**

Lévi-Strauss, Claude. *Tristes Tropiques.* Paris: Plon, 1955. **402, 405**

———. *The Savage Mind.* Chicago: University of Chicago Press, 1966. 530

———. *Le regard éloigné.* Paris: Plon, 1983. **1471**

———. Interview-introduction. In *Histoire d'un voyage faict en la terre du Brésil (1578),* by Jean de Léry, ed. Frank Lestringant, 5–14. Paris: Livre de Poche, 1994. **428, 432**

Lewicki, Tadeusz. "La voie Kiev—Vladimir (Włodzimierz Wołyński), d'après le géographe arabe du XIIème siècle, al-Idrīsī." *Rocznik Orjentalistyczny* 13 (1937): 91–105. **1852**

Lewis, G. Malcolm. "Maps, Mapmaking, and Map Use by Native North Americans." In *HC* 2.3:51–182. **744, 745, 1772**

Lewis, Suzanne. *The Art of Matthew Paris in the* Chronica Majora. Berkeley: University of California Press in collaboration with Corpus Christi College, Cambridge, 1987. **39, 41, 42, 540**

Ley, Jan Hendrick Jarichs van der. *Voyage vant experiment vanden Generale regul des gesichts vande Groote Zeevaert.* The Hague: Hillebrant Iacobsz., 1620. **1421**

Leybourn (Leybourne), William (Oliver Wallinby, pseud.). *Planometria; or, The Whole Art of Surveying of Land.* London: Printed for Nathanael Brooks, 1650. **718**

———. *The Compleat Surveyor: Containing the Whole Art of Surveying of Land.* London: Printed by R. and W. Leybourn for E. Brewster and G. Sawbridge, 1653. **531, 718, 1661**

L'Honoré Naber, S. P. *Hessel Gerritsz.: Beschryvinghe van der Samoyeden Landt en histoire du pays nommé Spitsberghe.* The Hague: Martinus Nijhoff, 1924. **1427**

———, ed. *Toortse der Zee-vaert, door Dierick Ruiters (1623), Samuel Brun's Schiffarten (1624).* The Hague: M. Nijhoff, 1913. **1450**

L'Hoste (Lhoste), Jean. *Sommaire de la sphere artificielle, et de l'vsage d'icelle.* Nancy: By the author, 1629. **706**

Library of Congress. *A List of Geographical Atlases in the Library of Congress.* 9 vols. Comp. Philip Lee Phillips (vols. 1–4) and Clara Egli Le Gear (vols. 5–9). Washington, D.C.: U.S. Government Printing Office, 1909–92. **271**

Libri a corte: Testi e immagini nella Napoli aragonese. Exhibition catalog. Naples: Paparo, 1997. **943**

Libro del conosçimiento de todos los rregnos et tierras et señoríos que son por el mundo, et de las señales et armas que han. Facsimile ed. Zaragoza: Institución "Fernando el Católico," 1999. *See also* Marino, Nancy F. **472**

Liddell, Henry George, et al. *A Greek-English Lexicon.* New ed. Oxford: Clarendon, 1940. **265**

Lieb, Norbert. *Jörg Seld, Goldschmied und Bürger von Augsburg: Ein Meisterleben im Abend des Mittelalters.* Munich: Schnell und Steiner, 1947. **1203**

Liebenwein, Wolfgang. *Studiolo: Storia e tipologia di uno spazio culturale.* Ed. Claudia Cieri Via. Modena: Panini, 1988. **649, 819**

Liedtke, Walter A. *Vermeer and the Delft School.* Exhibition catalog. New York: Metropolitan Museum of Art, 2001. **694**

Lightbown, Ronald. "Some Notes on Spanish Baroque Collectors." In *The Origins of Museums: The Cabinet of Curiosities in Sixteenth- and Seventeenth-Century Europe,* ed. O. R. Impey and Arthur MacGregor, 136–46. Oxford: Clarendon, 1985. **650**

———. "Charles I and the Tradition of European Princely Collecting." In *The Late King's Goods: Collections, Possessions and Patronage of Charles I in the Light of the Commonwealth Sale Inventories,* ed. Arthur MacGregor, 53–72. London: A. McAlpnine in association with Oxford University Press, 1989. **1667**

Ligon, Richard. *A True & Exact History of the Island of Barbados . . .* London: Printed for Humphrey Moseley, 1657. **1771**

Ligorio, Pirro. *Pirro Ligorio's Roman Antiquities.* Ed. Erna Mandowsky and Charles Mitchell. London: Warburg Institute, 1963. **657**

Likhachev, D. S. *Povest' vremennykh let.* 2 vols. Moscow-Leningrad: Izdatel'stvo Akademii nauk SSSR, 1950. **1859**

Lilienberg, Albert. *Stadsbildningar och stadsplaner i Götaälvs mynningsområde från äldsta tider till omkring adertonhundra.* Göteborg: Wald. Zachrissons Boktryckeri, 1928. **1803**

Limonov, Yu. A. "'Rospis' pervogo obshchego chertëzha Sibiri (opyt datirovki)." *Problemy Istochnikovedeniya* 8 (1959): 343–60. **1875**

Lincoln, Evelyn. *The Invention of the Italian Renaissance Printmaker.* New Haven: Yale University Press, 2000. **776, 797**

Lindberg, David C. *The Beginnings of Western Science: The European Scientific Tradition in Philosophical, Religious, and Institutional Context, 600 B.C. to A.D. 1450.* Chicago: University of Chicago Press, 1992. **33, 136**

Linden, Hendrik van der. *De cope: Bijdrage tot de rechtsgeschiedenis van de openlegging der Hollands-Utrechtse laagvlakte.* Assen: Van Gorcum, 1956. **1457**

Linden, Stanton J. "Compasses and Cartography: Donne's 'A Valediction: Forbidding Mourning.'" *John Donne Journal* 3 (1984): 23–32. **416**

Lindgren, Uta. "Die *Geographie* des Claudius Ptolemaeus in München: Beschreibung der gedruckten Exemplare in der Bayerischen Staatsbibliothek." *Archives Internationales d'Histoire des Sciences* 35 (1985): 148–239. **286, 348, 351, 364**

———. "Astronomische und geodätische Instrumente zur Zeit Peter und Philipp Apians." In *Philipp Apian und die Kartographie der Renaissance,* by Hans Wolff et al., exhibition catalog, 43–65. Weißenhorn: A. H. Konrad, 1989. **484, 490, 492, 495, 496**

———. "Trial and Error in the Mapping of America during the Early Modern Period." In *America: Early Maps of the New World,* ed. Hans Wolff, 145–60. Munich: Prestel, 1992. **498**

———. "Wege und Irrwege der Darstellung Amerikas in der frühen Neuzeit." In *America: Das frühe Bild der Neuen Welt,* ed. Hans Wolff, 145–60. Munich: Prestel, 1992. **350**

———. "Adriaan Metius: Institutiones Astronomicae & Geographicae." In *450 Jahre Copernicus "De revolutionibus": Astronomische und mathematische Bücher aus Schweinfurter Bibliotheken,* ed. Uwe Müller, 252. 1993. Reprinted Schweinfurt: Stadtarchiv Schweinfurt, 1998. **502**

———. "Adriaan Metius: Nieuwe Geographische Onderwysinghe." In *450 Jahre Copernicus "De revolutionibus": Astronomische und mathematische Bücher aus Schweinfurter Bibliotheken,* ed. Uwe Müller, 277–78. 1993. Reprinted Schweinfurt: Stadtarchiv Schweinfurt, 1998. **498**

———. "Bartholomaeus Scultetus: Gnomonice De Solariis." In *450 Jahre Copernicus "De revolutionibus": Astronomische und mathematische Bücher aus Schweinfurter Bibliotheken,* ed. Uwe Müller, 265–66. 1993. Reprinted Schweinfurt: Stadtarchiv Schweinfurt, 1998. **490**

———. "Die Geographie als Naturwissenschaft? Wie Albertus Magnus ein Forschungsdesiderat begründete." In *Köln: Stadt und Bistum in Kirche und Reich des Mittelalters,* ed. Hanna Vollrath and Stefan Weinfurter, 571–87. Cologne: Böhlau, 1993. **477**

———. "Johannes de Sacrobosco: Sphera volgare novamente tradatto." In *450 Jahre Copernicus "De revolutionibus": Astronomische und mathematische Bücher aus Schweinfurter Bibliotheken,* ed. Uwe Müller, 221–22. 1993. Reprinted Schweinfurt: Stadtarchiv Schweinfurt, 1998. **483, 486, 500**

———. "Johannes Hommel: Gnomonik (1561)." In *450 Jahre Copernicus "De revolutionibus": Astronomische und mathematische Bücher aus Schweinfurter Bibliotheken,* ed. Uwe Müller, 348. 1993. Reprinted Schweinfurt: Stadtarchiv Schweinfurt, 1998. **490**

———. "Was verstand Peter Apian unter 'Kosmographie'?" In *Peter Apian: Astronomie, Kosmographie und Mathematik am Beginn der Neuzeit,* ed. Karl Röttel, 158–60. Buxheim: Polygon, 1995. **1832**

———. "Die Bedeutung Philipp Melanchthons (1497–1560) für die Entwicklung einer naturwissenschaftlichen Geographie." In *Gerhard Mercator und seine Zeit,* ed. Wolfgang Scharfe, 1–12. Duisburg: Walter Braun, 1996. **441, 1208**

———. "Die Grenzen des Alten Reiches auf gedruckten Karten." In *Bilder des Reiches,* ed. Rainer A. Müller, 31–50. Sigmaringen: Jan Thorbecke, 1997. **507**

———. "Philipp Melanchthon und die Geographie." In *Melanchthon und die Naturwissenschaften seiner Zeit,* ed. Günter Frank and Stefan Rhein, 239–52. Sigmaringen: Thorbecke, 1998. **1208**

———. "Wissenschaftshistorische Bemerkungen zur Stellung von Martinis *Novus Atlas Sinensis* (1655)." In *Martino Martini S. J. (1614–1661) und die Chinamission im 17. Jahrhundert,* ed. Roman Malek and Arnold Zingerle, 127–45. Sankt Augustin: Institut Monumenta Serica, 2000. **480, 498**

———. "Kosmographie, Landkarten und Vermessungslehre bei Sebastian Münster." In *Sebastian Münster (1488–1552): Universalgelehrter und Weinfachmann aus Ingelheim,* ed. Gabriele Mendelssohn, exhibition catalog, 27–39. [Ingelheim]: Historischer Verein Ingelheim, 2002. **484**

———. "Regiomontans Wahl: Nürnberg als Standort angewandter respektive praktischer Mathematik im 15. und beginnenden 16. Jahrhundert." *Anzeiger des Germanischen Nationalmuseums,* 2002, 49–56. **478**

———. *"De Magnete." Morgen-Glantz* 13 (2003): 137–47. **498**

Linschoten, Jan Huygen van. *Itinerario, voyage ofte schipvaert.* Amsterdam: Cornelis Claesz., 1596. **1019**

———. *His Discours of Voyages into ye East & West Indies.* London: Iohn Wolfe, 1598. **1708**

———. *Itinerário, viagem ou navegação para as Índias orientais ou portuguesas.* Ed. Arie Pos and Manuel Loureiro. Lisbon: CNCDP, 1997. **1020**

Linton, Anthony. *Newes of the Complement of the Art of Navigation, and of the Mightie Empire of Cataia, Together with the Straits of Anian.* London: Felix Kyngston, 1609. **1351**

Linzeler, André, and Jean Adhémar. *Inventaire du fonds français: Graveurs du seizième siècle.* 2 vols. Paris, 1932–38. **1574**

Lipen, Martin. *Bibliotheca realis philosophica.* 2 vols. Frankfurt: J. Friderici, 1682. **1821**

Lippert, Friedrich Adolf Max. *Johann Heinrich Alsteds pädagogisch-didaktische Reform-Bestrebungen und ihr Einfluß auf Johann Amos Comenius.* Meissen: Klinkicht, 1898. **442**

Lippincott, Kristen. "Two Astrological Ceilings Reconsidered: The *Sala di Galatea* in the Villa Farnesina and the *Sala del Mappamondo* at Caprarola." *Journal of the Warburg and Courtauld Institutes* 53 (1990): 185–207. **111, 395, 815**

———. "Raphael's 'Astronomia': Between Art and Science." In *Making Instruments Count: Essays on Historical Scientific Instruments, Presented to Gerard L'Estrange Turner,* ed. R. G. W. Anderson, J. A. Bennett, and W. F. Ryan, 75–87. Aldershot: Variorum, 1993. **135**

———. "Globes in Art: Problems of Interpretation and Representation." In *Globes at Greenwich: A Catalogue of the Globes and Armillary Spheres in the National Maritime Museum,* by Elly Dekker et al., 75–86. Oxford: Oxford University Press and the National Maritime Museum, 1999. **149**

Lipscomb, George. *The History and Antiquities of the County of Buckingham.* 4 vols. London: J. and W. Robins, 1847. **707**

Lisboa quinhentista: A imagem e a vida da cidade. Lisbon: Direcção dos Serviços Culturais da Câmara Municipal, 1983. **1052**

Lister, Raymond. *How to Identify Old Maps and Globes.* London: G. Bell, 1965. **602**

Líter (Mayayo), Carmen, and Luisa Martín-Merás. Introduction to *Tesoros de la cartografía Española,* exhibition catalog, 35–48. [Madrid]: Caja Duero Biblioteca Nacional, [2001]. **507**

Líter (Mayayo), Carmen, and Francisca Sanchis. *Tesoros de la cartografía Española.* Exhibition catalog. Madrid: Biblioteca Nacional, 2001. **1044**

Livieratos, Evangelos, and Ilias Beriatos, eds. *L'Eptaneso nelle carte: Da Tolomeo ai satelliti.* Padua: Il Poligrafo, 2004. **263**
Livingstone, David. *The Geographical Tradition: Episodes in the History of a Contested Enterprise.* Oxford: Blackwell, 1992. **636**
Livro de Lisuarte de Abreu. Intro Luís de Albuquerque. Lisbon: CNCDP, 1992. **1019**
Livy. *Las Décadas de Tito Livio.* 2 vols. Trans. Pedro López de Ayala. Ed. Curt J. Wittlin. Barcelona: Puvill Libros, 1982. **470**
Llabrés, Gabriel. "Los cartógrafos mallorquines." *Boletín de la Sociedad Arqueológica Luliana* 2 (1888): 323–28; 3 (1890): 310–311, 313–18. **979**
Llave y Garcia, Joaquín de la. "Don Sebastián Fernández de Medrano como geógrafo." *Boletín de la Real Sociedad Geográfica* 48 (1906): 41–63. **1081**
Lloyd, Christopher, and Simon Thurley. *Henry VIII: Images of a Tudor King.* Oxford: Phaidon in association with the Historical Royal Palaces Agency, 1990. **1658**
Lloyd, Howell A. *The Rouen Campaign, 1590–1592: Politics, Warfare and the Early-Modern State.* Oxford: Clarendon, 1973. **720**
Loades, D. M. "The Theory and Practice of Censorship in Sixteenth-Century England." *Transactions of the Royal Historical Society,* 5th ser., 24 (1974): 141–57. **1714, 1717**
Lodewijcksz., Willem. *Prima pars descriptionis iteneris navalis in Indian Orientalem . . .* Amsterdam, 1598. **750**
Łodyński, Marjan. *Centralny katalog zbiorów kartograficznych w Polsce.* 5 vols. Warsaw, 1961–. **802**
Loeber, Rolf. "Biographical Dictionary of Engineers in Ireland, 1600–1730." *Irish Sword: The Journal of the Military History Society of Ireland* 13 (1977–79): 30–44, 106–22, 230–55, and 283–314. **1611**
Loeb-Larocque, Louis. "Ces hollandaises habillées à Paris, ou L'exploitation de la cartographie hollandaise par les éditeurs parisiens au XVIIe siècle." In *Theatrum Orbis Librorum: Liber Amicorum Presented to Nico Israel on the Occasion of His Seventieth Birthday,* ed. Ton Croiset van Uchelen, Koert van der Horst, and Günter Schilder, 15–30. Utrecht: HES, 1989. **1577**
Lohmann Villena, Guillermo. *Las defensas militares de Lima y Callao.* Seville: Escuela de Estudios Hispano-Americanos, 1964. **1163**
Lollis, Cesare de. "La carta di Colombo." *La Cultura,* 1925–26, 749–75. **176**
Lomazzo, Giovanni Paolo. *A Tracte Containing the Artes of Curious Paintinge, Caruinge, Buildinge, Written First in Italian.* Trans. Richard Haydock. Oxford: Ioseph Barnes for R H [Richard Haydock], 1598. **605**
Lönborg, Sven (Erik). *Sveriges karta, tiden till omkring 1850.* Uppsala: I distribution hos Almqvist och Wiksells boktryckeri, 1903. **1781, 1792, 1802, 1803**
Long, Pamela O. "Power, Patronage, and the Authorship of *Ars:* From Mechanical Know-How to Mechanical Knowledge in the Last Scribal Age." *Isis* 88 (1997): 1–41. **71**
———. *Openness, Secrecy, Authorship: Technical Arts and the Culture of Knowledge from Antiquity to the Renaissance.* Baltimore: Johns Hopkins University Press, 2001. **729**
———. "Objects of Art / Objects of Nature: Visual Representation and the Investigation of Nature." In *Merchants & Marvels: Commerce, Science, and Art in Early Modern Europe,* ed. Paula Findlen and Pamela H. Smith, 63–82. New York: Routledge, 2002. **640**
Longás Bartibás, Pedro. "Carta del astrólogo italiano Juan Bautista Gesio al Rey Felipe II." In *Publicações (Congresso do Mundo Português),* 19 vols., 6:167–72. Lisbon: Comissão Executiva dos Centenários, 1940–42. **1041**
Longhena, Mario. "Atlanti e carte nautiche del secolo XIV al XVII conservati nella Biblioteca e nell'Archivio di Parma." *Archivio Storico per le Provincie Parmensi* 7 (1907): 135–78. **208, 222**
Lönnqvist, Olov. *Sörmlands karta genom fem sekler.* Nyköping, 1973. **1796**
Loomba, Ania. *Gender, Race, Renaissance Drama.* Manchester: Manchester University Press, 1989. **419**
Lope de Vega. *El duque de Viseo.* Madrid: Reproducción Fotográfica de la Real Academia, 1615. **473**
———. *Colección de las obras sueltas: Assi en prosa, como en verso.* 21 vols. Ed. Francisco Cerdá y Rico. Madrid: Imprenta de A. de Sancha, 1776–79. **473**
———. *Las burlas veras.* Ed. S. L. Rosenberg. Philadelphia, 1912. **473**
———. *Obras de Lope de Vega: Obras dramáticas.* Rev. ed. 13 vols. Madrid: Tip. de la "Rev. de Arch., Bibl., y Museos," 1916–30. **469, 472, 473, 474**
———. *El cordobés valeroso Pedro Carbonero.* Ed. Marion A. Zeitlin. Madrid: Gráficas reunidas, 1935. **473**
———. *El piadoso aragonés.* Ed. James Neal Greer. [Austin]: University of Texas Press, 1951. **473**
———. *El bautismo de Cristo.* In *Biblioteca de autores españoles,* vol. 157, ed. D. Marcelino Menendez Pelayo. Madrid: Ediciones Atlas, 1963. **474**
———. *El Nuevo Mundo descubierto por Cristóbal Colón.* Ed. Jean Lemartinel and Charles Minguet. [Lille]: Presses Universitaires de Lille, [1980]. **473, 475**
———. *Arauco domado.* In *Obras completas de Lope de Vega,* vol. 9. Madrid: Turner, 1994. **473**
Lopes, Duarte, and Filippo Pigafetta. *Relatione del reame di Congo et delle circonvicine contrade.* Rome: B. Grassi, 1591. **1026**
Lopes de Mendonça, Henrique. *Notas sôbre alguns engenheiros nas praças de Africa.* Lisbon: Imprensa Nacional, 1922. **1011**
López de Velasco, Juan. *Geografía y descripción universal de las Indias.* Ed. Justo Zaragoza. Madrid: Establecimiento Tipográfico de Fortanet, 1894. **1146**
———. *Geografía y descripción universal de las Indias.* Ed. Marcos Jiménez de la Espada. Madrid: Ediciones Atlas, 1971. **1146**
López Piñero, José María. *La introducción de la ciencia moderna en España.* Barcelona: Ediciones Ariel, 1969. **1081**
———. *Ciencia y técnica en la sociedad española de los siglos XVI y XVII.* Barcelona: Labor Universitaria, 1979. **1073, 1080, 1082**
———. *El arte de navegar en la España del Renacimiento.* 2d ed. Barcelona: Editorial Labor, 1986. **1071, 1073**
———. "La ciencia y el pensamiento científico." In *Historia de España,* ed. Ramón Menéndez Pidal, vol. 26, pt.1, *El Siglo del Quijote (1580–1680): Religión, filosofía, ciencia,* 2d ed., 159–231. Madrid: Espasa-Calpe, 1986. **1081**
López Piñero, José María, et al., eds. *Diccionario histórico de la ciencia moderna en España,* 2 vols. Barcelona: Península, 1983. **1069**
Lorant, Stefan, ed. *The New World: The First Pictures of America, Made by John White and Jacques Le Moyne and Engraved by Theodore de Bry, with Contemporary Narratives of the Huguenot Settlement in Florida, 1562–1565, and the Virginia Colony, 1585–1590.* New York: Duell, Sloan and Pearce, 1946. **1765**
Lorch, Richard. "The *Sphera Solida* and Related Instruments." In *Arabic Mathematical Sciences: Instruments, Texts, Transmission,* by Richard Lorch, item XII. Aldershot: Variorum, 1995. **140, 153**
Lorenzen, Vilhelm. "Problemer i Københavns Historie, 1600–1660: Belyst ved samtidige kort." *Historiske Meddelelser om København,* 2d ser., 4 (1929–30): 145–240. **1800**
———. *Haandtegnede kort over København, 1600–1660.* Copenhagen: Henrik Koppels, 1930. **1800**
———. *Drømmen om den ideale By: Med en Bibliografi over Forfatterens litterære Arbejder, 1906–46.* Copenhagen: Rosenkilde og Baggers, 1947. **1800**
Lorenzi, Giambattista. *Monumenti per servire alla storia del Palazzo ducale di Venezia.* Venice, 1868. **808, 809, 814, 815**

Lorimer, Joyce, ed. *English and Irish Settlement on the River Amazon, 1550–1646*. London: Hakluyt Society, 1989. **1756, 1770**

Lösel, Eva-Maria. *Zürcher Goldschmiedekunst: Vom 13. bis zum 19. Jahrhundert*. Zürich: Berichthaus, 1983. **155, 163, 166, 167, 168, 169, 170, 171, 172**

Loserth, Johann. "Miszellen aus der Geschichte des 16. und 17. Jahrhunderts." *Blätter für Heimatkunde* 7 (1929): 9–12. **1843, 1848**

Lossai, Petrus. *Petri Lossai Notationes et Delineationes 1498*. Ed. Poronyi Zoltán and Fleck Alajos. [Pécs: Pécsi Geodéziai és Térképészeti Vállalat, 1969]. **1812**

Lottin, René-Jean-François, and M. Lassus. *Recueil de documents inédits ou rares sur la topographie et les monuments historiques de l'ancienne province du Maine*. Le Mans: M. Pesche, 1851. **1489**

Lotz, Wolfgang. "The Rendering of the Interior in Architectural Drawings of the Renaissance." In *Studies in Italian Renaissance Architecture*, 1–65. Cambridge: MIT Press, 1981. **689**

Loupis, Dimitris. "Ottoman Adaptations of Early Italian Isolaria." *IMCoS Journal* 80 (2000): 15–23. **270**

———. "Piri Reis's Book of Navigation as a Geography Handbook: Ottoman Efforts to Produce an Atlas during the Reign of Sultan Mehmed IV (1648–1687)." *Portolan* 52 (2001–2): 11–17. **270**

Loureiro, Rui Manuel. *Fidalgos, missionários e mandarins: Portugal e a China no século XVI*. Lisbon: Fundação Oriente, 2000. **464**

Lourenço, João Daniel L. M. "A descoberta dos antigos no Renascimento: O caso particular da *Geografia* de Ptolemeu." *Euphrosyne* 27 (1999): 339–50. **286**

Love, John. *Geodæsia; or, The Art of Surveying and Measuring of Land, Made Easie*. London: Printed for John Taylor, 1688. **708**

Love, John Barry. "The Colonial Surveyor in Pennsylvania." Ph.D. diss., University of Pennsylvania, 1970. **708**

Lozano Guillén, Carmen. "Apuntes sobre el humanista F. Niger y su obra." In *Humanismo y pervivencia del mundo clásico: Homenaje al Profesor Luis Gil*, 3 vols., ed. José María Maestre Maestre, Joaquín Pascual Barea, and Luis Brea, 3:1353–60. Cádiz: Servicio de Publicaciones de la Universidad de Cádiz, 1997. **326**

Lozovsky, Natalia, *"The Earth Is Our Book": Geographical Knowledge in the Latin West ca. 400–1000*. Ann Arbor: University of Michigan Press, 2000. **30**

Lubac, Henri de. *Exégèse Médiévale: Les quatre sens de l'écriture*. 4 vols. Paris: Aubier, 1954–64. **384**

Lubin, Augustin. *Mercure geographique; ou, Le guide du curieux des cartes geographiques*. Paris: Christophle Remy, 1678. **528, 532, 544, 545, 547, 554, 555, 557, 569, 575**

Lübke, Anton. *Nikolaus von Kues: Kirchenfürst zwischen Mittelalter und Neuzeit*. Munich: D. W. Callwey, 1968. 1183

Luborsky, Ruth Samson, and Elizabeth Morley Ingram. *A Guide to English Illustrated Books, 1536–1603*. 2 vols. Tempe, Ariz.: Medieval and Renaissance Text and Studies, 1990. **1610, 1699**

Lucas Jansz. Waghenaer van Enckhuysen: De maritieme cartografie in de Nederlanden in de zestiende en het begin van de zeventiende eeuw. Enkhuizen: Vereniging "Vrienden van het Zuiderzeemuseum," 1984. 1393

Lucchetta, Giuliano. "Viaggiatori, geografi e racconti di viaggio dell'età barocca." In *Storia della cultura Veneta*, 6 vols., vol. 4, pt. 2, 201–50. Vicenza: N. Pozza, 1976–86. 75

Lucena, Vasco Fernandes de. *Oratio de obedientia ad Innocentium VIII*. Rome, 1485. In English, *The Obedience of a King of Portugal*. Ed. and trans. Francis Millet Rogers. Minneapolis: University of Minnesota Press, 1958. **1005, 1010**

Luchetti, Annie. "Nuove notizie sulle stampe geografiche del cartografo Mario Cartaro." *Rivista Geografica Italiana* 62 (1955): 40–45. **967**

"Lucini, Antonio Francesco." *Allgemeines Lexikon der Bildenen Künstler* 23 (1964): 438. **794**

Lud, Walter (Gualterius Ludd). *Speculi orbis succintissima sed neque poenitenda, neque inelegans declaratio et canon*. Strasbourg: Johannes Grüninger, 1507. **367, 1205**

Lugli, Adalgisa. *Naturalia et Mirabilia: Il collezionismo enciclopedico nelle Wunderkammern d'Europa*. Milan: Gabriele Mazzotta, 1983. In French (and expanded), *Naturalia et Mirabilia: Les cabinets de curiosités en Europe*. Trans. Marie-Louise Lentengre. Paris: A. Biro, 1998. **277, 648**

Luijten, Ger, et al., eds. *Dawn of the Golden Age: Northern Netherlandish Art, 1580–1620*. Trans. Michael Hoyle et al. Amsterdam: Rijksmuseum, 1993. **1315**

Luksics, P. "Az esztergomi főkáptalan a mohácsi vész idején." *Esztergom Évlapjai* (1927): 70–93. **1822**

Lundmark, Efraim. "Sebastian Münsters Kosmografi och Norden: Obeaktade brev från Münster till Georg Norman och Christen Morsing." *Lychnos* (1939): 72–101. **1788**

Lunsingh Scheurleer, Theodoor Herman, and G. H. M. Posthumus Meyjes. *Leiden University in the Seventeenth Century: An Exchange of Learning*. Leiden: Brill, 1975. **1448**

Lupton, Julia Reinhard. "Mapping Mutability; or, Spenser's Irish Plot." In *Representing Ireland: Literature and the Origins of Conflict, 1534–1660*, ed. Brendan Bradshaw, Andrew Hadfield, and Willy Maley, 93–115. Cambridge: Cambridge University Press, 1993. **415**

Lusini, Aldo. "Matteo Florimi stampatore-calcografo del sec. XVI." *La Diana: Rassegna d'Arte e Vita Senese* 6 (1931): 75–89. **792**

Luther, Martin. *Works of Martin Luther*. 6 vols. Philadelphia: A. J. Holman, 1915–32. **398**

———. *Works*. 55 vols. Ed. Jaroslav Pelikan. St. Louis: Concordia, 1955–86. **389**

———. *Martin Luther: Selections from His Writings*. Ed. John Dillenberger. Garden City, N.Y.: Doubleday, 1961. **390**

———, trans. *Der Prophet Daniel Deudsch*. Wittenberg: Hans Lufft, 1530. **389**

Lutz, Eckart Conrad. *Spiritualis fornicatio: Heinrich Wittenwiler, seine Welt und sein "Ring."* Sigmaringen: Jan Thorbecke, 1990. **441**

Lutz, Heinrich. *Conrad Peutinger: Beiträge zu einer politischen Biographie*. Augsburg: Die Brigg, 1958. **1190**

Luz, Francisco Paulo Mendes da. *O conselho da Índia*. Lisbon: Divisão de Publicações e Biblioteca, Agência Geral do Ultramar, 1952. **1021**

———. "Dois organismos da administração ultramarina no século XV: A Casa da Índia e os Armazéns da Guiné, Mina e Índias." In *A viagem de Fernão de Magalhães e a questão das Molucas*, ed. A. Teixeira da Mota, 91–105. Lisbon: Junta de Investigações Científicas do Ultramar, 1975. **1004**

———. "Bartolomeu Dias e os Armazéns da Guiné, Mina e Índias." In *Congresso Internacional Bartolomeu Dias e a sua Época: Actas*, 5 vols., 3:625–33. Porto: Universidade do Porto, CNCDP, 1989. **1004**

Luzio, Alessandro, and Rodolfo Renier. "La coltura e le relazioni letterarie di Isabella d'Este Gonzaga." *Giornale Storico della Letteratura Italiana* 34 (1899): 1–97. **642**

Luzzana Caraci, Ilaria. "L'opera cartografica di Enrico Martello e la 'prescoperto' dell' America." *Rivista Geografica Italiana* 83 (1976): 335–44. **267**

———. "Il planisfero di Enrico Martello della Yale University Library e i fratelli Colombo." *Rivista Geografica Italiana* 85 (1978): 132–143. **1183**

———. "L'America e la cartografia: Nascita di un continente." In *Cristoforo Colombo e l'apertura degli spazi: Mostra storico-cartografica*, 2 vols., ed. Guglielmo Cavallo, 2:603–34. Rome: Istituto Poligrafico e Zecca dello Stato, Libreria dello Stato, 1992. **332, 344**

———. "A proposito della cosiddetta 'carta di Colombo.'" In *Oriente Occidente: Scritti in memoria di Vittorina Langella*, ed. Filippo Bencardino, 121–47. Naples: Istituto Universitario Orientale, 1993. **176**

Lydecker, John Kent. "The Domestic Setting of the Arts in Renaissance Florence." Ph.D. diss., Johns Hopkins University, 1987. **796**

Lynam, Edward. "Maps of the Fenland." In *The Victoria History of the County of Huntingdon*, 3 vols., ed. William Page et al., 3:291–306. London: St. Catherine's Press, 1926–36. **1594, 1645**

———. "Woutneel's Map of the British Isles, 1603." *Geographical Journal* 82 (1933): 536–38. **1707**

———. "Early Maps of the Fen District." *Geographical Journal* 84 (1934): 420–23. **1645**

———. *The Map of the British Isles of 1546*. Jenkintown, Pa.: George H. Beans Library, 1934. **1620**

———. "Lucas Waghenaer's 'Thresoor der zeevaert.'" *British Museum Quarterly* 13 (1938–39): 91–94. **1394**

———. "Period Ornament, Writing and Symbols on Maps, 1250–1800." *Geographical Magazine* 18 (1945): 323–26. **531, 538, 544, 550**

———. *The Carta Marina of Olaus Magnus, Venice 1539 and Rome 1572*. Jenkintown, Pa.: Tall Tree Library, 1949. **1787**

———. "An Atlas of England and Wales: The Maps of Christopher Saxton, Engraved 1574–1579." In *The Mapmaker's Art: Essays on the History of Maps*, 79–90. London: Batchworth, 1953. **1620, 1623, 1626, 1628**

———. "The Character of England in Maps." In *The Mapmaker's Art: Essays on the History of Maps*, 1–35. London: Batchworth, 1953. **1643, 1663**

———. "Early Days in Bermuda and the Bahamas." In *The Mapmaker's Art: Essays on the History of Maps*, 117–36. London: Batchworth, 1953. **1667**

———. "English Maps and Mapmakers of the Sixteenth Century." In *The Mapmaker's Art: Essays on the History of Maps*, 55–78. London: Batchworth, 1953. **1614, 1619, 1623, 1655, 1657**

———. "Flemish Map Engravers in England in the Sixteenth Century." In *The Mapmaker's Art: Essays on the History of Maps*, 91–100. London: Batchworth, 1953. **1619**

———. *The Mapmaker's Art: Essays on the History of Maps*. London: Batchworth, 1953. **1589, 1693, 1705, 1706**

———, ed. *Richard Hakluyt & His Successors: A Volume Issued to Commemorate the Centenary of the Hakluyt Society*. London: Hakluyt Society, 1946. **1724**

Lynch, Michael. "The Age of Timothy Pont." In *The Nation Survey'd: Essays on Late Sixteenth-Century Scotland as Depicted by Timothy Pont*, ed. Ian Campbell Cunningham, 27–34. East Linton: Tuckwell, 2001. **1687**

Maag, Karin, ed. *Melanchthon in Europe: His Work and Influence beyond Wittenberg*. Carlisle: Paternoster, 1999. **1208**

Maanen, Johannes Arnoldus van. *Facets of Seventeenth Century Mathematics in the Netherlands*. Utrecht: Drukkerij Elinkwijk, 1987. **1435, 1448**

Maccagni, Carlo. "Evoluzione delle procedure di rilevamento: Fondamenti matematici e strumentazione." In *Cartografia e istituzioni in età moderna: Atti del Convegno Genova, Imperia, Albenga, Savona, La Spezia, 3–8 novembre 1986*, 2 vols., 1:43–57. Genoa: Società Ligure di Storia Patria, 1987. **947, 958**

MacCarthy-Morrogh, Michael. *The Munster Plantation: English Migration to Southern Ireland, 1583–1641*. Oxford: Clarendon, 1986. **1680**

Macdonald, Alec. "Plans of Dover Harbour in the Sixteenth Century." *Archaeologia Cantiana* 49 (1937): 108–26. **1599**

Mace, Nancy A. "The History of the Grammar Patent, 1547–1620." *Papers of the Bibliographical Society of America* 87 (1993): 419–36. **1715**

MacEachren, Alan M. *How Maps Work: Representation, Visualization, and Design*. New York: Guilford, 1995. **532, 537**

Macfarlane, Walter. *Geographical Collections relating to Scotland*. 3 vols. Edinburgh: Scottish History Society, 1906–8. **1690**

Machiavelli, Niccolò. *Arte della guerra e scritti politici minori* [1521]. Ed. Sergio Bertelli. Milan: Feltrinelli, 1961. **720**

———. *Chief Works and Others*. 3 vols. Trans. Allan Gilbert. Durham: Duke University Press, 1965. **664, 665**

Machilek, Franz. "Kartographie, Welt- und Landesbeschreibung in Nürnberg um 1500." In *Landesbeschreibungen Mitteleuropas vom 15. bis 17. Jahrhundert*, 1–12. Cologne: Böhlau, 1983. **346**

Mack, Hans-Hubertus. *Humanistische Geisteshaltung und Bildungsbemühungen: Am Beispiel von Heinrich Loriti Glarean (1488–1563)*. Bad Heilbrunn: Klinkhardt, 1992. **1215**

Mack, Peter. "Humanist Rhetoric and Dialectic." In *The Cambridge Companion to Renaissance Humanism*, ed. Jill Kraye, 82–99. Cambridge: Cambridge University Press, 1996. **422**

MacKenney, Richard. *Tradesmen and Traders: The World of the Guilds in Venice and Europe, c. 1250–c. 1650*. London: Croom Helm, 1987. **796**

Mackensen, Ludolf von. *Die erste Sternwarte Europas mit ihren Instrumenten und Uhren: 400 Jahre Jost Bürgi in Kassel*. 2d enl. ed. Munich: Callwey, 1982. **164, 168, 169, 172, 1227**

Maclean, Ian. "The Market for Scholarly Books and Conceptions of Genre in Northern Europe, 1570–1630." In *Die Renaissance im Blick der Nationen Europas*, ed. Georg Kauffmann, 17–31. Wiesbaden: Harrassowitz, 1991. **644**

Mac Lean, Johannes. "De nagelaten papieren van Johannes Hudde." *Scientiarum Historia* 13 (1971):144–62. **1448**

MacMillan, Ken. "Sovereignty 'More Plainly Described': Early English Maps of North America, 1580–1625." *Journal of British Studies* 42, no. 4 (2003): 413–47. **1759, 1761, 1780**

———. "Introduction: Discourse on History, Geography, and Law." In *John Dee: The Limits of the British Empire*, by John Dee, ed. Ken MacMillan with Jennifer Abeles, 1–29. Westport, Conn.: Praeger, 2004. **1758, 1759, 1760**

MacNeill, Eoin. "Ireland according to Ptolemy and Other Non-Irish Authorities." *New Ireland Review* 26 (1906): 6–15. **1670**

Macrobius, Aurelius Theodosius. *In Somnium Scipionis expositio*. Venice: P. Pincius, 1500. **79**

Maddison, Francis Romeril. "A Consequence of Discovery: Astronomical Navigation in Fifteenth-Century Portugal." In *Studies in the Portuguese Discoveries, I: Proceedings of the First Colloquium of the Centre for the Study of the Portuguese Discoveries*, ed. T. F. Earle and Stephen Parkinson, 71–110. Warminster, Eng.: Aris and Phillips with the Comissão Nacional para as Comemorações dos Descobrimentos Portugueses, 1992. **745**

———. "On the Origin of the Mariner's Astrolabe." *Sphaera Occasional Papers*, no. 2 (1997). **747**

Madge, Sidney Joseph. *The Domesday of Crown Lands: A Study of the Legislation, Surveys, and Sales of Royal Estates under the Commonwealth*. London: George Routledge and Sons, 1938. **712**

Madonna, Maria Luisa. "La biblioteca: *Theatrum mundi* e *theatrum sapientiae*." In *L'abbazia benedettina di San Giovanni Evangelista a Parma*, ed. Bruno Adorni, 177–94. Milan: Silvana, 1979. **640, 820**

Madrigal, Miguel de. *Segunda parte del Romancero general y flor de diversa poesía*. Valladolid, 1605. **473**

Magalhães, Joaquim Antero Romero. "As descrições geográficas de Portugal, 1500–1650: Esboço de problemas." *Revista de História Económica e Social* 5 (1980): 15–56. **1034**

———. "Os limites da expansão asiática." In *História da expansão portuguesa*, 5 vols., ed. Francisco Bethencourt and K. N. Chaudhuri, 2:8–27. Lisbon: Círculo de Leitores, 1998–2000. **1019**

———. "O reconhecimento da costa." *Oceanos* 39 (1999): 102–12. **1030**

[Maggiolo, Vesconte]. *Atlas of Portolan Charts: Facsimile of Manuscript in British Museum*, ed. Edward Luther Stevenson. New York: Hispanic Society of America, 1911. **1110**

Magnaghi, Alberto. "Carte nautiche esistenti a Volterra." *Rivista Geografica Italiana* 4 (1897): 34–40. **183, 218**

———. "L'Atlante manoscritto di Battista Agnese della Biblioteca Reale di Torino." *Rivista Geografica Italiana* 15 (1908): 65–77 and 135–48. **188, 214, 215**

———. "La prima rappresentazione delle Filippine e delle Molucche dopo il ritorno della spedizione di Magellano, nella carta costruita nel 1522 da Nuño García de Toreno, conservata nella Biblioteca di S. M. il Re in Toreno." In *Atti del X Congresso Geografico Italiano*, 2 vols., 1:293–307. Milan, 1927. **1113**

———. *Il planisfero del 1523 della Biblioteca del Re in Torino: La prima carta del mondo costruita dopo il viaggio di Magellano unica copia conosciuta di carta generale ad uso dei piloti dell'epoca delle grandi scoperte.* Florence: Otto Lange–Editore, 1929. **1113**

———. *Precursori di Colombo? Il tentativo di viaggio transoceanico dei Genovesi Fratelli Vivaldi nel 1291.* Rome: Società Anonima Italiana Arti Grafiche, 1935. **176**

Maillard, J.-F. "Christophe Plantin et la Famille de la charité en France: Documents et hypothèses." In *Mélanges sur la littérature de la Renaissance à la mémoire de V.-L. Saulnier*, 235–53. Geneva: Droz, 1984. **1495**

Mājid al-Sa'dī, Aḥmad ibn. *Arab Navigation in the Indian Ocean before the Coming of the Portuguese.* Trans. Gerald R. Tibbetts. London: Royal Asiatic Society of Great Britain and Ireland, 1971. **513, 515**

Major, Richard Henry. *The Life of Prince Henry of Portugal, Surnamed the Navigator, and Its Results.* London: A. Asher, 1868. Reprinted London: Frank Cass, 1967. **514, 1002, 1003**

Mallett, Michael E. *L'organizzazione militare di Venezia nel '400.* Rome: Jouvence, 1989. **892**

Maltby, William S. *Alba: A Biography of Fernando Alvarez de Toledo, Third Duke of Alba, 1507–1582.* Berkeley: University of California Press, 1983. **719**

Malte-Brun, Conrad. *Géographie universelle de Malte-Brun: Revue, rectifiée et complètement mise au niveau de l'état actuel des connaissances géographiques.* 8 vols. Paris: Legrand, Troussel et Pomey, Libraires-Éditeurs, [1864?]. **654**

Malte-Brun, V. A. "Note sur un Portulan donné par Charles-Quint à Philippe II." *Bulletin de la Société de Géographie* 11 (1876): 625–31. **178, 215**

Mamino, Sergio. "Scienziati e architetti alla corte di Emanuele Filiberto di Savoia: Giovan Battista Benedetti e Giacomo Soldati." *Studi Piemontesi* 19 (1989): 429–49. **842**

———. "Ludovic Demoulin De Rochefort e il 'Theatrum omnium disciplinarum' di Emanuele Filiberto di Savoia." *Studi Piemontesi* 21 (1992): 353–67. **842**

Mancini, Fausto. "Danesio Maineri, ingegnere ducale, e la sua opera alla rocca e alle mura di Imola sul finire della signoria manfrediani (1472–1473)." *Studi Romagnoli* 26 (1975): 163–210. **683**

———. *Urbanistica rinascimentale a Imola da Girolamo Riario a Leonardo da Vinci (1474–1502).* 2 vols. Imola: Grafiche Galeati, 1979. **683**

Mandioso, Jean-Marc. "L'histoire dans les classifications des sciences et des arts à la Renaissance." In *Philosophies de l'histoire à la Renaissance*, ed. Philippe Desan, 43–72. Paris: Corpus des Oeuvres de Philosophie en Langue Française, 1995. **656**

Manesson-Mallet, Allain. *Les travaux de Mars; ou, La fortification nouuelle tant reguliere, qu'irreguliere.* 3 vols. Paris, 1671–72. **1057**

Manetti, Renzo. *Gli affreschi di villa Arrivabene: Città ed eserciti nell'Europa del Cinquecento.* Florence: Salani, 1981. **727**

Manfroni, Camillo. "La carta di Colombo." *Rivista Marittima* 58 (1925): 705–13. **176**

Mangani, Giorgio. *Carte e cartografi delle Marche: Guida alla cartografia storica regionale (sec. XVI–XIX).* Ancona: Il Lavoro Editoriale, 1992. **912, 915, 933**

———. "Abraham Ortelius and the Hermetic Meaning of the Cordiform Projection." *Imago Mundi* 50 (1998): 59–83. **69, 94, 97, 393, 1466, 1476**

———. *Il "mondo" di Abramo Ortelio: Misticismo, geografia e collezionismo nel Rinascimento dei Paesi Bassi.* Modena: Franco Cosimo Panini, 1998. **69, 91, 95, 392, 393, 409, 439, 440, 649, 652, 1466, 1478, 1495**

Manick, Annette. "A Note on Printing Inks." In *Italian Etchers of the Renaissance & Baroque*, ed. Sue Welsh Reed and Richard W. Wallace, xliv–xlvii. Boston: Museum of Fine Arts, 1989. **597**

Manley, Gordon. "Saxton's Survey of Northern England." *Geographical Journal* 83 (1934): 308–16. **1628, 1629**

Manley, Lawrence. *Literature and Culture in Early Modern London.* Cambridge: Cambridge University Press, 1995. **420**

Mann, Sylvia, and David Kingsley. *Playing Cards Depicting Maps of the British Isles, and of the English and Welsh Counties.* London: Map Collectors' Circle, 1972. **1703, 1713**

Manno, Antonio. "Strategie difensive e fortezze veneziane dal XV al XVIII secolo." In *Palmanova: Fortezza d'Europa, 1593–1993*, ed. Gino Pavan, 501–49. Venice: Marsilio, 1993. **893**

Manno, Antonio, and Vincenzo Promis. "Notizie di Jacopo Gastaldi: Cartografo piemontese del secolo XVI." *Atti della Reale Accademia delle Scienze* 16 (1881): 5–30. Also published as *Notizie di Jacopo Gastaldi, cartografo piemontese del secolo XVI.* Turin: Stamperia Reale, 1881. **781, 842**

Mannoni, Laura. "Una carta italiana del Bacino del Nilo e dell'Etiopia del secolo XV." *Pubblicazioni dell'Istituto di Geografia della R. Università di Roma* 1, ser. B (1932): 7–12. **324**

Manoscritti cartografici e strumenti scientifici nella Bibliotheca Vaticana, secc. XIV–XVII. Vatican City: Bibliotheca Apostolica Vaticana, 1981. **165, 172**

Manso Porto, Carmen. *Cartografía histórica portuguesa: Catálogo de manuscritos, siglos XVII–XVIII.* Madrid: Real Academia de la Historia, 1999. **1041, 1049**

Manzano Manzano, Juan. *Cristóbal Colón: Siete años decisivos de su vida, 1485–1492.* Madrid: Ediciones Cultura Hispánica, 1964. **748**

Manzi, Pietro. *Carlo Theti, da Nola, ingegnere militare del sec. XVI.* Roma: Istituto Storico e di Cultura dell'Arma del Genio, 1960. **954, 955**

———. *Architetti e ingegneri militari italiani dal secolo XVI al secolo XVIII: Saggio bio- bibliografico.* Rome: Istituto Storico e di Cultura dell'Arma del Genio, 1976. **954**

Mappa mundi, Otherwyse Called the Compasse and Cyrcuet of the World. London: R. Wyer, [ca. 1550]. **1726**

Maps of the Orinoco-Essequibo Region, South America: Compiled for the Commission Appointed by the President of the United States "to Investigate and Report upon the True Divisional Line between the Republic of Venezuela and British Guiana." Washington, D.C.: [U.S. Government Printing Office], 1897. **1162**

Mapstone, Sally. *Scots and Their Books in the Middle Ages and the Renaissance.* Exhibition catalog. Oxford: Bodleian Library, 1996. **1603**

Maracchi Biagiarelli, Berta. "Niccolò Tedesco e le carte della Geografia di Francesco Berlinghieri autore-editore." In *Studi offerti a Roberto Ridolfi direttore de La bibliofilia*, ed. Berta Maracchi Biagiarelli and Dennis E. Rhodes, 377–97. Florence: L. S. Olschki, 1973. **320, 453**

Marcel, Gabriel. "Sur un portulan de la fin du seizième siècle, par Jean Oliva, document appartenant aux collections de la Société."

Compte rendu des séances de la Société de géographie et de la Commission centrale, 1885, 396–400. **228**
———. *Les origines de la carte d'Espagne.* Paris, 1899. **1083**
———. "Une carte de Picardie inconnue et le géographe Jean Jolivet." *Bulletin de Géographie Historique et Descriptive* 17 (1902): 176–83. **1484**
Marchant, Hilda. "A Memento Mori or Vanitas Emblem on an Estate Map of 1612." *Mapline* 44 (1986): 1–4. **1663**
Marchesi, Pietro. "La difesa del territorio al tempo della Serenissima." In *Palmanova: Fortezza d'Europa, 1493–1993,* ed. Gino Pavan, 57–72. Venice: Marsilio, 1993. **899**
Marchitello, Howard. *Narrative and Meaning in Early Modern England: Browne's Skull and Other Histories.* Cambridge: Cambridge University Press, 1997. **416**
Marco Dorta, Enrique. *Cartagena de Indias: La ciudad y su monumentos.* Seville: Escuela de Estudios Hispano-Americanos, 1951. **1161**
Marcombe, David. "Saxton's Apprenticeship: John Rudd, a Yorkshire Cartographer." *Yorkshire Archaeological Journal* 50 (1978): 171–75. **1622**
———. "John Rudd, a Forgotten Tudor Mapmaker?" *Map Collector* 64 (1993): 34–37. **1604, 1622, 1628**
———. "Rudd, John." In *The Dictionary of National Biography: Missing Persons,* ed. C. S. Nicholls, 573–74. Oxford: Oxford University Press, 1993. **1604, 1622**
Marconi, Paolo. "Opicinus de Canistris: Un contributo medioevale all'arte della memoria." *Ricerche di Storia dell'Arte* 4 (1977): 3–36. **47**
Marconi, Paolo, Angela Cipriani, and Enrico Valeriani. *I disegni di architettura dell'Archivio storico dell'Accademia di San Luca.* 2 vols. Rome: Luca, 1974. **702**
Marcotte, Didier, ed. *Humanisme et culture géographique à l'époque du Concile de Constance: Autour de Guillaume Fillastre.* Turnhout: Brepols, 2002. **285**
Marcus, G. J. "The Mariner's Compass: Its Influence upon Navigation in the Later Middle Ages." *History* 41 (1956): 16–24. **512, 513**
Mare, Albinia Catherine de la. *The Handwriting of Italian Humanists.* Oxford: Association Internationale de Bibliophilie, 1973–. **296**
———. "New Research on Humanistic Scribes in Florence." In *Miniatura fiorentina del Rinascimento, 1440–1525: Un primo censimento,* 2 vols., ed. Annarosa Garzelli, 395–600. Scandicci, Florence: Giunta regionale toscana: La Nuova Italia, 1985. **322**
Marees, Pieter de. *Beschryvinghe ende historische verhael van het Gout Koninckrijck van Gunea anders de Gout-Custe de Mina genaemt liggende in het deel van Africa.* Ed. S. P. L'Honoré Naber. The Hague: M. Nijhoff, 1912. **1449**
Marengo, Emilio. *Carte topografiche e corografiche manoscritte della Liguria e delle immediate adiacenze, conservate nel R. Archivio di Stato di Genova.* Ed. Paolo Revelli. Genoa, 1931. **858, 862**
Mareschal, Philibert. *La guide des arts et sciences: Et promptuaires de tous livres tant composez que traduicts en François.* 1598. Reprinted Geneva: Slatkine Reprints, 1971. **647**
Margry, P. J. "Drie proceskaarten (Geertruidenberg versus Standhazen) uit 1448." *Caert-Thresoor* 3 (1984): 27–33. **1256**
Mariage, Thierry. *The World of André le Nôtre.* Trans. Graham Larkin. Philadelphia: University of Pennsylvania Press, 1999. **73, 427**
Mariátegui, Eduardo de. *El Capitan Cristóbal de Rojas: Ingeniero militar del siglo XVI.* Madrid: Imprenta del Memorial de Ingenieros, 1880. **1076, 1147**
Marichal, Robert. "Le scrittura." In *Storia d'Italia,* 6 vols., 5:1265–1317. Turin: Einaudi, 1972–76. **950**
Marin, Brigitte. "Le plan de Naples de Carlo Theti gravé par Sebastiano di Re en 1560: Un nouveau document pour l'étude de la cartographie et de la topographie napolitaines." *Mélanges de l'École Française de Rome: Italie et Méditerranée* 102 (1990): 163–89. **954, 956**
Marin, Louis. *Utopiques: Jeux d'espace.* Paris: Minuit, 1973. In English, *Utopics: Spatial Play.* Trans. Robert Vollrath. Atlantic Highlands, N.J.: Humanities Press, 1984. **410, 423, 425**
———. *Portrait of the King.* Trans. Martha M. Houle. Minneapolis: University of Minnesota Press, 1988. **423, 425**
———. *Des pouvoirs de l'image.* Paris: Seuil, 1992. **408**
———. *On Representation.* Trans. Catherine Porter. Stanford: Stanford University Press, 2001. **423, 425**
Marinelli, Giovanni. *Saggio di cartografia della regione veneta.* Venice, 1881. **893, 902**
———. Review of *La carta nautica di Conte Ottomanno Freducci d'Ancona conservata nel R. Archivio di Stato in Firenze,* by Eugenio Casanova. *Rivista Geografica Italiana* 2 (1895): 126–28. **192**
Marinelli, Olinto. "Primi materiali per la storia della cartografia marchigiana." *Rivista Geografica Italiana* 7 (1900): 353–70. **924**
Marineo, Lucio. *De rebus Hispaniae memorabilibus.* [Madrid], 1533. **658**
Marinis, Tammaro de. *La biblioteca napoletana dei re d'Aragona.* 4 vols. Milan: Hoepli, 1947–57. Two-volume supplement Verona: Valdonega, 1969. **319, 942**
Marín Martínez, Tomás, ed. *"Memoria de las obras y libros de Hernando Colón" del Bachiller Juan Pérez.* Madrid: [Cátedra de Paleografía y Diplomática], 1970. **1083**
Marino, Angela. "I 'Libri delle case' di Roma: La città disegnata." In *Il disegno di architettura,* ed. Paolo Carpeggiani and Luciano Patetta, 149–53. Milan: Guerini, 1989. **702**
Marino, John, "Administrative Mapping in the Italian States." In *Monarchs, Ministers, and Maps: The Emergence of Cartography as a Tool of Government in Early Modern Europe,* ed. David Buisseret, 5–25. Chicago: University of Chicago Press, 1992. **50, 731**
Marino, Nancy F., ed. and trans. *El Libro del conoscimiento de todos los reinos (The Book of Knowledge of All Kingdoms).* Tempe: Arizona Center for Medieval and Renaissance Studies, 1999. **472**
Markham, Clement R., ed. *The Hawkins Voyages during the Reigns of Henry VIII, Queen Elizabeth, and James I.* London: Hakluyt Society, 1878. **1735**
———, ed. and trans. *Early Spanish Voyages to the Strait of Magellan.* London: Printed for the Hakluyt Society, 1911. **1165**
Markham, Gervase. *The English Hvsbandman: The First Part, Contayning the Knowledge of Euery Soyle within This Kingdom . . . Together with the Art of Planting, Grafting, and Gardening after Our Latest and Rarest Fashion.* London: Printed by T. S. for John Browne, 1613. **714**
Márki, Sándor. "A magyar térképírás múltja és jelene." *Földrajzi Közlemények* 24 (1896): 291–303. **1808**
Markina, E. D. "'Globus Blau' XVII v. v Gosudarstvennom Istoricheskom muzeye." In *Pamyatniki nauki i tekniki 1984,* 128–38. Moscow, 1986. **1366**
Marković, Mirko. *Descriptio Croatiae.* Zagreb: Naprijed, 1993. **1810**
———. *Descriptio Bosnae & Hercegovinae.* Zagreb: AGM, 1998. **1810**
Markowski, Mieczysław. "Die mathematischen und Naturwissenschaften an der Krakauer Universität im XV. Jahrhundert." *Mediaevalia Philosophica Polonorum* 18 (1973): 121–31. **352**
———. *Astronomica et astrologica Cracoviensia ante annum 1550.* Florence: L. S. Olschki, 1990. **352**
Marks, Stephen Powys. "Dating the Copperplate Map and Its First Derivatives." In *Tudor London: A Map and a View,* ed. Ann Saunders and John Schofield, 7–15. London: London Topographical Society, 2001. **1658**
Markus, R. A. *Saeculum: History and Society in the Theology of St. Augustine.* Rev. ed. Cambridge: Cambridge University Press, 1988. **31**

Marlot, Guillaume. *Metropolis Remensis historia: A Frodoardo primum arctius digesta, nunc demum aliunde accersitis plurimum aucta . . .* 2 vols. Remis: P. Lelorain, 1666–79. **304**

Marlowe, Christopher. *Tamburlaine the Great, Parts 1 and 2.* Ed. John D. Jump. Lincoln: University of Nebraska Press, 1967. **420, 665, 719**

Marques, Alfredo Pinheiro. *Guia de história dos descobrimentos e expansão portuguesa.* Lisbon: Biblioteca Nacional, 1987. **976**

———. *Origem e desenvolvimento da cartografia portuguesa na época dos descobrimentos.* Lisbon: Imprensa Nacional-Casa da Moeda, 1987. **327, 977, 979, 981, 983, 984, 985**

———. *A cartografia do Brasil no século XVI.* Lisbon: Instituto de Investigação Científica Tropical, 1988. **1032**

———. "Alguns fragmentos de mapas encontrados em Viana do Castelo e outras novidades do ano de 1988 para a história da cartografia." *Revista da Universidade de Coimbra* 35 (1989): 309–22. **986**

———. "The Dating of the Oldest Portuguese Charts." *Imago Mundi* 41 (1989): 87–97. **984, 985**

———. "Realidades e mitos da ciência dos descrobrimentos quatrocentistas (A propósito da 'Escola de Sagres' e do célebre 'Mestre Jaime de Maiorca')." In *Congresso Internacional Bartolomeu Dias e a sua Época: Actas,* 5 vols., 2:347–61. Porto: Universidade do Porto, CNCDP, 1989. **979, 1003**

———. "Portolan Fragments Found in Portugal." *Map Collector* 65 (1993): 42–44. **251, 986**

———. *A maldição da memória do Infante Dom Pedro: E as origenes dos descobrimentos portugueses.* Figueira da Foz: Centro de Estudos do Mar, 1994. **315, 316, 982, 983, 1009**

———. *Vida e obra do "Príncipe Perfeito" Dom João II.* Figueira da Foz: Centro de Estudos do Mar, 1997. **1009**

Marques, António Henriques R. de Oliveira, ed. *Portugal na crise dos séculos XIV e XV,* 3 vols. Lisbon: Editorial Presença, 1987. **1034**

Marques, João Martins da Silva. *Descobrimentos portugueses: Documentos para a sua história.* 3 vols. Lisbon: Instituto para a Alta Cultura, 1944–71. **328, 978, 980, 981, 1008**

"Marsigli, Luigi Ferdinando." In *Lexikon zur Geschichte der Kartographie,* 2 vols., ed. Ingrid Kretschmer, Johannes Dörflinger, and Franz Wawrik, 2:466–67. Vienna: Franz Deuticke, 1986. **971**

Marsilio Ficino e il ritorno di Platone: Mostra di manoscritti stampe e documenti, 17 maggio–16 giugno 1984, catalogo. Florence: Le Lettere, 1984. **58**

Marstboom, L., R. Bourlon, and E. Jacobs. *Le cadastre et l'impôte foncier.* Brussels: Lielens, 1956. **710**

Martayan Lan. *Fine Antique Maps, Atlases & Globes.* Catalog 29. New York: Martayan Lan, 2001. **275**

Martelli, G. *La prima pianta geometrica di Milano.* Milan: Fininvest Communicazioni, 1994. **686**

Martens, Rhonda. *Kepler's Philosophy and the New Astronomy.* Princeton: Princeton University Press, 2000. **1237**

Martignon, Camille-Marcel-Léon. "Procès-verbaux de séances." *Bulletin de la Société Archéologique et Historique du Limousin* 84 (1952): 117–44. **1491**

Martin, Catherine Gimelli. "'Boundless the Deep': Milton, Pascal, and the Theology of Relative Space." *ELH* 63 (1996): 45–78. **417**

———. "'What if the Sun Be Centre to the World?': Milton's Epistemology, Cosmology, and Paradise of Fools Reconsidered." *Modern Philology* 99 (2001): 231–65. **417**

Martin, Henri-Jean. "Classements et conjonctures." In *Histoire de l'édition française,* 4 vols., ed. Henri-Jean Martin and Roger Chartier, 1:429–57. Paris: Promodis, 1983–86. **644, 646**

———. *The History and Power of Writing.* Trans. Lydia G. Cochrane. Chicago: University of Chicago Press, 1994. **530**

———, ed. *La naissance du livre moderne, XIVe–XVIIe siècles.* Paris: Editions du Cercle de la Librairie, 2000. **409, 411**

Martin, Henry. "Sur un portrait de Jacques-Antoine Marcelle, sénateur vénitien (1453)." *Mémoires de la Société Nationale des Antiquaires de France* 59 (1900): 229–67. **288**

Martínez-Hidalgo, José María. *El Museo Marítimo de la Diputación de Barcelona.* [Spain]: Silex, 1985. **182**

Martínez Shaw, Carlos, ed. *El pacífico español de Magallanes a Malaspina.* Madrid: Ministerio de Asuntos Exteriores, [1988]. **1165**

Martini, Angelo. *Manuale di metrologia, ossia, misure, pesi e monete in uso attualmente e anticamente presso tutti i popoli.* Turin: Loescher, 1883. **945, 957**

Martinic Beros, Mateo. *Cartografiá magallánica, 1523–1945.* Punta Arenas: Ediciones de la Universidad de Magallanes, 1999. **752, 1165**

Martín-Merás, María Luisa. "Los regimientos de navegación de la Casa de la Contratación." In *Obras españolas de náutica relacionadas con la Casa de la Contratación de Sevilla,* 13–29. Madrid: Museo Naval, 1992–93. **1101**

———. *Cartografía marítima hispana: La imagen de América.* Barcelona: Lunwerg, 1993. **1030, 1095, 1096, 1105, 1107, 1110, 1113, 1114, 1116, 1120, 1122, 1134, 1136, 1137**

———. "La cartografía de los descubrimientos en la época de Carlos V." In *Carlos V: La náutica y la navegación,* exhibition catalog, 75–94. Barcelona: Lunwerg, 2000. **1095, 1111, 1137**

———. "La cartografía marítima: Siglos XVI–XIX." In *La cartografía iberoamericana,* by María Luisa Martín-Merás et al., 19–83. Barcelona: Institut Cartogràfic de Catalunya, 2000. **1095, 1113, 1114**

Martín Rodríguez, Fernando Gabriel. *La primera imagen de Canarias: Los dibujos de Leonardo Torriani.* Santa Cruz de Tenerife: Colegio Oficial de Arquitectos de Canarias, 1986. **1147**

Martins, José F. Ferreira. "Casa da India." In *Publicações (Congresso do Mundo Português),* 19 vols., 4:365–84. Lisbon: Comissão Executiva dos Centenários, 1940–42. **1003**

Martullo Arpago, M. A., et al., eds. *Fonti cartografiche nell'Archivio di Stato di Napoli.* Naples: Ministero per i Beni Culturali e Ambientali, Ufficio Centrali per i Beni Archivistici, Archivio di Stato di Napoli, 1987. **941**

Martyr, Peter (Pietro Martire d'Anghiera). *De orbe nouo.* Compluti: Michaele[m] d[e] Eguia, 1530. **632**

———. *The Decades of the Newe World or West India . . .* London: Rycharde Jug, 1555. **1697**

Marvell, Andres. *The Poems and Letters of Andrew Marvell.* 2 vols. Ed. H. M. Margoliouth. Oxford: Clarendon, 1927. **414**

Marzolo, Francesco, and Augusto Ghetti. "Fiumi lagune e bonifiche venete, guida bibliografica." *Atti dell'Istituto Veneto di Scienze Lettere ed Arti* 105, pt. 2 (1946–47). **888**

Masetti Zannini, Gian Ludovico. *Stampatori e librai a Roma nella seconda metà del Cinquecento: Documenti inediti.* Rome: Fratelli Palombi Editori, 1980. **796**

———. "Rivalità e lavoro di incisori nelle botteghe Lafréry-Duchet e de la Vacherie." In *Les fondations nationales dans la Rome pontificale,* 547–66. Rome: École Française de Rome, 1981. **775, 790, 796**

Mason, A. Stuart. "A Measure of Essex Cartography." In *Essex, "Full of Profitable Thinges": Essays Presented to Sir John Ruggles-Brise as a Tribute to His Life of Service to the People and County of Essex,* ed. Kenneth James Neale, 253–68. London: Leopard's Head, 1996. **1638, 1639, 1661**

Mason, Stephen Finney. *Geschichte der Naturwissenschaft in der Entwicklung ihrer Denkweisen.* Trans. Bernhard Sticker. 1953. Reprinted Stuttgart: Alfred Kröner, 1961. **492**

Massing, Jean Michel. "Two Portolan Charts of the Mediterranean in Cambridge by Joan Martines and Estienne Bremond." In *Tributes in Honor of James H. Marrow: Studies in Painting and Manuscript*

Illumination of the Late Middle Ages and Northern Renaissance, ed. Jeffrey F. Hamburger and Anne S. Kortweg, 331–35. London: Harvey Miller, 2006. **254**

Mastoris, Stephanos. "A Newly-Discovered Perambulation Map of Sherwood Forest in the Early Seventeenth-Century." *Transactions of the Thoroton Society of Nottinghamshire* 102 (1998): 79–92. **1642**

Matal, Jean (Johannes Metellus). *Asia tabulis aeneis secundum rationes geographicas delineata.* Oberursel, 1600. **1236**

———. *Insularium orbis aliquot insularum, tabulis aeneis delineationem continens.* Cologne: Ioannes Christophori, 1601. **276**

Maternus, Julius Firmicus. *De nativitatibus.* Venice: Aldus Manutius, 1499. **83**

Matless, David. "The Uses of Cartographic Literacy: Mapping, Survey and Citizenship in Twentieth-Century Britain." In *Mappings,* ed. Denis Cosgrove, 193–212. London: Reaktion Books, 1999. **696**

Matos, Luís de. *Les Portugais à l'Université de Paris entre 1500 et 1550.* Coimbra: Universidade de Coimbra, 1950. **1037**

———. *Les Portugais en France au XVIe siècle: Études et documents.* Coimbra: Por Ordem da Universidade, 1952. **1004, 1555**

———. *A corte literária dos duques de Bragança no Renascimento.* Lisbon: Fundação da Casa de Bragança, 1956. **1035**

———. "O ensino na corte durante a dinastia de Avis." In *O humanismo português: 1500–1600,* ed. José V. de Pina Martins et al., 499–592. Lisbon: Academia das Ciências de Lisbon, 1988. **1037**

Die Matrikel der Universität Wien. 6 vols. Graz: H. Böhlaus, 1954–67. **1822**

Matteoni, Dario. *Livorno.* Rome: Laterza, 1985. **229**

Mattioli, Anselmo, ed. *Silvestro Pepi da Panicale e il suo Atlante.* Perugia: Biblioteca Oasis, 1993. **925**

Matthaeus, Antonius. *Veteris ævi analecta, seu vetera aliquot monumenta quæ hactenus nondum visa . . .* 10 vols. Leiden, 1698–1710. **1015**

Matthey, Walther. "Wurde der 'Deutsche Ptolemäus' vor 1492 gedruckt?" *Gutenberg Jahrbuch* 36 (1961): 77–87. **1193**

Mattone, Antonello. "La cartografia: Una grafica dell'arretratezza." In *La Sardegna,* 2 vols., ed. Manlio Brigaglia, vol. 1, pt. 1, pp. 5–22. Cagliari: Edizioni della Torre, 1982. **871**

Mattos, Gastão de Mello de. *Nicolau de Langres e a sua obra em Portugal.* Lisbon: [Gráfica Santelmo], 1941. **1057**

Matveeva, T. P. "Stary globusy v SSSR." *Der Globusfreund* 21–23 (1973): 226–33. **1366**

Mauduech, Gérard. *Normandie et Nouvelle France d'Amérique du Nord, 1508–1658.* Rouen: CRDP, 1978. **1550**

Maué, Hermann, et al. *Quasi Centrum Europae: Europa kauft in Nürnberg, 1400–1800.* Nuremberg: Germanisches Nationalmuseums, 2002. **1634**

Mauger, Michel, ed. *En passant par la Vilaine: De Redon à Rennes en 1543.* Rennes: Apogée, 1997. **1530**

Mauro, Marco. *Sphera volgare novamente tradotto.* Venice: Zanetti, 1537. **486**

Maximilianus Transylvanus. *First Voyage around the World by Antonio Pigafetta and De Moluccis Insulis by Maximilianus Transylvanus.* Intro. Carlos Quirino. Manila: Filipiniana Book Guild, 1969. **758**

May, W. E. "The Birth of the Compass." *Journal of the Institute of Navigation* 2 (1949): 259–63. **512**

———. *A History of Marine Navigation.* Henley-on-Thames, Eng.: G. T. Foulis, 1973. **510, 512, 515**

Mayberry-Senter, Enid P. "Les cartes allégoriques romanesques du XVIIe siècle: Aperçu des gravures créés autour de l'apparition de la 'Carte de Tendre' de la 'Clélie' en 1654." *Gazette des Beaux-Arts* 89 (April 1977): 133–44. **1579**

Mayerne Turquet, Louis de. *Discours sur sa carte universelle.* Paris, 1648. **365, 368**

Mayhew, Robert J. *Enlightment Geography: The Political Languages of British Geography, 1650–1850.* New York: St. Martin's, 2000. **75**

Maza, Francisco de la. *Enrico Martínez: Cosmógrafo e impresor de Nueva España.* Mexico City: Sociedad Mexicana de Geografía y Estadistica, 1943. **1152, 1157**

Mazal, Otto, ed. *Ambraser Atlas.* Intro. Lelio Pagani. Bergamo: Grafica Gutenberg, 1980. **214**

Mazal, Otto, Eva Irblich, and István Németh. *Wissenschaft im Mittelalter: Ausstellung von Handschriften und Inkunabeln der Österreichischen Nationalbibliothek Prunksaal, 1975.* 2d ed. Graz: Akademische Druck, 1980. **307**

Mazzariol, Giuseppe, ed. *Catalogo del fondo cartografico queriniano.* Venice: Lombroso, 1959. **275**

Mazzatinti, Giuseppe. *La biblioteca dei re d'Aragona in Napoli.* Rocca S. Casciano: L. Capelli, 1897. **321**

Mazzi, Giuliana. "La cartografia: Materiali per la storia urbanistica di Verona." In *Ritratto di Verona: Lineamenti di una storia urbanistica,* ed. Lionello Puppi, 531–620. Verona: Banca Popolare di Verona, 1978. **893**

———. "La repubblica e uno strumento per il dominio." In *Architettura e Utopia nella Venezia del Cinquecento,* ed. Lionello Puppi, exhibition catalog, 59–62. Milan: Electa, 1980. **731, 902**

———. "La conoscenza per l'organizzazione delle difese." In *Il territorio nella cartografia di ieri e di oggi,* ed. Fantelli Pier Luigi, 116–45. Venice: Cassa di Risparmio di Padova e Rovigo, 1994. **895**

Mazzocco, Angelo. "Decline and Rebirth in Bruni and Biondo." In *Umanesimo a Roma nel Quattrocento,* ed. Paolo Brezzi and Maristella de Panizza Lorch, 249–66. Rome and New York: Istituto di Studi Romani and Barnard College, 1984. **5**

McCluskey, Stephen C. "Gregory of Tours, Monastic Timekeeping, and Early Christian Attitudes to Astronomy." *Isis* 81 (1990): 9–22. Republished in *The Scientific Enterprise in Antiquity and the Middle Ages: Readings from Isis,* ed. Michael H. Shank, 147–61. Chicago: University of Chicago Press, 2000. **101**

McConica, James. "The Rise of the Undergraduate College." In *The History of the University of Oxford,* vol. 3, *The Collegiate University,* ed. James McConica, 1–68. Oxford: Clarendon, 1986. **623, 624, 630**

McCorkle, Barbara B. *New England in Early Printed Maps, 1513 to 1800: An Illustrated Carto-Bibliography.* Providence, R.I.: John Carter Brown Library, 2001. **1096, 1666**

McCuaig, William. *Carlo Sigonio: The Changing World of the Late Renaissance.* Princeton: Princeton University Press, 1989. **398, 823**

McDermott, James. "Humphrey Cole and the Frobisher Voyages." In *Humphrey Cole: Mint, Measurement, and Maps in Elizabethan England,* ed. Silke Ackermann, 15–19. London: British Museum, 1998. **1631**

McDonald, Mark P. "The Print Collection of Philip II at the Escorial." *Print Quarterly* 15 (1998): 15–35. **658**

———. "The Print Collection of Ferdinand Columbus." *Print Quarterly* 17 (2000): 43–46. **774**

———. *The Print Collection of Ferdinand Columbus (1488–1539): A Renaissance Collector in Seville.* 2 vols. London: British Museum, 2004. **774**

McEvedy, Colin, and Richard Jones. *Atlas of World Population History.* New York: Facts on File, 1978. **621**

McGovern, James R., ed. *Colonial Pensacola.* Hattiesburg: University of Southern Mississippi Press, 1972. **1155**

McGrath, Patrick. "Bristol and America, 1480–1631." In *The Westward Enterprise: English Activities in Ireland, the Atlantic, and America, 1480–1650,* ed. Kenneth R. Andrews, Nicholas P. Canny, and P. E. H. Hair, 81–102. Liverpool: Liverpool University Press, 1978. **1727, 1756**

McGuirk, Donald L. "Ruysch World Map: Census and Commentary." *Imago Mundi* 41 (1989): 133–41. **357**

McGurk, Patrick. "Carolingian Astrological Manuscripts." In *Charles the Bald: Court and Kingdom*, ed. Margaret T. Gibson and Janet L. Nelson, 317–32. Oxford: B.A.R., 1981. **105**

———. *See also* Saxl, Fritz. *Verzeichnis astrologischer und mythologische illustrierter Handschriften des lateinischen Mittelalters.*

McIntyre, Ruth A. "William Sanderson: Elizabethan Financier of Discovery." *William and Mary Quarterly*, 3d ser., 13 (1956): 184–201. **1763**

McKay, Ian. "Bids and Pieces." *Mercator's World* 6 (2000): 58–62. **217**

McKenzie, D. F. *Bibliography and the Sociology of Texts.* London: British Library, 1986. **1722**

McKenzie, Edgar C., comp. *A Catalog of British Devotional and Religious Books in German Translation from the Reformation to 1750.* Berlin: Walter de Gruyter, 1997. **447**

McKerrow, Ronald Brunlees, ed. *A Dictionary of Printers and Booksellers in England, Scotland and Ireland, and of Foreign Printers of English Books, 1557–1640.* London: Bibliographical Society, 1910. **1693**

McLeod, Bruce. *The Geography of Empire in English Literature, 1580–1745.* Cambridge: Cambridge University Press, 1999. **414, 415, 417**

McRae, Andrew. *God Speed the Plough: The Representation of Agrarian England, 1500–1660.* Cambridge: Cambridge University Press, 1996. **414, 425, 705, 713, 1594, 1638, 1642, 1643, 1644, 1647, 1661, 1663**

———. "'On the Famous Voyage': Ben Jonson and Civic Space." In *Literature, Mapping, and the Politics of Space in Early Modern Britain*, ed. Andrew Gordon and Bernhard Klein, 181–203. Cambridge: Cambridge University Press, 2001. **414**

McTavish, David. "Pellegrino Tibaldi's *Fall of Phaethon* in the Palazzo Poggi, Bologna." *Burlington Magazine* 122, no. 924 (1980): 186–88. **812**

Mead, W. R. *An Historical Geography of Scandinavia.* London: Academic Press, 1981. **710**

Meadow, Mark A. "Merchants and Marvels: Hans Jacob Fugger and the Origins of the Wunderkammer." In *Merchants & Marvels: Commerce, Science, and Art in Early Modern Europe*, ed. Paula Findlen and Pamela H. Smith, 182–200. New York: Routledge, 2002. **652**

Medina, José Toribio. *Juan Díaz de Solís: Estudio histórico.* 2 vols. Santiago, Chile: Impresso en Casa del Autor, 1897. **1110**

———. *El veneciano Sebastián Caboto, al servicio de España y especialmente de su proyectado viaje á las Molucas por el Estrecho de Magallanes y al reconocimiento de la costa del continente hasta la gobernación de Pedrarias Dávila.* 2 vols. Santiago, Chile: Imprenta y Encuadernación Universitaria, 1908. **1105**

Medina, Pedro de. *Arte de nauegar en que se contienen todas las reglas, declaracions, secretos, y auisos, q[ue] a la buena nauegacio[n] son necessarios, y se deue[n] saber . . .* Valladolid: Francisco Fernandez de Cordoua, 1545. **524, 1104**

———. *L'art de naviguer par Pedro de Medina.* Trans. Nicolas de Nicolay. Lyons: Guillaume Rouillé, 1554. **1469**

———. *Regimie[n]to de nauegacio[n]: Contiene las cosas que los pilotos ha[n] e saber para bien nauegar . . .* Seville: Simon Carpintero, 1563. **517, 518, 1096**

———. *Regimiento de navegación (1563).* Madrid, 1964. **1096**

———. *A Navigator's Universe: The Libro de Cosmographía of 1538.* Trans. and intro. Ursula Lamb. Chicago: Published for the Newberry Library by the University of Chicago Press, 1972. **60, 76, 747, 1118**

Mees, Jules. "Henri le navigateur et l'Académie portugaise de Sagres." *Boletim da Sociedade de Geographia de Lisboa* 21 (1903): 33–51. **1003**

Meeus, Hubert. "Zacharias Heyns: Een leerjongen van Jan Moretus." *De Gulden Passer* 66–67 (1988–89): 599–612. **446**

———. "Zacharias Heyns, uitgever en toneelauteur: Bio-bibliografie met een uitgave en analyse van de Vriendts-Spieghel." Ph.D. diss., Katholieke Universiteit Leuven, 1990. **446**

———. "Zacharias Heyns: Een 'drucker' die nooit drukte." *De Gulden Passer* 73 (1995): 108–27. **446**

Meganck, Tine. "Erudite Eyes: Artists and Antiquarians in the Circle of Abraham Ortelius (1527–1598)." Ph.D. diss., Princeton University, 2003. **652**

Megaw, B. R. S. "The Date of Pont's Survey and Its Background." *Scottish Studies* 13 (1969): 71–74. **1687**

Meier, Albrecht. *Certaine Briefe, and Speciall Instructions for Gentlemen, Merchants, Students, Souldiers, Marriners, & etc. Employed in Seruices Abrode . . .* Trans. Philip Jones. London, 1589. **723**

Meine, Karl-Heinz. "Wilhelm Bonacker." *Imago Mundi* 24 (1970): 139–44. **1177**

———. *Die Ulmer Geographia des Ptolemäus von 1482: Zur 500. Wiederkehr der ersten Atlasdrucklegung nördlich der Alpen.* Exhibition catalog. Weissenhorn: A. H. Konrad, 1982. **348, 1181**

———. "Zur Weltkarte des Andreas Walsperger, Konstanz 1448." In *Kartenhistorisches Colloquium Bayreuth '82*, ed. Wolfgang Scharfe, Hans Vollet, and Erwin Herrmann, 17–30. Berlin: Reimer, 1983. **1180**

———, ed. *Kartengeschichte und Kartenbearbeitung: Festschrift zum 80. Geburtstag von Wilhelm Bonacker.* Bad Godesberg: Kirschbaum, 1968. **1177**

———, ed. *Erläuterungen zur ersten gedruckten (Straßen-) Wandkarte von Europa, der Carta itineraria Evropae der Jahre 1511 bzw. 1520 von Martin Waldseemüller.* Bonn: Kirschbaum, 1971. **1206**

Meiss, Millard. *French Painting in the Time of Jean de Berry: The Late Fourteenth Century and the Patronage of the Duke.* 2d ed. 2 vols. London: Phaidon, 1969. **299**

———. *French Painting in the Time of Jean de Berry: The Limbourgs and Their Contemporaries.* 2 vols. New York: G. Braziller, 1974. **427**

Mejer, Johannes. *Johannes Mejers kort over det Danske rige.* 3 vols. Ed. Niels Erik Nørlund. Copenhagen: Ejnar Munksgaard, 1942. **1792**

Mekenkamp, Peter, and Olev Koop. "Nauwkeurigheid-analyse van oude kaarten met behulp van de computer." *Caert-Thresoor* 5 (1986): 45–52. **1258**

Mela, Pomponius. *Cosmography: Cosmographia Pomponii cum figures.* Salamanca, 1498. **581**

———. *De orbis situ libri tres.* Paris: C. Wechel, 1530 and 1540. **1465**

Melanchthon, Philipp. *Sermo habitus apud iurentutem Academiae Vuittenberg: De corrigendis adulescentiae studiis.* Wittenberg, 1518. **1208**

———. *A Melanchthon Reader.* Trans. Ralph Keen. New York: Lang, 1988. **1208**

Melczer, William, trans. *The Pilgrims' Guide to Santiago de Compostela.* New York: Italica Press, 1993. **38**

Melelli, A. "L'Atlante Cappuccino: Notazioni storico-geocartografiche." In *Silvestro Pepi da Panicale e il suo Atlante*, ed. Anselmo Mattioli, 181–209. Perugia: Biblioteca Oasis, 1993. **925**

Melion, Walter S. "*Ad ductum itineris et dispositionem mansionum ostendendam:* Meditation, Vocation, and Sacred History in Abraham Ortelius's *Parergon.*" *Journal of the Walters Art Gallery* 57 (1999): 49–72. **393**

Mellander, Karl, and Edgar Prestage. *The Diplomatic and Commercial Relations of Sweden and Portugal from 1641 to 1670.* Watford: Voss and Michael, 1930. **1058**

Mello de Mattos, Gastão de. *See* Mattos, Gastão de Mello de.

Melucci, Marta. Review of *L'ordine del mondo e la sua rappresentazione: Semiosi cartografica e autoreferenza,* by Emanuela Casti. *Revista Bibliográfica de Geografía y Ciencias Sociales* 185 (26 November 1999), <http://www.ub.es/geocrit/b3w-185.htm>. **874**

Mémoire contenant l'exposé des droits de la France dans la question des frontières de la Guyane française et du Brésil, soumise à l'arbitrage du gouvernement de la Confédération Suisse. Paris: Imprimerie Nationale, 1899. **1163**

Mémorial du Dépôt Générale de la Guerre, imprimé par ordre du ministre: Tome II, 1803–1805 et 1810. Paris: Ch. Picquet, 1831. **529**

Mendelson, Sara Heller, and Patricia Crawford. *Women in Early Modern England, 1550–1720.* Oxford: Clarendon, 1998. **624**

Mendes, H. Gabriel. *Catálogo de cartas antigas da Mapoteca do Instituto Geográfico e Cadastral.* Lisbon: Instituto Geográfico e Cadastral, 1969. **975**

Mendyk, Stan A. E. *"Speculum Britanniae": Regional Study, Antiquarianism, and Science in Britain to 1700.* Toronto: University of Toronto Press, 1989. **424**

Menzhausen, Joachim. "Elector Augustus's *Kunstkammer:* An Analysis of the Inventory of 1587." In *The Origins of Museums: The Cabinet of Curiosities in Sixteenth- and Seventeenth-Century Europe,* ed. O. R. Impey and Arthur MacGregor, 69–75. Oxford: Clarendon, 1985. **650**

Mercadal, J. García, ed. *Viajes de extranjeros por España y Portugal: Desde los Tiempos mas Remotos, hasta fines del siglo XVI.* Madrid: Aguilar, 1952. **1035**

Mercati, Giovanni. *Opere minori.* 6 vols. Vatican City: Biblioteca Apostolica Vaticana, 1937–84. **321**

———. *Ultimi contributi alla storia degli umanisti.* 2 vols. Vatican City: Biblioteca Apostolica Vaticana, 1939. **326, 333**

"Mercator, Gerard." In *Lexikon zur Geschichte der Kartographie,* 2 vols., ed. Ingrid Kretschmer, Johannes Dörflinger, and Franz Wawrik, 2:485–87. Vienna: Franz Deuticke, 1986. **974**

Mercator, Gerardus. *Europa.* Duisburg, 1554. **1852**

———. *Angliae, Scotiae & Hibernie noua descriptio.* Duisburg, 1564. **1675, 1676**

———. *Chronologia: Hoc est, temporum demonstratio exactissima ab initio mundi usque ad annum Domini M.D.LXVIII . . .* Cologne: Arnold Birckmann, 1569. **655**

———. *Nova et aucta orbis terrae descriptio ad usum navigantium emendate accomodate.* Duisburg, 1569. **1852**

———. *Tabulae geographicae Galliae, Belgii Inferioris et Germaniae (Galliae tabulae geographicae; Belgii Inferioris geographicae tabulae; Germania tabulae geographicae).* Duisburg, 1585. **587, 589, 655**

———. *Italiae, Sclavoniae et Graeciae tabulae geographicae.* Duisburg, 1589. **587, 833**

———. *Evangelicae historiae quadripartita monas: Sive harmonia quatuor evangelistarum, in qua singuli integri, in confusi, impermixti & soli legi possunt, & rursum ex omnibus una universalis & continua historia ex tempore formari.* Duisburg, 1592. **655**

———. *Atlas sive Cosmographicae meditationes de fabrica mvndi et fabricati figvra.* Duisburg: Clivorvm, 1595. **69, 1231, 1323, 1324**

———. *Atlas sive Cosmographicæ meditationes de fabrica mvndi et fabricati figvra.* Amsterdam: Iuduci Hondij, 1606. **1325**

———. *Historia Mundi; or, Mercator's Atlas, Containing His Cosmographicall Description of the Fabricke and Figure of the World.* Trans. Wye Saltonstall. London: T. Cotes for Michael Sparke and Samuel Cartwright, 1635. **94, 1711**

———. *Atlas; or, A Geographicke Description of the Regions, Countries, and Kingdomes of the World, through Europe, Asia, Africa, and America.* 2 vols. Trans. Henry Hexham. Amsterdam: Henry Hondius and Iohn Iohnson, 1636. **69, 566**

———. *Drei Karten von Gerard Mercator.* Berlin: W. H. Kühl, 1891. **1852**

———. *Correspondance Mercatorienne.* Ed. Maurice van Durme. Antwerp: De Nederlandsche Boekhandel, 1959. **149, 1298, 1675**

———. *Gerard Mercator's Map of the World (1569).* Intro. B. van 't Hoff. Rotterdam: Maritiem Museum, 1961. **151**

———. *Atlas; or, A Geographicke Description of the World, Amsterdam 1636.* 2 vols. Amsterdam: Theatrum Orbis Terrarum, 1968. **1328**

———. *Atlas; oder, Kosmographische Gedanken über die Erschaffung der Welt und ihre kartographische Gestalt.* Ed. Wilhelm Krücken. Duisburg: Mercator, 1994. **1231**

———. *Atlas sive cosmographicæ meditationes de fabrica mundi et fabricati figura.* CD-ROM. Oakland: Octavo, 2000. **1324**

Merczyng, Henryk. "Mappa Litwy z r. 1613 ks. Radziwilla Sierotki pod wzgeledem matematycnym." *Sprawozdania Tow. Naukowego Warsawskiego,* Dept. III (1913). **1808, 1840**

Merian, Matthäus. *Topographia archiepis copatuum Moguntinensis, Trevirensis et Coloniensis.* Ed. Martin Zeiller. Frankfurt, 1646. **1244**

———. *Topographia Provinciarum Austriacarum.* Frankfurt am Main, 1649. **644**

———. *Topographia Germaniae.* 16 vols. Kassel: Bärenreiter, 1960–67. **1245**

Merliers, Jean de. *La practique de geometrie descripte et demostree . . .* Paris, 1575. **498**

Merlin, Pierpaolo. "Le canalizzazioni nella politica di Emanuele Filiberto." *Bollettino della Società per gli Studi Storici, Archeologici ed Artistici della Provincia di Cuneo* 96 (1987): 27–35. **844**

———. *Emanuele Filiberto: Un principe tra il Piemonte e l'Europa.* Turin: Società Editrice Internazionale, 1995. **841, 842**

Merlo, Johann Jakob. *Kölnische Künstler in alter und neuer Zeit.* Ed. Eduard Firmenich-Richartz. Düsseldorf: Schwann, 1895. **1234**

Mermann, Arnold. *Theatrum conversionis gentium totius orbis.* Antwerp: Ch. Plantin, 1572. **656**

Merriman, Marcus. "The Platte of Castlemilk, 1547." *Transactions of the Dumfriesshire and Galloway Natural History and Antiquarian Society* 44 (1967): 175–81. **1602**

———. "Italian Military Engineers in Britain in the 1540s." In *English Map-Making, 1500–1650: Historical Essays,* ed. Sarah Tyacke, 57–67. London: British Library, 1983. **729, 1505, 1602, 1606, 1607, 1722**

———. *The Rough Wooings: Mary Queen of Scots, 1542–1551.* East Linton: Tuckwell, 2000. **1601, 1603**

Merriman, Marcus, and John Newenham Summerson. "The Scottish Border." In *The History of the King's Works,* by Howard Montagu Colvin et al., 6 vols., 4:607–726. London: Her Majesty's Stationery Office, 1963–82. **1602, 1608**

Mersch, Jacques. *La Colonne d'Igel: Essai historique et iconographique = Das Denkmal von Igel: Historisch-ikonographische Studie.* Luxembourg: Publications Mosellanes, 1985. **1227**

Meschendörfer, Hans, and Otto Mittelstrass. *Siebenbürgen auf alten Karten: Lazarus Tannstetter 1528, Johannes Honterus 1532, Wolfgang Lazius 1552/56.* Gundelsheim: Arbeitskreis für Siebenbürgische Landeskunde Heidelberg, 1996. **1191, 1828**

Meskens, Ad. *Familia universalis, Coignet: Een familie tussen wetenschap en kunst.* Exhibition catalog. Antwerp: Koninklijk Museum voor Schone Kunsten, 1998. **1332**

———. "Le monde sur une surface plane: Cartographie mathématique à l'époque d'Abraham Ortelius." In *Abraham Ortelius (1527–1598): Cartographe et humaniste,* by Robert W. Karrow et al., 70–82. Turnhout: Brepols, 1998. **365, 372**

Messerschmidt, Daniel Gottlieb. *Forschungsreise durch Sibirien, 1720–1727.* 5 vols. Ed. E. Winter and N. A. Figurovskij. Berlin: Akademie, 1962–77. **1901**

Messi, Clara. *P. Mo. Vincenzo Coronelli dei Frati minori conventuali (1650–1950).* Padua, 1950. **279**

Metius, Adriaan. *Geometria practica*. Franeker, 1625. **498**

Mett, Rudolf. "Regiomontanus und die Entdeckungsfahrten im 15. Jahrhundert." *Mitteilungen der Österreichischen Gesellschaft für Wissenschaftsgeschichte* 13 (1993): 157–74. **1178**

Meurer, Peter H. "Godfried Mascop: Ein deutscher Regionalkartograph des 16. Jahrhunderts." *Kartographische Nachrichten* 32 (1982): 184–92. **1222**

———. "Die Kurköln-Karte des Cornelius Adgerus (1583)." *Rheinische Vierteljahrsblätter* 48 (1984): 123–37. **1241**

———. "De kaart van Wesfalen van Mercators erven uit 1599." *Caert-Thresoor* 6 (1987): 11–14. **1232**

———. *Atlantes Colonienses: Die Kölner Schule der Atlaskartographie, 1570–1610*. Bad Neustadt a.d. Saale: Pfaehler, 1988. **611, 619, 1230, 1234, 1235, 1236, 1242, 1275, 1307, 1334, 1338, 1360**

———. "Karten und Topographica des Nürnberger Kupferstechers Balthasar Jenichen." *Speculum Orbis* 4 (1988–93): 35–62. **1244**

———. *Fontes cartographici Orteliani: Das "Theatrum orbis terrarum" von Abraham Ortelius und seine Kartenquellen*. Weinheim: VCH, Acta Humaniora, 1991. **503, 611, 953, 960, 1192, 1209, 1215, 1234, 1236, 1239, 1241, 1242, 1260, 1268, 1275, 1283, 1297, 1302, 1303, 1320, 1321, 1491**

———. "Eine Kriegskarte Ungarns von Dominicus Custos (Augsburg 1598)." *Cartographica Hungarica* 1 (1992): 22–24. **1837**

———. "Die Wittenberger Universitätsmatrikel als kartographiegeschichtliche Quelle." In *Geographie und ihre Didaktik: Festschrift für Walter Sperling*, 2 vols., ed. Heinz Peter Brogiato and Hans-Martin Cloß, 2:201–12. Trier: Geographische Gesellschaft Trier, 1992. **1209**

———. "Analysen zur sogenannten 'Cranach-Karte' des Heiligen Landes und die Frage nach ihrem Autor." In *Geographia spiritualis: Festschrift für Hanno Beck*, ed. Detlef Haberland, 165–75. Frankfurt am Main: Peter Lang, 1993. **1218**

———. "Ein frühes Landkarten-Autograph Christian Sgrothens in der Trierer Stadtbibliothek?" *Kurtrierisches Jahrbuch* 33 (1993): 123–34. **1232**

———. "Der neue Kartensatz von 1588 in der Kosmographie Sebastian Münsters." *Cartographica Helvetica* 7 (1993): 11–20. **1213**

———. "Les fils et petits-fils de Mercator." In *Gérard Mercator cosmographe: Le temps et l'espace*, ed. Marcel Watelet, 370–85. Antwerp: Fonds Mercator Paribas, 1994. In Dutch, "De zonen en kleinzonen van Mercator." In *Gerardus Mercator Rupelmundanus*, ed. Marcel Watelet, 370–85. Antwerp: Mercatorfonds, 1994. **1225, 1323**

———. "De verboden eerste uitgave van de Henegouwen-kaart door Jacques de Surhon uit het jaar 1572." *Caert-Thresoor* 13 (1994): 81–86. **1260**

———. "Der kurtrierische Beitrag zum Kosmographie-Projekt Sebastian Münsters." *Kurtrierisches Jahrbuch* 35 (1995): 189–225. **1213**

———. *Willem Janszoon Blaeu. Nova et accurata totius Germaniae tabula (Amsterdam 1612)*. Alphen aan den Rijn: Canaletto, 1995. **1353**

———. "Cartographica in den Frankfurter Messekatalogen Georg Willers von 1564 bis 1592: Beiträge zur kartographiegeschichtlichen Quellenkunde I." *Cartographica Helvetica* 13 (1996): 31–37. **440**

———. "Eine Rechnung für eine Kartenlieferung das Hauses Fugger an Alonzo de Santa Cruz von 1546." *Cartographica Helvetica* 16 (1997): 31–38. **1788**

———. "Die 'Trevirensis Episcopatus exactissima descriptio' des Jan van Schilde: Analysen zur ältesten gedruckten Karte von Kurtrier." In *Aktuelle Forschungen aus dem Fachbereich VI Geographie/Geowissenschaften*, ed. Roland Baumhauer, 285–300. Trier: Geographische Gesellschaft Trier, 1997. **1226**

———. "Ein Mercator-Brief an Philipp Melanchthon über seine Globuslieferung an Kaiser Karl V. im Jahre 1554." *Der Globusfreund* 45–46 (1997–98): 187–96. **156, 157, 441, 1230**

———. "The *Catalogus Auctorum Tabularum Geographicarum*." In *Abraham Ortelius and the First Atlas: Essays Commemorating the Quadricentennial of His Death*, ed. M. P. R. van den Broecke, Peter van der Krogt, and Peter H. Meurer, 391–408. 't Goy-Houten: HES, 1998. **960, 1320, 1320**

———. "Der Kartograph Godfried Mascop und die junge Wolfenbütteler Bibliothek." *Wolfenbütteler Notizen zur Buchgeschichte* 23 (1998): 79–86. **1223**

———. "Ortelius as the Father of Historical Cartography." In *Abraham Ortelius and the First Atlas: Essays Commemorating the Quadricentennial of His Death, 1598–1998*, ed. M. P. R. van den Broecke, Peter van der Krogt, and Peter H. Meurer, 133–59. 't Goy-Houten: HES, 1998. **1242, 1303, 1339**

———. "*Synonymia-Thesaurus-Nomenclator*: Ortelius' Dictionaries of Ancient Geographical Names." In *Abraham Ortelius and the First Atlas: Essays Commemorating the Quadricentennial of His Death, 1598–1998*, ed. M. P. R. van den Broecke, Peter van der Krogt, and Peter H. Meurer, 331–46. 't Goy-Houten: HES, 1998. **1303**

———. "De verkoop van de koperplaten van Mercator naar Amsterdam in 1604." *Caert-Thresoor* 17 (1998): 61–66. **1232, 1324**

———. "The Cologne Map Publisher Peter Overadt (fl. 1590–1652)." *Imago Mundi* 53 (2001): 28–45. **1235**

———. *Corpus der älteren Germania-Karten: Ein annotierter Katalog der gedruckten Gesamtkarten des deutschen Raumes von den Anfängen bis um 1650*. Text and portfolio. Alphen aan den Rijn: Canaletto, 2001. **677, 1172, 1173, 1179, 1182, 1183, 1184, 1187, 1190, 1191, 1194, 1195, 1197, 1198, 1205, 1206, 1207, 1209, 1211, 1213, 1214, 1216, 1220, 1223, 1230, 1231, 1232, 1236, 1237, 1239, 1245, 1312, 1346**

———. "Der Kartograph Nicolaes van Geelkercken." *Heimatkalender des Kreises Heinsberg* (2001): 79–97. **1269**

———. "Zur Frühgeschichte der Entfernungsdreiecke." *Cartographica Helvetica* 24 (2001): 9–19. **1237**

———. "Der Maler and Kartograph Johann Ruysch (†1533)." *Geschichte in Köln* 49 (2002): 85–104. **1188**

———. "Op het spoor van de kaart der Nederlanden van Jan van Hoirne." *Caert-Thresoor* 21 (2002): 33–40. **1203, 1249, 1620**

———. *The Strabo Illustratus Atlas: A Unique Sixteenth Century Composite Atlas from the House of Bertelli in Venice*. Ed. Paul Haas et al. Bedburg-Hau: Haas, 2004. **800**

———. "Die wieder aufgefundene Originalausgabe der Kärnten-Karte von Israel Holzwurm (Strassburg 1612)." *Cartographica Helvetica* 34 (2006): 27–34. **1241**

———. *Die Manuskriptatlanten Christian Sgrootens*. Alphen an den Rijn: Canaletto, forthcoming. **1232, 1234, 1275, 1277**

Meurers, Joseph. "Nikolaus von Kues und die Entwicklung des astronomischen Weltbildes." *Mitteilungen und Forschungsbeiträge der Cusanus-Gesellschaft* 4 (1964): 395–419. **1184**

Meurs, P. "Nieuw-Amsterdam op Manhatan, 1625–1660." *Vestingbouwkundige bijdragen* 4 (1996): 19–31. **1456**

Meuthen, Erich. *Die letzten Jahre des Nikolaus von Kues*. Cologne: Westdeutscher, 1958. **1185, 1186, 1187**

———. *Nikolaus von Kues: Profil einer geschichtlichen Persönlichkeit*. Trier: Paulinus, 1994. **1183**

Miani Uluhogian, Franca. *Le immagini di una città: Parma, secoli XV–XIX: Dalla figurazione simbolica alla rappresentazione topografico*. Parma: La Nazionale, 1983. 2d ed. Parma: Casanova, 1984. **686, 933, 934, 938**

———, ed. *Oltre i confini: Strategie di genti e di poteri*. Parma: PPS Editrice, 1996. **918, 920, 923, 938**

Michaud, Joseph Fr., and Jean-Joseph-François Poujoulat, eds. *Nouvelle collection des mémoires relatifs à l'histoire de France depuis le*

XIIIe siècle jusqu'à la fin du XVIIIe siècle. 34 vols. Paris: Didier, 1857. **1513**

Michéa, Hubert. "Les cartographes du Conquet et le début de l'imprimerie: Guillaume Brouscon, une vie pleine de mystère." *Bulletin de la Société Archéologique du Finistère* 115 (1986): 329–47. **1554**

Michel, Ersilio. "I manoscritti del 'British Museum' relativi alla storia di Corsica." *Archivio Storico di Corsica* 6 (1930): 371–88. **866**

Michelet, Jules. *Historie de France.* New rev. and aug. ed. 19 vols. Paris: C. Marpon et E. Flammarion, 1879–84. **580**

Michow, H. "Die ältesten Karten von Russland." *Mittheilungen der Geographischen Gesellschaft in Hamburg,* 1882–83, 100–187. **1852, 1854**

———. "Caspar Vopell und seine Rheinkarte vom Jahre 1558." *Mitteilungen der Geographischen Gesellschaft in Hamburg* 19 (1903): 217–41. Reprinted in *Acta Cartographica* 6 (1969): 311–35. **1221**

———. "Weitere Beiträge zur älteren Kartographie Russlands." *Mitteilungen der Geographischen Gesellschaft in Hamburg* 22 (1907–8): 125–244. **1852**

Mickwitz, Ann-Mari, Leena Miekkavaara, and Tuula Rantanen, comps. *The A. E. Nordenskiöld Collection in the Helsinki University Library: Annotated Catalogue of Maps Made up to 1800.* 5 vols. Indexes Cecilia af Froselles-Riska. Helsinki: Helsinki University Library, 1979–95. **611, 1781**

Middleton, Thomas. *The Wisdome of Solomon Paraphrased.* London, 1597. **413**

Mignolo, Walter. "Putting the Americas on the Map (Geography and the Colonization of Space)." *Colonial Latin American Review* 1 (1992): 25–63. **19**

———. *The Darker Side of the Renaissance: Literacy, Territoriality, and Colonization.* 2d ed. Ann Arbor: University of Michigan Press, 2003. **470**

Mijer, Pieter, ed. *Verzameling van instructiën, ordonnanciën en reglementen voor de regering van Nederlandsch Indië, vastgesteld in de jaren 1609, 1617, 1632, 1650, 1807, 1815, 1818, 1827, 1830 en 1836, met de ontwerpen der Staats-Commissie van 1803 en historische aanteekeningen.* Batavia: Ter Lands-Drukkerij, 1848. **1443**

Mikami Masatoshi. "17-seiki no Roshia-sei Shiberia shochizu." *Rekishichirigaku Kiyō* 4 (1962): 87–110. **1874**

———. "1673-nen no Shiberia chezu." *Jinbun Chiri* 16, no. 1 (1964): 19–39. **1879**

———. "Supafari no Shiberia chizu." *Shien* 99 (1968): 39–76. **1880, 1883**

———. "Remezofu no 'Shiberia chizuchō (1701-nen)' no dai-21-zu." *Shien* 111 (1974): 199–239. **1890**

———. "Remezofu no 'Shiberia chizuchō, 1701-nen' no minzokushi chizu." *Rekishigaku, Chirigaku Nenpō* 2 (1978): 5–20. **1890**

Mikos, Michael J. "Monarchs and Magnates: Maps of Poland in the Sixteenth and Eighteenth Centuries." In *Monarchs, Ministers, and Maps: The Emergence of Cartography as a Tool of Government in Early Modern Europe,* ed. David Buisseret, 168–81. Chicago: University of Chicago Press, 1992. **667**

Mil, Patrick van, and Mieke Scharloo, eds. *De VOC in de kaart gekeken: Cartografie en navigatie van de Verenigde Oostindische Compagnie, 1602–1799.* The Hague: SDU, 1988. **754**

Milanesi, Marica. "Nuovo mondo e terra incognita in margine alla mostra 'The Italians and the Creation of America.'" *Rivista Geografica Italiana* 90 (1983): 81–92. **783**

———. *Tolomeo sostituito: Studi di storia delle conoscenze geografiche nel XVI secolo.* Milan: Unicopli, 1984. **286, 359, 451, 783**

———. Introduction to *Atlante Nautico di Battista Agnese 1553,* 13–17. Venice: Marsilio, 1990. **215**

———. "La rinascita della geografia dell'Europa, 1350–1480." In *Europa e Mediterraneo tra medioevo e prima età moderna: L'osservatorio italiano,* ed. Sergio Gensini, 35–59. Pisa: Pacini, 1992. **10, 27, 286**

———. "Il *De insulis et earum proprietatibus* di Domenico Silvestri (1385–1406)." *Geographia Antiqua* 2 (1993): 133–46. **265, 658**

———. "Presentazione della sezione 'La cultura geografica e cartografica fiorentina del Quattrocento.'" *Rivista Geografica Italiana* 100 (1993): 15–32. **265**

———. "Testi geografici antichi in manoscritti miniati del XV secolo." *Columbeis* 5 (1993): 341–62. **319, 320, 323, 324**

———. "Il commento al *Dittamondo* di Guglielmo Capello (1435–37)." In *Alla corte degli Estensi: Filosofia, arte e cultura a Ferrara nei secoli XV e XVI,* ed. Marco Bertozzi, 365–88. Ferrara: Università degli Studi, 1994. **453**

———. "Geography and Cosmography in Italy from XV to XVII Century." *Memorie della Società Astronomica Italiana* 65 (1994): 443–68. **55, 66**

———. "Le ragioni del ciclo delle carte geografiche / The Historical Background to the Cycle in the Gallery of Maps." In *La Galleria delle Carte Geografiche in Vaticano / The Gallery of Maps in the Vatican,* 3 vols., ed. Lucio Gambi and Antonio Pinelli, 1:97–123. Modena: Franco Cosimo Panini, 1994. **397**

———. "A Forgotten Ptolemy: Harley Codex 3686 in the British Library." *Imago Mundi* 48 (1996): 43–64. **315, 319**

———. "Il Piemonte sud-occidentale nelle carte del Rinascimento." In *Rappresentare uno stato: Carte e cartografi degli stati sabaudi dal XVI al XVIII secolo,* 2 vols., ed. Rinaldo Comba and Paola Sereno, 1:11–17. Turin: Allemandi, 2002. **832, 833**

Milano, Ernesto. *La carta del Cantino e la rappresentazione della terra nei codici e nei libri a stampa della Biblioteca estense e universitaria.* Modena: Il Bulino, 1991. **993, 1004, 1005, 1109**

Milano, Ernesto, and Annalisa Battini, eds. *Planisfero Castiglioni: Carta del navegare universalissima et diligentissima, 1525.* Modena: Il Bulino, 2002. **1597**

"Militärkarte, Militärkartographie." In *Lexikon zur Geschichte der Kartographie,* 2 vols., ed. Ingrid Kretschmer, Johannes Dörflinger, and Franz Wawrik, 2:495–98. Vienna: Franz Deuticke, 1986. **971**

Millar, Oliver. *The Age of Charles I: Painting in England, 1620–1649.* London: Tate Gallery Publications, 1972. **1663**

———. *Van Dyck in England.* Exhibition catalog. London: National Portrait Gallery, 1982. **1663**

Millás Vallicrosa, José María. "El cosmógrafo Jaime Ferrer de Blanes." In *Estudios sobre historia de la ciencia española,* 2 vols., 1:455–78. 1949. Reprinted Madrid: Consejo Superior de Investigaciones Científicas, 1987. **332**

———. "La cultura cosmográfica en la Corona de Aragón durante el reinado de los Reyes Católicos." In *Nuevos estudios sobre historia de la ciencia española,* 299–316. 1960. Reprinted Madrid: Consejo Superior de Investigaciones Científicas, 1991. **332**

Millea, Nicholas. *Street Mapping: An A–Z of Urban Cartography.* Oxford: Bodleian Library, 2003. **1655, 1668**

Miller, Ferdinánd. "Folytatás Magyar Ország' régi mappáiról." *Hazai Tudósítások* 11 (1808): 86–87. **1808**

———. "Jegyzések Magyar Ország' régi Mappáiról." *Hazai Tudósítások* 10 (1808): 79–80. **1808**

Miller, Konrad. *Mappaemundi: Die ältesten Weltkarten.* 6 vols. Stuttgart: Roth, 1895–98. **1175**

———. *Itineraria Romana: Römische Reisenwege an der Hand der Tabula Peutingeriana.* Stuttgart: Strecker und Schröder, 1916. **1175**

———. *Mappae arabicae: Arabische Welt- und Länderkarten des 9.–13. Jahrhunderts.* 6 vols. Stuttgart, 1926–31. **1175, 1852**

———, ed. *Die Weltkarte des Castorius, genannt die Peutingersche Tafel.* Ravensburg: O. Maier, 1887. **1175**

Miller, Naomi. "Mapping the City: Ptolemy's *Geography* in the Renaissance." In *Envisioning the City: Six Studies in Urban Cartography,* ed. David Buisseret, 34–74. Chicago: University of Chicago Press, 1998. **721, 910**

Miller, Shannon. *Invested with Meaning: The Raleigh Circle in the New World.* Philadelphia: University of Pennsylvania Press, 1998. **1761**

Millo, Antonio. *Der Weltatlas des Antonio Millo von 1586*. Commentary by Lothar Zögner. Süssen: Edition Deuschle, 1988. **196**

Mills, David. "Diagrams for Staging Plays, Early or Mid-15th Century." In *Local Maps and Plans from Medieval England*, ed. R. A. Skelton and P. D. A. Harvey, 344–45. Oxford: Clarendon, 1986. **1595**

Milton, John. *The Poetical Works of John Milton.* 3 vols. Ed. David Masson. London: Macmillan, 1874. **417**

———. *Paradise Lost.* 2 vols. Ed. A. W. Verity. Cambridge: Cambridge University Press, 1929. **98, 417, 418, 419**

———. *The Complete Prose Works of John Milton.* 8 vols. Ed. Don M. Wolfe et al. New Haven: Yale University Press, 1953–82. **417, 418**

Milz, Joseph. "Der Duisburger Stadtplan von 1566 des Johannes Corputius und seine Vermessungsgrundlagen." *Cartographica Helvetica* 11 (1995): 2–10. **489**

Minella, Massimo. *Il mondo ritrovato: Le tavole sudamericane di Giacomo Gastaldi.* Genoa: Compagnia dei Librai, 1993. 781

Minet, William. "Some Unpublished Plans of Dover Harbour." *Archaeologia* 72 (1922): 185–224. **1599**

Miniati, Mara, ed. *Museo di storia della scienza: Catalogo.* Florence: Giunti, 1991. **166, 169, 173, 489, 493, 495**

Mining Academy, *Kniga Bol'shomu chertëzhu ili drevnyaya karta Rossiyskogo gosudarstva, podnovlennaya v Razryade i opisannaya v knigu 1627 goda.* St. Petersburg: Tipografiya Gornogo Uchilishcha, 1792. **1859**

Miriam Joseph, Sister. *Rhetoric in Shakespeare's Time: Literary Theory of Renaissance Europe.* New York: Harcourt, Brace and World, 1962. **422**

Mirot, Léon. "Le procès de Maître Jean Fusoris, chanoine de Notre-Dame de Paris (1415–1416): Épisode des négociations franco-anglaises durant la guerre de cent ans." *Mémoires de la Société de l'Histoire de Paris et de l'Ile-de-France* 27 (1900): 137–287. **299**

Miscellanea Francescana 51 (1951): 63–558 (articles on Vincenzo Coronelli). **279**

Misiti, Maria Cristina. "Antonio Salamanca: Qualche chiarimento biografico alla luce di un'indagine sulla presenza spagnola a Roma nel '500." In *La stampa in Italia nel Cinquecento*, 2 vols., ed. Marco Santoro, 1:545–63. Rome: Bulzoni Editore, 1992. **775, 797**

Miskimin, Harry A. *The Economy of Later Renaissance Europe, 1460–1600.* Cambridge: Cambridge University Press, 1977. **20**

Mitchell, J. B. "I. The Matthew Paris Maps." *Geographical Journal* 81 (1933): 27–34. **1684**

Mitchell, Rose, and David Crook. "The Pinchbeck Fen Map: A Fifteenth-Century Map of the Lincolnshire Fenland." *Imago Mundi* 51 (1999): 40–50. **27, 50, 1594, 1595**

Mittelalterliche Bibliothekskataloge Österreichs. 5 vols. Vienna, 1915–71. 352

Modelska-Strzelecka, B. *Le manuscrit cracovien de la "Géographie" de Ptolémée.* Warsaw: Państwowe Wydawn. Naukowe, 1960. **325**

Moes, Ernst Wilhelm, and C. P. Burger. *De Amsterdamsche boekdrukkers en uitgevers in de zestiende eeuw.* 4 vols. Amsterdam, 1900–1915. Reprinted Utrecht: HES, 1988. **446, 1309, 1385, 1386, 1388, 1389, 1390, 1395, 1406, 1407**

Moffitt, John F. "Medieval *Mappaemundi* and Ptolemy's *Chorographia*." *Gesta* 32 (1993): 59–68. **382, 385**

Möhrke, Max August Heinrich. *Johann Amos Komenius und Johann Valentin Andreä: Ihre Pädagogik und ihr Verhältnis zu einander.* Leipzig: E. Glausch, 1904. **442**

Moir, D. G. "A History of Scottish Maps." In *The Early Maps of Scotland to 1850*, by D. G. Moir et al., 3d rev. and enl. ed., 2 vols., 1:1–156. Edinburgh: Royal Scottish Geographical Society, 1973–83. **1601, 1685, 1686, 1687**

Moir, D. G., and R. A. Skelton. "New Light on the First Atlas of Scotland." *Scottish Geographical Magazine* 84 (1968): 149–59. **1686**

Moir, D. G., et al. *The Early Maps of Scotland to 1850.* 3d rev. and enl. ed. 2 vols. Edinburgh: Royal Scottish Geographical Society, 1973–83. **1684, 1686**

Mokre, Jan. "Immensum in parvo—Der Globus als Symbol." In *Modelle der Welt: Erd- und Himmelsgloben*, ed. Peter E. Allmayer-Beck, 70–87. Vienna: Brandstätter, 1997. **149**

Molland, George. "Science and Mathematics from the Renaissance to Descartes." In *The Renaissance and Seventeenth-Century Rationalism*, ed. G. H. R. Parkinson, 104–39. London: Routledge, 1993. **15, 22**

Mollat du Jourdin, Michel, and Monique de La Roncière. *See* La Roncière, Monique, and Michel Mollat du Jourdin.

Mollo, Emanuela. "L'attività di un cartografo piemontese fuori dello stato: Giacomo Gastaldi." In *Rappresentare uno stato: Carte e cartografi degli stati sabaudi dal XVI al XVIII secolo*, 2 vols., ed. Rinaldo Comba and Paola Sereno, 1:27–31. Turin: Allemandi, 2002. **833, 841, 842**

Momigliano, Arnaldo. "Ancient History and the Antiquarian." *Journal of the Warburg and Courtauld Institutes* 13 (1950): 285–315. **657**

———. *The Classical Foundations of Modern Historiography.* Trans. Isabelle Rozenbaumas. Berkeley: University of California Press, 1990. **639, 657**

Monachus, Franciscus. *De orbis sitv ac descriptione . . .* Antwerp, 1526/27. **143**

Moncada Maya, José Omar. *Ingenieros militares en Nueva España: Inventario de su labor científica y espacial, siglos XVI a XVIII.* [Mexico City]: Universidad Nacional Autónoma de México, 1993. **1147**

Mongan, Elizabeth. "The Battle of Fornovo." In *Prints: Thirteen Illustrated Essays on the Art of the Print*, ed. Carl Zigrosser, 253–68. New York: Holt, Rinehart and Winston, 1962. 724

Mongayt, A. L. *Nadpisi na kamne.* Moscow: Znaniye, 1969. **1859**

Mongini, Giovanni Maria. *Una singolare carta nautica "doppia" a firma di Joannes Oliva (Livorno 1618).* Rome: Università di Roma, Facoltà di Lettere e Filosofia, Istituto di Geografia, 1975. **197**

Moniz de Carvalho, António. *Francia interessada con Portugal en la separacion de Castilla.* Paris, 1644. 1068

Monkhouse, Francis John. "Some Features of the Historical Geography of the German Mining Enterprise in Elizabethan Lakeland." *Geography* 28 (1943): 107–13. 576

Monmonier, Mark. *How to Lie with Maps.* Chicago: University of Chicago Press, 1991. 537

———. *Drawing the Line: Tales of Maps and Cartocontroversy.* New York: Henry Holt, 1995. **1547**

———. *Rhumb Lines and Map Wars: A Social History of the Mercator Projection.* Chicago: University of Chicago Press, 2004. 378

Montaigne, Michel de. *Essais.* Ed. Albert Thibaudet. Paris: Gallimard, 1950. **431, 432, 436**

———. *Essais.* 2 vols. Ed. Maurice Rat. Paris: Garnier, 1962. 402, **405, 409**

Montano, Benito Arias. *Pars Orbs. Sacræ geographicæ tabulam ex antiquissimorum cultorum, familiis a Mose recensitis.* Antwerp, 1571. 442

———. *Biblia Sacra Hebraice, Chaldaice, Graece & Latine.* Antwerp, 1572. **821**

Monte, Guido Ubaldo (Guidobaldo del Monte). *Planisphaeriorum*

Universalium Theorica. Pesaro: Geronimo Concordia, 1579. **959**
———. *Gvidi Vbaldi e Marchionibvs Perspectivae libri sex*. Pesaro: Geronimo Concordia, 1600. **959**
Monte, Urbano. *Descrizione del mondo sin qui conosciuto*. Ed. Maurizio Ampollini. Lecco: Periplo, 1994. **70**
Monteiro, Manuel, and Gaspar Ferreira Reimão. "Roteiro da carreira da Índia, 15 de Março de 1600." In *Roteiros portugueses inéditos da carreira da Índia do século XVI*, anno. A. Fontoura da Costa, 133–81. Lisbon: Agência Geral das Colónias, 1940. **1021**
Montêquin, François-Auguste de. "Maps and Plans of Cities and Towns in Colonial New Spain, the Floridas, and Louisiana: Selected Documents from the Archivo General de Indias of Sevilla." 2 vols. Ph.D. diss., University of New Mexico, 1974. **1144**
Montesdeoca Medina, José Manuel. "Del enciclopedismo grecolatino a los islarios humanistas: Breve historia de un género." *Revista de Filología de la Universidad de La Laguna* 19 (2001): 229–53. **264**
———. "Los islarios de la época del humanismo: El 'De Insulis' de Domenico Silvestri, edición y traducció." Ph.D. diss., Universtidad de La Laguna, 2001. **265**
Montgomery, Scott L. "The First Naturalistic Drawings of the Moon: Jan van Eyck and the Art of Observation." *Journal for the History of Astronomy* 25 (1994): 317–20. **125**
———. *The Moon and the Western Imagination*. Tucson: University of Arizona Press, 1999. **125**
Monti Sabia, Liliana. "Echi di scoperte geografiche in opere di Giovanni Pontano." *Columbeis* 5 (1993): 283–303. **333**
Montucla, Jean Etienne. *Histoire des mathématiques, dans laquelle on rend compte de leurs progrès depuis leur origine jusqu'à nos jours*. 2 vols. Paris: C. A. Jombert, 1758. **1002**
Monumenta Henricina. Coimbra, 1960–. **979, 1008**
Monzón, Francisco de. *Libro primero del espejo del pricipe Christiano*. Lisbon, 1544. **1016, 1037**
Moralejo, Serafín. "El mapa de la diáspora apostólica en San Pedro de Rocas: Notas para su interpretación y filiación en la tradición cartográfica de los 'Beatos.'" *Compostellanum: Revista de la Archidiocesis de Santiago de Compostela* 31 (1986): 315–40. **35**
"Morales, Andrés." In *Diccionario histórico de la ciencia moderna en España*, 2 vols., ed. José María López Piñero et al., 2:82–83. Barcelona: Península, 1983. **1111**
Morales Padrón, Francisco. *Jamaica Española*. Seville, 1952. **1151**
———. *Teoría y leyes de la conquista*. Madrid: Ediciones Cultura Hispánica del Centro Iberoamericano de Cooperación, 1979. **1106**
Morales Padrón, Francisco, and José Llavador Mira. *Mapas, planos y dibujos sobre Venezuela existentes en el Archivo General de Indias*. 2 vols. [Seville]: Escuela de Estudios Hispano-Americanos, [1964–65]. **1161**
Moran, Bruce T. "Science at the Court of Hesse-Kassel: Informal Communication, Collaboration and the Role of the Prince-Practitioner in the Sixteenth Century." Ph.D. diss., UCLA, 1978. **650**
Moran, Jo Ann Hoeppner. *The Growth of English Schooling, 1340–1548: Learning, Literacy, and Laicization in Pre-Reformation York Diocese*. Princeton: Princeton University Press, 1985. **623**
More, Thomas. *Utopia*. Louvain: Dirk Martens, 1516. **1597**
Moreira, Rafael. "Um exemplo: São João da Foz, de igreja a fortaleza." In *A arquitectura militar na expansão portuguesa*, 56–70. Lisbon: CNCDP, 1994. **1054**
———. "Os grandes sistemas fortificados." In *A arquitectura militar na expansão portuguesa*, 147–60. Lisbon: CNCDP, 1994. **1048**
———. "Arquitectura: Renascimento e classicismo." In *História da arte portuguesa*, 3 vols., ed. Paulo Pereira, 2:302–75. Lisbon: Temas e Debates, 1995. **1048**
Morel, Philippe. "Le Studiolo de Francesco I de' Medici et l'economie symbolique du pouvoir au Palazzo Vecchio." In *Symboles de la Renaissance*, vol. 2, 185–205. Paris: Presses de l'Ecole Normale Supérieure, 1982. **819**
———. "L'état médicéen au XVIe siècle: De l'allégorie à la cartographie." *Mélanges de l'École Française de Rome: Italie et Méditerranée* 105 (1993): 93–131. **810, 811**
Moreno, Diego. "Una carta inedita di Battisa Carrosio di Voltaggio, pittore-cartografo." In *Miscellanea di geografia storica e di storia della geografia: Nel primo centenario della nascita di Paolo Revelli*, 103–14. Genoa: Bozzi, 1971. **858, 862**
Moretti, Franco. *Atlas of the European Novel, 1800–1900*. London: Verso, 1998. **451**
Morgan, Victor. "The Cartographic Image of 'The Country' in Early Modern England." *Transactions of the Royal Historical Society*, 5th ser., 29 (1979): 129–54. **643, 665, 678, 679, 718, 731, 1614, 1624, 1626, 1628, 1629, 1631, 1644, 1659, 1661, 1663, 1665**
———. "The Literary Image of Globes and Maps in Early Modern England." In *English Map-Making, 1500–1650: Historical Essays*, ed. Sarah Tyacke, 46–56. London: British Library, 1983. **1608**
Morison, Samuel Eliot. "The Course of the Arbella from Cape Sable to Salem." In *Publications of the Colonial Society of Massachusetts: Volume XXVII. Transactions, 1927–1930*, 285–306. Boston: Colonial Society of Massachusetts, 1932. **1777**
———. *The European Discovery of America*. Vol. 1, *The Northern Voyages, A.D. 500–1600*. New York: Oxford University Press, 1971. **755**
———. *The European Discovery of America*. Vol. 2, *The Southern Voyages, A.D. 1492–1616*. New York: Oxford University Press, 1974. **741, 746, 752, 757**
Moritz, Eduard. *Die Entwickelung des Kartenbildes der Nord- und Ostseeländer bis auf Mercator*. Halle: Kaemmerer, 1908. Reprinted Amsterdam: Meridian, 1967. **1176**
Mornet, Elisabeth, ed. *Campagnes médiévales: L'homme et son espace. Études offertes à Robert Fossier*. Paris: Publications de la Sorbonne, 1995. **27**
Morosini, Paolo. *Historia della città e repubblica di Venetia*. Venice: Baglioni, 1637. **808, 814**
Morrillo, Marvin. "Donne's Compasses: Circles and Right Lines." *English Language Notes* 3 (1966): 173–76. **416**
Morris, G. E. "The Profile of Ben Loyal from Pont's Map Entitled *Kyntail*." *Scottish Geographical Magazine* 102 (1986): 74–79. **1687**
Morse, Jarvis M. "Captain John Smith, Marc Lescarbot, and the Division of Land by the Council for New England, in 1623." *New England Quarterly* 8 (1935): 399–404. **1774**
Morse, Victoria. "A Complex Terrain: Church, Society, and the Individual in the Works of Opicino de Canistris (1296–ca.1354)." Ph.D. diss., University of California–Berkeley, 1996. **26, 29, 47, 49**
———. "Seeing and Believing: The Problem of Idolatry in the Thought of Opicino de Canistris." In *Orthodoxie, Christianisme, Histoire = Orthodoxy, Christianity, History*, ed. Susanna Elm, Éric Rebillard, and Antonella Romano, 163–76. Rome: École Française de Rome, 2000. **47, 48**
Mortensen, Hans, and Arend W. Lang, eds. *Die Karten deutscher Länder im Brüsseler Atlas des Christian s'Grooten (1573)*. 2 vols. Göttingen: Vandenhoeck & Ruprecht, 1959. **1233, 1277**
Mortimer, Ruth, comp. *Catalogue of Books and Manuscripts*. Pt. 1, *French 16th Century Books*. 2 vols. Cambridge: Belknap Press of Harvard University Press, 1964. **427**
Mörzer Bruyns, Willem F. J. "Leeskaarten en paskaarten uit de Nederlanden: Een beknopt overzicht van gedrukte navigatiemiddelen uit de zestiende eeuw." In *Lucas Jansz. Waghenaer van Enckhuysen: De maritieme cartografie in de Nederlanden in de zestiende en het begin van de zeventiende eeuw*, 11–20. Enkhuizen: Vereniging "Vrienden van het Zuiderzeemuseum," 1984. **1385**
———. *Konst der stuurlieden: Stuurmanskunst en maritieme cartografie in acht portretten, 1540–2000*. Amsterdam: Stichting

Nederlands Scheepvaartmuseum Amsterdam; Zutphen: Walburg Pers, 2001. **1385**

Moseley, Charles. *A Century of Emblems: An Introductory Anthology.* Aldershot: Scolar, 1989. **94**

Moss, Ann. "Printed Commonplace Books in the Renaissance." In *Acta Conventus Neo-Latini Torontonensis,* ed. Alexander Dalzell, Charles Fantazzi, and Richard J. Schoeck, 509–18. Binghamton, N.Y.: Medieval and Renaissance Texts and Studies, 1991. **633**

Mota, A. Teixeira da. "A viagem de Bartolomeu Dias e as concepções geopolíticas de D. João II." *Boletim da Sociedade de Geografia de Lisboa* 76 (1958): 297–322. **1009**

———. *A evolução da ciência náutica durante os séculos XV–XVI na cartografia portuguesa da época.* Lisbon: Junta de Investigações do Ultramar, 1961. **984**

———. "Cartografia e cartógrafos portugueses." In *Dicionário de história de Portugal,* 4 vols., ed. Joel Serrão, 1:500–506. Lisbon: Iniciativas Editoriais, 1963–71. **977, 993**

———. *A cartografia antiga da África Central e a Travessia entre Angola e Moçambique, 1500–1860.* Lourenço Marques: Sociedade de Estudos de Moçambique, 1964. **1025, 1026, 1027, 1028**

———. *Os regimentos do cosmógrafo-mor de 1559 e 1592 e as origens do ensino náutico em Portugal.* Lisbon: Junta de Investigações do Ultramar, 1969. **1004, 1124**

———. "Evolução dos roteiros portugueses durante o século XVI." *Revista da Universidade de Coimbra* 24 (1971): 201–28. **1015, 1021**

———. *Reflexos do Tratado de Tordesilhas na cartografia náutica do século XVI.* Coimbra: Junta de Investigações do Ultramar, 1973. **1006**

———. "Some Notes on the Organization of the Hydrographical Services in Portugal before the Beginning of the Nineteenth Century." *Imago Mundi* 28 (1976): 51–60. **652, 653, 1004**

———. "A África no planisfério português anónimo 'Cantino' (1502)." *Revista da Universidade de Coimbra* 26 (1978): 1–13. **993**

———. "A 'Escola de Sagres.'" In *Sagres, a escola e os navios,* by Roger Chapelet et al., 9–29. Lisbon: Edições Culturais de Marinha, 1984. In English, "The School of Sagres." In *Sagres, the School and the Ships,* by Roger Chapelet et al., 9–29. Lisbon: Edições Culturais de Marinha, 1985. **1003**

———. *O regimento da altura de leste-oeste de Rui Faleiro: Subsídios para o estudo náutico e geográfico da viagem de Fernão de Magalhães.* Lisbon: Edições Culturais da Marinha, 1986. **1112**

———. "Arquitectos e engenheiros na cartografia de Portugal até 1700." Unpublished manuscript, n.d. **1049, 1050, 1054**

———, ed. *A viagem de Fernão de Magalhães e a questão das Molucas: Actas do II Colóquio Luso-Espanhol de História Ultramarina.* Lisbon: Junta de Investigações Científicas do Ultramar, 1975. **1104**

Motzo, Bacchisio R. "Il Compasso da navigare, opera italiana della metà del secolo XIII." *Annali della Facoltà di Lettere e Filosofia della Università di Cagliari* 8 (1947): 1–137. **511, 978**

"Mount Etna and the Distorted Shape of Sicily on Early Maps." *Map Collector* 32 (1985): 32–33 and 56. **550**

Moureau, François, ed. *L'île, territoire mythique.* Paris: Aux Amateurs de Livres, 1989. **263**

Mousnier, Mireille. "A propos d'un plan figuré de 1521: Paysages agraires et passages sur la Garonne." *Annales du Midi* 98, no. 175 (1986): 517–28. **1524**

Moxon, Joseph. *A Tutor to Astronomy and Geography; or, An Easie and Speedy Way to Know the Use of Both the Globes, Cœlestial and Terrestrial.* London, 1659, 1670, 1674, and 1686. Reprint of 1674 version, New York: Burt Franklin, 1968. **154**

Mühlberger, Kurt. "Die Universität Wien in der Zeit des Renaissance-Humanismus und der Reformation." *Mitteilungen der Österreichischen Gesellschaft für Wissenschaftsgeschichte* 15 (1995): 13–42. **1191**

Mukerji, Chandra. *From Graven Images: Patterns of Modern Materialism.* New York: Columbia University Press, 1983. **22, 268, 609, 640**

———. *Territorial Ambitions and the Gardens of Versailles.* Cambridge: Cambridge University Press, 1997. **73**

Mulcaster, Richard. *The First Part of the Elementarie . . .* London, 1582. **422**

Mullaney, Steven. *The Place of the Stage: License, Play and Power in Renaissance England.* Chicago: University of Chicago Press, 1988. **420**

Muller, E., and K. Zandvliet, eds. *Admissies als landmeter in Nederland voor 1811: Bronnen voor de geschiedenis van de landmeetkunde en haar toepassing in administratie, architectuur, kartografie en vesting- en waterbouwkunde.* Alphen aan den Rijn: Canaletto, 1987. **1253, 1255, 1266, 1287, 1446, 1448**

Muller, Frederik. *De Nederlandsche geschiedenis in platen.* 4 vols. Amsterdam: F. Muller, 1863–82. Reprinted as *Beredeneerde beschrijving van Nederlandsche historieplaten, zinneprenten en historische kaarten.* 4 vols. in 3. Amsterdam: N. Israel, 1970. **1305**

———. "De oorspronkelijke planteekeningen van 152 noord- en zuidnederlandsche steden, omstreeks 1550 door Jacob van Deventer geteekend, teruggevonden." *De Navorscher* 16 (1866): 193–96. Reprinted in *Acta Cartographica* 2 (1968): 437–40. **1274**

———. *Catalogue of Books, Maps, Plates on America.* Amsterdam, 1872. Reprinted Amsterdam: N. Israel, 1966. **1389**

———. *Remarkable Maps of the XVth, XVIth & XVIIth Centuries Reproduced in Their Original Size.* 6 pts. Amsterdam, 1894–97. **1411**

———. *Catalogue de manuscrits et de livres provenant des collections: Baron Van den Bogaerde de Heeswijk; Jhr. Dr. J. P. Six, à Amsterdam; M. – L. Hardenberg, à La Haye; M. – A. J. Lamme, ancien directeur du Musée Boymans à Rotterdam.* 2 vols. Amsterdam: Frederik Muller, [1901]. **1452**

———. *Catalogue Afrique: Histoire, géographie, voyages, livres et cartes.* Amsterdam, 1904. **1419**

Müller, G. F. *Istoriya Sibiri.* Vol. 2. Moscow-Leningrad, 1941. **1885**

Müller, Gernot Michael. *Die "Germania generalis" de Conrad Celtis: Studien mit Edition, Übersetzung und Kommentar.* Tübingen: Niemeyer, 2001. **346, 347**

Müller, Hans. *Der Geschichtschreiber Johann Stumpf: Eine Untersuchung über sein Weltbild.* Zurich: Leemann, 1945. **1215**

Muller, Samuel. *Geschiedenis der Noordsche Compagnie.* Utrecht: Gebr. Van der Post, 1874. **1421**

Müller, Uwe, ed. *450 Jahre Copernicus "De revolutionibus": Astronomische und mathematische Bücher aus Schweinfurter Bibliotheken.* 1993. Reprinted Schweinfurt: Stadtarchiv Schweinfurt, 1998. **477**

Multilingual Dictionary of Technical Terms in Cartography. Wiesbaden: F. Steiner, 1973. **529**

Mundy, Barbara E. *The Mapping of New Spain: Indigenous Cartography and the Maps of the Relaciones Geográficas.* Chicago: University of Chicago Press, 1996. **470, 744, 1102, 1156**

———. "Mapping the Aztec Capital: The 1524 Nuremberg Map of Tenochtitlan, Its Sources and Meanings." *Imago Mundi* 50 (1998): 11–33. **670, 752**

———. "Mesoamerican Cartography." In *HC* 2.3:183–256. **744, 1143, 1155, 1198**

Münster, Sebastian. *Erklerung des newen Instruments der Sunnen nach allen seinen Scheyben und Circkeln: Item eyn Vermanung Sebastiani Münnster an alle Liebhaber der Künstenn im Hilff zu thun zu warer unnd rechter Beschreybung Teütscher Nation.* Oppenheim: Iacob Kobel, 1528. Facsimile edition, *Erklärung des neuen Sonnen-Instruments, Oppenheim, 1528.* With an accompanying text by Arthur Dürst, *Sebastian Münsters Sonneninstrument und die Deutschlandkarte von 1525.* Hochdorf: Kunst-Verlag Impuls SA, 1988. **1211, 1260, 1297**

———. *Cosmographia.* Basel: Henrich Pettri, 1544. 2d ed. Basel, 1545. **562, 680**

———. *Cosmographei; oder, Beschreibung aller Länder . . .* Basel: Apud Henrichum Petri, 1550. Reprinted [Munich: Kolbl], 1992. **68, 141, 478, 481, 484, 494, 580**

———. *Cosmographiae uniuersalis lib. VI.* Basel: Apud Henrichum Petri, 1550. **68, 481**

———. *Cosmographiae universalis.* Basel, 1552. **656**

———. *Cosmographiae universalis.* Basel: Henri Petri, 1559. **17**

———. *Mappa Europae.* Ed. Klaus Stopp. Wiesbaden: Pressler, 1965. **1211**

———. *Cosmographei, Basel, 1550.* Facsimile ed. Intro. Ruthardt Oehme. Amsterdam: Theatrum Orbis Terrarum, 1968. **1212**

Munthe, Ludvig W. *Kongl. fortifikationens historia,* vol. 1. Stockholm: Kungl. Boktryckeriet; P. A. Norstedt och Söner, 1902. **1796**

———. "Crail." In *Svenskt Biografiskt Lexikon,* 9:64–68. Stockholm: Albert Bonniers, 1918–. **1796**

Münzel, Gustav. *Der Kartäuserprior Gregor Reisch und die Margarita philosophica.* Freiburg im Br.: Waibel, 1938. Reprinted from *Zeitschrift des Freiburger Geschichtsvereins* 48 (1937). **1202**

Münzer, Hieronymus. *"Itinerário" do dr. Jerónimo Münzer (excertos).* Ed. and trans. Basílio de Vasconcelos. Coimbra: Imprensa da Universidade, 1931. **982**

Muraro, Michelangelo. "Boschini, Marco," In *Dizionario biografico degli Italiani,* 13:199–202. Rome: Istituto della Enciclopedia Italiani, 1960–. **277**

Murdoch, John E. *Antiquity and the Middle Ages.* New York: Scribner, 1984. **33, 39**

Murer, Jos. *Karte des Kantons Zürich.* Zurich: Matthieu, 1966. **1241**

Muris, Oswald, and Gert Saarmann. *Der Globus im Wandel der Zeiten: Eine Geschichte der Globen.* Berlin: Columbus, 1961. **160, 161, 165, 173**

Murrin, Michael. "Falerina's Garden." In *The Allegorical Epic: Essays in Its Rise and Decline,* 53–85. Chicago: University of Chicago Press, 1980. **456**

Murschel, Andrea, trans. and rev., with introductions by William J. H. Andrewes. "Translations of the Earliest Documents Describing the Principal Methods Used to Find the Longitude at Sea." In *The Quest for Longitude: The Proceedings of the Longitude Symposium, Harvard University, Cambridge, Massachusetts, November 4–6, 1993,* ed. William J. H. Andrewes, 375–92. Cambridge: Collection of Historical Scientific Instruments, Harvard University, 1996. **143, 147**

Musall, Heinz, et al. *Landkarten aus vier Jahrhunderten: Katalog zur Ausstellung des Generallandesarchivs Karlsruhe, Mai 1986.* Karlsruhe: Fachhochschule Karlsruhe, 1986. **1222**

Musin-Pushkin, A. I. *Istoricheskoye issledovaniye o mestopolozhenii drevnego Rossiyskogo Tmutarakanskogo knyazheniya.* St. Petersburg, 1794. **1859**

Näf, Werner. *Vadian und seine Stadt St. Gallen.* 2 vols. St. Gallen: Fehr, 1944–57. **1215**

Nagel, Fritz. *Nicolaus Cusanus und die Entstehung der exakten Wissenschaften.* Münster: Aschendorff, 1984. **1184**

———. "Der Globuspokal." In *Bonifacius Amerbach, 1495–1562: Zum 500. Geburtstag des Basler Juristen und Erben des Erasmus von Rotterdam,* ed. Holger Jacob-Friesen, Beat R. Jenny, and Christian Müller, 83–86. Basel: Schwabe, 1995. **163, 173**

Nagy, Antal Fekete. *Monumenta rusticorum in Hungaria rebellium anno MDXIV.* Ed. Victor Kenéz and László Solymosi. Budapest: Akadémiai Kiadó, 1979. **1822**

Nagy, Bèla G. "The Colorimetric Development of European Cartography." Master's thesis, Eastern Michigan University, 1983. **604**

Naiboda (Nabodus), Valentinus. *Primarum de coelo et terra institutionum quotidianarumque mundi revolutionum, libri tres.* Venice, 1573. **70**

Nalis, Henk. *See New Hollstein.*

Nallino, Carlo Alfonso. "Un mappamondo arabo disegnato nel 1579 da 'Alî ibn Ahmad al-Sharafî di Sfax." *Bollettino della Reale Società Geografica Italiana* 53 (1916): 721–36. **204**

Nansen, Fridtjof. *In Northern Mists: Arctic Exploration in Early Times.* 2 vols. Trans. Arthur G. Chater. London: Heinemann, 1911. **304**

Nascimento, Aires Augusto. *Livro de arautos.* Lisbon: A. A. Nascimento, 1977. **981, 1034**

Natali, Giovanni. "Una prefazione inedita del Conte L. F. Marsili ad una sua riforma della geografia." In *Atti dello XI Congresso Geografico Italiano,* 4 vols., 2:274–76. Naples, 1930. **971**

———. "Uno scritto di Luigi Ferdinando Marsili su la riforma della geografia." In *Memorie intorno a Luigi Ferdinando Marsili, pubblicate nel secondo centenario dalla morte per cura del comitato marsiliano,* 221–32. Bologna: Zanichelli, 1930. **971**

Nathanson, Alan J. *Thomas Simon: His Life and Work, 1618–1665.* London: Seaby, 1975. **1666**

Naudé, Françoise. *Reconnaissance du Nouveau Monde et cosmographie à la Renaissance.* Kassel: Edition Reichenberger, 1992. **271**

Naudé, Gabriel. *Advis povr dresser vne bibliotheqve.* Paris: F. Targa, 1627. **1579**

Nauert, Charles G. "Humanists, Scientists, and Pliny: Changing Approaches to a Classical Author." *American Historical Review* 84 (1979): 72–85. **297**

Nautonier, Guillaume de. *Mecometrie de leymant c est a dire la maniere de mesvrer les longitudes par le moyen de l'eymant.* 3 vols. Toulouse and Venes: Raimond Colomies & Antoine de Courtneful, 1603–4. **1544**

Navari, Leonora. "Gasparo Tentivo's *Il Nautico Ricercato:* The Manuscripts." In *Eastern Mediterranean Cartographies,* ed. George Tolias and Dimitris Loupis, 135–55. Athens: Institute for Neohellenic Research, National Hellenic Research Foundation, 2004. **270**

Navarrete, Martín Fernández de. *Colección de los viages y descubrimientos que hicieron por mar los españoles desde fines del siglo XV.* 5 vols. Madrid: Imprenta Nacional, 1825–37. Buenos Aires: Editorial Guaranía, 1945–46. **332, 748, 1110, 1112, 1114**

Navarro Brotóns, Víctor. "Astronomía y cosmología en la España del siglo XVI." In *Actes de les II Trobades d'Història de la Ciència i de la Tècnica (Peníscola, 5–8 desembre 1992),* 39–52. Barcelona: Societat Catalana d'Historia de la Ciència i de la Tècnica, 1993. **1107**

———. "Cartografía y cosmografía en la época del descubrimiento." In *Mundialización de la ciencia y cultura nacional: Actas del Congreso Internacional "Ciencia, descubrimientos y mundo colonial,"* ed. Antonio Lafuente, Alberto Elena, and M. L. Ortega, 67–73. Madrid: Doce Calles, 1993. **1107**

———. "La cosmografía en la época de los descubrimientos." In *Las relaciones entre Portugal y Castilla en la época de los descubrimientos y la expansión colonial,* ed. Ana María Carabias Torres, 195–205. Salamanca: Ediciones Universidad de Salamanca, Sociedad V Centenario del Tratado de Tordesillas, 1994. **342, 1107**

———. "The Reception of Copernicus in Sixteenth-Century Spain: The Case of Diego de Zúñiga." *Isis* 86 (1995): 52–78. **69**

Navarro Brotóns, Víctor, and Enrique Rodríguez Galdeano. *Matemáticas, cosmología y humanismo en la España del siglo XVI: Los* Comentarios al segundo libro de la Historia Natural de Plinio *de Jerónimo Muñoz.* Valencia: Instituto de Estudios Documentales e Históricos sobre la Ciencia, Universitat de València–C.S.I.C., 1998. **1107**

Navarro García, Luis. "Pilotos, maestres y señores de naos en la carrera de las Indias." *Archivo Hispalense* 46–47 (1967): 241–95. **1106**

Neal, Katherine. "The Rhetoric of Utility: Avoiding Occult Associations for Mathematics through Profitability and Pleasure." *History of Science* 37 (1999): 151–78. **633, 634**

Nebehay, Ingo, and Robert Wagner. *Bibliographie altösterreichischer Ansichtenwerke aus fünf Jahrhunderten.* 5 vols. Graz: Akademische Druck- und Verlagsanstalt, 1981–84. **1176**

Nebenzahl, Kenneth. *Maps of the Holy Land: Images of* Terra Sancta *through Two Millennia.* New York: Abbeville Press, 1986. **42, 382, 385, 573, 579, 1180, 1181, 1217, 1218, 1220, 1235**

———. *Atlas of Columbus and the Great Discoveries.* Chicago: Rand McNally, 1990. **332**

Nebrija, Antonio de. *Aelii Antonii Nebrissensis grammatici in cosmographiae libros introductorium.* Salamanca, ca. 1503. **342**

———. *Dictionarium oppidorum ciuitatum.* 1536. **342**

Neddermeyer, Uwe. *Von der Handschrift zum gedruckten Buch: Schriftlichkeit und Leseinteresse im Mittelalter und in der frühen Neuzeit, quantitative und qualitative Aspekte.* 2 vols. Wiesbaden: Harrassowitz, 1998. **617**

Nederlands Historisch Scheepvaart Museum: Catalogus der Bibliotheek. Amsterdam: N. Israel,1960. **1389**

Needham, Joseph. *Mathematics and the Sciences of the Heavens and the Earth.* Vol. 3 of *Science and Civilisation in China.* Cambridge: Cambridge University Press, 1979. **591**

Neher, André. *Jewish Thought and the Scientific Revolution of the Sixteenth Century: David Gans (1541–1613) and His Times.* Oxford: Oxford University Press, 1986. **69**

Neill, Michael. "'Material Flames': The Space of Mercantile Fantasy in John Fletcher's *The Island Princess.*" *Renaissance Drama,* n.s. 28 (1997): 99–131. **419**

Netzloff, Mark. "Forgetting the Ulster Plantation: John Speed's *The Theatre of the Empire of Great Britain* (1611) and the Colonial Archive." *Journal of Medieval and Early Modern Studies* 31 (2001): 313–48. **415, 1754**

Neugebauer, O. *A History of Ancient Mathematical Astronomy.* 3 vols. Berlin: Springer, 1975. **138, 139, 140**

Neugebauer, O., and Henry Bartlett Van Hoesen. *Greek Horoscopes.* Philadelphia: American Philosophical Society, 1959. **124**

Neumann, Joachim, ed. *Karten hüten und bewahren: Festgabe für Lothar Zögner.* Gotha: Perthes, 1995. **1172**

Neville-Sington, Pamela. "'A Very Good Trumpet': Richard Hakluyt and the Politics of Overseas Expansion." In *Texts and Cultural Change in Early Modern England,* ed. Cedric C. Brown and Arthur F. Marotti, 66–79. Basingstoke: Macmillan; New York: St. Martin's, 1997. **1761**

The New Hollstein Dutch & Flemish Etchings, Engravings and Woodcuts 1450–1700. Vols. 7–10, *The Van Doetecum Family.* 4 pts. Comp. Henk Nalis. Ed. Ger Luijten and Christiaan Schuckman. Rotterdam: Sound & Vision Interactive, 1998. **1261, 1268, 1278, 1300, 1301, 1304, 1307, 1309, 1310, 1311, 1321, 1345, 1393, 1394, 1407, 1408, 1410, 1412, 1416**

The New Hollstein Dutch & Flemish Etchings, Engravings and Woodcuts, 1450–1700. Vols. 15–17, *The Muller Dynasty.* 3 vols. Comp. J. P. Filedt Kok et al. Ed. Ger Luijten and Christiaan Schuckman. Rotterdam: Sound & Vision Interactive, 1999. **1389**

The New Testament: Diligently Translated by Myles Couerdale and Conferred with the Translacion Willyam Tyndale, with the Necessary Concordances Truly Alleged. London: Reynolde Wolfe, 1549. **1698**

Eyn newes complexions-buchlein. Strassburg: Jakob Cammerlander, 1536. **110**

Nicholl, Charles. *The Reckoning: The Murder of Christopher Marlowe.* London: Jonathan Cape, 1992. **1717**

Nickel, Herbert J. *Joseph Sàenz de Escobar und sein Traktat über praktische und mechanische Geometrie: Eine Anleitung zur angewandten Geometrie in Neuspanien (Mexiko) um 1700.* Bayreuth: Universität Bayreuth, Fachgruppe Geowissenschaften, 1998. **502**

Nicolay, Nicolas de. *La navigation dv Roy d'Escosse Iaqves Cinqviesme dv nom, avtovr de son royaume . . .* Paris: Chez Gilles Beys, 1583. **1470, 1727**

———. *Description générale de la ville de Lyon et des anciennes provinces du Lyonnais and du Beaujolais.* Ed. Victor Advielle. Lyons: Mougin-Rusand, 1881. **1469**

———. *Description générale du païs et duché de Berry et diocese de Bourges . . .* Ed. A. Aupetit. Châteauroux: A. Aupetit, 1883. **1485**

———. *Dans l'empire de Soliman le Magnifique.* Intro. and anno. Marie-Christine Gomez-Géraud and Stefanos Yerasimos. Paris: Presses du CNRS, 1989. **1469**

Nicolet, Claude. *L'inventaire du monde: Géographie et politique aux origines de l'Empire romain.* Paris: Fayard, 1988. **805**

Nicolopulos, James. *The Poetics of Empire in the Indies: Prophecy and Imitation in* La araucana *and* Os lusíadas. University Park: Pennsylvania State University Press, 2000. **92, 98**

Nicolosi, Giovanni Battista. *Teorica del globo terrestre: Et esplicatione della carta da nauigare.* Rome: Manelfo Manelfi, 1642. **973**

———. *Guida allo studio geografico.* Rome: Vitale Mascardi, 1662. **971**

———. *Hercvles Sicvlvs sive Stvdivm geographicvm.* 2 vols. Rome: Michaelis Herculis, 1670–71. **971, 973**

Nicolson, Marjorie Hope. "The 'New Astronomy' and English Imagination." In *Science and Imagination,* by Marjorie Hope Nicolson, 30–57. Ithaca: Cornell University Press, 1956. **417**

———. *The Breaking of the Circle: Studies in the Effect of the "New Science" upon Seventeenth-Century Poetry.* New York: Columbia University Press, 1960. **417**

Nieborowski, Paul. *Peter von Wormdith: Ein Beitrag zur Geschichte des Deutsch-Ordens.* Breslau: Breslauer Verlagshandlung, 1915. **1813**

Niël, Maikel. "De perspectivische ruimteweergave van het *Gezicht in vogelvlucht op Amsterdam* van Cornelis Anthonisz." *Caert-Thresoor* 19 (2000): 107–13. **1251**

Nieuhof, Joan. *Joan Nieuhofs gedekwaerdige zee en lantreize, door de voornaemste landschappen van West en Oostindien.* Amsterdam: By de Weduwe van Jacob van Meurs, 1682. **1446**

Niewodniczański, Thomasz. "Eine zweite Auflage der Polenkarte von Waclaw Grodecki (Basel 1570): Notizen zu einem sensationellen Kartenfund in der Harvard University." *Speculum Orbis* 2 (1986): 93–95. **1833**

———. "Vorstellung zweier im 16. Jahrhundert gefertigter Portolane." In *Das Danewerk in der Kartographiegeschichte Nordeuropas,* ed. Dagmar Unverhau and Kurt Schietzel, 185–88. Neumünster: K. Wachholtz, 1993. **225**

Niewodniczański, Tomasz, ed. *Imago Poloniae: Dawna rzeczpospolita na mapach, dokumentach i starodrukach w zbiorach Tomasza Niewodniczańskiego / Imago Polaniae: Das polnisch-litauische Reich in Karten, Dokumenten und alten Drucken in der Sammlung von Tomasz Niewodniczański.* 2 vols. Warsaw: Agencja Reklamowo-Wydawnicza Arkadiusz Grzegorczyk, 2002. **1810**

Nischer, Ernst. *Österreichische Kartographen: Ihr Leben, Lehren und Wirken.* Vienna: Österreichischer Bundesverlag, 1921. **1810**

Nissen, Kristian. "Hollendernes innsats i utformingen av de eldste sjøkarter over Nordsjøen og Norges kyster." *Foreningen "Bergens Sjøfartsmuseum" Årshefte* (1949): 5–20. **1805**

———. "Jacob Ziegler's Palestine Schondia Manuscript, University Library Oslo, MS 917–4°." *Imago Mundi* 13 (1956): 45–52. **1218**

Nogara, Bartolomeo, ed. *Scritti inediti e rari di Biondo Flavio.* Rome: Poliglotta Vaticana, 1927. **309, 310**

Noort, Olivier van. *De reis om de wereld, door Olivier van Noort, 1598–1601.* 2 vols. Ed. J. W. IJzerman. The Hague: Martinus Nijhoff, 1926. **1353**

Norden, John. *Specvlvm Britanniae: The First Parte an Historicall, & Chorographicall Discription of Middlesex.* London, 1593. **1695, 1706**

———. *Speculi Britanniæ Pars: The Description of Hartfordshire.* 1598. **1706**

———. *Speculi Britanniæ Pars: A Topographical and Historical Description of Cornwall.* London: Printed by William Pearson, for the editor, and sold by Christopher Bateman, 1728. Modern facsimile, Newcastle-upon-Tyne: Frank Graham, 1966. **562**

———. *John Norden's Manuscript Maps of Cornwall and Its Nine Hundreds.* Ed. and intro. W. L. D. Ravenhill. Exeter: University of Exeter Press, 1972. **562, 1632, 1634, 1657**

———. *John Norden's Survey of Barley Hertfordshire, 1593–1603.* Ed. Jack C. Wilkerson. Cambridge: Cambridge Antiquarian Records Society, 1974. **1639**

Nordenskiöld, A. E. "Den första på verkliga iakttagelser grundade karta öfver norra Asien." *Ymer* 7 (1887): 133–44. Russian translation in *Zapiski Voyenno-topograficheskogo otdela Glavnogo shtaba,* vol. 44, sec. 2, pt. 7, 1–11. St. Petersburg, 1889. **1875**

———. *Facsimile-Atlas to the Early History of Cartography with Reproductions of the Most Important Maps Printed in the XV and XVI Centuries.* Trans. Johan Adolf Ekelöf and Clements R. Markham. Stockholm: P. A. Norstedt, 1889. Reprinted New York: Kraus, 1961; Dover, 1973. **358, 364, 365, 373, 374, 378, 798, 952, 1299, 1781, 1816, 1831**

———. "Pervaya karta Severnoy Azii, osnovannaya na deystvitel'nykh nablyudeniyakh." *Zapiski Voyennotopograficheskogo Otdeleniya Glavnogo Shtaba* 44 (1889): 1–11. **1883**

———. *Periplus: An Essay on the Early History of Charts and Sailing-Directions.* Trans. Francis A. Bather. Stockholm: P. A. Norstedt & Söner, 1897. **175, 213, 218, 222, 226, 239, 520, 1390, 1781**

Nordman, Daniel. "Des limites d'état aux frontières nationales." In *Les lieux de mémoire,* 3 vols., under the direction of Pierre Nora, 2:35–61. Paris: Gallimard, 1984–97. **663**

———. *Frontières de France: De l'espace au territoire, XVI*ᵉ*–XIX*ᵉ *siècle.* Paris: Gallimard, 1998. **663, 1480**

Nordman, V. A. *Die Chronica regnorum aquilonarium des Albert Krantz: Eine Untersuchung.* Helsinki: Suomalainen Tiedeakatemia, 1936. **325**

Norgate, Edward. *Miniatura; or, The Art of Limning.* Ed. Jeffrey M. Muller and Jim Murrell. New Haven: Paul Mellon Centre for British Art by Yale University Press, 1997. **605**

Norges Sjøkartverk, 1932–1982. Stavanger, 1983. **1805**

Nori, Gabriele. "La corte itinerante: Il pellegrinaggio di Niccolò III in terrasanta." In *La corte e lo spazio: Ferrara estense,* 3 vols., ed. Giuseppe Papagno and Amedeo Quondam, 1:233–46. Rome: Bulzoni, 1982. **457**

Nørlund, Niels Erik. *Danmarks Kortlægning.* Copenhagen: Ejnar Munksgaard, 1943. **1783, 1784, 1785, 1790**

———. *De gamle danske Længdeenheder.* Copenhagen: I Kommission hos Ejnar Munksgaard, 1944. **1790**

Norman, Diana. "'The Glorious Deeds of the Commune': Civic Patronage of Art." In *Siena, Florence and Padua: Art, Society and Religion 1280–1400, Vol. 1: Interpretative Essays,* ed. Diana Norman, 133–53. New Haven: Yale University Press in association with the Open University, 1995. **50**

Norman, Robert. *The Newe Attractiue: Containing a Short Discourse of the Magnes or Lodestone . . .* London: Ihon Kyngston, 1581. Reprinted Amsterdam: Theatrum Orbis Terrarum, 1974. **1557, 1738**

North, Frederick John. "The Map of Wales." *Archaeologia Cambrensis* 90 (1935): 1–69. **1616, 1628**

———. *Humphrey Lhuyd's Maps of England and Wales.* Cardiff: National Library of Wales and the Press Board of the University of Wales, 1937. **1620**

North, John David. "Werner, Apian, Blagrave and the Meteoroscope." *British Journal for the History of Science* 3 (1966–67): 57–65. **341**

———. "Nicolaus Kratzer—The King's Astronomer." In *Science and History: Studies in Honour of Edward Rosen,* 205–34. Wrocław: Ossolineum, 1978. **1597**

———. *The Ambassadors' Secret: Holbein and the World of the Renaissance.* London: Hambledon and London, 2002. **67**

Norwich, I. *Maps of Africa: An Illustrated and Annotated Carto-Bibliography.* Johannesburg: Ad. Donker, 1983. **1025**

Norwood, Richard. *The Sea-Mans Practice, Contayning a Fvndamentall Probleme in Navigation, Experimentally Verified: Namely, Touching the Compasse of the Earth and Sea, and the Quantity of a Degree in Our English Measures.* London: Printed for George Hurlock, 1637. **708, 1745**

———. *The Journal of Richard Norwood, Surveyor of Bermuda.* New York: Scholars Facsimiles and Reprints for the Bermuda Historical Monuments Trust, 1945. **1770**

Nouvelle biographie générale, depuis les temps les plus reculés jusqu'à nos jours. 46 vols. Paris: Firmin Didot, 1853–66. **1483**

Novák, D. "Magyarország' térsége és földabroszai." *Hasznos Mulatságok* 21 (1836): 162–66 and 22 (1836): 170–71. **1808**

A Nova Lusitania: Imagens cartográficas do Brasil nas colecções da Biblioteca Nacional (1700–1822): Catálogo. Lisbon: CNCDP, 2001. **975**

Novikov, Nikolay I. *Drevnerossiyskaya idrografiya.* St. Petersburg, 1773. **1859**

Novokomskiy, Pavel Ioviy. *Kniga o moskovitskom posol'stve.* In *Zapiski o moskovitskikh delakh,* by Sigismund von Herberstein, 252–75. St. Petersberg, 1908. **1854**

Novosel'tsev, A. P., V. T. Pashuto, and L. V. Cherepnin. *Puti razvitiya feodalizma (Zakavkaz'e Srednyy Asiya, Rus', Pribaltika).* Moscow: "Nauka," 1972. **1857**

Nunes (Nuñez), Pedro. *Tratado da sphera.* Lisbon, 1537. **1556**

———. *Tratado em defensam da carta de marear.* Lisbon, 1537. **151**

———. *Obras.* New. ed. 4 vols. Lisbon: Imprensa National, 1940–60. **1038, 1045**

Nunes do Leão (Nunez do Lião), Duarte. *Descripção do reino de Portugal.* 1610. Lisbon: Centro de História da Universidade de Lisboa, 2002. **1035**

Nunn, George E. *The Geographical Conceptions of Columbus.* New York: American Geographical Society, 1924. **758**

———. *The Mappemonde of Juan de la Cosa: A Critical Investigation of Its Date.* Jenkintown, Pa.: George H. Beans Library, 1934. **749**

———. "The Three Maplets Attributed to Bartholomew Columbus." *Imago Mundi* 9 (1952): 12–22. **332**

Nussbächer, Gernot. *Johannes Honterus: Sein Leben und Werk im Bild.* 3d ed. Bucharest: Kriterion, 1978. **1191**

———. "Versuch einer Bibliographie der ausländischen Ausgaben der Werke des kronstädter Humanisten Johannes Honterus (Stand 25. April, 2000)." In *Honterus-emlékkönyv / Honterus-Festschrift,* ed. Ágnes W. Salgó and Ágnes Stemler, 150–90. Budapest: Országos Széchényi Könyvtár, Osiris Kiadó, 2001. **1833**

Nuti, Lucia. "The Mapped Views by Georg Hoefnagel: The Merchant's Eye, the Humanist's Eye." *Word & Image* 4 (1988): 545–70. **9, 680, 690, 1334**

———. "The Perspective Plan in the Sixteenth Century: The Invention of a Representational Language." *Art Bulletin* 76 (1994): 105–28. **16, 599, 688, 696, 1650**

———. "Le langage de la peinture dans la cartographie topographique." In *L'œil du cartographe: Et la représentation géographique du Moyen Âge à nos jours,* ed. Catherine Bousquet-Bressolier, 53–70. Paris: Éditions du C.T.H.S., 1995. **404**

———. *Ritratti di città: Visione e memoria tra Medioevo e Settecento.* Venice: Marsilio, 1996. **638, 664, 687, 688**

———. "Cultures, manières de voir et de représenter l'espace urbain." In *Le paysage des cartes, genèse d'une codification: Actes de la 3*ᵉ *Journée d'Étude du Musée des Plans-Reliefs,* under the direction of Catherine Bousquet-Bressolier, 65–80. Paris: Musée des Plans-Reliefs, 1999. **1532**

Oastler, C. L. *John Day, the Elizabethan Printer.* Oxford: Oxford Bibliographical Society, 1975. **1697**

Oberhummer, Eugen. "Zwei handschriftliche Karten des Glareanus in der Münchener Universitätsbibliothek." *Jahresbericht der Geographischen Gesellschaft in München* 14 (1892): 67–74. Reprinted in *Acta Cartographica* 7 (1970): 313–24. **354**

———. "Die Brixener Globen von 1522 der Sammlung Hauslab-Liechtenstein." *Akademie der Wissenschaften in Wien, Philosophisch-Historische Klasse, Denkschriften* 67, no. 3 (1926): 1–15. **160, 173**

Obrist, Barbara. "Image et prophétie au XIIe siècle: Hugues de Saint-Victor et Joachim de Flore." *Mélanges de l'École Française de Rome: Moyen-Age Temps Modernes* 98 (1986): 35–63. **34**

———. Review of *La "Descriptio mappe mundi"* (1988), by Patrick Gautier Dalché. *Cahiers de Civilisation Médiévale X^{e}–XIIe siècles* 34 (1991): 73. **34**

———. "Wind Diagrams and Medieval Cosmology." *Speculum* 72 (1997): 33–84. **33, 39**

O'Callaghan, Joseph F. "Line of Demarcation." In *The Christopher Columbus Encyclopedia,* 2 vols., ed. Silvio A. Bedini, 2:423–26. New York: Simon and Schuster, 1992. **1108**

Ochsenbein, Peter, and Kurt Schmuki. *Bibliophiles Sammeln und historisches Forschen: Der Schweizer Polyhistor Aegidius Tschudi, 1505–1572, und sein Nachlass in der Stiftsbibliothek St. Gallen.* St. Gallen: Verlag am Klosterhof, 1991. **1215**

O'Day, Rosemary. *Education and Society, 1500–1800: The Social Foundations of Education in Early Modern Britain.* London: Longman, 1982. **623, 624**

———. "An Educated Society." In *The Oxford Illustrated History of Tudor & Stuart Britain,* ed. John Morrill, 119–38. Oxford: Oxford University Press, 1996. **1608**

Ó Domhnaill, Seán. "The Maps of the Down Survey." *Irish Historical Studies* 3 (1943): 381–92. **709**

O'Donnell, Hugo. "El mapamundi denominado 'Carta de Juan de la Cosa' y su verdadera naturaleza." *Revista General de Marina,* número especial, 3 (1991): 161–81. **749**

O'Donnell y Duque de Estrada, Hugo. "La carta de Juan de la Cosa, primera representación cartográfica del Tratado de Tordesillas." In *El Tratado de Tordesillas y su época (Congreso Internacional de Historia),* 3 vols., 2:1231–44. [Tordesillas]: Sociedad V Centenario del Tratado de Tordesillas, 1995. **1110**

Oehme, Ruthardt. "Die Palästinakarte aus Bernhard von Breitenbachs Reise in das Heilige Land 1486." In *Aus der Welt des Buches: Festgabe zum 70. Geburtstag von Georg Leyh, dargebracht von Freunden und Fachgenossen,* 70–83. Leipzig: O. Harrassowitz, 1950. **1181**

———. "Johann Andreas Rauch and His Plan of Rickenbach." *Imago Mundi* 9 (1952): 105–7. **706, 1222**

———. *Joannes Georgius Tibianus: Ein Beitrag zur Kartographie und Landesbeschreibung Südwestdeutschlands im 16. Jahrhundert.* Remagen: Bundesanstalt für Landeskunde, 1956. **1211**

———. "Sebastian Münster und die Donauquelle." *Alemannisches Jahrbuch* (1957): 159–65. **1212**

———. *Die Geschichte der Kartographie des deutschen Südwestens.* Constance: Jan Thorbecke, 1961. **346, 500, 731, 1177, 1222, 1225**

———. "Sebastian Münster und Heidelberg." *Geographische Rundschau* 15 (1963): 191–202. **1211**

———. "August Wolkenhauer: Ein Wegbereiter deutscher kartenhistorischer Forschung." *Kartographische Nachrichten* 35 (1985): 217–24. **1175**

———. "Georg Acacius Enenckel, Baron von Hoheneck, und seine Karte des alten Griechenlandes von 1596." *Zeitschrift für Württembergische Landesgeschichte* 44 (1985): 165–79. **1242**

Oehme, Ruthardt, and Lothar Zögner. *Tilemann Stella (1525–1589): Der Kartograph der Ämter Zweibrücken und Kirkel des Herzogtums Pfalz-Zweibrücken: Leben und Werk zwischen Wittenberg, Mecklenburg und Zweibrücken.* Lüneburg: Nordostdeutsches Kulturwerk, 1989. **1213, 1214**

Oers, Ron van. *Dutch Town Planning Overseas during VOC and WIC Rule (1600–1800).* Zutphen: Walburg Pers, 2000. **1434**

Oestmann, Günther. *Die astronomische Uhr des Strassburger Münsters: Funktion und Bedeutung eines Kosmos-Modells des 16. Jahrhunderts.* Stuttgart: Verlag für Geschichte der Naturwissenschaften und der Technik, 1993. **165, 173**

Oestmann, Günther, with contributions by Elly Dekker and Peter Schiller. *Schicksalsdeutung und Astronomie: Der Himmelsglobus des Johannes Stoeffler von 1493.* Exhibition catalog. Stuttgart: Württembergisches Landesmuseum, 1993. **154, 157, 160, 164, 173, 1203**

Ogloblin, N. N. "Istochniki 'Chertëzhnoy knigi Sibiri' Semëna Remezova." *Bibliograf,* 1891, no. 1, 2–11. **1866**

———. "'Chertëshchik' Ivan Matveyev." *Bibliograf,* 1892, no. 1, 13. **1890**

Ohlmeyer, Jane H. "'Civilizinge of those Rude Partes': Colonization within Britain and Ireland, 1580s–1640s." In *The Oxford History of the British Empire,* ed. William Roger Louis, vol. 1, *The Origins of Empire: British Overseas Enterprise to the Close of the Seventeenth Century,* ed. Nicholas P. Canny, 124–47. Oxford: Oxford University Press, 1998. **1755**

O'Kelly, Bernard, ed. *The Renaissance Image of Man and the World.* Columbus: Ohio State University Press, 1966. **74**

Olaus Magnus. *Historia de gentium septentrionalium.* Basel, 1567. **658**

———. *Olai Magni Historien der mittnächtigen Länder.* Trans. Johann Baptist Fickler. Basel, 1567. **1788**

———. *Historia om de nordiska folken.* 5 vols. Uppsala: Almqvist och Wiksells Boktryckeri, 1909–51. **1788**

———. *Description of the Northern Peoples, Rome 1555.* 3 vols. Ed. Peter Godfrey Foote. Trans. Peter Fisher and Humphrey Higgens. With annotation derived from the commentary by John Granlund. London: Hakluyt Society, 1996–98. **545, 572, 673, 1786, 1788**

O. [Oldham], R. D. "Francesco Oliva the Younger." *Geographical Journal* 77 (1931): 204–5. **233**

Olenin, Aleksey N. *Pis'mo k grafu Alekseyu Ivanovichu Musinu-Pushkinu o kamne Tmutarakanskom, naydennom na ostrove Tamane v 1792, s opisaniyem kartin k pis'mu prilozhennykh.* St. Petersburg, 1806. **1859**

Oliveira Martins, J. P. *Os filhos de D. João I.* 7th ed. 1891. Lisbon: Edições S.I.T., 1947. **1002**

Olivesi, Jean-Marc. "L'architettura barocca in Corsica nei documenti dell'Archivio di Stato di Genova: 1650–1768." In *Corsica: Immagine e cartografia,* by Anna Maria Salone and Fausto Amalberti, 13–19. Genoa: Sagep, 1992. **868**

Olmi, Giuseppe. "'In essercitio universale di contemplatione, e prattica': Federico Cesi e i Lincei." In *Università, Accademie e Società scientifiche in Italia e in Germania dal Cinquecento al Settecento,* ed. Laetitia Boehm and Ezio Raimondi, 169–235. Bologna: Il Mulino, 1981. **973**

———. "Science-Honour-Metaphor: Italian Cabinets of the Sixteenth and Seventeenth Centuries." In *The Origins of Museums: The Cabinet of Curiosities in Sixteenth- and Seventeenth-Century Europe,* ed. O. R. Impey and Arthur MacGregor, 5–16. Oxford: Clarendon, 1985. **648**

———. "La colonia lincea di Napoli." In *Galileo e Napoli,* ed. Fabrizio Lomonaco and Maurizio Torrini, 23–58. Naples: Guida, 1987. **973**

———. "Théâtres du monde, les collections européennes des XVIe et XVIIe siècles." In *Tous les savoirs du monde: Encyclopédies et bibliothèques, de Sumer au XXIe siècle,* ed. Roland Schaer, 272–77. Paris: Bibliothèque Nationale de France / Flammarion, 1996. **648**

Olmos, Andrés de. *Histoyre du mechique: Manuscrit français inédit du XVIe siècle publié.* Trans. André Thevet. Ed. Édouard de Jonghe. Paris: Société des Américanistes de Paris, 1905. **1471**

Olmos, Francisco Valero. "Monarquías ibéricas, descubrimientos geográficos y antigüedad clásica: La *Cosmografía* de Ptolomeo en la Valencia de mediados del siglo XV." In *Congreso Internacional de Historia, el Tratado de Tordesillas y su Epoca,* 3 vols., 1:625–29. Valladolid: Junta de Castilla y León, 1995. **1003**

O'Loughlin, Thomas. "An Early Thirteenth-Century Map in Dublin: A Window into the World of Giraldus Cambrensis." *Imago Mundi* 51 (1999): 24–38. **36, 40, 1671**

Olschki, Leonardo. *Storia letteraria delle scoperte geografiche: Studi e ricerche.* Florence: Olschki, 1937. **940, 949**

———. "I 'Cantari dell'India' di Giuliano Dati." *Bibliofilia* 40 (1938): 289–316. **297**

Olson, David R. *The World on Paper: The Conceptual and Cognitive Implications of Writing and Reading.* Cambridge: Cambridge University Press, 1994. **21**

Olson, Roberta J. M. ". . . And They Saw Stars: Renaissance Representations of Comets and Pretelescopic Astronomy." *Art Journal* 44 (1984): 216–24. **119**

Olsson, Martin. *Om Kalmars ålder.* Stockholm: Almqvist och Wiksell International, 1983. **1797**

Olszewicz, Bolesław. "Polska kartografja wojskowa (Szkic historyczny)." *Bellona,* 1919, 267–85. **1808**

———. *Polska kartografja wojskowa: Zarys historyczny.* Warsaw: Główna Księg. Wojskowa, 1921. **1808**

O'Malley, John W. "Giles of Viterbo: A Reformer's Thought on Renaissance Rome." *Renaissance Quarterly* 20 (1967): 1–11. **392, 396**

———. "Historical Thought and the Reform Crisis of the Early Sixteenth Century." *Theological Studies* 28 (1967): 531–48. **392**

———. "The Discovery of America and Reform Thought at the Papal Court in the Early Cinquecento." In *First Images of America: The Impact of the New World on the Old,* 2 vols., ed. Fredi Chiapelli, Michael J. B. Allen, and Robert L. Benson, 1:185–200. Berkeley: University of California Press, 1976. **396**

———. *Praise and Blame in Renaissance Rome: Rhetoric, Doctrine, and Reform in the Sacred Orators of the Papal Court, c. 1450–1521.* Durham: Duke University Press, 1979. **399**

O'Malley, John W. et al., eds. *The Jesuits: Cultures, Sciences and the Arts, 1540–1773.* Toronto: University of Toronto Press, 1999. **622**

Oman, Sir Charles. "The Battle of Pinkie, Sept. 10, 1547." *Archaeological Journal* 90 (1933): 1–25. **1603**

O'Meara, John J., trans. *The First Version of the Topography of Ireland by Giraldus Cambrensis.* Dundalk: Dundalgan Press, 1951. **1670**

Omodeo, Anna. *Grafica napoletana del '600: Fabbricatori di immagini.* Naples: Regina, 1981. **958**

Omont, H. "Maître Arnault, astrologue de Charles VI et des ducs de Bourgogne." *Bibliothèque de l'Ecole des Chartes* 112 (1954): 127–28. **306**

"Ondériz, Pedro Ambrosio de." In *Diccionario histórico de la ciencia moderna en España,* 2 vols., ed. José María López Piñero et al., 2:130–31. Barcelona: Península, 1983. **1076**

Ong, Walter J. "System, Space, and Intellect in Renaissance Symbolism." *Bibliothèque d'Humanisme et Renaissance* 18 (1956): 222–39. **12, 407**

———. *Ramus, Method, and the Decay of Dialogue: From the Art of Discourse to the Art of Reason.* Cambridge: Harvard University Press, 1958. **407, 422, 423, 647**

———. "System, Space and Intellect in Renaissance Symbolism." In *The Barbarian Within and Other Fugitive Essays and Studies,* 68–87. New York: Macmillan, 1962. **422**

Opicino de Canistris. *Book in Praise of Pavia.* Trans. William North and Victoria Morse. New York: Italica Press, forthcoming. **48**

Opstall, Margot E. van, ed. *Laurens Reael in de Staten-Generaal: Het verslag van Reael over de toestand in Oost-Indië anno 1620.* The Hague, 1979. **1438**

Ordenanzas reales para la Casa de la Contratacion de Sevilla, y para otras cosas de las Indias, y de la navegacion y contratacion de ellas. Seville: For F. de Lyra, 1647. **1106**

Ordnance Survey. *Maps of the Escheated Counties in Ireland, 1609.* Southampton: Ordnance Survey Office, 1861. **1682**

Orford Ness: A Selection of Maps. Cambridge, Eng.: W. Heffer and Sons, 1966. **1639**

Orme, Nicholas. *Education and Society in Medieval and Renaissance England.* London: Hambledon Press, 1989. **623, 624**

Orpen, Goddard H. "Ptolemy's Map of Ireland." *Journal of the Royal Society of Antiquaries of Ireland* 24 (1894): 115–28. **1670**

Országos Széchényi Könyvtár (National Library of Hungary), Budapest. Map Department. High resolution map images. <http://www.topomap.hu/oszk/hun/terkepek.htm>. **1810**

Ortelius, Abraham. *Antiqva regionvm, insvlarvm, vrbium, oppidorum, montium, promontorium, sylvarum, pontium, marium, sinuum, lacuum, paludum, fluviorum et fontium nomina recentibus eorundem nominibus explicata, auctoribus quibus sic vocantur adjectis* . . . Appendix to *Theatrum orbis terrarum.* Antwerp, 1570. **659**

———. *Theatrum orbis terrarum.* Antwerp, 1570. **819, 1320, 1331**

———. *Eryn, Hiberniae, Britannicae Insvlæ.* In *Theatrum orbis terrarum.* Antwerp: Apud A. C. Diesth, 1573. **1676**

———. *Synonymia geographica, sive popvlorvm, regionvm, insvlarvm, vrbium, opidorum, monium, promontoriorum, silvarum, pontium, marium, sinuum, lacuum, paludum, fluviorum, fontium, &c* . . . Antwerp: Christophori Plantini, 1578. **659**

———. *Theatrum orbis terrarum.* Antwerp: C. Plantinum, 1579. **394**

———. *Thesaurvs geographicvs* . . . Antwerp: Plantijn, 1587. **659**

———. *Theatrum orbis terrarum.* Antwerp, 1592. **1793**

———. *Parergon, sive veteris geograpiæ aligvot tabvlæ.* Antwerp, 1595. **1340**

———. *Utopiae typus.* Antwerp, 1595. **439**

———. *Geographia sacra.* Antwerp, 1598. **442**

———. *Theatrum orbis terrarium...The Theatre of the Whole World.* London: Iohn Norton, 1606. **535, 642**

———. *Abrahami Ortelii (geographi antverpiensis) et virorvm ervditorvm ad evndem et ad Jacobvm Colivm Ortelianvm . . . Epistvlae . . . (1524–1628).* Ed. Jan Hendrik Hessels. Ecclesiae Londino-Batavae Archivum, vol. 1. Cambridge, 1887. Reprinted Osnabrück: Otto Zeller, 1969. **604, 816, 867, 962, 1052, 1303, 1319, 1344, 1478, 1493, 1495, 1608, 1649, 1694, 1695**

———. *The Theatre of the Whole World: London, 1606.* Intro. R. A. Skelton. Amsterdam: Theatrum Orbis Terrarum, 1968. **642**

———. *Album amicorum.* Ed. Jean Puraye in collaboration with Marie Delcourt. Amsterdam: A. L. Gendt, 1969. **440, 1303**

Ortroy, Fernand van. "L'oeuvre géographique de Mercator." *Revue des Questions Scientifiques,* 2d ser., 2 (1892): 507–71, and 3 (1893): 556–82. **1298**

———. *Bibliographie de l'oeuvre de Pierre Apian.* Besançon: Jacquin, 1902. Reprinted Amsterdam: Meridian, 1963. **143, 1198**

———. *L'œuvre cartographique de Gérard et de Corneille de Jode.* Gand, 1914. Reprinted Meridian, 1963. **1300, 1371**

———. *Bibliographie sommaire de l'oeuvre Mercatorienne.* Paris, 1918–20. Reprinted as *Bibliographie de l'oeuvre Mercatorienne.* Amsterdam: Meridian, 1978. **1298**

———. *Bio-Bibliographie de Gemma Frisius.* 1920. Reprinted Amsterdam: Meridian, 1966. **143, 1297, 1344**

———. "Chrétien Sgrooten, cartographe, XVIe siècle." *Annales de l'Académie Royal d'Archéologie de Belgique* 71 (1923): 150–306. **1275, 1276**

Oruch, Jack B. "Topographical Description." In *The Spenser Encyclo-*

pedia, ed. A. C. Hamilton et al., 691–93. Toronto: University of Toronto Press, 1990. **413**

Osley, A. S. *Mercator: A Monograph on the Lettering of Maps, etc. in the 16th Century Netherlands with a Facsimile and Translation of His Treatise on the Italic Hand and a Translation of Ghim's* Vita Mercatoris. New York: Watson-Guptill; London: Faber and Faber, 1969. **156, 601, 1319, 1703**

———. "Calligraphy—An Aid to Cartography?" *Imago Mundi* 24 (1970): 63–75. **950**

Ost, Hans. "Studien zu Pietro da Cortonas Umbau von S. Maria della Pace." *Römisches Jahrbuch für Kunstgeschichte* 13 (1971): 231–85. **703**

O'Sullivan, William. "George Carew's Irish Maps." *Long Room (Bulletin of the Friends of the Library, Trinity College, Dublin)* 26–27 (1983): 15–25. **1672**

Oszczanowski, Piotr, and Jan Gromadzki, eds. *Theatrum Vitae et Mortis: Graphik, Zeichnung und Buchmalerei in Schlesien 1550–1650.* Trans. Rainer Sachs. Exhibition catalog. Wrocław: Muzeum Historyczne, 1995. **440**

Ottsen, Hendrick. *Journael oft Daghelijcx-register van de Voyagie na Rio de Plata.* 1601. **1407**

Outghersz., Jan. *Nievwe volmaeckte beschryvinghe der vervaerlijcker Strate Magellani . . .* Amsterdam: Zacharias Heyns, 1600. **1353**

Out of this World: The Golden Age of the Celestial Arts. Kansas City, Mo.: Linda Hall Library, ongoing, <http://www.lindahall.org/pubserv/hos/stars/>. **100**

Ovalle, Alonso de. *Historica relacion del reyno de Chile.* Rome: Por Francisco Cauallo, 1646. **1168**

Ovchinnikov, Redzhinal'd V. "Pis'ma A. E. Nordenshel'da v Russkoye geograficheskoye obshchestvo." *Skandinavskiy Sbornik* 4 (1959): 47–55. **1902**

Overschelde, A. D. van. "Leven en werken van kanunnik Antoon Sanders die zich Sanderus noemde." *Vlaamse Toeristische Bibliotheek* 27 (1964): 1–16. **1335**

Oviedo y Valdés, Gonzalo Fernández de. *See* Fernández de Oviedo, Gonzalo.

Owen, D. Huw. "Saxton's Proof Map of Wales." *Map Collector* 38 (1987): 24–25. **1700**

Oxford English Dictionary. 2d ed. 20 vols. Oxford: Clarendon, 1989. **56, 412, 523**

Ozanam, Jacques. *Méthode de lever les plans et les cartes de terre et de mer, avec toutes sortes d'instrumens, & sans instrumens.* Paris: Chez Estienne Michallet, 1693. **532**

Özen, Mine Esiner. *Pirî Reis and His Charts.* Istanbul: N. Refioğlu, 1998. **756**

Ozzola, Leandro. "Gli editori di stampe a Roma nei sec. XVI e XVII." *Repertorium für Kunstwissenschaft* 33 (1910): 400–411. **776**

Pace, Richard. *De fructu qui ex doctrina percipitur (The Benefit of a Liberal Education).* Ed. and trans. Frank Manley and Richard S. Sylvester. New York: For the Renaissance Society of America by Frederick Ungar Publishing, 1967. **625, 626**

Pacheco Pereira, Duarte. *Esmeraldo de situ orbis.* Ed. Raphael Eduardo de Azevedo Bato Lisbon: Imprensa Nacional, 1892. **1011**

———. *Esmeraldo de situ orbis.* Ed. and trans. George H. T. Kimble. London: Hakluyt Society, 1937. **1011**

———. *Esmeraldo de situ orbis.* 3d ed. Ed. Damião Peres. Lisbon: Academia Portuguesa da História, 1988. **343**

———. *Esmeraldo de situ orbis.* Ed. Joaquim Barradas de Carvalho. Lisbon: Fundação Calouste Gulbenkian, Serviço de Educação, 1991. **462, 979, 1008, 1011, 1012, 1028**

Pacioli, Luca. *Somma di aritmetica, geometria, proporzione e proporzionalità.* Venice: Paganinus de Paganinis, 1494. **71**

Padrón, Ricardo. *The Spacious Word: Cartography, Literature, and Empire in Early Modern Spain.* Chicago: University of Chicago Press, 2004. **407, 470, 472, 1760**

Pagani, Lelio. "Cristoforo Sorte, un cartografo veneto del Cinquecento e i suoi inediti topografici del territorio bergamasco." *Atti dell'Ateneo di Scienze Lettere ed Arti di Bergamo* 41 (1978–80): 399–425. **902**

———. "La tecnica cartografica di Cristoforo Sorte." *Geografica* 2 (1979): 83–92. **904**

Pagani, Valeria. "Documents on Antonio Salamanca." *Print Quarterly* 17 (2000). 148 55. **775**

Pagden, Anthony. *Lords of All the World: Ideologies of Empire in Spain, Britain and France, c. 1500–c. 1800.* New Haven: Yale University Press, 1995. **636**

Paladini Cuadrado, Angel. "La cartografía de los descubrimientos." *Boletín de la Real Sociedad Geográfica* 128 (1992): 61–152. **327**

———. "Contribución al estudio de la carta de Juan de la Cosa." *Revista de Historia Naval* 12, no. 47 (1994): 45–54. **749**

Palagiano, Cosimo. *Gli atlantini manoscritti del Regno di Napoli di Mario e di Paolo Cartaro.* Rome: Istituto di Geografia dell'Università, 1974. **964**

Palencia, Alfonso Fernández de. *Universal vocabulario en latín y en romance.* 2 vols. Madrid: Comisión Permanente de la Asociación de Academias de la Lengua Española, 1967. **470**

Paleotti, Gabriele. *De imaginibus sacris et profanis.* Ingolstadt: David Sartorius, 1544. In Italian, *Discorso intorno alle imagini sacre e profane.* Bologna, 1582. **640, 804, 805**

Palestra, Ambrogio. "Pievi, canonici e parrocchia nelle pergamene morimondesi." *Ambrosius* 32 (1956): 141–43. **904**

———. "L'origine e l'ordinamento della pieve in Lombardia." *Archivio Storico Lombardo,* 9th ser., 3 (1963): 359–98. **904**

———, ed. *Visite pastorali alle pievi milanesi (1423–1856),* vol. 1, *Inventario.* Florence: Monastero di Rosano, 1977. **904**

Pálffy, Géza. *Európa védelmében: Haditérképészet a Habsburg birodalom magyarországi határvidékén a 16–17. században.* Budapest: Magyar Honvédség Térképészeti Hivatala, 1999. **1843, 1847**

Palissy, Bernard. *De l'art de terre, de son utilité, des esmaux & du feu.* In *Œuvres complètes,* 2 vols., ed. Keith Cameron et al., under the direction of Marie-Madeleine Fragonard, 2:285–314. Mont-de-Marsan: Editions Interuniversitaires, 1996. **1523**

Palladio, Andrea. *I quattro libri dell'architettura.* 4 vols. Venice: Domenico de Franceschi, 1570. **97**

Palmén, E. G. "Simon van Salinghens karta öfver Norden, 1601." *Fennia* 31, no. 6 (1912): 1–10. **1793**

Palmer, Margaret. *The Mapping of Bermuda: A Bibliography of Printed Maps & Charts, 1548–1970.* 3d ed., rev. Ed. R. V. Tooley. London: Holland Press, 1983. **1770**

Palmieri, Matteo. *Libro della vita civile.* Florence: Heirs of Filippo Giunta, 1529. **5**

Palmquist, Eric. *Någre vidh Sidste Kongl: Ambassaden till Tzaren i Müskoü giorde Observationer ofver Rysslandh.* Stockholm, 1898. **1884**

Palmucci, Laura. "La formazione del cartografo nello stato assoluto: I cartogafi-agrimensori." In *Rappresentare uno stato: Carte e cartografi degli stati sabaudi dal XVI al XVIII secolo,* 2 vols., ed. Rinaldo Comba and Paola Sereno, 1:49–60. Turin: Allemandi, 2002. **853**

Palumbo-Fossati, Isabella. "L'interno della casa dell'artigiano e dell'artista nella Venezia del Cinquecento." *Studi Veneziani* 8 (1984): 109–53. **649, 796**

Pane, Giulio. "Napoli seicentesca nella veduta di A. Baratta." *Napoli nobilissima* 9 (1970): 118–59, and 12 (1973): 45–70. **958**

Pane, Giulio, and Vladimiro Valerio, eds. *La città di Napoli tra vedutismo e cartografia: Piante e vedute dal XV al XIX secolo.* Naples: Grimaldi, 1987. **958, 959, 968**

Panese, Francesco. "Sur les traces des taches solaires de Galilée: Disciplines scientifiques et disciplines du regard au XVIIe siècle." *Equinoxe: Revue des Sciences Humaines* 18 (1997): 103–23. **71**

Panicali, Roberto, and Franco Battistelli. *Rappresentazioni pittoriche, grafiche e cartografiche della città di Fano dalla seconda metà del XV secolo a tutto il XVIII secolo.* Fano: Cassa di Risparmio di Fano, 1977. **933, 936, 939**

Panofsky, Erwin. *Albrecht Dürer.* 2 vols. London: Humphrey Milford, 1945. **599**

———. *Early Netherlandish Painting: Its Origins and Character.* 2 vols. Cambridge: Harvard University Press, 1953. **409, 427**

———. *The Life and Art of Albrecht Dürer.* 4th ed. Princeton: Princeton University Press, 1955. **731**

———. *Meaning in the Visual Arts: Papers in and on Art History.* Garden City, N.Y.: Doubleday, 1955. **538**

———. *Renaissance and Renascences in Western Art.* 2 vols. Stockholm: Almquist and Wiksell, 1960. **427**

Panofsky, Erwin, and Fritz Saxl. "Classical Mythology in Mediaeval Art." *Metropolitan Museum Studies* 4 (1933): 228–80. **105**

Pansier, P. "Le traité de l'arpentage de Bertrand Boysset." *Annales d'Avignon et du Comtat Venaissan* 12 (1926): 5–36. **9**

Pansini, Giuseppe, ed. *Piante di popoli e strade: Capitani di parte guelfa, 1580–1595.* 2 vols. Florence: Olschki, 1989. **926**

Pápay, Gyula. "Ein berühmter Kartograph des 16. Jahrhunderts in Mecklenburg: Leben und Werk Tilemann Stellas (1525–1589)." In *Beiträge zur Kulturgeschichte Mecklenburgs aus Wissenschaft und Technik,* 17–24. Rostock: Wilhelm-Pieck-Universität Rostock, Sektion Geschichte, 1985. **503**

———. "Aufnahmemethodik und Kartierungsgenauigkeit der ersten Karte Mecklenburgs von Tilemann Stella (1525–1589) aus dem Jahre 1552 und sein Plan zur Kartierung der deutschen Länder." *Petermanns Geographische Mitteilungen* 132 (1988): 209–16. **503, 1213**

Papenbrock, Martin. *Landschaften des Exils: Gillis van Coninxloo und die Frankenthaler Maler.* Cologne: Böhlau, 2001. **446**

Papenfuse, Edward C., and Joseph M. Coale. *The Hammond-Harwood House Atlas of Historical Maps of Maryland, 1608–1908.* Baltimore: Johns Hopkins University Press, 1982. **1779**

———. *The Maryland State Archives Atlas of Historical Maps of Maryland, 1608–1908.* Rev. ed. Baltimore: Johns Hopkins University Press, 2003. **1779, 1780**

Parker, Geoffrey. *The Army of Flanders and the Spanish Road, 1567–1659: The Logistics of Spanish Victory and Defeat in the Low Countries' Wars.* Cambridge: Cambridge University Press, 1972. **724, 726, 1082**

———. *The Dutch Revolt.* Harmondsworth, Eng.: Penguin, 1977. Rev. ed. Harmondsworth: Penguin, 1985. **1174, 1619**

———. "Maps and Ministers: The Spanish Hapsburgs." In *Monarchs, Ministers, and Maps: The Emergence of Cartography as a Tool of Government in Early Modern Europe,* ed. David Buisseret, 124–52. Chicago: University of Chicago Press, 1992. **470, 1042, 1137, 1624**

———. "Philip II, Maps and Power." In *Success Is Never Final: Empire, War, and Faith in Early Modern Europe,* 96–121. New York: Basic Books, 2002. Also published as *Empire, War and Faith in Early Modern Europe.* London: Allen Lane, 2002. **666, 1624**

Parker, John. "A Fragment of a Fifteenth-Century Planisphere in the James Ford Bell Collection." *Imago Mundi* 19 (1965): 106–7. **313**

Parks, George Brunner. *Richard Hakluyt and the English Voyages.* 2d ed. Ed. James A. Williamson. New York: Frederick Ungar, 1961. **1761**

Parmentier, Jean, et al. *Discours de la navigation de Jean et Raoul Parmentier de Dieppe.* Ed. Charles Henri Auguste Schefer. Paris: E. Leroux, 1883. **1551**

Parodi Levera, Franca. "L''Historia geografica della Repubblica di Genova' di Ludovico della Spina da Mailly." *La Berio* 6, no. 3 (1966): 5–27. **863**

Parr, Edwin. "As influências holandesas na arquitectura militar em Portugal no século XVII: As cidades alentejanas." *Arquivo de Beja* 7–8 (1998): 177–90. **1055**

Parronchi, Alessandro. *Studi su la dolce prospettiva.* Milan: A. Martello, 1964. **335**

Parry, G. J. R. *A Protestant Vision: William Harrison and the Reformation of Elizabethan England.* Cambridge: Cambridge University Press, 1987. **71**

Parry, J. H. *The Age of Reconnaissance.* Cleveland: World, 1963. **19**

———. *The Discovery of the Sea.* New York: Dial, 1974. **20**

Parry, J. H., and Robert G. Keith, eds. *New Iberian World: A Documentary History of the Discovery and Settlement of Latin America to the Early 17th Century.* 5 vols. New York: Times Books, 1984. **1144**

Parshall, Peter W. "The Print Collection of Ferdinand, Archduke of Tyrol." *Jahrbuch der Kunsthistorischen Sammlungen in Wien* 78 (1982): 139–84. **650, 658**

Parsons, Edward John Samuel. *The Map of Great Britain circa A.D. 1360, Known as the Gough Map: An Introduction to the Facsimile.* Oxford: Printed for the Bodleian Library and the Royal Geographical Society by the University Press, 1958. **573, 1590, 1591**

Parsons, Edward John Samuel, and W. F. Morris. "Edward Wright and His Work." *Imago Mundi* 3 (1939): 61–71. **1312, 1734**

Partridge, Loren W. "Divinity and Dynasty at Caprarola: Perfect History in the Room of Farnese Deeds." *Art Bulletin* 60 (1978): 494–530. **679**

———. "The Room of Maps at Caprarola, 1573–75." *Art Bulletin* 77 (1995): 413–44. **111, 395, 396, 812, 815**

Paschini, Pio. "Le collezioni archeologiche dei prelati Grimani del Cinquecento." *Rendiconti della Pontificia Accademia Romana di Archeologia* 5 (1926–27): 149–90. **814**

Pasero, Carlo. "Giacomo Franco, editore, incisore e calcografo nei secoli XVI e XVII." *Bibliofilia* 37 (1935): 332–56. **790**

Passerat, Charles. *Étude sur les cartes des côtes de Poitou et de Saintonge antérieures aux levés du XIXe siècle.* Niort: Nouvelle G. Clouzot, 1910. **1497, 1530**

Pastor, Ludwig Freiherr von. *The History of the Popes, from the Close of the Middle Ages.* 40 vols. London: J. Hodges, 1891–1953. **397, 398, 399, 812, 823**

Pastoureau, Mireille. "Les Sanson: Cent ans de cartographie française (1630–1730)." Thesis, Université de Paris IV, 1982. **1497**

———. *Les atlas français, XVIe–XVIIe siècles: Répertoire bibliographique et étude.* Paris: Bibliothèque Nationale, Département des Cartes et Plans, 1984. **434, 529, 592, 594, 611, 673, 789, 1020, 1021, 1334, 1463, 1478, 1494, 1495, 1497, 1517, 1519, 1521, 1530, 1533, 1569, 1570, 1571, 1574, 1576, 1577, 1578, 1580, 1582, 1583, 1584, 1585, 1586, 1587, 1588**

———. "Contrefaçon et plagiat des cartes de géographie et des atlas français de la fin du XVIe au début du XVIIIe siècle." In *La contrefaçon du livre (XVIe–XIXe siècles),* ed. François Moureau, 275–302. Paris: Aux Amateurs de Livres, 1988. **1581**

———. "Entre Gaule et France, la 'Gallia.'" In *Gérard Mercator cosmographe: Le temps et l'espace,* ed. Marcel Watelet, 316–33. Antwerp: Fonds Mercator Paribas, 1994. In Dutch, "De kaarten van Frankrijk." In *Gerardus Mercator Rupelmundanus,* ed. Marcel Watelet, 316–33. Antwerp: Mercatorfonds, 1994. **1302, 1480**

Patlagean, Evelyne. "Storia dell'immaginario." In *La nuova storia,* 3d ed., ed. Jacques Le Goff, trans. Tukery Capra, 289–317. Milan: Mondadori, 1987. **940**

Patten, William. *The Expedicion into Scotla[n]de of the Most Woorthely Fortunate Prince Edwarde, Duke of Soomerset.* London: Richard Grafton, 1548. **1603, 1697**

Paulini, Giuseppe, and Girolamo Paulini. *Un codice veneziano del "1600" per le acque e le foreste.* Rome: Libreria dello Stato, 1934. **889**

Pavan, Gino, ed. *Palmanova: Fortezza d'Europa, 1593–1993.* Venice: Marsilio, 1993. **899**

Paviot, Jacques. "La mappamonde attribuée à Jan van Eyck par Fàcio: Une pièce à retirer du catalogue de son œuvre." *Revue des Archéologues et Historiens d'Art de Louvain* 24 (1991): 57–62. **139, 306**

———. "Ung mapmonde rond, en guise de pom(m)e: Ein Erdglobus von 1440–44, hergestellt fur Philipp den Guten, Herzog von Burgund." *Der Globusfreund* 43–44 (1995): 19–29. **139, 306**

Pavolini, Michele. Review of *L'ordine del mondo e la sua rappresentazione: Semiosi cartografica e autoreferenza,* by Emanuela Casti. *Rivista Geografica Italiana* 108 (2001): 145–46. **874**

Payne, Ann. "An Artistic Survey." In *The Anthony Roll of Henry VIII's Navy: Pepys Library 2991 and British Library Additional MS 22047 with Related Documents,* ed. C. S. Knighton and D. M. Loades, 20–27. Aldershot: Ashgate for the Navy Records Society in association with the British Library and Magdalene College, Cambridge, 2000. **1605**

Payne, Anthony. "'Strange, Remote and Farre Distant Countreys': The Travel Books of Richard Hakluyt." In *Journeys through the Market: Travel, Travellers, and the Book Trade,* ed. Robin Myers and Michael Harris, 1–37. Folkestone, Eng.: St. Paul's Bibliographies, 1999. **1761**

Peacham, Henry. *The Compleat Gentleman: Fashioning Him Absolute in the Most Necessary & Commendable Qualities concerning Minde or Bodie That May Be Required in a Noble Gentleman.* London: Francis Constable, 1622. **606, 625, 1616, 1630**

———. *The Compleat Gentleman: Fashioning Him Absolut in the Most Necessary and Commendable Qualities, concerning Minde or Body, That May Be Required in a Noble Gentleman.* London: Constable, 1634. **603**

———. *Peacham's Compleat Gentleman, 1634.* Intro. G. S. Gordon. Oxford: Clarendon, 1906. **628**

Pedersen, Olaf. "European Astronomy in the Middle Ages." In *Astronomy before the Telescope,* ed. Christopher Walker, 175–86. New York: St. Martin's, 1996. **101**

———. "Tradition and Innovation." In *A History of the University in Europe,* ed. Hilde de Ridder-Symoens, vol. 2, *Universities in Early Modern Europe (1500–1800),* 451–88. Cambridge: Cambridge University Press, 1996. **625, 631, 633**

———. *The First Universities:* Studium Generale *and the Origins of University Education in Europe.* Cambridge: Cambridge University Press, 1997. **149**

Pedley, Mary Sponberg. "The Map Trade in Paris, 1650–1825." *Imago Mundi* 33 (1981): 33–45. **1585**

———. *A Taste for Maps: Commerce and Cartography in Eighteenth-Century France and England.* Chicago: University of Chicago Press, 2005. **593**

Pedreschi, Luigi. *Una carta cinquecentesca del territorio lucchese.* Rome: Tecnica Grafica, 1954. **913**

Pedretti, Carlo. *Leonardo da Vinci: The Royal Palace at Romorantin.* Cambridge: Belknap Press of Harvard University Press, 1972. **1530**

Pée, Herbert. *Johann Heinrich Schönfeld: Die Gemälde.* Berlin: Deutscher Verlag für Kunstwissenschaft, 1971. **721**

Peiresc, Nicolas-Claude Fabri de. *Lettres.* 7 vols. Ed. Philippe Tamizey de Larroque. Paris: Imprimerie Nationale, 1888–98. **1474**

Pélicier, Paul, ed. *Lettres de Charles VIII, roi de France.* 5 vols. Paris: Renouard, 1898–1905. **724**

Pellecchia, Linda. "Designing the Via Laura Palace: Giuliano da Sangallo, the Medici, and Time." In *Lorenzo the Magnificent: Culture and Politics,* ed. Michael Mallett and Nicholas Mann, 37–63. London: Warburg Institute, University of London, 1996. **698**

Pellegrin, Elisabeth. *La bibliothèque des Visconti et des Sforza, ducs de Milan, au XVe siècle.* Paris: Service des Publications du C.N.R.S., 1955. **319**

Pellegrini, Giacomo Corna, and Elisa Bianchi, eds. *Varietà delle geografie: Limiti e forza della disciplina.* Milan: Cisalpino, Istituto Editoriale Universitario, 1992. **263**

Pelletier, Monique. "Peut-on encore affirmer que la BN possède la carte de Christophe Colomb?" *Revue de la Bibliothèque Nationale* 45 (1992): 22–25. **176, 1729**

———. "Les globes de Marly, chefs-d'œuvre de Coronelli." *Revue de la Bibliothèque Nationale* 47 (1993): 46–51. **73**

———. "Die herzförmigen Weltkarten von Oronce Fine." *Cartographica Helvetica* 12 (1995): 27–37. **1464, 1465**

———. "Les Pyrénées sur les cartes générales de France du XVe au XVIIIe siècle." *Bulletin du Comité Français de Cartographie* 146–47 (1995–96): 190–99. **1494**

———. "Des cartes pour communiquer: De la localisation des etapes, a la figuration du parcours 17e–18e siècles." In *La cartografía francesa,* 33–45. Barcelona: Institut Cartogràfic de Catalunya, 1996. **665**

———. "Les géographes et l'histoire, de la Renaissance au siècle des Lumières." In *Apologie pour la géographie: Mélanges offerts à Alice Saunier-Seïté,* ed. Jean-Robert Pitte, 145–56. Paris: Société de Géographie, 1997. **55**

———. "Cartography and Power in France during the Seventeenth and Eighteenth Centuries." *Cartographica* 35, nos. 3–4 (1998): 41–53. **667**

———. *Cartographie de la France et du monde de la Renaissance au siècle des Lumières.* Paris: Bibliothèque Nationale de France, 2001. **404, 430, 431**

———. "La cartographie de la France aux XVe et XVIe siècles: Entre passé, présent et future." *Le Monde des Cartes* 182 (2004): 7–22. **1480**

———. "Vision rapprochée des limites les cartes et 'figures' des XVe et XVIe siècles." *Le Monde des Cartes* 187 (2006): 15–25. **1522**

———, ed. *Géographie du monde au Moyen Âge et à la Renaissance.* Paris: Éditions du C.T.H.S., 1989. **6, 25, 263**

———, ed. *Couleurs de la terre: Des mappemondes médiévales aux images satellitales.* Paris: Seuil / Bibliothèque Nationale de France, 1998. **603**

Pellizzato, Michele, and Margherita Scattolin, eds. *Materiali per una bibliografia sulla Laguna e sul Golfo di Venezia.* Chioggia: Consorzio per lo Sviluppo della Pesca e dell'Aquicoltura del Veneto, 1982. **888**

Pelsaert, Francisco. *De geschriften van Francisco Pelsaert over Mughal Indië, 1627: Kroniek en remonstrantie.* Ed. D. H. A. Kolff and H. W. van Santen. The Hague: Nijhoff, 1979. **1445**

Peltonen, Markku. *Classical Humanism and Republicanism in English Political Thought, 1570–1640.* Cambridge: Cambridge University Press, 1995. **627**

Penna, Alberto. *Atlante del Ferrarese: Una raccolta cartografica dei Seicento.* Ed. Massimo Rossi. Modena: Panini, 1991. **939**

Pennington, Loren. "Samuel Purchas: His Reputation and the Uses of His Works." In *The Purchas Handbook: Studies of the Life, Times and Writings of Samuel Purchas, 1577–1626,* 2 vols., ed. Loren Pennington, 1:3–118. London: Hakluyt Society, 1997. **1724**

———, ed. *The Purchas Handbook: Studies of the Life, Times and Writings of Samuel Purchas, 1577–1626, with Bibliographies of His Books and of Works about Him.* 2 vols. London: The Hakluyt Society, 1997. **1722, 1767**

Penrose, Boies. *Travel and Discovery in the Renaissance, 1420–1620.* Cambridge: Harvard University Press, 1952. **459, 514**

Pepper, Simon, and Nicholas Adams. *Firearms & Fortifications: Military Architecture and Siege Warfare in Sixteenth-Century Siena.* Chicago: University of Chicago Press, 1986. **686, 723**

Pepys, Samuel. *The Diary of Samuel Pepys.* 10 vols. Ed. Robert Latham and William Matthews. Berkeley: University of California Press, 1970–83. **1742**

Pereda, Felipe, and Fernando Marías, eds. *El Atlas del rey planeta: La "Descripción de España y de las costas y puertos de sus reinos" de Pedro Texeira (1634).* Madrid: Nerea Editorial, 2002. **466, 667, 1044, 1085**

Pereira, Belmiro Fernandes. *As orações de obediência de Aquiles Estaço.* Coimbra: Instituto Nacional de Investagação Científica, 1991. **1039**

Pereira, Gabriel. "Importancia da cartographia portugueza." *Boletim da Sociedade de Geographia de Lisboa* 21 (1903): 443–50. **983, 1003**

Peres, Damião. "Política de sigilo." In *História da expansão portuguesa no mundo,* 3 vols., ed. António Baião, Hernâni Cidade, and Manuel Múrias, 2:17–21. Lisbon: Editorial Ática, 1937–40. **1005**

———. *História dos descobrimentos portugueses.* 2d ed. Coimbra: Edição do Autor, 1960. **983, 984**

———, ed. *Regimento das Cazas das Indias e Mina.* Coimbra: Faculdade de Letras da Universidade de Coimbra, Instituto de Estudos Historicos Dr. Antonio de Vasconcelos, 1947. **1004**

Perestrelo, Manuel de Mesquita. *Roteiro da África do Sul e Sueste, desde o Cabo da Boa Esperança até ao das Correntes (1576).* Anno. A. Fontoura da Costa. Lisbon: Agência Geral das Colónias, 1939. **1021**

Pérez, Antonio. *Norte de príncipes.* Madrid, 1788. **474**

Pérez de Valencia, Jaime. . . . *Expositiones in centum & quinquaginta psalmos dauidicos* . . . Paris: Gilles de Gourmont, 1521. **342**

Pérez-Mallaína Bueno, Pablo Emilio. "Los libros de náutica Españoles del siglo XVI y su influencia en el descubrimiento y conquista de los océanos." In *Ciencia, vida y espacio en Iberoamérica,* 3 vols., ed. José Luis Peset Reig, 3:457–84. Madrid: Consejo Superior de Investigaciones Científicas, 1989. **1101**

———. *Spain's Men of the Sea: Daily Life on the Indies Fleets in the Sixteenth Century.* Trans. Carla Rahn Phillips. Baltimore: Johns Hopkins University Press, 1998. **523, 527, 1132**

Perkins, P. *The Seaman's Tutor: Explaining Geometry, Cosmography and Trigonometry* . . . London, 1682. **1745**

Peschel, Oscar. *Geschichte der Erdkunde bis auf A. v. Humboldt und Carl Ritter.* Munich: Cotta, 1865. **1175**

Peters, Jeffrey N. "'Sçavoir la Carte': Allegorical Maps and the Cartographics of Culture in Seventeenth-Century France." Ph.D. diss., University of Michigan, 1996. **1579**

———. *Mapping Discord: Allegorical Cartography in Early Modern French Writing.* Newark: University of Delaware Press, 2004. **410, 428, 1579**

Peters, Rudolf. "Über die Geographie im Guerino Meschino des Andrea de' Magnabotti." *Romanische Forschungen* 22 (1908): 426–505. **298, 456**

Petersen, Lorenz. "Daniel Freses 'Landtafel' der Grafschaft Holstein (Pinneberg) aus dem Jahre 1588." *Zeitschrift der Gesellschaft für Schleswig-Holsteinische Geschichte* 70–71 (1943): 224–46. **1222**

Petrarca, Francesco. *Le cose volgari.* Ed. Pietro Bembo. Vinegia: Aldo Romano, 1501. **455**

———. *Le volgari opere del Petrarcha con la espositione di Alessandro Vellutello da Lucca.* Venice: Giovanni Antonio da Sabbio & Fratelli, 1525. **454, 455**

———. *Franz Petrarcas poetische Briefe.* Ed. and trans. Franz Friedersdorff. Halle: Max Niemeyer, 1903. **450**

———. *Letters of Old Age: Rerum senilium libri.* 2 vols. Trans. Aldo S. Bernardo, Saul Levin, and Reta A. Bernardo. Baltimore: Johns Hopkins University Press, 1992. **450**

Petrov, N. M. "Opyt vosstanovleniya plana Tomskogo goroda i ostroga nachala 17 v." *Trudy Tomskogo Oblastnogo Krayevedcheskogo Muzeya* 5 (1956): 59–78. **1902**

Petrucci, Armando. "Alle origini del libro moderno libri da banco, libri da bisaccia, libretti da mano." In *Libri, scrittura e pubblico nel Rinascimento: Guida storica e critica,* ed. Armando Petrucci, 137–56. Rome: Editori Laterza, 1979. **283**

———. *La scrittura: Ideologia e rappresentazione.* Turin: Einaudi, 1986. **950**

Petrucci, Gino Bargagli. "Le carte nautiche di Giulio Petrucci." *Bullettino Senese di Storia Patria* 13 (1906): 481–84. **229**

Petrulis, J. "Antanas Vydas and His Cartographic Works." In *Collected Papers for the XIX International Geographical Congress,* ed. Vytautas Gudelis, 39–52. Vilnius, 1960. **1854**

Petrzilka, Meret. *Die Karten des Laurent Fries von 1530 und 1531 und ihre Vorlage, die "Carta Marina" aus dem Jahre 1516 von Martin Waldseemüller.* Zurich: Neue Zürcher Zeitung, 1970. **351, 1207**

Pettegree, Andrew. *Foreign Protestant Communities in Sixteenth-Century London.* Oxford: Clarendon, 1986. **1697**

Peuerbach, Georg. *Tabulae Eclypsia Magistri Georgij Peurbachij.* Ed. Georg Tannstetter. Vienna, 1514. **1811**

———. *Quadratum geometricum.* Nuremberg, 1516. **1811**

Peyrot, Ada. *Torino nei secoli: Vedute e piante, feste e cerimonie nell'incisione dal Cinquecento all'Ottocento.* 2 vols. Turin: Tipografia Torinese Editrice, 1965. **851**

———. "Le immagini e gli artisti." In *Theatrum Sabaudiae (Teatro degli stati del Duca di Savoia),* 2 vols., ed. Luigi Firpo (1984–85), new ed., ed. Rosanna Roccia, 1:31–65. Turin: Archivio Storico della Città di Torino, 2000. **849**

Pezzini, Isabella. "Fra le carte: Letteratura e cartografia immaginaria." In *Cartographiques,* ed. Marie-Ange Brayer, 149–68. Paris: Réunion des Musées Nationaux, 1996. **410**

Pfinzing, Paul. *Methodus Geometrica, Das ist: Kurtzer wolgegründter unnd außführlicher Tractat von der Feldtrechnung und Messung.* 1598. Reprinted Neustadt an der Aisch: Verl. für Kunstreprod. Schmidt, 1994. **499, 500**

———. *Der Pfinzing-Atlas von 1594.* Ed. Staatsarchiv Nürnberg and Altnürnberger Landschaft. Nuremberg, 1994. **1241**

Pflederer, Richard L. *Catalogue of the Portolan Charts and Atlases in the British Library.* [U.S.A.]: By the author, 2001. **1748**

Philipp Eberhard, Duke of Cleve. *Instruction de toutes manieres de guerroyer, tant par terre que par mer* . . . Paris, 1558. **722**

Philips, Margaret Mann. *Erasmus and the Northern Renaissance.* London: English Universities Press, 1949. **1597**

Philips, Philip Lee. *A List of the Geographical Atlases in the Library of Congress.* 9 vols. Washington, D.C.: U.S. Government Printing Office, 1909–92. **1733**

Phillips, A. D. M. "The Seventeenth-Century Maps and Surveys of William Fowler." *Cartographic Journal* 17 (1980): 100–110. **717, 1644**

Phillips, John Goldsmith. *Early Florentine Designers and Engravers: A Comparative Analysis of Early Florentine Nielli, Intarsias, Drawings and Copperplate Engravings.* Cambridge: Harvard University Press, 1955. **774**

Phillips, William D., Mark D. Johnston, and Anne Marie Wolf. *Testimonies from the Columbian Lawsuits.* Turnhout: Brepols, 2000. **329**

Piacenza, Francesco. *L'egeo redivivo ò sia chorographia dell'arcipelago* . . . Modena: E. Soliani, 1688. **277**

Picatoste y Rodríguez, Felipe. *Apuntes para una biblioteca científica Española del siglo XVI.* 1891. Reprinted Madrid: Ollero y Ramos, 1999. **1073**

Piccolomini, Alessandro. *De la sfera del mondo* . . . *De le stelle fisse.* Venice, 1548. **141**

Piccolomini, Enea. "Ricerche intorno alle condizioni e alle vicende della Libreria Medicea Privata dal 1494 al 1508." *Archivio Storico Italiano* 21, ser. 3 (1876): 102–12 and 282–98. **319**

Pickles, John. "Texts, Hermeneutics and Propaganda Maps." In *Writing Worlds: Discourse, Text, and Metaphor in the Representation of Landscape*, ed. Trevor J. Barnes and James S. Duncan, 193–230. New York: Routledge, 1992. **425**

Pico della Mirandola, Giovanni. *On the Dignity of Man, On Being and the One, Heptaplus*. Trans. Charles Glen Wallis, Paul J. W. Miller, and Douglas Carmichael. Indianapolis: Bobbs-Merrill, 1965. 73

Piemontese, Alessio. *The Secretes of Maister Alexis of Piemont: By Hym Collected Out of Divers Excellent Aucthors*. Oxford: Atenai, 2000. **596, 605**

Pieri, Marzio. "Les Indes Farnesiennes: Sul poema colombiano di Tommaso Stigliani." In *Images of America and Columbus in Italian Literature*, ed. Albert N. Mancini and Dino S. Cervigni, 180–89. Chapel Hill: University of North Carolina, 1992. **459**

Piero della Francesca. *De prospectiva pingendi*. Ed. Giusta Nicco Fasola. Florence: Sansoni, 1942. **947**

Pierre de Maricourt (Petrus Peregrinus de Maricourt). *Opera: Epistula de magnete, Nova compositio astrolabii particularis*. Ed. Loris Sturlese and Ron B. Thomson. Pisa: Scuola Normale Superiore, 1995. **194**

Piersantelli, Giuseppe. *L'atlante di carte marine di Francesco Ghisolfi (MS. della Biblioteca universitaria di Genova) e la storia della pittura in Genova nel Cinquecento*. Genoa: Edizioni dc "L'Assicurazione e la Navigazione," 1947. **179, 215**

Piestrak, F. "Marcina Germana plany kopalni wielickiej z r. 1638 i 1648." *Czasopismo Techniczne* (1902): 1–31. **1797**

Pieters, Sophia, trans. *Instructions from the Governor-General and Council of India to the Governor of Ceylon, 1656 to 1665*. Colombo: H. C. Cottle, Govt. Printer, 1908. **1445**

Pietrangeli, Carlo. "Roma 1580." *Strenna dei Romanisti*, 1979, 457–68. **818**

———, ed. *Il Palazzo Apostolico Vaticano*. Florence: Nardini, 1992. **399, 812, 816**

Pigafetta, Antonio. *Magellan's Voyage around the World*. 3 vols. Ed. and trans. James Alexander Robertson. Cleveland: A. H. Clark, 1906. **758**

———. *Magellan's Voyage: A Narrative Account of the First Circumnavigation*. 2 vols. Trans. and ed. R. A. Skelton. New Haven: Yale University Press, 1969. **758**

———. *The First Voyage around the World (1519–1522): An Account of Magellan's Expedition*. Ed. T. J. Cachey. New York: Marsilio, 1995. **459**

———. *Relazione del primo viaggo attorno al mondo*. Ed. Andrea Canova. Padua: Antenore, 1999. **459**

Pignatti, Terisio. "Il Palazzo ducal: Pittura." In *Il Palazzo ducale di Venezia*, by Umberto Franzoi, Terisio Pignatti, and Wolfgang Wolters, 225–364. Treviso: Canova, 1990. **808, 814, 815**

Pillsbury, Edmund. "An Unknown Project for the Palazzo Vecchio Courtyard." *Mitteilungen des Kunsthistorischen Institutes in Florenz* 14 (1969): 57–66. Also published in *Palazzo Vecchio e i Medici: Guida storica*, by Ettore Allegri and Alessandro Cecchi, 277–82. Florence: Studio per Edizioni Scelte, 1980. **827**

Piloni, Luigi. *Carte geografiche della Sardegna*. 1974. Reprinted, with the addition of "Carte e cartografi della Sardegna" by Isabella Zedda Macciò, Cagliari: Edizioni della Torre, 1997. **854, 871, 872**

Pilz, Kurt. *600 Jahre Astronomie in Nürnberg*. Nuremberg: Carl, 1977. **1178, 1179, 1193, 1194, 1195, 1198, 1240**

Pimentel, Luís Serrão. *Methodo Lusitanico de desenhar as fortificaçoens das praças regulares & irregulares*. Lisbon: António Craesbeeck de Mello, 1680. **1053**

———. *Prática da arte de navegar*. 2d ed. Lisbon: Agência Geral do Ultramar, 1960. **1002**

Pimentel, Manuel. *Arte de navegar de Manuel Pimentel*. Ed. Armando Cortesão, Fernanda Aleixo, and Luís de Albuquerque. Lisbon: Junta de Investigações do Ultramar, 1969. **1002**

Pimpão, Alvaro Júlio da Costa. *A historiografia oficial e o siglio sôbre os descobrimentos*. Lisbon, 1938. **1005**

Pinargenti, Simon. *Isole che son da Venetia nella Dalmatia et per tutto l'arcipelago, fino à Costantinopoli, con le loro fortezze, e con le terre più notabili di Dalmatia*. Venice: Simon Pinargenti, 1573. **273**

Pinelli, Antonio. "Il '*bellissimo spaseggio*' di papa Gregorio XIII Boncompagni / The '*Belissimo Spaseggio*' of Pope Gregory XIII Boncompagni." In *La Galleria delle Carte Geografiche in Vaticano / The Gallery of Maps in the Vatican*, 3 vols., ed. Lucio Gambi and Antonio Pinelli, 1:9–71. Modena: Franco Cosimo Panini, 1994. **397**

———. "Sopra la terra, il cielo: Geografia, storia e teologia. Il Programma iconografico della volta / Above the Earth, the Heavens: Geography, History, and Theology. The Iconography of the Vault." In *La Galleria delle Carte Geografiche in Vaticano / The Gallery of Maps in the Vatican*, 3 vols., ed. Lucio Gambi and Antonio Pinelli, 1:125–54. Modena: Franco Cosimo Panini, 1994. **823**

———. "Geografia della fede: L'Italia della Controriforma unificata sulla carta." In *Cartographiques: Actes du Colloque de l'Académie de France à Rome, 19–20 mai 1995*, ed. Marie-Ange Brayer, 63–94. Paris: Réunion des Musées Nationaux, 1996. **823**

Pinet, Simone. "Archipelagoes: Insularity and Fiction in Medieval and Early Modern Spain." Ph.D. diss., Harvard University, 2002. **476**

Pinna, Mario. "Sulle carte nautiche prodotte a Livorno nei secoli XVI e XVII." *Rivista Geografica Italiana* 84 (1977): 279–314. **229, 230**

Pinot, Jean-Pierre. "Les origines de la carte incluse dans *L'Histoire de Bretagne* de Bertrand d'Argentré." *Kreiz* 1 (1992): 195–227. **1489**

———. "L'adaptation d'une carte à de nouveaux utilisateurs: La carte de Bretagne de Bertrand d'Argentré (1582)." In *L'œil du cartographe et la représentation géographique du Moyen Âge à nos jours*, under the direction of Catherine Bousquet-Bressolier, 223–31. Paris: Comité des Travaux Historiques et Scientifiques, 1995. **1489, 1490**

Pinto, John A. "Origins and Development of the Ichnographic City Plan." *Journal of the Society of Architectural Historians* 35 (1976): 35–50. **686, 1251, 1597, 1607**

Pistarino, Geo. "I Portoghesi verso l'*Asia* del Prete Gianni." *Studi Medievali* 2 (1961): 75–137. **328**

Pitz, Ernst. *Landeskulturtechnik, Markscheide- und Vermessungswesen im Herzogtum Braunschweig bis zum Ende des 18. Jahrhunderts*. Göttingen: Vandenhoeck und Ruprecht, 1967. **1208**

Pizzinini, Meinrad. *Tirol im Kartenbild bis 1800*. Innsbruck: Tiroler Landesmuseum Ferdinandeum, 1975. **1222**

Plaats, J. D. van der. "Overzicht van de graadmetingen in Nederland." *Tijdschrift voor Kadaster en Landmeetkunde* 5 (1889): 3–42. **1298**

Plak, Adriaan. "The Editions of the *Atlas Minor* until 1628." In *Theatrum Orbis Librorum: Liber Amicorum Presented to Nico Israel on the Occasion of His Seventieth Birthday*, ed. Ton Croiset van Uchelen, Koert van der Horst, and Günter Schilder, 57–77. Utrecht: HES, 1989. **1332**

Plancius, 1552–1622. Maritiem Museum "Prins Hendrik," exhibition catalog. Rotterdam, 1972. **1408**

Le plan de Lyon vers 1550. Lyons: Archives Municipales de Lyon, 1990. **1571**

The Planispheric Astrolabe. Greenwich: National Maritime Museum, 1979. **747**

Plant, Marjorie. *The English Book Trade: An Economic History of the Making and Sale of Books*. 3d ed. London: Allen and Unwin, 1974. **1693, 1714, 1717, 1718**

Plantin, Jean Baptiste. *Helvetia antiqua et nova*. Bern: G. Sonnleitner, 1656. **659**

Plietzsch, Eduard. *Die Frankenthaler Künstlerkolonie und Gillis van Coninxloo*. Leipzig: Seemann, 1910. 446

———. *Die Frankenthaler Maler: Ein Beitrag zur Entwickelungsgeschichte der niederländischen Landschaftsmalerei.* Leipzig: Seemann, 1910. Reprinted Soest: Davaco, 1972. **446**

Plihál, Katalin. "Egy 'ismeretlen' Wolfgang Lazius térkép." *Geodézia és Kartográfia* 41 (1989): 200–203. **1835**

———. "Lázár kéziratának sorsa a megtalálástól a megjelenésig." *Geodézia és Kartográfia* 42 (1990): 372–79. **1826**

———. "Hazánk ismeretlen térképe a XVI. század végéről." *Cartographica Hungarica* 3 (1993): 32–41. **1837**

Pliny the Elder. *Natural History.* 10 vols. Trans. H. Rackham et al. Cambridge: Harvard University Press, 1938–63. **677, 805, 951**

Plomer, Henry R. *A Short History of English Printing, 1476–1898.* London: Kegan Paul, Trench, Trübner, 1900. **1694**

Plutarch. *Vies, tome 1, Thésée, Romulus, Lycurgue, Numa.* 3d ed. Rev. and corr. Ed. and trans. Robert Flacelière, Emile Chambry, and Marcel Juneaux. Paris: Les Belles Lettres, 1993. **656**

Poelman, Huibert Antonie. "De kaart van Drente en Westerwolde door Corn. Pynacker d.a. 1634." *Nieuwe Drentsche Volksalmanak* 47 (1929): 44. **1271**

Poeschel, Johannes. "Das Märchen vom Schlaraffenlande." *Beiträge zur Geschichte der Deutschen Sprache und Literatur* 5 (1878): 389–427. **440**

Poggio Bracciolini. *Poggii Florentini oratoris et philosophi Opera.* Basel, 1538. **293, 294**

———. *Poggii epistolae.* 3 vols. Ed. Tommaso Tonelli. Florence: L. Marchini, 1832–61. **303**

———. *Lettere a Niccolò Niccoli.* Ed. Helene Harth. Florence: L. S. Olschki, 1984. **294**

———. *De varietate fortunae.* Ed. Outi Merisalo. Helsinki: Souomalainen Tiedeakatemia, 1993. **310**

Pognon, Edmond. "Les plus anciens plans de villes gravés et les événements militaires." *Imago Mundi* 22 (1968): 13–19. **733**

Pohl, Frederick Julius. "The Pesaro Map, 1505." *Imago Mundi* 7 (1950): 82–83. **1110**

Poirier, Jean. "Ethnologie diachronique et histoire culturelle." In *Ethnologie générale,* under the direction of Jean Poirier, 1444–60. Paris: Gallimard, 1968. **833**

Poleggi, Ennio. *Strada Nuova: Una lottizzazione del Cinquecento a Genova.* Genoa: Sagep, 1972. **699**

———. *Iconografia di Genova e delle riviere.* Genoa: Sagep, 1977. **854, 855, 856, 857**

Poleggi, Ennio, and Paolo Cevini. *Genova.* Bari: Laterza, 1981. **864**

Polevoy, Boris P. "K istorii formirovaniya geograficheskikh predstavleniy o severo-vostochnoy okonechnosti Azii v XVII veke (Izvestiya o 'kamennoy pregrade': Vozniknoveniye i metamorfoza legendy o 'neobkhodimom nose')." *Sibirskiy Geograficheskiy Sbornik* 3 (1964): 224–70. **1883**

———. "O podlinnike 'Chertëzhnoy knigi Sibiri' S. U. Remezova 1701 g: Oproverzheniye versii o 'rumyantsevskoy kopi.'" *Doklady Instituta Geografii Sibiri i Dal'nego Vostoka,* issue 7 (1964): 65–71. **1891**

———. "Gipoteza o 'Godunovskom' atlase Sibiri 1667 g." *Izvestiya Akademii Nauk SSSR, Seriya Geograficheskaya,* 1966, no. 4, 123–32. **1875**

———. "Novoye o 'Bol'shom chertëzhe.'" *Izvestiya Akademii Nauk SSSR, Seriya Geograficheskaya,* 1967, no. 6, 121–30. **1865**

———. "Geograficheskiye chertëzhi posol'stva N. G. Spafariya." *Izvestiya Akademii Nauk SSSR, Seriya Geograficheskaya,* 1969, no. 1, 115–24. **1880**

———. "Sushchestvovala li vtoraya 'Khorograficheskaya kniga' S. U. Remezova?" *Izvestiya Sibirskogo Otdeleniya Akademii Nauk, Seriya Obshchestvennykh Nauk* 1 (1969): 68–73. **1888**

Pollak, Martha D. *Turin, 1564–1680: Urban Design, Military Culture, and the Creation of the Absolutist Capital.* Chicago: University of Chicago Press, 1991. **845**

Pollard, Alfred W. "The Regulation of the Book Trade in the Sixteenth Century." *Library,* 3d ser., 7 (1916): 18–43. **1714**

———. "The Unity of John Norden: Surveyor and Religious Writer." *Library,* 4th ser., 7 (1926–27): 233–52. **1705**

———. *Fine Books.* New York: Cooper Square, 1964. **543, 550**

Pollard, Alfred W., and G. R. Redgrave, comps. *A Short-Title Catalogue of Books Printed in England, Scotland, & Ireland and of English Books Printed Abroad, 1475–1640.* 2d ed. Rev. and enl. 3 vols. London: Bibliographical Society, 1976–91. **1693**

Pollard, Graham. "The English Market for Printed Books: The Sandars Lectures, 1959." *Publishing History* 4 (1978): 7–48. **1718**

Pollard, Graham, and Albert Ehrman. *The Distribution of Books by Catalogue from the Invention of Printing to A.D. 1800: Based on Materials in the Broxbourne Library.* Cambridge: Roxburghe Club, 1965. **1718**

Polman, Pontien. *L'élément historique dans la controverse religieuse du XVIe siècle.* Gembluox: J. Duculot, 1932. **395**

Polo, Marco. *Libro de Marco Polo.* Trans. Juan Fernández de Heredia. Ed. Juan Manuel Cacho Blecua. Zaragoza: Universidad de Zaragoza, 2003. **470**

Pomian, Krzysztof. *Collectionneurs, amateurs et curieux, Paris, Venise: XVIe–XVIIIe siècle.* Paris: Gallimard, 1987. In English, *Collectors and Curiosities: Paris and Venice, 1500–1800.* Trans. Elizabeth Wiles-Portier. Cambridge, Eng.: Polity Press, 1990. **277, 648**

———. *Des saintes reliques à l'art moderne: Venise-Chicago, XIIIe–XXe siècle.* Paris: Gallimard, 2003. **648**

Pomodoro, Giovanni. *Geometria prattica.* Rome: Giovanni Martinelli, 1603. **486**

Pont, Timothy. *Topographical Account of the District of Cunningham, Ayrshire, Compiled about the Year 1600.* Ed. John Fullarton. Glasgow, 1858. **1690**

———. *Cuninghame, Topographized by Timothy Pont, A.M., 1604–1608, with Continuations and Illustrative Notices by the Late James Dobie of Crummock, F.S.A. Scot.* Ed. John Shedden Dobie. Glasgow: John Tweed, 1876. **1687**

Pontanus, Johannes Isacius. *Historische beschrijvinghe der seer wijt beroemde coop-stadt Amsterdam.* Amsterdam: Ghedruckt by Iudocum Hondium, 1614. **1278**

Pontieri, Ernesto. "Venezia e il conflitto tra Innocenzo VIII e Ferrante I d'Aragona." *Archivio Storico per le Province Napoletane,* 3d ser., 5–6 (1966–67): 1–272. **952**

———. "Aragonesi di Spagna e aragonesi di Napoli nell'Italia del Quattrocento." In *IX Congresso di Storia della Corona d'Aragona, Napoli, 11–15 aprile 1973, sul tema La Corona d'Aragona e il Mediterraneo: Aspetti e problemi comuni, da Alfonso il Magnanimo a Ferdinando il Cattolico (1416–1516),* 4 vols., 1:3–24. Naples: Società Napoletana di Storia Patria, 1978–84. **941**

Poortman, Wilco C., and Joost Augusteijn. *Kaarten in Bijbels (16e–18e eeuw).* Zoetermeer: Boekencentrum, 1995. **442, 1311**

Popham, A. E. "Georg Hoefnagel and the Civitates Orbis Terrarum." *Maso Finiguerra* 1 (1936): 183–201. **1334**

Popkin, Richard H. "Theories of Knowledge." In *The Cambridge History of Renaissance Philosophy,* ed. Charles B. Schmitt et al., 668–84. Cambridge: Cambridge University Press, 1988. **74**

Popov, A., ed. *Izbornik slavyanskikh i russkikh socheneniy i statey, vnesënnykh v khronografy russkoy redaktsii.* Moscow, 1869. **1885**

Porcacchi, Tommaso. *L'isole piv famose del mondo descritte da Thomaso Porcacchi da Castiglione Arretino e intagliate da Girolamo Porro Padovano . . .* Venice: S. Galignani and Girolamo Porro, 1572. **272, 460**

———. *Funerali antichi di diversi popoli et nationi . . .* Venice: [Simon Galignani de Karera], 1574. **281**

———. *L'isole piv famose del mondo.* Venice, 1576. **272**

Pörnbacher, Hans. *Literatur in Bayerisch Schwaben: Von der althochdeutschen Zeit bis zur Gegenwart.* Exhibition catalog. Weissenhorn: A. H. Konrad, 1979. **447, 448**

Porter, Roy. "The Terraqueous Globe." In *The Ferment of Knowledge,* ed. G. S. Rousseau and Roy Porter, 285–324. Cambridge: Cambridge University Press, 1980. **622**

Portoghesi, Paolo. *Roma del Rinascimento.* 2 vols. Milan: Electa, 1971. **702**

Portuondo, Maria. "Secret Science: Spanish Cosmography and the New World, 1570–1611." Ph.D. diss., Johns Hopkins University, 2005. **1107**

Possevino, Antonius. *Moscovia, et alia opera.* Cologne, 1595. **1837**

Postel, Guillaume. *Signorum coelestium vera configuratio aut asterismus* . . . Paris: Jerome de Gourmont, 1553. **114**

Postma, C. *De kaart van het Hoogheemraadschap van Delfland door Floris Balthasars, 1611.* Alphen aan den Rijn: Canaletto, 1972. **1292, 1294**

———. *Kaart van Delfland 1712.* Alphen aan den Rijn: Canaletto, 1977. **1268**

———. *De kaart van het Hoogheemraadschap van Delfland van 1606 geschilderd door de landmeter Mathijs de Been van Wena.* Alphen aan den Rijn: Canaletto, 1978. **1267**

Postnikov, A. V. *Razvitie krupnomasshtabnoy kartografii v Rossii.* Moscow: "Nauka," 1989. **1862**

———. "Russian Cartographic Treasures of the Newberry Library." *Mapline* 61–62 (1991): 6–8. **1858**

———. *Russia in Maps: A History of the Geographical Study and Cartography of the Country.* Moscow: Nash Dom–L'Age d'Homme, 1996. **1862, 1875**

———. "Outline of the History of Russian Cartography." In *Regions: A Prism to View the Slavic-Eurasian World: Towards a Discipline of "Regionology,"* ed. Kimitaka Matsuzato, 1–49. Sapporo: Slavic Research Center, Hokkaido University, 2000. **1857, 1858**

Potocki, Jan. *Mémoire sur un nouveau peryple du Pont Euxin.* Vienne: M. A. Schmidt, 1796. **1808**

Poulle, Emmanuel. *La bibliothèque scientifique d'un imprimeur humaniste au XV*^{e} *siècle: Catalogue des manuscrits d'Arnaud de Bruxelles à la Bibliothèque nationale de Paris.* Geneva: Droz, 1963. **326**

———. *Un constructeur d'instruments astronomiques au XV*^{e} *siècle Jean Fusoris.* Paris: Librairie H. Champion, 1963. **306**

———. *Les instruments de la théorie des planètes selon Ptolémée: Équatoires et horlogerie planétaire du XIII*^{e} *au XVI*^{e} *siècle.* 2 vols. Geneva: Droz, 1980. **1464**

———. "Un atelier parisien de construction d'instruments scientifiques au XV^{c} siècle." In *Hommes et travail du métal dans les villes médiévales: Actes de la Table Ronde La Métallurgie Urbaine dans la France Médievale,* ed. Paul Benoit and Denis Cailleaux, 61–68. Paris: A.E.D.E.H., 1988. **306**

Pouls, H. C. *De landmeter: Inleiding in de geschiedenis van de Nederlandse landmeetkunde van de Romeinse tot de Franse tijd.* Alphen aan den Rijn: Canaletto/Repro-Holland, 1997. **1177, 1253, 1254, 1255, 1267, 1274, 1286, 1287, 1298**

Poulter, Richard. *The Pathway to Perfect Sayling.* London: E. Allde for I. Tappe, 1605. **1739**

Pounds, Norman John Greville. *An Historical Geography of Europe, 1500–1840.* Cambridge: Cambridge University Press, 1979. **710**

———. *An Economic History of Medieval Europe.* 2d ed. London: Longman, 1994. **577**

Pozzi, Mario, ed. *Il mondo nuovo di Amerigo Vespucci: Scritti vespucciani e paravespucciani.* 2d ed. Alesandria: Edizioni dell'Orso, 1993. **331**

Prag um 1600: Kunst und Kultur am Hofe Kaiser Rudolfs II. 2 vols. Exhibition catalog. Freren: Luca, 1988. **142, 155, 167, 168, 173, 1237**

Prätorius, Johannes. *Compendosia enarratio hypothesium Nicolai Copernici.* 1594. **65**

Pratt, Kenneth J. "Rome as Eternal." *Journal of the History of Ideas* 26 (1965): 25–44. **396**

Praz, Mario. *Il Palazzo Farnese di Caprarola.* Torino: SEAT, 1981. **679**

Préaud, Maxime, et al. *Dictionnaire des éditeurs d'estampes à Paris sous l'Ancien Régime.* Paris: Promodis, 1987. **1476, 1572, 1574, 1577, 1583, 1584**

Preobrazhenskiy, A. A. "Remezovskiy chertëzh goroda Kungura (istochniko-vedcheskaya harakteristika)." In *Istoricheskaya geografiya Rossii XVIII v.,* pt. 2, 114–26. Moscow, 1981. **1893, 1902**

Pressenda, Paola. "Le carte del Piemonte di Giacomo Gastaldi." In *Imago Italiae: La fabrica dell'Italia nella storia della cartografia tra Medioevo ed età moderna. Realtà, immagine ed immaginazione,* ed. Luciano Lago, 321–26. Trieste, 2003. **832, 833**

Prévost, Abbé. *Histoire générale des voyages.* 25 vols. La Haye: P. de Hondt, 1747–80. **1002**

Price, Derek J. de Solla. "Medieval Land Surveying and Topographical Maps." *Geographical Journal* 121 (1955): 1–10. **9, 706**

———. "Philosophical Mechanism and Mechanical Philosophy: Some Notes towards a Philosophy of Scientific Instruments." *Annali dell'Istituto e Museo di Storia della Scienza di Firenze* 5 (1980): 75–85. **747**

Price, Edward T. *Dividing the Land: Early American Beginnings of Our Private Property Mosaic.* Chicago: University of Chicago Press, 1995. **1774**

Principe, Ilario, et al., eds. *Il progetto del disegno: Città e territori italiani nell'Archivo General di Simancas.* Reggio Calabria: Casa del Libro, 1982. **938, 941**

Prins, Harald E. L. "Children of Gluskap: Wabanaki Indians on the Eve of the European Invasion." In *American Beginnings: Exploration, Culture, and Cartography in the Land of Norumbega,* ed. Emerson W. Baker et al., 95–117. Lincoln: University of Nebraska Press, 1994. **744**

Prinsep, James. "Note on the Nautical Instruments of the Arabs." In *Instructions nautiques et routiers arabes et portugais des XV*^{e} *et XVI*^{e} *siècles,* 3 vols., trans. and anno. Gabriel Ferrand, 3:1–24. Paris: Librarie Orientaliste Paul Geuthner, 1921–28. **515**

Pritchard, Margaret Beck. "A Selection of Maps from the Colonial Williamsburg Collection." In *Degrees of Latitude: Mapping Colonial America,* by Margaret Beck Pritchard and Henry G. Taliaferro, 54–311. New York: Henry N. Abrams, for the Colonial Williamsburg Foundation, 2002. **1772**

Prodi, Paolo. *Il sovrano pontefice.* Bologna: Il Mulino, 1982. **824**

———. *The Papal Prince: One Body and Two Souls. The Papal Monarchy in Early Modern Europe.* Trans. Susan Haskins. Cambridge: Cambridge University Press, 1987. **399**

Prokhorov, Gelian Mikhailovich. *Entsiklopediia russkogo igumena XIV–XV vv.* St. Petersburg: Idz-vo "Olega Abyshoko," 2003. **1863**

Promis, Carlo. *Gl'ingegneri militari che operarono o scrissero in Piemonte dall'anno MCCC all'anno MDCL.* 1871. Reprinted Bologna: Forni, 1973. **842, 844, 847**

Prontera, Francesco. "Insel." In *Reallexikon für Antike und Christentum,* ed. Theodor Klauser et al., 18:311–28. Stuttgart: Hiersemann, 1950–. **264**

———. "Géographie et mythes dans l''Isolario' des Grecs." In *Géographie du monde au Moyen Âge et à la Renaissance,* ed. Monique Pelletier, 169–79. Paris: Éditions du C.T.H.S., 1989. **264**

Prosperi, Adriano. "New Heaven and New Earth: Prophecy and Propaganda at the Time of the Discovery and Conquest of the Americas." In *Prophetic Rome in the High Renaissance Period,* ed. Marjorie Reeves, 279–303. Oxford: Clarendon, 1992. **386**

Proust-Perrault, Josette. "Claude Chastillon, ingénieur et topographe du Roi (v. 1559–1616): Notice biographique et étude de sa bibliothèque parisienne." *Cahiers de la Rotonde* 19 (1998): 115–44. **1506**

Provero, L. "Territorio e poteri nel Piemonte medievale: La nascita dei villaggi." Convegno su Orientamenti sulla ricerca per la storia locale, Cuneo. Unpublished manuscript, n.d. **835**

Prozorovskiy, D. "O razmerakh Bol'shogo chertëzha." *Izvestiya Russkogo Arkheologicheskogo Obshchestva* 2 (1882): 118–30. **1864**

Pryor, John H. *Geography, Technology, and War: Studies in the Maritime History of the Mediterranean, 649–1571.* Cambridge: Cambridge University Press, 1988. **174**

Ptaśnik, Jan, ed. *Cracovia Impressorum XV et XVI saeculorum.* Leopoli: Sumptibus Instituti Ossoliniani, 1922. **1817**

Ptolemy, Claudius. *Cosmographia.* Ulm, 1482. Facsimile edition. Bibliographical note by R. A. Skelton. Amsterdam: Theatrum Orbis Terrarum, 1963. **1181, 1194**

———. *Quadripartitum: Centiloquium cum commento Hali.* Venice: Erhard Ratdolt, 1484. **78**

———. *Geographia.* Strasbourg, 1513. Facsimile edition. Intro. R. A. Skelton. Amsterdam: Theatrum Orbis Terrarum, 1966. **1206, 1207, 1249**

———. *Noua translatio primi libri Geographiæ . . .* Ed. and trans. Johannes Werner. In *In hoc opere haec continentur,* by Johannes Werner. Nuremberg, 1514. **341, 367**

———. *Geographia.* Basel, 1540. Facsimile edition. Bibliographical note by R. A. Skelton. Amsterdam: Theatrum Orbis Terrarum, 1966. **1212**

———. *Omnia, quae extant opera, geographia excepta.* Basel: Henrich Petri, 1541. **113**

———. *Geographia universalis.* Basel, 1545. **562**

———. *La geografia.* Venice, 1548. **832**

———. *La geografia di Claudio Tolomeo, Alessandrino: Nuouemente tradotta di Greco in Italiano.* Trans. Girolamo Ruscelli. Venice: Vincenzo Valgrisi, 1561. **92, 451**

———. *Tabulae geographicae: Cl. Ptolemei admentem autoris restitutae et emendate.* Ed. Gerardus Mercator. Cologne: G. Kempen, 1578. **17, 659**

———. *Ptolemaeus, Geographia, libri octo.* Cologne, 1584. **103**

———. *Geographiae universae.* Venice: Heirs of Simon Galignani, 1596. Reprinted 1616. **791**

———. *Claudii Ptolemaei Geographia.* 2 vols. Ed. Karl Müller. Paris: A. Firmin Didot, 1883–1901. **295**

———. *The Geography.* Trans. and ed. Edward Luther Stevenson. 1932. Reprinted New York: Dover, 1991. **139, 382**

———. *Tetrabiblos.* Ed. and trans. Frank Egleston Robbins. 1940. Reprinted Cambridge: Harvard University Press, 1964. **153, 154**

———. *Ptolemy's Almagest.* Trans. and anno. G. J. Toomer. 1984. Princeton: Princeton University Press, 1998. **945**

Puente y Olea, Manuel de la. *Estudios españoles: Los trabajos geográficos de la Casa de Contratación.* Seville: Escuela Tipográfica y Librería Salesianas, 1900. **1105, 1107**

Pulido Rubio, José. *El piloto mayor de la Casa de la Contratación de Sevilla: Pilotos mayores del siglo XVI (datos biográficos).* Seville: Tip. Zarzuela, 1923. **754**

———. *El piloto mayor de la Casa de la Contratación de Sevilla: Pilotos mayores, catedraticos de cosmografía y cosmógrafos.* Seville, 1950. **1096, 1100, 1101, 1104, 1105, 1107, 1110, 1118, 1120, 1122, 1123, 1130, 1131, 1134, 1135**

Pullapilly, Cyriac K. *Caesar Baronius: Counter-Reformation Historian.* Notre Dame: University of Notre Dame Press, 1975. **395**

Pullé, Francesco L. "La cartografia antica dell'India: Parte III, Il secolo delle scoperte." *Studi Italiani di Filologia Indo-Iranica* 10 (1932): 1–182. **784**

Puppi, Lionello. "Appunti in margine all'immagine di Padova e suo territorio secondo alcuni documenti della cartografia tra '400 e '500." In *Dopo Mantegna: Arte a Padova e nel territorio nei secoli XV e XVI,* 163–65. Milan: Electa, 1976. **897**

———. *Michele Sanmicheli architetto: Opera completa.* Rome: Caliban, 1986. **899**

———, ed. *Alvise Cornaro e il suo tempo.* Exhibition catalog. Padua: Comune di Padova, 1980. **897**

Puppi, Loredana Olivato, and Lionello Puppi. "Venezia *veduta* da Francesco Squarcione nel 1465." In *Per Maria Cionini Visani: Scritti di amici,* 29–32. Venice, 1977. **897**

Purchas, Samuel. *Haklvytvs Posthumus; or, Pvrchas His Pilgrimes.* 4 vols. London: F. Fetherston, 1625. **1767, 1768, 1774**

———. *Pvrchas His Pilgrimes, in Five Bookes.* 4 vols. London: Printed by William Stansby for Henrie Fetherstone, 1625. **1015**

———. *Hakluytus Posthumus; or, Purchas His Pilgrimes: Contayning a History of the World in Sea Voyages and Lande Travells by Englishmen and Others.* 20 vols. Glasgow: James MacLehose, 1905–7. **1002, 1726, 1735, 1744**

Purinton, Nancy. "Materials and Techniques Used for Eighteenth-Century English Printed Maps." In *Dear Print Fan: A Festschrift for Marjorie B. Cohn,* ed. Craigen Bowen, Susan Dackerman, and Elizabeth Mansfield, 257–61. Cambridge: Harvard University Art Museums, 2001. **604**

Puttenham, George. *The Arte of English Poesie.* Ed. Baxter Hathaway. [Kent, Ohio]: Kent State University Press, 1970. **424**

Pyrard de Laval, François. *Discours du voyage des François aux Indes orientales.* Paris: Chez David le Clerc, 1611. **1019**

Quad, Matthias. *Teutscher Nation Herligkeit: Ein aussfuhrliche Beschreibung des gegenwertigen, alten, und uhralten Standts Germaniae.* Cölln am Rhein: Wilhelm Lutzenkirchens, 1609. **1307**

———. *Geographisch Handtbuch, Cologne 1600.* Facsimile edition. Intro. Wilhelm Bonacker. Amsterdam: Theatrum Orbis Terrarum, 1969. **1235**

Quaini, Massimo. "Il golfo di Vado nella più antica rappresentazione cartografica." *Bollettino Ligustico* 23 (1971): 27–44. **858**

———. "Per la storia del paesaggio agrario in Ligurio." *Atti della Società Ligure di Storia Patria,* n.s. 12, no. 2 (1972): 201–360. **864**

———. "L'Italia dei cartografi." In *Storia d'Italia,* 6 vols., 6:3–49. Turin: Einaudi, 1972–76. **940**

———. "I viaggi della carta." In *Cosmografi e cartografi nell'età moderna,* 7–22. Genoa: Istituto di Storia Moderna e Contemporanea, 1980. Republished with some additions as "Fortuna della cartografia." *Erodoto* 5–6 (1982): 132–46. **940**

———. "Per la storia della cartografia a Genova e in Liguria: Formazione e ruolo degli ingegneri-geografi nella vita della Repubblica (1656–1717)." *Atti della Società Ligure di Storia Patria,* n.s. 24, no. 1 (1984): 217–66. **865, 868**

———. "Dalla cartografia del potere al potere della cartografia." In *Carte e cartografi in Liguria,* ed. Massimo Quaini, 7–60. Genoa: Sagep, 1986. **860, 863, 864, 1091**

———. "Le forme della Terra." *Rassegna* 32, no. 4 (1987): 62–73. **865**

———. "Il 'luogo cartografico': Spazio disciplinare o labirinto storiografico?" In *Atti della Giornata di Studio Su: "Problemi e Metodi nello Studio della Rappresentazione Ambientale," Parma, 22 marzo 1986,* ed. Pietro Zanlari, 49–55. Parma: Istituto di Architettura e Disegno, Facoltà di Ingegneria, Università degli Studi di Parma, 1987. **940**

———. "La cartografia a grande scala: Dall'astronomo al topografo militare." In *L'Europa delle carte: Dal XV al XIX secolo, autoritratti di un Continente,* ed. Marica Milanesi, 36–41. Milan: Mazzotta, 1990. **881**

———. "Il fantastico nella cartografia fra medioevo ed età moderna."

Atti della Società Ligure di Storia Patria, n.s. 32, no. 2 (1992): 313–43. **857**

———. "L'età dell'evidenza cartografica: Una nuova visione del mondo fra Cinquecento e Seicento." In *Cristoforo Colombo e l'apertura degli spazi: Mostra storico-cartografica*, 2 vols., ed. Guglielmo Cavallo, 2:781–812. Rome: Istituto Poligrafico e Zecca dello Stato, Libreria dello Stato, 1992. **854**

———. "Ingegneri e cartografi nella Corsica genovese fra Seicento e Settecento." In *Corsica: Immagine e cartografia*, by Anna Maria Salone and Fausto Amalberti, 27–41. Genoa: Sagep, 1992. **867, 868**

———. "L'immaginario geografico medievale, il viaggio di scoperta e l'universo concettuale del grande viaggio di Colombo." *Columbeis* 5 (1993): 257–70. **330**

———, ed. *La conoscenza del territorio ligure fra medio evo ed età moderna*. Genoa: Sagep, 1981. **858**

———, ed. *Carte e cartografi in Liguria*. Genoa: Sagep, 1986. **854**

Quaritch, Bernard. *The "Speculum Romanae Magnificentiae" of Antonio Lafreri: A Monument of the Renaissance Together with a Description of a Bertelli Collection of Maps*. London: Strangeway and Sons, [1925?]. **788**

Quarles, Francis. *Emblemes*. London, 1635. **96**

Quatro séculos de imagens da cartografia portuguesa = Four Centuries of Images from Portuguese Cartography. 2d ed. Lisbon: Comissão Nacional de Geografia, Centro de Estudos Geográficos da Universidade de Lisboa, and Instituto Geográfico do Exército, 1999. **976**

Quednau, Rolf. *Die Sala di Costantino im Vatikanischen Palast: Zur Dekoration der beiden Medici-Päpste Leo X. und Clemens VII*. Hildesheim: Georg Olms, 1979. **399, 823**

Quevedo, Francisco de. *Juguetes de la niñez*. Madrid, 1631. **474**

———. *Obras festivas*. Ed. Pablo Jaural de Pou. Madrid: Editorial Castalia, 1981. **474**

———. *Poesía original completa*. Ed. José Manuel Blecua. Barcelona: Planeta, 1996. **473**

———. *Historia de la vida del buscón*. Ed. Américo Castro. Paris and New York: T. Nelson and Sons, [n.d.]. **474**

Quicchelberg, Samuel. *Inscriptiones vel tituli theatri amplissimi, complectentis rerum universitatis singulas materias et imagines eximias . . .* Munich: Adam Berg, 1565. **651, 826**

Quinlan-McGrath, Mary. "Caprarola's Sala della Cosmografia." *Renaissance Quarterly* 50 (1997): 1045–1100. **812, 815**

Quinn, David B. "Sir Thomas Smith (1513–1577) and the Beginnings of English Colonial Theory." *Proceedings of the American Philosophical Society* 89 (1945): 543–60. **1678**

———. *Raleigh and the British Empire*. London: Hodder and Stoughton for the English Universities Press, 1947. **1761**

———. "Simão Fernandes, a Portuguese Pilot in the English Service, circa 1573–1588." In *Actas* (Congresso International de Historia dos Descobrimentos), 6 vols., 3:449–65. Lisbon: Comissão Executiva das Comemoracões do V Centenário da Morte do Infante D. Henrique, 1961. **1730**

———. "A List of Books Purchased for the Virginia Company." *Virginia Magazine for History and Biography* 77 (1969): 347–60. **1766**

———. *England and the Discovery of America, 1481–1620, From the Bristol Voyages of the Fifteenth Century to the Pilgrim Settlement at Plymouth: The Exploration, Exploitation, and Trial-and-Error Colonization of North America by the English*. London: Alfred A. Knopf, 1974. **1610, 1729, 1756, 1765**

———. *Explorers and Colonies: America, 1500–1625*. London: Hambledon, 1990. **1757, 1761**

———. "The Early Cartography of Maine in the Setting of Early European Exploration of New England and the Maritimes." In *American Beginnings: Exploration, Culture, and Cartography in the Land of Norumbega*, ed. Emerson W. Baker et al., 37–59. Lincoln: University of Nebraska Press, 1994. **749**

———. *Sir Francis Drake as Seen by His Contemporaries*. Providence, R.I.: John Carter Brown Library, 1996. **1761**

———. "Columbus and the North: England, Iceland, and Ireland." In *European Approaches to North America, 1450–1640*, by David B. Quinn, 18–40. Aldershot: Ashgate, 1998. **1729**

———. "Thomas Harriot and the Problem of America." In *Thomas Harriot: An Elizabethan Man of Science*, ed. Robert Fox, 9–27. Ashgate: Aldershot, 2000. **1765**

———, ed. *The Voyages and Colonising Enterprises of Sir Humphrey Gilbert*. 2 vols. London: Hakluyt Society, 1940. **742, 1758, 1761**

———, ed. *The Roanoke Voyages, 1584–1590: Documents to Illustrate the English Voyages to North America under the Patent Granted to Walter Raleigh in 1584*. 2 vols. London: Hakluyt Society, 1955. **1761, 1765**

———, ed. *The Last Voyage of Thomas Cavendish, 1591–1592: The Autograph Manuscript of His Own Account of the Voyage . . .* Chicago: University of Chicago Press, 1973. **1757**

———, ed. *The Hakluyt Handbook*. 2 vols. London: Hakluyt Society, 1974. **1723, 1754, 1756, 1761**

———, ed. *New American World: A Documentary History of North America to 1612*. 5 vols. New York: Arno Press, 1979. **537, 741, 744, 1727, 1729, 1755, 1757, 1758, 1761, 1763, 1765, 1769, 1771, 1772**

Quinn, David B., and Alison M. Quinn. "A Hakluyt Chronology." In *The Hakluyt Handbook*, ed. David B. Quinn, 2 vols., 1:263–331. London: Hakluyt Society, 1974. **1758, 1762**

———, eds. *The English New England Voyages, 1602–1608*. London: Hakluyt Society, 1983. **753, 1768, 1769, 1771**

Quinn, David B., and A. N. Ryan. *England's Sea Empire, 1550–1642*. London: George Allen and Unwin, 1983. **1757**

Quint, David. "The Boat of Romance and Renaissance Epic." In *Romance: Generic Transformation from Chrétien de Troyes to Cervantes*, ed. Kevin Brownlee and Marina Scordilis Brownlee, 178–202. Hanover, N.H.: Published for Dartmouth College by the University Press of New England, 1985. **459**

Quintus Bosz, A. J. A. *Drie eeuwen grondpolitiek in Suriname: Een historische studie van de achtergrond en de ontwikkeling van de Surinaamse rechten op de grond*. Assen: Van Gorcum, 1954. **1446**

Quirino, Carlos. *Philippine Cartography (1320–1898)*. Rev. ed. Amsterdam: N. Israel, 1963. **1170**

Quondam, Amedeo. "(De)scrivere la terra: Il discorso geografico da Tolomeo all'Atlante." In *Culture et société en Italie du Moyen-âge à la Renaissance: Hommage à André Rochon*, 11–35. Paris: Université de la Sorbonne Nouvelle, 1985. **451, 452**

Rabe, Horst. *Deutsche Geschichte, 1500–1600: Das Jahrhundert der Glaubensspaltung*. Munich: C. H. Beck, 1991. **1172**

Rabelais, François. *Œuvres complètes*. New ed. Ed. Mireille Huchon. Paris: Gallimard, 1994. **435**

Råberg, Marianne. *Visioner och verklighet*. 2 vols. Stockholm: Kommittén för Stockholmsforskning Allmänna Förlaget i distribution, 1987. **1796, 1799**

Radulet, Carmen M. "As viagens de descobrimento de Diogo Cão: Nova proposta de interpretação." *Mare Liberum* 1 (1990): 175–204. **984**

Radziwill, Nicholas Christopher. *Hierosolymitana peregrinatio . . .* Braunsberg: Georgium Schönfels, 1601. **1840**

Raeder, Hans, Elis Strömgren, and Bengt Strömgren, eds. and trans. *Tycho Brahe's Description of His Instruments and Scientific Work as Given in* Astronomiae Instauratae Mechanica *(Wandesburgi 1598)*. Copenhagen: I Kommission hos Ejnar Munksgaard, 1946. **1790**

Raemdonck, Jean van. *Gérard Mercator: Sa vie et ses œuvres*. St. Nicolas: Dalschaert-Praet, 1869. **1229, 1298**

———. "Les sphères terrestre et céleste de Gérard Mercator." *Annales du Cercle Archéologique du Pays de Waas* 5 (1872–75): 259–324. Reprinted in *Les sphères terrestre & céleste de Gérard Mercator, 1541 et 1551: Reproductions anastatiques des fuseaux originaux gravés par Gérard Mercator et conservés à la Bibliothèque royale à Bruxelles*. Preface by Antoine De Smet. Brussels: Editions Culture et Civilisations, 1968. **160, 162, 163, 173**

———. "Relations commerciales entre Gérard Mercator et Christophe Plantin à Anvers." *Bulletin de la Société de Géographie d'Anvers* 4 (1879): 327–66. **1299**

———. *De groote kaart van Vlaanderen vervaardigd in 1540 door Geeraard Mercator / La grande carte de Flandre dressée en 1540 par Gérard Mercator*. Antwerp: Wed. De Backer, 1882. **1261**

———. *Orbis imago: Mappemonde de Gérard Mercator de 1538*. Saint-Nicolas: J. Edom, 1886. Extract from *Annales du Cercle Archéologique du Pays de Waas* 10 (1886): 301–93. **1299**

Ragone, Giuseppe. "Umanesimo e 'filologia geografica': Ciriaco d'Ancona sulle orme di Pomponio Mela." *Geographia Antiqua* 3–4 (1994–95): 109–85. **310**

Rainero, Romain. "Observations sur l'activité cartographique de Giacomo Gastaldi (Venise XVIe siècle)." Paper presented at the Ninth International Conference on the History of Cartography, Pisa/Florence/Rome, Italy, June 1981. **781**

———. "Attualità ed importanza dell'attività di Giacomo Gastaldi 'cosmografo piemontese.'" *Bollettino della Società per gli Studi Storici, Archeologici ed Artistici della Provincia Cuneo* 86 (1982): 5–13. **842**

Raisz, Erwin. "Time Charts of Historical Cartography." *Imago Mundi* 2 (1937): 9–15. **1903**

———. *General Cartography*. New York: McGraw-Hill, 1938. **537, 539**

Ralegh, Walter. *The Discouerie of the Large, Rich, and Bevvtiful Empire of Guiana: With a Relation of the Great and Golden Citie of Manoa (which the Spanyards call El Dorado)*. London: Robert Robinson, 1596. **1767**

———. *The Discovery of the Large, Rich, and Beautiful Empire of Guiana* . . . Ed. Robert H. Schomburgk. London: Printed for the Hakluyt Society, 1848. **1767**

———. *Sir Walter Ralegh's Discovery of Guiana*. Ed. Joyce Lorimer. Burlington, Ver.: Ashgate, 2006. **1767**

Ralph, Elizabeth. "Bristol, circa 1480." In *Local Maps and Plans from Medieval England*, ed. R. A. Skelton and P. D. A. Harvey, 309–16. Oxford: Clarendon, 1986. **1593**

Raman, Shankar. "Can't Buy Me Love: Money, Gender, and Colonialism in Donne's Erotic Verse." *Criticism* 43 (2001): 135–68. **416**

———. *Framing "India": The Colonial Imaginary in Early Modern Culture*. Stanford: Stanford University Press, 2001. **419**

Ramos Pérez, Demetrio. "La expansión Californiana." In *Historia general de España y América*, vol. 9.2, *América en el siglo XVII: Evolución de los reinos indianos*, 2d ed., ed. Demetrio Ramos Pérez and Guillermo Lohmann Villena, 79–127. Madrid: Ediciones Rialp, S.A., [1990]. **1154**

Ramos Pérez, Demetrio, et al. *El Consejo de las Indias en el siglo XVI*. [Valladolid]: Universidad de Valladolid, Secretariado de Publicaciones, 1970. **1096**

Ramus, Petrus. *Dialectique de Pierre de La Ramée*. Paris: A. Wechel, 1555. **647, 656**

Ramusio, Giovanni Battista. *Delle navigationi et viaggi*. 3 vols. Venice: Giunti, 1550–59. **632**

———. *Primo volume, & seconda editione delle navigationi et viaggi*. 2d ed. Venice: Nelle stamperia de Givnti, 1554. **1027**

———. *Navigationi et viaggi: Venice 1563–1606*. 3 vols. Ed. R. A. Skelton and George Bruner Parkes. Amsterdam: Theatrum Orbis Terrarum, 1967–70. **758**

———. *Navigazioni e viaggi*. 4 vols. Ed. Marica Milanesi. Turin: G. Einaudi, 1978–83. **345, 783**

Randier, Jean. *Marine Navigation Instruments*. Trans. John E. Powell. London: John Murray, 1980. **515**

Randles, W. G. L. *L'image du sud-est Africain dans la littérature européenne au XVIe siècle*. Lisbon: Centro de Estudos Históricos Ultramarinos, 1959. **1025**

———. "Modèles et obstacles épistémologiques: Aristote, Lactance et Ptolémée à l'époque des découvertes." In *L'humanisme portugais et l'Europe: Actes du XXIe Colloque International d'Études Humanistes*, 437–43. Paris: Fondation Calouste Gulbenkian, 1984. **327, 342**

———. "From the Mediterranean Portulan Chart to the Marine World Chart of the Great Discoveries: The Crisis in Cartography in the Sixteenth Century." *Imago Mundi* 40 (1988): 115–18. **519**

———. "De la carte-portulane méditerranéenne à la carte marine du monde des grandes découvertes: La crise de la cartographie au XVIe siècle." In *Géographie du monde au Moyen Âge et à la Renaissance*, ed. Monique Pelletier, 125–31. Paris: Éditions du C.T.H.S., 1989. **174, 194**

———. "The Alleged Nautical School Founded in the Fifteenth Century at Sagres by Prince Henry of Portugal, Called the 'Navigator.'" *Imago Mundi* 45 (1993): 20–28. **514, 1003**

———. "Classical Models of World Geography and Their Transformation Following the Discovery of America." In *The Classical Tradition and the Americas*, ed. Wolfgang Haase and Meyer Reinhold, vol. 1, *European Images of the Americas and the Classical Tradition*, 2 pts., pt. 1, 5–76. New York: W. de Gruyter, 1994. **327, 366**

———. *Geography, Cartography and Nautical Science in the Renaissance: The Impact of the Great Discoveries*. Aldershot: Ashgate, 2000. **6**

Randolph, Thomas. *Poems with the Muses Looking-Glasse, and Amyntas*. Oxford, 1638. **1661**

Rangger, Lukas. "Matthias Burgklehner: Beiträge zur Biographie und Untersuchung zu seinen historischen und kartographischen Arbeiten." *Forschungen und Mitteilungen zur Geschichte Tirols und Vorarlbergs* 3 (1906): 185–221. **1241**

Ransome, D. R. "The Early Tudors." In *The History of the King's Works*, by Howard Montagu Colvin et al., 6 vols., 3:1–53. London: Her Majesty's Stationery Office, 1963–82. **1602**

Rastawiecki, Edward. *Mappografia dawnej Polski*. Warsaw: S. Orgelbranda, 1846. **1808**

Rastell, John. *The Pastyme of People: The Cronycles of Dyuers Realmys and Most Specyally of the Realme of Englond* . . . [London: J. Rastell, 1530?]. **1696**

Rathborne, Aaron. *The Surveyor*. London: W. Stansby for W. Burre, 1616. **1645**

Ratti, Antonio. "A Lost Map of Fra Mauro Found in a Sixteenth Century Copy." *Imago Mundi* 40 (1988): 77–85. **217, 316**

Rau, Virgínia. "Um grande mercador-banqueiro italiano em Portugal: Lucas Giraldi." *Estudos Italianos em Portugal* 24 (1965): 3–35. **1017**

———. "Bartolomeo di Iacopo di ser Vanni mercador-banqueiro florentino 'estante' em Lisboa nos meados do século XV." *Do Tempo e da História* 4 (1971): 97–117. **319**

Ravenhill, Mary R. "Sir William Courten and Mark Peirce's Map of Coullompton of 1633." In *Devon Documents in Honour of Mrs Margery Rowe*, ed. Todd Gray, xix–xxiii. Tiverton: Devon and Cornwall Notes and Queries, 1996. **1662**

Ravenhill, Mary R., and Margery M. Rowe, eds. *Devon Maps and Map-Makers: Manuscript Maps before 1840*. 2 vols. Exeter: Devon and Cornwall Record Society, 2002. **1594**

Ravenhill, W. L. D. "'As to Its Position in Respect to the Heavens.'" *Imago Mundi* 28 (1976): 79–93. **506**

———. "Christopher Saxton's Surveying: An Enigma." In *English Map-Making, 1500–1650: Historical Essays,* ed. Sarah Tyacke, 112–19. London: British Library, 1983. **1628**

———. "The Plottes of Morden Mylles, Cuttell (Cotehele)." *Devon and Cornwall Notes and Queries* 35 (1984): 165–74 and 182–83. **1639**

———. "Mapping a United Kingdom." *History Today* 35 (October 1985): 27–33. **1607**

———. "Compass Points: Bird's-Eye View and Bird's-Flight View." *Map Collector* 35 (1986): 36–37. **1650**

———. "Maps for the Landlord." In *Tales from the Map Room: Fact and Fiction about Maps and Their Makers,* ed. Peter Barber and Christopher Board, 96–97. London: BBC Books, 1993. **1638**

Ravenhill, W. L. D., and Margery Rowe. "A Decorated Screen Map of Exeter Based on John Hooker's Map of 1587." In *Tudor and Stuart Devon: The Common Estate and Government,* ed. Todd Gray, Margery M. Rowe, and Audrey M. Erskine, 1–12. Exeter: University of Exeter Press, 1992. **1649, 1656**

Ravenstein, Ernest George. *Martin Behaim: His Life and His Globe.* London: George Philip and Son, 1908. **160, 173, 983, 1006, 1193**

Raynaud, Dominique. *L'hypothèse d'Oxford: Essai sur les origines de la perspective.* Paris: Presses Universitaires de France, 1998. **337**

Read, Conyers. *Mr. Secretary Walsingham and the Policy of Queen Elizabeth.* 3 vols. Oxford: Clarendon, 1925. **1607, 1615, 1631**

Reaves, Gibson, and Carlo Pedretti. "Leonardo da Vinci's Drawings of the Surface Features of the Moon." *Journal for the History of Astronomy* 18 (1987): 55–58. **125**

Recorde (Record), Robert. *The Castle of Knowledge.* London: R. Wolfe, 1556. **137**

Reddaway, T. F., and Alwyn A. Ruddock. "The Accounts of John Balsall, Purser of the *Trinity of Bristol,* 1480–1." *Camden Miscellany* 23 (1969): 1–28. **1727**

Redig de Campos, D. *I Palazzi Vaticani.* Bologna: Cappelli, 1967. **812, 816**

Redon, Odile. *L'espace d'une cité: Sienne et le pays siennois (XIIIe–XIVe siècles).* Rome: École Française de Rome, 1994. **27, 50**

Reeves, Eileen. "John Donne and the Oblique Course." *Renaissance Studies* 7 (1993): 168–83. **416**

———. "Reading Maps." *Word & Image* 9 (1993): 51–65. **67, 69, 70, 87, 416, 423**

———. *Painting the Heavens: Art and Science in the Age of Galileo.* Princeton: Princeton University Press, 1997. **56, 59, 70, 71**

Reeves, Marjorie. "A Note on Prophecy and the Sack of Rome (1527)." In *Prophetic Rome in the High Renaissance Period,* ed. Marjorie Reeves, 271–78. Oxford: Clarendon, 1992. **396**

Regiomontanus, Johannes. *Hec opera fient in oppido Nuremberga Germanie ductu Iannis de Monteregio.* Nuremberg, 1474. **340**

———. *De triangulis omnimodis libri quinque.* Nuremberg, 1533. **170**

———. "Ioannis de Monteregio, Georgii Peverbachii, Bernardi Waltheri, ac aliorum, eclipsium, cometarum, planetarum ac fixarum obseruationes." In *Joannis Regiomontani: Opera collectanea,* ed. Felix Schmeidler, 645–60. Osnabrück: Zeller, 1972. **338**

———. "Judicium super nativitate imperatricis Leonorae, uxoris imperatoris Friderici III." In *Joannis Regiomontani: Opera collectanea,* ed. Felix Schmeidler, 1–33. Osnabrück: Zeller, 1972. **338**

Regiomontanus, Johannes, et al. *Scripta clarissimi mathematici M. Ioannis Regiomontani, de Torqueto . . .* Nuremberg, 1544. Reprinted Frankfurt am Main: Minerva, 1976. **495**

Rego, António da Silva. *Documentação para a história das missões do padroado português do Oriente.* 12 vols. Lisbon: Divisão de Publicações e Biblioteca, Agência Geral das Colónias, 1947–58. **1017**

Reich, Karin. "Andreas Schöner: Gnomonice," In *450 Jahre Copernicus "De revolutionibus": Astronomische und mathematische Bücher aus Schweinfurter Bibliotheken,* ed. Uwe Müller, 264–65. 1993. Reprinted Schweinfurt: Stadtarchiv Schweinfurt, 1998. **490**

Reich, Ulrich. "Johann Scheubel (1494–1570): Geometer, Algebraiker und Kartograph." In *Der "mathematicus": Zur Entwicklung und Bedeutung einer neuen Berufsgruppe in der Zeit Gerhard Mercators,* ed. Irmgard Hantsche, 151–82. Bochum: Brockmeyer, 1996. **1191**

———. "Johann Scheubel (1494–1570), Wegbereiter der Algebra in Europa." In *Rechenmeister und Cossisten der frühen Neuzeit,* ed. Rainer Gebhardt, 173–90. Freiberg: Technische Universität Bergakademie Freiberg, 1996. **501**

Reichel, Daniel. "L'art de la guerre à la fin du XVe siècle: Analyse de quelques procédés de combat utilisés par les suisses." In *Milano nell'età di Ludovico il Moro: Atti del Convegno Internazionale, 28 febbraio–4 marzo 1983,* 2 vols., 1:187–94. Milan: Comune di Milano, Archivio Storico Civico e Biblioteca Trivulziana, 1983. **724**

Reimão, Gaspar Ferreira. *Roteiro da navegação e carreira da India.* 2d ed. 1612. Lisbon: Agência Geral das Colonias, 1940. **1021**

Reinhard, Walter. *Zur Entwickelung des Kartenbildes der Britischen Inseln bis auf Merkators Karte vom Jahre 1564.* Zschopau: Druck von F. A. Raschke, 1909. **1675**

Reinhold, Erasmus. *Prutenicae tabulae coelestium motuum.* Tübingen, 1551. **489**

———. *Bericht vom Feldmessen und vom Markscheiden.* Erfurt, 1574. **485**

Reinsch, Diether Roderich. *Mehmet II. erobert Konstantinopel: Die ersten Regierungsjahre des Sultans Mehmet Fatih, des Eroberers von Konstantinopel 1453. Das Geschichtswerk des Kritobulos von Imbros.* Graz: Styria, 1986. **337**

Reis, António Estácio dos. "The Oldest Existing Globe in Portugal." *Der Globusfreund* 38–39 (1990): 57–65. **165, 173**

———. "Old Globes in Portugal." *Boletim da Biblioteca da Universidade de Coimbra* 42 (1994): 281–98. **975**

———. "O problema da determinação da longitude no Tratado de Tordesilhas." *Mare Liberum* 8 (1994): 19–32. **1108**

Reisch, Gregor. *Margarita philosophica.* Reprint of the 1517 Basel edition. Düsseldorf: Stern, 1973. **1203**

Reitinger, Franz. "'Kampf um Rom': Von der Befreiung sinnorientierten Denkens im kartographischen Raum am Beispiel einer Weltkarte des Papismus aus der Zeit der französischen Religionskriege." In *Utopie: Gesellschaftsformen, Künstlerträume,* ed. Götz Pochat and Brigitte Wagner, 100–140. Graz: Akademische Druck- u. Verlagsanstalt, 1996. **390, 440**

———. "Die Konstruktion anderer Welten." In *Wunschmaschine, Welterfindung: Eine Geschichte der Technikvisionen seit dem 18. Jahrhundert,* ed. Brigitte Felderer, exhibition catalog, 145–66. Vienna: Springer, 1996. **439, 453**

———. "Discovering the Moral World: Early Forms of Map Allegory." *Mercator's World* 4, no. 4 (1999): 24–31. **438**

———. "Mapping Relationships: Allegory, Gender and the Cartographical Image in Eighteenth-Century France and England." *Imago Mundi* 51 (1999): 106–30. **1579**

———. "Wie 'akkurat' ist unser Wissen über Homanns 'Utopiae Tabula'?" Paper presented at the 11. Kartographiehistorisches Colloquium, Nuremberg, 19–21 September 2002. **438**

———. *Kleiner Atlas der österreichischen Gemütlichkeit.* Klagenfurt: Ritter, 2003. **440**

———. "Bribery not War." In *The Map Book,* ed. Peter Barber, 164–65. London: Weidenfeld & Nicholson, 2005. **1356**

———. "The Persuasiveness of Cartography: Michel Le Nobletz (1577–1652) and the School of Le Conquet (France)." *Cartographica* 40, no. 3 (2005): 79–103. **1579**

———, ed. *Johann Andreas Schnebelins Erklärung der Wunderselzamen Land-Charten UTOPIÆ aus dem Jahr 1694 [Das neu entdeckte Schlarraffenland].* New ed. Bad Langensalza: Rockstuhl, 2004. **438**

Reitzenstein, Alexander Freiherr von. *Die alte bairische Stadt in den Modellen des Drechslermeisters Jakob Sandtner, gefertigt in den Jahren 1568–1574 im Auftrag Herzog Albrechts V. von Bayern.* Munich: Georg D. W. Callwey, 1967. **489**

Rekers, B. *Benito Arias Montano (1527–1598).* London: Warburg Institute, University of London, 1972. **1082**

Relaño, Francesc. "Uma linha no mapa e dois mundos: A visão ibérica do Orbe na época de Tordesilhas." *Vértice,* 2d ser., 63 (1994): 36–44. **993**

———. "Against Ptolemy: The Significance of the Lopes-Pigafetta Map of Africa." *Imago Mundi* 47 (1995): 49–66. **1028**

———. "The Idea of Africa within Myth and Reality: Cosmographic Discourse and Cartographic Science in the Late Middle Ages and Early Modern Europe." Ph.D. diss., European University Institute, Florence, 1997. **1009**

———. *La emergencia de Africa como continente: Un nuevo mundo a partir del viejo.* Lleida, [Spain]: Edicions de la Universitat de Lleida, 2000. **1007**

———. *The Shaping of Africa: Cosmographic Discourse and Cartographic Science in Late Medieval and Early Modern Europe.* Aldershot: Ashgate, 2002. **41, 1025**

A Relation Apertaining to the Iland of Ree . . . with the Manner of the Siege Now Laid vnto It by the Duke of Buckingham . . . Delineated by a Well Experienced Fortificator, and an Eye Witnesse. London: Nathaniel Butter, 1627. **1666**

Remezov, Semyon U. *Chertëzhnaya kniga Sibiri, sostavlennaya tobol'skim synom boyarskim Semënom Remzovym v 1701 g.* (St. Petersburg, 1882). **1886**

———. *The Atlas of Siberia by Semyon U. Remezov.* Intro. Leo Bagrow. The Hague: Mouton, 1958. **1880, 1886, 1890, 1893, 1903**

———. *Chertëzhnaya kniga Sibiri.* 2 vols. Moscow: Federal'naia sluzhba geodezii i kartografii Rossii, 2003. **1885**

Renaud, Henri. *Saint Gilles, Croix-de-Vie et environs.* New ed. Croix-de-Vie, 1937. **1530**

Reparaz Ruiz, Gonzalo de. *"Maestre Jacome de Malhorca," cartógrafo do Infante.* [Coimbra]: Coimbra Editora, 1930. **979**

———. "La cartographie terrestre dans la Péninsule Ibérique au XVIe et au XVIIe siècle et l'œuvre des cartographes portugais en Espagne." *Revue Géographique des Pyrénées et du Sud-Ouest* 11 (1940): 167–202. **1042**

———. "Une carte topographique du Portugal au seizième siècle." In *Mélanges d'études portugaises offerts à Georges Le Gentil,* 271–315. Lisbon: Instituto para a Alta Cultura, 1949. **1042**

———. "The Topographical Maps of Portugal and Spain in the 16th Century." *Imago Mundi* 7 (1950): 75–82. **507, 1083**

———. *España, la tierra, el hombre, el arte.* 2 vols. Barcelona: A. Martín, 1954–55. **1042**

Resende, André de. *Libri quatuor de antiqvitatibvs Lvsitaniae.* Evora, 1593. **1035**

———. *As antiguidades de Lusitânia.* Ed. Raul Miguel Rosado Fernandes. Lisbon: Fundação Calouste Gulbenkian, 1996. **1035**

Resende, Garcia de. *Miscellanea e variedade de historias, costumes, casos, e cousas que em seu tempo aconteceram* [1554]. Coimbra: França Amado, 1917. **463**

———. *Cancioneiro Geral de Garcia de Resende.* Ed. Cristina Almeida Ribeiro. Lisbon: Editorial Comunicação, 1991. **462, 463**

Resende, Maria Teresa, ed. *Cartografia impressa dos séculos XVI e XVII: Imagens de Portugal e ilhas atlânticas.* Exhibition catalog. Porto: Câmara Municipal do Porto and CNCDP, 1994. **976, 1041**

Revelli, Paolo. *I codici ambrosiani di contenuto geografico.* Milan: Luigi Alfieri, 1929. **318**

———. "Cimeli cartografici di archivi di stato italiani distrutti dalla guerra." *Notizie degli Archivi di Stato* 9 (1949): 1–3. **177**

———, ed. *Cristoforo Colombo e la scuola cartografica genovese.* 3 vols. Genoa: Stabilimenti Italiani Arti Grafiche, 1937. **179, 190, 215, 216, 236**

Rey, Louis. "The Evangelization of the Arctic in the Middle Ages: Gardar, the 'Diocese of Ice.'" In *Unveiling the Arctic,* ed. Louis Rey, 324–33. Fairbanks: University of Alaska Press for the Arctic Institute of North America, 1984. **1784**

———, ed. *Unveiling the Arctic.* Fairbanks: University of Alaska Press for the Arctic Institute of North America, 1984. **1782**

Rey Pastor, Julio, and Ernesto García Camarero. *La cartografía mallorquina.* Madrid: Departamento de Historia y Filosofía de la Ciencia, "Instituto Luis Vives," Consejo Superior de Investigaciones Científicas, 1960. **182, 192, 199, 225, 229, 954, 1095, 1099**

Rhenanus, Beatus. *Briefwechsel des Beatus Rhenanus.* Ed. Adalbert Horawitz and Karl Hartfelder. Leipzig: B. G. Teubner, 1886. **347, 356**

Rheticus, Georg Joachim. *De libris revolutionum Nicolai Copernici narratio prima.* 1596. **65**

Rhodes, Dennis E. "Some Notes on Vincenzo Coronelli and His Publishers." *Imago Mundi* 39 (1987): 77–79. **279**

Ribeiro, Bernardim. *Obras completas.* 4th ed. 2 vols. Lisbon: Sá da Costa, 1982. **465**

Ribeiro, José Silvestre. *Historia dos estabelecimentos scientificos, litterarios e artisticos de Portugal . . .* 19 vols. Lisbon: Typographia da Academia Real das Sciencias, 1871–1914. **992**

Ribeiro, Luciano. "Uma descrição de entre Douro e Minho por Mestre António." *Boletim Cultural [Câmara Municipal do Porto]* 22 (1959): 442–60. **1034, 1035**

Ribeiro dos Santos, Antonio. "Sobre dois antigos mappas geograficos do Infante D. Pedro, e do cartorio de Alcobaça." In *Memorias de Litteratura Portugueza,* 8 vols., 8:275–304. Lisbon: Academia, 1792–1814. **983**

Ribémont, Bernard. "*Naturae descriptio*: Expliquer la nature dans les encyclopédies du Moyen Age (XIIIe siècle)." In *De Natura Rerum: Études sur les encyclopédies médiévales,* 129–49. Orléans: Paradigme, 1995. **31**

Ricci, Giovanni. "Città murata e illusione olografica: Bologna e altri luoghi (secoli XVI–XVIII)." In *La città e le mura,* ed. Cesare De Seta and Jacques Le Goff, 265–90. Rome: Editori Laterza, 1989. **687**

Ricci, Isabella, and Rosanna Roccia. "La grande impresa editoriale." In *Theatrum Sabaudiae (Teatro degli stati del Duca di Savoia),* 2 vols., ed. Luigi Firpo (1984–85), new ed., ed. Rosanna Roccia, 1:15–30. Turin: Archivio Storico della Città di Torino, 2000. **849, 1338**

Ricci, Marcello. "Il Catasto Alessandrino: Primo approccio per una ricerca geostorica." In *La geografia delle sfide e dei cambiamenti: Atti del XXVII Congresso Geografico Italiano,* 2 vols., 1:137–43. Bologna: Pàtron, 2001. **931**

Ricci, Saverio. *Nicola Antonio Stigliola, enciclopedista e linceo.* Rome: Accademia Nazionale dei Lincei, 1996. **962**

Ricci, Seymour de. *Census of Medieval and Renaissance Manuscripts in the United States and Canada.* 3 vols. New York: H. W. Wilson, 1935–40. **321**

Riccioli, Giovanni Battista. *Almagestum novum astronomiam veterem novamque complectens.* 2 vols. Bologna: Victorij Benatij, 1651. **73, 133, 134**

———. *Geographiæ et hydrographiæ reformatæ . . .* Venice, 1672. **1821**

Richard, Jean. "Aux origines de l'École de Médecine de Dijon [XIVe–XVe siècles]." *Annales de Bourgogne* 19 (1947): 260–62. **306**

Richardson, W. A. R. "What's in a Name?" In *The Mahogany Ship: Relic or Legend?* ed. Bill Potter, 21–32. Warrnambool, [Australia], 1987. **1555**

———. *The Portuguese Discovery of Australia: Fact or Fiction?* Canberra: National Library of Australia, 1989. **746**

———. "Northampton on the Welsh Coast? Some Fifteenth and Sixteenth-Century Sailing Directions." *Archaeologia Cambrensis* 144 (1995): 204–23. **1726**

———. "Coastal Place-Name Enigmas on Early Charts and in Early Sailing Directions." *Journal of the English Place-Name Society* 29 (1996–97): 5–61. **1726**

———. "An Elizabethan Pilot's Charts (1594): Spanish Intelligence Regarding the Coasts of England and Wales at the End of the XVIth Century." *Journal of Navigation* 53 (2000): 313–27. **1731**

Richelieu, Armand Jean du Plessis, duc de. *Lettres, instructions diplomatiques et papiers d'état du Cardinal de Richelieu.* 8 vols. Ed. Denis Louis Martial Avenel. Paris: Imprimerie Impériale, 1853–77. **1514**

Richeson, A. W. *English Land Measuring to 1800: Instruments and Practices.* Cambridge: Society for the History of Technology and MIT Press, 1966. **489, 495, 499**

Richey, M. W. "Navigation: Art, Practice, and Theory." In *The Christopher Columbus Encyclopedia,* 2 vols., ed. Silvio A. Bedini et al., 2:505–12. New York: Simon and Schuster, 1992. **524**

Richter, Herman. "Willem Jansz. Blaeu—En Tycho Brahes lärjunge: Ett blad ur kartografiens historia omkring år 1600." *Svensk geografisk årsbok* [1] (1925): 49–66. **1790**

———. "Den äldsta tryckta Skånekartan." *Svensk geografisk årsbok* [3] (1927): 22–33. **1797**

———. "Cartographia scanensis: De äldsta kända förarbetena till en kartläggning av de skånska provinserna, 1589." *Svensk geografisk årsbok* [6] (1930): 7–51. **1790, 1797**

———. "Willem Jansz. Blaeu with Tycho Brahe on Hven, and His Map of the Island: Some New Facts." *Imago Mundi* 3 (1939): 53–60. **1790**

———. "Kring ålderstyrmannen Johan Månssons sjöbok 1644." *Föreningen Sveriges Sjöfartsmuseum i Stockholm, Årsbok,* 1943, 73–111. **1805**

———. *Geografiens historia i Sverige intill år 1800.* Uppsala: Almqvist och Wiksells Boktryckeri, 1959. **1786, 1790, 1803**

———. *Olaus Magnus Carta marina 1539.* Lund, 1967. **1787**

Richter, Paul Emil, and Christian Krollmann, eds. *Wilhelm Dilichs Federzeichnungen kursächsischer und meißnischer Ortschaften aus den Jahren 1626–1629.* Dresden, 1907. **1228**

Rico, Francisco. "El nuevo mundo de Nebrija y Colon: Notas sobre la geografía humanística en España y el contexto intelectual del descubrimiento de América." In *Nebrija y la introduccion del renacimiento en España,* ed. Victor Garcia de la Concha, 157–85. Salamanca: Ediciones Universidad de Salamanca, 1983. In Italian, "Il nuovo mondo di Nebrija e Colombo: Note sulla geografia umanistica in Spagna e sul contesto intellettuale della scoperta dell'America." In *Vestigia: Studi in onore di Giuseppe Billanovich,* 2 vols., ed. Rino Avesani et al., 2:575–606. Rome: Edizioni di Storia e Letteratura, 1984. **328, 342**

———. *El sueño del humanismo: De Petrarca a Erasmo.* Madrid: Alianza Editorial, 1993. **297, 319, 342**

Ridder-Symoens, Hilde de. *A History of the University in Europe.* Vol. 2, *Universities in Early Modern Europe (1500–1800).* Cambridge: Cambridge University Press, 1996. **622**

Ridolfi, Carlo. *Le maraviglie dell'arte.* 2 vols. 1648. Milan: Arnaldo Forni, 1999. **814**

Riera i Sans, Jaume. "Cresques Abraham, jueu de Mallorca, mestre de mapamundis i de brúixoles." In *L'atlas català de Cresques Abraham,* 14–22. Barcelona: Diàfora, 1975. **979**

———. "Jafudà Cresques, jueu de Mallorca." *Randa* 5 (1977): 51–66. **979**

Riffaterre, Michael. *Semiotics of Poetry.* Bloomington: Indiana University Press, 1978. **434**

Riggs, Timothy A. *Hieronymus Cock: Printmaker and Publisher.* New York: Garland, 1977. **1300, 1376**

Rinaldi, Michele. "La revisione parrasiana del testo della 'Geografia' di Tolomeo ed il 'programma' del Regiomontano." *Rendiconti della Accademia di Archeologia, Lettere e Belle Arti,* n.s. 68 (1999): 105–25. **343**

Rink, Oliver A. *Holland on the Hudson: An Economic and Social History of Dutch New York.* Ithaca: Cornell University Press, 1986. **1457**

Ristow, Walter W. "Dutch Polder Maps." *Quarterly Journal of the Library of Congress* 31 (1974): 136–49. **1267**

Ritter, Franz. *Speculum solis.* Nuremberg: Paul Fürstens, 1610. **380**

Rivera Novo, Belén, and María Luisa Martín-Merás. *Cuatro siglos de cartografía en América.* Madrid: Editorial MAPFRE, 1992. **994, 1030, 1095**

Roach, William. "William Smith: 'A Description of the Cittie of Noremberg' (Beschreibung der Reichsstadt Nürnberg), 1594." *Mitteilungen des Vereins für die Geschichte der Stadt Nürnberg* 48 (1958): 194–245. **1634**

Robacioli, Francesco. *Teatro del cielo e della terra.* Brescia, 1602. **87**

Robecchi, Franco. "Il più antico ritratto di Brescia: Dettagliato come in fotografia riaffiora la città del Cinquecento." *AB (Atlante Bresciano)* 6 (1986): 76–81. **686**

Roberts, Brian K. "An Early Tudor Sketch Map." *Historical Studies* 1 (1968): 33–38. **1594**

Roberts, Iolo, and Menai Roberts. "De Mona Druidum Insula." In *Abraham Ortelius and the First Atlas: Essays Commemorating the Quadricentennial of His Death, 1598–1998,* ed. M. P. R. van den Broecke, Peter van der Krogt, and Peter H. Meurer, 347–61. 't Goy-Houten: HES, 1998. **1616**

Roberts, Jane, ed. *Royal Treasures: A Golden Jubilee Celebration.* London: Royal Collections, 2002. **1665**

Roberts, Lewes. *The Merchants Mappe of Commerce.* London, 1638. **1609**

Roberts, R. J. "John Dee's Corrections to His 'Art of Navigation.'" *Book Collector* 24 (1975): 70–75. **1723**

———. "John Rastell's Inventory of 1538." *Library,* 6th ser., 1 (1979): 34–42. **1696**

Robertson, Clare. *"Il gran cardinale": Alessandro Farnese, Patron of the Arts.* New Haven: Yale University Press, 1992. **815**

Robinson, Adrian Henry Wardle. *Marine Cartography in Britain: A History of the Sea Chart to 1855.* Leicester: Leicester University Press, 1962. **1607, 1651, 1725, 1735, 1748**

Robinson, Arthur Howard. *Elements of Cartography.* 2d ed. New York: John Wiley and Sons, 1960. **539**

———. "Mapmaking and Map Printing: The Evolution of a Working Relationship." In *Five Centuries of Map Printing,* ed. David Woodward, 1–23. Chicago: University of Chicago Press, 1975. **591, 592**

———. *Early Thematic Mapping in the History of Cartography.* Chicago: University of Chicago Press, 1982. **659**

———. "It Was the Mapmakers Who Really Discovered America." *Cartographica* 29, no. 2 (1992): 31–36. **1000**

Robinson, Arthur Howard, and Barbara Bartz Petchenik. *The Nature of Maps: Essays toward Understanding Maps and Mapping.* Chicago: University of Chicago Press, 1976. **423, 529, 541, 1723**

Robinson, Arthur Howard, et al. *Elements of Cartography.* 6th ed. New York: John Wiley and Sons, 1995. **529, 539**

Robinson, Forrest G. *The Shape of Things Known: Sidney's "Apology" in Its Philosophical Tradition.* Cambridge: Harvard University Press, 1972. **422**

Robinson, Peter R. "Timothy Pont in Ewesdale and Eskdale." *Scottish Geographical Magazine* 110 (1994): 183–88. **1687**

Rocca, Pietro. *Pesi e misure antiche di Genova e del Genovesato.* Genoa, 1871. **858**

Rochas, Adolphe. *Biographie du Dauphiné.* 1856. Reprinted Geneva: Slatkine Reprints, 1971. **501**

Roche, John J. "Harriot, Galileo, and Jupiter's Satellites." *Archives Internationales d'Histoire des Sciences* 32 (1982): 9–51. **125**

Rochhaus, Peter. "Adam Ries in Sachsen." In *Adam Rieß vom Staffelstein: Rechenmeister und Cossist,* 107–25. Staffelstein: Verlag für Staffelsteiner Schriften, 1992. **504**

Röd, Wolfgang. "Erhard Weigels Lehre von den entia moralia." *Archiv für Geschichte der Philosophie* 51 (1969): 58–84. **449**

Roden, Günter von. *Duisburg im Jahre 1566: Der Stadtplan des Johannes Corputius.* Duisburg-Ruhrort: Werner Renckhoff, 1964. **489**

Rodger, N. A. M. *The Safeguard of the Sea: A Naval History of Britain, 660–1649.* New York: W. W. Norton, 1998. **1722**

Roding, Juliette. *Christiaan IV van Denemarken (1588–1648): Architectuur en stedebouw van een Luthers vorst.* Alkmaar: Cantina Architectura, 1991. **1435**

———. "The North Sea Coasts: An Architectural Unity?" In *The North Sea and Culture (1550–1800): Proceedings of the International Conference Held at Leiden, 21–22 April 1995,* ed. Juliette Roding and Lex Heerma van Voss, 96–106. Hilversum: Verloren, 1996. **1435**

Rodolfo, Giacomo. *Di manoscritti e rarità bibliografiche appartenuti alla Biblioteca dei Duchi di Savoia.* Carignano, 1912. **842**

Rodrigues da Costa, J. C. *João Baptista, gravador português do século XVII (1628–1680).* Coimbra, 1925. **1068**

Rodríguez Demorizi, Emilio, comp. *Mapas y planos de Santo Domingo.* Santo Domingo: Editora Taller, 1979. **1150**

Rodríguez-Sala, María Luisa. "La misión científica de Jaime Juan en la Nueva España y las Islas Filipinas." In *El eclipse de luna: Misión científica de Felipe II en Nueva España,* ed. María Luisa Rodríguez-Sala, 43–66. Huelva: Universidad de Huelva, 1998. **1103**

———, ed. *El eclipse de luna: Misión científica de Felipe II en Nueva España.* Huelva: Universidad de Huelva, 1998. **1102**

Rodríguez-Salgado, M. J. *Armada, 1588–1988: An International Exhibition to Commemmorate the Spanish Armada.* London: Penguin in association with the National Maritime Museum, 1988. **1608, 1610, 1611, 1612, 1614, 1618, 1651, 1659, 1663, 1665**

Roebuck, Graham. "Donne's Visual Imagination and Compasses." *John Donne Journal* 8 (1989): 37–56. **416**

Rogers, J. D. "Voyages and Exploration: Geography. Maps." In *Shakespeare's England: An Account of the Life & Manners of His Age,* 2 vols., 1:170–97. Oxford: Clarendon, 1916. **415**

Rogers, J. M. "Itineraries and Town Views in Ottoman Histories." In *HC* 2.1: 228–55. **1822**

Rogers, Thomas. *Celestiall Elegies of the Goddesses and the Muses.* London, 1598. **413**

Roggeveen, Arent, and Pieter Goos. *The Burning Fen: First Part, Amsterdam, 1675.* Bibliographical note by C. Koeman. Amsterdam: Theatrum Orbis Terrarum, 1971. **1401**

Roggeveen, Arent, and Jacob Robijn. *The Burning Fen: Second Part, Amsterdam, 1687.* Bibliographical note by C. Koeman. Amsterdam: Theatrum Orbis Terrarum, 1971. **1401**

"Rojas, Cristóbal de." In *Diccionario histórico de la ciencia moderna en España,* 2 vols., ed. José María López Piñero et al., 2:259–62. Barcelona: Península, 1983. **1076**

Roland, F. "Un Franc-Comtois éditeur et marchand d'estampes à Rome au XVIe siècle: Antoine Lafréry (1512–1577)." *Mémoires de la Société d'Émulation du Doubs* 5 (1910): 320–78. **775**

Roletto, Giorgio. "Le cognizioni geografiche di Leandro Alberti." *Bollettino della Reale Società Geografica Italiana,* 5th ser., 11 (1922): 455–85. **271**

Romanelli, Giandomenico. "Città di costa: Immagine urbana e carte nautiche." In *Carte da navigar: Portolani e carte nautiche del Museo Correr, 1318–1732,* ed. Susanna Biadene, 21–31. Venice: Marsilio Editori, 1990. **202**

Romanelli, Giandomenico, Susanna Biadene, and Camillo Tonini, eds. *"A volo d'uccello": Jacopo de' Barbari e le rappresentazioni di città nell'Europa del Rinascimento.* Exhibition catalog. Venice: Arsenale Editrice, 1999. **687, 1251**

Romano, Giovanni. *Studi sul paesaggio.* Turin: Einaudi, 1978. **948**

Rombai, Leonardo. "Una carta geografica sconosciuta dello Stato Senese: La pittura murale dipinta nel Palazzo Pubblico di Siena nel 1573 da Orlando Malavolti, secondo una copia anonima secentesca." In *I Medici e lo Stato Senese, 1555–1609: Storia e territorio,* ed. Leonardo Rombai, 205–24. Rome: De Luca, 1980. **810, 912**

———. "Siena nelle sue rappresentazioni cartografiche fra la metà del '500 e l'inizio del '600." In *I Medici e lo Stato Senese, 1555–1609: Storia e territorio,* ed. Leonardo Rombai, 91–109. Rome: De Luca, 1980. **725, 934, 936, 938**

———. "Palazzi e ville, fattorie e poderi dei Riccardi secondo la cartografia sei-settecentesca." In *I Riccardi a Firenze e in villa: Tra fasto e cultura, manoscritti e piante,* 189–219. Florence: Centro Di, 1983. **930**

———. *Alle origini della cartografia Toscana: Il sapere geografico nella Firenze del '400.* Florence: Istituto Interfacoltà di Geografia, 1992. **265, 910, 916, 932, 944**

———. "Cartografia e uso del territorio in Italia: La Toscana fiorentina e lucchese, realtà regionale rappresentativa dell'Italia centrale." In *La cartografia italiana,* 103–46. Barcelona: Institut Cartogràfic de Catalunya, 1993. **878**

———. "La formazione del cartografo nella Toscana moderna e i linguaggi della carta." In *Imago et descriptio Tusciae: La Toscana nella geocartografia dal XV al XIX secolo,* ed. Leonardo Rombai, 36–81. [Tuscany]: Regione Toscana; Venice: Marsilio, 1993. **912, 923, 932**

———. "La nascita e lo sviluppo della cartografia a Firenze e nella Toscana granducale." In *Imago et descriptio Tusciae: La Toscana nella geocartografia dal XV al XIX secolo,* ed. Leonardo Rombai, 82–159. [Tuscany]: Regione Toscana; Venice: Marsilio, 1993. **810, 811, 910, 912, 916, 917, 949**

———. "Paolo dal Pozzo Toscanelli (1397–1482) umanista e cosmografo." *Rivista Geografica Italiana* 100 (1993): 133–58. **333**

———. "Tolomeo e Toscanelli, fra Medioevo ed età moderna: Cosmografia e cartografia nella Firenze del XV secolo." In *Il mondo di Vespucci e Verrazzano, geografia e viaggi: Dalla Terrasanta all'America,* ed. Leonardo Rombai, 29–69. Florence: L. S. Olschki, 1993. **333, 334**

———. "La rappresentazione cartografica del Principato e territorio di Piombino (secoli XVI–XIX)." In *Il potere e la memoria: Piombino stato e città nell'età moderna,* ed. Sovrintendenza Archivistica per la Toscana, exhibition catalog, 47–56. Florence: Edifir, 1995. **913, 916, 923, 938**

———, ed. *Imago et descriptio Tusciae: La Toscana nella geocartografia dal XV al XIX secolo.* [Tuscany]: Regione Toscana; Venice: Marsilio, 1993. **667, 910**

Rombai, Leonardo, and Gabriele Ciampi, eds. *Cartografia storica dei Presidios in Maremma (secoli XVI–XVIII).* Siena: Consorzio Universitario della Toscana Meridionale, 1979. **923, 938**

Rombai, Leonardo, and Carlo Vivoli. "Cartografia e iconografia mineraria nella Toscana sette-ottocentesca." In *La miniera, l'uomo e l'ambiente: Fonti e metodi a confronto per la storia delle attività minerarie e metallurgiche in Italia,* ed. Fausto Piola Caselli and Paola Piana Agostinetti, 141–63. Florence: All'Insegna del Giglio, 1996. **930**

Rombai, Leonardo, Diana Toccafondi, and Carlo Vivoli, eds. *Documenti geocartografici nelle biblioteche e negli archivi privati e pubblici della Toscana.* Vol. 2, *I fondi cartografici dell'Archivio di Stato di Firenze.* Pt. 1, *Miscellanea di piante.* Florence: L. S. Olschki, 1987. **935**

Romby, Giuseppina Carla. *Descrizioni e rappresentazioni della città di Firenze nel XV secolo.* Florence: Libreria Editrice Fiorentina, 1976. **932**

———. "La rappresentazione dello spazio: La città." In *Imago et descriptio Tusciae: La Toscana nella geocartografia dal XV al XIX secolo,* ed. Leonardo Rombai, 304–59. [Tuscany]: Regione Toscana; Venice: Marsilio, 1993. **933, 936**

Romer, F. E. *Pomponius Mela's Description of the World.* Ann Arbor: University of Michigan Press, 1998. **8**

Rómer, Flóris. "A legrégibb magyarországi térkép." *A Hon* 45 (1876): 2. **1808**

Romeu de Armas, Antonio. *Libro Copiador de Cristóbal Colón: Correspondencia inedita con los Reyes católicos sobre los viajes a América.* 2 vols. Madrid: Testimonio Compañía Editorial, 1989. **329**

Rompiasio, Giulio. *Metodo in pratica di sommario, o sia compilazione delle leggi, terminazioni & ordini appartenenti agl'illustrissimi & eccellentissimi collegio e magistrato alle acque: Opera dell'avvocato fiscale Giulio Rompiasio.* Ed. Giovanni Caniato. Venice: Archivio di Stato, 1988. **888**

Rondolino, Ferdinando. *Per la storia di un libro: Memorie e documenti.* Turin, 1904. **847**

Rondot, Natalis. "Pierre Eskrich: Peintre et tailleur d'histoires à Lyon au XVIe siècle." *Revue du Lyonnais,* 5th ser., 31 (1901): 241–61 and 321–50. **390**

Ronsin, Albert. "L'imprimerie humaniste à Saint-Dié au XVIe siècle." In *Refugium animae bibliotheca: Festschrift für Albert Kolb,* ed. Emile van der Vekene, 382–425. Wiesbaden: Guido Pressler, 1969. **1205**

———. *Découverte et baptême de l'Amérique.* Montreal: Le Pape, 1979. **1205**

———. *La fortune d'un nom: America, le baptême du Nouveau Monde à Saint-Dié-des-Vosges.* Grenoble: J. Millon, 1991. **349, 351**

Roos, G. P. "Jacobus van Deventer." *De Navorscher* 16 (1866): 289–90. **1274**

Rosaccio, Giuseppe. *Il mondo e sue parti cioe Europa, Affrica, Asia, et America.* Florence: Francesco Tosi, 1595. Verona: Francesco dalle Donne and Scipione Vargano, 1596. **57, 75, 274**

———. *Le sei età del mondo di Gioseppe Rosaccio con Brevità Descrittione.* Venice, 1595. **75**

———. *Teatro del cielo e della terra.* Venice, 1598. **87**

———. *Viaggio da Venetia, a Costantinopoli per mare, e per terra.* Venice: Giacomo Franco, 1598. **75, 274**

———. *Fabrica universale dell'huomo* . . . 1627. **75**

Rosberg, Harri, et al. *Vanhojen karttojen Suomi: Historiallisen kartografian vertaileva tarkastelu.* Jyväskylä: Gummerus, 1984. **1782**

Rose, Paul Lawrence. "Humanist Culture and Renaissance Mathematics: The Italian Libraries of the *Quattrocento.*" *Studies in the Renaissance* 20 (1973): 46–105. **296**

———. *The Italian Renaissance of Mathematics: Studies on Humanists and Mathematicians from Petrarch to Galileo.* Geneva: Droz, 1975. **337, 339**

Rosenfeld, Rochelle S. "Celestial Maps and Globes and Star Catalogues of the Sixteenth and Early Seventeenth Centuries." Ph.D. diss., New York University, 1980. **100, 111**

Rosenthal, Erwin. "The German Ptolemy and Its World Map." *Bulletin of the New York Public Library* 48 (1944): 135–47. **1193**

Rosenwein, Barbara H. *Negotiating Space: Power, Restraint, and Privileges of Immunity in Early Medieval Europe.* Ithaca, N.Y.: Cornell University Press, 1999. **27**

Röslin, Helisaeus. *De opere Dei creationis* . . . Frankfurt: Andræ Wecheli, Claudium Marnium, and Joannem Aubrium, 1597. **71**

Rosselló Verger, Vicenç M. "Cartes i atles portolans de los colleccions espanyoles." In *Portolans procedents de collecions espanyoles, segles XV–XVII: Catàleg de l'exposició organitzada amb motiu de la 17a Conferència Cartogràfica Internacional i de la 10a Assemblea General de l'Associació Cartogràfica Internacional (ICA/ACI), Barcelona, 1995,* 9–59. Barcelona: Institut Cartogràfic de Catalunya, 1995. **190, 192, 193, 201, 204, 205**

Rossi, Giovanni Vittorio. *Evdemiæ libri VIII.* 1637. Cologne, 1645. **448**

Rossi, Paolo. *Logic and the Art of Memory: The Quest for a Universal Language.* Trans. Stephen Clucas. Chicago: University of Chicago Press, 2000. **639, 641, 647**

Rossiaud, Jacques. "Du réel à l'imaginaire: La représentation de l'espace urbain dans le plan de Lyon de 1550." In *Le plan de Lyon vers 1550,* 29–45. Lyons: Archives Municipales de Lyon, 1990. **1533**

Rossignoli, Maria Paola. "La Via Cassia: La più importante arteria commerciale dello Stato Senese e gli interventi medicei." In *I Medici e lo Stato Senese, 1555–1609: Storia e territorio,* ed. Leonardo Rombai, 283–91. Rome: De Luca, 1980. **723**

Rostenberg, Leona. *English Publishers in the Graphic Arts, 1599–1700: A Study of the Printsellers & Publishers of Engravings, Art & Architectural Manuals, Maps & Copy-Books.* New York: Burt Franklin, 1963. **1693, 1708**

Rotta, Salvatore. "Idee di riforma nella Genova settecentesca, e la diffusione del pensiero di Montesquieu." *Movimento Operaio e Socialista in Liguria* 7, nos. 3–4 (1961): 205–84. **854**

Röttel, Hermine, and Wolfgang Kaunzner. "Die Druckwerke Peter Apians." In *Peter Apian: Astronomie, Kosmographie und Mathematik am Beginn der Neuzeit,* ed. Karl Röttel, 255–76. Buxheim: Polygon, 1995. **143, 1198**

Röttel, Karl. "Peter Apians Karten." In *Peter Apian: Astronomie, Kosmographie und Mathematik am Beginn der Neuzeit,* ed. Karl Röttel, 169–82. Buxheim: Polygon, 1995. **1827**

———, ed. *Peter Apian: Astronomie, Kosmographie und Mathematik am Beginn der Neuzeit.* Buxheim: Polygon, 1995. **1198**

Rotz, Jean. *The Maps and Text of the Boke of Idrography Presented by Jean Rotz to Henry VIII,* ed. Helen Wallis. Oxford: Oxford University Press for the Roxburghe Club, 1981. **756, 1550, 1551, 1601, 1603, 1725, 1756**

Roudié, Paul. "Documents sur la fortification de places fortes de Guyenne au début du XVIe siècle." *Annales du Midi* 72 (1960): 43–57. **1504**

Rouffaer, G. P., and J. W. IJzerman, eds. *De eerste schipvaart der Nederlanders naar Oost-Indië onder Cornelis de Houtman, 1595–1597.* 3 vols. The Hague: Martinus Nijhoff, 1915–29. **1410**

Roupnel, Gaston. *La ville et la campagne au XVIIe siècle: Étude sur les populations du pays dijonnais.* Paris: Armand Colin, 1955. **716**

"The Roussins as Chart-Makers." *Geographical Journal* 77 (1931): 398. **234**

Rouzet, Anne. *Dictionnaire des imprimeurs, libraires et éditeurs des XVe et XVIe siècles dans les limites géographiques de la Belgique actuelle.* Nieuwkoop: B. de Graaf, 1975. **1302, 1304**

Rovetta, Alessandro. "Un codice poco noto di Galvano Fiamma e l'immaginario urbano trecentesco milanese." *Arte Lombarda* 2–4 (1993): 72–78. **47**

Rowlands, Samuel. *Looke to It: For, Ile Stabbe Ye.* London, 1604. **416**

Rücker, Elisabeth. *Die Schedelsche Weltchronik: Das größte Buchunternehmen der Dürer-Zeit.* Munich: Prestel, 1973. **612, 1194**

Ruddock, Alwyn A. "The Trinity House at Deptford in the Sixteenth Century." *English Historical Review* 65 (1950): 458–76. **1726**

———. "The Earliest Original English Seaman's Rutter and Pilot's Chart." *Journal of the Institute of Navigation* 14 (1961): 409–31. **1598**

Rüegg, Walter. "Themes." In *A History of the University in Europe,* ed. Hilde de Ridder-Symoens, vol. 2, *Universities in Early Modern Europe (1500–1800),* 3–42. Cambridge: Cambridge University Press, 1996. **624, 625, 631**

"Ruesta, Francisco de." In *Diccionario histórico de la ciencia moderna en España,* 2 vols., ed. José María López Piñero et al., 2: 272–73. Barcelona: Península, 1983. **1073**

Ruge, Sophus. *Die erste Landesvermessung des Kurstaates Sachsen, auf Befehl des Kurfürsten Christian I. ausgeführt von Matthias Öder (1586–1607).* Dresden: Stengel und Markert, 1889. **1228**

———. "Der Periplus Nordenskiölds." *Deutsche Geographische Blätter* 23 (1900): 161–229. **1831**

Ruge, Walther. "Aelteres kartographisches Material in deutschen Bibliotheken." *Nachrichten von der Königlichen Gesellschaft der Wissenschaften zu Göttingen, philologisch-historische Klasse,* 1904, 1–69; 1906, 1–39; 1911, 35–166; 1916, Beiheft, 1–128. Reprinted in *Acta Cartographica* 17 (1973): 105–472. **798, 800, 1176, 1307**

———. "Die Weltkarte des Kölner Kartographen Caspar Vopell." In *Zu Friedrich Ratzels Gedächtnis: Geplant als Festschrift zum 60. Geburtstage, nun als Grabspende dargebracht,* 303–18. Leipzig, 1904. Reprinted in *Acta Cartographica* 20 (1975): 392–405. **1220**

Ruggles, Richard I. "The Cartographic Lure of the Northwest Passage: Its Real and Imaginary Geography." In *Meta Incognita: A Discourse of Discovery: Martin Frobisher's Arctic Expeditions, 1576–1578,* 2 vols., ed. T. H. B. Symons, 1:179–256. Hull, Quebec: Canadian Museum of Civilization, 1999. **1757**

Ruitinga, Lida. "Die Heiligland-Karte von Lucas Cranach dem Älteren: Das älteste Kartenfragment aus der Kartensammlung der Bibliothek der Freien Universität in Amsterdam." *Cartographica Helvetica* 9 (1994): 40–41. **1218**

Ruiz de Alarcón, Juan. *La prueba de la promesa y El examen de maridos.* Ed. Augustín Millares Carlo. Madrid: Espasa Calpe, 1960. **475**

Ruland, Harold L. "A Survey of the Double-Page Maps in Thirty-five Editions of the *Cosmographica Universalis* 1544–1628 of Sebastian Münster and His Editions of Ptolemy's *Geographia* 1540–1552." *Imago Mundi* 16 (1962): 84–97. **1212**

Rumeu de Armas, Antonio. *Hernando Colón, historiador del descubrimiento de América.* Madrid: Instituto de Cultura Hispánica, 1973. **740**

———. *El Tratado de Tordesillas.* Madrid: Editorial MAPFRE, 1992. **1104, 1108, 1109**

———, ed. *Libro copiador de Cristóbal Colón.* 2 vols. Madrid: Testimonio Compañía Editorial, 1989. **748**

Rupp, Jan C. C. "Matters of Life and Death: The Social and Cultural Conditions of the Rise of Anatomical Theatres, with Special Reference to Seventeenth Century Holland." *History of Science* 28 (1990): 263–87. **60**

Rupprich, Hans. *Der Briefwechsel des Konrad Celtis.* Munich: C. H. Beck, 1934. **346, 347, 357**

Ruscelli, Girolamo. *Le imprese illustri con espositioni, et discorsi.* Venice: F. de Franceschi, 1580. **92**

Rüsch, Ernst Gerhard. *Vadian 1484–1984: Drei Beiträge.* St. Gallen: VGS Verlagsgemeinschaft, 1985. **1215**

Rusconi, Roberto, ed. *The Book of Prophecies Edited by Christopher Columbus.* Trans. Blair Sullivan. Berkeley: University of California Press, 1997. **386**

Ruse, Hendrik. *Versterckte vesting: Uytgevonden in velerley voorvallen, en geobserveert in dese laetste oorloogen, soo in de Vereenigde Nederlanden, als in Vranckryck, Duyts-Lant, Italien, Dalmatien, Albanien en die daer aengelegen landen.* Amsterdam: Ioan Blaeu, 1654. **1436**

Russell, P. E. *Prince Henry "The Navigator": A Life.* New Haven: Yale University Press, 2000. **747**

Ruys, Lamberta J. "De oude kaarten van het Hoogheemraadschap Delfland." *Het Boek* 23 (1935–36): 195–209. **1266**

Ruysschaert, José. "Du globe terrestre attribué à Giulio Romano aux globes et au planisphère oubliés de Nicolaus Germanus." *Bollettino dei Monumenti Musei e Gallerie Pontificie* 6 (1985): 93–104. **135, 146**

Rybakov, B. A. "Drevneyshaya russkaya karta nachala XVI v. i yeye vliyaniye na yevropeyskuyu kartografiyu XVI–XVIII vv." *Trudy Vtorogo Vsesoyuznogo Geograficheskogo S'yezda* 3 (1949): 281–82. **1856**

———. "Russkiye zemli po karte Idrīsī 1154 goda." *Kratkiye Soobshcheniya Instituta Istorii Material'noy Kul'tury* 43 (1952): 3–44. **1852**

———. *Russkiye datirovannyye nadpisi XI–XIV vekov.* Moscow: Nauka, 1964. **1859**

———. *Russkiye karty Moskovii XV–nachala XVI veka.* Moscow, 1974. **1854, 1856, 1858, 1859**

———. "Russkiye karty Moskovii XV–XVI vv. i ikh otrazheniye v zapadnoyevropeyskoy kartografii." In *Kul'turnyye svyazi narodov Vostochnoy Yevropy v XVI v: Problemy vzaimootnosheniy Pol'shi, Rossii, Ukrainy, Belorussii i Litvy v epokhu Vozrozhdeniya,* ed. B. A. Rybakov, 59–60. Moscow: Nauka, 1976. **1854**

———. *Kievskaya Rus' i russkiye knyazhestva XII–XIII vv.* Moscow: Nauka, 1982. **1858, 1859**

Rydberg O. S., and Carl Jakob Herman Hallendorff, eds. *Sverges traktater med främmande magter jemte andra dit hörande handlingar,* vol. 5, pt. 1 (1572–1632). Stockholm: P. A. Norstedt och Söner, 1903. **1793**

Ryder, A. F. C. *The Kingdom of Naples under Alfonso the Magnanimous: The Making of a Modern State.* Oxford: Clarendon, 1976. **941**

Rye, William Brenchley. *England as Seen by Foreigners in the Days of Elizabeth & James the First.* London: Allen and Unwin; John Russell Smith, 1865. **643, 1607, 1630, 1658, 1659**

Ryff, Walther Hermann (Gualterius Rivius). *Der furnembsten, notwendigsten, der gantzen Architectur . . .* Nuremberg, 1547. **1221**

Sabbadini, Remigio. "L'ultimo ventennio della vita di Manuele Crisolora (1396–1415)." *Giornale Ligustico di Archeologia, Storia e Letteratura* 17 (1890): 321–36. **287**

———. *Le scoperte dei codici latini e greci ne' secoli XIV e XV.* 2 vols. Ed. Eugenio Garin. Florence: G. C. Sansoni, 1967. **319**

Sabbadino, Cristoforo. *Discorsi sopra la laguna (parte I).* Ed. Roberto Cessi. Vol. 2 of *Antichi scrittori d'idraulica veneta.* Venice: Ferrari, 1930. Reprinted 1987. **878, 882, 883**

Sabbatini, Renzo. "La produzione della carta dal XIII al XVI secolo: Strutture, tecniche, maestri cartai." In *Tecnica e società nell'Italia dei secoli XII–XVI,* 37–57. Pistoia: Presso la sede del Centro, 1987. **597**

Sabie, Francis. *Adams Complaint: The Olde Worldes Tragedie.* London, 1596. **412**

Sabin, Joseph, et al. *Bibliotheca Americana: A Dictionary of Books Relating to America, from Its Discovery to the Present Time.* 29 vols. New York, 1868–1936. **1774, 1780**

Sacrobosco, Johannes de. *Sphaera mundi.* Venice: F. Renner, 1478; Erhard Ratdolt, 1482; Magistrum Gullielmum de Tridino de Monteferrato, 1491. Leipzig: Martin Landsberg, 1494. Paris: Johannes Higman for Wolfgang Hopyl, 1494; Henrici Stephani, 1507. Wittenberg, 1531. **63, 93, 1208**

Sá de Miranda, Francisco de. *Obras completas.* 3d ed. 2 vols. Text, notes, and preface by Manuel Rodrigues Lapa. Lisbon: Sá da Costa, 1960. **465**

Sadoul, Georges. *Jacques Callot: Miroir de son temps.* Paris: Gallimard, 1969. **733**

Sahlins, Peter. *Boundaries: The Making of France and Spain in the Pyrenees.* Berkeley: University of California Press, 1989. **663**

Saitta Revignas, Anna, comp. *Catalogo dei manoscritti della Biblioteca Casanatense.* Vol. 6. Rome: Istituto Poligrafico della Stato, 1978. **971**

Sakharov, A. M. *Obrazovanie i razvitie Rossiyskogo gosudarstva v XIV–XVII vv.* Moscow, 1969. **1858**

Salbach, Johann Christoph. *Christliche Land-Karte und Meer-Compaß. Das ist: Göttliche, Sittliche H. Betrachtungen und Gedancken, worinnen dem Christlichen Pilgrim . . . gezeiget wird wie er sich für Gefahren vom Satan, der Welt, seines Fleisches und deß Todes, hüten solle, damit er nicht verführet werde, und deß sicheren Ports verfehle.* Frankfurt: Daniel Fievert, 1664. **447**

Salembier, Louis. *Petrus de Alliaco.* Insulis: J. Lefort, 1886. **299**

Salgaro, Silvino. "Il governo delle acque nella pianura Veronese da una carta del XVI secolo." *Bollettino della Società Geografica Italiana* 117 (1980): 327–50. **712**

Salgó, Ágnes W. and Ágnes Stemler, eds. *Honterus-emlékkönyv / Honterus-Festschrift.* Budapest: Országos Széchényi Könyvtár, Osiris Kiadó, 2001. **1806**

Salishchev, K. A. *Osnovy kartovedeniya: Chast' istoricheskaya i kartograficheskiye materialy.* Moscow, 1948. **1856, 1859**

———. *Osnovy kartovedeniya: Istoriya kartografii i kartograficheskiye istochniki.* Moscow: Izdatel'stvo Geodezicheskoy Literatury, 1962. **1859**

———. "O kartograficheskom metode poznaniya (analiz nekotorykh predstavleniy o kartografii)." In *Puti razvitiya kartografii,* 36–45. Moscow: Izdatel'stvo Moskovskogo Universiteta, 1975. **1856**

Salishchev, K. A., and L. A. Goldenberg. "Studies of Soviet Scientists on the History of Cartography." Eighth International Cartographic Conference, Moscow, 1976. **1854**

Salmon, William. *Polygraphice; or, The Art of Drawing, Engraving, Etching, Limning, Painting, Washing, Varnishing, Colouring, and Dying.* London: E. T. and R. H. for Richard Jones, 1672. **603, 605**

Salomon, Richard Georg. *Opicinus de Canistris: Weltbild und Bekenntnisse eines Avignonesischen Klerikers des 14. Jahrhunderts.* Vols. 1A and 1B (text and plates). London: Warburg Institute, 1936. **47**

Salone, Anna Maria. "La 'Corsica' di Gio. Bernardo Veneroso." In *Studi in memoria di Teofilo Ossian De Negri, III,* 34–55. Genoa: Stringa, 1986. **868**

Salone, Anna Maria, and Fausto Amalberti. *Corsica: Immagine e cartografia.* Genoa: Sagep, 1992. **854, 868, 870**

Saltonstall, Charles. *The Navigator: Shewing and Explaining all the Chiefe Principles and Parts both Theoricke and Practicke . . .* London, 1636. **1745**

Salutati, Coluccio. *Epistolario di Coluccio Salutati.* 4 vols. in 5. Ed. Francesco Novati. Rome, 1891–1911. **290**

———. *De laboribus Herculis.* 2 vols. Ed. B. L. Ullman. Zurich: Artemis, 1951. **291**

Salzman, Michele Renee. *On Roman Time: The Codex-Calendar of 354 and the Rhythms of Urban Life in Late Antiquity.* Berkeley: University of California Press, 1990. **124**

Samhaber, Friedrich. *Der Kaiser und sein Astronom: Friedrich III. und Georg Aunpekh von Peuerbach.* Peuerbach: Stadtgemeinde Peuerbach, 1999. **1178**

———. *Höhepunkte mittelalterlicher Astronomie: Begleitbuch zur Ausstellung Georg von Peuerbach und die Folgen im Schloss Peuerbach.* Peuerbach: Stadtgemeinde Peuerbach, 2000. **1178**

Samokvasov, D. Ya. *Arkhivnyye materialy: Novootkrytyye dokumenty pomestno-votchinnykh uchrezhdeniy Moskovskogo gosudarstva XV–XVII stoletiy.* 2 vols. Moscow: Universitetskaya Tipografiya, 1905–9. **1874**

Sampson, Henry. *A History of Advertising from the Earliest Times.* London: Chatto and Windus, 1874. **1718**

Sánchez Cantón, F. J. *La librería de Juan de Herrera.* Madrid, 1941. **1082**

———. *La biblioteca del marqués del Cenete, iniciada por el cardenal Mendoza (1470–1523).* Madrid: [S. Aguirre, impressor], 1942. **1082**

Sánchez Rubio, Rocío, Isabel Testón Núñez, and Carlos M. Sánchez Rubio. *Imágenes de un imperio perdido: El Atlas del Marqués de Heliche.* [Mérida]: Presidencia de la Junta de Extremadura, [2004]. **667**

Sanderson, William. *An Answer to a Scurrilous Pamphlet.* London: For the author, 1656. **1618**

Sanderus, Antonius. *Flandria illustrata; sive, Descriptio comitatus istius per totum terrar[um] orbem celeberrimi, III tomis absoluta.* 2 vols. Tielt: Veys, 1973. **1335**

Sandler, Christian. "Die Anian-Strasse und Marco Polo." *Zeitschrift der Gesellschaft für Erdkunde zu Berlin* 29 [1894]: 401–8. **786**

Sandler, Lucy Freeman. *The Psalter of Robert de Lisle in the British Library.* London: H. Miller, 1983. **33, 39**

Sandman, Alison. "Cosmographers vs. Pilots: Navigation, Cosmography, and the State in Early Modern Spain." Ph.D. diss., University of Wisconsin, 2001. **524, 526, 527, 1108, 1118, 1119, 1120, 1122**

———. "Mirroring the World: Sea Charts, Navigation, and Territorial Claims in Sixteenth-Century Spain." In *Merchants & Marvels: Commerce, Science, and Art in Early Modern Europe,* ed. Paula Findlen and Pamela H. Smith, 83–108. New York: Routledge, 2002. **527, 652, 1101, 1102, 1117, 1118**

———. "An Apologia for the Pilots' Charts: Politics, Projections and Pilots' Reports in Early Modern Spain." *Imago Mundi* 56 (2004): 7–22. **537, 1127**

Sandman, Alison, and Eric H. Ash. "Trading Expertise: Sebastian Cabot Between Spain and England." *Renaissance Quarterly* 57 (2004): 813–46. **1757**

Sandrart, Jacob von. *Kurze Beschreibung von Moscovien, oder Russland.* Nuremberg, 1688. **1902**

Sandström, Sven. "The Programme for the Decoration of the Belvedere of Innocent VIII." *Konsthistorisk Tidskrift* 29 (1960): 35–75. **825**

———. "Mantegna and the Belvedere of Innocent VIII." *Konsthistorisk Tidskrift* 30 (1963): 121–22. **825**

Sanford, Rhonda Lemke. *Maps and Memory in Early Modern England: A Sense of Place.* New York: Palgrave, 2002. **414, 420**

[Sanson, Guillaume]. *Introduction à la géographie.* Utrecht, 1692. **1588**

"Sanson, Kartographenfamilie." In *Lexikon zur Geschichte der Kartographie,* 2 vols., ed. Ingrid Kretschmer, Johannes Dörflinger, and Franz Wawrik, 2:699–701. Vienna: F. Deuticke, 1986. **1497**

Sanson (d'Abbeville), Nicolas. *Description de la France.* Paris: M. Tavernier, 1639. **1498, 1499**

———. *Atlas du monde, 1665.* Ed. Mireille Pastoureau. Paris: Sand et Conti, 1988. **1497, 1585**

Sansovino, Francesco. *Venetia, città nobilissima et singolare.* Venice: I. Sansovino, 1581. **809, 814, 815, 822**

Santa Cruz, Alonso de. *Map of the World, 1542.* Explanations by E. W. Dahlgren. Stockholm: Royal Printing Office, P. A. Norstedt and Söner, 1892. **1144**

———. *Islario general de todas las islas del mundo.* 2 vols. Ed. Antonio Blázquez y Delgado-Aguilera. Madrid: Imprenta del Patronate de Huérfanos de Intendencia é Intervención Militares, 1918. **60, 1149**

———. *Crónica del emperador Carlos V.* 5 vols. Ed. F. de Laiglesia. Madrid, 1920–25. **661, 988**

———. *Libro de las longitudines y manera que hasta agora se ha tenido en el arte de navegar.* Ed. Antonio Blázquez y Delgado-Aguilera. Seville: Zarzuela, 1921. **1015**

———. *Crónica de los Reyes Católicos.* 2 vols. Ed. Juan de Mata Carriazo. Seville, 1951. **1118**

Santarém, Manuel Francisco de Barros e Sousa, visconde de. *Atlas composé de mappemondes, de portulans et de cartes hydrographiques et historiques, depuis le VIe jusqu'au XVIIe siécle.* Paris: E. Thunot, 1849. **994**

———. *Essai sur l'histoire de la cosmographie et de la cartographie pendant le moyen-âge et sur les progrès de la géographie après les grandes découvertes du XVe siècle.* 3 vols. Paris: Impr. Maulde et Renou, 1849–52. **739**

———. *Atlas de Santarém.* Explanatory texts by Helen Wallis and A. H. Sijmons. Amsterdam: R. Muller, 1985. **994**

———. *Atlas du Vicomte de Santarém.* Lisbon: Administração do Porto de Lisboa, 1989. **994**

Sante, Georg Wilhelm, and A. G. Ploetz-Verlag, eds. *Geschichte der deutschen Länder: "Territorien-Ploetz."* Vol. 1, *Die Territorien bis zum Ende des alten Reiches.* Würzburg: A. G. Ploetz, 1964. **1172**

Santiago Páez, Elena (María), ed. *La Historia en los Mapas Manuscritos de la Biblioteca Nacional.* Exhibition catalog. Madrid: Ministerio de Cultura, Dirección General del Libro y Bibliotecas, 1984. **941, 1070, 1085, 1090**

Santoro, Marco, ed. *Le secentine napoletane della Biblioteca Nazionale di Napoli.* Rome: Istituto Poligrafico e Zecca dello Stato, 1986. **972**

Santos, Maria Emília Madeira. *Viagens de exploração terrestre dos portugueses em África.* 2d ed. Lisbon: Centro de Estudos de História e Cartografia Antiga, 1988. **1025, 1027**

Sanuto, Marino. *I diarii di Marino Sanuto.* 58 vols. Venice: F. Visentini, 1879–1903. **720**

Sanz, Carlos. *La Geographia de Ptolomeo, ampliada con los primeros mapas impresos de América (desde 1507): Estudio bibliográfico y crítico.* Madrid: Librería General Victoriano Suárez, 1959. **287, 348, 351, 364**

———. *Bibliotheca Americana vetustissima: Últimas adiciones.* 2 vols. Madrid: V. Suarez, 1960. **1188**

———. "Un mapa del mundo verdaderamente importante en la famosa Universidad de Yale." *Boletín de la Real Sociedad Geográfica* 102 (1966): 7–46. **1183**

Saraiva, Cardinal. *See* S. Luiz, Francisco de.

Sarmati, Elisabetta. "Le postille di Colombo all' 'Imago mundi' di Pierre d'Ailly." *Columbeis* 4 (1990): 23–42. **329**

Sarton, George. "The Scientific Literature Transmitted through the Incunabula." *Osiris* 5 (1938): 43–245. **340, 341**

———. "The Quest for Truth: Scientific Progress during the Renaissance." In *The Renaissance: Six Essays,* ed. Wallace Klippert Ferguson, 55–76. New York: Harper and Row, 1962. **7**

Sartori, Luigi. "Pier Maria Gropallo, pittore-cartografo del Seicento: I, Il 'Libro dei Feudi della Riviera Occidua' palestra dell'arte cartografica del Gropallo." *Bollettino Ligustico* 23 (1971): 83–106. **862**

———. "Nel capitaneato della Pieve: La visita generale dei confini e l'opera di Pier Maria Gropallo (1653)." In *Carte e cartografi in Liguria,* ed. Massimo Quaini, 92–98. Genoa: Sagep, 1986. **862**

———. "Pier Maria Gropallo nel contado d'Albenga (1650–1656)." In *Carte e cartografi in Liguria,* ed. Massimo Quaini, 137–44. Genoa: Sagep, 1986. **862**

Sassoferrato, Bartolo da. *La Tiberiade di Bartole da Sasferrato del modo di dividere l'Alluuioni, l'Isole, & gl'aluei.* Rome: G. Gigliotto, 1587. **9**

Sauer, Carl Ortwin. *Sixteenth Century North America: The Land and the People as Seen by the Europeans.* Berkeley: University of California Press, 1971. **756**

Saunders, Ann, and John Schofield, eds. *Tudor London: A Map and a View.* London: London Topographical Society, 2001. **1698**

Sauvy, Anne. *Le miroir du cœur: Quatre siècles d'images savantes et populaires.* Paris: Éditions du Cerf, 1989. **1466**

Savage-Smith, Emilie. *Islamicate Celestial Globes: Their History, Construction, and Use.* Washington: Smithsonian Institution Press, 1985. **140**

———. "Celestial Mapping." In *HC* 2.1:12–70. **105, 106, 109, 113, 115, 138, 140, 378, 514**

Savasta, Gaetano. *Della vita e degli scritti di Giambattista Nicolosi . . .* Paternò: Tipografia Placido Bucolo 1898. **971**

Save, G. "Vautrin Lud et le Gymnase vosgien." *Bulletin de la Société philomatique vosgienne* 15 (1889–90): 253–98. **1204**

Savelsberg, Heinrich. "Die älteste Landkarte des Aachener Reiches von 1569." *Zeitschrift des Aachener Geschichtsvereins* 23 (1901): 290–305. **1241**

Savel'yeva, Ye. A. "'Morskaya karta' Olausa Magnusa i yeyë znacheniye dlya yevropeyskoy kartografii." In *Istoriya geograficheskikh znaniy i otkrytiy na severe Yevropy,* 59–87. Leningrad, 1973. **1854**

———. "Novgorod i Novgorodskaya zemlya v zapadnoyevropeyskoy kartografii XV–XVI vv." In *Geografiya Rossii XV–XVIII vv. (po svedeniyam inostrantsev),* ed. I. P. Shaskol'skiy, 4–16. Leningrad, 1984. **1854**

Savigny, Christophe de. *Tableaux accomplis de tous les arts libéraux.* Paris: Frères de Gourmont, 1587. **647**

Savino, Giancarlo. "La libreria di Sozomeno da Pistoia." *Rinascimento,* 2d ser., 16 (1976): 159–72. **296, 642**

Savonarola, Raffaello. *Universus terrarum orbis scriptorum . . .* Padua: Frambotti, 1713. **279**

Sawday, Jonathan. *The Body Emblazoned: Dissection and the Human Body in Renaissance Culture.* London: Routledge, 1995. **68, 79**

Saxl, Fritz. "Beiträge zu einer Geschichte der Planetendarstellungen im Orient und im Okzident." *Der Islam: Zeitschrift für Geschichte und Kultur des Islamishen Orients* 3 (1912): 151–77. **124**

———. *Verzeichnis astrologischer und mythologischer illustrierter Handschriften des lateinischen Mittelalters.* 4 vols. 1915–66. Vol. 1, *[Die Handschriften] in römischen Bibliotheken.* Heidelberg: Carl Winters Universitätsbuchhandlung, 1915. Vol. 2, *Die Handschriften der National-Bibliothek in Wien.* Heidelberg: Carl Winters Universitätsbuchhandlung, 1927. Vol. 3, in two parts, with Hans Meier, *Handschriften in Englischen Bibliotheken.* London: Warburg Institute, 1953. Vol. 4, by Patrick McGurk, *Astrological Manuscripts in Italian Libraries (Other than Rome).* London: Warburg Institute, 1966. **100, 106, 109, 110, 307, 313**

Saxton, Christopher. [Atlas of England and Wales]. London, 1579. **632**

———. *Christopher Saxton's 16th Century Maps: The Counties of England and Wales.* Intro. W. L. D. Ravenhill. Shrewsbury: Chatsworth Library, 1992. **1623, 1627, 1628, 1629, 1630**

Sayle, C. "Reynold Wolfe." *Transactions of the Bibliographical Society* 13 (1916): 171–92. **1694**

Scafi, Alessandro. *Mapping Paradise: A History of Heaven on Earth.* Chicago: University of Chicago, 2006. **16, 388**

Scalamonti, Francesco. *Vita viri clarissimi et famosissimi Kyriaci Anconitani.* Ed. and trans. Charles Mitchell and Edward W. Bodnar. Philadelphia: American Philosophical Society, 1996. **310, 311**

Scammell, G. V. "Manning the English Merchant Service in the Sixteenth Century." *Mariner's Mirror* 56 (1970): 131–54. **523**

Scamozzi, Vincenzo. *L'idea della architettura universale.* Venice, 1615. **97**

Scappini, Cristiana, Maria Pia Torricelli, and Sandra Tugnoli Pattaro. *Lo studio Aldrovandi in Palazzo Pubblico (1617–1742).* Bologna: CLUEB, 1993. **650**

Scardeone, Bernardini. *Bernardini Scardeonii . . . De antiqvitate vrbis Patavii.* Basel: N. Episcopivm, 1560. **270**

Scattergood, John. "National and Local Identity: Maps and the English 'Country-House' Poem." *Graat* 22 (2000): 13–27. **414, 415**

Schaefer, Scott. "The Studiolo of Francesco I de' Medici in the Palazzo Vecchio in Florence." Ph.D. diss., Bryn Mawr College, 1976. **819**

Schaer, Roland, ed. *Tous les savoirs du monde: Encyclopédies et bibliothèques, de Sumer au XXIe siècle.* Paris: Bibliothèque Nationale de France / Flammarion, 1996. **637**

Schäfer, Ernst. *El Consejo Real y Supremo de las Indias: Su historia, organización y labor administrativa hasta la terminación de la Casa de Austria*. 2 vols. Trans. Ernst Schäfer. 1935–47. Reprinted Nendeln, Liechtenstein: Kraus Reprint, 1975. **1096, 1117, 1119**

Schäfer, Karl. "Leben und Werk des Korbacher Kartographen Joist Moers." *Geschichtsblätter für Waldeck* 67 (1979): 123–77. **1227**

Schäfer, Walter E. Review of *Utopia*, by Jacob Bidermann. *Arbitrium: Zeitschrift für Rezensionen zur germanistischen Literaturwissenschaft* 3 (1986): 272–73. **448**

Scharfe, Wolfgang. "Max Eckert's Kartenwissenschaft: The Turning Point in German Cartography." *Imago Mundi* 38 (1986): 61–66. **1175**

———, ed. *Gerhard Mercator und seine Zeit*. Duisburg: W. Braun, 1996. **1172**

Schedel, Hartmann. *Liber chronicarum*. Nuremberg, 1493. Reprinted as *Weltchronik: Kolorierte Gesamtausgabe von 1493*. Ed. Stephan Füssel. Cologne: Taschen, 2001. **383, 439, 581**

Scheible, Heinz. *Melanchthon: Eine Biographie*. Munich: C. H. Beck, 1997. **1208**

Scheible, Heinz, et al., eds. *Melanchthons Briefwechsel: Kritische und kommentierte Gesamtausgabe*. Stuttgart: Frommann-Holzboog, 1977–. **1208**

Scheiner, Christoph. *Rosa ursina*. Bracciano, 1630. **129**

Scheiner, Christoph, and Johannes Georgius Locher. *Disquisitiones mathematicae de controversiis et novitatibus astronomicis*. Ingolstadt, 1614. **129**

Scheler, Lucien. "La navigabilité de la Vilaine au XVIe siècle." *Bibliothèque d'Humanisme et Renaissance: Travaux et Documents* 7 (1945): 76–94. **1530**

Scheuch, Manfred. *Historischer Atlas Deutschland: Vom Frankenreich bis zur Wiedervereinigung*. Vienna: C. Brandstätter, 1997. **1172**

Schewe, Roland. "Das Gestell des Behaim-Globus." In *Focus Behaim Globus*, 2 vols., 1:279–88. Nuremberg: Germanisches Nationalmuseums, 1992. **146**

Schickard, Wilhelm. *Astroscopium, pro facillima stellarum cognitione noviter excogitatum*. Tübingen, 1623. Nordlingae, 1655. **379**

———. *Kurtze Anweisung wie künstliche Landtafeln auß rechtem Grund zu machen und die biß her begangne Irrthumb zu verbessern, sampt etlich new erfundenen Vortheln, die Polus Hoehin auffs leichtest und doch scharpff gnug zu forschen*. Tübingen, 1669. **485, 494**

Schilder, Günter. *Australia Unveiled: The Share of the Dutch Navigators in the Discovery of Australia*. Trans. Olaf Richter. Amsterdam: Theatrum Orbis Terrarum, 1976. **1369, 1433**

———. "Organization and Evolution of the Dutch East India Company's Hydrographic Office in the Seventeenth Century." *Imago Mundi* 28 (1976): 61–78. **1426, 1433, 1443, 1461**

———. "Willem Janszoon Blaeu's Map of Europe (1606), a Recent Discovery in England." *Imago Mundi* 28 (1976): 9–20. **1423, 1424**

———. *The World Map of 1624*. Amsterdam: N. Israel, 1977. **1349**

———. "Die Entdeckung Australiens im niederländischen Globusbild des 17. Jahrhunderts." *Der Globusfreund* 25–27 (1978): 183–94. **1369**

———. *The World Map of 1669 by Jodocus Hondius the Elder & Nicolaas Visscher*. Amsterdam: Nico Israel, 1978. **1311, 1313, 1350**

———. "Willem Jansz. Blaeu's Wall Map of the World, on Mercator's Projection, 1606–07 and Its Influence." *Imago Mundi* 31 (1979): 36–54. **378**

———. "The Globes by Pieter van den Keere." *Der Globusfreund* 28–29 (1980): 43–62. **1367**

———. "Pieter van den Keere, een goochelaar met koperplaten." *Kartografisch Tijdschrift* 6, no. 4 (1980): 18–29. **1314, 1338**

———. "The Cartographical Relationships between Italy and the Low Countries in the Sixteenth Century." *Map Collector* 17 (1981): 2–8. **1300, 1302**

———. "Een handelskaart van Europa uit 1602: Een Nederlandse bijdrage aan de historisch-thematische kartografie." *Kartografisch Tijdschrift* 7 (1981): 35–40. **1416**

———. "Een Nederlands kartografisch meesterwerk in Sydney: Evert Gijsbertsz.' kaart van de Indische Oceaan, 1599." *Bulletin van de Vakgroep Kartografie* (Utrecht, Geografisch Instituut der Rijksuniversiteit) 14 (1981): 57–62. **1419**

———. *Three World Maps by Francois van den Hoeye of 1661, Willem Janszoon (Blaeu) of 1607, Claes Janszoon Visscher of 1650*. Amsterdam: N. Israel, 1981. **1280, 1349, 1412, 1420**

———. *Plaatsbepaling: De oude kaart in zijn verscheidenheid van toepassingen*. Amsterdam: Nico Israel, 1982. **1413**

———. "Een belangrijke 16e eeuwse atlas van de Nederlanden gepubliceerd door Frans Hogenberg." *Kartografisch Tijdschrift* 10, no. 2 (1984): 39–46. **1338**

———. "Development and Achievements of Dutch Northern and Arctic Cartography in the Sixteenth and Seventeenth Centuries." *Arctic* 37 (1984): 493–514. **1367, 1428**

———. "De Noordhollandse cartografenschool." In *Lucas Jansz. Waghenaer van Enckhuysen: De maritieme cartografie in de Nederlanden in de zestiende en het begin van de zeventiende eeuw*, 47–72. Enkhuizen: Vereniging "Vrienden van het Zuiderzeemuseum," 1984. **1311, 1392, 1413, 1416, 1422, 1433, 1742**

———. "The Cartographical Relationships between Italy and the Low Countries in the Sixteenth Century." In *Imago et Mensura Mundi: Atti del IX Congresso Internazionale di Storia della Cartografia*, 3 vols., ed. Carla Clivio Marzoli, 1:265–77. Rome: Istituto della Enciclopedia Italiana, 1985. **791**

———. "Jodocus Hondius, Creator of the Decorative Map Border." *Map Collector* 32 (1985): 40–43. **1311, 1637, 1659, 1705**

———. *Monumenta cartographica Neerlandica*. Alphen aan den Rijn: Canaletto, 1986–. **557, 593, 594, 596, 791, 805, 1230, 1246, 1257, 1258, 1261, 1267, 1268, 1269, 1270, 1271, 1278, 1285, 1296, 1300, 1301, 1302, 1303, 1304, 1305, 1307, 1309, 1310, 1311, 1312, 1313, 1314, 1315, 1322, 1323, 1326, 1328, 1331, 1338, 1342, 1343, 1345, 1346, 1347, 1348, 1349, 1350, 1351, 1353, 1354, 1355, 1356, 1361, 1376, 1378, 1380, 1382, 1384, 1386, 1389, 1391, 1392, 1393, 1394, 1395, 1396, 1399, 1407, 1408, 1409, 1410, 1411, 1412, 1413, 1414, 1422, 1423, 1424, 1425, 1426, 1430, 1433, 1438, 1610, 1631, 1637, 1657, 1697**

———. "Niederländische 'Germania'-Wandkarten des 16. und 17. Jahrhunderts." *Speculum Orbis* 2 (1986): 3–24. **1346**

———. "Spitsbergen in de spiegel van de kartografie: Een verkenning van de ontdekking en kartering." In *Walvisvaart in de Gouden Eeuw: Opgravingen op Spitsbergen*, exhibition catalog, 30–48. Amsterdam: De Bataafsche Leeuw, 1988. **1428**

———. "The Chart of Europe in Four Sheets of 1589 by Lucas Jansz Waghenaer." In *Theatrum Orbis Librorum: Liber Amicorum Presented to Nico Israel on the Occasion of His Seventieth Birthday*, ed. Ton Croiset van Uchelen, Koert van der Horst, and Günter Schilder, 78–93. Utrecht: HES, 1989. **1408, 1416**

———. "Ghesneden ende ghedruckt inde Kalverstraet: De Amsterdamse kaarten- en atlassenuitgeverij tot in de negentiende eeuw, een overzicht." In *Gesneden en gedrukt in de Kalverstraat: De kaarten- en atlassendrukkerij in Amsterdam tot in de 19^{e} eeuw*, ed. Paul van den Brink and Jan W. H. Werner, 11–20. Utrecht: HES, 1989. **1305**

———. "An Unrecorded Set of Thematic Maps by Hondius." *Map Collector* 59 (1992): 44–47. **1311, 1705**

———. *Pieter van den Keere, Nova et accurata geographica descriptio inferioris Germaniae (Amsterdam, 1607)*. Alphen aan den Rijn: Canaletto, 1993. **1311, 1355**

———. "The Wall Maps by Abraham Ortelius." In *Abraham Ortelius and the First Atlas: Essays Commemorating the Quadricentennial of His Death, 1598–1998,* ed. M. P. R. van den Broecke, Peter van der Krogt, and Peter H. Meurer, 93–123. 't Goy-Houten: HES, 1998. 1343

———. "Der 'Riesen'-Atlas in London: Ein Spiegel der niederländischen Wandkartenproduktion um 1660." In *8. Kartographiehistorisches Colloquium Bern, 3.–5. Oktober 1996: Vorträge und Berichte,* ed. Wolfgang Scharfe, 55–74. Murten: Cartographica Helvetica, 2000. **1354, 1355, 1356**

———. "Unknown Steps in the Arctic Sea: The Voyage by Mouris Willemsz (1608 or earlier)." In *Accurata descriptio,* 403–18. Stockholm: Kungl. Biblioteket, 2003. **1413**

———. "Mr. Joris Carolus (ca. 1566–ca. 1636), 'Stierman ende caertschryver tot Enchuysen.'" In *Koersvast: Vijf eeuwen navigatie op zee,* 46–59. Zaltbommel: Aprilis, 2005. **1421**

Schilder, Günter, and Helen Wallis. "Speed Military Maps Discovered." *Map Collector* 48 (1989): 22–26. **1637, 1659, 1707**

Schilder, Günter, and James A. Welu. *The World Map of 1611 by Pieter van den Keere.* Amsterdam: Nico Israel, 1980. **1311, 1313, 1314, 1350**

Schilder, Günter, Peter van der Krogt, and Steven de Clercq, eds. *Marcel Destombes (1905–1983): Contributions sélectionnées à l'histoire de la cartographie et des instruments scientifiques.* Utrecht: HES, 1987. **1424**

"Schilderijen behoorende aan de oostindische comp^{e}." *De Navorscher* 14 (1864): 211. **1460**

Schiller, Julius. *Coelum stellatum christianum concavum.* Augsburg, 1627. **118, 119**

Schilling, Friedrich. "Sebastian Münsters Karte des Hegaus und Schwarzwaldes von 1537: Ein Einblattdruck aus der Bibliotheca Casimiriana zu Coburg." *Jahrbuch der Coburger Landesstiftung,* 1961, 117–38. **1211**

Schilling, Michael. *Imagines Mundi: Metaphorische Darstellungen der Welt in der Emblematik.* Bern: Lang, 1979. **438**

Schiltkamp, Jacob Adriaan, and Jacobus Thomas de Smidt, eds. *Plakaten, ordonnantiën en andere wetten, uitgevaardigd in Suriname, 1667–1816.* 2 vols. Amsterdam: S. Emmering, 1973. **1456**

Schipa, Michelangelo. "Una pianta topografica di Napoli del 1566." *Napoli nobilissima* 4 (1895): 161–66. Republished in *Il Bollettino del Comune di Napoli* 4–6 (1913): VII–XXI. **943**

Schleier, Reinhart. *Tabula Cebetis; oder, "Spiegel des Menschlichen Lebens / darin Tugent und untugend abgemalet ist."* Berlin: Mann, [1973]. **446**

Schlosser, Julius Ritter von. *Die Kunst- und Wunderkammern der Spätrenaissance: Ein Beitrag zur Geschichte des Sammelwesens.* Leipzig: Klinkhardt and Biermann, 1908. In Italian, *Raccolte d'arte e di meraviglie del tardo Rinascimento.* Trans. Paola Di Paolo. Florence: Sansoni, 1974. **277, 648**

Schmeidler, Felix. "Regiomontans Wirkung in der Naturwissenschaft." In *Regiomontanus-Studien,* ed. Günther Hamann, 75–90. Vienna: Verlag der Österreichischen Akademie der Wissenschaften, 1980. **338**

———, ed. *Joannis Regiomontani opera collectanea.* Osnabrück: Zeller, 1949 and 1972. **1178**

Schmidt, Benjamin. "Mapping an Empire: Cartographic and Colonial Rivalry in Seventeenth-Century Dutch and English North America." *William and Mary Quarterly,* 3d ser., 54 (1997): 549–78. **1434**

———. *Innocence Abroad: The Dutch Imagination and the New World, 1570–1670.* Cambridge: Cambridge University Press, 2001. **1434**

Schmidt, C. "Mathias Ringmann (Philésius), humaniste alsacien et lorrain." *Mémoires de la Société d'Archéologie Lorraine,* 3d ser., 3 (1875): 165–233. **1204**

Schmidt, Fritz. *Geschichte der geodätischen Instrumente und Verfahren im Altertum und Mittelalter.* 1935. Reprinted Stuttgart: Konrad Wittwer, 1988. **492, 493**

Schmidt, Gerhard, and Sigrid Hufeld. "Ein Superatlas aus Rostock." *Wissenschaftliche Zeitschrift der Universität Rostock* 5 (1966): 875–90. **1356**

Schmidt, Rudolf. "Katalog: Erd- und Himmelsgloben, Armillarsphaeren, Tellurien Planetarien." *Der Globusfreund* 24 (1977): 1–52. **166, 171, 173**

Schmitt, Charles B. *John Case and Aristotelianism in Renaissance England.* Kingston: McGill–Queen's University Press, 1983. **422, 625**

Schmitt, Jean-Claude. "Les images classificatrices." *Bibliothèque de l'École des Chartes* 147 (1989): 311–41. **33**

Schnapp, Alain. *La Conquête du passé: Aux origines de l'archéologie.* Paris: Éditions Carré, 1993. **648, 657**

Schnapper, Antoine. "The King of France as Collector in the Seventeenth Century." *Journal of Interdisciplinary History* 17 (1986): 185–202. **653**

Schnarr, Hermann. *Modi essendi: Interpretationen zu den Schriften De docta ignorantia, De coniecturis und De venatione sapientiae von Nikolaus von Kues.* Münster: Aschendorff, 1973. **1184**

Schnebelin, Johann Andreas. *Erklaerung der wunder-seltzamen Land-Charten Utopiae . . .* [Nuremberg], [1694?]. **438**

Schneider, Ivo. "The Relationship between Descartes and Faulhaber in the Light of Zilsel's Craft/Scholar Thesis." Paper presented at the Zilsel Conference, Berlin, 1998. In *Reappraisals of the Zilsel Thesis,* ed. Deiderick Raven and Wolfgang Krahn. Philadelphia, forthcoming. **634**

Schnelbögl, Fritz. *Dokumente zur Nürnberger Kartographie.* Exhibition catalog. Nuremberg: Stadtbibliothek, 1966. **1193, 1222**

———. "Life and Work of the Nuremberg Cartographer Erhard Etzlaub (†1532)." *Imago Mundi* 20 (1966): 11–26. **358, 730, 1194**

Schofield, John, ed. *The London Surveys of Ralph Treswell.* London: London Topographical Society, 1987. **1615, 1648, 1652, 1698**

Schöller, Bernadette. "Arbeitsteilung in der Druckgraphik um 1600: Die 'Epideigma' des Stephan Broelmann." *Zeitschrift für Kunstgeschichte* 54 (1991): 406–11. **1242**

———. *Kölner Druckgraphik der Gegenreformation: Ein Beitrag zur Geschichte religiöser Bildpropaganda zur Zeit der Glaubenskämpfe mit einem Katalog der Einblattdrucke des Verlages Johann Bussemacher.* Cologne: Kölnisches Stadtmuseum, 1992. **1235**

Scholten, F. W. J. *Militaire topografische kaarten en stadsplattegronden van Nederland, 1579–1795.* Alphen aan den Rijn: Canaletto, 1989. **1286, 1287, 1288, 1290, 1306**

Scholtz, Harald. *Evangelischer Utopismus bei Johann Valentin Andreä: Ein geistiges Vorspiel zum Pietismus.* Stuttgart: W. Kohlhammer, 1957. **442**

Schonaerts, Roger, and Jean Mosselmans, eds. *Les géomètres-arpenteurs du XVIe au XVIIIe siècle dans nos provinces.* Exhibition catalog. Brussels: Bibliothèque Royale Albert Ier, 1976. **710**

Schöner, Christoph. *Mathematik und Astronomie an der Universität Ingolstadt im 15. und 16. Jahrhundert.* Berlin: Duncker und Humblot, 1994. **143, 149, 156, 158, 346, 500, 501, 1190, 1198**

Schöner, Johannes. *Luculentissima quaedam terrae totius descriptio.* Nuremberg: Johannes Stuchs, 1515. **351**

———. *Opusculum geographicum.* Nuremberg, 1553. **366**

"Schöner, Johannes." In *Lexikon zur Geschichte der Kartographie,* 2 vols., ed. Ingrid Kretschmer, Johannes Dörflinger, and Franz Wawrik, 2:711–12. Vienna: Franz Deuticke, 1986. **1198**

Schoorl, Henk. *Zeshonderd jaar water en land: Bijdrage tot de historische geo- en hydrografie van de Kop van Noord-Holland in de periode 1150–1750.* Groningen: Wolters-Noordhoff, 1973. **1264**

———. *Ballade van Texel: Texel en omgeving in het midden van de zestiende eeuw: Toelichting bij de reproduktie van een kaartfragment.* Den Burg: Het Open Boek, 1976. **1267**

———. *Kust en kaart: Artikelen over het kaartbeeld van het Noordhollandse kustgebied.* Schoorl: Pirola, 1990. **1267**

Schoorl, Henk, et al. *Holland in de dertiende eeuw: Leven, wonen en werken in Holland aan het einde van de dertiende eeuw.* The Hague: Nijhoff, 1982. **1266**

Schottenloher, Karl. "Jakob Ziegler aus Landau an der Isar." *Reformationsgeschichtliche Studien und Texte,* vols. 8–10 (1910). **1218, 1785**

———. "Der Mathematiker und Astronomer Johann Werner aus Nürnberg, 1466–1522." In *Hermann Grauert: Zur Vollendung des 60. lebensjahres,* ed. Max Jansen, 147–55. Feiburg: Herder, 1910. **357**

Schramm, Matthias. "Ansätze zu einer darstellenden Geometrie bei Schickard." In *Wissenschaftsgeschichte um Wilhelm Schickard,* ed. Friedrich Seck, 21–50. Tübingen: J. C. B. Mohr [Paul Siebeck], 1981. **484**

Schramm, Percy Ernst. *Sphaira, Globus, Reichsapfel: Wanderung und Wandlung eines Herrschaftszeichens von Caesar bis zu Elisabeth II.* Stuttgart: A. Hiersemann, 1958. **139, 149, 164, 173**

Schrire, D. *Adams' & Pine's Maps of the Spanish Armada.* London: Map Collectors' Circle, 1963. **1701**

Schroor, Meindert, and Charles van den Heuvel. *De Robles atlassen: Vestingbouwkundige plattegronden uit de Nederlanden en een verslag van een veldtocht in Friesland in 1572.* Leeuwarden: Rijksarchief in Friesland, 1998. **1283**

Schuckman, Christiaan. *Claes Jansz. Visscher to Claes Jansz. Visscher II.* Roosendaal: Koninklijke Van de Poll, 1991. **1278**

———. "Kaarten, gezichten en historieprenten van Claes Jansz. Visscher en zijn zonen in de Hollstein-reeks." *Caert-Thresoor* 10 (1991): 61–65. **1315**

Schukking, W. H. "Over den ouden vestingbouw in Nederland in de zestiende, zeventiende en achttiende eeuw." *Oudheidkundig Jaarboek,* 4th ser., vol. 6, no. 6 (1937): 1–26. **1288**

Schulz, Anne Markham. "Giovanni Andrea Valvassore and His Family in Four Unpublished Testaments." In *Artes Atque Humaniora: Studia Stanislao Mossakowski Sexagenerio dicata,* 117–25. Warsaw: Instytut Sztuki Polskiej Akademii Nauk, 1998. **780**

Schulz, Eva. "Notes on the History of Collecting and of Museums in the Light of Selected Literature of the Sixteenth to the Eighteenth Century." *Journal of the History of Collections* 2 (1990): 205–18. **650, 651**

Schulz, Herbert Clarence. "An Elizabethan Map of Wotton Underwood, Buckinghamshire." *Huntington Library Quarterly* 3 (1939): 43–46. **707**

———. "A Shakespeare Haunt in Bucks?" *Shakespeare Quarterly* 5 (1954): 177–78. **707**

Schulz, Juergen. "Cristoforo Sorte and the Ducal Palace of Venice." *Mitteilungen des Kunsthistorischen Institutes in Florenz* 10 (1961–63): 193–208. **902**

———. "Pinturicchio and the Revival of Antiquity." *Journal of the Warburg and Courtauld Institutes* 25 (1962): 35–55. **825**

———. "The Printed Plans and Panoramic Views of Venice (1486–1797)." *Saggi e Memorie di Storia dell'Arte* 7 (1970): 9–182. **788, 797, 798**

———. "New Maps and Landscape Drawings by Cristoforo Sorte." *Mitteilungen des Kunsthistorischen Institutes in Florenz* 20 (1976): 107–26. **685, 902**

———. "Jacopo de' Barbari's View of Venice: Map Making, City Views, and Moralized Geography before the Year 1500." *Art Bulletin* 60 (1978): 425–74. **16, 385, 409, 681, 719, 731, 780, 932, 1589, 1590, 1650**

———. "Maps as Metaphors: Mural Map Cycles of the Italian Renaissance." In *Art and Cartography: Six Historical Essays,* ed. David Woodward, 97–122. Chicago: University of Chicago Press, 1987. **395, 641, 649, 680, 804, 1621**

———. *La cartografia tra scienza e arte: Carte e cartografi nel Rinascimento italiano.* Modena: F. C. Panini, 1990. **804, 808, 809, 814, 816, 819, 823, 854, 855, 902, 932**

Schulze, Werner. *Zahl, Proportion, Analogie: Eine Untersuchung zur Metaphysik und Wissenschaftshaltung des Nikolaus von Kues.* Münster: Aschendorff, 1978. **1184**

Schumacher, Heinrich. "Ubbo Emmius: Trigonometer, Topograph und Kartograph—Unter besonderer Berücksichtigung neuer Forschungsergebnisse." In *Ubbo Emmius: Een Oostfries geleerde in Groningen = Ubbo Emmius: Ein Ostfriesischer Gelehrter in Groningen,* ed. W. J. Kuppers, 146–65. Groningen-Emden: REGIO Projekt, 1994. Also published in *Jahrbuch der Gesellschaft für bildende Kunst und vaterländische Altertümer zu Emden* 73–74 (1993–94): 115–49. **1241, 1269**

Schuster, Margit, ed. *Jakob Bidermanns 'Utopia': Edition mit Übersetzung und Monographie.* 2 vols. Bern: Peter Lang, 1984. **448**

Schütte, Josef Franz. "Japanese Cartography at the Court of Florence: Robert Dudley's Maps of Japan, 1606–1636." *Imago Mundi* 23 (1969): 29–58. **1733**

Schütte, Margret. *Die Galleria delle Carte Geografiche im Vatikan: Eine ikonologische Betrachtung des Gewölbeprogramms.* Hildesheim: G. Olms, 1993. **823**

Schwartner, Martin von. *Statistik des Königreichs Ungern.* Pest: M. Trattner, 1798. **1821**

Schwartz, Seymour I., and Ralph E. Ehrenberg. *The Mapping of America.* New York: Abrams, 1980. **1198**

Schwartzberg, Joseph E. "Conclusion" [South Asian]. In *HC* 2.1:504–9. **1014**

———. "Cosmographical Mapping" [South Asian]. In *HC* 2.1:332–87. **82, 1014**

———. "Geographical Mapping" [South Asian]. In *HC* 2.1:388–493. **1014**

———. "Introduction to South Asian Cartography." In *HC* 2.1:295–331. **1014**

———. "Nautical Maps" [South Asian]. In *HC* 2.1:494–503. **1014**

———. "Conclusion to Southeast Asian Cartography." In *HC* 2.2:839–42. **1014**

———. "Cosmography in Southeast Asia." In *HC* 2.2:701–40. **1014**

———. "Introduction to Southeast Asian Cartography." In *HC* 2.2:689–700. **746, 1014**

———. "Southeast Asian Geographical Maps." In *HC* 2.2:741–827. **746, 1014**

———. "Southeast Asian Nautical Maps." In *HC* 2.2:828–38. **1014**

Schweickher, Heinrich. *Der Atlas des Herzogtums Württemberg vom Jahre 1575.* Ed. Wolfgang Irtenkauf. Facsimile with introduction. Stuttgart: Müller und Schindler, 1979. **1225**

Schwenter, Daniel. *Geometriae practicae novae tractatus.* Nuremberg, 1617 and 1641. **499**

———. *Ohne einig künstlich geometrisch Instrument allein mit der Meßruten und etlichen Stäben das Land zu messen.* 2d ed. Nuremberg, 1623. **487, 488**

———. *Mensula Praetoriana: Beschreibung deß nutzlichen geometrischen Tischleins, von dem Mathematico M Johanne Praetorio S. erfunden.* Nuremberg, 1626. **486, 498**

Scotoni, Lando. "La Campagna Romana in una pittura geografica del 1629." *Rivista Geografica Italiana* 78 (1971): 204–14. **915**

———. *Le tenute della Campagna Romana nel 1660: Saggi di ricostruzione cartografica.* Tivoli: Società Tiburtina di Storia e d'Arte, 1986. **931**

———. "Una sconosciuta carta manoscritta della Strada Flaminia (1661)." *Rendiconte dell'Accademia Nazionale dei Lincei, Classe di Scienze Morali, Storiche e Filologiche,* ser. 9, vol. 2 (1991): 79–101. **927**

Scott, Valerie G. "Map of Russia Revealed at Conference." *Map Collector* 48 (1989): 38–39. **1610**

Scotti, Aurora. "La cartografia lombarda: Criteri di rappresentazione, uso e destinazione." In *Lombardia: Il territorio, l'ambiente, il paesaggio,* ed. Carlo Pirovano, vol. 3, 37–124. Milan: Electa, 1982. **905**

Scotti, Giulio Clemente. *Monarchia Solipsorum.* Venice, 1645. **448**

Scriptores astronomici veteres. 2 vols. Venice: Aldus Manutius, 1499. **110**

Scrofani, Saverio. *Memoria su le misure e pesi d'Italia, in confronto col sistema metrico francese.* Naples: Monitore delle Due Sicilie, 1812. **944**

Seaton, Ethel. "Marlowe's Map." *Essays and Studies by Members of the English Association* 10 (1924): 13–35. **420**

———. "Fresh Sources for Marlowe." *Review of English Studies* 5 (1929): 385–401. **420**

Seaver, Kirsten A. "Norumbega and *Harmonia Mundi* in Sixteenth-Century Cartography." *Imago Mundi* 50 (1998): 34–58. **59, 756, 1774**

———. "Renewing the Quest for Vinland: The Stefánsson, Resen, and Thorláksson Maps." *Mercator's World* 5, no. 5 (2000): 42–49. **1792**

Sebillet, Thomas. *Art poétique françois.* In *Traités de poétique et de rhétorique de la Renaissance,* ed. Francis Goyet, 37–183. Paris: Librairie Générale Française, 1990. **434**

Seed, Patricia. "Taking Possession and Reading Texts: Establishing the Authority of Overseas Empires." *William and Mary Quarterly,* 3d ser., 49 (1992): 183–209. **1755**

———. *Ceremonies of Possession in Europe's Conquest of the New World, 1492–1640.* Cambridge: Cambridge University Press, 1995. **19**

Seelig, Lorenz. "The Munich *Kunstkammer,* 1565–1807." In *The Origins of Museums: The Cabinet of Curiosities in Sixteenth- and Seventeenth-Century Europe,* ed. O. R. Impey and Arthur MacGregor, 76–89. Oxford: Clarendon, 1985. **650**

Segatto, Filiberto. *Un' immagine quattrocentesca del mondo: La Sfera del Dati.* Rome: Accademia Nazionale dei Lincei, 1983. **267**

Segni e sogni della terra: Il disegno del mondo dal mito di Atlante alla geografia delle reti. Exhibition catalog. Novara: De Agostini, 2001. **344, 1650**

Segura, Jacinto. *Norte crítico.* Valencia, 1733. Reprinted Alicante: Instituto de Cultura "Jean Gil-Albert," Diputación Provincial de Alicante, 2001. **474**

Segurado, Jorge. *Francisco d'Ollanda: Da sua vida e obras . . .* Lisbon: Edições Excelsior, 1970. **89, 720, 1016, 1052**

Seibt, Ferdinand. "Die Gegenreformation: Stiblinus 1556." In *Utopica: Modelle totaler Sozialplanung,* 104–19. Düsseldorf: L. Schwann, 1972. Reprinted Munich: Orbis, 2001. **439**

Seidel, Hans-Jochen, and Christian Gastgeber. "Wittenberger Humanismus im Umkreis Martin Luthers und Philipp Melanchthons: Der Mathematiker Erasmus Reinhold d. Ä., sein Wirken und seine Würdigung durch Zeitgenossen." *Biblos* 46 (1997): 19–51. **1209**

Seifert, Traudl. *Caspar Vopelius: Rheinkarte von 1555.* Stuttgart: Müller und Schindler, 1982. **1221**

Seipel, Wilfried, ed. *Der Kriegszug Kaiser Karls V. gegen Tunis: Kartons und Tapisserien.* Vienna: Kunsthistorisches Museum, 2000. **1659**

Seller, John. *Atlas Maritimus; or, A Book of Charts Describing the Sea-Coasts . . . in Most of the Knowne Parts of the World.* London: John Darby, 1675. **1402**

[———]. *The English Pilot: The Fourth Book, London, 1689.* Intro. Coolie Verner. Amsterdam: Theatrum Orbis Terrarum, 1967. **1402**

Selm, B. van. *Een menighte treffelijcke boecken: Nederlandse boekhandelscatalogi in het begin van de zeventiende eeuw.* Utrecht: HES, 1987. **1309, 1394**

Selve, Odet de. *Correspondance de Odet de Selve, ambassadeur de France en Angleterre (1546–1549).* Paris: Félix Alcan, 1888. **1729**

Semenov, Yuriy Nikolaevich. *Die Eroberung Sibiriens: Ein Epos menschlicher Leidenschaften, der Roman eines Landes.* Berlin, 1937. **1880**

Serbina, K. N. "Istochniki 'Knigi Bol'shogo chertëzha.'" *Istoricheskiye Zapiski* 23 (1947): 290–324. **1856**

———, ed. *Kniga Bol'shomu chertëzhu.* Moscow-Leningrad, 1950. **1865**

Serebrennikov, I. I. *Irkutskaya guberniya v izobrazhenii "Chertëzhnoy knigi Sibiri" S. U. Remezova.* Irkutsk, 1913. **1890, 1902**

Sereno, Paola. "Paesaggio agrario, agrimensura e geometrizzazione dello spazio: La Perequazione Generale del Piemonte e la formazione del 'Catasto Antico.'" In *Fonti per lo studio del paesaggio agrario,* ed. Roberta Martinelli and Lucia Nuti, 284–96. Lucca: CISCU, 1981. **852**

———. "Per una storia della 'Corografia delle Alpi Marittime' di Pietro Gioffredo." In *La scoperta delle Marittime: Momenti di storia e di alpinismo,* ed. Rinaldo Comba, Mario Cordero, and Paola Sereno, 37–55. Cuneo: L'Arciere, 1984. **850**

———. "I cabrei." In *L'Europa delle carte: Dal XV al XIX secolo, autoritratti di un continente,* ed. Marica Milanesi, 58–61. Milan: G. Mazzotta, 1990. **1529**

———. "Vigne ed alteni in Piemonte nell'età moderna." In *Vigne e vini nel Piemonte moderno,* 2 vols., ed. Rinaldo Comba, 1:19–46. Cuneo: L'Arciere, 1992. **837**

———. "Pedemontium et Monsferratus." In *La Galleria delle Carte Geografiche in Vaticano / The Gallery of Maps in the Vatican,* 3 vols., ed. Lucio Gambi and Antonio Pinelli, 1:275–82. Modena: Franco Cosimo Panini, 1994. **846**

———. "'Far riconoscer per misura giudiciale': La formazione dei cabrei e delle mappe cabreistiche." In *Il libro delle mappe dell'Arcidiacono Riperti: Un cabreo astigiano del Settecento,* ed. Paola Sereno, 19–41. Turin: Stamperia Artistica Nazionale, 2002. **853**

———. "Rappresentazione della proprietà fondiaria: I cabrei e la cartografia cabreistica." In *Rappresentare uno stato: Carte e cartografi degli stati sabaudi dal XVI al XVIII secolo,* 2 vols., ed. Rinaldo Comba and Paola Sereno, 1:143–61 and 2:76–94 (pls. 50–55). Turin: Allemandi, 2002. **853**

———. "'Se volesti descrivere il Piemonte': Giovan Francesco Peverone e la cartografia come arte liberale." In *Rappresentare uno stato: Carte e cartografi degli stati sabaudi dal XVI al XVIII secolo,* 2 vols., ed. Rinaldo Comba and Paola Sereno, 1:33–46. Turin: Allemandi, 2002. **840**

———. "Tra Piemonte, Liguria e Lombardia: Dalle rappresentazioni tolemaiche del Piemonte alle prime immagini moderne." In *Imago Italiae: La fabrica dell'Italia nella storia della cartografia tra Medioevo ed età moderna. Realtà, immagine ed immaginazione,* ed. Luciano Lago, 315–21. Trieste, 2003. **832**

Serpentini, Antoine Laurent. *La coltivatione: Gênes et la mise en valeur agricole de la Corse au XVIIe siècle: La décennie du plus grand effort, 1637–1647.* Ajaccio: Albiana, 1999. **866, 867, 868**

Sesti, Giuseppe Maria. *The Glorious Constellations: History and Mythology.* Trans. Karin H. Ford. New York: Harry N. Abrams, 1991. **99**

Seta, Cesare de. "The Urban Structure of Naples: Utopia and Reality." In *The Renaissance from Brunelleschi to Michelangelo: The Representation of Architecture,* ed. Henry A. Millon and Vittorio Magnago Lampugnani, 349–71. Milan: Bompiani, 1994. **773**

———. "La fortuna del 'ritratto di prospettiva' e l'immagine delle città italiane nel Rinascimento." In *"A volo d'uccello": Jacopo de' Barbari e le rappresentazioni di città nell'Europa del Rinascimento,* ed. Giandomenico Romanelli, Susanna Biadene, and Camillo Tonini, exhibition catalog, 28–37. Venice: Arsenale, 1999. **932**

———, ed. *Città d'Europa: Iconografia e vedutismo dal XV al XVIII secolo.* Naples: Electa Napoli, 1996. **680**

Settle, Thomas B. "Dante, the *Inferno* and Galileo." In *Pictorial Means in Early Modern Engineering, 1400–1650*, ed. Wolfgang Lefèvre, 139–57. Berlin: Max-Planck-Institut für Wissenschaftsgeschichte, 2002. **453**

Sève, Roger. "Une carte de Basse Auvergne de 1544–1545 et la demande d'agrégation aux bonnes villes présentée par Ambert." In *Mélanges géographiques offerts à Ph. Arbos*, 2 vols., 1:165–71. Paris: Les Belles Lettres, 1953. **1524**

Seversz., Jan. *De kaert vander zee van Jan Seuerszoon (1532): Het oudste gedrukte Nederlandsche leeskaartboek*. Ed. Johannes Knudsen. Copenhagen: G. E. C. Gads, 1914. **1386**

Severt, Jacques. *De orbis catoptrici: Sev mapparvm mvndi principiis, descriptione ac vsv, libri tres*. 2d ed. Paris: Lavrentivs Sonnivm, 1598. **365**

Seyssel, Claude de. *The Monarchy of France* [1515]. Trans. J. H. Hexter. Ed. Donald R. Kelley. New Haven: Yale University Press, 1981. **664**

Seznec, Jean. *The Survival of the Pagan Gods: The Mythological Tradition and Its Place in Renaissance Humanism and Art*. Trans. Barbara F. Sessions. New York: Pantheon, 1953. Reprinted Princeton: Princeton University Press, 1972. **83, 124**

Sgrooten, Christiaan. *Kaart van 1564 (1601) van Gelderland*. Intro. Bert van 't Hoff. Assen: Van Gorcum, 1957. **1346**

———. *Christiaan Sgroten's kaarten van de Nederlanden*. Intro. S. J. Fockema Andreae and Bert van 't Hoff. Leiden: Brill, 1961. **1233**

Shaaber, Matthias A. *Some Forerunners of the Newspaper in England, 1476–1622*. Philadelphia: University of Pennsylvania Press, 1929. **1705**

Shackelford, Jole. "Tycho Brahe, Laboratory Design, and the Aim of Science: Reading Plans in Context," *Isis* 84 (1993): 211–30. **97**

Shakespeare, William. *King Henry IV*. In *The Norton Shakespeare*, ed. Stephen Greenblatt et al., 1157–1224 ("The History of Henry the Fourth") and 1304–77 ("The Second Part of Henry the Fourth"). New York: W. W. Norton, 1997. **720**

———. *The Merchant of Venice*. In *The Norton Shakespeare*, ed. Stephen Greenblatt et al., 1090–1145. New York: W. W. Norton, 1997. **213**

———. *A Midsummer Night's Dream*. In *The Norton Shakespeare*, ed. Stephen Greenblatt et al., 805–63. New York: W. W. Norton, 1997. **125**

———. *Rape of Lucrece*. In *The Norton Shakespeare*, ed. Stephen Greenblatt et al., 641–82. New York: W. W. Norton, 1997. **416**

———. "Sonnet 68." In *The Norton Shakespeare*, ed. Stephen Greenblatt et al., 1945–46. New York: W. W. Norton, 1997. **416**

———. *Twelfth Night; or, What You Will*. In *The Norton Shakespeare*, ed. Stephen Greenblatt et al., 1768–1821. New York: W. W. Norton, 1997. **415**

Shalev, Zur. "Sacred Geography, Antiquarianism and Visual Erudition: Benito Arias Montano and the Maps in the Antwerp Polyglot Bible." *Imago Mundi* 55 (2003): 56–80. **442, 639, 820**

Shami, Jeanne. "John Donne: Geography as Metaphor." In *Geography and Literature: A Meeting of the Disciplines*, ed. William E. Mallory and Paul Simpson-Housley, 161–67. Syracuse: Syracuse University Press, 1987. **416**

Sharp, Robert L. "Donne's 'Good-Morrow' and Cordiform Maps." *Modern Language Notes* 69 (1954): 493–95. **416**

Sharpe, Kevin. *Sir Robert Cotton, 1586–1631: History and Politics in Early Modern England*. Oxford: Oxford University Press, 1979. **643**

Sheedy, Anna Toole. *Bartolus on Social Conditions in the Fourteenth Century*. New York: Columbia University Press, 1942. **49**

Shelby, Lonnie Royce. *John Rogers: Tudor Military Engineer*. Oxford: Clarendon, 1967. **729, 1601, 1606, 1607, 1608**

Sheppard, L. A. "The Printers of the Coverdale Bible, 1535." *Library*, 4th ser., 16 (1935–36): 280–89. **1696**

Sherman, William H. *John Dee: The Politics of Reading and Writing in the English Renaissance*. Amherst: University of Massachusetts Press, 1995. **421, 1618, 1758, 1759**

———. "Putting the British Seas on the Map: John Dee's Imperial Cartography." *Cartographica* 35, nos. 3–4 (1998): 1–10. **669, 1757, 1758, 1759, 1760, 1761**

———. "John Dee's Role in Martin Frobisher's Northwest Enterprise." In *Meta Incognita: A Discourse of Discovery: Martin Frobisher's Arctic Expeditions, 1576–1578*, 2 vols., ed. T. H. B. Symons, 1:283–98. Hull, Quebec: Canadian Museum of Civilization, 1999. **1758**

Shibanov, F. A. "'Bol'shoy chertëzh,' ili pervaya original'naya russkaya karta Moskovskogo gosudarstva." *Vestnik Leningradskogo Universiteta* 5 (1947): 99–102. **1864**

———. "'Bol'shoy chertëzh'—pervaya original'naya karta Moskovskogo gosudarstva." *Trudy Vtorogo Vsesoyuznogo Geograficheskogo S'yezda* 3 (1949): 272–80. **1866**

———. "O nekotorykh voprosakh iz istorii kartografii Sibiri XVII v." *Uchënyye Zapiski Leningradskogo gos. Universiteta, Seriya Geograficheskikh Nauk*, no. 5 (1949): 270–306. **1874, 1880, 1885**

———. *Ocherki po istorii otechestvennoy kartografii*. Leningrad, 1971. In English, *Studies in the History of Russian Cartography*. Ed. James R. Gibson. Trans. L. H. Morgan. Monograph 14–15, *Cartographica* 12 (1975). **1856**

Shiras, Winfield. "The Yale 'Lafréry Atlas.'" *Yale University Library Gazette* 9 (1935): 55–60. **803**

Shirley, John William. *Thomas Harriot: A Biography*. Oxford: Clarendon, 1983. **129, 1765**

———. "Science and Navigation in Renaissance England." In *Science and the Arts in the Renaissance*, ed. John William Shirley and F. David Hoeniger, 74–93. Washington, D.C.: Folger Shakespeare Library, 1985. **634**

Shirley, Rodney W. *Early Printed Maps of the British Isles, 1477–1650*. Rev. ed. East Grinstead: Antique Atlas, 1991. **1311, 1596, 1616, 1620, 1621, 1628, 1637, 1659, 1696, 1697, 1705, 1707, 1713**

———. "A Rare Italian Atlas at Hatfield House." *Map Collector* 60 (1992): 14–21. **603, 802**

———. "Something Old, Something New From Grenoble: A Collection of 16th Century Italian Maps." *IMCoS Journal* 50 (1992): 37–38 and 40. **799**

———. "Something Old, Something New From Lyon: A Further Collection of 16th Century Italian Maps." *IMCoS Journal* 55 (1993): 27–31. **799**

———. "Early Italian Atlas Maps in the Mercator Museum, Sint-Niklaas, Belgium." *IMCoS Journal* 60 (1995): 15–17. **799**

———. "Something Old, Something New from Paris and Nancy: Yet More Early and Rare Italiana, Including 14 Maps by Pagano or Vavassore." *IMCoS Journal* 67 (1996): 32–36. **780, 799**

———. "Old Atlases in the Library of Vilnius University—A Postscript." *IMCoS Journal* 68 (1997): 51–52. **801**

———. "Three Sixteenth-Century Italian Atlases from the former Austro-Hungarian Empire." *IMCoS Journal* 72 (1998): 39–43. **799, 800, 802**

———. "Karte der Britischen Inseln von 1513—Eine der ersten farbig gedruckten Karten." *Cartographica Helvetica* 20 (1999): 13–17. **1207**

———. "Updated News about Sixteenth-Century Italian Atlases." *IMCoS Journal* 80 (2000): 11–14. **799**

———. *The Mapping of the World: Early Printed World Maps, 1472–1700*. 4th ed. Riverside, Conn.: Early World, 2001. **3, 21, 59, 61, 65, 66, 69, 73, 75, 76, 82, 87, 89, 90, 98, 113, 115, 134,**

———. "A Lafreri Atlas in the Biblioteca Marucelliana, Florence." *IMCoS Journal* 100 (2005): 29–31. **801**

Shmidt, S. O., ed. *Opisi Tsarskogo Arkhiva XVI veka i Arkhiva Posol'skogo Prikaza 1614 goda.* Moscow, 1960. **1863**

Shrimplin-Evangelides, Valerie. "Sun-Symbolism and Cosmology in Michaelangelo's Last Judgement." *Sixteenth-Century Journal* 4 (1990): 607–44. **95**

Siborne, William. *Instructions for Civil and Military Surveyors in Topographical Plan-Drawing.* London: G. and W. B. Whittaker, 1822. **529**

Sicard, Patrice. *Diagrammes médiévaux et exégèse visuelle: Le Libellus de formation arche de Hugues de Saint-Victor.* Paris: Brepols, 1993. **34**

Sider, Sandra. *Maps, Charts, Globes: Five Centuries of Exploration. A New Edition of E. L. Stevenson's* Portolan Charts *and Catalogue of the 1992 Exhibition.* Exhibition catalog. New York: Hispanic Society of America, 1992. **1096, 1097, 1116, 1136**

Sidney, Philip. *An Apologie for Poetrie.* In *Elizabethan Critical Essays,* 2 vols., ed. G. Gregory Smith, 1:148–207. Oxford: Clarendon, 1904. **422**

———. *The Complete Works of Sir Philip Sidney.* 4 vols. Ed. Albert Feuillerat. Cambridge: Cambridge University Press, 1922–26. **423**

———. *The Poems of Sir Philip Sidney.* Ed. William A. Ringler. Oxford: Clarendon, 1962. **413**

Sieber-Lehmann, Claudius. "Albrecht von Bonstettens geographische Darstellung der Schweiz von 1479." *Cartographica Helvetica* 16 (1997): 39–46. **1181**

Siemoni, Walfredo. "L'immagine della città." In *Empoli: Città e territorio, vedute e mappe dal '500 al '900,* exhibition catalog, 115–61. Empoli: Editori dell'Acero, 1998. **938**

Sigmund, Paul E. *Nicholas of Cusa and Medieval Political Thought.* Cambridge: Harvard University Press, 1963. **1184**

Signot, Jacques. *La totale et vraie descriptiõ de tous les passaiges, lieux et destroictz par lesquelz on peut passer et entrer des Gaules es Ytalies.* Paris, 1515 (the date of the privilege). **582, 725**

Sigurðsson, Haraldur. *Kortasaga Íslands: Frá öndverðu til loka 16. aldar.* Reykjavík: Bókaútgáfa Menningarsjóðs og Þjóðvinafélagsins, 1971. **1422, 1784**

———. *Kortasaga Íslands frá lokum 16. aldar til 1848.* Reykjavík: Bókaútgáfa Menningarsjóðs og Þjóðvinafélagsins, 1978. **1792**

———. "Some Landmarks in Icelandic Cartography Down to the End of the Sixteenth Century." In *Unveiling the Arctic,* ed. Louis Rey, 389–401. Fairbanks: University of Alaska Press for the Arctic Institute of North America, 1984. **1783, 1784**

Sijmons, A. H. "Reuzen-atlassen." *Antiek* 6 (1972): 565–78. **1356**

———. *Nieuwe kaart van den Lande van Utrecht.* Alphen aan den Rijn: Canaletto, 1973. **1269**

Silió Cervera, Fernando. *La carta de Juan de la Cosa: Análisis cartográfico.* Santander: Instituto de Historia y Cultura Naval, Fundación Marcelino Botín, [1995]. **1110**

Silva, Luiz Augusto Rebello da, and António Ferrão, eds. *Corpo diplomatico portuguez contendo os actos e relações politicas e diplomaticas de Portugal com as diversas potencias do mundo.* Lisbon: Academia Real das Sciencias, 1862–1936. **1039**

Silveira, Luís. *Manuscritos portugueses da Biblioteca Estadual de Hamburgo.* Vol. 1 of *Portugal nos arquivos do estrangeiro.* Lisbon: Instituto para a Alta Cultura, 1946. **1036**

———. *Ensaio de iconografia das cidades portuguesas do ultramar.* 4 vols. Lisbon: [Junta de Investigações do Ultramar], 1955. **1020, 1024**

———, ed. *Livro das plantas das fortalezas, cidades e povoações do estado da India Oriental.* Lisbon: Instituto de Investigação Científica Tropical, 1991. **1023**

Silvestri, Domenico. *De insulis et earum proprietatibus.* Ed. Carmela Pecoraro. Palermo: Presso l'Accademia, 1955. **265, 658**

Silvestro da Panicale. *Atlante Cappuccino: Opera inedita di Silvestro da Panicale, 1632.* Ed. Servus Gieben. Rome: Istituto Storico dei Cappuccini, 1990. **925**

Simeoni (Simconi), Gabriele. *Le sententiose imprese, et dialogo del Symeone.* Lyons: Gugliamo Roviglio, 1560. **578**

———. *Description de la Limagne d'Auvergne.* Trans. Antoine Chappuys. Ed. Toussaint Renucci. 1561. Reprinted Paris: Didier, 1943. **1489**

Simon, Erika. "Planetae." In *Lexicon iconographicum mythologiae classicae (LIMC),* vol. 8.1, 1003–9, and 8.2, 661–65. Zurich: Artemis, 1981–99. **124**

Simon, Joan. *Education and Society in Tudor England.* Cambridge: Cambridge University Press, 1966. **623, 626**

Simon, Maria. *Claes Jansz. Visscher.* Inaugural-dissertation. Freiburg im Breisgau, Albert-Ludwig Universität, 1958. **1315**

Simón Díaz, José. *Historia del Colegio Imperial de Madrid.* 2 vols. Madrid: Consejo Superior de Investigaciones Científicas, Instituto de Estudios Madrileños, 1952–59. **1081**

Simone, Maria Rosa di. "Admission." In *A History of the University in Europe,* ed. Hilde de Ridder-Symoens, vol. 2, *Universities in Early Modern Europe (1500–1800),* 285–325. Cambridge: Cambridge University Press, 1996. **624**

Simonetta, Cicco. *I diari di Cicco Simonetta.* Ed. Alfio Rosario Natale. Milan: A. Giuffrè, 1962. **727**

Simoni, Anna E. C. "Walter Morgan Wolff: An Elizabethan Soldier and His Maps." *Quaerendo* 26 (1996): 58–76. **1612**

Simonin, Michel. "Les élites chorographes ou de la 'Description de la France' dans la *Cosmographie universelle* de Belleforest." In *Voyager à la Renaissance: Actes du Colloque de Tours, 30 juin–13 juillet 1983,* ed. Jean Céard and Jean-Claude Margolin, 433–51. Paris: Maisonneuve et Larose, 1987. **1478**

Simpson, A. D. C. "Sir Robert Sibbald—The Founder of the College." In *Proceedings of the Royal College of Physicians of Edinburgh Tercentenary Congress 1981,* ed. R. Passmore, 59–91. Edinburgh: Royal College of Physicians of Edinburgh, 1982. **1692**

Singh, Jyotsna G. *Colonial Narratives / Cultural Dialogues: "Discoveries" of India in the Language of Colonialism.* New York: Routledge, 1996. **419**

Sinisgalli, Rocco. *I sei libri della prospettiva di Guidobaldo dei marchese del Monte.* Rome: Bretschneider, 1984. **960**

Sinisgalli, Rocco, and Salvatore Vastola. *La teoria sui planisferi universali di Guidobaldo del Monte.* Florence: Cadmo, 1994. **959**

Sinisi, Daniela. "Lavori pubblici di acque e strade e congregazioni cardinalizie in epoca sistina e presistina." In *Il Campidoglio e Sisto V,* ed. Luigi Spezzaferro and Maria Elisa Tittoni, 50–53. Rome: Edizioni Carte Segrete, 1991. **702**

Sinyayev, V. S. "K voprosu o yuzhnoy granitse Tomskogo uyezda v 17 v." *Trudy Tomskogo Oblastnogo Krayevedcheskogo Muzeya* 5 (1956): 79–88. **1902**

Sir Francis Drake: An Exhibition to Commemorate Francis Drake's Voyage around the World, 1577–1580. London: British Museums Publications for the British Library, 1977. **1619, 1651**

Siria (Syria), Pedro de. *Arte de la verdadera navegacion: En que se trata de la machina del mu[n]do, es a saber, cielos, y elementos.* Valencia: I. C. Garriz, 1602. **1100**

Sisson, C. J. "The Laws of Elizabethan Copyright: The Stationers' View." *Library,* 5th ser., 15 (1960): 8–20. **1714**

Skala, Dieter. "Vom neuen Athen zur literarischen Provinz: Die

Geschichte der Frankfurter Büchermesse bis ins 18. Jahrhundert." In *Brücke zwischen den Völkern: Zur Geschichte der Frankfurter Messe,* 3 vols., ed. Rainer Koch, exhibition catalog, 2:195–202. Frankfurt: Historisches Museum, 1991. **440**

Skelton, R. A. "Bishop Leslie's Maps of Scotland, 1578." *Imago Mundi* 7 (1950): 103–6. **1686**

———. "Pieter van den Keere." *Library,* 5th ser., 5 (1950–51): 130–32. **1712**

———. "Decoration and Design in Maps before 1700." *Graphis* 7 (1951): 400–413. **538**

———. "Tudor Town Plans in John Speed's *Theatre.*" *Archaeological Journal* 108 (1951): 109–20. **1648, 1650, 1651, 1655, 1657, 1709**

———. "John Norden's Map of Surrey." *British Museum Quarterly* 16 (1951–52): 61–62. **1706**

———. *Decorative Printed Maps of the 15th to 18th Centuries.* London: Staples, 1952. **529, 531, 538, 539, 541**

———. "Les relations anglaises de Gérard Mercator." *Bulletin de la Société Royale de Géographie d'Anvers* 66 (1953): 3–10. **1694**

———. "Two English Maps of the Sixteenth Century." *British Museum Quarterly* 21 (1957–59): 1–2. **1705**

———. *Explorers' Maps: Chapters in the Cartographic Record of Geographical Discovery.* London: Routledge and Kegan Paul, 1958. Reprinted with revisions London: Spring, 1970. **739, 742, 753, 754, 757, 1615**

———. "Four English County Maps, 1602–3." *British Museum Quarterly* 22 (1960): 47–50. **1635, 1706**

———. "The Cartography of the Voyages." In *The Cabot Voyages and Bristol Discovery under Henry VII,* by James Alexander Williamson, 295–325. Cambridge: Published for the Hakluyt Society at the University Press, 1962. **1756**

———. "Mercator and English Geography in the 16th Century." In *Gerhard Mercator, 1512–1594: Festschrift zum 450. Geburtstag.* Duisburger Forschungen 6, 158–70. Duisburg-Ruhrort: Verlag für Wirtschaft und Kultur W. Renckhoff, 1962. **1296, 1675**

———. "Ralegh as Geographer." *Virginia Magazine of History and Biography* 71 (1963): 131–49. **1767**

———. "Bibliographical Note." In *Speculum orbis terrarum: Antwerpen, 1578,* by Gerard de Jode, V-X. Amsterdam: Theatrum Orbis Terrarum, 1965. **535**

———. "Introduction." In *Civitates orbis terrarum, 1572–1618,* by Georg Braun and Frans Hogenberg, 3 vols., 1:VII–XLVI. Amsterdam: Theatrum Orbis Terrarum, 1965. **1334, 1651**

———. "Bibliographical Note." In *Geographia: Florence, 1482,* by Francesco Berlinghieri, ed. R. A. Skelton, V–XIII. Amsterdam: Theatrum Orbis Terrarum, 1966. **322, 323**

———. "Bibliographical Note." In *Libro . . . de tutte l'isole del mondo, Venice 1528,* by Benedetto Bordone, V–XII. Amsterdam: Theatrum Orbis Terrarum, 1966. **263, 270**

———. "Bibliographical Note." In *The Mariners Mirrour, London 1588,* by Lucas Jansz. Waghenaer, V–XI. Amsterdam: Theatrum Orbis Terrarum, 1966. **1700**

———. "Introduction." In *Civitates orbis terrarum, "The Towns of the World," 1572–1618,* by Georg Braun and Frans Hogenberg, 3 vols., 1:VII–XXIII. Cleveland: World, 1966. **1017**

———. "Bibliographical Note." In *Atlas; or, A Geographicke Description of the World, Amsterdam 1636,* by Gerardus Mercator et al., 2 vols., 1:V–XXVII. Amsterdam: Theatrum Orbis Terrarum, 1968. **1325, 1721**

———. "Bibliographical Note." In *The Theatre of the Whole World, London, 1606,* by Abraham Ortelius, V–XVII. Amsterdam: Theatrum Orbis Terrarum, 1968. **535, 536, 1707**

———. "The First English World Atlases." In *Kartengeschichte und Kartenbearbeitung: Festschrift zum 80. Geburtstag von Wilhelm Bonacker,* ed. Karl-Heinz Meine, 77–81. Bad Godesburg: Kirschbaum, 1968. **1707, 1708, 1712**

———. "Biographical Note." In *Geographia: Venice, 1511,* by Claudius Ptolemy, V–XI. Amsterdam: Theatrum Orbis Terrarum, 1969. **953**

———. "The Military Surveyor's Contribution to British Cartography in the 16th Century." *Imago Mundi* 24 (1970): 77–83. **719, 720**

———. *Maps: A Historical Survey of Their Study and Collecting.* Chicago: University of Chicago Press, 1972. **612, 642, 643, 650, 652, 1725, 1837**

———. "Hakluyt's Maps." In *The Hakluyt Handbook,* 2 vols., ed. David B. Quinn, 1:48–73. London: Hakluyt Society, 1974. **1724, 1756, 1758, 1761, 1762**

———. *Saxton's Survey of England and Wales: With a Facsimile of Saxton's Wall-Map of 1583.* Amsterdam: Nico Israel, 1974. **486, 505, 506, 668, 1609, 1620, 1623, 1624, 1625, 1626, 1627, 1628, 1629, 1631, 1637, 1668**

———, comp. *County Atlases of the British Isles, 1579–1850: A Bibliography.* Vol. 1, 1579–1703. London: Map Collectors' Circle, 1964–70. Reissued London: Carta Press, 1970. Reprinted Folkestone, Eng.: Dawson, 1978. **1313, 1609, 1623, 1625, 1626, 1629, 1630, 1631, 1634, 1635, 1636, 1637, 1665, 1668, 1689, 1693, 1700, 1703, 1708, 1709, 1710, 1711, 1712, 1713, 1714, 1715**

Skelton, R. A., and P. D. A. Harvey. "Local Maps and Plans before 1500." *Journal of the Society of Archivists* 3 (1969): 496–97. **706**

———, eds. *Local Maps and Plans from Medieval England.* Oxford: Clarendon, 1986. **25, 50, 706, 1522, 1589**

Skelton, R. A., and John Newenham Summerson. *A Description of Maps and Architectural Drawings in the Collection Made by William Cecil, First Baron Burghley, Now at Hatfield House.* Oxford: Roxburghe Club, 1971. **643, 712, 727, 729, 1505, 1610, 1611, 1612, 1613, 1614, 1615, 1618, 1626, 1629, 1651, 1672, 1760, 1767**

Skelton, R. A., Thomas E. Marston, and George Duncan Painter. *The Vinland Map and Tartar Relation.* New Haven: Yale University Press, 1965. **302**

Skoutare, Artemis, ed. *Γλυκεία χώρα Κύπρος: Η ευρωπαϊκή χαρτογραφία της Κύπρου (15ος–19ος αιώνας) από τη συλλογή της Σύγβιας Ιωάννου = Sweet Land of Cyprus: The European Cartography of Cyprus (15th–19th Century) from the Sylvia Ioannou Collection.* Athens: AdVenture A. E., 2003. **283**

Skovgaard, Johanne. "Georg Braun og Henrik Rantzau." In *Festskrift til Johs. C. H. R. Steenstrup paa halvfjerdsaars-dagen fra en kreds av gamle elever,* 189–211. Copenhagen: Erslev, 1915. **1790**

Slafter, Edmund F. *Sir William Alexander and American Colonization . . .* Boston: Prince Society, 1873. **1774**

Slicher van Bath, B. H. *The Agrarian History of Western Europe, A. D. 500–1850.* Trans. Olive Ordish. London: Edward Arnold, 1963. **716**

S. Luiz, Francisco de (Cardinal Saraiva). "Indice chronologico das navegações viagens, descobrimentos, e conquistas dos portuguezes nos paizes ultramarinos desde o principio do seculo XV." In *Obras completas do cardeal Saraiva,* 10 vols., 5:45–159. Lisbon: Imprensa Nacional, 1872–83. **1005**

———. "Memoria em que se colligem algumas noticias sobre os progressos da marinha portugueza até os principios do seculo XVI." In *Obras completas do cardeal Saraiva,* 10 vols., 5:349–96. Lisbon: Imprensa Nacional, 1872–83. **1003**

———. *Obras completas do cardeal Saraiva.* 10 vols. Lisbon: Imprensa Nacional, 1872–83. **1017**

Smail, Daniel Lord. *Imaginary Cartographies: Possession and Identity in Late Medieval Marseille.* Ithaca, N.Y.: Cornell University Press, 1999. **27**

Smalley, Beryl. *The Study of the Bible in the Middle Ages.* Notre Dame: University of Notre Dame Press, 1964. **34, 41, 384**

———. "The Bible in the Medieval Schools." In *The Cambridge History of the Bible,* vol. 2, *The West from the Fathers to the Refor-*

mation, ed. G. W. H. Lampe, 197–220. Cambridge: Cambridge University Press, 1969. **34**

Sman, Gert Jan van der. "Print Publishing in Venice in the Second Half of the Sixteenth Century." *Print Quarterly* 17 (2000): 235–47. **787**

Smart, Robert N. "The Sixteenth Century Bird's Eye View Plan of St Andrews." *St Andrews Preservation Trust Annual Report and Year Book* (1975): 8–12. **1686**

Io Smeraldo Smeraldi ingegnero et perito della congregatione dei cavamenti . . . Parma: Comune di Parma, 1980. **686, 701**

Smet, Antoine De. "A Note on the Cartographic Work of Pierre Pourbus, Painter of Bruges." *Imago Mundi* 4 (1947): 33–36. **1252**

———. "Gerard Mercator: Iets over zijn oorsprong en jeugd, zijn arbeid, lijden en strijden te Leuven (1530–1552)." *Buitengewone uitgave van de Oudheidkundige Kring van het Land van Waas* 15 (1962): 179–212. **1298**

———. "Gemma (Gemme, Jemme, Gemmon, Stratagema), Frisius (Phrysius, de Fries), wiskundige-astronoom en astroloog, geneesheer, professor in de wiskunde en de geneeskunde te Leuven, ontwerper van globen en wiskundige instrumenten, auteur van geografische en wiskundige traktaten." In *Nationaal biografisch woordenboek*, 6:315–31. Brussels: Paleis der Academiën, 1964–. **1297**

———. "Heyden (A Myrica, De Mirica, Amyricius) Gaspard van der (Jaspar of Jasper), goudsmid, graveur, constructeur van globen en wellicht van wiskundige instrumenten." In *Nationaal biografisch woordenboek*, 1:609–11. Brussels: Paleis der Academiën, 1964–. **1296**

———. "L'orfèvre et graveur Gaspar vander Heyden et la construction des globes à Louvain dans le premier tiers du XVIe siècle." *Der Globusfreund* 13 (1964): 38–48. Reprinted in *Album Antoine De Smet*, 171–82. Brussels: Centre National d'Histoire des Sciences, 1974. **1296, 1297, 1359**

———. "Landmeterstraditie en oude kaarten van Vlaanderen." *Verslagen en mededelingen van De Leiegouw: Vereniging voor de studie van de lokale geschiedenis, taal en folklore in het Kortrijkse* 8 (1966): 209–18. **1253**

———. "Cartographes scientifiques néerlandais du premier tiers du XVIe siècle—Leurs références aux Portugais." *Revista da Faculdade de Ciências, Universidade de Coimbra* 39 (1967): 363–74. Reprinted in *Album Antoine De Smet*, 123–30. Brussels: Centre National d'Histoire des Sciences, 1974. **1296**

———. "Das Interesse für Globen in den Niederlanden in der ersten Hälfte des 16. Jahrhunderts." *Der Globusfreund* 15–16 (1967): 225–33. Reprinted in *Album Antoine De Smet*, 183–91. Brussels: Centre National d'Histoire des Sciences, 1974. **1358, 1359**

———. "Leuven als centrum van de wetenschappelijke kartografische traditie in de voormalige Nederlanden gedurende de eerste helft van de 16^e eeuw." In *Feestbundel opgedragen aan L. G. Polspoel*, 97–116. Louvain: Geografisch Instituut, Katholieke Universiteit, 1967. Reprinted in *Album Antoine De Smet*, 329–45. Brussels: Centre National d'Histoire des Sciences, 1974. **1296, 1297**

———. "Louvain et la cartographie scientifique dans la première moitié du XVIe siècle." *Janus* 54 (1967): 220–23. **1296**

———. "Les géographes de la Renaissance et la cosmographie." In *L'univers à la Renaissance: Microcosme et macrocosme*, 13–29. Brussels: Presses Universitaires de Bruxelles; Paris: Presses Universitaires de France, 1970. **55, 66, 67**

———. "John Dee et sa place dans l'histoire de la cartographie." In *My Head Is a Map: Essays and Memoirs in Honour of R. V. Tooley*, ed. Helen Wallis and Sarah Tyacke, 107–13. London: Francis Edwards and Carta Press, 1973. **1758**

———. "Viglius ab Aytta Zuichemus: Savant, bibliothécaire et collectionneur de cartes du XVIe siècle." In *The Map Librarian in the Modern World: Essays in Honour of Walter W. Ristow*, ed. Helen Wallis and Lothar Zögner, 237–50. Munich: K. G. Saur, 1979. **644, 806**

———. "Oude landmeterskaarten, bronnen voor de historische geografie." In *Bronnen voor de historische geografie van België: Handelingen van het Colloquium te Brussel, 25–27 April 1979*, 228–40. Brussels: A.R.-A.G.R., 1980. **1250, 1252**

———. "De plaats van Jacob van Deventer in de cartografie van de 16de eeuw." *De Gulden Passer* 61–63 (1983–85): 461–82. **1272**

Smith, Christine. *Architecture in the Culture of Early Humanism: Ethics, Aesthetics, and Eloquence, 1400–1470*. New York: Oxford University Press, 1992. **681**

Smith, Clifford T. *An Historical Geography of Western Europe before 1800*. London: Longmans, 1967. **575**

Smith, David. "The Enduring Image of Early British Townscapes." *Cartographic Journal* 28 (1991): 163–75. **1650, 1651, 1657, 1667**

———. "The Earliest Printed Maps of British Towns." *Bulletin of the Society of Cartographers* 27, pt. 2 (1993): 25–45. **1656**

Smith, Frederick Winston Furneaux, Earl of Birkenhead. *Life of F. E. Smith, First Earl of Birkenhead*. London: Eyre and Spottiswoode, 1960. **740**

Smith, John. *A Map of Virginia, with a Description of the Covntrey* . . . Oxford: J. Barnes, 1612. **1712, 1772**

———. *A Description of New England*. London: Humfrey Lownes for Robert Clerke, 1616. **1774, 1775**

———. *The Generall Historie of Virginia, New-England, and the Summer Isles*. London: I[ohn] D[awson] and I[ohn] H[aviland] for M. Sparkes, 1624. **1770**

———. *Advertisements for the Unexperienced Planters of New England, or Any Where*. London: Robert Milbourne, 1631. **1772, 1774**

———. *The Complete Works of Captain John Smith (1580–1631)*. 3 vols. Ed. Philip L. Barbour. Chapel Hill: By the University of North Carolina Press for the Institute of Early American History and Culture, 1986. **744, 1770, 1772, 1774**

Smith, John. *The Art of Painting Wherein Is Included the Whole Art of Vulgar Painting*. London: Samuel Crouch, 1676. **602**

———. *The Art of Painting in Oyl*. London: Samuel Crouch, 1687 and 1701. **602**

———. *The Art of Painting in Oyl . . . to Which Is Now Added, the Whole Art and Mystery of Colouring Maps, and Other Prints, with Water Colours*. London: Samuel Crouch, 1705. **602, 603, 605**

Smith, Pamela H., and Paula Findlen, eds. *Merchants & Marvels: Commerce, Science, and Art in Early Modern Europe*. New York: Routledge, 2002. **637**

Smith, Thomas R. "Manuscript and Printed Sea Charts in Seventeenth-Century London: The Case of the Thames School." In *The Compleat Plattmaker: Essays on Chart, Map, and Globe Making in England in the Seventeenth and Eighteenth Centuries*, ed. Norman J. W. Thrower, 45–100. Berkeley: University of California Press, 1978. **623, 1725, 1733, 1740, 1741, 1742**

Smith, William. *The Particular Description of England, 1588, with Views of Some of the Chief Towns and Armorial Bearings of Nobles and Bishops*. Ed. and intro. Henry B. Wheatley and Edmund W. Ashbee. Hertford: S. Austin and Sons, 1879. **1657**

"Smith, William." In *The Dictionary of National Biography: From the Earliest Times to 1900*, 22 vols, 18:550–51. 1885–1901. Reprinted London: Oxford University Press, 1973. **1635**

Smout, T. C. (Christopher). *A History of the Scottish People, 1560–1830*. London: Collins, 1969. **1684**

———. "Woodland in the Maps of Pont." In *The Nation Survey'd: Essays on Late Sixteenth-Century Scotland as Depicted by Timothy Pont*, ed. Ian Campbell Cunningham, 77–92. East Linton: Tuckwell, 2001. **552**

Snape, M. G. "Durham 1439 × circa 1447." In *Local Maps and*

Plans from Medieval England, ed. R. A. Skelton and P. D. A. Harvey, 189–94. Oxford: Clarendon, 1986. **1591**

Snellius, Willebrord. *Eratosthenes Batavus: De terræ ambitus vera quantitate*. Leiden, 1617. **485**

Snow, C. P. *The Two Cultures and the Scientific Revolution*. New York: Cambridge University Press, 1959. **449**

Snyder, George Sergeant. *Maps of the Heavens*. London: Deutsch, 1984. **99**

Snyder, John Parr. *Flattening the Earth: Two Thousand Years of Map Projections*. Chicago: University of Chicago Press, 1993. Reprinted with corrections 1997. **107, 113, 115, 117, 365, 366, 367, 368, 369, 370, 371, 372, 374, 375, 376, 378, 379, 750, 974, 1195**

Soares, Ernesto. *A gravura artística sôbre metal: Síntese histórica*. Lisbon, 1933. **1058**

———. *Dicionário de iconografia Portuguesa*. Suppl. Lisbon: Instituto para a Alta Cultura, 1954. **1068**

———. *História da gravura artística em Portugal*. 2 vols. New ed. Lisbon: Livraria Samcarlos 1971. **1068**

Sofia, Pietro Antonio. *Il Regno di Napoli diviso in dodici provincie . . . , raccolto per Pietro Antonio Sofia napolitano*. Naples: Lazzaro Scoriggio, 1614. Republished by Enrico Bacco in 1615. **972**

Sofianos, Nikolaos. *Nomina antiqua et recentia urbium graeciae descriptionis a N. Sophiano Iam Aeditae. hanc quoq[uae] paginam, quae graeciae urbium, ac locorum nomina, quibus olim apud Antiquos Nuncupabantur*. N.d. **659**

Soja, Edward. *Postmodern Geographies: The Reassertion of Space in Critical Social Theory*. London: Verso, 1989. **423**

Solar, Gustav. *Das Panorama und seine Vorentwicklung bis zu Hans Conrad Escher von der Linth*. Zurich: Orell Füssli, 1979. **1222**

Soldati, Benedetto. *La poesia astrologica nel Quattrocento: Ricerche e studi*. Florence: Sansoni, 1906. **943, 945**

Soldini, Nicola. "La costruzione di Guastalla." *Annali di Architettura* 4–5 (1992–93): 57–87. **686**

Solinus, Gaius Julius. *Collectanea rerum memorabilium*. Ed. Theodor Mommsen. Berlin: Weidmann, 1895. **655**

Soly, Hugo, ed. *Charles V, 1500–1558, and His Time*. Antwerp: Mercatorfonds, 1999. **162, 173**

Soly, Hugo, and Johan van de Wiele, comps. *Carolus: Charles Quint, 1500–1558*. Ghent: Snoeck-Ducaju & Zoon, 1999. **1174**

Somerville, Robert. *History of the Duchy of Lancaster, 1265–1603*. London: Chancellor and Council of the Duchy of Lancaster, 1953. **1631**

Sonetti, Bartolommeo dalli. *Isolario*. Intro Frederick Richmond Goff. Amsterdam: Theatrum Orbis Terrarum, 1972. **459**

Sonntag, Reiner. "Zur Ostfriesland-Karte des Ubbo Emmius und ihrer Zustandsfolge—Bekanntes und neue Erkenntnisse." In *Ubbo Emmius: Een Oostfries geleerde in Groningen = Ubbo Emmius: Ein Ostfriesischer Gelehrter in Groningen*, ed. W. J. Kuppers, 130–45. Groningen-Emden: REGIO Projekt, 1994. **1269**

Soprani, Raffaele. *Vite de' pittori, scultori, ed architetti genovesi*. Added to by Carlo Giuseppe Ratti. 2 vols. and index. Reprinted Genoa: Tolozzi, 1965. **862**

Soromenho, Miguel. "Descrever, registar, instruir: Práticas e usos do desenho." In *A ciência do desenho: A ilustração na colecção de códices da Biblioteca Nacional*, ed. Joaquim Oliveira Caetano and Miguel Soromenho, 19–24. Lisbon: Biblioteca Nacional, 2001. **1055**

Sotheby's. *Sammlung Ludwig: Eight Highly Important Manuscripts, the Property of the J. Paul Getty Museum, London, Tuesday 6th December 1988 at 11 AM*. London: Sotheby's, 1988. **179, 214**

———. *Printed Books and Maps: Comprising Greece, Turkey, the Middle East and other Subjects* . . . 30 June 1992, 1 July 1992, and 9 July 1992. London: Sotheby's, [1992]. **205**

Soucek, Svat. "Islamic Charting in the Mediterranean." In *HC* 2.1:263–92. **270, 756**

———. *Piri Reis and Turkish Mapmaking after Columbus: The Khalili Portolan Atlas*. London: Nour Foundation, 1996. **270**

Souffrin, Pierre. "La *Geometria pratica* dans les *Ludi rerum mathematicarum*." *Albertiana* 1 (1998): 87–104. **479**

Sousa, Tude de. "Algumas vilas, igrejas e castelos do antigo priorado do Crato (Crato-Flor da Rosa-Amieira)." *Arqueologia e História* 8 (1930): 53–82. **1051**

Spadolini, Ernesto. "Il *Portolano* di Grazioso Benincasa." *Bibliofilia* 9 (1907–8): 58–62, 103–9, 205–34, 294–99, 420–34, and 460–63. **220**

Spallanzani, Marco, and Giovanna Gaeta Bertelà. *Libro d'inventario dei beni di Lorenzo il Magnifico*. Florence: Associazione Amici del Bargello, 1992. **642**

Spantigati, C. "Arbasia, Cesare (Saluzzo, ?–1608)." In *La pittura in Italia: Il Cinquecento*, 2 vols., ed. Giuliano Briganti, 2:628. Milan: Electa, 1988. **837**

Spate, O. H. K. *The Pacific since Magellan*. Vol. 1, *The Spanish Lake*. Minneapolis: University of Minnesota Press, 1979. **741, 753, 755, 757**

———. *The Pacific since Magellan*. Vol. 2, *Monopolists and Freebooters*. London: Croom Helm, 1983. **741, 751**

Speed, John. *The Theatre of the Empire of Great Britaine: Presenting an Exact Geography of the Kingdomes of England, Scotland, Ireland* . . . London: Iohn Sudbury and Georg Humble, 1611. **1682, 1683, 1710**

———. *England, Wales, and Ireland: Their Severall Counties, Abridged from a Farr Larger, Vollume by J. Speed*. London: G. Humble, [before 1627]. **1710**

———. *England Wales Scotland and Ireland Described and Abridged . . . from a Farr Larger Voulume Done by John Speed*. [London: G. Humble], 1627. **1710**

———. *A Prospect of the Most Famous Parts of the World*. London: G. Humble, 1627. **1770**

———. *A Prospect of the Most Famous Parts of the World*. London, 1632. **74**

———. *A Prospect of the Most Famous Parts of the World, London 1627*. Intro. R. A. Skelton. Amsterdam: Theatrum Orbis Terrarum, 1966. **1313**

———. *Wales: The Second Part of John Speed's Atlas, "The Theatre of Great Britain."* Notes by John E. Rawnsley. Wakefield, Eng.: S. R. Publishers, 1970. **1313**

———. *The Theatre of the Empire of Great Britain, with the Prospect of the Most Famous Parts of the World*. [1676]. Intro. Ashley Baynton-Williams. London: J. Potter in association with Drayton Manor, 1991. **1313**

"Speed, John." In *The Dictionary of National Biography: From the Earliest Times to 1900*, 22 vols., 18:726–28. 1885–1901. Reprinted London: Oxford University Press, 1973. **1648**

Spence, Jonathan D. *The Memory Palace of Matteo Ricci*. New York: Viking Penguin, 1984. **75**

Spenser, Edmund. *The Faerie Queene*. Ed. A. C. Hamilton. London: Longman, 1977. **414, 415, 547**

———. *The Yale Edition of the Shorter Poems of Edmund Spenser*. Ed. William Orma et al. New Haven: Yale University Press, 1989. **413**

Sperling, Walter. *Comenius' Karte von Mähren 1627*. Karlsruhe: Fachhochschule, 1994. **1241**

Speth-Holterhoff, S. *Les peintres flamands de cabinets d'amateurs au XVII*^{e} *siècle*. Brussels: Elsevier, 1957. **649**

Spinelli, Luisa. "La carta del Reame di Napoli di Giovan Battista Nicolosi." In *Atti dello XI Congresso Geografico Italiano*, 4 vols., 2:351–54. Naples, 1930. **971, 972**

Spinola, Andrea. *Scritti scelti*. Ed. Carlo Bitossi. Genoa: Sagep, 1981. **856, 857**

Spitsyn, A. "Tmutarakanskiy kamen'." *Zapiski Otdeleniya Russkoy i*

Slavyanskoy Arkheologii Russkogo Arkheologicheskogo Obshchestva 11 (1915): 103–32. **1859**
Spitz, Lewis William. *Conrad Celtis, the German Arch-Humanist.* Cambridge: Harvard University Press, 1957. **1190**
Spotorno, Giovanni Battista. *Storia letteraria della Liguria.* 5 vols. Bologna: Forni, 1972. **210**
Sprigg, Joshua. *Anglia rediviva.* London: John Partridge, 1647. **1668**
Srbik, Robert. "Die Margarita philosophica des Gregor Reisch († 1525): Ein Beitrag zur Geschichte der Naturwissenschaften in Deutschland." *Denkschriften der Akademie der Wissenschaften in Wien, mathematisch-naturwissenschaftliche Klasse* 104 (1941): 83–206. **1202**
———. *Maximilian I. und Gregor Reisch.* Ed. Alphons Lhotsky. Vienna, 1961. **1202**
Stadter, Philip A. "Niccolò Niccoli: Winning Back the Knowledge of the Ancients." In *Vestigia: Studi in onore di Giuseppe Billanovich,* 2 vols., ed. Rino Avesani et al., 2:747–64. Rome: Edizioni di Storia e Letteratura, 1984. **293, 299**
Stafford, Thomas. *Pacata Hibernia, Ireland Appeased and Reduced: or, An Historie of the Late Warres of Ireland.* London, 1633. **1681**
Stams, Werner. "Die Anfänge der neuzeitlichen Kartographie in Mitteleuropa." In *Kursächsische Kartographie bis zum Dreißigjährigen Krieg,* by Fritz Bönisch et al., 1:37–105. Berlin: Deutscher Verlag der Wissenschaften, 1990–. **502, 503**
———. "Bartholomäus Scultetus—Kartenmacher und Bügermeister in Görlitz." *Mitteilungen/Freundeskreis für Cartographica in der Stiftung Preussischer Kulturbesitz e.V.* 14 (2000): 26–35. **485**
Stange, Alfred. *Deutsche Malerei der Gotik.* 11 vols. Munich: Deutscher Kunstverlag, 1934–61. **732**
Starkey, David, ed. *Henry VIII: A European Court in England.* London: Collins and Brown in association with National Maritime Museum, Greenwich, 1991. **1599, 1658**
———, ed. *The Inventory of King Henry VIII: Society of Antiquaries MS 129 and British Library MS Harley 1419.* London: Harvey Miller for the Society of Antiquaries of London, 1998–. **643, 1620, 1658**
Starn, Randolph. *Ambrogio Lorenzetti: The Palazzo Pubblico, Siena.* New York: George Braziller, 1994. **50**
Stasov, V. V. "Plan Pskova na obraze Sreteniya Bogoroditsy, sokhranyayushchemsya v chasovne Vladychnogo Kresta bliz Pskova." *Zapiski Slavyano-russkogo Otdeleniya Arkheologicheskogo Obshchestva,* appendix to vol. 2 (1861): 11–20. **1860**
State Papers, Published under the Authority of His Majesty's Commission: King Henry the Eighth. 11 vols. London, 1830–52. **1673**
Steenstrup, Knud Johannes Vogelius. *Om Østerbygden.* Meddelelser om Grønland, vol. 9. Copenhagen: I Commission hos C. A. Reitzel, 1889. **1792**
Steers, J. A. *An Introduction to the Study of Map Projections.* 15th ed. London: University of London Press, 1970. **365**
Stefoff, Rebecca. *The British Library Companion to Maps and Mapmaking.* London: British Library, 1995. **1003, 1004**
Stegena, Lajos. "Editions of Lazarus's Map." In *Lazarus Secretarius: The First Hungarian Mapmaker and His Work,* ed. Lajos Stegena, trans. János Boris et al., 16–19. Budapest: Akadémiai Kiadó, 1982. **1827**
———. "A Duna folyásának ábrázolása régi térképeken és a Lázár-térkép tájolása." *Geodézia és Kartográfia* 40 (1988): 354–59. **1826**
———, ed. *Lazarus Secretarius: The First Hungarian Mapmaker and His Work,* trans. János Boris et al. Budapest: Akadémiai Kiadó, 1982. **1806**
Stein, Barthel. *Ducum, judicu[m], regum Israhelitici populi cum ex sacris tum p[ro]phanis literis hystorica methodus.* Nuremberg, 1523. **1218**
Steinmann, Martin. *Johannes Oporinus: Ein Basler Buchdrucker um die Mitte des 16. Jahrhunderts.* Basel: Helbing & Lichtenhahn, 1967. **439**
Stella, Tilemann. *Tilemanni Stellae Sigensis methodus, quae in chorographica et historica totius Germaniae descriptione observabitur.* Rostock, 1564. **1214**
———. *Landesaufnahme der Ämter Zweibrücken und Kirkel des Herzogtums Pfalz-Zweibrücken, 1564.* Facsimile ed. with an accompanying monograph by Ruthardt Oehme and Lothar Zögner, *Tilemann Stella (1525–1589): Der Kartograph der Ämter Zweibrücken und Kirkel des Herzogtums Pfalz-Zweibrücken. Leben und Werk zwischen Wittenberg, Mecklenburg und Zweibrücken.* Lüneburg: Nordostdeutsches Kulturwerk, 1989. **1213**
———. *Gründliche und wahrhaftige beschreibung der baider ambter Zweibrucken und Kirckel, wie dieselbigen gelegen, 1564.* Ed. Eginhard Scharf. Zweibrücken: Historischer Verein, 1993. **1213**
Stempel, Walter. "Franz Hogenberg (1538–1590) und die Stadt Wesel." In *Karten und Gärten am Niederrhein: Beiträge zur klevischen Landesgeschichte,* ed. Jutta Prieur, 37–50. Wesel: Stadtarchiv Wesel, 1995. **1234**
Stengel, Edmund E., ed. *Wilhelm Dilichs Landtafeln hessischer Ämter zwischen Rhein und Weser.* Marburg: Elwert, 1927. **1227**
Stephenson, Clifford. "The Mechanics of Map Collecting." *Map Collector* 22 (1983): 24–28. **604**
Steppes, Otto. *Cornelis Anthonisz "Onderwijsinge van der zee" (1558).* Juist: Die Bake, 1966. **1387**
Stetter, Gertrud. "Philipp Apian 1531–1589: Zur Biographie." In *Philipp Apian und die Kartographie der Renaissance,* by Hans Wolff et al., exhibition catalog, 66–73. Weißenhorn: A. H. Konrad, 1989. **486, 502**
Stevens, Henry Newton. *Ptolemy's Geography: A Brief Account of All the Printed Editions Down to 1730.* 2d ed. 1908. Reprinted Amsterdam: Theatrum Orbis Terrarum, 1973. **287, 351, 364**
Stevenson, David. "Cartography and the Kirk: Aspects of the Making of the First Atlas of Scotland." *Scottish Studies* 26 (1982): 1–12. **1690**
Stevenson, Edward Luther. "Martin Waldseemüller and the Early Lusitano-Germanic Cartography of the New World." *Bulletin of the American Geographical Society* 36 (1904): 193–215. Reprinted in *Acta Cartographica* 15 (1972): 315–37. **1205**
———. *Maps Illustrating Early Discovery and Exploration in America, 1502–1530, Reproduced by Photography from the Original Manuscripts.* New Brunswick, N.J., 1906. **1114, 1144**
———. "Early Spanish Cartography of the New World, with Special Reference to the Wolfenbüttel-Spanish Map and the Work of Diego Ribero." *Proceedings of the American Antiquarian Society* 19 (1908–9): 369–419. **739, 1116**
———. *Genoese World Map, 1457: Facsimile and Critical Text Incorporating in Free Translation the Studies of Professor Theobald Fischer, Rev. with the Addition of Copious Notes.* New York: DeVinne Press, 1912. **317, 318**
———. *Willem Janszoon Blaeu, 1571–1638: A Sketch of His Life and Work, with Especial Reference to His Large World Map 1605.* New York: [De Vinne Press], 1914. **1349**
———. *Terrestrial and Celestial Globes: Their History and Construction Including a Consideration of Their Value as Aids in the Study of Geography and Astronomy.* 2 vols. New Haven: Yale University Press, 1921. **151, 155, 157, 160, 161, 162, 163, 169, 170, 171, 173**
———. "The Geographical Activities of the Casa de la Contratación." *Annals of the Association of American Geographers* 17 (1927): 39–59. **754, 756**
Stevenson, Edward Luther, and Joseph Fischer, eds. *Map of the World by Jodocus Hondius, 1611.* New York: American Geographical Society and Hispanic Society of America, 1907. **1350**
Stevin, Simon. *The Haven-Finding Art.* Trans. Edward Wright. Lon-

don, 1599. Reprinted Amsterdam: Theatrum Orbis Terrarum, 1968. **635**

Stiblin, Caspar. *Commentariolus de Eudaemonensium Republica.* Basel: Johannes Oporinus, 1555. **439**

———. *Commentariolus de Eudaemonensium Republica (Basel 1555).* Ed. and trans. Isabel Dorothea Jahn. Regensburg: S. Roderer, 1994. **439**

Stigliola, Nicola (Niccolò) Antonio. *Il telescopio over ispecillo celeste.* Naples: Domenico Maccarano, 1627. **962**

Stimson, Alan. *The Mariner's Astrolabe: A Survey of Known, Surviving Sea Astrolabes.* Utrecht: HES, 1988. **515, 747**

Stimson, Alan, and Christopher St. J. H. Daniel. *The Cross-Staff: Historical Development and Modern Use.* London: Harriet Wynter, 1977. **515**

Stochdorph, Otto. "Abraham (v.) Höltzl (1577/78–1651): Ein Tübinger Kartograph aus Oberösterreich (Bericht)." In *4. Kartographiehistorisches Colloquium Karlsruhe 1988,* ed. Wolfgang Scharfe, Heinz Musall, and Joachim Neumann, 221–23. Berlin: Dietrich Reimer, 1990. **496, 502**

Stock, Jan van der, ed. *Antwerpen: Verhaal van een metropool 16de–17de eeuw.* Ghent: Snoeck-Ducaju & Zoon, 1993. **1250, 1251**

Stockler, Francisco de Borja Garção. "Memoria sobre a originalidade dos descobrimentos maritimos dos portuguezes no seculo decimoquinto." In *Obras de Francisco de Borja Garção Stockler,* 2 vols., 1:343–88. Lisbon: Academia Real das Sciencias, 1805–26. **983**

———. *Ensaio Historico sobre a origem e progressos das Mathematicas em Portugal.* Paris: Na officina de P. N. Rougeron, 1819. **1002**

Stöffler, Johannes. *Elvcidatio fabricæ vsvsqve astrolabii.* Oppenheim: Jacobum Köbel, 1513. **482, 1812**

———. *Ephemeridum reliquiae Ioannis Stoeffleri Germani, superadditis novis usque ad annum Christi 1556. durantibus Petri Pitati Veronensi Mathematici . . .* Tübingen, 1548. **489**

Stokes, Isaac N. P. *The Iconography of Manhattan Island, 1408–1909.* 6 vols. New York: Robert H. Dodd, 1915–28. **1419, 1424**

Stone, Jeffrey C. "An Evaluation of the 'Nidisdaile' Manuscript Map by Timothy Pont: Implications for the Role of the Gordons in the Preparation of the Blaeu Maps of Scotland." *Scottish Geographical Magazine* 84 (1968): 160–71. **1690**

———. "Robert Gordon of Straloch: Cartographer or Chorographer?" *Northern Scotland* 4 (1981): 7–22. **1690**

———. "Timothy Pont and the First Topographic Survey of Scotland c.1583–1596: An Informative Contemporary Manuscript." *Scottish Geographical Magazine* 99 (1983): 161–68. **1687**

———. *The Pont Manuscript Maps of Scotland: Sixteenth Century Origins of a Blaeu Atlas.* Tring, Eng.: Map Collector Publications, 1989. **676, 1687**

———. "The Influence of Copper-Plate Engraving on Map Content and Accuracy: Preparation of the Seventeenth-Century Blaeu Atlas of Scotland." *Cartographic Journal* 30 (1993): 3–12. **1690**

———. "Robert Gordon and the Making of the First Atlas of Scotland." *Northern Scotland* 18 (1998): 15–29. **1691**

———. "Timothy Pont and the Mapping of Sixteenth-Century Scotland: Survey or Chorography?" *Survey Review* 35 (2000): 418–30. **1687**

———. "Timothy Pont: Three Centuries of Research, Speculation and Plagiarism." In *The Nation Survey'd: Essays on Late Sixteenth-Century Scotland as Depicted by Timothy Pont,* ed. Ian Campbell Cunningham, 1–26. East Linton: Tuckwell, 2001. **552**

Stone, Lawrence. "The Educational Revolution in England, 1560–1640." *Past and Present* 28 (1964): 41–80. **623, 624**

Stopani, Renato. "Lo 'Stratto Pitti': Un cabreo inedito della fine del XVI secolo." *Il Chianti: Storia, Arte, Cultura, Territorio* 1 (1984): 21–61. **929**

Stopp, Klaus. "The Relation between the Circular Maps of Hans Rüst and Hans Sporer." *Imago Mundi* 18 (1964): 81. **1180**

———. *Die monumentalen Rheinlaufkarten aus der Blütezeit der Kartographie.* Wiesbaden: Kalle Aktienges, [1969]. **1221**

Stopp, Klaus, and Herbert Langel. *Katalog der alten Landkarten in der Badischen Landesbibliothek Karlsruhe.* Karlsruhe: G. Braun, 1974. **1424**

Storm, Gustav. "Den danske Geograf Claudius Clavus eller Nicolaus Niger." *Ymer* 9 (1889): 129–46, and 11 (1891): 13–38. **303, 304, 1782**

Stott, Carole. *Celestial Charts: Antique Maps of the Heavens.* London: Studio Editions, 1991. **99**

Stouraiti, Anastasia. *La Grecia nelle raccolte della Fondazione Querini Stampalia.* Venice: Fondazione Scientifica Querini Stampalia, 2000. **275**

Stöve, Eckehart. "Ein gescheiterter Gründungsversuch im Spannungsfeld von Humanismus und Gegenreformation." In *Zur Geschichte der Universität: Das "Gelehrte Duisburg" im Rahmen der allgemeinen Universitätsentwicklung,* ed. Irmgard Hantsche, 23–46. Bochum: Brockmeyer, 1997. **1230**

Strabo. *Géographie.* 9 vols. Ed. and trans. Germaine Aujac, Raoul Baladié, and François Lasserre. Paris: Les Belles Lettres, 1966–89. **264, 637**

Strachan, Michael, and Boies Penrose, eds. *The East India Company Journals of Captain William Keeling and Master Thomas Bonner, 1615–17.* Minneapolis: University of Minnesota Press, 1971. **1744**

Strada, Elena. "Di due sconosciuti atlanti nautici manoscritti di Guglielmo Saetone." In *Atti del XV Congresso Geografico Italiano, Torino 11–16 aprile 1950,* 2 vols., 2:787–90. Turin: Industrie tipografico–Editrici Riunite, 1952. **212**

Strahlenberg, Philipp Johann von. *Das Nord- und ostliche Theil von Europa und Asia.* 1730. Reprinted Szeged: Universitas Szegediensis de Attila József Nominata, 1975. **1901**

Strauss, Gerald. "Topographical-Historical Method in Sixteenth-Century German Scholarship." *Studies in the Renaissance* 5 (1958): 87–101. **393**

———. *Sixteenth-Century Germany: Its Topography and Topographers.* Madison: University of Wisconsin Press, 1959. **393, 394, 575, 722, 1081, 1211**

Strauss, Walter L. *The German Single-Leaf Woodcut, 1550–1600: A Pictorial Catalogue.* 3 vols. New York: Abaris Books, 1975. **733**

Strazzullo, Franco. *Architetti e ingegneri napoletani dal '500 al '700.* Naples: Benincasa, 1969. **967, 968**

———. *Edilizia e urbanistica a Napoli dal '500 al '700.* 2d ed. Naples: Arte Tipografia, 1995. **958**

Streefkerk, Chris, Jan W. H. Werner, and Frouke Wieringa, eds. *Perfect gemeten: Landmeters in Hollands Noorderkwartier ca. 1550–1700.* Holland: Stichting Uitgeverij Noord-Holland, 1994. **1255**

Stroeve, Wilbert, and David Buisseret. "A French Engineer's Atlas of the River Somme, 1644: Commentary on a Newberry Manuscript." *Mapline* 77 (1995): 1–10. **1313**

Stroffolino, Daniela. "L'immagine urbana nel XVI secolo: Gli Atlanti di Antoine Lafréry." In *Città d'Europa: Iconografia e vedutismo dal XV al XVIII secolo,* ed. Cesare de Seta, 183–202. Naples: Electa Napoli, 1996. **685, 686**

———. *La città misurata: Tecniche e strumenti di rilevamento nei trattati a stampa del Cinquecento.* Rome: Salerno Editrice, 1999. **682**

———. "Tecniche e strumenti per 'misurare con la vista.'" In *"A volo d'uccello": Jacopo de' Barbari e le rappresentazioni di città nell'Europa del Rinascimento,* ed. Giandomenico Romanelli, Susanna Biadene, and Camillo Tonini, exhibition catalog, 39–51. Venice: Arsenale Editrice, 1999. **682**

Stromer, Wolfgang von. "Hec opera fient in oppido Nuremberga Germanie ductu Ioannis de Monteregio: Regiomontan und Nürnberg, 1471–1475." In *Regiomontanus-Studien,* ed. Günther Hamann,

267–89. Vienna: Verlag der Österreichischen Akademie der Wissenschaften, 1980. **345**

Strong, Roy C. *The Cult of Elizabeth: Elizabethan Portraiture and Pageantry*. London: Thames and Hudson, 1977. **1663**

———. *Art and Power: Renaissance Festivals, 1450–1650*. Woodbridge: Boydell, 1984. **1603**

———. *Henry, Prince of Wales and England's Lost Renaissance*. London and New York: Thames and Hudson, 1986. **635, 1666**

———. *Gloriana: The Portraits of Queen Elizabeth I*. New York: Thames and Hudson, 1987. **1630, 1663, 1665**

Strübin Rindisbacher, Johanna. "Vermessungspläne von Joseph Plepp (1595–1642), dem bernischen Werkmeister, Maler und Kartenverfasser." *Cartographica Helvetica* 12 (1995): 3–12. **1241**

Struik, Dirk Jan. *Het land van Stevin en Huygens*. Amsterdam: Pegasus, 1958. **1286**

Struve, O. V. "Ob uslugakh, okazannykh Petrom Velikim matematicheskoy geografii Rossii." *Zapiski Akademii Nauk*, vol. 21, bk. 1 (1872): 5. **1852**

Stuart, Elisabeth. *Lost Landscapes of Plymouth: Maps, Charts and Plans to 1800*. Stroud, Eng.: Alan Sutton in association with Map Collector Publications, 1991. **1604, 1651**

Stückelberger, Alfred. "Sterngloben und Sternkarten: Zur wissenschaftlichen Bedeutung des Leidener Aratus." *Museum Helveticum* 47 (1990): 70–81. Revised and published in *Antike Naturwissenschaft und ihre Rezeption* 1–2 (1992): 59–72. **105**

Stuhlhofer, Franz. "Georg Tannstetter (Collimitus): Astronom, Astrologe und Leibarzt bei Maximilian I. und Ferdinand I." *Jahrbuch des Vereins für Geschichte der Stadt Wien* 37 (1981): 7–49. **1191**

———. *Humanismus zwischen Hof und Universität: Georg Tannstetter (Collimitus) und sein wissenschaftliches Umfeld im Wien des frühen 16. Jahrhunderts*. Vienna: WUV, 1996. **1191**

Stumpf, Johannes. *Gemeiner loblicher Eydgnoschafft Stetten, Landen vnd Völckeren Chronick*. Zürich, 1548. **583, 680, 1216**

———. *Landtafeln: Der älteste Atlas der Schweiz*. Accompanying text by Arthur Dürst: *Die Landkarten des Johannes Stumpf*. Langnau: Dorfpresse Gattikon, 1975. **1216**

Sturani, Maria Luisa. "Strumenti e tecniche di rilevamento cartografico negli stati sabaudi tra XVI e XVIII secolo." In *Rappresentare uno stato: Carte e cartografi degli stati sabaudi dal XVI al XVIII secolo*, 2 vols., ed. Rinaldo Comba and Paola Sereno, 1:103–14. Turin: Allemandi, 2002. **839**

Stylianou, Andreas, and Judith A. Stylianou. *The History of the Cartography of Cyprus*. Nicosia: Cyprus Research Centre, 1980. **263, 267, 268, 271, 273**

Sullivan, Garrett A. "Space, Measurement, and Stalking Tamburlaine." *Renaissance Drama*, n.s. 28 (1997): 3–27. **420**

———. *The Drama of Landscape: Land, Property, and Social Relations on the Early Modern Stage*. Stanford: Stanford University Press, 1998. **420**

Sumarliði Ísleifsson. *See* Ísleifsson, Sumarliði.

Summerson, John Newenham. "The Defence of the Realm under Elizabeth I." In *The History of the King's Works*, by Howard Montagu Colvin et al., 6 vols., 4:402–14. London: Her Majesty's Stationery Office, 1963–82. **1611**

———. "The Works from 1547 to 1660." In *The History of the King's Works*, by Howard Montagu Colvin et al., 6 vols., 3:55–168. London: Her Majesty's Stationery Office, 1963–82. **1611**

Suomen maanmittauksen historia. 3 vols. Porvoo: Werner Söderström Osakeyhtiö, 1933. **1803**

Susmel, Lucio. "Il governo del bosco e del territorio: Un primato storico della Repubblica di Venezia." *Atti e Memorie dell'Accademia Patavina di Scienze Morali, Lettere ed Arti* 94 (1981–82), vol. 2, 75–100. **889**

Susmel, Lucio, and FrancoViola. *Principi di ecologia: Fattori ecologici, ecosistemica, applicazioni*. Padua: Cleup, 1988. **889**

Suter, Rufus. "The Scientific Work of Allesandro Piccolomini." *Isis* 60 (1969): 210–22. **113**

Svärdson, John. "Lantmäteriteknik." In *Svensk lantmäteriet*, 3 vols., 1:135–256. Stockholm: P. A. Norstedt och Söner, 1928. **1803**

Svendsen, Kester. *Milton and Science*. Cambridge: Harvard University Press, 1956. **417**

Svenska lantmäteriet, 1628–1928. 3 vols. Stockholm: P. A. Norstedt och Söner, 1928. **1802, 1803**

Svenske, K. *Materialy dlya istorii sostavleniya Atlasa Rossiyskoy imperii, izdannago imp. Academieya nauk v 1745 g*. St. Petersburg: Imperial Academy of Sciences, 1866. **1852**

Svobodová, Milada. *Katalog českých a slovenských rukopisů sign. XVII získaných Národní (Universitní) knihovnou po vydání Truhlářova katalogu z roku 1906*. Prague: Národní Knihovna, 1996. **443**

Swerdlow, N. M. "Astronomy in the Renaissance." In *Astronomy before the Telescope*, ed. Christopher Walker, 187–230 New York: St. Martin's, 1996. **101**

Sylvester II, Pope. *The Letters of Gerbert, with His Papal Privileges as Sylvester II*. Trans. and intro. Harriet Pratt Lattin. New York: Columbia University Press, 1961. **140**

Symons, T. H. B., ed. *Meta Incognita: A Discourse of Discovery: Martin Frobisher's Arctic Expeditions, 1576–1578*. 2 vols. Hull, Quebec: Canadian Museum of Civilization, 1999. **1754**

Syon House: A Seat of the Duke of Northumberland. Derby: English Life Publications, 1987. **1663**

Szántai, Lajos. *Atlas Hungaricus: Magyarország nyomtatott térképei, 1528–1850*. 2 vols. Budapest: Akadémiai Kiadó, 1996. **1810**

Szaszdi Nagy, Adam. *Un mundo que descubrió Colón: Las rutas del comercio prehispánico de los metales*. Valladolid: Casa-Museo de Colón, Seminario Americanista de la Universidad de Valladolid, 1984. **745**

———. *Los guías de Guanahaní y la llegada de Pinzón a Puerto Rico*. Valladolid: Casa-Museo de Colón, Seminario Americanista de la Universidad de Valladolid, 1995. **745**

Szathmáry, Tibor. *Descriptio Hungariae*. Vol. 1, *Magyarország és Erdély nyomtatott térképei, 1477–1600*. Fusignano: T. Szathmáry, 1987. **1810, 1821, 1837**

———. "Hazánk egyik legrégibb nyomtatott térképe II. rész." *Cartographica Hungarica* 2 (1992): 2–10. **1821**

———. "Hazánk első ismert nyomtatott haditérképének vizsgálata társtérképeinek függvényében." *Cartographica Hungarica* 1 (1992): 6–19. **1821**

———. "Nicolaus Angielus Magyarország-térképe," *Cartographica Hungarica* 3 (1993): 2–13. **1837, 1844**

———. "Egy ritka lelet." *Cartographica Hungarica* 5 (1996): 52. **1835**

Szczesniak, Boleslaw. "A Note on the Studies of Longitudes Made by M. Martini, A. Kircher, and J. N. Delisle from the Observations of Travellers to the Far East." *Imago Mundi* 15 (1960): 89–93. **480**

Szykula, Krystyna. "Une mappemonde pseudo-médiévale de 1566." In *Géographie du monde au Moyen Âge et à la Renaissance*, ed. Monique Pelletier, 93–98. Paris: Éditions du C.T.H.S., 1989. **390**

———. "The Newly Found Jenkinson's Map of 1562." Paper presented at the Thirteenth International Conference on the History of Cartography, Amsterdam and The Hague, 1989. Also published in *13th International Conference on the History of Cartography . . . Abstracts*, 38–39 and 109–11. Amsterdam, 1989. **1610, 1856**

———. "Mapa Rosji Jenkinsona (1562)—Koljne Podsumowanie Wykinów Badeń." *Czasopsmo Geograficzne* 71 (2000): 67–97. **1610**

Tabourot, Etienne (Estienne). *Le quatriesme des Bigarrures*. Paris: J. Richer, 1614. **1523**

Tafuri, Manfredo. *Venice and the Renaissance*. Trans. Jessica Levine. Cambridge: MIT Press, 1989. **69**

Taja, Agostino Maria. *Descrizione del Palazzo Apostolico Vaticano*. Rome: Niccolò, e Marco Pagliarini, 1750. **818**

Tajoli, Luciano. "Die zwei Planisphären des Fra Mauro (um 1460)." *Cartographia Helvetica* 9 (1994): 13–16. **316**
Tamborini, Marco. *Castelli e fortificazioni del territorio varesino.* Varese: ASK, 1981. **905**
Tamizey de Larroque, Philippe, ed. "Vies des poètes gascons." *Revue de Gascogne* 6 (1865): 555–74. **1533**
Tanselle, G. Thomas. "The Bibliographical Description of Paper." *Studies in Bibliography* 24 (1971): 27–67. **597**
Tanucci, Bernardo. *Lettere a Ferdinando Galiani.* 2 vols. Ed. Fausto Nicolini. Bari: Laterza 1914. **946, 948, 952**
Tarcagnota, Giovanni. *Del sito, et lodi della citta di Napoli con vna breve historia de gli re svoi, & delle cose piu degne altroue ne' medesimi tempi auenute.* Naples: Scotto, 1566. **958**
Tarde, Jean. *Les vsages dv qvadrant à l'esgville aymantée.* Paris: Iean Gesselin, 1621. **1489**
———. *Les chroniques de Jean Tarde.* Ed. Gaston de Gérard and Gabriel Tarde. Paris: H. Oudin, 1887. **1489**
Targioni-Tozzetti, Giovanni. *Ragionamento . . . sopra le cause, e sopra i remedi dell'insalubrità d'aria della Valdinievole.* 2 vols. Florence: Stamperia Imperiale, 1761. **920**
Tartaglia, Niccolò. *La nova scientia . . . con una gionta al terzo libro.* Venice: N. de Bascarini, 1550. **97**
Tassin, Christophe. *Les plans et profils de toutes les principales villes et lieux considérables de France.* Paris, 1634. **1520, 1537**
———. *Plans et profilz des principales villes de la province de Poictou.* (Part of *Plans et profils.*) Paris: M. Tavernier, 1634. **1537**
Tassinari, Magda. "Le origini della cartografia savonese del Cinquecento: Il contributo di Domenico Revello, Battista Sormano e Paolo Gerolamo Marchiano."*Atti della Società Ligure di Storia Patria,* n.s. 29, no. 1 (1989): 233–79. **858**
Tate, Robert Brian. "El manoscrito y las fuentes del *Paralipomenon Hispaniae.*" In *Ensayos sobre la historiografía peninsular del siglo XV,* 151–82. Madrid: Editorial Gredos, 1970. **325**
———. "El Paralipomenon de Joan Margarit, Cardenal Obispo de Gerona." In *Ensayos sobre la historiografía peninsular del siglo XV,* 123–50. Madrid: Editorial Gredos, 1970. **325**
Tatishchev, V. N. *Istoriya Rossiyskaya.* 7 vols. Moscow-Leningrad, 1962–68. **1856, 1864**
Taverne, Ed. *In 't land van belofte: In de Nieue stadt. Ideaal en werkelijkheid van de stadsuitleg in de Republieck, 1580–1680.* Maarssen: Gary Schwartz, 1978. **701, 1435, 1436**
———. "Henrick Ruse und die 'Verstärkte Festung' von Kalkar." In *Soweit der Erdkreis reicht: Johann Moritz von Nassau-Siegen, 1604–1679,* ed. Guido de Werd, exhibition catalog, 151–58. Kleve: Das Museum, 1980. **1436**
Tavernier, Melchior. *Théâtre contenant la description de la carte générale de tout le monde.* Paris, 1640. **1588**
Taviani, Paolo Emilio. *Christopher Columbus: The Grand Design.* London: Orbis, 1985. **758**
Tavoni, Maria Gioia, ed. *L'uomo e le acque in Romagna: Alcuni aspetti del sistema idrografico del '700.* Exhibition catalog. Bologna: CLUEB, 1981. **914**
———, ed. *Un intellettuale europeo e il suo universo: Vincenzo Coronelli (1650–1718).* Bologna: Studio Costa, 1999. **279**
Taylor, A. B. "Name Studies in Sixteenth Century Scottish Maps." *Imago Mundi* 19 (1965): 81–99. **1727**
———. *Alexander Lindsay, a Rutter of the Scottish Seas, circa 1540,* ed. I. H. Adams and G. Fortune. Greenwich: National Maritime Museum, 1980. **1685, 1727**
Taylor, Andrew. *The World of Gerard Mercator: The Mapmaker Who Revolutionized Geography.* New York: Walker, 2004. **1298**
Taylor, E. G. R. "A Regional Map of the Early XVIth Century." *Geographical Journal* 71 (1928): 474–79. **541, 550, 1207**
———. "French Cosmographers and Navigators in England and Scotland, 1542–1547." *Scottish Geographical Magazine* 46 (1930): 15–21. **1726, 1727, 1729**
———. *Tudor Geography, 1485–1583.* London: Methuen, 1930. **627, 638, 1296, 1608, 1675, 1696**
———. *Late Tudor and Early Stuart Geography, 1583–1650.* London: Methuen, 1934. **1696, 1720**
———. "Hudson's Strait and the Oblique Meridian." *Imago Mundi* 3 (1939): 48–52. **498, 986**
———. "The Dawn of Modern Navigation." *Journal of the Institute of Navigation* 1 (1948): 283–89. **749**
———. "The Sailor in the Middle Ages." *Journal of the Institute of Navigation* 1 (1948): 191–96. **510**
———. "Five Centuries of Dead Reckoning." *Journal of the Institute of Navigation* 3 (1950): 280–85. **510**
———. "Instructions to a Colonial Surveyor in 1582." *Mariner's Mirror* 37 (1951): 48–62. **537**
———. "The Oldest Mediterranean Pilot." *Journal of the Institute of Navigation* 4 (1951): 81–85. **511**
———. "The Navigating Manual of Columbus." *Journal of the Institute of Navigation* 5 (1952): 42–54. **518**
———. "John Dee and the Map of North-East Asia." *Imago Mundi* 12 (1955): 103–6. **1758**
———. *The Mathematical Practitioners of Tudor & Stuart England.* Cambridge: Cambridge University Press, 1954. Reprinted London: For the Institute of Navigation at Cambridge University Press, 1967. **71, 481, 482, 486, 495, 496, 499, 515, 625, 633, 634, 635, 730, 1598, 1618, 1649, 1724, 1726, 1738**
———. *The Haven-Finding Art: A History of Navigation from Odysseus to Captain Cook.* London: Hollis and Carter, 1956. 2d impression 1958. New aug. ed. New York: American Elsevier, 1971. **510, 511, 512, 513, 515, 519, 524, 746, 753, 1079, 1724**
———. "Mathematics and the Navigator in the Thirteenth Century." *Journal of the Institute of Navigation* 13 (1960): 1–12. **513**
———, ed. *The Original Writings & Correspondence of the Two Richard Hakluyts.* 2 vols. London: Hakluyt Society, 1935. **1730, 1758**
"Taylor, Eva Germaine Rimington." Obituary and bibliography in *Transactions of the Institute of British Geographers* 45 (1968): 181–86. **1724**
Teatro Español del Siglo de Oro: Base de datos de texto completo. Copyright © 1997–2004 ProQuest Information and Learning Company, all rights reserved, <http://teso.chadwyck.com/>. **473**
Tedeschi, Martha. "Publish and Perish: The Career of Lienhart Holle in Ulm." In *Printing the Written Word: The Social History of Books, circa 1450–1520,* ed. Sandra Hindman, 41–67. Ithaca: Cornell University Press, 1991. **600, 603**
Teeling, P. S. *Repertorium van oud-Nederlandse landmeters, 14e tot 18e eeuw.* 2 vols. Apeldoorn: Dienst van het Kadaster en de Openbare Registers, 1981. **1266**
Teixeira, Manuel C., and Margarida Valla. *O urbanismo português, séculos XIII–XVIII: Portugal-Brasil.* Lisbon: Livros Horizonte, 1999. **1053, 1055**
Teixeira (Albernaz), Pedro. *Compendium geographicum.* Facsimile ed. Madrid: Museo Naval, 2001. **1044, 1050**
Teixeira da Mota, A. *See* Mota, A. Teixeira da.
Teleki, Pál (Paul). *Atlas zur Geschichte der Kartographie der japanischen Inseln.* Budapest: Hiersemann, 1909. Reprinted Nedeln: Kraus Reprint, 1966. **1419, 1808**
———. *Atlasz a Japáni szigetek cartographiájának történetéhez.* Budapest: Kilián Frigyes Utóda Magy. Kir. Egyetemi Könyvkereskedö, 1909. **1808**
———. "Felhívás Magyarország cartographiájának ügyében." *Földrajzi Közlemények* 39 (1911): 57–60. **1808**
Temminck Groll, C. L., and W. van Alphen. *The Dutch Overseas: Ar-*

chitectural Survey, Mutual Heritage of Four Centuries in Three Continents. Zwolle: Waanders, 2002. **1434**

Tempesti, Domenico. *Domenico Tempesti e I discorsi sopra l'intaglio ed ogni sorte d'intagliare in rame da lui provate e osservate dai più grand'huomini di tale professione.* Ed. Furio de Denaro. Florence: Studio per Edizioni Scelte, 1994. **597**

Tenenti, Alberto. "Il senso del mare." In *Storia di Venezia,* vol. 12, *Il mare,* ed. Alberto Tenenti and Ugo Tucci, 7–76. Rome: Istituto della Enciclopedia Italiana, 1991. **175, 213**

Tentori, Cristoforo. *Della legislazione veneziana sulla preservazione della laguna.* Venice: Presso Giuseppe Rosa, 1792. **878**

Terborgh, F. C. "Cristobal Colon." *Helikon* 4 (1934): 159. **738**

Termini, Ferdinando Attilio. *Pietro Ransano, umanista palermitano del sec. XV.* Palermo: A. Trimarchi, 1915. **326**

Terpstra, Heert. *De opkomst der westerkwartieren van de Oost-Indische Compagnie (Surratte, Arabië, Perzië).* The Hague: M. Nijhoff, 1918. **1445**

Terwen, J. J., and Koen Ottenheym. *Pieter Post (1608–1669): Architect.* Zutphen: Walburg Pers, 1993. **1448**

Tesi, Mario, ed. *Monumenti di cartografia a Firenze (secc. X–XVII).* Exhibition catalog. Florence: Biblioteca Medicea Laurenziana, 1981. **506, 507**

Teterin, G. N. *Istoriya geodezii v Rossii (do 1917 goda).* Novosibirsk, 1994. **1902**

Theatre geographique du royaume de France. Paris: Jean Leclerc, 1626. **1489**

Theatrvm statvvm regiæ celsitvdinis Sabavdiæ dvcis. 2 vols. Amsterdam: Apud Hæredes Ioannis Blaeu, 1682. *See also* Firpo, Luigi, ed. **847**

[Theti, Carlo.] *Discorsi di fortificationi del Sig. Carlo Theti Napolitano.* Rome: Giulio Accolto, 1569. **954**

Theti, Carlo. *Discorsi delle fortificationi, espugnationi, & difese delle città, & d'altri luoghi.* Venice: Francesco de Franceschi Senese, 1589. **954, 956**

Thévenot, Melchisédec. *Relations de divers voyages curieux.* 4 vols. Paris: Iacques Langlois, 1663–72. **1061**

Thevet, André. *Cosmographie de Levant.* Lyons: I. de Tovrnes and G. Gazeav, 1554. Rev. ed. 1556. **276, 1469**

———. *La cosmographie vniverselle.* 2 vols. Paris: Chez Guillaume Chandiere, 1575. Paris: Chez Pierre L'Huillier, 1575. **80, 428, 747, 1472, 1479, 1480, 1495, 1758**

———. *Les vrais portraits et vies des hommes illustres Grecz, Latins, et Payens, recueilliz de leurs tableaux, livres, médalles antiques et modernes.* 2 vols. Paris, 1584. **281**

———. "Le grand insulaire et pilotage d'André Thevet." In *Le Discours de la navigation de Jean et Raoul Parmentier de Dieppe,* ed. Charles Henri Auguste Schefer, 153–81. Paris, 1883. Reprinted Geneva: Slatkine Reprints, 1971. **276**

———. "Le grand insulaire et pilotage d'André Thevet . . ." In *Le voyage de la Terre Sainte,* by Denis Possot, 245–309. Paris, 1890. Reprinted Geneva: Slatkine Reprints, 1971. **276**

———. *Cosmographie de Levant.* Ed. Frank Lestringant. Geneva: Librairie Droz, 1985. **276, 1469**

Thiele, Rüdiger. "Breves in sphaeram meditatiunculae: Die Vorlesungsausarbeitung des Bartholomäus Mercator im Spiegel der zeitgenössischen kosmographischen Literatur." In *Gerhard Mercator und die geistigen Strömungen des 16. und 17. Jahrhunderts,* ed. Hans Heinrich Blotevogel and R. H. Vermij, 147–74. Bochum: Brockmeyer, 1995. **1231**

Thijssen, Lucia. *1000 jaar Polen en Nederland.* Zutphen: Walburg Pers, 1992. **1435**

Thomas, Vaughan. *The Italian Biography of Sir Robert Dudley, Knt . . .* Oxford: Baxter, 1861. **1733**

Thomassy, Raymond. "De Guillaume Fillastre considéré comme géographe: A propos d'un manuscrit de la Géographie de Ptolémée." *Bulletin de la Société de Géographie* 17 (1842): 144–55. **981, 1036**

Thomaz, Luís Filipe F. R. "O Projecto Imperial Joanino (tentativa de interpretação global da política) ultra marine de D. João II." In *Congresso Internacional Bartolomeu Dias e a sua Época: Actas,* 5 vols., 1:81–98. Porto: Universidade do Porto, CNCDP, 1989. **1009**

———. "Da imagem da Insuíndia na cartografia." In *Diário de Notícias,* October 1994, *Rotas da terra e do mar,* fasc. 19 and 20, 394–421. **999**

———. *De Ceuta a Timor.* Linda a Velha: DIFEL, 1994. **1013**

———. "The Image of the Archipelago in Portuguese Cartography of the 16th and Early 17th Centuries." *Archipel* 49 (1995): 79–124. **999, 1025**

Thomov, Thomas. "New Information about Cristoforo Buondelmonti's Drawings of Constantinople." *Byzantion* 66 (1996): 431–53. **266, 267**

Thompson, Elbert N. S. "Milton's Knowledge of Geography." *Studies in Philology* 16 (1919): 148–71. **417, 418, 419**

Thompson, F. M. L. *Chartered Surveyors: The Growth of a Profession.* London: Routledge and Kegan Paul, 1968. **9, 717**

Thompson, M. W. *The Decline of the Castle.* Cambridge: Cambridge University Press, 1987. **561**

Thoren, Victor E. *The Lord of Uraniborg: A Biography of Tycho Brahe.* Contributions by J. R. Christianson. Cambridge: Cambridge University Press, 1990. **1790**

Thorndike, Lynn. *A History of Magic and Experimental Science.* 8 vols. New York: Macmillan, 1923–58; Columbia University Press, 1934–58. **58, 78, 154, 335**

———. *Science and Thought in the Fifteenth Century: Studies in the History of Medicine and Surgery, Natural and Mathematical Science, Philosophy and Politics.* New York: Columbia University Press, 1929. **342**

———. *The* Sphere *of Sacrobosco and Its Commentators.* Chicago: University of Chicago Press, 1949. **137, 138**

———. "Some Medieval Texts on Colours." *Ambix: The Journal of the Society for the Study of Alchemy and Early Chemistry* 7 (1959): 1–24. **604**

———. "Four Manuscripts of Scientific Works by Pierre d'Ailly." *Imago Mundi* 16 [1962]: 157–60. **299**

———. *Michael Scot.* London: Thomas Nelson and Sons, 1965. **105**

Thorne, Robert. "Robert Thorne's Book." In *The Principal Navigations, Voyages, Traffiques & Discoveries of the English Nation,* by Richard Hakluyt, 12 vols., 2:164–81. Glasgow: James MacLehose and Sons, 1903–5. **741**

Thornton, R. K. R., and T. G. S. Cain, eds. *A Treatise concerning the Arte of Limning by Nicholas Hilliard, Together with a More Compendious Discourse concerning ye Art of Liming by Edward Norgate.* Manchester: Carcanet Press, 1992. **605**

Thrower, Norman J. W. *Maps & Civilization: Cartography in Culture and Society.* Chicago: University of Chicago Press, 1996. 2d ed. Chicago: University of Chicago Press, 1999. **100, 591**

———, ed. *Sir Francis Drake and the Famous Voyage, 1577–1580: Essays Commemorating the Quadricentennial of Drake's Circumnavigation of the Earth.* Berkeley: University of California Press, 1984. **1761**

Thuillier, Jacques. "Peinture et politique: Une théorie de la Galerie royale sous Henri IV." In *Études d'art français offertes à Charles Sterling,* 175–205. Paris: Universitaires de France, 1975. **807**

Thurley, Simon. "The Banqueting and Disguising Houses of 1527." In *Henry VIII: A European Court in England,* ed. David Starkey, 64–69. London: Collins and Brown in association with National Maritime Museum, Greenwich, 1991. **1658**

———. "The Sports of Kings." In *Henry VIII: A European Court in England,* ed. David Starkey, 163–71. London: Collins and Brown in association with National Maritime Museum, Greenwich, 1991. **1665**

Tibbetts, Gerald R. "The Beginnings of a Cartographic Tradition." In *HC* 2.1:90–107. **332, 480**

———. "The Role of Charts in Islamic Navigation in the Indian Ocean." *HC* 2.1: 256–62. **1014**

Tiepolo, Maria Francesca, ed. *Laguna, lidi, fiumi: Cinque secoli di gestione delle acque.* Exhibition catalog. Venice: Archivio di Stato, 1983. **878**

———, ed. *Cartografia, disegni, miniature delle magistrature veneziane.* Exhibition catalog. Venice: Archivio di Stato, 1984. **878**

———, ed. *Ambiente scientifico veneziano tra Cinque e Seicento.* Exhibition catalog. Venice: Archivio di Stato, 1985. **878**

———, ed. *Boschi della Serenissima, utilizzo e tutela.* Exhibition catalog. Venice: Archivio di Stato, 1987. **889**

———, ed. *Ambiente e risorse nella politica veneziana.* Exhibition catalog. Venice: Archivio di Stato, 1989. **878**

Tiggesbäumker, Günter. *Mittelfranken in alten Landkarten: Ausstellung der Staatlichen Bibliothek Ansbach.* Ansbach: Historischer Verein für Mittelfranken, 1984. **1222**

Tikhomirov, M. N. "Spisok russkikh gorodov dal'nikh i blizhnikh." *Istoricheskiye Zapiski* 40 (1952): 214–59. **1859**

———. *Rossiya v XVI stoletii.* Moscow: Izdatel'stvo Akademii Nauk SSSR, 1962. **1858, 1862**

Tilemann Stella und die wissenschaftliche Erforschung Mecklenburgs in der Geschichte. Rostock: Wilhelm-Pieck-Universität Rostock, 1990. **503**

Tillyard, E. M. W. *The Elizabethan World Picture.* London: Chatto and Windus, 1943. **70**

Timann, Ursula. "Der Illuminist Georg Glockendon, Bemaler des Behaim-Globus." In *Focus Behaim Globus,* 2 vols., 1:273–78. Nuremberg: Germanisches Nationalmuseum, 1992. **1193**

———. "Goldschmiedearbeiten als diplomatische Geschenke." In *Quasi Centrum Europae: Europa kauft in Nürnberg, 1400–1800,* by Hermann Maué et al., 216–39. Nuremberg: Germanisches Nationalmuseums, 2002. **142**

Timoshenko, A. A. "Eshchë odin rukopisnyy spisok 'Knigi Bol'shomu chertëzhu.'" *Vestnik Moskovskogo universiteta* 5 (1961): 35–40. **1859**

Tinto, Alberto. *Annali tipografici dei Tramezzino.* 1966. Reprinted Florence: Leo S. Olschki, 1968. **790, 797**

Tite, Colin G. C. *The Manuscript Library of Sir Robert Cotton.* London: British Library, 1994. **643, 1636**

Titov, A. A. *Sibir' v XVII veka.* Moscow, 1890. **1875**

Tits, A. A. *Russkoye kamennoye zhiloye zodchestvo 17 veka.* Moscow: Nauka, 1966. **1902**

Tivyakov, S. D. "Pervyye karty Zemli Kuznetskoy." In *Zemlya Kuznetskaya,* 88–93. Kemerovo: Knizhnoye Izdatel'stvo, 1978. **1902**

Tobler, Titus. *Bibliographia geographica Palaestinae: Kritische Uebersicht gedruckter und ungedruckter Beschreibungen der Reisen ins Heilige Land.* 1867. Reprinted Amsterdam: Meridian, 1964. **1217**

Tolaini, Emilio. *Forma Pisarum: Problemi e ricerche per una storia urbanistica della città di Pisa.* Pisa: Nistri-Lischi Editori, 1967. **683**

Tolias, George. *The Greek Portolan Charts, 15th–17th Centuries: A Contribution to the Mediterranean Cartography of the Modern Period.* Trans. Geoffrey Cox and John Solman. Athens: Olkos, 1999. **218, 271, 274, 283**

———. "Informazione e celebrazione: Il tramonto degli isolari (1572–1696)." In *Navigare e descrivere: Isolari e portolani del Museo Correr di Venezia, XV–XVIII secolo,* ed. Camillo Tonini and Piero Lucchi, 37–43. Venice: Marsilio, 2001. **273**

———. *Τα Νησολόγια.* Athens: Olkos, 2002. **263**

———. "Nikolaos Sophianos's *Totius Graeciae Descriptio:* The Resources, Diffusion and Function of the Sixteenth-Century Antiquarian Map of Greece." *Imago Mundi* 58 (2006): 150–82. **578**

Tolmacheva, Marina. "On the Arab System of Nautical Orientation." *Arabica: Revue d'Études Arabes* 27 (1980): 180–92. **515**

Tomasch, Sylvia. "*Mappae Mundi* and 'The Knight's Tale': The Geography of Power, the Technology of Control." In *Literature and Technology,* ed. Mark L. Greenberg and Lance Schachterle, 66–98. London: Associated University Presses, 1992. **25**

Tomasch, Sylvia, and Sealy Gilles, eds. *Text and Territory: Geographical Imagination in the European Middle Ages.* Philadelphia: University of Pennsylvania Press, 1998. **28**

Tomlins, Christopher. "The Legal Cartography of Colonization, the Legal Polyphony of Settlement: English Intrusions on the American Mainland in the Seventeenth Century." *Law and Social Inquiry* 26 (2001): 315–72. **1755, 1761, 1762, 1765, 1780**

Tonini, Camillo. "'. . . Acciò resti facilitata la navigatione': I portolani di Gaspare Tentivo." In *Navigare e descrivere: Isolari e portolani del Museo Correr di Venezia, XV–XVIII secolo,* ed. Camillo Tonini and Piero Lucchi, 72–79. Venice: Marsilio, 2001. **270**

Tonini, Camillo, and Piero Lucchi, eds. *Navigare e descrivere: Isolari e portolani del Museo Correr di Venezia, XV–XVIII secolo.* Venice: Marsilio, 2001. **263**

Tooley, R. V. "Maps in Italian Atlases of the Sixteenth Century, Being a Comparative List of the Italian Maps Issued by Lafreri, Forlani, Duchetti, Bertelli, and Others, Found in Atlases." *Imago Mundi* 3 (1939): 12–47. **611, 784, 787, 797, 1258**

———. "Leo Belgicus: An Illustrated List." *Map Collector's Circle* 7 (1963): 4–16. **674**

———. *California as an Island: A Geographical Misconception, Illustrated by 100 Examples from 1625 to 1770.* London: Map Collectors' Circle, 1964. **741**

Toomer, G. J., trans. and anno. *Ptolemy's Almagest.* 1984. Princeton: Princeton University Press, 1998. **138, 139**

Török, Zsolt. "A Lázár-térkép és a modern európai térképészet." *Cartographica Hungarica* 5 (1996): 44–45. **1823**

———. "Honterus: *Rudimenta cosmographica* (1542)—Kozmográfia és/vagy geográfia?" In *Honterus-emlékkönyv / Honterus-Festschrift,* ed. Ágnes W. Salgó and Ágnes Stemler, 57–72. Budapest: Országos Széchényi Könyvtár, Osiris Kiadó, 2001. **1832**

———. "Angielini Magyarország-térképe: az 1570-es évekből—Die Ungarnkarte von Angielini: aus den 1570er Jahren." *Cartographica Hungarica* 8 (2004): 2–9. **1844**

Torres Lanzas, Pedro. *Relación descriptiva de los mapas, planos, etc., de Filipinas . . .* Madrid, 1897. **1169**

———. *Catálogo de mapas y planos: Audiencias de Panamá, Santa Fe y Quito.* Reprinted [Spain]: Ministerio de Cultura, Dirección General de Bellas Artes y Archivos, 1985. **1143**

———. *Catálogo de mapas y planos: Guatemala (Guatemala, San Salvador, Honduras, Nicaragua y Costa Rica).* Reprinted [Spain]: Ministerio de Cultura, Dirección General de Bellas Artes y Archivos, 1985. **1143**

———. *Catálogo de mapas y planos: Virreinato del Perú (Perú y Chile).* Reprinted [Spain]: Ministerio de Cultura, Dirección General de Bellas Artes y Archivos, 1985. **1143, 1144**

———. *Catálogo de mapas y planos de México.* 2 vols. Reprinted [Madrid]: Ministerio de Cultura, Dirección General de Bellas Artes y Archivos, 1985. **1143, 1155**

Torres Lanzas, Pedro, and José Torre Revello. *Catálogo de mapas y planos: Buenos Aires.* 2 vols. Reprinted [Madrid]: Ministerio de Cultura, Dirección General de Bellas Artes y Archivos, 1988. **1143, 1144**

Torriani, Leonardo. *Die Kanarischen Inseln und ihre Urbewohner: Eine unbekannte Bilderhandschrift vom Jahre 1590.* Ed. and trans. Dominik Josef Wölfel. Leipzig: K. F. Koehler Verlag, 1940. **1147**

Toscanella, Orazio. *I nomi antichi e moderni delle provincie, regioni, città, castelli, monti, laghi, fiumi, mari, golfi, porti, & isole del-*

l'Europa, dell'Africa & dell' Asia. Venice: F. Franceschini, 1567. **659**
Toscano, Gennaro, ed. *La Biblioteca Reale di Napoli al tempo della dinastia Aragonese / La Biblioteca Real de Nápoles en tiempos de la dinastía Aragonesa.* Exhibition catalog. Valencia: Generalitat Valenciana, 1998. **943, 952**
Toulier, Bernard. "Cartes de Touraine et d'Indre-et-Loire (des origines à 1850)." *Bulletin Trimestriel de la Société Archéologique de Touraine* 38 (1977): 499–536. **1492**
Toulmin, Stephen Edelston. *Knowing and Acting: An Invitation to Philosophy.* New York: Macmillan, 1976. **17**
Toulouse, Sarah. "L'Hydrographie normande." In *Couleurs de la Terre: Des mappemondes Médiévales aux images satellites,* ed. Monique Pelletier, 52–55. Paris: Seuil / Bibliothèque Nationale de France, 1998. **1561**
Tournefort, Joseph Pitton de. *Relation d'un voyage du Levant fait par ordre du Roi* . . . 3 vols. Lyons: Anisson et Posuel, 1717. **277**
Tournoy, Gilbert. "Abraham Ortelius et la poésie politique de Jacques van Baerle." In *Abraham Ortelius (1527–1598): Cartographe et humaniste,* by Robert W. Karrow et al., 160–67. Turnhout: Brepols, 1998. **659**
Tozzi, Pierluigi. *Opicino e Pavia.* Pavia: Libreria d'Arte Cardano, 1990. **47**
———. "Il *mundus Papie* in Opicino." *Geographia Antiqua* 1 (1992): 167–74. **47**
———. *La città e il mondo in Opicino de Canistris (1296–1350 ca.).* Varzi: Guardamagna Editori, 1996. **47**
Tozzi, Pierluigi, and Massimiliano David. "Opicino de Canistris e Galvano Fiamma: L'immagine della città e del territorio nel Trecento lombardo." In *La pittura in Lombardia: Il Trecento,* 339–61. Milan: Electa, 1993. **47**
Tracey, Hugh. *António Fernandes, descobridor do Monomotapa, 1514–1515.* Trans. Caetano Montez. Lourenço Marques: Arquivo Histórico de Moçambique, 1940. **1025**
Tracy, James D. *Emperor Charles V, Impresario of War: Campaign Strategy, International Finance, and Domestic Politics.* Cambridge: Cambridge University Press, 2002. **665**
Trapp, J. B., and Hubertus Schulte Herbrüggen. *"The King's Good Servant": Sir Thomas More, 1477/8–1535.* Exhibition catalog. London: National Portrait Gallery, 1977. **1597, 1620**
Trasselli, Carmelo. "Un italiano in Etiopia nel XV secolo: Pietro Rombulo da Messina." *Rassegna di Studi Etiopici* 1 (1941): 173–202. **326**
El Tratado de Tordesillas y su época (Congreso Internacional de Historia). 3 vols. [Tordesillas]: Sociedad V Centenario del Tratado de Tordesillas, 1995. **1095**
Traub, Valerie. "Mapping the Global Body." In *Early Modern Visual Culture: Representation, Race, Empire in Renaissance England,* ed. Peter Erickson and Clarke Hulse, 44–97. Philadelphia: University of Pennsylvania Press, 2000. **423**
Traversari, Ambrogio. *Ambrosii Traversarii . . . Latinae epistolae . . . in libros XXV tributae.* Ed. Petro Cannetto. Florence: Caesarco, 1759. **295**
Treasures from the Royal Collection. Exhibition catalog. [London]: Queen's Gallery, Buckingham Palace, 1988. **1665**
Trénard, Louis. *Les mémoires des intendants pour l'instruction du duc de Bourgogne (1698): Introduction générale.* Paris: Bibliothèque Nationale, 1975. **1497**
Trento, Jean-Baptiste. *Histoire de la mappe-monde papistique: En laquelle est declairé tout ce qui est contenu et pourtraict en la grande table, ou carte de la mappe-monde.* [Geneva]: Brifaud Chasse-diables, 1567. **390, 392**
Tresk, Olof. *Kartor över Kemi & Torne Lappmarker, 1642 och 1643.* Intro. Nils Ahnlund. Stockholm, 1928. **1802**
"Treswell, Ralph." In *The Dictionary of National Biography: Missing Persons,* 681. Oxford: Oxford University Press, 1993. **1643**
Trigger, Bruce G. *Natives and Newcomers: Canada's "Heroic Age" Reconsidered.* Kingston: McGill–Queen's University Press, 1985. **428**
Trithemius, Johannes. *Catalogus illustrium virorum Germaniae.* Mainz, 1495. **647**
Trudel, Marcel. "Champlain, Samuel de." In *Dictionary of Canadian Biography,* ed. George W. Brown, 1:186–99. Toronto: University of Toronto Press, 1966–. **1538**
A True Narration of the Most Observable Passages, in and at the Late Seige of Plymouth . . . 1643. London: L. N. for F. Eglesfeild, 1644. **1668**
Tsai, Fei-Wen. "Sixteenth and Seventeenth Century Dutch Painted Atlases: Some Paper and Pigment Problems." In *Conference Papers, Manchester 1992,* ed. Sheila Fairbrass, 19–23. London: Institute of Paper Conservation, 1992. **604**
Tschudi, Aegidius. *Nova Rhætiæ atq[ue] totivs Helvetiæ descriptio.* Zurich: Matthieu, 1962. **1215**
Tsougarakis, D. "Some Remarks on the 'Cretica' of Cristoforo Buondelmonti." *Ariadne* 1 [1985]: 87–108. **265**
Tucci, Ugo. "La carta nautica." In *Carte da navigar: Portolani e carte nautiche del Museo Correr, 1318–1732,* ed. Susanna Biadene, 9–19. Venice: Marsilio Editori, 1990. **213**
Turco, Angelo. *Verso una teoria geografica della complessità.* Milan: Unicopli, 1988. **875**
———. *Terra eburnea.* Milan: Unicopli, 1999. **883**
Turnbull, David. *Maps Are Territories, Science Is an Atlas: A Portfolio of Exhibits.* Geelong, Australia: Deakin University Press, 1989. **17, 192**
———. "Local Knowledge and Comparative Scientific Traditions." *Knowledge and Policy* 6, nos. 3–4 (1993–94): 29–54. **19**
———. "Cartography and Science in Early Modern Europe: Mapping the Construction of Knowledge Spaces." *Imago Mundi* 48 (1996): 5–24. **55, 174, 537, 638, 755, 1108**
Turner, Anthony. *Early Scientific Instruments: Europe 1400–1800.* London: Sotheby's Publications, 1987. **489, 496**
Turner, Gerard L'Estrange. "Mathematical Instrument-Making in London in the Sixteenth Century." In *English Map-Making, 1500–1650: Historical Essays,* ed. Sarah Tyacke, 93–106. London: British Library, 1983. **1618, 1703**
———. *Elizabethan Instrument Makers: The Origins of the London Trade in Precision Instrument Making.* Oxford: Oxford University Press, 2000. **489, 495, 1618**
Turner, Henry S. "*King Lear* Without: The Heath." *Renaissance Drama,* n.s. 28 (1997): 161–93. **420**
———. "Nashe's Red Herring: Epistemologies of the Commodity in *Lenten Stuffe* (1599)." *ELH* 68 (2001): 529–61. **425**
———. "Plotting Early Modernity." In *The Culture of Capital: Property, Cities, and Knowledge in Early Modern England,* ed. Henry S. Turner, 85–127. New York: Routledge, 2002. **415, 421, 422**
———. *The English Renaissance Stage: Geometry, Poetics, and the Practical Spatial Arts, 1580–1630.* Oxford: Oxford University Press, 2006. **415, 421**
Turner, Hilary L. "Christopher Buondelmonti: Adventurer, Explorer, and Cartographer." In *Géographie du monde au Moyen Âge et à la Renaissance,* ed. Monique Pelletier, 207–16. Paris: Éditions du C.T.H.S., 1989. **265, 266, 267**
———. "An Early Map of Brailes: 'Fit Symbolographie'?" *Warwickshire History* 11 (2001): 182–93. **1661**
———. "The Sheldon Tapestry Maps Belonging to the Bodleian Library." *Bodleian Library Record* 17 (2002): 293–311. **1661**
———. "'This Work thus Wrought with Curious Hand and Rare Invented Arte': The Warwickshire Sheldon Tapestry Map." *Warwickshire History* 12 (2002): 32–44. **1653, 1659**

———. "The Sheldon Tapestry Maps: Their Content and Context." *Cartographic Journal* 40 (2003): 39–49. **653**

Turner, James. *The Politics of Landscape: Rural Scenery and Society in English Poetry, 1630–1660.* Oxford: Basil Blackwell, 1979. **414**

Turri, Eugenio. *Antropologia del paesaggio.* 2d ed. Milan: Edizioni di Comunità, 1983. **948**

Türst, Conrad. "Conradi Türst De situ confœderatorum descriptio." *Quellen zur Schweizer Geschichte* 6 (1884): 1–72. **722**

Tuve, Rosemond. *Elizabethan and Metaphysical Imagery: Renaissance Poetic and Twentieth-Century Critics.* Chicago: University of Chicago Press, 1947. **422**

———. "Imagery and Logic: Ramus and Metaphysical Poetics." In *Renaissance Essays from the Journal of the History of Ideas,* ed. Paul Oskar Kristeller and Philip P. Wiener, 267–302. New York: Harper and Row, 1968. **422**

Tuynman, P. "Petrus Scriverius, 12 January 1576–30 April 1660." *Quærendo* 7 (1977): 4–45. **1447**

Tverskoy, L. M. *Russkoye gradostroitel'stvo do kontsa 17 veka: Planirovka i zastroyka russkikh gorodov.* Leningrad-Moscow: Stroyizdat, 1953. **1902**

Twain, Mark. *Life on the Mississippi.* Boston: James Osgood, 1883. **510**

Tyacke, Sarah. *London Map-Sellers, 1660–1720: A Collection of Advertisements for Maps Placed in the* London Gazette, *1668–1719, with Biographical Notes on the Map-Sellers.* Tring, Eng.: Map Collector Publications, 1978. **1718, 1746**

———. "English Charting of the River Amazon, c. 1595–c. 1630." *Imago Mundi* 32 (1980): 73–89. **1767, 1770**

———. "Introduction." In *English Map-Making, 1500–1650: Historical Essays,* ed. Sarah Tyacke, 13–19. London: British Library, 1983. **1603**

———. "Samuel Pepys as Map Collector." In *Maps and Prints: Aspects of the English Booktrade,* ed. Robin Myers and Michael Harris, 1–29. Oxford: Oxford Polytechnic Press, 1984. **643**

———. "Intersections or Disputed Territory." *Word & Image* 4 (1988): 571–79. **1723**

———. "Describing Maps." In *The Book Encompassed: Studies in Twentieth-Century Bibliography,* ed. Peter Hobley Davison, 130–41. Cambridge: Cambridge University Press, 1992. **1723**

———, ed. *English Map-Making, 1500–1650: Historical Essays.* London: British Library, 1983. **1589, 1644**

Tyacke, Sarah, and John Huddy. *Christopher Saxton and Tudor Map-Making.* London: British Library Reference Division, 1980. **482, 486, 501, 504, 506, 707, 715, 1599, 1607, 1614, 1615, 1620, 1621, 1622, 1623, 1624, 1625, 1626, 1627, 1628, 1629, 1630, 1631, 1637, 1639, 1651, 1655, 1670**

Ubaldini, Petruccio. *A Discovrse concerninge the Spanishe Fleete Inuadinge Englande in the Year 1588* . . . 1590. **1701**

Ugolini, Francesca. "La pianta del 1306 e l'impianto urbanistico di Talamone." *Storia della Città* 52 (1990): 77–82. **698**

Uhden, Richard. "An Equidistant and a Trapezoidal Projection of the Early Fifteenth Century." *Imago Mundi* 2 (1937): 8. **378, 1201**

Uiblein, Paul. "Die Wiener Universität, ihre Magister und Studenten zur Zeit Regiomontans." In *Regiomontanus-Studien,* ed. Günther Hamann, 395–432. Vienna: Verlag der Österreichischen Akademie der Wissenschaften, 1980. **501**

———. "Johannes von Gmunden: Seine Tätigkeit an der Wiener Universität." In *Der Weg der Naturwissenschaft von Johannes von Gmunden zu Johannes Kepler,* ed. Günther Hamann and Helmuth Grössing, 11–64. Vienna: Österreichische Akademie der Wissenschaften, 1988. **140, 1178**

Ullman, B. L. "Observations on Novati's Edition of Salutati's Letters." In *Studies in the Italian Renaissance,* by B. L. Ullman, 2d ed., 197–237. Rome: Edizioni di Storia e Letteratura, 1973. **290**

———. "The Post-Mortem Adventures of Livy." In *Studies in the Italian Renaissance,* by B. L. Ullman, 2d. ed., 52–77. Rome: Edizioni di Storia e Letteratura, 1973. **303**

Ullman, B. L., and Philip A. Stadter. *The Public Library of Renaissance Florence: Niccolò Niccoli, Cosimo de' Medici and the Library of San Marco.* Padua: Antenore, 1972. **642, 644**

Ulmann, Heinrich. *Kaiser Maximilian I.: Auf urkundlicher Grundlage dargestellt.* 2 vols. Vienna: Verlag des Wissenschaftlichen Antiquariats H. Geyer, 1967. **1081**

Unger, Willem Sybrand. *De oudste reizen van de Zeeuwen naar Oost-Indië, 1598–1604.* The Hague: Martinus Nijhoff, 1948. **1365**

Universitätsbibliothek Basel. *Oberrheinische Buchillustration 2: Basler Buchillustration 1500–1545.* Basel, 1984. **723**

Unterkircher, Franz, ed. *Maximilian I, 1459–1519.* Exhibition catalog. Biblos-Schriften, vol. 23. Vienna: Österreichische Nationalbibliothek, 1959. **726**

"Unusual Items That Have Come Up for Sale." *Imago Mundi* 45 (1993): 144–48. **800**

Unverhau, Dagmar. "Das Danewerk in der *Newen Landesbeschreibung* (1652) von Caspar Danckwerth und Johannes Mejer." In *Das Danewerk in der Kartographiegeschichte Nordeuropas,* ed. Dagmar Unverhau and Kurt Schietzel, 235–57. [Neumünster]: Karl Wachholtz, 1993. **505**

Unwin, David J. Review of *Cartographic Relief Presentation,* by Eduard Imhof. *Bulletin of the Society of University Cartographers* 17 (1984): 39–40. **551**

Uranosov, A. A. "K istorii sostavleniya 'Knigi Bol'shomu chertëzhu.'" *Voprosy Istorii Yestestvoznaniya i Tekhniki* 4 (1957): 188–90. **1865**

———. "K istorii kartograficheskikh rabot v Russkom gosudarstve v nachale XVII v." *Trudy Instituta Istorii Yestestvoznaniya i Tekhniki Akademii Nauk SSSR* 42, no. 3 (1962): 272–75. **1866**

Urban, Jan. "Alte böhmische Bergbaukarten." *Der Anschnitt* 22, no. 4 (1970): 3–8. **487**

Urness, Carol Louise. "Purchas as Editor." In *The Purchas Handbook: Studies of the Life, Times and Writings of Samuel Purchas, 1577–1626,* 2 vols., ed. Loren Pennington, 1:121–44. London: Hakluyt Society, 1997. **1724**

———. "Olaus Magnus: His Map and His Book." *Mercator's World* 6, no. 1 (2001): 26–33. **1787**

Urquhart, Sir Thomas. *Tracts of the Learned and Celebrated Antiquarian.* Edinburgh, 1774. **1691**

Urry, William. "Canterbury, Kent, circa 1153 × 1161." In *Local Maps and Plans from Medieval England,* ed. R. A. Skelton and P. D. A. Harvey, 43–58. Oxford: Clarendon, 1986. **43, 44**

Uzielli, Gustavo. *La vita e i tempi di Paolo dal Pozzo Toscanelli.* Rome: Ministero della Pubblica Istruzione, 1894. **333, 334, 1045**

Uzielli, Gustavo, and Pietro Amat di S. Filippo. *Mappamondi, carte nautiche, portolani ed altri monumenti cartografici specialmente italiani dei secoli XIII–XVII.* Rome: Società Geografica Italiana, 1882. Reprinted Amsterdam: Meridian, 1967. **177, 178, 179, 180, 213, 218, 224, 225, 954**

Vacher, Antoine. "La carte du Berry par Jean Jolivet." *Bulletin de Géographie Historique et Descriptive* 22 (1907): 258–67. **1484**

———. *Le Berry: Contribution à l'étude géographique d'une région française.* Paris: A. Colin, 1908. **1484**

Vagnetti, Luigi. "La 'Descriptio urbis Romae': Uno scritto poco noto di Leon Battista Alberti (contributo alla storia del rilevamento architettonico e topografico)." *Quaderno* (Università a degli Studi di Genova, Facoltà di Architettura, Istituto di Elementi di Architettura e Rilievo dei Monumenti) 1 (1968): 25–79. **682, 947**

———. "Lo studio di Roma negli scritti Albertiani." Including "Testo latino della *Descriptio urbis Romae,*" trans. G. Orlandi. In *Convegno Internazionale Indetto nel V Centenario di Leon Battista Alberti,* 73–140. Rome: Accademia Nazionale dei Lincei, 1974. **451, 682, 947**

Valadés, Diego. *Rhetorica christiana . . .* Perugia: Petrumiacobum Petrutium, 1579. **95**

Val'dman, K. N. "Kol'skiy poluostrov na kartakh XVI veka." *Izvestiya Vsesoyuznogo Geograficheskogo Obshchestva* 94, no. 2 (1962): 139–49. **1854**

———. "Ob izobrazhenii Belogo morya na kartakh XV–XVII vv." In *Istoriya geograficheskikh znaniy i otkrytiy na severe Yevropy,* 88–107. Leningrad, 1973. **1854**

Valegio, Francesco. *Raccolta di li [sic] più illustri et famose città di tutto il mondo.* Venice, 1579. **791**

Valentini, Rossella. "Lo spazio extramoenia e la cartografia tematica." In *Imago et descriptio Tusciae: La Toscana nella geocartografia dal XV al XIX secolo,* ed. Leonardo Rombai, 244–303. [Tuscany]: Regione Toscana; Venice: Marsilio, 1993. **920, 926, 929, 930**

Valerio, Vladimiro. "Un'altra copia manoscritta dell' 'Atlantino' del Regno di Napoli." *Geografia* 1 (1981): 39–46. **964**

———. "Historiographic and Numerical Notes on the Atlante Farnese and Its Celestial Sphere." *Der Globusfreund* 35–37 (1987): 97–126. **139**

———. *Società uomini e istituzioni cartografiche nel Mezzogiorno d'Italia.* Florence: Istituto Geografico Militare, 1993. **222, 944, 946, 954, 958, 962, 964, 965, 971, 972**

Valerio, Vladimiro, with a contribution by Ermanno Bellucci. *Piante e vedute di Napoli dal 1486 al 1599: L'origine dell'iconografia urbana europea.* Naples: Electa Napoli, 1998. **941, 954, 956, 958**

Valkema Blouw, Paul. *Typographia Batava, 1541–1600: Repertorium van boeken gedrukt in Nederland tussen 1541 en 1600.* 2 vols. Nieuwkoop: De Graaf, 1998. **1389**

Valla, Margarida. "Espaço urbano no recinto fortificado do século XVII: A teoria e a prática." In *Universo Urbanístico Português, 1415–1822,* 383–92. Lisbon: CNCDP, 2001. **1055**

Vallery-Radot, Jean. *Le recueil de plans d'édifices de la Compagnie de Jésus conservé à la Bibliothèque Nationale de Paris.* Rome: Institutum Historicum S.I., 1960. **939**

Vallino, Fabienne O., and Patricia Melella. "Tenute e paesaggio agrario nel suburbio romano sud-orientale dal secolo XIV agli albori del Novecento." *Bollettino della Società Geografica Italiana* 120 (1983): 629–79. **930**

Van der Gucht, Alfred. "De kaart van Vlaanderen." In *Gerardus Mercator Rupelmundanus,* ed. Marcel Watelet, 284–95. Antwerp: Mercatorfonds, 1994. **1261, 1299**

Van Helden, Albert. "'Annulo Cingitur': The Solution to the Problem of Saturn." *Journal for the History of Astronomy* 5 (1974): 155–174. **127**

———. "Saturn and His Anses." *Journal for the History of Astronomy* 5 (1974): 105–21. **127**

———. "The Invention of the Telescope." *Transactions of the American Philosophical Society,* 2d ser., 67, pt. 4 (1977): 3–67. Also published as *The Invention of the Telescope.* Philadelphia: American Philosphical Society, 1977. **61, 125**

———. "Saturn through the Telescope: A Brief Historical Survey." In *Saturn,* ed. Tom Gehrels and Mildred Shapley Matthews, 23–43. Tucson: University of Arizona Press, 1984. **128**

Vann, James. "Mapping under the Austrian Habsburgs." In *Monarchs, Ministers, and Maps: The Emergence of Cartography as a Tool of Government in Early Modern Europe,* ed. David Buisseret, 153–67. Chicago: University of Chicago Press, 1992. **723**

Vannereau, Marie-Antoinette. "Les cartes d'Auvergne du XVIe au XVIIIe siècle." In *Actes du 88e Congrès National des Sociétés Savantes, Clermont-Ferrand 1963, Section de Géographie,* 233–45. Paris: Bibliothèque Nationale, 1964. **1489**

———. *Places et provinces disputées: Exposition de cartes et plans du XVe au XIXe siècle.* Exhibition catalog. [Paris: Bibliothèque Nationale], 1976. **706**

Vannicelli Casoni, Luigi. *Compendio dei ragguagli delle diverse misure agrarie locali dello Stato Pontificio.* Rome, 1850. **944, 945**

Van Plaat tot Prent: Grafiek uit stedelijk, technisch benaderd. Exhibition catalog. Antwerp: Stad Antwerp, 1982. **593, 594**

Van Zandt, Cynthia J. "Mapping and the European Search for Intercultural Alliances in the Colonial World." *Early American Studies: An Interdisciplinary Journal* 1, no. 2 (2003): 72–99. **1780**

Varela, Consuelo. *Colón y los Florentinos.* Madrid: Alianza Editorial, 1988. **1110, 1133**

Varela Marcos, Jesús. "La cartografía del segundo viaje de Colon y su decisiva influencia en el tratado de Tordesillas." In *El tratado de Tordesillas en la cartografía histórica,* ed. Jesús Varela Marcos, 85–108. Valladolid: Junta de Castilla y León: V Centenario Tratado de Tordesillas, 1994. **329**

Varella, Aries. *Sucessos que ouve nas frontieras de Elvas, Olivença, Campo Mayor, & Ouguela . . .* Lisbon, 1643. **1068**

Varenius, Bernhardus. *Geographia generalis, in qua affectiones generales telluris explicantur.* Amsterdam: L. Elzevirium, 1650. **365**

Varep, E. F. "O kartakh, sostavlennyh russkimi v atlase I. B. Gomana 1725 g." *Izvestiya Vsesoyuznogo Geograficheskogo Obshchestva* 91, no. 3 (1959): 290–98. **1901**

Vasari, Giorgio. *Le opere di Giorgio Vasari.* 9 vols. Ed. Gaetano Milanesi. Florence: Sansoni, 1878–85. **336, 453, 678, 725, 732**

———. *Lives of the Most Eminent Painters, Sculptors & Architects.* 10 vols. Trans. Gaston du C. de Vere. Intro. and notes David Ekserdjian. London: Macmillan and Warner, publishers to the Medici Society, 1912–15. **648, 649**

———. *Lives of the Painters, Sculptors and Architects.* 2 vols. Trans. Gaston du C. de Vere. Intro. and notes David Ekserdjian. London: David Campbell; New York: Knopf, 1996. **157, 819**

Vasconcellos, Ernesto J. de C. e, ed. *Exposição de cartographia nacional (1903–1904): Catálogo.* Lisbon: Sociedade de Geographia de Lisboa, 1904. **976**

Vasconcelos, Frazão de. "O primeiro mapa impresso de Portugal e notas genealógicas sôbre a família Seco." *Arqueologia e História* 8 (1930): 27–33. **1039**

Vasconcelos, Luís Mendes de. *Do sitio de Lisboa.* Lisbon: Na Officina de Luys Estupiñan, 1608. 2d ed., Lisbon, 1803. **1036, 1050**

Vasil'yev, V. I. "Problema formirovaniya yeniseyskikh nentsev." In *Etnogenez i etnicheskaya istoriya narodov Severa,* 111–47. Moscow: Nauka, 1975. **1902**

Vas Mingo, Marta Milagros del. "Las bulas alejandrinas y la fijación de los límites a la navegación en el Atlántico." In *El Tratado de Tordesillas y su época (Congreso Internacional de Historia),* 3 vols., 2:1071–89. [Tordesillas]: Sociedad V Centenario del Tratado de Tordesillas, 1995. **1108**

Vasoli, Cesare. *L'enciclopedismo del Seicento.* Naples: Bibliopolis, 1978. **647**

Vassallo, Nicola. *Dal naviglio del duca ai consorzi irrigui: Cinque secoli di canalizzazioni nella bassa pianura cuneese dalla quattrocentesca "bealera di Bra" all'amministrazione dei canali demaniali.* Exhibition catalog. Savigliano: L'Artistica, 1989. **844**

Vaughan, Richard. *Matthew Paris.* Cambridge: Cambridge University Press, 1958. **39**

Vaughan, William. *Cambrensium Caroleia.* London, 1625. 2d ed. 1630. **1778**

———. *The Golden Fleece.* London: For Francis Williams, 1626. **1778**

Vázquez Maure, Francisco. "Cartografía de la Península: Siglos XVI a XVIII." In *Curso de conferencias sobre historia de la cartografía española: Desarrollado durante los meses de enero a abril de 1981,* 59–74. Madrid: Real Academia de Ciencias Exactas, Físicas y Naturales, 1982. **1083**

———. "Cartographie Espagnole au XVIe siècle." Typescript, held at the Biblioteca Nacional de España, Madrid, n.d. **1083**

Veen, Henk Th. van. "Pieter Blaeu and Antonio Magliabechi." *Quaerendo* 12 (1982): 130–58. **1337**

Veen, Johan van. *Dredge, Drain, Reclaim: The Art of a Nation.* 5th ed. The Hague: Nijhoff, 1962. **1264**

Veenendaal, A. J. "De Fossa Eugeniana." *Bijdragen voor de geschiedenis der Nederlanden* 11 (1956): 2–39. **1285**

Veer, Gerrit de. *Waerachtighe beschryvinghe van drie seylagien, ter werelt noyt soo vreemt ghehoort, drie jaeren achter malcanderen deur de Hollandtsche ende Zeelandtsche schepen by noorden Noorweghen, Moscovia ende Tartaria, na de coninckrijcken van Catthai ende China.* Amsterdam: Cornelis Claesz., 1598. Facsimile ed. Franeker: Van Wijnen, 1997. **1410**

Vega, Garcilaso de la. *Poesías castellanas completas.* Ed. Elias L. Rivers. Madrid: Castalia, 1986. **471**

Vega, Lope de. *See* Lope de Vega.

Vegetius Renatus, Flavius. "The Military Institutions of the Romans." Trans. John Clarke. In *Roots of Strategy: A Collection of Military Classics,* ed. Thomas R. Phillips, 65–175. Harrisburg: Military Service Publishing Company, 1940. **722**

———. *Vegetius: Epitome of Military Science.* Trans. N. P. Milner. Liverpool: Liverpool University Press, 1993. 2d ed. Liverpool: Liverpool University Press, 1996. **665, 1598**

Vekene, Emile van der. *Les cartes géographiques du Duché de Luxembourg éditées au XVIe, XVIIe, et XVIIIe siècles: Catalogue descriptif et illustré.* 2d ed. Luxembourg: Krippler-Muller, 1980. **1088, 1260, 1271**

Velarde Lombraña, Julián. *Juan Caramuel: Vida y obra.* Oviedo: Pentalfa Ediciones, 1989. **1081**

Velde, R. van de. "Mercator, Arnold, cartograaf, landmeter, bouwkundige, wiskundige en filoloog." In *Nationaal biografisch woordenboek,* 2:562–65. Brussels: Paleis der Academiën, 1964–. **1227**

Velho, Alvaro. *Diário da viagem de Vasco da Gama.* 2 vols. Ed. Damião Peres. Pôrto: Livraria Civilização, 1945. **1008**

Vellerino de Villalobos, Baltasar. *Luz de navegantes, donde se hallarán las derrotas y señas de las partes marítimas de las Indias, Islas y Tierra Firme del mar océano.* Madrid: Museo Naval de Madrid, Universidad de Salamanca, 1984. **1098, 1099**

Veltman, Kim H. "The Emergence of Scientific Literature and Quantification, 1520–1560." <http://www.sumscorp.com/articles/art14.htm>. **68**

———. "Ptolemy and the Origins of Linear Perspective." In *La prospettiva rinascimentale: Codificazioni e trasgressioni,* ed. Marisa Dalai Emiliani, 1:403–7. Florence: Centro Di, 1980–. **336**

Veltman, Lenny. "Een atlas in pocketformaat: *Den Nederlandtschen landtspiegel* van Zacharias Heyns." *Caert-Thresoor* 17 (1998): 5–8. **1339**

Ven, G. P. van de, ed. *Leefbaar laagland: Geschiedenis van de waterbeheersing en landaanwinning in Nederland.* [Utrecht]: Matrijs, 1993. **1264**

Veneziani, Paolo. "Vicende tipografiche della *Geografia* di Francesco Berlinghieri." *Bibliofilia* 84 (1982): 195–208. **452, 774**

Ventura, Angelo. *Nobiltà e popolo nella società veneta del '400 e del '500.* Bari: Laterza, 1964. **877**

Ventura, Maria da Graça Mateus. "Portugueses nas Índias de Castela: Percursos e percepções." In *Viagens e viajantes no Atlântico quinhentista,* 101–31. Lisbon: Edições Colibri, 1996. **1032**

———. *Portugueses no descobrimento e conquista da Hispano-América: Viagens e expedições (1492–1557).* Lisbon: Edições Colibri, 2000. **1032**

Verancsics, Antal. *Verancsics Antal . . . összes munkái.* 12 vols. Ed. László Szalay and Gusztáv Wenzel. Pest, 1857–75. **1830**

Verga, Ettore. *Catalogo ragionato della Raccolta cartografica e Saggio storico sulla cartografia milanese.* Milan: Archivio Storico, 1911. **686**

Vergé-Franceschi, Michel. *Histoire de Corse, le pays de la grandeur.* 2 vols. Paris: Editions du Félin, 1996. **866**

Vergil, Polydore. *Anglicae historiae.* Basil, 1534. **658**

Verlinden, Charles. "Navigateurs, marchands et colons italiens au service de la découverte et de la colonisation portugaise sous Henri le Navigateur." *Moyen Age* 64 (1958): 467–97. **328**

———. *Quand commença la cartographie portugaise?* Lisbon: Junta de Investigações Científicas do Ultramar, 1979. **981**

Vermij, R. H. "Bijdrage tot de bio-bibliografie van Johannes Hudde." *Gewina* 18 (1995): 25–35. **1448**

Vermuyden, Cornelis. *A Discourse Touching the Drayning of the Great Fennes.* London: T. Fawcet, 1642. **1667**

Verner, Coolie. *Smith's* Virginia *and Its Derivatives: A Carto-Bibliographical Study of the Diffusion of Geographical Knowledge.* London: Map Collectors' Circle, 1968. **1666, 1712, 1772**

———. "Engraved Title Plates for the Folio Atlases of John Seller." In *My Head Is a Map: Essays & Memoirs in Honour of R. V. Tooley,* ed. Helen Wallis and Sarah Tyacke, 21–52. London: Francis Edwards and Carta Press, 1973. **1746**

———. "Copperplate Printing." In *Five Centuries of Map Printing,* ed. David Woodward, 51–75. Chicago: University of Chicago Press, 1975. **531, 595**

———. "John Seller and the Chart Trade in Seventeenth-Century England." In *The Compleat Plattmaker: Essays on Chart, Map, and Globe Making in England in the Seventeenth and Eighteenth Centuries,* ed. Norman J. W. Thrower, 127–57. Berkeley: University of California Press, 1978. **1402**

Vernet Ginés, Juan. "Influencias musulmanas en el origen de la cartografía náutica." *Boletín de la Real Sociedad Geografica* 89 (1953): 35–62. **1069**

———. "El nocturlabio." In *Instrumentos astronómicos en la España medieval: Su influencia en Europa,* 52–53. Santa Cruz de la Palma: Ministerio de Cultura, 1985. **480, 489**

Verseput, Jan, ed. *De reis van Mathijs Hendriksz. Quast en Abel Jansz. Tasman ter ontdekking van de goud- en zilvereilanden, 1639.* The Hague: M. Nijhoff, 1954. **1443**

"Vertoog van de gelegenheid des koninkrijk van Siam" (received in the Netherlands in 1622). In *Kroniek van het Historisch Genootschap te Utrecht* 27, 6th ser., pt. 2 (1872): 279–318. **1445**

A Very Proper Treatise, Wherein Is Breefely Set Foorth the Art of Limming. London: Thomas Purfoote, the assigne of Richard Tottill, 1583. **605**

Vespasiano da Bisticci. *Le vite.* 2 vols. Ed. Aulo Greco. Florence: Nella sede dell' Istituto Nazionale di Studi sul Rinascimento, 1970–76. **288, 293, 642**

Vialart, Charles. *Geographia sacra sive notitia antiqua episcopatuum ecclesiae universae.* Paris, 1641. **442**

Vibius Sequester. *De fluminibus, fontibus, lacubus, nemoribus, paludibus, montibus, gentibus per litteras libellus.* Ed. Remus Gelsomino. Leipzig: B. G. Teubner, 1967. **658**

Vicente, António Pedro. "Memórias políticas, geográficas e militares de Portugal (1762–1796)." *Boletim do Arquivo Histórico Militar* 41 (1971): 11–298. **992**

Vicente Maroto, M. I., and Mariano Esteban Piñeiro. *Aspectos de la ciencia aplicada en la España del Siglo de Oro.* [Spain]: Junta de Castilla y León, Consejería de Cultura y Bienestar Social, 1991. **1103, 1105, 1107, 1124, 1125, 1127, 1136**

Vicenzo Romano, Maria Rosaria, et al., eds. *Cimeli di Napoli Aragonese.* Exhibition catalog. Naples: Industria Tipografica Artistica, 1978. **943**

Vickers, Brian. "Rhetoric and Poetics." In *The Cambridge History of Renaissance Philosophy,* ed. Charles B. Schmitt et al., 715–45. Cambridge: Cambridge University Press, 1988. **57**

Vidago, João. "Portugalia monumenta cartographica: Sinopse do conteúdo geográfico das estampas." *Boletim da Sociedade de Geografia de Lisboa* 90 (1972): 197–228. **975**

Vieira, António. "Sermão do terceiro domingo da Quaresma." 1655. In *Sermõs*, 16 vols., by António Vieira, 1:495–49. São Paulo: Editora Anchieta, 1944–45. **466, 468**

———. *Os Sermões*. Ed. Jamil Almansur Haddad. São Paulo: Edições Melhoramentos, 1963. **461**

———. *História do futuro*. 2d ed. Ed. Maria Leonor Carvalhão Buescu. Lisbon: Imprensa Nacional–Casa da Moeda, 1992. **461**

Vietor, Alexander O. "A Pre-Columbian Map of the World, circa 1489." *Imago Mundi* 17 (1963): 95–96. **332, 1183**

———. *A Portuguese Chart of 1492 by Jorge Aguiar*. Coimbra: Junta de Investigações do Ultramar-Lisboa, 1970. **986**

Vignaud, Henri. "Une ancienne carte inconnue de l'Amérique, la première où figure le futur Detroit de Behring." *Journal des Américanistes de Paris* 1 (1921): 1–9. **784**

Vigneras, L. A. "The Cartographer Diogo Ribeiro." *Imago Mundi* 16 (1962): 76–83. **1112, 1133**

Vignola, Giacomo. *Le due regole della prospettiva pratica*. Rome: Francesco Zannetti, 1583. **812**

Vijver, O. van de. *Lunar Maps of the XVIIth Century*. Vatican City: Specola Vaticana, 1971. **129, 130, 134**

Villages désertés et histoire économique, XIe–XVIIIe siècle. Paris: S.E.V.P.E.N., 1965. **564**

Villard de Honnecourt. *Carnet*. Ed. Alain Erlande-Brandenburg. Paris: Stock, 1986. **1524**

Villari, Rosario. *La rivolta antispagnola a Napoli: Le origini (1585–1647)*. 2d ed. Bari: Laterza, 1980. **970, 973**

Villiers, J. A. J. de. "Famous Maps in the British Museum." *Geographical Journal* 44 (1914): 168–84. **64**

Vin, J. P. A. van der. *Travellers to Greece and Constantinople: Ancient Monuments and Old Traditions in Medieval Travellers' Tales*. 2 vols. Leiden: Nederlands Historisch-Archaeologisch Instituut te Istanbul, 1980. **265**

Vincenzo Coronelli nel terzo centenario dalla nascita. Venice: Comune di Venezia, 1950. **279**

Vindel, Francisco. *Mapas de América en los libros españoles de los siglos XVI al XVIII (1503–1798)*. Madrid: [Talleres Tipográficos de Góngora], 1955. **1144, 1150**

———. *Mapas de América y Filipinas en los libros españoles de los siglos XVI al XVIII: Apéndice a los de América. Adición de los de Filipinas*. Madrid: [Talleres Tipográficos de Góngora], 1959. **1144**

Vinet, Élie. *L'arpanterie d'Élie Vinet, livre de géométrie, enseignant à mezurer les champs, & pluzieurs autres chozes*. Bordeaux: S. Millanges, 1577. **1529**

Vinzoni, Matteo. *Pianta delle due riviere della Serenissima Repubblica di Genova divise ne' Commissariati di Sanità*. Ed. Massimo Quaini. Genoa: Sagep, 1983. **862**

Visconti, Ferdinando. *Del sistema metrico uniforme che meglio si conviene a' dominj al di qua del Faro del Regno delle Due Sicilie*. Naples: Stamperia Reale, 1829. Also published in *Atti della Reale Accademia delle Scienze, Sezione della Società Reale Borbonica*, 6 vols., 3:77–142. Naples, 1819–51. **944**

Visscher, Claes Janz. *Visscher-Romankaart van Zeeland*. Alphen aan den Rijn: Canaletto, 1973. **1271**

Visser, J. C. "Jacob van Deventer alias Van Campen? De jonge jaren van een keizerlijk-koninklijk geograaf." *Caert-Thresoor* 12 (1993): 63–67. **1257**

———. *Door Jacob van Deventer in kaart gebracht: Kleine atlas van de Nederlandse steden in de zestiende eeuw*. Weesp: Robas BV, 1995. **1272**

Vissière, Laurent. "André Thevet et Jean Rouhet: Fragments d'une correspondance (1584–1588)." *Bibliothèque d'Humanisme et Renaissance: Travaux et Documents* 61 (1999): 109–37. **1473**

Viterbo, Sousa. *Trabalhos náuticos dos portuguezes nos séculos XVI e XVII*. 2 vols. Lisbon: Typographia da Academia Real das Sciencias, 1898–1900. **989, 990, 1004, 1014**

Viti, Paolo. "Le vite degli Strozzi di Vespasiano da Bisticci: Introduzione e testo critico." *Atti e Memorie dell'Accademia Toscana di Scienze e Lettere la Colombaria* 49 (1984): 75–177. **288**

Vitkus, Daniel J. "Early Modern Orientalism: Representations of Islam in Sixteenth- and Seventeenth-Century Europe." In *Western Views of Islam in Medieval and Early Modern Europe: The Perception of Other*, ed. David R. Blanks and Michael Frassetto, 207–30. New York: St. Martin's, 1999. **419**

———. "Trafficking with the Turk: English Travelers in the Ottoman Empire during the Early Seventeenth Century." In *Travel Knowledge: European "Discoveries" in the Early Modern Period*, ed. Ivo Kamps and Jyotsna Singh, 35–52. New York: Palgrave, 2001. **419**

Vitruvius Pollio. *De architectura libri dece*. Trans. Caesare Caesariano. Como: G. da Ponte, 1521. **60**

———. *Ten Books on Architecture*. Trans. Ingrid D. Rowland. Commentary and illustrations by Thomas Noble Howe. Cambridge: Cambridge University Press, 1999. **677**

Vives, Juan Luis. *Vives: On Education*. Trans. and intro. Foster Watson. Cambridge: Cambridge University Press, 1913. **626, 627**

Vivoli, Carlo. *Il disegno della Valtiberina: Mostra di cartografia storica (secoli XVI–XIX)*. Rimini: Bruno Ghigi, 1992. **917, 923**

Vliet, A. P. van, G. Beijer, and A. F. Middelburg. *Kaartboek van het Westland: Kaartboek van de domeinen in het Westland vervaardigd door landmeter Floris Jacobszoon in de jaren 1615–1634*. Naaldwijk: Stichting Stimulering Historische Publikaties Westland, 1999. **1255**

Vocht, Henry de. *History of the Foundation and the Rise of the Collegium Trilingue Lovaniense, 1517–1550*. 4 vols. Louvain: Bibliothèque de l'Université, Bureaux de Recueil, 1951–55. **1297**

———. *John Dantiscus and His Netherlandish Friends as Revealed by Their Correspondence, 1522–1546*. Louvain: Librairie Universitaire, 1961. **1358**

Voelkel, James R. *Johannes Kepler and the New Astronomy*. New York: Oxford University Press, 1999. **1237**

Voet, Léon. "Les relations commerciales entre Gérard Mercator et la maison Plantinienne à Anvers." In *Gerhard Mercator, 1512–1594: Festschrift zum 450. Geburtstag*. Duisburger Forschungen 6, 171–232. Duisburg-Ruhrort: Verlag für Wirtschaft und Kultur W. Renckhoff, 1962. **141, 1299, 1300**

———. *The Golden Compasses: A History and Evaluation of the Printing and Publishing Activities of the Officina Plantiniana at Antwerp*. 2 vols. Amsterdam: Vangendt, 1969–72. **1300, 1393**

———. "Christoffel Plantijn (ca. 1520–1589), drukker van het humanisme." In *Christoffel Plantijn en de exacte wetenschappen in zijn tijd*, ed. Elly Cockx-Indestege and Francine de Nave, exhibition catalog, 32–43. Brussels: Gemeentekrediet, 1989. **1300**

———. "Uitgevers en Drukkers." In *Gerardus Mercator Rupelmundanus*, ed. Marcel Watelet, 133–49. Antwerp: Mercatorfonds, 1994. **141**

———. "Abraham Ortelius and His World." In *Abraham Ortelius and the First Atlas: Essays Commemorating the Quadricentennial of His Death, 1598–1998*, ed. M. P. R. van den Broecke, Peter van der Krogt, and Peter H. Meurer, 11–28. 't Goy-Houten: HES, 1998. **603, 1299, 1303**

Vogel, Kurt. "Das Donaugebiet, die Wiege mathematischer Studien in Deutschland." In *Kleinere Schriften zur Geschichte der Mathematik*, 2 vols., ed. Menso Folkerts, 2:571–73. Stuttgart: F. Steiner Verlag Wiesbaden, 1988. **478, 501**

———. "Der Donauraum, die Wiege mathematischer Studien in Deutschland." In *Kleinere Schriften zur Geschichte der Mathematik*, 2 vols., ed. Menso Folkerts, 2:597–659. Stuttgart: F. Steiner Verlag Wiesbaden, 1988. **478**

Vogel, Walther. "Les plans parcellaires: Allemagne." *Annales d'Histoire Économique et Sociale* 1 (1929): 225–29. **705**

Voisé, Waldemar. "The Great Renaissance Scholar." In *The Scientific World of Copernicus: On the Occasion of the 500th Anniversary of His Birth, 1473–1973,* ed. Barbara Bieńkowska, 84–94. Dordrecht: D. Reidel, 1973. 90

Volkonskaya, Ye. G. *Rod knyazey Volkonskikh.* St. Petersburg, 1900. **1863**

Vollet, Hans. "Der 'Augenschein' in Prozessen des Reichskammergerichts—Beispiele aus Franken." In *5. Kartographiehistorisches Colloquium Oldenburg 1990,* ed. Wolfgang Scharfe and Hans Harms, 145–63. Berlin. Dietrich Reimer, 1991. **505**

Vollmar, Rainer. *Indianische Karten Nordamerikas: Beiträge zur historischen Kartographie vom 16. bis zum 19. Jahrhundert.* Berlin: Dietrich Reimer, 1981. **744, 745, 751**

Volpaia, Eufrosino della. *La campagna romana al tempo di Paolo III: Mappa della campagna romano del 1547.* Intro. Thomas Ashby. Rome: Danesi, 1914. **730, 915**

Volpe, L. "Florimi, Matteo." In *Dizionario biografico degli italiano,* 48:348–49. Rome: Istituto della Enciclopedia Italiana, 1960–. **793**

Volpicella, Luigi. "Genova nel secolo XV: Note d'iconografia panoramica." *Atti della Società Ligure di Storia Patria* 52 (1924): 249–88. **860**

Voorbeijtel Cannenburg, W. "Adriaen Veen's 'Napasser' en de 'ronde, gebulte kaarten.'" *Jaarverslag Vereeniging Nederlandsch Historisch Scheepvaart Museum* 7 (1923): 74–78. **1390, 1406**

———. "An Unknown 'Pilot' by Hessel Gerritsz, Dating from 1612." *Imago Mundi* 1 (1935): 49–51. **1427**

Vorob'yeva, I. A. "Russkiye gidronimy Sibiri v 17 v. (po materialam 'Chertëzhnoy knigi Sibiri')." *Voprosy Geografii* 70 (1966): 62–71. **1902**

Vorob'yeva, I. A., A. I. Maloletko, and M. F. Rozen. *Istoricheskaya kartografiya i toponimiya Altaya.* Tomsk: Gosudarstvennyy Universitet, 1980. **1902**

Voss, W. "Eine Himmelskarte vom Jahre 1503 mit den Wahrzeichen des Wiener Poetenkollegiums als Vorlage Albrecht Dürers." *Jahrbuch der Preussischen Kunstsammlungen* 64 (1943): 89–150. **109, 111, 1195**

Vossius, Isaac. *De Nili et aliorum fluminum origine.* The Hague: Adriani Vlacq, 1666. **1061**

Vredenberg-Alink, J. J. *De kaarten van Groningerland: De ontwikkeling van het kaartbeeld van de tegenwoordige provincie Groningen met een lijst van gedrukte kaarten vervaardigd tussen 1545 en 1864.* Uithuizen: Bakker's Drukkerij, 1974. **1268, 1269**

———. *Kaarten van Gelderland en de kwartieren: Proeve van een overzicht van gedrukte kaarten van Gelderland en de kwartieren vanaf het midden der zestiende eeuw tot circa 1850.* Arnhem: Vereniging "Gelre," 1975. **1271**

Vries, Dirk de. "Atlases and Maps from the Library of Isaac Vossius (1618–1689)." *International Yearbook of Cartography* 21 (1981): 177–93. **643, 801**

———. *Beemsterlants caerten: Een beredeneerde lijst van oude gedrukte kaarten.* Alphen aan den Rijn: Canaletto, 1983. **1292, 1294**

———. *Nieuwe caert van Friesland (1739): Heruitgave van de wandkaart van Bernardus Schotanus à Sterringa.* Alphen aan den Rijn: Canaletto, 1983. **1269**

———. "Eerste 'staten' van B. van Doetecum's Artesia en Hannonia." *Caert-Thresoor* 4 (1985): 45. **1261**

———. "Die HELVETIA-Wandkarte von Gerhard Mercator." *Cartographica Helvetica* 5 (1992): 3–10. **1230**

———. "Official Cartography in the Netherlands." In *La cartografia dels Països Baixos,* 19–69. Barcelona: Institut Cartogràfic de Catalunya, 1995. **1254, 1257, 1265, 1267, 1272**

Vries, Dirk de, et al. *The Van Keulen Cartography: Amsterdam, 1680–1885.* Alphen aan den Rijn: Canaletto/Repro-Holland, 2005. **1402**

Waals, Jan van der. *De prentschat van Michiel Hinloopen: Een reconstructie van de eerste openbare papierkunstverzameling in Nederland.* The Hague: SDU Uitgeverij, 1988. **1343**

Waas, Glenn Elwood. *The Legendary Character of Kaiser Maximilian.* New York: Columbia University Press, 1941. **720**

Waerden, B. L. van der. *Science Awakening II: The Birth of Astronomy.* Leiden: Noordhoff International, 1974. **123**

Waghenaer, Lucas Jansz. *Spieghel der zeevaerdt.* Leiden: Christoffel Plantijn, 1584–85. **114, 515, 536, 1015**

———. *The Mariners Mirrour.* London, 1588. **536**

———. *Spieghel der zeevaerdt: Leyden, 1584–1585.* Bibliographical note by R. A. Skelton. Amsterdam: Theatrum Orbis Terrarum, 1964. **1392**

———. *Thresoor der zeevaert: Leyden 1592.* Amsterdam: Theatrum Orbis Terrarum, 1965. **1389, 1391, 1394**

———. *The Mariners Mirrour: London, 1588.* Amsterdam: Theatrum Orbis Terrarum, 1966. **1394**

Wagner, Henry Raup. "Apocryphal Voyages to the Northwest Coast of America." *Proceedings of the American Antiquarian Society,* n.s. 41 (1931): 179–234. **743**

———. "The Manuscript Atlases of Battista Agnese." *Papers of the Bibliographical Society of America* 25 (1931): 1–110. **178, 184, 185, 188, 189, 195, 213, 214, 215, 216, 271, 757**

———. *The Cartography of the Northwest Coast of America to the Year 1800.* 2 vols. Berkeley: University of California Press, 1937. **1154, 1353**

———. "Additions to the Manuscript Atlases of Battista Agnese." *Imago Mundi* 4 (1947): 28–30. **214**

———. "A Map of Sancho Gutiérrez of 1551." *Imago Mundi* 8 (1951): 47–49. **1122**

Wagner, Hermann. "Die Rekonstruktion der Toscanelli-Karte vom J. 1474 und die Pseudo-Facsimilia des Behaim-Globus vom J. 1492." *Nachrichten von der Königl. Gesellschaft der Wissenschaften zu Göttingen, Philologisch-historische Klasse,* 1894, 208–312. **334, 335**

Wahrman, Dror. "From Imaginary Drama to Dramatized Imagery: The *Mappe-Monde Nouvelle Papistique,* 1566–67." *Journal of the Warburg and Courtauld Institutes* 54 (1991): 186–205. **390, 410**

Waitz, G. "Des Claudius Clavius Beschreibung des Skandinavischen Nordens." *Nordalbingische Studien* 1 [1884]: 175–90. **304**

Wajntraub, E., and G. Wajntraub. *Hebrew Maps of the Holy Land.* Vienna: Brüder Hollinek, 1992. **41**

Waldseemüller, Martin. *Die älteste Karte mit dem Namen Amerika aus dem Jahre 1507 und die Carta Marina aus dem Jahre 1516.* Ed. Joseph Fischer and Franz Ritter von Wieser. Innsbruck: Wagner, 1903. Reprinted Amsterdam: Theatrum Orbis Terrarum, 1968. **1175, 1204, 1206**

———. *The Oldest Map with the Name America of the Year 1507 and the Carta Marina of the Year 1516.* Ed. Joseph Fischer and Franz Ritter von Wieser. Innsbruck: Wagner, 1903. Reprinted Amsterdam: Theatrum Orbis Terrarum, 1968. **354**

———. *Die Cosmographiae Introductio des Martin Waldseemüller (Ilacomilus) in Faksimiledruck.* Ed. and intro. Franz Ritter von Wieser. Strassburg: J. H. Ed. Heitz, 1907. **142**

———. *The Cosmographiae Introductio of Martin Waldseemüller in Facsimilie.* Ed. Charles George Herbermann. 1907. Reprinted Freeport, N.Y.: Books for Libraries, 1969. **66, 142, 1205**

Walker, David. "The Organization of Material in Medieval Cartularies." In *The Study of Medieval Records: Essays in Honor of Kathleen Major,* ed. D. A. Bullough and R. L. Storey, 132–50. Oxford: Clarendon, 1971. **38**

Walker, Joseph Q. "The Maps of Ortelius and Their Varients—Developing a Systematic Evidential Approach for Distinguishing New Map Plates from New States of Existing Map Plates." *Antiquarian Maps Research Monographs* 1 (2001): 1–16. **1321**

Wallace, W. A. *John White, Thomas Harriot and Walter Raleigh in Ireland.* London: Historical Association, 1985. **1613**

Wallace, William A. "Traditional Natural Philosophy." In *The Cambridge History of Renaissance Philosophy,* ed. Charles B. Schmitt et al., 201–35. Cambridge: Cambridge University Press, 1988. **58**

Wallis, Faith. "MS Oxford, St. John's College 17: A Mediaeval Manuscript in Its Context." Ph.D. diss., University of Toronto, 1987. **32**

———. "Images of Order in the Medieval *Computus.*" In *Ideas of Order in the Middle Ages,* ed. Warren Ginsberg, 45–68. Binghamton: Center for Medieval and Early Renaissance Studies, State University of New York, 1990. **32**

Wallis, Helen. "The First English Globe: A Recent Discovery." *Geographical Journal* 117 (1951): 275–90. **757, 1362, 1619**

———. "Further Light on the Molyneux Globes." *Geographical Journal* 121 (1955): 304–11. **1362, 1619**

———. "The First English Terrestrial Globe." *Der Globusfreund* 11 (1962): 158–59. In English and German. **153, 169, 173**

———. "Globes in England Up to 1660." *Geographical Magazine* 35 (1962–63): 267–79. **151, 155, 1296**

———. "The Influence of Father Ricci on Far Eastern Cartography." *Imago Mundi* 19 (1965): 38–45. **744**

———. "Edward Wright and the 1599 World Map." In *The Hakluyt Handbook,* 2 vols., ed. David B. Quinn, 1:62–63, 69–73. London: Hakluyt Society, 1974. **1765**

———. "The Royal Map Collections of England." *Revista da Universidade de Coimbra* 28 (1980): 461–68. **643**

———. "Some New Light on Early Maps in North America, 1490–1560." In *Land- und Seekarten im Mittelalter und in der frühen Neuzeit,* ed. C. Koeman, 91–121. Munich: Kraus International, 1980. **1598, 1696**

———. *The Royal Map Collections of England.* Coimbra: Junta de Investigações Cientificas do Ultramar, 1981. **1729, 1730, 1732**

———. "The Cartography of Drake's Voyage." In *Sir Francis Drake and the Famous Voyage, 1577–1580: Essays Commemorating the Quadricentennial of Drake's Circumnavigation of the Earth,* ed. Norman J. W. Thrower, 121–63. Berkeley: University of California Press, 1984. **1609, 1618, 1619, 1658, 1659, 1714**

———. *Material on Nautical Cartography in the British Library, 1550–1650.* Lisbon: Instituto de Investigação Cientifíca Tropical, 1984. **1730**

———. *Raleigh & Roanoke: The First English Colony in America, 1584–1590.* Exhibition catalog. Raleigh: North Carolina Department of Cultural Resources, 1985. **1614, 1666**

———. "Java la Grande: The Enigma of the Dieppe Maps." In *Terra Australis to Australia,* ed. Glyndwr Williams and Alan Frost, 38–81. Melbourne: Oxford University Press, 1988. **746**

———. "'Opera Mundi': Emery Molyneux, Jodocus Hondius and the First English Globes." In *Theatrum Orbis Librorum: Liber Amicorum Presented to Nico Israel on the Occasion of His Seventieth Birthday,* ed. Ton Croiset van Uchelen, Koert van der Horst, and Günter Schilder, 94–104. Utrecht: HES, 1989. **153, 1705**

———. "Intercourse with the Peaceful Muses." In *Across the Narrow Seas: Studies in the History and Bibliography of Britain and the Low Countries Presented to Anna E. C. Simoni,* ed. Susan Roach, 31–54. London: British Library, 1991. **1694**

———. "Is the Paris Map the Long-Sought Chart of Christopher Columbus?" *Map Collector,* no. 58 (1992): 21–22. **1729**

———. "Purchas's Maps." In *The Purchas Handbook: Studies of the Life, Times and Writings of Samuel Purchas, 1577–1626, with Bibliographies of his Books and of Works about Him,* 2 vols., ed. Loren Pennington, 1:145–66. London: Hakluyt Society, 1997. **1724, 1767, 1768**

———. "Sixteenth-Century Maritime Manuscript Atlases for Special Presentation." In *Images of the World: The Atlas through History,* ed. John Amadeus Wolter and Ronald E. Grim, 3–29. New York: McGraw-Hill, 1997. **653**

———, ed. *The Maps and Text of the Boke of Idrography. See* Rotz, Jean.

Wallis, Helen, and Arthur Howard Robinson, eds. *Cartographical Innovations: An International Handbook of Mapping Terms to 1900.* Tring, Eng.: Map Collector Publications in association with the International Cartographic Association, 1987. **100, 101, 136, 529, 568, 805, 941, 1011, 1360, 1650**

Walsperger, Andreas. *Weltkarte des Andreas Walsperger.* Zurich: Belser AG, 1981. **59**

Walters, Gwyn. "Richard Gough's Map Collecting for the British Topography, 1780." *Map Collector* 2 (1978): 26–29. **1670**

———. "The Antiquary and the Map." *Word & Image* 4 (1988): 529–44. **643, 659**

Walther (Walter), Johann. *Geystliche gesangk Buchleyn.* Wittenberg, 1525. **135**

Wanders, A. J. M. *Op ontdekking in het maanland.* Utrecht: Het Spectrum, 1950. **130**

Wang, Andreas. *Der 'miles christianus' im 16. und 17. Jahrhundert und seine mittelalterliche Tradition: Ein Beitrag zum Verhältnis von sprachlicher und graphischer Bildlichkeit.* Bern: Lang, 1975. **447**

Wapowski, Bernard. *Dzieje korony Polskiej i Wielkiego ksiestwa litewskiego od roku 1380 do 1535.* 3 vols. Wilno: T. Glücksberg, 1847–48. **1817**

Waquet, Françoise. "*Plus ultra:* Inventaire des connaissances et progrès du savoir à l'époque classique." In *Tous les savoirs du monde: Encyclopédies et bibliothèques, de Sumer au XXI*^e^ *siècle,* ed. Roland Schaer, 170–77. Paris: Bibliothèque Nationale de France / Flammarion, 1996. **639**

Wardington, Lord. "Sir Robert Dudley and the *Arcano del Mare,* 1646–8 and 1661." *Book Collector* 52 (2003): 199–211 and 317–55. **794**

Warhus, Mark. *Another America: Native American Maps and the History of Our Land.* New York: St. Martin's, 1997. **745**

Warner, Deborah Jean. "The Celestial Cartography of Giovanni Antonio Vanosino da Varese." *Journal of the Warburg and Courtauld Institutes* 34 (1971): 336–37. **111, 170, 173, 812**

———. "The First Celestial Globe of Willem Janszoon Blaeu." *Imago Mundi* 25 (1971): 29–38. **1364**

———. *The Sky Explored: Celestial Cartography, 1500–1800.* New York: Alan R. Liss, 1979. **100, 101, 102, 104, 110, 111, 113, 114, 116, 117, 118, 120, 121, 122, 141, 379, 1195, 1361, 1364**

———. "What Is a Scientific Instrument, When Did It Become One, and Why?" *British Journal for the History of Science* 23 (1990): 83–93. **747**

Warnicke, Retha M. "Note on a Court of Requests Case of 1571." *English Language Notes* 11 (1974): 250–56. **1623**

Warszewicki, Krzysztof. *Christophori Varsevici: Post Stephani regis mortem . . .* Cracow, 1587. **1840**

Waselkov, Gregory A. "Indian Maps of the Colonial Southeast." In *Powhatan's Mantle: Indians in the Colonial Southeast,* ed. Peter H. Wood, Gregory A. Waselkov, and M. Thomas Hatley, 292–343. Lincoln: University of Nebraska Press, 1989. **744**

Washburn, Wilcomb E. "The Form of Islands in Fifteenth, Sixteenth and Seventeenth-Century Cartography." In *Géographie du monde au Moyen Âge et à la Renaissance,* ed. Monique Pelletier, 201–6. Paris: Éditions du C.T.H.S., 1989. **1474**

Wassenaer, Nicolaas van, and Barent Lampe. *Historisch verhael alder ghedenck-weerdichste geschiedenisse[n] die hier en daer in Europa.* 21 vols. Amsterdam: Bij Ian Evertss. Cloppenburgh, Op't Water, 1622–35. **1449**

Wastenson, Leif, ed. *National Atlas of Sweden.* 17 vols. Stockholm: SNA, 1990–96. **1802, 1803**

Watanabe, Morimichi. *The Political Ideas of Nicholas of Cusa.* Geneva: Droz, 1963. **1184**

Wateau, Fabienne. *Conflitos e água de rega: Ensaio sobre organização social no Vale de Melgaço.* Lisbon: Publicações Dom Quixote, 2000. **1037**

Watelet, Marcel. "De Rupelmonde à Louvain." In *Gérard Mercator cosmographe: Le temps et l'espace,* ed. Marcel Watelet, 72–91. Antwerp: Fonds Mercator Paribas, 1994. **501**

———, ed. *Gérard Mercator cosmographe: Le temps et l'espace.* Antwerp: Fonds Mercator Paribas, 1994. In Dutch, *Gerardus Mercator Rupelmundanus.* Ed. Marcel Watelet. Antwerp: Mercatorfonds, 1994. **69, 154, 806, 1296, 1298**

Waterbolk, E. H. "Viglius of Aytta, Sixteenth Century Map Collector." *Imago Mundi* 29 (1977): 45–48. **644, 677, 806, 1201, 1276**

Waters, David Watkin. "Early Time and Distance Measurement at Sea." *Journal of the Institute of Navigation* 8 (1955): 153–73. **510**

———. *The Art of Navigation in England in Elizabethan and Early Stuart Times.* London: Hollis and Carter, 1958. 2d ed. Greenwich: National Maritime Museum, 1978. **151, 153, 509, 510, 511, 512, 515, 516, 517, 519, 520, 521, 522, 523, 524, 536, 627, 634, 635, 1557, 1609, 1610, 1700, 1704, 1724, 1738, 1744**

———. *The Rutters of the Sea: The Sailing Directions of Pierre Garcie. A Study of the First English and French Printed Sailing Directions.* New Haven: Yale University Press, 1967. **511, 1384, 1534, 1724, 1726**

———. "Reflections upon Some Navigational and Hydrographic Problems of the XVth Century related to the Voyage of Bartholomew Dias, 1487–88." *Revista da Universidade de Coimbra* 34 (1987): 275–347. **510, 511, 513, 514, 518, 519**

———. "The English Pilot: English Sailing Directions and Charts and the Rise of English Shipping, 16th to 18th Centuries." *Journal of the Institute of Navigation* 42 (1989): 317–54. **1724, 1726, 1734**

Watson, Elizabeth See. *Achille Bocchi and the Emblem Book as Symbolic Form.* Cambridge: Cambridge University Press, 1993. **94**

Watt, Tessa. "Publisher, Pedlar, Pot-Poet: The Changing Character of the Broadside Trade, 1550–1640." In *Spreading the Word: The Distribution Networks of Print, 1550–1800,* ed. Robin Myers and Michael Harris, 61–81. Winchester: St Paul's Bibliographies, 1990. **1718**

———. *Cheap Print and Popular Piety, 1550–1640.* Cambridge: Cambridge University Press, 1991. **1699**

Wattenberg, Diedrich. "Johannes Regiomontanus und die astronomischen Instrumente seiner Zeit." In *Regiomontanus-Studien,* ed. Günther Hamann, 343–62. Vienna: Verlag der Österreichischen Akademie der Wissenschaften, 1980. **338, 341, 1812**

Watts, Pauline Moffitt. *Nicolaus Cusanus: A Fifteenth-Century Vision of Man.* Leiden: Brill, 1982. **1184**

———. "Prophecy and Discovery: On the Spiritual Origins of Christopher Columbus's 'Enterprise of the Indies.'" *American Historical Review* 90 (1985): 73–102. **386**

———. "Apocalypse Then: Christopher Columbus's Conception of History and Prophecy." *Medievalia et Humanistica,* n.s. (ser. 2) 19 (1992): 1–10. **386**

———. "A Mirror for the Pope: Mapping the *Corpus Christi* in the Galleria delle Carte Geografiche." In *I Tatti Studies: Essays in the Renaissance* 10 (2005): 173–92. **397**

Wauters, A. "Documents pour servir à l'histoire de l'imprimerie dans l'ancien Brabant." *Bulletin du Bibliophile Belge* 12 (1856): 73–84. **1344**

Wawrik, Franz. "Der Erdglobus des Johannes Oterschaden." *Der Globusfreund* 25–27 (1978): 155–67. **171, 173**

———. "Kartographische Werke an der Österreichischen Nationalbibliothek aus dem Besitz Johannes Schöners." *International Yearbook of Cartography* 21 (1981): 195–202. **351**

———. "Kartensammler und -sammlungen in Österreich." In *Karten hüten und bewahren: Festgabe für Lothar Zögner,* 205–20. Gotha: Justus Perthes, 1995. **799**

Wawrik, Franz, and Helga Hühnel. "Das Globenmuseum der Österreichischen Nationalbibliothek." *Der Globusfreund* 42 (1994): 3–188. **162, 173, 1176**

Wawrik, Franz, and Elisabeth Zeilinger, eds. *Austria Picta: Österreich auf alten Karten und Ansichten.* Exhibition catalog. Graz: Akademische Druck- und Verlagsanstalt, 1989. **1176**

Wawrik, Franz, et al., eds. *Kartographische Zimelien: Die 50 schönsten Karten und Globen der Österreichischen Nationalbibliothek.* Vienna: Österreichische Nationalbibliothek, 1995. **1169**

Weber, Ekkehard, ed. *Tabula Peutingeriana: Codex Vindobonensis 324.* Graz: Akademische Druck- und Verlagsanstalt, 1976. **38**

Weddle, Robert S. *The French Thorn: Rival Explorers in the Spanish Sea, 1682–1762.* College Station: Texas A&M University Press, 1991. **1152, 1155**

Wedgwood, C. V. *The King's Peace, 1637–1641.* London: Collins, 1955. **1771**

———. *The King's War, 1641–1647.* London: Collins, Fontana, 1958. **1668**

Wegelin, Peter, ed. *Vadian und St. Gallen: Ausstellung zum 500. Geburtstag im Waaghaus St. Gallen.* Exhibition catalog. St. Gallen: Kantonsbibliothek (Vadiana), 1984. **1215**

Wegener, C. F. *Om Anders Sörensen Vedel: Kongelig historiograph i Frederik IIs og Christian IVs dage.* Copenhagen: Trykt hos Bianco Luno, 1846. **1790, 1792**

Weidner, Ernst. *Gestirn-Darstellungen auf babylonischen Tontafeln.* Vienna: Böhlau in Kommission, 1967. **123**

Weigel, Erhard. *Wienerischer Tugendspiegel.* Nuremberg, 1687. **449**

Weigert, Roger-Armand, and Maxime Préaud. *Inventaire du fonds français: Graveurs du XVIIe siècle.* Paris: Bibliothèque Nationale 1939–. **448**

Weil-Garris, Kathleen, and John F. D'Amico. "The Renaissance Cardinal's Ideal Palace: A Chapter from Cortesi's *De Cardinalatu.*" In *Studies in Italian Art and Architecture, 15th through 18th Centuries,* ed. Henry A. Millon, 45–123. Cambridge: MIT Press, 1980. **678, 805**

Weiss, Edmund. "Albrecht Dürer's geographische, astronomische und astrologische Tafeln." *Jahrbuch der Kunsthistorischen Sammlungen des Allerhöchsten Kaiserhauses* 7 (1888): 207–20. **111**

Weiss, Roberto. "Jacopo Angeli da Scarperia (c. 1360–1410–11)." In *Medioevo e Rinascimento: Studi in onore di Bruno Nardi,* 2 vols., 2:801–27. Florence: G. C. Sansoni, 1955. Reprinted in *Medieval and Humanist Greek: Collected Essays,* by Roberto Weiss, 255–77. Padua: Antenore, 1977. **287**

———. "Buondelmonti, Cristoforo." In *Dizionario biografico degli Italiani,* 15:198–200. Rome: Istituto della Enciclopedia Italiani, 1960–. **265**

———. "Un umanista antiquario: Cristoforo Buondelmonti." *Lettere Italiane* 16 (1964): 105–16. **265**

———. "Ciriaco d'Ancona in Oriente." In *Venezia e l'Oriente fra tardo Medioevo e Rinascimento,* ed. Agostino Pertusi, 323–37. Florence: Sansoni, 1966. Reprinted in *Medieval and Humanist Greek: Collected Essays,* by Roberto Weiss, 284–99. Padua: Antenore, 1977. **310**

———. *The Renaissance Discovery of Classical Antiquity.* Oxford: B. Blackwell, 1969. 2d ed. New York: Basil Blackwell, 1988. **5, 311, 657**

———. "Gli inizi dello studio del greco a Firenze." In *Medieval and Humanist Greek: Collected Essays,* by Roberto Weiss, 227–54. Padua: Antenore, 1977. **289, 290**

Wellens–De Donder, Liliane. "Un atlas historique: Le *Parergon* d'Ortelius." In *Abraham Ortelius (1527–1598): Cartographe et humaniste,* by Robert W. Karrow et al., 83–92. Turnhout: Brepols, 1998. **659**

Wellisch, Siegmund. "Die Wiener Stadtpläne zur Zeit der ersten Türkenbelagerung." *Zeitschrift des Österreichischen Ingenieur- und Architekten-Vereines* 50 (1898): 537–65. **686**

Welu, James A. "Vermeer: His Cartographic Sources." *Art Bulletin* 57 (1975): 529–47. **1270, 1342**

———. "Vermeer and Cartography." 2 vols. Ph.D. diss., Boston University, 1977. **1270, 1342**

———. "The Map in Vermeer's *Art of Painting*." *Imago Mundi* 30 (1978): 9–30. **674, 1270, 1309**

———. "The Sources and Development of Cartographic Ornamentation in the Netherlands." In *Art and Cartography: Six Historical Essays*, ed. David Woodward, 147–73. Chicago: University of Chicago Press, 1987. **965, 1312**

Wereszczyński, Józef. *Exitarz . . . do podniesienia woyny przeciwko Turkom y Tatarom*. Cracow, 1592. **1840**

Werminghoff, Albert. *Conrad Celtis und sein Buch über Nürnberg*. Freiburg: Boltze, 1921. **1190**

Werner, Jan W. H. "The Van Berckenrode–Visscher Map of Holland: A Wallmap Recently Acquired by Amsterdam University Library." In *Theatrum Orbis Librorum: Liber Amicorum Presented to Nico Israel on the Occasion of His Seventieth Birthday*, ed. Ton Croiset van Uchelen, Koert van der Horst, and Günter Schilder, 105–23. Utrecht: HES, 1989. **1270**

———. *Inde Witte Pascaert: Kaarten en atlassen van Frederick de Wit, uitgever te Amsterdam (ca. 1630–1706)*. Amsterdam: Universiteitsbibliotheek Amsterdam, 1994. **1351, 1353**

———. "De paskaart van Europa door Adriaen Gerritsen, 1587: Een korte introductie." In *Adriaen Gerritszoon van Haerlem, stuurman, leermeester aller stuurlieden en kaartenmaker*, 1–5. Lelystad: Rotaform, 1997. **1407**

———, ed. *Kaart van Noord-Holland door Joost Jansz. Beeldsnijder, 1575/1608*. Alphen aan den Rijn: Canaletto/Repro-Holland, 2002. **1278**

Werner, Jan W. H., and P. H. J. M. Schijen. "Adriaen Gerritzens paskaart van Europa uit 1587 geeft geheimen prijs." *Kartografisch Tijdschrift* 28 (2002): 7–15. **1407**

Werner, Johannes. *In hoc opere haec continentur . . .* Nuremberg, 1514. *See also* Ptolemy, Claudius. **357**

Werner, Johannes. *Die Entwicklung der Kartographie Südbadens im 16. und 17. Jahrhundert*. Karlsruhe, 1913. **1176**

Wernham, R. B., ed. *List and Analysis of State Papers, Foreign Series: Elizabeth I*. London: Her Majesty's Stationery Office, 1964–. **1626**

Wernstedt, F. "Några obeaktade originalkartor av Olof Hansson Örnehufvud: Minnen från svensk kartografisk verksamhet på kontinenten under 30-åriga kriget." *Globen* 11 (1932): 11–20. **1796**

West, I. D. "Pieter Potter—The First Surveyor of the Cape." *South African Survey Journal* 13, no. 77 (1971): 22–27. **1448**

Westenberg, J. *Oude kaarten en de geschiedenis van de Kop van Noord-Holland*. Amsterdam: Noord-Hollandsche Uitgevers Maatschappij, 1961. **1264**

Westfall, Richard S. "Charting the Scientific Community." In *Trends in the Historiography of Science*, ed. Kostas Gavroglu, Jean Christianidis, and Efthymios Nicolaidis, 1–14. Dordrecht: Kluwer, 1994. **23**

West-Indische Compagnie: Articulen met approbatie vande Hoogh Moghende Heeren Staten Generael der Vereenichde Nederlanden provisionelijck beraement by Bewint-hebberen vande Generale West-Indische Compagnie. Middelburg, 1637. **1450**

Westman, Robert S. "Nature, Art, and Psyche: Jung, Pauli, and the Kepler-Fludd Polemic." In *Occult and Scientific Mentalities in the Renaissance*, ed. Brian Vickers, 177–229. Cambridge: Cambridge University Press, 1984. **71, 82**

———. "Two Cultures or One? A Second Look at Kuhn's *The Copernican Revolution*." *Isis* 85 (1994): 79–115. **71, 87**

Westra, Frans. *Nederlandse ingenieurs en de fortificatiewerken in het eerste tijdperk van de Tachtigjarige Oorlog, 1573–1604*. Alphen aan den Rijn: Canaletto, 1992. **1283, 1286, 1287, 1435**

———. "Bestaan er getekende militair-topografische kaarten of vestingplannen van Simon Stevin?" *Caert-Thresoor* 12 (1993): 82–86. **1287**

———. "Jan Pietersz. Dou (1573–1635): Invloedrijk landmeter van Rijnland." *Caert-Thresoor* 13 (1994): 37–48. **1298**

———. "Lost and Found: Crijn Fredericx—A New York Founder." *De Halve Maen* 71 (1998): 7–16. **1434**

Westrem, Scott D. *Learning from Legends on the James Ford Bell Library Mappamundi*. Minneapolis: Associates of the James Ford Bell Library, 2000. **313**

———. *The Hereford Map: A Transcription and Translation of the Legends with Commentary*. Turnhout: Brepols, 2001. **25, 26, 31, 36, 1589**

———, ed. *Discovering New Worlds: Essays on Medieval Exploration and Imagination*. New York: Garland, 1991. **28**

Westropp, Thomas Johnson. "Early Italian Maps of Ireland from 1300 to 1600, with Notes on Foreign Settlers and Trade." *Proceedings of the Royal Irish Academy* 30, sec. C (1912–13): 361–428. **1671**

Wey Gómez, Nicolás. *The Machine of the World: Scholastic Cosmography and the "Place" of Native People in the Early Caribbean Colonial Encounter*. Forthcoming. **30, 33**

Weyrauther, Max. *Konrad Peutinger und Wilibald Pirckheimer in ihren Beziehungen zur Geographie*. Munich: T. Ackermann, 1907. **358, 1193**

Wheat, Carl I. *Mapping the Transmississippi West, 1540–1861*. 5 vols. 1957–63. Reprinted Storrs-Mansfield, Conn.: Maurizio Martino, [1995]. **1152**

Wheatley, Henry B. "Notes upon Norden and His Map of London, 1593." *London Topographical Record* 2 (1903): 42–65. **1706**

Wheatley, Paul. "A Curious Feature on Early Maps of Malaya." *Imago Mundi* 11 (1954): 67–72. **1022**

Wheeler, George M. *Report upon the Third International Geographical Congress and Exhibition at Venice, Italy, 1881*. Washington: Government Printing Office, 1885. **540**

Whitaker, Ewen A. "Galileo's Lunar Observations and the Dating of the Composition of 'Sidereus Nuncius.'" *Journal for the History of Astronomy* 9 (1978): 155–69. **125**

———. "Selenography in the Seventeenth Century." In *Planetary Astronomy from the Renaissance to the Rise of Astrophysics*, 2 vols., ed. René Taton and Curtis Wilson, vol. 2, pt. A, 118–43. Cambridge: Cambridge University Press, 1989–95. **130**

———. *Mapping and Naming the Moon: A History of Lunar Cartography and Nomenclature*. Cambridge: Cambridge University Press, 1999. **125, 129, 130, 134**

White, Andrew. *A Relation of Maryland; Together, With A Map of the Country, The Conditions of Plantation, His Majesties Charter to the Lord Baltemore, Translated into English*. London, 1635. **1778**

White, John. *America, 1585: The Complete Drawings of John White*. Ed. P. H. Hulton. London: British Museum Publications, 1984. **1613, 1619, 1651**

Whitfield, Peter. *The Image of the World: 20 Centuries of World Maps*. London: British Library, 1994. **64, 73, 87**

———. *The Mapping of the Heavens*. San Francisco: Pomegranate Artbooks in association with the British Library, 1995. **99**

———. *New Found Lands: Maps in the History of Exploration*. New York: Routledge, 1998. **739**

Whiting, George Wesley. *Milton's Literary Milieu*. Chapel Hill: University of North Carolina Press, 1939. **417, 418, 419**

Whormby, J. *An Account of the Corporation of Trinity House of Deptford Strond, and Sea Marks in General*. London, 1746. **1726**

Wicke, Charles R. "The Mesoamerican Rabbit in the Moon: An Influence from Han China?" *Archaeoastronomy: The Journal of the Center for Archaeoastronomy* 7 (1984): 46–55. **125**

Widerberg, Clare Sewell. *Norges første militæringeniør Isaac van*

Geelkerck og hans virke, 1644–1656. Oslo: A. W. Brøggers Bogtrykkeri, 1924. **1800**

Wieder, F. C. "Nederlandsche historisch-geographische documenten in Spanje: Uitkomsten van twee maanden onderzoek." *Tijdschrift van het Koninklijk Nederlandsch Aardrijkskundig Genootschap* 31 (1914): 693–724; 32 (1915): 1–34, 145–87, 285–318, 775–822, and second pagination 1–158. Reprinted as *Nederlandsche historisch-geographische documenten in Spanje*. Leiden: Brill, 1915. Reprinted in *Acta Cartographica* 23 (1976): 115–464. **791, 1276, 1344**

———. "Merkwaardigheden der oude cartographie van Noord-Holland." *Tijdschrift van het Koninklijk Nederlandsch Aardrijkskundig Genootschap* 35 (1918): 479–523 and 678–706. **1307**

———. *The Dutch Discovery and Mapping of Spitsbergen (1596–1829)*. Amsterdam: Netherland Ministry of Foreign Affairs and the Royal Dutch Geographical Society, 1919. **1421, 1555**

———. "Nederlandsche kaartenmusea in Duitschland." *Tijdschrift van het Koninklijk Nederlandsch Aardrijkskundig Genootschap* 36 (1919): 1–35. **1309, 1408**

———. "Spitsbergen op Plancius' globe van 1612: Onbekende Nederlandsche ontdekkingstochten." *Tijdschrift van het Koninklijk Nederlandsch Aardrijkskundig Genootschap* 36 (1919): 582–95. **1367**

———. *De stichting van New York in juli 1625: Reconstructies en nieuwe gegevens ontleend aan de van Rappard documenten*. The Hague: M. Nijhoff, 1925. **1456**

———, ed. *Monumenta Cartographica: Reproductions of Unique and Rare Maps, Plans and Views in the Actual Size of the Originals*. 5 vols. The Hague: Martinus Nijhoff, 1925–33. **751, 1309, 1341, 1346, 1349, 1351, 1408, 1409, 1413, 1416, 1424, 1426, 1433, 1451, 1452, 1460, 1461**

Wiepen, E. "Bartholomäus Bruyn der Ältere und Georg Braun." *Jahrbuch des Kölnischen Geschichtsverein* 3 (1916): 95–153. **1334**

Wiesenbach, Joachim. "Pacificus von Verona als Erfinder einer Sternenuhr." In *Science in Western and Eastern Civilization in Carolingian Times*, ed. Paul Leo Butzer and Dietrich Lohrmann, 229–50. Basel: Birkhäuser, 1993. **101**

Wieser, Franz Ritter von. *Magalhães-Strasse und Austral-Continent auf den Globen des Johannes Schöner*. 1881. Reprinted Amsterdam: Meridian, 1967. **142**

Wiesflecker, Hermann. *Maximilian I: Das Reich, Österreich und Europa an der Wende zur Neuzeit*. 5 vols. Munich: Oldenbourg, 1971–86. **1174**

Wightman, W. P. D. "Science and the Renaissance." *History of Science* 3 (1964): 1–19. **55, 56**

Wijffels, C. "De oudste rekeningen der stad Aerdenberg (1309–1310) en de opstand van 1311." *Tijdschrift Archief van het Zeeuws Genootschap*, 1949–50, 10. **1253**

Wijnman, H. F. "Jodocus Hondius en de drukker van de Amsterdamsche Ptolemaeus-uitgave van 1605." *Het Boek* 28 (1944–46): 1–49. **1325**

Wilde, Deborah Nelson. "Housing and Urban Development in Sixteenth Century Rome: The Properties of the Arciconfraterinta della Ss.ma Annunziata." Ph.D. diss., New York University, 1989. **702**

Wildenstein, Georges, and Jean Adhémar. "Les images de Denis de Mathonière d'après son inventaire (1598)." *Arts et Traditions Populaires* 8 (1960): 150–57. **1572**

Wilheit, Mary Catherine. "Colonial Surveyors in Southern Maryland." Ph.D. diss., Texas A&M University, 2003. **1779**

Wilke, Jürgen. *Die Ebstorfer Weltkarte*. Bielefeld: Verlag für Regionalgeschichte, 2001. **35**

Wilkes, Margaret. *The Scot and His Maps*. Motherwell: Scottish Library Association, 1991. **1684**

Wilkinson, John. trans. *Jerusalem Pilgrims before the Crusades*. Warminster, Eng.: Aris and Phillips, 1977. **571**

Willan, Thomas Stuart. *The Early History of the Russia Company, 1553–1603*. Manchester: Manchester University Press, 1956. **1734**

Willes, Richard. *The History of Travayle in the West and East Indies*. London: Richard Iugge, 1577. **1729**

Williams, Edward. *Virgo Triumphans; or, Virginia Richly and Truly Valued*. 3d ed. London: Printed by Thomas Harper, 1651. **1780**

Williams, Glyndwr. "'Java la Grande': Still More Questions than Answers." Paper presented at symposium Cartography in the European Renaissance, Madison, Wisconsin, 7–8 April 2000. **746**

Williams, J. E. D. *From Sails to Satellites: The Origin and Development of Navigational Science*. Oxford: Oxford University Press, 1992. **510**

Williams, Neville. "The Tudors: Three Contrasts in Personality." In *The Courts of Europe: Politics, Patronage and Royalty, 1400–1800*. Ed. A. G. Dickens, 147–67. London: Thames and Hudson, 1977. **1597**

Williamson, James Alexander. *Maritime Enterprise, 1485–1558*. Oxford: Clarendon, 1913. **1726**

———. *The Caribbee Islands and the Proprietary Patents*. Oxford: Oxford University Press; London: Humphrey Milford, 1926. **1771**

———. *The Voyages of John and Sebastian Cabot*. London: G. Bell and Sons, 1937. **739**

———. *The Cabot Voyages and Bristol Discovery under Henry VII*. Cambridge: Published for the Hakluyt Society at Cambridge University Press, 1962. **1189, 1593, 1596, 1599, 1729, 1756**

Wilson, Adrian. *The Nuremberg Chronicle Designs: An Account of the New Discovery of the Earliest Known Layouts for a Printed Book. The Exemplars for the Nuremberg Chronicle of 1493*. San Francisco: Printed for the members of the Roxburgh Club of San Fransisco and the Zamorano Club of Los Angeles, 1969. **530**

———. *The Making of the Nuremberg Chronicle*. Amsterdam: Israel, 1976. **1194**

Wilson, Diana de Armas. *Cervantes, the Novel, and the New World*. Oxford: Oxford University Press, 2000. **472**

Wilson, Peter H. *The Holy Roman Empire, 1495–1806*. Houndsmills, Eng.: Macmillan, 1999. **1172**

Wilson, W. J. "An Alchemical Manuscript by Arnaldus de Bruxella." *Osiris* 2 (1936): 220–405. **326**

Wilt, C. G. D de, et al. *Delflands kaarten belicht*. Delft: Hoogheemraadschap van Delfland; Hilversum: Uitgeverij Verloren, 2000. **1265, 1267**

Winchester, Barbara. *Tudor Family Portrait*. London: J. Cape, 1955. **1658**

Windisch, Karl Gottlieb von. *Geographie des Königreichs Ungarn*. Pressburg: Löwe, 1780. **1808**

Winearls, Joan. *The Atlas as a Book, 1490 to 1900: Guide to an Exhibition in the Thomas Fisher Rare Book Library, University of Toronto, 18 October 1993–14 January 1994*. Toronto: University of Toronto, 1993. **217**

Wingen-Trennhaus, Angelika. "Regiomontanus als Frühdrucker in Nürnberg." *Mitteilungen des Vereins für Geschichte der Stadt Nürnberg* 78 (1991): 17–87. **1178**

Winichakul, Thongchai. *Siam Mapped: A History of the Geo-Body of a Nation*. Honolulu: University of Hawaii Press, 1994. **662**

"Winkelmeßgerät." In *Lexikon zur Geschichte der Kartographie*, 2 vols., ed. Ingrid Kretschmer, Johannes Dörflinger, and Franz Wawrik, 2:892–93. Vienna: F. Deuticke, 1986. **958**

Winkler, Mary G., and Albert Van Helden. "Representing the Heavens: Galileo and Visual Astronomy." *Isis* 83 (1992): 195–217. **71**

———. "Johannes Hevelius and the Visual Language of Astronomy." In *Renaissance and Revolution: Humanists, Scholars, Craftsmen and Natural Philosophers in Early Modern Europe*, ed. J. V. Field and Frank A. J. L. James, 97–116. Cambridge: Cambridge University Press, 1994. **132**

Winsor, Justin. *Geographical Discovery in the Interior of North*

America in Its Historical Relations, 1534–1700. London: Sampson Low, Marston, 1894. 739
———, ed. *Narrative and Critical History of America.* 8 vols. London: Sampson Low, Marston, Searle and Rivington, 1886–89. 741, 757
Winter, Heinrich. "The Pseudo-Labrador and the Oblique Meridian." *Imago Mundi* 2 (1937): 61–73. **498, 986**
———. "Die portugiesischen Karten der Entdeckungszeit, insbesondere die deutschen Stücke." In *Publicações (Congresso do Mundo Português),* 19 vols., 3:505–27. Lisbon: Comissão Executiva dos Centenários, 1940–42. **986**
———. "On the Real and Pseudo-Pilestrina Maps and Other Early Portuguese Maps in Munich." *Imago Mundi* 4 (1947): 25–27. **192**
———. "Francisco Rodrigues' Atlas of ca. 1513." *Imago Mundi* 6 (1949): 20–26. **746, 1014**
———. "A Late Portolan Chart at Madrid and Late Portolan Charts in General." *Imago Mundi* 7 (1950): 37–46. **192, 194, 199**
———. "A Circular Map in a Ptolemaic MS." *Imago Mundi* 10 (1953): 15–22. **313, 1180**
———. "The Changing Face of Scandinavia and the Baltic in Cartography up to 1532." *Imago Mundi* 12 (1955): 45–54. **1782**
———. "The Fra Mauro Portolan Chart in the Vatican." *Imago Mundi* 16 (1962): 17–28. **316**
Winter, Michael. *Compendium Utopiarum: Typologie und Bibliographie literarischer Utopien.* Stuttgart: J. B. Metzersche, 1978. **439, 448**
Winter, P. J. van. *Hoger beroepsonderwijs avant-la-lettre: Bemoeiingen met de vorming van landmeters en ingenieurs bij de Nederlandse universiteiten van de 17ᵉ en 18ᵉ eeuw.* Amsterdam: Noord-Hollandsche Uitgevers Maatschappij, 1988. **1434**
Winthrop Papers. 5 vols. Boston: Massachusetts Historical Society, 1929–47. **1776, 1777**
Wintle, Michael. "Renaissance Maps and the Construction of the Idea of Europe." *Journal of Historical Geography* 25 (1999): 137–65. **636**
Wit, Frederik de. *Nieut kaert boeck vande XVII Nederlandsche Provincien.* Intro. H. A. M. van der Heijden. Alphen aan den Rijn: Canaletto/Repro-Holland, 1999. **1339**
Wither, George. *A Collection of Emblemes, Ancient and Moderne.* London, 1635. **413**
Withers, Charles W. J. "Geography, Science and National Identity in Early Modern Britain: The Case of Scotland and the Work of Sir Robert Sibbald (1641–1722)." *Annals of Science* 53 (1996): 29–73. **1685**
Witsen, Nicolaas. *Noord en Oost Tartaryen.* Amsterdam, 1705. **1901**
Witte, Charles-Martial de. "Une ambassade éthiopienne à Rome en 1450." *Orientalia Christiana Periodica* 22 (1956): 286–98. **1008**
Wittendorff, Alex. *Tyge Brahe.* Copenhagen: G. E. C. Gad, 1994. **1790**
Wittenwiler, Heinrich. *Heinrich Wittenwilers Ring: Nach der Meininger Handschrift.* Ed. Edmund Wiessner. Leipzig: Philipp Reclam, 1931. **441**
Wittkower, Rudolf. *Architectural Principles in the Age of Humanism.* 4th ed. London: Academy Editions, 1988. **97**
Wogan-Browne, Jocelyn. "Reading the World: The Hereford *Mappa Mundi.*" *Parergon,* n.s. 9, no. 1 (1991): 117–35. **36**
Woldan, Erich. "A Circular, Copper-Engraved, Medieval World Map." *Imago Mundi* 11 (1954): 13–16. **318**
———. "Der Erdglobus des Gemma Frisius." In *Unica Austriaca: Schönes und Grosses aus kleinem Land,* Notring Jahrbuch 1960, 23–25. Vienna, 1960. **1359**
Wolf, Armin. "News on the Ebstorf Map: Date, Origin, Authorship." In *Géographie du monde au Moyen Âge et à la Renaissance,* ed. Monique Pelletier, 51–68. Paris: Éditions du C.T.H.S., 1989. **36**
Wolf, Theobald. *Johannes Honterus, der Apostel Ungarns.* Kronstadt, 1894. **1831**
Wolfe, Michael. "Building a Bastion in Early Modern History." *Proceedings of the Western Society for French History* 25 (1998): 36–48. **1504**
Wolff, Fritz. *Karten im Archiv.* Exhibition catalog. Marburg: Archivschule Marburg, 1987. **1222, 1227**
———. "Elias Hoffmann—Ein Frankfurter Kartenzeichner und Wappenmaler des 16. Jahrhunderts." *Zeitschrift des Vereins für Hessische Geschichte und Landeskunde* 94 (1989): 71–100. **445**
———. "Karten und Atlanten in fürstlichen Bibliotheken des 16. und 17. Jahrhunderts: Beispiele aus Hessen." In *Karten hüten und bewahren: Festgabe für Lothar Zögner,* ed. Joachim Neumann, 221–31. Gotha: Perthes, 1995. **1242**
Wolff, Hans. "Das Münchener Globenpaar." In *Philipp Apian und die Kartographie der Renaissance,* by Hans Wolff et al., exhibition catalog, 153–65. Weißenhorn: A. H. Konrad, 1989. **166, 173**
———. "Im Spannungsfeld von Tradition und Fortschritt, Renaissance, Reformation, und Gegenreformation." In *Philipp Apian und die Kartographie der Renaissance,* by Hans Wolff et al., exhibition catalog, 9–18. Weißenhorn: A. H. Konrad, 1989. **501**
———. "America—Das frühe Bild der Neuen Welt." In *America: Das frühe Bild der Neuen Welt,* ed. Hans Wolff, 16–102. Munich: Prestel, 1992. **345, 349, 350**
———. "Martin Waldseemüller: Bedeutendster Kosmograph in einer Epoche forschenden Umbruchs." In *America: Das frühe Bild der Neuen Welt,* ed. Hans Wolff, 111–26. Munich: Prestel, 1992. **351, 354**
———. "Das Weltbild am Vorabend der Entdeckung Amerikas—Ausblick." In *America: Das frühe Bild der Neuen Welt,* ed. Hans Wolff, 10–15. Munich: Prestel, 1992. **356**
———, ed. *Cartographia Bavariae: Bayern im Bild der Karte.* Exhibition catalog. Weißenhorn, Bavaria: Anton H. Konrad, 1988. **1198**
———, ed. *America: Das frühe Bild der Neuen Welt.* Munich: Prestel, 1992. In English, *America: Early Maps of the New World,* ed. Hans Wolff. Munich: Prestel, 1992. **285, 1204**
Wolff, Hans, et al. *Philipp Apian und die Kartographie der Renaissance.* Exhibition catalog. Weißenhorn: A. H. Konrad, 1989. **477, 556, 1223**
Wolkenhauer, August. "Über die ältesten Reisekarten von Deutschland aus dem Ende des 15. und dem Anfange des 16. Jahrhunderts." *Deutsche Geographische Blätter* 26 (1903): 120–38. Reprinted in *Acta Cartographica* 8 (1970): 480–98. **1175**
———. *Beiträge zur Geschichte der Kartographie und Nautik des 15. bis 17. Jahrhunderts.* Munich: Straub, 1904. Reprinted in *Acta Cartographica* 13 (1972): 392–498. **1175**
———. "Seb. Münsters verschollene Karte von Deutschland von 1525." *Globus* 94 (1908): 1–6. Reprinted in *Acta Cartographica* 9 (1970): 461–68. **1175**
———. "Sebastian Münsters handschriftliches Kollegienbuch aus den Jahren 1515–1518 und seine Karten." *Abhandlungen der Königlichen Gesellschaft der Wissenschaften zu Göttingen, Philologisch-historische Klasse* 11, no. 3 (1909): 1–68. Also published as *Sebastian Münsters handschriftliches Kollegienbuch aus den Jahren 1515–1518 und seine Karten.* Berlin: Weidmann, 1909. Reprinted in *Acta Cartographica* 6 (1969): 427–98. **352, 1175, 1210**
———. "Die Koblenzer Fragmente zweier handschriftlichen Karten von Deutschland aus dem 15. Jahrhundert." *Nachrichten von der Königlichen Gesellschaft der Wissenschaften zu Göttingen, Philologisch-historische Klasse,* 1910, 17–47. Reprinted in *Acta Cartographica* 12 (1971): 472–505. **346, 1175, 1179**
Wolkenhauer, Wilhelm. "Zeittafel zur Geschichte der Kartographie mit erläuternden Zusätzen und mit Hinweis auf die Quellenlitteratur unter besonderer Berücksichtigung Deutschlands." *Deutsche Geographische Blätter* 16 (1893): 319–48. Reprinted in *Acta Cartographica* 9 (1970): 469–98. **1175**

———. *Leitfaden zur Geschichte der Kartographie in tabellarischer Darstellung*. Breslau: Hirt, 1895. **1175**
———. "Aus der Geschichte der Kartographie." *Deutsche Geographische Blätter* 27 (1904): 95–116; 33 (1910): 239–64; 34 (1911): 120–29; 35 (1912): 29–47; 36 (1913): 136–58; and 38 (1917): 157–201. Reprinted in *Acta Cartographica* 18 (1974): 332–504. **1175, 1346**
Wolters, Wolfgang. "Il Palazzo ducale: Scultura." In *Il Palazzo ducale di Venezia*, by Umberto Franzoi, Terisio Pignatti, and Wolfgang Wolters, 117–224. Treviso: Canova, 1990. **808**
Wood, Christopher S. *Albrecht Altdorfer and the Origins of Landscape*. Chicago: University of Chicago Press, 1993. **61**
———. "Notation of Visual Information in the Earliest Archaeological Scholarship." *Word & Image* 17 (2001): 94–118. **639**
Wood, Denis. "Now and Then: Comparisons of Ordinary Americans' Symbol Conventions with Those of Past Cartographers." Paper presented at the 7th International Conference on the History of Cartography, Washington, D.C., 7–11 August 1977. A version published in *Prologue: Journal of the National Archives* 9 (1977): 151–61. **9, 551**
———. "Pleasure in the Idea / The Atlas as Narrative Form." In *Atlases for Schools: Design Principles and Curriculum Perspective*, ed. R. J. B. Carswell et al., Monograph 36, *Cartographica* 24, no. 1 (1987): 24–45. **423**
Wood, Denis, and John Fels. "Designs on Signs: Myth and Meaning in Maps." *Cartographica* 23, no. 3 (1986): 54–103. **537**
Wood, Denis, with John Fels. *The Power of Maps*. New York: Guilford, 1992. **423, 537**
Wood, William. *New Englands Prospect: A True, Lively, and Experimentall Description of that Part of America, Commonly Called New England* . . . London: Tho. Cotes, for John Bellamie, 1635. **1777**
———. *New England's Prospect*. Ed. Alden T. Vaughan. Amherst: University of Massachusetts Press, 1977. **1776**
Woodfield, Denis B. *Surreptitious Printing in England, 1550–1640*. New York: Bibliographical Society of America, 1973. **1705**
Woodman, Francis. "The Waterworks Drawings of the Eadwine Psalter." In *The Eadwine Psalter: Text, Image, and Monastic Culture in Twelfth-Century Canterbury*, ed. Margaret Gibson, T. A. Heslop, and Richard W. Pfaff, 168–77. London: Modern Humanities Research Association, 1992. **43**
Woods-Marsden, Joanna. "Pictorial Legitimation of Territorial Gains in Emilia: The Iconography of the *Camera Peregrina Aurea* in the Castle of Torchiara." In *Renaissance Studies in Honor of Craig Hugh Smyth*, 2 vols., ed. Andrew Morrogh et al., 2:553–68. Florence: Giunti Barbèra, 1985. **663, 826**
Woodward, David. "Some Evidence for the Use of Stereotyping on Peter Apian's World Map of 1530." *Imago Mundi* 24 (1970): 43–48. **601, 1827**
———. "The Woodcut Technique." In *Five Centuries of Map Printing*, ed. David Woodward, 25–50. Chicago: University of Chicago Press, 1975. **594, 600, 1223**
———. "Early Gnomonic Projection." *Mapline* 13 (1979): [1–2]. **380**
———. "Italian Composite Atlases." *Mapline* 18 (June 1980): 1–2. **788**
———. Review of *The Printing Press as an Agent of Change*, by Elizabeth L. Eisenstein. *Imago Mundi* 32 (1980): 95–97. **607**
———. "The Study of the Italian Map Trade in the Sixteenth Century: Needs and Opportunities." In *Land- und Seekarten im Mittelalter und in der frühen Neuzeit*, ed. C. Koeman, 137–46. Munich: Kraus International, 1980. **530**
———. "The Techniques of Atlas Making." *Map Collector* 18 (1982): 2–11. **1340**
———. *Bernardvs Sylvanvs Eboliensis: De vniversali habitabilis figvra cvm additionibvs locorvm nvper inventorvm, Venetiis MDXI = Bernardo Sylvano of Eboli: A Map of the Whole Habitable World with the Addition of Recently Discovered Places, Venice 1511*. Chicago: Speculum Orbis, 1983. **345**
———. "New Tools for the Study of Watermarks on Sixteenth-Century Italian Printed Maps: Beta Radiography and Scanning Densitometry." In *Imago et Mensura Mundi: Atti del IX Congresso Internazionale di Storia della Cartografia*, 3 vols., ed. Carla Clivio Marzoli, 2:541–52. Rome: Istituto della Enciclopedia Italiana, 1985. **598**
———. "Reality, Symbolism, Time, and Space in Medieval World Maps." *Annals of the Association of American Geographers* 75 (1985): 510–21. **31**
———. "Maps, Music, and the Printer: Graphic or Typographic?" *Printing History* 8, no. 2 (1986): 3–14. **592**
———. "The Analysis of Paper and Ink in Early Maps: Opportunities and Realities." In *Essays in Paper Analysis*, ed. Stephen Spector, 200–21. Washington, D.C.: Folger Shakespeare Library, 1987. **598**
———. *The Holzheimer Venetian Globe Gores of the Sixteenth Century*. Madison, Wisc.: Juniper, 1987. **165, 173, 784, 786**
———. "The Manuscript, Engraved, and Typographic Traditions of Map Lettering." In *Art and Cartography: Six Historical Essays*, ed. David Woodward, 174–212. Chicago: University of Chicago Press, 1987. **600, 790, 950**
———. "Medieval *Mappaemundi*." In *HC* 1:286–370. **7, 25, 26, 28, 29, 30, 31, 33, 35, 41, 44, 46, 64, 79, 137, 188, 304, 307, 314, 382, 655, 813, 877, 1070, 1181, 1589, 1590, 1852**
[———]. "Preface." In *HC* 1:xv-xxi. **136**
———. "Medieval World Maps." In *Géographie du monde au Moyen Âge et à la Renaissance*, ed. Monique Pelletier, 7–8. Paris: Éditions du C.T.H.S., 1989. **31**
———. "The Correlation of Watermark and Paper Chemistry in Sixteenth Century Italian Printed Maps." *Imago Mundi* 42 (1990): 84–93. **598**
———. *The Maps and Prints of Paolo Forlani: A Descriptive Bibliography*. Chicago: Newberry Library, 1990. **18, 533, 601, 777, 786, 798, 1260**
———. "Roger Bacon's Terrestrial Coordinate System." *Annals of the Association of American Geographers* 80 (1990): 109–22. **33, 406, 477**
———. "The Evidence of Offsets in Renaissance Italian Maps and Prints." *Print Quarterly* 8 (1991): 235–51. **598**
———. "Maps and the Rationalization of Geographic Space." In *Circa 1492: Art in the Age of Exploration*, ed. Jay A. Levenson, 83–87. Washington, D.C.: National Gallery of Art, 1991. **27, 61**
———. "Paolo Forlani: Compiler, Engraver, Printer, or Publisher?" *Imago Mundi* 44 (1992): 45–64. **596, 786, 788, 790, 798**
———. "The Forlani Map of North America." *Imago Mundi* 46 (1994): 29–40. **594, 601, 798**
———. *Maps as Prints in the Italian Renaissance: Makers, Distributors & Consumers*. London: British Library, 1996. In Italian, *Cartografia a stampa nell'Italia del rinascimento: Produttori, distributori e destinatari*. Milan: Sylvestre Bonnard, 2002. **17, 25, 37, 157, 272, 277, 593, 594, 595, 596, 598, 600, 609, 613, 640, 642, 649, 650, 651, 653, 677, 691, 773, 777, 805, 806, 826, 1597**
———. *"The Description of the Four Parts of the World": Giovanni Francesco Comocio's Wall Maps*. James Ford Bell Lectures, no. 34. Minneapolis: Associates of the James Ford Bell Library, 1997. Full text at <http://www.bell.lib.umn.edu/wood.html>. **784, 787**
———. "Italian Composite Atlases of the Sixteenth Century." In *Images of the World: The Atlas through History*, ed. John Amadeus Wolter and Ronald E. Grim, 51–70. New York: McGraw-Hill, 1997. **652, 788, 1318**
———. "Preface." In *HC* 2.3:xix–xxi. **19**
———. "The Geographical Imagination of John Donne." Unpub-

lished manuscript, presented to the Logos Society, University of Wisconsin–Madison, November 2000. **416**

———. "The Image of the Map in the Renaissance." In *Plantejaments i objectius d'una història universal de la cartografia = Approaches and Challenges in a Worldwide History of Cartography*, 133–52. Barcelona: Institut Cartogràfic de Catalunya, 2001. **12, 16, 549, 600**

———. "Il ritratto della terra." In *Nel segno di Masaccio: L'invenzione della prospettiva*, ed. Filippo Camerota, exhibition catalog, 258–61. Florence: Giunti, Firenze Musei, 2001. **13, 14, 452**

———. "Starting with the Map: The Rosselli Map of the World, ca. 1508." In *Plantejaments i objectius d'una història universal de la cartografia = Approaches and Challenges in a Worldwide History of Cartography*, 71–90. Barcelona: Institut Cartogràfic de Catalunya, 2001. **12, 13, 371, 604, 773**

———. "'Theory' and *The History of Cartography*." In *Plantejaments i objectius d'una història universal de la cartografia = Approaches and Challenges in a Worldwide History of Cartography*, 31–48. Barcelona: Institut Cartogràfic de Catalunya, 2001. **7, 12, 528, 603**

———. "The 'Two Cultures' of Map History—Scientific and Humanistic Traditions: A Plea for Reintegration." In *Plantejaments i objectius d'una història universal de la cartografia = Approaches and Challenges in a Worldwide History of Cartography*, 49–67. Barcelona: Institut Cartogràfic de Catalunya, 2001. **19, 603**

———, ed. *Five Centuries of Map Printing*. Chicago: University of Chicago Press, 1975. **591**

Woodward, David, Catherine Delano-Smith, and Cordell D. K. Yee. *Plantejaments i objectius d'una història universal de la cartografia = Approaches and Challenges in a Worldwide History of Cartography*. Barcelona: Institut Cartogràfic de Catalunya, 2001. **3, 528, 591**

Woodward, David, with Herbert M. Howe. "Roger Bacon on Geography and Cartography." In *Roger Bacon and the Sciences: Commemorative Essays*, ed. Jeremiah Hackett, 199–222. Leiden: E. J. Brill, 1997. **12, 33, 366, 383, 384, 385, 477**

Woodward, William Harrison. *Studies in Education during the Age of the Renaissance, 1400–1600*. Cambridge: Cambridge University Press, 1906. **623**

Woolgar, C. M. "Some Draft Estate Maps of the Early Seventeenth Century." *Cartographic Journal* 22 (1985): 136–43. **1644, 1648**

The World Encompassed: An Exhibition of the History of Maps Held at the Baltimore Museum of Art October 7 to November 23, 1952. Baltimore: Trustees of the Walters Art Gallery, 1952. **317, 974**

Wormald, Jenny. *Court, Kirk, and Community: Scotland, 1470–1625*. London: Edward Arnold, 1981. **1684, 1686**

Worman, Ernest James, comp. *Alien Members of the Book-Trade during the Tudor Period: Being an Index to Those Whose Names Occur in the Returns of Aliens, Letters of Denization, and Other Documents Published by the Huguenot Society*. London: Bibliographical Society, 1906. **1696**

Worms, Laurence. "Maps and Atlases." In *The Cambridge History of the Book in Britain*, 4:228–45. Cambridge: Cambridge University Press, 1998–. **1693**

Woronowa, Tamara P. "Der Portolan-Atlas des Battista Agnese von 1546 in der Russischen Nationalbibliothek von Sankt Petersburg." *Cartographica Helvetica* 8 (1993): 23–31. *See also* Agnese, Battista. **214**

Worsop, Edward. *A Discoverie of Sundrie Errours and Faults Daily Committed by Landemeaters, Ignorant of Arithmeticke and Geometrie*. London: Gregorie Seton, 1582. **708, 1641**

Wright, A. D. *The Early Modern Papacy: From the Council of Trent to the French Revolution, 1564–1789*. London: Longman, 2000. **824**

Wright, C. J., ed. *Sir Robert Cotton as Collector: Essays on an Early Stuart Courtier and His Legacy*. London: British Library, 1997. **643**

Wright, Edward. *Certaine Errors in Navigation* . . . London: Valentine Sims, 1599. **521, 525, 635, 1312, 1557**

———. *Certaine Errors in Navigation, Detected and Corrected*. London: Felix Kingst[on], 1610. **635**

"Wright, Edward." In *The Dictionary of National Biography*, 22 vols., 21:1015–17. 1921. Reprinted London: Oxford University Press, 1964–65. **635**

Wright, John Kirtland. "Notes on the Knowledge of Latitudes and Longitudes in the Middle Ages." *Isis* 5 (1923): 75–98. **945**

———. *The Leardo Map of the World, 1452 or 1453, in the Collections of the American Geographical Society*. New York: American Geographical Society, 1928. **59, 317**

———. "Map Makers Are Human: Comments on the Subjective in Maps." *Geographical Review* 32 (1942): 527–44. **541**

———. *Human Nature in Geography: Fourteen Papers, 1925–1965*. Cambridge: Harvard University Press, 1966. **741**

Wright, M. R. *Cosmology in Antiquity*. London: Routledge, 1995. **55**

Wroth, Lawrence C. "Alonso de Ovalle's Large Map of Chile, 1646." *Imago Mundi* 14 (1959): 90–95. **1166**

———. *The Voyages of Giovanni da Verrazzano, 1524–1528*. New Haven: Published for the Pierpont Morgan Library by Yale University Press, 1970. **1597**

Wunderle, Elisabeth. *Katalog der lateinischen Handschriften der Bayerischen Staatsbibliothek München: Die Handschriften aus St. Emmeram in Regensburg*. Wiesbaden: O. Harrassowitz, 1995–. **312**

Wunderlich, Herbert. *Kursächsische Feldmeßkunst, artilleristische Richtverfahren und Ballistik im 16. und 17. Jahrhundert: Beiträge zur Geschichte der praktischen Mathematik, der Physik und des Artilleriewesens in der Renaissance unter Zugrundelegung von Instrumenten, Karten, Hand- und Druckschriften des Staatlichen Mathematisch-Physikalischen Salons Dresden*. Berlin: Deutscher Verlag der Wissenschaften, 1977. **485, 488, 490, 492, 494, 497, 502, 504**

Wußing, Hans. *Die Coß von Abraham Ries*. Munich: Institut für Geschichte der Naturwissenschaften, 1999. **504**

Wüthrich, Lucas Heinrich. *Das druckgraphische Werk von Matthaeus Merian d. Ae*. 4 vols. Basel: Bärenreiter, 1966–72. Hamburg: Hoffmann und Campe, 1993–96. **1245**

Wuttke, Dieter. *Humanismus als integrative Kraft: Die Philosophia des deutschen "Erzhumanisten" Conrad Celtis, eine ikonologische Studie zu programmatischer Graphik Dürers und Burgkmairs*. Nuremberg: Hans Carl, 1985. **346**

Wuttke, Heinrich. "Zur Geschichte der Erdkunde in der letzten Hälfte des Mittelalters: Die Karten der seefahrenden Völker Südeuropas bis zum ersten Druck der Erdbeschreibung des Ptolemäus." *Jahresberichte des Vereins für Erdkunde zu Dresden* 2, nos. 6–7 (1870): 1–66. **215, 216**

Wyon, Alfred Benjamin. *The Great Seals of England, from the Earliest Period to the Present Time* . . . London: E. Stock, 1887. **1666**

Wytfliet, Cornelis (Corneille) van. *Descriptionis Ptolemaicae augmentum; sive, Occidentis notitia brevis commentario, Louvain 1597*. Intro. R. A. Skelton. Amsterdam: N. Israel, 1964. **1338**

Yastrebov, Yevgeniy V. "Ural'skiye gory v 'Chertëzhnoy knige Sibiri' Semëna Remezova." *Voprosy Istorii Yestestvoznaniya i Tekhniki* 38, no. 1 (1972): 44–49. **1897, 1902**

Yates, E. M. "Map of Ashbourne, Derbyshire." *Geographical Journal* 126 (1960): 479–81. **1639**

———. "Blackpool, A.D. 1533." *Geographical Journal* 127 (1961): 83–85. **1639**

———. "Map of Over Haddon and Meadowplace, near Bakewell, Derbyshire, c. 1528." *Agricultural History Review* 12 (1964): 121–24. **1600**

Yates, Frances Amelia. *Giordano Bruno and the Hermetic Tradition.* London: Routledge and Kegan Paul, 1964. **58, 95**

———. *The Art of Memory.* Chicago: University of Chicago Press, 1966. **639**

———. *Theatre of the World.* London: Routledge and Kegan Paul, 1969. Chicago: University of Chicago Press, 1969. **75, 641**

———. *Astraea: The Imperial Theme in the Sixteenth Century.* London: Routledge and Kegan Paul, 1975. London: Ark Paperbacks, 1985. **92, 434, 1663**

Yee, Cordell D. K. "Reinterpreting Traditional Chinese Geographical Maps." In *HC* 2.2:35–70. **591**

———. "The Map Trade in China." In *Plantejaments i objectius d'una història universal de la cartografia = Approaches and Challenges in a Worldwide History of Cartography,* 111–30. Barcelona: Institut Cartogràfic de Catalunya, 2001. **591**

Yefimov, A. V. *Iz istorii velikikh russkikh geograficheskikh otkrytiy v Severnom Ledovitom i Tikhom okeanakh.* Moscow, 1950. **1875**

———. *Atlas geograficheskikh otkrytiy v Sibiri i v Severo-Zapadnoy Amerike XVII–XVIII vv.* Moscow: Nauka, 1964. **1875, 1881, 1883**

Yeomans, Donald K. *Comets: A Chronological History of Observation, Science, Myth, and Folklore.* New York: John Wiley and Sons, 1991. **104, 119**

Ygl, Warmund. *Neue Karte der sehr ausgedehnten Grafschaft Tirol und ihrer Nachbargebiete.* With commentary by Hans Kinzl, *Die Karte von Tirol des Warmund Ygl 1604/05.* Innsbruck: Österreichischer Alpenverein, 1962. **1239**

Yonge, Ena L. *A Catalogue of Early Globes Made prior to 1850 and Conserved in the United States: A Preliminary Listing.* New York: American Geographical Society, 1968. **160, 161, 162, 163, 169, 173**

Youings, Joyce A. *The Dissolution of the Monasteries.* London: Allen and Unwin, 1971. **1638**

———. *Sixteenth-Century England.* Harmondworth, Eng.: Penguin, 1984. **1608, 1616**

———. "Three Devon-Born Tudor Navigators." In *The New Maritime History of Devon,* 2 vols., ed. Michael Duffy et al., 1:32–34. London: Conway Maritime Press in association with the University of Exeter, 1992–94. **1738**

Young, William. *The History, Civil and Commercial, of the British Colonies in the West Indies.* 3 vols. London, 1793–1801. **1771**

Zakrzewska, Maria N. 1965. *Catalogue of Globes in the Jagellonian University Museum.* Trans. Franciszek Buhl. Cracow, 1965. **160, 173**

Zammattio, Carlo. "Mechanics of Water and Stone." In *Leonardo the Scientist,* 10–67. New York: McGraw-Hill, 1980. **507**

Zamorano, Rodrigo. *Compendio de la arte de navegar.* Facsimile edition. Valencia: Librerías "Paris-Valencia," 1995. **1096**

Zamyslovskiy, Ye. (Egor). *Gerbershteyn i yego istoriko-geograficheskiye izvestiya o Rossii.* St. Petersburg, 1884. **1856, 1858**

———. "Chertëzhi sibirskikh zemel' XVI–XVII veka." *Zhurnal Ministerstva Narodnogo Prosveshcheniya,* pt. 275 (1891): 334–47. **1874**

Zandvliet, K. (Kees). "Een ouderwetse kaart van Nieuw Nederland door Cornelis Doetsz. en Willem Jansz. Blaeu." *Caert-Thresoor* 1 (1982): 57–60. **1419**

———. *De groote waereld in 't kleen geschildert: Nederlandse kartografie tussen de middeleeuwen en de industriële revolutie.* Alphen aan den Rijn: Canaletto, 1985. **668, 1438, 1454**

———. "Joan Blaeu's *Boeck vol kaerten en beschrijvingen* van de Oostindische Compagnie: Met schetsen van drie kaarttekenaars, Zacharias Wagenaer, Jan Hendricksz. Thim en Johannes Vingboons." In *Het Kunstbedrijf van de familie Vingboons: Schilders, architecten en kaartmakers in de gouden eeuw,* ed. Jacobine E. Huisken and Friso Lammertse, exhibition catalog, 59–95. [Maarssen]: Gary Schwartz, [1989]. **1443, 1445**

———. "Kartografie, Prins Maurits en de Van Berckenrodes." In *Prins Maurits' kaart van Rijnland en omliggend gebied door Floris Balthasar en zijn zoon Balthasar Florisz. van Berckenrode in 1614 getekend,* ed. K. Zandvliet, 17–50. Alphen aan den Rijn: Canaletto, 1989. **653**

———. *Mapping for Money: Maps, Plans and Topographical Paintings and Their Role in Dutch Overseas Expansion during the 16th and 17th Centuries.* Amsterdam: Batavian Lion International, 1998. Reprinted 2002. **649, 653, 666, 1137, 1315, 1433, 1435, 1446, 1447, 1452, 1459, 1460, 1618, 1740**

———. "Vestingbouw in de Oost." In *De Verenigde Oost-Indische Compagnie: Tussen oorlog en diplomatie,* ed. Gerrit Knaap and Ger Teitler, 151–80. Leiden: KITLV Uitgeverij, 2002. **1434**

———, ed. *Prins Maurits' kaart van Rijnland en omliggend gebied door Floris Balthasar en zijn zoon Balthasar Florisz. van Berckenrode in 1614 getekend.* Alphen aan den Rijn: Canaletto, 1989. **1267**

Zanlari, Pietro. "Formazione del cartografo e figurazione urbana e territoriale nei ducati farnesiani tra i secoli XVI e XVII." In *Cartografia e istituzioni in età moderna,* 2 vols., 1:437–463. Genoa: Società Ligure di Storia Patria, 1987. **927, 934, 938**

Zedda Macciò, Isabella. "La conoscenza della Sardegna e del suo ambiente attraverso l'evoluzione delle rappresentazioni cartografiche." *Biblioteca Francescana Sarda* 4 (1990): 319–74. **871**

———. "Carte e cartografi della Sardegna." In *Carte geografiche della Sardegna,* by Luigi Piloni, 441–57. Cagliari: Edizioni della Torre, 1997. **854, 871**

———. "La forma: L'astronomo, il geografo, l'ingegnere." In *Imago Sardiniæ: Cartografia storica di un'isola mediterranea,* 17–95. Cagliari: Consiglio Regionale della Sardegna, 1999. **871, 872**

Zeri, Federico. "La percezione visiva dell'Italia e degli italiani nella storia della pittura." In *Storia d'Italia,* 6 vols., 6:51–214. Turin: Einaudi, 1972–76. **950**

Zerner, Henri. *L'art de la Renaissance en France: L'invention du classicisme.* Paris: Flammarion, 1996. **427, 429**

Zic, Nikola. "Naši kartografi XVI stoljeća: Dubrovčanin Vinko Vlčić." *Jadranska Straza* 13, no. 1 (1935): 12–13. **1810**

Ziegler, Georgianna. "My Lady's Chamber: Female Space, Female Chastity in Shakespeare." *Textual Practice* 4 (1990): 73–90. **420**

Ziegler, Jacob. *Quae intvs continentvr. Syria, ad Ptolomaici operis rationem. Praeterea Strabone, Plinio, & Antonio auctoribus locupletata. Palestina, iisdem auctoribus. Praeterea historia sacra & Iosepho, et diuo Hieronymo locupletata. Arabia Petreaea, siue, Itinera filiorum Israel per desertum, iidem auctoribus. Aegyptus, iisdem auctoribus. Praeterea Ioanne Leone arabe grammatico, secundum recentiorum locorum situm, illustrata. Schondia, tradita ab auctoribus, qui in eius operis prologe memorantur . . . Regionum superiorum, singulae tabulae geographicae.* Strasbourg: Petrum Opilionem, 1532. **1218, 1786**

"Ziegler, Jacob." In *Biographiskt lexicon öfver namnkunnige svenske män,* 23 vols., 23:92–100. Uppsala, 1835–52. Örebro, 1855–56. **1785**

Zijpp, N. van der. *Geschiedenis der doopsgezinden in Nederland.* Arnhem: Van Loghum Slaterus, 1952. **1361**

Zilsel, Edgar. "The Sociological Roots of Science." *American Journal of Sociology* 47 (1942): 544–62. **625**

———. "The Genesis of the Concept of Scientific Progress." *Journal of the History of Ideas* 6 (1945): 325–49. **17, 22**

Zinn, Grover A. "Hugh of St. Victor, Isaiah's Vision, and *De Arca Noe.*" In *The Church and the Arts,* ed. Diana Wood, 99–116. Oxford: Published for the Ecclesiastical History Society by Blackwell, 1992. **34**

Zinner, Ernst. *Geschichte und Bibliographie der astronomischen Li-*

teratur in Deutschland zur Zeit der Renaissance. Leipzig: Hiersemann, 1941. 2d ed. Stuttgart: A. Hiersemann, 1964. **100, 1177, 1182**

———. *Deutsche und niederländische astronomische Instrumente des 11.–18. Jahrhunderts*. Munich: Beck, 1956. 2d ed. Munich: C. H. Beck, 1967. Munich: H. C. Beck, 1979. **161, 162, 168, 169, 170, 171, 173, 341, 480, 490, 492, 495, 500, 501, 502, 504, 1177**

———. "Einige Handschriften des Johannes Regiomontan (aus Königsberg in Franken), I: Drei Regiomontan-Handschriften im Archiv der Russischen Akademie der Wissenschaften." In *100. Bericht des Historischen Vereins für die Pflege der Geschichte des ehemaligen Fürstbistums Bamberg*, by Fridolin Dressler, 315–21. Bamberg, 1964. **341**

———. *Leben und Wirken des Joh. Müller von Königsberg, genannt Regiomontanus*. 2d ed. Osnabrück: Zeller, 1968. **1178, 1812**

———. *Entstehung und Ausbreitung der copernicanischen Lehre*. 2d ed. Expanded by Heribert M. Nobis and Felix Schmeidler. Munich: C. H. Beck, 1988. **1209**

———. *Regiomontanus: His Life and Work*. Trans. Ezra Brown. Amsterdam: North-Holland, 1990. **64, 83, 140, 337, 338, 339, 340, 341, 478, 1178**

Zippel, Giuseppe. "Cosmografi al servizio dei Papi nel Quattrocento." *Bollettino della Società Geografica Italiana*, ser. 4, vol. 11 (1910): 843–52. **813**

Zögner, Lothar. "Arend W. Lang (1909–1981)." *Imago Mundi* 35 (1983): 98–99. **1176**

———. *Bibliographie zur Geschichte der deutschen Kartographie*. Munich: Saur, 1984. **1174**

———. "Ruthardt Oehme (1901–1987)." *Imago Mundi* 40 (1988): 126–29. **1177**

Zonca, Vittorio. *Novo teatro di machine et edificii per uarie et sicure operationi*. Padua: P. Bertelli, 1607. **598**

Zucker, Mark J. *Early Italian Masters*. The Illustrated Bartsch 24. Commentary. 4 pts. New York: Abaris Books, 1993–2000. **773**

Zumthor, Paul. *La Mesure du monde: Représentation de l'espace au Moyen Âge*. Paris: Éditions du Seuil, 1993. **201, 402**

———. *La medida del mundo: Representación del espacio en la Edad Media*. Trans. Alicia Martorell. Madrid: Cátedra, 1994. **1003**

Zurara, Gomes Eanes de. *Crónica dos feitos da Guiné*. Lisbon: Publicações Alfa, 1989. **328, 980, 981, 1007, 1008**

Zurawski, Simone. "New Sources for Jacques Callot's *Map of the Siege of Breda*." *Art Bulletin* 70 (1988): 621–39. **691**

Zurla, Placido. *Il mappamondo di Fra Mauro Camaldolese*. Venice, 1806. **1006**

———. *Di Marco Polo e degli altri viaggiatori Veneziani*. Venice: Giacomo Fuchs, 1818. **178**

译者后记

当我把反复修改的稿子拖进邮箱附件，发给编辑的时候，顿时百感杂陈，笼罩了全身，一个奋战将近十年的工作终于交稿了（当然，那个时候还没去想之后还有一尺多高的校样需要处理几轮的事）。

2009 年，我从北大毕业进入中国社会科学院历史研究所（现已改名为古代史研究所）历史地理研究室工作。入所之后，作为一名新人，我开始思考计划下一步的研究工作。我在北大读博士期间，系统地听过导师李孝聪教授给研究生开设的古地图研究课程，也跟随李师进行古地图的整理与研究工作，虽然没有将古地图作为博士论文题目，但因所研究区域史料相对匮乏，我也利用一些搜集来的稀见古地图进行研究，收到了不错的效果。于是，我与当时同在一个研究室的成一农师兄多次交流，都痛感对世界地图学史研究的背景缺乏了解，以至于无法把准中国地图学史的定位。于是我们想到了读书时老师们在课堂上多次介绍过的巨著——芝加哥大学出版社出版的《地图学史》，并开始联系出版社，希望能够获得支持，但均因这套书部头太大，且没有明显的市场效益而难有下文。

在灰心丧气之际，所长卜宪群老师帮我们争取到了中国社会科学出版社的支持，并获得了国家社科基金重大项目"《地图学史》翻译工程"的资助，得以开展一系列的工作。从 2013 年开始翻译工作，整整九年时间，这部书的翻译工作成为我生活中的重中之重。

《地图学史》丛书卷帙浩繁，涉及全世界各地区的历史学、地理学、地图学、天文学、宗教、文学、艺术、航海技术、测绘技术等诸多领域，我负责的第三卷第二册是"文艺复兴时期欧洲地图学"中的中欧、西欧、东欧和北欧部分，具体为德意志诸地、低地国家、法国、英格兰、苏格兰、爱尔兰、东－中欧（包括波兰、匈牙利等地）、斯堪的纳维亚半岛、俄罗斯等地区，其中相当多的地图制作细节以及制图师从未介绍到中文世界，以及作为讨论背景的很多人名、地名、学说、理论、器物、制度、政区等，我都未能查到相应的译名，遑论北欧、东欧各地各种文字的资料。有的作者出于自己的习惯，会将非拉丁文字按自己的方案对译为拉丁字母，而不加英文翻译。加上本书系多位学者合作而成，也存在前后用法不一致，图籍标题等缩写，甚至拼写不一致之处，这些都增加了翻译的难度。正如唐晓峰老师所说，这部著作是"一座大山"。我敢于尝试来搬动这座大山，将其翻译成中文，一方面固然自己要"上穷碧落下黄泉，动手动脚找东西"，但更多的，是因为背后有众多师友的支撑与帮助：

首先要感谢的，是卜宪群老师，作为首席专家，他不但把控整个课题的方向，解决项目道路上遇到的问题和障碍。而且在整个课题进行过程中，他从繁忙的工作中抽出时间来参加每一次工作会议，认真审读稿件，并指出了很多错漏之处。没有卜老师，这个项目就无法立项，也不会克服诸多困难顺利地编辑出版。

成一农、黄义军、包甦、刘夙和我共同构成了本书的译者团队，这些年向着共同的目标努力，互相鼓励、讨论。尤其是第一卷曾经的译者在最后关头放弃，只留下不到半年的时间，我和成一农、包甦共同承担整卷图书的翻译工作，个中艰辛，唯有经历过才会理解。

由于本书涉及的地区与文化领域广阔而复杂，所以我动用了所有力量来寻求学术支持。北京师范大学的刘林海老师帮我审读了德意志诸地部分；关于低地国家地图绘制以及历史背景的问题，莱顿大学的徐冠勉老师和上海外国语大学的陈琰璟老师给了我大量的帮助；上海师范大学的黄艳红老师帮我审读了法国部分，还在许多处书名、图名和制度方面帮我把关；中国社科院世界史所的张炜老师和邢媛媛老师帮我审读了不列颠群岛部分和俄罗斯部分。我还得到了中国人民大学徐晓旭老师的热心帮助和指导。国家基础地理信息中心的张江齐老师多次帮我解惑实际航海操作方面的问题。杨光、丛莲莉、管雪欧、曹明、苏麓垒等昔日同窗给了我非常多的帮助，付钰、张子旭、朱睿杰等同学为本书做了很多文字校订工作。由于此项工作持续时间很长，必然会遗漏曾经帮助过我的人，在此一并感谢并致歉。

本书能顺利翻译、编辑、出版，还要感谢中国社会科学出版社的各位领导和编辑老师，如前所述，多家出版社都摄于这套书体量之大和预期市场之局限而却步，只有社科社伸出了援手，并在之后的工作中坚决支持，早在翻译过程中，编辑就已参加进来。感谢赵剑英社长，感谢主持本套丛书编辑出版工作的郭沂纹女士和宋燕鹏编审，感谢本册的编辑张湉女士，你们的全力支持和辛勤付出是本书顺利出版的保证。

身边不止一位亲友对我说，感觉你们这套书翻译了十几二十年。确实如此，从 2013 年开始，翻译工作构成了我日常生活的极其重要的一部分，感谢家人的理解和付出，让我能把精力投入到这项工作中，也很抱歉因此缺席了很多重要的场合。

2019 年 8 月，在昆明召开的“地图学史前沿论坛暨‘《地图学史》翻译工程’国际研讨会”期间，在与参会的诸多国内外学者讨论之余，我记下了这段话：“以往不了解的世界各地地图学史，经过一点点摸索，最后终将豁然开朗。而更高水准的研究，还刚刚开始”。希望广大读者凭借此译本，利用本书广泛的学术内容与丰富的注释，加深中国学术界对欧洲地图学史研究的了解。使得本书的翻译工作能为在世界背景下的中国地图学史研究，做出自己的贡献。

最后要说明的是，由于此书涉及学科众多，地域范围广大，对我来说是很大的挑战，一些名词术语如何更好地翻译成中文，虽然多番考虑，但限于学力和眼界，必然有很大的推敲空间。比如本书的名词术语翻译，参照的是新华通讯社译名室编的《世界人名翻译大辞典》（中国对外翻译出版公司，1993 年）和周定国编的《世界地名翻译大辞典》（中国对外翻译出版公司，2008 年），但这两部工具书中的少数译名与通行的译法也存在不同，为了保证全书的统一性，我基本上采用了这两部工具书的译法，当然一些约定俗成的译法，我也尽量使用，以免造成读者阅读的困惑。同时，由于本书丰富的细节和所涉及地域的广阔，很多人名、地名没有标准翻译方案，所以我都是根据《世界人名翻译大辞典》所附的“55 种语言汉译译音表”来进行音译，音译过程中最为困难的是人名，因为同一拼法的名字，在不同语言中发音不尽相同，但有些人物祖籍与出生地并不一致，有些人的生平事迹不详，究竟采用哪种拼法更为合适，也花费了很多精力。

综上，由于本人学力所限，加上翻译工作时间紧迫，此译本一定存在种种不足，恳请广大读者批评斧正，帮助我更好地对译本进行打磨。

孙靖国

2021年10月